SAP® Solution Manager

SAP PRESS

SAP PRESS ist eine gemeinschaftliche Initiative von SAP SE und der Rheinwerk Verlag GmbH. Ziel ist es, Anwendern qualifiziertes SAP-Wissen zur Verfügung zu stellen. SAP PRESS vereint das fachliche Know-how der SAP und die verlegerische Kompetenz von Rheinwerk. Die Bücher bieten Expertenwissen zu technischen wie auch zu betriebswirtschaftlichen SAP-Themen.

Densborn, Finkbohner, Freudenberg, Höft, Mathäß, Rubarth
Migration nach SAP S/4HANA
3., aktualisierte und erweiterte Auflage 2021, 676 Seiten, geb.
ISBN 978-3-8362-7455-5
www.sap-press.de/5047

Banks-Grasedyck, Lippke, Oelfin, Schwaiger, Seemann
SAP-S/4HANA-Projekte erfolgreich managen
2., aktualisierte und erweiterte Auflage 2020, 444 Seiten, geb.
ISBN 978-3-8362-7537-8
www.sap-press.de/5070

Emily Celen, Lutz Rosenpflanzer
Custom-Code-Migration nach SAP S/4HANA
2020, 446 Seiten, geb.
ISBN 978-3-8362-7632-0
www.sap-press.de/5105

Thomas Tiede
Sicherheit und Prüfung von SAP-Systemen
5., aktualisierte und erweiterte Auflage 2021, 1.010 Seiten, geb.
ISBN 978-3-8362-7754-9
www.sap-press.de/5145

Aktuelle Angaben zum gesamten SAP PRESS-Programm finden Sie unter
www.sap-press.de.

René Allissat, Markus Bechler, Eileen Danz,
Andreas Hömer, Michael Markert, Timo Steinsberger

SAP® Solution Manager

Das Praxishandbuch

Rheinwerk
Publishing

Liebe Leserin, lieber Leser,

vielen Dank, dass Sie sich für ein Buch von SAP PRESS entschieden haben.

Der SAP Solution Manager ist aus den Systemlandschaften von SAP-Kunden heute nicht mehr wegzudenken. Nicht nur für den SAP-Support kommt er zum Einsatz, sondern sein Portfolio erstreckt sich von der Lösungsdokumentation und der Umsetzung von IT-Anforderungen über das Change Management bis hin zum Testmanagement. Und auch bei der anstehenden Migration nach SAP S/4HANA unterstützt Sie das aktuelle Release in den verschiedenen Phasen des SAP-Activate-Prozesses, z. B. mit dem Custom Code Lifecycle Management.

Genau so facettenreich wie das Portfolio des SAP Solution Managers ist daher auch der Inhalt dieses Praxishandbuchs. Egal, ob Sie neue Einsatzszenarien evaluieren oder etwas über die Neuerungen bis SPS11 erfahren möchten – das Autorenteam informiert Sie umfassend und immer mit dem Blick auf den Arbeitsalltag.

Wir freuen uns stets über Lob, aber auch über kritische Anmerkungen, die uns helfen, unsere Bücher zu verbessern. Scheuen Sie nicht, mich zu kontaktieren. Ihre Fragen und Anmerkungen sind jederzeit willkommen.

Ihre Janina Schweitzer
Lektorat SAP PRESS

janina.schweitzer@rheinwerk-verlag.de
www.rheinwerk-verlag.de
Rheinwerk Verlag · Rheinwerkallee 4 · 53227 Bonn

Auf einen Blick

Wir hoffen, dass Sie Freude an diesem Buch haben und sich Ihre Erwartungen erfüllen. Ihre Anregungen und Kommentare sind uns jederzeit willkommen. Bitte bewerten Sie doch das Buch auf unserer Website unter **www.rheinwerk-verlag.de/feedback**.

An diesem Buch haben viele mitgewirkt, insbesondere:

Lektorat Janina Schweitzer
Korrektorat Anna Krepper, Rommerskirchen
Herstellung Maxi Beithe
Typografie und Layout Vera Brauner
Einbandgestaltung Bastian Illerhaus
Coverbild iStock: 671167584 © spaxiax, 665154716 © nd3000
Satz SatzPro, Krefeld
Druck Beltz Grafische Betriebe, Bad Langensalza

Dieses Buch wurde gesetzt aus der TheAntiquaB (9,35/13,7 pt) in FrameMaker. Gedruckt wurde es auf chlorfrei gebleichtem Offsetpapier (80 g/m²). Hergestellt in Deutschland.

Bibliografische Information der Deutschen Nationalbibliothek:
Die Deutsche Nationalbibliothek verzeichnet diese Publikation in der Deutschen Nationalbibliografie; detaillierte bibliografische Daten sind im Internet über *http://dnb.dnb.de* abrufbar.

ISBN 978-3-8362-7918-5

2., aktualisierte und erweiterte Auflage 2021

Informationen zu unserem Verlag und Kontaktmöglichkeiten finden Sie auf unserer Verlagswebsite **www.rheinwerk-verlag.de**. Dort können Sie sich auch umfassend über unser aktuelles Programm informieren und unsere Bücher und E-Books bestellen.

Inhalt

Vorwort

Innovation und Digitalisierung bieten sowohl mittelständischen Firmen als auch global agierenden Unternehmen beste Möglichkeiten, ihre Wettbewerbsfähigkeit zu steigern. Innovative Softwarelösungen helfen dabei, die Prozesse im Vertrieb und Kundenservice, in der Produktion und Logistik sowie im Finanz- und Personalwesen effizient und effektiv zu vernetzen. Ein kontinuierliches Monitoring und Testing sowie die kontinuierliche Weiterentwicklung der Systemlandschaft entlang der Wertschöpfungskette sind hierbei unumgänglich.

Das in zweiter Auflage erschienene Werk »SAP Solution Manager – Das Praxishandbuch« gibt Ihnen neue und praxiserprobte Tools und Funktionen zur optimalen Ausgestaltung eines Application Lifecycle Managements an die Hand. Beschrieben wird zum einen das neue Support Package Stack SP11 des SAP Solution Managers, das den Applikationslebenszyklus von Entwicklung und Implementierung über Betrieb und Wartung bis hin zu After-Life-Support und Change Management unterstützt. Zum anderen widmet sich das Praxishandbuch dem hybriden Betrieb mit dem SAP Solution Manager, der Cloud- und On-Premise-Welt in einem Tool vernetzt, was für viele Unternehmen eine Herausforderung darstellt. Es stellt darüber hinaus zahlreiche Informationen zu den neuen Lösungen SAP Focused Run, Focused Build und Focused Insights bereit.

Das Autorenteam kommt aus der Entwicklung, Beratung und Anwendung des SAP Solution Managers. Es lässt zahlreiche Erfahrungen aus der Praxis einfließen, die Ihnen helfen, den Lebenszyklus wesentlicher Applikationen ganzheitlich und optimiert zu verwalten. Viele Toolbox-Beispiele vermitteln die Problemstellungen und Lösungsansätze praxisnah.

Auch das Technology Team der s.Oliver Group nutzt SAP Solution Manager 7.2 zur Stabilisierung und Optimierung von Geschäftsprozessen. Basierend auf einem innovativen und agilen Organisationsansatz fließen sowohl IT-Expertise als auch das Know-how der Fachabteilungen in die integrierte und wertsteigernde Gestaltung der Geschäftsprozesse ein. Dieses Wissen wird vor allem die bevorstehende Migration in die SAP HANA Enterprise Cloud sowie die Implementierung von SAP S/4HANA maßgeblich prägen.

Diese Neuauflage von »SAP Solution Manager – Das Praxishandbuch« leistet einen wichtigen Beitrag zur Optimierung unternehmensweiter Prozesse auf Applikationsebene und gibt wertvolle Antworten auf die komplexen technischen Herausforderungen einer geschäftsprozessorientierten Systemlandschaft.

Ich wünsche Ihnen viel Spaß beim Lesen und Erkunden neuer und interessanter Lösungsansätze.

Volker Christ
Mitglied der Geschäftsführung und CFO
s.Oliver Group

Einleitung

Der Funktionsumfang des SAP Solution Managers ist von Version zu Version immer mehr gewachsen. Seit seiner ersten allgemein verfügbaren Veröffentlichung im Jahr 2001 in Version 2.0 hat SAP viel investiert und das Tool kontinuierlich weiterentwickelt. Dazu wurden Rückmeldungen der Kunden und Organisationen wie der Deutschsprachigen SAP-Anwendergruppe e. V. (DSAG) aufgenommen. Von diesen Anregungen wurde mit der Zeit vieles umgesetzt. Die Funktionalität, die bereitgestellten Inhalte und das Angebot an Services ist mittlerweile sehr umfassend, und der SAP Solution Manager hat sich zu einem ausgereiften Produkt entwickelt.

Mehr als manch einer glaubt ...

Den SAP Solution Manager zu verstehen, bedeutet auch das komplette Leistungsspektrum und die Stärke der Integrationsmöglichkeiten zwischen den einzelnen Funktionen, die der SAP Solution Manager bietet, zu kennen. Oft treffen wir in Projekten auf verschiedene Vorurteile der Projektmitglieder auf Seiten des Kunden. Einige nutzen den SAP Solution Manager schon seit vielen Jahren, und doch sind ihnen die umfassenden Funktionen, die er bietet, nicht vollständig bekannt. Andere fangen gerade erst an, sich mit dem SAP Solution Manager zu beschäftigen und sich einzuarbeiten.

Wir, das sechsköpfige Autorenteam, wollen in diesem Praxishandbuch zu SAP Solution Manager 7.2 unsere Erfahrung aus vielen Projekten mit Ihnen teilen. In Projekten gilt es immer, die individuellen Anforderungen und Zielsetzungen zu beachten. Ein Mehrwert durch den Einsatz des SAP Solution Managers ergibt sich oft, wenn alle Nutzungsmöglichkeiten und sein gesamter Funktionsumfang berücksichtigt werden. Die Möglichkeit, in *einem* Tool ein Monitoring und Alerting mit einem IT-Servicemanagement und der Verwaltung von Änderungen sowie einem Testmanagement basierend auf Ihren individuellen Geschäftsprozessen zu integrieren, ist die Stärke des SAP Solution Managers.

Ziel dieses Buches

Dieses Praxishandbuch soll Ihnen nicht nur einen Überblick über die Funktionen bieten und eine Grundlage für die Arbeit mit diesen Werkzeugen schaffen, es stellt Ihnen darüber hinaus auch eine Vielzahl von Schritt-für-Schritt-Anleitungen zur Einrichtung und Bedienung der wichtigsten Funktionen bereit. Die besondere Komplexität einiger Funktionen wirkt sich zumeist direkt auf den Umfang der jeweiligen Kapitel aus. Wie ausführlich wir eine Funktion behandeln, ist jedoch kein direkter Indikator für deren potenziellen Mehrwert bzw. den Funktionsumfang. Oft sind Funktionen im SAP Solution Manager relativ schnell initial aktiviert. Das eigentliche Projekt beginnt aber erst, wenn Sie sich mit den gesammelten und bereitgestellten Daten und Information beschäftigen und die für Ihr Unternehmen notwendigen Konzepte und Maßnahmen ableiten.

Grundsätzlich richtet sich dieses Praxishandbuch an alle, die sich einen Überblick über die Funktionen im SAP Solution Manager verschaffen wollen. Somit adressiert es gleichermaßen Systemadministrator*innen, Support-Mitarbeiter*innen, Projektmanager*innen und alle anderen Interessierten – mit dem Ziel, einen umfassenden Einstieg in die Welt des SAP Solution Managers zu bieten. In den einzelnen Kapiteln werden die Zusammenhänge zwischen Customizing-Einstellungen und den Prozessen dargestellt. Sie bieten jedoch auch die notwendige Tiefe, um sich detailliert mit den Funktionen auseinanderzusetzen. Damit sollte es Ihnen möglich sein, den individuellen Mehrwert des SAP Solution Managers abzuschätzen und erfolgreich zu nutzen.

Behandelter Release-Stand

Version 7.2 des SAP Solution Managers ist seit August 2016 für SAP-Kunden verfügbar. Im Vergleich zur Vorgängerversion hat SAP vor allem in das neue Prozessmanagement – mit der Möglichkeit, Geschäftsprozesse auf Basis von *Business Process Model and Notation* (BPMN) 2.0 zu modellieren – und in die neugestaltete Test-Suite investiert. Diese Anwendungen sind komplett webbasiert und bieten umfassende Integrationsmöglichkeiten. Die Work Center wurden durch das neue SAP-Fiori-basierte *SAP Solution Manager Launchpad* abgelöst. SAP-Kunden mit einem gültigen Wartungsvertrag können SAP Solution Manager 7.2 auf einer SAP-HANA-Datenbank sogar lizenzkostenfrei nutzen.

Alle in diesem Buch beschriebenen Funktionen basieren auf dem Stand des Support Package Stacks (SPS) 11 zu SAP Solution Manager 7.2. Wo möglich, wird ein Ausblick auf die Neuerungen, die mit dem SPS12 kommen, gegeben.

Gliederung und Aufbau

In diesem Praxishandbuch werden folgende Themen beleuchtet und stets mit den Erfahrungen aus unseren Projekten angereichert:

- **Kapitel 1**, »SAP Solution Manager 7.2 – Funktionsüberblick«, gibt einen Überblick über die Einsatzmöglichkeiten von SAP Solution Manager 7.2. Wir gehen auf die Möglichkeiten der Nutzung der IT Infrastructure Library (ITIL) ein und stellen die wichtigsten Neuerungen vor. Focused Solutions, die Optionen der SAP Cloud Appliance Library (CAL) und von SAP Activate erläutern wir in diesem Kapitel ebenso wie neue Schnittstellen, die den SAP Solution Manager nach außen öffnen. Das Kapitel wird mit den Nutzungsrechten für SAP-Kunden abgeschlossen.
- **Kapitel 2**, »Grundkonfiguration«, liefert Ihnen wichtige Informationen zur Grundkonfiguration eines SAP-Solution-Manager-7.2-Systems, in-

klusive der obligatorischen Konfigurationsaufgaben. Wir beschreiben, wie verwaltete Systeme und die Embedded Search konfiguriert werden. Abschließend gehen wir auf die Anlage der Benutzer mit der Benutzerverwaltung ein.

- **Kapitel 3**, »Prozessmanagement«, stellt Ihnen umfassende Informationen zu dem Prozessmanagement und der Lösungsdokumentation bereit, die mit SAP Solution Manager 7.2 implementiert wurden. Sie erhalten einen Überblick über die Funktionen und Integrationsmöglichkeiten. Die Schwerpunkte bilden dabei die Frage, wie man eine Lösung dokumentiert, und die Verwaltung des Lebenszyklus einer Lösung.
- In **Kapitel 4**, »IT-Servicemanagement« (ITSM), erhalten Sie detaillierten Einblick in die Funktionen für die Umsetzung der ITIL-Prozesse Incident Management, Problem Management, Service Request Management, Service Catalogue Management und Service Level Management. Neben der Volltextsuche gehen wir auch auf ITSM Analytics ein. Wir zeigen außerdem, welche Vorteile das ITSM im Zusammenhang mit SAP HANA als Datenbank für den SAP Solution Manager aufweist.
- **Kapitel 5**, »Projektmanagement«, bietet einen Einblick in das IT-Projektmanagement (IT-PPM), das ebenfalls Teil von SAP Solution Manager 7.2 ist. Hier wird dargestellt, wie Sie den Funktionsumfang nutzen können, um Projekte zu verwalten und zu steuern. Des Weiteren zeigen wir Ihnen, wie Sie das IT-PPM integrativ mit den weiteren SAP-Solution-Manager-Szenarien nutzen können.
- In **Kapitel 6**, »Anforderungsmanagement«, stellen wir eine weitere noch recht neue Funktion in SAP Solution Manager 7.2 vor. Sie erhalten darüber hinaus detaillierte Informationen zu den Integrationsmöglichkeiten mit dem Prozessmanagement, dem Projektmanagement und dem Change Request Management. Eine Beschreibung der SAP-Fiori-Applikation *Meine Geschäftsanwendungen* rundet dieses Kapitel ab.
- **Kapitel 7**, »Change Control Management«, liefert Ihnen einen umfassenden Einblick in dieses Thema. Neben Grundlagen zum Change Request Management stellen wir Ihnen in diesem Kapitel die Funktionsweisen des Quality Gate Managements, wichtige übergreifende Funktionen von Change Request Management und Quality Gate Management sowie die verfügbaren Transportmanagementwerkzeuge vor.
- **Kapitel 8**, »Change Request Management«, beschreibt ausführlich die Elemente und Funktionen des Change Request Managements. Sie erfahren nicht nur, wie Sie Änderungen in Ihren Systemen revisionssicher nachverfolgen und dokumentieren, sondern auch, wie Sie mithilfe von Prüffunktionen Transporte risikoarm importieren. Die Möglichkeiten

der Integration mit anderen Szenarien in SAP Solution Manager 7.2 bilden den Abschluss dieses Kapitels.

- **Kapitel 9**, »Test-Suite«, beschreibt die Funktionalitäten für das Testmanagement in SAP Solution Manager 7.2. Wir stellen den Funktionsumfang der Test-Suite anhand eines typischen Testprozesses vor und zeigen die Testautomatisierung und Änderungsanalyse. Ebenso schildern wir die wesentlichen Schritte zur Grundkonfiguration des Szenarios.
- In **Kapitel 10**, »Technischer Betrieb«, wird Ihnen vermittelt, welche Frameworks SAP Solution Manager 7.2 für die technische Überwachung der Systemlandschaft bereitstellt. Wir erläutern, wie der Betrieb einer SAP-Systemlandschaft mithilfe verschiedener Tools vereinfacht werden kann. Abgerundet wird dieses Kapitel durch den Erfahrungsbericht eines SAP-Kunden, der ein umfangreiches Monitoring-Konzept für seine SAP-Systemlandschaft umgesetzt hat.
- In **Kapitel 11**, »Fachlicher Betrieb«, werden die Funktionen behandelt, die der SAP Solution Manager bietet, um Geschäftsprozesse nahezu ausfallfrei zu betreiben. Sie werden durch die Möglichkeiten der Überwachung von Schnittstellen, Hintergrundjobs und Dateninkonsistenzen geführt, um Geschäftsprozesse möglichst robust gestalten zu können.
- **Kapitel 12**, »Verwaltung kundeneigener Entwicklungen«, stellt Ihnen die Funktionen in SAP Solution Manager 7.2 vor, mit denen Sie kundeneigene Entwicklungen und Objekte über deren gesamten Lebenszyklus hinweg verwalten und überwachen können. Wir beschreiben verschiedene Werkzeuge und Applikationen aus diesem Bereich.
- In **Kapitel 13**, »Focused Solutions«, befassen wir uns intensiv mit den Focused Solutions Focused Build und Focused Insights, die Sie als Add-on zu Ihrem SAP-Solution-Manager-System installieren können. Es handelt sich hierbei um schlüsselfertige, integrative Lösungen, die über die Standardszenarien von SAP Solution Manager 7.2 hinausgehen. Als dritte Lösung bietet SAP das Produkt SAP Focused Run an, das sich an Kunden sowie Service Provider mit speziellen Anforderungen an den Betrieb von SAP-Systemlandschaften richtet.
- In **Kapitel 14**, »SAP Solution Manager und SAP S/4HANA«, zeigen wir Ihnen, wie Sie SAP Solution Manager 7.2 optimal in den verschiedenen Projektphasen einer Einführung von SAP S/4HANA unterstützt. Einige der bereitgestellten Funktionen sollten Sie bereits vor dem eigentlichen Projektstart in Betracht ziehen.

- In **Kapitel 15**, »Weitere Funktionen«, stehen einige weitere Funktionen im Mittelpunkt, die das Leistungsspektrum von SAP Solution Manager 7.2 abrunden. Dazu gehören Datenvolumenmanagement, SAP-Engagement und Servicelieferung, Systemempfehlungen und die Embedded Search basierend auf TREX.

Informationskästen

In hervorgehobenen Informationskästen finden Sie in diesem Buch Inhalte, die wissenswert und hilfreich sind, aber etwas außerhalb der eigentlichen Erläuterung stehen. Damit Sie diese Informationen sofort einordnen können, haben wir die Kästen mit entsprechenden Symbolen gekennzeichnet:

- [«] In Kästen, die mit diesem Symbol gekennzeichnet sind, finden Sie Informationen zu *weiterführenden Themen* oder wichtigen Inhalten, die Sie sich merken sollten.
- [!] Dieses Symbol weist Sie auf *Besonderheiten* hin, die Sie beachten sollten. Es *warnt Sie* außerdem vor häufig gemachten Fehlern oder Problemen, die auftreten können.
- [+] Die mit diesem Symbol gekennzeichneten *Tipps* geben Ihnen spezielle Empfehlungen aus unserer Projektpraxis, die Ihnen die Arbeit erleichtern können.
- [zB] *Beispiele*, durch dieses Symbol kenntlich gemacht, weisen auf Szenarien aus der Praxis hin und veranschaulichen die dargestellten Funktionen.

Danksagung

Bedanken möchten wir uns an dieser Stelle bei unseren Arbeitgebern, die uns Arbeitszeit und Systemzugriffe für die Überarbeitung dieses Buches zur Verfügung gestellt haben, sowie bei Kolleginnen und Kollegen für die Unterstützung bei diesem Buchprojekt. Ein großer Dank gilt auch unseren Kunden und ehemaligen Kunden, die mit ihren Erfahrungsberichten einen wertvollen Teil zu diesem Praxishandbuch beigetragen haben. Ganz herzlich möchten wir uns zudem beim Rheinwerk Verlag bedanken, insbesondere bei Frau Janina Schweitzer, die uns über den gesamten Projektzeitraum hinweg tatkräftig unterstützt hat.

Das gesamte Autorenteam wünscht Ihnen, liebe Leserinnen und Leser, viel Spaß beim Einarbeiten und Entdecken der interessanten Funktionalitäten und der Integrationsmöglichkeiten, die SAP Solution Manager 7.2 bietet.

René Allissat, **Markus Bechler**, **Eileen Danz**, **Andreas Hömer**, **Michael Markert** und **Timo Steinsberger**

Kapitel 1
SAP Solution Manager 7.2 – Funktionsüberblick

SAP Solution Manager 7.2 dient als zentrale Plattform für den täglichen Betrieb Ihrer Systemlandschaft sowie für die konsequente Weiterentwicklung Ihrer SAP-Lösungen.

Dieses Kapitel soll Ihnen einen ersten Einblick in die grundlegenden Funktionen von SAP Solution Manager 7.2 ermöglichen. Dazu stellen wir Ihnen zunächst die Einsatzmöglichkeiten des Werkzeugs vor und erläutern, wie die Prozesse der *IT Infrastructure Library* (ITIL) darin umgesetzt werden. Anschließend geben wir Ihnen einen Überblick über die wichtigsten Neuerungen in SAP Solution Manager 7.2 seit Support Package Stack (SPS) 5. Des Weiteren erfahren Sie, wie Sie SAP Solution Manager 7.2 mithilfe der SAP Cloud Appliance Library nutzen können. In den abschließenden Abschnitten gehen wir kurz auf die Einführungsmethode *SAP Activate, Application Programming Interfaces* (APIs) sowie Nutzungsrechte ein.

1.1 Einsatzmöglichkeiten des SAP Solution Managers

Betrieb von SAP-Lösungen

Für viele Kunden gilt der SAP Solution Manager nach wie vor als Werkzeug für den SAP-Basisbetrieb. Leider wird dabei oft außer Acht gelassen, dass der SAP Solution Manager in der aktuellen Version einen ganzen Strauß an Funktionen und Services bietet. Als zentrales Werkzeug für den Betrieb SAP-basierter Lösungen innerhalb der Systemlandschaft stellt der SAP Solution Manager eine Vielzahl von Informationen und Funktionen bereit. Die SAP-Basisadministration ist hier nur ein wichtiger Bereich. Sie wird mit diversen Möglichkeiten zur Überwachung, Steuerung und Kontrolle unterstützt. Gerade mit der zunehmenden technologischen Komplexität von Systemlandschaften wird eine zentrale Plattform zu deren Steuerung unverzichtbar.

Übergreifende Geschäftsprozesse

Geschäftsprozesse sind mittlerweile nicht mehr nur in einem System abgebildet, sondern erstrecken sich über verschiedenste Applikationen und

Technologien. Sie sollten deshalb auch unter diesem Gesichtspunkt betreut und überwacht werden. Nicht selten müssen geschäftskritische Prozesse an 365 Tagen im Jahr 24 Stunden am Tag verfügbar sein. Die *Lösungsdokumentation* in SAP Solution Manager 7.2, die Bestandteil des Szenarios *Prozessmanagement* ist, hilft dabei, die Geschäftsprozesse mit den damit einhergehenden technischen Funktionen zu verknüpfen und visuell darzustellen. Durch die Dokumentation können Sie IT und Fachbereiche näher zusammenbringen und schaffen gleichzeitig die Basis für ein Geschäftsprozess-Monitoring oder ein prozessbezogenes Testmanagement.

ITIL-Prozesse

Die Funktionen des *IT-Servicemanagements* (ITSM) und des *Change Control Managements* wie das *Change Request Management* (ChaRM), *Retrofit* oder das *Release Management* in Verbindung mit dem *IT-Portfolio- und Projektmanagement* (IT-PPM) ermöglichen die Bearbeitung von Vorfällen aller Art. Besonders im Kontext der ITIL-Prozesse wie Incident Management, Problem Management oder Change Management sowie bei deren Integration und technischer Verzahnung in die Infrastruktur zeigt sich die Stärke von SAP Solution Manager 7.2. Hauptziel dieser Prozesse ist es, einen möglichst störungsfreien Betrieb Ihrer SAP-Lösungen sicherzustellen. SAP Solution Manager 7.2 ist im Umfeld Ihrer SAP-Systemlandschaft daher die erste Wahl, wenn Sie sich die Frage stellen, welches Application-Lifecycle-Management-System am besten integriert agieren kann.

1.2 ITIL mit dem SAP Solution Manager

Im Allgemeinen wird die *IT Infrastructure Library* (ITIL) als De-facto-Standard angesehen, wenn es um bewährte Verfahren in IT-Organisationen geht. Die hier festgehaltenen Definitionen schaffen eine gemeinsame Terminologie für das IT-Servicemanagement (ITSM).

Standardverfahren

Aufgrund der Herausforderungen an ihre Wirtschaftlichkeit, Qualität und Stabilität werden IT-Organisationen gezwungen, ihre Leistungen zu standardisieren. Eine wesentliche Anforderung hierbei ist die Messbarkeit der erbrachten Leistungen. Dazu liefert die ITIL Vorschläge zu den Abläufen von IT-Services innerhalb des Lebenszyklus einer Anwendung. Diese Best Practices müssen nur noch an die individuellen Bedürfnisse der Unternehmen angepasst werden. Die Orientierung an den ITIL-Prozessen hat langfristige Vorteile für das gesamte Unternehmen.

Application Lifecycle Management

Mit dem SAP Solution Manager können ITIL-konforme Prozesse abgebildet und umgesetzt werden. Die Funktionen des Werkzeugs unterstützen Sie entlang des Softwarelebenszyklus. Sie werden in der Literatur oft in Verbindung mit den sechs Phasen des *Application Lifecycle Managements* (ALM) dargestellt:

1. Anforderungen definieren
2. Konzeption
3. Erstellen und Testen
4. Verteilen
5. Betrieb
6. Optimieren

Szenarien des SAP Solution Managers

Die einzelnen Prozesse und Funktionen des SAP Solution Managers während dieser Phasen sind in Abbildung 1.1 dargestellt. Diese Funktionen bilden auch die Schwerpunkte der Kapitel dieses Buches.

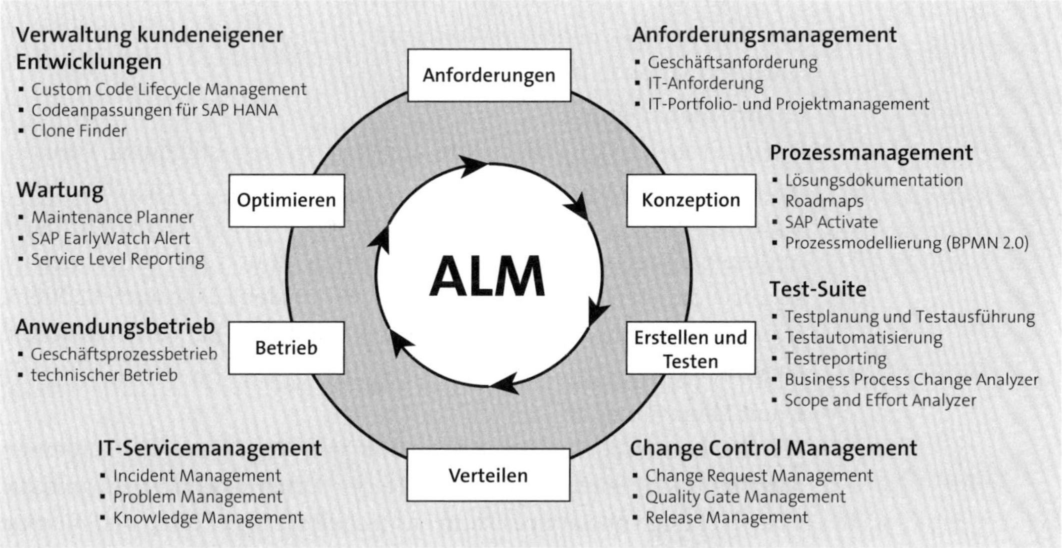

Abbildung 1.1 Szenarien innerhalb des Application Lifecycle Managements

ITIL-Zertifizierung

Im Jahr 2011 wurde der SAP Solution Manager in Version 7.1 als erste ITSM-Suite von *Pink Elephant* als *PinkVERIFYTM* für 15 ITIL-v3-Prozesse zertifiziert. PinkVERIFY ist ein Assessment-Service für ITSM-Tools des weltweit agierenden Trainings- und Beratungshauses Pink Elephant. Im Jahr 2016 erfolgte die erneute Zertifizierung für 15 ITIL-v3-Prozesse in der Version SAP Solution Manager 7.2.

Auch von *SERVIEW* wurde SAP Solution Manager 7.1 in der Kategorie »IT Service Management (ITIL)« ausgezeichnet und für 18 ITIL-v3-Prozesse zertifiziert. Die SERVIEW GmbH mit Sitz in Bad Homburg ist eine unabhängige Managementberatung mit Spezialisierung auf die Optimierung des Servicemanagements. Damit darf SAP den SAP Solution Manager offiziell als *SERVIEW CertifiedTool®* bezeichnen.

Zertifizierte Prozesse

Die folgende alphabetische Auflistung zeigt Ihnen, welche Funktionalität oder welches verfügbare Add-on in SAP Solution Manager 7.2 für welchen zertifizierten ITIL-v3-Prozess vorgesehen ist.

- **Availability Management**
  Mithilfe des Anwendungsbetriebs (*Application Operations*), und hier im Speziellen des technischen Monitorings und Alertings, kann die gesamte IT-Infrastruktur auf definierte Verfügbarkeitsziele hin überwacht werden (siehe auch Kapitel 10, »Technischer Betrieb«).
- **Capacity Management**
  Um ausreichende Kapazitäten der IT-Services und der IT-Infrastruktur sicherzustellen, können der *SAP EarlyWatch Alert* (siehe Abschnitt 10.8) und das *Service Availability Management* (siehe Abschnitt 10.9.1) hilfreiche Informationen liefern.
- **Change Management**
  Um den Lebenszyklus aller Änderungen zu steuern, stehen die Funktionen des Change Control Managements zu Verfügung. Allen voran unterstützt Sie das Change Request Management (ChaRM) dabei, sämtliche Änderungen revisionssicher zu dokumentieren und hilft Ihnen, negative Auswirkungen auf die IT-Services zu vermeiden (siehe auch Kapitel 7, »Change Control Management«, und Kapitel 8, »Change Request Management«).
- **Event Management**
  Für die kontinuierliche Überwachung von Konfigurationselementen (*Configuration Items*, kurz CIs) wie Server, Drucker, Router etc. und die Überwachung von Services kann das *technische Monitoring und Alerting* aus dem Bereich Application Operations verwendet werden (siehe Kapitel 10, »Technischer Betrieb«).
- **Financial Management für IT-Services**
  Um IT-Finanzressourcen möglichst wirtschaftlich zu verwenden und eine Abrechnung der Serviceleistungen gegenüber dem Kunden zu ermöglichen, kann eine Standardintegration des SAP Solution Managers in ein SAP-ERP-System mithilfe der *SAP Customer Relationship Management (CRM) Middleware* eingerichtet werden. Damit ist es z. B. möglich, Zeiten, die auf ein Ticket gebucht werden, für eine Kostenstelle zu verrechnen.
- **Incident Management**
  Mit dem Incident Management als Teil des ITSM steht im SAP Solution

Manager die Vorgangsart SMIN zur Verfügung. Über diese können Anwender*innen Störungen innerhalb eines Service melden, die dann innerhalb einer Support-Organisation bearbeitet werden – mit dem Ziel, den Service so schnell wie möglich wiederherzustellen (siehe Kapitel 4, »IT-Servicemanagement«).

- **IT Service Continuity Management**
  Die *Lösungsdokumentation* und das *Prozessmanagement* unterstützen Sie dabei, Risiken und deren Auswirkungen auf IT-Services zu verwalten. Den Prozessen können direkt Maßnahmen hinzugefügt werden, die eine gezielte Wiederherstellung von IT-Services beschreiben (siehe Kapitel 3, »Prozessmanagement«). Des Weiteren kann mit der *Test-Suite* die Wiederherstellung der IT-Services sichergestellt und dokumentiert werden (siehe Kapitel 9).
- **Knowledge Management**
  Um Wissen und Informationen zu erfassen und effizient innerhalb der Organisation verfügbar zu machen, stehen im SAP Solution Manager die *Wissensartikel* (Vorgangsart KNAR) zur Verfügung. Wissensartikel können im Bereich des ITSM mit anderen Vorgangsarten verknüpft werden, um Lösungen für Störungen oder Probleme bereitzustellen (siehe Abschnitt 4.4.3, »Knowledge Management – Arbeiten mit Wissensartikeln«). Mithilfe der *Embedded Search* besteht die Möglichkeit einer Volltextsuche über alle gespeicherten Wissensartikel.
- **Problem Management**
  Für das Verwalten von Problemen steht im SAP Solution Manager die Vorgangsart SMPR zur Verfügung. Störungen können einem Problem zugeordnet werden. Wurde das Problem gelöst, wird automatisch der Status der zugeordneten Störungen aktualisiert (siehe Abschnitt 4.4.2, »Problem Management«). Darüber hinaus kann die Lösung in einem Wissensartikel dokumentiert werden.
- **Release and Deployment Management**
  Um sicherzustellen, dass nur zuvor geprüfte Komponenten in die Produktivumgebung übergehen, kann ein Release mit den Möglichkeiten, die die *Test-Suite* bietet, vorab getestet werden (siehe Kapitel 9). Die Funktionen des Change Control Managements helfen, Releases zu planen und zu steuern sowie in die Produktivumgebung zu überführen (siehe Kapitel 8).
- **Request Fulfillment**
  Spezielle Arbeitsabläufe, die für die Bearbeitung von Serviceanforderungen (*Service Requests*) benötigt werden, können im SAP Solution Manager über das Serviceanforderungsmanagement abgebildet werden. Da-

rüber hinaus steht mit der Verwaltung von IT-Aufgaben eine weitere Funktionalität zur Verfügung, die Sie bei diesem ITIL-Prozess unterstützt. Beide werden in Kapitel 4, »IT-Servicemanagement«, beschrieben.

- **Service Asset and Configuration Management**
  Informationen zu Konfigurationselementen können im SAP Solution Manager über *IBase-Objekte* (Installed Base) bereitgestellt werden. Mit *SAP IT Infrastructure Management* (ITIM) steht dafür ergänzend ein lizenzpflichtiges Produkt zur Verfügung.
- **Service Catalogue Management**
  Für die sich im Betrieb befindlichen und geplanten Services können *Serviceprodukte* im SAP Solution Manager gepflegt und den Prozessen des ITSM zugeordnet werden (siehe Kapitel 4). Hier werden wesentliche Informationen zu den Services bereitgestellt.
- **Service Level Management**
  In den Serviceverträgen des SAP Solution Managers können die in den *Service Level Agreements* (SLA) vereinbarten Service Level dokumentiert werden. Die Einrichtung eines Service-Level-Reportings ermöglicht einen Standardbericht auf wöchentlicher Basis über die aktuellen Messwerte der in den SLAs definierten Key Performance Indicators (KPIs).
- **Service Portfolio Management**
  Auch um Services in Form eines Portfolios zu verwalten, können die Serviceprodukte im SAP Solution Manager verwendet werden.

1.3 Die wichtigsten Neuerungen in SAP Solution Manager 7.2 SPS05 bis SPS11

In diesem Abschnitt stellen wir Ihnen kurz die wesentlichen Neuerungen in SAP Solution Manager 7.2 vor. Den Schwerpunkt legen wir dabei auf die Neuerungen seit Erscheinen der letzten Auflage dieses Buches, d. h. seit SAP SPS05.

[»]

SPS vs. FPS

In der Product Availability Matrix von SAP ist ab SPS05 von Feature Pack Stacks (FPS) anstelle von Support Package Stacks die Rede. Wir verwenden in diesem Buch durchgehend die Bezeichnung Support Package Stack.

Prozessmanagement

Eine der tiefgreifendsten Veränderungen, die mit der Einführung von SAP Solution Manager 7.2 einher ging, war das im Vergleich zu SAP Solution Manager 7.1 grundlegend neue Konzept des Prozessmanagements. Mit den folgenden SPS hat sich noch einiges in diesem Szenario verändert. Bestehende Funktionen wurden verbessert. Hier sind beispielsweise Verbesserungen in der Handhabung des grafischen Editors und der Lebenszyklusfunktionen zu nennen. Auch die Verwaltung von Dokumenten wurde erweitert, vor allem um die Möglichkeit von Massen-Uploads, -Downloads und der Massenpflege von Attributen.

Daneben hat SAP neue Funktionen, Konzepte und Elemente entwickelt. Beispielsweise wurde das Deployment-Konzept als Nachfolger von Template-Rollouts entwickelt, Sichten und Umfänge wurden zusammengefasst und eine umfassende Elementhistorie wurde eingeführt. Alle Informationen zum Prozessmanagement finden Sie in Kapitel 3.

IT-Servicemanagement

Auch das ITSM konnte seit SPS05 von einigen größeren Änderungen profitieren (siehe Kapitel 4). Mit der neuen SAP-Fiori-Applikation **Meldungen bearbeiten und versenden** können Support-Mitarbeiter*innen Meldungen auf einfache und intuitive Weise bearbeiten.

Eine weitere lang ersehnte Neuerung ist der *Rich Text Editor*. Seit SPS06 haben Sie damit die Möglichkeit, formatierte Langtexte einzugeben und Screenshots oder andere Bildern darin einzubetten. Des Weiteren stehen Ihnen verbesserte szenarioübergreifende Dashboards zur Verfügung. Das SAP-BW-Reporting wurde verbessert und die Integration in das Projektmanagement verstärkt.

Projektmanagement

Die Änderungen im Bereich Projektmanagement beziehen sich auf die Integration des *IT-Portfolio und Projektmanagements* (IT-PPM) in die Szenarien von SAP Solution Manager 7.2. So wurde beispielsweise eine neue Integrationsart ins ChaRM, die *kopfbasierte Integration*, eingeführt.

Auch die Integration in die Test-Suite wurde überarbeitet. Es ist nun möglich, die zugeordneten Testpläne im Projekt anzuzeigen. Neben weiteren kleineren Verbesserungen bei der Integration zwischen dem IT-PPM und SAP Solution Manager wurden vor allem die projektbezogenen Dashboards ergänzt und erweitert. Ausführliche Informationen zu den Neuerungen finden Sie in Kapitel 5, »Projektmanagement«.

Anforderungsmanagement

Bis SAP Solution Manager 7.2 SPS11 hat auch das das Anforderungsmanagement einige Neuerungen erfahren. Mit SPS05 wurde die neue Vorgangsart für *Standardänderungen* im ChaRM ergänzt. Diese wird vom Änderungsantrag ebenso wie von der IT-Anforderung unterstützt. Mithilfe einer Standardänderung können Sie risikoarme Änderungen durchführen. Durch eine weitere Neuerung können Sie auch unverknüpfte Änderungsdokumente zu einer IT-Anforderung zuordnen.

Des Weiteren wurde die 1:1-Beziehung zwischen *Geschäftsanforderung* und *IT-Anforderung* aufgelöst. Umfangreiche Geschäftsanforderungen können Sie nun auf mehrere IT-Anforderungen verteilen. Dies ist sinnvoll, wenn die Anforderungen von unterschiedlichen Entwicklungsgruppen bewertet werden müssen. Genauso ist es nun auch möglich, eine IT-Anforderung ohne eine vorangehende Geschäftsanforderung zu verwenden. Zusätzliche Neuerungen im Bereich des Anforderungsmanagements sind die stärkere Integration in das Projektmanagement sowie erweiterte Prüfungsmöglichkeiten auf Mussfelder (siehe Kapitel 6).

Change Control Management und ChaRM

Mit dem Change Control Management sowie dem ChaRM als dessen Bestandteil verwalten und steuern Sie sämtliche Änderungen in Ihren IT-Systemlandschaften transparent und revisionssicher. Dabei wird sichergestellt, dass Änderungen nicht miteinander in Konflikt geraten und ohne Unterbrechung des laufenden Geschäftsbetriebs durchgeführt werden können. Diese Prozesse, Methoden und Werkzeuge wurden fortlaufend weiterentwickelt, verbessert und erweitert. Insbesondere in den Bereichen transportbezogene Prüfungen sowie im ChaRM wurden zahlreiche Funktionalitäten ergänzt und weiterentwickelt (siehe Kapitel 8). Darüber hinaus wurden einige Standalone-Erweiterungen im Rahmen von Focused Build bereitgestellt (siehe Abschnitt 13.1.8, »Erweiterungen für das Change Control Management«).

Test-Suite

Die Test-Suite ist die in den SAP Solution Manager 7.2 integrierte Lösung für das Testmanagement. Bis SPS11 wurde die Test-Suite kontinuierlich verbessert und erweitert (siehe Kapitel 9). Es wurden zahlreiche Funktionalitäten ergänzt, die den Arbeitsalltag von Testmanager*innen und Tester*innen deutlich vereinfachen.

Technischer Betrieb

Der technische Betrieb (siehe Kapitel 10) und seine Funktionen profitieren in erster Linie von einer erhöhten Stabilität des Monitorings sowie von der Erweiterung der Monitoring-Vorlagen um eine Vielzahl von Metriken. Ferner wurde der *Cloud-* und *hybride Betrieb* stärker in den Mittelpunkt gerückt, was den SAP Solution Manager für die Zukunft bestens rüstet.

Die Oberflächen der meisten Funktionen wurden darüber hinaus vereinheitlicht. Im Bereich der technischen Administration stehen Ihnen außerdem verschiedene neue Möglichkeiten zur Verfügung, um Ihre IT-Tätigkeiten zu planen und zu synchronisieren.

Fachlicher Betrieb

Für den fachlichen Betrieb (siehe Kapitel 11) gibt es im Bereich des Datenkonsistenzmanagements diverse neue Möglichkeiten, um Prüfungen und Analysen auszuführen. Der Bereich des Geschäftsprozess-Monitorings profitiert von den Neuerungen und Anpassungen im Prozessmanagement. Des Weiteren stehen auch hier eine Vielzahl an neuen Metriken und Möglichkeiten zur Verfügung, um Geschäftsprozesse zu überwachen. Der Bereich der Geschäftsprozessanalyse wurde um verschiedene Analysemöglichkeiten erweitert (z. B. Benchmarking, Mustererkennung, Verarbeitungsfortschritt).

Verwaltung kundeneigener Entwicklungen

Die Funktionen für die Verwaltung kundeneigener Entwicklungen sind für viele Kunden ein unerlässlicher Baustein für die Vorbereitung von SAP-S/4HANA-Projekten geworden (siehe Kapitel 12). Kern dieses Szenarios ist eine Bibliothek sämtlicher Eigenentwicklungen. Auf dieser Bibliothek bauen Werkzeuge wie das *Qualitäts-Cockpit* und das *Stilllegungs-Cockpit* auf. Dank neuer Funktionen für das Stilllegungs-Cockpit, wie dem *Ausschlusslisten-Monitor*, können mutmaßlich nicht benötigte Entwicklungen unter Quarantäne gesetzt werden. Bis SPS11 wurde insbesondere auch die Konfiguration des Szenarios vereinfacht.

Focused Solutions

Ausgewählte zusätzliche Funktionen für den SAP Solution Manager wurden früher durch SAP als sogenannte *Consulting Add-ons* angeboten. Mit dem Wechsel von SAP Solution Manager 7.1 auf 7.2 und der Anpassung der Nutzungsrechte, wie in Abschnitt 1.7, »Nutzungsrechte für Kunden«, beschrieben, hat SAP die *Focused Solutions* eingeführt.

Derzeit werden drei Focused Solutions mit verschiedenen Anwendungsbereichen angeboten:

- **Focused Build**
  Focused Build bietet erweiterte Funktionalität in Bezug auf den von der IT-Anforderungen bis zum Deployment einer Lösung (*Requirement-to-Deploy*). Die Lösung verfolgt eine Schnellstartmethodik, um den Anforderungs- und Entwicklungsprozess in agilen Projekten, einschließlich professioneller Tests, Go-live und Hypercare-Phase, zu bewerkstelligen.
- **Focused Insights**
  Focused Insights ermöglicht das einfache Erstellen und Verteilen zielgruppenspezifischer Dashboards, die auf moderne SAP-Oberflächen und -Designrichtlinien setzen.
- **SAP Focused Run**
  SAP Focused Run ist eine separat lizenzierbare Lösung für Serviceanbieter, die ihre Kunden mit einer zentralen, skalierbaren und automatisierten Umgebung unterstützen wollen. Damit können tausende Systeme mit hohem Volumen überwacht werden. Als Plattform wird SAP HANA genutzt.

Wir gehen in Kapitel 13 detaillierter auf die drei verfügbaren Focused Solutions ein.

1.4 Erste Schritte mit SAP Solution Manager 7.2 in der SAP Cloud Appliance Library

SAP Cloud Appliance Library

SAP stellt mit der *SAP Cloud Appliance Library* (CAL) eine Möglichkeit bereit, schnell und einfach Zugriff auf neue Produkte und Innovationen zu erhalten. Die CAL beinhaltet eine Vielzahl von vorkonfigurierten Systemen und Lösungen (siehe Abbildung 1.2). Sie wird in Zukunft immer weiter ausgebaut werden. Anders als bei einer On-Premise-Installation mit einer Bereitstellungszeit von mehreren Tagen oder Wochen kann ein System in der CAL in wenigen Minuten bereitgestellt werden.

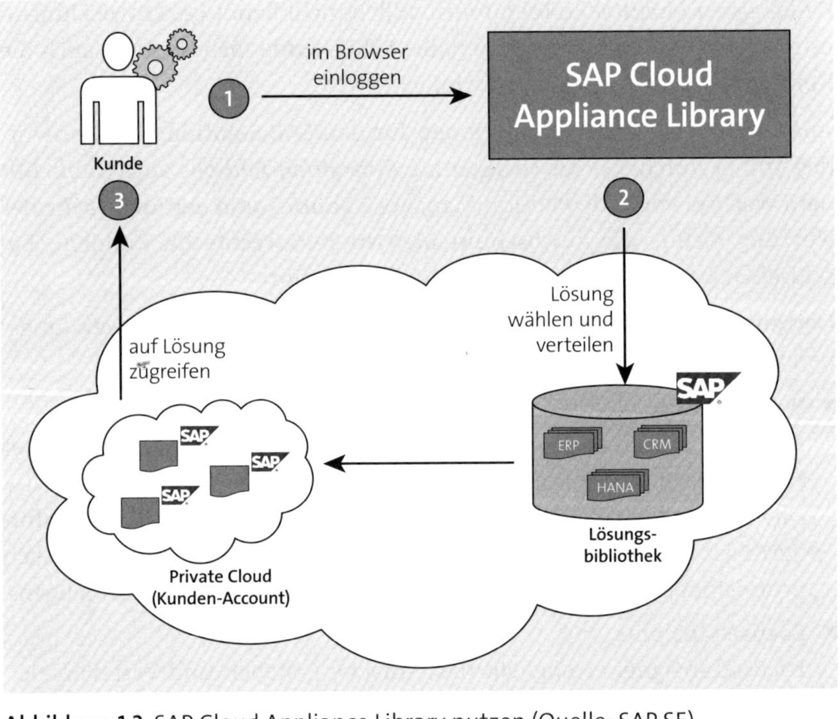

Abbildung 1.2 SAP Cloud Appliance Library nutzen (Quelle: SAP SE)

Einsatzszenarien

Sie können die CAL für verschiedene Szenarien verwenden. Die häufigsten Einsatzszenarien sind die Evaluierung neuer Produkte und die Durchführung von Machbarkeitsstudien (*Proof-of-Concept*). Darüber hinaus können Sie die CAL jedoch auch für die Programmierung und das Testen von Eigenentwicklungen oder für den Aufbau von Demoszenarien nutzen. Auch Schulungen können in der CAL auf einem Cloud-System durchgeführt werden. Dies verhindert das Auftreten von Problemen durch falsche Bedienung der eigenen Systeme und verschiebt die Systemlast auf das Cloud-System.

Bereitstellung der Systeme

SAP stellt in der CAL zunächst nur die vorgefertigten System-Images bereit. Das Hosting der Systeme muss jedoch von jedem Kunden selbst übernommen werden. Sie können die Images aktuell bei einem der bekannten Private-Cloud-Anbieter hosten lassen.

[«]

Unterstützte Private-Cloud-Anbieter

SAP unterstützt aktuell folgende Private-Cloud-Anbieter:

- Amazon Web Services (AWS, *https://aws.amazon.com*)
- Microsoft Azure (*https://azure.microsoft.com/*)
- Google Cloud (*https://cloud.google.com*)

Um ein System aus der CAL nutzen zu können, müssen Sie die in den folgenden Abschnitten erläuterten Schritte durchführen.

1.4.1 Account bei einem Cloud-Anbieter und für die SAP Cloud Appliance Library erstellen

Zunächst müssen Sie einen Account bei einem der genannten Private-Cloud-Anbieter anlegen. Dieser Account wird im nächsten Schritt in der CAL hinterlegt und dient als Basis für die Verteilung der Systeme. Die Abrechnung der Gebühren für die vom Cloud-Anbieter bereitgestellte Hardware erfolgt über die hinterlegten Abrechnungsdaten.

Beispiel: Amazon Web Services

Einen Überblick über diesen Prozess am Beispiel der Amazon Web Services gibt das unter folgender URL von SAP bereitgestellte Video: *http://s-prs.de/v561509*

[!]

Schwierigkeiten bei der Abrechnung

Die Abrechnung ist bei den Private-Cloud-Anbietern nur durch das Hinterlegen von Kreditkarteninformationen möglich. Unsere Erfahrung zeigt, dass diese Methode in Konzernen oft zu Problemen führt. Sollte dies in Ihrem Unternehmen ebenfalls ein Problem darstellen, empfehlen wir Ihnen, bei einem Beratungshaus anzufragen. Beratungshäuser können die Systeme für Sie bereitstellen und die Kosten über gängige Abrechnungsverfahren an Sie weiterverrechnen.

Cloud- und CAL-Account verknüpfen

Nachdem Sie einen Account bei einem Private-Cloud-Anbieter erstellt haben, müssen Sie noch einen Account für die CAL anlegen:

1. Rufen Sie hierzu die folgende Internetadresse auf: *http://cal.sap.com*

2. Erstellen Sie einen neuen Account, oder melden Sie sich mit einem bestehenden SAP-Service-Benutzer (S-User) an.
3. Um ein neues CAL-Image verteilen zu können, müssen Sie zunächst Ihr Cloud-Provider-Konto mit Ihrem CAL-Konto verknüpfen. Diesen Schritt führen Sie, wie in Abbildung 1.3 gezeigt, unter dem Menüpunkt **Konten** durch. Zum Herstellen der Verbindung benötigen Sie die durch Ihren Cloud-Anbieter bereitgestellte Zugangsinformationen, d. h. den Zugriffsschlüssel und den Secret Key.

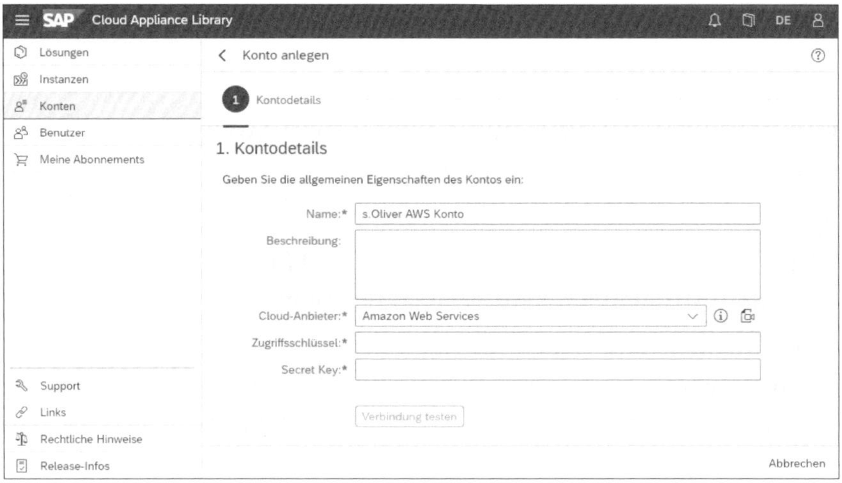

Abbildung 1.3 Cloud Provider Account verknüpfen

Einen Überblick über diesen Prozess gibt das unter folgender URL von SAP bereitgestellte Video: *http://s-prs.de/v561510*

1.4.2 System konfigurieren und verteilen

Image einrichten

Sie haben nun alle vorbereitenden Maßnahmen durchgeführt. Im letzten Schritt müssen Sie das gewünschte System-Image in der CAL auswählen und konfigurieren. Abbildung 1.4 zeigt die aktuell vorhandenen SAP-Solution-Manager-Images. Je nach Einsatzszenario können Sie hier eine passende Lösung wählen.

Nachdem Sie sich für eine Lösung entschieden haben, klicken Sie auf **Instanz anlegen**. Im nächsten Schritt wird Ihnen ein Überblick über das Image angezeigt, ebenso erhalten Sie eine Empfehlung zur Dimensionierung der Hardware. Darüber hinaus wird Ihnen eine erste Berechnung der zu erwartenden Betriebskosten für das System angezeigt.

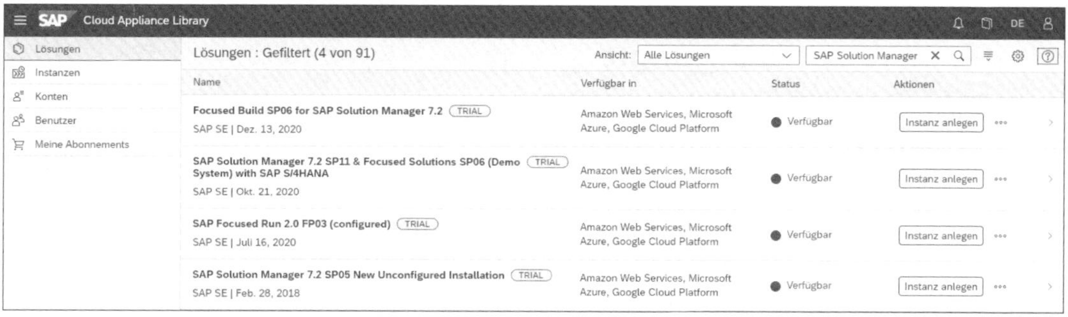

Abbildung 1.4 Übersicht der verfügbaren Lösungen in der SAP Cloud Appliance Library

Einen Überblick über diesen Prozess geben die unter folgender URL von SAP bereitgestellten Videos: *http://s-prs.de/v791812*

Informationen zur Lizenzierung beachten

Für die meisten CAL-Images gibt es einen kostenlosen Testzeitraum (meist 30 Tage). Ist dieser Zeitraum abgelaufen, müssen Sie Lizenzgebühren an SAP verrichten. Beachten Sie unbedingt: Sobald Sie beim Anlegen einer Instanz den allgemeinen Geschäftsbedingungen zustimmen, beginnt dieser Testzeitraum! Nach dem Ablauf des Testzeitraums ist es Ihnen weiterhin möglich, die aktuelle CAL-Instanz zu löschen oder dasselbe CAL-Image erneut zu verteilen.

Systemzugriff

Nach der Bereitstellung des SAP-Solution-Manager-Systems haben Sie verschiedene Zugriffsmöglichkeiten:

- Zugriff auf Betriebssystemebene (Remote-Desktop, Konsole)
- Zugriff über das SAP GUI (VPN-Verbindung muss eingerichtet sein)
- Zugriff über den Webbrowser (benötigt ebenfalls eine VPN-Verbindung)

Wenn Sie auf Ihrem Cloud-System hauptsächlich mit den browserbasierten Oberflächen arbeiten wollen, empfehlen wir den Zugriff über den Remote-Desktop. Andernfalls kann es bei der zeitgleichen Verwendung mehrerer Systeme zu Problemen kommen.

Benutzer

SAP stellt im Auslieferungszustand zwei Benutzer bereit, mit denen auf das System zugegriffen werden kann. Hierbei handelt es sich um den Administrationsbenutzer `DDIC` und einen Demobenutzer mit der Benutzerkennung `solman`. Letzterer besitzt alle erforderlichen Berechtigungen, um die Standardszenarien im SAP Solution Manager ausführen zu können.

1.5 Einführungsmethode der nächsten Generation – SAP Activate

Methode für SAP S/4HANA

SAP hat mit *SAP Activate* eine neue Vorgehensweise für Projekte zur Implementierung von SAP S/4HANA ins Leben gerufen. SAP Activate beinhaltet alle Hilfsmittel, Vorlagen, Ablaufpläne und Checklisten, die laut SAP erforderlich sind, um ein SAP-S/4HANA-Projekt, sei es eine Neueinführung oder das Upgrade eines bestehenden Systems auf SAP S/4HANA, erfolgreich durchführen zu können. Diese Materialien werden im Rahmen von *SAP-Roadmaps* über das Projektmanagement im SAP Solution Manager bereitgestellt (siehe Abschnitt 5.7 »SAP-Roadmaps«).

SAP Best Practices

Mit SAP Activate werden ebenfalls die sogenannten *SAP Best Practices* ausgeliefert, die Sie über einen Download in Ihr SAP-Solution-Manager-System einspielen können. In Abschnitt 3.7, »SAP Best Practices für die Lösungsdokumentation«, gehen wir näher auf die vorhandenen SAP Best Practices ein und zeigen Ihnen am Beispiel der SAP Best Practices für die Lösungsdokumentation, wie Sie diese in Ihrem eigenen System verwenden können.

1.6 Offen für alles – neue APIs

Mit SAP Solution Manager 7.2 hat SAP auch neue Schnittstellen (APIs) zur Verfügung gestellt. Seit Release 7.1 des SAP Solution Managers macht SAP große Schritte in Richtung der Offenheit für Drittherstellerapplikationen und Eigenentwicklungen, die Daten und Funktion des SAP Solution Managers nutzen können. SAP setzt vieles daran, SAP Solution Manager 7.2 so gut wie nur möglich auch für die Add-ons von Partnerunternehmen zu öffnen. Dafür bietet SAP die APIs an.

Prozess-management-API

Eine der wichtigsten APIs in SAP Solution Manager 7.2 ist die *Prozessmanagement-API*. Diese Schnittstelle ermöglicht es, ein Drittherstellertool wie ARIS der Firma Software AG mit SAP Solution Manager 7.2 zu verbinden, um eine Synchronisierung zwischen den modellierten Geschäftsprozessen und den Prozessschritten sicherzustellen. Ein anderes Tool, das sich mit SAP Solution Manager 7.2 über diese API verbinden lässt, ist das Modellierungswerkzeug Signavio. Hier haben Sie ebenfalls die Möglichkeit, Ihre Entitäten innerhalb der Lösungsdokumentation über die Schnittstelle synchron zu halten. Weiterführende Informationen zur Prozessmanagement-API finden Sie im SAP Community Wiki unter der URL *http://s-prs.de/v561512*.

1.7 Nutzungsrechte für Kunden

Das Konzept der Nutzungsrechte für SAP-Kunden wurde mit SAP Solution Manager 7.2 vereinfacht. Die neuen Regelungen schaffen Klarheit, welche SAP-Solution-Manager-Szenarien mit welchem SAP-Support-Vertrag verwendet werden können. Sie gelten für alle Versionen des SAP Solution Managers, auch rückwirkend.

SAP Enterprise Support

Kunden mit den Support-Vertragsmodellen *SAP Enterprise Support, Product Support for Large Enterprises* (PSLE), *SAP ActiveAttention* und *SAP MaxAttention* können ihre ganze IT-Landschaft, also auch Nicht-SAP-Lösungen, mit dem SAP Solution Manager verwalten. Des Weiteren können sie den vollen Funktionsumfang des SAP Solution Managers nutzen.

SAP Standard Support

Demgegenüber können Kunden mit dem Modell *SAP Standard Support* mit dem SAP Solution Manager nur SAP-Komponenten verwalten. Folgende Funktionen dürfen darüber hinaus von SAP-Standard-Support-Kunden im SAP Solution Manager nicht genutzt werden:

- Custom Code Management
- Business Process Change Analyzer
- Scope and Effort Analyzer
- SAP Test Automation
- Business Process Analytics
- Deployment Best Practices
- End User Experience Monitoring

Oft fragen sich SAP-Kunden, ob eine Nachlizenzierung basierend auf einer Preisliste möglich ist. Der Tenor von SAP ist diesbezüglich eindeutig: Dies ist nicht möglich. Um die Funktionen zu nutzen, die ausschließlich für SAP-Enterprise-Support-Kunden zur Verfügung stehen, müssen SAP-Standard-Support-Kunden mindestens auf den SAP Enterprise Support umsteigen.

IT-Portfolio- und Projektmanagement

Für das in den SAP Solution Manager integrierte IT-PPM wurde die Nutzung wie folgt geregelt: Allen SAP-Kunden steht das Projektmanagement in vollem Umfang zur Verfügung, während das IT-Portfoliomanagement zusätzlich lizenziert werden muss. Des Weiteren müssen Sie beachten, dass SAP-Standard-Support-Kunden das Projektmanagement nur für SAP-Projekte nutzen dürfen. SAP-Enterprise-Support-Kunden (oder Kunden mit einem umfangreicheren Support-Vertrag) hingegen dürfen damit IT-Projekte ganzheitlich steuern.

Benutzerlizenzen Benutzerlizenzen, wie es sie für andere SAP-Lösungen gibt, fallen für den SAP Solution Manager seit 2018 nicht mehr an. Das heißt, Sie müssen keine Benutzerlizenzen extra für die Verwendung der Funktionen des SAP Solution Managers erwerben, auch dann nicht, wenn ein Benutzer aktuell noch in keinem Ihrer SAP-Systeme angelegt wurde. Dasselbe gilt für externe Mitarbeiter*innen. Auch sie dürfen lizenzkostenfrei im SAP Solution Manager arbeiten. Unberührt von dieser Änderung bleibt selbstverständlich die Lizenzierung von Benutzern in den an den SAP Solution Manager angebundenen Systemen.

Focused Solutions Seit 2020 dürfen Sie außerdem die Focused Solutions Focused Build und Focused Insights im Rahmen Ihres Support-Vertrags lizenzkostenfrei nutzen. Wie für die Standardfunktionalitäten des SAP Solution Managers gilt auch hier, dass Kunden mit SAP Standard Support mit diesen Focused Solutions nur SAP-Komponenten verwalten dürfen.

Die Focused Solution SAP Focused Run muss hingegen weiterhin separat lizenziert werden. Nähere Informationen hierzu finden Sie im SAP Support Portal unter der URL *https://support.sap.com/en/alm/usage-rights.html*.

Kapitel 2
Grundkonfiguration

In diesem Kapitel zeigen wir Ihnen, welche Schritte Sie nach der erfolgreichen Installation oder einem Upgrade des SAP Solution Managers erledigen müssen, bevor Sie das Werkzeug für verschiedene Szenarien verwenden können.

Die obligatorische Grundkonfiguration von SAP Solution Manager 7.2 unterteilt sich in mehrere Aufgaben, die wir Ihnen in diesem Kapitel Schritt für Schritt erklären. Dabei geben wir Ihnen wichtige Tipps und Tricks zu den unterschiedlichen Aktivitäten an die Hand.

In Ihrem SAP Solution Manager können Sie die zentral wichtigen Konfigurationsschritte über die Transaktion SOLMAN_SETUP starten. Alternativ können Sie die Konfigurationsoberfläche auch über eine Kachel im SAP Solution Manager Launchpad aufrufen.

Die Grundkonfiguration teilt sich in drei wesentliche Phasen auf:

- Systemvorbereitung
- Infrastrukturvorbereitung
- Basiskonfiguration

Schon bevor Sie mit der Grundkonfiguration beginnen, sollten Sie sich vorab einige Gedanken machen. Zum Beispiel sollten Sie überlegen, welches Mandantenkonzept Sie umsetzen möchten, wie Sie die Benutzerverwaltung organisieren möchten und welche Lizenzen und Supportverträge für die verschiedenen Werkzeuge des SAP Solution Managers erforderlich sind.

Unsere Erfahrung zeigt, dass es sich lohnt, hier etwas mehr Aufwand zu investieren. Womöglich gibt es außerdem Richtlinien bzw. Vorgaben Ihres Unternehmens, die Sie bei der Grundkonfiguration beachten müssen. Generell gibt SAP – über die Guided Procedures zur Konfiguration hinausgehend – kein Standardvorgehen für die Grundkonfiguration vor. Sie sollten also darauf achten, dass das gewählte Konzept zu Ihrer individuellen Systemlandschaft passt.

[+]

Separater Mandant für die Grundkonfiguration

Bewährte Praxis an dieser Stelle ist es, einen separaten produktiven Mandanten für SAP Solution Manager 7.2 anzulegen, auf dem Sie mit der Grundeinrichtung beginnen. Legen Sie vor der Kopie des Mandanten zunächst Ihre wichtigsten Benutzer (z. B. den Administrationsbenutzer) an.

2.1 Wichtige Informationen und SAP-Hinweise zur Grundkonfiguration

Um mit der Grundkonfiguration beginnen zu können, ist es unerlässlich, sich vorab mit den wichtigsten SAP-Hinweisen und -Informationen vertraut zu machen. Die wichtigsten stellen wir Ihnen in diesem Abschnitt vor.

SAP Help Portal

Einen ersten Überblick über die durchzuführenden Aktivitäten sowie viele weiterführende Informationen erhalten Sie im SAP Help Portal (*https://help.sap.com/*). Dieses Portal ist für jeden – egal ob SAP-Kunden oder -Partnerunternehmen, Berater*in oder Interessierte – zunächst frei zugänglich. Für einige Informationen und Downloads müssen Sie sich mit einem gültigen SAP-Service-Benutzer (*S-User*) anmelden. Lesen Sie hierzu auch »Schritt 3: Verbindungen zu SAP einrichten« in Abschnitt 2.2.1, »Systemvorbereitung«. Folgen Sie dann folgendem Navigationspfad:

SAP Help Portal • SAP Product Hierarchy • Technology Platform • SAP Solution Manager • Implement • Configuration

[»]

SAP Community Wiki verwenden

Das *SAP Community Wiki* bietet viele anwendungsnahe Informationen, Präsentationen und Guides zur Durchführung der Grundkonfiguration und zur Einrichtung verschiedener Szenarien. Um vollumfänglich auf das Wiki zugreifen zu können, benötigen Sie einen S-User. Das Wiki für den SAP Solution Manager finden Sie unter folgendem Link: *http://s-prs.de/v791813*

SAP-Hinweise

In Tabelle 2.1 finden Sie eine Sammlung von SAP-Hinweisen, die sich auf die Grundkonfiguration von SAP Solution Manager 7.2 beziehen. Diese SAP-Hinweise sollten Sie in regelmäßigen Abständen, mindestens jedoch vor und während der Grundkonfiguration, prüfen. Unsere Erfahrungen in Projekten zeigen, dass diese SAP-Hinweise immer wieder vernachlässigt werden, wodurch irreparable Fehler in den Systemen entstehen können.

SAP-Hinweisnummer	Beschreibung
1595736	SAP Solution Manager: Übersicht über Hinweise mit Release-Infos
394616	Release-Strategie für SAP Solution Manager
669669	Update des SAP Component Repositorys im SLD
797147	Installation von Introscope für SAP-Kunden
1833501	Diagnostics Agent – Installer-Versionen

Tabelle 2.1 Wichtige SAP-Hinweise für die Grundkonfiguration

2.2 Obligatorische Konfigurationsaufgaben

Erforderliche Berechtigungen

Um die Grundkonfiguration durchführen zu können, benötigen Sie einen Benutzer, dem das Berechtigungsobjekt `SM_SETUP` zugewiesen ist. Wie Sie diese Berechtigung einem Benutzer zuweisen, beschreiben wir in Abschnitt 2.5, »Benutzer mit der Benutzerverwaltung anlegen«.

Aufruf der Konfiguration

Melden Sie sich über SAP Logon an Ihrem SAP-Solution-Manager-7.2-System an, um die obligatorischen Konfigurationsaufgaben durchzuführen. Sobald Sie das Menü **SAP Easy Access** vor sich haben, können Sie den Transaktionscode SOLMAN_SETUP eingeben und mit [↵] ausführen.

Unabhängig davon, ob Sie die Grundkonfiguration so oder über das SAP Solution Manager Launchpad aufrufen, sollte sich in Ihrem Standardbrowser das Bild aus Abbildung 2.1 öffnen. Es handelt sich um den Startbildschirm der SAP-Solution-Manager-Konfiguration.

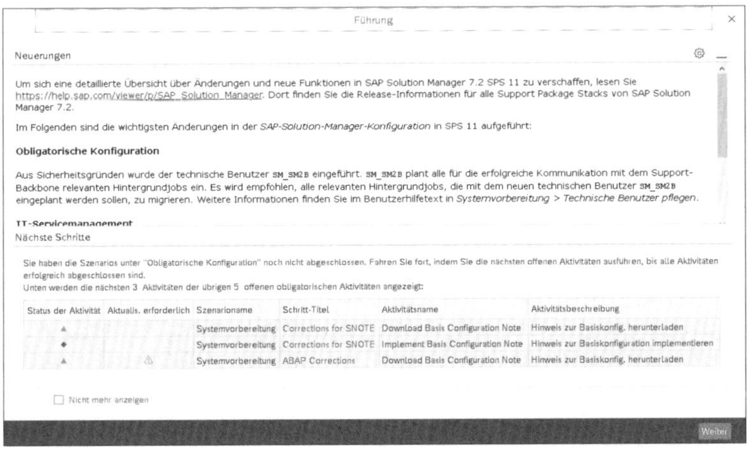

Abbildung 2.1 Einstiegsseite der Transaktion SOLMAN_SETUP

[+]

Wahl des Browsers für den SAP Solution Manager

In den SAP-Hinweisen 2590750 und 1716423 gibt SAP jeweils aktuelle Auskünfte zu den unterstützten Browsern und Versionen. Auf Basis unserer Erfahrung empfehlen wir für alle webbasierten Anwendungen in SAP Solution Manager 7.2 den Browser Google Chrome in der aktuellen Version. Um allerdings die webbasierten Anwendungen in Google Chrome statt im Internet Explorer oder Microsoft Edge ausführen zu können, müssen Sie sich die URLs aus den Internet-Explorer-Fenstern kopieren und in die Adresszeile des Google-Chrome-Browsers einfügen. Anschließend empfiehlt es sich, Favoriten für die wichtigsten Anwendungen, wie das SAP Solution Manager Launchpad, die Transaktion SOLMAN_SETUP und das CRM Web UI, anzulegen (siehe auch SAP-Hinweis 2558574).

Als erstes werden Sie in einem Pop-up-Fenster auf die wichtigsten Neuerungen hingewiesen, die Sie bei der Konfiguration beachten müssen. Hier finden Sie u. a. einen Link zu den aktuellen Release-Hinweisen Ihres eingespielten Support Packages. Darüber hinaus werden Sie auf wichtige nächste Schritte hingewiesen. Dies ist beispielsweise der Fall, wenn nach einem Support-Package-Update verschiedene Konfigurationsschritte erneut ausgeführt werden müssen.

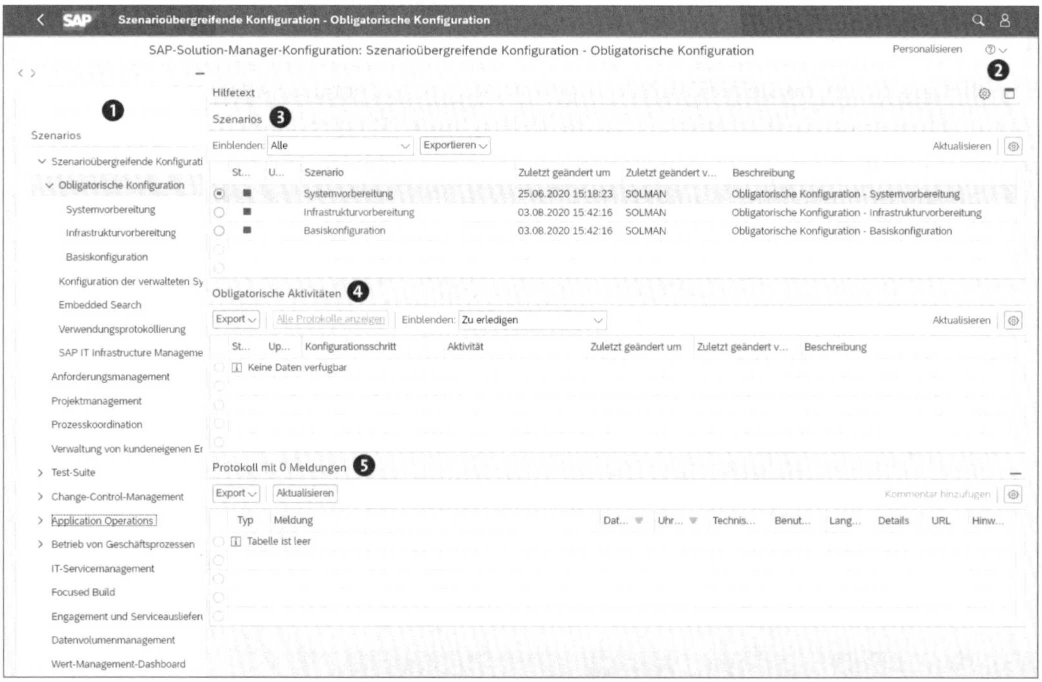

Abbildung 2.2 Benutzeroberfläche der Transaktion SOLMAN_SETUP

Aufbau der Konfigurationsseite

Die Seite für die SAP-Solution-Manager-Konfiguration (siehe Abbildung 2.2) weist links einen Navigationsbereich ❶ auf, der sich beliebig vergrößern, verkleinern oder ausblenden lässt. Wenn Sie hier ein Szenario auswählen, werden im rechten Bereich die Details und möglichen Aktivitäten angezeigt.

Auf der rechten Seite erhalten Sie im oberen Bereich über das Informationssymbol (?) ❷ jeweils eine Erläuterung zu den durchzuführenden Schritten, die in den Bereichen **Szenarios** ❸, **Obligatorische Aktivitäten** ❹ und **Protokoll** ❺ im rechten Teil des Fensters angezeigt werden. Die Aktivitäten bilden jeweils eine Untermenge von Schritten ab, die für das ausgewählte Szenario durchzuführen sind.

Im Folgenden beschreiben wir die drei Szenarien der Grundkonfiguration: Systemvorbereitung, Infrastrukturvorbereitung und Basiskonfiguration.

2.2.1 Systemvorbereitung

Inhalte der Systemvorbereitung

Nachdem SAP Solution Manager 7.2 installiert oder aktualisiert wurde, durchlaufen Sie als erstes Konfigurationsszenario die Systemvorbereitung. In deren Rahmen wird u. a. die *Systemrolle* definiert (z. B. Demosystem, Entwicklungssystem oder Produktivsystem). Abhängig von der Systemrolle werden im weiteren Verlauf verschiedene Aktivitäten innerhalb der Konfigurationsszenarien ein- oder ausgeblendet. Zu den Folgeaktivitäten zählen u. a. verschiedene Prüfungen von Voraussetzungen (z. B. Konfiguration des System Landscape Directorys, der Profilparameter oder der Webservices).

In den Schritten der Systemvorbereitung etablieren Sie außerdem eine Verbindung zum SAP Support Portal (Informationsseite der SAP) bzw. SAP ONE Support Launchpad (Kommunikations- und Interaktionsportal mit dem Kunden) und stellen abhängig vom genutzten Support Package Ihres SAP Solution Managers sicher, dass alle aktuellen Korrekturhinweise eingespielt sind. Sie schließen die Systemvorbereitung mit der Anlage verschiedener technischer Benutzer, z. B. für die Kommunikation zwischen ABAP- und Java-Stack, ab.

Guided Procedures

Die Navigation innerhalb eines Konfigurationsszenarios erfolgt über eine Navigationsleiste im oberen Teil der rechten Bildschirmhälfte. Sie wird auch *Guided Procedure* genannt (siehe Abbildung 2.3). Diese Leisten haben sich im Vergleich zu SAP Solution Manager 7.1 nur wenig verändert. Sie basieren nun jedoch auch auf SAPUI5 und sind daher im Vergleich zu den früheren Flash-Anwendungen stabiler.

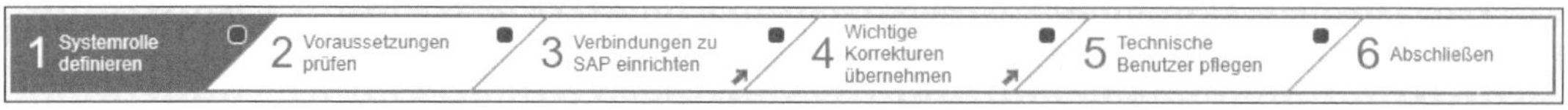

Abbildung 2.3 Guided Procedure zur Systemvorbereitung

Symbole zum Ausführungsstatus

Ein farbiges Symbol zeigt Ihnen auf den ersten Blick, ob der entsprechende Schritt noch nicht ausgeführt wurde (grau), sich in einem fehlerhaften Status befindet (rot) oder aufgrund von Warnungen bzw. nach einem Support-Package-Update erneut ausgeführt werden muss (gelb). Ein grünes Symbol bestätigt die erfolgreiche und fehlerfreie Ausführung des einzelnen Schritts.

Schritt 1: Systemrolle definieren

Auswirkung der Systemrolle

Als ersten Schritt definieren Sie die Systemrolle des installierten SAP-Solution-Manager-Systems. Abhängig von Ihrer Auswahl in diesem Schritt können sich die Aktivitäten in den folgenden Schritten unterscheiden. So werden beispielsweise für ein Produktivsystem mehr Hintergrundjobs eingeplant als für ein Demosystem.

Pro SAP-Systemlandschaft ist es empfehlenswert, nur ein SAP-Solution-Manager-System als Produktivsystem zu definieren. Werden mehrere SAP-Solution-Manager-Systeme als Produktivsystem gekennzeichnet, schreiben diese Systeme Ihre Daten auch in das sogenannte *Customer Profile* im SAP Support Portal. Dadurch könnte es zu Inkonsistenzen bei den Systemdaten im SAP-Backend kommen.

Mögliche Systemrollen

Folgende Systemrollen gibt es:

- nicht definiert
- Produktivsystem
- Qualitätssicherungssystem
- Entwicklungssystem
- Wartungssystem
- Demosystem
- Testsystem
- Auswertungssystem
- Schulungssystem

[»]

System Landscape Directory und Customer Profile

Weitere Informationen dazu, wie die Daten in das Customer Profile kommen und welche Rolle das Landschaftsdesign im *System Landscape Direc-*

tory (SLD) spielt, finden Sie in den Blogs von Wolf Hengevoss in der SAP Community, z. B. unter folgendem Link: *http://s-prs.de/v791814*

Schritt 2: Voraussetzungen prüfen

Manuelle Aktivitäten

Dieser Schritt setzt sich aus manuellen und automatischen Aktivitäten zusammen. Die manuellen Aktivitäten umfassen z. B. das Initialisieren bzw. Aktualisieren der in der Transaktion SU25 vergebenen Berechtigungen, die Überprüfung der SLD-Konfiguration im Java-Stack, die sichere Webbrowserkommunikation über HTTPS und Nacharbeiten in der Transaktion SPAU.

[«]

Digital signierte SAP-Hinweise

Seit dem 1. Januar 2020 ist es nicht mehr möglich, SAP-Hinweise herunterzuladen und zu implementieren, die nicht digital signiert wurden. Deshalb ist es zwingend nötig, den *SAP Note Assistant* anhand der in SAP-Hinweis 2537133 beschriebenen Informationen korrekt vorzubereiten.

Automatische Aktivitäten

Unter den automatischen Aktivitäten finden sich zwei Prüfungen wieder, z. B. verschiedener ABAP-Systemprofilparameter. Dabei geht es unter anderem um Parameter für Workprozesslaufzeiten oder den Timeout für ICF-Services (Internet Communication Framework).

[«]

ABAP-Systemprofilparameter

SAP-Hinweis 2048519 gibt ausführliche Informationen zu den empfohlenen Parameterwerten für die ABAP-Systemprofilparameter.

Zudem wird geprüft, ob die Nachinstallation in ABAP korrekt durchgeführt wurde. Hierfür müssen bei der Basisinstallation des SAP Solution Managers die zwei *Aufgabenlisten* `SAP_BASIS_SETUP_INITIAL_CONFIG` und `SAP_SUPPORT_HUB_CONFIG` korrekt ausgeführt worden sein.

[«]

Aufgabenlisten ausführen und überprüfen

Aufgabenlisten beinhalten sowohl manuelle als auch automatische Aktivitäten. Um eine Aufgabenliste auszuführen, rufen Sie die Transaktion STC01 im SAP GUI auf und wählen Sie die gewünschte Aufgabenliste mithilfe der Wertehilfe aus. Klicken Sie anschließend auf **Aufgabenlistenlauf generieren**. Um einen bereits durchgeführten Lauf einer Aufgabenliste zu überprüfen, rufen Sie die Transaktion STC02 auf.

Hilfe bei der Konfiguration

Sie finden zu jedem Schritt bzw. jedem Szenario innerhalb der Transaktion SOLMAN_SETUP eine allgemeine Beschreibung im Hilfebereich (⓪⌄). Zudem gibt es für alle einem Szenario zugeordneten Aktivitäten in aller Regel eine sehr ausführliche Dokumentation in Deutsch und Englisch. Pro Aktivität finden Sie auf der rechten Bildschirmseite einen Hyperlink **Anzeigen** zu dieser Dokumentation (siehe Abbildung 2.4).

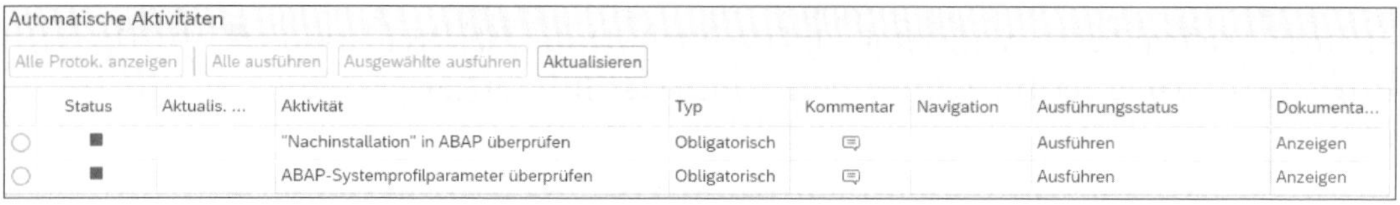

Abbildung 2.4 Dokumentationslink

In der Dokumentation wird kurz beschrieben, welche Aktionen Sie ausführen müssen. Wenn es sich um umfangreichere Änderungen oder Einstellungen handelt, verweist SAP häufig zusätzlich auf einen SAP-Hinweis. In Abbildung 2.5 sehen Sie exemplarisch, wie eine Dokumentation für eine Aktivität aussieht.

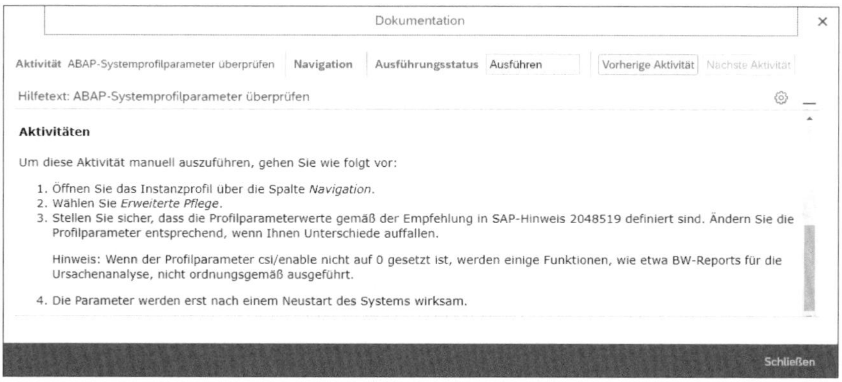

Abbildung 2.5 Dokumentation einer Aktivität

Schritt 3: Verbindungen zu SAP einrichten

Untergeordnete Konfigurationsschritte

Es kann sein, dass zu einem Konfigurationsschritt Unterschritte erforderlich sind. Dies wird mit einem Pfeil nach oben (bei geschlossenem unterem Navigationsbereich) oder mit einem Pfeil nach unten (bei geöffnetem unterem Navigationsbereich) gekennzeichnet. Ein Beispiel hierzu sehen Sie in Abbildung 2.6.

Abbildung 2.6 Geöffneter unterer Navigationsbereich

Obsolete RFC Verbindungen entfernen

Im Unterpunkt 3.1, **RFC-Verbindung angeben**, wurden Sie bis zum 31.12.2019 dazu aufgefordert, eine Verbindung zum SAP Support Portal herzustellen. Dieser Schritt ist seit dem 01.01.2020 und der damit einhergehenden Umstellung des SAP-Support-Backbones hinfällig. Um nun eine korrekte Verbindung mit dem Support-Backbone herstellen zu können, müssen Sie zunächst einige Einstellungen vornehmen. Weitere Informationen hierzu finden Sie unter folgender URL im SAP Support Portal: *http://s-prs.de/v791815*. Sollte es bei der Verbindung Ihres SAP Solution Managers mit dem Support-Backbone Probleme geben, hat sich SAP-Hinweis 2454045 als hilfreich für das Troubleshooting erwiesen.

RFC-Verbindungen löschen

Mit der Umstellung des Backbones sind bereits bestehende RFC-Verbindungen zum Backbone obsolet und müssen in Schritt 3.1 gelöscht werden. Hierzu zählen unter anderem die RFC-Verbindungen `SAP-OSS`, `SAP-OSS-LIST-001`, `SAPNET_RTCC` und `SDCC_OSS`. Sollten diese Verbindungen noch existieren, werden Sie Ihnen im Bereich **Zu entfernende RFC Verbindungen** angezeigt (siehe Abbildung 2.7).

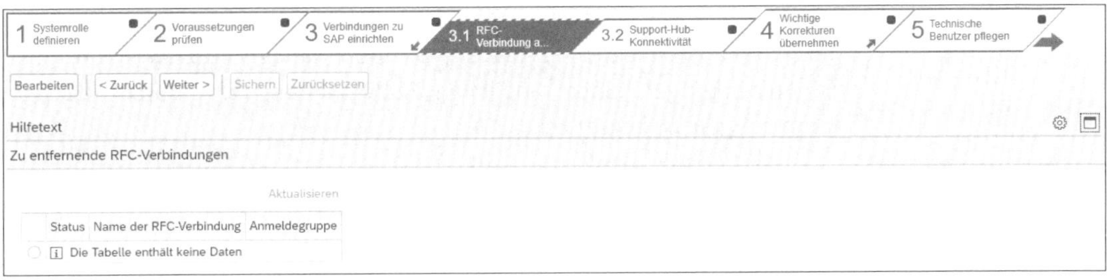

Abbildung 2.7 RFC-Verbindungen entfernen

[!]

Fehlerhafte Konnektivität zum SAP Support Portal

Wenn Sie aufgrund von Unternehmens- oder rechtlichen Richtlinien keine Verbindung zum SAP Support Portal aufbauen dürfen, können Sie die Punkte 3.1 und 3.2 überspringen. In diesem Fall müssen Sie jedoch akzeptieren, dass Sie folgende Bereiche des SAP Solution Managers nicht nutzen können:

- den Maintenance Planner innerhalb des SAP Support Portals
- den SAP EarlyWatch Alert
- den Austausch von Meldungsdaten mit dem SAP-Support
- den KPI-Katalog (Key Performance Indicators)
- den Download von SAP-Hinweisen

Support-Hub-Konnektivität

Im folgenden Schritt 3.2, **Hub-Konnektivität unterstützen**, wird die Kommunikation des SAP Solution Managers mit dem SAP Support Portal etabliert, die *Support-Hub-Konnektivität*. Dank dieser Kommunikation werden auch zukünftige Applikationstypen ihre Daten aus dem SAP Support Portal beziehen können. Mit SAP Solution Manager 7.2 hat SAP dazu eine neue Infrastruktur und neue Datenkommunikationskanäle eingeführt.

Um diesen Schritt erfolgreich abzuschließen, muss die automatische Aktivität **Support-Hub-Konnektivität abschließen** ausgeführt werden. Außerdem muss im Bereich **S-User Zuordnung für AISUSER-Tabelle** ein gültiger S-User hinterlegt werden. Dieser S-User wird anschließend automatisch in der Transaktion AISUSER (SAP Support Portal – Ansprechpartner-Zuordnung) für die Benutzer `SOLMAN_BTC`, `SOLMAN_ADMIN` und `SAPSUPPORT` hinterlegt.

[!]

Keinen technischen S-User verwenden

Es darf ausdrücklich kein technischer Benutzer als S-User verwendet werden. Legen Sie daher im SAP ONE Support Launchpad im Bereich **Support Benutzer Management** einen Standard-S-User an. Es empfiehlt sich, diesen S-User ausschließlich für den SAP Solution Manager zu verwenden, um die Auswirkungen eines möglichen Fehlverhaltens, z. B. durch Falschanmeldungen, zu begrenzen.

[+]

Weitere Informationen zur Einrichtung der Support-Hub-Konnektivität

Damit Sie hier keine Fehler begehen, möchten wir Ihnen folgende SAP-Hinweise sowie einen Eintrag im SAP Community Wiki ans Herz legen:

- Eintrag im SAP Community Wiki: *http://s-prs.de/v791815*
- SAP-Checkliste nach dem Update des Support-Backbones: *http://s-prs.de/v791816*
- SAP-Hinweis 2174416 (Creation and activation of Technical Communication Users – SAP ONE Support Launchpad)

Schritt 4: Wichtige Korrekturen übernehmen

Zentralhinweis

Die Version von SAP Solution Manager 7.2, die Sie installiert haben, bildet immer einen Softwarestand zu einem bestimmten Datum ab. Sobald Sie also Ihren SAP Solution Manager 7.2 installieren, ist er softwareseitig streng genommen schon wieder veraltet. Um dem entgegenzuwirken, stellt SAP regelmäßig neue Korrekturen für das Produkt bereit. So enthält z. B. der zentrale SAP-Hinweis 2902917 alle relevanten Korrekturen für SAP Solution Manager 7.2 SPS 11.

Transaktion SNOTE aktualisieren

Schritt 4, **Wichtige Korrekturen übernehmen,** ist in drei Teilschritte unterteilt. Im ersten Schritt wird die Transaktion SNOTE, mit der die Korrekturhinweise in einem SAP-System eingespielt werden, selbst auf den aktuellen Stand gebracht (siehe Abbildung 2.8). Hierfür gibt es ebenfalls SAP-Zentralhinweis 1668882, der alle dazu notwendigen Informationen enthält.

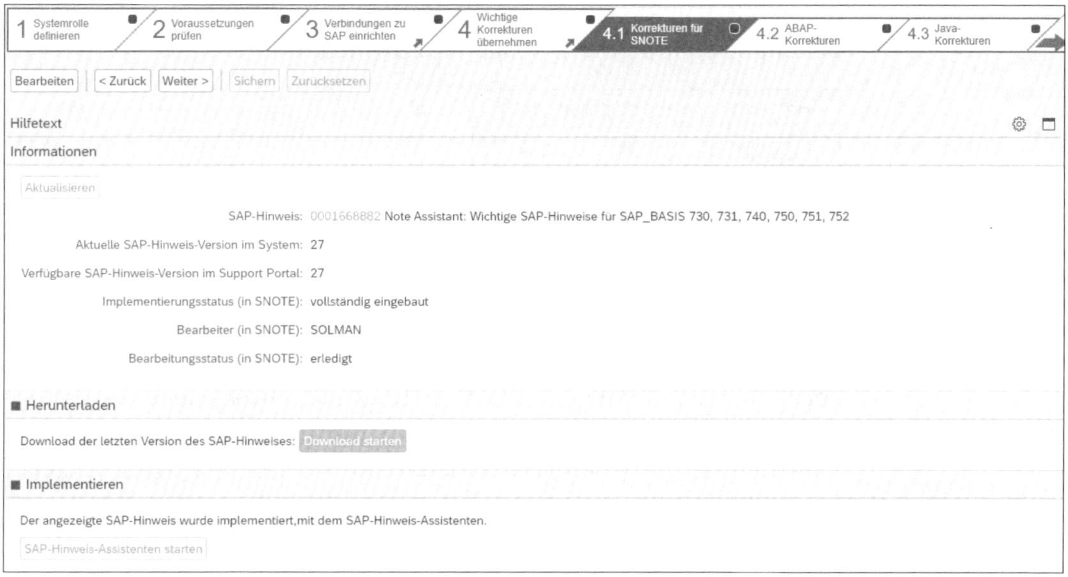

Abbildung 2.8 Unterschritt 4.1, Korrekturen für SNOTE

Korrekturen herunterladen

Erst im zweiten Teilschritt 4.2, **ABAP-Korrekturen**, werden die Softwareänderungen und Fehlerbehebungen aus dem zentralen Korrekturhinweis heruntergeladen und mithilfe der Transaktion SNOTE in Ihrem SAP-Solution-Manager-System implementiert.

Zentrale Korrekturhinweise

Zentrale Korrekturhinweise gibt es im Umfeld des SAP Solution Managers häufiger; meist werden diese nach Applikationsbereichen getrennt. Der Vorteil dieser zentralen Korrekturen ist, dass Sie nicht mehr wie früher einzelne SAP-Hinweise manuell in einer bestimmten Reihenfolge einspielen müssen. Die Informationen über die erforderlichen Hinweise und deren Reihenfolge sind alle im zentralen Korrekturhinweis enthalten.

[+]

Zentraler Korrekturhinweis

Wir empfehlen Ihnen, den zentralen Korrekturhinweis direkt in der Transaktion SNOTE herunterzuladen und zu implementieren. In der webbasierten SAP-Benutzeroberfläche (*SAP GUI for HTML*), die Sie alternativ zum klassischen SAP GUI nutzen können, kann es hierbei zu Problemen kommen, da die zentrale Korrektur unter Umständen sehr viele Softwareobjekte enthält.

Hinweisnachbearbeitung

Nach dem Einspielen des SAP-Hinweises mit der Transaktion SNOTE müssen Sie die Hinweisnachbearbeitung vornehmen. Dies geschieht ebenfalls automatisch in Schritt 4.2. Klicken Sie dazu auf die Schaltfläche **Nachbearbeitung starten**, die Sie in Abbildung 2.9 sehen.

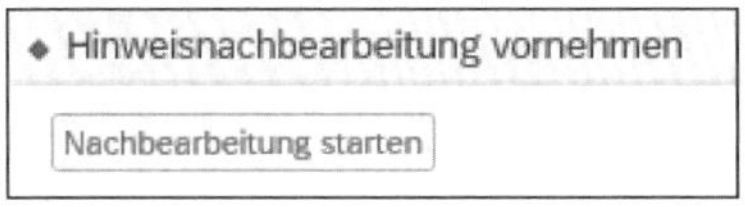

Abbildung 2.9 Hinweisnachbearbeitung vornehmen

Java-Korrekturen

Zum Schluss müssen Sie noch Schritt 4.3, **Java-Korrekturen**, ausführen. In diesem Schritt müssen die letzten Korrekturen des Java-Stacks dokumentiert werden. Da diese nicht automatisch über einen SAP-Hinweis eingespielt werden können, müssen stattdessen verschiedene Java-seitige Patches im SAP Support Portal heruntergeladen und mit dem Software Update Manager (SUM) im Java-Stack des SAP Solution Managers installiert werden. Nachdem diese Patches erfolgreich eingespielt wurden, können Sie diesen Schritt abschließen, indem Sie den Ausführungsstatus manuell setzen. Welche Java-Patches hier relevant sind, wird in der Dokumentation zu dieser Aktivität beschrieben.

Schritt 5: Technische Benutzer pflegen

Benutzer für systemrelevante Interaktionen

Schritt 5 ist einer der wichtigsten Schritte der Systemvorbereitung, denn hier legen Sie die wichtigsten Benutzer für verschiedene systemrelevante Interaktionen an. Sie können diese Benutzer automatisch durch den SAP Solution Manager anlegen lassen. In diesem Fall werden sowohl die Benutzernamen als auch die Berechtigungen voll automatisiert vergeben. Alternativ dazu können Sie die Benutzer aber auch manuell erstellen. Mithilfe der Transaktionen zur Benutzer- und Rollenpflege, SU01 und PFCG, können Sie die Benutzer mit den nötigen Berechtigungen ausstatten.

Systembenutzer

Die in Tabelle 2.2 aufgeführten Benutzer vom Typ SYSTEM werden automatisch angelegt. Benutzer dieses Typs erhalten ein generiertes Kennwort, das für Sie nicht ersichtlich ist. Dieses Kennwort läuft nicht nach einem bestimmten Zeitraum ab. Ein Sperren des Benutzers durch die Falscheingabe des Kennworts oder durch eine Kennwortänderung wird so fast unmöglich.

Benutzername	Beschreibung
SM_INTERN_WS	Wird für die interne Webservicekommunikation zwischen den ABAP- und Java-Stacks des SAP Solution Managers genutzt.
SM_EXTERN_WS	Wird für die externe Webservicekommunikation zwischen den Diagnostic Agents (siehe Abschnitt 10.3, »Architektur der Monitoring and Alerting Infrastructure«) und dem SAP Solution Manager eingesetzt.
SOLMAN_BTC	Wird für die Einplanung sämtlicher Hintergrundjobs verwendet.
SMD_RFC	Wird für die RFC-Kommunikation zwischen dem ABAP- und dem Java-System des SAP Solution Managers genutzt.
SM_EFWK	Wird für das Extractor Framework verwendet.
SM_AMSC	Wird für die automatische Konfiguration von angeschlossenen Systemen eingesetzt.
SM_TECH_ADM	Wird anstelle des Dialogbenutzers SOLMAN_ADMIN in verschiedenen Aktivitäten verwendet (z. B. zur Konfiguration von Single Sign-on).
SM_DL_LDB	Wird für den automatischen Download des Contents der Landscape Management Database (LMDB) verwendet.
SM_RCD	Wird für die schnelle Content-Auslieferung (Rapid Content Delivery) der Monitoring and Alerting Infrastructure verwendet.

Tabelle 2.2 Automatisch angelegte Systembenutzer

[+]

Zentrale Benutzerverwaltung

Haben Sie eine zentrale Benutzerverwaltung im Einsatz? Wenn ja, ist das kein Problem – Sie können die Benutzer trotzdem automatisiert über die SAP-Solution-Manager-Konfiguration anlegen lassen. Welche Voraussetzungen dafür geschaffen werden müssen, steht im SAP Security Guide für SAP Solution Manager 7.2. Diesen finden Sie unter: *http://service.sap.com/instguides* • **SAP Documentation by Product • Technology Platform • SAP Solution Manager 7.2**

Schritt 6: Abschließen

Der letzte Schritt der Systemvorbereitung bietet eine Übersicht über die in diesem Szenario ausgeführten Schritte sowie Ihre Aktivitäten. Hier können Sie auch nachvollziehen, wann welcher Benutzer an welcher Aktivität oder welchem Schritt eine Änderung vorgenommen hat, und zu jedem einzelnen Schritt oder jeder Aktivität navigieren. Hierzu müssen Sie lediglich auf den Link in der Spalte **Konfigurationsschritt** klicken.

Nachdem Sie die Systemvorbereitung abgeschlossen haben, können Sie sich der Infrastrukturvorbereitung widmen.

2.2.2 Infrastrukturvorbereitung

Die Konfigurationen, die Sie in diesem Szenario durchführen müssen, konzentrieren sich auf Themen rund um die Infrastruktur. Hierzu zählen u. a. die Konfiguration des System Landscape Directorys (SLD) und der Landscape Management Database (LMDB), die Java-Konnektivität, die Einrichtung des *SAP Business Warehouse* (BW) sowie Einstellungen für den *CA Introscope*. Im weiteren Verlauf des Szenarios werden noch die Voraussetzungen für die E-Mail-Kommunikation mithilfe der Schnittstelle *SAPconnect* geschaffen und SAP-CRM-Grundfunktionen (also Funktionen aus dem *SAP Customer Relationship Management*) aktiviert. Hierzu zählen Aktivitäten wie die Einrichtung der Nummernkreise, die Einstellungen für Materialhierarchien und die Vorbereitung der *Installed Base* (IBase). Zum Schluss werden verschiedene SAP-Gateway-Services aktiviert, die für die SAPUI5-Anwendungen im SAP Solution Manager notwendig sind.

In Abbildung 2.10 sehen Sie die im Rahmen der Infrastrukturvorbereitung durchzuführenden Aktivitäten.

Abbildung 2.10 Guided Procedure zur Infrastrukturvorbereitung

Schritt 1: Verwaltung der Systemlandschaft

System Landcape Directory

In diesem Schritt wird die Synchronisation zwischen dem SLD und dem SAP Solution Manager eingerichtet. Dadurch wird gewährleistet, dass die Informationen zur Systemlandschaft im SAP Solution Manager immer auf dem aktuellsten Stand sind. Diese Konfiguration ist in drei Teilschritte aufgeteilt.

Schritt 1.1, **Content-Import verwalten**, gibt ihnen ab SAP Solution Manager 7.2 SPS09 die Möglichkeit, das *SAP-CIM-Modell* und den *SAP-CR-Content* des

SLD zentral zu verwalten. Auf die Bedeutung dieser Inhalte kommen wir im Kontext von Schritt 1.3 noch einmal zurück. Für den Import gibt es vier Möglichkeiten:

- **Automatischer Import in LMDB**
  Diese Option wird verwendet, wenn ein SAP-Solution-Manager-System ohne direkte Abhängigkeit zu einem SLD in der Landschaft installiert ist. Der Content wird hierbei direkt in der LMDB aktualisiert.
- **Manueller Import in LMDB**
  Der manuelle Import in die LMDB wird verwendet, wenn ein SAP-Solution-Manager-System ohne Abhängigkeit zu einem SLD installiert ist, es jedoch keine technische Verbindung zum SAP Support Portal gibt. Das technische Vorgehen entspricht dem automatischen Import.
- **Manueller Import in SLD**
  Dieses Vorgehen entspricht dem bekannten Standardvorgehen zur SLD-Aktualisierung anhand von SAP-Hinweis 669669. Es empfiehlt sich, diese Aktivität auf monatlicher Basis durchzuführen.
- **Automatischer Import in SLD**
  Der automatische Import in das SLD (siehe Abbildung 2.11) automatisiert die manuellen Tätigkeiten aus SAP-Hinweis 669669 und stellt sicher, dass immer die aktuellen Modelle im SLD vorgehalten weren. Die Wahl dieser Option empfiehlt sich, wenn Sie ein SLD als Quelle für die LMDB einsetzen. Geben Sie an dieser Stelle die URL zu Ihrem SLD-System sowie einen SLD-Benutzer und das entsprechende Kennwort ein. Der SAP Solution Manager legt daraufhin selbstständig eine RFC-Verbindung an. Ist die Verbindung erfolgreich hergestellt, werden Ihnen die verfügbaren Namensräume in einer Drop-down-Liste angezeigt.

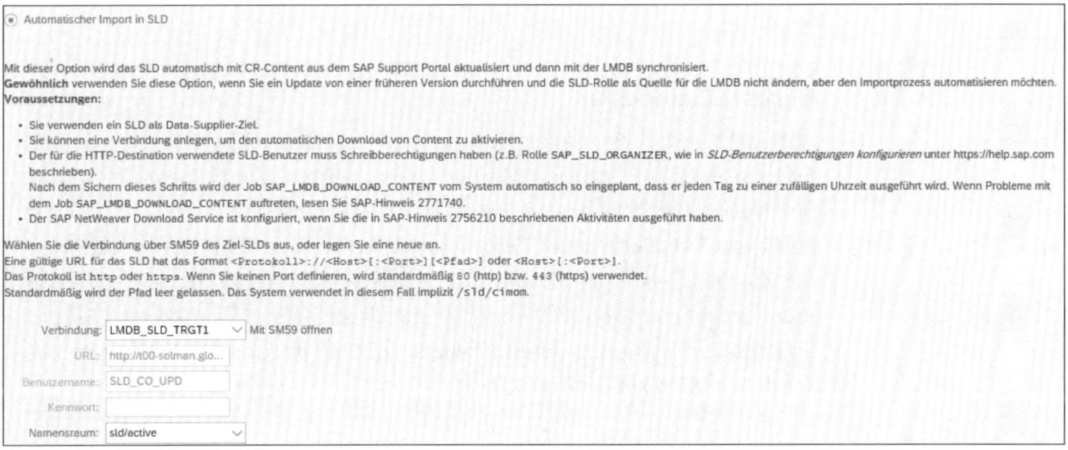

Abbildung 2.11 Automatischer Import in SLD

[»]

Problembehandlung beim automatischen Import ins SLD

Sobald die RFC-Verbindung eingerichtet ist, plant der SAP Solution Manager automatisch den Job `SAP_LMDB_DOWNLOAD_CONTENT` ein. Sollte es bei der Ausführung des Jobs zu Problemen kommen, prüfen Sie SAP-Hinweis 2771740. Achten Sie außerdem darauf, dass der technische Benutzer, den Sie für die SLD-Verbindung verwenden, Schreibberechtigungen besitzt. Diese werden über die SLD-Rolle `SAP_SLD_ORGANIZER` vergeben.

Quelle für die LMDB

Falls benötigt, wird in Schritt 1.2, **SLD-Verbindungen**, die SLD-Verbindung definiert. Hierzu muss eine HTTP-Destination als Quelle für die LMDB eingetragen werden. Die LMDB ist die zentrale Datenbank des SAP Solution Managers, in der die Informationen über die technischen Systeme wie Hostnamen, Softwarestände, Ports, IP-Adressen u. v. m. vorgehalten werden. Wenn Sie in Ihrer Systemlandschaft beispielsweise über ein zentrales SLD verfügen, können Sie dieses hier als Quelle angeben. Falls es sich bei Ihrem SAP-Solution-Manager-System um ein Upgrade handelt, wurde diese Verbindung in der Regel schon aus Ihrem SAP-Solution-Manager-7.1-System übernommen. In Abbildung 2.12 sehen Sie exemplarisch, wie eine SLD-Verbindung aussehen kann.

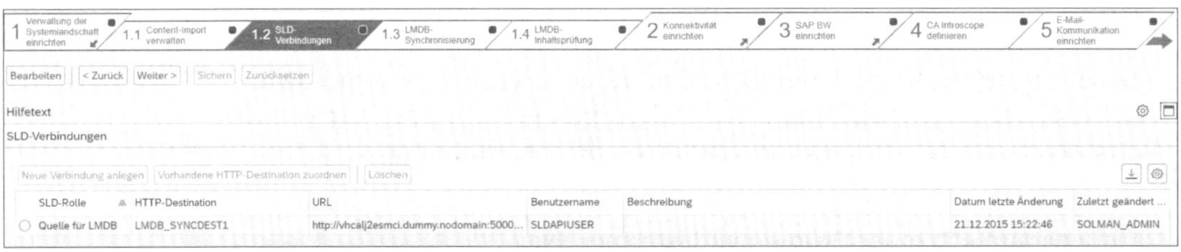

Abbildung 2.12 Beispiel für eine SLD-Verbindung

[+]

Neues SLD einrichten

Mit SAP Solution Manager 7.2 haben Sie die Möglichkeit, sich ein neues SLD auf dem SAP Solution Manager einzurichten. Wenn dieses etwa auf SAP NetWeaver 7.40 basiert, bietet es neue Funktionalität, die das SLD auf Basis von SAP NetWeaver 7.02 nicht bieten konnte. Zum Beispiel können die Business-Systeme, die man für SAP Process Integration (PI) oder SAP Process Orchestration (PO) benötigt, damit abgebildet werden. Wie Sie ein SLD neu konfigurieren, wird in folgendem Blog in der SAP Community beschrieben: *http://s-prs.de/v561505*

LMDB-Synchronisierung

Im nächsten Schritt 1.3, **LMDB-Synchronisierung**, müssen Sie eine Synchronisationsverbindung zum SLD einrichten. Über diese Verbindung kann die LMDB verschiedene Informationen zu den Systemen aus dem SLD lesen. Hierzu gehören u. a. Informationen aus dem SAP-Softwarekatalog (der *CR Content* aus dem *Component Repository*) und aus den technischen Systemen in der Systemlandschaft sowie das *Common Information Model* (CIM). Letzteres ist ein objektorientierter Modellierungsansatz, der genutzt wird, um Hard- und Softwareelemente zu modellieren. Das SLD nutzt diesen verbreiteten Standard.

[+]

Update des CR Contents

Wir empfehlen Ihnen, den *CR Content* in Ihrem SLD immer auf dem aktuellsten Stand zu halten, denn dieser enthält alle Softwarekomponenten und zugehörigen Versionsinformationen. Dies ist beispielsweise für die Berechnung von Wartungsvorgängen mit dem Maintenance Planner wichtig. Hierzu empfiehlt es sich, die automatische Aktualisierung des Kontextes in Schritt 1.1, **Content-Import verwalten** zu aktivieren. Alternativ sollten Sie einen regelmäßigen Termin definieren, an dem der Download aus dem SAP Support Portal geprüft wird. SAP-Hinweis 669669 liefert dazu alle nötigen Informationen.

CR Content

Nachdem Sie eine Synchronisationsverbindung zwischen dem SLD und der LMDB angelegt haben, müssen Sie diese aktivieren. Mit dem erstmaligen Aktivieren der Verbindung wird eine vollständige, automatische Synchronisation gestartet, um alle SLD-Systeminformationen in die LMDB zu importieren. Dieser Vorgang kann je nach Größe der Systemlandschaft mehrere Stunden in Anspruch nehmen. Sie können den Fortschritt mithilfe des Protokolls überwachen. Ein Beispiel für dieses Protokoll sehen Sie in Abbildung 2.13. Alternativ können Sie die Jobübersicht in der Transaktion SM37 nutzen. Hier müssen Sie nach dem Job `SAP_LMDB_LDB*` filtern.

Abbildung 2.13 Protokoll des LMDB-Synchronisationsfortschritts

Nach Abschluss der vollständigen Synchronisation werden neue Änderungen durch eine inkrementelle Synchronisation alle zehn Minuten in die LMDB importiert. Überdies haben Sie die Möglichkeit, eine zusätzliche SLD-Änderungsbenachrichtigung für eine schnellere Propagierung von SLD-Content-Änderungen zu konfigurieren. Dies können Sie im Zusatzmenü einstellen, das Sie über die Schaltfläche **Erweitert...** erreichen.

LMDB-Inhaltsprüfung

Als Letztes wird Schritt 1.4, **LMDB-Inhaltsprüfung**, ausgeführt. Hier legen Sie lediglich fest, auf welchem System sich die LMDB befindet. Wechseln Sie hierzu in den Bearbeitungsmodus. Geben Sie dort den SAP NetWeaver Application Server (AS) for Java an, auf dem Ihre Java-Instanz zum SAP Solution Manager installiert ist.

Schritt 2: Konnektivität einrichten

Die Aktivitäten in Schritt 2 drehen sich hauptsächlich darum, die ein- und ausgehenden Verbindungen zu definieren. Dazu werden in Teilschritt 2.1, **HTTP-Verbindungen definieren**, die nötigen URLs für die HTTP-Verbindungen zum Zugriff auf den SAP NetWeaver AS for Java eingetragen. Falls ein SAP Web Dispatcher für die Lastverteilung zum Einsatz kommt, können Sie hierzu in diesem Schritt ebenfalls die notwendigen Einstellungen treffen.

[»]

Tabelle HTTPURLLOC

In diesem Schritt wird automatisch die Konfigurationstabelle HTTPURLLOC angepasst. Diese dient als Basis für die URL-Generierung. Sollte es Probleme beim Aufruf von Browser-URLs geben, empfiehlt sich ein Blick in diese Tabelle.

ABAP- und Java-Stack verbinden

In Teilschritt 2.2, **Konnektivität aktivieren**, wird dann die Verbindung zwischen dem ABAP- und dem Java-Stack hergestellt. Die dazu notwendigen Aktivitäten werden automatisch ausgeführt. So werden z. B. logische Ports angelegt, die Software des SAP NetWeaver AS for Java geprüft, der Single-Sign-on-Modus aktiviert etc. Mit diesen Maßnahmen wird u. a. ermöglicht, dass die RFC-Aufrufe des SAP Java Connectors und die Webserviceaufrufe zwischen den beiden Stacks ordnungsgemäß funktionieren.

Diagnostics Agents

Abschließend müssen Sie in Teilschritt 2.3, **Diagnostics-Agent-Authentifizierung**, die Authentifizierungsmethode für die *Diagnostics Agents*) wählen. Mit SAP Solution Manager 7.2 ist die Authentifizierung über ein Zertifikat obligatorisch geworden. Dazu muss ein Wurzelzertifikat erzeugt werden. Klicken Sie hierfür im Bereich **Wurzelzertifikat für Agenten-**

authentifizierung auf **Generieren**. Anschließend kann über die Agentenverwaltung für jeden einzelnen Diagnostics Agent geprüft werden, ob er sich über das Zertifikat am SAP-Solution-Manager-System registrieren kann.

Schritt 3: SAP BW einrichten

SAP Business Warehouse

Das SAP Business Warehouse (SAP BW) ist sehr wichtig für das Reporting innerhalb des SAP Solution Managers. Es speichert und verwaltet alle gesammelten Daten, z. B. aus den Bereichen Monitoring oder Incident Management. Es wird in Schritt 3 der Infrastrukturvorbereitung aktiviert und in Teilen konfiguriert. Auch in diesem Schritt gibt es Unterpunkte, die Sie bearbeiten müssen. In Teilschritt 3.1, **SAP BW bestätigen**, müssen Sie entscheiden, welches Szenario der SAP-BW-Eingliederung Sie nutzen wollen. Sie haben drei Möglichkeiten:

- im selben Mandant wie die SAP-Solution-Manager-Funktionalitäten
- in einem separaten Mandanten des SAP-Solution-Manager-Systems
- auf einem dedizierten System

Unsere generelle und auch die Empfehlung von SAP ist es, die Standardumgebung, d. h. SAP BW auf demselben Mandanten, zu nutzen. Details zu den anderen Möglichkeiten finden Sie in SAP-Hinweis 1487626.

Technische Benutzer

In Teilschritt 3.2, **Benutzer pflegen**, werden die technischen Benutzer (Typ `SYSTEM`) angelegt, die für das SAP-BW-System relevant sind. Auch hier besteht ähnlich wie in Schritt 5 der Systemvorbereitung die Möglichkeit, die Benutzer automatisiert anlegen zu lassen. Natürlich können Sie die Benutzer aber auch manuell erstellen. Sie müssen zwei Benutzer anlegen, die in Tabelle 2.3 beschrieben sind.

Benutzername	Beschreibung
`SM_BOC`	Wird zum Erfassen von Daten von BW-Querys verwendet, damit diese potenziell auch in der SAP Analytics Cloud angezeigt werden können.
`SM_BW_ACT`	Dieser Benutzer wird zum Aktivieren von BI Content für die verschiedenen Szenarien verwendet.

Tabelle 2.3 Technische Benutzer für das SAP-BW-System

Abschließend wird in Teilschritt 3.3, **SAP BW aktivieren**, die BW-Konfiguration aktiviert. Die Aktivierung wird in mehreren automatischen Aktivitäten durchgeführt.

Schritt 4: CA Introscope definieren

An dieser Stelle der Infrastrukturvorbereitung definieren Sie, welcher *Introscope Enterprise Manager* in Ihrem SAP-Solution-Manager-System verwendet werden soll. Sie können den Introscope Enterprise Manager automatisch vom System identifizieren lassen. Der erweiterte Modus erlaubt es, individuelle Anpassungen vorzunehmen.

[»]

Installation des Introscope Enterprise Managers

Bevor sie diesen Schritt durchführen können, muss ein Introscope Enterprise Manager installiert worden sein. Beachten Sie bitte hierfür den entsprechenden Abschnitt im Installationsleitfaden für den SAP Solution Manager. Weitere Informationen finden Sie außerdem in SAP-Hinweis 797147.

Schritt 5: E-Mail-Kommunikation einrichten

SAPconnect

In diesem Schritt wird die SAPconnect-Schnittstelle konfiguriert. Sie wird genutzt, um beispielsweise E-Mails oder Faxe aus Ihrem SAP-Solution-Manager-System zu versenden. Hierzu geben Sie Ihren SMTP-Server (Simple Mail Transfer Protocol) sowie eine Domäne und eine E-Mail-Adresse (Absender) für den Batch-Benutzer (dieser Benutzer führt die Hintergrundjobs aus, die die anstehenden E-Mails oder Faxe aus dem System versenden) an. Zusätzlich können Einstellungen für die E-Mail-Verschlüsselung vorgenommen werden. Über die sich im unteren Bildschirmbereich befindlichen Links können Sie zu den Empfängerlisten navigieren.

Schritt 6: CRM-Grundfunktionen konfigurieren

CRM-Funktionen

An dieser Stelle werden erste Komponenten aus SAP CRM für SAP-Solution-Manager-Szenarien wie das IT-Servicemanagement (ITSM), das Change Request Management (ChaRM) oder das Anforderungsmanagement eingerichtet und konfiguriert. Die möglichen Aktivitäten in diesem Schritt sind in manuelle und automatische Aktivitäten unterteilt:

- Wenn Sie die manuellen Aktivitäten nutzen, empfiehlt es sich, vorher die Dokumentationen zu lesen, die Sie über den Link hinter dem Wort **Anzeigen** aufrufen. Nachdem Sie sich ein Bild von einer Aktivität gemacht haben, können Sie über den Link in der Spalte **Navigation** direkt in den jeweiligen Konfigurationsbereich abspringen.
- Die automatischen Aktivitäten können für alle oder für explizit ausgewählte Schritte durchgeführt werden. Überprüfen Sie im Anschluss das Protokoll im unteren Bildschirmbereich auf Fehler oder Warnungen.

Schritt 7: Gateway-Services aktivieren

OData-Services

In diesem Schritt aktivieren Sie die szenariospezifischen OData-Services in SAP Gateway, die für die SAPUI5-Anwendungen und mobilen Anwendungen des SAP Solution Managers benötigt werden. Hier können Sie entweder alle oder nur einzelne szenariospezifische Services aktivieren, da die Services nach Szenarien gruppiert sind.

[«]

Fehlerbehandlung beim Aufruf von Gateway-Services

Sollte es beim Aufruf eines Szenarios z. B. zu einem HTTP-Fehlercode im Browser kommen, sind die Gateway-Services ein erster Einstiegspunkt zur Fehlersuche. Außerdem können Sie in der Transaktion SICF prüfen, ob der in der URL stehende Pfad aktiv ist.

Schritt 8: Abgeschlossen

Der letzte Schritt der Guided Procedure zur Infrastrukturvorbereitung stellt wieder eine Übersicht aller zuvor durchlaufenden Schritte dar und zeigt die jeweiligen Status an.

Damit haben Sie zwei der obligatorischen drei Grundkonfigurationsschritte durchlaufen. Die Grundeinstellungen werden nun durch die Basiskonfiguration abgeschlossen.

2.2.3 Basiskonfiguration

In Abbildung 2.14 sind die Schritte der Basiskonfiguration im Überblick zu sehen. Das Szenario besteht aus vier Schritten ohne Unterschritte sowie einer abschließenden Übersicht der Aktivitäten.

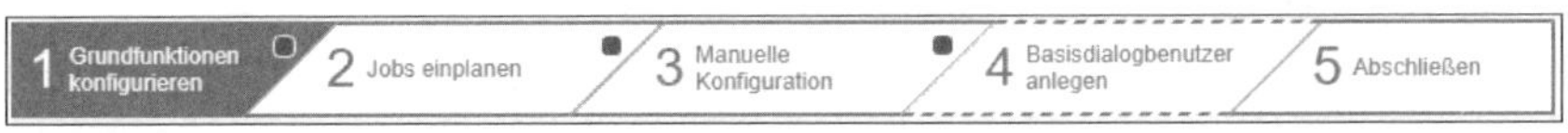

Abbildung 2.14 Guided Procedure zur Basiskonfiguration

Schritt 1: Grundfunktionen konfigurieren

Im ersten Schritt werden vorranging Funktionen wie die Ursachenanalyse, die Servicelieferung von SAP sowie der SAP EarlyWatch Alert (EWA) und das Selbst-Monitoring des SAP-Solution-Manager-Systems konfiguriert. Es handelt sich ausschließlich um automatische Aktivitäten. Mit einem Klick auf **Alle ausführen** startet ein Hintergrundjob, der die angesprochenen Funktionen aktiviert bzw. konfiguriert. Das Protokoll im unteren Bildschirmbereich zeigt Ihnen zu jeder Aktivität den Status und – wenn vorhanden – auch Detailinformationen im Fehlerfall an. Zu jeder Aktivität können Sie eine ausführliche Dokumentation über den Link **Dokumentation** aufrufen.

Schritt 2: Jobs einplanen

Hintergrundjobs

Alle erforderlichen Hintergrundjobs des SAP Solution Managers werden in Schritt 2 eingeplant. In aller Regel werden diese Jobs mit dem Benutzer SOLMAN_BTC, der während der Systemvorbereitung angelegt wurde, eingeplant. Die Jobs können sich – je nachdem, welche Systemrolle man dem System in der Systemvorbereitung zugewiesen hat – unterscheiden. Mit der Schaltfläche **Jobs wie geplant terminieren** werden alle Jobs anhand von SAP-Standardeinstellungen eingeplant. Diese können in manchen Fällen über die Spalten **Häufigkeit** und **Geplanter Zustand** übersteuert werden. Eine umfangreiche Liste mit allen im SAP Solution Manager zur Verfügung stehenden Hintergrundjobs bietet SAP-Hinweis 894279.

[»]

Jobs bei Updates prüfen

Wenn Sie das System aktualisieren, werden in der Regel auch neue Jobs durch SAP ausgeliefert bzw. alte Jobs angepasst. Prüfen Sie daher nach einem Update zwingend diesen Schritt.

Sollte es bei Jobausführungen zu Berechtigungsfehlern kommen, empfiehlt es sich, die Transaktion SU53 auf etwaige Berechtigungsproblemen des Benutzers SOLMAN_BTC hin zu prüfen und ggf. Anpassungen an dessen Berechtigungen vorzunehmen.

Schritt 3: Manuelle Konfiguration

Service-Content

Bei den Aktivitäten aus Schritt 3 handelt es sich um verschiedene manuell auszuführende Aktivitäten. Einer der wichtigsten Schritte ist die Einrichtung der Aktualisierung des *Service-Contents*. Dieser wird benötigt, damit die Daten des EWA immer auf dem aktuellsten Stand sind. Außerdem sollte in diesem Schritt die Funktion der schnellen Content-Auslieferung für die technischen Szenarien des SAP Solution Managers, wie das System-Monitoring, konfiguriert werden. Die Konfigurationen erreichen Sie jeweils über einen Klick auf den Link in der Spalte **Navigation** (siehe Abbildung 2.15).

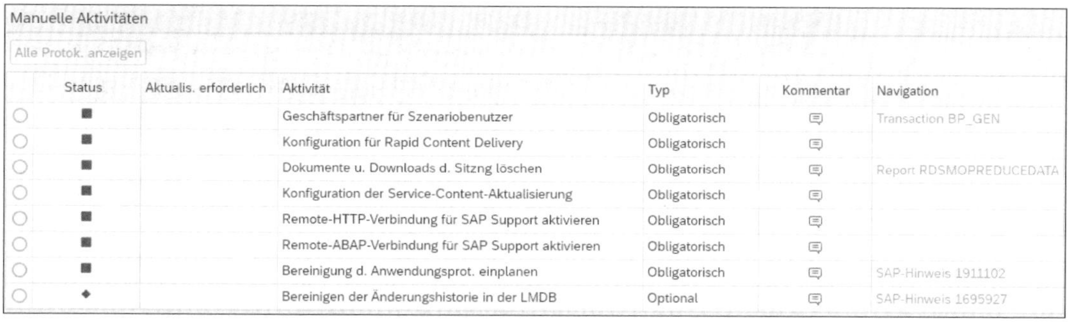

Abbildung 2.15 Navigationsspalte

[«]

Rapid Content Delivery (RCD)

Die schnelle Content-Auslieferung (*Rapid Content Delivery*, RCD) dient als Schnittstelle zwischen Ihrem SAP-Solution-Manager-System und dem SAP Support Portal. Über diese Schnittstelle stellt SAP regelmäßig Content-Pakete bereit, die automatisch von Ihrem System heruntergeladen und implementiert werden. In den meisten Fällen handelt es sich hierbei um Anpassungen der System-Monitoring-Vorlagen sowie neue oder aktualisierte Guided Procedures. Detaillierte Informationen zur Konfiguration finden Sie in folgendem Eintrag im SAP Community Wiki: *http://s-prs.de/v791817*. Wir gehen in Abschnitt 10.3.4, »Rapid Content Delivery«, detaillierter auf dieses Thema ein.

SAP-Support-Verbindung

Eine weitere, nicht zu vernachlässigende Aktivität der manuellen Konfiguration ist die Einrichtung der Verbindung zum SAP-Support. Dieser wichtige Schritt stellt die Verbindung zwischen dem SAP Solution Manager und SAP her. SAP erhält im Falle von Servicelieferungen oder zur Bearbeitung von Problemen in Ihrer SAP-Systemlandschaft Zugang zu Ihren Systemen. Führen Sie hierzu die Aktivitäten **Remote-HTTP-Verbindung** und **Remote-ABAP Verbindung für SAP Support aktivieren** anhand der Dokumentation aus.

Schritt 4: Basisdialogbenutzer anlegen

Dialogbenutzer

Im vorletzten Punkt der Basiskonfiguration werden die Dialogbenutzer im SAP-Solution-Manager-System angelegt. Diese werden vorrangig von SAP genutzt, um sich zur Meldungsbearbeitung remote auf das Kundensystem zu schalten. Tabelle 2.4 beschreibt die hierfür erforderlichen Benutzer.

Benutzername	Beschreibung
SAPSUPPORT	Dieser Benutzer besitzt Leserechte für das System. Er wird von der oder dem SAP-Support-Mitarbeiter*in genutzt, um eine Ursachenanalyse durchführen zu können.
SAPSERVICE	Dieser Benutzer wird von SAP für die Lieferung von Remote- oder Vorortservices verwendet.
SA_ADM_<SID>	Dieser Benutzer wird zur Verwaltung aller Administrationsaufgaben im SAP Solution Manager verwendet.
SA_DIS_<SID>	Dieser Benutzer dient als Anzeigebenutzer für alle relevanten Administrationsbereiche.

Tabelle 2.4 Dialogbenutzer für den SAP-Support und zur Administration

Schritt 5: Abgeschlossen

Wie schon in den anderen Szenarien haben Sie im letzten Schritt die Möglichkeit, sich nochmals alle Schritte in einer Zusammenfassung anzusehen. Auch hier können Sie den Status der einzelnen Schritte und Aktivitäten prüfen.

2.3 Verwaltete Systeme konfigurieren

SAP-Systeme anbinden

Wir erläutern in diesem Abschnitt, wie die verschiedenen Arten von Systemen, insbesondere ABAP- und Java-Systeme, die vom SAP Solution Manager verwaltet werden, mit SAP Solution Manager 7.2 verbunden werden. Die Konfiguration der *verwalteten Systeme* dient als Basis für fast alle Einsatzszenarien des SAP Solution Managers.

1. Starten Sie zunächst die Transaktion SOLMAN_SETUP, und wählen Sie den Pfad **Szenarioübergreifende Konfiguration • Konfiguration der verwalteten Systeme**.
2. Hier können Sie das System auswählen, das Sie an Ihren SAP Solution Manager anbinden wollen. Jedes System muss einzeln konfiguriert werden.

[+]

System(e) in der Auswahl nicht vorhanden?

Es kommt immer wieder vor, dass ein anzubindendes System in der Übersicht nicht gelistet ist. Sollte dies bei Ihnen der Fall sein, kann das daran liegen, dass das System nicht im SLD registriert ist. Um dies zu prüfen, müssen Sie sich zunächst mit dem entsprechenden Satellitensystem verbinden. Öffnen Sie dort die Transaktion RZ70, und überprüfen Sie, ob der korrekte *Gateway-Host* und der korrekte Gateway-Service eingetragen sind. Das *Gateway* ist zuständig für alle ein- und ausgehenden Verbindungen in einem SAP-System. Sind die Einträge nicht korrekt, korrigieren Sie diese und führen die Registrierung mit einem Klick auf **Ausführen** durch (siehe Abbildung 2.16).

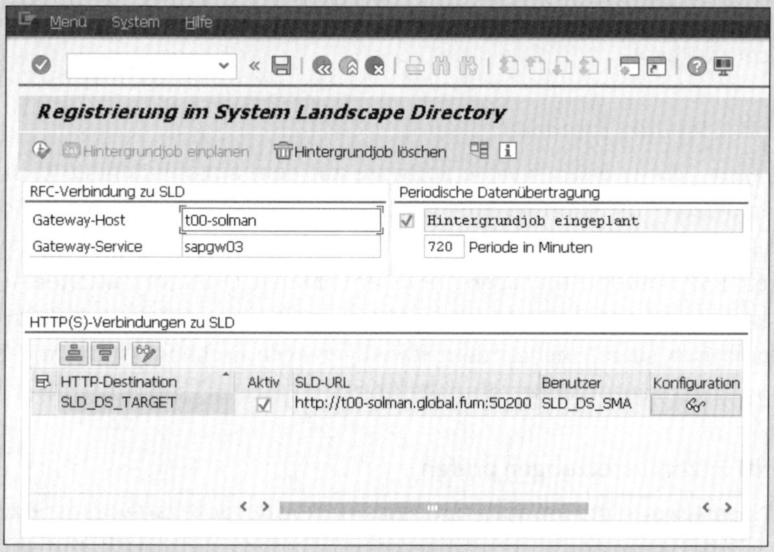

Abbildung 2.16 Ein System im System Landscape Directory registrieren

Sollte das Problem damit nicht behoben sein, können Sie in der Transaktion SM59 die TCP/IP-Verbindungen SLD_NUC und SLD_UC testen. Diese Verbindungen werden durch die Registrierung des Systems im SLD automatisch generiert und sollten funktionsfähig sein.

3. Klicken Sie anschließend auf die Schaltfläche **System konfigurieren**, und wählen Sie die gewünschte Konfigurationsart aus, wie in Abbildung 2.17 zu sehen. Wir empfehlen, die vollständige Konfiguration durchzuführen, da diese die nötigen Schritte enthält, um alle potenziellen Einsatzszenarien abzudecken.

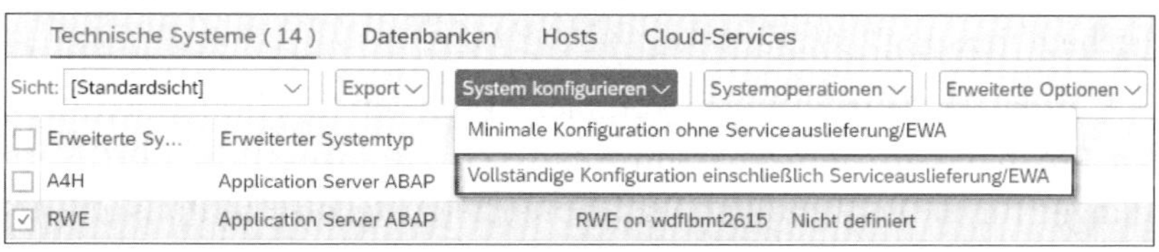

Abbildung 2.17 Vollständige Konfiguration auswählen

4. Anschließend gelangen Sie in die für die Konfiguration erforderliche Guided Procedure, die sich in zehn Teilschritte gliedert. Die ersten vier Schritte sehen Sie in Abbildung 2.18.

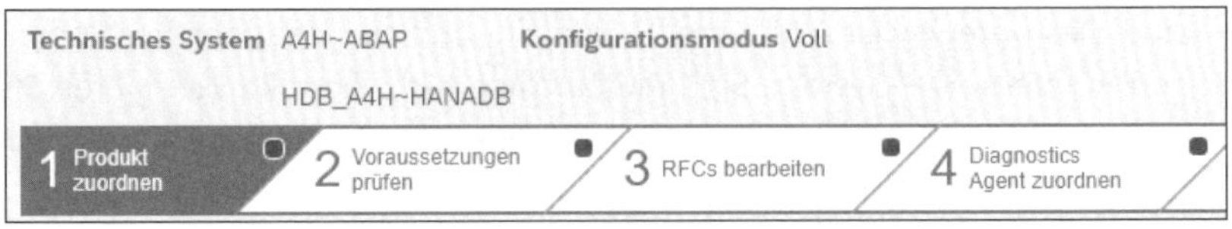

Abbildung 2.18 Übersicht der Konfiguration verwalteter Systeme, Schritte 1 bis 4

Schritt 1: Produkt zuordnen

Prüfung der installierten Software

Der erste Schritt prüft, welche Software auf dem anzubindenden technischen System installiert ist. Hier wird beispielsweise ermittelt, ob die Softwarekomponente ST720 vorliegt, wodurch das System weiß, dass es sich um ein SAP-Solution-Manager-7.2-System handelt. Die Informationen hierfür werden aus der LMDB gezogen. Klicken Sie dazu auf die Schaltfläche **Automatisch setzen** neben dem jeweiligen technischen System; die Zuordnung wird automatisch durchgeführt.

Schritt 2: Voraussetzungen prüfen

Softwarevoraussetzungen

Als Nächstes erfolgt eine automatische Prüfung der Softwarevoraussetzungen. Hierbei kann es aus verschiedensten Gründen zu Fehlern kommen. Ist das der Fall, prüfen Sie nach der Ausführung das Protokoll und den zur Ausführung gehörenden Langtext. Dieser gibt im Normalfall Aufschluss über das Problem. Führen Sie nach der Behebung des Problems die Prüfung der Voraussetzungen erneut durch. Sollte es sich bei der vom verwalteten System verwendeten Datenbank um SAP HANA handeln, müssen Sie die manuelle Aktivität **SAP-HANA-Datenbankbenutzer anlegen** ausführen. Prüfen Sie hierfür auch SAP-Hinweis 1892593.

Schritt 3: RFCs bearbeiten

RFC-Verbindungen

In Schritt 3 werden automatisch alle benötigten RFC-Verbindungen zu den SAP-Systemen angelegt. Für jedes verwaltete System muss mindestens eine *READ-RFC-Verbindung* zum Produktivmandanten angelegt werden (siehe Abbildung 2.19).

Sollen die Systeme später in komplexere Anwendungsszenarien wie das ChaRM integriert werden, empfiehlt es sich, die angegebenen RFC-Verbindungen für alle verwendeten Mandanten herzustellen. Hierfür ist die *TMW-RFC-Verbindung* wichtig. Die *BACK-RFC-Verbindung* ist dafür da, dass die

Systeme beispielsweise ihre Daten für SAP EarlyWatch an den SAP Solution Manager senden können.

Abbildung 2.19 RFC-Verbindungen anlegen

Um die Verbindungen anlegen zu können, werden zwei Benutzer benötigt. Wie Sie in Abbildung 2.20 sehen können, müssen Sie zunächst einen Administrationsbenutzer für den SAP Solution Manager angeben. Anschließend benötigen Sie noch einen Benutzer für das Setup des verwalteten Systems. Ist noch kein Benutzer mit den entsprechenden Rollen vorhanden, können Sie diesen mit einem Klick auf die Schaltfläche **Administrator anlegen oder aktualisieren** erstellen. Daraufhin öffnet sich ein Dialogfenster, in dem Sie zunächst einen gültigen Benutzer mit Berechtigungen zum Anlegen von Benutzern auf dem Remote-System eingeben müssen. Anschließend können Sie den neuen Administrationsnutzer mit einem selbstgewählten Kennwort anlegen.

RFC-Benutzer

Abbildung 2.20 Benutzer angeben

Geben Sie diesen Benutzer nun als Benutzer für das Setup des verwalteten Systems an. Prüfen Sie die beiden Anmeldungen mit einem Klick auf **An-**

meldung testen. Ist die Anmeldung erfolgreich, können Sie mit dem nächsten Teilschritt fortfahren.

Schritt 4: Diagnostics Agent zuordnen

Diagnostics Agents

Im nächsten Schritt müssen Sie jedem Host, auf dem verwaltete Systeme ausgeführt werden, einen *Diagnostics Agent* zuordnen. Dieser muss zuvor auf dem entsprechenden Host installiert und mit dem SAP-Solution-Manager-System verbunden werden.

[+]

Das Agents-on-the-Fly-Konzept

Sollte es in Ihrer SAP-System-Architektur vorkommen, dass sich mehrere SAP-Instanzen auf einem physischen Host befinden, ist es nicht nötig, mehrere Diagnostics Agents zu installieren. Hierfür hat SAP das *Agents-on-the-Fly-Konzept* vorgesehen. Installieren sie zunächst einen Diagnostics Agent auf Basis des physischen Hostnamens und verbinden Sie diesen mit dem SAP Solution Manager. Öffnen Sie anschließend die Konfiguration der verwalteten Systeme im Bereich **Hosts** und klicken Sie auf **Host konfigurieren**.

Setzen Sie im Schritt **Systemparameter eingeben** den Haken bei **Diagnostics-Agenten dynamisch aktivieren** (siehe Abbildung 2.21). Das System wird nun für jede gefundene SAP-Instanz eine eigene Diagnostics-Agent-Instanz anlegen. Weitere Informationen hierzu finden Sie im SAP Community Wiki unter folgendem Link: *http://s-prs.de/v791818*

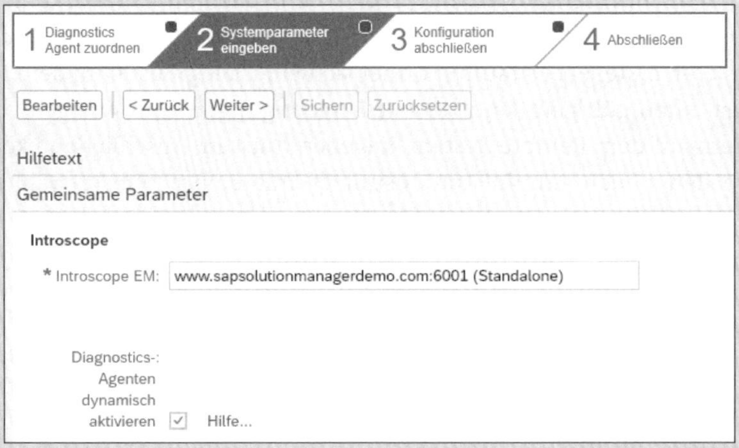

Abbildung 2.21 Konfiguration des Agents-on-the-Fly-Konzepts

Der Diagnostics Agent ist eine zentrale Komponente der Systemlandschaft für die systemübergreifende Analyse mithilfe des SAP Solution Managers.

Er hält eine stetige Verbindung zwischen Satellitensystem und SAP Solution Manager und ermöglicht somit die Sammlung von Informationen in den Satellitensystemen. Klicken Sie auf die Schaltfläche **Automatisch zuordnen**, um die Zuordnung herzustellen. Das Ergebnis sollte wie in Abbildung 2.22 aussehen.

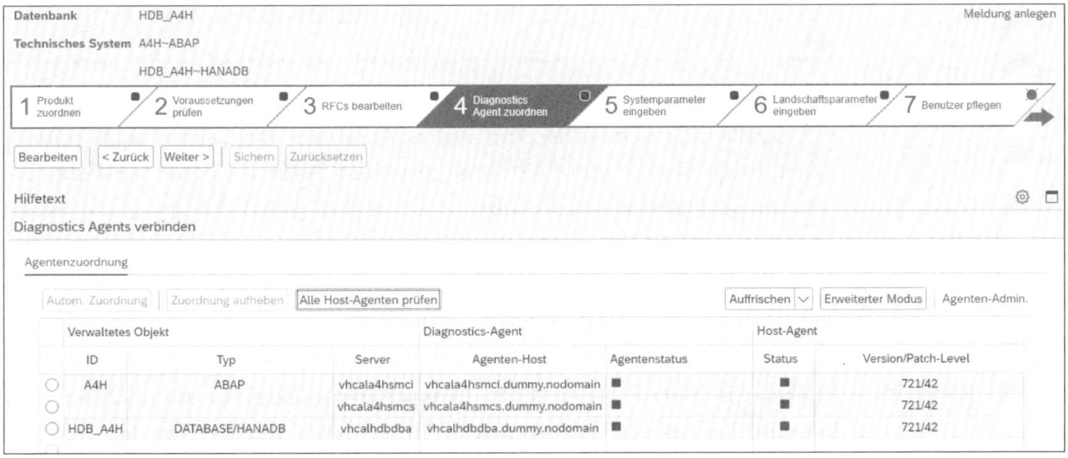

Abbildung 2.22 Diagnostics Agent zuordnen

Sollte es bei der Zuordnung zu Problemen kommen oder sollte kein passender Diagnostics Agent angezeigt werden, können Sie mit einem Klick auf **Agenten-Admin.** den Status der einzelnen Agenten überprüfen.

Agentenadministration

Die Agentenadministration bietet einen Überblick über die mit dem SAP Solution Manager verbundenen Diagnostics Agents und deren aktuellen Zustand. Häufig kommt es vor, dass ein Agent eine inkompatible Version hat oder dass noch keine Vertrauensbeziehung mit dem SAP Solution Manager hergestellt wurde. Beides können Sie in der Agentenadministration beheben. Sie haben außerdem die Möglichkeit, Agenten remote zu starten, anzuhalten oder neu zu starten. Des Weiteren finden Sie hier Informationen über vorliegende Fehler und können sich die Protokolle der Agenten anzeigen lassen.

Schritt 5: Systemparameter eingeben

Systemparameter

In Schritt 5 (siehe Abbildung 2.23) müssen Sie wichtige Parameter zur Verbindung mit dem System pflegen. Hierzu zählen u. a. die Verbindung zum Introscope Enterprise Manager, eine HTTP- oder HTTPS-Verbindung zum verwalteten System und Parameter, um eine Verbindung zur Datenbank aufzubauen.

Abbildung 2.23 Weitere Konfigurationsschritte

[+]

Sofortfhilfen durchlesen

Wenn Sie sich nicht sicher sind, welche Parameter Sie hier eintragen müssen, lesen Sie die von SAP bereitgestellten Texte im Bereich **Hilfetext**, bevor Sie diesen Schritt ausführen.

Schritt 6: Landschaftsparameter auswählen

Landschaftsparameter

Als Nächstes müssen Sie die Landschaftsparameter für Ihr System pflegen. Klicken Sie hierzu in der Spalte **Landschaftsobjekte** auf die noch anzugebenden Parameter. Daraufhin wird Ihnen ein Vorschlag für den Installationspfad gemacht (siehe Abbildung 2.24). Diesen können Sie, wenn nötig, anpassen und anschließend speichern. Führen Sie diese Schritte für jedes der zu pflegenden Objekte durch.

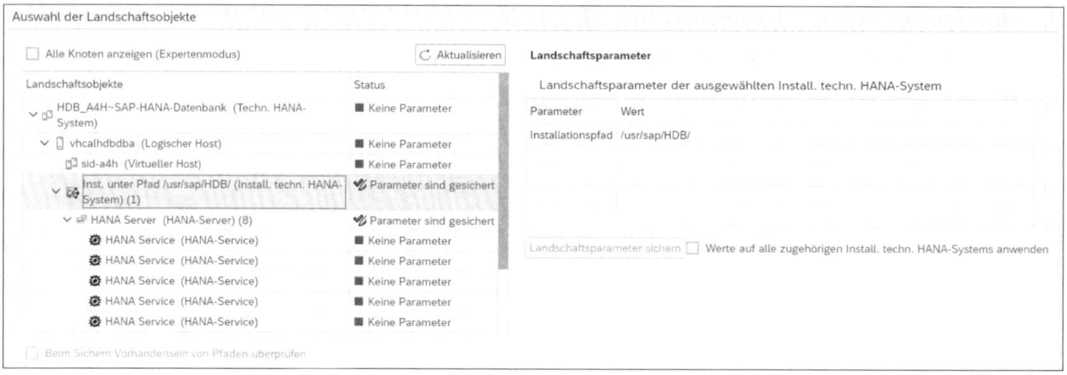

Abbildung 2.24 Landschaftsparameter pflegen

Schritt 7: Benutzer pflegen

In diesem Schritt werden der Dialogbenutzer SAPSUPPORT und der technische Benutzer SMDAGENT_XXX angelegt. Diese Benutzer werden für die weitere Verwendung benötigt. Legen Sie die Benutzer wie angegeben an, und gehen Sie weiter zum nächsten Schritt.

Schritt 8: Konfiguration abschließen

Automatische Aktivitäten

Hier müssen Sie zunächst eine Vielzahl von automatischen Aktivitäten ausführen. Um später den vollen Funktionsumfang des SAP Solution Managers nutzen zu können, empfiehlt es sich, auch die zunächst zurückgestellten Aktivitäten auszuführen. Kommt es hierbei zu Fehlern, schauen Sie in das Meldungsprotokoll im unteren Teil des Bildschirms.

Prüfen Sie außerdem, ob die obligatorischen Schritte unter **Manuelle Aktivitäten** ausgeführt wurden. Eine genaue Dokumentation hierzu finden Sie in der Hilfe zu Schritt 8.

[«]

Schritt »HTTP-Log-Parameter anpassen«

Eine wichtige manuelle Aktivität im Rahmen von Schritt 8 ist die Aktivität **HTTP-Log-Parameter anpassen**:

1. Starten Sie hierfür die Transaktion RZ10 (Pflege von Profilparametern). Wählen Sie das passende Profil und die **Erweiterte Pflege**.
2. Fügen Sie nun, wie angegeben, den Parameternamen über die Wertehilfe ein, und pflegen Sie die Parameterwerte.
3. Klicken Sie auf **Übernehmen**. Wichtig ist außerdem, dass Sie abschließend auf **Speichern** klicken und das Profil aktivieren.

Beachten Sie, dass die Änderungen erst nach einem Neustart des Systems aktiv werden.

Schritt 9: Konfiguration prüfen

Führen Sie in Schritt 9 die automatische Prüfung der Konfiguration durch. Diese überprüft, ob das System grundsätzlich korrekt konfiguriert wurde.

[+]

Status in der Übersicht der verwalteten Systeme

Die Aktivität **Systemstatus aktualisieren** leitet den Gesamtstatus an die Übersicht der verwalteten Systeme weiter (siehe Abbildung 2.25). Entspricht der dort angezeigte Status nicht dem eigentlichen Status, können Sie durch das erneute Ausführen dieser Aktivität wieder einen konsistenten Status herstellen.

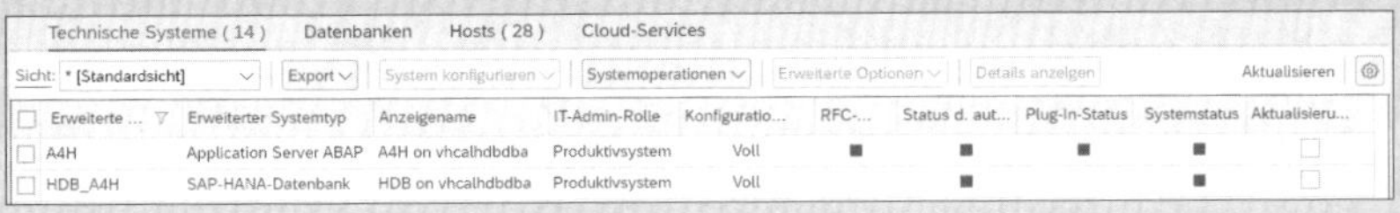

Abbildung 2.25 Status der verwalteten Systeme

Plug-ins auf verwalteten Systemen

Die Support-Tools ST-PI und ST-A/PI stellen die Funktionen bereit, die auf einem verwalteten System benötigt werden, um Daten zu sammeln und an das SAP-Solution-Manager-System zu übertragen.

Plug-in-Status prüfen

Um den Status dieser Plug-ins zu prüfen, öffnen Sie die Übersicht der Konfiguration der verwalteten Systeme in der Transaktion SOLMAN_SETUP unter **Szenarioübergreifende Konfiguration • Obligatorische Konfiguration • Konfiguration der verwalteten Systeme**. Wählen Sie das gewünschte System. Durch einen Klick auf das Ampelsymbol in der Spalte **Status** öffnet sich auf der Registerkarte **Details zum Pluginstatus** eine Statusübersicht. Diese zeigt Ihnen die aktuellen Versionen der Plug-ins an, wie in Abbildung 2.26 zu sehen. Dort werden Ihnen sowohl der aktuelle als auch der erforderliche Support-Package-Stand angezeigt.

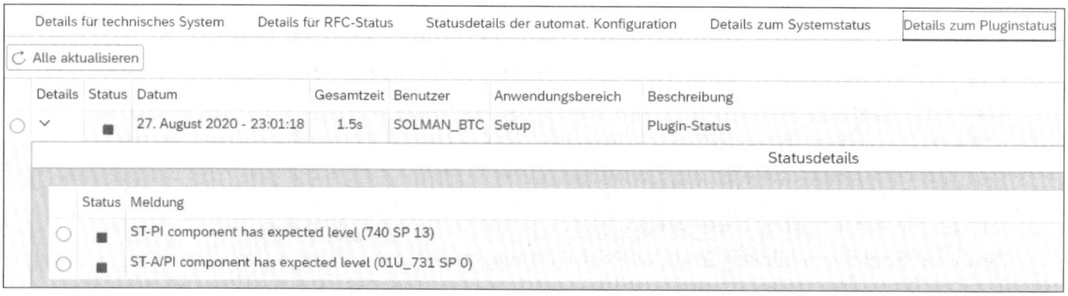

Abbildung 2.26 Plug-in-Status überprüfen

Plug-ins herunterladen

Um die Plug-ins auf den aktuellen Stand zu bringen, müssen Sie zunächst die Installations- bzw. Update-Dateien herunterladen. Die jeweiligen Dateien finden Sie im SAP Support Portal unter folgendem Link: *http://s-prs.de/v791819*. Für den Download wird ein S-User mit entsprechenden Download-Berechtigungen benötigt.

[!]

Richtige Version herunterladen

SAP stellt zwei Hinweise bereit, in denen Sie die richtige Plug-in-Version für Ihr System finden können:

- ST-PI: SAP-Hinweis 539977 (Release-Strategie für Add-on ST-PI)
- ST-A/PI: SAP-Hinweis 69455 (Servicewerkzeuge für Anwendungen ST-A/PI)

Update durchführen

Anschließend müssen Sie die heruntergeladenen Dateien entpacken und in das entsprechende System hochladen. Hierzu können Sie entweder das Transferverzeichnis des entsprechenden Applikationsservers nutzen (unter Windows: **<Laufwerk>\usr\sap\trans\EPS\in**) oder die Dateien direkt vom Frontend aus hochladen:

1. Öffnen Sie zum Einspielen von Support Packages die Transaktion SPAM oder für die Installation der Plug-ins die Transaktion SAINT.
2. Klicken Sie in beiden Fällen auf **Installation-/Support Package • Packages laden**, und wählen Sie anschließend entweder **Vom Frontend** oder **Vom Applikationsserver** (siehe Abbildung 2.27).

Abbildung 2.27 Transaktion SPAM

3. Danach klicken Sie auf **Anzeigen/Definieren** (in der Transaktion SPAM) oder auf **Start** (in der Transaktion SAINT). Wählen Sie das entsprechende Plug-in aus, wie in Abbildung 2.28 gezeigt.
4. Klicken Sie anschließend auf **Queue einspielen** bzw. **Start**, und folgen Sie den angegebenen Schritten.

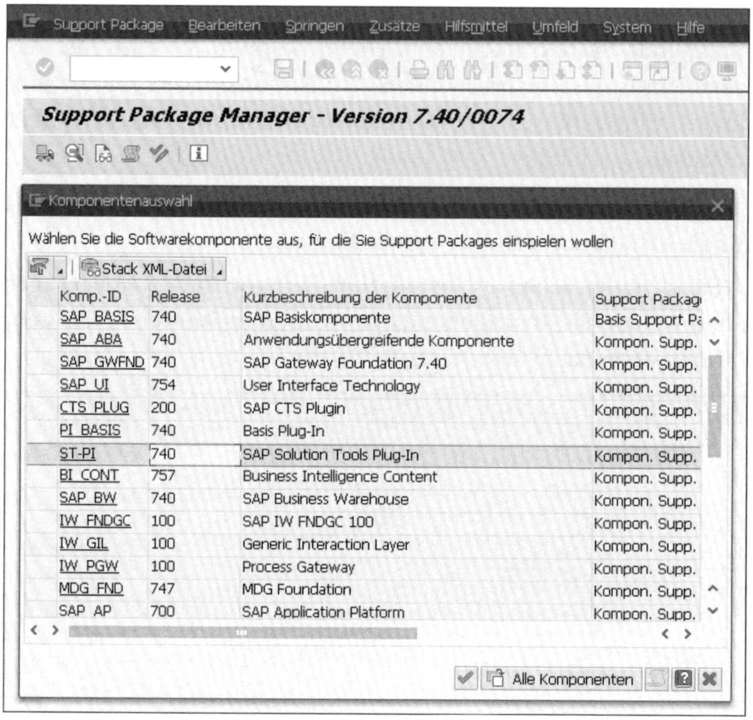

Abbildung 2.28 Plug-ins auswählen

Plug-in-Version prüfen

Nach erfolgreicher Installation bzw. nach erfolgreichem Update der Plug-ins können Sie den Status in der Übersicht der verwalteten Systeme im SAP Solution Manager aktualisieren. Hier sollten nun die korrekten Werte angezeigt werden. Eine Übersicht finden Sie ebenfalls im verwalteten System unter **System • Status • Details**.

2.4 Grundkonfiguration der Embedded Search

Integrierte Suche

Mit der im Zuge von SAP Solution Manager 7.2 neu gestalteten Struktur der Transaktion SOLMAN_SETUP kam auch ein völlig neues Szenario zur Konfiguration hinzu: das der integrierten Suche (*Embedded Search*). Die Embedded Search dient in erster Linie dem Prozessmanagement. Dort werden alle Objekte (Prozesse, Prozessschritte, Transaktionen u. v. m.) mit dieser Suche gefunden. Sie wird aber auch in anderen Szenarien verwendet. Die Konfiguration dieser Suche können Sie direkt über den Pfad **Szenarios • Szenarioübergreifende Konfiguration • Obligatorische Konfiguration • Embedded Search** starten.

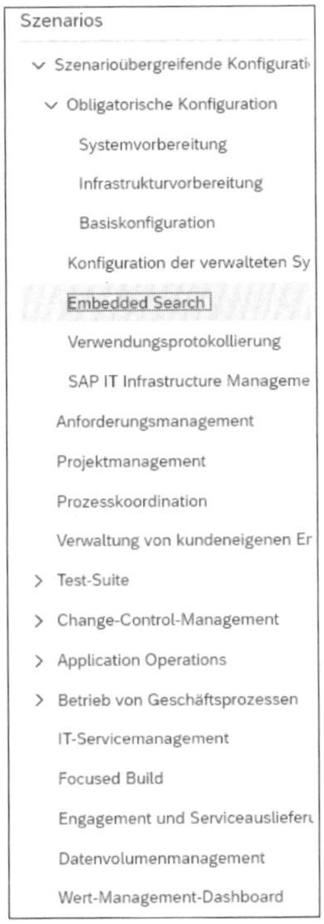

Abbildung 2.29 Embedded Search konfigurieren

In dieser Konfiguration werden grundsätzliche Einstellungen zur Verwendung der Embedded Search vorgenommen. Für die Suche können zwei verschiedene Technologien genutzt werden: SAP HANA oder TREX. Abhängig von der verwendeten Technologie müssen Sie verschiedene manuelle Tätigkeiten ausführen. Lesen Sie zuerst die den Aktivitäten zugeordneten Dokumentationen durch, und führen Sie dann die Konfiguration aus. Einen Überblick über die durchzuführenden Aktivitäten gibt Ihnen Abbildung 2.30.

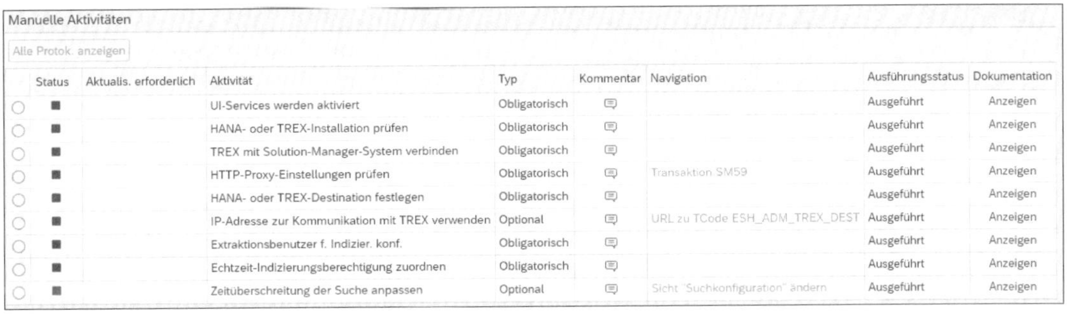
Manuelle Aktivitäten

Alle Protok. anzeigen

	Status	Aktualis. erforderlich	Aktivität	Typ	Kommentar	Navigation	Ausführungsstatus	Dokumentation
○	■		UI-Services werden aktiviert	Obligatorisch			Ausgeführt	Anzeigen
○	■		HANA- oder TREX-Installation prüfen	Obligatorisch			Ausgeführt	Anzeigen
○	■		TREX mit Solution-Manager-System verbinden	Obligatorisch			Ausgeführt	Anzeigen
○	■		HTTP-Proxy-Einstellungen prüfen	Obligatorisch		Transaktion SM59	Ausgeführt	Anzeigen
○	■		HANA- oder TREX-Destination festlegen	Obligatorisch			Ausgeführt	Anzeigen
○	■		IP-Adresse zur Kommunikation mit TREX verwenden	Optional		URL zu TCode ESH_ADM_TREX_DEST	Ausgeführt	Anzeigen
○	■		Extraktionsbenutzer f. Indizier. konf.	Obligatorisch			Ausgeführt	Anzeigen
○	■		Echtzeit-Indizierungsberechtigung zuordnen	Obligatorisch			Ausgeführt	Anzeigen
○	■		Zeitüberschreitung der Suche anpassen	Optional		Sicht "Suchkonfiguration" ändern	Ausgeführt	Anzeigen

Abbildung 2.30 Aktivitäten zur Konfiguration der Embedded Search

Weitere Informationen zur Einrichtung der Embedded Search mit TREX und zur Definition einer Erstindizierung finden Sie im Onlinekapitel »Installation und Administration von TREX« unter *www.sap-press.de/5197*.

2.5 Benutzer mit der Benutzerverwaltung anlegen

Neue Verwaltungsoberfläche

Mit SAP Solution Manager 7.2 hat SAP eine überarbeitete Konfigurationsoberfläche zur Verwaltung von Benutzern innerhalb des SAP-Solution-Manager-Systems und der verwalteten Systeme zur Verfügung gestellt. Mithilfe dieser Oberfläche können Sie ganz leicht verschiedenen Benutzern Berechtigungen für die Konfiguration und Anwendung unterschiedlicher Applikationen zuweisen. Dabei wird eine sogenannte *Anwendungsfall-ID* verwendet. Diese repräsentiert in aller Regel ein bestimmtes SAP-Solution-Manager-Szenario wie das System-Monitoring, um einem Benutzer die erforderlichen PFCG-Rollen zuzuweisen. Ein Beispiel für diese Art der Zuweisung sehen Sie in Abbildung 2.31. Sie erreichen die Oberfläche, indem Sie im SAP Solution Manager Launchpad im Bereich **Verwaltung von SAP Solution Manager** die Kachel **Benutzerverwaltung** aufrufen.

Sie können hier folgende Aktivitäten durchführen:

- Benutzer anlegen
- Massenaktualisierungen durchführen
- Benutzergruppen zuordnen

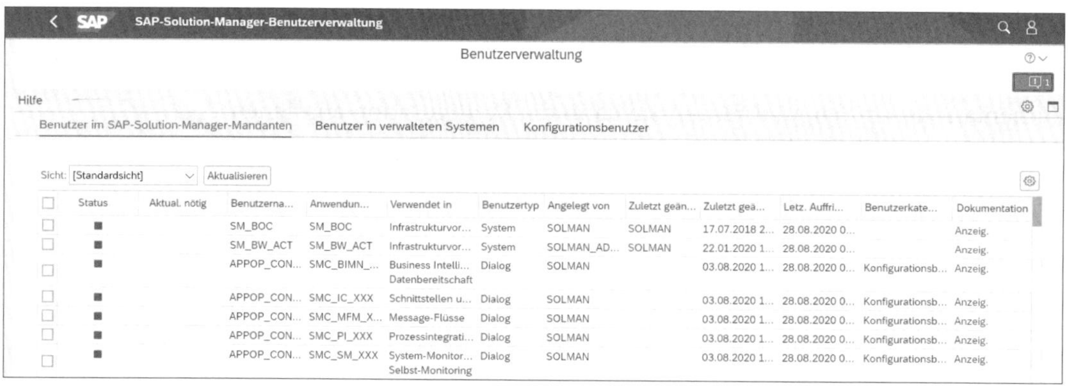

Abbildung 2.31 Benutzerverwaltungsoberfläche

Benutzer für die Grundkonfiguration

An dieser Stelle weisen Sie auch dem Benutzer, der die Grundkonfiguration des SAP Solution Managers durchführt, das dafür erforderliche Berechtigungsobjekt `SM_SETUP` zu. Weisen Sie dem Benutzer dazu die Anwendungsfall-ID `SOLMAN_ADMIN` zu, wie in Abbildung 2.32 zu sehen.

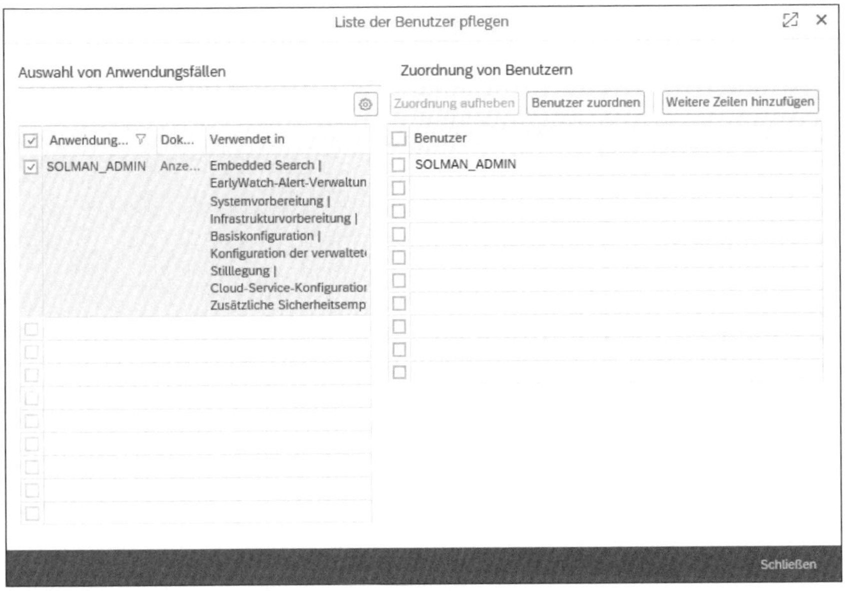

Abbildung 2.32 Anwendungsfall-ID SOLMAN_ADMIN zuordnen

Rollen generieren

Anschließend lassen Sie die erforderlichen Rollen, die dieser Benutzer für die Konfiguration benötigt, generieren. Dies geschieht über die in Abbildung 2.33 zu sehende Schaltfläche **Massenaktualisierung**.

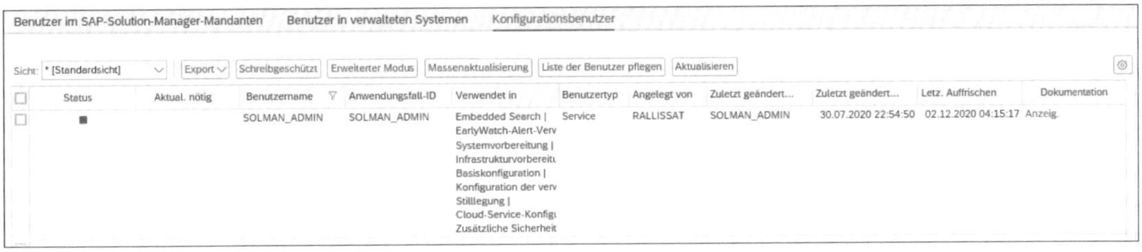

Abbildung 2.33 Massenaktualisierung

Kapitel 3
Prozessmanagement

Dieses Kapitel gibt einen Überblick über das in SAP Solution Manager 7.2 neu aufgelegte Prozessmanagement. Sie lernen die relevanten Begriffe, die Notation und die wichtigsten Funktionen kennen.

Das Prozessmanagement wurde mit der Einführung von SAP Solution Manager 7.2 vollständig überarbeitet. Es ermöglicht Ihnen, Ihre Geschäftsprozesse ganzheitlich sowohl aus der Geschäfts- als auch aus der IT-Perspektive zu verwalten. Dabei setzt SAP nicht nur auf ein nutzerfreundliches Design der Oberfläche, sondern führte grundlegend neue Konzepte für die Verwaltung von Prozessen ein. Aus Vorgängerversionen bekannte Einschränkungen wie die maximal dreistufige Prozesshierarchie gehören der Vergangenheit an.

Grafische Modellierungsoberfläche

Eine der grundlegenden Neuerungen ist die Integration einer grafischen Modellierungsoberfläche in die Lösungsdokumentation. Hierdurch haben Sie die Möglichkeit, Ihre Prozesse übersichtlich in der gängigen Notationsart *Business Process Model and Notation* (BPMN) 2.0 zu dokumentieren. Die Anbindung einer Drittanbieterlösung für die grafische Darstellung der Prozesse ist damit nicht mehr nötig. Mit dieser Änderung verfolgt SAP das Ziel, Mitarbeiter*innen aus den Fachbereichen und der IT näher zusammenzubringen und eine gemeinsame Sprache sprechen zu lassen.

Branches

Doch auch weniger offensichtliche Neuerungen innerhalb des Prozessmanagements bringen einen großen Mehrwert mit sich. Hierzu zählen u. a. die *Branches* (Zweige). Diese ermöglichen es, unterschiedliche Versionen derselben Lösungsdokumentation darzustellen und die Dokumentation von Geschäftsprozessen damit in das Lebenszykluskonzept zu integrieren.

Geschäftsprozesse und Bibliotheken

Darüber hinaus erweitert SAP mit dem neuen Prozessmanagement das Konzept der Wiederverwendung von Geschäftsprozessen oder einzelnen Prozesselementen. Zu diesem Zweck gliedert sich jede Lösungsdokumentation in *Geschäftsprozesse* und *Bibliotheken*. In den Bibliotheken werden die originalen Elemente abgelegt, um sie später in der Modellierung in verschiedenen Prozessen als Referenzen wiederzuverwenden.

Im Zuge der Service Packs für SAP Solution Manager 7.2 und insbesondere durch das jährliche *SAP-Customer-Connection-Programm* wurden die Funktionen im Bereich Prozessmanagement in den letzten Jahren stetig erweitert und optimiert.

[»]

SAP Customer Connection

Das Programm *SAP Customer Connection* wurde in den letzten Jahren regelmäßig für die SAP-Solution-Manager-Szenarien Prozessmanagement, Test-Suite und Change und Release Management durchgeführt. Es gibt Kunden von SAP die Möglichkeit, direkt auf die Produktentwicklung Einfluss zu nehmen. Zu Beginn einer neuen Runde kann jeder Kunde Verbesserungen für unterschiedliche Themenbereiche beantragen bzw. Anträge anderer unterstützen. Erhält ein Änderungsantrag genug Stimmen, wird dieser von SAP geprüft und im optimalen Fall umgesetzt.

Weitere Informationen zu diesem Programm finden Sie auf den SAP-Seiten unter folgender URL: *http://s-prs.de/v791820*. Bereits umgesetzte Änderungen können Sie über folgenden Link einsehen: *https://sapimprovementfinder.com/*. Hier finden Sie auch das jeweilige Service Pack zu jeder umgesetzten Änderung. Zunächst bringen wir Ihnen in Abschnitt 3.1 die grundlegenden Begriffe und Konzepte des Szenarios Prozessmanagement in SAP Solution Manager 7.2 näher. In Abschnitt 3.2 lernen Sie wichtige Aspekte der Konfiguration sowie die erforderlichen Berechtigungen kennen. In Abschnitt 3.3 und Abschnitt 3.4 gehen wir auf die zentralen Anwendungen und Funktionalitäten des Prozessmanagements ein. Sie erfahren, wie Sie Ihre Systemlandschaft aufbauen, Bibliotheken aufbereiten und automatisch füllen, Bibliothekelemente wiederverwenden sowie Prozesse umfassend dokumentieren und modellieren. In Abschnitt 3.5 erläutern wir, wie Sie Deployments für globale Rollout-Szenarien einsetzen können. Da das Prozessmanagement zudem zentraler Ausgangspunkt für verschiedene Teilbereiche von SAP Solution Manager 7.2 ist, gehen wir in Abschnitt 3.6 näher auf die Integration mit den Szenarien Test-Suite, Change Request Management (ChaRM) und Geschäftsprozess-Monitoring ein. Abschließend zeigen wir Ihnen in Abschnitt 3.7, wie Sie die SAP Best Practices für die Lösungsdokumentation als Starthilfe für Ihre Dokumentation verwenden können. Diese SAP Best Practices sind Teil von SAP Activate.

3.1 Grundlegende Begriffe und Konzepte

Aufgrund der großen Veränderungen im Bereich des Prozessmanagements im Vergleich zu früheren SAP-Solution-Manager-Releases ist es unumgänglich, sich zunächst mit den neuen Begriffen und Konzepten vertraut zu machen. Sie sollten sich daher die Zeit nehmen, die Grundlagen zu verinnerlichen, bevor Sie mit der Dokumentation Ihrer Prozesse beginnen.

3.1.1 Eine einzige Lösung als Single Source of Truth

Lösung

Der Begriff der *Lösung* wurde mit Version 7.2 des SAP Solution Managers neu definiert. Eine Lösung beinhaltet alle Systeme, Anwendungen und Prozesse eines Unternehmens. In vorherigen Versionen des SAP Solution Managers wurde häufig eine Vielzahl von Projekten und Lösungen eingesetzt, um Prozesse zu dokumentieren. Diese unübersichtliche Unterteilung wurde in SAP Solution Manager 7.2 durch eine einzige Lösung abgelöst.

[+]

Nur eine Lösung anlegen

Grundsätzlich sollten Sie nur mit einer einzigen Lösung arbeiten, die für Ihr gesamtes Unternehmen gültig ist. Dies ist auch dann möglich, wenn es sich bei Ihrem Unternehmen um einen internationalen Konzern mit unterschiedlichen Standorten handelt.

Sie sollten sich immer folgende Fragen stellen:

- Bestehen Schnittstellen zwischen meinen Systemen?
- Sind meine Prozesse miteinander verknüpft bzw. voneinander abhängig?

Solange Sie eine der Fragen mit »Ja« beantworten, sollten Ihre Systeme und Prozesse in derselben Lösung dokumentiert werden.

Eine Ausnahme bilden Dienstleisterunternehmen, die verschiedene vollständig voneinander unabhängige Kundenunternehmen betreuen. Deren Systeme und Prozesse weisen keine Abhängigkeiten oder Schnittstellen untereinander auf, weshalb jeweils eine separate Lösung pro Unternehmen sinnvoll ist.

Prozess- und Systemperspektive

Eine Lösung kann aus zwei verschiedenen Perspektiven betrachtet werden. Aus der *Prozessperspektive* werden in einer Lösung alle Geschäftsprozesse eines Unternehmens dokumentiert. Demgegenüber beinhaltet eine Lösung aus der *Systemperspektive* gesehen alle Systeme und Applikationen eines Unternehmens. Hierdurch ergeben sich die folgenden Begrifflichkeiten:

- **Lösungsdokumentation**
  Mit dem Begriff *Lösungsdokumentation* wird die Prozessperspektive einer Lösung zusammengefasst. Die Lösungsdokumentation umfasst den vollständigen Dokumentationsinhalt einer Lösung, einschließlich der Bibliotheken und Geschäftsprozesse. Weiterführende Informationen zur Lösungsdokumentation sowie zu Bibliotheken und Geschäftsprozessen finden Sie in Abschnitt 3.4, »Lösungsdokumentation«.
- **Systemlandschaft und logische Komponentengruppen**
  Die Systemlandschaft mit ihren *logischen Komponentengruppen* bildet die Systemperspektive einer Lösung ab. Unter dem Begriff *Systemlandschaft* werden alle Systeme und Applikationen eines Unternehmens zusammengefasst, die in der *Landscape Management Database* (LMDB) aufgeführt sind. Es handelt sich bei der Systemlandschaft daher um einen beschreibenden Begriff, nicht um ein technisches Objekt.

Logische Komponentengruppen

Anhand von logischen Komponentengruppen werden technische Systeme innerhalb einer Lösung hinzugefügt. Eine logische Komponentengruppe umfasst dabei alle Systeme einer Lösung, die dasselbe Produktivsystem und denselben Systemtyp (z. B. ABAP oder Java) aufweisen. Entwicklungs-, Test- und Produktivsystem eines SAP-ERP-Systems bilden zusammen beispielsweise eine gemeinsame logische Komponentengruppe.

[»]

Mehrere Produktivsysteme für ein SAP-Produkt (Sites)

Auch wenn Sie mehrere Produktivsysteme für ein SAP-Produkt verwenden, reicht es aus, eine gemeinsame logische Komponentengruppe anzulegen. Die Systemstruktur innerhalb der logischen Komponentengruppe wird in diesem speziellen Fall zusätzlich über *Sites* definiert. Informationen zum Site-Konzept erhalten Sie in Abschnitt 3.3.3.

Branches

Ebenfalls neu seit SAP Solution Manager 7.2 ist das Konzept der Branches. Als *Branch* wird allgemein eine Version einer Lösung bezeichnet. Diese Versionen beinhalten ebenso wie Ihre Lösung alle dokumentierten Systeme, Applikationen und Prozesse Ihres Unternehmens. Die aktuell gültige Produktivlösung ist beispielsweise im *Produktiv-Branch* dokumentiert.

Mithilfe von Branches können Sie verschiedene Lebenszyklusversionen einer Lösungsdokumentation verwalten. Detaillierte Informationen zur Lebenszyklusverwaltung anhand von Branches finden Sie in Abschnitt 3.1.2, »Umsetzung des Lebenszykluskonzepts mit Branches«.

Logische Komponenten

Auch in Bezug auf die Systemlandschaft findet das Branch-Konzept Anwendung. Im Zusammenhang mit Branches stehen hier die logischen Komponenten. Eine *logische Komponente* ist die »Branch-Sicht« auf eine logische Komponentengruppe. Mit anderen Worten umfasst eine logische Komponente alle Systeme einer logischen Komponentengruppe, die zu demselben Branch gehören. Hierdurch lässt sich steuern, welche technischen Systeme pro Branch z. B. für Systemabsprünge zur Verfügung stehen. Wie Sie Ihre Systemlandschaft mit logischen Komponentengruppen und logischen Komponenten konkret anlegen, erfahren Sie in Abschnitt 3.3.2, »System- und Change-Control-Landschaft«.

Single Source of Truth

Mit dem Lösungskonzept in SAP Solution Manager 7.2 hat SAP eine Struktur geschaffen, die Ihr Prozessmanagement über den gesamten Lebenszyklus hinweg unterstützt. Die Dokumentation Ihrer Prozesse ist hierdurch nicht mehr nur in einzelnen Lebenszyklusphasen möglich, sondern Sie können die Funktionalitäten des Szenarios Prozessmanagement bereits in frühen Phasen Ihrer Projekte nutzen. Eine einheitliche und zentrale Dokumentation Ihrer Geschäftsprozesse ist ein wichtiges Gut, das gerade in Zeiten dezentraler Arbeitsstrukturen an Relevanz gewinnt. Gleichzeitig besteht eine hohe Integration zwischen dem Prozessmanagement und anderen Bereichen des SAP Solution Managers (siehe Abschnitt 3.6, »Integration in andere Bereiche des SAP Solution Managers«). Die Lösung ist somit ein zentraler Zugriffspunkt innerhalb von SAP Solution Manager 7.2 und wird in diesem Zusammenhang häufig auch als *Single Source of Truth* bezeichnet.

3.1.2 Umsetzung des Lebenszykluskonzepts mit Branches

Wie bereits erwähnt, werden die Versionen der Lösungsdokumentation mithilfe von Branches abgebildet. Jeder Branch spiegelt dabei einen bestimmten Stand Ihrer Dokumentation im Lebenszyklus Ihrer Systeme und Applikationen wider. Anstatt umständlich mit Versionsnummern zu arbeiten, können Sie anhand der Branches eindeutig zwischen der freigegebenen Dokumentation Ihrer produktiven Geschäftsprozesse und der Dokumentation von Prozessen unterscheiden, die sich aktuell in der Wartung oder der Entwicklung befinden.

SAP sieht hierzu sechs verschiedene Branches vor. Jedem Branch wird eine bestimmte Aufgabe zugeschrieben, die im Folgenden näher erläutert wird. Welche und wie viele Branches Sie in Ihrer Lösung nutzen, ist Ihnen grundsätzlich freigestellt. Es hängt u. a. davon ab, welches Ziel Sie bei der Dokumentation verfolgen, wie groß Ihre IT-Projekte sind und welche Szenarien Sie neben dem Prozessmanagement in SAP Solution Manager 7.2 verwenden.

Produktiv-Branch

Bei der Anlage einer Lösung wird automatisch ein *Produktiv-Branch* erstellt, der als Container für Ihre produktive Lösung, d. h. Ihre produktiven Systeme, Applikationen und Geschäftsprozesse, dient. Beim Produktiv-Branch handelt es sich um den einzigen obligatorischen Branch. Es ist jedoch zu empfehlen, ihm immer mindestens einen Branch unterzuordnen.

Wenn Sie mindestens einen weiteren Branch nutzen, wird der Produktiv-Branch gegen direkte Änderungen gesperrt, und damit auch die Lösungsdokumentation Ihrer produktiven Systeme, Applikationen und Geschäftsprozesse. Dies hat den Vorteil, dass Ihre produktive Lösung vor ungewollten Änderungen geschützt ist. Änderungen in der Lösungsdokumentation sind dann nur noch in den Branches zulässig, die dem Produktiv-Branch untergeordnet sind, und müssen explizit an den Produktiv-Branch freigegeben werden.

Wartungs-Branch

Um separate Versionskontexte abzubilden, können der Lösung weitere Branches zugeordnet werden. Der wohl wichtigste und dringend empfohlene *Wartungs-Branch* (Maintenance Branch) ist einer dieser Branch-Typen. Der Wartungs-Branch wird wie der Produktiv-Branch automatisch bei der Anlage einer Lösung erstellt, ist jedoch im Unterschied zum Produktiv-Branch optional. Sollten Sie ihn nicht benötigen, können Sie ihn wieder löschen.

Im Wartungs-Branch werden kurzfristige Änderungen an der Dokumentation der produktiven Lösung vorgenommen, die beispielsweise durch kleinere Erweiterungen umgesetzt werden. Auf diese Weise können Sie Änderungen in Ihren Geschäftsprozessen, die in einem Entwicklungs- oder Testsystem durchgeführt wurden, bereits dokumentieren. Mit Freigabe der technischen Änderung für das Produktivsystem kann auch die entsprechende Dokumentation in den Produktiv-Branch übernommen werden. Der Wartungs-Branch ist immer dem Produktiv-Branch untergeordnet und kann nur einmal in einer Lösung existieren.

Entwicklungs-Branch

Darüber hinaus kann es für langfristige oder große Änderungen sinnvoll sein, einen separaten, ebenfalls dem Produktiv-Branch untergeordneten, *Entwicklungs-Branch* (Development Branch) einzurichten. In dieser separaten Version Ihrer Lösungsdokumentation können Sie Ihre langfristigen Entwicklungen unabhängig von den Wartungsarbeiten im Wartungs-Branch und parallel dazu realisieren. Damit Ihre Entwicklungsteams jederzeit über Anpassungen der Dokumentation im Wartungs-Branch Bescheid wissen, werden konfliktfreie Änderungen, die vom Wartungs-Branch an den Produktiv-Branch freigegeben werden, direkt in den Entwicklungs-Branch übernommen. Nähere Informationen zur Freigabe von Änderungen finden Sie weiter unten in diesem Abschnitt.

Import-Branch und Design-Branch

Weitere von SAP empfohlene Branches sind der *Import-Branch* und der *Design-Branch*. Der Import-Branch ist dem Design-Branch untergeordnet, der wiederum unterhalb des Entwicklungs-Branches einzuordnen ist. Alle drei Branches gemeinsam werden auch als *Innovationsschiene* der Lösung bezeichnet.

Der Import-Branch dient dazu, SAP-Best-Practices-Pakete bzw. Dokumentation aus einem anderen SAP-Solution-Manager-7.2-System in Ihre Lösungsdokumentation zu importieren (siehe Abschnitt 3.7, »SAP Best Practices für die Lösungsdokumentation«).

Da in der Regel nicht der gesamte Inhalt eines Imports für Ihr Unternehmen relevant ist, ist es sinnvoll, zwischen dem Entwicklungs- und dem Import-Branch einen zusätzlichen Design-Branch einzurichten. Die Idee hierbei ist, nur diejenigen Dokumentationsinhalte für Ihren Design-Branch freizugeben, die Sie in Ihrem Unternehmen verwenden möchten. Im Design-Branch können Sie anschließend die ausgewählten Inhalte an die Anforderungen Ihres Unternehmens anpassen, bevor Sie diese zur tatsächlichen Umsetzung in Ihren Geschäftsprozessen und zur Qualitätssicherung an den Entwicklungs-Branch freigeben.

Darüber hinaus bietet Ihnen der Design-Branch eine Art Spielwiese, auf der Sie vollkommen neue Prozesse designen können, bevor Sie die Änderungen im Entwicklungs-Branch zur Umsetzung an Ihre Entwicklungsteams weitergeben. Sie erkennen hier, wie das Prozessmanagement in SAP Solution Manager 7.2 das Zusammenspiel von Fachbereich und IT unterstützt.

Betriebs-Branch

Diese vier optionalen Branches bilden zusammen den Soll-Zustand der Lösung. Der Ist-Zustand der Lösung wird durch den Produktiv- und den *Betriebs-Branch* (Operations Branch) definiert. Der Betriebs-Branch stellt ein Abbild der produktiven Lösung dar. Er dient dazu, Monitoring-Szenarien auf die dokumentierten Prozesse anzuwenden, und ist notwendig, da der Produktiv-Branch, wie bereits erwähnt, gegen Änderungen gesperrt ist. Den Prozessen werden in diesem Branch Monitoring-Objekte zugewiesen und diese werden aktiviert. Wie das Anlegen und Aktivieren von Monitoring-Objekten im Detail funktioniert, lesen Sie in Abschnitt 11.3, »Geschäftsprozess-Monitoring«.

Beziehungen von Branches

Wie bereits angedeutet, stehen die verschiedenen Branches in Bezug zueinander, wobei der Produktiv-Branch immer den obersten Knotenpunkt bildet. Abbildung 3.1 stellt die Beziehungen zwischen den vorgestellten Branches in dem von SAP definierten Best-Practice-Ansatz grafisch dar.

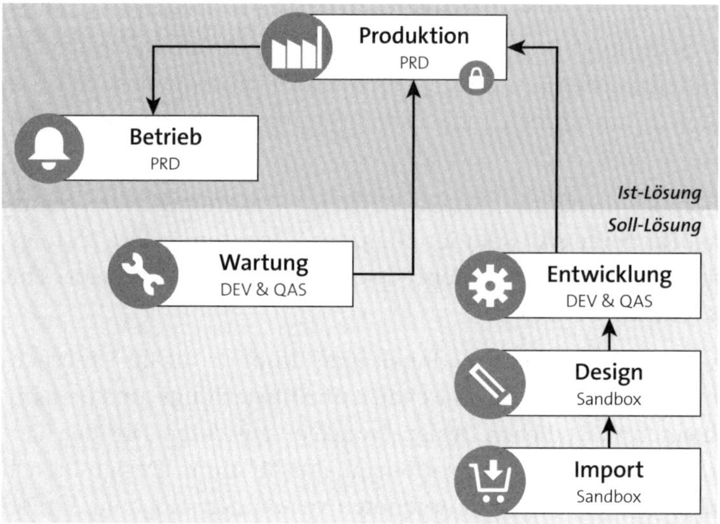

Abbildung 3.1 Branches in Beziehung zueinander (Quelle: SAP)

Lebenszykluskonzept

Diese Beziehungsstruktur der Branches ist die Grundlage für fest definierte Freigabemechanismen im Lebenszykluskonzept der Lösungsdokumentation. Sie bildet eine Hierarchie, nach der Änderungen in einem Branch an die jeweils darüber- bzw. darunter liegenden Branches übertragen werden. Das Lebenszykluskonzept schafft so die Voraussetzungen, die es Ihnen ermöglichen, Ihre Lösungsdokumentation kontinuierlich und entsprechend des Entwicklungsstands Ihrer Systeme zu pflegen.

Strukturelemente

Abbildung 3.2 zeigt am Beispiel des Prozessschritts **Bestellung anlegen**, welche Informationen in den Branches versioniert werden. Dies sind u. a. die Strukturinformationen zu Elementen der Lösungsdokumentation. Zu diesen zählen sowohl die Strukturelemente selbst ❶, wie z. B. ein Ordner, ein Prozessschritt oder ein Szenario, als auch die den Strukturelementen zugeordneten Elemente ❷, wie Testfälle, Dokumente oder Referenzen zu ausführbaren Einheiten. Die Strukturinformationen werden für jedes Element als Ganzes gehandhabt. Dabei wird berücksichtigt, ob das Element weiter existiert oder gelöscht wurde. Ebenso werden das jeweils übergeordnete Element ❸ sowie die Beziehungsstruktur des Elements mit den Elementen auf der gleichen Ebene betrachtet ❹.

Neben den Strukturinformationen werden auch die *Attribute* eines Elements versioniert ❺. Dabei wird in der Regel jedes Attribut separat von den anderen Attributen desselben Elements betrachtet. Knowledge-Warehouse-Dokumente hingegen werden als Ganzes in die Versionierung einbezogen, d. h. inklusive aller Dokumentattribute.

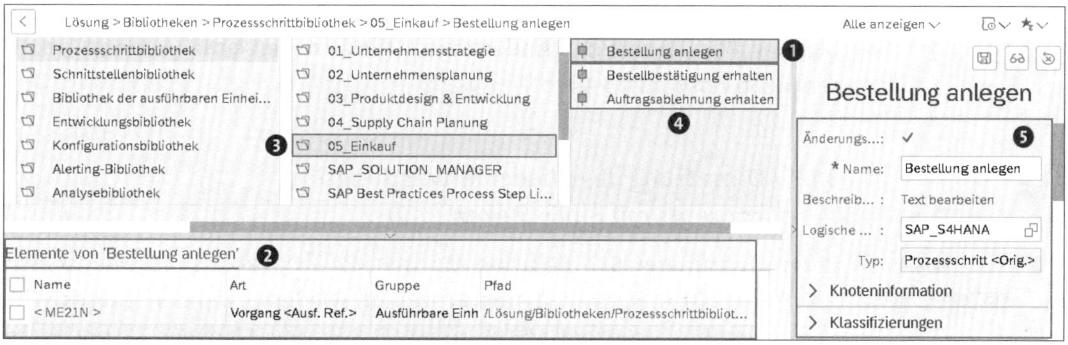

Abbildung 3.2 Versionierung von Elementen

Freigabe von Änderungen

Konfliktfreie Änderungen in einem Branch werden automatisch in alle darunter liegenden Branches übertragen. Eine Änderung gilt als konfliktfrei, wenn ein Element ausschließlich in einem einzigen Branch angepasst wurde. Aufwärts müssen Änderungen explizit freigegeben werden, damit diese in dem darüberliegenden Branch verfügbar sind.

Diese Freigabelogik hat zur Folge, dass beispielsweise Änderungen, die im Wartungs-Branch durchgeführt und für den Produktiv-Branch freigegeben werden, direkt in den Betriebs-, Entwicklungs-, Design- und Import-Branch übertragen werden. Auch hierbei prüft das System vor der Freigabe auf Konflikte. In Abschnitt 3.4.4, »Geschäftsprozesse dokumentieren«, gehen wir detaillierter darauf ein, wie Sie Änderungen in der Lösungsdokumentation in einen übergeordneten Branch freigeben und wie Sie dabei mit aufkommenden Konflikten umgehen.

Änderungsstatus

Um Änderungen gezielt nachverfolgen zu können, hat jedes Element einen Änderungsstatus, der sich immer auf den Status des Elements im aktuellen Branch-Kontext bezieht. Folgende Statuswerte sind möglich:

- **Geändert**: Das Element wurde im aktuellen Branch geändert.
- **Konflikt**: Der übergeordnete Branch enthält widersprüchliche Änderungen für dieses Element.
- **Unverändert**: Das Element wurde im aktuellen Branch nicht geändert.
- **Angelegt**: Das Element wurde im aktuellen Branch angelegt und ist im übergeordneten Branch noch nicht vorhanden.
- **Gelöscht**: Das Element wurde im aktuellen Branch gelöscht, ist aber im übergeordneten Branch noch vorhanden.
- **Wartungskonflikt**: Das Element wurde sowohl im aktuellen Branch als auch im gleichgeordneten Wartungs-Branch des übergeordneten Branches geändert.

Standardmäßig ist das Attribut **Änderungsstatus** auf der Oberfläche ausgeblendet. Wie Sie sich den Änderungsstatus anzeigen lassen können, erfahren Sie in Abschnitt 3.4.4.

3.1.3 Umsetzung des Wiederverwendungskonzepts mit Bibliotheken

Wiederverwendungskonzept

Bereits in früheren SAP-Solution-Manager-Releases konnten Sie denselben Prozessschritt in verschiedenen Prozessen wiederverwenden. Dieses Wiederverwendungskonzept wurde mit SAP Solution Manager 7.2 erweitert. Der Grundgedanke dabei ist, Redundanzen zu vermeiden, indem Sie *Originale* dokumentieren und innerhalb der verschiedenen Prozesse auf diese referenzieren.

Um eine möglichst große Wiederverwendbarkeit von Elementen zu erreichen, wurden mit SAP Solution Manager 7.2 die sogenannten *Bibliotheken* eingeführt. Bibliotheken stellen eine Sammlung von wiederverwendbaren Originalen bereit. Jedes Element sollte nach Möglichkeit nur einmal in einer solchen Bibliothek vorhanden sein. Wird ein Element in mehreren Prozessen benötigt, empfehlen wir Ihnen, jeweils auf dasselbe Originalelement zu referenzieren.

Beim Referenzieren können einige Attribute des Originalelements in der Referenz angepasst werden. Die Attribute werden dadurch nicht im Originalelement geändert und gelten folglich ausschließlich für die jeweilige Referenz. Durch diese Möglichkeit lassen sich nicht nur identische, sondern auch ähnliche Prozessschritte in einem einzigen Originalprozessschritt dokumentieren. Somit können Sie Redundanzen in der Lösungsdokumentation sowie den Pflegeaufwand minimieren. Welche Bibliotheken es gibt, wie Sie diese am sinnvollsten strukturieren und welche Elemente sie beinhalten, erläutern wir ausführlich in Abschnitt 3.4.2, »Bibliotheken«.

Wiederverwendung von Prozessen

Neben einzelnen Elementen der Lösungsdokumentation können Sie auch ganze Prozesse als Sub- oder Teilprozesse wiederverwenden. So können Sie beispielsweise durchgängige *End-to-End-Prozesse* aus modularen Prozessen aufbauen und müssen diese nicht immer wieder aus den einzelnen Elementen zusammensetzen. Auf diese Weise werden zum einen Redundanzen und Fehlerquellen vermieden, zum anderen lassen sich die End-to-End-Prozesse übersichtlicher gestalten. Abbildung 3.3 stellt das Wiederverwendungskonzept grafisch dar.

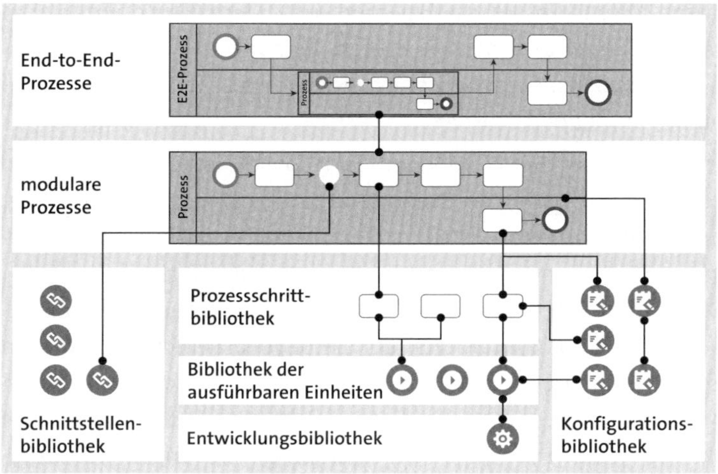

Abbildung 3.3 Wiederverwendungskonzept

3.2 Voraussetzungen für die Nutzung des Prozessmanagements

In diesem Abschnitt gehen wir kurz auf die wichtigsten Schritte in der Grundkonfiguration des Prozessmanagements ein. Darüber hinaus erfahren Sie, welche Berechtigungen Sie für dieses Szenario einrichten sollten.

3.2.1 Konfiguration des Prozessmanagements

Guided Procedure

Um das Prozessmanagement vollumfänglich nutzen zu können, müssen Sie zunächst die Konfiguration des Szenarios in der Transaktion SOLMAN_SETUP durchführen. Im Folgenden erklären wir die wichtigsten Schritte, um mit der Lösungsverwaltung und der Lösungsdokumentation arbeiten zu können.

1. Klicken Sie im ersten Schritt der Transaktion SOLMAN_SETUP auf das Szenario **Prozesskoordination**.
2. Führen Sie die obligatorischen Tätigkeiten aus den Schritten 1 bis 5 aus (siehe Abbildung 3.4). Detaillierte Informationen zu den einzelnen Schritten finden Sie jeweils in der Spalte **Dokumentation**.

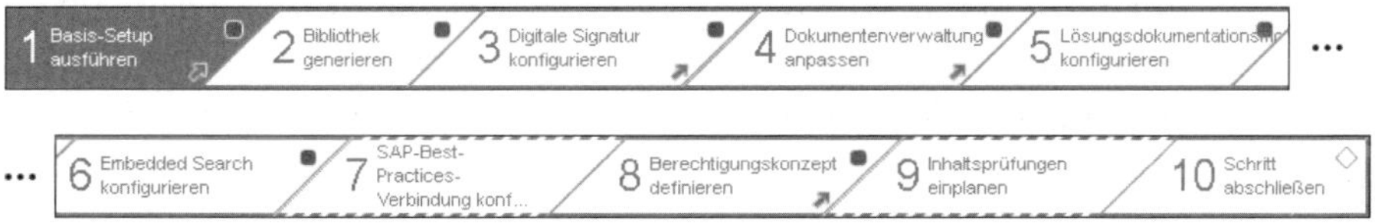

Abbildung 3.4 Übersicht der Konfiguration der Prozesskoordination

3. Obligatorisch für das Prozessmanagement ist zudem die Konfiguration der *Embedded Search* in Schritt 6. Prüfen Sie zunächst, ob diese Suchfunktion grundsätzlich eingerichtet ist (siehe Abschnitt 2.4, »Grundkonfiguration der Embedded Search«).

4. Anschließend müssen Sie die *Suchmodelle* sowie die *Suchkonnektoren* entsprechend der hinterlegten Dokumentation angelegen. Die angelegten Suchmodelle definieren Attribute für die Suchfunktion im Prozessmanagement und können jederzeit im ESH-Modeler (Transaktion ESH_MODELER) eingesehen werden (siehe Abbildung 3.5). Die Suchkonnektoren bilden die Suchanbindungen der Embedded Search und werden für jedes Suchmodell angelegt. Sowohl die Suchkonnektoren als auch die entsprechenden Suchmodelle dienen als Basis für die erfolgreiche Durchführung von Suchanfragen im Rahmen der Lösungsdokumentation.

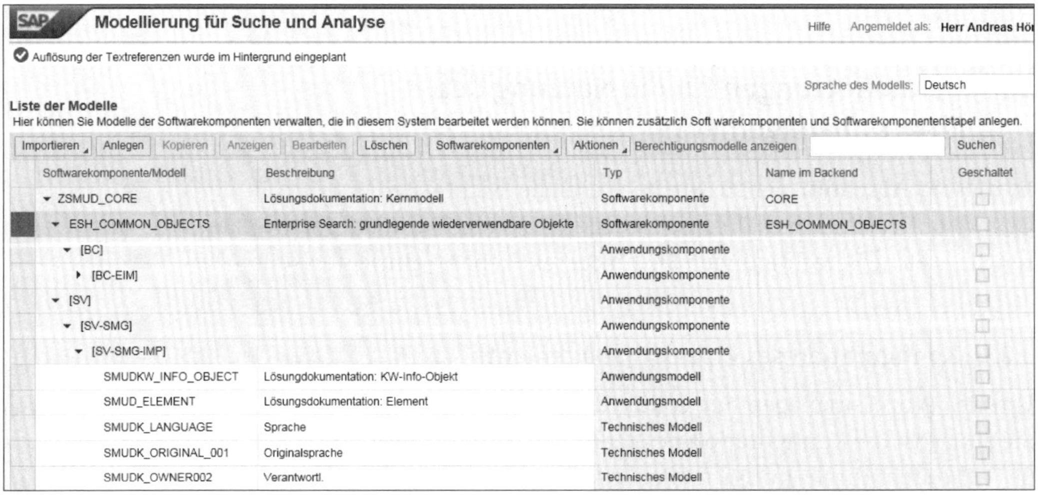

Abbildung 3.5 Suchmodelle in der Transaktion ESH_MODELER einsehen

5. Planen Sie anschließend die Erstindizierung aller in der Lösungsdokumentation vorhandenen Objekte ein. Hierzu rufen Sie die Transaktion ESH_COCKPIT auf, markieren die Suchkonnektoren, die Sie einplanen möchten, und wählen im Drop-down-Menü **Aktionen** den Eintrag **Indizierung einplanen** (siehe Abbildung 3.6).

6. Um die in Abschnitt 3.7, »SAP Best Practices für die Lösungsdokumentation«, vorgestellten Best-Practices-Pakete von SAP verwenden zu können, müssen Sie in Schritt 7 die passenden RFC-Verbindungen konfigurieren. Im selben Schritt müssen Sie auch eine HTTP-Verbindung zum

Ablageort der SAP-Best-Practices-Pakete einrichten. Informationen zur Anlage dieser beiden Verbindungen finden Sie in SAP-Hinweis 2194123.

Abbildung 3.6 Transaktion ESH-COCKPIT: Erstindizierung einplanen

7. Legen Sie abschließend nach Bedarf die in Schritt 8.2 vorgeschlagenen Benutzer automatisch an. Mit diesem Schritt ist die Grundkonfiguration der Lösungsdokumentation abgeschlossen.

Optionale Konfigurationsschritte

Optional können Sie in Schritt 3 digitale Signaturen für die Dokumentenverwaltung in der Lösungsdokumentation einrichten. Nähere Informationen zu dieser Funktionalität finden Sie in Abschnitt 3.3.4, »Dokumentenarten«.

Ebenfalls optional ist die Einrichtung von Inhaltsprüfungen in Konfigurationsschritt 9. Hierüber haben Sie die Möglichkeit, Jobs einzuplanen, die Ihre Lösungsdokumentation regelmäßig auf Vollständigkeit, Qualität und Konsistenz hin prüfen. In Abschnitt 3.4.6, »Weitere nützliche Funktionen der Lösungsdokumentation«, gehen wir auf diese Funktionalität ein.

3.2.2 Berechtigungen

Vordefinierte Sammelrollen

Das Prozessmanagement kann von einem Benutzer nur dann verwendet werden, wenn ihm die entsprechenden Berechtigungen zugeordnet sind. Als Vorlage für ein kundenspezifisches Berechtigungskonzept bietet SAP vordefinierte Sammelrollen, die alle Rollen für das Prozessmanagement beinhalten. Beachten Sie dabei unbedingt, dass diese Sammelrollen neben reinen Berechtigungen für das Prozessmanagement auch weitere Berechtigungen für angrenzende Funktionalitäten umfassen. Für jede dieser Sammelrollen können Sie in der Transaktion SOLMAN_SETUP einen entsprechenden Vorlagebenutzer anlegen. Es stehen Ihnen u. a. folgende Sammelrollen zur Verfügung:

- **Projektmanager (SAP_SOL_PM_COMP)**
  Eine Projektmanagerin oder ein Projektmanager verantwortet die Gesamtheit eines Projekts und benötigt daher weitreichende Berechtigungen, um das Projekt effektiv zu steuern. Dementsprechend hat diese Rolle vollumfängliche Berechtigungen für die Lösungsdokumentation und die Lösungsverwaltung. Der zugehörige Vorlagebenutzer ist SOLD_ADMXXX.

  Im Detail beinhaltet die Sammelrolle SAP_SOL_PM_COMP folgende Berechtigungen:

  - Zugriff auf den Arbeitsbereich **Implementierung** und das eingebettete SAP Fiori Launchpad
  - Einrichten und Bearbeiten der Prozessdokumentation
  - Bearbeiten von Roadmaps
  - Bearbeiten der Systemlandschaftsinformationen
  - Bearbeiten von Schulungsunterlagen
  - Anlegen von Meldungen
  - Verwendung der cPro-Integration
- **Anwendungsberater (SAP_SOL_AC_COMP)**
  Anwendungsberaterinnen oder -berater sind im Prozessmanagement dafür verantwortlich, dass die Dokumentation der Geschäftsprozesse aktuell ist. Sie benötigen daher umfassende Berechtigungen für die Lösungsdokumentation. Zudem können sie sich die Lösungsverwaltung anzeigen lassen. Der zugehörige Vorlagebenutzer ist SOLD_EXEXXX.

  Im Detail beinhaltet die Sammelrolle SAP_SOL_AC_COMP folgende Berechtigungen:

  - Zugriff auf den Arbeitsbereich **Implementierung** und das eingebettete SAP Fiori Launchpad
  - Bearbeiten der Prozessdokumentation
  - Bearbeiten von Roadmaps
  - Anzeigen der Systemlandschaftsinformationen
  - Bearbeiten von Schulungsunterlagen
  - Anlegen von Meldungen
- **Anzeigebenutzer (SAP_SOL_RO_COMP)**
  Die Rolle des Anzeigebenutzers wird für diejenigen Anwender*innen verwendet, die ausschließlich koordinative Aufgaben ausführen. Sie benötigen Zugriff auf die Lösungsdokumentation und Lösungsverwaltung im Anzeigemodus, um ihre Aufgaben erfüllen zu können. Der zugehörige Vorlagebenutzer ist SOLD_DISXXX.

SAP Security Guide

Informationen zu den genannten Sammelrollen sowie zu den inkludierten Einzelrollen und Berechtigungsobjekten beinhaltet der *SAP Security Guide*. Diesen finden Sie im SAP Help Portal (*https://help.sap.com/viewer/index*) auf der Seite von SAP Solution Manager 7.2 unter **Implement • Security • Application-Specific Security Guide**.

Berechtigungsobjekte

Unabhängig von den vordefinierten Rollen können Sie den Zugriff auf die Lösungsdokumentation über das Berechtigungsobjekt SM_SDOC (siehe Abbildung 3.7) und den Zugriff auf die Lösungsverwaltung über das Berechtigungsobjekt SM_SDOCADM (siehe Abbildung 3.8) steuern. Innerhalb des Berechtigungsobjekts SM_SDOC für die Lösungsdokumentation stehen Ihnen neben der Aktivität die Berechtigungsfelder SBRA, SLAN, SMUDAREA und SMUDAUTHGR zur Verfügung. Über das Feld SBRA können Sie den Zugriff auf Branches einschränken. Einträge im Feld SLAN beschränken den Zugriff auf Lösungen.

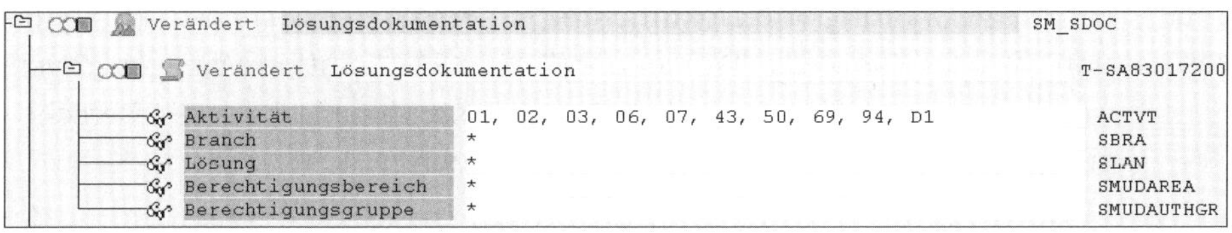

Abbildung 3.7 Berechtigungsobjekt SM_SDOC

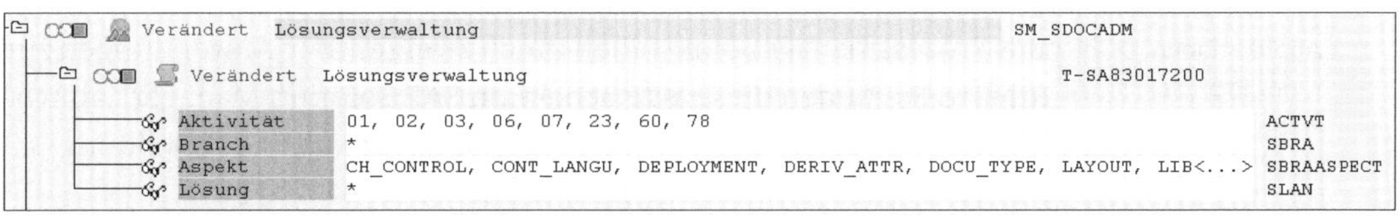

Abbildung 3.8 Berechtigungsobjekt SM_SDOCADM

Berechtigungsbereiche

Über *Berechtigungsbereiche* (Feld SMUDAREA) lassen sich ganze Teilbäume in der Lösungsdokumentation schützen. Sie werden lösungsabhängig definiert und haben einen 30-stelligen technischen Namen. Lösungselemente ohne konkrete Zuordnung zu einem Berechtigungsbereich werden dem Default-Berechtigungsbereich zugewiesen. Sind die Lösungselemente mit einem Wurzelelement verknüpft, das einem Berechtigungsbereich zugeordnet ist, gilt dieser Berechtigungsbereich für alle verknüpften Elemente des Teilbaums. Ausgeschlossen sind Elemente mit eigenen Berechtigungsbereichszuordnungen. Berechtigungsbereiche werden über das Viewcluster SMUD_AUTHG in der Transaktion SM34 gepflegt:

1. Wählen Sie hier zunächst Ihre Lösung.
2. Definieren Sie anschließend über **Berechtigungsbereiche definieren** sinnvolle Berechtigungsbereiche, und ordnen Sie diesen über **Berechtigungsbereiche zuordnen** die gewünschten Elemente zu.

Berechtigungsgruppen

Das Feld SMUDAUTHGR prüft die Berechtigungen von *Berechtigungsgruppen* in der Lösungsdokumentation. Über Berechtigungsgruppen wird eine Berechtigungsprüfung auf Objekt- bzw. Attributtypebene durchgeführt, Sie haben damit also die Möglichkeit, den Zugriff auf einzelne Attribute oder Elemente der Lösungsdokumentation zu steuern. Alle Objekte und Attribute, die keiner Berechtigungsgruppe zugeordnet sind, werden automatisch der Gruppe **Default** zugewiesen.

Ein Objekt oder Attribut kann immer nur einer Berechtigungsgruppe zugeordnet sein. Berechtigungsgruppen werden ebenfalls über die Transaktion SM34 und das Viewcluster SMUD_AUTHG gepflegt. In diesem Fall sind die Bereiche **Berechtigungsgruppen definieren**, **Berechtigungsgruppen für Attribute** und **Berechtigungsgruppen für Objekte** relevant.

Berechtigungen für KW-Dokumenten

Für die Verwaltung von Dokumenten innerhalb der Lösungsdokumentation wird das *Knowledge Warehouse* (KW) in SAP Solution Manager 7.2 verwendet. Der Zugriff hierauf wird über eine Kombination aus den Berechtigungsobjekten S_SMDDOC und S_SMDATT gesteuert.

3.3 Lösungsverwaltung

Applikationen des Prozessmanagements

Für das Prozessmanagement stehen Ihnen zwei zentrale Anwendungen zur Verfügung. Sie finden diese als Kacheln im SAP Solution Manager Launchpad unter der Kategorie **Projekt- und Prozessverwaltung**. Abbildung 3.9 zeigt die zwei relevanten Kacheln im Launchpad.

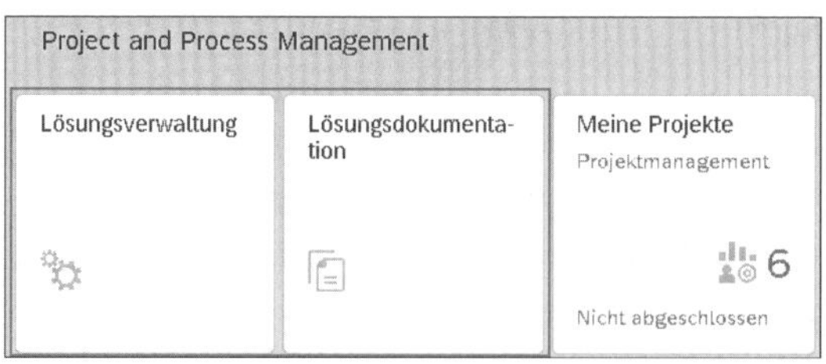

Abbildung 3.9 Lösungsverwaltung und -dokumentation aufrufen

Eine der zentralen Anwendungen ist die **Lösungsverwaltung**, auf die wir in diesem Abschnitt genauer eingehen. Sie können diese Anwendung alternativ auch über den Transaktionscode SOLADM öffnen. Die zweite zentrale

Anwendung für das Prozessmanagement ist die **Lösungsdokumentation**, in der Sie Ihre Geschäftsprozesse dokumentieren. Informationen zur Lösungsdokumentation erhalten Sie in Abschnitt 3.4.

3.3.1 Aufbau und Grundfunktionen

In der Lösungsverwaltung können Sie Ihre Lösung einsehen und verwalten sowie neue Lösungen anlegen und definieren, falls relevant. Über das Feld **Lösung** (siehe Abbildung 3.10) haben Sie bei mehreren Lösungen die Möglichkeit zwischen Ihren Lösungen zu wechseln. In der Regel sollte aber nur eine einzige Lösung für Ihr Unternehmen existieren.

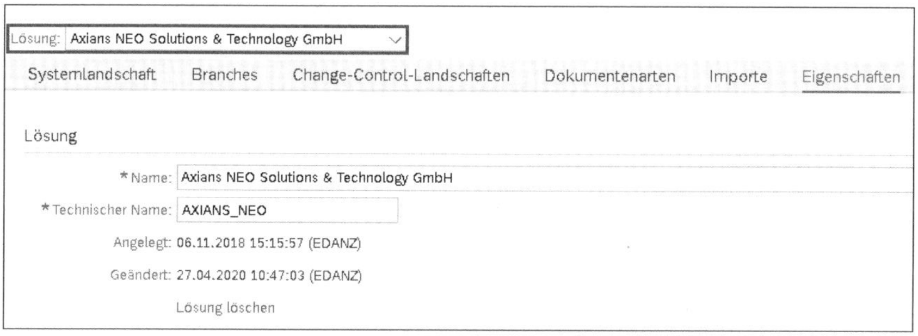

Abbildung 3.10 Überblicksseite der Lösungsverwaltung

Funktionen der Lösungsverwaltung

Wie Sie in Abbildung 3.10 sehen können, befinden sich die Funktionen der Lösungsverwaltung auf verschiedenen Registerkarten, auf die wir in den folgenden Abschnitten näher eingehen. Sie beziehen sich zum einen auf die Systemlandschaft Ihrer Lösung (**Systemlandschaft**, **Branches**, **Change-Control-Landschaften**) und zum anderen auf die Lösungsdokumentation (**Dokumentenarten**, **Importe**). Globale Einstellungen und Funktionen befinden sich auf der Registerkarte **Eigenschaften**. Weitere Funktionen sind in der oberen rechten Bildschirmecke in einem Menü zusammengefasst. Abbildung 3.11 zeigt den Zugriff auf diese globalen Funktionen.

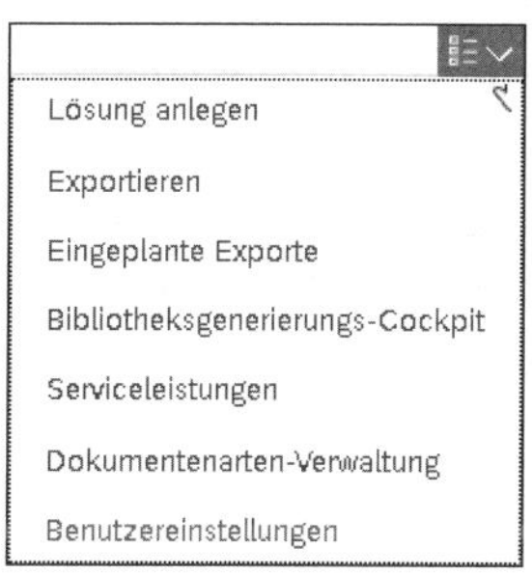

Abbildung 3.11 Globales Funktionsmenü der Lösungsverwaltung

Lösung anlegen

Über die Funktion **Lösung anlegen** können Sie eine neue Lösung erstellen. Beachten Sie hierbei die Informationen aus Abschnitt 3.1.1, »Eine einzige Lösung als Single Source of Truth«. Wenn Sie eine neue Lösung anlegen möchten, geben Sie im Anlagedialog einen eindeutigen, sprechenden sowie einen technischen Namen für Ihre Lösung an (siehe Abbildung 3.12).

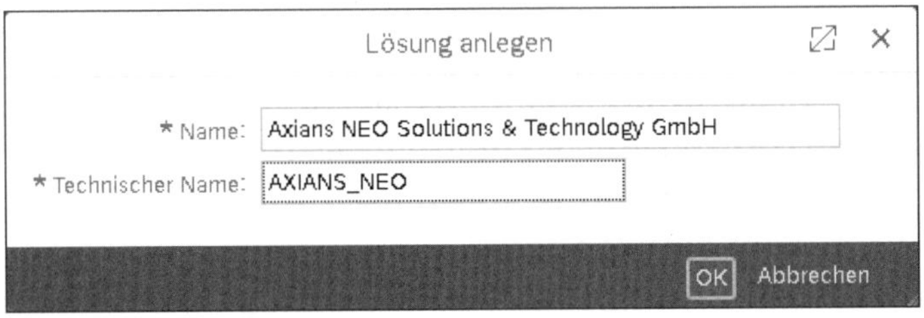

Abbildung 3.12 Neue Lösung anlegen

Inhalte exportieren

Dokumentation exportieren

Mithilfe der Funktion **Exportieren** können Sie Inhalte Ihrer Lösungsdokumentation Branch-bezogen exportieren und lokal in einer JSON-Datei speichern. JSON-Dateien werden für die Übertragung von Dokumentationsinhalten von einer Lösung in eine andere verwendet. Nach Auswahl der entsprechenden Funktion im Menü erscheint ein Pop-up-Fenster, in dem Sie die Eigenschaften für den Export definieren. Wählen Sie den gewünschten Branch und den Umfang aus (siehe Abschnitt 3.4.1, »Aufbau und Grundfunktionen«), den Sie exportieren möchten.

Diagramme, die den Objekten des gewählten Umfangs zugeordnet sind, werden grundsätzlich mit exportiert. Andere externe Objekttypen wie KW-Dokumente, technische Stücklisten (TBOMs), Testkonfigurationen, Monitoring-Objekte und Testschrittobjekte werden nur dann in den Export aufgenommen, wenn Sie diese expliziert auswählen. Möchten Sie einen oder mehrere dieser Elementtypen in Ihren Export einschließen, selektieren Sie hierzu die entsprechende Option im Exportdialog (siehe Abbildung 3.13).

Sind in Ihrem Export KW-Dokumente oder andere externe Objekttypen enthalten, generiert das System neben der JSON-Datei einen Transportauftrag des Typs *Transport von Kopien* mit den entsprechenden Dokumentobjekteinträgen (siehe auch Abschnitt 8.5, »Änderungsdokumente«). Diesen Transport müssen Sie neben der JSON-Datei ebenfalls in Ihr Zielsystem importieren, um die Objekte weiter nutzen zu können.

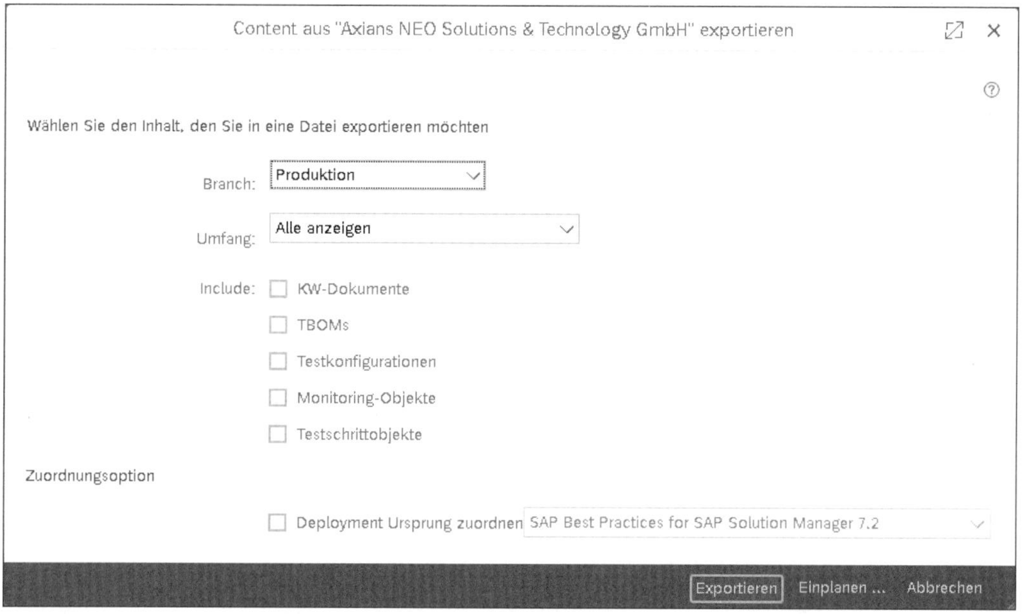

Abbildung 3.13 Exportdialog

Deployment-Beziehung in Exporten

Seit SAP Solution Manager 7.2 SPS05 ist zudem die Zuordnung eines Exports zu einem *Deployment* (einer unabhängigen Kopie des importieren Inhalts mit eigenem Mapping zur Systemlandschaft) möglich. Diese Zuordnung ist z. B. relevant, wenn Sie mit Rollouts aus einer zentralen Lösung arbeiten und Änderungen an der lokalen Lösung in diese Hauptlösung zurückführen möchten (siehe auch Abschnitt 3.5). Verknüpfen Sie den Export mit einem Deployment eines vorherigen Imports, wird der exportierte Inhalt mit den ursprünglichen Objekt-IDs des Imports gemappt.

Export starten oder einplanen

Sie haben nun die Möglichkeit, den Export über die Schaltfläche **Exportieren** sofort im Dialog zu starten. Alternativ können Sie den Export ab SPS07 als Hintergrundjob einplanen. Dazu nutzen Sie die Schaltfläche **Einplanen ...**. Der Job kann sofort oder für einen bestimmten Zeitpunkt eingeplant werden (siehe Abbildung 3.14). Dies kann sinnvoll sein, wenn Sie sehr umfangreiche Dokumentation exportieren wollen. Eingeplante Exporte können Sie über den Eintrag **Eingeplante Exporte** im globalen Menü einsehen (siehe Abbildung 3.11).

Abbildung 3.14 Einen Hintergrundexport einplanen

Inhalte importieren

Dokumentation importieren

Den Import von Inhalten aus einer Datei in einen Branch Ihrer Lösung steuern Sie über die Funktion **Importieren** auf der Registerkarte **Importe** (siehe Abbildung 3.15). Auf dieser Registerkarte sehen Sie zudem eine Übersicht aller Importe, die bisher in Ihrer Lösung erfolgt sind.

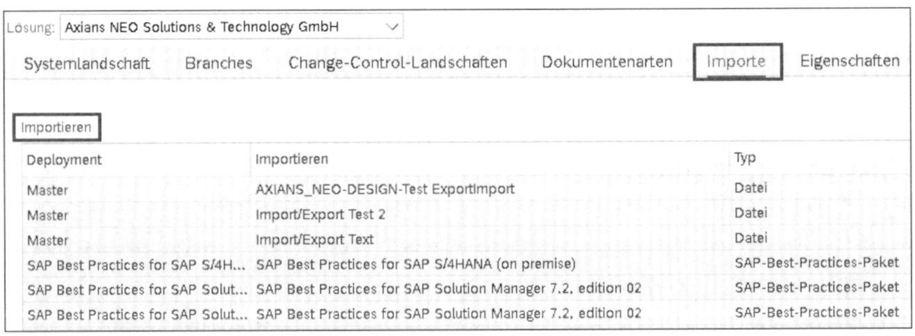

Abbildung 3.15 Registerkarte »Importe«

[»]

Import von Inhalten bei aktiver Change-Request-Management-Integration

Beachten Sie bei aktiver Integration mit dem ChaRM, dass Sie beim Import von Inhalten ein gültiges Änderungsdokument auswählen müssen. Ist kein Änderungsdokument verfügbar, kann der Import nicht abgeschlossen werden.

Wählen Sie zunächst die Quelle für den Import. Für den Import einer lokalen Datei wählen Sie **Inhalt aus lokaler Datei**. Als lokale Datei dient in aller Regel eine durch einen Export generierte JSON-Datei. Seit SPS06 ist aber auch der Import aus einer tabulatorgetrennten Textdatei, die aus einer Excel-Datei generiert wurde, möglich. Auf den Import von SAP-Best-Practices-Paketen gehen wir in Abschnitt 3.7, »SAP Best Practices für die Lösungsdokumentation«, genauer ein.

Schnellstart durch Excel-Import

Die Anlage jedes einzelnen Elements der Lösungsdokumentation per Hand kann gerade bei einem Neuaufbau der Dokumentation mühselig sein. Seit SPS06 haben Sie daher die Option, Elemente über einen Datei-Upload vom System anlegen zu lassen. Damit die Datei vom System verarbeitet werden kann, muss sie ein bestimmtes Format haben. Eine entsprechende Vorlage können Sie im Importfenster über die Schaltfläche **Vorlage für Import herunterladen** (⤓) herunterladen (siehe Abbildung 3.16). Für den Import muss die Datei als tabulatorgetrennte Textdatei gespeichert werden.

Abbildung 3.16 Datei für Import auswählen

Wahl der Importmethode

Nachdem Sie die Importdatei selektiert haben, gelangen Sie über die Schaltfläche **Weiter** in ein weiteres Fenster (siehe Abbildung 3.17).

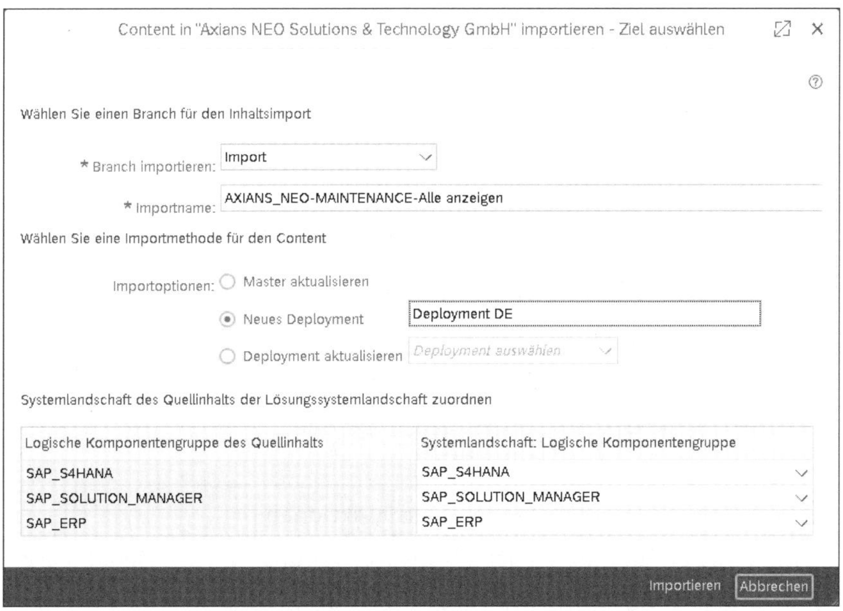

Abbildung 3.17 Import-Mapping von Dokumentationsinhalten

Geben Sie hier den Branch an, in den Sie die Inhalte importieren möchten. Wählen Sie zudem die für Ihren Import passende Importmethode. Sie haben die Option, das zentrale Deployment zu aktualisieren (**Master aktualisieren**), die Inhalte über ein neues Deployment zu importieren oder ein bestehendes Deployment zu aktualisieren.

Entscheiden Sie sich für eine Aktualisierung des leitenden Deployments, wird der zu importierende Inhalt mit dem Inhalt der gesamten Lösung abgeglichen. Bereits vorhandene Elemente werden nicht erneut importiert. Neue Elemente werden ergänzt. Wollen Sie durch den Import ein vorhandenes Deployment aktualisieren, gleicht das System den Inhalt des Imports nur mit derjenigen Teilmenge der Lösung ab, die im bestehenden Deployment definiert ist. Sind Elemente nicht im gewählten Deployment vorhanden, legt das System diese neu in der Lösungsdokumentation ab.

Wenn Sie beim Import ein neues Deployment anlegen, bedeutet dies, dass Sie den Inhalt der Importdatei vollständig in die Lösungsdokumentation importieren möchten. Dabei wird außer Acht gelassen, ob z. B. dieselbe Prozessdokumentation bereits vorher über ein anderes Deployment importiert wurde. Das System sieht den Importinhalt als vollkommen neu an und legt entsprechend neue Elemente an. Dabei erhalten die importierten Elemente auch eine neue und eindeutige ID. Über diese Funktion lassen sich z. B. Rollout-Szenarien abdecken.

Import-Mapping

Über die Mapping-Tabelle im unteren Bereich des Fensters müssen Sie außerdem die in der Datei definierten logischen Komponenten zu den logischen Komponenten Ihrer Lösung zuordnen (siehe Abbildung 3.17).

[»]

Einmaligkeit des Mappings je Deployment

Für jedes Deployment kann ein eigenes Mapping zwischen den logischen Komponentengruppen des Quellsystems und denen des Zielsystems definiert werden. Im Umkehrschluss bedeutet dies aber auch, dass ein einmal definiertes Mapping bei späterer Verwendung desselben Deployments nicht mehr verändert werden kann. Dies gilt ebenfalls für das leitende Deployment.

Serviceleistungen und weitere globale Funktionen

Serviceleistungen

Weitere globale Funktionen der Lösungsverwaltung sind das **Bibliotheksgenerierungs-Cockpit**, **Serviceleistungen**, die **Dokumentenarten-Verwaltung** sowie die **Benutzereinstellungen**. Nähere Informationen zur Dokumentenartenverwaltung sowie dem Bibliotheksgenerierungs-Cockpit erhalten Sie in Abschnitt 3.3.4 bzw. Abschnitt 3.3.5. Zu den **Serviceleistungen** im globalen Menü zählen die Aktualisierung des Suchindexes, die Berechnung von abgeleiteten Attributen, die Aktualisierung von Remote-Element-Textpuffern, die Prüfung der Suchinfrastruktur, das Zurücksetzen von Deployments sowie die Bereinigung von eingeplanten Exporten und Reports. Zu allen Serviceleistungen finden Sie direkt im System entsprechende Hilfetexte (siehe Abbildung 3.18).

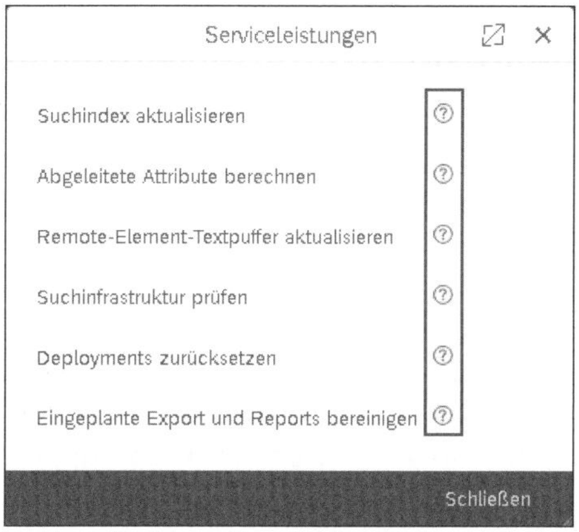

Abbildung 3.18 Serviceleistungen

Benutzereinstellungen

Unter dem Menüeintrag **Benutzereinstellungen** können Sie benutzerbezogene Einstellungen in Bezug auf das Layout der Systemlandschaft in der Lösungsverwaltung sowie in Bezug auf Schieberegler und Pop-up-Bestätigungen auf den Initialwert zurücksetzen. Darüber hinaus lässt sich hier die Navigationshistorie des Benutzers löschen.

3.3.2 System- und Change-Control-Landschaft

Anzeige der Systemlandschaft

Einen grafischen Überblick über die Systemlandschaft Ihrer Lösung erhalten Sie auf der Registerkarte **Systemlandschaft**. Diese Grafik zeigt die Zusammenhänge zwischen logischen Komponentengruppen, logischen Komponenten, Sites und Branches. Ein Beispiel einer Systemlandschaft mit Wartungs- und Produktiv-Branch sowie der logischen Komponentengruppe `SAP_SOLUTION_MANAGER` ohne Sites zeigt Abbildung 3.19. Die logische Komponente **Wartung – Global** wird durch die Systeme **SMA – 100** und **SMA – 200** definiert. Das System **SMA – 300** entspricht der logischen Komponente **Produktiv – Global**.

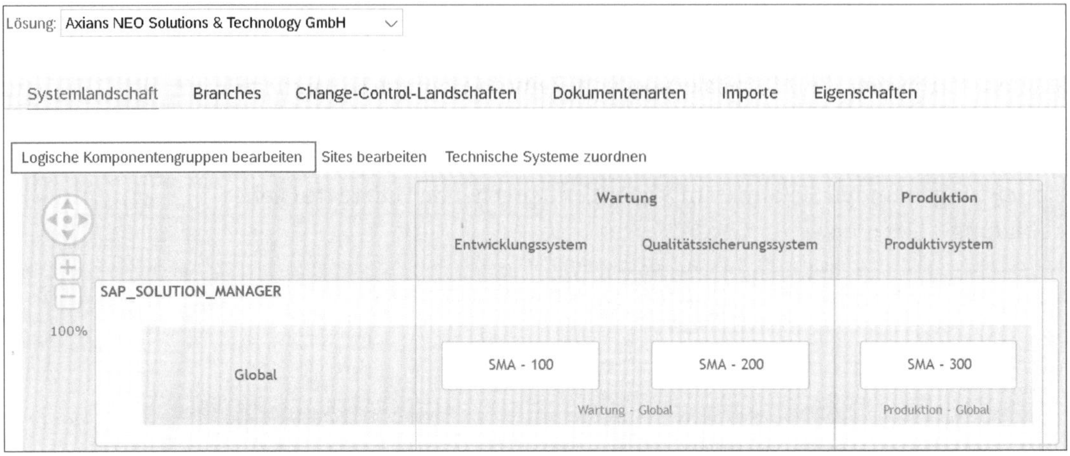

Abbildung 3.19 Beispiel einer Systemlandschaft

Komponentengruppen bearbeiten

Über die Schaltfläche **Logische Komponentengruppen bearbeiten** können Sie die logischen Komponentengruppen in Ihrer Systemlandschaft verwalten. Sie können über diese Aktion neue logische Komponentengruppen anlegen, aber auch bestehende ändern oder löschen. Die definierten logischen Komponentengruppen stehen Ihnen später in Ihrer Lösungsdokumentation als Attribute zur Verfügung.

[!]

Einmaligkeit von logischen Komponentengruppen

Der Name einer logischen Komponentengruppe ist immer eindeutig für das gesamte System und kann folglich nicht in verschiedenen Lösungen verwendet werden. Ist die logische Komponentengruppe einmal angelegt, kann ihr Name nachträglich nicht mehr geändert werden.

Branches definieren

Bevor Sie die technischen Systeme den logischen Komponentengruppen anhand von logischen Komponenten zuordnen, müssen Sie die Branches Ihrer Lösung definieren. Dazu wechseln Sie auf die Registerkarte **Branches**. Legen Sie hier über die Schaltfläche **Anlegen** die Struktur Ihrer Branches fest. Abbildung 3.20 zeigt beispielhaft eine Branch-Struktur entsprechend der SAP Best Practices. Wie Sie die Branch-Struktur gestalten, ist Ihnen überlassen. Beachten Sie jedoch die Informationen aus Abschnitt 3.1.2, »Umsetzung des Lebenszykluskonzepts mit Branches«.

Auf dieser Registerkarte können Sie darüber hinaus in die Branch-abhängige Lösungsdokumentation navigieren. Klicken Sie hierzu in der Spalte **Navigieren** eines Branches auf die Schaltfläche **Öffnen**.

Abbildung 3.20 Branch-Struktur anlegen

Logische Komponente anlegen

Nachdem Sie die Branches definiert haben, können Sie auf der Registerkarte **Systemlandschaft** über die Schaltfläche **Technische Systeme zuordnen** den logischen Komponentengruppen Systeme zuweisen (siehe Abbildung 3.21). Um eine logische Komponente anzulegen, wählen Sie zunächst im oberen Bereich des Dialogfensters die logische Komponentengruppe sowie den Branch, für den die logische Komponente gelten soll. Wählen Sie anschließend in der Spalte **Logische Komponente** die logische Komponente, die Sie definieren möchten.

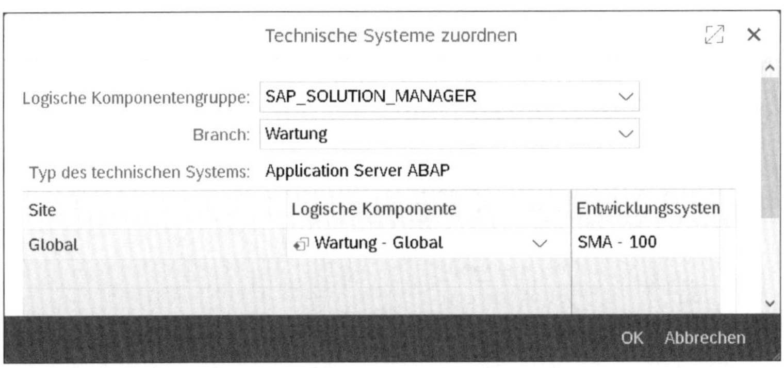

Abbildung 3.21 Eine logische Komponente anlegen

Auswahl der logischen Komponente

Bei der Auswahl der logischen Komponente können Sie zwischen dem Original und einer Referenz auf eine andere logische Komponente wählen. Eine neue logische Komponente wird nur dann angelegt, wenn Sie dem Original der logischen Komponente Systeme zuweisen. Bei einer Referenz werden die Systeme der referenzierten logischen Komponente übernommen.

Logische Komponente definieren

Um das Original der logischen Komponente anzulegen, ordnen Sie der logischen Komponente im Dialogfenster die entsprechenden Systeme zu. Dabei werden verschiedene Systemrollen unterschieden. Abbildung 3.21 zeigt ein Beispiel. Hier wurde der logischen Komponentengruppe `SAP_SOLUTION_MANAGER` im Wartungs-Branch das Entwicklungssystem **SMA – 100** zugeordnet.

[»]

Sites bei der Anlage von logischen Komponenten

Wenn Sie die Verwendung von Sites aktiviert haben, können Sie für jede Site eines Branches eine eigene logische Komponente anlegen. Alternativ können Sie auf eine übergeordnete logische Komponente referenzieren. Ausgenommen hiervon ist die globale Site des Produktiv-Branches. Diese hat immer ihre eigene logische Komponente.

Change-Control-Landschaft

Auf der Registerkarte **Change-Control-Landschaften** verwalten Sie Ihre Change-Control-Landschaften. Eine *Change-Control-Landschaft* bildet die Grundlage für das ChaRM und definiert den Teil Ihrer Systemlandschaft, der durch das ChaRM gesteuert werden kann. Die einzelnen Systeme werden anhand der existierenden logischen Komponentengruppen einer Change-Control-Landschaft zugeordnet.

Change-Control-Landschaft anlegen

Um eine neue Change-Control-Landschaft anzulegen, klicken Sie mit der rechten Maustaste auf die Landschaftstabelle und wählen im Kontextmenü die Aktion **Neu** (siehe Abbildung 3.22).

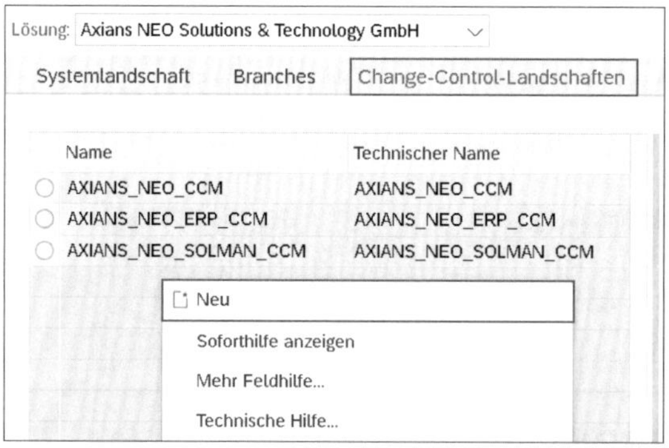

Abbildung 3.22 Change-Control-Landschaft anlegen

Vergeben Sie einen sprechenden sowie einen technischen Namen. Der technische Name ist pro Lösung eindeutig.

Namen und technischen Namen ändern

Der Name und technische Name der Change-Control-Landschaft können nachträglich über das Kontextmenü geändert werden. Beachten Sie jedoch, dass die Änderung des technischen Namens Auswirkungen auf Berechtigungen von Benutzern haben kann, wenn die Change-Control-Landschaft bereits in Berechtigungsobjekten verwendet wird.

Logische Komponentengruppen werden einer Change-Control-Landschaft über die rechte Seite der Registerkarte **Change-Control-Landschaft** zugeordnet (siehe Abbildung 3.23). Markieren Sie hierzu Ihre Change-Control-Landschaft. Über die Optionen **Alle** und **Im Umfang** können Sie sich alle existierenden logischen Komponentengruppen Ihrer Lösung bzw. alle im Umfang der Change-Control-Landschaft enthaltenen logischen Komponentengruppen anzeigen lassen. In der Sicht **Alle** können Sie logische Komponentengruppen zum Umfang hinzufügen oder entfernen.

Abbildung 3.23 Change-Control-Landschaften verwalten

Lösungen löschen

Das Löschen von Lösungen ist in Solution Manager 7.2 bis einschließlich SPS04 nicht möglich. Die Funktion wird aber durch SPS05 bereitgestellt. Beachten Sie, dass Lösungen nur dann gelöscht werden können, wenn alle folgenden Schritte erfolgreich ausgeführt werden können:

1. Löschen der Change-Control-Landschaft
2. Löschen aller Branches (außer dem Produktiv-Branch)
3. Löschen des Lösungsdokumentationsinhalts
4. Löschen der logischen Komponentengruppen
5. Löschen von Produktiv-Branch und Lösung

3.3.3 Sites

Sites bieten die Möglichkeit, mehrere Produktivsysteme eines SAP-Produkts bzw. mehrere Mandanten eines Produktivsystems innerhalb einer logischen Komponentengruppe der Systemlandschaft abzubilden. Separate Produktivsysteme können nötig sein, wenn Ihr Unternehmen z. B. in verschiedenen Ländern oder Regionen aktiv ist und hier lokale Unterschiede in Bezug auf die Softwarelogistik und die Lösungsdokumentation bestehen. Die Produktivsysteme der jeweiligen Sites können sowohl durch gemeinsame als auch durch lokal spezifische Wartungs- und Entwicklungssysteme beliefert werden.

Sites-Funktion aktivieren

Um Sites in Ihrer Lösung nutzen zu können, müssen Sie die Funktion zunächst aktivieren. Solange die Sites-Funktion inaktiv ist, sind darauf bezogene Felder und Aktionen ausgeblendet. Sie aktivieren die Sites-Funktion in der Lösungsverwaltung auf der Registerkarte **Eigenschaften** Ihrer Lösung, indem Sie die Eigenschaft **Landschaften mit Sites** aktivieren.

Die Aktivierung der Sites-Funktion hat in der Lösungsverwaltung zwei Auswirkungen:

- Zum einen sehen Sie nun auf der Registerkarte **Branches** eine neue Spalte **Sites eingeschaltet** (siehe Abbildung 3.24). In dieser Spalte wird angezeigt, ob die Sites-Funktion im jeweiligen Branch aktiv ist. Solange sie inaktiv ist, können Sie weiterhin keine Site-spezifischen Zuordnungen von Systemen in diesem Branch vornehmen. Sie aktivieren die Funktion in einem Branch, indem Sie die Zeile des Branches markieren und über die Funktion **Eigenschaften** die Eigenschaft **Branch mit Sites** aktivieren.

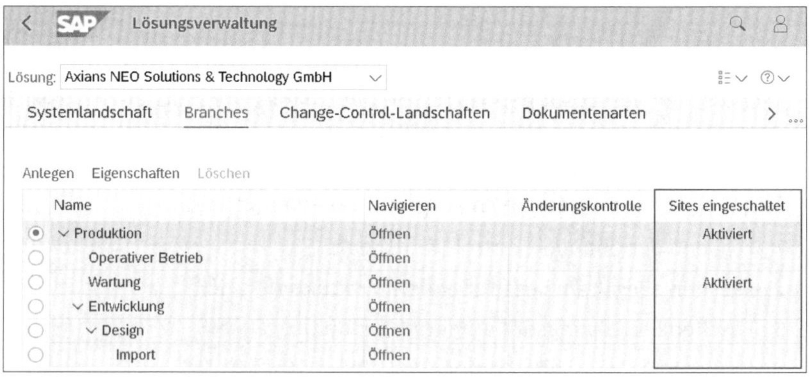

Abbildung 3.24 Aktivierte Sites

- Die zweite Auswirkung sehen Sie auf der Registerkarte **Systemlandschaft**. Hier haben Sie nun eine weitere Funktion zur Verfügung: **Sites bearbeiten**. Über diese verwalten Sie die Sites, die in Ihrer Lösung verwendet werden.

Sites anlegen

Zur Anlage von Sites wählen Sie **Sites bearbeiten • Anlegen** und vergeben einen sprechenden sowie einen technischen Namen (siehe Abbildung 3.25). Neben den von Ihnen angelegten Sites ist immer eine globale Site vorhanden. Diese ist den anderen Sites übergeordnet und kann nicht gelöscht oder verändert werden.

Abbildung 3.25 Site anlegen

Aktivierung in Komponentengruppen

Des Weiteren muss die Sites-Funktion in den relevanten logischen Komponentengruppen aktiviert werden, damit Sie technische Systeme Site-bezogen zuordnen können. Diese Aktivierung erfolgt auf der Registerkarte **Systemlandschaft** über die Schaltfläche **Logische Komponentengruppen bearbeiten**. Markieren Sie die logische Komponentengruppe, für die Sie die Funktion aktivieren möchten, und wählen Sie über die Schaltfläche **Ändern** die Eigenschaft **Landschaft mit Sites • Aktiviert**.

Technische Systeme zuordnen

Haben Sie die Sites-Funktion erfolgreich aktiviert, können Sie den logischen Komponentengruppen in den entsprechenden Branches technische Systeme Site-bezogen zuordnen (siehe Abbildung 3.26). Sie können für jede Site eine eigene logische Komponente definieren oder auf eine übergeordnete logische Komponente verweisen.

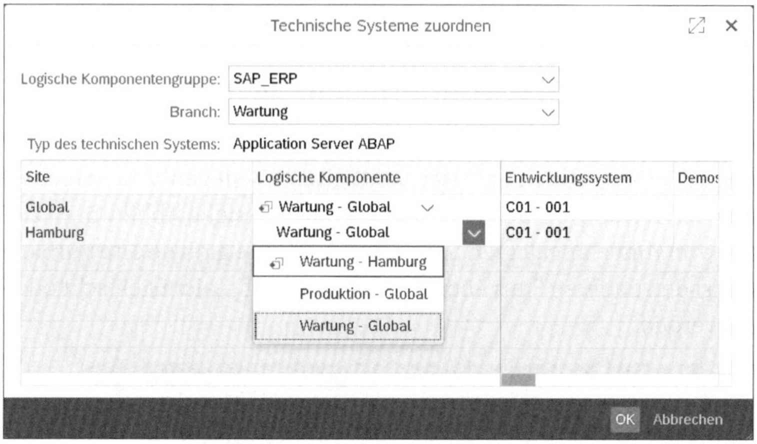

Abbildung 3.26 Sites zu einer logischen Komponentengruppe zuordnen

Sites in der Lösungsdokumentation

Durch die Aktivierung der Sites-Funktion in einem Branch erhalten Sie in der Lösungsdokumentation zwischen Branch- und Systemtypauswahl ein weiteres Drop-down-Menü, über das Sie zwischen den verschiedenen Sites des Branches wechseln können (siehe Abbildung 3.27). Sie steuern hierüber u. a., welches Zielsystem aufgerufen wird, wenn Sie aus der Lösungsdokumentation heraus in ein verwaltetes System abspringen.

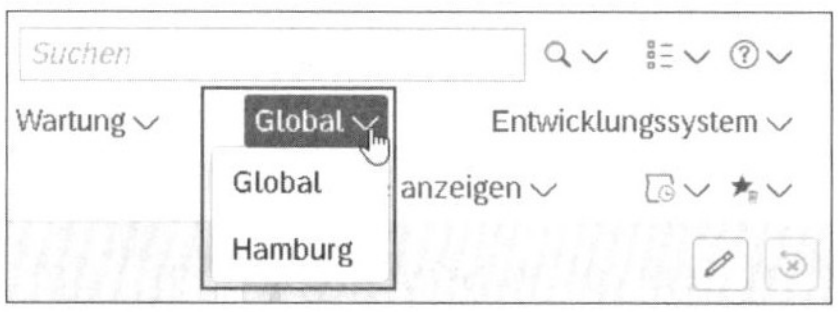

Abbildung 3.27 Site-Auswahl in der Lösungsdokumentation

Um Elemente der Lösungsdokumentation Site-bezogen zu dokumentieren, steht Ihnen außerdem im Attributbereich das Feld **Site** zur Verfügung. Hierüber lassen sich Elemente anhand der definierten Sites klassifizieren. Elemente, denen keine Site explizit zugeordnet ist, werden bei der Umfangsdefinition der Site **Global** zugeordnet. Änderungen in der Site-Zuordnung müssen wie andere Attributänderungen über das jeweilige Element freigegeben werden (siehe Abschnitt 3.4.4, »Geschäftsprozesse dokumentieren«).

3.3.4 Dokumentenarten

SAP Solution Manager 7.2 bietet die Möglichkeit, eine große Bandbreite an Dokumenten in die Struktur der Lösungsdokumentation einzufügen. Um einen schnellen Überblick über ein Dokument zu erhalten, empfiehlt es sich, spezielle *Dokumentenarten* festzulegen. Die Dokumentenart dient anschließend u. a. als Indikator, um Rückschluss auf Inhalt und Verwendung der KW-Dokumente ziehen zu können.

Dokumentenarten pflegen

Starten Sie die **Dokumentenarten-Verwaltung** über das globale Menü der Lösungsverwaltung. Auf der linken Seite des Fensters werden alle existierenden Dokumentenarten angezeigt. Informationen zu der jeweils markierten Dokumentenart erhalten Sie auf der rechten Seite des Fensters (siehe Abbildung 3.28).

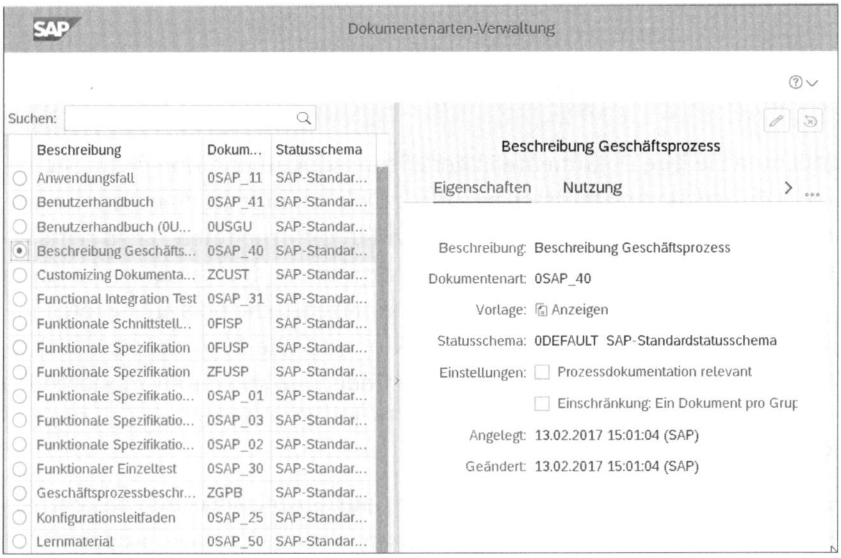

Abbildung 3.28 Dokumentenarten-Verwaltung

Dokumentenarten anlegen

Über einen Rechtsklick im linken Bereich können Sie neue Dokumentenarten anlegen. SAP stellt Ihnen bereits einige empfohlene Arten bereit. Diese können Sie entweder direkt verwenden oder kopieren und individuell anpassen.

Eigenschaften von Dokumentenarten

Wenn Sie eine neue Dokumentenart erstellen, müssen Sie dieser einige Parameter mitgeben. Hierzu zählen u. a. eine Beschreibung, die technische Bezeichnung der Dokumentenart und ein Statusschema. Das *Statusschema* definiert, welche Status ein Dokument dieser Art bis zur Freigabe durchläuft. Des Weiteren muss eine Vorlage (z. B. ein Word-Dokument) für ein Dokument dieses Typs hochgeladen werden. Diese Vorlage wird bei Anlage eines neuen Dokuments dieser Art herangezogen. Die genannten Parameter werden auf der Registerkarte **Eigenschaften** hinterlegt (siehe Abbildung 3.29).

Abbildung 3.29 Dokumentenart anlegen

Digitale Signatur von Dokumenten

Möchten Sie Ihre Dokumente in der Lösungsdokumentation digital signieren, können Sie im Statusschema einer Dokumentenart eine *Signaturstrategie* definieren. Digitale Signaturen sind in Unternehmen, die in regulierten Bereichen tätig sind, häufig Voraussetzung für die Freigabe eines Dokuments. Hierzu zählen z. B. der pharmazeutische oder medizintechnische Bereich, aber auch der Bankensektor oder die Rüstungs- und Sicherheitsindustrie. Das Customizing hierzu finden Sie im Einführungsleitfaden unter **SPRO • SAP Solution Manager • Technische Einstellungen • Digitale Signatur**.

Signaturstrategie definieren

Eine Signaturstrategie setzt sich immer aus Einzelsignaturen zusammen. Die Einzelsignaturen wiederum geben vor, welche Benutzergruppe die jeweilige Signatur setzen darf. Um eine Signaturstrategie zu definieren, müssen Sie folglich im ersten Schritt Berechtigungsgruppen festlegen. Diese Berechtigungsgruppen ordnen Sie im zweiten Schritt den Einzelsignaturen zu. Jede Einzelsignatur kann nur von Benutzern gesetzt werden, die der zugeordneten Berechtigungsgruppe zugewiesen sind.

Im letzten Schritt legen Sie die Signaturstrategie an und bauen diese aus den Einzelsignaturen auf (siehe Abbildung 3.30). Die *Signaturmethode* gibt an, auf welche Art die Anwender*innen die Dokumente signieren können. Ordnen Sie die Einzelsignaturen der Signaturstrategie unter dem Knotenpunkt **Einzelsignaturen zuordnen** zu. Die Spalte **Zähler einer Einzelsignatur in einer Signaturstrategie** gibt lediglich die Reihenfolge wieder, in der die Signaturen angezeigt werden, nicht jedoch die Reihenfolge, in der die Signaturen durch die Anwender*innen geleistet werden müssen. Um die Ausführungsreihenfolge der Signaturen festzulegen, definieren Sie die Vorgänger zu einer Einzelsignatur innerhalb der Signaturstrategie.

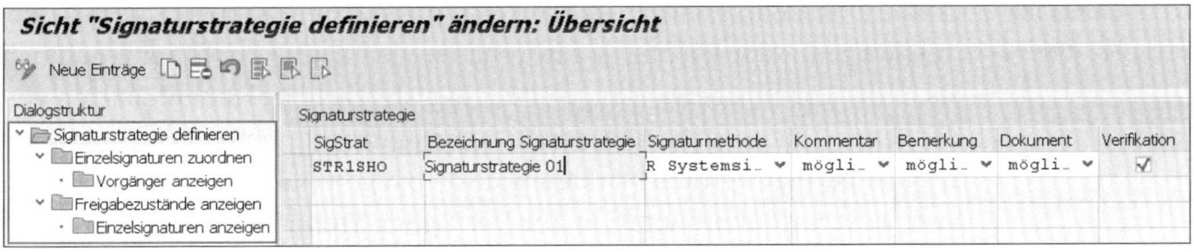

Abbildung 3.30 Customizing der Signaturstrategie

Der *Freigabezustand* gibt an, wann ein Signaturprozess als abgeschlossen gilt. Hierzu legen Sie fest, welche Einzelsignaturen vorhanden sein müssen. Es ist möglich, unterschiedliche Freigabezustände zu definieren. Ist kein Freigabezustand definiert, müssen immer alle Einzelsignaturen gesetzt sein, um den Freigabeprozess abzuschließen.

Berechtigungen für das Setzen von Signaturen

Welche Benutzer eine Einzelsignatur setzen dürfen, wird über die Berechtigungsgruppe der Einzelsignatur bestimmt. Diese Berechtigungsgruppen müssen Sie daher in die PFCG-Rollen aufnehmen, die Sie den Benutzern zuordnen. Das relevante Berechtigungsobjekt ist `C_SIGN_BGR`.

Darüber hinaus benötigen die betreffenden Benutzer allgemeine Berechtigungen für die Anzeige und Leistung von digitalen Signaturen. Diese Berechtigungen werden über das Berechtigungsobjekt `C_SIGN` gesteuert.

Nutzungseinschränkung

Des Weiteren ist es möglich, die Verwendbarkeit der gewählten Dokumentenart einzuschränken. Über die Registerkarte **Nutzung** können Sie entscheiden, ob die Dokumentenart für alle oder nur für ausgewählte Elementarten in der Lösungsdokumentation verfügbar sein soll.

Vollständigkeitsregeln

Haben Sie die Nutzung eingeschränkt, können Sie auf der Registerkarte **Vollständigkeitsregeln** für jeden selektierten Elementtyp festlegen, ob das definierte Dokument für diesen Elementtyp in der Lösungsdokumentation optional oder obligatorisch ist. Die Einhaltung dieser Vollständigkeitsregeln wird anschließend im Attribut **Prüfergebnisse** der Content-Prüfung für die einzelnen Elemente der Lösungsdokumentation dargestellt (siehe Abbildung 3.31).

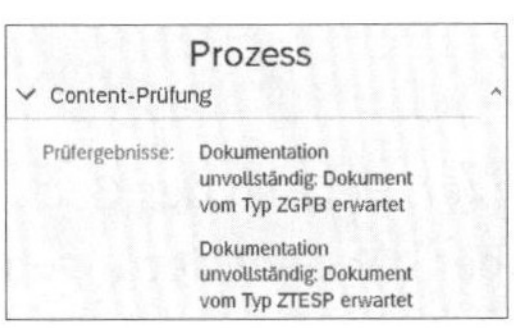

Abbildung 3.31 Content-Prüfung und Prüfergebnisse

Zuordnung zur Lösung

Damit Dokumentenarten in der Lösungsdokumentation verfügbar sind, müssen diese der Lösung zugewiesen werden. Diese Zuordnung nehmen Sie in der Lösungsverwaltung auf der Registerkarte **Dokumentenarten** vor. Wählen Sie die Ansicht **Alle**, damit Ihnen alle existierenden Dokumentenarten angezeigt werden. Markieren Sie diejenigen Dokumentenarten, die in Ihrer Lösungsdokumentation zur Verfügung stehen sollen, indem Sie in der Spalte **Umfang** einen Haken setzen. Wenn Sie nun in die Sicht **Im Umfang** wechseln, werden Ihnen alle Dokumentenarten angezeigt, die Sie in der Lösungsdokumentation auswählen können.

3.3.5 Bibliotheksgenerierungs-Cockpit

Eine weitere Funktion des globalen Menüs der Lösungsverwaltung ist das **Bibliotheksgenerierungs-Cockpit**. Darin erhalten Sie eine Übersicht über die generierte *Bibliothek der ausführbaren Einheiten* und die *Entwicklungsbibliothek* Ihrer Lösung. Abschnitt 3.4.2, »Bibliotheken«, stellt Ihnen diese Bibliotheksarten im Detail vor. Beide Bibliotheken sind auf oberster Ebene nach den logischen Komponentengruppen Ihrer Lösung strukturiert.

Bibliotheksgenerierungen

Die Bibliotheksgenerierungen werden im linken Bereich des Bibliotheksgenerierungs-Cockpits dargestellt. Markieren Sie eine Zeile, erhalten Sie im rechten Bildschirmbereich weitere Informationen zur selektierten Bibliotheksgenerieung. Abbildung 3.32 zeigt beispielhaft ein Bibliotheksgenerierungs-Cockpit, das bereits Bibliotheksgenerierungen enthält.

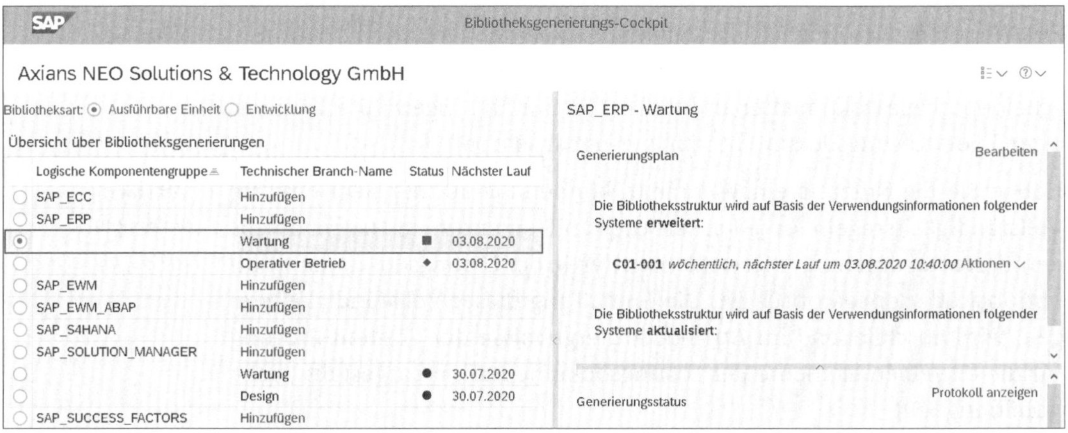

Abbildung 3.32 Bibliotheksgenerierungs-Cockpit

Bibliotheksgenerierung einplanen

Je nachdem, welche Bibliotheksart Sie im oberen linken Bereich des Cockpits ausgewählt haben, wird Ihnen eine Übersicht über die Generierungen der Bibliothek der ausführbaren Einheiten oder der Entwicklungsbibliothek angezeigt (siehe Abbildung 3.32). Über die Schaltfläche **Hinzufügen** können Sie einen neuen Job zur automatischen Bibliotheksgenerierung für die zugehörige logische Komponentengruppe einplanen. Sie können dabei wählen, in welchem Branch die Bibliotheksgenerierung stattfinden soll und ob die Bibliothekenstruktur um neue Objekte erweitert werden soll oder ob nur die Struktur und die Texte der bereits vorhandenen Objekte aktualisiert werden sollen (siehe Abbildung 3.33). Das System, das Sie angeben, dient als Quelle für die Informationen zur Bibliotheksgenerierung. Sie können wählen, ob der Job einmalig oder periodisch eingeplant werden soll. Sind alle Pflichtfelder gefüllt, bestätigen Sie die Einplanung über die Schaltfläche **OK**.

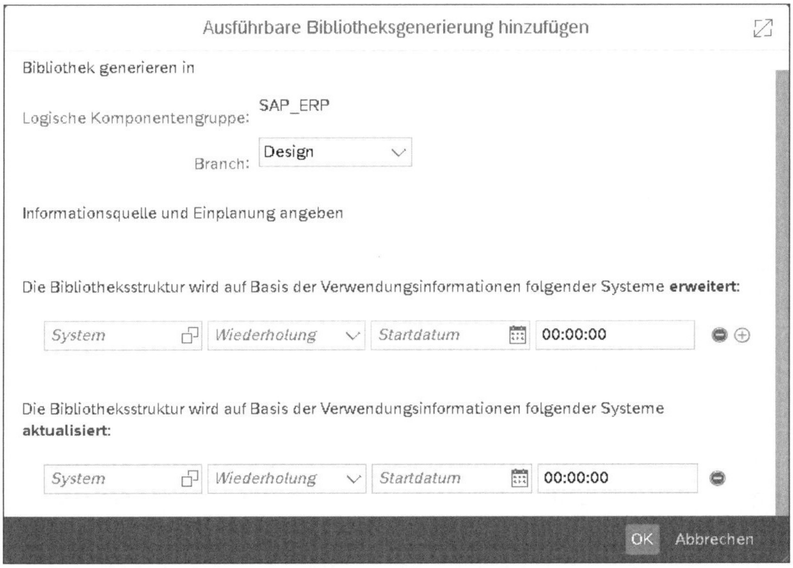

Abbildung 3.33 Die Bibliotheksgenerierung einplanen

Voraussetzungen für die automatische Bibliotheksgenerierung

Die automatische Bibliotheksgenerierung kann nur dann funktionieren, wenn die verwalteten Systeme ordnungsgemäß angebunden sind. Für eine präzise Datengrundlage empfiehlt es sich zudem, die Aufzeichnung der Verwendungsdaten (UPL/SCMON) für die verschiedenen angebundenen Systeme zu aktivieren.

Damit Kundenobjekte abgerufen werden können, muss darüber hinaus das Szenario **Verwaltung kundeneigener Entwicklungen** konfiguriert sein (siehe Abschnitt 12.2.2, »Grundkonfiguration des Custom Code Lifecycle Managements«).

3.4 Lösungsdokumentation

Die Anwendung *Lösungsdokumentation* stellt die Kernfunktion des Prozessmanagements in SAP Solution Manager 7.2 dar. Sie wird ebenfalls über das SAP Solution Manager Launchpad aufgerufen. Alternativ können Sie die Applikation über die Transaktion SOLDOC starten.

Geschäftsprozesse dokumentieren

Die Lösungsdokumentation dient Ihnen als Werkzeug, um Ihre Geschäftsprozesse zentral und übersichtlich zu dokumentieren. Anhand von Prozessschritten bauen Sie Ihre modularen und End-to-End-Geschäftsprozesse auf. Anschließend lassen sich die Prozesse durch Elemente wie Transaktionen, Dokumente, Testfälle und Konfigurationseinheiten im Detail dokumentieren.

[»]

Content-Aktivierung

Haben Sie sich im Rahmen der Umstellung von SAP Solution Manager 7.1 auf SAP Solution Manager 7.2 für ein Upgrade entschieden, wurde Ihre frühere Dokumentation im Zuge der Content-Aktivierung in die neue Lösungsdokumentation übernommen. Sollten Sie dennoch Ihre alte Dokumentation aufrufen wollen, stehen Ihnen die Transaktionen SOLAR01 und SOLAR02 weiterhin für den lesenden Zugriff zur Verfügung.

3.4.1 Aufbau und Grundfunktionen

Aufbau der Lösungsdokumentation

Die Benutzeroberfläche der Lösungsdokumentation ist in verschiedene Bereiche gegliedert (siehe Abbildung 3.34). Im oberen Bereich können Sie zwischen verschiedenen Anzeigemodi wechseln ❶. Über die Breadcrumb-Navigation ❷ haben Sie zudem einen Überblick, an welcher Stelle der Anwendung Sie sich aktuell befinden.

Im mittleren Bereich werden die Strukturelemente Ihrer Lösungsdokumentation abhängig vom gewähltem Anzeigemodus dargestellt ❸. Elemente, die dem jeweils ausgewählten Strukturelement zugeordnet sind, werden im unteren Bereich **Elemente von ›xxx‹** angezeigt ❹. Im rechten Bereich sehen Sie jeweils die Attribute des ausgewählten Strukturelements bzw. des selektierten zugeordneten Elements ❺. Darüber hinaus haben Sie links ❻ die Option, die angezeigten Elemente in den mittleren Bereichen (❸ und ❹) über Filterkriterien einzuschränken. Die Anzeigegröße der einzelnen Bereiche der Benutzeroberfläche können Sie über die kleinen Pfeile Ihren Vorlieben entsprechend anpassen.

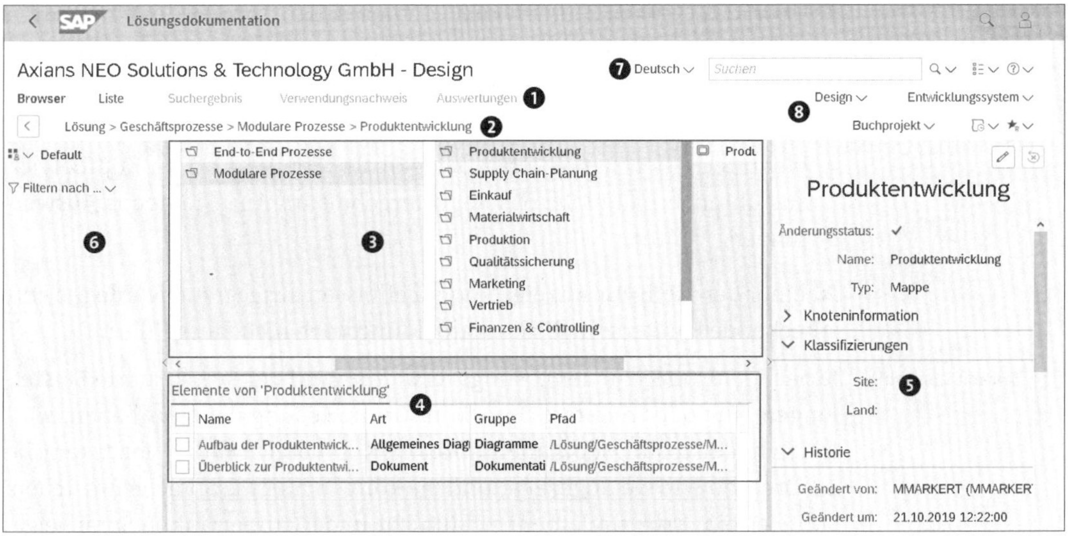

Abbildung 3.34 Bereiche der Lösungsdokumentation

Anzeigemodi

Die Darstellung der Strukturelemente im mittleren Bereich kann über die verschiedenen Anzeigemodi angepasst werden:

- Beim Aufruf der Lösungsdokumentation werden die Daten zunächst im Anzeigemodus **Browser** angezeigt. Die Inhalte im mittleren Bereich werden dann in Form von Spalten dargestellt, die die Struktur innerhalb der Dokumentation abbilden. Die einzelnen Spalten stellen die verschiedenen Ebenen dar, d. h., Elemente einer Spalte befinden sich jeweils auf derselben Gliederungsebene.
- Wechseln Sie in den Anzeigemodus **Liste**, erhalten Sie denselben Inhalt in einer Listendarstellung. Darüber hinaus bietet die Listendarstellung Filtermöglichkeiten. Sie können standardmäßig nach Namen, Art, Gruppe und Pfad der Strukturelemente filtern. Weitere Filterkriterien zu den Attributen von Elementen können Sie jederzeit ergänzen.
- Im Anzeigemodus **Suchergebnis** wird das Ergebnis einer Suche ausgegeben. Die einfache Suche kann direkt über das Suchfenster im Kopfbereich 7 ausgeführt werden. Der eingegebene Begriff wird unabhängig von voran- oder nachstehenden Zeichen gesucht. Platzhalter wie Sternchen (*) sind daher in dieser Suche nicht notwendig.

  Darüber hinaus gibt es die erweiterte Suchfunktion, die Sie über das Lupensymbol (Q ∨) aufrufen können. Hier können Sie nach verschiedenen Suchkriterien suchen und Suchen speichern. Wechseln Sie zurück in einen der anderen Anzeigemodi, um die Anzeige der Suchergebnisse zu beenden.

- Über das Kontextmenü eines Elements der Lösungsdokumentation kann der Verwendungsnachweis gestartet werden. Das Ergebnis wird im Anzeigemodus **Verwendungsnachweis** angezeigt und informiert Sie darüber, in welchen Prozessen das selektierte Element verwendet wird.
- Wenn Sie einen Report über das globale Menü (☰ ∨) im Kopfbereich ausführen, erhalten Sie das Reportergebnis im Anzeigemodus **Auswertungen**.

Ist einer der Modi zur Anzeige von Ergebnissen ausgegraut, wurde die entsprechende Funktion in dieser Anmeldung noch nicht ausgeführt.

Sprachauswahl

Je nachdem, ob Sie in der Lösungsverwaltung auf der Registerkarte **Einstellungen** eine oder mehrere Sprachen für die Lösung definiert haben, wird Ihnen in der Lösungsdokumentation im Kopfbereich ❼ die Inhaltssprache als Drop-down-Feld angezeigt, und Sie können hier die Sprache umstellen. Sollte es ein Strukturelement noch nicht in der ausgewählten Sprache geben, ist dieses dennoch sichtbar. Das Element wird in diesem Fall mit der Bezeichnung angezeigt, mit der es ursprünglich angelegt wurde. Zusätzlich wird in Klammern die Ursprungssprache hinzugefügt.

[zB]

Anzeige eines auf Englisch angelegten Elements

Der Prozessschritt »Create Order« wurde auf Englisch neu angelegt. Wird nun die Sprache Deutsch gewählt, existiert der Prozessschritt auch in der deutschen Version der Lösungsdokumentation. Allerdings hat er den Namen **Create Order (EN)**.

Sie können ein Element einfach übersetzen, indem Sie die Lösungsdokumentation in der Zielsprache anzeigen und dem Element einen neuen Namen geben. Der neue Name wird dann unter der aktuellen Sprache gespeichert.

[»]

Welche Texte werden übersetzt?

Die Umstellung der Sprache bezieht sich immer nur auf die Texte der Lösungsdokumentation. Alle Texte auf Bildschirmelementen wie Schaltflächen, Menüs und Attributbezeichnungen werden grundsätzlich in der Anmeldesprache des Benutzers angezeigt.

Des Weiteren werden nur Texte der Lösungsdokumentationsstruktur sowie Diagrammelementnamen und -beschreibungen übersetzt. Eine Übersetzung von Texten von KW-Dokumenten wird nicht unterstützt (Stand: SAP Solution Manager 7.2 SPS11).

Auswahl von Branch und Systemrolle

In Abschnitt 3.1.2, »Umsetzung des Lebenszykluskonzepts mit Branches«, haben wir das Branch-Konzept erläutert. In der Lösungsdokumentation können Sie rechts oben im Kopfbereich zwischen den verschiedenen Branches wechseln (❽ in Abbildung 3.34). Daraufhin wird der für den gewählten Branch gültige Inhalt der Lösungsdokumentation angezeigt.

Darüber hinaus ist es möglich, innerhalb eines Branches zwischen den zugeordneten Systemrollen zu navigieren. Anhand von Branch, Systemrolle und der dem Element zugeordneten logischen Komponentengruppe wird ein verwaltetes System eindeutig identifiziert. Rufen Sie beispielsweise eine Transaktion aus der Lösungsdokumentation heraus auf, wird durch diese Kriterien das Zielsystem bestimmt. In Abbildung 3.35 werden etwa der selektierte Branch **Design** und die selektierte Systemrolle **Entwicklungssystem** angezeigt. Die Auswahl eines anderen Branches oder einer anderen Systemrolle erfolgt über das jeweilige Drop-down-Menü.

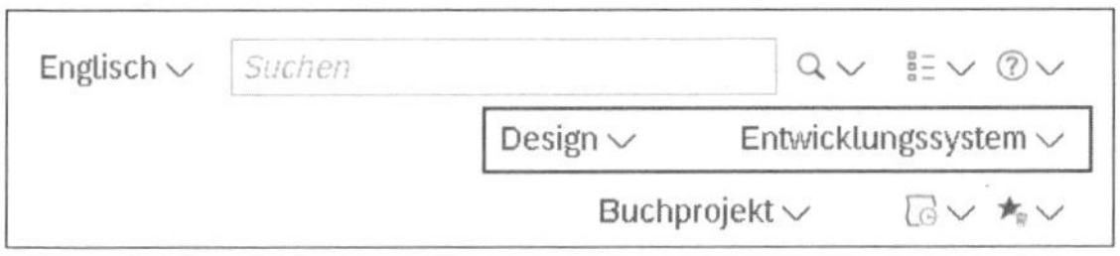

Abbildung 3.35 Anzeige des aktuellen Branches und der aktuellen Systemrolle

[«]

Drop-down-Menü zur Auswahl von Sites

Verwenden Sie in Ihrer Lösung Sites, sehen Sie neben Branch und Systemrolle ein weiteres Drop-down-Menü. Hierüber können Sie die Site auswählen, deren Dokumentationsinhalt Sie einsehen möchten.

Umfänge

Unterhalb der Branch-Auswahl können Sie zwischen verschiedenen Umfängen navigieren oder neue anlegen (in Abbildung 3.35 ist der Umfang **Buchprojekt** ausgewählt). Ein *Umfang* schränkt den Inhalt der Lösungsdokumentation anhand einer Strukturauswahl sowie zusätzlicher Selektionskriterien ein. Sie benötigen einen Umfang z. B., um Reports auszuführen oder um ein *Prozessdokument* Ihrer Lösung zu erstellen, wie später in diesem Abschnitt beschrieben. Zudem kann mithilfe von Umfängen jede Anwenderin bzw. jeder Anwender selbst definieren, welche Ordner und Elemente ihr bzw. ihm angezeigt werden. Wird die Checkbox **Originale einschließen** aktiviert, wird der Umfang um die Originale der enthaltenen Referenzen erweitert. Beim Speichern eines Umfangs können Sie darüber hinaus festlegen, ob dieser nur für Sie (**privat**) oder auch von anderen Benutzern (**öffentlich**) auswählbar sein soll.

[»]

Originale einschließen

Die Checkbox **Originale einschließen** finden Sie an verschiedenen Stellen der Lösungsdokumentation, seit SPS07 etwa in der Listenansicht und in den Suchergebnissen. Mithilfe dieser Checkbox können Sie entscheiden, ob Sie die aktuelle Sicht um vererbte Bibliothekselemente (Originale) erweitern wollen. So erhalten Sie einen Überblick über alle relevanten Teile der Lösungsdokumentation für einen bestimmten Kontext (z. B. einen Prozess), ohne zu jedem Element einzeln navigieren zu müssen.

Historie und Favoriten

Mit einem Klick auf das Symbol **Historie** () können Sie sich die letzten 30 Elementaufrufe innerhalb der Lösungsdokumentation anzeigen lassen. So können Sie schnell zu einem zuvor aufgerufenen Element zurücknavigieren. Die Historie können Sie bei Bedarf über das globale Menü unter **Einstellungen • Navigationshistorie löschen** löschen. Über das Symbol **Favoriten** () haben Sie zudem die Möglichkeit, ausgewählte Elemente zu Ihren Favoriten hinzuzufügen bzw. gespeicherte Favoriten direkt aufzurufen.

Globales Menü

Ebenso wie in der Lösungsverwaltung stehen Ihnen darüber hinaus auch in der Lösungsdokumentation Funktionen in einem globalen Menü zur Verfügung (siehe Abbildung 3.36).

Abbildung 3.36 Globales Menü der Lösungsdokumentation

Zunächst können Sie über die Funktion **Lösung** zwischen Ihren Lösungen navigieren. Welche Lösung Sie aktuell ausgewählt haben, sehen Sie oben auf der Lösungsdokumentationsoberfläche.

Reports

In der Lösungsdokumentation werden von SAP verschiedene Standardreports bereitgestellt, die Sie über die Funktion **Reports** ausführen können. Jeder Report sieht unterschiedliche Selektionskriterien vor, nach denen die Lösungsdokumentation ausgewertet wird. Welche Selektionskriterien ein

Report vorsieht, können Sie einsehen, indem Sie einen Report markieren und diesen öffnen. Alternativ können Sie die Reportdefinition nach Ausführen des Reports im Anzeigemodus **Auswertungen** aufrufen.

Eigene Reports definieren

Über die Reportdefinition können Sie auch eigene Reports definieren. Wählen Sie hierzu einen Umfang als Datengrundlage, und passen Sie die Selektionskriterien Ihren Bedürfnissen an. Abschließend können Sie Ihren Report über die Schaltfläche **Sichern unter** unter einem neuen Namen speichern und bei Bedarf aufrufen. Dabei legen Sie anhand der Sichtbarkeit fest, ob der Report nur Ihnen oder allen Benutzern zur Verfügung stehen soll.

Seit SPS07 können Sie Reports auf Basis großer Umfänge auch im Hintergrund ausführen. Das Reportergebnis wird automatisch in eine Datei gespeichert. Um einen Report im Hintergrund zu starten, wählen Sie bei der Reportausführung die Schaltfläche **Einplanen ...**. Die Ergebnisdatei können Sie anschließend über die Funktion **Hintergrundberichte** im globalen Menü herunterladen.

Prozessdokument erstellen

Mithilfe der Funktion **Prozessdokument** lässt sich ein Word-Dokument aus den Dokumentationselementen Ihrer Lösungsdokumentation erstellen. Die Datengrundlage dieses Dokuments ist ebenfalls ein definierter Umfang. Darüber hinaus können Sie im Ausführungsdialog definieren, welche Elemente der Lösungsdokumentation im Dokument berücksichtigt und welche ausgeschlossen werden sollen. Sie erhalten ein Word-Dokument, das den vollständigen Inhalt Ihres gewählten Umfangs wiedergibt. Inhalt des ersten Kapitels dieses Dokuments ist Ihre Systemlandschaft. Darauf folgt die Geschäftsprozessstruktur mit allen Zuordnungen; Attribute werden aufgelistet, Diagramme in das Dokument integriert. Andere Dokumente sind als URL verlinkt und können aus dem Dokument heraus aufgerufen werden. Sind Bibliotheken im Umfang enthalten oder werden Originale im Umfang berücksichtigt, enthält das dritte Kapitel Informationen zu Elementen der verschiedenen Bibliotheken.

[+]

Offline-Browser-Funktion

Seit SPS07 haben Sie im Rahmen der Erstellung eines Prozessdokuments zusätzlich die Möglichkeit, eine Offline-Version Ihrer Lösungsdokumentation zu erstellen. Hierzu wählen Sie die Option **Dateien für Offline-Browser herunterladen**. Sie erhalten einen Ordner mit der Offline-Version Ihrer Lösungsdokumentation, die Sie z. B. im Intranet ablegen können (siehe Abbildung 3.37). Über die Datei **index.html** können Sie die Offline-Version starten.

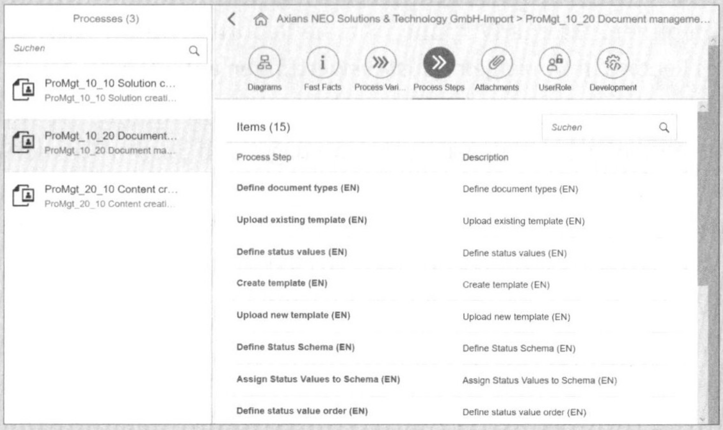

Abbildung 3.37 Beispiel einer Offline-Version der Lösungsdokumentation

Diagrammentitäten

In Abschnitt 3.4.5, »Prozesse mit BPMN 2.0 modellieren«, zeigen wir Ihnen das Modellieren von Prozessdiagrammen mit dem integrierten Modellierungs-Tool auf Basis von BPMN 2.0. Für die so erzeugten Prozessdiagramme müssen verschiedene Entitäten wie Rollen, Datenobjekte, Datenspeicher und freie Komponenten definiert werden. Sie können diese Entitäten direkt im Diagramm oder über die Funktion **Diagrammentitäten** definieren. Die Entitäten haben keinen direkten Bezug zu Elementen in den verwalteten Systemen. Es handelt sich um reine Modellierungselemente zur Visualisierung der Geschäftsprozesse und Schnittstellen.

Einstellungen, Datei-Download und Drop-Bereich

Unter **Einstellungen** können Sie zudem diverse benutzerspezifische Einstellungen festlegen bzw. Ihre Einstellungen wieder auf den Standard zurücksetzen. Befinden Sie sich aktuell in der Listenansicht, haben Sie über die Funktion **Datei-Download** die Möglichkeit, die dargestellte Liste als Excel-Datei herunterzuladen. Der *Drop-Bereich* ist eine neue Funktion, über die Sie einen zusätzlichen Bereich ganz unten auf dem Bildschirm einblenden können. Anstatt Dokumente einzeln per Rechtsklick einem Element zuzuordnen, können Sie gleich mehrere Dokumente parallel von Ihrer Festplatte durch Verschieben auf den Drop-Bereich in die Lösungsdokumentation hochladen. Über ein Dialogfenster entscheiden Sie, ob Sie ein Testdokument oder Dokument hochladen und ob Sie ein neues Dokument oder eine neue Version eines bestehenden Dokuments ergänzen möchten.

3.4.2 Bibliotheken

Eines der grundlegenden Konzepte von SAP Solution Manager 7.2 ist das Wiederverwendungskonzept (siehe Abschnitt 3.1.3, »Umsetzung des Wiederverwendungskonzepts mit Bibliotheken«). Zentrale Grundlage dieses Konzepts sind die verschiedenen Bibliotheken, in denen Originalelemente dokumentiert werden, auf die bei der Dokumentation der Geschäftsprozesse referenziert wird. Die Verwendung von Bibliotheken reduziert Redundanzen und bringt gleichzeitig Fach- und IT-Abteilung einander näher, indem eine gemeinsame Dokumentation der Geschäftsprozesse ermöglicht wird. Im Folgenden stellen wir Ihnen die verschiedenen Bibliotheken vor. Wir gehen dabei sowohl auf deren Inhalte als auch auf deren Struktur ein.

Bibliotheken vs. Geschäftsprozesse

Es gibt insgesamt sieben Bibliotheken. Für jede Bibliothek wird in der Lösungsdokumentation automatisch ein eigener Ordner angelegt. Diese Ordner werden im Hauptordner **Bibliotheken** zusammengefasst und so von den Prozessen im Hauptordner **Geschäftsprozesse** abgrenzt. In dieser Vorgehensweise lässt sich der Grundgedanke der Lösungsdokumentation erkennen, denn in den Bibliotheken werden einzelne Elemente unabhängig von konkreten Prozessen dokumentiert. Geschäftsprozesse und Bibliotheken bilden gemeinsam die Lösung ab.

Der strukturelle Aufbau der einzelnen Bibliotheken ist abhängig von der jeweiligen Bibliothek und deren Inhalt. Grundsätzlich können Sie die Struktur frei wählen. Wir werden Ihnen jedoch im Folgenden Best Practices an die Hand geben, an denen Sie sich orientieren können. Einen Überblick über die verschiedenen Bibliotheken erhalten Sie in Abbildung 3.38.

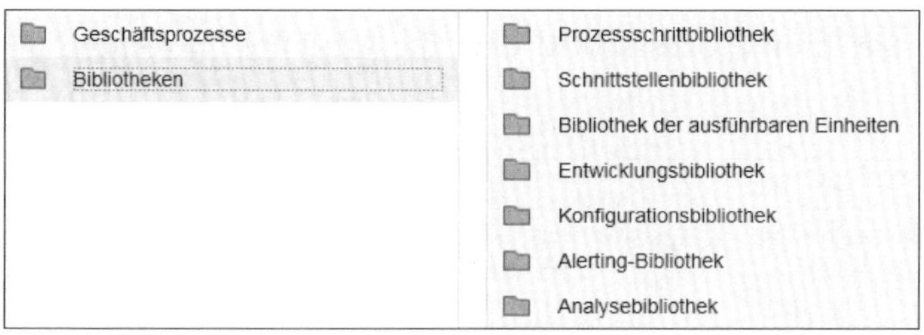

Abbildung 3.38 Übersicht der Bibliotheken

[+]

Elemente kontextunabhängig anlegen

Achten Sie bei der Erstellung von Elementen in Bibliotheken darauf, dass Sie diese unabhängig vom späteren Verwendungskontext, d. h. prozessunabhängig, anlegen. Dies gewährleistet eine maximale Wiederverwendbarkeit.

Neue Elemente anlegen

Neue Elemente legen Sie an, indem Sie mit der rechten Maustaste auf die passende Ebene der Zielbibliothek klicken und anschließend über den Eintrag **Neu** im Kontextmenü das gewünschte Element aufrufen. Sie können Elemente auch direkt im Prozess erstellen und dabei der entsprechenden Bibliothek zuordnen, jedoch hat unsere Erfahrung gezeigt, dass hierdurch häufig unerwünschte Redundanzen entstehen.

Prozessschrittbibliothek

In der *Prozessschrittbibliothek* werden die einzelnen Schritte der Geschäftsprozesse abgelegt. Diese Schritte sollten ohne konkreten Bezug auf ihre spätere Verwendung in einem Prozess angelegt werden.

Prozessschritt anlegen

Um einen Prozessschritt anzulegen, navigieren Sie zunächst in die Prozessschrittbibliothek:

1. Über einen Rechtsklick auf die Folgeebene und die Auswahl **Neu • Ordner für Prozessschritte** ❶ legen Sie neue Ordner für die Struktur der Prozessschrittbibliothek an.
2. Im Attributbereich der Lösungsdokumentationsoberfläche können Sie den Ordner umbenennen ❷. Wählen Sie den Ordner aus, in dem Sie den Prozessschritt anlegen möchten.
3. Über einen weiteren Rechtsklick auf die Folgeebene und die Aktion **Neu • Prozessschritt** legen Sie den neuen Prozessschritt im gewählten Ordner an ❸ (siehe Abbildung 3.39).
4. Definieren Sie Ihren Prozessschritt über die Attribute im rechten Bereich ❷.

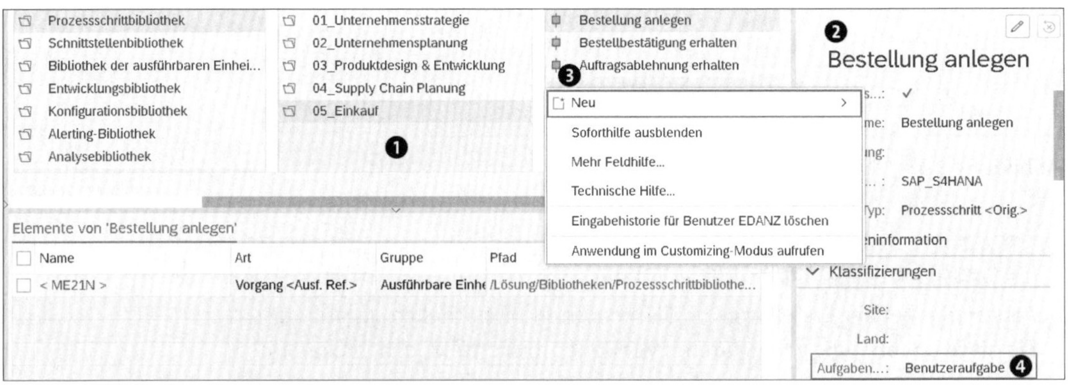

Abbildung 3.39 Prozessschritt anlegen

Vererbung von Attributen und Elementen

Sie haben bereits im Prozessschritt die Möglichkeit, eine logische Komponentengruppe zu verknüpfen, die in alle Referenzen auf diesen Prozessschritt vererbt wird. Sie sollten hierbei jedoch die Wiederverwendbarkeit des Prozessschritts beachten. Es kann unter Umständen sinnvoll sein, einen Prozessschritt unabhängig von einem konkreten IT-System anzulegen und die logische Komponentengruppe erst in der Referenz im tatsächlichen Prozess anzugeben.

[«]

Vererbung von Attributen und Elementen

Beachten Sie, dass die Elemente der Bibliotheken immer Originale darstellen. Attribute bzw. zugeordnete Elemente dieser Originale werden in alle verknüpften Referenzen übertragen und können zum Großteil dort nicht verändert werden. Dieses Prinzip zu verstehen ist wichtig bei der Entscheidung, welche Informationen Sie im Original und welche Sie in einer Referenz dokumentieren.

Manuelle und externe Prozessschritte

Manuelle Prozessschritte bzw. Prozessschritte, die sich auf ein Nicht-SAP-System beziehen, werden ebenfalls unterstützt und in der Prozessschrittbibliothek dokumentiert. Zur besseren Unterscheidung zwischen verschiedenen Prozessschritttypen steht Ihnen im Attributbereich **Klassifizierungen** das Feld **Aufgabentyp** ❹ zur Verfügung. Sie können zwischen sendenden und empfangenden, automatisierten (Serviceaufgaben), manuellen, geschäftsregelbezogenen, Benutzer- sowie Skriptaufgaben wählen.

Prozessschrittelemente

Jeder Prozessschritt repräsentiert eine Geschäftsfunktion Ihres Unternehmens. Im Prozessschritt können Sie zur Dokumentation benötigte Elemente wie Dokumente (z. B. funktionale Spezifikationen), Testfälle, ausführbare Einheiten und weitere Dokumentationen anhängen (siehe Abbildung 3.40):

❶ Hierzu wählen Sie zunächst den Prozessschritt aus, zu dem Sie ein Element hinzufügen möchten.

❷ Im unteren Bereich der Lösungsdokumentationsoberfläche werden Ihnen alle dem Prozessschritt zugeordneten Elemente angezeigt.

❸ Klicken Sie mit der rechten Maustaste auf diese Fläche. Wählen Sie im Kontextmenü den Eintrag **Neu**, um Elemente bzw. Referenzen hinzuzufügen.

Auch hier gilt: Verknüpfen Sie nur diejenigen Elemente, die für den Prozessschritt in allen Prozessen relevant sind. Prozessspezifische Elemente und Referenzen können Sie später im Prozess kontextbezogen hinterlegen. Hierdurch verbessern Sie die Wiederverwendbarkeit des Prozessschritts.

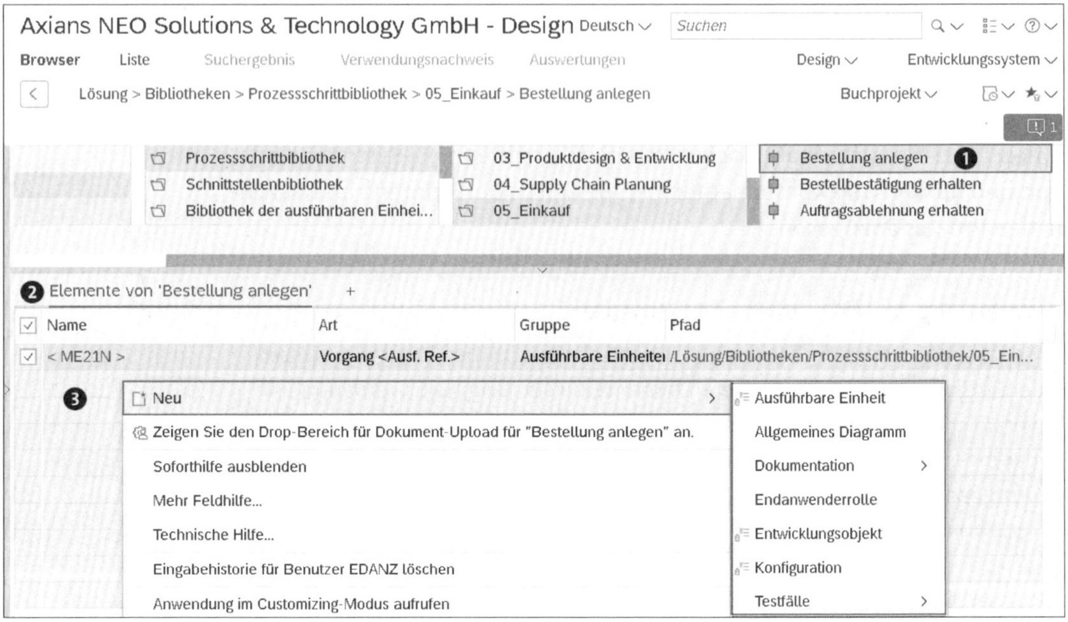

Abbildung 3.40 Prozessschrittelemente

[»]

Originale und Referenzen

Jeder Prozessschritt ist in der Prozessschrittbibliothek nur einmal vorhanden und wird als *Originalprozessschritt* bezeichnet. Dieser kann anschließend in den einzelnen Prozessen wiederverwendet werden. Hierfür wird eine Referenz zu dem Originalprozessschritt hergestellt, die bei Bedarf anschließend individuell ausgeprägt werden kann. Durch dieses Konzept wird die redundante Dokumentation von gleichen oder sehr ähnlichen Prozessschritten vermieden.

Aufbau der Prozessschritt-bibliothek

Der Aufbau der Prozessschrittbibliothek folgt in der Regel einem organisationsorientierten Ansatz, kann jedoch kundenindividuell strukturiert werden. Wichtig dabei ist, dass jeder Prozessschritt nur einmal vorhanden und eindeutig wiederzuerkennen ist. Zur besseren Strukturierung empfehlen wir Ihnen, eine allgemeingültige Namenskonvention zu definieren; Sie können die Ordner und Unterordner der Prozessschrittbibliothek beispielsweise nummerieren. Auch Testfälle und andere zugeordnete Dokumente sollten Sie z. B. durch Nummerierung eindeutig der Struktur zuordnen. Abbildung 3.41 zeigt einen Ausschnitt einer beispielhaften Prozessschrittbibliothek.

Abbildung 3.41 Ausschnitt einer Prozessschrittbibliothek

Schnittstellenbibliothek

In der *Schnittstellenbibliothek* haben Sie die Möglichkeit, Schnittstellen strukturiert abzulegen, um diese in der Prozessmodellierung mit Prozessen verknüpfen zu können. Hierbei wird zwischen *Schnittstellen* und *Sammelschnittstellen* unterschieden.

Einfache Schnittstellen

Eine einfache Schnittstelle stellt die kleinste Einheit dar und kann nicht weiter unterteilt werden. Sie können jedoch eine einfache Schnittstelle mit Attributen beschreiben und so spezifizieren:

1. Navigieren Sie zunächst in die **Schnittstellenbibliothek**, um eine neue Schnittstelle anzulegen.
2. Klicken Sie dort mit der rechten Maustaste auf die Folgeebene der Bibliothek, und wählen Sie **Neu • Schnittstelle**.
3. In der Detailansicht der Schnittstelle müssen nun die Spezifikationen festgelegt werden. Vergeben Sie hierzu zunächst einen Namen sowie eine sendende und eine empfangende logische Komponentengruppe.
4. Im Bereich **Klassifizierung** müssen Sie des Weiteren eine Schnittstellentechnologie (z. B. RFC oder HTTP) angeben (siehe Abbildung 3.42). Als Default-Wert ist hier **unspezifiziert** hinterlegt.

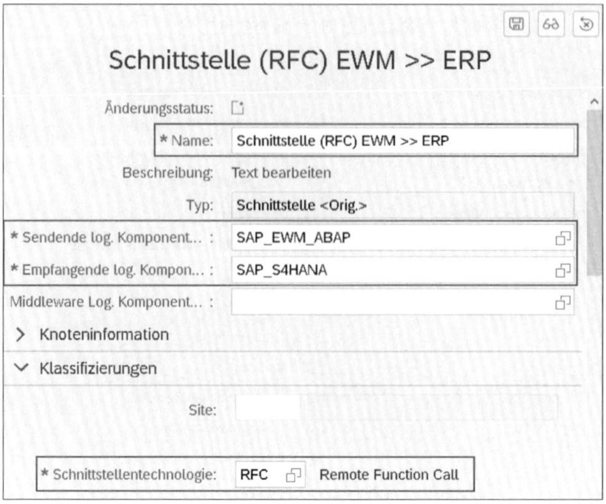

Abbildung 3.42 Schnittstelle anlegen

Sammelschnittstellen

Die angelegten einfachen Schnittstellen können anschließend in Sammelschnittstellen wiederverwendet werden. Sammelschnittstellen zeigen, wie mehrere Schnittstellen zusammenarbeiten und setzen sich aus Schnittstellen und/oder Schnittstellenschritten zusammen. Hierdurch haben Sie auch die Möglichkeit, bidirektionale Schnittstellen abzubilden. Anhand von Sammelschnittstellen können zudem komplexe Zusammenhänge mithilfe von Schnittstellendiagrammen dargestellt werden.

Zur Anlage einer Sammelschnittstelle gehen Sie wie folgt vor:

1. Klicken Sie mit der rechten Maustaste auf die Ebene, in der Sie die Schnittstelle anlegen möchten.
2. Wählen Sie **Neu • Sammelschnittstelle**, und definieren Sie die Attribute.
3. Auf der nächsten Ebene können Sie dann sowohl Referenzen zu einfachen Schnittstellen als auch einzelne Schnittstellenschritte einfügen.

Schnittstellendiagramm

Anhand dieser Schnittstellenschritte können Sie bei Bedarf die Verwendung einer Schnittstelle in einem Schnittstellendiagramm mithilfe von BPMN 2.0 modellieren. Ein Schnittstellendiagramm legen Sie im Elementbereich über den Pfad **Neu • Schnittstellendiagramme • Schnittstellendiagramm** im Kontextmenü an. Anschließend kann die Modellierung erfolgen, wie in Abschnitt 3.4.5, »Prozesse mit BPMN 2.0 modellieren«, beschrieben.

Wiki für die Schnittstellenmodellierung

Detaillierte Informationen zu Schnittstellen und deren Modellierung finden Sie im Wiki innerhalb der SAP Community:

- Schnittstellen: *http://s-prs.de/v561524*
- Schnittstellendiagramme modellieren: *http://s-prs.de/v561525*

Hierarchie der Schnittstellenbibliothek

Die Hierarchie der Schnittstellenbibliothek orientiert sich sowohl an Integrationsszenarien als auch an der funktionalen Struktur Ihres Unternehmens. Wie Sie die Struktur im Detail aufbauen, hängt stark davon ab, wie die Schnittstellen in Ihrem Unternehmen verwaltet werden. Grundsätzlich können Sie im Kontextmenü über **Neu • Schnittstellenverzeichnis** einen neuen Ordner zur Gliederung anlegen. Abbildung 3.43 zeigt beispielhaft einen Ausschnitt aus einer Schnittstellenbibliothek mit Sammelschnittstellen und einfachen Schnittstellen.

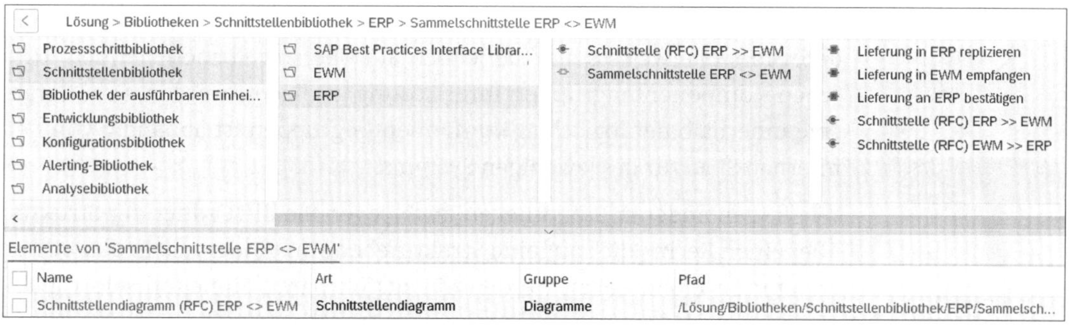

Abbildung 3.43 Ausschnitt einer Schnittstellenbibliothek

Bibliothek der ausführbaren Einheiten

In der *Bibliothek der ausführbaren Einheiten* werden – abhängig von der Systemlandschaft – alle direkt durch einen Benutzer ausführbaren Einheiten abgelegt. Hierzu zählen u. a. Transaktionen und SAP-Fiori-Applikationen. Konzentrieren Sie sich bei der Dokumentation auf die ausführbaren Einheiten, die von den Anwender*innen Ihres Systems genutzt werden. Jede dokumentierte ausführbare Einheit sollte später einem Prozess zugeordnet werden. Abbildung 3.44 zeigt beispielhaft einen Ausschnitt einer Bibliothek der ausführbaren Einheiten.

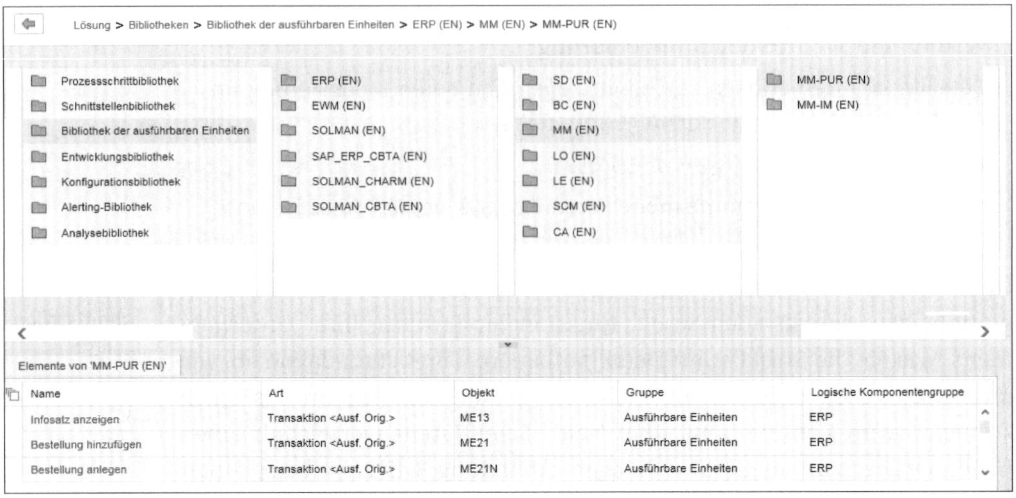

Abbildung 3.44 Ausschnitt einer Bibliothek der ausführbaren Einheiten

Hierarchie

Auch in dieser Bibliothek kann die Struktur grundsätzlich frei gewählt werden. Sinnvollerweise sollte sie jedoch auf oberster Ebene nach den logischen Komponentengruppen Ihrer Lösung gegliedert werden. Die Hierarchie innerhalb der logischen Komponentengruppen ist abhängig von der internen Struktur des jeweiligen Systems.

Wie in den anderen Bibliotheken auch, legen Sie die Ordner der Struktur über einen Rechtsklick auf eine Strukturebene an. Anders als in den bisher erläuterten Bibliotheken werden die ausführbaren Einheiten selbst allerdings nicht als Strukturelemente erfasst, sondern als *Elemente*. Elemente werden wie gewohnt im Elementbereich zugeordnet und dokumentiert.

Automatische Bibliotheksgenerierung

Wir empfehlen Ihnen, zur Aufwandsreduktion die Generierung der Bibliothek der ausführbaren Einheiten automatisch über das Bibliotheksgenerierungs-Cockpit durchführen zu lassen (siehe Abschnitt 3.3.5, »Bibliotheksgenerierungs-Cockpit«). Diese Funktion scannt die ausgewählten verwalteten Systeme und erstellt für die gefundenen ausführbaren Einheiten Einträge in der Bibliothek der ausführbaren Einheiten. Die Bibliothekshierarchie wird dabei automatisch angelegt und erweitert.

Entwicklungsbibliothek

In der *Entwicklungsbibliothek* können kundeneigene Entwicklungen strukturiert abgelegt werden. Sie ist in der Regel nach den logischen Komponentengruppen strukturiert und beinhaltet kundeneigene Programme, Klassen, Funktionsbausteine und weitere Modifikationen. Diese werden wie in der Bibliothek der ausführbaren Einheiten als Elemente zu Strukturordnern abgelegt. Abbildung 3.45 zeigt einen Ausschnitt aus einer Entwicklungsbibliothek.

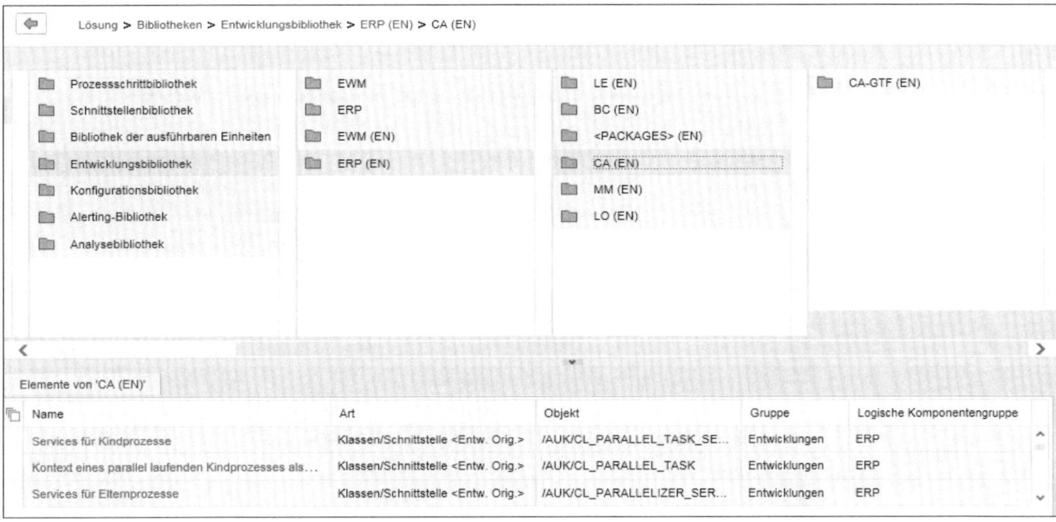

Abbildung 3.45 Ausschnitt einer Entwicklungsbibliothek

Um die Entwicklungsbibliothek aufzubauen, können Sie ebenfalls die Funktion der automatischen Bibliotheksgenerierung verwenden (siehe Abschnitt 3.3.5, »Bibliotheksgenerierungs-Cockpit«). Die Hierarchie wird dabei entsprechend den logischen Komponentengruppen sowie der internen Systemstruktur pro logischer Komponentengruppe automatisch angelegt bzw. erweitert.

Konfigurationsbibliothek

In der *Konfigurationsbibliothek* können Sie verschiedene Konfigurationseinheiten zentral und wiederverwendbar ablegen. Zu diesen Konfigurationseinheiten zählen z. B. Konfigurationen aus IMG-Aktivitäten (also Aktivitäten des SAP-Einführungsleitfadens), Kontrollfunktionen (z. B. zur Einhaltung gesetzlicher Vorgaben wie des Sarbanes-Oxley Acts), Organisationseinheiten, Stammdaten sowie kundeneigene Erweiterungen.

Referenzen

Zur genauen Spezifikation der Konfigurationseinheiten haben Sie die Möglichkeit, auf Entwicklungen, die in der Entwicklungsbibliothek dokumentiert sind, sowie auf vorausgesetzte Konfigurationen zu verweisen. Darüber hinaus kann jeder Konfigurationseinheit eine Dokumentation sowie eine Konfiguration zugeordnet werden.

Ihnen stehen diverse Konfigurationselemente wie Business Configuration Sets (BC-Sets) und IMG-Objekte zur Verfügung, die Sie über Suchfunktionen direkt aus den verwalteten Systemen selektieren können. Bei all diesen Zuordnungen handelt es sich um Elemente, die wie in den zuvor beschriebenen Bibliotheken im unteren Elementbereich gepflegt werden (siehe Abbildung 3.46).

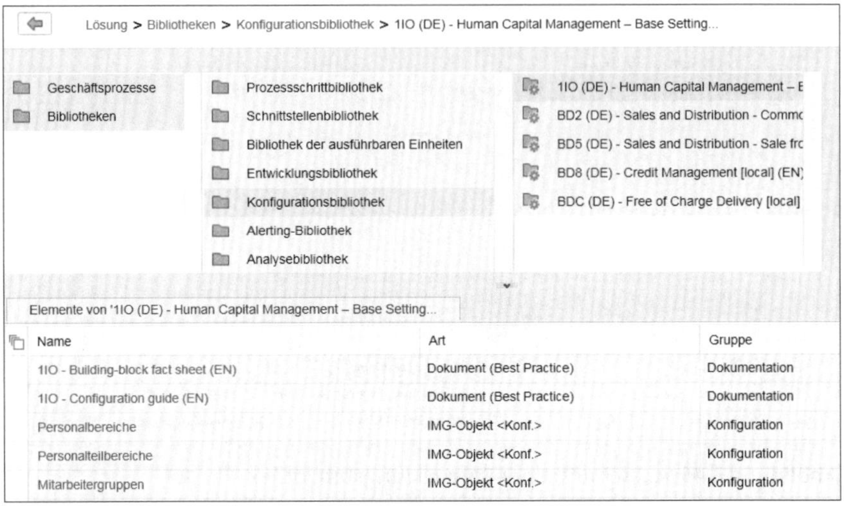

Abbildung 3.46 Ausschnitt einer Konfigurationsbibliothek

Da Konfigurationseinheiten häufig produktspezifisch sind, ist es sinnvoll, sie softwareabhängig abzulegen. Die weitere Gliederung ist in der Regel kundenspezifisch und abhängig davon, welche Elemente in dieser Bibliothek dokumentiert werden sollen.

Alerting-Bibliothek

In der *Alerting-Bibliothek* werden alle zur Überwachung von Geschäftsprozessen und Schnittstellen nötigen Objekte abgelegt. Diese Alerting-Elemente können später einzelnen Prozessschritten zugewiesen werden. Sie dienen dazu, geschäftsprozessspezifische Daten zu sammeln und auszuwerten.

Auf Basis von vordefinierten Schwellenwerten können so Alarmierungen erfolgen. Die ausgelösten Alerts landen anschließend beispielsweise im Alert-Eingang des SAP Solution Managers. Nähere Informationen zum Überwachen Ihrer Geschäftsprozesse in SAP Solution Manager 7.2 erhalten Sie in Kapitel 11, »Fachlicher Betrieb«.

Alert-Ordner anlegen

Die Struktur der Alerting-Bibliothek kann anhand von Alert-Ordnern aufgebaut werden. Solch einen Ordner legen Sie über den Pfad **Neu • Alert-Ordner** im Kontextmenü an. Sie können die Struktur frei wählen. Diesbezüglich bietet sich beispielsweise eine Strukturierung nach verwalteten Systemen oder Monitoring-Verantwortlichkeiten an.

Alerting-Objekt dokumentieren

Öffnen Sie in der Alerting-Bibliothek im Bereich **Elemente** per Rechtsklick das Kontextmenü, und wählen Sie **Neu • Alerts**, um ein neues Alerting-Objekt zu dokumentieren. Die Pflege der einzelnen Objekte kann anschließend, wie in Abbildung 3.47 zu sehen, direkt im Pop-up-Fenster der Weboberfläche vorgenommen werden. Zur Anlage und Pflege von Alerting-Objekten lesen Sie auch Abschnitt 11.3, »Geschäftsprozess-Monitoring«.

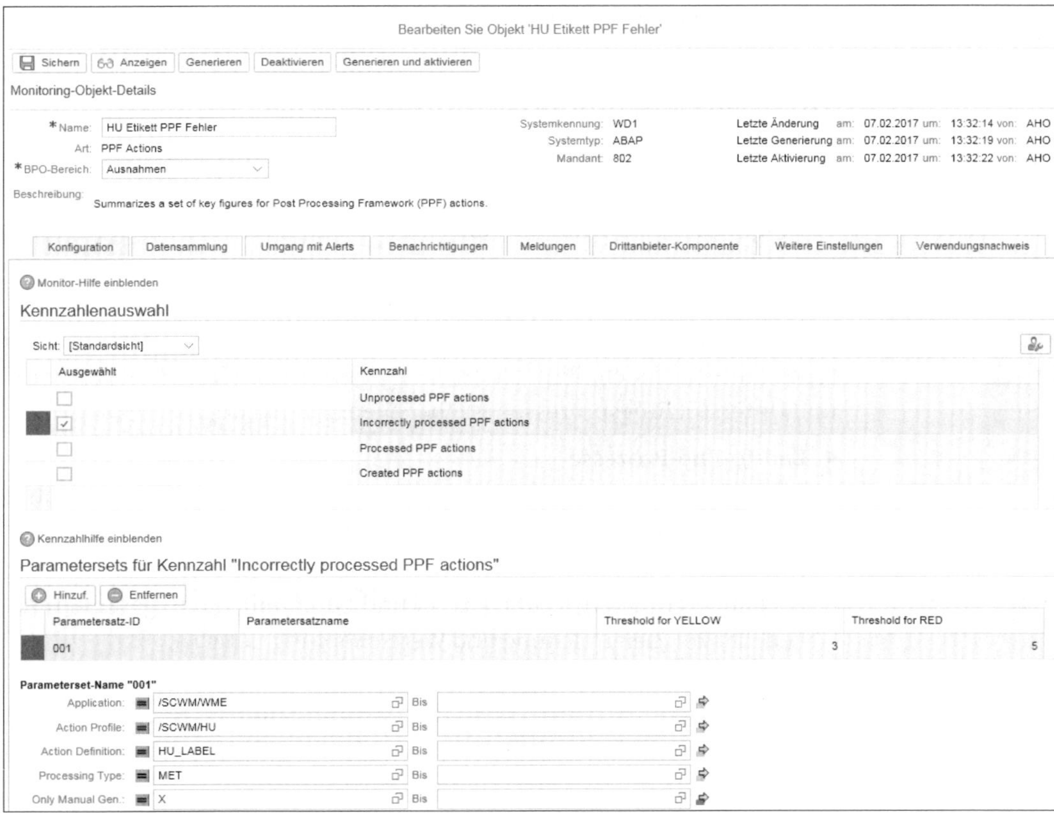

Abbildung 3.47 Alerting-Objekte pflegen

Analysebibliothek

Die *Analysebibliothek* stellt eine Sammlung von definierten Analyseobjekten bereit. Diese stellen Datensammlungsobjekte dar, die tatsächliche Geschäftsdaten aus den verwalteten Systemen sammeln und diese dem SAP Business Warehouse des SAP Solution Managers bereitstellen. Auf Basis dieser Daten können anschließend die Ursachen von geschäftskritischen Problemen identifiziert werden. Weitere Informationen zur Geschäftsprozessanalyse und -optimierung, finden Sie in Abschnitt 11.4, »Geschäftsprozessoptimierung«.

Hierarchie

Die Struktur der Analysebibliothek können Sie frei nach Ihren Bedürfnissen gestalten. Sie wird durch Ordner aufgebaut, die Sie wie in den anderen Bibliotheken über die Auswahl **Neu • Analyseordner** im Kontextmenü anlegen.

Analyseobjekte anlegen

Analyseobjekte erstellen Sie im Elementbereich eines Analyseordners. Hierzu wählen Sie im Kontextmenü **Neu • Analysen**. Sie können das Analyseobjekt anschließend spezifizieren.

3.4.3 Geschäftsprozesse und Prozesshierarchie

Geschäftsprozesse

Die Lösungsdokumentation trennt auf oberster Strukturebene strikt zwischen *Bibliotheken* und *Geschäftsprozessen*. Letztere bestehen aus logisch verknüpften Prozessschritten, die ausgeführt werden, um ein bestimmtes betriebliches Ziel zu erfüllen. Auf der Prozessebene der Lösungsdokumentation werden somit die tatsächlichen Prozesse Ihres Unternehmens strukturiert dokumentiert. Dabei werden häufig die folgenden zwei Prozesstypen unterschieden. Eine alternative Gliederung, wie z. B. nach Haupt- und Unterstützungsprozessen ist aber ebenso denkbar:

- **End-to-End-Prozesse**
  Bei End-to-End-Prozessen (*E2E-Prozesse*) handelt es sich um durchgängige Prozesse, die nicht an Funktionsbereichs- oder Unternehmensgrenzen enden, sondern mehrere organisatorische Einheiten einbeziehen. Sie haben ein übergeordnetes Ziel und beschreiben den gesamten Ablauf, der zur Zielerreichung und Wertschöpfung nötig ist.

  End-to-End-Prozesse können aus einzeln zusammengesetzten Prozessschritten bestehen oder ganze Subprozesse beinhalten. Bei der Dokumentation von End-to-End-Prozessen sollten Sie sich auf Ihre unternehmenskritischen Kernprozesse konzentrieren. Als Beispiele für End-to-End-Prozesse können die Prozesse von der Bestellung eines Produkts bis zur Bezahlung (*Order-to-Pay-Prozess*) oder von der Beschaffung bis zur Bezahlung (*Purchase-to-Pay-Prozess*) genannt werden.

- **Modulare Prozesse**
  Modulare Prozesse hingegen gehen nicht über Funktionsbereichsgrenzen hinaus. Mit anderen Worten ist immer genau eine Organisationseinheit für den gesamten Prozess verantwortlich. Diese Prozesse können Subprozesse eines End-to-End-Prozesses sein oder für sich stehen. Sie werden aus Prozessschritten zusammengesetzt.

Prozessvarianten

Der Ablauf eines Prozesses ist immer vom Kontext, in dem er angewandt wird, abhängig. *Prozessvarianten* ermöglichen es daher, Prozesse in einen spezifischen Kontext zu setzen und dahingehend zu spezifizieren. Folgende zwei Hauptfaktoren können zu Prozessvarianten führen:

- Zum einen kann ein Prozess von unterschiedlichen Bereichen oder Ländern ausgeführt werden, sodass derselbe Prozess zumindest hinsichtlich der ausführbaren Einheit und der Stammdatenkonfiguration variiert.
- Zum anderen kann ein Prozess durch Entscheidungspunkte in seinem Prozessfluss unterschiedlich ausgeprägt sein.

[«]

Eigene Prozessvarianten definieren

Ab SAP Solution Manager 7.2 SPS05 ermöglicht es SAP, direkt innerhalb von Prozessen eigene Prozessvarianten zu definieren. Die einzelnen Prozessvarianten werden als Elemente dem Originalprozess im Elementbereich zugeordnet. Die Prozessvarianten teilen sich die zugeordneten Prozessschritte mit ihrem Hauptprozess. Ihnen können jedoch variantenspezifische Testfälle, Dokumente, Diagramme und ausführbare Einheiten zugewiesen werden.

Entscheidungspunkte

Geringe Unterschiede im Prozessfluss können relativ einfach anhand von Entscheidungspunkten (*Gateways*) im Prozessdiagramm oder durch separate Diagramme modelliert werden (siehe Abschnitt 3.4.5, »Prozesse mit BPMN 2.0 modellieren«). Für größere Variationen im Ablauf eines Prozesses fügen Sie jedoch am besten Prozessvarianten als Elemente zu dem Prozess hinzu. Als letzte Option können Sie Varianten als separate Prozesse abbilden. Achten Sie jedoch darauf, Redundanzen zu verhindern. Dokumentieren Sie nur dann einen separaten Prozess, wenn dies aufgrund großer Unterschiede unvermeidbar ist.

Prozesshierarchie

Um eine komplexe Prozesslandschaft in übersichtliche Prozesseinheiten aufzuteilen, wird eine Prozesshierarchie benötigt. Eine gut geplante Prozesshierarchie ist eine wichtige Grundlage für alle weiteren Aktivitäten im Prozessmanagement. Generell gilt hierbei der Grundsatz, mit jeder Ebene durch den wachsenden Detaillierungsgrad dem konkreten Prozess näherzukommen. Wie Sie die Hierarchie im Einzelnen gestalten, ist für jedes Unternehmen individuell. Es bietet sich jedoch an, die modularen Prozesse nach ihren verantwortlichen Organisationseinheiten zu gliedern. Sowohl für modulare als auch für End-to-End-Prozesse gilt derselbe Grundaufbau, den Sie anhand von Ordnern abbilden.

Ordner anlegen

Einen Ordner (funktionale Struktur ❶) legen Sie analog zu den Bibliotheken über das Kontextmenü einer Ebene und die Aktion **Neu • Mappe** an. Die letzten drei Ebenen der Prozessdokumentation werden durch das Szenario ❷, den Prozess ❸ und die Prozessschritte ❹ gebildet. Abbildung 3.48 zeigt diese Struktur anhand eines modularen Prozesses.

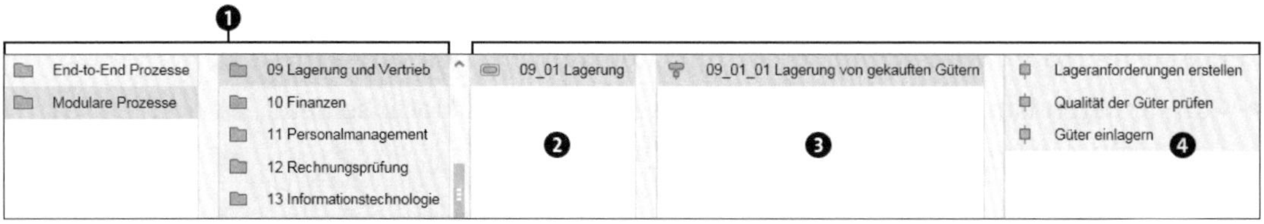

Abbildung 3.48 Hierarchie von Geschäftsprozessen

3.4.4 Geschäftsprozesse dokumentieren

Szenario anlegen

Haben Sie alle Bibliotheken, die Sie verwenden möchten, sowie die Grundstruktur der Prozesshierarchie aufgebaut, können Sie mit der Dokumentation Ihrer Geschäftsprozesse beginnen. Hierzu legen Sie unabhängig davon, ob sie einen End-to-End- oder einen modularen Prozess aufnehmen möchten, ein *Szenario* auf der Folgeebene Ihrer Prozessgrundstruktur an:

1. Wählen Sie dazu im Kontextmenü **Neu • Szenario**. Geben Sie dem Szenario einen passenden Namen.
2. In der darauffolgenden Ebene können Sie nun einen Prozess erstellen. Legen Sie diesen mit einem sprechenden Namen über die Auswahl **Neu • Prozess** im Kontextmenü an.
3. Um einen Prozess im Detail darzustellen, müssen nun jedem Prozess Prozessschritte zugeordnet werden. Diese liegen als Originale in der Prozessschrittbibliothek. Über einen Rechtsklick auf die letzte Ebene und die Aktion **Neu • Prozessschritt** öffnen Sie ein Pop-up-Fenster. Hier können Sie Referenzen zu den einzelnen Prozessschritten hinzufügen. Dabei werden einem Prozess niemals Originale zugeordnet.
4. Im Attributbereich der Prozessschrittreferenz haben Sie anschließend die Möglichkeit, Eigenschaften dieses Prozessschritts im Kontext des Prozesses, wie z. B. **Name**, **Aufgabentyp** und **Verantwortlicher**, anzupassen.

Darüber hinaus können Sie den einzelnen Prozessschrittreferenzen diverse Elemente zuordnen. Über das Kontextmenü im Elementbereich stehen Ihnen die verschiedenen Elementtypen zur Verfügung. Darunter fallen insbesondere Elemente der einzelnen Bibliotheken wie ausführbare Einheiten, Alerts zur Betriebsführung, Entwicklungen und Konfigurationen. Alle

Elemente aus Bibliotheken werden nur referenziert. Das Original steht ausschließlich in der jeweiligen Bibliothek zur Verfügung.

Des Weiteren können an dieser Stelle Dokumentationen, Endanwenderrollen und Testfälle dokumentiert werden. Die Auswahl der Dokumentationstypen für Dokumentationen oder Testfälle hängt von den Dokumentationstypen ab, die Sie in der Lösungsverwaltung definiert haben. Referenzen zu Schnittstellen fügen Sie direkt auf der Ebene der Prozessschrittreferenzen als Strukturelemente ein.

[«]

Aufbau der Bibliotheken auf Basis von Prozessen

Grundsätzlich können Sie auch mit der Dokumentation Ihrer Geschäftsprozesse beginnen, wenn Ihre Bibliotheken noch nicht vollständig sind. Möchten Sie auf ein Objekt referenzieren, das noch nicht in einer der Bibliotheken aufgenommen wurde, können Sie im entsprechenden Pop-up-Fenster nicht nur nach bestehenden Originalen suchen und diese zuweisen, sondern über eine zweite Funktion auch neue Originale erstellen. Das Original wird dabei in der entsprechenden Bibliothek dokumentiert, und eine Referenz wird im Prozess verknüpft.

Zur Vermeidung von Redundanzen empfehlen wir Ihnen jedoch, die Bibliotheken so weit wie möglich im Vorfeld aufzubauen. Sollten Sie einzelne Objekte vergessen haben, können Sie diese während der Prozessdokumentation jederzeit ergänzen.

Elemente zuordnen

Auch auf der Prozessebene können Sie dieselben Elemente wie für Prozessschrittreferenzen dokumentieren, je nachdem, ob das Element für den gesamten Prozess gültig ist oder nur für einen bestimmten Prozessschritt. Zusätzlich haben Sie auf Prozessebene die Möglichkeit, Diagramme, Links zu anderen Prozessen sowie die im Abschnitt 3.4.3, »Geschäftsprozesse und Prozesshierarchie«, erläuterten Prozessvarianten anzulegen. Abbildung 3.49 zeigt die Auswahl an Elementen, die Sie einem Prozess zuordnen können.

Diagrammarten

Bei der Anlage von Diagrammen haben Sie die Wahl zwischen einem *allgemeinen Diagramm*, einem *Prozessdiagramm* oder einem *Collaboration-Diagramm*. Mit einem allgemeinen Diagramm können Sie Prozessabläufe und Zusammenhänge zwischen Elementen der Lösungsdokumentation mithilfe verschiedener geometrischer Formen darstellen. Prozess- und Collaboration-Diagramme sind spezielle Modellierungsvarianten für Prozesse in gängiger BPMN-2.0-Notation. Die Anlage von Prozess- und Collaboration-Diagrammen ist Inhalt von Abschnitt 3.4.5, »Prozesse mit BPMN 2.0 modellieren«.

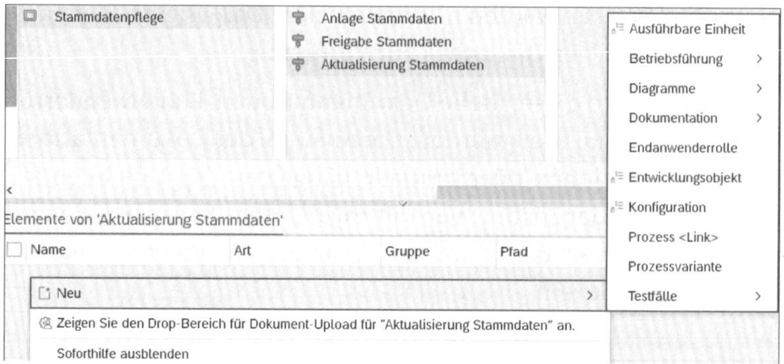

Abbildung 3.49 Auswahl neuer Elemente auf Prozessebene

Elemente zu Szenarien

Sie können ebenso Elemente auf Ebene eines Szenarios dokumentieren. Hier stehen Ihnen abgesehen von Alerts alle Elemente zur Verfügung, die Sie auch Prozessschrittreferenzen zuordnen können.

Namenskonventionen

An dieser Stelle möchten wir noch einmal ausdrücklich betonen, wie sinnvoll die Definition von Namenskonventionen für die Prozessdokumentation ist. Durch eine einheitliche Nummerierung der jeweiligen Szenarien und Prozesse entlang der Hierarchie schaffen Sie eine übersichtliche Struktur, in der Sie schnell und präzise navigieren können. Auch Namenskonventionen für Dokumente, Diagramme und Testfälle sollten dabei berücksichtigt werden. Sie können z. B. die Strukturnummer eines Prozesses in seinen Namen übernehmen oder mit der Sprache des Dokumenteninhalts beginnen.

Kontextmenüs

Neben den Kontextmenüs in den verschiedenen Bereichen der Lösungsdokumentationsoberfläche ist jedem einzelnen Objekt der Lösungsdokumentation ein zusätzliches Kontextmenü zugeordnet, das über einen Rechtsklick auf das jeweilige Objekt geöffnet werden kann (siehe Abbildung 3.50). Wir stellen Ihnen im Folgenden die wichtigsten Funktionen vor.

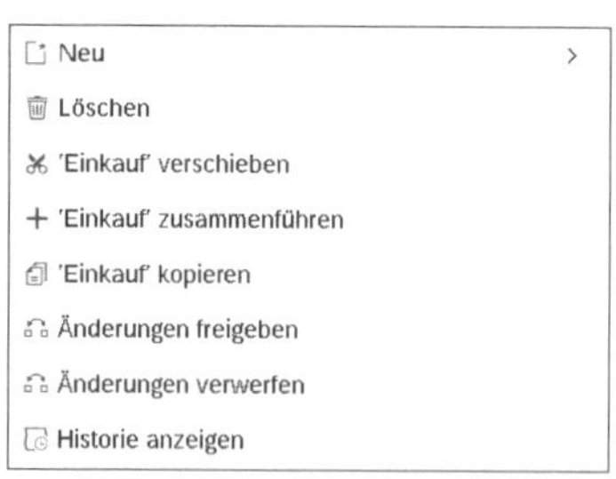

Abbildung 3.50 Kontextmenü eines Elements

Objekte löschen

Die Funktion **Löschen** löscht das jeweilige Objekt inklusive des gesamten Teilbaums, dessen Wurzelelement das Objekt darstellt. Ob ein Objekt direkt entfernt wird, hängt dabei von seinem Änderungsstatus ab (siehe Abschnitt 3.1.2, »Umsetzung des Lebenszykluskonzepts mit Branches«. Den Änderungsstatus können Sie entweder im Attributbereich eines Objekts oder durch Filtern nach Änderungsstatus in der Listenansicht einsehen.

[«]

Änderungsstatus im Attributbereich anzeigen

Damit Ihnen der Änderungsstatus im Attributbereich eines Objekts angezeigt wird, müssen Sie folgende Einstellung vornehmen:

1. Wählen Sie in der Lösungsdokumentation im globalen Menü den Eintrag **Einstellungen**.
2. Aktivieren Sie im Bereich **Verfolgen von Änderungen** die Option **Gelöschte Elemente anzeigen** und den **Modus zum Verfolgen von Änderungen**.

Hat das Objekt den Initialstatus **Angelegt**, wird es sofort und endgültig aus dem Branch sowie den untergeordneten Branches gelöscht. Für den Fall, dass das Objekt einen der anderen Status hat, wird es zunächst im gewählten Branch zum Löschen vorgemerkt und bekommt den Änderungsstatus **Gelöscht**.

Das Objekt wird im zweiten Fall endgültig aus dem Branch und dem übergeordneten Branch entfernt, sobald die Änderung freigegeben wird. Vorangegangene Änderungen, die noch nicht freigegeben wurden, werden durch das Löschen überschrieben. Ist das Löschen nicht möglich, da das Objekt an anderer Stelle als Referenz angegeben ist oder der verwurzelte Teilbaum in einem untergeordneten Branch verändert wurde, gibt das System eine entsprechende Fehlermeldung aus.

[!]

Inkonsistenzen durch Löschen

Durch das Löschen von Elementen können Inkonsistenten im untergeordneten Branch entstehen, da das Löschen zwar direkt im untergeordneten Branch erfolgt, das Objekt im gewählten Branch aber gegebenenfalls nur zum Löschen vorgemerkt ist. *Hängende Referenzen*, d. h. Referenzen zu einem gelöschten Zielelement, verursachen u. a. Fehler bei der Testplangenerierung. Sie können über die Inhaltsprüfung mithilfe des Reports `SMUDC_CHK_PLG_BROKEN_REF` ausfindig gemacht werden. Auch verwaiste Elemente, deren übergeordnetes Element gelöscht wurde, können Inkonsistenzen verursachen.

Die Aktion **<Element> verschieben** verwenden Sie, wenn Sie ein Element an der aktuellen Stelle ausschneiden und an anderer Stelle über das Kontextmenü wieder einfügen wollen. Haben Sie aus Versehen zwei gleiche Elemente angelegt, die Sie zusammenführen möchten, hilft Ihnen die Aktion **<Element> zusammenführen**. Hierbei bleiben Referenzen und Verknüpfungen erhalten. Zur Kopie eines Elements wählen Sie **<Element> kopieren** im Kontextmenü aus.

Änderungen freigeben

Wie bereits angedeutet, müssen Änderungen jeglicher Art an Elementen der Lösungsdokumentation explizit für übergeordnete Branches freigegeben werden. Dies gilt auch für Änderungen an Texten verschiedener Sprachen. Wählen Sie hierfür im Kontextmenü des Elements die Aktion **Änderungen freigeben**. Es erscheint ein Pop-up-Fenster mit Informationen zur Freigabe (siehe Abbildung 3.51). Sie sehen auf einen Blick, wie viele Elemente Sie mit der Aktion freigeben, welchen Änderungsstatus diese Elemente aktuell haben und ob es noch Konflikte gibt, die Sie vor der Freigabe lösen müssen.

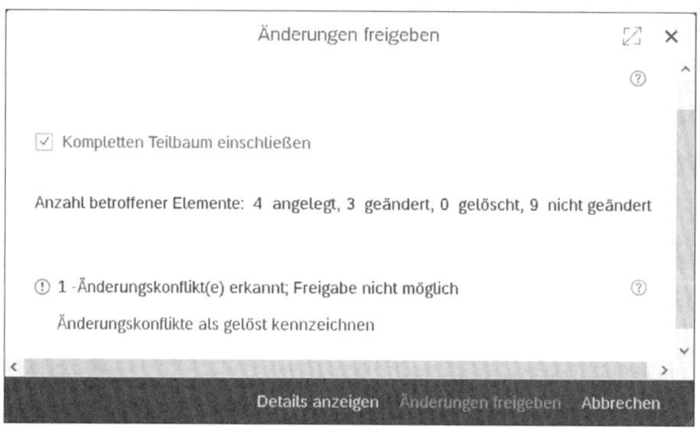

Abbildung 3.51 Pop-up-Fenster der Freigabeaktion

Freigabeumfang

Der Freigabeumfang beinhaltet zunächst einmal das ausgewählte Element. Es ist ebenfalls möglich, mehrere Elemente zu markieren und deren Änderungen gemeinsam freizugeben. Bei der Freigabe wird der Freigabeumfang zudem immer automatisch auf die kleinste konsistente Teilmenge erweitert (*erweiterter Freigabeumfang*), um beschädigte Abhängigkeiten im übergeordneten Branch zu verhindern. Legen Sie beispielsweise einen neuen Ordner mit einem neuen Prozessschritt an und wählen nur den Prozessschritt zur Freigabe aus, wird automatisch auch der übergeordnete Ordner mit freigegeben. Wählen Sie zudem die Option **Kompletten Teilbaum einschließen**, werden neben allen Änderungen des gewählten Elements auch alle Änderungen der Elemente, die sich im darunter liegenden Teilbaum befinden, freigegeben.

[«]

Regeln für den erweiterten Freigabeumfang

Die Funktion des erweiterten Freigabeumfangs erweitert die ausgewählten Objekte um alle erforderlichen Abhängigkeiten entsprechend der folgenden Regeln:

- Alle übergeordneten Elemente mit dem Status **Angelegt** werden einbezogen.
- Alle Referenzen mit dem Status **Angelegt** werden einbezogen.
- Der Umfang wird durch Diagrammabhängigkeiten erweitert.

Änderungen verwerfen

Möchten Sie Änderungen, die Sie in einem Branch vorgenommen haben, nicht in den übergeordneten Branch übertragen, lassen sich diese Änderungen über die Funktion **Änderungen verwerfen** rückgängig machen. Dabei wird die Elementversion des darüberliegenden Branches wieder übernommen, und die aktuellen Änderungen werden verworfen. Sind Änderungen bereits freigegeben worden, ist eine Rücknahme der Änderung so nicht mehr möglich. Den Freigabeoptionen entsprechend werden beim Verwerfen von Änderungen entweder nur die Änderungen des gewählten Elements oder aller Elemente des Teilbaums zurückgenommen.

Voraussetzungen für Lebenszyklusoperationen

Es gibt vier Voraussetzungen, die erfüllt sein müssen, damit die Lebenszyklusoperationen ausgeführt werden können:

- Änderungen an neu angelegten Elementen können nur verworfen werden, wenn gleichzeitig alle Änderungen von Teilbaumelementen verworfen werden.
- Änderungen an neu angelegten Originalelementen können nur verworfen werden, wenn gleichzeitig alle Referenzen auf dieses Original verworfen werden.
- Die Freigabe der Löschung eines Elements folgt denselben Regeln wie die Löschung des Elements im übergeordneten Branch.
- Wichtigste und vierte Voraussetzung ist, dass Änderungen von Elementen immer konfliktfrei sein müssen.

Konfliktarten

Es gibt zwei Konfliktarten, die durch Lebenszyklusoperationen ausgelöst werden können:

- Ein *Wartungskonflikt* besteht, wenn es nicht freigegebene Änderungen an einem Element im Wartungs-Branch gibt und gleichzeitig Änderungen desselben Elements in einem dem Produktiv-Branch gleichgestellten oder untergeordneten Branch durchgeführt werden. Wartungskonflikte verdeutlichen den Vorrang des Wartungs-Branches gegenüber allen anderen Branches. Änderungen in den anderen Branches können so lange nicht freigegeben werden, wie die Änderung im Wartungs-Branch offen ist. Elemente mit einem Wartungskonflikt erhalten den Änderungsstatus **Wartungskonflikt**.

- Daneben kann es zu *Änderungskonflikten* kommen. Diese entstehen, wenn es nach einer Elementänderung in einem Branch zu einer Änderung desselben Elements im übergeordneten Branch kommt, bevor die Änderung im untergeordneten Branch freigegeben wurde. Elemente mit dieser Konfliktart erhalten den Änderungsstatus **Konflikt**.

Konflikte müssen gelöst werden, bevor die Änderung freigegeben werden kann. Liegt ein Konflikt vor, wird Ihnen im Attributbereich ein zusätzliches Drop-down-Feld angezeigt (siehe Abbildung 3.52). Über dieses Feld können Sie steuern, ob der ungelöste Konflikt beibehalten, die Änderung verworfen und die Version des übergeordneten Branches wieder übernommen oder der Konflikt als gelöst markiert werden soll. Wird der Konflikt als gelöst markiert, wird bei der Freigabe der Änderung die Version im übergeordneten Branch überschrieben.

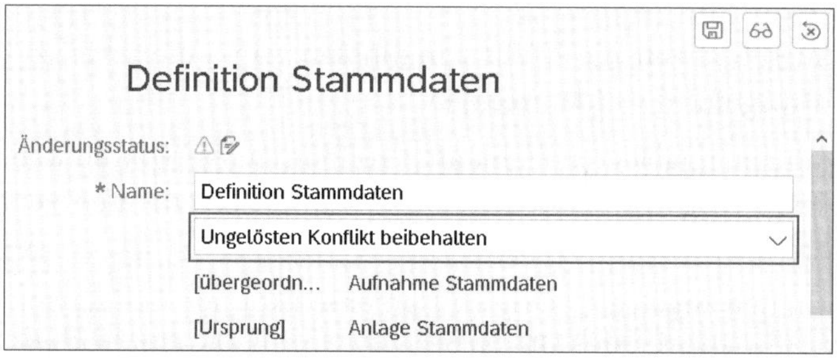

Abbildung 3.52 Beispiel für einen Änderungskonflikt

3.4.5 Prozesse mit BPMN 2.0 modellieren

Geschäftsprozessmodellierung

Das Ziel der Geschäftsprozessmodellierung ist es, eine Prozessdokumentation zu schaffen, die von allen Prozessbeteiligten verstanden wird. Dies sind sowohl Business-Analyst*innen, die die initialen Prozesse modellieren, als auch technische Entwickler*innen, die die Prozesse im System umsetzen, und Prozessmanager*innen, die die Prozesse steuern und überwachen. Durch die integrierte Modellierung mit BPMN 2.0 soll eine Brücke zwischen den verschiedenen Anforderungen der Beteiligten an die Prozessdokumentation geschaffen werden.

[«]

Weitere Informationen zu BPMN 2.0

Um die volle Funktionstiefe der Prozessdokumentation nutzen zu können, sollten Sie sich mit den Grundlagen von BPMN 2.0 auseinandersetzen. Im Folgenden werden wir nur die wichtigsten Elemente erläutern. Die Darstellung aller Elemente würde den Rahmen überschreiten. Sie finden weitergehende Informationen über die URL *https://www.bpmn.org*.

Notationselemente

Pools und Swimlanes

Ein *Pool* und seine *Swimlanes* bilden die Grundlage eines jeden BPMN-2.0-Diagramms. In Anlehnung an ein Schwimmbecken (Pool), in dem jede*r Schwimmer*in eine eigene Bahn (Swimlane) hat, repräsentiert eine Swimlane immer ein bestimmtes System oder eine bestimmte Rolle im Prozess. Prozessschritte sind immer genau einer Swimlane zugeordnet, können aber übergreifend ablaufen. Abbildung 3.53 zeigt den Zusammenhang zwischen Pool ❶ und Swimlanes (❷ und ❸).

Abbildung 3.53 Pool und Swimlanes

Aktivitäten und Subprozesse

Eine *Aktivität* (d. h. ein Prozessschritt) repräsentiert immer eine Aktion bzw. eine Aufgabe im Prozess. Sie kann nicht weiter unterteilt werden. Weiterhin gibt es die Möglichkeit, ganze Teilprozesse anhand von *Subprozessen* einzufügen. Diese setzen sich aus mehreren einzelnen Prozessschritten zusammen und repräsentieren detaillierte Abläufe. Gerade in End-to-End-Prozessen ist es sinnvoll, Prozessabschnitte nicht mehrfach zu modellieren, sondern auf Subprozesse, die bereits als modulare Prozesse dokumentiert wurden, zu verweisen. An dieser Stelle kann ebenfalls auf Diagramme für diese Subprozesse verwiesen werden.

[»]

Typisierung von Aktivitäten

Aktivitäten lassen sich durch verschiedene Kennzeichnungen typisieren. Hierbei gibt es u. a. die Möglichkeit, anhand von *Loop-Typen* ❶ Aufgaben für Wiederholungen vorzumerken oder Parallelabläufe zu dokumentieren. Auch Aktivitäten zur *Kompensation* ❷ können entsprechend gekennzeichnet werden.

Wenn Sie bei der Definition der Prozessschritte noch keinen *Aufgabentyp* ❸ zugeordnet haben, können Sie dies im Diagramm nachholen. Sie können alle Kennzeichnungen hinzufügen, indem Sie einen Rechtsklick auf einen Prozessschritt im Diagramm ausführen und die entsprechende Kennzeichnung im Kontextmenü auswählen (siehe Abbildung 3.54).

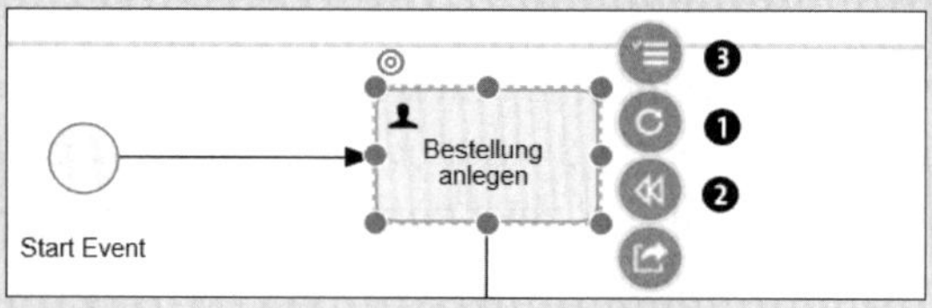

Abbildung 3.54 Typisierung der Aktivitäten

Ereignisse Neben Aktivitäten stehen Ihnen als weitere Flusselemente, d. h. Elemente eines Prozesses, *Ereignisse* und *Gateways* zur Verfügung (siehe Abbildung 3.55).

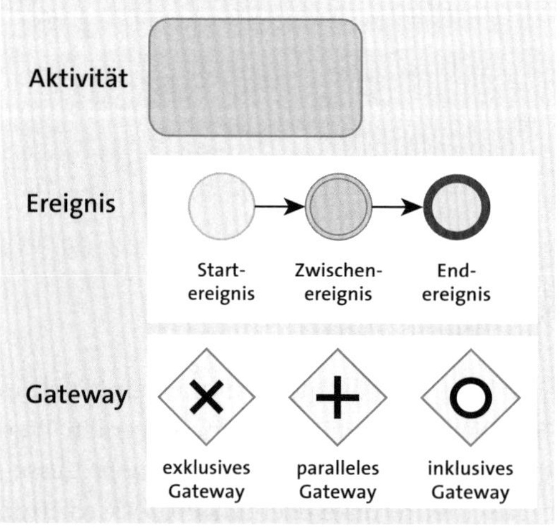

Abbildung 3.55 Flussobjekte in BPMN 2.0

Ereignisse markieren immer einen Zeitpunkt und drücken ein Geschehen aus. Ein Prozess beginnt mit mindestens einem *Startereignis* und endet mit einem normalen *Endereignis*. *Zwischenereignisse* können z. B. eingehende und ausgehende Nachrichten, Zeitvorgaben oder Schnittstellen sein. Auch Start- und Endereignisse können verschiedene Ausprägungen haben. Sie können Ereignisse über einen Rechtsklick auf das Ereignis typisieren.

Zwischenereignisse

Zwischenereignisse können Ihnen mit ihrer Fülle an Definitionsmöglichkeiten bei der Präzisierung von Modellen helfen. Nutzen Sie diese Möglichkeit, um Ihr Diagramm möglichst detailliert auszugestalten. Zwischenereignisse können zudem mit Schnittstellen aus der Schnittstellenbibliothek verknüpft werden.

Gateways

Gateways dienen der Kontrolle des Prozessablaufs und helfen beim Verzweigen und Zusammenführen von Aktivitäten. Sie werden ebenfalls zur Abbildung von Varianten durch Entscheidungspunkte im Prozessfluss eingesetzt. Es gibt die folgenden zentralen Gateways:

- **Das exklusive Gateway**
  Ein exklusives Gateway (×) kennzeichnet einen Entscheidungspunkt, von dem aus alternative Prozessflüsse abzweigen. Es entspricht einem exklusiven ODER.
- **Das parallele Gateway**
  Parallele Prozessflüsse, die mit einem logischen UND verknüpft sind, werden durch ein paralleles Gateway (+) abgebildet.
- **Das inklusive Gateway**
  Ein inklusives Gateway (o) steht für ein inklusives ODER. Mit diesem Element können einzelne oder mehrere Pfade getrennt bzw. zusammengeführt werden.

Den Typ eines Gateways können Sie per Rechtsklick im Kontextmenü anpassen. Gateways stellen immer eine Ablauflogik, keine Tätigkeit dar. Entscheidungen können nur als Aktivität mit einem nachfolgenden exklusiven Gateway modelliert werden.

Verbindungsobjekte

Verbindungsobjekte legen die Reihenfolge zwischen den Flusselementen fest und kennzeichnen Nachrichtenflüsse zwischen verschiedenen Pools oder Aktivitäten. Es wird allgemein zwischen *Sequenz-* und *Nachrichtenflüssen* unterschieden. Ein Sequenzfluss wird zum Darstellen der Ablauflogik eines Prozesses verwendet und als durchgehende Pfeillinie modelliert. Der Nachrichtenfluss veranschaulicht den Nachrichtenaustausch zwischen zwei Elementen und wird gestrichelt dargestellt (siehe Abbildung 3.56).

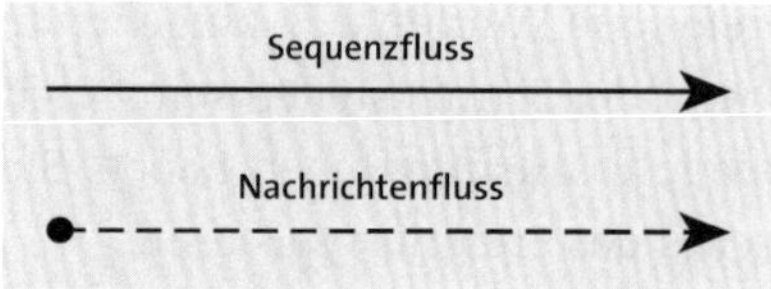

Abbildung 3.56 Verbindungsobjekte

Datenobjekte

Neben diesen Grafikelementen gibt es weitere Elemente, die Sie in der Modellierung Ihrer Prozesse verwenden können. *Datenobjekte* erhöhen den Detaillierungsgrad innerhalb eines Modells. Sie stellen alle benötigten bzw. erzeugten Informationen dar. Beispiele hierfür sind Versandvorabmitteilungen oder Anlieferungsbenachrichtigungen. In SAP Solution Manager 7.2 können Datenobjekte frei definiert werden.

Datenspeicher, Systeme, Rollen

Des Weiteren werden sogenannte *Datenspeicher* unterstützt. Auch diese können Sie frei definieren und in Ihr Diagramm integrieren. Möchten Sie darüber hinaus *Systeme* modellieren, stehen Ihnen die logischen Komponentengruppen Ihrer Lösung als grafische Darstellung zur Verfügung. Systeme, die Sie nicht als logische Komponentengruppen definiert haben, lassen sich über *freie Systeme* in der Grafik abbilden. *Rollen*, die die *Aktionspartner* der einzelnen Aktivitäten – also die ausführenden Personen oder Personenkreise – definieren, können Sie ebenfalls frei festlegen.

All diese Elemente lassen sich im globalen Menü der Lösungsdokumentation zentral über den Eintrag **Diagrammentitäten** pflegen. Alternativ können Sie fehlende Elemente direkt im Diagramm ergänzen.

Erstellung eines Diagramms mit BPMN 2.0

Diagramm anlegen

Wie bereits erwähnt, werden Diagramme im Elementbereich eines Prozesses oder einer Sammelschnittstelle angelegt:

1. Öffnen Sie hierzu über einen Rechtsklick das Kontextmenü, und wählen Sie **Neu • Diagramme • Collaboration-Diagramm** bzw. **Prozessdiagramm** oder für Schnittstellen **Neu • Diagramme • Schnittstellendiagramm**.

[»]

Collaboration- vs. Prozessdiagramm

Im Unterschied zu einem Prozessdiagramm können in einem Collaboration-Diagramm mehrere Pools abgebildet werden. Hierdurch lassen sich angrenzende Prozesse darstellen. Je nachdem, welche Poolart Sie im Diagramm einfügen, können Sie sowohl einen Prozess als angrenzenden Pool verlinken als auch eine Black-Box (z. B. für Kundenprozesse) darstellen. Als *Black-Box-Prozess* wird ein Prozess bezeichnet, bei dem nur In- und Output, nicht jedoch der genaue Ablauf bekannt sind.

2. Bei der Anlage eines Diagramms müssen Sie im Attributbereich neben einem sprechenden Namen auch den **Diagrammtyp** und die **Ausrichtung** festlegen (siehe Abbildung 3.57). Die Ausrichtung legt fest, ob die Swimlanes des Diagramms horizontal oder vertikal verlaufen. Beachten Sie, dass der Diagrammtyp und die Ausrichtung nach dem ersten Sichern des Diagramms nicht mehr verändert werden können.

Abbildung 3.57 Wichtige Attribute bei Diagrammanlage

Diagramme importieren und exportieren

Anstatt ein Diagramm neu anzulegen, haben Sie die Möglichkeit, bestehende Diagramme, z. B. aus einem anderen Tool, über die Funktion **Import.** des BPMN-2.0-Modellierungs-Tools in die Lösungsdokumentation zu importieren. Andersherum lassen sich die BPMN-2.0-Diagramme über die Funktion **Exportieren** aus der Lösungsdokumentation als BPMN-Datei exportieren.

Für den Import gelten folgende Einschränkungen (siehe auch SAP-Hinweis 2557154):

- Es ist nicht möglich, eine BPMN-Datei, die mehr als einen Pool enthält, in ein Prozessdiagramm zu importieren. Sie sollte in ein Collaboration-Diagramm importiert werden.
- Die importierte Diagrammdatei und das ursprüngliche Diagramm müssen dieselbe Ausrichtung haben.
- Eine BPMN-Datei, die keine Layoutinformationen oder keinen Pool enthält, kann nicht importiert werden.

Diagrammtypen

Es gibt zwei Arten von Diagrammtypen:

- In einem Diagramm **Nach Rolle** wird jede Swimlane durch eine Rolle beschrieben, die die Aktionen durchführt. Dies ist der am häufigsten genutzte Diagrammtyp, da er in erster Linie der Erläuterung des Prozessablaufs dient.
- Diagramme **Nach System** werden vorwiegend für Schnittstellendiagramme verwendet und dienen im Regelfall dem Geschäftsprozess-Monitoring. Eine Swimlane bildet eine konkrete logische Komponentengruppe ab.

Bearbeitung eines BPMN-2.0-Diagramms

Bereiche der Modellierungsumgebung

Öffnen Sie das erstellte Diagramm, um das integrierte BPMN-2.0-Modellierungs-Tool zu starten. Dieses besteht aus einer Funktionsleiste ❶, der Palette ❷ und einem zentralen Modellierungsbereich ❸ (siehe Abbildung 3.58).

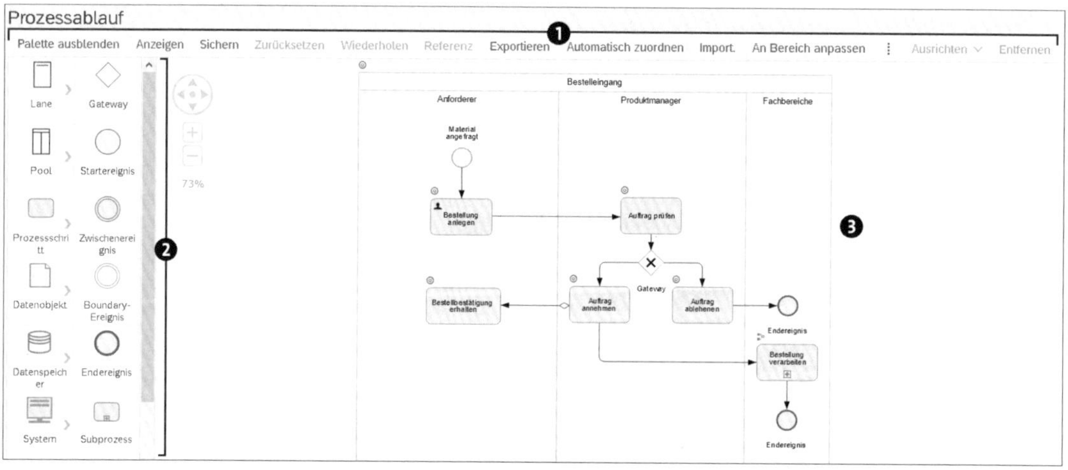

Abbildung 3.58 Bereiche im BPMN-2.0-Modellierungs-Tool

In der Funktionsleiste stehen Ihnen allgemeine Funktionen wie **Anzeigen**, **Sichern**, **Entfernen** und **Exportieren** zur Verfügung. Die Palette enthält die verschiedenen Modellierungselemente. Die Beschriftung der einzelnen Elemente wird sichtbar, wenn Sie mit der Maus über die Elemente fahren. Hier finden Sie neben den vorgestellten Elementen der BPMN-2.0-Notation und den frei definierbaren Diagrammentitäten auch die dem Prozess bzw. der Sammelschnittstelle zugeordneten Prozessschrittreferenzen bzw. Schnittstellenschritte.

Neue Diagrammentitäten

Um neue Diagrammentitäten direkt im Modellierungs-Tool hinzuzufügen, klicken Sie auf das gewünschte Objekt in der Palette. Sie erhalten jeweils eine Detailsicht zum Objekttyp (siehe Abbildung 3.59). Vergeben Sie eine sprechende Bezeichnung im Feld **Neu**, und klicken Sie auf das Pluszeichen daneben. Der Eintrag ist anschließend für alle Benutzer zentral verfügbar.

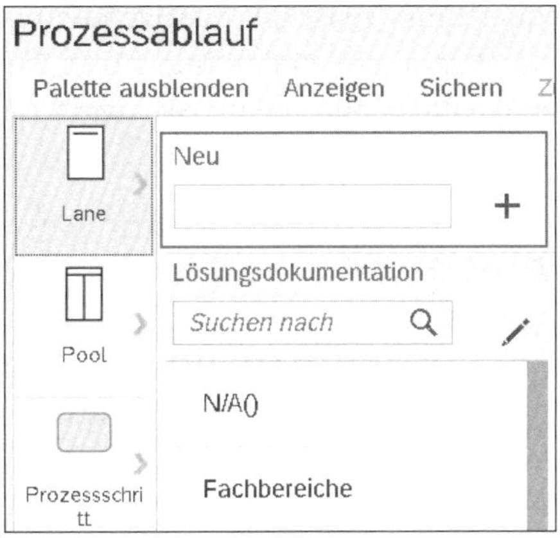

Abbildung 3.59 Neue Diagrammentität aus Modellierungs-Tool pflegen

Prozessschritte erstellen

Über das Pluszeichen in der Detailsicht der zugeordneten Prozessschrittreferenzen (Objekt **Prozessschritt**) können Sie sowohl neue Referenzen zum Prozess hinzufügen als auch neue Originalprozessschritte in der Bibliothek ergänzen und im Prozess referenzieren. Wenn Sie direkt im Pop-up-Fenster (siehe Abbildung 3.60) einen Namen eingeben ❶ und die Anlage mit **OK** bestätigen, wird immer ein neues Prozessschrittoriginal auf oberster Ebene der Prozessschrittbibliothek angelegt und gleichzeitig im aktuellen Prozess referenziert. Wenn Sie lediglich die Prozessschrittbibliothek durchsuchen möchten, um eine neue Referenz hinzuzufügen, verwenden Sie daher immer die erweiterte Ansicht, indem Sie im Pop-up-Fenster auf **Erweitert** ❷ klicken. Über die erweiterte Ansicht haben Sie zusätzlich die Möglichkeit, den Ablageort bei der Anlage neuer Originale anzupassen.

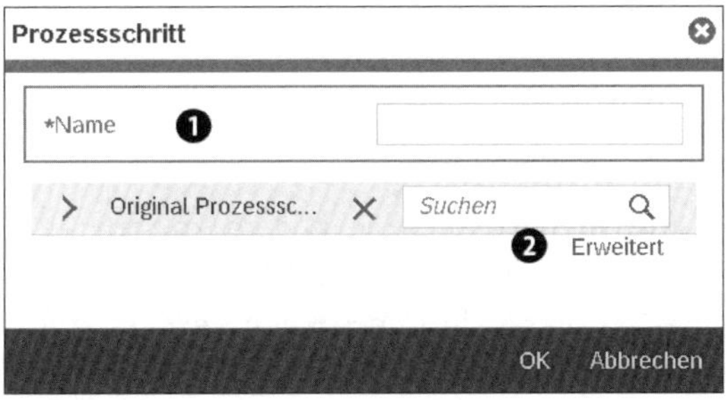

Abbildung 3.60 Pop-up-Fenster zur Prozessschrittanlage und -suche

Elemente modellieren

Möchten Sie ein Element in das Diagramm einfügen, wählen Sie dieses zunächst in der Palette aus. Durch die Auswahl wird es markiert. Anschließend brauchen Sie nur im zentralen Modellierungsbereich an die Stelle klicken, an der Sie das Element einfügen möchten. Achten Sie hierbei darauf, dass Sie das Element in der richtigen Swimlane einfügen.

Sequenzfluss modellieren

Schließlich müssen Sie noch den Sequenzfluss zwischen den Elementen modellieren. Klicken Sie hierzu auf das Ausgangselement, und fügen Sie über das Pfeilsymbol (➡) einen Sequenzfluss ein, indem Sie das Ausgangselement mit einem weiteren Element verbinden.

[+]

Sequenzfluss automatisch erstellen lassen

Statt jeden Sequenzfluss manuell anzulegen, können Sie zwei Elemente auch automatisch miteinander verbinden lassen. Klicken Sie dazu auf das Ausgangselement im Diagramm. Ihnen wird dann ein Menü angezeigt, das alle verfügbaren Folgeelemente auflistet. Wenn Sie aus diesem Menü ein weiteres Element auswählen, wird dieses mit dem Ausgangselement verbunden.

Prozess modellieren

Starten Sie Ihre Modellierung immer mit einem Startereignis. Mithilfe der Prozessschritte, Schnittstellenschritte, Gateways, Zwischenereignisse, Datenobjekte, Datenspeicher, logischen Komponenten und Subprozesse modellieren Sie anschließend den Prozess, der immer mit einem Endereignis abgeschlossen wird.

Referenz hinterlegen

Bei Ereignissen sowie Teilprozessen besteht die Option, eine Referenz zu hinterlegen. Start- und Endereignisse können mit Prozesslinks versehen werden. Zwischenereignisse verweisen bei Bedarf auf Schnittstellen, Teilprozesse auf verlinkte Prozesse. Sie fügen eine Referenz entweder hinzu, indem Sie die Funktion **Referenz** in der Funktionsleiste auswählen oder indem Sie das Element im Diagramm markieren und über einen Rechtsklick das Symbol **Referenz pflegen** (●) auswählen. In beiden Fällen können Sie sowohl auf die Schnittstelle bzw. den Prozess als auch auf das dort hinterlegte Diagramm verweisen.

[+]

Texte im Diagramm anpassen

Um Texte, z. B. von Gateways oder Ereignissen, zu verändern, können Sie mit einem Doppelklick auf den Text den Texteditor starten. Möchten Sie beispielsweise die Pfeile eines Gateways beschriften, können Sie alternativ den Sequenzflusspfeil markieren und anschließend die [F2]-Taste drücken.

3.4.6 Weitere nützliche Funktionen der Lösungsdokumentation

In diesem Abschnitt wollen wir Ihnen drei weitere nützliche Funktionen der Lösungsdokumentation vorstellen, die wir bisher noch nicht erwähnt haben.

Historie und Versionierung

Hilfreich und vor allem wichtig für die Nachverfolgbarkeit und Versionierung von Änderungen in der Lösungsdokumentation ist die *Änderungsverfolgung*. Über diese Funktion werden für jedes Element der Lösungsdokumentation Änderungen protokolliert. Im Fall von Dokumenten werden Versionen gespeichert. Um auf ältere Versionen eines Dokuments zuzugreifen bzw. die Struktur- und Attributsänderungen einzusehen, öffnen Sie das Kontextmenü mit einem Rechtsklick auf das betreffende Element. Wählen Sie **Historie anzeigen**. Abbildung 3.61 zeigt ein Beispiel einer Dokumenthistorie.

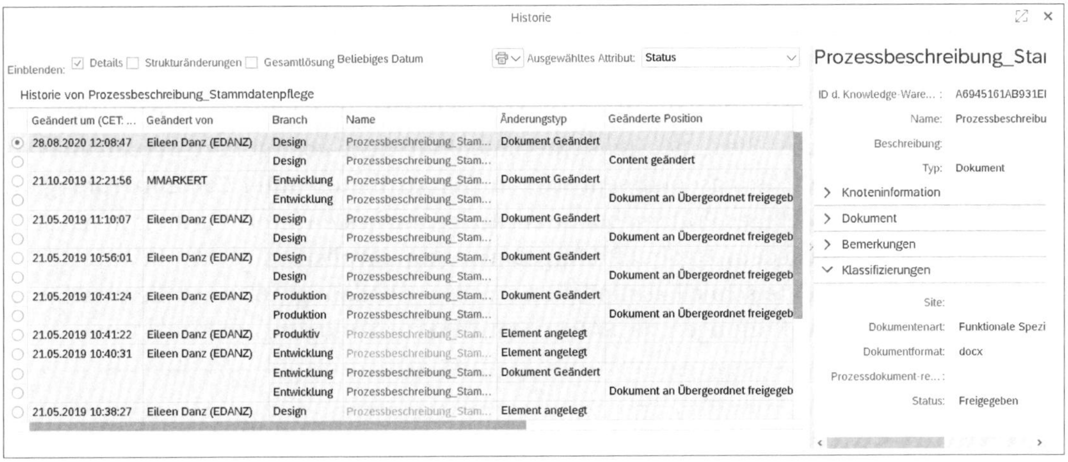

Abbildung 3.61 Historie eines Dokuments

Verwendungsnachweis

Eine weitere Funktion, die Sie im Kontextmenü fast jedes Elements der Lösungsdokumentation finden, ist der *Verwendungsnachweis*. Mithilfe dieser Funktion erhalten Sie eine Übersicht über alle Mappen, Ordner, Prozesse etc., in denen das selektierte Element verwendet wird. Sie können so beispielsweise herausfinden, in welchen Prozessen ein Prozessschrittoriginal referenziert wird (siehe Abbildung 3.62). Ein häufiges Anwendungsbeispiel ist auch die Analyse der betroffenen Prozesse, wenn eine bestimmte Schnittstelle ausfällt.

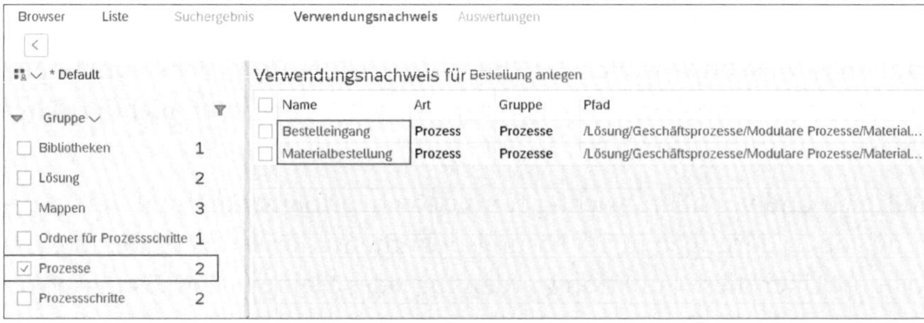

Abbildung 3.62 Beispiel eines Verwendungsnachweises

Inhalts- und Konsistenzprüfungen

Um die Qualität und Konsistenz der Inhalte der Lösungsdokumentation zu überwachen, bietet SAP Solution Manager 7.2 vordefinierte Inhaltsprüfungen, die Sie als Job einplanen können. Hierzu zählt auch die Überprüfung der Vollständigkeitsregeln, die Sie möglicherweise in den Dokumentenarten definiert haben (siehe Abschnitt 3.3.4, »Dokumentenarten«). Die Konfiguration und Einplanung dieser Jobs erfolgt in der Transaktion SOLMAN_SETUP über den Pfad **Prozesskoordination • 9: Inhaltsprüfungen einplanen**.

Haben Sie mindestens eine dieser Prüfungen konfiguriert, werden Ihnen in der Lösungsdokumentation in den Attributen unter **Content-Prüfung** die jeweiligen Prüfergebnisse angezeigt. Am besten filtern Sie die Listenansicht nach dem Attribut **Prüfergebnisse**, um unvollständige oder inkorrekte Elemente schnell ausfindig zu machen. Abbildung 3.63 zeigt die verschiedenen Prüfungen, die SAP im Standard zur Verfügung stellt.

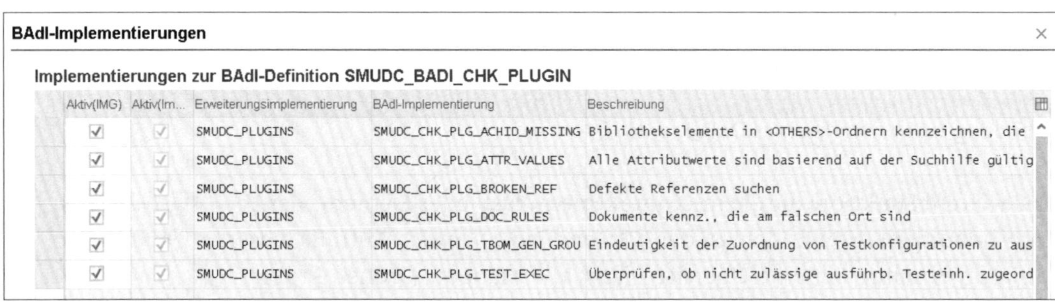

Abbildung 3.63 Standardinhaltsprüfungen von SAP

3.5 Deployments

Prozess- und Systemlandschaften von Unternehmen können mitunter sehr unterschiedlich und komplex sein. Insbesondere, wenn Ihr Unternehmen in verschiedenen Ländern bzw. an verschiedenen Standorten tätig ist, kann es zu regionalen Abweichungen der Geschäftsprozesse kommen. Das Konzept der *Deployments* in SAP Solution Manager 7.2 unterstützt Sie bei der Verwaltung von Geschäftsprozessen in komplexen Landschaften. Ähnlich wie beim Vorgängermodell in SAP Solution Manager 7.1, bei dem Sie aus einem zentralen Vorlagenprojekt sogenannte *Implementierungsprojekte* ableiten können, bildet im Deployment-Konzept eine zentrale Lösung die Basis für globale Rollouts. In diesem Abschnitt wollen wir Ihnen das Deployment-Konzept näherbringen.

Lösungen

Entgegen der allgemeinen Empfehlung, pro Unternehmen nur eine einzige Lösung zu definieren (siehe Abschnitt 3.1.1, »Eine einzige Lösung als Single Source of Truth«), benötigen Sie für die Anwendung des Deployment-Konzepts zwei Lösungen:

- Die *Lösung für die Deployment-Erstellung* dient dazu, das zentrale Deployment (*Master-Deployment*) und die verschiedenen Releases zu verwalten.
- Die *operative Lösung* hingegen beinhaltet die Dokumentation aller produktiven Prozesse. Es wird also keine neue Lösung für jedes Rollout angelegt, sondern alle Rollouts und Standorte werden in derselben operativen Lösung verwaltet. Dies geschieht anhand von unterschiedlichen Deployments, die jeweils eine unabhängige Kopie des importierten Inhalts umfassen.

Branches

Beim Aufbau der Branches der zwei Lösungen können Sie sich weiterhin an den allgemeinen SAP Best Practices orientieren (siehe Abschnitt 3.1.2, »Umsetzung des Lebenszykluskonzepts mit Branches«). Für die Lösung für die Deployment-Erstellung sind in erster Linie der Design-, Entwicklungs- und der Produktiv-Branch relevant. Um einen Re-Import lokaler Änderungen zu ermöglichen, auf den wir am Ende dieses Abschnitts noch zurückkommen werden, empfiehlt es sich zudem, einen zusätzlichen Import-Branch anzulegen. Der Wartungs-Branch wird für diese Lösung nicht benötigt.

Parallele Releases

Die Gesamtheit der vier genannten Branches bildet immer das aktuelle *Release* n Ihrer Lösung ab. Wenn Sie parallel an mehreren Releases arbeiten möchten, können Sie für das Release n+1 entsprechend vier weitere Branches unterhalb des Produktiv-Branches des Release n anlegen. Ist das Release n ausgerollt, sollten die Änderungen des Release n+1 entsprechend in die Branches von Release n freigegeben werden, um die parallele Dokumentation für das neue Release n+1 (zuvor n+2) zu ermöglichen.

Auch in der operativen Lösung ist es ratsam, Produktiv-, Entwicklungs-, Design- und Import-Branch zu nutzen. Zusätzlich sollten Sie hier einen Wartungs-Branch anlegen, um die Dokumentation Ihrer produktiven Geschäftsprozesse bei kleineren Anpassungen aktuell halten zu können.

Abbildung 3.64 zeigt den Aufbau der zwei Lösungen des Deployment-Konzepts.

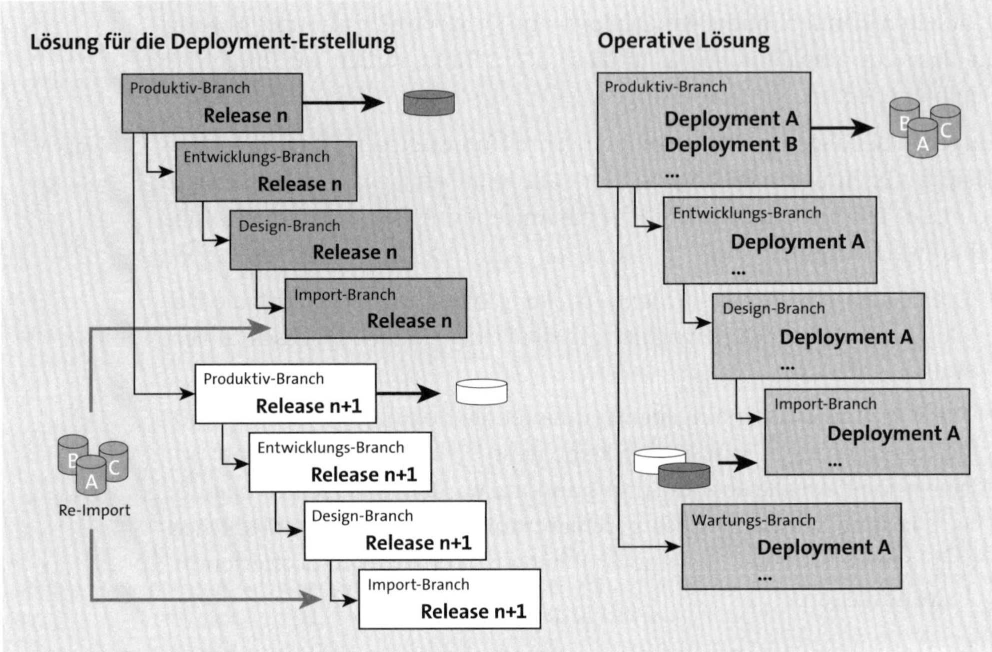

Abbildung 3.64 Lösungen und Branches im Deployment-Konzept

Rollout eines Deployments

Grundgedanke des Deployment-Konzepts ist es, dass alle Änderungen eines Release n in der zentralen Lösung für die Deployment-Erstellung dokumentiert werden. Ist das Release fertig entwickelt und dokumentiert, werden alle Dokumentationsinhalte zu den relevanten Geschäftsprozessen in den Produktiv-Branch freigegeben. Anschließend werden die Inhalte aus dem Produktiv-Branch als *Deployment-Vorlage* zum Release n exportiert.

Diese Deployment-Vorlage kann dann für die einzelnen Gesellschaften bzw. Standorte in Form von Deployments ausgerollt werden. Hierzu wird der Dokumentationsinhalt für jede Gesellschaft bzw. jeden Standort separat in den Import-Branch der operativen Lösung importiert. Beim Import müssen Sie jeweils das Deployment auswählen, das Sie aktualisieren und ergänzen möchten. Sollen die Inhalte als neue, unabhängige Kopie importiert werden, müssen Sie beim Import ein **Neues Deployment** definieren und anlegen (siehe Abbildung 3.65).

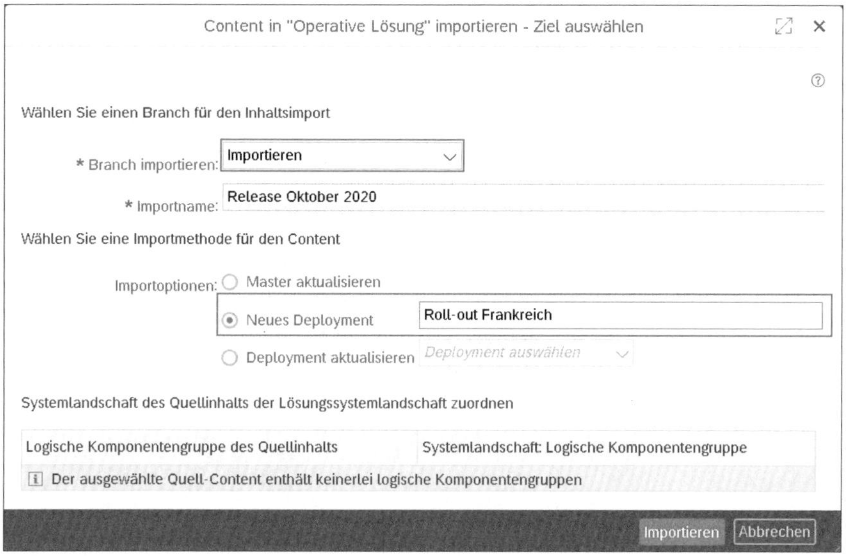

Abbildung 3.65 Beispiel für ein Rollout in ein neues Deployment

Für eine bessere Übersichtlichkeit der verschiedenen Deployments in der operativen Lösung bietet es sich zudem an, zumindest für die Geschäftsprozesse jeweils einen separaten Ordner anzulegen. Die importierten Geschäftsprozesse unterhalb eines jeden Ordners beziehen sich dann auf das jeweilige Deployment.

Lokale Anpassungen und Re-Import

Nach dem Rollout haben Sie in der operativen Lösung die Möglichkeit, die Deployment-spezifischen Prozesse an die lokalen Bedürfnisse anzupassen. Hierzu geben Sie die importierten Inhalte wie gewohnt in den Design- bzw. Entwicklungs-Branch frei und setzen dort die lokalen Abweichungen um. Anschließend geben Sie alle Änderungen in den Produktiv-Branch der operativen Lösung frei.

Sollten lokale Anpassungen für zukünftige Rollouts relevant sein, ist es ratsam, diese Anpassungen wieder in die Lösung für die Deployment-Erstellung zurückzuspielen. Das heißt, Sie exportieren die relevanten Anpassungen aus dem Produktiv-Branch der operativen Lösung und importieren diese Änderungen in das Master-Deployment der Lösung für die Deployment-Erstellung. Dabei empfiehlt es sich, die Änderungen zunächst in den Import-Branch zu importieren und anhand der bekannten Freigabemechanismen in den Produktiv-Branch zu überführen.

[!]

Zuordnungsoption »Deployment Ursprung zuordnen«

Wenn Sie einen Re-Import aus der operativen Lösung in die Lösung für die Deployment-Erstellung durchführen, achten Sie beim Export unbedingt darauf, die Option **Deployment Ursprung zuordnen** auszuwählen (siehe Abbildung 3.66). Diese Option ordnet dem exportierten Inhalt die im ursprünglichen Import enthaltenen Element-IDs aus der Lösung für die Deployment-Erstellung zu. Markieren Sie diese Option nicht, kann das System die zum Re-Import bereitstehenden Inhalte nicht den Originalelementen in der Lösung für die Deployment-Erstellung zuordnen, und es entstehen Dopplungen in der Dokumentation.

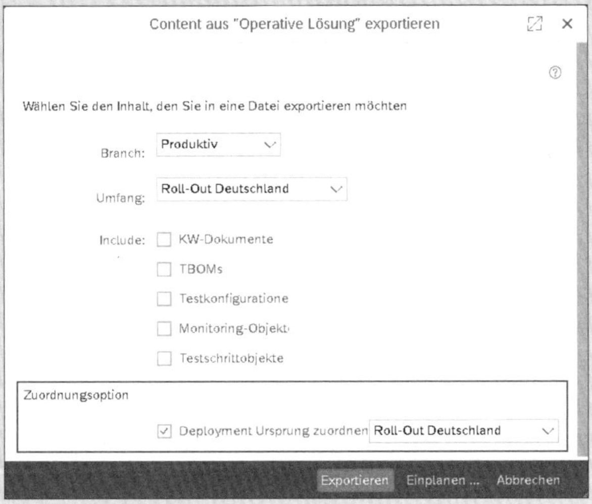

Abbildung 3.66 Export mit Zuordnungsoption für den Re-Import

3.6 Integration in andere Bereiche des SAP Solution Managers

Das Prozessmanagement als zentrales Szenario in SAP Solution Managers 7.2 ist in viele andere Szenarien integriert. Um beispielsweise die Funktionen der Test-Suite nutzen zu können, müssen Sie Ihre Testfälle zuvor in der Lösungsdokumentation abgelegt haben. Wenn Sie Änderungen an bestehenden Prozessen planen, kann außerdem das Projektmanagement eine zentrale Rolle spielen. Änderungen der bestehenden Prozesse können darüber hinaus beispielsweise an ein Release gebunden sein. Das Change Request Management (ChaRM) steuert die Implementierung der Änderungen. Folglich interagieren Prozessmanagement, Release Management und ChaRM eng miteinander.

Über das ChaRM sind außerdem das Transportmanagement sowie das IT-Servicemanagement mit dem Prozessmanagement verbunden. Ihre Prozesse und Schnittstellen überwachen Sie mit dem Geschäftsprozess-Monitoring. Da Prozesse und Schnittstellen in der Lösungsdokumentation dokumentiert werden, baut diese Funktionalität ebenfalls auf dem Prozessmanagement auf.

Im Folgenden können wir nur einen Teil dieser Verflechtungen betrachten. Wir gehen umfassender auf die Integration mit der Test-Suite, dem ChaRM und dem Geschäftsprozess-Monitoring ein.

3.6.1 Integration mit der Test-Suite

Voraussetzung für die Test-Suite

Um die Funktionen der Test-Suite nutzen zu können, muss die Lösungsdokumentation vollständig eingerichtet sein. Erst wenn Sie Ihre Geschäftsvorgänge zumindest grob dokumentiert haben, können Sie ihnen Testfälle zuordnen. Detaillierte Informationen zur Test-Suite finden Sie in Kapitel 9.

Testfall anlegen

Sie nehmen einen neuen Testfall in der Lösungsdokumentation auf, indem Sie im Elementbereich eines Szenarios, Geschäftsprozesses oder Prozessschritts mit einem Rechtsklick das Kontextmenü öffnen. Wählen Sie anschließend **Neu • Testfälle** (siehe Abbildung 3.67).

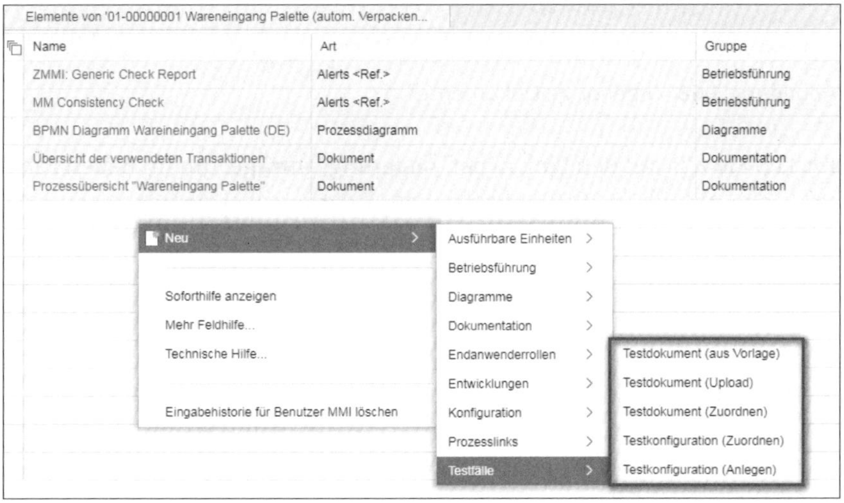

Abbildung 3.67 Testfall anlegen

Entscheiden Sie nun, ob Sie einen manuellen (Testfallart: *Testdokument*) oder einen automatischen Testfall (Testfallart: *Testkonfiguration*) anlegen bzw. zuweisen möchten (siehe auch Abschnitt 9.3.1, »Testvorbereitung«).

Embedded Search

Außerdem müssen Sie gewährleisten, dass die *Embedded Search* eingerichtet ist (siehe Abschnitt 2.4, »Grundkonfiguration der Embedded Search«). Nur wenn dies der Fall ist, können Sie beispielsweise in der Testplananlage nach den vorhandenen Testfällen suchen und diese zuordnen.

3.6.2 Integration mit dem Change Request Management

Änderungsanträge beziehen sich in der Regel auf bestehende Prozesse, die Sie in Ihrer Lösungsdokumentation dokumentiert haben. Aus diesem Grund ist es sinnvoll, einen Änderungsantrag aus dem ChaRM direkt mit einem Prozess aus der Lösungsdokumentation zu verknüpfen. Diese Verknüpfung können Sie sowohl ausgehend vom Änderungsbeleg als auch ausgehend vom Geschäftsprozess erstellen.

Änderungen beantragen

Die Beantragung von Änderungen aus der Lösungsdokumentation heraus erfolgt über den Attributbereich **Zugehörige Dokumente** (siehe Abbildung 3.68).

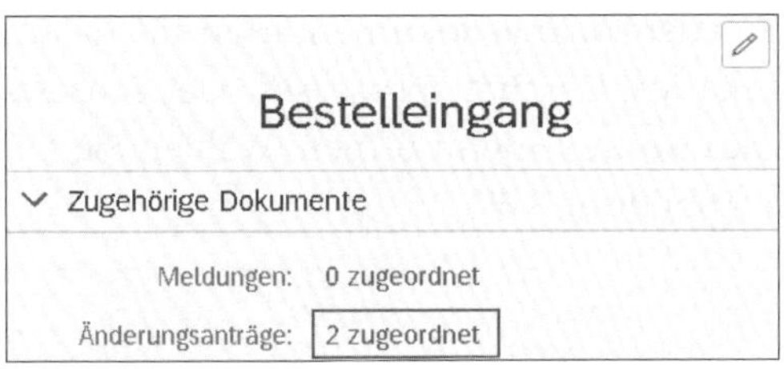

Abbildung 3.68 Zugehörige Dokumente

Klicken Sie z. B. auf den Link neben **Änderungsanträge**, um im neuen Fenster (siehe Abbildung 3.69) einen neuen Änderungsantrag anzulegen bzw. einen vorhandenen zuzuordnen.

Abbildung 3.69 Änderungsantrag anlegen oder zuordnen

Verknüpfung prüfen

Das Strukturelement **Bestelleingang** aus der Lösungsdokumentation ist in diesem Beispiel nun mit zwei Änderungsanträgen verknüpft. In der Lösungsdokumentation sehen Sie diese Zuordnung in den Attributen des

Strukturelements im Bereich **Zugehörige Dokumente** (siehe Abbildung 3.68). Die Verknüpfung können Sie gleichzeitig in den Änderungsanträgen im ChaRM über den Zuordnungsblock **Lösungsdokumentation** einsehen (siehe Abbildung 3.70).

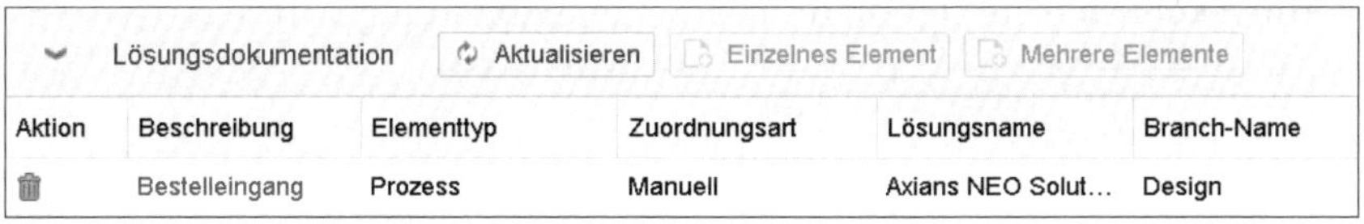

Abbildung 3.70 Zuordnungsblock »Lösungsdokumentation«

Änderungskontrolle

Eine zweite Integrationsmöglichkeit zwischen Prozessmanagement und ChaRM ist die sogenannte *Änderungskontrolle*. Ist diese in einem Branch aktiviert, lässt sich die Lösungsdokumentation für diesen Branch nur noch über ein zugeordnetes Änderungsdokument bearbeiten. Im Detail müssen folgende Voraussetzungen erfüllt sein:

- Das Änderungsdokument ist dem Branch zugeordnet, in dem die Änderungskontrolle aktiv ist und in dem Sie Änderungen vornehmen wollen.
- Sie sind dem Änderungsdokument als Geschäftspartner zugeordnet.
- Das Änderungsdokument ist noch nicht abgeschlossen und erlaubt die Aufnahme von Änderungen aus der Lösungsdokumentation.

Sind diese Voraussetzungen erfüllt, können Sie das Änderungsdokument in der Lösungsdokumentation im oberen Bildschirmbereich auswählen. Änderungen, die Sie in der Lösungsdokumentation vornehmen, werden zu diesem Änderungsdokument gespeichert.

Freigabe der Änderung

Die automatische Freigabe der Änderung in den Produktiv-Branch erfolgt durch entsprechende Statuswechsel in den Änderungsdokumenten. So wird beispielsweise eine Änderung in der Lösungsdokumentation erst dann vom Wartungs- in den Produktiv-Branch freigegeben, wenn die dazugehörige normale Änderung den Status **Importiert in Produktion** erreicht. Dieser Status kann in einer normalen Änderung erst dann gesetzt werden, wenn die zugehörigen Transportaufträge erfolgreich in das Produktivsystem importiert wurden. So kann ein direkter Zusammenhang zwischen der technischen Produktivsetzung und der zugehörigen Dokumentation im entsprechenden Versionskontext hergestellt werden.

Aktivierung der Änderungskontrolle

Sie aktivieren dieses Szenario der Änderungskontrolle wie folgt:

1. Öffnen Sie die Transaktion SM_WORKCENTER, und wählen Sie **Projekt- und Prozessverwaltung • Lösungsverwaltung**.

2. Wechseln Sie dann auf die Registerkarte **Branches** und dort in die Spalte **Änderungskontrolle**.
3. Markieren Sie den Branch, für den die Änderungskontrolle aktiviert werden soll, und klicken Sie hier auf **Eigenschaften**. Wählen Sie unter **Änderungskontrolle** die Option **Aktiviert** (siehe Abbildung 3.71).

Abbildung 3.71 Änderungskontrolle aktivieren

Sie können dieses Szenario nur dann aktivieren, wenn alle Änderungen im Branch vor der Aktivierung freigegeben wurden. Sofern die Änderungskontrolle aktiviert wurde, können Sie die Freigabe von Änderungen innerhalb der Lösungsdokumentation nicht mehr direkt über das übliche Freigabeverfahren **Änderungen freigeben** durchführen.

3.6.3 Integration mit dem Geschäftsprozess-Monitoring

Prozessmanagement als Grundlage

Die Lösungsdokumentation bildet in SAP Solution Manager 7.2 die Grundlage für das Geschäftsprozess-Monitoring (*Business Process Monitoring*). Dies wird insbesondere durch die in die BPMN-Diagramme integrierte Monitoring-Übersicht mit entsprechenden Symbolen deutlich (siehe Abbildung 3.72), die es Ihnen ermöglicht, einen fehlerhaften Prozessschritt schnell zu erkennen und den Fehler in den Gesamtkontext einzuordnen. In diesem Abschnitt stellen wir Ihnen diese Integrationsmöglichkeit nur oberflächlich vor. Ausführliche Informationen zur Konfiguration finden Sie in Abschnitt 11.3, »Geschäftsprozess-Monitoring«.

Alerting-Objekte

Das Anlegen und Konfigurieren der einzelnen Alerting-Objekte erfolgt, wie in Abschnitt 3.4.2, »Bibliotheken«, unter der Überschrift »Alerting-Bibliothek« erläutert, ebenfalls in der Lösungsdokumentation. Die angelegten Alerting-Objekte werden anschließend, wie in Abbildung 3.73 zu sehen ist, einem Prozessschritt als Referenz zugeordnet.

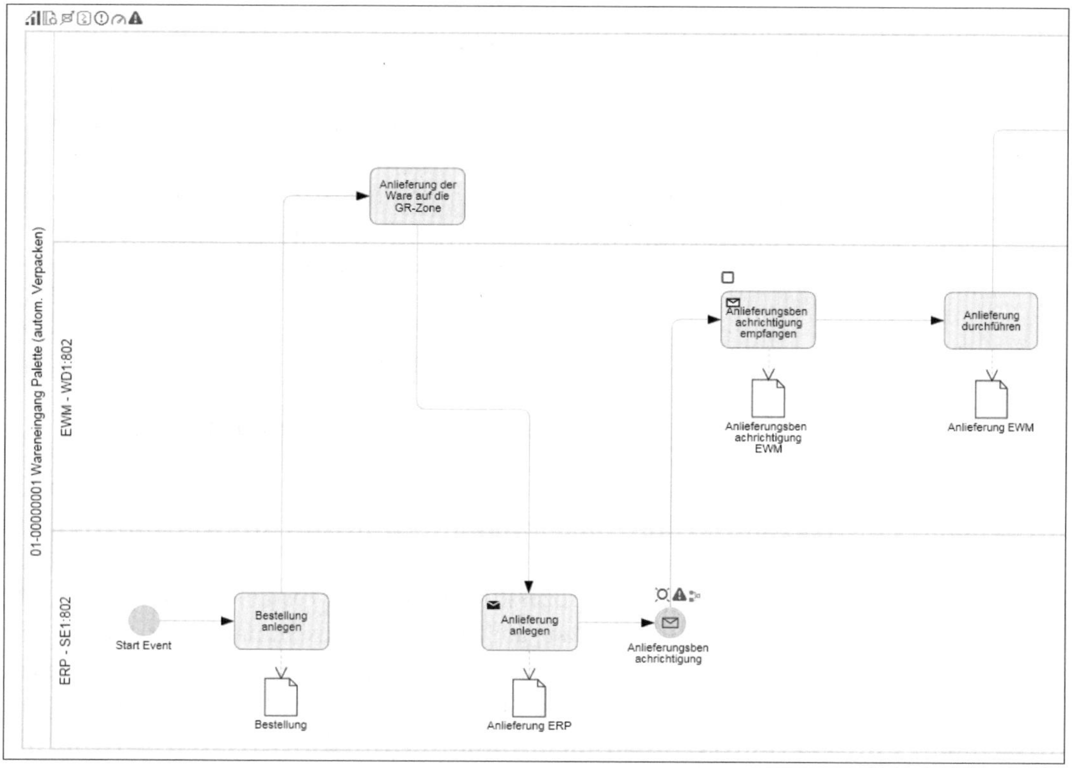

Abbildung 3.72 Geschäftsprozess-Monitoring in der BPMN-2.0-Modellierungsumgebung

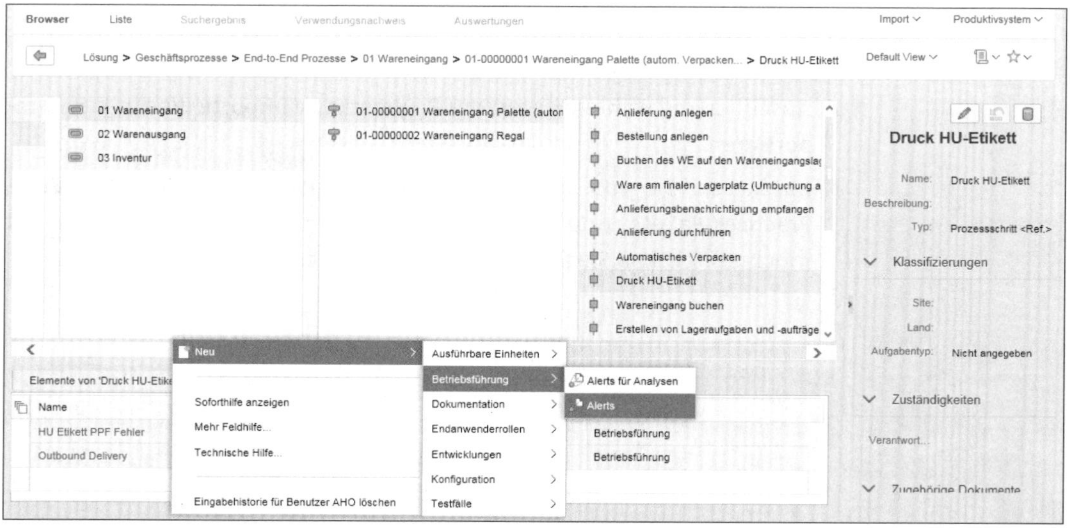

Abbildung 3.73 Alerting-Objekt einem Prozessschritt zuweisen

Systeme in Monitoring-Objekten

Monitoring-Objekte (siehe auch Abschnitt 11.3.2, »Monitoring-Objekte erstellen«) können z. B. im Wartungs-Branch angelegt und in den Produktiv-Branch freigegeben werden. Diese Objekte beziehen sich abhängig vom Branch, in dem Sie sich aktuell befinden, immer auf das System, das in der Lösungsverwaltung für den jeweiligen Branch konfiguriert ist. Bei mehreren Systemen ist die gewählte Systemrolle (Entwicklungssystem, Testsystem, Produktivsystem) entscheidend.

3.7 SAP Best Practices für die Lösungsdokumentation

SAP Best Practices

SAP stellt verschiedene Best-Practices-Pakete für einen Schnellstart in die Lösungsdokumentation bereit. Sie enthalten geschäftsprozessspezifische Inhalte wie Szenarien, Prozesse und Bibliotheksinhalte, aber auch Prozessdiagramme, Geschäftsprozessdokumente und Testfälle. Aktuell beschränkt sich die Auswahl der Pakete auf Prozesse im Zusammenhang mit einer Einführung von SAP S/4HANA. Diese *SAP Best Practices* stehen in verschiedenen Versionen (z. B. für die On-Premise- oder die Cloud-Version von SAP S/4HANA) zur Verfügung. Informationen zu diesen Paketen sind unter folgender Adresse im *SAP Best Practices Explorer* zu finden: *https://rapid.sap.com/bp*

Pakete importieren

Die SAP-Best-Practices-Pakete können über den Importzweig in die Lösungsdokumentation importiert werden:

1. Dazu müssen Sie zunächst die Lösungsverwaltung aufrufen.
2. Anschließend wählen Sie auf der Registerkarte **Importe** die Funktion **Importieren**.
3. Markieren Sie im oberen Bereich des Pop-up-Fensters **SAP-Best-Practices-Pakete**, und wählen Sie die Pakete aus, die Sie importieren möchten. Klicken Sie anschließend auf **Weiter** (siehe Abbildung 3.74).

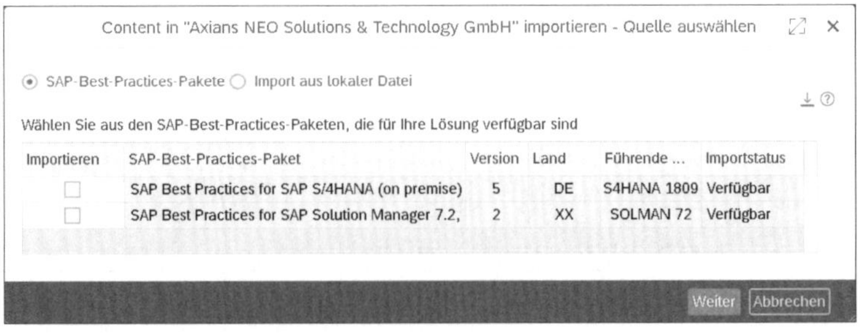

Abbildung 3.74 SAP-Best-Practices-Pakete importieren

SAP-Best-Practices-Pakete verfügbar machen

Wird ein verfügbares SAP-Best-Practices-Paket nicht in der Auswahl angezeigt, wurde dieses noch nicht im SAP Best Practices Explorer heruntergeladen. Sie laden SAP-Best-Practices-Pakete herunter, indem Sie sich mit dem in der Transaktion SOLMAN_SETUP definierten S-User für Downloads über die URL des SAP Best Practices Explorer anmelden. Laden Sie anschließend die gewünschten SAP-Best-Practices-Pakete in den Download-Korb. Dessen Inhalt wird beim Aufruf der Funktion **Importieren** in der Lösungsverwaltung angezeigt.

4. Im folgenden Fenster müssen Sie zunächst den Branch auswählen, in den Sie das Paket importieren möchten. In der Regel ist dies der Import-Branch. Für jeden Import wird ein Name vergeben, den Sie an dieser Stelle anpassen können. Darüber hinaus müssen Sie eine Importmethode selektieren (siehe auch Abschnitt 3.5, »Deployments«).
5. Haben Sie ein Paket ausgewählt, in dem logische Komponentengruppen hinterlegt sind, müssen Sie diese den entsprechenden logischen Komponentengruppen Ihrer Lösung zuordnen. Beim Import werden dann die logischen Quellkomponentengruppen durch die jeweiligen logischen Zielkomponentengruppen ersetzt. Abbildung 3.75 zeigt beispielhaft ein Mapping der logischen Komponentengruppen.

Systemlandschaft des Quellinhalts der Lösungssystemlandschaft zuordnen

Logische Komponenteng...	Systemlandschaft: Logisc...	SAP-Best-Practices-Pakete einschließlich logischer K...
SFSF	SAP_SUCCESS_FACTOI	SAP Best Practices for SAP S/4HANA (on premise)
ECC	SAP_ECC	SAP Best Practices for SAP S/4HANA (on premise)
EWM	SAP_EWM	SAP Best Practices for SAP S/4HANA (on premise)
S4C	SAP_S4HANA	SAP Best Practices for SAP S/4HANA (on premise)

Abbildung 3.75 Mapping der logischen Komponentengruppen

Pakete in Lösung überführen

Die Inhalte der SAP-Best-Practices-Pakete sind nach dem Import im gewählten Branch der Lösungsdokumentation vorhanden und können in übergeordnete Branches übertragen, dort angepasst und final in die Produktivlösung übernommen werden. SAP-Best-Practices-Inhalte in der Prozessschrittbibliothek, Schnittstellenbibliothek sowie im Ordner **Geschäftsprozesse** werden in einem separaten Ordner hinzugefügt, der eindeutig mit **SAP Best Practices** gekennzeichnet ist.

Kapitel 4
IT-Servicemanagement

Mit zunehmender Komplexität Ihrer Geschäftsprozesse steigen auch die Anforderungen an Ihre IT-Systeme. Das IT-Servicemanagement widmet sich genau dieser Herausforderung. Die Vorteile sind eindeutig: Steigerung der Effizienz, der Transparenz, der Prozessqualität und der Wirtschaftlichkeit.

Das IT-Servicemanagement (ITSM) in SAP Solution Manager 7.2 bietet Ihnen umfangreiche Funktionen zur Unterstützung Ihrer IT-Prozesse. Mit diversen ITIL-konformen Prozessen wie Incident Management, Problem Management, Service Request Management und Knowledge Management können Ihre Support-Teams für eine stabile SAP-Systemlandschaft sorgen. Auftretende Störungen und Probleme werden effizient und kontrolliert behoben, und das dabei erworbene Know-how wird in Wissensartikeln nachhaltig dokumentiert.

Wir erklären als Grundlage zunächst die wichtigsten Elemente der ITSM-Benutzeroberflächen. Anschließend gehen wir auf die technische Grundkonfiguration der ITSM-Szenarien und die Standardberechtigungen ein. Als Nächstes beschreiben wir die wichtigsten Funktionen. Außerdem stellen wir mögliche Einsatzszenarien auf Basis der umsetzbaren ITIL-Prozesse vor und geben einige Prozessbeispiele. Schließlich stellen wir die im Rahmen von Focused Build als Standalone-Erweiterung ausgelieferte einfache IT-Anforderung vor, bevor wir das Kapitel mit einem Kundenbericht abschließen.

4.1 Benutzeroberflächen des IT-Servicemanagements

CRM Web UI

In diesem Abschnitt stellen wir Ihnen das *CRM Web User Interface* (CRM Web UI) vor, also die Benutzeroberfläche des ITSM, die vorwiegend von Support-Mitarbeiter*innen verwendet wird. Sie lernen die grundlegenden Begrifflichkeiten im Umfeld des ITSM kennen und erfahren, welche Konfigurationsmöglichkeiten Sie haben, um die Benutzeroberfläche an Ihre Bedürfnisse anzupassen.

[»]

Herkunft des CRM Web UI

Das CRM Web UI stammt ursprünglich aus dem SAP Customer Relationship Management (CRM), das Marketing-, Service- und Vertriebsprozesse über diverse Workflows abbildet. Der SAP Solution Manager nutzt das UI-Framework *CRM Web Client*, um sämtliche IT-Prozesse zu unterstützen.

Neue Oberflächen

Der ITSM-Prozess muss inzwischen jedoch nicht mehr zwangsläufig über diese klassische Oberfläche ablaufen. Die SAP-Fiori-Applikationen **Meldung anlegen**, **Meine Meldungen** und **Meldungen bearbeiten und versenden** unterstützen die Akteur*innen von der Meldungsanlage über die Nachverfolgung von Meldungen bis hin zu ihrer Bearbeitung. Die Focused-Build-Erweiterung für die einfache IT-Anforderung eröffnet darüber hinaus einen zusätzlichen Kanal, um unterschiedliche Vorgänge wie Störungen, Probleme, Serviceanforderungen oder Änderungsanträge anzulegen.

4.1.1 CRM Web UI

Sollten Sie bisher noch nicht mit dem CRM Web UI gearbeitet haben, gibt Ihnen dieser Abschnitt einen ersten Überblick über die einzelnen Elemente dieser Benutzeroberfläche.

Startseite

Sie können das CRM Web UI über die Transaktion SM_CRM aufrufen. Alternativ können Sie über bestimmte Kacheln aus dem SAP Solution Manager Launchpad in das CRM Web UI abspringen. Zunächst landen Sie auf der Startseite für Ihre zugeordnete Benutzerrolle. Hier erhalten Sie einen Überblick über Ihren Arbeitsvorrat und haben Zugriff auf Ihre Favoriten, gesicherten Suchen oder die nächsten Termine.

Bereiche

Die Benutzeroberfläche besteht aus drei eigenständigen Bereichen, die in Abbildung 4.1 dargestellt werden:

- **Navigationsleiste**
  Die *Navigationsleiste* ❶ unterstützt Sie bei der Navigation zwischen Ihren ITSM-, Anforderungsmanagement- und ChaRM-Szenarien (Change Request Management). Die in der Navigationsleiste ausgewählten Funktionen werden im Arbeitsbereich aufgerufen. Den Aufbau der Navigationsleiste können Sie über das Navigationsleistenprofil (Transaktion CRMC_UI_NBLINKS) und die Benutzerrollendefinition (Transaktion CRMC_UI_PROFILE) an Ihre Bedürfnisse anpassen.

- **Kopfbereich**
  Der *Kopfbereich* ❷ des CRM Web UI ist für jede Rolle verfügbar. Sie finden hier folgende Funktionen:
  - Über die zentrale Suche ❸ können Sie anhand eines Selektionskriteriums nach Ihren Vorgängen suchen. Im Drop-down-Feld **Alle Objekte** können Sie mithilfe einer Volltextsuche alle Vorgänge jeglicher Vorgangsarten durchsuchen (siehe Abschnitt 4.3.3, »Zentrale Suche«).
  - Mit den Pfeilsymbolen ❹ können Sie vor- und zurücknavigieren, um Ihre zuletzt besuchten Seiten zu erreichen.
  - Über die Menüs ❺ können Sie das zentrale Freigabe-Tool starten, Personalisierungen vornehmen, Systemnachrichten lesen, die Benutzerrolle wechseln und sich abmelden.
  - Über den *Benutzerrollentitel* ❼ und den *Bereichsstartseitentitel* ❽ ganz oben links erfahren Sie immer, wo Sie sich gerade befinden.
  - Sie können das SAP-Standardlogo durch ein eigenes Logo ersetzen.
  - Die *Meldungsleiste* ❾ macht Sie auf etwaige Fehler und Warnungen im ITSM-Prozess aufmerksam.
- **Arbeitsbereich**
  Im *Arbeitsbereich* ❻ erhalten Sie Informationen zum gewählten Szenario. In diesem Bereich werden Ihnen die Bereichsstartseiten, Suchseiten, Berichtsseiten, der Posteingang, der Kalender sowie Übersichts- und Bearbeitungsseiten angezeigt. Hier arbeiten Sie auch innerhalb der verschiedenen Vorgangsarten.

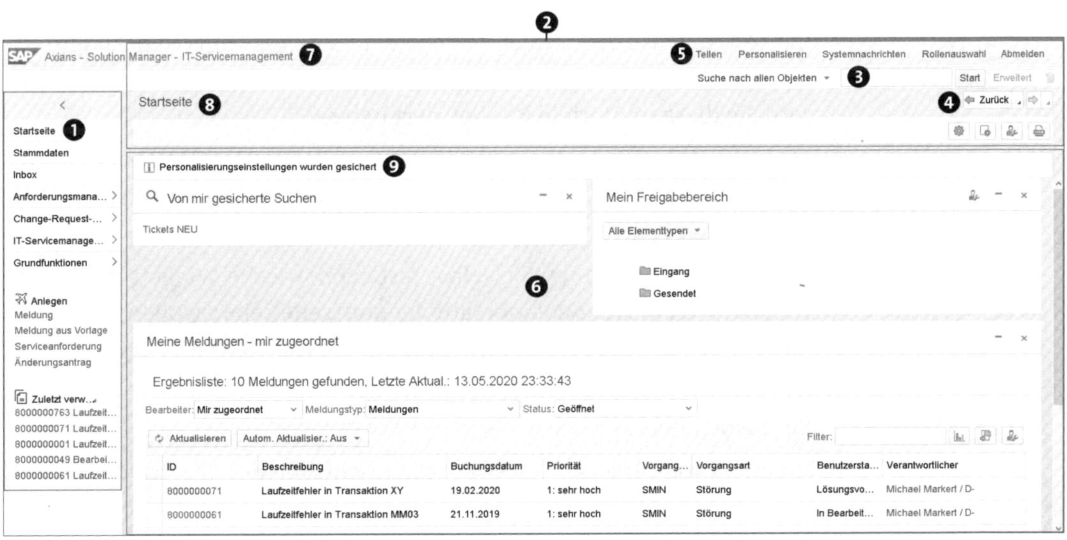

Abbildung 4.1 Aufteilung des CRM Web UI

Rollenbasierte Benutzeroberfläche

Die tägliche Arbeit hoch spezialisierter Mitarbeiter*innen verlangt eine ebenso spezialisierte und individuelle Benutzeroberfläche. Das CRM Web UI ist daher eine *rollenbasierte Benutzeroberfläche*. Je nachdem, welche Rolle eine Person in Ihrem Unternehmen einnimmt, können Sie ihr auch eine auf ihre Rolle zugeschnittene Benutzerrolle zuweisen. Damit sieht die Person lediglich die Aufgaben und Funktionen, die sie für ihre tägliche Arbeit benötigt – nicht mehr und nicht weniger.

Benutzerrollen zuweisen

Die Zuweisung der passenden Benutzerrollen folgt der folgenden Logik:

1. **Bestimmung der Benutzerrolle über den Benutzerparameter CRM_UI_PROFILE**
   Falls in diesem Schritt keine Benutzerrolle gefunden wurde, erfolgt die Findung über den nächsten Schritt.
2. **Bestimmung der Benutzerrolle über die Zuordnung von Benutzerrollen zu bestimmten Organisationseinheiten im Organisationsmodell**
   Falls in diesem Schritt keine Benutzerrolle gefunden wurde, erfolgt die Findung über den nächsten Schritt.
3. **Bestimmung der Benutzerrolle über die PFCG-Rolle**
   Diese wird direkt mit einer Benutzerrolle verknüpft.

Anpassung und Personalisierung

Personalisieren

Im Kopfbereich der Benutzeroberfläche können Sie das CRM Web UI über die Schaltfläche **Personalisieren** in gewissem Maße an Ihre Bedürfnisse anpassen. Zusätzlich steht Ihnen dazu im Arbeitsbereich ein Symbol ( ) zur Verfügung. Hier haben Sie folgende Möglichkeiten:

- Sie können das Layout über verschiedene Designs anpassen. Zudem haben Sie auch die Möglichkeit, kundeneigene Designs auszuwählen, sofern Sie diese im Vorfeld konfiguriert haben.
- Sie können Begriffswolken aktivieren, Favoriten anlegen oder den Konfigurationsmodus (darauf kommen wir später in diesem Abschnitt zurück) einstellen.
- Darüber hinaus können Sie selbst festlegen, welche Widgets und Funktionen Sie in welcher Position auf der Startseite sehen wollen.
- Sie können ebenfalls selbst entscheiden, mit welchen Links Sie innerhalb der Bereichsstartseiten arbeiten möchten. Die restlichen Links können Sie ausblenden.
- Innerhalb der diversen CRM-Vorgänge entscheiden Sie, welche Zuordnungsblöcke Ihnen angezeigt werden.

Gültigkeit der Personalisierung

Jegliche Einstellungen, die Sie im Rahmen der Personalisierung vornehmen, sind nur für Sie gültig und haben keinen Einfluss auf andere Benutzer. Sie können die vorgenommenen Einstellungen jederzeit wieder auf den Standard zurücksetzen.

> **Personalisierungen löschen**
>
> Mithilfe des Programms `BSP_DLC_DELETE_PERSONALIZATION` können Sie jegliche Personalisierungen des CRM Web UI zentral löschen. Sie können die Löschung beispielsweise auf bestimmte Benutzer, Benutzerrollen oder UI-Komponenten beschränken.

Bereichsstartseiten

Auf den diversen *Bereichsstartseiten* werden Links zusammengefasst, die im Zusammenhang mit dem in der Navigationsleiste ausgewählten Menüpunkt stehen. Eine solche Seite ist gewöhnlich in folgende Blöcke aufgeteilt (siehe Abbildung 4.2):

- **Suchen** (Suchabfragen)
- **Auswertungen** (Berichte)
- **Anlegen** (Erstellung von Vorgängen)

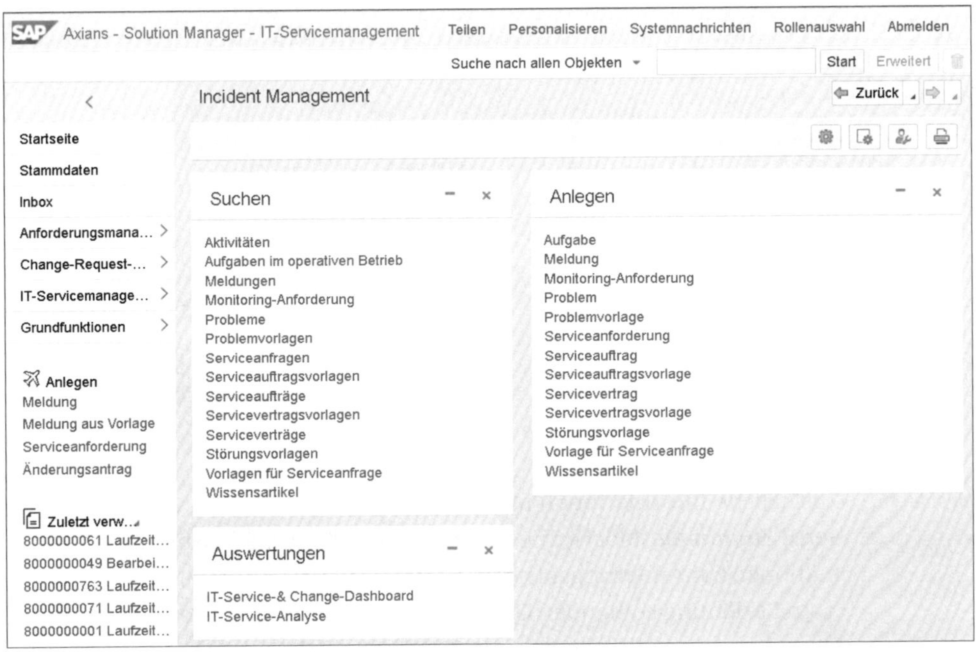

Abbildung 4.2 Bereichsstartseiten im IT-Servicemanagement

Übersichtsseite für einen CRM-Vorgang

Wenn Sie einen CRM-Vorgang anzeigen, bearbeiten oder anlegen, wird die entsprechende Übersichtsseite innerhalb des Arbeitsbereichs angezeigt. Die Übersichtsseite wiederum ist wie folgt aufgebaut (siehe Abbildung 4.3):

❶ Im Kopfbereich des Arbeitsbereichs werden, sofern der Vorgang bereits angelegt wurde, der *Vorgangstyp* (z. B. Meldung oder Problem), die aktuelle Objekt-ID sowie der Kurztext dargestellt.

❷ Die darunterliegende Menüleiste enthält Schaltflächen, um verschiedene vorgangsbezogene Funktionen wie **Sichern**, **Bearbeiten**, **Abbrechen** oder **Folgevorgang anlegen** durchzuführen.

❸ Für gewöhnlich befindet sich darunter der Detailbereich des Vorgangs, in dem die wichtigsten Informationen wie Objekt-ID, Kurztext, Partner, Status, Priorität, Termine, Beziehungen, Referenzobjekte sowie die Kategorisierung zusammengetragen sind.

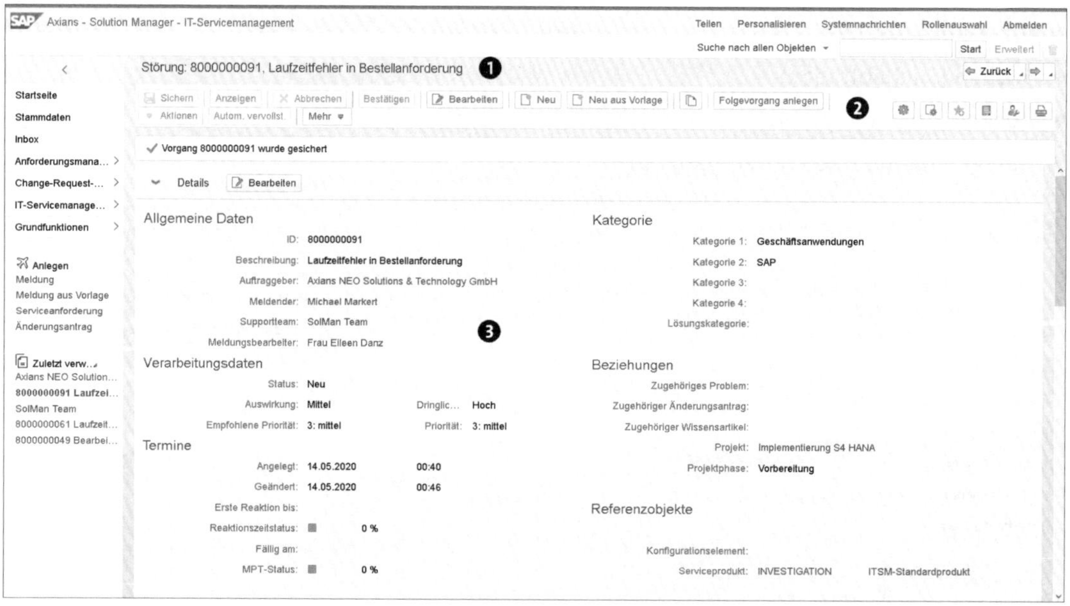

Abbildung 4.3 Übersichtsseite einer Meldung

Zuordnungsblöcke

Zusätzliche Informationen und Funktionen zum Vorgang werden über diverse *Zuordnungsblöcke* angezeigt. Hier erhalten Sie beispielsweise Informationen zur Änderungshistorie, zu den am Vorgang beteiligten Personen, zu in Beziehung stehenden Geschäftsvorgängen oder zu Referenzobjekten. Über Zuordnungsblöcke können Sie darüber hinaus Anhänge – auch per Drag-and-Drop – hochladen, Ihre Zeiten erfassen, Prüflisten abarbeiten oder den SAP-Support kontaktieren. Abbildung 4.4 zeigt den Zuordnungsblock **Anhänge**, über den Sie dem Vorgang Dokumente bzw. URLs anhängen können.

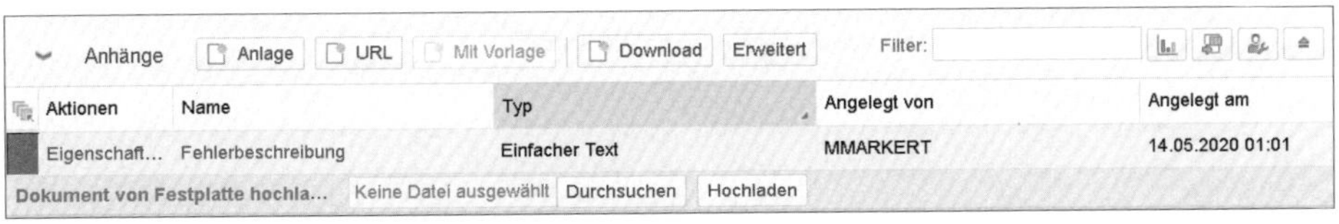

Abbildung 4.4 Zuordnungsblock »Anhänge«

Konfigurationsmodus

Das CRM Web UI bietet weitreichende Möglichkeiten, die Benutzeroberfläche über den *Konfigurationsmodus* an Ihre Bedürfnisse anzupassen. Dabei können Sie sehr viele Einstellungen vornehmen, ohne eine Zeile Code zu produzieren. Wenn Sie dafür berechtigt sind, können Sie den Konfigurationsmodus verwenden (Berechtigungsobjekt `CRM_CONFMOD`). Sie müssen den Konfigurationsmodus dazu zunächst an folgender Stelle im Kopfbereich aktivieren: **Personalisieren • Einstellungen personalisieren • Konfigurationsmodus aktivieren**. Sobald diese Voraussetzungen erfüllt sind, stehen Ihnen im Kopfbereich innerhalb der Menüleiste zwei neue Symbole zur Verfügung (siehe Abbildung 4.5).

Abbildung 4.5 Konfigurationsmodus

Einzelne Bereiche konfigurieren

Klicken Sie auf das Symbol **Konfigurierb.Ber. einbl.** ( ), um einzelne Bereiche der aktuellen Seite zu konfigurieren. An dieser Stelle können Sie die Position der angezeigten Felder festlegen, nicht benötigte Felder entfernen oder neue Felder aus einem umfangreichen Arbeitsvorrat hinzufügen (siehe Abbildung 4.6). Klicken Sie hier auf **Feld anlegen**, wenn Sie neue, kundeneigene Felder in Ihrem Vorgang anlegen und verwenden möchten.

Seite konfigurieren

Über das Symbol **Seite konfigurieren** ( ) definieren Sie, welche Zuordnungsblöcke innerhalb des Vorgangs angezeigt werden sollen und welche Zuordnungsblöcke Ihre Mitarbeiter*innen über die Schaltfläche **Personalisieren** ( ) individuell hinzufügen dürfen. Des Weiteren können Sie an dieser Stelle die in der Menüleiste angezeigten Schaltflächen konfigurieren bzw. definieren, welche Schaltflächen angezeigt werden und welche nicht.

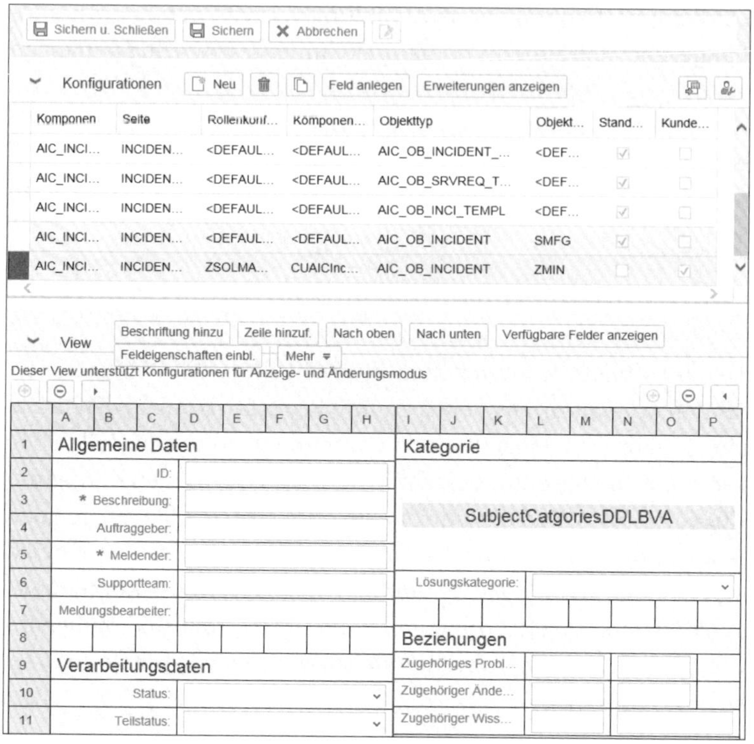

Abbildung 4.6 Einzelne Bereiche konfigurieren

Konfigurationssicht

Im oberen Bereich der Konfigurationssicht sehen Sie eine Liste sämtlicher Konfigurationen für eine UI-Komponente. Bevor Sie mit Ihrer Konfiguration beginnen, kopieren Sie zunächst die Standardkonfiguration in eine kundeneigene Konfiguration.

Jede Konfiguration hat das Merkmal **Rollenkonfigurationsschlüssel**, das in der Benutzerrollendefinition gewöhnlich einer Benutzerrolle zugeordnet wird. Dieser Schlüssel legt in der Konfiguration also fest, für welche Benutzerrolle Ihr konfiguriertes Layout gültig ist. Sie können an dieser Stelle auch den Schlüssel `<DEFAULT>` verwenden. Dann ist diese Konfiguration für alle Benutzerrollen gültig.

Erweiterungsmöglichkeiten

Wenn Sie noch weitere Änderungen an der Benutzeroberfläche vornehmen möchten, die nicht durch Konfiguration zu realisieren sind, müssen Sie auf Eigenentwicklungen ausweichen. Dazu ist es wichtig zu wissen, dass die Vorgangsarten *Meldung* und *Serviceanforderung* auf der UI-Komponente `AIC_INCIDENT_H` aufbauen. Für die Vorgangsart *Problem* gibt es die UI-Komponente `AIC_PROBLEM_H`.

[+]

Technische Informationen aufrufen

Klicken Sie innerhalb des CRM Web UI auf ein beliebiges Element (z. B. ein Feld), und betätigen Sie die Taste F2, um die technischen Informationen zu diesem Element aufzurufen (siehe Abbildung 4.7).

Abbildung 4.7 Technische Informationen zu einem UI-Element

Komponenten-Workbench

Über die *Komponenten-Workbench* (Transaktion BSP_WD_CMPWB) können Sie die genannten Standard-UI-Komponenten modifikationsfrei erweitern. Die SAP-Standardklassen bleiben dabei von Änderungen unberührt, da zur Laufzeit lediglich die Standardklasseninstanzen durch kundeneigene Klasseninstanzen ersetzt werden. Erweiterungen an einer Komponente wirken sich auf alle Vorgangsarten aus, die auf dieser Komponente aufbauen. Abbildung 4.8 zeigt eine Erweiterung der Komponente `AIC_INCIDENT_H`-Komponente. Bei dieser Erweiterung wurden `Z*`-Implementierungsklassen generiert. Die Komponentenerweiterung ist einem *Erweiterungsset* zugeordnet.

[«]

Erweiterungsset

Ein Erweiterungsset ist ein Container für erweiterte Komponenten. Zur Laufzeit des CRM-Web-UI-Frameworks kann immer nur ein Erweiterungsset verwendet werden. Über den Pflegeview `BSPWDV_EHSET_ASG` können Sie mit der Transaktion SM30 das aktive Erweiterungsset definieren.

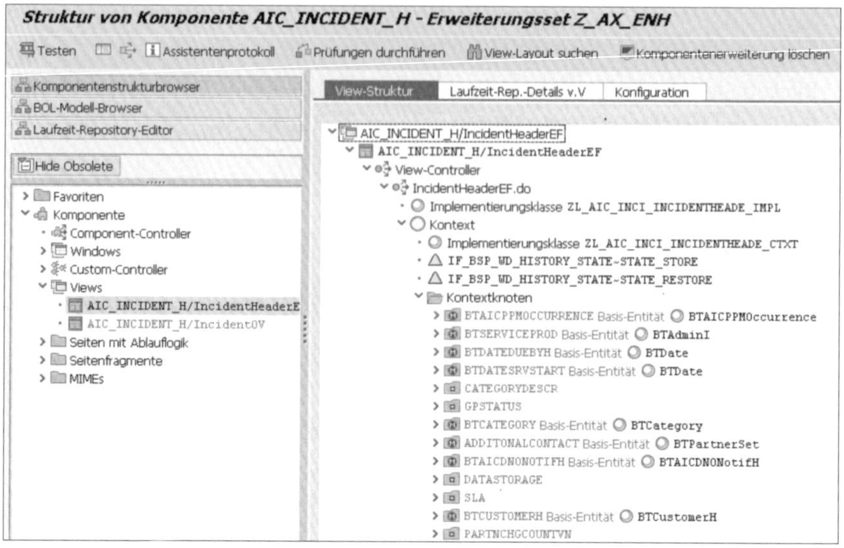

Abbildung 4.8 Komponenten-Workbench

Mithilfe von Komponentenerweiterungen haben Sie beispielsweise die Möglichkeit, Schaltflächen und neue Attribute hinzuzufügen oder kundenspezifische Wertehilfen zu implementieren.

Feldeigenschaften erweitern

Jeder View innerhalb einer UI Komponente beinhaltet sogenannte *Kontextknoten*, die wiederum *Attribute* (die Felder im CRM Web UI) umfassen. Für jedes Attribut Sie dabei diverse `GET`- und `SET`-Methoden implementieren, um die Eigenschaften eines Felds zu verändern. Dabei stehen Ihnen folgende Methoden zur Verfügung:

- `GET`: Diese Methode wird verwendet, um die Daten des Attributs abzurufen und sie auf der Oberfläche anzuzeigen.
- `SET`: Diese Methode wird verwendet, um die Daten des Attributs zu speichern, nachdem sie auf der Benutzeroberfläche in ein Feld eingegeben wurden.
- `GET_M`: Diese Methode definiert die Metadaten (den Typ) des Attributs. Metadaten beschreiben dabei beispielsweise den Typ des Werts, seine Ausgabelänge oder seinen Beschreibungstext.
- `GET_I`: Diese Methode definiert, ob das Attribut editierbar oder nicht editierbar ist.
- `GET_V`: Diese Methode definiert die Werte von Drop-down-Listen oder [F4]-Hilfen.

- GET_P: Diese Methode definiert den Typ des Attributs. Hier definieren Sie z. B., ob es sich um ein Drop-down-Feld, ein Multiselektionsfeld, ein Textfeld, eine [F4]-Hilfe oder um eine Checkbox handelt.
- GET_A: Diese Methode wird verwendet, um das Attribut auszublenden oder anzuzeigen.
- GET_AC: Diese Methode wird verwendet, um ein Aktions- oder Kontextmenü für ein Feld zu erzeugen.

4.1.2 SAP-Fiori-Applikationen

Applikationen zur Meldungsbearbeitung

SAP Solution Manager 7.2 bietet Ihnen neben dem klassischen CRM Web UI auch SAP-Fiori-Applikationen an, mit deren Hilfe Sie Ihren Incident-Management-Prozess über einfache und intuitiv bedienbare Benutzeroberflächen abbilden können. Die folgenden SAP-Fiori-Applikationen stehen zur Verfügung:

- **Meldung anlegen**: Anlage von Meldungen
- **Meine Meldungen**: Nachverfolgung der selbst angelegten Meldungen
- **Meldungen bearbeiten und versenden**: Bearbeitung der Meldungen durch die Support-Mitarbeiter*innen

Im SAP Solution Manager Launchpad können Sie im Abschnitt **IT-Servicemanagement** über Kacheln auf diese Applikationen zugreifen (siehe Abbildung 4.9).

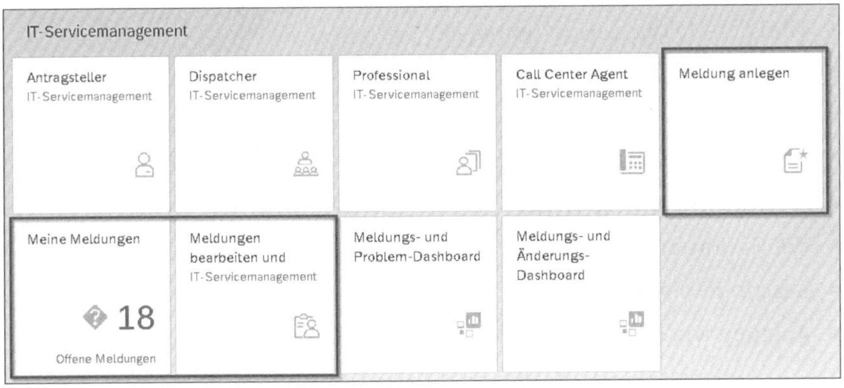

Abbildung 4.9 SAP-Fiori-Applikationen für das IT-Servicemanagement

Meldung anlegen

Über die Applikation **Meldung anlegen** können Sie neue Meldungen auf Basis der Vorgangsarten anlegen, die Sie innerhalb des Incident-Management-Prozesses hierfür vorsehen (siehe Abbildung 4.10).

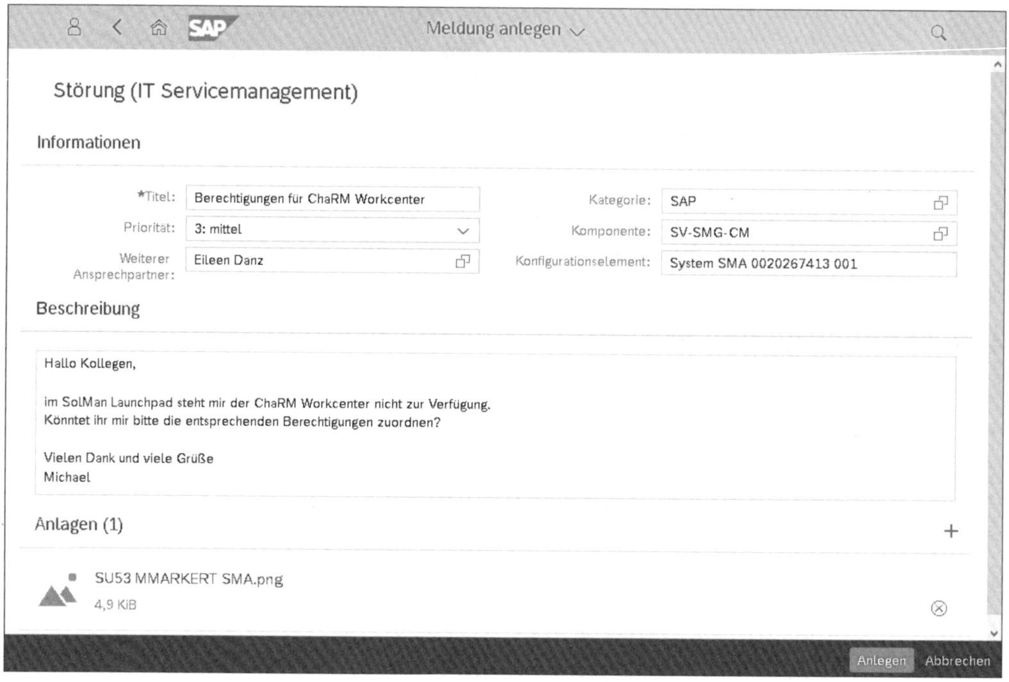

Abbildung 4.10 SAP-Fiori-Applikation »Meldung anlegen«

Informationen zu einer Meldung

Diese Applikation ermöglicht es Ihnen, auf sehr schnelle und einfache Weise Geschäftsvorfälle zu melden. Sie können dabei folgende Informationen mitgeben:

- **Titel** der Meldung (Kurztext)
- **Priorität**
- **Kategorie**
- SAP-**Komponente**
- **Weiterer Ansprechpartner**
- **Konfigurationselement**
- **Beschreibung** (Langtext)
- **Anlagen** wie Screenshots oder weitere Beschreibungen

Nachdem Sie diese Informationen ergänzt haben, legen Sie Ihre Meldung über die Schaltfläche **Anlegen** an.

Meine Meldungen

Meldungen einsehen und ändern

Mithilfe der Applikation **Meine Meldungen** können Sie Ihre angelegten Meldungen einsehen bzw. ändern (siehe Abbildung 4.11).

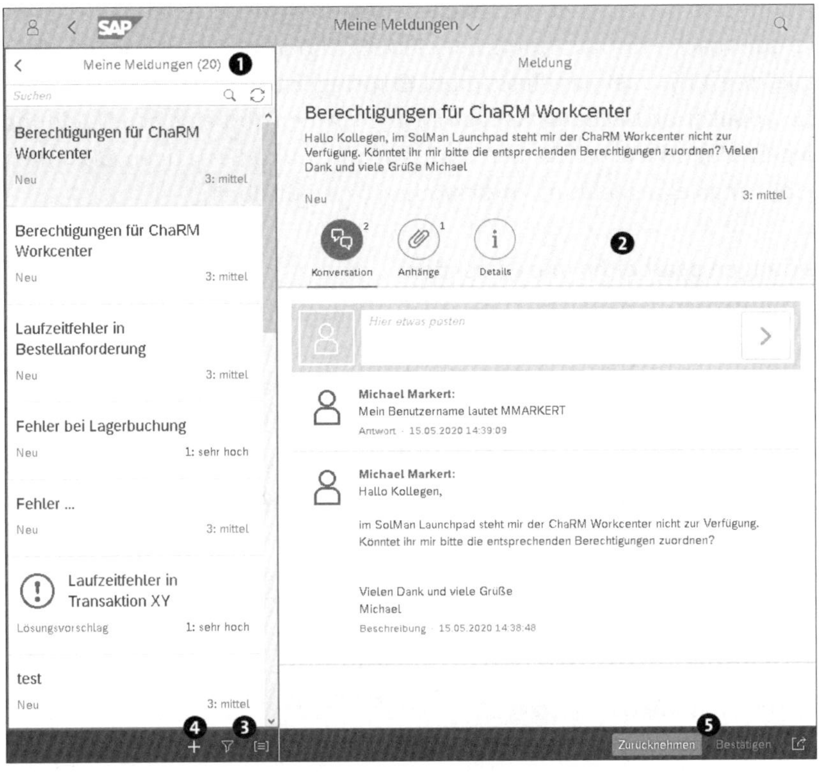

Abbildung 4.11 SAP-Fiori-Applikation »Meine Meldungen«

Der Bereich **Meine Meldungen** ❶ auf der linken Seite der Anwendung enthält eine Liste aller offenen Meldungen, die Sie angelegt haben. Über eine Volltextsuche können Sie hier in allen angezeigten Feldern (Titel, Langtexte, Ansprechpartner, Kategorie, Komponente etc.) nach bestimmten Meldungen suchen.

Im Detailbereich ❷ erhalten Sie nähere Informationen zu Ihrer ausgewählten Meldung. Sie finden dort die folgenden Registerkarten:

- **Konversation**
  Hier können Sie die bereits vorhandenen Texte einer Meldung ansehen oder einen weiteren Text verfassen.
- **Anhänge**
  Hier können Sie die bereits vorhandenen Anhänge einer Meldung ansehen oder weitere Anhänge hochladen.
- **Details**
  Hier können Sie Detailinformationen wie Meldungsnummer, Ansprechpartner*innen, Priorität oder Kategorie einer Meldung ansehen.

Filtern und gruppieren

Sie haben die Möglichkeit, die Liste Ihrer Meldungen nach Status zu filtern und/oder nach Priorität, Status oder letzter Änderung zu gruppieren (❸ in Abbildung 4.11). Über das Plussymbol ❹ springen Sie in die zuvor beschriebene Applikation **Meldung anlegen** ab und können dort eine neue Meldung anlegen. Über die Schaltflächen **Zurücknehmen** und **Bestätigen** ❺ können Sie Ihre angelegte Meldung zurückziehen bzw. quittieren.

Meldungen bearbeiten und versenden

Applikation für den Support

Mit der SAP-Fiori-Applikation **Meldungen bearbeiten und versenden** können Support-Mitarbeiter*innen Meldungen bearbeiten. Nach dem Start der Applikation sehen Sie zunächst Ihren Arbeitsvorrat der offenen Meldungen. Über den Selektionsbereich (❶ in Abbildung 4.12) können Sie die in der Ergebnisliste ❷ angezeigten Meldungen reduzieren. Beispielsweise kann die Ergebnisliste nach **Status**, **Priorität**, **Erstellungszeitraum** oder zugeordnetem **Supportteam** eingegrenzt werden.

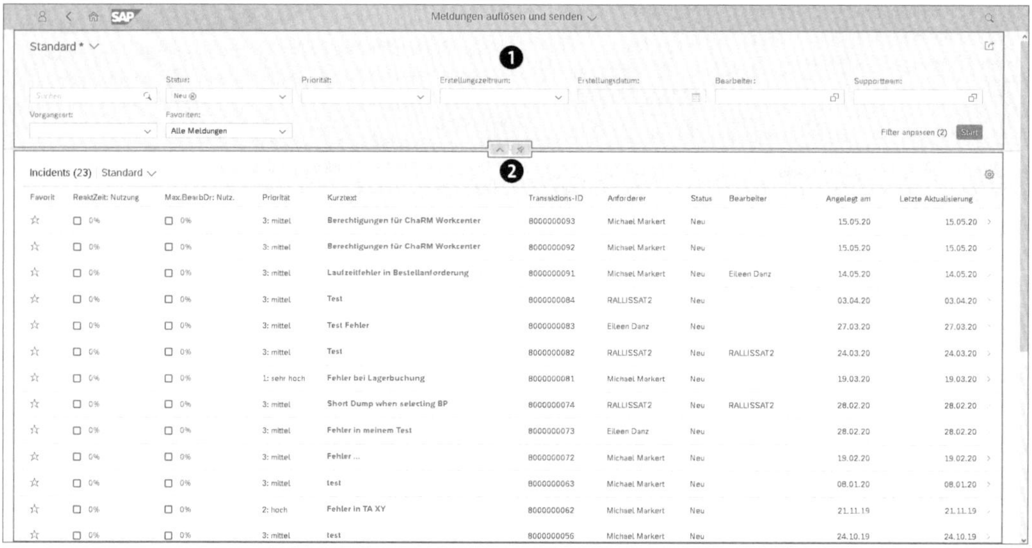

Abbildung 4.12 SAP-Fiori-Applikation »Meldungen bearbeiten und versenden«

Aus der Ergebnisliste können Sie dann eine offene Meldung auswählen, um weitere Details dazu einzusehen und mit der Bearbeitung bzw. der Lösungsfindung zu beginnen.

Detailsicht einer Meldung

Abbildung 4.13 zeigt die Detailsicht einer Meldung. Im Kopfbereich ❶ finden Sie die Problemstellung sowie Informationen zur meldenden Person bzw. dem oder der Anforderer*in, zur **Priorität** und zum aktuellen **Status**. Über die Registerkarten ❷ können Sie direkt zum Textprotokoll (**Konversation**), zu den Anhängen oder zu weiteren Meldungsdetails navigieren.

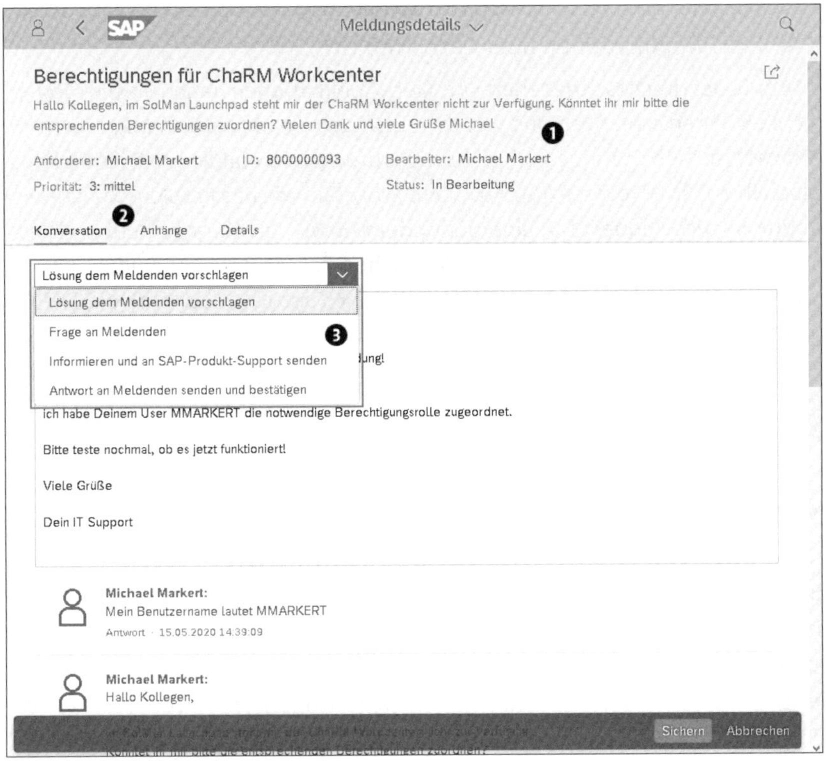

Abbildung 4.13 Meldung bearbeiten

Mögliche Aktionen

Sobald Sie die Meldung als Bearbeiter*in übernehmen, wechselt der Status von **Neu** auf **In Bearbeitung**. Verwenden Sie den Textblock sowie das Auswahlfeld ❸ im Bereich **Konversation**, um auf das Problem der oder des Meldenden zu reagieren. Dabei haben Sie folgende Möglichkeiten:

- **Lösung dem Meldenden vorschlagen**
  Beschreiben Sie Ihren Lösungsvorschlag, und sichern Sie die Meldung. Der Status der Meldung wechselt dabei auf **Lösungsvorschlag**.
- **Frage an Meldenden**
  Falls Sie noch Rückfragen an die meldende Person haben, können Sie diese im Textblock formulieren. Nach dem Sichern wechselt der Status der Meldung auf **Kundenaktion**.
- **Informieren und an SAP-Produkt-Support senden**
  Falls Sie das gemeldete Problem intern nicht lösen können, haben Sie die Möglichkeit, die Meldung an den SAP-Produkt-Support weiterzuleiten.
- **Antwort an Meldenden senden und bestätigen**
  Geben Sie im Textblock eine endgültige Antwort an die oder den Meldenden ein. Sobald Sie die Meldung sichern, wird die Meldung geschlossen.

[»]

> **SAP-Fiori-Applikationen oder CRM Web UI?**
>
> Mithilfe der drei beschriebenen SAP-Fiori-Applikationen haben Sie die Möglichkeit, einen schlanken und intuitiv umsetzbaren Incident-Management-Prozess mit sehr geringem Einrichtungsaufwand zu etablieren. Falls Sie jedoch Ihre ITSM-Prozesse durch weitere Prozesse, wie das Problem Management, Service Request Management oder Knowledge Management ergänzen wollen, müssen Sie auch das klassische CRM Web UI verwenden. Aber auch in diesem Fall kann beispielsweise Ihr First-Level-Support die SAP-Fiori-Applikationen für die erste Bearbeitung von aufkommenden Meldungen nutzen. Eine weiterführende Meldungsbearbeitung könnte dann über das CRM Web UI erfolgen.

Erweiterungsmöglichkeiten

Die bereitgestellten SAP-Fiori-Applikationen beinhalten bereits alle notwendigen Funktionen zur Anlage, Ansicht und Bearbeitung von Meldungen. Falls Sie dennoch Funktionen vermissen oder die Oberfläche anpassen möchten (z. B. kundeneigene Felder ergänzen), haben Sie die Möglichkeit, die Standardapplikationen Ihren Anforderungen entsprechend einzurichten.

Extension Project

Um Anpassungen an der Oberfläche der Applikation vorzunehmen, verwenden Sie ein Erweiterungsprojekt (*Extension Project*) in der SAP Web IDE. Darüber können Sie die Standard-SAP-Fiori-Applikation auswählen und anschließend erweitern.

OData-Service

Falls Sie weitere Funktionen innerhalb der Applikation implementieren möchten, müssen Sie zusätzlich den OData-Service der entsprechenden Applikation erweitern. Im *SAP Gateway Service Builder* (Transaktion SEGW) können Sie folgende Projekte kopieren und erweitern:

- `AI_CRM_GW_CREATE_INCIDENT`: Projekt für die Applikation **Meldung anlegen**
- `AI_CRM_GW_MYMESSAGE`: Projekt für die Applikation **Meine Meldungen** (siehe Abbildung 4.14)
- `AI_CRM_GW_RES_DISP_INCIDENTS_SRV`: Projekt für die Applikation **Meldungen bearbeiten und versenden**

Kundeneigene Erweiterung

Legen Sie hier neue Entitätstypen an, um Ihr Datenmodell zu erweitern. Verwenden Sie die für diese Zwecke bereitgestellte Klasse mit der Endung `DPC_EXT`, die Sie in der Navigation unter **Laufzeitartefakte** finden.

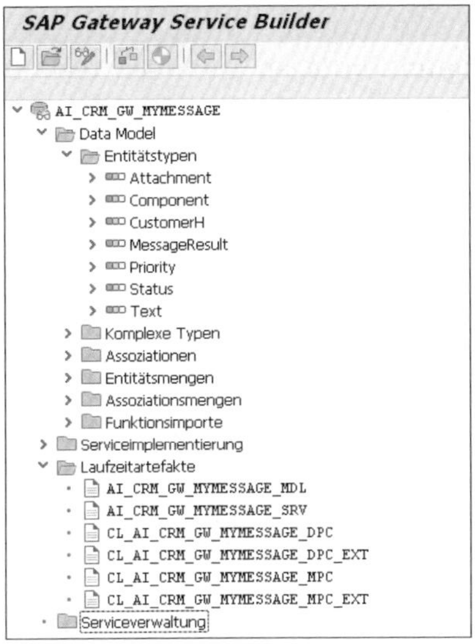

Abbildung 4.14 Projekt für die SAP-Fiori-Applikation »Meine Meldungen« im SAP Gateway Service Builder

4.2 Grundvoraussetzungen für den Einsatz des IT-Servicemanagements

In diesem Abschnitt beschreiben wir die Grundeinrichtung des ITSM-Szenarios. Außerdem stellen wir die notwendigen Standardberechtigungen vor, die für die einzelnen Benutzergruppen des ITSM relevant sind.

4.2.1 Grundkonfiguration des IT-Servicemanagements

Guided Procedure

Um das ITSM Ihren Bedürfnissen anzupassen, konfigurieren Sie in der **SAP-Solution-Manager-Konfiguration** das Szenario **IT-Servicemanagement**. Abbildung 4.15 zeigt die hierfür bereitgestellte Guided Procedure im Überblick. Im Folgenden gehen wir lediglich auf die Aspekte ein, die Sie unserer Erfahrung nach bei der Konfiguration besonders beachten sollten. Eine vollständige Dokumentation zu allen Konfigurationsschritten finden Sie jeweils im Hilfetext, wie in Kapitel 2, »Grundkonfiguration«, bereits beschrieben.

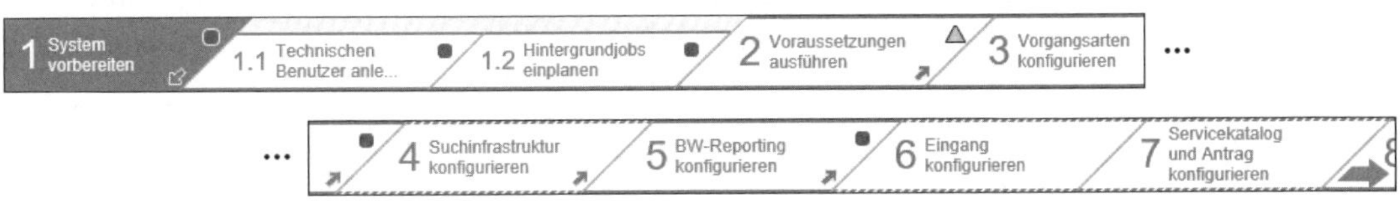

Abbildung 4.15 Grundkonfiguration des IT-Servicemanagements in der SAP-Solution-Manager-Konfiguration

Schritt 1: System vorbereiten

Meldungen synchronisieren

Im ersten Schritt der ISTM-Grundkonfiguration legen Sie einen technischen Benutzer an und planen den Hintergrundjob SM:REFRESH MESSAGE STATUS periodisch ein. Über diesen Job wird der Report AI_CRM_IM_UPDATE_FROM_SAP_WS angestoßen, der Meldungen zwischen den Systemen des SAP-Supports und dem ITSM Ihres SAP Solution Managers synchronisiert.

[!]

Neuer Report für die Synchronisierung von Meldungen

Mit SAP Solution Manager 7.2 SPS09 wurde der alte Report AI_CRM_IM_UPDATE_FROM_SAP zur Meldungssynchronisierung obsolet. Der neue Report AI_CRM_IM_UPDATE_FROM_SAP_WS übernimmt diese Aufgabe ab diesem Release. Falls Sie ein Upgrade von einem älteren Release auf SAP Solution Manager 7.2 SPS09 oder höher durchgeführt haben, denken Sie daher daran, den neuen Job einzuplanen.

Schritt 2: Voraussetzungen ausführen

Voraussetzungen prüfen

Über eine automatische Prüfung können Sie in Schritt 2.1, **Voraussetzungen ausführen**, sehr schnell überprüfen, ob die Infrastruktur für das ITSM korrekt konfiguriert ist. Dabei wird beispielsweise geprüft, ob die im Rahmen der Systemvorbereitung und Basiskonfiguration erforderlichen Aktivitäten abgeschlossen wurden (siehe Abschnitt 2.2, »Obligatorische Konfigurationsaufgaben«), ob notwendige Hintergrundjobs eingeplant sind und ob alle relevanten Services aktiviert sind.

[+]

Aktivitäten automatisiert ausführen

Es empfiehlt sich an dieser Stelle, über die Schaltfläche **Alle ausführen** sämtliche noch erforderlichen Aktivitäten auszuführen. Eventuell auftretende Fehler und Lösungshinweise können Sie anschließend dem Protokoll entnehmen.

Gateway-Services aktivieren

Stellen Sie in Schritt 2.2, **Gateway-Services aktivieren**, sicher, dass die OData-Services für das ITSM aktiv sind. Diese werden benötigt, um die SAP-Fiori-Applikationen **Meldung anlegen**, **Meine Meldungen** und **Meldungen bearbeiten und versenden** verwenden zu können.

Schritt 3: Vorgangsarten konfigurieren

Anforderungen Ihres Unternehmens

Schritt 3 der Konfiguration beinhaltet die erforderlichen Aktivitäten, um das ITSM an die Anforderungen Ihres Unternehmens anzupassen. Hierzu gehört auch die Konfiguration zentraler ITSM-Funktionen wie der mehrstufigen Kategorisierung, der Prüflisten oder der Kunden-Surveys. Die Anpassung dieser Funktionen beschreiben wir in Abschnitt 4.3, »Zentrale Funktionen des IT-Servicemanagements«. Im Folgenden erläutern wir die weiteren erforderlichen Teilschritte.

Teilschritt 3.1: Vorgangsarten kopieren

Vorgangsarten anpassen

Wenn Sie sich dazu entschließen, ITSM-Szenarien für die Unterstützung Ihrer Prozesse einzusetzen, kopieren Sie zunächst die SAP-Standardvorgangsarten in Ihren Namensraum. Damit gewährleisten Sie, dass Ihre individuellen, vom SAP-Standard abweichenden Anpassungen durch zukünftige Support Packages nicht überschrieben werden. Das ITSM bietet unter anderen folgende Standardvorgangsarten an, die Sie als Quelle für Ihre kundeneigenen Vorgangsarten verwenden können:

- Störung (`SMIN`)
- Serviceanforderung (`SMRQ`)
- Problem (`SMPR`)
- Wissensartikel (`KNAR`)

Springen Sie direkt über die Navigation der Aktivität **Vorgangsart kopieren** in die Transaktion AI_CRM_CPY_PTYPE_WEB, um die Vorgangsarten zu kopieren. Mit diesem Werkzeug haben Sie folgende Möglichkeiten (siehe Abbildung 4.16):

1. Mit der Option **Vorgangsart kopieren** definieren Sie Ihre Quell- und Zielvorgangsart, um eine Standardvorgangsart in Ihren Namensraum zu kopieren.
2. Über **Vorgangsart aktualisieren** können Sie Ihre kopierten Vorgangsarten mit einer neu ausgelieferten SAP- Standardkonfiguration aktualisieren.
3. Die Konfiguration Ihrer Vorgangsart(en) können Sie über **Vorgangsart anzeigen** einsehen.

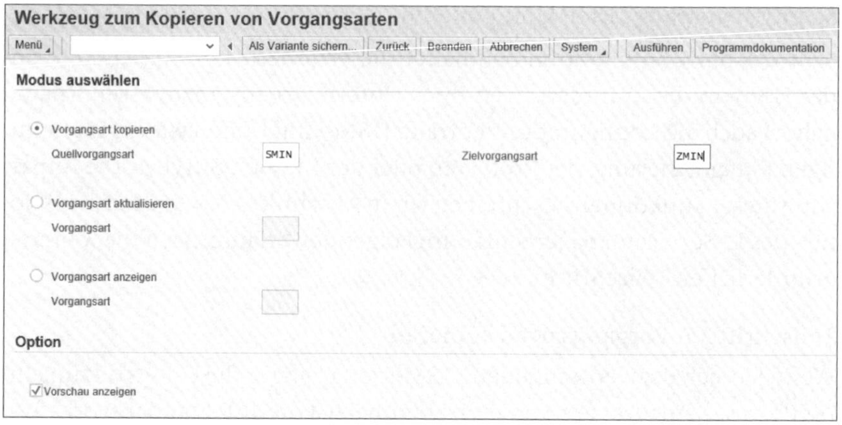

Abbildung 4.16 Werkzeug zum Kopieren von Vorgangsarten

Nummernkreise Ihre neu angelegten Vorgangsarten müssen Nummernkreisen zugeordnet werden. Diese Nummernkreise sind zehnstellig und für die Vergabe von Vorgangsnummern notwendig. Durch die Verwendung unterschiedlicher *Nummernkreisintervalle* für verschiedene Vorgangsarten können Sie Ihre Vorgänge allein an der Vorgangsnummer schnell unterscheiden. Sie können jedem Ihrer eingesetzten Szenarien ein separates Nummernkreisintervall zuordnen.

Kopiersteuerung Sobald Sie mit Folgevorgängen arbeiten oder die Funktion zum Kopieren von Belegen nutzen möchten, müssen Sie die *Kopiersteuerung* für die Quell- und Zielvorgangsart konfigurieren. Die folgenden Aktivitäten sind dazu obligatorisch:

1. **Kopiersteuerung für Vorgangsarten definieren**
   An dieser Stelle legen Sie für Ihre Vorgangsarten fest, welche Folgevorgänge daraus erzeugt werden können. Verwenden Sie hierbei immer die Kopierroutine AIC001. In der Kopierroutine wird geregelt, welche Informationen aus dem Quell- in den Zielbeleg übernommen werden können (siehe Abbildung 4.17).

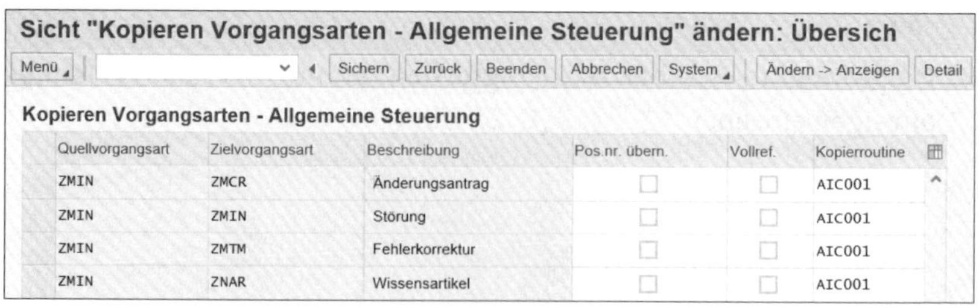

Abbildung 4.17 Kopiersteuerung für Vorgangsarten definieren

2. **Mapping-Regeln für Kopiersteuerung angeben**
   Hier pflegen Sie die **Kopiersteuerungsregeln** (bzw. Mapping-Regeln) für die Quell- und Zielvorgangsarten, die Sie im ersten Schritt definiert haben (siehe Abbildung 4.18). Sie bestimmen, welche Inhalte aus dem Quellbeleg in den Folgebeleg übernommen werden. Über die untergeordnete Registerkarte **Text-ID-Zuordnung** können Sie das Mapping zwischen den Textarten der Quell- und Zielvorgangsart definieren, sodass auch die Übernahme der Texte in den Folgebeleg funktioniert. Über die untergeordnete Registerkarte **Datumszuordnung** können Sie auf die gleiche Weise Termine übertragen.

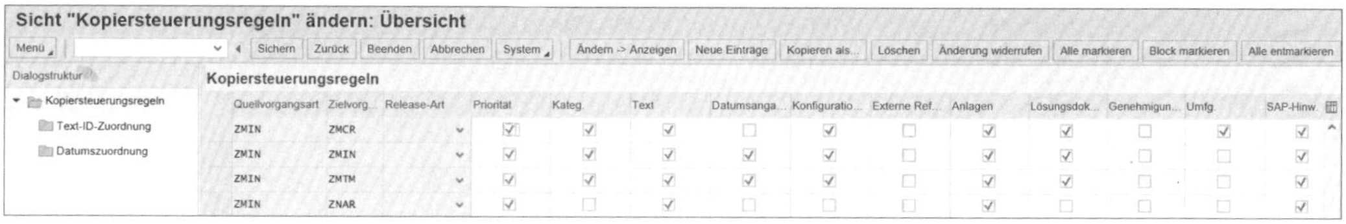

Abbildung 4.18 Mapping-Regeln für Kopiersteuerung angeben

Teilschritt 3.2: PPF-Aktionen definieren

Post Processing Framework

Das *Post Processing Framework* (PPF) führt über *Aktionen* bestimmte Aktivitäten innerhalb eines Vorgangs aus. Jeder Vorgangsart ist hierbei eine Sammlung von definierten Aktionsdefinitionen zugeordnet. Diese können entweder manuell oder bei Eintritt eines bestimmten Ereignisses (einer *Bedingung*) ausgeführt werden. Im SAP Solution Manager wird diese Sammlung *Aktionsprofil* genannt. Informationen zur Definition der PPF-Aktionen finden Sie in Abschnitt 4.3.16.

Teilschritt 3.3: E-Mail-Benachrichtigungen einrichten

Abhängig von der Erfüllung bestimmter Bedingungen (beispielsweise dem Erreichen eines bestimmten Status) können Sie automatisiert E-Mails an einen von Ihnen definierten Personenkreis senden. Dabei können lediglich Geschäftspartner, die dem betreffenden Vorgang zugeordnet sind, als E-Mail-Empfänger*in herangezogen werden. Um diese E-Mail-Benachrichtigung zu konfigurieren, sind die im Folgenden beschriebenen Schritte notwendig.

E-Mail-Formulare anlegen und anpassen

Definieren Sie im ersten Schritt E-Mail-Formulare über das CRM Web UI. Verwenden Sie dafür die Benutzerrolle SOLMANPRO, da diese die Funktionalität zur Anlage von E-Mail-Formularen beinhaltet. Auf der Bereichsstartseite **Grundfunktionen** können Sie die E-Mail-Formulare pflegen (siehe Abbildung 4.19).

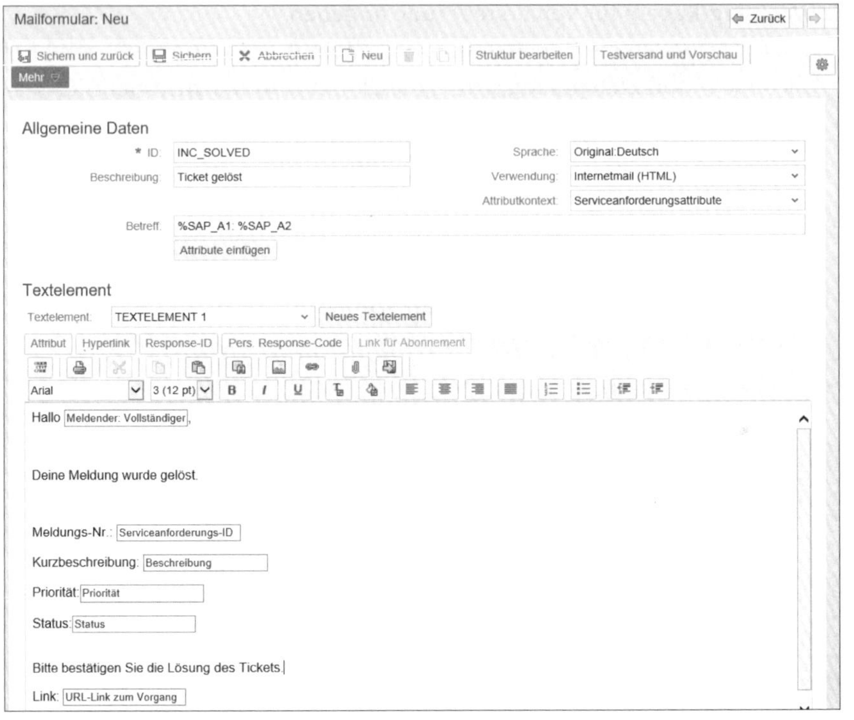

Abbildung 4.19 E-Mail-Formular pflegen

In der E-Mail-Formularpflege können Sie mit dynamischen Attributen wie der aktuellen Objekt-ID, dem Kurztext, der Priorität, dem Status, der oder dem zuständigen Mitarbeiter*in oder anderen arbeiten. Wählen Sie hierzu den Attributkontext **Serviceanforderungsattribute**. Der Attributkontext ist eine technische Gruppierung von Attributen und stellt Ihnen eine Sammlung von verschiedenen Feldern zur Verfügung, die Sie in Ihrem E-Mail-Formular verwenden können.

[+]

Zusätzliche Attribute für E-Mail-Formularattributkontexte

Falls Sie Ihre kundeneigenen Felder im Attributkontext nicht finden, können Sie diese über das BAdI (Business Add-in) `CRM_IM_ADD_DATA_BADI` einbinden.

WYSIWYG- oder HTML-Editor

Sie können den WYSIWYG-Editor (What You See Is What You Get) verwenden, um Ihr E-Mail-Formular mithilfe von Formatierungen, Hyperlinks oder Grafiken zu gestalten. Allerdings werden Sie schnell an die Grenzen dieses Editors gelangen, wenn Sie beispielsweise mit Tabellen arbeiten möchten. Mit HTML-Kenntnissen können Sie Ihr E-Mail-Formular noch genauer an Ihre Anforderungen anpassen. Wechseln Sie hierfür in den HTML-Editor, der Ihnen weitreichende Möglichkeiten zur Darstellung Ihres E-Mail-Formulars bietet.

PPF-Aktionen aktivieren

Aktivieren Sie die standardmäßig deaktivierten PPF-Aktionen für die E-Mail-Benachrichtigungen in den Aktionsprofilen Ihrer Vorgangsarten. Diese Aktionen sind immer partnerabhängig, sie sind also mit einer bestimmten Partnerfunktion verknüpft. Eine Partnerfunktion kann z. B. **Meldender** oder **Auftraggeber** sein.

Abbildung 4.20 zeigt die Aktionsdefinition für den Versand von HTML-E-Mails. Über die Verarbeitungsparameter der Aktionsdefinitionen wird festgelegt, welches E-Mail-Formular für den Versand herangezogen wird. Hierfür muss der Parameter `MAIL_FORM_TEMPLATE` entsprechend gepflegt werden.

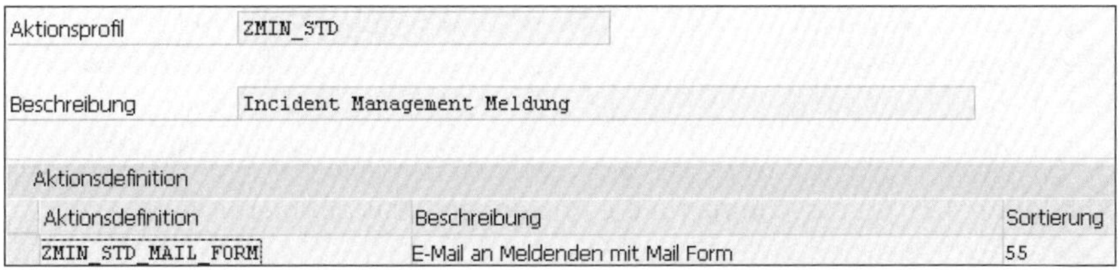

Abbildung 4.20 E-Mail-Aktionen für eine Meldung definieren

Über den Parameter `DEFAULT_SENDER_MAIL` können Sie eine Standardabsenderadresse für Ihre ausgehenden E-Mails festlegen. Falls Sie für diesen Parameter keinen Wert definieren, wird als Absender die E-Mail-Adresse des aktuellen Meldungsbearbeiters oder der aktuellen Bearbeiterin herangezogen.

Verarbeitungsparameter FIORI_APP_USED

Typischerweise enthält eine ausgehende E-Mail aus dem ITSM einen Link zur entsprechenden Meldung. Aktivieren Sie in den Verarbeitungsparametern Ihrer PPF-Aktionen den Parameter `FIORI_APP_USED`, damit der Link zur Meldung in die SAP-Fiori-Applikation **Meine Meldungen** führt. Wenn Sie dagegen diesen Parameter deaktiviert lassen, stellt das System einen Link zur Meldung im CRM Web UI bereit.

Teilschritt 3.4: Status- und Prioritätsverwaltung definieren

Statusschema anpassen

Jeder ITSM-Vorgangsart ist ein *Statusschema* zugeordnet. Falls das Standardschema nicht zu Ihrem Prozess passt, können Sie es in diesem Teilschritt anpassen. Über das Statusschema legen Sie fest, welche Anwenderstatus in Ihren ITSM-Vorgängen verfügbar sein sollen und in welcher Reihenfolge diese durchlaufen werden dürfen. Diese Reihenfolge wird durch

Ordnungsnummern festgelegt. Definieren Sie außerdem den **Initialstatus** sowie einen oder mehrere Finalstatus (Spalte **Vorgang**, Wert: FINI), in denen weitere Beleganderungen verboten werden (siehe Abbildung 4.21).

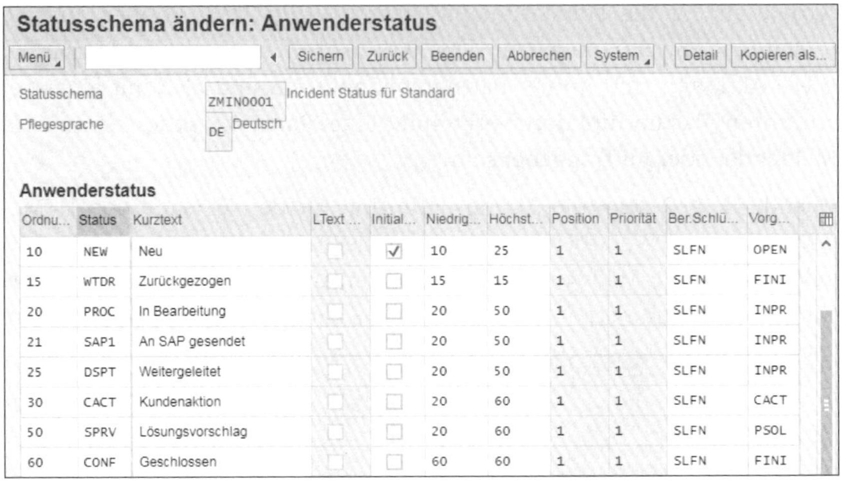

Ordnu...	Status	Kurztext	LText ...	Initial...	Niedrig...	Höchst...	Position	Priorität	Ber.Schlü...	Vorg...
10	NEW	Neu	☐	☑	10	25	1	1	SLFN	OPEN
15	WTDR	Zurückgezogen	☐	☐	15	15	1	1	SLFN	FINI
20	PROC	In Bearbeitung	☐	☐	20	50	1	1	SLFN	INPR
21	SAP1	An SAP gesendet	☐	☐	20	50	1	1	SLFN	INPR
25	DSPT	Weitergeleitet	☐	☐	20	50	1	1	SLFN	INPR
30	CACT	Kundenaktion	☐	☐	20	60	1	1	SLFN	CACT
50	SPRV	Lösungsvorschlag	☐	☐	20	60	1	1	SLFN	PSOL
60	CONF	Geschlossen	☐	☐	60	60	1	1	SLFN	FINI

Abbildung 4.21 Statusschema für die Anwenderstatus definieren

Statusabhängige Mussfelder

Optional können Sie die Aktivität **Statusabhängige Mussfelder angeben** ausführen. In dieser Aktivität können Sie festlegen, dass bestimmte Informationen in einem Vorgang gepflegt sein müssen, damit ein Statuswechsel durchgeführt werden kann. Beispielsweise können Sie dadurch erzwingen, dass eine bestimmte Textart, Partnerfunktion oder Problemkategorie gepflegt wird, damit ein Statuswechsel möglich ist. Diese UI-Felder werden jedoch nur dann geprüft, wenn die BAdI-Implementierung AI_CRM_IM_STATUS_CHECK_CHANGE aktiv ist.

Teilschritt 3.5: Textverwaltung definieren

Textarten

Innerhalb Ihrer ITSM-Vorgangsarten können Sie Ihre Langtexte über verschiedene Textarten klassifizieren, die SAP bereits im Standard ausliefert. Sie können die Aktivitäten dieses Konfigurationsschritts durchführen, um Ihren Vorgangsarten kundeneigene Textarten hinzuzufügen oder nicht benötigte Textarten zu entfernen.

Rich Text Editor

Ab SAP Solution Manager 7.2 SPS07 können Sie den *Rich Text Editor* für Ihre Textarten aktivieren. Diese Weiterentwicklung eröffnet Ihnen verbesserte Formatierungsmöglichkeiten für Ihre Langtexte. Für die Aktivierung beachten Sie SAP-Hinweis 2731517.

Screenshots einbinden

Des Weiteren haben Sie ab SAP Solution Manager 7.2 SPS06 die Möglichkeit, Screenshots in Ihren Langtext einzubinden (siehe Abbildung 4.22). Beachten Sie diesbezüglich SAP-Hinweis 2547895.

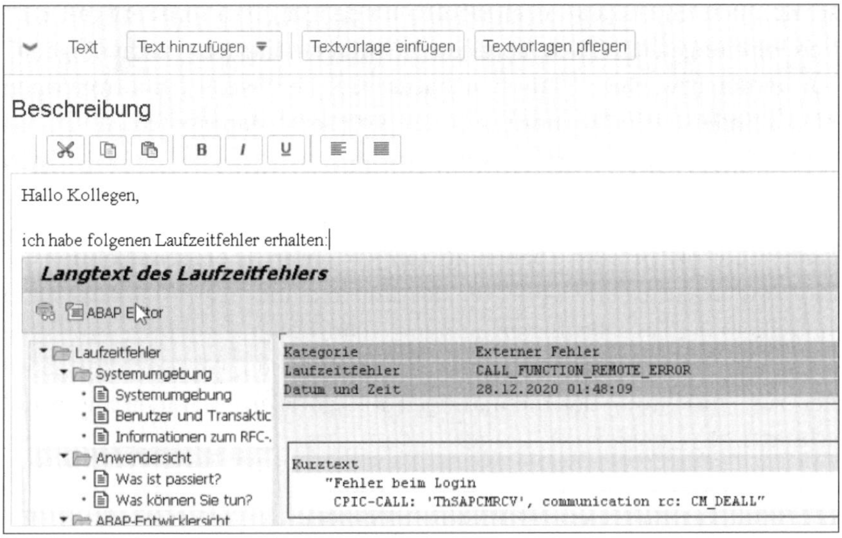

Abbildung 4.22 In den Langtext einer Meldung eingebundener Screenshot

Teilschritt 3.6: Geschäftspartner einrichten

Die Vorgangsarten des ITSM bieten standardmäßig eine Reihe von Partnerfunktionen wie den **Meldenden**, den **Meldungsbearbeiter** oder das **Support-Team** an. Falls weitere Partnerfunktionen in Ihrem individuellen ITSM-Prozess eine Rolle spielen, können Sie die fehlenden Partnerfunktionen über die Konfigurationsaktivitäten dieses Teilschritts ergänzen und in Ihren Prozess einbinden. Weitere Informationen zur Anlage von Geschäftspartnern finden Sie in Abschnitt 4.4.1, »Incident Management«, unter der Überschrift »Stammdaten anlegen«.

Teilschritt 3.7: Terminverwaltung definieren

Terminarten, Zeitdauern und Terminregeln

Definieren Sie in Konfigurationsschritt 3.7, welche Termine in Ihrer Vorgangsart zu verarbeiten sind. Dabei können Sie Termine fest vorgeben. Alternativ kann das System diese durch die Definition von Terminarten, Zeitdauern und Terminregeln berechnen. Über das *Terminprofil* steuern Sie dann, welche Terminarten, Zeitdauern und Terminregeln Sie in einer bestimmten Vorgangsart verwenden können. Die in diesem Schritt enthaltenen Konfigurationsaktivitäten sind optional und nur relevant, wenn die Standardtermine nicht zu Ihrem Prozess passen.

Teilschritt 3.8: SLV-Eskalation definieren

Der SAP Solution Manager ermöglicht Ihnen die Überwachung der Reaktions- sowie Bearbeitungszeiten für Meldungen und Serviceanforderungen innerhalb Ihrer Serviceorganisation. Sie können in diesem Konfigurationsschritt auch eine Eskalation einrichten für den Fall, dass Ihre Service-Level-Vereinbarungen (SLV) bzw. Service Level Agreements (SLA) nicht eingehalten werden bzw. einen kritischen Status erreichen. Weitere Informationen hierzu finden Sie in Abschnitt 4.4.6, »Service Level Management«.

Teilschritt 3.9: Mehrstufige Kategorisierung einrichten

Automatische Ermittlungen

Die *mehrstufige Kategorisierung* ermöglicht es Ihnen, Ihre Geschäftsvorgänge über bis zu zehn Ebenen zu kategorisieren. Hierdurch können Sie Ihre Vorgänge wesentlich präziser klassifizieren und auswerten. Außerdem sind Sie in der Lage, Prüflisten, Support-Teams oder zugehörige Probleme automatisch anhand der Kategorie finden zu lassen. Weitere Informationen zur Einrichtung der mehrstufigen Kategorisierung finden Sie in Abschnitt 4.3.1.

Teilschritt 3.10: Prüflisten definieren

Schrittweise Bearbeitung

Prüflisten nutzen Sie, um Geschäftsabläufe in Ihren Vorgangsarten (z. B. Störungen, Serviceanforderungen oder Änderungsvorgänge) abzubilden und schrittweise abzuarbeiten. Sie können mithilfe der Prüflisten die im Rahmen des Geschäftsvorgangs zu erledigenden Aufgaben erfassen und darstellen. In Abschnitt 4.3.2 finden Sie weitere Informationen zur Konfiguration der Prüflisten.

Teilschritt 3.11: Kunden-Surveys einrichten

Fragebögen

Anhand von *Kunden-Surveys* können Sie komplette Fragebögen für Ihre Vorgänge erstellen. Mit diesen können Sie Fragen direkt an die oder den Meldenden stellen und sich auf diese Weise ein Feedback einholen. Neben Fragen über die Qualität der Bearbeitung ist es auch durchaus sinnvoll zu erfragen, wie sich die meldende Person mit ihrer Betreuung gefühlt hat. Dadurch können Sie Lücken oder Defizite in Ihrem Bearbeitungsprozess aufdecken und somit Ihre Qualität sukzessive verbessern. Ein Beispiel für einen solchen Fragebogen und Informationen zu dessen Konfiguration finden Sie in Abschnitt 4.3.15, »Kunden-Surveys«.

Teilschritt 3.12: Zeiterfassung definieren

Wenn Ihre Support-Mitarbeiter*innen Zeiten für ihre ITSM-Vorgänge erfassen sollen, konfigurieren Sie in diesem Teilschritt die Zeiterfassung. Legen Sie benutzerrollenspezifisch Aktivitätsbezeichnungen wie »Analyse«, »Beratung« oder »Support« fest, definieren Sie den Initialwert für die Zeiteinheit (Stunden oder Minuten) und entscheiden Sie, ob Ihre Support-Mitarbeiter*innen über ein Pop-up-Fenster an die Zeiterfassung erinnert werden sollen. Weitere Informationen hierzu finden Sie in Abschnitt 4.3.8.

Teilschritt 3.13: Kundenspezifische Anwendungskomponenten einrichten

Führen Sie diesen Konfigurationsschritt aus, wenn Sie die Liste der SAP-Anwendungskomponenten um eigene Komponenten erweitern möchten.

Teilschritt 3.14: Einstellungen für das Verarbeitungsprotokoll

Änderungsnachverfolgung

Definieren Sie in diesem Konfigurationsschritt, welche Änderungen an Ihrem ITSM-Beleg im Verarbeitungsprotokoll dokumentiert werden sollen:

1. Ordnen Sie im ersten Schritt Ihrer Vorgangsart die Protokolltypen zu. Hier können Sie beispielsweise die Protokolltypen **Ausgeführte Aktionen**, **Statusänderungen** oder **Geänderte Felder** verwenden.
2. Legen Sie dann im zweiten Schritt fest, welche Felder in der Änderungshistorie dokumentiert werden sollen (**Änderungshistorie für Verarbeitungsprotokoll definieren**). Wenn Sie möchten, dass sämtliche Änderungen der zugeordneten Priorität dokumentiert werden sollen, muss Ihrer Vorgangsart das entsprechende Feld zugewiesen werden. Tabelle 4.1 zeigt, wie der entsprechende Eintrag für die Meldung aussähe.

VorgArt	Änderungsbelegsegment	Feldname
ZMIN	CRMA_ACTIVITY_H	PRIORITY

Tabelle 4.1 Beispiel: Änderungshistorie für Verarbeitungsprotokoll definieren

Schritt 4: Suchinfrastruktur konfigurieren

Embedded Search

In diesem Schritt konfigurieren Sie die Embedded Search. Diese Konfiguration ist erforderlich, um die Volltextsuche in den ITSM-Objekten zu realisieren.

Prüfen Sie in Teilschritt 4.1, **Embedded Search konfigurieren**, zunächst über eine automatische Aktivität, ob die allgemeine Konfiguration der Embedded Search fehlerfrei durchgeführt wurde (siehe Abschnitt 2.4, »Grundkonfiguration der Embedded Search«). Über manuelle Konfigurationsschritte aktivieren Sie die notwendigen Business Functions, legen Suchkonnektoren an und planen die Erstindizierung ein. Weitere Informationen zu Suchkonnektoren und zur Erstindizierung finden Sie im Onlinekapitel »Installation und Administration von TREX« auf der Seite *www.sap-press.de/5197*. Falls Sie kundeneigene Benutzerrollen und Navigationsleistenprofile verwenden, müssen Sie die Objekte der zentralen Suche für jede Benutzerrolle und jedes Navigationsleistenprofil anpassen.

Führen Sie Teilschritt 4.4, **Software-Agent-Framework einrichten**, aus, falls Sie Ihre Volltextsuche mit der Technologie TREX umsetzen möchten.

Schritt 5: BW-Reporting konfigurieren

Meldungen, Probleme, Serviceanforderungen

In Konfigurationsschritt 5 definieren Sie das Reporting für Meldungen, Probleme und/oder Serviceanforderungen im angeschlossenen SAP Business Warehouse (BW). In Teilschritt 5.1, **Extraktionseinstellungen definieren**, aktivieren Sie den BI Content für das ITSM. Damit lösen Sie einen Hintergrundjob aus, der die relevanten SAP-BW-Objekte für das Reporting vorbereitet. Legen Sie in den Extraktionseinstellungen beispielsweise fest, in welchen Intervallen die Extraktion der Daten für das SAP-BW-System durchgeführt oder zu welchem Zeitpunkt mit der Extraktion begonnen werden soll.

Die ITSM-Vorgangsarten, die in das SAP-BW-Reporting eingeschlossen werden sollen, wählen Sie in Teilschritt 5.2, **Vorgangsart für Reporting auswählen**, aus. Nähere Informationen zum Reporting finden Sie in Abschnitt 4.3.17, »Reportingfunktionen«.

Schritt 6: Eingang konfigurieren

Inbox für E-Mails

In Konfigurationsschritt 6 richten Sie den E-Mail-Eingang bzw. die Inbox ein. Endanwender*innen können an eine von Ihnen festgelegte E-Mail-Adresse E-Mails an die Fachanwender*innen des ITSM senden. Diese werden in der sogenannten *Inbox* angezeigt. Aus diesen Nachrichten können dann abhängig von der Konfiguration Meldungen oder Serviceanforderungen manuell oder automatisch erstellt werden.

[»]

Weitere Informationen zur Konfiguration des E-Mail-Eingangs

Informationen zur Konfiguration des E-Mail-Eingangs finden Sie ergänzend zur Dokumentation der einzelnen Konfigurationsschritte sehr detailliert im ITSM-Wiki der SAP Community unter folgender URL: *http://s-prs.de/v791821*

Die Funktionen des *E-Mail Response Management Systems* (ERMS) beschreiben wir in Abschnitt 4.3.10.

Schritt 7: Servicekatalog und -antrag konfigurieren

Servicekatalog

Über den *Servicekatalog* kann der Help-Desk seine Dienstleistungen direkt im CRM Web UI innerhalb der Bereichsstartseite **Servicekatalog** anbieten (siehe auch Abschnitt 4.4.4, »Service Catalogue Management«). Die Bereitstellung der durch die Endanwender*innen bestellten Services erfolgt über die Bearbeitung von Support-Anfragen (*Serviceanforderungen*).

In diesem Konfigurationsschritt legen Sie über eine automatische Aktivität die Servicekataloghierarchie an. Das ist die Grundvoraussetzung für die Definition von Serviceprodukten. Bauen Sie dann über die manuelle Aktivität **Servicekatalog konfigurieren** Ihren Servicekatalog auf. Legen Sie sämtliche Serviceprodukte an, die Sie anbieten möchten. Über das *Serviceprodukt* beschreiben Sie Ihren angebotenen Service und legen fest, wie der Service bearbeitet wird. Über die Konfigurationsaktivität **Serviceanforderungsmanagement konfigur.** konfigurieren Sie das Service Request Management (siehe auch Abschnitt 4.4.5).

Schritt 8: Landschaft konfigurieren

In Konfigurationsschritt 8.1, **Externe Integration vorbereiten**, können Sie optional die Meldungserstellung aus dem SAP Business Client und/oder aus dem SAP Enterprise Portal konfigurieren bzw. aktivieren.

Voraussetzungen

Führen Sie die Konfigurationsschritte 8.2 und 8.3 aus, um zu prüfen, ob Ihre verwalteten Systeme aktuell dazu in der Lage sind, Meldungen über die Funktion **Hilfe • Supportmeldung erfassen** im SAP GUI an den SAP Solution Manager zu senden. Stellen Sie hierfür folgende Voraussetzungen sicher:

- Die RFC-Destination `SM_<SID>CLNT<Mandant>_BACK` vom ausgewählten verwalteten System zum SAP Solution Manager muss angelegt sein und funktionieren.
- Auf dem verwalten System muss in der Tabelle `BCOS_CUST` ein Eintrag mit der Anwendung `OSS_MSG` existieren (siehe Abbildung 4.23). Wenn eine Anwenderin oder ein Anwender über die Funktion **Hilfe • Supportmeldung erfassen** eine Meldung an den SAP Solution Manager senden möchte, prüft das verwaltete System über diesen Tabelleneintrag, an welches SAP-Solution-Manager-System die Meldung übermittelt werden soll.

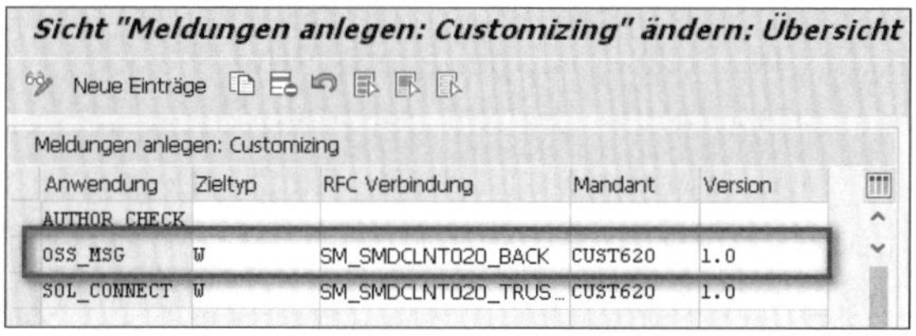

Sicht "Meldungen anlegen: Customizing" ändern: Übersicht

Neue Einträge

Meldungen anlegen: Customizing

Anwendung	Zieltyp	RFC Verbindung	Mandant	Version
AUTHOR_CHECK				
OSS_MSG	W	SM_SMDCLNT020_BACK	CUST620	1.0
SOL_CONNECT	W	SM_SMDCLNT020_TRUS...	CUST620	1.0

Abbildung 4.23 Eintrag in der Tabelle BCOS_CUST

- In der Tabelle `AIINSTALLATIONS` muss die Installationsnummer des ausgewählten verwalteten Systems vorhanden sein. Diese Voraussetzung sollte nach der erfolgreichen Durchführung der Basiskonfiguration erfüllt sein.

- Die IBase-Komponenten (Installed Base) für alle Mandanten des ausgewählten verwalteten Systems müssen in der IBase auf dem SAP Solution Manager vorhanden sein (siehe auch Abschnitt 4.4.1, »Incident Management«, Überschrift »IBase-Komponenten«). Bei der Meldungserstellung aus dem verwalteten System heraus wird dadurch das Konfigurationselement innerhalb der Meldung gepflegt.

Wenn für diese vier Voraussetzungen in Schritt 8.3 ein grünes Statussymbol angezeigt wird, ist ihr ausgewähltes verwaltetes System in der Lage, Meldungen an den SAP Solution Manager zu senden.

Schritt 9: Benutzer und Partner einrichten

Benutzer und Geschäftspartner

Über den Teilschritt 9.1, **Benutzer und Geschäftspartner anlegen**, legen Sie im SAP Solution Manager die Geschäftspartner und Benutzer für das ITSM an. Verwenden Sie hierfür die Transaktion BP_USER_GEN. In Abschnitt 4.4.1, »Incident Management«, erläutern wir diese Transaktion näher im Rahmen der Anlage von Stammdaten.

Organisationsmodell

In Teilschritt 9.2, **Organisationsmodell anlegen**, bilden Sie das Organisationsmodell Ihrer Support-Abteilung ab (siehe ebenfalls Abschnitt 4.4.1).

Support-Team-Ermittlung

Teilschritt 9.3, **Support-Team-Ermittlung einrichten**, leitet Sie bei der Konfiguration der Support-Team-Ermittlung an. Sie haben an dieser Stelle folgende Möglichkeiten:

- **Ermittlung des Support-Teams mithilfe des Business Rule Frameworks (BRFplus)**
  Mit BRFplus haben Sie weitreichende Möglichkeiten, Ihre Support-Teams anhand von bestimmten Kriterien ermitteln zu lassen. Diese Art der Ermittlung wird über die PPF-Aktion `<Aktionsprofil>_FIND_PARTNER_FDT` ausgelöst.
- **Festlegen von Regeln für die Servicegruppenermittlung**
  Pflegen Sie hierzu Regel AC35000139, die mit der PPF-Aktion `<Aktionsprofil>_FIND_TEAM_SEND_EMAIL` verknüpft ist. In der Regelpflege können Sie beispielsweise Support-Teams zu SAP-Komponenten zuordnen. Sobald die entsprechende SAP-Komponente in der Meldung gepflegt ist, wird das zugehörige Support-Team ermittelt.
- **Konfiguration der automatischen Weiterleitung von Meldungen**
  Über die PPF-Aktion `<Aktionsprofil>-MSG_DISPATCH` wird die Weiterleitung angestoßen.

- **Ermitteln des Support-Teams mithilfe des Regeleditors**
  Die Konfiguration erfolgt in der Benutzerrolle SOLMANPRO unter **Grundfunktionen • Regelwerke**.

Vorlagebenutzer anlegen

Für die verschiedenen Rollen, die am ITSM-Prozess teilnehmen, können Sie in Teilschritt 9.4 Vorlagebenutzer anlegen oder aktualisieren. Die ausgewählten Vorlagebenutzer erhalten dadurch automatisch die aktuellen SAP-Standardberechtigungsrollen, die für dieses Szenario relevant sind, als Z-Kopie. Passen Sie lediglich die kopierten Berechtigungsrollen an Ihren ITSM-Prozess an, und weisen Sie diese Ihren Mitarbeiter*innen zu.

Schritt 10: Benutzeroberfläche konfigurieren

In Teilschritt 10.1, **WebClient UI konfigurieren**, können Sie über automatische Aktivitäten die Performance des CRM Web UI verbessern (siehe auch Abschnitt 4.1.1, »CRM Web UI«).

Die Konfiguration der SAP-Fiori-Applikationen **Meine Meldungen**, **Meldung anlegen** und **Meldungen bearbeiten und versenden** erfolgt in Teilschritt 10.2, **SAP-Fiori-Apps einrichten**. Über die automatische Aktivität **SAP Fiori Launchpad konfigurieren** ermöglichen Sie die Anlage von Meldungen aus dem SAP Solution Manager Launchpad heraus. Dies erfolgt dann über die SAP-Fiori-Applikation **Meldung anlegen**. Die SAP-Fiori-Applikation **Meine Meldungen** können Sie für Ihre kundeneigenen Vorgangsarten bereits verwenden, wenn Sie die Schritte 1 bis 3 der ITSM-Konfiguration erfolgreich ausgeführt haben.

Des Weiteren können Sie für jede Priorität (sehr hoch, hoch, mittel, niedrig) eine korrespondierende Farbe definieren. Dies macht es für Sie einfacher, Meldungen hoher Priorität von Meldungen niedriger Priorität zu unterscheiden. Sie können diese Einstellung über die Aktivität **Prioritätsfarben für Fiori-Apps definieren** vornehmen.

Schritt 11: SAP-Partner pflegen

Dieser Konfigurationsschritt ist lediglich für IT-Dienstleister relevant, die ihren Kunden den Zugang zu ausgewählten Funktionen im ChaRM, ITSM und System-Monitoring ermöglichen möchten. Richten Sie in diesem Schritt für Ihre Kunden die SAP-Kundennummern und RFC-Verbindungen, die Sie verantworten, ein.

Schritt 12: Externen Service Desk integrieren

Haben Sie ein Help-Desk-System eines Drittanbieters im Einsatz, können Sie dieses an das ITSM in SAP Solution Manager 7.2 anbinden, um Ihre Meldungen und Probleme bidirektional über eine offene Webserviceschnittstelle zu synchronisieren. Weitere Informationen hierzu finden Sie in Abschnitt 4.4.1, »Incident Management«.

Schritt 13: Abschließen

Der letzte Schritt der ITSM-Konfiguration ermöglicht Ihnen anhand einer übersichtlichen Zusammenfassung die Überprüfung aller durchgeführten Aktivitäten.

4.2.2 Berechtigungen

Im ITSM gibt es verschiedene Anwendergruppen wie *Meldungsersteller*innen*, *Meldungsbearbeiter*innen* oder *Administrator*innen*. Die Benutzer nehmen innerhalb des ITSM-Prozesses eine oder mehrere dieser Rollen ein und können so mit anderen Benutzern interagieren. Mit den verschiedenen Anwendergruppen gehen auch unterschiedliche Verantwortlichkeiten einher.

Berechtigungsrollen

SAP stellt für jede Anwendergruppe, die im ITSM-Prozess eine Rolle spielt, Berechtigungsrollen zur Verfügung. Wie in Teilschritt 9.4, **Vorlagebenutzer anlegen**, der Grundkonfiguration können Sie Vorlagebenutzer für die verschiedenen Anwendergruppen in der Transaktion SOLMAN_SETUP anlegen. Die ausgewählten Vorlagebenutzer erhalten dadurch automatisch die aktuellen SAP-Standardberechtigungsrollen, die für dieses Szenario relevant sind, als Z-Kopie. Passen Sie lediglich die kopierten Berechtigungsrollen an Ihren ITSM-Prozess an, und weisen Sie diese Ihren Mitarbeitern zu.

Berechtigungsobjekte

Über die Ausprägung diverser Berechtigungsobjekte können Sie die in Ihren Kundennamensraum kopierten Berechtigungsrollen an Ihren Prozess anpassen. Die wichtigsten Berechtigungsobjekte sind in Tabelle 4.2 beschrieben.

Berechtigungsobjekt	Beschreibung
B_USERSTAT	Über dieses Berechtigungsobjekt können Sie einschränken, welche Status in den CRM-Vorgängen gesetzt werden dürfen.
CRM_CONFMOD	Hierüber steuern Sie den Zugriff auf den Konfigurationsmodus des CRM Web UI.

Tabelle 4.2 Wesentliche Berechtigungsobjekte im IT-Servicemanagement

Berechtigungsobjekt	Beschreibung
CRM_ORD_PR	Hierüber können Sie steuern, welche Vorgangsarten der Benutzer verwenden darf.
CRM_TXT_ID	Dieses Objekt steuert die Anzeige und Bearbeitung von Textarten innerhalb der CRM-Vorgänge.
UIU_COMP	Mithilfe dieses Berechtigungsobjekts können Sie bestimmen, auf welche UI-Komponenten zugegriffen werden kann.

Tabelle 4.2 Wesentliche Berechtigungsobjekte im IT-Servicemanagement (Forts.)

4.3 Zentrale Funktionen des IT-Servicemanagements

Viele zentrale Funktionen im ITSM lassen sich nicht direkt zu einem bestimmten Prozess wie dem Incident Management oder dem Service Request Management zuordnen. Die meisten dieser Funktionen können in allen Prozessen verwendet werden und werden deshalb in diesem Abschnitt allgemein beschrieben.

4.3.1 Mehrstufige Kategorisierung

Kategorisierung einer Störung

Die mehrstufige Kategorisierung ist für alle gängigen Vorgangsarten (Meldung, Problem, Wissensartikel, Änderungsantrag, Serviceanforderung etc.) verfügbar. In Abbildung 4.24 sehen Sie ein Beispiel für die mehrstufige Kategorisierung einer Störung.

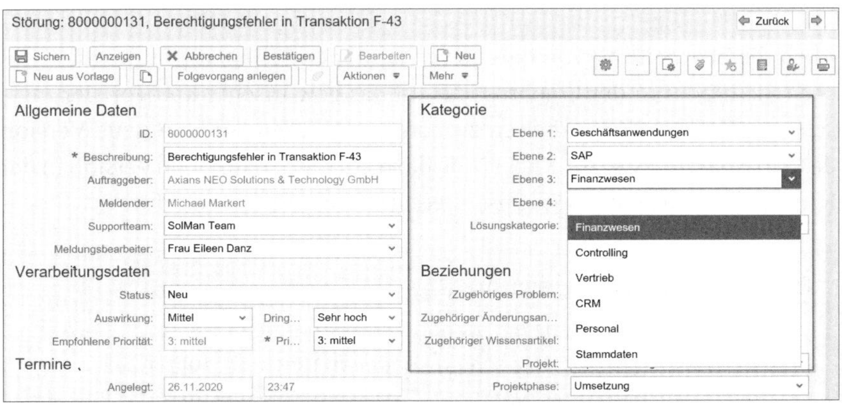

Abbildung 4.24 Mehrstufige Kategorisierung in der Meldung

Unter **Grundfunktionen • Suche • Kategorisierungsschemas** können Sie alle erstellten Schemata verwalten. Verwenden Sie im Block **Suchkriterien** den Parameter **Status**, um nur die momentan aktiven Kategorisierungsschemata zu sehen.

Kategorisierungsschema anlegen

In der Ergebnisliste finden Sie die Schaltfläche **Neu**, mit der Sie ein neues Schema anlegen können. Nun können Sie neben den allgemeinen Daten wie der **ID** des Schemas und einer Beschreibung die komplette Kategoriehierarchie erstellen, wie in Abbildung 4.25 gezeigt. Legen Sie fest, auf bis zu wie vielen Ebenen kategorisiert werden soll und welche Auswahlmöglichkeiten je Ebene zur Verfügung stehen sollen.

Im Zuordnungsblock **Anwendungsbereiche** verknüpfen Sie die Anwendungen mit den entsprechenden Parametern und deren Werten (siehe Abbildung 4.25). Das bedeutet, dass Sie angeben, in welchen Vorgangsarten das Kategorisierungsschema verfügbar sein soll.

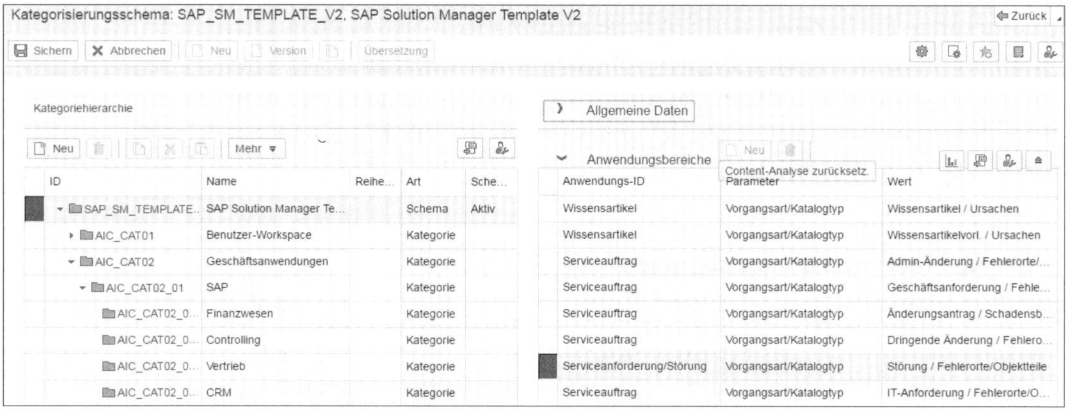

Abbildung 4.25 Mehrstufige Kategorisierung bearbeiten

Kategorisierungsschema ändern

Auch die Bearbeitung von bereits vorhandenen Schemata ist möglich. Klicken Sie hierzu in der Ergebnisliste auf das gewünschte Kategorisierungsschema. Um dieses bearbeiten zu können, müssen Sie eine neue Version des Schemas generieren. Klicken Sie dazu auf die Schaltfläche **Version** in der Funktionsleiste. Führen Sie anschließend Ihre Änderungen durch.

[!]

Gültigkeit der Kategorisierung

Unabhängig davon, ob Sie ein vorhandenes Schema ändern oder ein komplett neues Kategorisierungsschema erstellen möchten, sollten Sie dessen Gültigkeit beachten. Erst wenn der Gültigkeitszeitraum erreicht ist, wird das Kategorisierungsschema auch aktiv in Ihrer Vorgangsart verwendet.

Die alte Version des Kategorisierungsschemas wird durch die Aktivierung des neuen Schemas zeitlich abgegrenzt und erhält den Status **Angewandt**. Für neue Vorgänge finden diese veralteten Schemata zwar keine Anwendung mehr, sie sind jedoch noch für die im abgegrenzten Zeitraum erstellten Vorgänge relevant.

Schema importieren

Sämtliche Änderungen, die Sie in Ihren Kategorisierungsschemata durchführen, werden nicht in Transportaufträgen gesichert. Sie können Ihre Schemata aber trotzdem von einem System in das andere transportieren. Hierfür nutzen Sie die zur Verfügung gestellte Importfunktion. Unter **IT-Servicemanagement • Suchen • Kategorisierungsschemas** finden Sie in der Ergebnisliste die Schaltfläche **Importieren**. Klicken Sie darauf, und wählen Sie ein Kategorisierungsschema aus einem Quellsystem aus. Das ausgewählte Schema wird dann in das Zielsystem (das aktuelle System) importiert.

Damit diese Funktion verfügbar ist, müssen Sie im Customizing der mehrstufigen Kategorisierung die richtigen RFC-Destinationen (Remote Function Call) pflegen. Die dadurch importierten Kategorisierungsschemata befinden sich zunächst im Status **Entwurf** und müssen erst noch manuell freigegeben werden, bevor Sie sie innerhalb Ihrer Vorgangsarten nutzen können.

[+]

Alternative zum Import über den Kategorieneditor

Als Alternative zum bereits beschriebenen Import über den Kategorieneditor können Sie den Import auch über einen Report durchführen. Nutzen Sie den Report `CRM_ERMS_CAT_AS_IMPORT`, um Ihr Kategorisierungsschema von einem System in das andere zu transportieren.

4.3.2 Prüflisten

Bearbeitungsprozess

Während des Bearbeitungsprozesses der Aufgaben unterstützt Sie die Prüfliste mit diversen Hilfsmitteln. Der Ablauf der zu erledigenden Schritte kann eingeblendet werden und bietet einen optimalen Überblick über den Bearbeitungsstand (siehe Abbildung 4.26). Sie können die nächste Bearbeiterin oder den nächsten Bearbeiter automatisch per E-Mail benachrichtigen, sobald diese an der Reihe sind.

Diese und weitere Funktionen machen die Prüfliste zu einer sehr hilfreichen Funktion des ITSM, um effizient eine Abfolge von vordefinierten Aufgaben bzw. Schritten zu bearbeiten. In diesem Abschnitt erfahren Sie mehr über die Konfiguration und Erstellung von Prüflisten.

Abbildung 4.26 Ablauf einer Prüfliste

Prüflisten konfigurieren

Voraussetzungen

Die Prüflisten sind eine Funktion des Service Request Managements. Damit Sie sie im SAP Solution Manager vollumfänglich nutzen können, müssen Sie zu Beginn einige Konfigurationen vornehmen:

1. **Business Functions**

   Beginnen Sie mit der Aktivierung der Business Functions. Sie benötigen diese, um neue oder erweiterte Funktionen, die von SAP bereitgestellt werden, zu nutzen. Sobald die Aktivierung erfolgt ist, stehen die entsprechenden Funktionen zur Anwendung zur Verfügung.

   Die Aktivierung erfolgt im Customizing des *Switch Frameworks*. Rufen Sie dazu die Transaktion SFW5 auf, und aktivieren Sie die Business Functions `CRM_IC_CEBP` und `CRM_SHSVC`.

   Mit SAP Solution Manager 7.2 können Sie neben den einfachen Prüflisten auch *entscheidungsbasierte Prüflisten* erstellen. Um diese nutzen zu können, müssen Sie eine weitere Business Function aktivieren: `CRM_ITSM`. Auf entscheidungsbasierte Prüflisten werden wir im Abschnitt »Prüflisten anlegen« noch näher eingehen.

2. **Zuordnungsblock**

   Als Nächstes müssen Sie den Zuordnungsblock **Prüfliste** (siehe Abbildung 4.27) in den Vorgangsarten `SMRQ` (Standardvorgangsart für Serviceanforderung) bzw. `ZMRQ` (kundeneigene Vorgangsart für Serviceanforderung) verfügbar machen, da er standardmäßig nicht angezeigt wird. Rufen Sie das CRM Web UI mithilfe der Transaktion SM_CRM auf. Öffnen Sie eine Support-Anfrage, und fügen Sie über **Seite konfigurieren** den Zuordnungsblock für die Prüfliste hinzu.

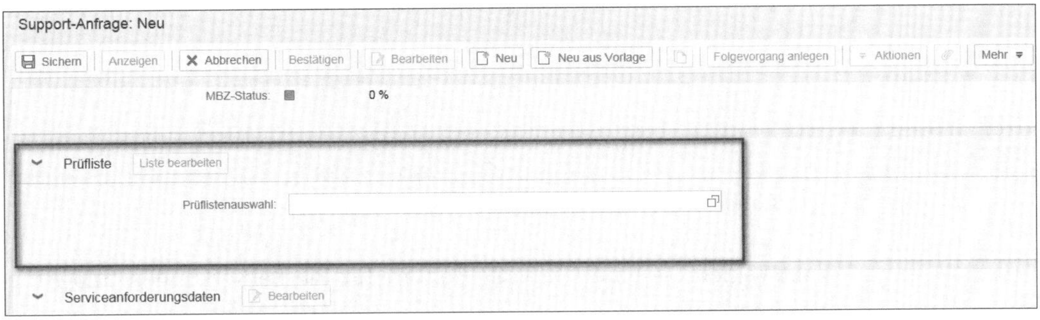

Abbildung 4.27 Zuordnungsblock »Prüfliste«

[!]

Zuordnungsblock wird nicht angezeigt

Es kann vorkommen, dass Sie den Zuordnungsblock für die Prüfliste zwar Ihrer Serviceanforderung zugeordnet haben, dieser aber nicht angezeigt wird. In diesem Fall haben Sie der Vorgangsart noch kein Prüflistenprofil zugeordnet. Sobald Sie dies erledigt haben, sollte der Zuordnungsblock sichtbar sein.

Prüflisten anlegen

Nachdem Sie diese Voraussetzungen erfüllt haben, können Sie mit der Erstellung der Prüflisten beginnen. Eine Prüfliste besteht aus einzelnen Schritten, die entweder obligatorisch durchgeführt werden müssen oder optional durchgeführt werden können.

Schritte anlegen

Legen Sie die Schritte wie folgt an:

1. Öffnen Sie folgende Applikation im Customizing des SAP Solution Managers (Transaktion SPRO):

   SAP Solution Manager • Capabilities (Optional) • IT-Servicemanagement • Prüflisten • Prüflistenprofile definieren

2. Wählen Sie im Dialog **Schritte definieren** die Schaltfläche **Neue Einträge** aus.
3. Überlegen Sie sich eine sinnvolle Schritt-ID und Beschreibung für Ihren Prüflistenschritt. Geben Sie im Feld **Pos.tpverw** den Wert »CKCU« (Prüflisten Positionstypenverwendung) an (siehe Abbildung 4.28).

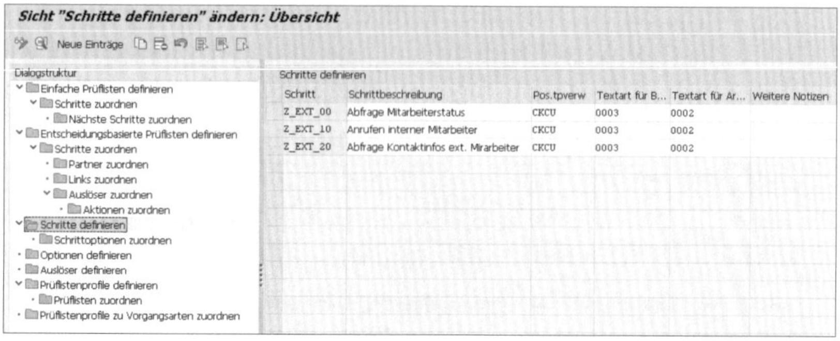

Abbildung 4.28 Prüflistenschritte anlegen

4. Wählen Sie eine sinnvolle Textart für die Bemerkungen und Arbeitsanweisungen aus.
5. Sichern Sie Ihre Eingaben.
6. Wiederholen Sie die Schritte 2 bis 5 so lange, bis Sie alle benötigten Schritte angelegt haben.

Einfache Prüfliste definieren

Nachdem Sie alle für Ihre Prüfliste relevanten Schritte erstellt haben, können Sie diese verwenden, um Ihre Prüfliste zusammenzustellen:

1. Wechseln Sie in der IMG-Aktivität **Prüflistenprofile definieren** zum Menüpunkt **Einfache Prüflisten definieren**.
2. Klicken Sie auf **Neue Einträge**, um eine neue Prüfliste zu erstellen. Vergeben Sie auch hier wieder eine eindeutige Prüflisten-ID und eine sprechende Beschreibung.
3. Über das **Sperrprofil** können Sie einstellen, ob sich die Prüfliste bereits nach dem ersten Speichern oder erst nach der Ausführung des ersten Prüflistenschritts gegen Änderungen sperrt. Sichern Sie Ihre Eingaben.
4. Markieren Sie nun Ihre soeben erstellte Prüfliste und wählen Sie den Menüpunkt **Schritte zuordnen** aus. Lassen Sie Ihre Prüfliste Gestalt annehmen, und fügen Sie die einzelnen Schritte hinzu.
5. Ihnen stehen für die Prüflistenschritte verschiedene Werte zur Verfügung, um das Verhalten bzw. die Eigenschaften zu definieren. Soll die Ausführung eines Schritts zwingend erforderlich sein, müssen Sie den Haken bei **Obligatorischer Prüflistenschritt** setzen. Hinterlegen Sie ebenfalls die für den Schritt genutzte **Partnerfunktion** und das **Servicemanagerprofil**.
6. Nutzen Sie die Funktion **Nächste Schritte**, um die passende Reihenfolge für Ihre Schritte festzulegen. Durch diese Funktion sind Sie ebenfalls in der Lage, Prüflistenschritte parallel abzubilden.

[«]

Entscheidungsbasierte Prüfliste

Wie bereits angesprochen, gibt es neben der einfachen Prüfliste die entscheidungsbasierte Prüfliste. Diese Variante dient ebenfalls zur sukzessiven Abarbeitung von Aufgaben bzw. Prozessen. Diese Prüfliste wird allerdings dynamisch von Ihren Entscheidungen bestimmt. Sie ist sehr flexibel, da jede Auswahl andere Wege und Aktionen verursachen kann. Das heißt im Umkehrschluss aber auch, dass Sie für diese Variante etwas mehr Pflegeaufwand benötigen, denn Sie müssen für jede der möglichen Entscheidungen Auswirkungen und die nachfolgenden Schritte definieren.

Prüflistenprofil zusammenstellen

Prüflisten zuordnen

Markieren Sie ein Prüflistenprofil, und klicken Sie doppelt auf **Prüflisten zuordnen** (siehe Abbildung 4.29). Sie sehen hier alle Prüflisten, die in Ihrem Profil enthalten sind. Verwenden Sie entweder ein vorhandenes Profil von SAP oder eines, das Sie selbst erstellt haben. Einem Prüflistenprofil können mehrere Prüflisten zugeordnet werden. Außerdem hinterlegen Sie im Prüflistenprofil das Regeleditorprofil und die Ausführung des Workflow-Prozesses. Klicken Sie auf **Neue Einträge**, und fügen Sie mit der F4-Wertehilfe alle gewünschten Prüflisten hinzu. Überprüfen Sie Ihre Angaben, und speichern Sie anschließend.

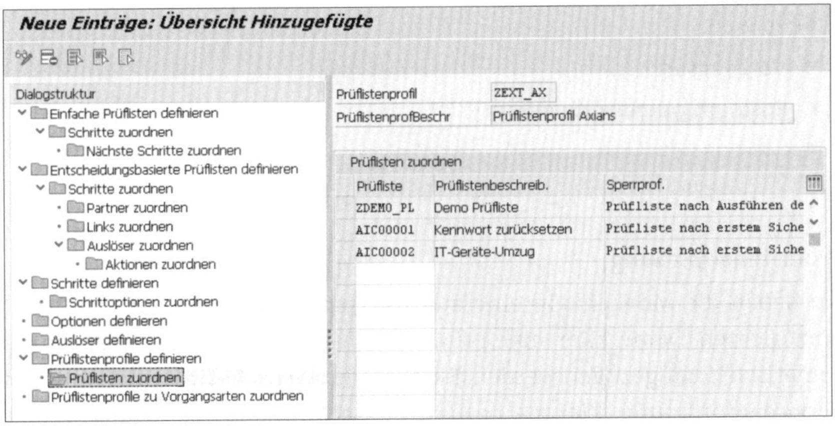

Abbildung 4.29 Prüflisten einem Prüflistenprofil zuordnen

Vorgangsart zuordnen

Wenn Ihr Prüflistenprofil vollständig ist, können Sie dieses Ihrer Vorgangsart für die Serviceanforderung zuweisen. Klicken Sie hierzu in der Dialogstruktur auf den Ordner **Prüflistenprofile zu Vorgangsarten zuordnen** (siehe Abbildung 4.30). Suchen Sie die Zeile mit der gewünschten Vorgangsart, und fügen Sie das Prüflistenprofil hinzu.

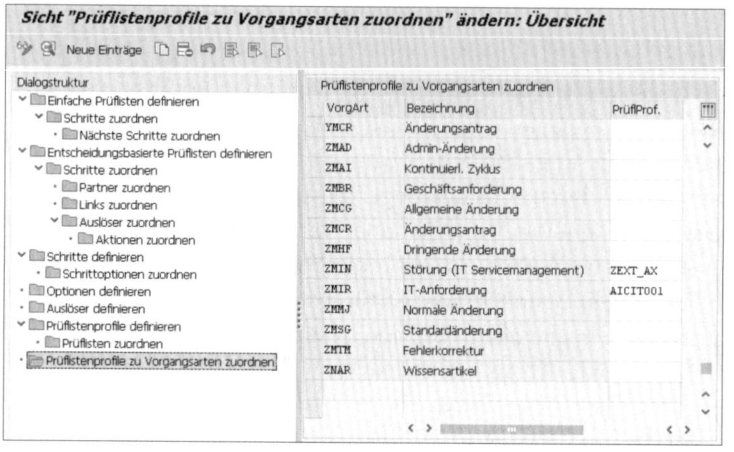

Abbildung 4.30 Prüflistenprofil einer Vorgangsart zuordnen

[»]

Prüfliste in der Vorgangsart »Incident«

Die Funktion der Prüfliste ist ursprünglich für die Serviceanforderung entwickelt worden. Aber Sie können die Funktionalität auch standardmäßig in Ihrer Störungsmeldungsvorgangsart (z. B. SMIN oder ZMIN) verwenden. Dazu müssen Sie lediglich Ihre Positionstypenfindung anpassen.

Folgen Sie hierzu in der Transaktion SPRO dem Pfad **Customer Relationship Management • Vorgänge • Grundeinstellungen • Positionstypenfindung definieren**. Legen Sie einen neuen Eintrag mit folgenden Werten an:

- Vorgangsart: ZMIN
- Positionstypenverwendung: CKCU
- Positionstyp: CHKL

Prüflistenermittlung

Automatische Ermittlung

Sie haben die Möglichkeit, eine automatische Ermittlung für Prüflisten einzurichten. Damit kann eine Prüfliste anhand bestimmter Kriterien automatisch herangezogen werden. Ein Kriterium ist z. B. die Kategorie einer Serviceanforderung. Wenn eine bestimmte Kategorie im ITSM-Vorgang ausgewählt wird, kann automatisch eine Prüfliste ermittelt und im Zuordnungsblock **Prüfliste** angezeigt werden, sofern die Prüflistenermittlung mittels Regelwerken konfiguriert wurde. Der Vorteil hierbei liegt auf der Hand: Sobald Sie viele verschiedene Prüflisten im Einsatz haben, kann sehr schnell der Überblick verloren gehen. Setzen Sie jedoch die automatische Ermittlung ein, können Sie den Endanwender*innen die Arbeit mit Serviceanforderungen oder Meldungen enorm erleichtern. Diese müssen sich keine Gedanken mehr machen, welche Prüfliste nun die richtige ist, denn sobald sie die Kategorie angegeben haben, wird ihnen die Entscheidung abgenommen.

4.3.3 Zentrale Suche

Suchoptionen

Mit der *zentralen Suche* im CRM Web UI können Sie schnell und an zentraler Stelle nach bestimmten Informationen innerhalb des ITSM-Szenarios suchen. Wenn Sie die zentrale Suche im Kopfbereich Ihrer Benutzerrolle öffnen, haben Sie folgende Suchmöglichkeiten (siehe Abbildung 4.31):

- **Gesicherte Suchen** (diese werden in Abschnitt 4.3.4 beschrieben)
- objektübergreifende Suche (**Alle Objekte**)
- Suche in einzelnen Anwendungen

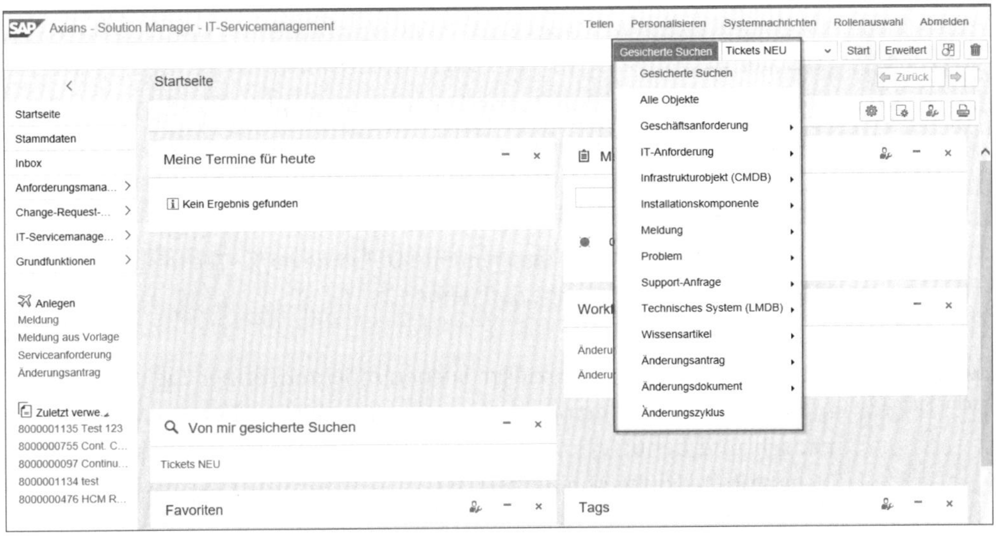

Abbildung 4.31 Zentrale Suche im CRM Web UI

[+]

Gesicherte Suche in zentrale Suche einbinden

Seit SAP Solution Manager 7.2 SPS08 sind die gesicherten Suchen in der Standardkonfiguration nicht mehr in der zentralen Suche enthalten. Um diese wieder in die zentrale Suche einzubinden, gehen Sie wie folgt vor:

1. Folgen Sie im IMG dem Pfad **Customer Relationship Management • UI-Framework • Technische Rollendefinition • Parameter definieren**.
2. Prüfen Sie in der **Parameterdefinition**, ob der Parameter ALLSEARCHES_SVDSRCH gepflegt ist. Ist das nicht der Fall, fügen Sie ihn manuell hinzu und speichern Sie.

3. Wählen Sie unter **Profildefinition** das entsprechende benutzerdefinierte Profil aus, z. B. ZSOLMANPRO.
4. Wählen Sie unter **Parameterzuweisung** den Parameter ALLSEARCHES_SVDSRCH aus, oder geben Sie den Wert »TRUE« ein.

Anwendungsübergreifende Suche

Sofern Sie eine anwendungsübergreifende Suche ausführen möchten, wählen Sie **Alle Objekte**. Der Feldbezeichner ändert sich und nimmt nun die Bezeichnung **Suche nach allen Objekten** an (siehe Abbildung 4.32). Sie können nach Freitext, Schlüsselwörtern oder Beleg-IDs suchen. Mit [↵] oder einem Klick auf **Start** führen Sie die Suche aus.

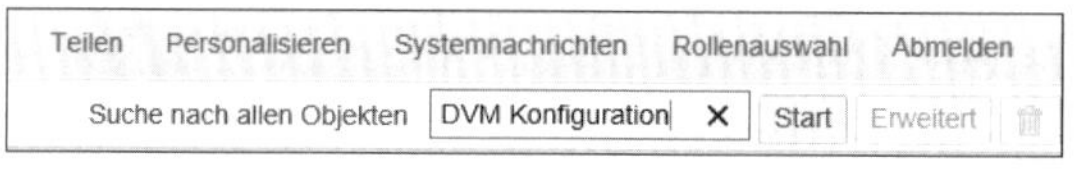

Abbildung 4.32 Anwendungsübergreifende Suche

Anwendungen zur Benutzerrolle zuordnen

Die Suche erfolgt über die Ihrer Benutzerrolle zugewiesenen Anwendungen. Die Zuordnung der Anwendungen zu einer Benutzerrolle können Sie über folgenden Pfad im IMG anpassen:

Customer Relationship Management • UI-Framework • Technische Rollendefinition • Zentrale Suche definieren

Anwendungsspezifische Suche

Wenn Sie anwendungsspezifisch suchen möchten, öffnen Sie das Suchmenü und wählen die entsprechende Anwendung aus. Hier erscheinen automatisch und benutzerrollenspezifisch die zur Anwendung zugeordneten Suchattribute (siehe Abbildung 4.33).

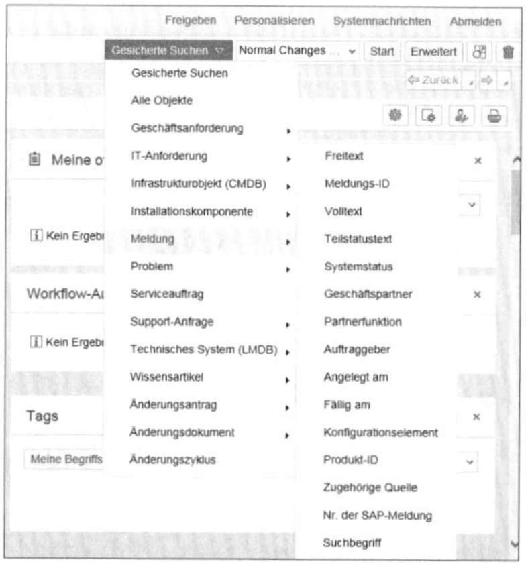

Abbildung 4.33 Anwendungsspezifische Suche

Suchattribute konfigurieren

Möchten Sie die Suchattribute zu den Anwendungen anpassen, können Sie dies direkt innerhalb Ihrer Benutzerrolle erledigen. Navigieren Sie hierzu zur entsprechenden Suchseite (z. B. **IT-Servicemanagement • Suchen • Meldungen**), und konfigurieren Sie die **Suchkriterien** Ihrer Suche:

1. Aktivieren Sie den Konfigurationsmodus durch einen Klick auf die Schaltfläche **Konfigurierb.Ber.einbl.** ( ), und wählen Sie den Bereich Ihrer Suchkriterien aus.
2. Im folgenden Dialogfenster nehmen Sie Ihre Konfiguration zu Ihrer Benutzerrolle vor. Im Abschnitt **Ausgewählte Suchkriterien** können Sie den Haken in der Spalte **In zentraler Suche verw.** setzen oder entfernen (siehe Abbildung 4.34).

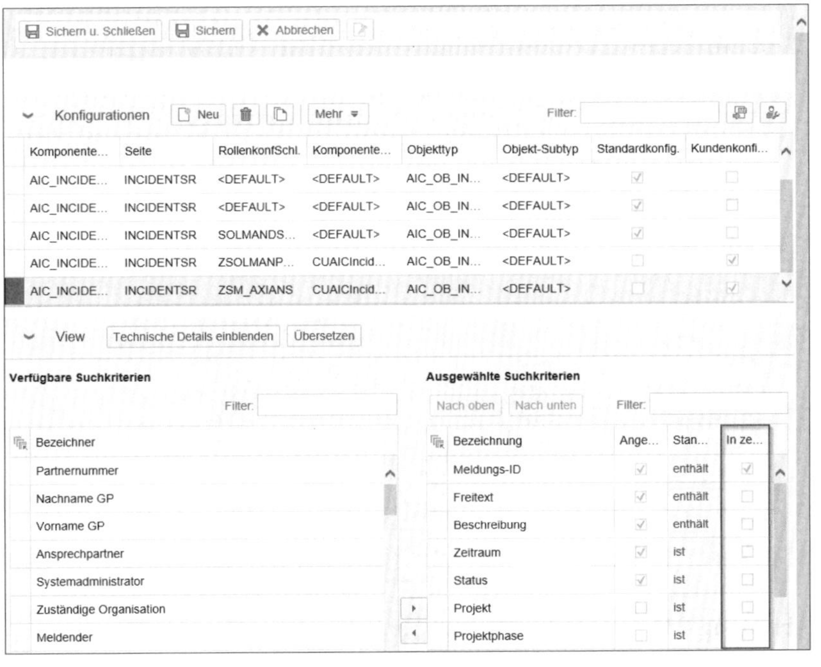

Abbildung 4.34 Suchattribute anpassen

[+]

Neuaufbau des Suchmenüs

Wenn Sie Ihre Einstellungen im Anschluss an die Konfiguration testen möchten, kann es passieren, dass diese nicht Ihrer Konfiguration entsprechen. Setzen Sie in diesem Fall den Benutzerparameter `CRM_CENTRAL_SEARCH` auf den Wert `REBUILD_MENU`. Dieser Parameter löst beim Start der Applikation einen Neuaufbau des Menüs der zentralen Suche aus.

4.3.4 Gesicherte Suchen

Gesicherte Suche anlegen

Sollten Sie bestimmte Suchabfragen häufiger verwenden, können Sie diese für sich als *gesicherte Suche* speichern. Möchten Sie beispielsweise regelmäßig die Meldungen, die gerade offen sind und mit sehr hoher Priorität klassifiziert wurden, im Überblick behalten, speichern Sie sich genau diese Selektionskriterien. Hierfür gehen Sie wie folgt vor:

1. Öffnen Sie im CRM Web UI die Meldungssuche, die Sie auf der Bereichsstartseite **IT-Servicemanagement** finden.
2. Geben Sie die Suchkriterien ein, die Sie häufiger verwenden. In unserem Beispiel selektieren Sie alle Meldungen, die sich im Systemstatus **Offen** befinden und die Priorität **1: sehr hoch** besitzen (siehe Abbildung 4.35).
3. In das Feld **Suche sichern als** geben Sie einen aussagekräftigen Namen für Ihre Suche ein. Speichern Sie Ihre Suche mit einem Klick auf **Sichern**.

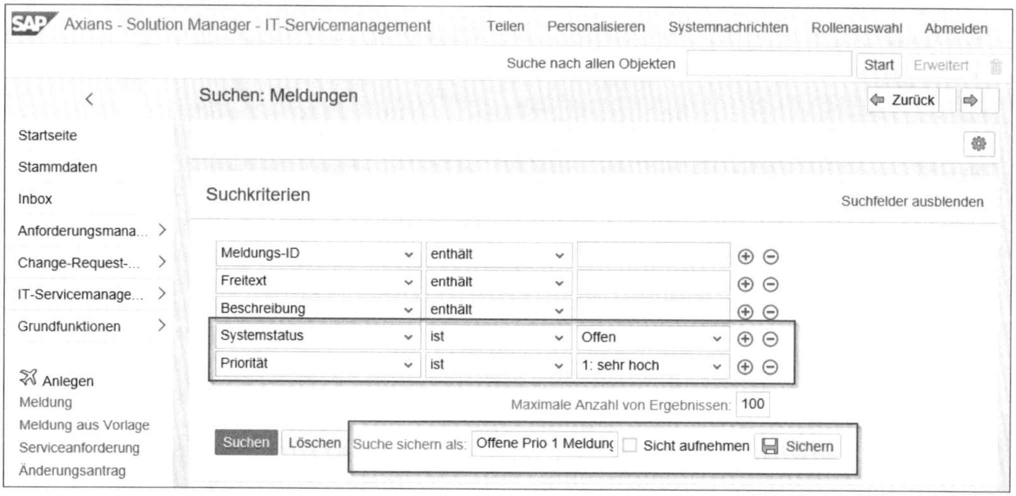

Abbildung 4.35 Eine gesicherte Suche anlegen

Gesicherte Suche aufrufen

Die gesicherte Suche können Sie dann auf Ihrer Startseite im Bereich **Von mir gesicherte Suchen** aufrufen. Sie landen direkt in der Ergebnisliste der zuvor definierten Meldungssuche. Der Selektionsbereich wird hierbei ausgeblendet, kann jedoch über den Link **Suchfelder einblenden** wieder angezeigt und angepasst werden.

Über die zentrale Suche am oberen rechten Rand des CRM Web UI können Sie Ihre gesicherten Suchen ebenfalls aufrufen und verwalten. Dabei spielt es keine Rolle, wo innerhalb des CRM Web UI Sie sich gerade befinden, da dieser Funktionsbereich immer eingeblendet ist. An dieser Stelle haben Sie folgende Möglichkeiten (siehe Abbildung 4.36):

- Wenn Sie die gesicherte Suche über die Schaltfläche **Start** aufrufen, ist das Ergebnis mit dem Aufruf aus dem Bereich **Von mir gesicherte Suchen** identisch.
- Sie können über die Schaltfläche **Erweitert** Ihre Suchkriterien für die ausgewählte gesicherte Suche aufrufen und gegebenenfalls ändern.
- Über die daneben liegende Schaltfläche ( ) öffnet sich Ihre gesicherte Suche in einem neuen Browserfenster. Es wurde eine persistente URL zu Ihrer gesicherten Suche erzeugt, für die Sie nun ein Lesezeichen in Ihrem Browser anlegen oder die Sie an Kollegen verschicken können.
- Über das Papierkorbsymbol ( ) können Sie Ihre gesicherte Suche wieder löschen.

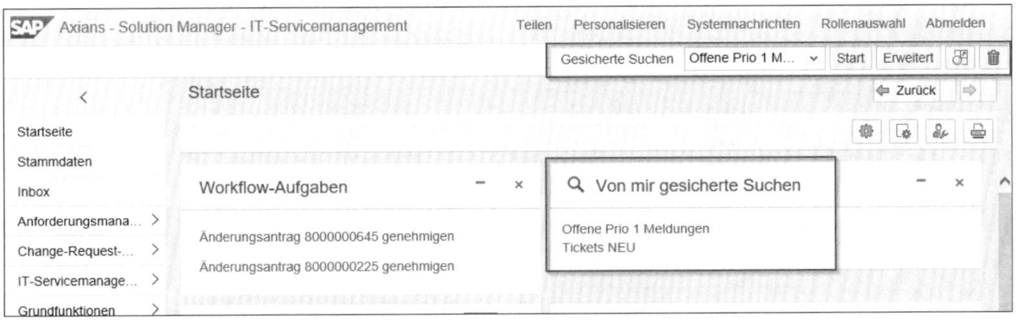

Abbildung 4.36 Gesicherte Suche aufrufen

Beachten Sie, dass Ihre gesicherte Suche lediglich Ihnen zur Verfügung steht. Andere Benutzer können Ihre Suche nicht sehen. Sie haben jedoch die Möglichkeit, Ihre gesicherten Suchen mit anderen Benutzern zu teilen. Das dazu nötige zentrale Freigabe-Tool wird in Abschnitt 4.3.6 beschrieben.

4.3.5 Volltextsuche

Viele wichtige Informationen wie Programmnamen, SAP-Hinweise, Transportaufträge etc. werden in den Textfeldern von ITSM-Vorgängen dokumentiert. Die *Volltextsuche* (Embedded Search) ist ein wichtiges Hilfsmittel, um diese Informationen schnell zu finden. Sämtliche Anwendergruppen, die mit dem Werkzeug arbeiten, können von der Volltextsuche profitieren.

Embedded Search

Die Embedded Search ermöglicht die Suche nach einem Stichwort in allen ITSM-Vorgängen (Problem, Störung, Wissensartikel, Serviceanforderung oder Serviceauftrag) sowie in allen Vorgängen des Change-Control- und Anforderungsmanagements (Änderungsantrag, Änderungsdokumente, IT-Anforderungen und Geschäftsanforderungen). Sie wird sowohl im CRM

Web UI als auch im Solution Manager Launchpad (Transaktion SM_WORKCENTER) angeboten. Darüber hinaus können Sie auch in den Anhängen dieser Vorgänge suchen.

Suche über CRM Web UI

Die Embedded Search über das CRM Web UI kann anwendungsbezogen oder über alle CRM-Vorgänge erfolgen. Über die zentrale Suche (siehe auch Abschnitt 4.3.3) haben Sie die Möglichkeit, anwendungsbezogen nach **Freitext** (siehe Abbildung 4.37) oder anwendungsübergreifend über **Alle Objekte** (siehe Abbildung 4.38) zu suchen.

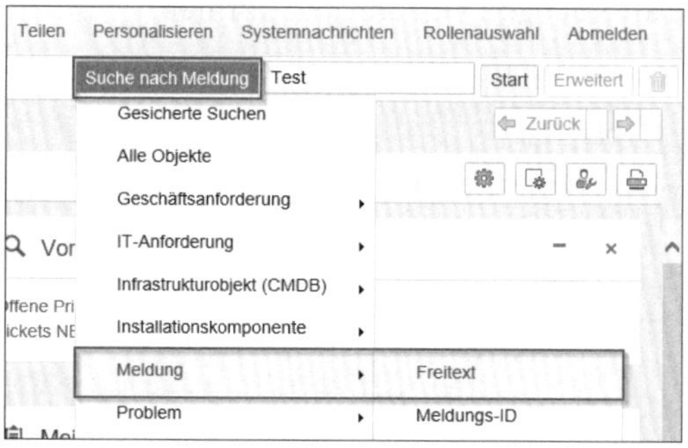

Abbildung 4.37 Meldungssuche über Freitext

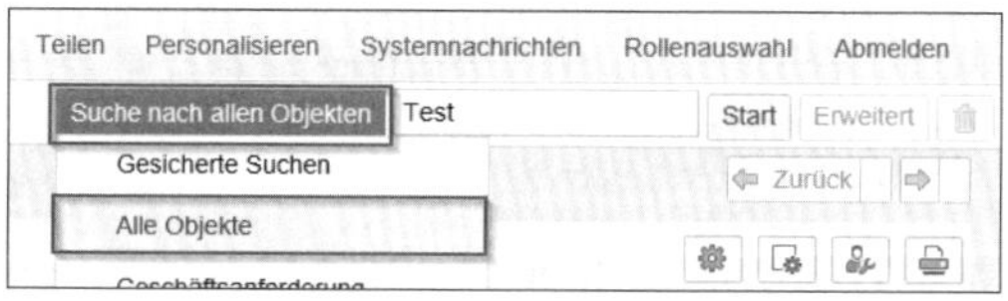

Abbildung 4.38 Suche über alle Objekte

Um die Suche über alle Objekte auszuführen, klicken Sie auf **Alle Objekte**. Geben Sie anschließend ein Suchwort – in unserem Beispiel »Test« – in das Eingabefeld ein, und klicken Sie auf die Schaltfläche **Start**.

Suche über das Launchpad

Die Embedded Search über das SAP Solution Manager Launchpad ist ähnlich aufgebaut wie die zentrale Suche im CRM Web UI. Auch hier können Sie anwendungsbezogene oder anwendungsspezifische Suchen ausführen (siehe Abbildung 4.39). Um die Suche auszuführen, klicken Sie auf das Lupensymbol (🔍). Wählen Sie über das Drop-down-Menü die Applikation aus, in der Sie suchen möchten. Für eine anwendungsübergreifende Suche wählen Sie **Alle**. Geben Sie anschließend den Suchbegriff ein, und bestätigen Sie die Eingabe.

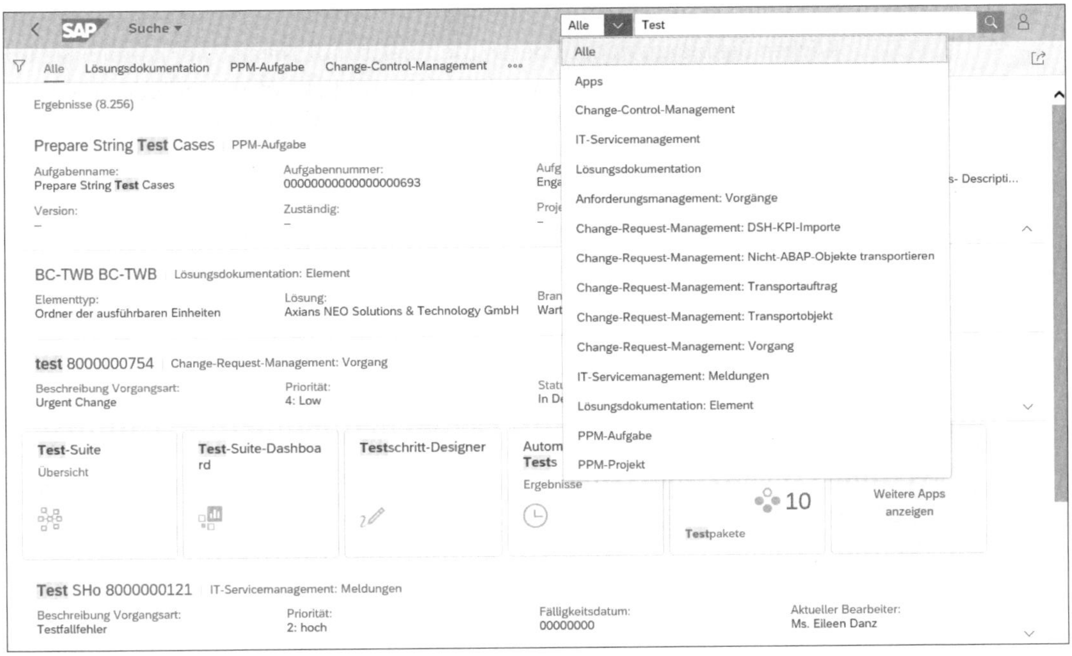

Abbildung 4.39 Suche über das SAP Solution Manager Launchpad

Konfiguration der Embedded Search

Die Konfiguration der Embedded Search erfolgt in der Transaktion SOLMAN_SETUP, zum einen szenarioübergreifend (siehe Abschnitt 2.4, »Grundkonfiguration der Embedded Search«), zum anderen szenariospezifisch für das ITSM (siehe »Schritt 4: Suchinfrastruktur konfigurieren« in Abschnitt 4.2.1, »Grundkonfiguration des IT-Servicemanagements«).

4.3.6 Zentrales Freigabe-Tool

Personalisierte Elemente freigeben

Im Rahmen des ITSM haben Sie die Möglichkeit, personalisierte Elemente anzulegen. Ein Beispiel hierfür sind die in Abschnitt 4.3.4 beschriebenen gesicherten Suchen. Diese Elemente können Sie das *zentrale Freigabe-Tool* für andere Benutzer freigeben, damit auch diese davon profitieren können. Für folgende Elemente ist eine solche Freigabe möglich:

- Begriffe/Tags
- Favoriten
- gesicherte Suchen
- wichtige Berichte

Elemente freigeben

Das zentrale Freigabe-Tool rufen Sie über die Startseite des CRM Web UI auf. Klicken Sie hierzu in der oberen Menüleiste auf **Teilen**. Hier können Sie im Block **Freigegebene Elemente** durch einen Klick auf **Hinzufügen** einen der genannten Elementtypen auswählen (siehe Abbildung 4.40). Nach der Auswahl müssen Sie im Block **Freigegeben für** den oder die Empfänger*in des geteilten Inhalts angeben. Abschließend können Sie das Element mit einem Klick auf **Freigeben** an die Empfänger*innen verteilen.

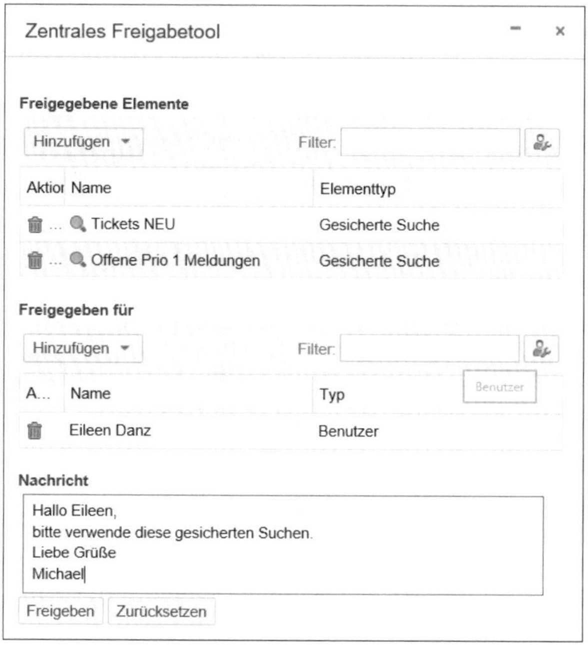

Abbildung 4.40 Zentrales Freigabe-Tool

4.3.7 Meine-Meldungen-Widgets

Personalisierte Widgets

Auf der Startseite des CRM Web UI können Sie sich für Ihre Benutzerrolle über diverse Widgets Vorgänge verschiedener ITSM- und ChaRM-Vorgangsarten anzeigen lassen (siehe Abbildung 4.41). Voraussetzung dafür ist, dass Sie an diesen Vorgängen in irgendeiner Form beteiligt sind. Damit stellt die Funktion *Meine-Meldungen-Widgets* eine hilfreiche Überblicksfunktion dar.

Standard-Widgets

Standardmäßig liefert SAP fünf verschiedene Widgets aus, die Sie auf Ihrer Startseite einbinden können. Die Zielgruppe der ersten drei Widgets sind Meldungserstellende. Sie bekommen damit direkt auf der Startseite einen Überblick über die Vorgänge, an denen sie oder ihre Kolleg*innen beteiligt sind:

- **Meine Meldungen – von mir angelegt**
  Alle vom angemeldeten Benutzer angelegten Vorgänge werden in diesem Widget angezeigt.
- **Meine Meldungen – meine Aktion erforderlich**
  Dieses Widget gibt dem angemeldeten Benutzer eine Übersicht über die Vorgänge, bei denen seine Aktion erforderlich ist. Dies betrifft Vorgänge in den Status **Kundenaktion** und **Lösungsvorschlag**.
- **Meine Meldungen – von meiner Organisation angelegt**
  Dem angemeldeten Benutzer werden über dieses Widget Vorgänge angezeigt, die ein Mitglied seiner Organisation gemeldet hat.

[«]

Zusätzliche Konfiguration für »Meine Meldungen – von meiner Organisation angelegt«

Damit das Widget **Meine Meldungen – von meiner Organisation angelegt** Ergebnisse anzeigt, müssen Sie zusätzliche Konfigurationen vornehmen. Die Tabelle `AGS_WORK_CUSTOM` muss folgende Einträge enthalten:

- `IM_RESPONSIBLE_REL_ENABLE = X`: Dieser Parameter erlaubt es Key-Usern, nicht nur ihre eigenen Meldungen anzuzeigen, sondern auch die Meldungen ihrer Organisation oder ihres Unternehmens.
- `IM_RESPONSIBLE_REL_CATEGORY = BUR011`: Dieser Parameter legt den Geschäftspartner-Beziehungstyp fest, der für die Suche nach allen Meldungen einer Organisation oder eines Unternehmens für einen Benutzer verwendet wird.

Zusätzlich muss für die jeweiligen Geschäftspartner der definierte Beziehungstyp `BUR011` (**ist zuständiger Mitarbeiter für**) gepflegt werden. Über die Transaktion BP können Sie die Beziehungstypen für Ihre Geschäftspartner pflegen. Wählen Sie hierzu die Schaltfläche **Beziehungen**.

- **Meine Meldungen – zum Versenden**
  Dieses Widget wird vorzugsweise von Meldungsdispatcher*innen verwendet, die sich über verschiedene Filterkriterien Vorgänge ohne Support-Team- oder Bearbeiterzuordnung anzeigen lassen können. Aber auch für Meldungsbearbeiter*innen bietet dieses Widget einen hilfreichen Überblick über die Vorgänge, die ihr Support-Team bearbeitet.
- **Meine Meldungen – mir zugeordnet**
  Alle Vorgänge, für die der angemeldete Benutzer als Bearbeiter*in eingetragen ist, werden in diesem Widget angezeigt (siehe Abbildung 4.41). Dieses Widget richtet sich vor allem an die Support-Mitarbeiter*innen, die darüber einen Überblick über ihren eigenen Arbeitsvorrat erhalten.

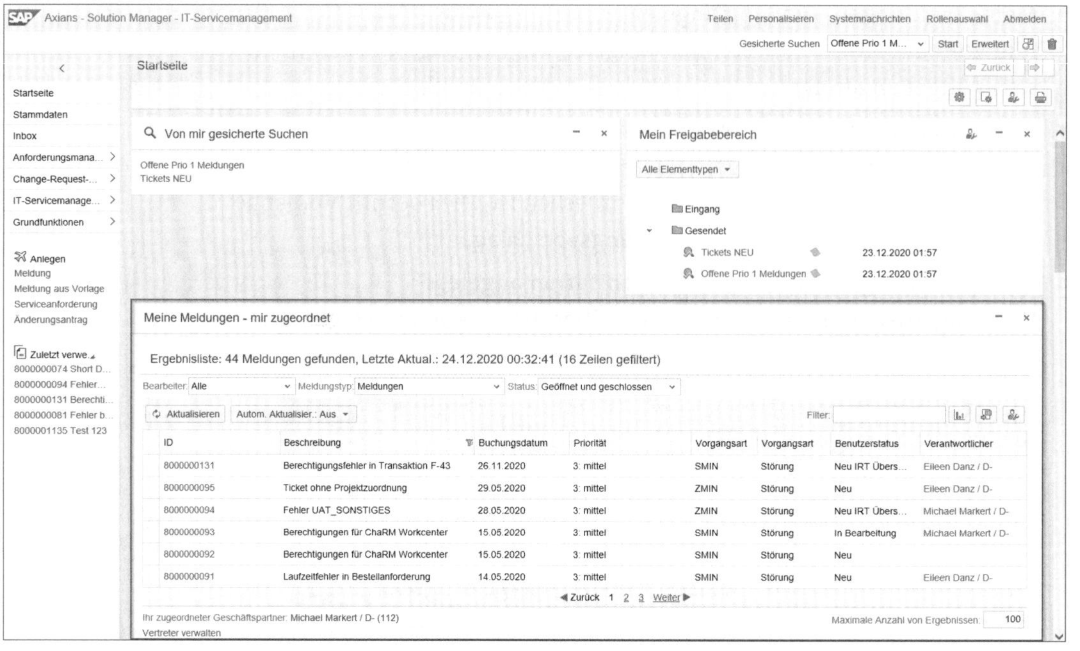

Abbildung 4.41 Widgets auf der Startseite

Unterstützte Vorgangsarten

Die Funktion Meine-Meldungen-Widgets unterstützt neben Meldungen folgende Vorgangsarten:

- Serviceanforderungen
- Serviceaufträge
- Support-Benachrichtigungen
- Probleme
- Änderungsanträge
- Änderungsdokumente
- IT-Anforderungen
- Aufgaben

Filteroptionen

Jedes dieser Widgets bietet verschiedene Filteroptionen, die den Anwender*innen dabei helfen, ihre Ergebnisliste einzugrenzen. Abhängig vom Widget können Sie folgende Filter anwenden:

- **Meldungstyp**: Anzeige aller Vorgänge oder nur die einer bestimmten Vorgangsart

- **Status**: Anzeige von Vorgängen von einem oder mehreren Anwender- bzw. Systemstatus
- **Team**: Anzeige von Vorgängen, die keinem, einem oder dem Support-Team des Benutzers zugeordnet sind
- **Bearbeiter**: Anzeige von Vorgängen, die keinem, einem oder dem angemeldeten Benutzer als Bearbeiter*in zugeordnet sind
- **Meldender**: Anzeige von Vorgängen, die der Benutzer oder ein Mitglied seiner Organisation gemeldet hat

Widgets in anderen Szenarien

Die Widgets eignen sich sehr gut für ITSM-Vorgangsarten wie Meldungen, Serviceanforderungen oder Probleme, in denen die Partnerfunktionen **Meldender**, **Bearbeiter** und **Support-Team** zentrale Rollen darstellen. Genau diese Partnerfunktionen prüfen die genannten Widgets bei der Vorgangsübersicht. Für Vorgangsarten vom ChaRM und Anforderungsmanagement sind diese Widgets leider nur begrenzt zu gebrauchen. Lediglich das Widget **Meine Meldungen – mir zugeordnet** kann für diese Szenarien genutzt werden. Es liefert hier einen Überblick über die Vorgänge, denen der aktuelle Geschäftspartner der Partnerfunktion **Aktueller Bearbeiter** zugeordnet ist. Somit kann dieses Widget auch als Arbeitsvorrat für Change Manager, Entwicklerinnen, Tester oder IT-Operatorinnen verwendet werden. Während ein Change Manager jegliche Änderungsanträge sieht, für die seine Genehmigung aussteht, listet das Widget für eine Entwicklerin beispielsweise die Änderungsdokumente auf, die sich im Status **In Entwicklung** befinden.

Widgets konfigurieren

Sie können die Widgets an Ihre individuellen Bedürfnisse anpassen. Die entsprechende Customizing-Aktivität finden Sie im IMG unter folgendem Pfad:

Capabilities (Optional) • IT-Servicemanagement • Allg. Einstellungen • Meine-Meldungen-Widgets definieren

Definieren Sie im ersten Schritt die verschiedenen Filter, die Sie nutzen möchten, beispielsweise einen *Meldungstypfilter* mit den für Sie relevanten Vorgangsarten oder einen *Statusfilter*, der nur Vorgänge eines bestimmten Status anzeigt. Dies könnte auch ein kundeneigener Status sein, den Sie in einer Ihrer ITSM- oder ChaRM-Vorgangsarten ergänzt haben.

Im zweiten Schritt **Widget definieren** können Sie Ihre neu definierten Filter einem Widget zuordnen, nicht benötigte Filter ausblenden bzw. wichtige Filter einblenden (siehe Abbildung 4.42).

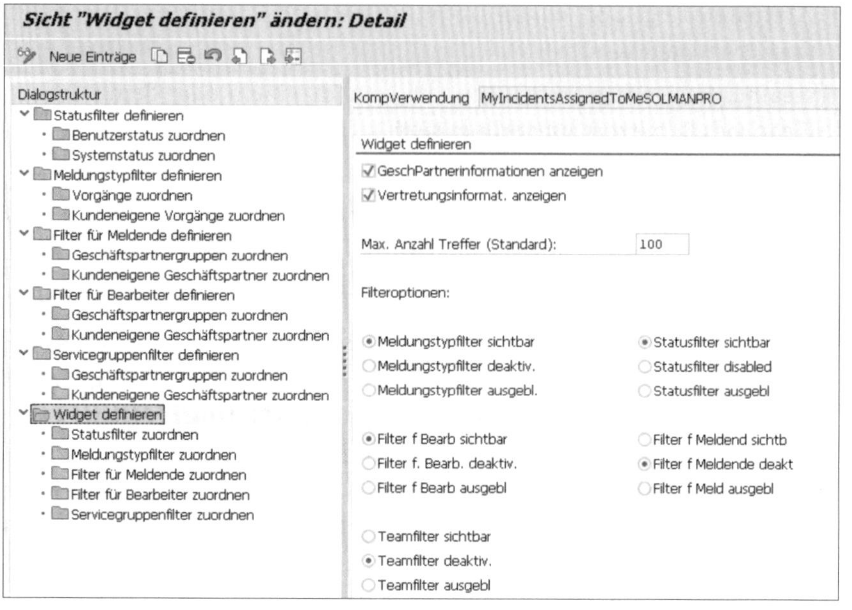

Abbildung 4.42 Customizing-Aktivität »Meine-Meldungen-Widgets definieren«

4.3.8 Zeiterfassung

Mit der *Zeiterfassung* im ITSM können Sie beispielsweise die für die Störungsbeseitigung aufgewendeten Zeiten erfassen. Durch diese Funktionalität sind Sie in der Lage, genau zu dokumentieren, welche Aktivität wie lange gedauert hat. Das heißt, Sie können z. B. zwischen der Zeit für Beratung, Analyse und Support unterscheiden. Diese Unterscheidung ist wichtig, da andere Kostenstellen dahinterstehen können. Aber auch für die Auswertung der Meldungen, Anforderungen oder Änderungsdokumente ist diese Funktion hilfreich. Darüber hinaus können Sie so analysieren, wie viel Zeit die verschiedenen Aktivitäten jeweils in Anspruch genommen haben.

Zeiten erfassen

Die Erfassung der Zeiten zeigen wir im Folgenden am Beispiel der Vorgangsart Meldung (`ZMIN`):

1. Öffnen Sie das CRM Web UI (Transaktion SM_CRM).
2. Rufen Sie über **IT-Servicemanagement • Suchen • Meldungen** eine vorhandene Meldung auf.
3. Im Zuordnungsblock **Zeiterfassung** können Sie über **Hinzufügen** neue Einträge für Ihre Zeiterfassung erstellen.
4. Wählen Sie den Aktivitätstypen aus, und vergeben Sie anschließend die Werte für **Beschreibung**, **Zeitaufwand** und **Bearbeiter** (siehe Abbildung 4.43).

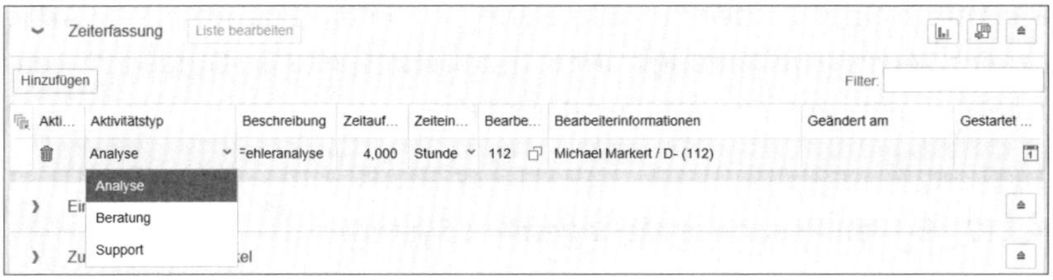

Abbildung 4.43 Zeiten erfassen

5. **Sichern** Sie Ihre Meldung.

Zeiten an das SAP Portfolio and Project Management übertragen

Sie können Zeiten, die Sie im ITSM des SAP Solution Managers erfasst haben, an das *SAP Portfolio and Project Management* (PPM) (siehe Kapitel 5, »Projektmanagement«) übergeben. Das heißt, die Zeiten, die Sie beispielsweise in einer Anforderung erfasst haben, werden an die jeweilige Projektaufgabe im SAP PPM übermittelt.

4.3.9 Guided Procedures

Kundeneigene Prozeduren

Mithilfe von eigenen *Guided Procedures* können Sie die Schritte und Teilschritte Ihrer Prozesse eines bestimmten Anwendungsbereichs unterstützen. Hierbei wird auf das gleiche Framework zugegriffen, das auch für die Guided Procedures in der Transaktion SOLMAN_SETUP verwendet wird.

Aktivitäten

In den einzelnen Schritten verwenden Sie manuelle und automatische Aktivitäten. Sie greifen dazu entweder auf von SAP ausgelieferte Aktivitäten zurück oder erstellen eigene, um Ihre Prozesse bestmöglich darzustellen. *Aktivitäten* sind beispielsweise das Ausführen hinterlegter Transaktionen oder die automatische Einplanung eines Jobs. Sie müssen während der Ausführung Ihrer Guided Procedure nur auf den Link für die automatische Ausführung klicken, um die Aktivität im Hintergrund auszuführen.

Schritte und Aktivitäten können Sie als **optional** oder **obligatorisch** kennzeichnen. Außerdem haben Sie die Möglichkeit, die Schrittreihenfolge zu erzwingen, die in vielen Prozessen sehr wichtig ist.

Zuordnungsblock »Guided Procedure« einblenden

Standardmäßig wird der Zuordnungsblock für Ihre Guided Procedures nicht in Ihren ITSM-Vorgängen angezeigt. Fügen Sie in der Viewkonfiguration Ihrer ITSM-Vorgangsart die Komponente `AIC_IM_GPTASKS` hinzu, um diesen Zuordnungsblock nutzen zu können.

Die Anlage einer Guided Procedure erfolgt über das Framework im Arbeitsbereich **Technische Administration**. In Abschnitt 10.9.5, »Guided Procedure Management«, gehen wir näher darauf ein.

4.3.10 E-Mail Response Management System

Incidents und Serviceanforderungen

Das *E-Mail Response Management System* (ERMS) des SAP Solution Managers ist Bestandteil des Incident Managements. Diese Funktionalität ermöglicht es, im SAP Solution Manager aus eingehenden E-Mails Incidents oder Serviceanforderungen zu erstellen. Dabei werden die E-Mails an eine zentrale E-Mail-Adresse, die im SAP Solution Manager hinterlegt ist, übermittelt. Die eigehenden E-Mails werden im SAP Solution Manager verarbeitet und in den zentral in das CRM Web UI integrierten Posteingang, die *Inbox*, gelegt (siehe Abbildung 4.44). Von dort aus können die Help-Desk-Mitarbeiter*innen entscheiden, ob aus der eingegangenen E-Mail eine Meldung oder eine Serviceanforderung angelegt werden soll.

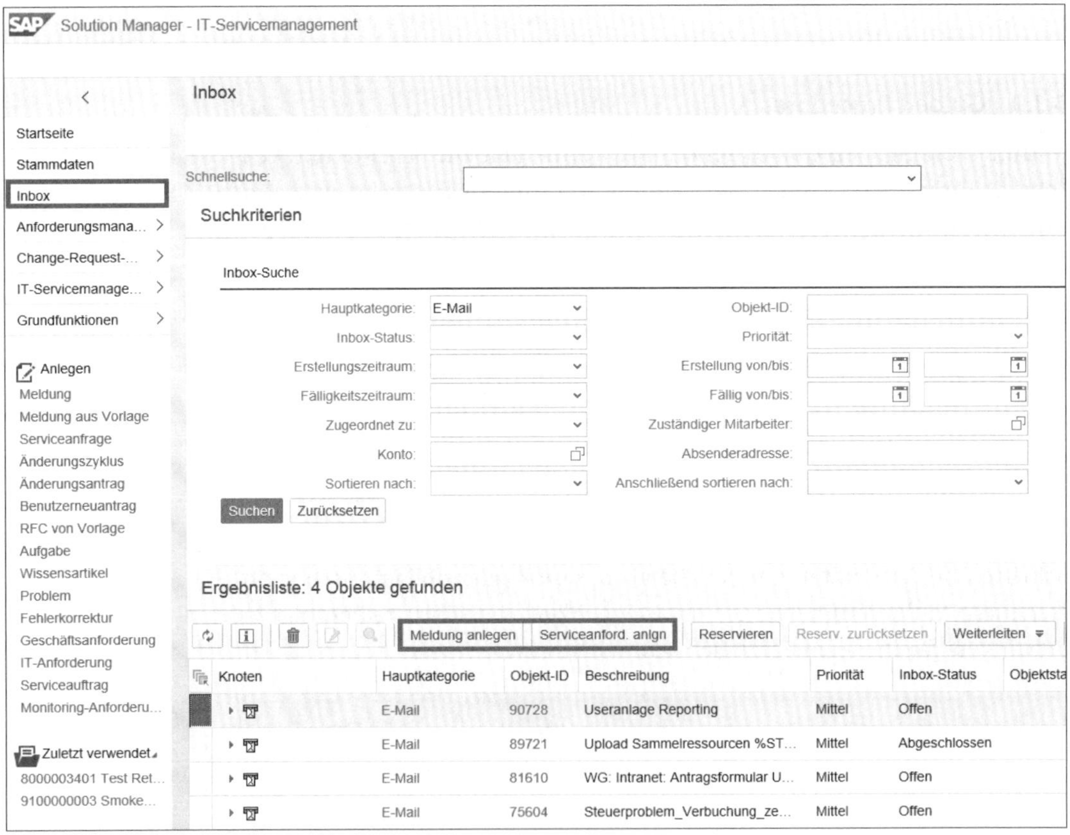

Abbildung 4.44 E-Mail-Eingang im CRM Web UI

Alle relevanten Informationen wie der Absender der E-Mail, der Text und etwaige Anhänge werden automatisch in den neuen Vorgang übernommen. Die ursprüngliche E-Mail finden Sie in dem Zuordnungsblock **Zugehörige Vorgänge** des jeweiligen Vorgangs (Incident oder Serviceanforderung). Für den Zugriff auf den zentralen E-Mail-Eingang im CRM Web UI ist die Bereichsstartseite **Inbox** standardmäßig für die Benutzerrollen SOLMANPRO sowie SOLMANDSPTCH verfügbar.

Konfiguration des ERMS

Informationen zur Konfiguration des ERMS finden Sie auf den folgenden Seiten des SAP-Community-Wikis sowie in SAP-Hinweis 940882:

- *http://s-prs.de/v561530*
- *http://s-prs.de/v561531*

4.3.11 Schwarzes Brett

Informationsfluss

Über das *Schwarze Brett* des ITSM können Sie Informationen und Notizen über Installationen oder Geschäftspartner erstellen und für die Endanwender*innen als *Informationsfluss* zur Verfügung stellen. In vielen Fällen gibt es zu einer Installation eines Kunden Sicherheits- oder dringende Hinweise. Um sicherzustellen, dass diese Informationen an den richtigen Stellen zur Verfügung stehen, können Sie die Funktionen des Schwarzen Bretts nutzen. Die Notizen können Sie einer vorher definierten Gruppe von Geschäftspartnern oder in bestimmten Vorgangsarten anzeigen lassen.

Aktivierung

Voraussetzung für die Nutzung des Schwarzen Bretts ist die Aktivierung der Business Function CRM_ITSM_BULLETINS in der Transaktion SFW5 (Switch Framework). CRM_ITSM_BULLETINS ist eine *reversible Business Function*. Das bedeutet, dass Sie diese wieder deaktivieren können, falls sie nicht mehr benötigt wird.

Notizen erfassen

Wie Sie Notizen für Ihr Schwarzes Brett erfassen, erläutern wir im Folgenden:

1. Navigieren Sie im CRM Web UI (Transaktion SM_CRM) wie folgt: **Stammdaten • Suche • Installationen**.
2. Suchen Sie mithilfe der Suchkriterien die gewünschte Installation, und rufen Sie diese aus der Ergebnisliste auf.
3. Lassen Sie sich die Zuordnungsblöcke **Eigene Kurzinfos** und **Zugehörige Kurzinfos** einblenden. Nutzen Sie hierfür die Funktion **Personalisieren** ( ).

4. Verschieben Sie die beiden Blöcke vom Bereich **Verfügbare Zuordnungsblöcke** in den Bereich **Angezeigte Zuordnungsblöcke**.
5. Wechseln Sie in den Zuordnungsblock **Eigene Kurzinfos**, um neue Hinweise anzulegen und diese anzusehen. Klicken Sie auf **Zugehörige Kurzinfos**, wenn Sie alle für das betreffende Stammdatum oder den betreffenden Vorgang relevanten Kurzinfos einsehen möchten.
6. Im Block **Eigene Kurzinfos** klicken Sie auf die Schaltfläche **Neu**, um eine neue Information zu pflegen. Daraufhin öffnet sich die Pflegemaske für Kurzinfos (siehe Abbildung 4.45).

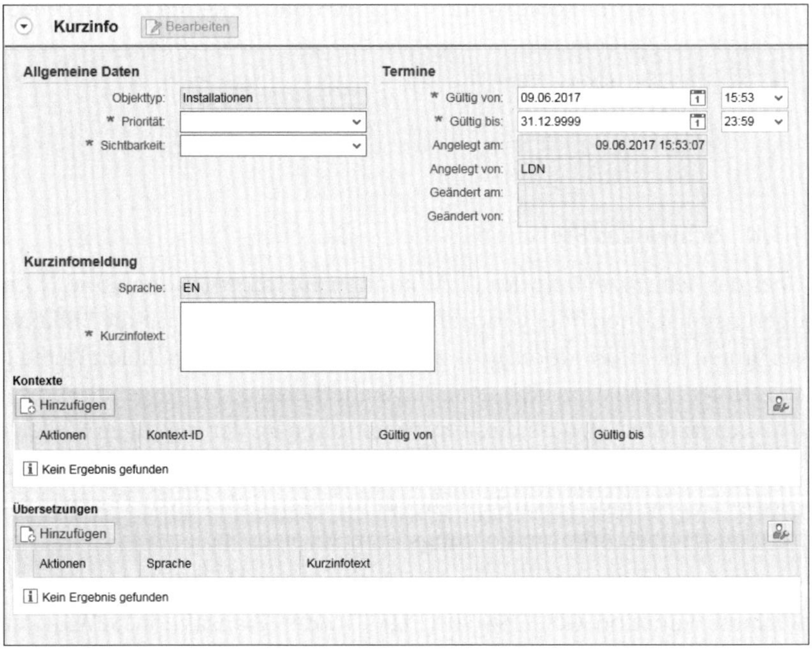

Abbildung 4.45 Eine Kurzinfo erstellen

7. Legen Sie neben der **Priorität** der Information auch die **Sichtbarkeit** fest. Diese bestimmt, wem die erstellte Kurzinfo angezeigt wird. Außerdem können Sie die Anzeige der Hinweise zeitlich steuern, indem Sie die Gültigkeit pflegen.
8. Zusätzlich können Sie **Kontexte** und **Übersetzungen** ergänzen.
9. Geben Sie abschließend den gewünschten Text in das Feld **Kurzinfotext** ein, und **Sichern** Sie die erstellten Daten.

4.3.12 Abonnement

Mit der Funktion *Abonnement* bietet das ITSM des SAP Solution Managers eine Möglichkeit, stets über Änderungen bzw. Aktualisierungen in einem abonnierten Geschäftsvorgang informiert zu werden. Sie können Ihre Abonnements an verschiedene Bedingungen knüpfen. Sollten Sie sich z. B. nur für Serviceanforderungen, die eine hohe bis sehr hohe Dringlichkeit besitzen, interessieren, können Sie dies in Ihrem Abonnement einstellen. Sie werden also nur informiert, wenn Serviceanforderungen mit entsprechender Dringlichkeit erzeugt wurden. Aber nicht nur das Abonnieren von kompletten Vorgangsarten ist möglich, Sie können auch einzelne Meldungen oder Serviceanforderungen auswählen.

Geschäftsvorgang abonnieren

Sie abonnieren einen Geschäftsvorgang wie folgt:

1. Öffnen Sie den Geschäftsvorgang im CRM Web UI.
2. Wählen Sie **Mehr • Abonnieren/Abbestellen**, um für den ausgewählten Vorgang ein Abonnement zu erstellen, wie in Abbildung 4.46 gezeigt.

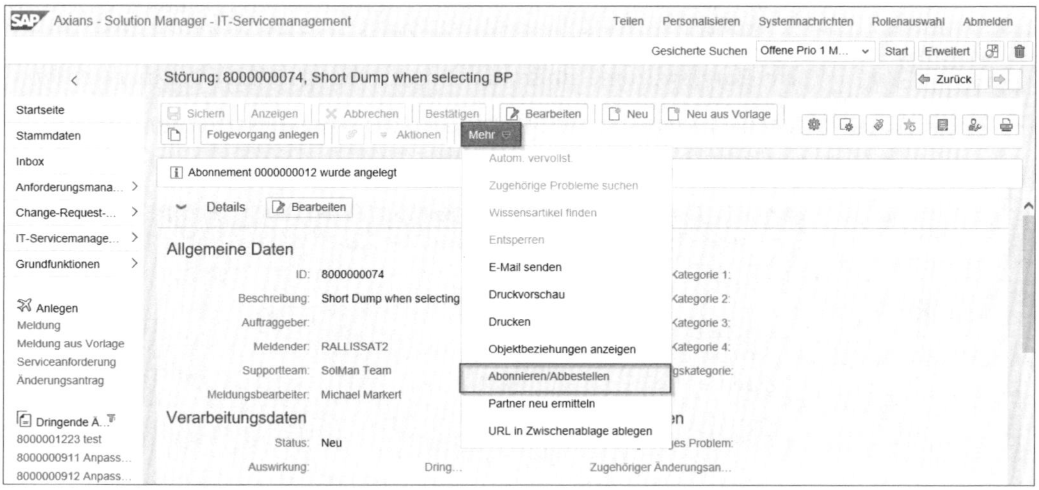

Abbildung 4.46 Meldung abonnieren

> **Abonnementfunktion aktivieren**
>
> Damit Sie im ITSM Abonnements nutzen können, müssen Sie die Business Function `CRM_ITSM_ALERTS` aktivieren. Diese Funktion ist reversibel und somit auch wieder ausschaltbar. Zusätzlich müssen Sie für Ihre Vorgangsarten Vorschlagswerte für direktes Abonnieren definieren. Die entsprechende Customizing-Aktivität finden Sie im IMG unter folgendem Pfad:

Customer Relationship Management • Vorgänge • Einstellungen für Serviceanforderungen • Benachrichtigungs-Framework • Vorschlagswerte für direktes Abonnieren definieren

4.3.13 Meldungsvorlage

Die Anlage von Incidents oder anderen Vorgangsarten nimmt oft sehr viel Zeit in Anspruch. Sie müssen sich jedes Mal erneut Gedanken machen, mit welchen Werten Sie die Felder füllen. Wenn Ihre Mitarbeiter*innen regelmäßig sehr ähnliche oder gleiche Meldungen erzeugen, sind *Meldungsvorlagen* ein gutes Hilfsmittel, um die zur Meldungserstellung aufgewendete Zeit zu minimieren. Auch für neue Mitarbeiter*innen oder Anwender*innen, die zum ersten Mal einen bestimmten Vorgang anlegen, können Meldungsvorlagen hilfreich sein.

Werte vorbelegen

Die Meldungsvorlage belegen Sie bei ihrer Erstellung initial mit passenden Werten vor. Nun müssen die Anwender*innen nur noch die richtige Vorlage auswählen und finden eine fast fertige Meldung vor. Lediglich spezifische Daten wie eine eindeutige Beschreibung müssen ergänzt werden.

Vorgangsarten

Tabelle 4.3 listet die wichtigsten Vorlagevorgangsarten für Ihre ITSM-Vorgangsarten auf.

Vorgangsart	Vorgangsart (technisch)	Vorlagenvorgangsart
Meldung	SMIN	SMIT
Serviceanforderung	SMRQ	SMRT
Wissensartikel	KNAR	KNAT
Problem	SMPR	SMPT

Tabelle 4.3 Verfügbare Vorgangsarten

Vorlage erstellen

Wir zeigen Ihnen im Folgenden, wie Sie eine Vorlage für eine Störung (Vorgangsart `SMIT`) erstellen und diese anschließend nutzen, um daraus eine Meldung (Vorgangsart `SMIN`) anzulegen:

1. Rufen Sie das CRM Web UI auf.
2. Klicken Sie auf **IT-Servicemanagement • Anlegen • Störungsvorlage**.
3. Wählen Sie anschließend die Vorlagenvorgangsart `SMIT`. Da diese als Vorlage für die Störung dient, sind die Pflegemasken der Störung und die der Störungsvorlage so gut wie identisch.

4. Pflegen Sie nun alle Werte, die Ihre Vorlage enthalten und an die Störung weitergeben soll. Beenden Sie die Anlage, indem Sie die Vorlage **Sichern**.

Meldung mit Vorlage anlegen

Die Störungsvorlage wurde erfolgreich angelegt und steht für die Nutzung zur Verfügung. Auf Basis dieser Vorlage können Sie auf verschiedenen Wegen die Anlage einer Meldung starten. Alle Möglichkeiten gehen von der Startseite des CRM Web UI als Startpunkt aus:

- Klicken Sie in der Anwendung **IT-Servicemanagement • Meldungen** auf die Schaltfläche **Neu aus Vorlage**. Diese finden Sie im Block **Ergebnisliste**. Anschließend müssen Sie die richtige Vorlage auswählen.
- Auf der Startseite können Sie im Bereich **Anlegen** direkt auf **Meldung aus Vorlage** klicken, um den Prozess zu starten.
- Während der Neuanlage oder der Bearbeitung einer Meldung können Sie in der Funktionsleiste die Schaltfläche **Neu aus Vorlage** auswählen. Auch hier werden Sie wieder zur Auswahl der richtigen Vorlage aufgefordert.
- In der Anwendung **IT-Servicemanagement • Suchen • Störungsvorlage** suchen Sie Ihre Störungsvorlage und klicken diese an. Nun können Sie in der Funktionsleiste auf **Folgevorgang anlegen** klicken und die Vorgangsart `SMIN` auswählen.

4.3.14 Vertreterregelung

Wie in Abschnitt 4.1.1, »CRM Web UI«, gezeigt, können Sie auf der Startseite des CRM Web UI alle Meldungen, die Ihnen oder Ihrem Support-Team zugeordnet sind, sehen. Durch diese Übersicht ist für Sie zu jeder Zeit ersichtlich, für welche Meldungen Sie aktuell zuständig sind.

Vertretung bei Krankheit oder Urlaub

Wenn Sie beispielsweise aufgrund von Krankheit oder Urlaub nicht in der Lage sind, Ihre Meldungen zu bearbeiten, ist es sinnvoll, die Ihnen zugeordneten Vorgänge einem Vertreter zu übergeben. Hierfür gibt es die sogenannte *Vertreterregelung*. In dieser legen Sie fest, welcher Geschäftspartner Sie vertreten soll, wenn Sie nicht vor Ort sind. Dieser erhält dann zusätzlich zu seinen eigenen Tickets alle Meldungen, die Ihnen zugeordnet sind. Umgekehrt können Sie auch für eine Kollegin oder einen Kollegen die Vertretung übernehmen, um deren Meldungen während der Abwesenheit zu bearbeiten.

Vertretungen konfigurieren

Sie können die Vertretungen wie folgt konfigurieren:

1. Öffnen Sie das CRM Web UI.
2. Wählen Sie im Zuordnungsblock **Meine Meldungen** unter der Ergebnisliste den Link **Vertreter verwalten** aus.

3. Nun öffnet sich die Anwendung zur Pflege der Vertretungen in einem neuen Fenster (siehe Abbildung 4.47).

Abbildung 4.47 Vertreterverwaltung

4. Im Zuordnungsblock **Geschäftspartner, die mich vertreten** pflegen Sie Ihre Vertretung, wenn Sie z. B. im Urlaub sind. Der Block **Geschäftspartner, die ich vertrete** enthält alle Benutzer, die Sie vertreten.
5. Nachdem Sie alle Geschäftspartner gepflegt haben, können Sie die Vertretungen noch mit einer Gültigkeit versehen. Für Kolleg*innen, die Sie beispielsweise im Urlaub vertreten, können Sie hier das genaue Start- und Enddatum ergänzen.

[+]

Erweiterte Funktionen aktivieren

Möchten Sie die Vertreterregelung auch für die Verwaltung von Änderungsanträgen nutzen, empfehlen wir Ihnen die Aktivierung der erweiterten Funktionen. Wenn diese aktiviert sind, können Sie Ihrer Vertretung u. a. erlauben, Änderungsanträge zu genehmigen oder abzulehnen. Die Aktivierung erfolgt unter folgendem Customizing-Pfad:

SAP Solution Manager • Capabilities (Optional) • Change-Control-Management • Vorgänge • Genehmigungen • Erweiterte Funktionen für Genehmigungsvorgänge aktivieren

4.3.15 Kunden-Surveys

In Schritt 2 der Grundkonfiguration haben wir die Funktion der Kunden-Surveys bereits kurz vorgestellt (siehe Abschnitt 4.2.1, »Grundkonfiguration des IT-Servicemanagements«). Sie können sich damit ein Feedback zu Ihrer Support-Arbeit bei Kund*innen und Kolleg*innen einholen. Ein Beispiel für einen solchen Fragebogen sehen Sie in Abbildung 4.48.

Abbildung 4.48 Beispiel für einen kundenspezifischen Fragebogen

Kunden-Survey anlegen

Über den folgenden Customizing-Pfad können Sie kundenspezifische Fragebögen anlegen:

Customer Relationship Management • Vorgänge • Einstellungen für Serviceanforderungen • Fragebögen • Surveys definieren

Voraussetzungen für Kunden-Surveys

Bevor Sie mit der Survey-Suite arbeiten können, sollten Sie zunächst folgende zwei Tätigkeiten ausführen:

1. Zuerst müssen Sie Ihren VM-Container (eine Komponente, die mit dem SAP-NetWeaver-Server ausgeliefert wird) aktivieren. Folgen Sie hierfür den Anweisungen in SAP-Hinweis 854170.
2. Richten Sie sich anschließend nach den Anweisungen in SAP-Hinweis 1653734. Hier wird beschrieben, wie Sie den CRM-Application-Tool-Server (CAT-Server) konfigurieren.

4.3.16 PPF-Aktionen

Aktionsdefinition

Die Aktivitäten innerhalb eines Vorgangs werden über Aktionsdefinitionen innerhalb des Post Processing Frameworks (PPF) bestimmt (siehe auch »Teilschritt 2: PPF-Aktionen definieren« in Abschnitt 4.2.1, »Grundkonfiguration des IT-Servicemanagements«). Über eine solche Aktionsdefinition in der Transaktion CRMC_ACTION_DEF legen Sie genau fest, wie eine Aktivität ausgeführt werden soll. Sie können dabei Folgendes bestimmen:

- zu welchem Zeitpunkt eine Aktion verarbeitet werden soll (beim Sichern des Belegs, sofort oder nach Ausführung eines Selektionsreports)
- über welchen Regeltyp (BAdI oder als Workflow-Bedingung) die Bedingungen erstellt werden sollen, die bestimmen, dass eine Aktion erfolgen soll
- ob die Aktion partnerabhängig ist (wie eine E-Mail an einen Geschäftspartner, der einer bestimmten Partnerfunktion zugeordnet wurde)
- wie oft die Aktion ausgeführt werden soll
- welche Aktion genau ausgeführt werden soll (*Verarbeitungsart*)

Verarbeitungsarten

Folgende Verarbeitungsarten können Sie Ihrer Aktion hinzufügen:

- Alert auslösen
- externe Kommunikation
- Methodenaufruf
- Smart Forms Druck
- Smart Forms Fax
- Smart Forms Mail
- Workflow

Abbildung 4.49 zeigt die Pflege der Verarbeitungsarten einer Aktionsdefinition. In diesem Beispiel wird der Methodenaufruf als Verarbeitungsart gewählt. Sie können an dieser Stelle eine vorhandene Standardmethode verwenden, die beispielsweise den Versand von HTML-E-Mails abwickelt. Über die Wertehilfe des Felds **Methode** können Sie nach bereits vorhandenen Methoden suchen. Alternativ können Sie Ihre eigene Logik in einer selbst entwickelten Methode nutzen. Legen Sie diese Methode hierfür über die Anlageschaltfläche ( ) an.

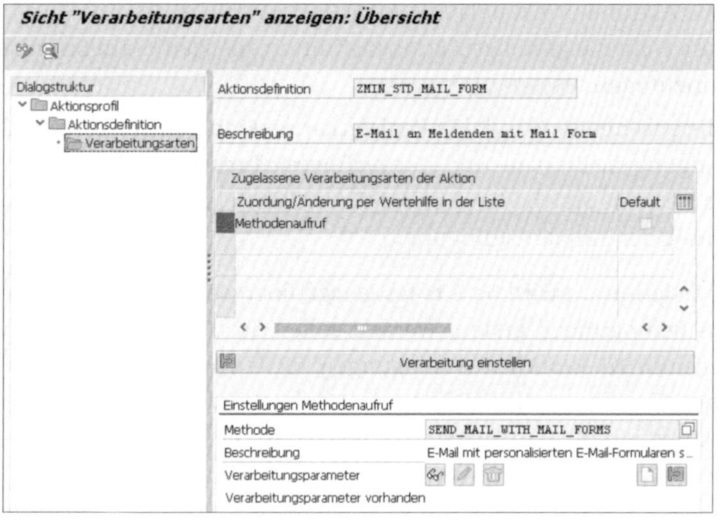

Abbildung 4.49 Verarbeitungsarten innerhalb einer Aktionsdefinition hinzufügen

Bedingungskonfiguration

Innerhalb der *Bedingungskonfiguration* (Transaktion CRMC_ACTION_CONF) legen Sie für Ihre Aktionsdefinitionen fest, zu welchen Zeitpunkten diese eingeplant und gestartet werden sollen (siehe Abbildung 4.50).

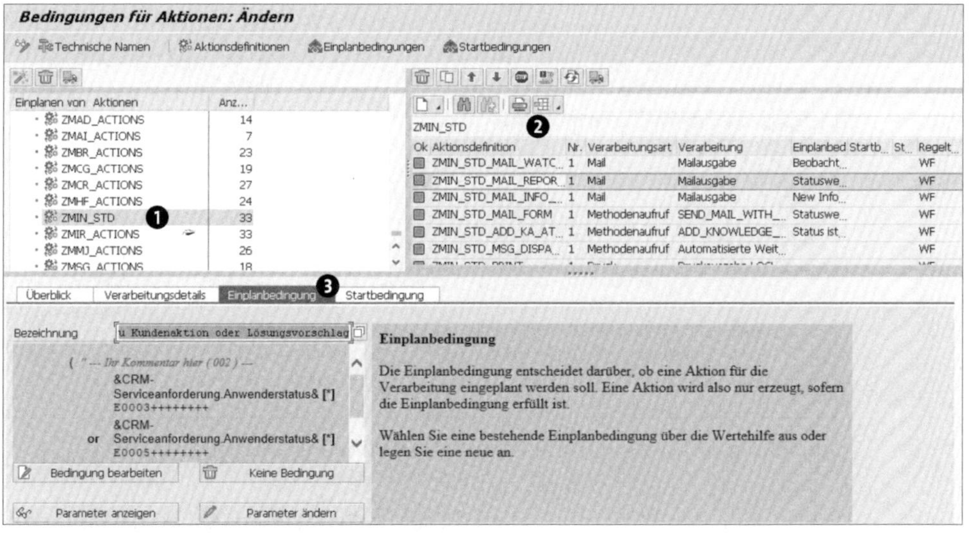

Abbildung 4.50 Bedingungskonfiguration

❶ Zunächst wählen Sie links in der Spalte **Einplanen von Aktionen** Ihr Aktionsschema aus. Ein Schema entspricht einer Sammlung von Aktionen und ist einer Vorgangsart zugeordnet.

❷ Damit eine Aktion korrekt ablaufen kann, müssen Sie in der Tabelle auf der rechten Seite die jeweilige Aktionsdefinition, die zu diesem Schema gehört, hinzufügen.

❸ Pflegen Sie anschließend auf den Registerkarten **Einplanbedingung** und **Startbedingung** die Einplan- und Startbedingung für die ausgewählte Aktion. Falls Sie keine Startbedingung definieren, startet die PPF-Aktion mit der Erfüllung der Einplanbedingung.

Regeltypen

In der Aktionsdefinition wird bereits festgelegt, über welchen *Regeltyp* die zugehörigen Bedingungen erstellt werden sollen. In den meisten Fällen wird der Regeltyp **WF Workflow Bedingungen** verwendet. Über diesen Regeltyp können Sie anhand einer Reihe von Attributen wie dem Anwenderstatus, der Priorität oder dem Meldenden sowie mithilfe logischer Operatoren einfache und auch komplexe Bedingungsketten definieren (siehe Abbildung 4.51).

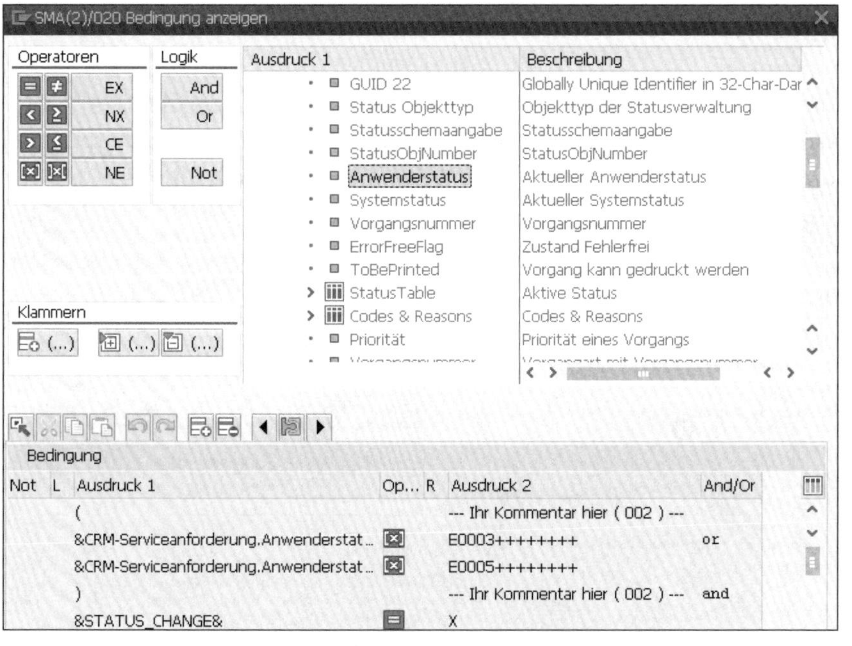

Abbildung 4.51 Bedingung als Workflow-Bedingung anlegen

Falls Ihnen der SAP-Standard an dieser Stelle nicht ausreicht, da Sie möglicherweise kundeneigene Attribute innerhalb Ihrer Bedingung berücksichtigen möchten, können Sie den Regeltyp **COD Bedingungen über Business Add-In (BAdI)** nutzen. Mithilfe der zwei BAdIs EVAL_STARTCOND_PPF (Startbedingung) und EVAL_SCHEDCOND_PPF (Einplanbedingung) können Sie Ihre eigene Logik für die Einplanung und den Start Ihrer Aktionen programmieren.

> **Automatische E-Mail an den oder die Meldungsbearbeiter*in**
>
> Mit Aktionen und Bedingungen können Sie beispielsweise steuern, dass eine automatische E-Mail im Format HTML oder Smart Form an einen Geschäftspartner gesendet wird, sobald eine neue Meldung angelegt wird. Der Geschäftspartner muss dabei der Partnerfunktion **Meldungsbearbeiter** zugeordnet sein. Die Bedingung, die erfüllt sein muss, damit die Aktion ausgelöst wird, ist der Status **Neu** der Meldung.

4.3.17 Reportingfunktionen

In diesem Abschnitt stellen wir verschiedene Reportingmöglichkeiten vor, die in die ITSM-Anwendung integriert sind.

Auswertungen innerhalb der Ergebnisliste

Diagramme

Innerhalb der Ergebnisliste jeder Suchseite haben Sie die Möglichkeit, Ihre gefundenen Ergebnisse abhängig von einem bestimmten Merkmal wie der Priorität oder dem Status in einem Balken- oder Kreisdiagramm zu visualisieren. Klicken Sie hierzu in der oberen rechten Ecke Ihrer Ergebnisliste auf das Symbol **Diagramm öffnen** ( ). In Abbildung 4.52 wurde ein Kreisdiagramm ausgewählt, das die gefundenen Meldungen nach dem Merkmal **Priorität** unterscheidet und aufbereitet.

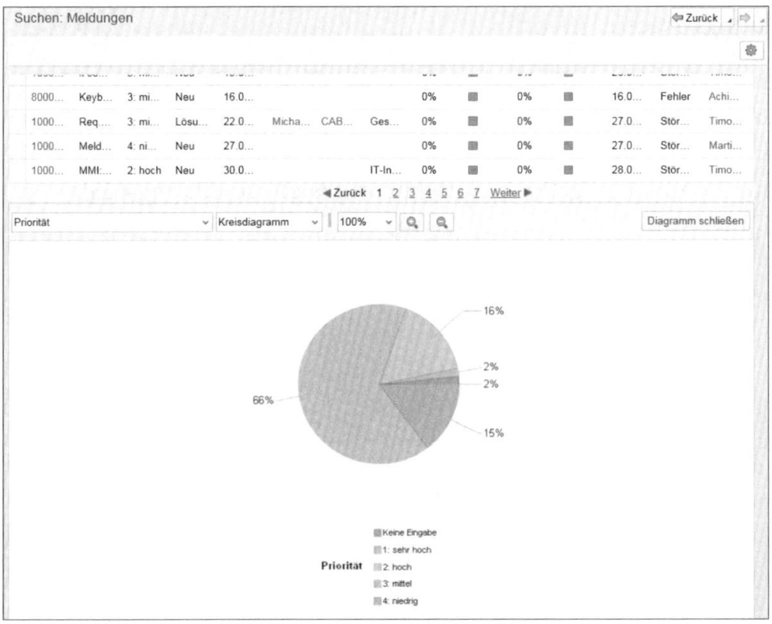

Abbildung 4.52 Diagramm innerhalb der Ergebnisliste

Die Ergebnisliste passt sich automatisch an, sobald Sie einen Bereich des Diagramms auswählen. Wenn Sie also beispielsweise den Teil des Kreisdiagramms auswählen, der die Meldungen mit hoher Priorität repräsentiert, werden in der darüberstehenden Ergebnisliste auch nur die Meldungen mit hoher Priorität angezeigt.

Analysen und Dashboards

ITSM Analytics

Darüber hinaus bietet der SAP Solution Manager mit den *ITSM-Analytics-Anwendungen* Auswertungsmöglichkeiten basierend auf dem in den SAP Solution Manager integrierten SAP-BW-System an. Nach der Zuweisung entsprechender Berechtigungsrollen können Anwender*innen auf ihre Rollen zugeschnittene, Dashboard-basierte Auswertungen durchführen.

Dashboards

Mithilfe der Dashboards können Sie Meldungen, Probleme oder Vorgänge aus dem ITSM bzw. ChaRM auswerten. Folgende Auswertungsfunktionen stehen Ihnen zur Verfügung:

- Meldungs- und Problem-Dashboard
- Meldungs- und Änderungs-Dashboard
- Meldungs-Dashboard
- Serviceanfrage-Dashboard
- Serviceauftrags-Dashboard
- Change-Control-Management-Analysen
- Meldungs-Trace

Zugriff über Launchpad

Über das SAP Solution Manager Launchpad (Transaktion SM_WORKCENTER) können Sie auf diese Analysen und Dashboards zugreifen. Hier finden Sie den Bereichen **IT-Servicemanagement** oder **Change Management** Kacheln für die zuvor aufgelisteten Dashboards (siehe Abbildung 4.53).

Abbildung 4.53 Zugriff auf Dashboards über das SAP Solution Manager Launchpad

Meldungs-Trace

Das Dashboard *Meldungs-Trace* (siehe Abbildung 4.54) kann den kompletten Lebenszyklus von Meldungen anzeigen. Das Trace wird für eine oder mehrere Meldungen gestartet. Abhängig davon, welcher Vorgang in der Anwendung verbunden wird, werden in der Rückverfolgbarkeitsmatrix der Dokumentenfluss sowie die Beziehungen zwischen den Vorgängen angezeigt. Somit können Sie über dieses Dashboard folgende Informationen zur ausgewählten Meldung auslesen:

- Details zu der selektierten Meldung, wie Priorität, Support-Team oder Konfigurationselement
- Zugehörige Vorgänge wie ein Problem, Änderungsantrag oder Änderungsdokument
- dem Änderungsdokument zugeordnete Transportaufträge

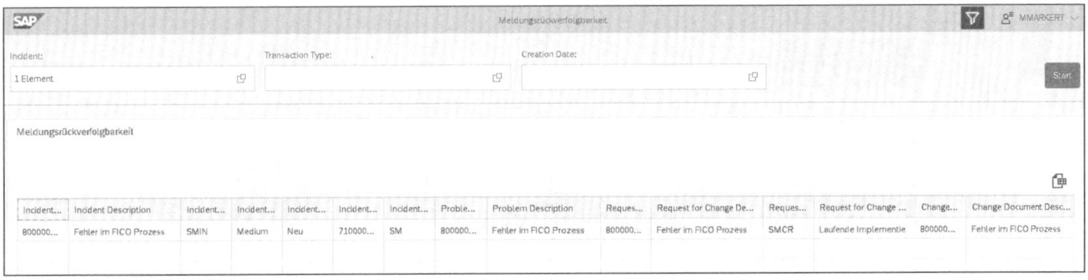

Abbildung 4.54 Meldungs-Trace-Dashboard

Meldungs-Dashboard

Das *Meldungs-Dashboard* gibt Ihnen einen guten Überblick über Ihre Meldungen bzw. Tickets. Sie können dem Dashboard beispielsweise folgende Informationen entnehmen (siehe Abbildung 4.55):

- angelegte Meldungen
- offene Meldungen
- Anzahl der Meldungen, bei denen die IRT (Initial Response Time bzw. Erstreaktionszeit) oder MPT (Maximum Process Time bzw. maximale Bearbeitungszeit) überschritten wurde (siehe auch Abschnitt 4.4.6, »Service Level Management«)
- durchschnittliche Anzahl beteiligter Teams
- Top-5-Kategorien offener Meldungen
- Aufteilung offener Meldungen nach Support-Teams
- Historientrends offener Meldungen pro Support-Team

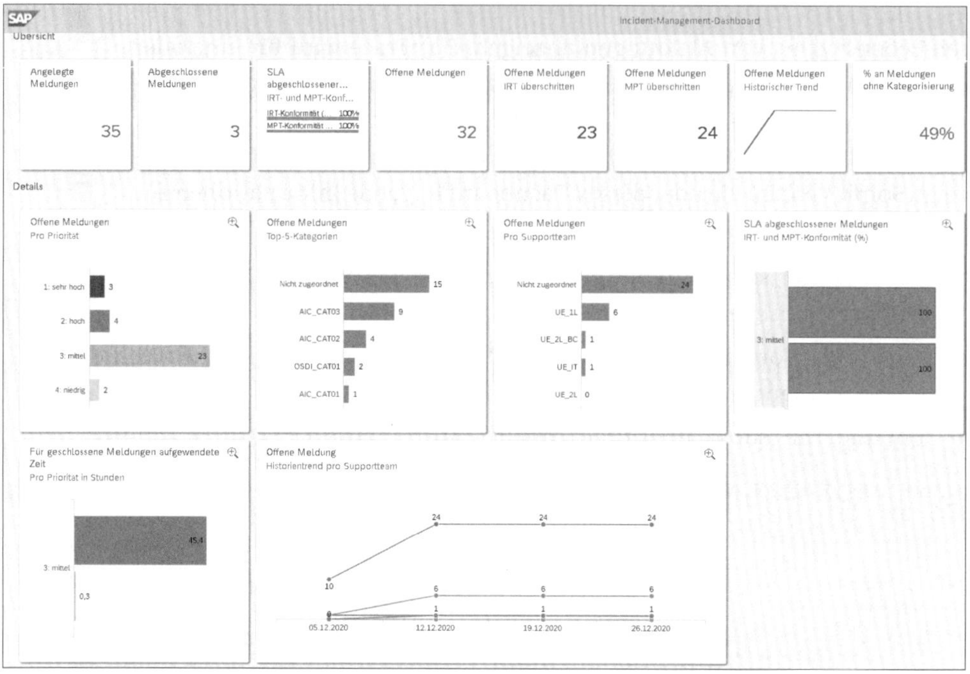

Abbildung 4.55 Meldungs-Dashboard

Grundkonfiguration

Welche Vorgangsarten für die Auswertungen im ISTM herangezogen werden sollen, bestimmen Sie in der Grundkonfiguration des SAP Solution Managers (Transaktion SOLMAN_SETUP). Dazu müssen folgende Konfigurationsschritte bearbeitet werden:

- Schritt 3, **SAP BW einrichten**, im Szenario Infrastrukturvorbereitung (siehe Abschnitt 2.2.2, »Infrastrukturvorbereitung«)
- Schritt 5, **BW-Reporting konfigurieren**, im Szenario ITSM (siehe Abschnitt 4.2.1, »Grundkonfiguration des IT-Servicemanagements«)
- Schritt 7, **Reporting definieren**, im Szenario ChaRM (siehe Abschnitt 7.2.2, »Grundkonfiguration des Change Request Managements«)

4.4 Prozesse im IT-Servicemanagement

Nachdem Sie die wichtigsten Funktionen und Einstellungen kennengelernt haben, zeigen wir Ihnen, welche Prozesse Sie mit dem ITSM umsetzen können und wie Sie zur Einrichtung dieser Prozesse vorgehen. Das ITSM in SAP Solution Manager 7.2 gibt Ihnen diverse Szenarien zur Unterstützung Ihrer IT-Prozesse an die Hand. Die folgenden Abschnitte beschreiben eine Auswahl der wichtigsten Szenarien.

4.4.1 Incident Management

Dieser Abschnitt beschreibt den ITIL-Prozess *Incident Management*. Zunächst stellen wir die Stammdaten vor, die notwendig sind, um diesen Prozess zu nutzen. Dann erläutern wir die verschiedenen Wege zur Meldungserstellung und stellen einen Beispielprozess dar. Zum Abschluss zeigen wir, wie Sie ein Help-Desk-Tool eines Drittanbieters anbinden können.

Über den Incident-Management-Prozess können Sie Störungen (*Incidents*), die von Endanwender*innen oder einem Monitoring-Service gemeldet werden und einen Ihrer Geschäftsprozesse oder eines Ihrer Systeme betreffen, bearbeiten und beheben. Bearbeitet werden diese Störungen dabei gewöhnlich vom Support-Team Ihres Help-Desks.

Stammdaten anlegen

Geschäftspartner

Bevor Anwender*innen in das ITSM involviert werden können, müssen zunächst *Geschäftspartner* angelegt werden. Jeder SAP-Benutzer, der an diesen Prozessen beteiligt ist, wird mit einem Geschäftspartner verknüpft. Die Anwender*innen interagieren über diese Geschäftspartner miteinander.

Der Geschäftspartner beinhaltet Kontaktinformationen wie Name, Adresse, Telefonnummer und E-Mail-Adresse (siehe Abbildung 4.56). Auch Beziehungen wie die Zugehörigkeit zu einer Support-Gruppe werden im Geschäftspartner hinterlegt.

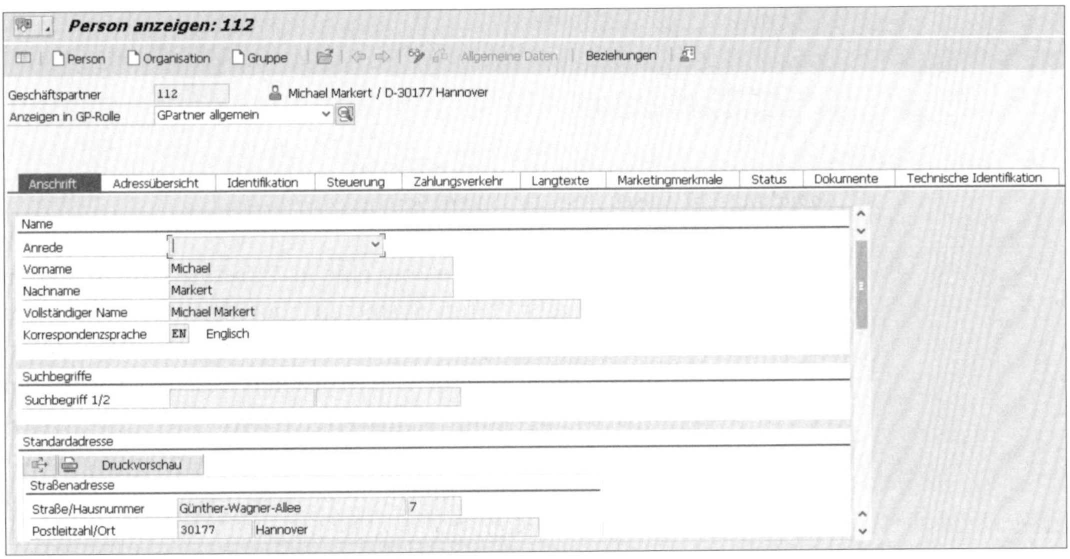

Abbildung 4.56 Informationen zu einem Geschäftspartner

Geschäftspartner anlegen

Geschäftspartner für den SAP Solution Manager können Sie über die Transaktion BP_USER_GEN anlegen und aktualisieren (siehe Abbildung 4.57).

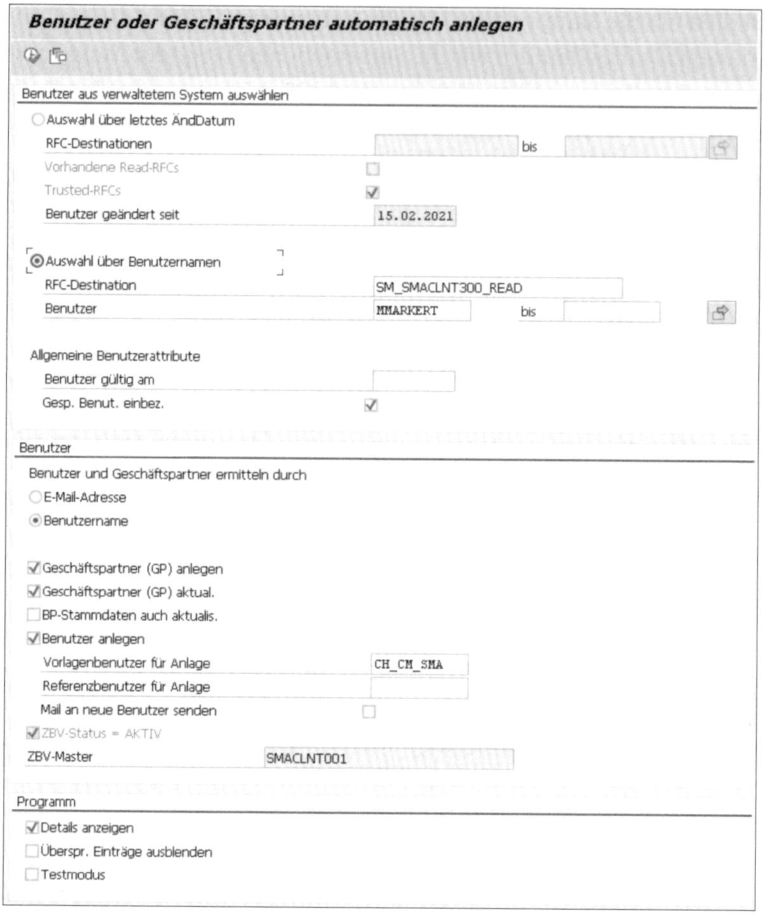

Abbildung 4.57 Geschäftspartner generieren

Über diese Transaktion können Sie über eine RFC-Destination auf die Benutzerdaten in Ihren verwalteten Systemen zugreifen. Anhand dieser Daten können Sie die Geschäftspartner und Benutzer auf dem SAP Solution Manager automatisch generieren bzw. aktualisieren lassen. Aktualisieren Sie Ihre Geschäftspartner über diese Transaktion mehrfach unter der Angabe der READ-RFC-Destinationen Ihrer verwalteten Systeme. Durch jede Aktualisierung werden die Identifikationsnummern der Geschäftspartner im SAP Solution Manager erweitert (siehe Abbildung 4.58). Damit ist ein Geschäftspartner nicht nur eindeutig mit dem zugehörigen SAP-Benutzer im SAP Solution Manager, sondern auch mit dem SAP-Benutzer der verwalteten Systeme verknüpft.

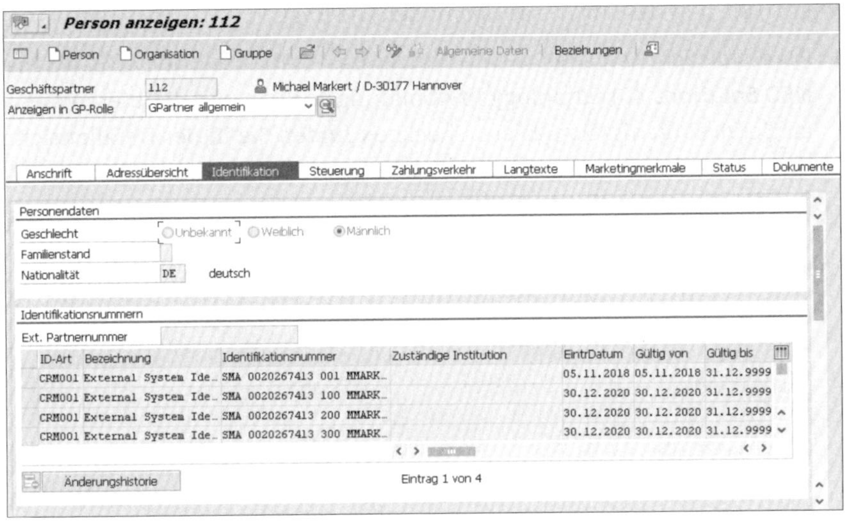

Abbildung 4.58 Identifikationsnummern der Geschäftspartner

Die Generierung und Aktualisierung der Geschäftspartner ist notwendig, um beispielsweise die Anlage von Meldungen direkt aus dem SAP GUI der verwalteten Systeme über die Funktion **Hilfe • Support Meldung erfassen** zu ermöglichen.

Organisationsmodell

Damit Sie Ihre Support-Mitarbeiter*innen zu Support-Teams zuordnen können, müssen Sie darüber hinaus im SAP Solution Manager das *Organisationsmodell* Ihrer Support-Abteilung pflegen. Dies können Sie mit der Benutzerrolle SOLMANPRO bzw. einer entsprechenden kundeneigenen Administrationsbenutzerrolle durchführen. Wählen Sie dazu **Grundfunktionen • Suche • Organisationsmodell**. Abbildung 4.59 zeigt die Ansicht zur Pflege eines Organisationsmodells.

Abbildung 4.59 Organisationsmodell pflegen

Organisationsmodell pflegen

Pflegen Sie hier das Organisationsmodell wie folgt:

1. Als ersten Schritt legen Sie eine Wurzelorganisationseinheit (z. B. **Axians NEO Solutions & Technology** in Abbildung 4.59) an und definieren diese als **Serviceorganisation**. Diese Checkbox finden Sie in der Detailansicht Ihrer Wurzelorganisationseinheit, die Sie per Klick auf den entsprechenden Knoten öffnen (siehe Abbildung 4.60).

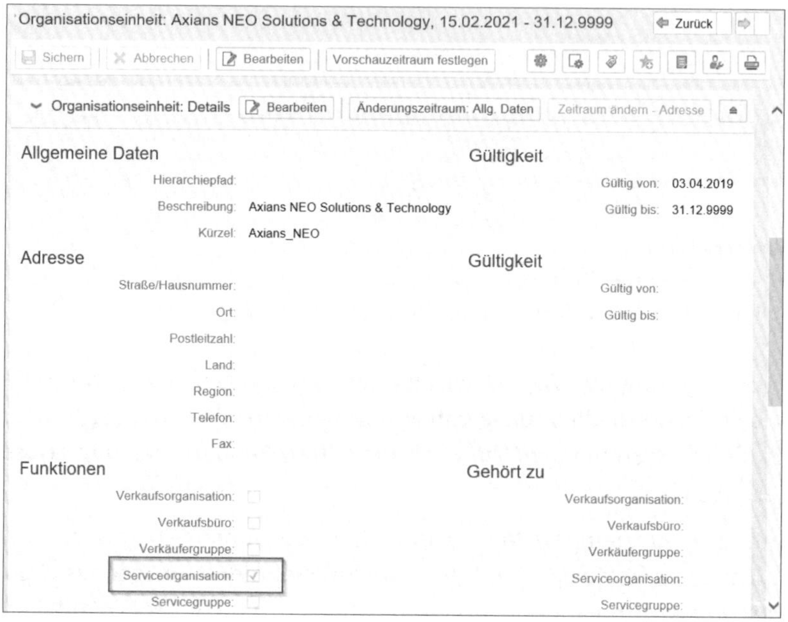

Abbildung 4.60 Checkbox »Serviceorganisation«

2. Legen Sie für jedes Ihrer Support-Teams eine Organisationseinheit an (z. B. **SolMan Team** in Abbildung 4.59). Kennzeichnen Sie diese Organisationseinheiten als **Servicegruppe**.

[»]

Support-Team automatisch ermitteln

Wenn Sie im Detailabschnitt **Ermittlung der Orgeinheit erlauben** zusätzlich die Checkbox **Service** auswählen, wird eine automatische Ermittlung des Support-Teams ermöglicht. So können Sie beispielsweise Ihr Support-Team anhand der SAP-Komponente oder mithilfe einer mehrstufigen Kategorisierung (siehe Abschnitt 4.3.1) automatisch ermitteln lassen. An dieser Stelle ist jedoch eine weitere Konfiguration notwendig.

3. Unterhalb Ihrer Organisationseinheiten legen Sie *Planstellen* an. An dieser Stelle können Sie z. B. eine Leiterplanstelle (Checkbox **Leiter der Organisationseinheit**) sowie eine Planstelle für das Team erstellen.

4. Ordnen Sie entweder Benutzer oder Geschäftspartner den zuvor angelegten Planstellen zu.

[!]

Reihenfolge der Zuweisung

Beachten Sie, dass die eben geschilderte Reihenfolge eingehalten werden muss. Die Zuordnung einer Mitarbeiterin oder eines Mitarbeiters direkt zu einer Organisationseinheit ist nicht möglich.

Meldungsbearbeiter*in auswählen

Damit haben Sie Ihre Support-Mitarbeiter*innen einem oder mehreren Support-Teams zugeordnet. Wenn Sie nun in der Meldung ein Support-Team auswählen, wird Ihnen automatisch eine Auswahl der Meldungsbearbeiter*innen aus diesem Support-Team angezeigt (siehe Abbildung 4.61).

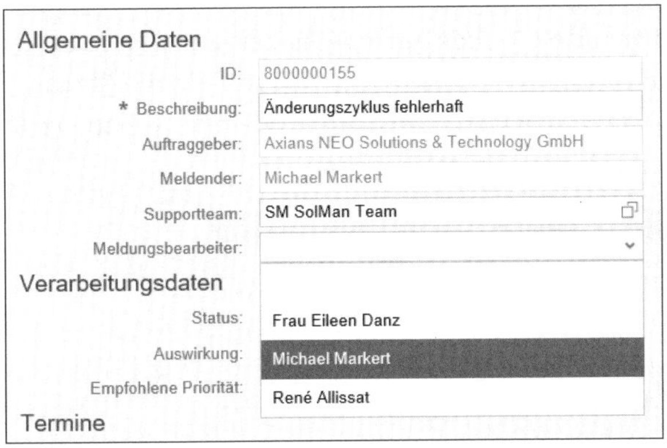

Abbildung 4.61 Support-Team und Meldungsbearbeiter verknüpfen

[+]

Automatische Zuordnung deaktivieren

Falls Sie die automatische Zuordnung der Meldungsbearbeiter*innen zum Support-Team und umgekehrt nicht wünschen, können Sie in der Tabelle `AGS_WORK_CUSTOM` den Parameter `IM_SUPP_TEAM_DISABLE` = `X` setzen.

IBase-Komponenten

Damit Sie das Incident Management im SAP Solution Manager verwenden können, müssen Sie außerdem die *IBase* (Installed Base) definieren. Sämtliche verwalteten Systeme und Mandanten müssen in Form von IBase-Komponenten dargestellt werden, um die Erstellung von Meldungen an den SAP Solution Manager zu ermöglichen. Die initiale Erstellung der IBase-Komponenten erfolgt bereits in der allgemeinen SAP-Solution-Manager-Konfiguration. Innerhalb der Infrastrukturvorbereitung können Sie dazu im Konfigurationsschritt 6, **CRM-Grundfunktionen konfigurieren**, die automatische Aktivität **IBase vorbereiten** ausführen (siehe Abschnitt 2.2.2, »Infrastrukturvorbereitung«).

Wege zur Meldungseröffnung

Sie haben grundsätzlich vier Möglichkeiten, selbst eine Meldung zu erstellen. Diese beschreiben wir in diesem Abschnitt.

Über die Hilfe

Wenn Sie sich im SAP GUI aufhalten und mit einer Störung im verwalteten System konfrontiert werden oder wenn eine Störung direkt im SAP Solution Manager auftritt, können Sie direkt über das Menü eine Meldung an den SAP Solution Manager senden. Gehen Sie hierzu auf **Hilfe • Supportmeldung erfassen** und tragen Sie die geforderten Informationen ein, bevor Sie die Meldung abschicken (siehe Abbildung 4.62). Die betroffene SAP-Komponente wird automatisch ermittelt. Geben Sie lediglich einen aussagekräftigen Kurztext sowie einen Langtext ein, und priorisieren Sie die Störung. Des Weiteren haben Sie die Möglichkeit, der Meldung einen Anhang (z. B. einen Screenshot, der den Fehler zeigt) mitzugeben.

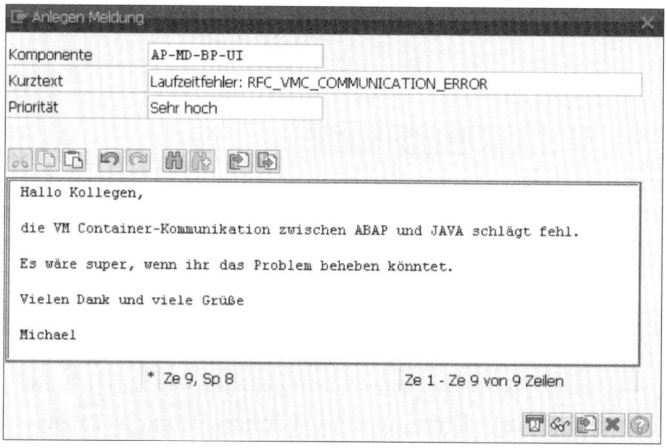

Abbildung 4.62 Support-Meldung erfassen

Sollten Sie über diesen Weg eine Meldung anlegen, werden zusätzliche Systeminformationen an den SAP Solution Manager gesendet und der erstellten Meldung hinzugefügt. Diese Angaben können der Person, die die Meldung bearbeitet, bei der Ursachenanalyse und der Störungsbehebung helfen.

Per E-Mail

Als zweite Möglichkeit können Sie Ihre Störung auch per E-Mail an eine zentrale E-Mail-Adresse, die im SAP Solution Manager hinterlegt ist, übermitteln. Diese Funktion wird über das ERMS realisiert, das in Abschnitt 4.3.10, »E-Mail Response Management System«, beschrieben wird. Auch hierbei können Sie der E-Mail einen Anhang mitgeben. Dieser wird dann automatisch mit der daraus erstellten Meldung im Zuordnungsblock **Anhänge** verknüpft. Anhand Ihrer Absender-E-Mail-Adresse kann der SAP Solution Manager den Ihnen zugeordneten Geschäftspartner ermitteln und diesen in der Meldung als Meldungserstellenden hinterlegen.

SAP-Fiori-Applikation

Des Weiteren können Sie eine neue Meldung über die SAP-Fiori-Applikation **Meldung anlegen** erstellen. Diese Funktion haben wir in Abschnitt 4.1.2, »SAP-Fiori-Applikationen«, dargestellt.

Einfache IT-Anforderung

Sollten Sie das Add-on Focused Build installiert haben, können Sie Meldungen sowie Vorgänge weiterer Vorgangsarten auch über die einfache IT-Anforderung anlegen (siehe Abschnitt 4.5, »Focused-Build-Erweiterung ›einfache IT-Anforderung‹«).

CRM Web UI

Schließlich haben Sie noch die Option, eine Meldung über das CRM Web UI anzulegen. Über die Navigation gelangen Sie über den Link **Meldung** sehr schnell in die Anlagemaske für eine Meldung (siehe Abbildung 4.63).

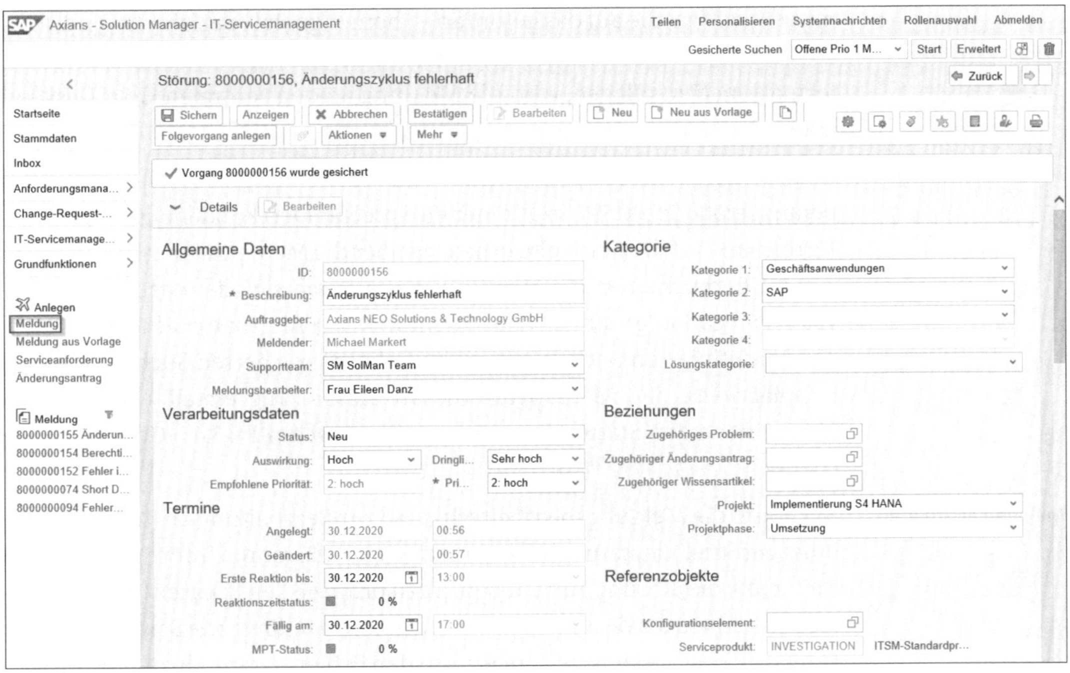

Abbildung 4.63 Meldung über das CRM Web UI erstellen

Geben Sie hier einen aussagekräftigen Kurztext sowie einen Langtext (siehe auch Abbildung 4.22) ein, und priorisieren Sie die Meldung. Auch hier haben Sie die Möglichkeit, der Meldung über den Zuordnungsblock **Anhänge** (siehe auch Abbildung 4.4) einen Anhang mitzugeben. Falls Ihnen noch weitere Informationen wie Referenzobjekte bekannt sind oder Sie den Fehler über die mehrstufige Kategorisierung genauer einordnen können, können Sie dies an dieser Stelle ergänzen. Beispielsweise haben Sie die Möglichkeit, die Meldung zu einem **Projekt** und der zugehörigen **Projektphase** zuzuordnen. Dies hilft im späteren Verlauf bei projektspezifischen Auswertungen.

Prozessbeispiel: Meldungsbearbeitung

Meldung anlegen

In diesem Abschnitt stellen wir den vollständigen Prozess der Meldungsbearbeitung exemplarisch dar. Ein Meldungsersteller legt über einen der zuvor beschriebenen Eingangskanäle eine neue Meldung an und beschreibt in dieser Meldung detailliert das Problem. Bei einer Meldungsanlage über das CRM Web UI kann er das Problem über die mehrstufige Kategorisierung genauer einordnen. Mithilfe dieser Informationen können durch automatische Findungen Meldungsbearbeiter*innen und/oder Support-Teams ermittelt werden, die auf das geforderte Themengebiet spezialisiert sind. Falls die Person, die die Meldung erstellt, nicht in der Lage sein sollte, diese Informationen zu pflegen, wird die Meldung an den zentralen Help-Desk geleitet.

Arbeitsvorrat

In unserem Prozessbeispiel meldet sich die Meldungsbearbeiterin mit der Benutzerrolle `SOLMANPRO` bzw. einer entsprechenden kundeneigenen Benutzerrolle an. Auf der Startseite erhält sie über die Meine-Meldungen-Widgets einen Überblick über alle Meldungen, die durch sie oder das ihr Support-Team zu bearbeiten sind (siehe Abschnitt 4.3.7). Alternativ öffnet sie die zuvor vordefinierten Suchabfragen. Über diese gesicherten Suchen prüft sie beispielsweise alle Meldungen, die an diesem Tag erstellt wurden und immer noch den Status **Neu** haben (siehe Abschnitt 4.3.4, »Gesicherte Suchen«).

Meldung bearbeiten

Nachdem die Meldungsbearbeiterin eine zur Bearbeitung anstehende Meldung geöffnet hat, sammelt sie zunächst alle relevanten Informationen, die ihr helfen, die Störung zu beheben. Dazu prüft sie den Langtext, die Systeminformationen sowie andere Referenzen und Anhänge wie Screenshots der Fehlermeldung oder Anleitungen, um den Fehler zu reproduzieren. Mit diesen Informationen kann sie die Auswirkung auf den laufenden Betrieb, die Dringlichkeit, diese Störung zu beheben, sowie die Priorität festlegen. Bei Unklarheiten und etwaigen Rückfragen an den Meldungsersteller setzt die

Meldungsbearbeiterin den Status der Meldung auf **Kundenaktion**. Daraufhin wird der Meldungsersteller per E-Mail informiert und kann noch fehlende Informationen nachliefern, um die Meldungsbearbeitung zu erleichtern.

Integration mit dem Problem Management

Die Meldungsbearbeiterin hat weiterhin die Möglichkeit, mit der mehrstufigen Kategorisierung zugehörige Probleme zu finden und diese direkt zu verknüpfen. In diesem Fall kann die weitere Ursachenanalyse und Fehlerbehebung innerhalb eines *Problems* erfolgen. Falls noch kein Problem existiert, kann die Bearbeiterin an dieser Stelle über einen Folgevorgang ein Problem anlegen, um den Problem-Management-Prozess, der in Abschnitt 4.4.2 beschrieben wird, zu starten.

Wissensartikel

Ebenso schlägt das System der Meldungsbearbeiterin basierend auf einer übereinstimmenden Kategorisierung vorhandene Wissensartikel vor. Diese beinhalten dokumentierte Lösungsvorgänge zu spezifischen Störfällen, die die Meldungsbearbeiterin bei der Behebung der Störung unterstützen (siehe Abschnitt 4.4.3, »Knowledge Management – Arbeiten mit Wissensartikeln«).

Support-Team-Ermittlung

Falls die Help-Desk-Mitarbeiterin die Störung dennoch nicht beheben kann, leitet sie die Meldung an eine Expertin oder einen Experten weiter. Hierzu ordnet sie der Meldung ein passendes Support-Team zu oder passt beispielsweise die mehrstufige Kategorisierung an, die wiederum eine automatische Support-Team-Ermittlung durchführt (siehe Abschnitt 4.3.1). Die Meldung wird daraufhin an ein Expertenteam weitergeleitet. Ein Mitarbeiter dieses Teams analysiert das Problem und hält eventuell Rücksprache mit dem Meldungsersteller oder der initialen Meldungsbearbeiterin, um Unklarheiten zu beseitigen.

SAP-Hinweise

Bei SAP-spezifischen Problemen können die Support-Mitarbeiter*innen über den Zuordnungsblock **SAP-Hinweise** in das SAP Support Portal abspringen, um an dieser Stelle nach SAP-Hinweisen, die zur Problemlösung beitragen können, zu suchen. In diesem Zuordnungsblock können die gefundenen SAP-Hinweise auch direkt verknüpft werden (siehe Abbildung 4.64).

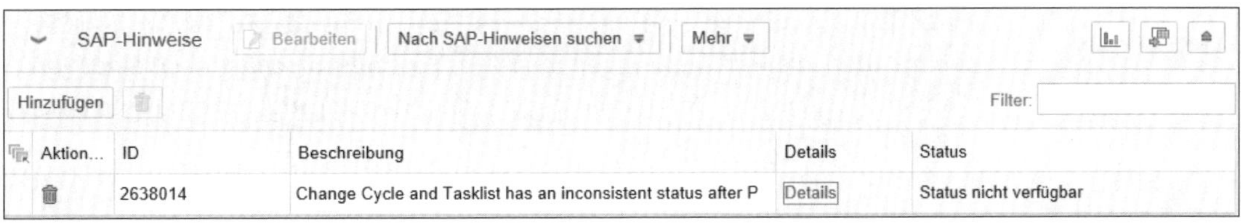

Abbildung 4.64 Zuordnungsblock »SAP-Hinweise«

SAP Collaboration

Falls die Hinweissuche erfolglos blieb, kann aus der bestehenden Meldung heraus eine neue Meldung an den SAP-Support erstellt werden. Dies erfolgt über den Zuordnungsblock **SAP Collaboration** (siehe Abbildung 4.65). Geben Sie an dieser Stelle alle notwendigen Informationen wie Systemdaten, die betroffene SAP-Komponente, eine Priorisierung und beschreibende Langtexte mit. Der SAP-Support wird daraufhin die Störung bzw. das Problem auf Ihrem System analysieren, mit Ihrem Meldungsbearbeiter innerhalb des Vorgangs kommunizieren und versuchen, die Störung zu beheben.

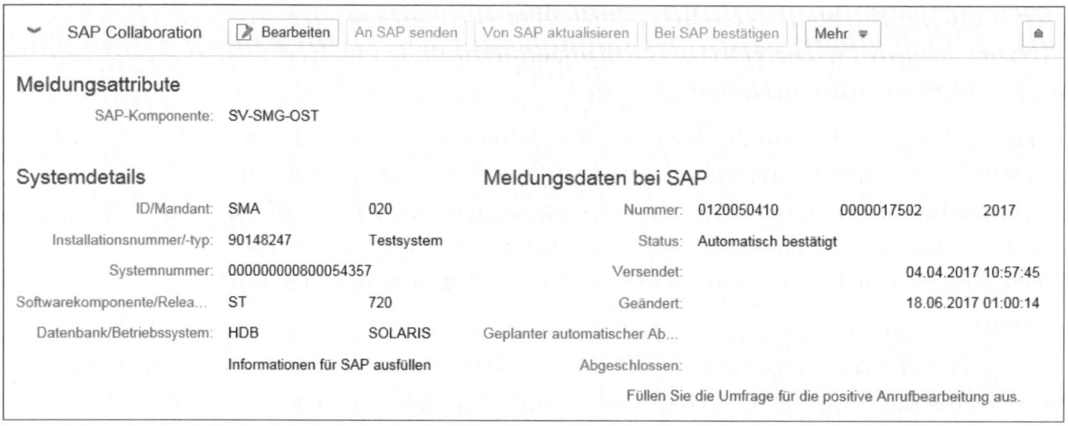

Abbildung 4.65 Meldung an den SAP-Support anlegen

Lösungsvorschlag

Wurde die Störung behoben bzw. ein Workaround gefunden, wird dieser Lösungsvorschlag als Langtext und/oder mithilfe von Anhängen in der Meldung dokumentiert. Über den Wechsel in den Status **Lösungsvorschlag** wird der Meldungsersteller per E-Mail informiert. An dieser Stelle hat er die Möglichkeit, die Meldung zu quittieren, falls der Lösungsvorschlag die Störung wie gewünscht beheben konnte. Wurde die erhoffte Lösung nicht gefunden, kann er die Meldung zurück in den Status **In Bearbeitung** setzen.

Automatisches Quittieren von Meldungen

Oftmals gibt sich die Person, die die Meldung erstellt hat, mit dem Lösungsvorschlag zufrieden und vergisst dabei, die Meldung zu quittieren. Für diesen Fall können Sie eine Variante des Programms `AI_SDK_SP_AUTO_CLOSE` einplanen, die Ihre Meldungen im Status **Lösungsvorschlag** nach einer von Ihnen festgelegten Zeit (abhängig von der Priorisierung) automatisch quittiert (siehe Abbildung 4.66).

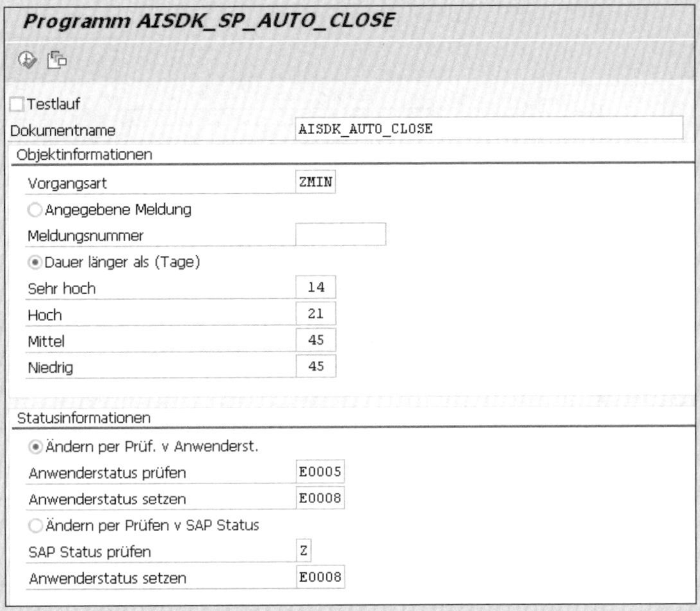

Abbildung 4.66 Programm AI_SDK_SP_AUTO_CLOSE

Integration in das Change Request Management

Änderungsantrag als Folgevorgang

Falls die Störung nur durch das Einspielen eines SAP-Hinweises oder Konfigurationen bzw. Entwicklungen am betroffenen System gelöst werden kann, kann aus der Meldung ein Änderungsantrag als Folgevorgang angelegt werden. Sämtliche relevanten Informationen aus dem Quellbeleg werden daraufhin in den Änderungsantrag übertragen. Auf dieser Grundlage kann der oder die *Change Manager*in* – oder bei größeren Änderungen das *Change Advisory Board* – die Durchführung der Systemänderung genehmigen bzw. ablehnen.

Die tatsächlichen Systemänderungen erfolgen dann durch eine Beraterin, einen Administrator oder eine Entwicklerin über Änderungsdokumente. Ausführliche Informationen zum ChaRM-Prozess finden Sie in Kapitel 8.

Sobald die Änderung durchgeführt und der Änderungsantrag durch die oder den Antragsteller*in bestätigt wurde, wird dadurch auch automatisch der Vorgängerbeleg (Meldung) quittiert. Abbildung 4.67 veranschaulicht die Integration des Incident-Management-Prozesses in das ChaRM.

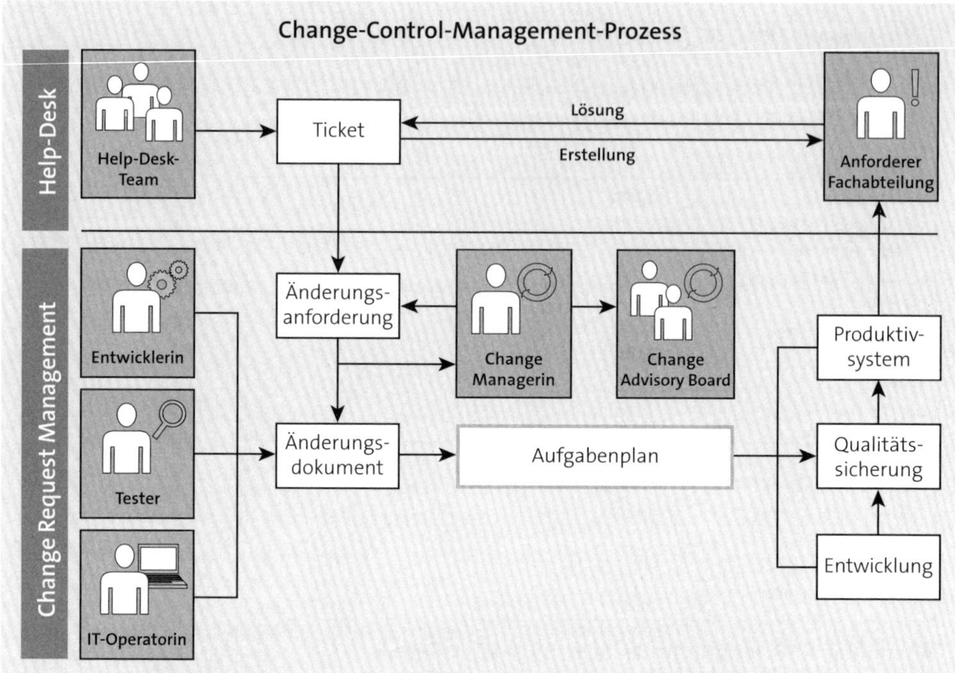

Abbildung 4.67 Integration in das Change Request Management

Einen externen Help-Desk anbinden

Anwendungsfälle

Haben Sie noch ein Help-Desk-System eines Drittanbieters im Einsatz, können Sie dieses an das ITSM in SAP Solution Manager 7.2 anbinden, um Ihre Meldungen und Probleme bidirektional über eine offene Webserviceschnittstelle zu synchronisieren. Die Integration eines externen Help-Desks könnte für Sie interessant sein, wenn Sie Ihr bereits vorhandenes ITSM-Tool nicht ersetzen, aber dennoch von den vielen Integrationsmöglichkeiten, die das ITSM des SAP Solution Managers in Ihrer SAP-Systemlandschaft bietet, profitieren möchten. Ein weiterer Anwendungsfall ist die Anbindung Ihres SAP Solution Managers an den Help-Desk Ihres IT-Dienstleisters, um Meldungen und Probleme bidirektional zu synchronisieren. Durch die bidirektionale Synchronisation können Sie Ihre Vorgänge initial im SAP Solution Manager anlegen und diese an ein Drittanbieter-Tool zur weiteren Bearbeitung weiterleiten. Sie haben ebenso die Möglichkeit, Meldungen initial im Drittanbieter-Tool zu erstellen und diese an den SAP Solution Manager zur weiteren Bearbeitung weiterzuleiten. In beiden Anwendungsfällen können die einzelnen Felder der Meldung zwischen den beiden Tools synchronisiert werden. Die Bearbeitung der Meldung findet jedoch lediglich im Zielsystem statt.

Zertifizierte Anbieter

Viele Anbieter von Help-Desk-Tools haben sich eine standardisierte Schnittstelle zum SAP Solution Manager durch SAP zertifizieren lassen. Fragen Sie deshalb bei Ihrem Anbieter nach, ob solch eine Schnittstelle existiert, bevor Sie den Aufwand auf sich nehmen, selbst eine eigene API zu entwickeln.

Extern erfasste Meldung

Im Folgenden beschreiben wir exemplarisch den Ablauf, wenn eine Meldung im externen Help-Desk erzeugt wird:

1. Nachdem der Meldungsersteller eine Meldung im externen Help-Desk angelegt hat, bearbeitet eine Help-Desk-Mitarbeiterin diese im externen Help-Desk.
2. Sollte die Bearbeiterin feststellen, dass die Störung in einer SAP-Anwendung aufgetreten ist, leitet sie die Meldung über die Webserviceschnittstelle an den SAP Solution Manager weiter.
3. Das System erzeugt automatisch eine entsprechende Meldung im SAP Solution Manager inklusive der relevanten Informationen aus dem Ursprungsbeleg.
4. Der SAP-Experte bearbeitet die Meldung im SAP Solution Manager. Falls im externen Help-Desk weitere Informationen in der Meldung dokumentiert wurden, werden diese mit dem SAP Solution Manager synchronisiert.
5. Hat der SAP-Experte eine Lösung gefunden, sendet er die Meldung mit einem Lösungsvorschlag an den externen Help-Desk zurück.
6. Die Mitarbeiterin des externen Help-Desks sendet den Lösungsvorschlag an den Meldungsersteller.
7. Der Meldungsersteller testet und bestätigt den Lösungsvorschlag.
8. Die Meldung wird im externen Help-Desk und somit auch automatisch im SAP Solution Manager quittiert.

Meldung extern bearbeiten

Der umgekehrte Prozess, also dass die Meldung im SAP Solution Manager erzeugt wird, sieht wie folgt aus:

1. Nachdem der Meldungsersteller eine Meldung im SAP Solution Manager angelegt hat, bearbeitet ein SAP-Experte diese Meldung im SAP Solution Manager.
2. Sollte der SAP-Experte feststellen, dass die Störung in einer Nicht-SAP-Anwendung aufgetreten ist, leitet er diese Meldung über die Webserviceschnittstelle an den externen Help-Desk weiter.
3. Das System erzeugt automatisch eine entsprechende Meldung im externen Help-Desk inklusive der relevanten Informationen aus dem Ur-

sprungsbeleg. Die Meldung im SAP Solution Manager erhält den Status **Extern in Bearbeitung**.

4. Die Meldungsbearbeiterin bearbeitet die Meldung im externen Help-Desk. Falls im SAP Solution Manager weitere Informationen in der Meldung dokumentiert werden, werden diese mit dem externen Help-Desk synchronisiert.
5. Hat die Meldungsbearbeiterin im externen Help-Desk eine Lösung gefunden, sendet sie die Meldung mit ihrem Lösungsvorschlag an den SAP Solution Manager zurück.
6. Der SAP-Experte im SAP Solution Manager sendet den Lösungsvorschlag an den Meldungsersteller.
7. Der Meldungsersteller testet und bestätigt den Lösungsvorschlag.
8. Die Meldung wird im SAP Solution Manager und somit auch automatisch im externen Help-Desk quittiert.

4.4.2 Problem Management

Ursachenanalyse

Der ITIL-Prozess *Problem Management* fokussiert sich auf die Ursachenanalyse von Störungen im laufenden Betrieb. Während im Incident Management viel Wert auf eine schnelle Behebung der Störung gelegt wird, geht es im Problem Management primär darum, nachhaltige Lösungen für Fehler bereitzustellen, sodass derartige Störungen nicht erneut auftreten.

Gewöhnlich wird ein Problem als Folgevorgang aus einer Meldung erstellt, wenn die Person, die die Meldung bearbeitet, keine Lösung für die Störung finden konnte. Über eine Kopierroutine werden dabei die relevanten Informationen aus der Meldung in das Problem übertragen.

Häufig wird eine Störung auf dem System gleich durch mehrere Mitarbeiter*innen festgestellt, die dann unabhängig voneinander Meldungen erzeugen. Sämtliche zueinander gehörenden Meldungen werden dann in einem übergreifenden Problem verknüpft. Die Ursachenanalyse und Fehlerbehebung erfolgt in diesem Fall nicht mehr in den einzelnen Meldungen, sondern im übergreifenden Problem.

Zugehörige Meldungen

Über den Zuordnungsblock **Zugehörige Meldungen** erhalten die Support-Mitarbeiter*innen eine Übersicht über alle verknüpften Meldungen. Sie können diese auch zur weiteren Bearbeitung sperren (siehe Abbildung 4.68). So können sie sicherstellen, dass lediglich am übergeordneten Problem gearbeitet wird.

Abbildung 4.68 Zuordnungsblock »Zugehörige Meldungen«

Sollte zu einem bekannten Fehler noch keine Meldung angelegt worden sein, können die Support-Mitarbeiter*innn ein Problem auch direkt, ohne Vorgängerbeleg, erzeugen. Somit können sie proaktiv Störmeldungen vermeiden.

SAP Collaboration

Wie bei der Vorgangsart Meldung kann über den Zuordnungsblock **SAP Collaboration** der SAP-Support bei der Lösungsfindung eingebunden werden.

Integration mit dem Change Request Management

Sollte sich bei der Problemanalyse herausstellen, dass Änderungen am betroffenen System vorgenommen werden müssen, können diese durch die Integration mit dem ChaRM über einen Änderungsantrag genehmigt und über die daraus generierten Änderungsdokumente realisiert, dokumentiert und in der Systemlandschaft verteilt werden.

Sobald eine Lösung für das Problem gefunden und der Beleg abgeschlossen wurde, werden die verknüpften Meldungen wieder entsperrt und erhalten automatisch den Status **Lösungsvorschlag**. Die Meldungsersteller*innen der einzelnen Meldungen können nun ihre jeweilige Meldung quittieren, falls die Lösung zufriedenstellend war.

4.4.3 Knowledge Management – Arbeiten mit Wissensartikeln

Ein wichtiger ITIL-Prozess, der ebenfalls im SAP Solution Manager abgebildet werden kann, ist das Wissensmanagement. Mithilfe von *Wissensartikeln* können Sie im SAP Solution Manager zentral wichtige Informationen wie Lösungsbeschreibungen aus Störungen oder Problemen sowie Benutzerleitfäden oder Antworten zu häufig gestellten Fragen (FAQ) ablegen.

Wissensartikel anlegen

Wenn Sie zu einer Störung oder zu einem Problem eine Problemlösung herbeiführen konnten, haben Sie die Möglichkeit, einen Wissensartikel über das CRM Web UI direkt aus den betreffenden CRM-Vorgängen anzulegen (siehe Abbildung 4.69). Wissensartikel (Vorgangsart `KNAR`) können aus folgenden CRM-Vorgängen erstellt werden:

- Meldung (Vorgangsart SMIN)
- Problem (Vorgangsart SMPR)
- Änderungsantrag (Vorgangsart SMCR)

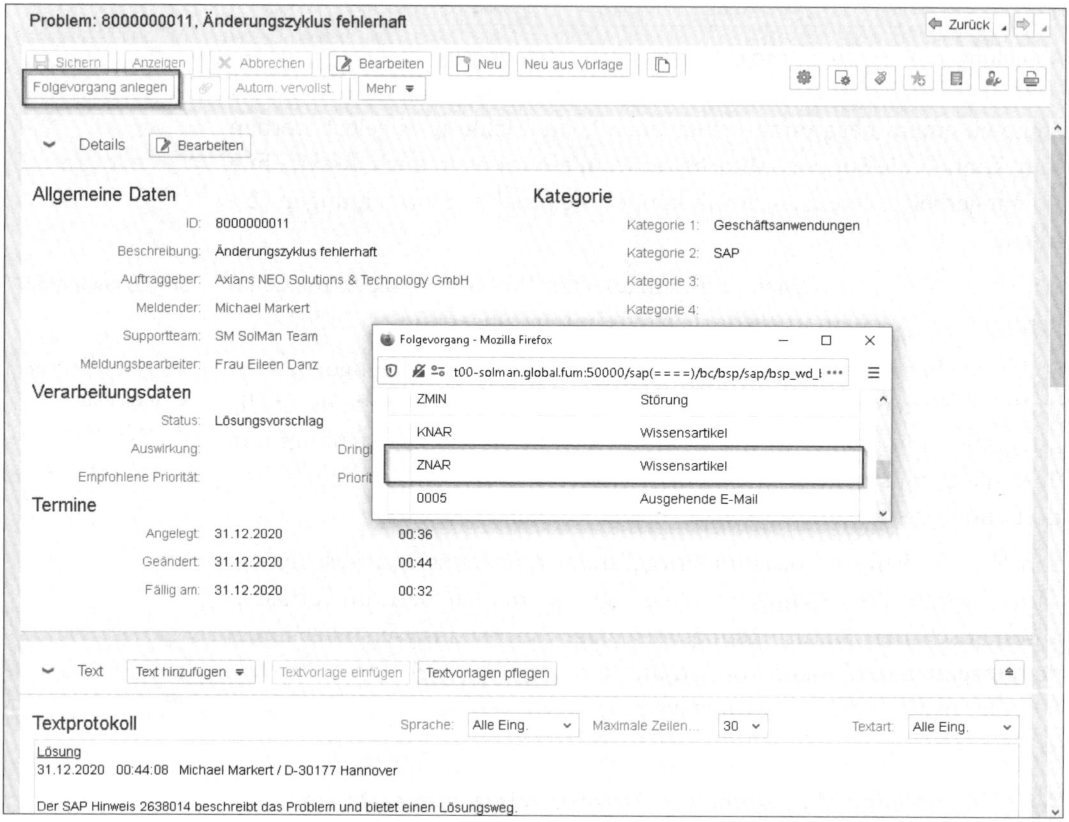

Abbildung 4.69 Wissensartikel über einen Folgevorgang erstellen

Kopiersteuerung

Dabei werden anhand der Kopiersteuerung sämtliche Daten aus den Quellbelegen in den Wissensartikel übernommen (siehe Abbildung 4.70). Die Kopiersteuerung können Sie unter folgenden IMG-Pfaden anpassen:

- Kopiersteuerung definieren
  SAP Solution Manager • Capabilities (Optional) • IT-Servicemanagement • Folgedokument anlegen • Kopiersteuerung für Vorgangsarten definieren
- Mapping-Regeln definieren
  SAP Solution Manager • Capabilities (Optional) • IT-Servicemanagement • Folgedokument anlegen • Mappingregeln für Kopiersteuerung definieren

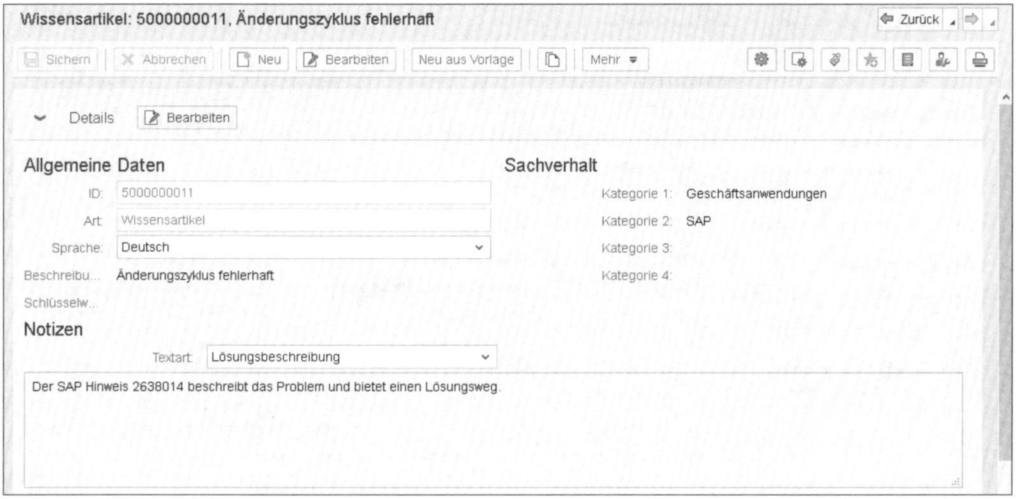

Abbildung 4.70 Wissensartikel

Über den Zuordnungsblock **Zugehörige Vorgänge** können Sie sich den dazugehörigen Quell-CRM-Beleg anzeigen lassen. Darüber hinaus lassen sich über diesen Zuordnungsblock auch Wissensartikel in den jeweiligen CRM-Vorgängen manuell zuordnen. Des Weiteren bestehen folgende Möglichkeiten, Wissensartikel anzulegen:

- aus einer *Wissensartikelvorlage* (Vorgangsart KNAT)
- direkt über den entsprechenden Link im Schnellanlagebereich
- über die Bereichsstartseite **IT-Servicemanagement** im Bereich **Anlegen**

Wissensartikel suchen

Für den schnellen Zugriff auf die Wissensartikel können Sie die Volltextsuche im CRM Web UI nutzen. Voraussetzung hierfür ist die Konfiguration der Embedded Search bzw. TREX (siehe Abschnitt 4.3.5). Wenn Sie die mehrstufige Kategorisierung in CRM-Vorgängen und Wissensartikeln verwenden (siehe Abschnitt 4.3.1), kann das System automatisch Systemvorschläge zu Wissensartikeln ermitteln, die der gleichen Kategorie zugeordnet sind. Dabei zeigt das System eine Meldung an, die auf die entsprechenden Wissensartikel verweist.

4.4.4 Service Catalogue Management

Servicekatalog

Der *Servicekatalog* ist eine zentrale Bereichsstartseite für die Benutzerrolle SOLMANREQU (Benutzerrolle für Anforderer*innen), über die Ihre Anwender einzelne Services oder Servicepakete bestellen können (siehe Abbildung 4.71). Die Servicebereitstellung erfolgt nach einer optionalen Genehmigung durch den Support über Serviceanforderungen.

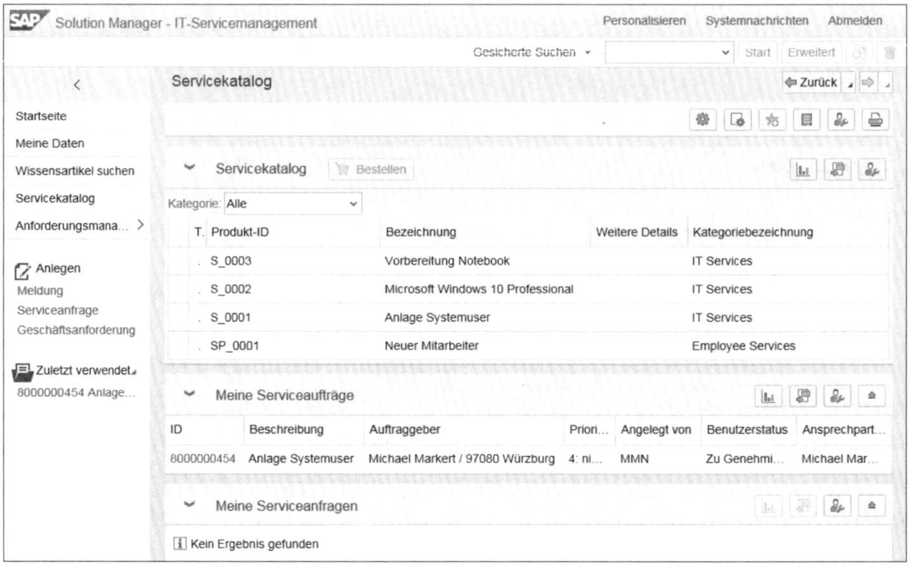

Abbildung 4.71 Servicekatalog

Serviceauftrag Die bestellten Services werden gewöhnlich in einem *Serviceauftrag* (Vorgangsart SMSO) zusammengefasst und von einer zuständigen Person genehmigt (siehe Abbildung 4.72).

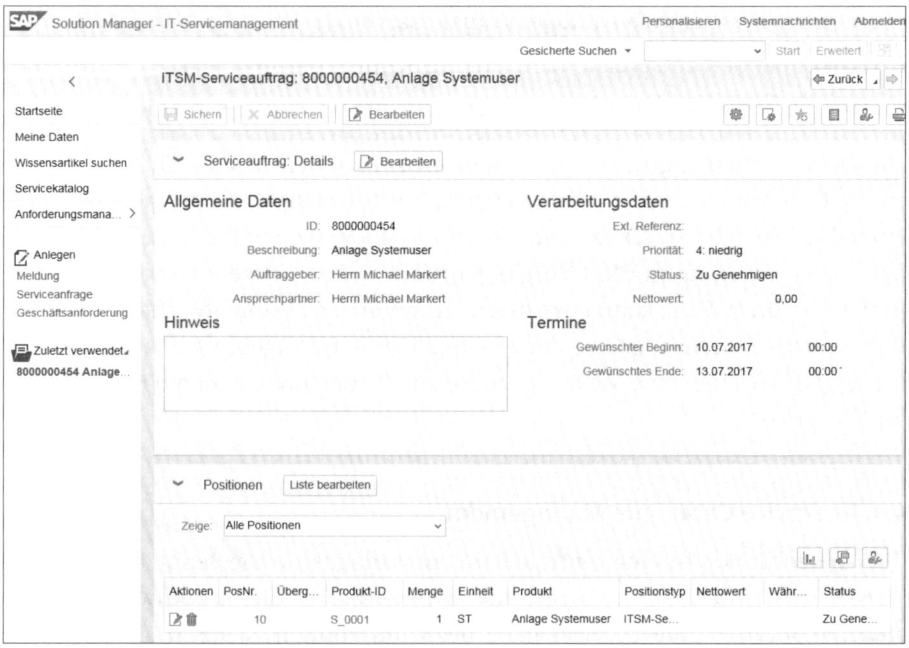

Abbildung 4.72 Serviceanforderung

Der oder die *Genehmiger*in* wird dabei automatisch über eine Geschäftspartnerbeziehung zum bzw. zur Auftraggeber*in gefunden. Sobald die bestellten Services genehmigt wurden, entsteht aus den einzelnen Services automatisch jeweils eine Serviceanforderung. Die Bereitstellung der Services erfolgt im Szenario Service Request Management und wird in Abschnitt 4.4.5 erläutert.

Wenn Sie einfache, unkritische Services in Ihrem Servicekatalog anbieten, benötigen Sie für diese nicht immer eine Genehmigung. Sie können derartige Services so konfigurieren, dass aus einer Bestellung direkt eine Serviceanforderung generiert wird. In diesem Fall sparen Sie sich die Genehmigung über den Serviceauftrag.

Integration mit dem SAP-ERP-System

Genehmigte Services müssen nicht zwangsläufig über die Bearbeitung von Serviceanforderungen bereitgestellt werden. Sie können eine Integration zu Ihrem SAP-ERP-System ebenso über den Serviceauftrag aktivieren. Damit kann ein genehmigter Service z. B. auch in einer Materialbestellung im SAP-ERP-System resultieren. Die Kommunikation zwischen SAP Solution Manager 7.2 und dem SAP-ERP- oder SAP-S/4HANA-System erfolgt dabei über die CRM Middleware.

[«]

Weiterführende Informationen

Weiterführende Informationen zur Konfiguration des Service Catalogue Managements finden Sie im ITSM-Wiki unter folgendem Link:

http://s-prs.de/v561533

4.4.5 Service Request Management

Im Rahmen des ITSM fordern Sie mit dem *Service Request Management* zuvor definierte Services an, die anschließend bearbeitet werden. Das Service Request Management ist in zwei verschiedene Prozesse aufgeteilt:

1. Erstellung von Serviceanforderungen
2. Erfüllung bzw. Bearbeitung der erstellten Serviceanforderungen

Der zweite Prozess wird *Service Request Fulfillment* genannt. Die Funktionen, die Sie bereits aus dem Incident Management kennen, finden Sie auch im Service Request Management wieder. Als Standardvorgangsart wird für die Serviceanforderung die Vorgangsart SMRQ verwendet. Wie auch bei allen anderen Vorgangsarten empfehlen wir hier die Kopie in den Kundennamensraum. Damit stellen Sie sicher, dass Ihre Anpassungen nicht durch von SAP eingespielte Inhalte überschrieben werden.

[»]

Serviceanforderung und -anfrage

Innerhalb des CRM Web UI wird die Serviceanforderung auch als *Support-Anfrage* bezeichnet. Sollten Sie diese Bezeichnung ändern wollen, um Verwirrungen zu vermeiden, können Sie die Linktitel problemlos im Benutzerrollen-Customizing anpassen. Dieses können Sie über die Transaktion CRMC_UI_PROFILE erreichen. Im folgenden Beispiel verwenden wir die Bezeichnung *Serviceanforderung*.

Services

In Unternehmen gibt es viele verschiedene *Services*, die mit einer Serviceanforderung beantragt werden können, z. B.:

- Kennwort zurücksetzen
- neues Notebook zuteilen
- Installation von neuer Software
- Beratungsdienstleistungen
- Onboarding interner oder externer Mitarbeiter
- Umzug eines Mitarbeiters und der damit verbundene Arbeitsplatzwechsel

Serviceanforderung anlegen

Es gibt zwei Wege, eine Serviceanforderung anzulegen: über die Übersichtsseite oder eine Guided Procedure. Zunächst beschreiben wir die Anlage der Serviceanforderung über die Übersichtsseite:

1. Öffnen Sie das CRM Web UI mithilfe der Transaktion SM_CRM.
2. Rufen Sie folgenden Pfad auf: **IT-Servicemanagement • Anlegen • Serviceanforderung**. Alternativ klicken Sie auf der Startseite auf den direkten Link **Anlegen • Serviceanforderung**. Die nun geöffnete Pflegemaske ist nahezu identisch mit der Maske zur Erstellung einer Meldung (siehe Abschnitt 4.4.1, »Incident Management«).
3. Beginnen Sie mit der Eingabe eines aussagekräftigen Kurztextes. Pflegen Sie anschließend den **Meldenden** und die **Priorität**. Diese drei Felder müssen Sie im Standard mindestens befüllen, um die Serviceanforderung speichern zu können, da es sich bei diesen um Pflichtfelder handelt.
4. Im Block **Details** können Sie neben den genannten Pflichtfeldern weitere Informationen für Ihre Serviceanforderung erfassen. Pflegen Sie beispielsweise **Meldungsbearbeiter**, **Status**, **Dringlichkeit** oder **Kategorie**.
5. Wie auch im Incident Management haben Sie im Service Request Management Zuordnungsblöcke mit weiteren Funktionen zur Verfügung. Verwenden Sie z. B. den Zuordnungsblock **Prüflisten**, um Arbeitsabläufe

bzw. Prozesse strukturiert und übersichtlich darstellen und bearbeiten zu können.

6. Nachdem Sie alle notwendigen Informationen erfasst haben, speichern Sie Ihre Serviceanforderung mit der Schaltfläche **Sichern**.

Anlage mit Guided Procedure

Wie bereits erwähnt, gibt es neben dem eben beschriebenen Weg noch eine zweite Variante über eine Guided Procedure. Dieses Vorgehen soll den Erstellungsprozess für die Endanwender*innen vereinfachen (siehe Abbildung 4.73).

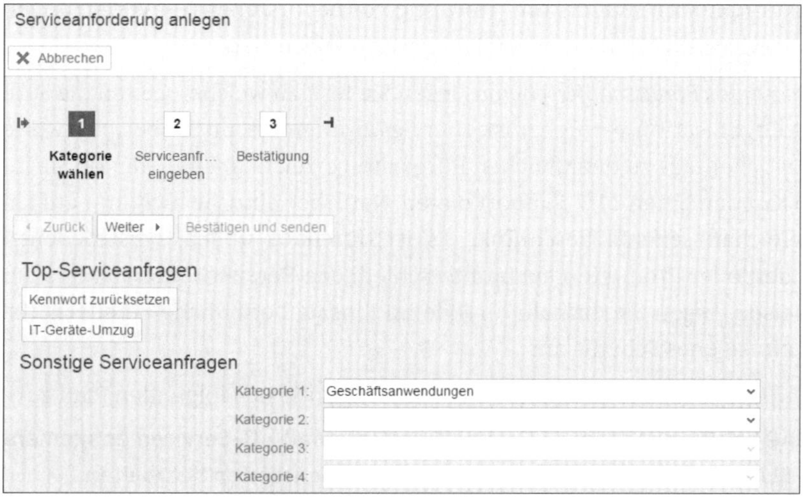

Abbildung 4.73 Guided Procedure zur Erstellung einer Serviceanforderung

[+]

Link zur Guided Procedure anlegen

Auf der Startseite des CRM Web UI können Sie im Bereich **Anlegen** den direkten Link für die Anlage mit der Guided Procedure (SM-SRQ-CRG) einblenden lassen. Sollten Sie auch im Bereich **IT-Servicemanagement • Anlegen** einen Link für die Erstellung mithilfe der Guided Procedure benötigen, müssen Sie entweder einen vorhandenen Link bearbeiten oder einen neuen erstellen.

Top-Serviceanfragen

Im Rahmen der Guided Procedure für die Anlage einer Serviceanforderung können Sie auch sogenannte **Top-Serviceanfragen** definieren (siehe Abbildung 4.73). Da die richtige Kategorisierung für neue oder fachfremde Anwender*innen oft schwer ist, können Sie die häufigsten Serviceanforderungen anhand der Top-Serviceanfragen bereits vorkategorisieren. Sie müssen dann während der Erstellung nur noch die entsprechende Anfrage anklicken und die Kategorie wird automatisch gesetzt. Hierdurch können Sie falsche Kategorisierungen bis zu einem gewissen Grad vermeiden und den Endanwender*innen die Bedienung erleichtern.

4.4.6 Service Level Management

Die Prozesse und Funktionen des *Service Level Managements* in SAP Solution Manager 7.2 unterstützen Sie bei der Erstellung, Erbringung und Überwachung Ihrer Serviceleistungen. Sie können die zur Verfügung gestellten Funktionalitäten nutzen, um frühzeitig vor bevorstehenden Verletzungen der Service Level Agreements (SLA) gewarnt zu werden.

Bereitschaftsschema

Anhand des *Bereitschaftsschemas* legen Sie fest, zu welchen Zeiten die Support-Organisation verfügbar ist. Hier bestimmen Sie, ob Sie beispielsweise nur wochentags zu den üblichen Bürozeiten erreichbar sind oder ob Sie Ihrem Kunden einen 24/7-Support bieten. Natürlich sind Sie nicht nur auf ein Bereitschaftsschema beschränkt. Es ist durchaus üblich, verschiedenen Kunden oder Produkten auch unterschiedliche Bereitschaftsschemata zuzuweisen. Legen Sie deshalb für jede im Einsatz befindliche Bereitschaftszeit ein eigenes Schema an:

1. Rufen Sie dazu im Customizing (Transaktion SPRO) folgenden Pfad auf:

   SAP Solution Manager • Capabilities (Optional) • IT-Servicemanagement • SLA-Eskalation • Bereitschafts- und Reaktionszeiten bearbeiten
2. Wählen Sie in der Dialogstruktur den Menüpunkt **Bereitschaftsschema**, und legen Sie über **Neue Einträge** ein neues Schema an.
3. Vergeben Sie einen technischen Namen und eine **Bezeichnung** für das Bereitschaftsschema.
4. Um nun die Bereitschaftszeiten pflegen zu können, müssen Sie auf das Uhrsymbol klicken (siehe Abbildung 4.74).

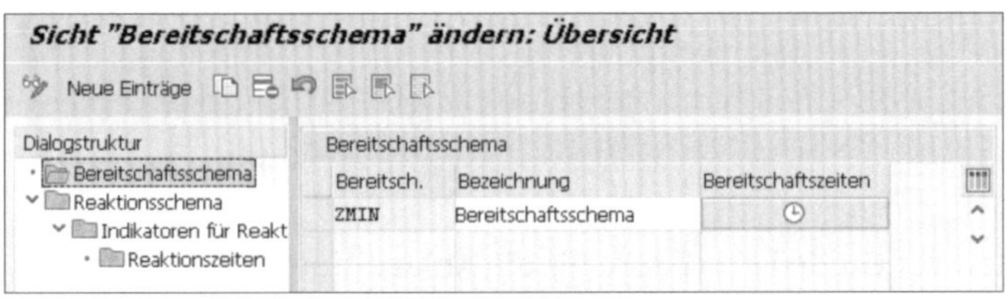

Abbildung 4.74 Bereitschaftsschema bearbeiten

5. Nun können Sie die Zeiten pflegen. Legen Sie hierzu eine oder mehrere Bereitschaftszeiten an. Für jeden gepflegten Zeitraum können Sie **Regeln** auswählen. Eine Regel gibt z. B. an, dass sich die hinterlegten Zeiten wö-

chentlich wiederholen. Neben der Regel können Sie auch **Abweichungen** angeben, also Tage, an denen keine Bereitschaftszeiten notwendig sind.

6. Wenn Sie alle Zeiten gepflegt haben, klicken Sie auf **Übernehmen** und **Sichern** anschließend das angelegte Bereitschaftsschema.

Reaktionszeiten

Neben den Bereitschaftszeiten vereinbaren Sie in den SLAs auch *Reaktionszeiten*. Hier definieren Sie, wie viel Zeit maximal verstreichen darf, bis eine erste Reaktion auf das betroffene Ticket erfolgen muss. Die sogenannte *Erstreaktionszeit* wird im Vorgang durch das Verlassen des Status **Neu** beendet.

Reaktionsschema

In SAP Solution Manager 7.2 pflegen Sie die Erstreaktionszeiten im *Reaktionsschema*. In diesem können Sie noch weitere Zeiten hinterlegen, wie die *maximale Bearbeitungszeit*. Damit wird die höchste Dauer der Erfüllung des Service festgelegt. Nur wenn der Erledigungszeitpunkt innerhalb dieses Zeitfensters liegt, gelten die SLAs in Bezug auf die maximale Bearbeitungszeit als eingehalten.

Ein Reaktionsschema erstellen Sie, wie im Folgenden beschrieben:

1. Rufen Sie im Customizing (Transaktion SPRO) den folgenden Pfad auf:

   SAP Solution Manager • Capabilities (Optional) • IT-Servicemanagement • SLA-Eskalation • Bereitschafts- und Reaktionszeiten bearbeiten

2. Wählen Sie in der **Dialogstruktur** den Menüpunkt **Reaktionsschema** (siehe Abbildung 4.75).

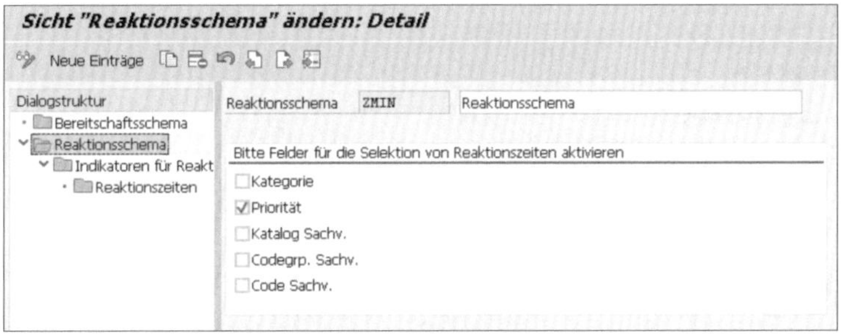

Abbildung 4.75 Reaktionsschema bearbeiten

3. Legen Sie über **Neue Einträge** ein neues Schema an.
4. Auch hier müssen Sie einen technischen Namen und eine **Bezeichnung** eingeben.
5. Aktivieren Sie dann die Felder, die für die Reaktionszeiten verfügbar sein sollen.
6. **Sichern** Sie Ihre Eingaben, und navigieren Sie in der **Dialogstruktur** zu **Indikatoren für Reaktionszeiten**.

Indikatoren für das Reaktionsschema

Die richtigen Zeiten aus dem Reaktionsschema werden anhand sogenannter *Indikatoren* gefunden. Folgende Indikatoren sind im Standard verfügbar:

- Kategorie
- Priorität
- Katalog Sachverhalt
- Codegruppe Sachverhalt
- Code Sachverhalt

7. Legen Sie nun die **Indikatoren** und deren Werte fest, für die Sie Reaktionszeiten hinterlegen möchten.
8. Speichern Sie, und markieren Sie anschließend den Eintrag, für den Sie Reaktionszeiten einfügen möchten. Wählen Sie im Menü den Punkt **Reaktionszeiten** aus.
9. Definieren Sie für **Name der Dauer** die entsprechenden **Werte der Zeitdauer** und deren **Zeiteinheit**. In unserem Beispiel haben wir die Arten SRV_RF_DURA für die Erstreaktion und SRV_RR_DURA für das Serviceende genutzt.

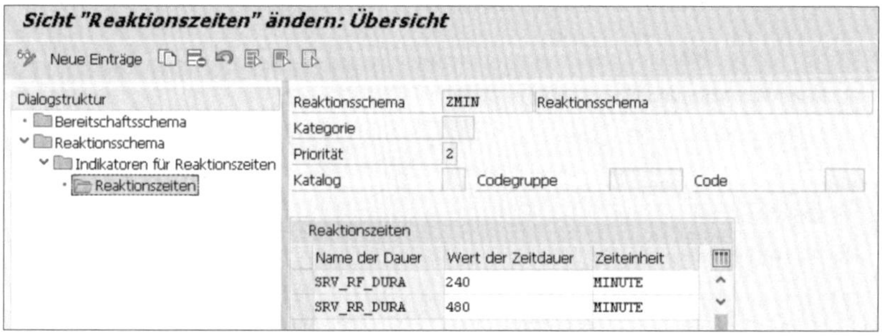

Abbildung 4.76 Reaktionszeiten pflegen

10. **Sichern** Sie das Reaktionsschema.

SLA-Ermittlung

Nachdem Sie jetzt über einsatzbereite Reaktions- und Bearbeitungsschemata verfügen, können Sie anhand der SLA-Ermittlung eine Zuordnung zum Servicevorgang konfigurieren. In einem *Findungsschema* geben Sie an, in welcher Reihenfolge die Stammdaten, die einem Vorgang zugeordnet sind, durchsucht werden. Beispiele hierfür sind Installationen, Produktpositionen, Geschäftspartner oder Produkte.

[+]

Business Add-in für die SLA-Ermittlung

Nutzen Sie das BAdI `CRM_SLADET_BADI` für Ihre SLA-Ermittlung. Mithilfe dieses BAdI können Sie Ihre eigene Logik für die Ermittlung der richtigen SLAs angeben.

4.5 Focused-Build-Erweiterung »einfache IT-Anforderung«

Mit zunehmender Komplexität einer IT-Organisation werden auch die Kommunikationskanäle zwischen den Fachanwender*innen und der IT-Abteilung immer komplexer. Der SAP Solution Manager bietet verschiedene Benutzeroberflächen und mehrere Anwendungen, um einen bestimmten IT-Service auszulösen. Dies stellt Ihre Mitarbeiter*innen vor folgende Herausforderungen:

- Welche Vorgangsart (Meldung, Problem, Serviceanforderung, oder Änderungsantrag) muss angelegt werden, um seinen IT-Service zu beantragen?
- Welche Benutzeroberfläche (CRM Web UI, SAP Fiori oder E-Mail) ist für den jeweiligen IT-Service die richtige? Ist diese Anwendung auch über ein mobiles Endgerät (Smartphone oder Tablet) nutzbar?

Einfache IT-Anforderung

Der *einfache IT-Anforderung* (Simple IT-Request) löst genau diese Herausforderungen. Anwender*innen müssen sich nun keine Gedanken mehr darüber machen, welche Oberfläche sie nutzen sollen, um einen gewünschten IT-Service zu beantragen. Stattdessen gibt es nur noch einen Kommunikationskanal, über den die Fachanwender*innen jegliche IT-Services in Anspruch nehmen können. Da es sich hierbei um auf SAPUI5 basierende SAP-Fiori-Oberflächen handelt, laufen diese auf allen Endgeräten.

Erweiterung für Focused Build

Der einfache IT-Anforderung ist eine eigenständige (standalone) Erweiterung, die Sie mit dem Add-On Focused Build (Komponente ST-OST 200) erhalten. Sie können diese Funktion auch nutzen, wenn Sie den vorkonfigurierten Requirements-to-Deploy-Prozess (R2D) nicht nutzen (siehe Abschnitt 13.1.4, »Der Kernprozess Requirement-to-Deploy«).

4.5.1 Konfiguration des Szenarios einer einfachen IT-Anforderung

Die Erweiterung für die einfache IT-Anforderung wird mit vordefiniertem Customizing ausgeliefert, das über eine Stückliste aktiviert wird, ausgeliefert. Nach der initialen Konfiguration von Focused Build in der Transaktion

SOLMAN_SETUP ist das Szenario damit schon einsatzbereit. Es müssen lediglich einige Voraussetzungen geschaffen werden, auf die wir in diesem Abschnitt eingehen.

Servicekatalog

Für die Nutzung der einfachen IT-Anforderung müssen Sie zunächst einen Servicekatalog aufbauen. Dieser basiert auf der mehrstufigen Kategorisierung (siehe Abschnitt 4.3.1). Die Services basieren auf Vorlagevorgangsarten und können mit den Standard-ITSM- und ChaRM-Funktionen des SAP Solution Managers erstellt und gepflegt werden.

Um einen Service in Anspruch zu nehmen, navigieren Sie im Servicekatalog und wählen einen der vordefinierten Services auf Basis eines Vorlagevorgangs. Daraufhin wird ein definierter Vorgang basierend auf den vordefinierten Daten aus der Vorlage erstellt. Die Applikation fragt Sie außerdem nach zusätzlichen Informationen.

Kategorisierungsschema

Die Struktur des Servicekatalogs wird durch die Ausarbeitung eines Kategorisierungsschemas definiert. In vielen Fällen haben Sie bereits ein einheitliches Kategorisierungsschema für Ihre verschiedenen Vorgangsarten, wie Störung, Problem oder Änderungsantrag ausgearbeitet. Dieses eignet sich sehr gut, um Ihre Vorgänge für Routing- oder Reportingzwecke genauer zu klassifizieren. Als Basis für Ihren Servicekatalog ist dieses Schema jedoch meist ungeeignet, da keine intuitive Navigation zum gewünschten Service ermöglicht. Deshalb ist es sinnvoll, ein zweites Kategorisierungsschemata zu definieren, um die unterschiedlichen Perspektiven auf Ihre Services abzubilden. Sie haben demnach zwei Schemata:

- eines, um Ihre Services innerhalb des Katalogs zu organisieren und die Navigation für die Fachanwender*innen zu ermöglichen
- eines, um angeforderte Services anhand IT-interner Attribute zu kategorisieren, z. B. für das interne Routing oder Reporting

Dementsprechend finden Sie in jeder Vorlagevorgangsart zwei Abschnitte mit mehrstufigen Kategorisierungen.

Neues Schema anlegen

Definieren Sie für die Anwendernavigation in der CRM Web UI unter **Grundfunktionen • Anlegen • Kategorisierungsschema** ein neues Kategorisierungsschema (siehe Abbildung 4.77). Ordnen Sie diesem im Zuordnungsblock **Anwendungsbereiche** Ihre Vorlagevorgangsarten zu.

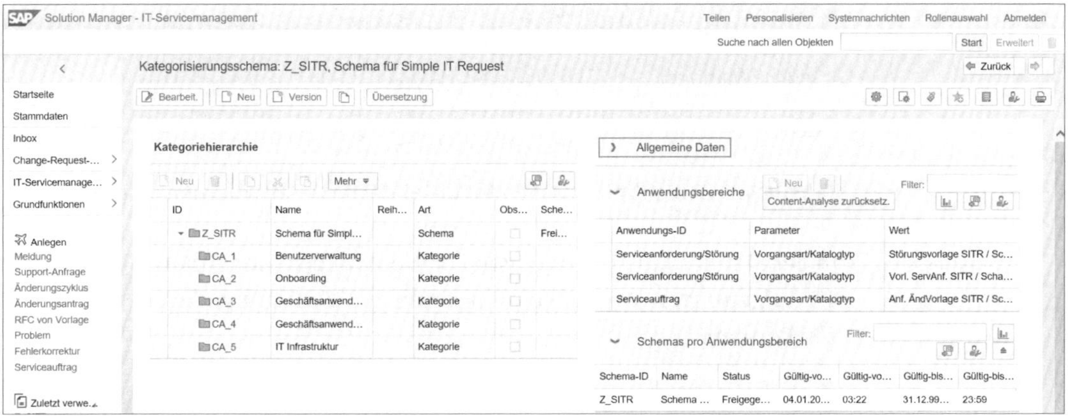

Abbildung 4.77 Neues Kategorisierungsschema anlegen und bearbeiten

Rollen und Berechtigungen

Für die Nutzung der einfachen IT-Anforderungen werden drei Rollen benötigt:

- **Serviceanforderer*in**
  Die oder der Service-Anforderer*in kann über die SAP-Fiori-Applikation **Servicekatalog – Anforderung anlegen** auf den Servicekatalog zugreifen. Über die SAP-Fiori-Applikation **Meine Anforderungen** kann diese Rolle auf die selbst angeforderten Services zugreifen und die Anforderungen bearbeiten.
- **Service Manager*in**
  Der oder die Service Manager*in pflegt den Servicekatalog und dessen Hierarchie über die CRM-Benutzerrolle /SALM/SM_PRO. Hier kann diese Rolle Vorgänge anhand der Vorlagevorgangsarten erstellen und pflegen. Außerdem kann sie das Kategorisierungsschema anpassen, um die Struktur des Servicekatalogs zu definieren.
- **Genehmiger*in**
  Falls im Prozess eine Genehmigung erforderlich ist, kann die hierfür zuständige Person die Anfrage in der SAP-Fiori-Applikation **Mein Eingang** finden und genehmigen.

Für die Ausprägung dieser Rollen stehen Ihnen die in Tabelle 4.4 aufgeführten PFCG-Sammelrollen zur Verfügung.

Rolle	PFCG-Sammelrolle
Serviceanforderer	SAP_OST_SSR_REQUESTER_COMP

Tabelle 4.4 Berechtigungsrollen für die einfache IT-Anforderung

Rolle	PFCG-Sammelrolle
Service Manager	SAP_OST_SSR_MANAGER_COMP
Genehmiger	SAP_OST_FB_ITSM_S4RQ_APPROVE

Tabelle 4.4 Berechtigungsrollen für die einfache IT-Anforderung (Forts.)

Vorgangsarten

In der Standardauslieferung von Focused Build stehen Ihnen die in Tabelle 4.5 aufgeführten Vorlagevorgangsarten zur Verfügung, die Sie direkt nutzen können.

Vorgangsart	Beschreibung
S4IT	Störungsvorlage
S4PT	Problemvorlage
S4ST	Vorlage für Serviceanforderung
S4CT	Änderungsantragsvorlage
S4AT	Vorlage für Serviceanforderung mit Genehmigung

Tabelle 4.5 Vorlagevorgangsarten für die einfache IT-Anforderung

Falls diese Standardvorgangsarten nicht ganz zu Ihrem Prozess passen, können Sie diese in Ihren Kundennamensraum kopieren, um Anpassungen vorzunehmen (siehe »Teilschritt 1: Vorgangsarten kopieren« in Abschnitt 4.2.1, »Grundkonfiguration des IT-Servicemanagements«).

Customizing

Um die Konfiguration der einfachen IT-Anforderung abzuschließen, führen Sie die Customizing-Aktivitäten unter folgenden IMG-Pfad aus: **SAP Solution Manager • Focused Build • Erweiterungen IT-Service-Management • Einfache IT-Anforderung**

Hier finden Sie Möglichkeiten zur individuellen Anpassung der einfachen IT-Anforderungen. Die verknüpfte **Dokumentation zur IMG-Aktivität** beschreibt diese Konfigurationsmöglichkeiten sehr gut. Prüfen Sie zunächst die Einstellungen in folgenden Customizing-Aktivitäten:

- **Allgemeine Einstellungen für einfache IT-Anforderung**
  Pflegen Sie die Parameter ASP_PROC_TYPE (Vorlagenvorgangsart, z. B. S4IT) und ASP_CAT_TYPE (Katalogart, z. B. C), um Services in der SAP-Fiori-Applikation **Servicekatalog – Anforderung anlegen** anzuzeigen (siehe Abbildung 4.78). Die hier definierte Vorlagevorgangsart muss über den festgelegten Katalogtyp einem Kategorisierungsschema zugeordnet sein.

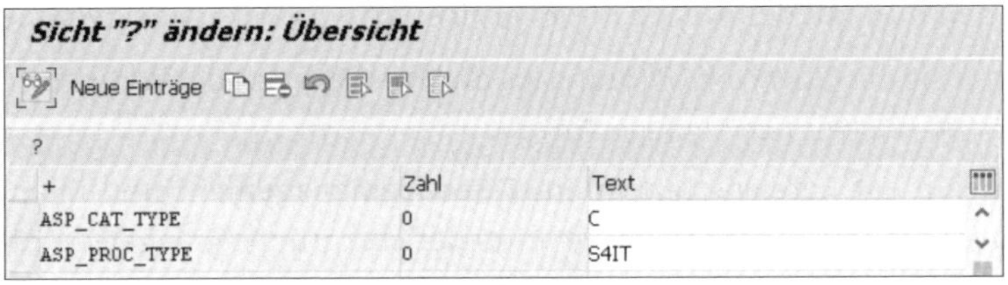

Sicht "?" ändern: Übersicht

Neue Einträge

?

+	Zahl	Text
ASP_CAT_TYPE	0	C
ASP_PROC_TYPE	0	S4IT

Abbildung 4.78 Allgemeine Einstellungen für die einfache IT-Anforderung

- **Template-Mapping zum Anfordern der Vorgangsart**
  In diesem Schritt legen Sie die Zuordnung zwischen Vorlagevorgangsart und Zielvorgangsart fest (siehe Abbildung 4.79). Beispielsweise wird eine Meldung (`SMIN` bzw. `ZMIN`) angelegt, wenn ein Service der Art Störungsvorlage (`S4IT`) im Katalog genutzt wird.

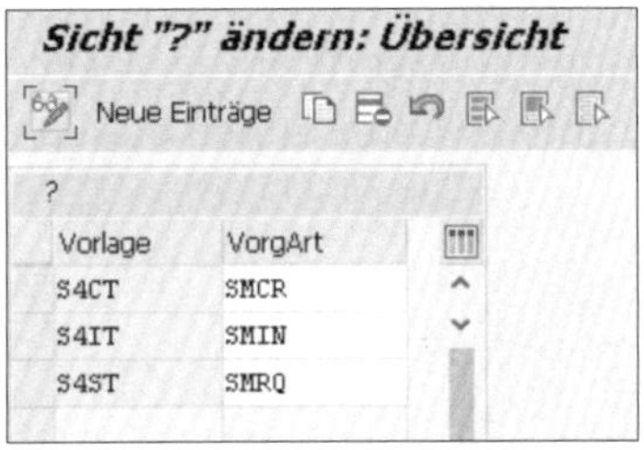

Sicht "?" ändern: Übersicht

Neue Einträge

?

Vorlage	VorgArt
S4CT	SMCR
S4IT	SMIN
S4ST	SMRQ

Abbildung 4.79 Vorlage-Mapping zum Anfordern der Vorgangsart

- **Definition von verfügbaren Layout-Feldern für UI5-Apps**
  In dieser Aktivität legen Sie fest, welche Felder einer Vorgangsart in Formularen für die einfache IT-Anforderung verwendet werden können. Prüfen Sie, ob die Feldbezeichner (Spalte **Feldbez.**) gepflegt sind (siehe Abbildung 4.80).

Sicht "?" ändern: Übersicht

Neue Einträge

?

VorgArt	Objektname	Name des Obj.fe...	Feldbez.	Typ
S4IT	APPOINTMENT	SRV_RREADY	Fällig am	Datepicker
S4IT	ORDERADM_H	DESCRIPTION	Kurztext	Textfeld
S4IT	PARTNER	00000015	Ansprechpartner	Eingabehilfe
S4IT	PARTNER	SLFN0002	Anforderer	Eingabehilfe
S4IT	SERVICE_H	/AICRM/SAP_COMP	SAP Komponente	Eingabehilfe
S4IT	SRV_REQ_H	IMPACT	Auswirkung	Dropdown
S4IT	SRV_REQ_H	URGENCY	Dringlichkeit	Dropdown
S4IT	TEXTS	SU99	Beschreibung	Textbereich

Abbildung 4.80 Verfügbare Layoutfelder für die SAP-Fiori-Applikationen definieren

Servicekatalog aufbauen

Sie können nun mit der Anlage Ihrer Services im Servicekatalog beginnen:

1. Starten Sie die CRM Web UI (Transaktion SM_CRM) mit der Benutzerrolle /SALM/SM_PRO (Service Manager*in).
2. Innerhalb der Bereichsstartseiten **IT-Servicemanagement** und **Change-Request-Management** finden Sie unter der Linkgruppe **Anlegen** die Möglichkeit, Vorlagen, wie Störungs- oder Änderungsantragsvorlagen, anzulegen. Abbildung 4.81 zeigt die Anlage einer Störungsvorlage der Vorlagevorgangsart S4IT.
3. Diese Ausprägung bildet einen für die Endanwender*innen verfügbaren Service im Servicekatalog ab. Pflegen Sie an dieser Stelle alle wichtigen Eckdaten, z. B. welches Support-Team für einen Service dieser Vorgangsart zuständig ist.
4. Im Bereich **Katalog für einfache IT-Anforderung** finden Sie die dieser Vorlagevorgangsart zugeordnete mehrstufige Kategorisierung. Über die hier angegebene Kategorie können die Endanwender*innen diesen Service im Servicekatalog finden.

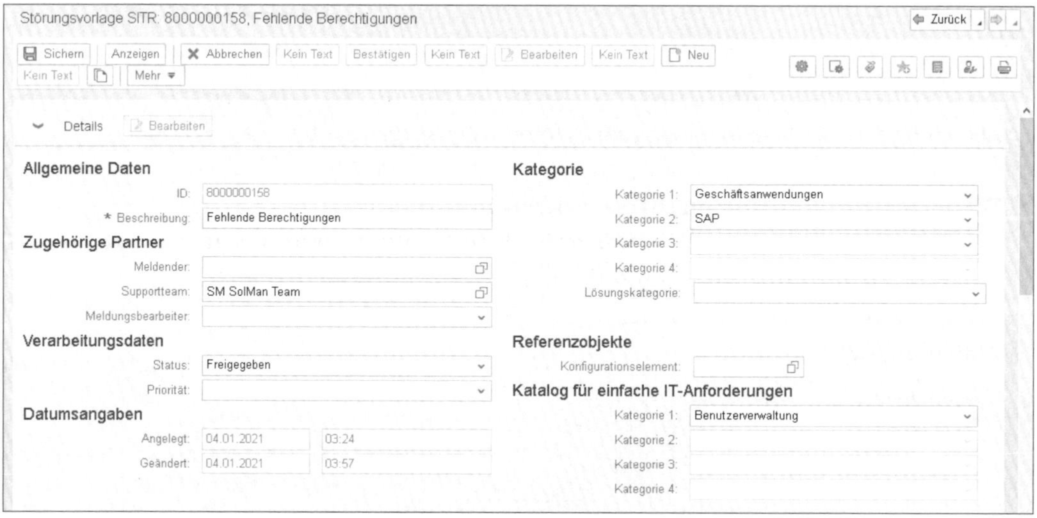

Abbildung 4.81 Anlage einer Störungsvorlage

5. Im Zuordnungsblock **Setup Einfache IT-Anforderung** definieren Sie, welche Felder dieser Vorlage für die Endanwender*innen innerhalb der SAP-Fiori-Applikationen **Servicekatalog – Anforderung anlegen** und **Meine Anforderungen** sichtbar sein sollen und bearbeitet werden können. Im

Beispiel in Abbildung 4.82 wurde der Langtext **Beschreibung** in der Spalte **Obligatorisch** als Pflichtfeld gekennzeichnet.

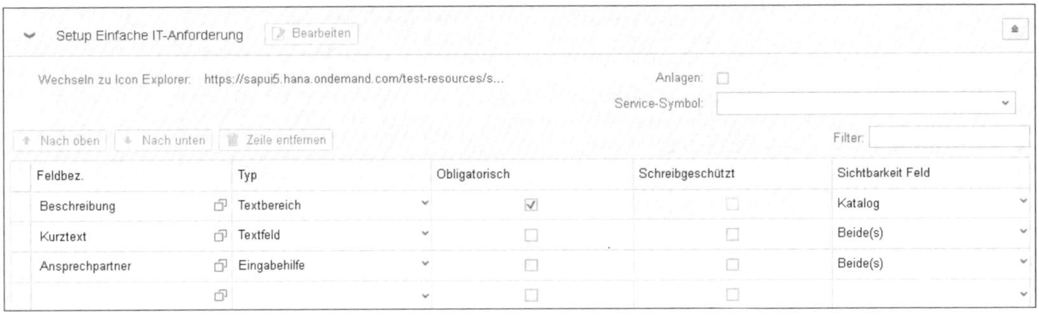

Abbildung 4.82 Felder der SAP-Fiori-Applikationen bestimmen

6. Nachdem Sie Ihren Service angelegt haben, ändern Sie dessen Status auf **Freigegeben**, damit dieser Service im Servicekatalog erscheint.

4.5.2 SAP-Fiori-Applikationen für das Szenario der einfachen IT-Anforderung

Nachdem der Servicekatalog aufgebaut wurde, können die Serviceanforder*innen die darin enthaltenen Services in Anspruch nehmen. Dazu finden sie im SAP Solution Manager Launchpad (Transaktion SM_WORKCENTER) im Bereich **Focused Build – Serviceanforderer** die in Abbildung 4.83 gezeigten Kacheln **Servicekatalog** und **Meine Anforderungen**.

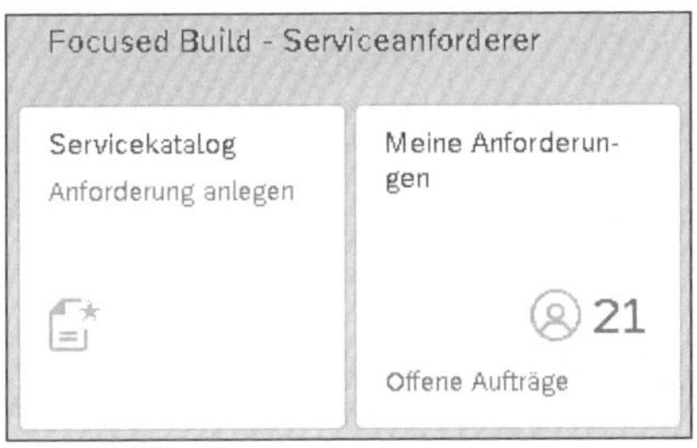

Abbildung 4.83 SAP-Fiori-Applikationen für die Anforder*innen im SAP Solution Manager Launchpad

Servicekatalog

Über die Kachel **Servicekatalog** rufen Sie den Servicekatalog auf und können durch die mehrstufige Kategorisierung navigieren, um den gewünschten Service zu finden (siehe Abbildung 4.84).

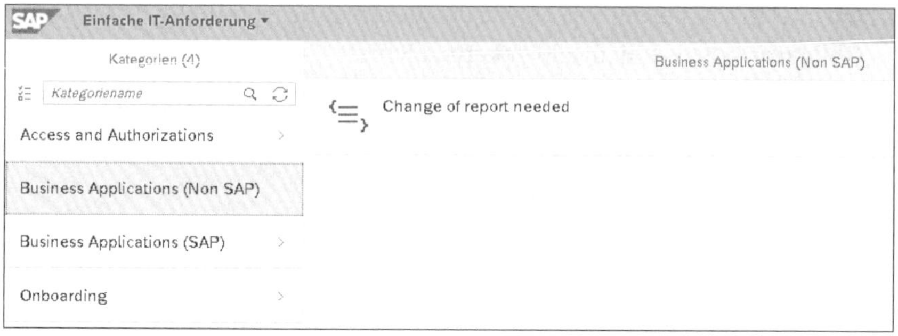

Abbildung 4.84 Servicekatalog

Wählen Sie den Service aus, und erstellen Sie Ihre Anforderung (siehe Abbildung 4.85). Durch einen Klick auf **Absenden** bestätigen Sie Ihre Angaben, und der Vorgang wird erzeugt.

Abbildung 4.85 Anforderung anlegen

Meine Anforderungen

Über die zweite Applikation **Meine Anforderungen** können Sie den Status der von Ihnen angelegten Anforderungen nachverfolgen und diese bei Bedarf um zusätzliche Informationen (ergänzende Beschreibungen oder Anhänge) ergänzen, beispielsweise falls die Person, die die Meldung bearbeitet, noch Fragen zur Anforderung hat (siehe Abbildung 4.86). Die Funktionsweise dieser Applikation ähnelt der der Applikation **Meine Meldungen**, die wir in Abschnitt 4.1.2, »SAP-Fiori-Applikationen«, beschrieben haben.

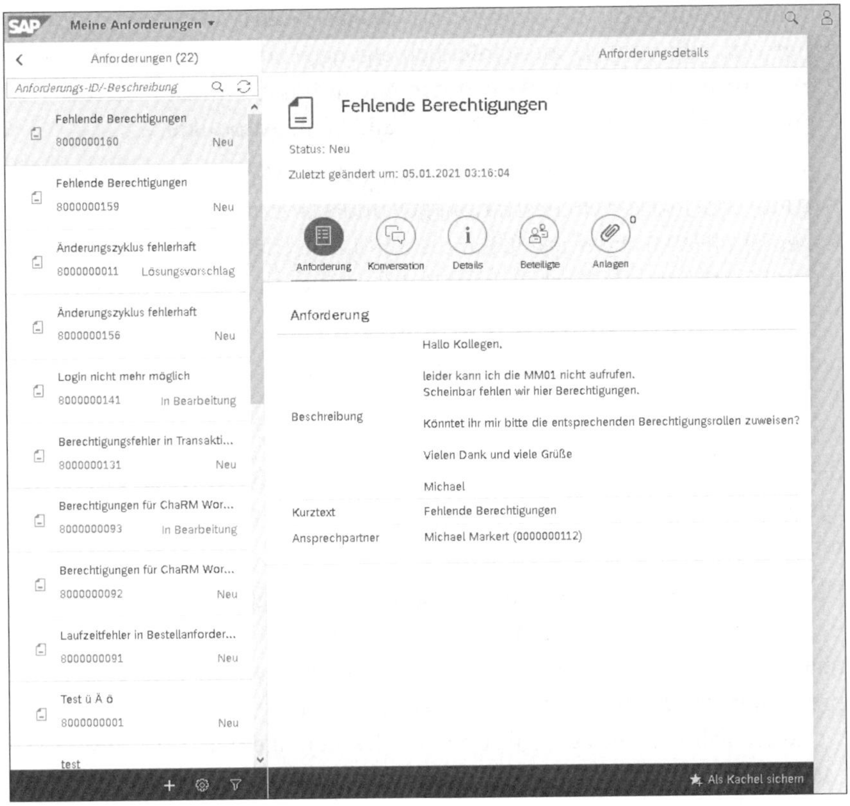

Abbildung 4.86 SAP-Fiori-Applikation »Meine Anforderungen«

4.6 Kundenbericht: Erweiterungen für das ITSM und ChaRM bei der bonprix Handelsgesellschaft mbH

Über bonprix

bonprix ist ein international erfolgreicher Modeanbieter und erreicht mehr als 35 Millionen Kund*innen in 30 Ländern. Das Unternehmen der Otto Group mit Sitz in Hamburg besteht seit 1986 und hat heute rund 4.000 Mitarbeiter*innen weltweit. Im Geschäftsjahr 2019/2020 erwirtschaftete die bonprix Handelsgesellschaft mbH einen Umsatz von 1,74 Milliarden Euro und ist damit eines der umsatzstärksten Unternehmen der Gruppe. Shopping wird auf allen Kanälen ermöglicht – online, per Katalog oder im Store in Hamburg. Den Hauptanteil des Umsatzes macht mit über 85 Prozent der E-Commerce aus.

In Deutschland gehört *www.bonprix.de* zu den zehn umsatzstärksten Online-Shops und ist im Bereich Fashion die Nummer 2 (Quelle: Studie »E-Commerce-Markt Deutschland 2019« von EHI Retail Institute/Statista).

Mit den Eigenmarken bpc, bpc selection, BODYFLIRT, RAINBOW und John Baner vertreibt bonprix ausschließlich eigene Mode mit einem günstigen Preis-Leistungs-Verhältnis. Das Sortiment umfasst Damen-, Herren- und Kindermode, Accessoires sowie Home- und Living-Produkte.

SAP-Systeme

Die Geschäftsprozesse werden maßgeblich über SAP-Systeme wie SAP CRM, SAP ERP, SAP Process Orchestration (PO) und SAP Extended Warehouse Management (EWM) abgewickelt. Für die SAP-Landschaft ist SAP Solution Manager 7.2 das zentrale Werkzeug für Dokumentation, Release Management, Incident Management und Tests.

Änderungsprozess

Jede Änderung an einem SAP-System muss über ein Ticket im SAP Solution Manager prozessiert werden. Eine Änderung kann dabei aus einer neuen Anforderung, einer Störung oder einem Fehler, der im Testsystem gefunden wurde, stammen. Für diese unterschiedlichen Bereiche gibt es jeweils spezifische Vorgangsarten im ITSM – Anforderungen, Störungen und Testfehler.

Die Umsetzung eines solchen Einstiegstickets erfolgt im ChaRM durch Änderungsanträge und -vorgänge. Diese unterscheiden sich leicht in ihren Statuswerten und Funktionen, je nachdem, welche Einstiegsvorgangsart prozessiert wird. Die Unterschiede beziehen sich vor allem auf die Statuswerte hinsichtlich der Tests, die über das Testmanagement im SAP Solution Manager stattfinden, aber (auch) über die Status der Umsetzungstickets abgebildet werden. In einem statusabhängigen Import wird sichergestellt, dass nur getestete Änderungen in die Produktivsysteme gelangen.

Vorteile der Ticketstruktur

Diese zunächst recht komplex erscheinende Ticketstruktur eignet sich sehr gut, um eine team- und systemübergreifende Arbeit an Änderungen, parallele Projekte und Testphasen sowie dringende Störungsbehebungen zu ermöglichen. Die einzelnen Vorgänge werden voneinander trennbar und nachvollziehbar gemacht.

Kundeneigene Erweiterungen

Viele dazu nötige Anpassungen waren bereits im Customizing möglich. Damit die Arbeit mit Tickets jedoch einen möglichst geringen Anteil an der Umsetzungszeit von Änderungen einnimmt, hat bonprix den SAP-Solution-Manager-Standard an verschiedenen Stellen erweitert. Von diesen Erweiterungen werden im Folgenden ein paar Beispiele genannt. Diese sollen verdeutlichen, welche Anpassungen möglich sind, und Ihnen vielleicht auch Ideen für eigene nützliche Anpassungen geben.

Mehrstufige Kategorisierung mit Ersetzung

Auf die Einstiegsvorgangsarten Störung, Anforderung und Testfehler wurde die mehrstufige Kategorisierung angewandt, um die zuständigen Teams und Ansprechpartner*innen automatisch zuordnen zu können. Während dies auch schon im Standard möglich ist, fehlt eine Funktion, um bei einer

Änderung der Kategorie auch die gefundenen Geschäftspartner mit neu gefundenen Werten zu überschreiben. Hierfür hat bonprix die Komponente AIC_INCIDENT_H des CRM Web UI erweitert. Die Findung findet über BRFplus statt.

Folgeticket mit Statuswechsel

Über eine kundeneigene Ausprägung des BAdI EXEC_METHODCALL_PPF hat bonprix darüber hinaus eine PPF-Aktion entwickelt, die für das aktuelle Ticket einen neuen Status setzt (z. B. **in Umsetzung**), einen voreingestellten Folgevorgang anlegt (z. B. einen Änderungsantrag) und zu diesem neuen Ticket im Änderungsmodus navigiert. Hierdurch werden mehrere Arbeitsschritte in einer Aktion konsolidiert. Die Mitarbeiter*innen verbringen so weniger Zeit mit den Tickets, und ein einheitlicher Ablauf ist sichergestellt. Die verschiedenen Teile der Aktion lassen sich komplett aus SAP-Standardimplementierungen zusammensetzen, sodass der kundeneigene Code wartungsarm und upgrade-sicher ist.

E-Mail-Versand an Vertreter*innen

Ebenfalls durch eine eigene Implementierung des BAdI EXEC_METHODCALL_PPF hat bonprix eine Methode zum E-Mail-Versand über E-Mail-Formulare geschrieben, die den Empfänger oder die Empfängerin einer E-Mail bei Bedarf durch eine Vertreterin oder einen Vertreter ersetzt. Die Vertreterregelung, die im Standard in den Arbeitsvorräten berücksichtigt wird, greift nämlich nicht bei E-Mail-Benachrichtigungen. Die Vertreter*innen lassen sich jedoch durch die Standardklasse CL_AGS_WORK_BP_INFO auslesen, ersetzen und dann als neue Empfänger*innen an die Standardmethode SEND_MAIL_WITH_MAIL_FORMS übergeben, sodass auch diese Änderung wartungsarm und upgradesicher ist.

Dynamische Anzeige von UI-Elementen

Auch eine Erweiterung der Ticketanzeige in der CRM Web UI ist über das Interface IF_CHTMLB_FORM_ITERATOR möglich. Damit kann ein Iterator für Störungen über das Viewlayout eines Komponentenview, z. B. **IncidentHeaderEF.htm**, eingebunden werden. Hierüber lassen sich dann z. B. Informationstexte ein- oder ausblenden, z. B. abhängig vom Status oder der Priorität eines Tickets.

Konsistenzbedingungen auf Predoc-Ebene

Eine sehr wichtige Funktion, um Zeit zu sparen, sind für bonprix die ChaRM-Aktionen SET_PREDOC und SET_SUCCDOC, mit denen sich der Status von Vorgänger- und Nachfolgertickets automatisch ändern lässt. So wird beispielsweise ein Änderungsantrag erst dann automatisch auf den Status **bereit für integrativen Test** gesetzt, wenn alle zugehörigen Änderungsdokumente, die auf verschiedenen Systemen implementiert werden können, ebenfalls bereit für den Test sind.

Als Konsistenzprüfungen dieser Aktionen sind jeweils PREDOC_CAN_BE_SET und SUCCDOC_CAN_BE_SET vorgesehen. Leider prüfen diese nicht, ob das Vorgänger- bzw. Nachfolgerticket auch die Konsistenzprüfungen, die der zu setzende Status erfordert, bestehen würde. Dadurch kann es zu Inkonsistenzen kommen: `PREDOC_CAN_BE_SET` wird erfolgreich geprüft, die Aktion `SET_PREDOC` wird durchlaufen, hierbei kommt es aufgrund der Konsistenzprüfungen im Vorgängerticket jedoch zu einem Fehler, und der neue Status wird nicht gesetzt. Das aktuelle Ticket, das die Aktion `SET_PREDOC` ausgelöst hat, erhält jedoch trotzdem seinen neuen Status.

Für bonprix ist es wichtig, dass diese gekoppelten Statuswechsel nur stattfinden, wenn auch beide beteiligten Tickets den neuen Status erhalten. Dies ließ sich über eine Implementierung des BAdI `SOCM_CHECK_CONDITION` umsetzen: Hier wurde eine Konsistenzprüfung definiert, die für den am Vorgänger- oder Nachfolgerticket zu setzenden Status durchlaufen wird und das entsprechende Ergebnis zurückgibt. Da auch nachgelagerte Konsistenzprüfungen beim Statuswechsel zu Fehlern und einem Rückfall auf den vorherigen Status führen können, wurde mit einer weiteren Konsistenzprüfung sichergestellt, dass der Statuswechsel auch tatsächlich vollzogen wurde.

Release-Hinweise

Ebenfalls über eine eigene Konsistenzprüfung stellt bonpix sicher, dass ab einem bestimmten Status für einen Änderungsantrag entweder Release-Hinweise erfasst wurden oder das Ticket als hierfür nicht relevant gekennzeichnet wurde. Mit einem einfachen Report ließen sich dann automatisch Release-Hinweise zu einem Release erstellen, die an die Anwender*innen verteilt werden können. Abbildung 4.87 zeigt ein Beispiel der generierten Release-Hinweise.

Hallo zusammen,

folgende neue Funktionen bzw. Neuerungen und Fehlerkorrekturen wurden heute in die unten aufgeführten SAP Systeme übernommen und stehen dort zur Verfügung.
Solltet Ihr weitere Transporte vermissen, meldet euch bitte bei den zuständigen Meldungsbearbeitern der einzelnen Incidents/Demands/SFR Belege.

Solution Manager

- 1200000277: Release Notes: Zyklusauswahl verbessern
  Die Auswahl des Änderungszyklus im Release Notes Report wurde verbessert:
  - Die Liste der Änderungszyklen ist jetzt absteigend sortiert nach ID. Dadurch stehen die aktuellen Zyklen oben.
  - Alte Zyklen, für die nie Release Notes gepflegt waren, sind aus der Werthilfe ausgeschlossen. Dadurch baut sie sich schneller auf.

- 1200000330: Rich Text
  Für Texterfassung steht nun eine neue Maske zur Verfügung mit folgenden Funktionen:
  - Eine vollständige Formatierung der Texte ist mit der Textart Text nun möglich.
  - Screenshots können direkt in den Fließtext eingefügt werden.
  - In den Text eingefügte Screenshots werden automatisch auch Anhänge im Beleg.
  - Übersichtlichere Darstellung der Texteinträge im Textzuordnungsblock.

Abbildung 4.87 Beispiel eines generierten Release-Hinweises

BAdIs, Klassen und Methoden verwenden

Generell sind, gerade in SAP Solution Manager 7.2 SPS11, schon im Customizing sehr viele Anpassungen der Standardprozesse möglich. Die Beispiele in diesem Abschnitt zeigen, dass sich darüber hinaus viele BAdIs für die Funktionen des ITSM und ChaRM finden, die weitreichende Erweiterungen ermöglichen. Ein kurzer Blick in verschiedene Standardimplementierungen zeigt außerdem, dass für vieles – wie das Auslesen von Geschäftspartnervertretungen – bereits nutzbare Klassen und Methoden im Standard vorliegen. Durch Nutzung dieser Elemente lassen sich Erweiterungen entwickeln, die lediglich bestehende Standardfunktionen auf andere Wege verknüpfen und um neue Ideen erweitern. Darüber hinaus bietet die CRM-Logik der erweiterbaren UI-Komponenten Flexibilität an vielen Stellen, an denen BAdIs nicht existieren oder ausreichen.

Ansprechpartner bei bonprix

Michel Jahn ist seit 2018 bei bonprix als SAP Expert Consultant tätig. Davor war er als Berater bei verschiedenen Kunden im Einsatz. Er ist nach einem Studium des International Management als Quereinsteiger in der IT gelandet.

Kapitel 5
Projektmanagement

In diesem Kapitel erhalten Sie einen Einblick in das SAP-Projektmanagement, das Sie mit SAP Solution Manager 7.2 für IT-Projekte lizenzfrei nutzen können.

5

Das *SAP-Projektmanagement* bildet zusammen mit dem *SAP-Portfoliomanagement* eine eigenständige Applikation namens *SAP Portfolio and Project Management* (SAP PPM). Diese können Sie unabhängig von anderen SAP-Applikationen installieren und einsetzen. Technisch umfasst SAP PPM neben einem SAP NetWeaver Application Server und einigen Grundkomponenten die Softwarekomponente CPRXRPM 610_740, die die Funktionen von SAP PPM in Version 6.1 beinhaltet. Diese Softwarekomponente ist ebenfalls Teil der aktuellen SAP-Solution-Manager-7.2-Installation. Somit haben Sie die Möglichkeit, die Funktionen von SAP PPM direkt über Ihren SAP Solution Manager zu nutzen. In diesem Zusammenhang wird SAP PPM auch als *IT-Portfolio- und Projektmanagement* (IT-PPM) bezeichnet.

Vorteile

Das IT-PPM bietet Ihnen den entscheidenden Vorteil, Projekte strategisch und operativ über den SAP Solution Manager steuern zu können. Mit dem SAP-Projektmanagement haben Sie u. a. die Möglichkeit, die Durchführung Ihrer Projekte sowie die dafür benötigten Ressourcen zentral zu planen, zu strukturieren und zu koordinieren. Anhand von Analysen und Dashboards überwachen Sie den Fortschritt Ihrer Projekte und können so gezielt kritische Entwicklungen identifizieren und bei Bedarf Gegenmaßnahmen einleiten.

Ein weiterer Vorteil bei der Verwendung des SAP-Projektmanagements über SAP Solution Manager 7.2 ist, dass Sie Projekte mit der Lösungsdokumentation verknüpfen können. Hierdurch erhalten Sie Integrationsmöglichkeiten in andere Bereiche des SAP Solution Managers. Insgesamt wird mit der Integration der PPM-Funktionen in den SAP Solution Manager ein Werkzeug geschaffen, das den Projektverlauf von Implementierungs- und Wartungsprojekten ganzheitlich unterstützt.

In diesem Kapitel möchten wir Ihnen die Funktionsweise des integrierten IT-PPM näherbringen. Unser Fokus liegt dabei auf dem IT-Projektmanagement. Sie erhalten wichtige Informationen zur Komponente IT-PPM, zur Konfiguration des IT-Projektmanagements sowie zu Berechtigungen. Außerdem stellen wir Ihnen die verschiedenen Projektarten im SAP Solution Manager vor.

Auf die konkrete Durchführung von Projekten mithilfe des IT-Projektmanagements gehen wir in Abschnitt 5.4 ein. Wir zeigen Ihnen, wie Sie das IT-Projektmanagement verwenden, um Projekte anzulegen, zu terminieren und zu verwalten. Darüber hinaus geben wir Ihnen einen Einblick in das *Ressourcenmanagement*, mit dem Sie Ihre Ressourcen optimal planen.

Im Anschluss erhalten Sie einen Überblick über die Analysemöglichkeiten und Dashboards im Zusammenhang mit dem IT-PPM. Wir gehen detailliert auf die Integrationsmöglichkeiten in andere Bereiche von SAP Solution Manager 7.2 ein. Das Kapitel endet mit einer Vorstellung der SAP-Roadmaps.

Sind Sie auf der Suche nach Informationen dazu, wie Sie der SAP Solution Manager in agilen Projekten optimal unterstützt, lesen Sie Abschnitt 13.1, »Focused Build«.

5.1 Einführung in das IT-Portfolio- und Projektmanagement

IT-Portfolio- und Projektmanagement

Im SAP Solution Manager stehen Ihnen mit Release 7.2 die Projektmanagementfunktionen von SAP PPM 6.1 zur Unterstützung Ihrer IT-Projekte zur Verfügung. Das IT-PPM unterstützt Unternehmen im Allgemeinen bei der Ausrichtung ihrer IT-Landschaft an den strategischen Zielen des Unternehmens sowie im Speziellen bei der Planung, Steuerung und Umsetzung von IT-Projekten. Es werden Funktionen bereitgestellt, mit denen Sie Ihre Portfolios strategisch und operativ steuern und Ihre IT-Projekte in allen Bereichen Ihres Unternehmens zielgerichtet umsetzen können.

Funktionen und Lizenzen

Das IT-PPM gliedert sich in die Bereiche IT-Portfoliomanagement und IT-Projektmanagement. Das IT-Projektmanagement können Sie mit Ihrem SAP-Enterprise-Support-Vertrag kostenfrei nutzen. Für die Nutzung des IT-Portfoliomanagements besteht ein kostenpflichtiges Lizenzmodell. Abbildung 5.1 stellt die Lizenzierung vom IT-PPM grafisch dar.

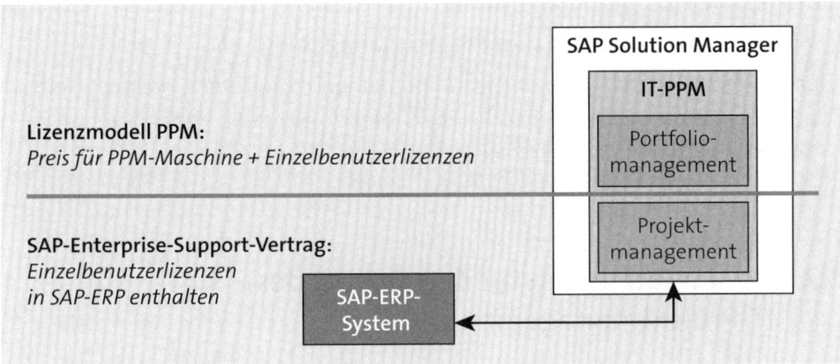

Abbildung 5.1 Lizenzierung vom IT-PPM in SAP Solution Manager 7.2

IT-Portfoliomanagement

Das IT-Portfoliomanagement betrachtet die Gesamtheit aller Unternehmensprojekte in Bezug auf ihre Chancen und Risiken. Ebenso ist es als Lösung für die Verwaltung von *Ressourcen* (Mitarbeiter, Freelancer etc.) über mehrere Projekte hinweg konzipiert. Durch die Integration von Informationen aus bestehenden Systemen für das Projektmanagement, das Personalwesen und die Finanzverwaltung ermöglicht das IT-Portfoliomanagement einen ganzheitlichen Überblick über das Projektportfolio einer Organisation und über die Ressourcenverfügbarkeit.

Anhand von Bewertungsmodellen können Sie Ihr gesamtes Projektportfolio im Detail an den Unternehmenszielen ausrichten. Sie schaffen Transparenz bei Projektkosten, Besetzung, Zeitplänen sowie Ergebnissen und können so effektive Übergangsmaßnahmen zwischen Projektphasen etablieren. Darüber hinaus bietet das IT-Portfoliomanagement die Möglichkeit, vorhandene Kenntnisse und Qualifikationen im Unternehmen zu erfassen und zu verwalten. Dies bildet die Basis für eine optimale Zuordnung der Ressourcen zu den Projekten unter Berücksichtigung der Qualifikationen und strategischen Prioritäten.

IT-Projektmanagement

Das IT-Projektmanagement deckt Projektmanagementfunktionen für alle Projektphasen von der Planung über die Implementierung bis hin zum Projektabschluss ab. Es hilft Ihnen, die Schritte innerhalb von IT-Projekten korrekt auszuführen. Darüber hinaus besteht die Option, die Funktionen des IT-Projektmanagements mit anderen Systemen wie dem Personal- oder Rechnungswesen zu integrieren, um so die Daten dieser Systeme für Analysen oder die Verwaltung von Ressourcen zu nutzen. Das IT-Projektmanagement ist insbesondere für die Verwaltung von phasenorientierten Projekten geeignet. Dabei unterstützt es sowohl Wartungs- als auch Implementierungsprojekte.

[»]

Weitere Informationen zum Projektmanagement

Das SAP-Projektmanagement im Allgemeinen ist natürlich noch vielseitiger, als in diesem Kapitel beschrieben. Weiterreichende Informationen zu SAP PPM erhalten Sie im SAP Help Portal unter *http://s-prs.de/v791822*.

5.2 Voraussetzungen für den Einsatz des IT-Projektmanagements

Damit Sie das IT-PPM in Ihrem SAP Solution Manager nutzen können, müssen Sie, wie für andere Szenarien auch, zunächst die Voraussetzungen schaffen. In diesem Abschnitt haben wir alles Wichtige zur Konfiguration und den erforderlichen Berechtigungen für das IT-PPM zusammengestellt.

5.2.1 Konfiguration des IT-Projektmanagements

Konfiguration

Die Einrichtung vom IT-PPM zur Verwendung des Projektmanagements in SAP Solution Manager 7.2 führen Sie ebenso wie die Konfiguration anderer Applikationen des SAP Solution Managers in der Transaktion SOLMAN_SETUP durch. Unter dem Szenario **Projektmanagement** finden Sie eine Guided Procedure, die Sie Schritt für Schritt durch die Einrichtung führt (siehe Abbildung 5.2).

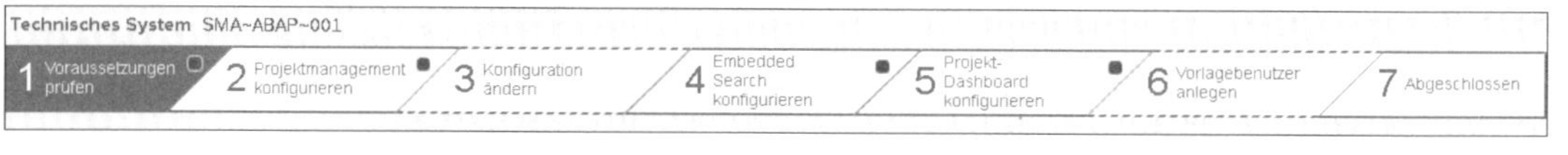

Abbildung 5.2 Guided Procedure zur Konfiguration des Projektmanagements

Voraussetzungen prüfen

Im ersten Schritt müssen Sie die Aktivität **Voraussetzungen prüfen** ausführen. Diese prüft, ob die projektmanagementbezogenen Konfigurationen vom IT-PPM abgeschlossen sind. Dies ist Voraussetzung, um mit der Integration des IT-Projektmanagements in den SAP Solution Manager fortzufahren. Den benötigten Konfigurations-Content finden Sie im Anhang von SAP-Hinweis 2026421.

Projektmanagement konfigurieren

Sind die Voraussetzungen erfüllt, können Sie mit der Konfiguration in Schritt 2, **Projektmanagement konfigurieren**, fortfahren. In diesem Schritt kopieren Sie das von SAP vordefinierte Customizing für das Projektmanagement. Dieses enthält Projektarten, Phasentypen und Aufgabentypen für das IT-PPM sowie Einstellungen für die Integration in die Applikationen Lösungsdokumentation, Change Request Management und Anforderungsmanagement.

Um eine Kopie dieser Customizing-Objekte zu erstellen, wechseln Sie in den Bearbeitungsmodus der Guided Procedure. Starten Sie anschließend die Web-Dynpro-Anwendung zur manuellen Aktivität **Customizing für Projektmanagement kopieren**. In dem neuen Fenster können Sie die verschiedenen Quellprojektarten in Ihren Kundennamensraum kopieren (siehe Abbildung 5.3). Wählen Sie hierzu eine der Quellprojektarten **IT-Projekt – kopfbasiert** (`000SAP_SM_HBI01`), **IT-Implementierungsprojekt – aufgabenbasiert** (`00SAP_SM_IMPL01`) oder **IT-Wartungsprojekt – aufgabenbasiert** (`0SAP_SM_MAINT01`) sowie Ihren Kundennamensraum. Klicken Sie auf **Übernehmen**, und füllen Sie die Informationen zur Zielprojektart aus.

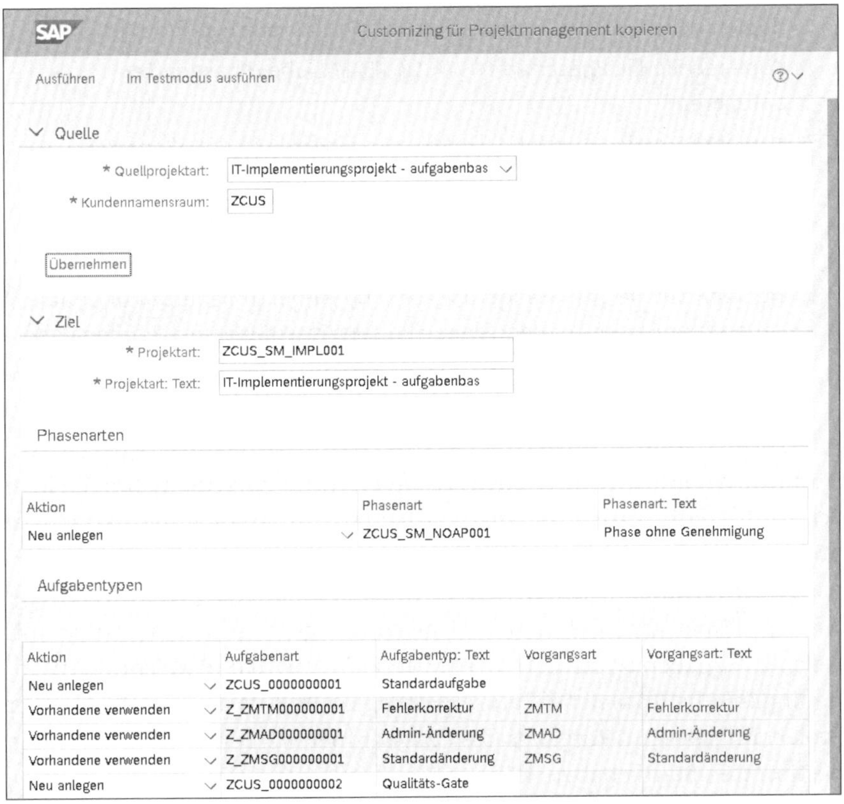

Abbildung 5.3 Customizing für das Projektmanagement kopieren

Im unteren Bereich des Fensters werden Phasenarten und Aufgabentypen für die Projektart angegeben. Die Aufgabentypen werden den entsprechenden Vorgangsarten aus dem Change Request Management (ChaRM) gegenübergestellt. Definieren Sie, ob Sie die angezeigten Phasenarten und Aufgabentypen neu anlegen oder ignorieren bzw. die vorhandenen verwenden möchten. Über die Schaltfläche **Im Testmodus ausführen** in der Funktionsleiste können Sie den Kopiervorgang testen, bevor Sie ihn über die Schaltfläche **Ausführen** final starten.

[+]

Konfiguration des SAP-Projektmanagements über die Transaktion SPRO

Sollte die Kopie einer Projektart über die Web-Dynpro-Anwendung nicht möglich sein oder möchten Sie nachträglich Änderungen vornehmen, können Sie die Kopiervorgänge alternativ manuell im SAP-Einführungsleitfaden (IMG) über die Transaktion SPRO starten.

Führen Sie dazu folgende Schritte aus:

1. Kopieren Sie die Quellprojektarten über **Projektarten definieren**.
2. Kopieren Sie die Phasenart `00SAP_SM_NOAP01` über **Phasenarten definieren**.
3. Kopieren Sie die SAP-Standardprojektrollenarten über **Rollenarten definieren**.
4. Kopieren Sie die SAP-Standardaufgabenarten über **Aufgabenarten definieren**.
5. Ersetzen Sie die SAP-Standardphasenart, -projektrollenarten und -aufgabenarten in den kundeneigenen Projektarten durch Ihre kundeneigene Phasenart, Projektrollenarten und Aufgabenarten über **Projektarten definieren**.

Integration mit SAP-Solution-Manager-Applikationen

Manuelle Anpassungen der zuvor kopierten Konfiguration nehmen Sie in Schritt 3, **Konfiguration ändern**, vor. Führen Sie optional die Aktivitäten **Vorgangsart den Aufgabentypen zuordnen** und **Aufgabenstatus dem Vorgangsstatus zuordnen** aus, die für die Integration mit dem ChaRM benötigt werden. Dabei wird definiert, welche Vorgangsart aus dem ChaRM mit welcher Aufgabenart aus dem IT-PPM verknüpft wird und welche Statusänderung im ChaRM welche Statusänderung im IT-PPM auslöst. Wenn einer Projektaufgabe nur Vorgangsarten zugeordnet werden dürfen, die einen bestimmten Status haben, können Sie diese Statuswerte über die Aktion **Vorgangszuordnung einschränken** definieren.

Über die Aktivität **Objekttypen den Roadmap-Knotentypen zuordnen** legen Sie für die verschiedenen Projektarten das Mapping zwischen Projektelementen und Roadmap-Knotentypen fest. Dieses Mapping definiert, welche Elemente beim Import einer Roadmap angelegt werden. Entsprechende Einstellungen für den Import von SAP-Best-Practice-Paketen nehmen Sie in der Aktivität **SAP-Best-Practice-Paketknotenarten zuordnen** vor.

Sie aktivieren die Integrationsmöglichkeiten für jede Projektart einzeln über die Aktion **Integrationsszenarios für Projektarten aktivieren**. Indem Sie die Checkbox in der Spalte **Lösungsdokumentation** markieren, aktivieren Sie die Integration mit der Lösungsdokumentation. Wenn Sie in dieser Customizing-Einstellung zusätzlich in der Spalte **Issue-Typ** einen Issue-Typ wählen, aktivieren Sie ergänzend die Integration mit dem Issue-Management im Rahmen der *SAP-Engagement und Servicelieferung* (siehe Abschnitt 15.2).

Über die Spalte **Testmanagement** haben Sie seit SAP Solution Manager 7.2 SPS09 die Option, für jede Projektart zu entscheiden, ob die zugeordneten Testpläne auf einer zusätzlichen Registerkarte zum Projekt angezeigt werden sollen. Bevorzugen Sie die kopfbasierte Integration zwischen dem ChaRM und dem Projektmanagement gegenüber der aufgabenbasierten, können Sie in der letzten Spalte **Kopfbasiert** auf diese Integrationsart für die jeweilige Projektart umstellen. Nähere Informationen zur Integration mit dem ChaRM finden Sie in Abschnitt 5.3, »Projektarten«.

Embedded Search konfigurieren

Schritt 4, **Embedded Search konfigurieren**, unterstützt Sie bei der Anlage von Suchkonnektoren und der Erstindizierung der umfassenden Suchfunktion für das Projektmanagement. Diese Konfiguration wird wie gewohnt über die Transaktion ESH_COCKPIT ausgeführt.

Projekt-Dashboard konfigurieren

Für die Verwendung des Dashboards *Build-übergreifende Analyse*, das Ihnen einen ganzheitlichen Überblick über Projekte mit kopfbasierter Integration liefert, ist es notwendig, die Datenextraktion regelmäßig einzuplanen. Dies geschieht in Schritt 5, **Projekt-Dashboard konfigurieren**. Legen Sie hier das Extraktionsintervall und die Paketgröße für die Datenextraktion fest.

5.2.2 Berechtigungen

Anders als in den übrigen SAP-Solution-Manager-Szenarien gibt es im Projektmanagement zwei verschiedene Arten von Berechtigungen: *allgemeine* und *projektspezifische Berechtigungen*. Um mit dem Projektmanagement arbeiten zu können, werden beide Arten benötigt.

Allgemeine Berechtigungen

Bei den allgemeinen Berechtigungen handelt es sich um PFCG-Rollen, mit denen Sie den Benutzern den Zugriff auf die Applikationen des Projektmanagements gestatten. Diese Berechtigungen benötigt jeder Benutzer des Projektmanagements. Darüber hinaus wird über die allgemeinen Berechtigungen gesteuert, welcher Benutzer neue Projekte anlegen und Projektvorlagen verwalten darf.

Vorlagebenutzer anlegen

Der letzte Schritt der Guided Procedure in der Transaktion SOLMAN_SETUP, **Vorlagebenutzer anlegen**, hilft Ihnen bei der Anlage und Verwaltung dieser allgemeinen Berechtigungen. Die hier angelegten Vorlagebenutzer dienen als Vorlage für Ihre individuellen Projektmanagementrollen. Sie können entweder neue Benutzer aus Standardvorlagebenutzern anlegen oder vorhandene Vorlagebenutzer aktualisieren:

1. Markieren Sie hierzu den Standardvorlagebenutzer, den Sie kopieren bzw. dessen Kopie Sie aktualisieren möchten (siehe Abbildung 5.4).

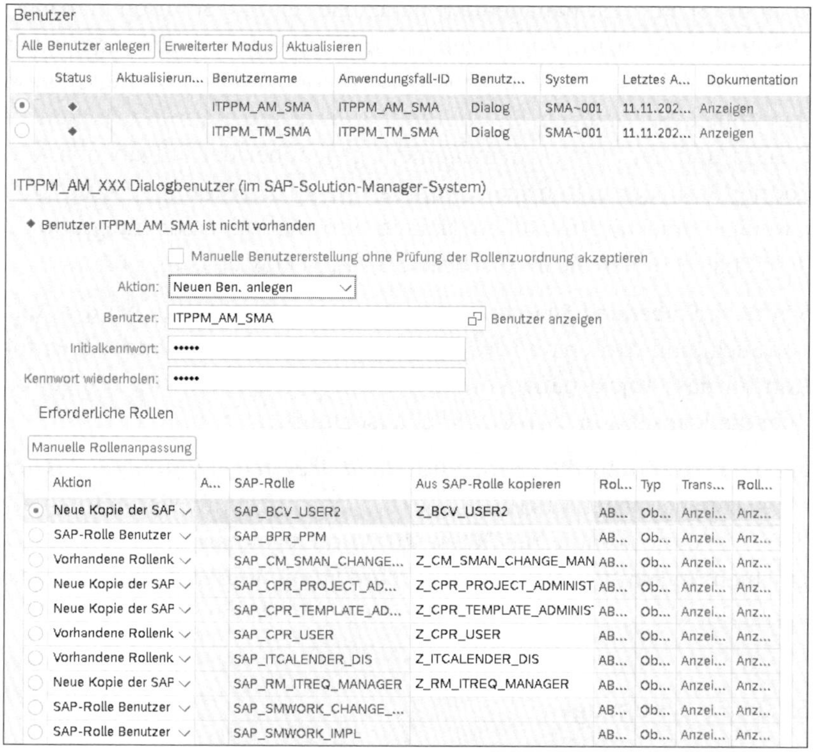

Abbildung 5.4 Standardvorlagebenutzer kopieren

2. Wählen Sie im Feld **Aktion**, ob Sie einen neuen Benutzer anlegen oder einen vorhandenen aktualisieren möchten.
3. Geben Sie im Feld **Benutzer** den Namen des Benutzers an.
4. Die erforderlichen Rollen werden in einer Tabelle angezeigt. Sie können vor der Kopie entscheiden, welche dieser Rollen Sie dem Vorlagebenutzer zuordnen wollen und ob Sie die SAP-Standardrollen oder eine kundeneigene Kopie dieser Rollen verwenden möchten. Ist die kundeneigene Kopie noch nicht vorhanden, können Sie bestimmen, dass diese während des Kopiervorgangs direkt angelegt wird.

Verfügbare Vorlagebenutzer

SAP stellt zwei Standardvorlagebenutzer für das Projektmanagement zur Verfügung:

- Der Benutzer ITPPM_AM_SYS dient als Vorlage für eine Projektleitungs- bzw. Projektadministrationsrolle mit vollem Zugriff auf die Projektapplikationen.
- Der Benutzer ITPPM_TM_SYS dient als Vorlage für Mitglieder eines Projektteams, die selbst keine Projekte anlegen oder Projektvorlagen verwalten dürfen.

Projektspezifische Berechtigungen

Zusätzlich zu diesen allgemeinen Berechtigungen benötigt jeder Benutzer projektspezifische Berechtigungen entsprechend seiner Funktion im Projekt. Über die projektspezifischen Berechtigungen steuern Sie, welche Funktionen ein Benutzer in einem bestimmten Projekt ausführen darf. Diese Art von Berechtigungen wird individuell für jedes Projekt direkt auf der Projektmanagementoberfläche vergeben. Abbildung 5.5 zeigt die Registerkarte **Berechtigungen** in einem Projekt. Sie existiert für jedes einzelne Element der Projektstruktur (siehe Abschnitt 5.4.3, »Projektelemente«).

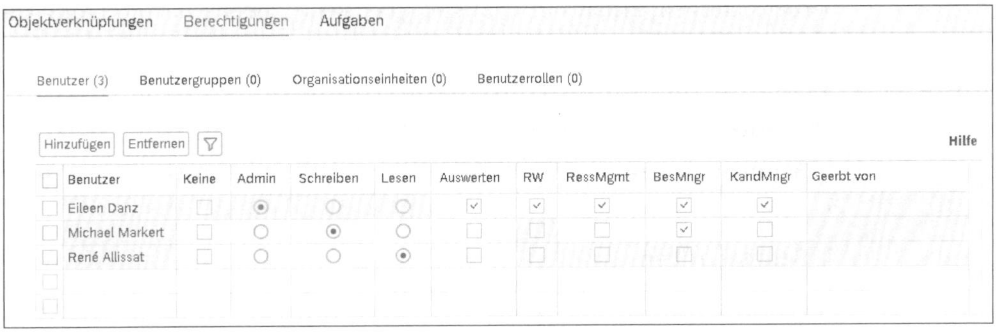

Abbildung 5.5 Beispiel für projektspezifische Berechtigungen

Vererbung von Berechtigungen

Über die ersten vier Spalten steuern Sie den Zugriff auf das gewählte Projektelement. Sie können entscheiden, ob ein Benutzer administrative, schreibende, lesende oder keine Berechtigungen haben soll. Wichtig dabei ist, dass sich die selektierte Berechtigung für ein Projektelement auf untergeordnete Elemente vererbt, solange deren Berechtigungseinstellungen nicht separat angepasst werden. Wurde eine Berechtigung vererbt, ist dies in der Spalte **Geerbt von** erkennbar.

Auf Ebene der Projektdefinition haben Sie fünf zusätzliche Spalten zur Vergabe der Berechtigungen zur Auswahl:

- **Auswerten**: Benutzer dürfen Auswertungen zum Projekt durchführen. Sie benötigen zudem mindestens die Berechtigung für den lesenden Zugriff auf das Projekt.

- **RW** (Rechnungswesen): Benutzer dürfen Kosten kalkulieren und Daten aus dem Rechnungswesen abrufen.
- **RessMngr** (Ressourcenmanager*in): Benutzer dürfen Ressourcen in einem Projekt suchen und zuordnen.
- **BesMngr** (Besetzungsmanager*in): Benutzer erhalten im Arbeitsvorrat der zentralen Ressourcenmanagementanwendung aus dem SAP-Portfoliomanagement alle Rollen des Projekts mit der Besetzungsart **durch Ressourcenmanager über Berechtigung**, um diese zentral besetzen zu können.
- **KandMngr** (Kandidatenmanager*in): Benutzer erhalten alle Rollen des Projekts mit der Besetzungsart **durch Ressourcenmanager über Berechtigung**, um den Rollen des Projekts Kandidaten im Arbeitsvorrat der externen Ressourcenmanagementanwendung zuordnen zu können.

Neben Benutzern können Sie dem Projekt auch Benutzergruppen, Organisationseinheiten oder Benutzerrollen zuordnen und diese nach Bedarf berechtigen. Dabei ist jedoch die Rangfolge dieser Berechtigungsinhaber zu berücksichtigen. Erhält ein Benutzer über verschiedene Berechtigungsinhaber unterschiedliche Berechtigungen für ein Projektelement, wird entsprechend der folgenden Rangfolge priorisiert:

1. Benutzer
2. Benutzergruppen
3. Organisationseinheiten
4. Benutzerrollen

Die Berechtigung eines einzelnen Benutzers wird demnach stärker gewichtet als die Berechtigung über Benutzergruppen und Berechtigungen über Benutzergruppen wiederum stärker als diejenigen über Rollen.

Indirekte Berechtigung über Ressourcen

Alternativ zur direkten Berechtigung auf Projektelemente können Sie Benutzer auch indirekt über das Ressourcenmanagement berechtigen. Wenn Sie Ressourcen im Projekt planen, müssen Sie für jede Rolle eine *Rollenart* festlegen. Diese Rollenart ist über das Customizing mit einer Vorschlagsberechtigung verknüpft. Jeder Benutzer, dem die Rolle dieser Art zugewiesen wird, erhält automatisch die Vorschlagsberechtigung für diejenigen Projektelemente, die von der Rolle bearbeitet werden sollen. Erstellen Sie beispielweise eine Rolle mit der Vorschlagsberechtigung **Schreiben** und ordnen dieser Rolle Projektaufgaben zu, erhalten die Benutzer, die Sie dieser Rolle zuordnen, schreibende Berechtigung für das Projekt.

[«]

Projektspezifische Berechtigung bei Projektanlage

Der Benutzer, der ein neues Projekt anlegt (und hierfür allgemeine Berechtigungen besitzt), erhält automatisch administrative Berechtigungen für das von ihm angelegte Projekt und kann somit weitere projektspezifische Berechtigungen vergeben.

5.3 Projektarten

Aufgabenbasierte vs. kopfbasierte Integration

Mit SAP Solution Manager 7.2 SPS11 bietet das IT-PPM drei verschiedene Projektarten. Diese Projektarten unterscheiden sich insbesondere durch ihre Integration in das ChaRM. Es gibt Projekte mit aufgabenbasierter Integration und solche mit kopfbasierter Integration:

- **Aufgabenbasierte Integration**
  Zu den aufgabenbasierten Projektarten im SAP Solution Manager zählen das *IT-Implementierungsprojekt* (`0OSAP_SM_IMPL01`) und das *IT-Wartungsprojekt* (`0SAP_SM_MAINT01`). Beide Projektarten sind im Customizing so eingerichtet, dass sie die Möglichkeit bieten, Projektaufgaben mit Vorgängen aus dem ChaRM oder Anforderungsmanagement zu verknüpfen. Im Fall einer solchen Integration werden Daten zwischen Aufgaben und Vorgängen synchronisiert.

  Der Unterschied zwischen diesen beiden aufgabenbasierten Projektarten liegt im Wesentlichen in der Zuordnung von Vorgängen zu Projektaufgaben:

  - Ein Implementierungsprojekt wird in der Regel im Vorhinein geplant, bevor die Änderungen im System umgesetzt werden. Das heißt, Sie haben die Möglichkeit, Projektaufgaben zu planen und ausgehend von diesen Aufgaben entsprechende Vorgänge im ChaRM oder Anforderungsmanagement anzulegen.
  - Das Wartungsprojekt ist so eingerichtet, dass Sie über das CRM Web UI eine entsprechende Projektaufgabe aus einem Vorgang anlegen können. Eine detaillierte Planung erfolgt bei Wartungsprojekten in der Regel nicht.

- **Kopfbasierte Integration**
  Für eine kopfbasierte Integration wählen Sie die Projektart *IT-Projekt* (`000SAP_SM_HBI01`). Anders als bei den Projektarten mit aufgabenbasierter Integration haben Sie mit dieser Projektart die Möglichkeit, Vorgänge aus dem ChaRM und Anforderungsmanagement dem Projektkopf anstatt einzelnen Projektaufgaben zuzuordnen. Es findet auch keine Daten-

synchronisation statt. Trotzdem behalten Sie mit dieser Projektart alle Änderungen Ihres Projekts im Blick und können diese über Dashboards und Analysen einfach und übersichtlich nachverfolgen. Auch die Integration ins Testmanagement ist mit dieser Projektart weiterhin möglich.

Klassischer Projektverlauf

Alle drei Projektarten haben eine eher klassische Ausrichtung nach dem Wasserfallprinzip gemeinsam. Sind Sie auf der Suche nach einer Projektart, die Sie in agilen Projekten unterstützt, sollten Sie sich die Projektarten im SAP-Solution-Manager-Add-on *Focused Build* ansehen. Diese Projektarten sind auf agile Projektmethodik ausgerichtet und ebenfalls aufgabenbasiert ins ChaRM und Anforderungsmanagement integriert (siehe Abschnitt 13.1, »Focused Build«).

5.4 Projekte verwalten

Haben Sie das IT-PPM erfolgreich konfiguriert, können Sie aus SAP Solution Manager 7.2 heraus Projekte anlegen und verwalten. In diesem Abschnitt erfahren Sie, wie die Projektmanagementanwendung aufgebaut ist, welche Funktionen Ihnen zur Verfügung stehen und wie Sie diese anwenden. Darüber hinaus stellen wir Ihnen das Ressourcenmanagement im IT-PPM vor.

5.4.1 In der Projektmanagementanwendung navigieren

Applikation aufrufen

Sie erreichen die Applikation, in der die IT-PPM-Funktionen enthalten sind, über das SAP Solution Manager Launchpad unter der Gruppe **Project and Process Management** über die Kachel **Meine Projekte** (siehe Abbildung 5.6). Mit dem Klick auf die Kachel wird der *SAP Business Client* aufgerufen.

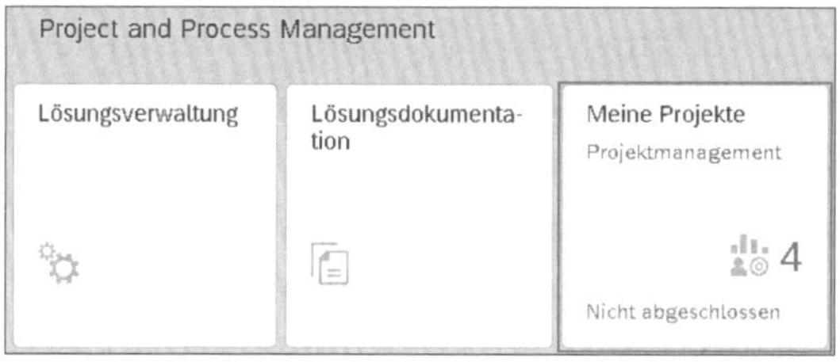

Abbildung 5.6 Anwendung »Meine Projekte« im SAP Solution Manager Launchpad

Registerkarte »Projektmanagement«

Die Oberfläche des SAP Business Clients ist in mehrere Registerkarten ❶ aufgeteilt (siehe Abbildung 5.7). Auf der Registerkarte **Projektmanagement** finden Sie den Navigationsbereich für das Projektmanagement. Dieser gliedert sich in die Sichten **Übersicht** und **Berichte** ❷. In der Sicht **Übersicht** sehen Sie alle Elemente zu bereits angelegten Projekten. Über die Navigationsleiste ❸ am linken Bildschirmrand können Sie zwischen Projekten, Aufgaben, Checklistenpunkten, Abnahmen, Auswertungen, Versionen und Services navigieren.

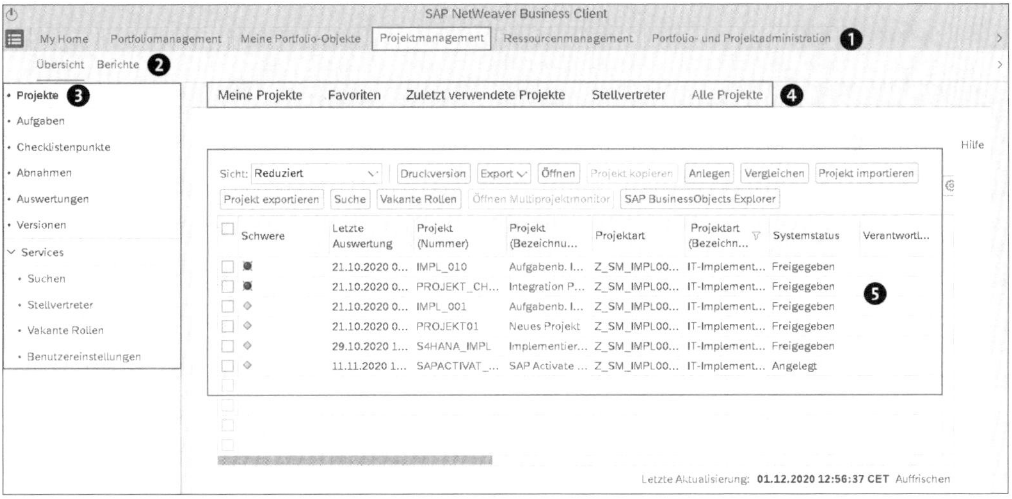

Abbildung 5.7 Oberfläche des Projektmanagements

Dashboards

Zu jedem Bereich der Navigationsleiste stehen Ihnen jeweils verschiedene Dashboards ❹ im Anzeigebereich ❺ zur Verfügung. Unter **Projekte** können Sie beispielsweise zwischen den Dashboards **Meine Projekte**, **Favoriten**, **Zuletzt verwendete Projekte**, **Stellvertreter** und **Alle Projekte** wählen.

Favoriten

Möchten Sie ein Projekt zu Ihren Favoriten hinzufügen, öffnen Sie zunächst das betreffende Projekt, indem Sie es in einem der Dashboards markieren und die Schaltfläche **Öffnen** wählen. Alternativ können Sie auch direkt auf die Projektbezeichnung bzw. -nummer klicken. Über die Schaltfläche **Zu Favoriten hinzufügen** nehmen Sie das Projekt in Ihr Dashboard **Favoriten** auf.

[+]

Suche nach vakanten Rollen

Im Bereich **Services** können Sie über die Funktion **Vakante Rollen** nach Rollen in Projekten suchen, die noch nicht durch einen Mitarbeiter besetzt sind. Voraussetzung ist, dass diese Rolle zuvor als vakant markiert wurde (siehe Abschnitt 5.4.5, »Ressourcenmanagement«).

Navigation im Projekt

Öffnen Sie ein Projekt, wird dieses in einem neuen Fenster geöffnet. Unterhalb der Meldungszeile sehen Sie den Namen und einige allgemeine Informationen zu Ihrem Projekt (❶ in Abbildung 5.8). Beim Öffnen eines Projekts wird Ihnen zunächst dessen Struktur in der Sicht **Detail** angezeigt. Sie können sich die Projektstruktur über die anderen Sichten aber auch in Form einer Tabelle oder einer Grafik (Gantt-Diagramm) darstellen lassen ❷.

Abbildung 5.8 Projektübersicht

Auf der Registerkarte **Ressourcen** werden Ihnen alle Rollen und Ressourcen inklusive ihrer Zuordnung zum Projekt in einer Besetzungsübersicht, Ressourcenübersicht und Detailsicht angezeigt. Sie haben hier die Möglichkeit, die Ressourcen zu Ihrem Projekt zentral zu verwalten. Auf den Registerkarten **Statusreports** und **Projektversionen** können Sie bei Bedarf Statusberichte bzw. Projektversionen erstellen. Die Suchfunktion im Projektmanagement finden Sie auf der Registerkarte **Suchen**.

5.4.2 Projekte anlegen

Projekt anlegen

Um ein neues Projekt anzulegen, navigieren Sie in der IT-PPM-Applikation auf der Registerkarte **Projektmanagement** über die Navigationsleiste in den Bereich **Projekte**. Hier können Sie über die Schaltfläche **Anlegen** aus jedem Dashboard heraus ein neues Projekt erstellen. Daraufhin erscheint ein Pop-up-Fenster, in das Sie die erforderlichen Informationen zur Anlage einer neuen *Projektdefinition* eintragen (siehe Abbildung 5.9).

Vergeben Sie zunächst eine gültige **Projektnummer** in Form einer beliebigen Zeichenfolge. Das System prüft, ob diese bereits existiert. Legen Sie darüber hinaus die **Projektart** und die Hauptsprache (**Originalsprache**) für das Projekt fest, und klicken Sie auf **Anlegen**. Die Grundinformationen zu dem neuen Projekt werden in einem neuen Fenster angezeigt. Sie können nun mit der weiteren Strukturierung fortfahren.

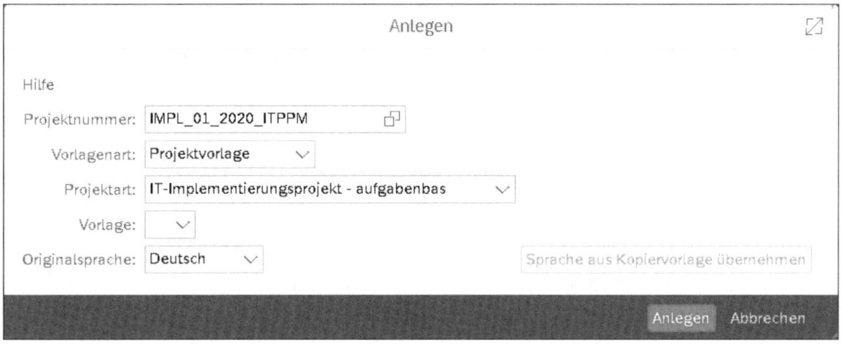

Abbildung 5.9 Projekt anlegen

Projekt speichern

Achten Sie nach der Neuanlage eines Projekts darauf, dieses im neuen Anzeigefenster über die Funktion **Sichern** in der Menüleiste explizit zu speichern. Anderenfalls wird das Projekt nicht final angelegt.

BAdI zur Generierung von Projektnummern

Durch die Implementierung der Methode `GENERATE_PROJECT_ID` des Business Add-ins (BAdI) **Prüfen/Ändern von Feldern im Projektmanagement** kann das System während des Sicherns automatisch eine Projektnummer nach benutzerdefinierten Regeln generieren. Weitere Informationen hierzu erhalten Sie im SAP-Einführungsleitfaden unter:

SAP Portfolio and Project Management • Projektmanagement • Globale Erweiterungen an Projektelementen • Business Add-Ins (BAdIs) • BAdI: Prüfen/Ändern von Feldern im Projektmanagement

Projekt aus Vorlage anlegen

Möchten Sie das neue Projekt auf der Grundlage einer Projektvorlage erstellen, wählen Sie im Feld **Vorlagenart** die Option **Projektvorlage** aus. Durch Angabe einer Projektart und -vorlage wird ein entsprechendes Projekt angelegt. Neue Projektvorlagen können Sie über die Registerkarte **Portfolio- und Projektadministration** definieren.

Projekt kopieren und aus Simulation anlegen

Die Vorlagenart **Projekt** ermöglicht es Ihnen, ein neues Projekt auf Basis eines bereits bestehenden Projekts anzulegen. Wählen Sie in diesem Fall das Quellprojekt, das Sie kopieren möchten. Möchten Sie hingegen ein neues Projekt basierend auf einer *Simulation* erstellen, wählen Sie die Vorlagenart **Simulation**. Geben Sie Quellprojekt und Kopieversion der Simulation sowie die Simulationsprojektnummer an. Als Simulation wird eine Projektversion bezeichnet, die Sie im IT-PPM selbst erstellen können. Anhand von Simulationen lässt sich prüfen, welche Auswirkungen auf das Projekt durch Änderungen zu erwarten sind.

[»]

BAdIs zur Kopie bestimmter Projektattribute

Aus Performancegründen werden bei einer Projektkopie im Standard einige Projektattribute nicht mitkopiert. Folgende Attribute können anhand von BAdIs zusätzlich bei der Kopie berücksichtigt werden:

- Projektstartdatum (Methode `COPY_PROJECT_START_DATE_FIX` in der Customizing-Aktivität **BAdI: Kopieren von Projekten**)
- Besetzungs- und Verteilungsdaten von Rollen, Objektverknüpfungen, Namen und Verknüpfungen gespiegelter Aufgaben, Dokumente und Kollaborationen (Customizing-Aktivität **BAdI: Prüfen/Ändern von Feldern im Projektmanagement**)
- Notizen (Methode `COPY_NOTES` in der Customizing-Aktivität **BAdI: Kopieren von Projekten**)

[»]

Projekt-Roadmaps

Die aus SAP Solution Manager 7.1 bekannte Transaktion RMMAIN zum Download der von SAP bereitgestellten Projekt-Roadmaps steht in SAP Solution Manager 7.2 nur noch im Anzeigemodus zur Verfügung. An ihre Stelle tritt der SAP-Fiori-basierte *SAP Roadmap Viewer*, eine cloudbasierte Lösung. Informationen hierzu erhalten Sie in Abschnitt 5.7, »SAP-Roadmaps«.

5.4.3 Projektelemente

Projektdefinition

Ein Projekt wird anhand von *Projektelementen* strukturiert. Als *Projektdefinition* wird das Projektelement auf oberster Ebene eines Projekts bezeichnet. Die Projektdefinition enthält alle Rahmendaten und übergreifend gültigen Informationen zu einem Projekt.

Phasen und Checklisten

Innerhalb der Projektdefinition wird ein Projekt durch *Phasen* gegliedert. Eine Phase ist ein zeitlich abgeschlossener Abschnitt eines Projekts. Sie beginnt immer mit einer Freigabe und endet immer mit einer Abnahme. Die Phasen eines Projekts werden zeitlich nacheinander durchlaufen.

Einer Phase können zur weiteren Strukturierung *Checklisten* und *Aufgaben* zugeordnet werden. Unter Checklisten versteht man Kontrolllisten, in denen anhand von *Checklistenpunkten* wichtige Aspekte, die in einem Projekt oder einer Phase abgearbeitet werden müssen, festgehalten werden.

Aufgaben und Meilensteine

Aufgaben bilden die kleinste Einheit eines Projekts. Anhand von Aufgaben werden einzelne Bearbeitungsschritte eines Projekts erfasst, die sowohl einer Projektdefinition als auch einer Phase und einem Checklistenpunkt zugeordnet werden können. Als eine spezielle Aufgabenart werden *Meilensteine* angesehen. Mit diesen planen Sie spezielle Zeitpunkte in einem Projekt.

Rollen

Rollen in einem Projekt definieren Positionen, die durch Geschäftspartner besetzt werden müssen. Sie haben die Möglichkeit, Rollen mit Aufgaben zu verknüpfen und auf dieser Grundlage eine projektspezifische Ressourcenplanung durchzuführen. Weitere Informationen zum Ressourcenmanagement im Zusammenhang mit Projekten erhalten Sie in Abschnitt 5.4.5.

Projektelemente anlegen

Haben Sie eine Projektdefinition angelegt und das Projekt zur Bearbeitung geöffnet, können Sie neue Projektelemente zur Projektstruktur hinzufügen. Markieren Sie hierzu im linken Bereich des Fensters (in der Strukturtabelle) das Element in der Struktur, dem Sie auf derselben oder auf der untergeordneten Ebene ein neues Projektelement zuordnen möchten. Klicken Sie dann auf **Anlegen** (siehe Abbildung 5.10).

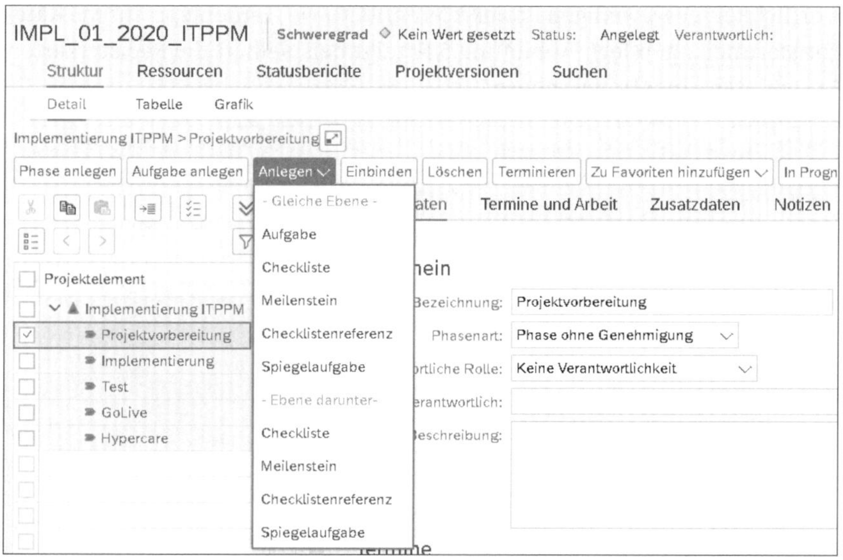

Abbildung 5.10 Projektelemente anlegen

Anlage über das Kontextmenü

Alternativ können Sie über einen Rechtsklick auf das in der Strukturtabelle markierte Projektelement das Kontextmenü öffnen und neue Elemente über die Funktion **Anlegen** hinzufügen. Abhängig davon, welches Element Sie markiert haben, ergibt sich die Auswahl der verfügbaren Elemente. Die Funktion **Anlegen und einfügen** im Kontextmenü erstellt ein Projektelement auf derselben Ebene wie das selektierte Projektelement und mit demselben Elementtyp.

Bauen Sie auf diese Weise Ihre spezifische Projektstruktur auf. Sollten Sie innerhalb Ihrer Projektstruktur die Anordnung der Projektelemente ändern wollen, müssen Sie diese nicht löschen und neu anlegen, sondern können diese über das Scherensymbol ( ) ausschneiden und an anderer Stelle über das Symbol zum Einfügen ( ) wieder einfügen. Alternativ wird Drag-and-Drop unterstützt, d. h., Sie können ein selektiertes Element in der Struktur einfach mit der Maus an eine andere Stelle verschieben. Diese Funktion steht Ihnen in allen Struktursichten (**Details**, **Tabelle** und **Diagramm**) zur Verfügung.

Eigenschaften von Projektelementen

Jedes Projektelement wird durch unterschiedliche Eigenschaften definiert. Diese sind auf verschiedenen Registerkarten zusammengefasst. Die ersten drei Registerkarten eines Projektelements sind in der Regel **Grunddaten**, **Termine und Arbeit** sowie **Zusatzdaten**. Lediglich bei Checklisten fehlt die Registerkarte **Termine und Arbeit**.

Grunddaten

Auf der Registerkarte **Grunddaten** werden die Bezeichnung und die Verantwortlichkeit des jeweiligen Projektelements sowie elementspezifische Kategorisierungen gepflegt. Abbildung 5.11 zeigt beispielhaft die Registerkarten **Grunddaten** einer Projektphase.

Abbildung 5.11 Registerkarte »Grunddaten« einer Phase

Statusverwaltung

Darüber hinaus befindet sich auf dieser Registerkarte im Bereich **Status** die Statusverwaltung eines Projektelements. Allgemein lässt sich anhand von Status steuern, wie ein Projektelement und seine verknüpften Elemente verarbeitet werden können. Jedes Projektelement durchläuft unterschiedliche Status, wobei die Statusauswahl vom Typ des Projektelements abhängig ist.

Gemeinsam ist allen Projektelementen der Initialstatus **Angelegt**. In diesem ist noch keine Bearbeitung des Elements möglich. Das heißt, Sie können beispielsweise Aufgaben und Checklistenpunkte noch nicht rückmelden. Dies ändert sich erst, sobald der Status **Freigegeben** gesetzt wird.

Status ändern

Klicken Sie zum Ändern des Status auf die Schaltfläche **Statusverwaltung**. Daraufhin öffnet sich ein neues Fenster (siehe Abbildung 5.12). Im Feld **Status ändern** können Sie hier über das Drop-down-Menü die Aktion **Freigeben** wählen. Der Status wird geändert, sobald Sie die Aktion mit **OK** bestätigen. Alternativ können Sie auf der Registerkarte **Grunddaten** den Status direkt im Drop-down-Menü des Felds **Status ändern** auswählen und die Änderung speichern. Beide Möglichkeiten stehen Ihnen für jeden Statuswechsel zur Verfügung.

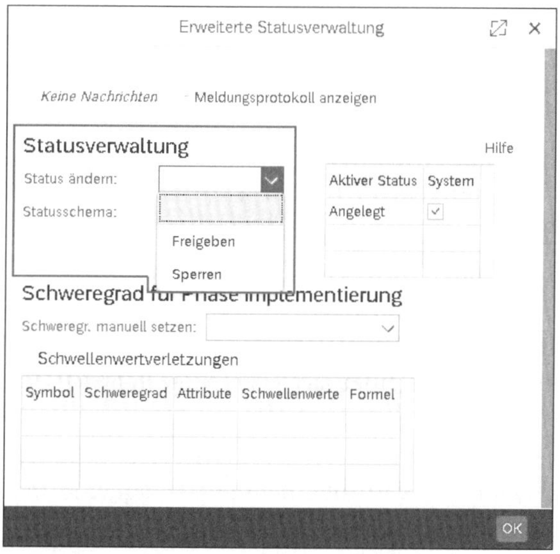

Abbildung 5.12 Statusverwaltung

[«]

Staus bei Verknüpfung mit Änderungsvorgängen

Haben Sie eine Projektaufgabe mit einem Änderungsvorgang verknüpft (siehe Abschnitt 5.6, »Integration von IT-PPM und SAP Solution Manager«), ist der Status der Projektaufgabe immer abhängig vom Status des verknüpften Änderungsvorgangs. Der Status der Projektaufgabe wird dabei entsprechend dem Customizing unter **Aufgabenstatus dem Vorgangsstatus zuordnen** aktualisiert.

Termine und Arbeit

Auf der Registerkarte **Termine und Arbeit** (siehe Abbildung 5.13) pflegen Sie Termindaten sowie Informationen zu geplanten und angefallenen Aufwänden. Welche Felder im Detail zur Pflege zur Verfügung stehen, ist abhängig vom Typ des Projektelements. So haben Sie beispielsweise nur bei Projektdefinitionen, Phasen und Aufgaben die Möglichkeit, einen Kalender anzugeben. Auf Basis des angegebenen Kalenders werden Wochenenden und Feiertage bei der Terminierung des Projekts berücksichtigt.

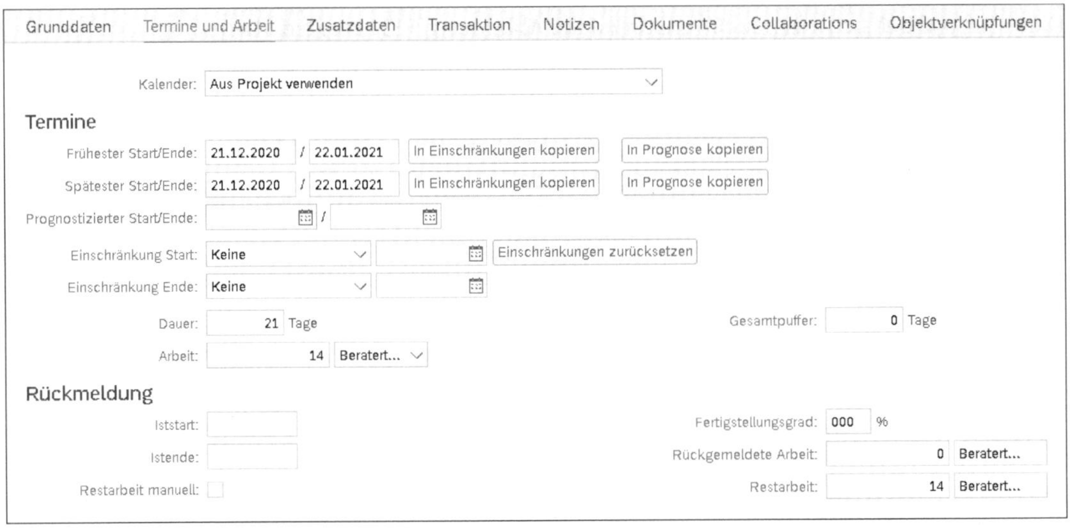

Abbildung 5.13 Registerkarte »Termine und Arbeit« einer Aufgabe

Terminierung und Arbeitsaufwand

Abhängig von der Terminierungsart von Termineinschränkungen sowie von Ihren Benutzereinstellungen berechnet das System automatisch den frühesten und spätesten Starttermin sowie das früheste und späteste Ende des Projektelements und zugehöriger Elemente. Diese Werte können Sie für einen späteren Vergleich als Prognosewerte übernehmen. Nähere Informationen zu den Terminierungsarten, zum Customizing der Terminierung und zu Termineinschränkungen finden Sie im folgenden Abschnitt. Die Dauer einer Aufgabe oder Phase pflegen Sie im Feld **Dauer**. Sie gibt die Anzahl der Tage an, über die z. B. eine Aufgabe durchgeführt wird. Im Feld **Arbeit** planen Sie den Aufwand, der für eine Aufgabe zu erwarten ist. Den Arbeitsaufwand gilt es später durch Ressourcen zu besetzen, damit die Aufgabe planmäßig umgesetzt werden kann.

Rückmeldungen

Die Felder im Bereich **Rückmeldung** sind erst eingabebereit, wenn die Aufgabe bzw. der Checklistenpunkt zur Bearbeitung freigegeben wurde. In diesem Bereich dokumentieren Sie, dass Aufgaben bzw. Checklistenpunkte abgeschlossen wurden. Sie geben an, wann die Bearbeitung begonnen (**Iststart**) und beendet (**Istende**) wurde. Darüber hinaus können Sie einen aktuellen **Fertigstellungsgrad** angeben. Melden Sie im Feld **Rückgemeldete Arbeit** den Zeitaufwand zurück, den Sie für die Bearbeitung der Aufgabe benötigt haben. Die **Restarbeit** wird vom System automatisch berechnet und ist das Ergebnis aus den Einträgen in den Feldern **Arbeit** und **Rückgemeldete Arbeit**. Setzen Sie zuletzt auf der Registerkarte **Grunddaten** den Status auf **Abgeschlossen**, um die Rückmeldung für die Aufgabe bzw. den Checklistenpunkt zu finalisieren.

[«]

Automatische Rückmeldung

Neben der manuellen Rückmeldung ist es ebenfalls möglich, eine automatische Rückmeldung zu aktivieren. Mit dieser Funktion können Sie geleistete Arbeit für ein Projekt über das *Arbeitszeitblatt* (Cross-Application Time Sheet, kurz CATS) erfassen. Aufwände, die im Arbeitszeitblatt erfasst, freigegeben und genehmigt wurden, werden automatisch ins Projektmanagement übertragen. Die Finalisierung der Rückmeldung muss jedoch weiterhin manuell durch Setzen des Status **Abgeschlossen** erfolgen.

Haben Sie das ChaRM mit dem Projektmanagement integriert (siehe Abschnitt 5.6, »Integration von IT-PPM und SAP Solution Manager«), besteht zudem die Möglichkeit, den Abschluss von Aufgaben sowie den angefallenen Aufwand über den zugeordneten Änderungsvorgang rückzumelden. Die Zeiterfassung, die im Änderungsvorgang erfasst wird, wird dabei in die Projektaufgabe übertragen.

Zusatzdaten

Auf der Registerkarte **Zusatzdaten** können Sie verschiedene Zusatzdaten definieren. In der Projektdefinition stehen Ihnen beispielsweise Felder für erweiterte Informationsdaten zu Auftraggebern und Kunden zur Verfügung (siehe Abbildung 5.14).

Auch eine verantwortliche Organisationseinheit können Sie auf dieser Registerkarte im Feld **Verantw. Organis.** pflegen. Wenn Sie im Bereich **Vorschlagswerte für Ressourcen** ein **Gebiet** und einen **Standort** angeben, werden diese bei der Rollenanlage als Vorschlagswerte übernommen; sie können jedoch nachträglich in der Rolle geändert werden.

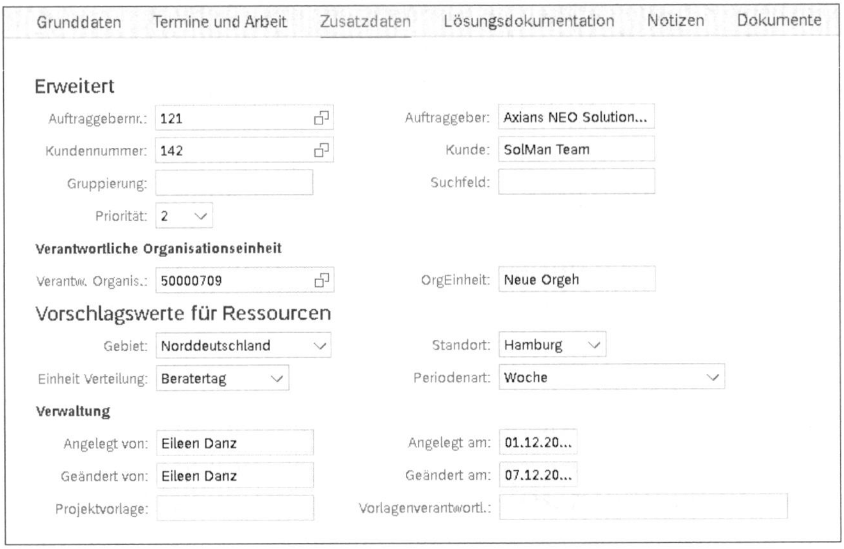

Abbildung 5.14 Registerkarte »Zusatzdaten« einer Projektdefinition

Obligatorische Checklistenpunkte und Aufgaben

Bei Checklistenpunkten und Aufgaben finden Sie darüber hinaus die Checkbox **Obligatorisch**. Wenn Sie diese markieren, kennzeichnen Sie den Checklistenpunkt bzw. die Aufgabe als verpflichtend. Die dem Checklistenpunkt bzw. der Aufgabe übergeordnete Phase kann in diesem Fall nur dann beendet werden, wenn alle obligatorischen Checklistenpunkte und Aufgaben abgeschlossen wurden.

Integration

Je nach Projektelement gibt es neben diesen drei zentralen Registerkarten weitere, in denen unterschiedliche Informationen zum Projekt gepflegt werden können. Wichtig zu erwähnen ist vor allem die Registerkarte **Lösungsdokumentation** zu der Projektdefinition. Auf dieser Registerkarte verknüpfen Sie die das Projekt mit der zentralen Informationsquelle in SAP Solution Manager 7.2, der Lösungsdokumentation. Diese Verknüpfung ist Voraussetzung, wenn Sie das IT-PPM integrativ mit den Szenarien des SAP Solution Managers verwenden möchten. Weitere Informationen zu den Integrationsszenarien finden Sie in Abschnitt 5.6, »Integration von IT-PPM und SAP Solution Manager«).

[!]

Änderbarkeit der Registerkarte »Lösungsdokumentation«

Sie können die Zuordnung von Lösung, Branch, Change-Control-Landschaft und Änderungszyklus nur so lange verändern, wie die Projektdefinition und damit das Projekt noch nicht freigegeben wurden. Ist das Projekt freigegeben, sind hier keine Anpassungen mehr möglich.

Die zentrale Registerkarte für die Verwaltung von Änderungsvorgängen im Projektmanagement ist die Registerkarte **Transaktion**. Diese wird zu einer Aufgabe sichtbar, sobald in den Grunddaten eine Aufgabenart gepflegt wurde, die die Zuordnung eines Änderungsvorgangs zulässt. Nähere Informationen zu Änderungsvorgängen und Änderungszyklen erhalten Sie in Kapitel 8, »Change Request Management«.

Transaktion

Zu Aufgaben wird Ihnen zudem die Registerkarte **Rollen** angezeigt. Dort erhalten Sie eine Übersicht über die einer Aufgabe zugeordneten Projektrollen. Sie können hier auch weitere Rollen zu der gewählten Aufgabe hinzuzufügen. Weitere Informationen zu Projektrollen und dem Ressourcenmanagement finden Sie in Abschnitt 5.4.5, »Ressourcenmanagement«.

Rollen

Für die Projektplanung von Interesse ist zudem die Registerkarte **Anordnungsbeziehungen**, die Ihnen zu Projektaufgaben angezeigt wird. Hierüber können Sie festlegen, in welcher Reihenfolge die Aufgaben einer oder mehrerer Phasen bearbeitet werden müssen. Es gibt folgende Anordnungsbeziehungsarten:

Anordnungsbeziehungen

- *Normalfolgen* verknüpfen das Ende einer Aufgabe mit dem Start ihres Nachfolgers.
- *Anfangsfolgen* verknüpfen den Anfang einer Aufgabe mit dem Anfang ihres Nachfolgers.
- *Endfolgen* verknüpfen das Ende einer Aufgabe mit dem Ende ihres Nachfolgers.
- *Sprungfolgen* verknüpfen den Anfang einer Aufgabe mit dem Ende ihres Nachfolgers.

Die Anordnungsbeziehungen werden bei der Terminierung des Projekts berücksichtigt.

5.4.4 Terminierung

Jeder Projektart wird im Customizing eine Terminierungsart zugeordnet. Auf deren Basis können Sie ein Projekt über die Schaltfläche **Terminieren** zeitlich planen. Das System berechnet dabei Start- und Endtermine der Projektelemente in frühester und spätester Lage:

Terminierungsarten

- Termine frühester Lage werden durch eine *Vorwärtsterminierung* ausgehend vom Starttermin der Projektdefinition ermittelt.
- Termine spätester Lage werden ausgehend vom Endtermin der Projektdefinition ermittelt.

Die berechneten Termine werden in den Projektelementen auf der Registerkarte **Termine und Arbeit** angezeigt.

In den Customizing-Einstellungen können Sie zwischen der *Top-down-* und der *Bottom-up-Terminierung* wählen (siehe Abbildung 5.15). Sie nehmen diese Einstellung in der Definition der Projektarten vor. Dabei kann jeder Projektart genau eine Terminierungsart zugeordnet werden:

- **Top-down-Terminierung**
  Bei der Top-down-Terminierung werden die Termine der Phasen ausgehend von den Terminen der Projektdefinition berechnet. Dabei werden sowohl Reihenfolge und Dauer als auch festgelegte Termine der Phasen beachtet. Die Termine der Aufgaben werden ausgehend von den Terminen der übergeordneten Phase unter Berücksichtigung ihrer Verknüpfungen, ihrer Dauer sowie fester Termine berechnet. Sollten bereits Ist-Termine in den Aufgaben hinterlegt sein, werden diese ebenfalls bei der Berechnung berücksichtigt.
- **Bottom-up-Terminierung**
  Die Bottom-up-Terminierung berechnet die Termine eines Projektelements aus den Terminen der untergeordneten Projektelemente. Entsprechend bilden die Termine der Aufgaben den Ausgangspunkt für die Terminierung. Dabei werden wie bei der Top-down-Terminierung Verknüpfungen, Dauer, feste Termine sowie Ist-Termine berücksichtigt.

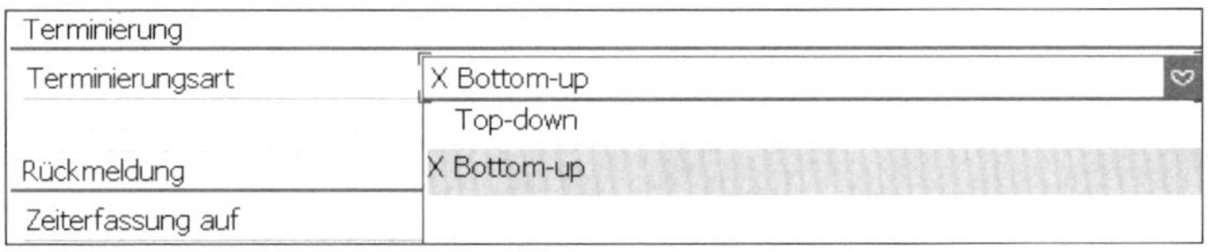

Abbildung 5.15 Customizing der Terminierungsart

Einstellungen zur Terminierung

Soll eine Terminverschiebung eines Projektelements bei einer erneuten Terminierung verhindert werden, haben Sie auf der Registerkarte **Termine und Arbeit** die Option, den Start- und/oder Endtermin über die Felder **Einschränkung Start** und **Einschränkung Ende** einzuschränken. Feste Termine werden bei der Terminierung vorranging behandelt. Dies gilt ebenfalls für Ist-Termine, die bei der Rückmeldung nach Bearbeitungsbeginn einer Aufgabe angegeben werden.

Automatische Terminierung

Solange das Projekt noch nicht freigegeben wurde, werden die Projektelemente beim Speichern automatisch neu terminiert. Freigegebene Projektelemente hingegen können nur noch manuell neu terminiert werden. Diese manuelle Terminierung können Sie über die Schaltfläche **Terminieren** anstoßen. Möchten Sie vollständig verhindern, dass das System automatisch terminiert, können Sie in Ihren Benutzereinstellungen die Checkbox **Terminierung nur manuell** auswählen (siehe Abbildung 5.16). Die Benutzereinstellungen rufen Sie in einem Projekt oberhalb des Meldungsprotokolls über die Schaltfläche **Benutzereinstellungen...** auf.

Abbildung 5.16 Benutzereinstellungen im IT-PPM

Automatische Terminierung aller Projektelemente

Möchten Sie, dass das System die Projektelemente immer automatisch terminiert, egal ob diese bereits freigegeben wurden oder nicht, müssen Sie dies zunächst im Customizing freischalten. Ergänzen Sie hierzu im IMG unter **Projektmanagement • Grundeinstellungen • Globale Standardeinstellungen außer Kraft setzen** im Bereich **0012 Terminierung und Projektstrukturierung** den Eintrag **0001 Automatische Terminierung aller Projektelemente** (siehe Abbildung 5.17). Anschließend kann jede Anwenderin bzw. jeder Anwender in ihren bzw. seinen Benutzereinstellungen bei Bedarf die Einstellung **Automatische Terminierung aller Projektelemente** wählen. Das System terminiert in diesem Fall sowohl das geänderte Projektelement als auch alle zugehörigen Projektelemente, unabhängig davon, ob die Projektelemente bereits freigegeben sind.

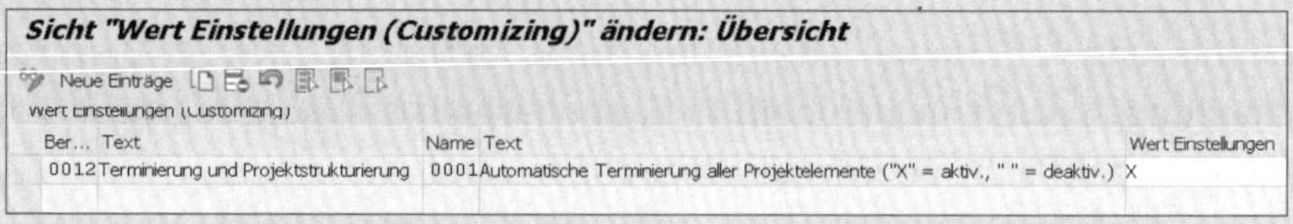

Abbildung 5.17 Automatische Terminierung aller Elemente aktivieren

Gantt-Diagramm

Besonders anschaulich können Sie das Ergebnis der Terminierung in einem *Gantt-Diagramm* darstellen, das Sie über die Registerkarte **Struktur** der Projektoberfläche aufrufen können (siehe Abbildung 5.18). Wählen Sie hier die Registerkarte **Grafik**.

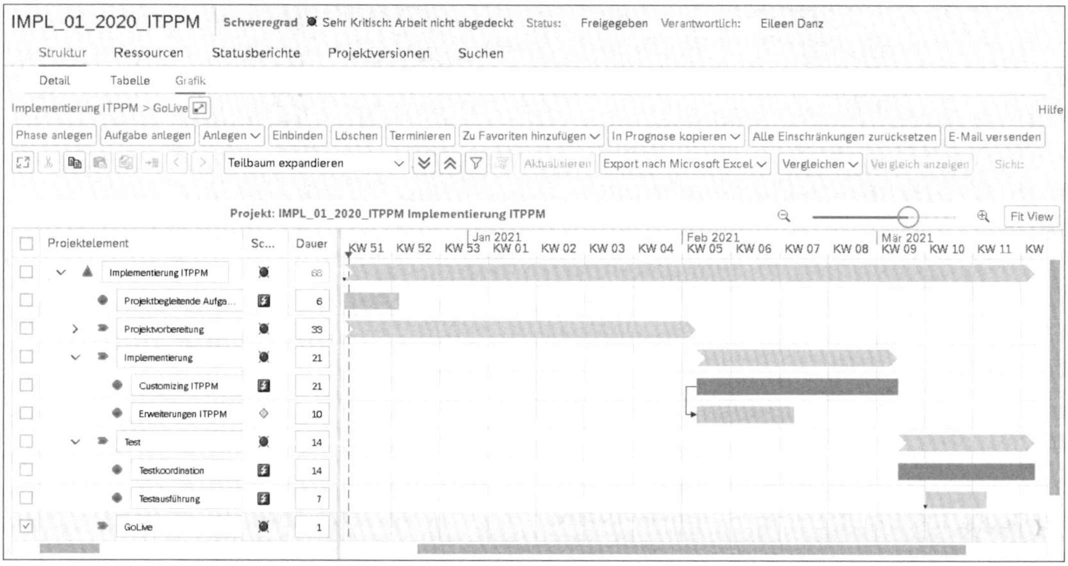

Abbildung 5.18 Beispiel für ein Gantt-Diagramm zur Terminierung

Die Phasen im Projekt werden hier als graue Pfeile dargestellt, Aufgaben anhand von Balken. Die Farbe des Balkens ist abhängig von der Position der jeweiligen Aufgabe im Gesamtkontext des Projekts:

- Rote Balken spiegeln Aufgaben wider, die auf dem kritischen Pfad des Projekts liegen. Verschiebt sich eine solche Aufgabe zeitlich, verschiebt sich auch der Zeitplan des gesamten Projekts. Diese Aufgaben gilt es, besonders im Auge zu behalten.
- Blaue Aufgaben liegen nicht auf dem kritischen Pfad, d. h., eine zeitliche Verschiebung hat zunächst keine Auswirkung auf den Projektplan.

- Gelbe Aufgaben wurden hinsichtlich ihres Start- oder Enddatums eingeschränkt und müssen bei Terminänderungen innerhalb der Phase ggf. manuell angepasst werden.

5.4.5 Ressourcenmanagement

Ressourcenplanung

Zur effizienten Planung von Projekten gehört ebenso eine effiziente *Ressourcenplanung*. Sie stellt sicher, dass die richtigen Mitarbeiter*innen zur richtigen Zeit am richtigen Ort eingesetzt werden. Das Projektmanagement ermöglicht es Ihnen, den Einsatz Ihrer Projektmitglieder zu optimieren. Mithilfe der integrierten Ressourcenplanung unterstützt das Projektmanagement Sie bei der bedarfsgerechten Zuordnung von Projektmitarbeitenden (*Ressourcen*) zu konkreten Projekten bzw. Aufgaben. Dabei werden neben dem zeitlichen Bedarf auch die Qualifikationen und die Verfügbarkeit der Mitarbeiter*innen berücksichtigt.

Rollen im Projekt

Für eine effiziente Ressourcenplanung müssen Sie zunächst alle im Projekt benötigten *Rollen* definieren. Entscheiden Sie ausgehend von der Projektplanung, welche Arten von Rollen im Projekt benötigt werden. Eine Rolle beschreibt eine Position in einem Projekt, die durch einen *Geschäftspartner* besetzt werden muss.

Rollen anlegen

Alle Funktionen der Ressourcenplanung finden Sie in Ihrem Projekt in der Sicht **Ressourcen**. Navigieren Sie in die Sicht **Details**, um über die Schaltfläche **Rolle anlegen** eine neue Rolle zu definieren (siehe Abbildung 5.19). Die Sicht **Details** zeigt Ihnen in der Tabelle im linken Bereich alle angelegten Rollen eines Projekts. Details zu den einzelnen Rollen können Sie auf den verschiedenen Registerkarten im Anzeigebereich daneben einsehen und verwalten.

Nachdem Sie die Schaltfläche **Rolle anlegen** gewählt haben, erscheint die neue Rolle ebenfalls in der Tabelle. Markieren Sie die neue Rolle, und geben Sie auf der Registerkarte **Allgemein** die erforderlichen Daten zur Rollendefinition an. Falls Sie der Projektart im Customizing bereits Rollenarten zugeordnet haben, schlägt das System nur bestimmte Rollenarten vor. Die **Dringlichkeit** ist ein Indiz für die Wichtigkeit der Rolle. Sollte noch keine Ressource für die Rolle feststehen, können Sie zudem die Rolle als vakant markieren, indem Sie den Haken bei der Option **Unbesetzt** setzen. Dadurch stellen Sie sicher, dass die Rolle bei der Suche nach vakanten Rollen (siehe Abschnitt 5.4.1, »In der Projektmanagementanwendung navigieren«) berücksichtigt wird. Sichern Sie anschließend Ihre Änderungen.

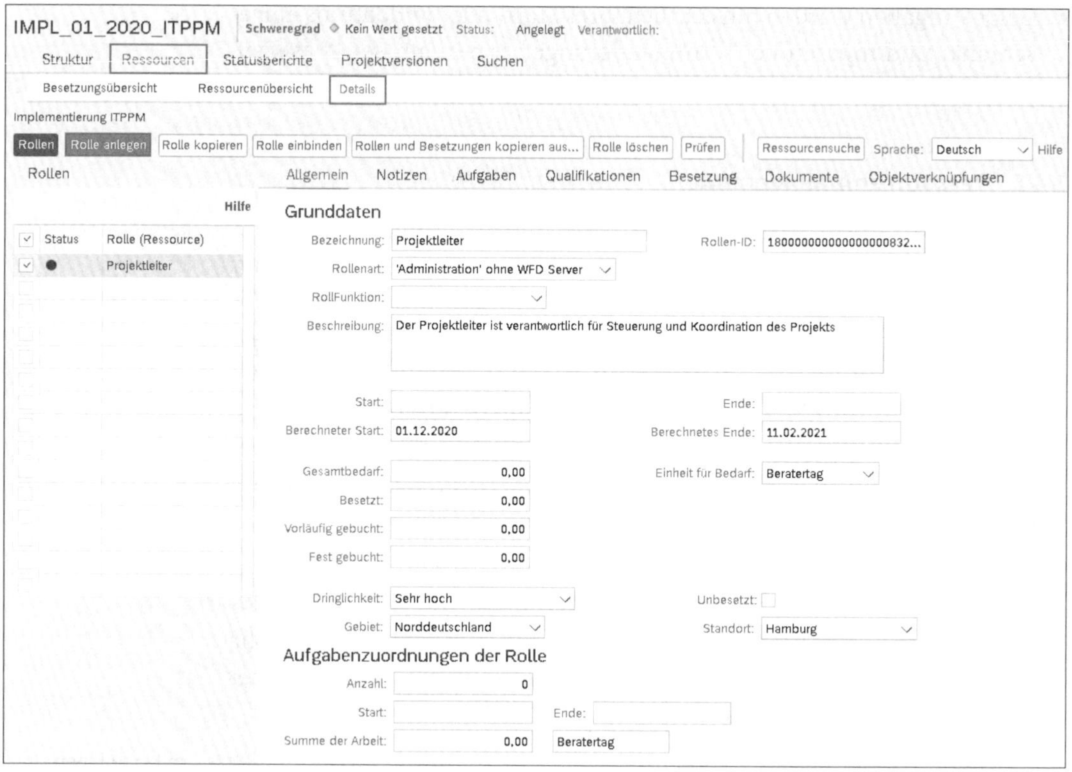

Abbildung 5.19 Rollendetails und Rollenanlage auf der Registerkarte »Details«

Aufgaben zuordnen

Sie können den definierten Rollen Aufgaben sowie benötigte Qualifikationen zur Aufgabenumsetzung zuweisen. Um Aufgaben zu Rollen zuzuordnen, navigieren Sie zur Registerkarte **Aufgaben**. Markieren Sie anschließend im unteren Bereich **Aufgaben mit zugeordneten Rollen** eine Aufgabe, die Sie der Rolle zuordnen möchten. Über die Schaltfläche **Aufgabe zuordnen** fügen Sie die Aufgabe der Rolle zu (siehe Abbildung 5.20).

Die der Rolle bereits zugeordneten Aufgaben werden Ihnen im oberen Bereich **Zuordnungen von Aufgaben zur markierten Rolle** angezeigt. In diesem Bereich können Sie zudem Start und Ende der Aufgabenzuordnung sowie den Umfang der Arbeit definieren, die die Rolle im Rahmen dieser Aufgabe ausführen soll. Alternativ können Sie Rollen in der Sicht **Struktur • Details • Rollen** zu einer Aufgabe hinzufügen.

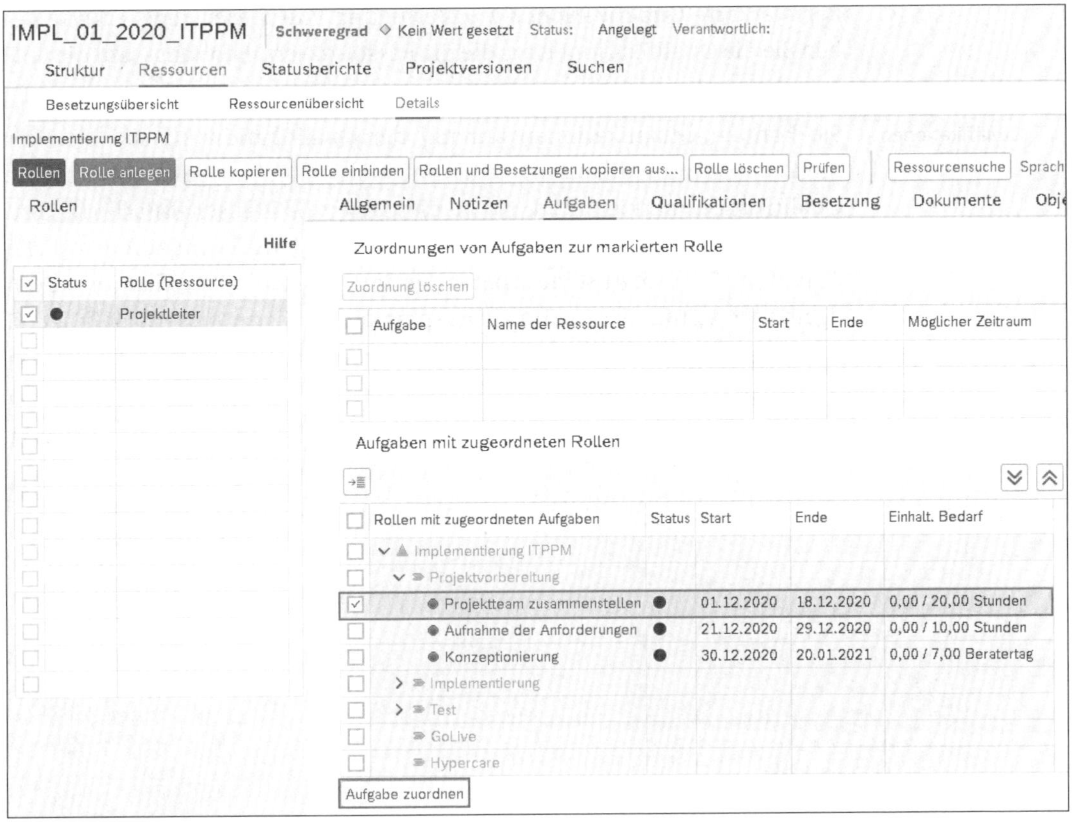

Abbildung 5.20 Aufgabe einer Rolle zuweisen

[«]

Projektverantwortliche Rolle

Jedem Projektelement kann auf der Registerkarte **Grunddaten** eine verantwortliche Rolle und bei Bedarf eine verantwortliche Ressource zugeordnet werden. Von besonderer Bedeutung ist hier die Verantwortung für die Projektdefinition. Jeder Ressource, die der verantwortlichen Rolle der Projektdefinition zugeordnet ist, wird dieses Projekt zum einen in der Ansicht **Meine Projekte** angezeigt. Zum anderen hat jede zugeordnete Ressource die Möglichkeit, das Projekt über Dashboards zu analysieren.

Qualifikationen zuordnen

Die Zuordnung von Qualifikationen zu einer Rolle hilft später dabei, die Rolle zielgerichtet mit Ressourcen zu besetzen. Auf der Registerkarte **Qualifikationen** legen Sie fest, welche Qualifikationen die Ressource haben muss, um die betreffende Rolle auszuüben. Wenn Sie in der Projektstruktur in der Sicht **Struktur • Details** eine Aufgabe markieren, steht Ihnen ebenfalls die

Registerkarte **Qualifikationen** zur Verfügung. Auf dieser Registerkarte geben Sie die Qualifikationen an, die die Ressource erfüllen muss, um die entsprechende Aufgabe auszuführen.

Qualifikationen selektieren

Sie können Qualifikationen anhand der Qualifikations-ID suchen oder direkt aus dem Qualifikationskatalog auswählen. Haben Sie die gewünschte Qualifikation markiert, können Sie diese über die Pfeilschaltfläche (») zu den Qualifikationsanforderungen der Rolle bzw. Aufgabe hinzufügen (siehe Abbildung 5.21). Im Anschluss haben Sie die Option, die Qualifikation als obligatorisch zu markieren und die Ausprägung der Kenntnisse zu definieren.

Abbildung 5.21 Qualifikationsanforderungen zuordnen

Qualifikationskatalog pflegen

Voraussetzung für die Zuordnungen von Qualifikationen ist, dass Sie im Customizing den Qualifikationskatalog gepflegt haben. Dies tun Sie im IMG unter dem Pfad **Projektmanagement • Ressourcenmanagement • Qualifikationsmanagement** über die Aktion **Qualifikationskatalog bearbeiten**. Skalen für die Ausprägungen der Qualifikationen können Sie unter demselben Pfad über die Aktion **Skalen bearbeiten** pflegen.

Voraussetzung für die Rollenbesetzung

Mit der Rollendefinition und der Zuordnung von Aufgaben und Qualifikationen zur Rolle ist die Grundlage für die Besetzung von Rollen mit Ressourcen, also den Teammitgliedern, geschaffen. Da Ressourcen anhand von Geschäftspartnern zugeordnet werden, müssen Sie zudem Geschäftspartner für Ihre internen Ressourcen angelegt haben. Für die Anlage von Geschäftspartnern im Umfeld des SAP Solution Managers verwenden Sie die Transaktion BP_USER_GEN.

Übertragung von HR-Daten für Geschäftspartner

Sofern Sie SAP ERP Human Capital Management (HCM) nutzen, können Sie auch HR-Daten (Human Resources) für die Anlage der Geschäftspartner einspielen. Weitere Informationen hierzu finden Sie im Customizing für das Projektmanagement unter **Projektmanagement • Ressourcenmanagement • Geschäftspartner • Integration von HR einrichten**.

Ressourcen zuordnen

Um Ressourcen direkt zu einer Rolle zuzuordnen, navigieren Sie zur Registerkarte **Besetzung**. Im Abschnitt **Rollenbesetzung im Zeitraum** werden Ihnen alle bereits zugeordneten Ressourcen zur Rolle angezeigt (siehe Abbildung 5.22).

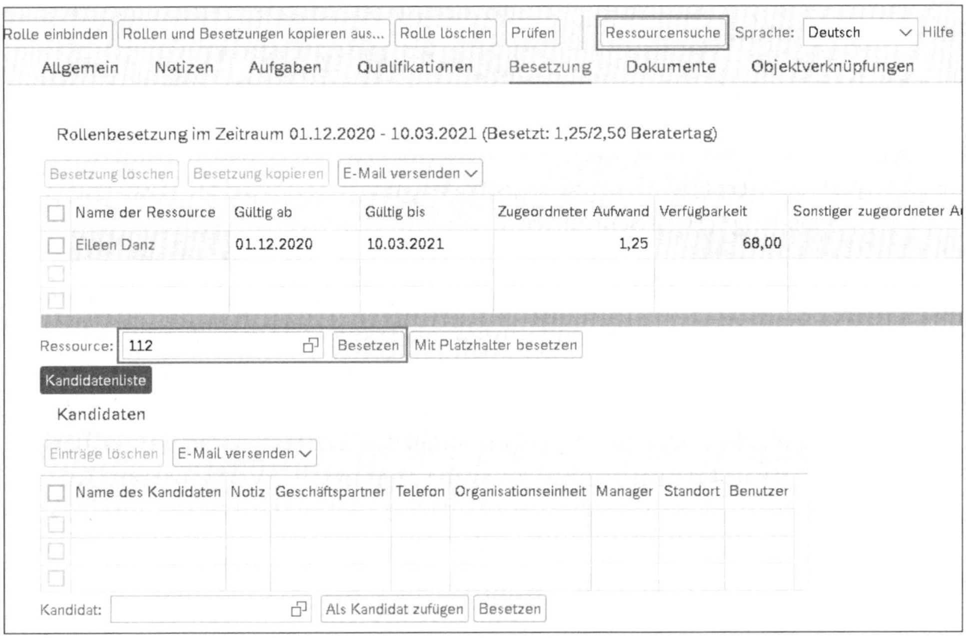

Abbildung 5.22 Rollenbesetzung

Über das Feld **Ressource** können Sie direkt eine Ressource eingeben und über die Schaltfläche **Besetzen** der Rolle zuordnen. Steht die Ressource noch nicht fest und wollen Sie zunächst nach geeigneten Ressourcen suchen, gelangen Sie über die Schaltfläche **Ressourcensuche** in der Funktionsleiste zur erweiterten Suchfunktion (siehe Abbildung 5.23).

Abbildung 5.23 Ressourcensuche

Ressourcensuche

Bereits vordefinierte Suchkriterien wie der Verfügbarkeitszeitraum und die Qualifikationen aus der Rolle werden direkt in die Suche übernommen. Sie können jedoch weitere Suchkriterien ergänzen oder vorhandene entfernen. Die Ergebnisliste führt alle Ressourcen auf, die mit den Suchkriterien übereinstimmen. Zudem geben Ihnen die letzten Spalten der Suchergebnisliste in Prozent an, wie hoch die Eignung, die Verfügbarkeitsrate, die Standortrate und die Gesamtübereinstimmung der jeweiligen Ressource sind. Anhand dieser Informationen können Sie die optimale Ressource für Ihre Rolle identifizieren.

Die Vergleichsdaten, die die Ressourcensuche für jede Ressource heranzieht, können Sie über die Transaktion RPM_EMPDATA einsehen. Eine manuelle Pflege von Verfügbarkeiten und Qualifikationen ist hier ebenfalls möglich.

[»]

Ressourcensuche anpassen

Bei Bedarf können Sie die Ressourcensuche individuell Ihren Anforderungen anpassen. Das Customizing nehmen Sie unter **Projektmanagement • Ressourcenmanagement • Grundeinstellungen für Rollen • BAdI: Ressourcensuche einstellen** vor. SAP-Hinweis 1009131 enthält hierzu weitere Informationen.

Markieren Sie die gewünschte Ressource, und wählen Sie **Rolle besetzen**, um die Ressource der Rolle zuzuordnen. Sie können anschließend bestimmen, wie hoch der Aufwand der Arbeit ist, die die neue Ressource in der Rolle übernimmt, und für welchen Zeitraum die Zuordnung gilt.

Rolle besetzen

[«]

Ressourcenbesetzung über externe Anwendungen

Neben der direkten Besetzung durch den Projektleiter können Sie die Ressourcenbesetzung auch über eine externe Anwendung in einem Besetzungsprozess durchführen. Die Art der Besetzung definieren Sie im Customizing der Rollen unter **Projektmanagement • Ressourcenmanagement • Grundeinstellungen für Rollen • Rollenarten definieren**.

Für die externe Besetzung stehen Ihnen z. B. die Anwendungen *Resource Planning Application* (RPA) aus der Serviceeinsatzplanung des SAP Customer Relationship Managements sowie das iView *Ressourcen* des SAP NetWeaver Application Servers zur Verfügung. Die Besetzung von Rollen mit externen Ressourcen können Sie im *SAP Supplier Relationship Management* (SAP SRM) durchführen.

5

Besetzungsübersicht

Ob eine Rolle vollständig besetzt ist, sehen sie ganz einfach über den **Status** der jeweiligen Rolle in der **Besetzungsübersicht** (siehe Abbildung 5.24). Sie sehen hier zum einen den berechneten Gesamtbedarf einer Rolle (im Beispiel 6 Beratertage, kurz BT), der sich aus den Aufwänden der zugeordneten Aufgaben ergibt. Zum anderen sehen Sie in der Spalte **Gebucht**, welcher Anteil des Arbeitsaufwands der Rolle bereits besetzt ist (im Beispiel 2,5 BT). Der verbleibende Bedarf (im Beispiel 3,5 BT) errechnet sich aus dem Gesamtbedarf der Rolle minus dem bereits durch Ressourcen besetzten Aufwand.

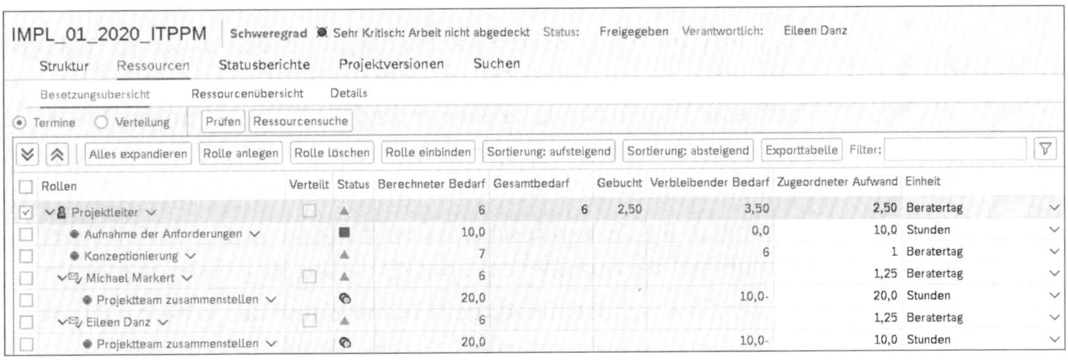

Abbildung 5.24 Besetzungsübersicht

5.5 Projektanalyse und Dashboards

Mithilfe von Auswertungen können Sie Ihre dokumentierten Projekte analysieren und kritische Projekte bzw. Projektelemente identifizieren. Standardmäßig stehen Ihnen hierfür im IT-PPM bereits verschiedene vordefinierte Analysen sowie Dashboards zur Verfügung.

5.5.1 Klassische Projektanalysen aus dem IT-PPM

Projektauswertung

Um die Analyse eines Projekts zu starten, navigieren Sie zunächst auf die Registerkarte **Projektmanagement** der IT-PPM-Applikation und dort in den Bereich **Auswertungen** (siehe Abbildung 5.25). Im untergeordneten Dashboard **Projekte** werden Ihnen Auswertungen angezeigt, die Sie als Favoriten definiert haben. Über den Link **Ausführen** in der ersten Spalte können Sie die Auswertungen direkt starten.

Abbildung 5.25 Dashboard für Auswertungen

Auswertung durchführen

Über die Schaltfläche **Auswertung anlegen/öffnen** starten Sie eine neue Auswertung:

1. Für Analysen von Projekten wählen Sie im neuen Fenster im Feld **Auswertungen für** die Option **Operative Projekte**. Das Feld **Auswertung** umfasst eine Drop-down-Liste aller verfügbaren Auswertungen. Wenn Sie im Customizing kundeneigene Auswertungen definiert haben, können Sie diese hier ebenfalls auswählen.
2. Selektieren Sie die gewünschte Auswertung, und geben Sie im Feld **Projektnummer** die Nummer des Projekts an, das Sie auswerten möchten.
3. Wählen Sie abschließend **Aktuelle Daten**, damit das System die Projektauswertung auf Basis aktueller Daten generiert.

Über die Schaltfläche **Zu Favoriten hinzufügen** hinterlegen Sie die Auswertung in Ihren Favoriten. Das Ergebnis wird Ihnen tabellarisch unterhalb der Selektionskriterien ausgegeben (siehe Abbildung 5.26).

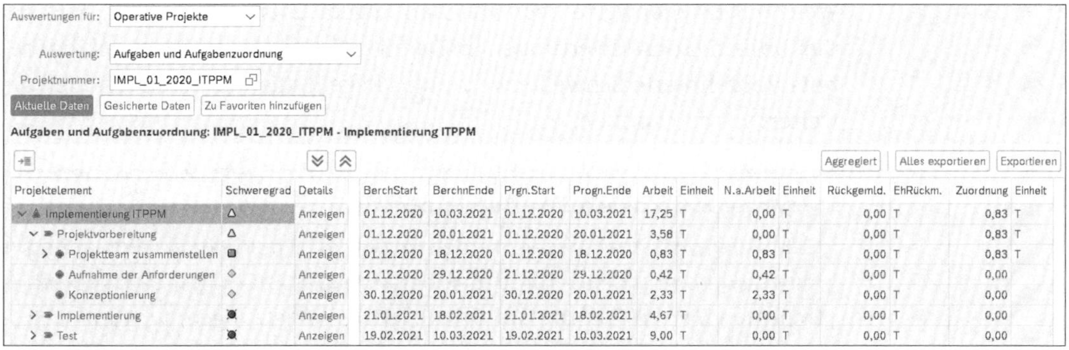

Abbildung 5.26 Beispiel für eine Projektauswertung – Aufgaben und Aufgabenzuordnung

Schwellenwertanalysen

Auswertungen sind zudem die Grundlage von *Schwellenwertanalysen*. Deren Ergebnis wird anhand von *Schweregraden* im Projekt ausgegeben (siehe Abbildung 5.27). Ein Schweregrad kann sowohl auf Ebene der Projektdefinition als auch auf Ebene aller Projektelemente definiert werden. Sie können die zuletzt ermittelten Schweregrade der einzelnen Projektelemente in jeder Untersicht der Sicht **Struktur** einsehen. Der Schweregrad der Projektdefinition wird Ihnen zudem in der oberen Leiste eines Projekts sowie in den Dashboards im Bereich **Projekte** auf der Registerkarte **Projektmanagement** der IT-PPM-Applikation angezeigt.

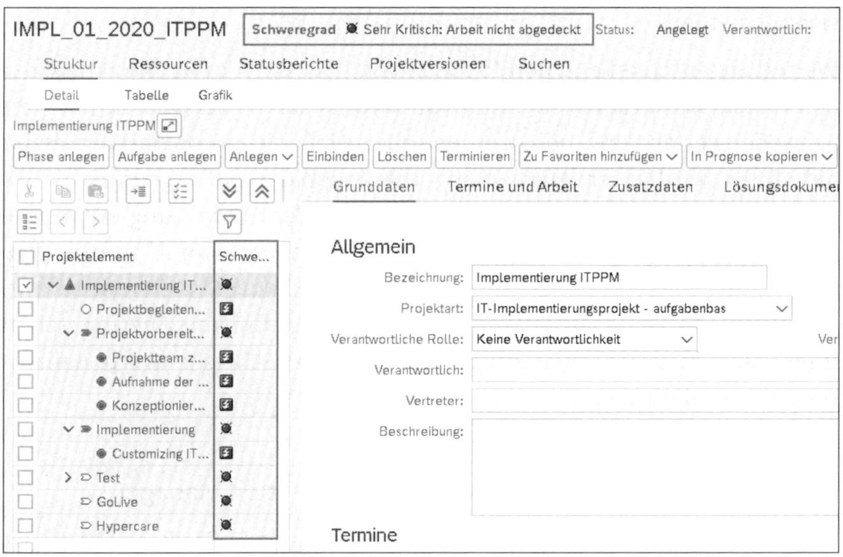

Abbildung 5.27 Beispiel für die Anzeige der Schweregrade im Projekt

Welche Schwellenwerte nach welchen Regeln überprüft werden, wird im Customizing für Auswertungen im Detail definiert. Auch hier bietet SAP bereits vordefinierte Schwellenwerte und Regeln, die kundenindividuell erweitert werden können.

[»]

Prüfung auf Schwellenwertverletzungen

Schwellenwertverletzungen werden im Standard nur über die Einplanung eines Hintergrundjobs für das Programm DPR_EVE_BATCH_DPO geprüft. Möchten Sie die Prüfung auf Schwellenwertverletzungen auch manuell direkt aus dem Projekt heraus oder sogar bei jedem Speichern ausführen, müssen Sie dies in der Projektart erlauben. Das Customizing finden Sie im IMG unter **Projektarten definieren** im Feld **Prüfung von Schwellenwertverletzungen**. Die Option **Schweregrade aggregieren** steuert, ob Schweregrade in der Projektbearbeitung verdichtet werden oder nicht.

Neue Auswertungen erstellen

Neue Auswertungen und Schwellenwertanalysen sowie Definitionen von Schwellenwerten erstellen Sie bei Bedarf im Customizing unter **Projektmanagement • Auswertungen**. Haben Sie alle Attribute und Objekttypen für Auswertungen über die Aktion **Attribute und Objekttypen für Auswertungen festlegen** definiert, erstellen Sie zunächst über die Aktion **Extraktlayouts definieren** ein *Extraktlayout*. Dieses setzt sich aus Objekten und Attributen zusammen und gibt vor, welche Daten aus dem Projekt berücksichtigt werden.

Weisen Sie anschließend den Projektarten über die Aktion **Extraktlayouts den Projektarten zuordnen** die Extraktlayouts zu, die bei der Prüfung von Schwellenwerten verwendet werden sollen. Über die Aktion **Auswertungen definieren** wird jeder Auswertung ein Extraktlayout zugeordnet. Dies schränkt die Objekte und Attribute ein, die in der Auswertung verwendet werden. Definieren Sie hier die Objekte und Attribute Ihrer Auswertungen. Für die Schwellenwertanalyse müssen Sie zudem Schwellenwerte und Schweregrade für die einzelnen Auswertungen definieren. Hierfür stehen Ihnen die Aktionen **Schweregrade definieren** und **Schwellenwerte definieren** zur Verfügung.

5.5.2 Spezifische Dashboards für den SAP Solution Manager

Neben den klassischen IT-PPM-Auswertungen bietet SAP Solution Manager 7.2 zusätzlich verschiedene Dashboards, die Sie bei der Steuerung Ihrer IT-Projekte unterstützen. Damit Sie sich ein Projekt in einem Dashboard anzeigen lassen können, müssen Sie diesem Projekt als Projektleitung zugeordnet sein (siehe Abschnitt 5.4.5 »Ressourcenmanagement«). Alle Dashboards sind über separate Kacheln im SAP Solution Manager Launchpad aufrufbar.

Dashboards bei aufgabenbasierter Integration

Folgende Standard-Dashboards stellt SAP Ihnen für Projekte mit aufgabenbasierter Integration zur Verfügung.

- **Projektanalyse – 360 Grad**
  Dieses Dashboard können Sie verwenden, wenn Sie die Integrationsmöglichkeiten zwischen dem IT-PPM und den SAP-Solution-Manager-Szenarien umfänglich nutzen. Es deckt die gesamte Projektplanung und -ausführung ab. Sie erhalten u. a. eine Übersicht über die verbleibenden Tage bis Projektende, Aufgaben im Rückstand, die Erfüllungsrate, den rückgemeldeten Aufwand und die Anzahl offener Meldungen zum Projekt.
- **Projektanalyse – Standard**
  Dieses Dashboard können Sie auch ohne Integration von IT-PPM und ChaRM nutzen. Sie erhalten einen Überblick über die verschiedenen Projektphasen sowie den Projektfortschritt. Abbildung 5.28 zeigt ein Beispiel für dieses Projekt-Dashboard.

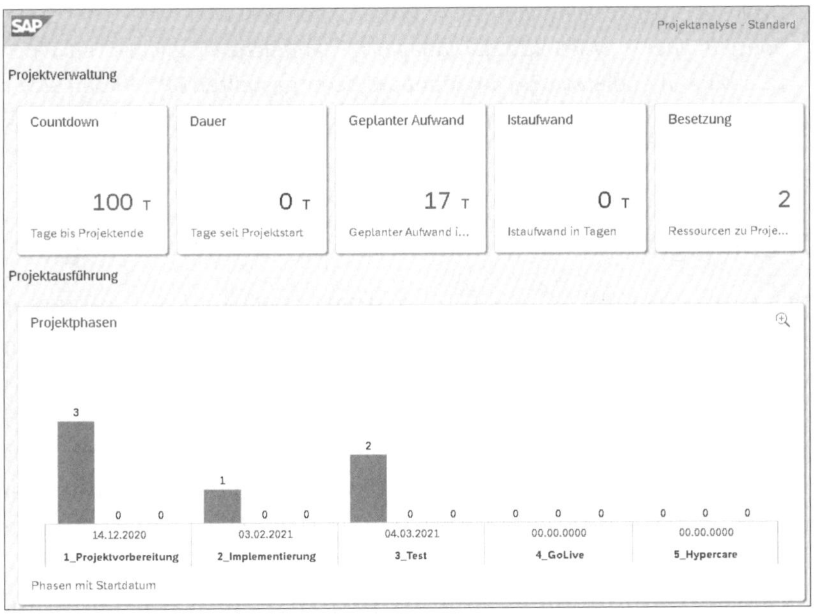

Abbildung 5.28 Dashboard »Projektanalyse – Standard«

- **Projektanalyse – Änderungszyklen**
  Dieses Dashboard können Sie verwenden, wenn Sie die Integration von IT-PPM und ChaRM nutzen. Es deckt die Zuordnung von Änderungs-

zyklen zu Projekten ab. Sie erhalten schnell einen Überblick über nicht abgeschlossene Aufgaben mit zugeordneten Änderungsdokumenten, sodass Sie diese bei Bedarf vom Projekt entkoppeln und einem anderen Änderungszyklus zuordnen können. Anders als bei den anderen Dashboards müssen Sie für diese Projektanalyse dem Änderungszyklus, den Sie im Dashboard analysieren möchten, als verantwortliche Person zugeordnet sein.

Dashboard bei kopfbasierter Integration

Mithilfe dieser drei Dashboards können Sie Projekte mit aufgabenbasierter Integration analysieren. Projekte mit kopfbasierter Integration werden hier nicht berücksichtigt. Für diese Projekte steht Ihnen stattdessen das Standard-Dashboard *Build-übergreifende Analyse* zur Verfügung. Dieses Dashboard gibt Ihnen neben allgemeinen Projektinformationen wie der Anzahl an zugeordneten Geschäftsanforderungen, Änderungsdokumenten oder Testplänen auch Informationen zum Projektfortschritt.

[+]

Kundeneigene Dashboards

Sollten Ihnen Informationen in den Dashboards fehlen und möchten Sie weitere Key Performance Indicators (KPIs) ergänzen oder ein ganz eigenes Dashboard entsprechend Ihren Anforderungen gestalten, bietet der *Dashboard Builder* in SAP Solution Manager 7.2 zahlreiche Möglichkeiten. Einen Überblick über die von SAP im Standard bereitgestellten KPIs finden Sie im KPI-Katalog unter folgendem Link: *https://go.support.sap.com/kpicatalog/*

5.6 Integration von IT-PPM und SAP Solution Manager

Wie bereits angedeutet, kann das Projektmanagement mit der Lösungsdokumentation und damit in die Bereiche ChaRM und Anforderungsmanagement des SAP Solution Managers integriert werden. Sie können darüber hinaus auch Ihre Testpläne einem Projekt zuordnen und schaffen hierdurch zusätzlich eine Integration mit dem Testmanagement sowie dem IT-Servicemanagement. Wie Sie die verschiedenen Integrationsszenarien aktivieren, haben wir in Abschnitt 5.2.1, »Konfiguration des IT-Projektmanagements«, erläutert.

Projekt als Klammer

Abbildung 5.29 zeigt schematisch die Integrationsmöglichkeiten zwischen dem IT-PPM und anderen Szenarien in SAP Solution Manager 7.2. Anhand dieser Abbildung wird die Position vom IT-PPM als bindendes Element deutlich. Nutzen Sie das Projektmanagement in einem integrativen Ansatz mit den verschiedenen Szenarien des SAP Solution Managers, bildet es eine übergreifende Klammer für alle Elemente und ermöglicht Ihnen eine vollumfängliche Verwaltung von IT-Projekten über alle Phasen hinweg.

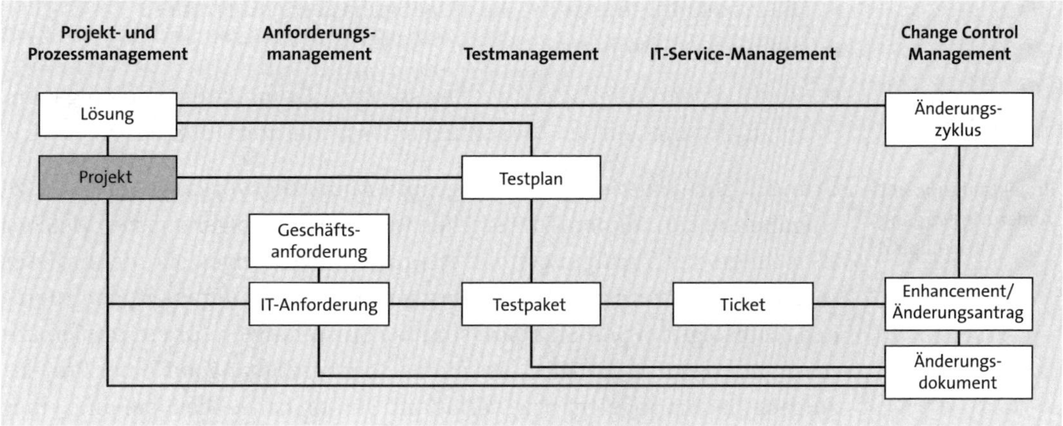

Abbildung 5.29 Projekt als übergreifende Klammer für die IT-Administration

Integration mit der Lösungsdokumentation

Wie bereits in Abschnitt 5.4.3, »Projektelemente«, beschrieben, wird das IT-PPM über die Registerkarte **Lösungsdokumentation** in der Projektdefinition mit SAP Solution Manager 7.2 verknüpft. Über die Schaltfläche **Lösungsdokumentation zuordnen** blenden Sie die in Abbildung 5.30 gezeigten Eingabefelder ein, um dem Projekt Lösung, Branch, Change-Control-Landschaft und Änderungszyklus zuzuordnen.

Abbildung 5.30 Lösungsdokumentation zuordnen

Nur wenn Sie die Zuordnung zur Lösungsdokumentation vollständig pflegen, können Sie die Integration mit dem ChaRM und dem Anforderungsmanagement reibungslos nutzen.

Integration ChaRM/ Anforderungsmanagement

Durch die Integration des Projektmanagements mit dem ChaRM und dem Anforderungsmanagement können Sie eine Aufgabe im Projekt mit einem Änderungsvorgang verknüpfen. Diese Verknüpfung wird auf der Registerkarte **Transaktion** einer Projektaufgabe angezeigt. Folgende Voraussetzungen müssen hierfür erfüllt sein:

- Die Projektart unterstützt die aufgabenbasierte Integration.
- Das Projekt ist freigegeben.
- Sie haben der Aufgabe auf der Registerkarte **Grunddaten** eine Aufgabenart zugeordnet, die die Zuordnung eines Änderungsvorgangs zulässt.

Projektaufgabe mit Änderungsvorgang verknüpfen

Grundsätzlich existieren zwei Wege, um Änderungsvorgänge mit Projektaufgaben zu verknüpfen. Diese stellen wir Ihnen im Folgenden vor. Welcher Weg Ihnen zur Verfügung steht, ist Ihnen nicht freigestellt, denn dieser wird in der Customizing-Aktion **Vorgangsarten den Aufgabentypen zuordnen** festgelegt. Im SAP-Standard sind die Einstellungen für ein Implementierungsprojekt so gewählt, dass ein Änderungsvorgang aus einer Projektaufgabe heraus angelegt bzw. verknüpft werden kann. Die Erstellung einer Projektaufgabe aus einem Änderungsvorgang ist im SAP-Standard nur für ein Wartungsprojekt möglich, wobei gleichzeitig aus einem Wartungsprojekt keine Änderungsvorgänge erstellt oder verknüpft werden können.

Änderungsvorgänge zuordnen/anlegen

Befinden Sie sich in einer Projektaufgabe eines freigegebenen Implementierungsprojekts mit aufgabenbasierter Integration, können Sie standardmäßig auf der Registerkarte **Transaktion** über die Schaltfläche **Transaktion zuordnen** einen bereits vorhandenen Änderungsvorgang verknüpfen (siehe Abbildung 5.31). Ist kein entsprechender Änderungsvorgang verfügbar, können Sie über die Schaltfläche **Transaktion anlegen** einen neuen Änderungsvorgang erstellen, der dem Aufgabentyp der Projektaufgabe entspricht. Die Neuanlage eines Änderungsantrags aus einer Projektaufgabe ist jedoch erst dann möglich, wenn die Projektaufgabe über die Statusverwaltung freigegeben wurde.

Abbildung 5.31 Änderungsvorgang anlegen oder zuordnen

Ausschlaggebend für Zuordnung und Anlage eines Änderungsvorgangs sind die Einstellungen in der Customizing-Aktion **Vorgangsarten den Aufgabentypen zuordnen**. Hier legen Sie fest, welche Aufgabenart mit welcher Vorgangsart verknüpft werden kann. Zudem können Sie die Auswahl der

Änderungsvorgänge über die Customizing-Aktion **Transaktionszuordnung auf festgelegte Statuswerte einschränken** beschränken. Hierüber bestimmen Sie, welchen Status ein Änderungsvorgang haben muss, damit dieser einer Projektaufgabe zugeordnet werden kann.

Verknüpfung automatisieren

Diesen Weg der Verknüpfung können Sie auch automatisieren. Wählen Sie hierzu in der Customizing-Aktion **Vorgangsarten den Aufgabentypen zuordnen** in der Spalte **ErstellMod** den Eintrag **R Vorgang bei Freigabe der Aufgabe automatisch anlegen** (siehe Abbildung 5.32). Hierdurch wird automatisch ein Änderungsvorgang angelegt, sobald die Projektaufgabe zur Bearbeitung freigegeben wird.

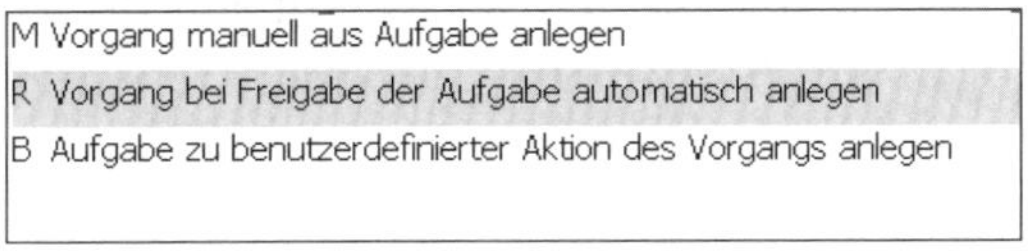

Abbildung 5.32 Erstellungsmodus für Projektaufgabe ändern

Projektaufgaben aus Änderungsbeleg anlegen

Umgekehrt können Sie eine neue Projektaufgabe aus einem Änderungsvorgang heraus anlegen. Diese Option steht Ihnen im Standard für aufgabenbasierte Wartungsprojekte zur Verfügung. Eine Zuordnung zu einer bestehenden Projektaufgabe ist jedoch nicht möglich. Haben Sie die Status von Änderungsvorgängen für die Zuordnung von Projektaufgaben eingeschränkt, muss sich der Änderungsvorgang für die Verknüpfung zum Projektmanagement zudem in dem entsprechenden Status befinden.

Navigieren Sie über die Transaktion SM_CRM in den Änderungsvorgang, zu dem Sie eine Projektaufgabe anlegen möchten. Achten Sie darauf, dass der Änderungsvorgang demselben Änderungszyklus zugeordnet ist wie das Projekt, mit dem Sie ihn verknüpfen wollen. Über die Schaltfläche **Aktionen** und die Funktion **Projekt Management-Aufgabe anlegen** legen Sie eine Aufgabe im IT-PPM an (siehe Abbildung 5.33). Sichern Sie die Aktion.

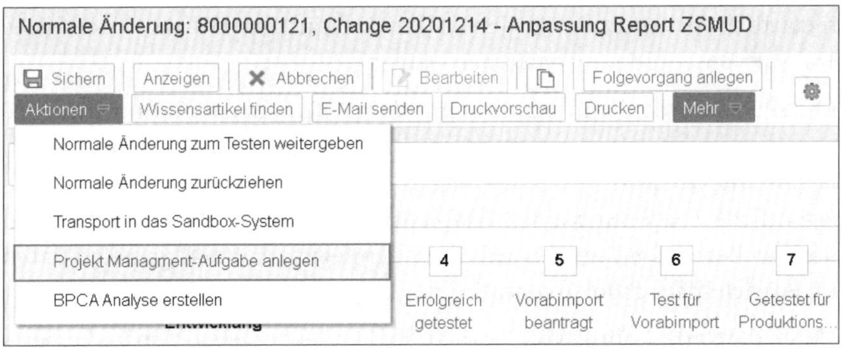

Abbildung 5.33 Projektaufgabe aus Änderungsbeleg anlegen

Die Aufgabe wird dem Projekt zugeordnet, das mit demselben Änderungszyklus verknüpft ist wie der Änderungsvorgang. Existieren mehrere Projekte mit demselben Zyklus, müssen Sie das gewünschte Projekt auswählen. Die Aufgabenart entspricht der im Customizing definierten Aufgabenart zur CRM-Vorgangsart.

Verknüpfung einsehen

Unabhängig vom Verknüpfungsweg werden Ihnen die bestehenden Verknüpfungen sowohl auf der Registerkarte **Transaktion** der Projektaufgabe als auch im Änderungsvorgang im Block **Details** unter **Projektplanung** (siehe Abbildung 5.34) angezeigt. Sind Änderungsvorgang und Projektaufgabe miteinander verknüpft, werden Vorgangs- und Aufgabenstatus miteinander synchronisiert. Grundlage hierfür sind die Statuszuordnungen, die Sie in der Customizing-Aktion **Aufgabenstatus dem Vorgangsstatus zuordnen** pflegen.

Abbildung 5.34 Details zur Verknüpfung einer Projektaufgabe in einem Änderungsvorgang

Verknüpfung aufheben

Bei Bedarf können Sie eine Verknüpfung auch wieder aufheben. Dies ist seit SAP Solution Manager 7.2 SPS05 auch dann möglich, wenn die Projektaufgabe bereits freigegeben wurde. Sie können einen Änderungsbeleg von einer Aufgabe entkoppeln, indem Sie den verknüpften Beleg auf der Registerkarte **Transaktion** der Projektaufgabe markieren und die Schaltfläche **Transaktionszuordnung entfernen** wählen.

Integration mit Testmanagement und ITSM

Mit SPS09 wurde die Integration mit dem Testmanagement noch einmal erweitert, sodass Sie sich nun zugeordnete Testpläne im Projekt anzeigen lassen und von dort zu den jeweiligen Testplänen navigieren können. Die eigentliche Zuordnung eines Testplans zu einem Projekt nehmen Sie jedoch weiterhin im Testplan selbst auf der Registerkarte **Allgemeine Daten** im Bereich **Lösungsdokumentation** vor.

Durch die Verknüpfung von Testplan und Projekt ergeben sich verbesserte Auswertungsmöglichkeiten in Bezug auf die Testphasen im Projekt. Wird beispielsweise aus der Testausführung heraus ein Ticket angelegt, ist dieses Ticket automatisch auch mit dem Projekt verknüpft. Sie behalten so immer den Überblick über den aktuellen Testfortschritt und den Bearbeitungsstand der testbezogenen Tickets. Für eine schnelle und übersichtliche Auswertung Ihres gesamten Projekts empfehlen wir Ihnen die in Abschnitt 5.5.2, »Spezifische Dashboards für den SAP Solution Manager«, vorgestellten Dashboards.

5.7 SAP-Roadmaps

SAP stellt mit den sogenannten *SAP-Roadmaps* im Rahmen der Methode *SAP Activate* standardisierte Vorgehensweisen bereit, um SAP-Projekte erfolgreich durchzuführen. Die verfügbaren Roadmaps werden auf Basis von Erfahrungswerten vergangener Projekte erstellt und bieten eine umfassende Sicht auf die Aktivitäten, Deliverables und Aufgaben von Projektteams einschließlich begleitender Beschleuniger. Zu jeder dieser SAP-Roadmaps gibt es einen spezifischen Projektplan, den Sie als Ausgangsstruktur ins IT-PPM importieren können.

Roadmaps im Cloud-Service

Anders als in früheren SAP-Solution-Manager-Versionen können Sie Roadmaps nicht mehr direkt im SAP Solution Manager aufrufen, denn diese wurden in den Cloud-Service *Roadmap Viewer* ausgelagert. Dies hat den Vorteil, dass immer die neuesten Versionen der verschiedenen Roadmaps verfügbar sind. Den Roadmap-Viewer erreichen Sie über die URL *https://go.support.sap.com/roadmapviewer/*.

Projektpläne importieren

Um mit den Projektplänen arbeiten zu können, müssen diese zunächst in das Projektmanagement von SAP Solution Manager 7.2 importiert werden. Dies geschieht auf folgendem Weg:

1. Rufen Sie die gewünschte Roadmap im Roadmap-Viewer auf, und klicken Sie auf das Symbol **Projektplan herunterladen** (⤓, siehe Abbildung 5.35).
2. Entpacken Sie den heruntergeladenen ZIP-Ordner. Sie sollten eine XML-Datei für den Import in den SAP Solution Manager erhalten.
3. Öffnen Sie über das SAP Solution Manager Launchpad im Abschnitt **Projekt- und Prozessverwaltung** die Anwendung **Meine Projekte**. Klicken Sie anschließend auf die Schaltfläche **Projekt importieren**.
4. Es öffnet sich ein Fenster für den Projektimport. Wählen Sie hier als Anwendung **XML-Datei**, und geben Sie den Dateipfad zur Roadmap an.

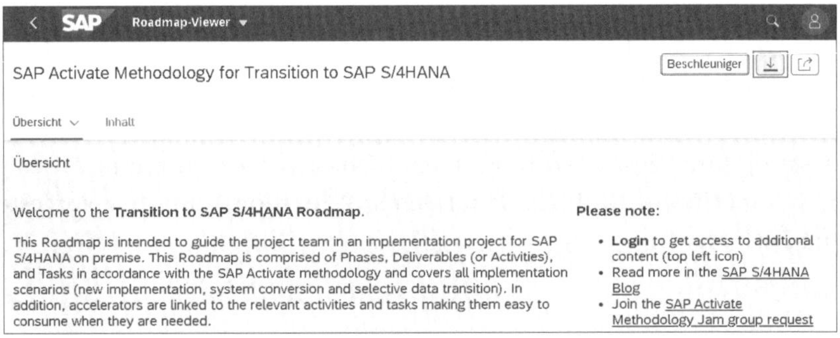

Abbildung 5.35 Projektplan herunterladen

5. Klicken Sie auf **Ausgewählte Daten importieren**, und wählen Sie die gewünschten Daten für den Import aus. Klicken Sie anschließend auf **Prüfen** und **Importieren**.
6. Der hochgeladene Projektplan wird Ihnen nach erfolgreichem Import auf der Registerkarte **Zuletzt verwendete Projekte** angezeigt. Wenn Sie das entsprechende Projekt auswählen, öffnet sich das Projekt wie gewohnt zur weiteren Bearbeitung.

[»]

Sprache der Projektelemente anpassen

Sollte es vorkommen, dass Ihre Projektelemente trotz erfolgreichem Upload nicht benannt sind, liegt es in den meisten Fällen an der gewählten Projektsprache. Um die Sprache zu ändern, müssen Sie zunächst das entsprechende Projekt öffnen. Über das Drop-down-Menü **Sprache** können Sie anschließend die Sprache des heruntergeladenen Projektplans ändern.

Kapitel 6
Anforderungsmanagement

Mit einer sehr engen Integration in das Change Request Management und das Projektmanagement dient das Anforderungsmanagement der Verarbeitung neuer Geschäfts- und IT-Anforderungen.

Die Durchführung eines erfolgreichen IT-Projekts beginnt immer mit einer akkuraten Planung des Projektumfangs und der Anforderungen. Unklare, unvollständige oder schlecht verwaltete Softwareanforderungen und Ziele sind die häufigsten Ursachen für einen Misserfolg. Die dadurch entstehenden Korrekturarbeiten können 30 bis 40 % der Gesamtkosten eines IT-Projekts ausmachen. Doch auch bei der Wartung einer bestehenden Softwarelösung ist es enorm wichtig, die Anforderungen der Fachabteilungen effizient zu verwalten und nach genauer Prüfung zu realisieren bzw. abzulehnen.

Dieses Kapitel beschreibt das Anforderungsmanagement (*Requirements Management*), das mit Release 7.2 in das Portfolio des SAP Solution Managers aufgenommen wurde. Sie erhalten in diesem Kapitel detaillierte Informationen über die Grundkonfiguration und Funktionalität sowie die Integrationsmöglichkeiten in das Prozess-, Projekt- und Change Request Management (ChaRM). Eine Beschreibung der SAP-Fiori-Applikation **Meine Geschäftsanforderungen**, die Anwender*innen bei der einfachen und mobilen Verwaltung ihrer Geschäftsanforderungen unterstützt, schließt dieses Kapitel ab.

6.1 Wichtige Begriffe im Kontext des Anforderungsmanagements

Vorgangsarten

Das Anforderungsmanagement beinhaltet zwei Vorgangsarten im CRM Web UI:

- *Geschäftsanforderung* (`SMBR`)
- *IT-Anforderung* (`SMIR`)

Zusammenspiel der Anforderungsarten

Während die Fachabteilung die Geschäftsanforderung nutzt, um neue Anforderungen an eine Software einzubringen und zu dokumentieren, verwendet die IT-Abteilung die IT-Anforderung, um die Umsetzung dieser Anforderungen zu bewerten. In den meisten Unternehmen ist die IT-Abteilung strikt von den Fachabteilungen getrennt. Im Extremfall gibt es eine externe IT-Abteilung (Outsourcing). Diese fungiert dann als Serviceanbieter für das Unternehmen. Aus diesem Grund gibt es zwei Vorgangsarten für den Anforderungsprozess von SAP. Dies vereinfacht es, Berechtigungen und Funktionalität zu differenzieren.

[+]

Ausschließliche Verwendung der IT-Anforderung

Falls Ihre Fach- und IT-Abteilung sehr eng zusammenarbeiten oder nicht getrennt sind, ist es sinnvoll, lediglich die IT-Anforderung ohne die Geschäftsanforderung zu verwenden.

Die beiden Anforderungsarten stehen immer in einer direkten Beziehung zueinander. Umfangreiche Geschäftsanforderungen können Sie dabei auf mehrere IT-Anforderungen verteilen. Dies ist sinnvoll, wenn die Anforderungen von unterschiedlichen Entwicklungsteams bewertet werden müssen. Abbildung 6.1 zeigt das Zusammenspiel der Anforderungsarten in den Szenarien IT-Servicemanagement (ITSM), ChaRM und Anforderungsmanagement.

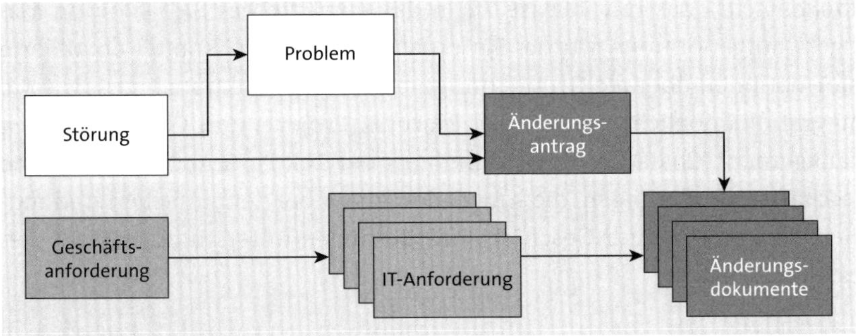

Abbildung 6.1 Beziehungen zwischen Incident Management, Problem Management, Anforderungsmanagement und Change Request Management

Anforderungsprozess

Fehler, die im produktiven Betrieb aufkommen, werden über die Vorgangsart *Störung* (SMIN) gemeldet. Aus dieser kann als Folgevorgang direkt ein Änderungsantrag (SMCR) angelegt werden, der die geplante Systemänderung dokumentiert. Falls mehrere gleichartige Störungen zusammengefasst werden, kann auch zunächst ein *Problem* (SMPR) generiert werden, das die Störungen zusammenfasst, bevor der Änderungsantrag erstellt wird. Die tatsächliche Systemänderung findet dann über die Bearbeitung der generierten Änderungsdokumente (SMHF, SMMJ, SMSG, SMAD und SMCG) statt.

Neue Funktionen oder gewünschte Anpassungen an vorhandene Funktionen können im Rahmen des Anforderungsmanagementprozesses über Geschäftsanforderungen gesammelt werden. Anhand der daraus generierten IT-Anforderung entscheiden Sie sich für oder gegen die Realisierung der gestellten Anforderung. Wird eine positive Entscheidung gefällt, werden die Systemänderungen durchgeführt, indem die generierten Änderungsdokumente bearbeitet werden.

Framework

Technisch nutzen die Vorgangsarten des Anforderungsmanagements dasselbe Framework wie die Vorgangsarten des ChaRM. Viele Funktionen, die Sie gegebenenfalls aus dem ChaRM kennen, finden nun auch im Anforderungsmanagement Anwendung. Dazu zählen:

- Statuswechsel und automatische Generierung von Änderungsdokumenten über PPF-Aktionen
- Genehmigungsverfahren
- vom Vorgänger- oder Folgedokument abhängige Status
- Konsistenzprüfungen zur Wahrung des Vier-Augen-Prinzips

Diese und weitere Begrifflichkeiten werden in Kapitel 8, »Change Request Management«, und Abschnitt 4.2.1, »Grundkonfiguration des IT-Servicemanagements«, erläutert.

6.2 Grundkonfiguration des Anforderungsmanagements

In diesem Abschnitt beschreiben wir die Grundkonfiguration des Anforderungsmanagementszenarios. Viele der einzelnen Konfigurationsschritte sind entweder innerhalb der verknüpften Dokumentation sehr gut beschrieben oder identisch mit den Schritten zur Konfiguration des ITSM oder des ChaRM. Deshalb weisen wir Sie im Folgenden lediglich auf die Besonderheiten hin.

Rufen Sie in der **SAP-Solution-Manager-Konfiguration** (Transaktion SOLMAN_SETUP) das Szenario **Anforderungsmanagement** auf, um das Anforderungsmanagement an Ihre Bedürfnisse anzupassen. Abbildung 6.2 zeigt die Guided Procedure zur Konfiguration dieses Szenarios.

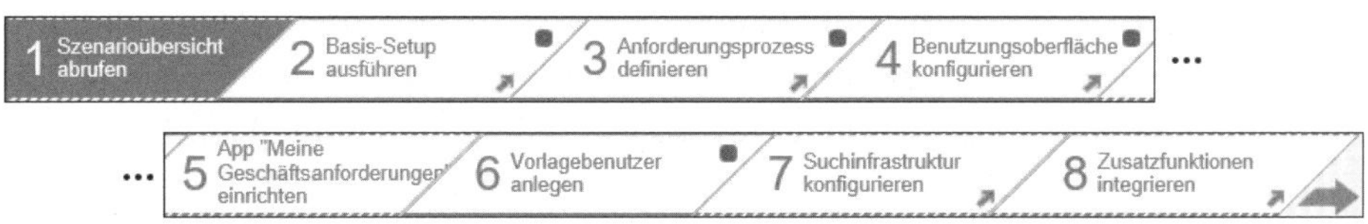

Abbildung 6.2 Anforderungsmanagement in der SAP-Solution-Manager-Konfiguration konfigurieren

Konfigurationsbenutzer

Wenn Sie dieses Szenario aufrufen, fragt das System Sie nach einem bestimmten Konfigurationsbenutzer. Sie können hierfür den Benutzer `SMC_RM_***` anlegen oder die vorgeschlagenen Rollen einem anderen Benutzer zuordnen.

Schritt 1: Szenarioübersicht abrufen

Nachdem Ihnen in Schritt 1, **Szenarioübersicht abrufen**, eine Übersicht über das Szenario Anforderungsmanagement gegeben wurde, können Sie in den folgenden Schritten die Konfiguration vornehmen.

Schritt 2: Basis-Setup ausführen

Voraussetzungen prüfen

Über eine automatische Prüfung können Sie in diesem Schritt sehr schnell feststellen, ob die Infrastruktur des Anforderungsmanagements korrekt konfiguriert ist. Stellen Sie zudem sicher, dass in Ihrem SAP Solution Manager für das Anforderungsmanagement immer der Zentralhinweis in der aktuellen Version eingebaut ist.

Schritt 3: Anforderungsprozess definieren

Optionale und obligatorische Schritte

In diesem Schritt können Sie Ihren Anforderungsprozess genau definieren. Viele der Teilschritte sind hier optional. Überlegen Sie sich also, ob Sie beispielsweise mit dem *Standardstatusschema* bzw. dem *Standardtextschema* zurechtkommen oder ob Sie diese Schemata anpassen möchten. Nähere Informationen zu diesen Schemata finden Sie in Abschnitt 4.2.1, »Grundkonfiguration des IT-Servicemanagements«, unter der Überschrift »Schritt 3: Vorgangsarten konfigurieren«. Andere Teilschritte sind dagegen als obligatorisch gekennzeichnet und müssen durchgeführt werden, wenn Sie das Anforderungsmanagement in Ihrem Unternehmen etablieren möchten.

Die Teilschritte zur Definition des Anforderungsprozesses beschreiben wir im Folgenden etwas ausführlicher, da diese Einstellungen wesentlich für die Nutzung des Szenarios sind.

Teilschritt 1: Vorgangsarten kopieren

Kopieren Sie zunächst die SAP-Standardvorgangsarten `SMBR` (*Geschäftsanforderung*) und `SMIR` (*IT-Anforderung*) in Ihren Namensraum. Damit gewährleisten Sie, dass Ihre individuellen, vom SAP-Standard abweichenden Anpassungen durch zukünftige Support Packages nicht überschrieben werden. Weitere Details dazu finden Sie ebenfalls in Abschnitt 4.2.1.

Teilschritt 2: Kopiersteuerung definieren

Von der Quell- zur Zielvorgangsart

Sobald Sie mit Folgevorgängen arbeiten oder die Funktion zum Kopieren von Belegen nutzen möchten, müssen Sie die Kopiersteuerung für die Quell- und die Zielvorgangsart konfigurieren. Nehmen Sie in diesem Schritt die Konfiguration für folgende obligatorische Aktivitäten vor:

- **Kopiersteuerung definieren**
  Im Anforderungsmanagement ist vor allem die Erzeugung von IT-Anforderungen (Zielvorgangsart) aus Geschäftsanforderungen (Quellvorgangsart) relevant. Prüfen Sie, ob Quell- und Zielvorgangsart in der Kopiersteuerung entsprechend gepflegt sind.

[zB]

Haben Sie Schnittstellen zu anderen Szenarien?

Möchten Sie beispielsweise die Schnittstelle zwischen Incident Management und Anforderungsmanagement etablieren, pflegen Sie in der Kopiersteuerung den folgenden Eintrag:

- **Quellvorgangsart**: `ZMIN` (bzw. Ihre Vorgangsart für die Meldung)
- **Zielvorgangsart**: `ZMBR` (bzw. Ihre Vorgangsart für die Geschäftsanforderung)
- **Kopierroutine**: `AIC001`

- **Kopiersteuerung definieren (Anforderungsmanagement)**
  Hier pflegen Sie die **Kopiersteuerungsregeln** (bzw. Mapping-Regeln) für die Quell- und Zielvorgangsarten, die Sie im ersten Schritt definiert haben. Bestimmen Sie, welche Inhalte aus dem Quell- in den Folgebeleg übernommen werden.
- **VorgArt zum Anlegen von IT-Anford. anpassen**
  Die automatische, statusabhängige Erzeugung einer IT-Anforderung aus einer Geschäftsanforderung erfolgt technisch über eine PPF-Aktion (Post Processing Framework), die sich im Aktionsprofil Ihrer kundeneigenen Geschäftsanforderung (z. B. `ZMBR_ACTIONS`) befindet. Die **Aktionsdefinition** `ZMBR_CREATE_IT_REQUIREMENT` (❶ in Abbildung 6.3) führt dabei die Methode `AIC_COPY_DOCUMENT` ❷ aus, wie Sie im Ordner **Verarbeitungsarten** ❸ des Aktionsprofils erkennen können. Klicken Sie hier unter **Verarbeitungsparameter** auf die Schaltfläche **Ändern** (✎ ❹), um die Vorgangsart für die IT-Anforderung anzupassen. So stellen Sie sicher, dass bei der Generierung der IT-Anforderung auch Ihre kopierte, kundeneigene Vorgangsart gezogen wird. Weitere Informationen zu PPF-Aktionen finden Sie in Abschnitt 4.3.16.

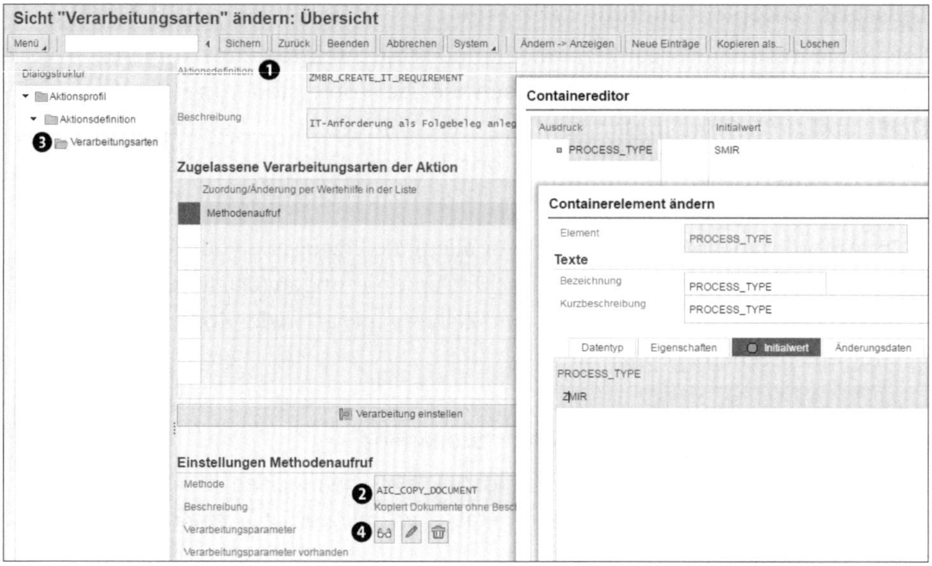

Abbildung 6.3 Vorgangsart zur Anlage von IT-Anforderungen anpassen

Teilschritt 3: Statusverwaltung definieren

Statusprofile erweitern

Die Aktionen in diesem Schritt sind optional und werden erst dann relevant, wenn die Standardstatusschemata der Vorgangsarten im Anforderungsmanagement nicht zu Ihren Anforderungsmanagementprozessen passen. Falls Sie die vorhandenen Anwenderstatus Ihrer Vorgangsarten erweitern oder vereinfachen möchten, müssen Sie die folgenden Punkte berücksichtigen:

- Der Statuswechsel erfolgt im Anforderungsmanagement genauso wie im ChaRM über die Ausführung von Aktionen. Erstellen Sie für jeden neuen Status eine separate Aktionsdefinition, und planen Sie diese Aktionen in den relevanten Anwenderstatus ein (*Einplanbedingungen*).
- Manche Statuswechsel lösen weitere Aktionen wie eine Konsistenzprüfung, eine Vorgangserzeugung, einen Statuswechsel im Vorgänger- oder Folgebeleg oder einen E-Mail-Versand aus. Diese Aktionen können Sie dann mit einem anderen Status verknüpfen. Sollten Sie solch einen Status löschen wollen, prüfen Sie zuvor, ob diese weiteren Aktionen noch benötigt werden.

Teilschritt 4: PPF-Aktionen definieren

Aktionstypen

PPF-Aktionen werden entweder manuell durch die Ausführung einer Aktion oder automatisch durch die Erfüllung einer Einplan- bzw. Startbedingung gestartet. Folgende Aktionen können im Anforderungsmanagement ausgelöst werden:

- Statuswechsel im Beleg
- Konsistenzprüfung
- Genehmigungs-Workflow starten
- E-Mail-Versand (HTML-E-Mail oder Smart-Forms-E-Mail)
- SLA-Zeiten (Service Level Agreement) berechnen
- Folgebeleg generieren
- BPCA-Analyse (Business Process Change Analyzer) erstellen
- Delta-Update für Langtextsuche mit TREX
- Lösungsdokumentationselemente anlegen
- Alert auslösen
- sonstige Methodenaufrufe (relevant für individuelle Anpassungen)

[«]

Business Process Change Analyzer

Mithilfe des BPCA können Sie prüfen, welche Teile Ihrer Lösungsdokumentation von einer Änderung betroffen sind. Aus dieser Analyse heraus kann anschließend ein Testplan generiert werden, der genau die von der Änderung betroffenen Prozesse testet. Wir kommen in Abschnitt 9.5.1 auf den Business Process Change Analyzer zurück.

Dieser Konfigurationsschritt ist optional. Falls Sie sich also im Anforderungsmanagement nah am SAP-Standard bewegen möchten, sind an dieser Stelle keine bzw. nur geringe Anpassungen notwendig.

Teilschritt 5: E-Mail-Benachrichtigungen einrichten

E-Mail-Einstellungen

Die Einrichtung der E-Mail-Benachrichtigungen für das Anforderungsmanagement verläuft genauso wie für das ITSM (siehe Abschnitt 4.2.1, »Grundkonfiguration des IT-Servicemanagements«, Teilschritt 3.3). Hierbei sind folgende zwei Schritte notwendig:

1. Aktivieren Sie die standardmäßig deaktivierten PPF-Aktionen für die E-Mail-Benachrichtigungen in den Aktionsprofilen Ihrer Anforderungsmanagementvorgangsarten, und verknüpfen Sie Ihre E-Mail-Formulare mit den einzelnen Aktionsdefinitionen.
2. Legen Sie Ihre E-Mail-Formulare über das CRM Web UI an.

Teilschritt 6: Geschäftspartner einrichten

Zusätzliche Partnerfunktionen

Die Vorgangsarten des Anforderungsmanagements bieten standardmäßig eine Reihe von *Partnerfunktionen* wie den *Anforderungsmanager*, den *Lösungsarchitekten* oder den *Geschäftsprozessexperten* an. Falls weitere Partnerrollen in Ihrem individuellen Anforderungsmanagementprozess eine Rolle spielen, können Sie die fehlenden Partnerfunktionen über diese Konfigurationsaktivität ergänzen und in Ihren Prozess einbinden.

Teilschritt 7: Textverwaltung definieren

Textarten

Innerhalb Ihrer Anforderungsmanagement-Vorgangsarten können Sie Ihre Langtexte über verschiedene Textarten, die SAP bereits im Standard ausliefert, klassifizieren. Verwenden Sie Langtexte, um Ihre Anforderungsmanagementvorgänge mit erläuternden Informationen anzureichern (beispielsweise »Beschreibung der IT-Anforderung« oder »Grund der Anforderung«). Sie können die Aktivitäten dieses Konfigurationsschritts durchführen, um Ihren Vorgangsarten kundeneigene Textarten hinzuzufügen oder nicht benötigte Textarten zu entfernen.

[»]

Aktivierung der Rich-Text-Formatierung

Ab SAP Solution Manager 7.2 SPS07 können Sie den Rich Text Editor für Ihre Textarten aktivieren. Auf die Möglichkeiten dieser Weiterentwicklung haben wir in Abschnitt 4.2.1, »Grundkonfiguration des IT-Servicemanagements«, Teilschritt 3.7 bereits hingewiesen.

Teilschritt 8: Terminverwaltung definieren

Optionales Terminprofil

Definieren Sie in Konfigurationsschritt 3.8, **Terminverwaltung definieren**, welche Termine in Ihrer Vorgangsart zu verarbeiten sind. Dabei können Sie Termine fest vorgeben. Alternativ kann das System diese Termine durch die Definition von Terminarten, Zeitdauern und Terminregeln berechnen.

Innerhalb Ihrer Vorgänge werden diese Termine gewöhnlich im Bereich **Termine** des Detailblocks bzw. im Zuordnungsblock **Termine** dargestellt. **Angelegt am**, **Geändert am**, **Gewünschter Beginn** oder **Fällig am** sind Beispiele für solche Termine. Über das Terminprofil steuern Sie dann, welche Terminarten, Zeitdauern und Terminregeln Sie in einer bestimmten Vorgangsart verwenden können. Die in diesem Schritt enthaltenen Konfigurationsaktivitäten sind optional und nur relevant, wenn die Standardtermine nicht zu Ihrem Prozess passen.

Teilschritt 9: Genehmigungsverfahren definieren

Optionales Genehmigungsverfahren

Bevor das in der IT-Anforderung beschriebene Konzept realisiert werden kann, muss dieses zunächst genehmigt werden. Normalerweise wird das *Genehmigungsverfahren* im Anforderungsmanagement nicht verwendet. Genehmigungen laufen hier über Statuswechsel zwischen den beiden Vorgangsarten Geschäfts- und IT-Anforderung ab. Möchten Sie dennoch in der

IT-Anforderung ein separates Genehmigungsverfahren aktivieren, wie Sie es aus dem Änderungsantrag im ChaRM kennen, führen Sie die Konfigurationsaktivitäten in Schritt 3.9 durch. Weitere Informationen zur Konfiguration des Genehmigungsverfahrens finden Sie in Abschnitt 7.2.2, »Grundkonfiguration des Change Request Managements«, Teilschritt 4.9.

Teilschritt 10: Change-Request-Management-Aktionen im Anforderungsmanagement definieren

Integration mit dem Change Request Management

Führen Sie die Konfigurationsaktivitäten dieses Teilschritts durch, um die Ausführungszeiten von Aktionen und Konsistenzprüfungen in Ihrem Änderungsprozess zu definieren. Weiterführende Informationen dazu finden Sie in Abschnitt 7.2.2, »Grundkonfiguration des Change Request Managements«.

Teilschritt 11: Mehrstufige Kategorisierung pflegen

Integration mit dem IT-Servicemanagement

Wie beim Großteil der Vorgangsarten, die das ITSM und das ChaRM zu bieten haben, wird die mehrstufige Kategorisierung auch in den Vorgangsarten des Anforderungsmanagements verwendet. Diese ermöglicht eine genaue Kategorisierung Ihrer Anforderungen. Weitere Informationen zur Einrichtung und Nutzung finden Sie in Abschnitt 4.3.1, »Mehrstufige Kategorisierung«.

Teilschritt 12: Prüflisten einrichten

Lösungsarchitekt*innen arbeiten bei der Bearbeitung der IT-Anforderung mit einer Prüfliste, um die gestellte Anforderung genau zu prüfen. Die Prüflistenfunktion kennen Sie ebenfalls aus dem ITSM. Sie wird dort hauptsächlich innerhalb der Serviceanforderung verwendet (siehe Abschnitt 4.3.2, »Prüflisten«).

Teilschritt 13: Bearbeitungsprotokoll definieren

Bearbeitungsprotokoll

Definieren Sie in Konfigurationsschritt 3.13, welche Änderungen an Ihrem Beleg (IT- und/oder Geschäftsanforderung) im Verarbeitungsprotokoll dokumentiert werden sollen. Ordnen Sie Ihrer Vorgangsart im ersten Schritt die Protokolltypen zu (**Protokolltypen den Vorgangsarten zuordnen**). Hier können Sie beispielsweise die Protokolltypen **Ausgeführte Aktionen**, **Statusänderungen** oder **Geänderte Felder** verwenden. Legen Sie dann im zweiten Schritt fest, welche Felder in der Änderungshistorie dokumentiert werden sollen (**Änderungshistorie für Verarbeitungsprotokoll definieren**).

[zB]

Änderung der Priorisierung protokollieren

Wenn Sie möchten, dass alle Änderungen der zugeordneten Priorität dokumentiert werden, muss Ihrer Vorgangsart das entsprechende Feld zugeordnet werden. Für die Geschäftsanforderung sähe der entsprechende Eintrag wie in Tabelle 6.1 aus.

VorgArt	Änderungsbelegsegment	Feldname
ZMBR	CRMA_ACTIVITY_H	PRIORITY

Tabelle 6.1 Pflege der Änderungshistorie für das Bearbeitungsprotokoll definieren

Teilschritt 14: Risiken/Auswirkungen/Dringlichkeit/Empfohlene Priorität definieren

Szenarienübergreifende Einstellungen

Innerhalb von Konfigurationsschritt 3.14 können Sie Risiken, Auswirkungen, Dringlichkeiten und Prioritäten übergreifend für Ihre Vorgangsarten im ChaRM, ITSM und Anforderungsmanagement definieren. Darüber hinaus können Sie über die Aktivität **Auswirkung, Dringlichkeit und Priorität angeben** festlegen, welche empfohlene Priorität aus einer Kombination aus Auswirkung und Dringlichkeit berechnet werden soll. Diese Funktion soll der Person, die einen Vorgang erstellt, dabei helfen, realistisch einzuschätzen, wie kritisch der Vorgang ist.

Schritt 4: Benutzeroberfläche konfigurieren

Die Konfiguration der Benutzeroberfläche ist in allen Szenarien, die das CRM Web UI verwenden, identisch. Wir haben sie in Abschnitt 4.1.1, »CRM Web UI«, für das ITSM beschrieben.

Schritt 5: App »Meine Geschäftsanforderungen« einrichten

Vorgangsart für die SAP-Fiori-Applikation

Standardmäßig arbeitet die SAP-Fiori-Applikation **Meine Geschäftsanforderungen**, deren Anwendung wir in Abschnitt 6.4 beschreiben, nur mit der Standardvorgangsart für die Geschäftsanforderung (SMBR). Damit Sie die Funktionen der Applikation auch mit Ihrer kopierten kundeneigenen Vorgangsart nutzen können, müssen Sie die manuelle Aktivität **Vorgangsarten für Meine Geschäftsanford. anpassen** ausführen. Wenn Sie diesen Schritt ausführen, springen Sie in die Transaktion DNO_CUST04 ab. Pflegen Sie an dieser Stelle z. B. die in Tabelle 6.2 gezeigten Einträge:

Feldname	Feldwert
BR_IN_APP_USED	ZMBR
TEXT_TYPE_ENABLED	X

Tabelle 6.2 Beispiel: Parameter in der Transaktion DNO_CUST04 pflegen

Über den Parameter BR_IN_APP_USED legen Sie Ihre kundeneigene Vorgangsart fest, die in der Applikation verwendet werden soll. Den Parameter TEXT_TYPE_ENABLED können Sie optional aktivieren. Dieser bewirkt, dass Sie beim Hinzufügen neuer Texte innerhalb der Applikation die Textart auswählen können.

[+]

Parametertabellen

Die Transaktion DNO_CUST04 dient der Pflege der Tabelle DNOC_USERCFG. An dieser Stelle können Sie für die Szenarien ITSM, ChaRM, IT-Portfolio- und Projektmanagement (IT-PPM) und Anforderungsmanagement verschiedene Parameter einstellen, die das Funktionsverhalten dieser Szenarien beeinflussen.

Zwei weitere wichtige Tabellen dieser Art sind AGS_WORK_CUSTOM und ICT_CUSTOM. Wie Sie die Parameter in diesen Tabellen pflegen können, um Ihren kundenspezifischen Anforderungen gerecht zu werden, erfahren Sie in SAP-Hinweis 1483276.

OData-Service konfigurieren

Falls Ihre SAP-Fiori-Applikation trotz dieser Einstellung noch nicht das gewünschte Verhalten zeigt, können Sie prüfen, ob der OData-Service AI_CRM_GW_MYBUSI_REQUIRE_SRV ordnungsgemäß aktiviert ist. Dieser Service muss aktiv sein, um die Applikation **Meine Geschäftsanforderungen** verwenden zu können. Sie können diese Prüfung über die manuelle Aktivität **OData-Service prüfen** erledigen.

Prioritäten kennzeichnen

Des Weiteren können Sie für jede Priorität (**Sehr hoch**, **Hoch**, **Mittel**, **Niedrig**), mit der die Geschäftsanforderungen in der Applikation gekennzeichnet werden, eine korrespondierende Farbe definieren. Dadurch wird es für Sie einfacher, Anforderungen hoher Priorität von jenen niedriger Priorität zu unterscheiden. Diese Konfiguration können Sie über die Aktivität **Prioritätsfarben für Fiori-Apps definieren** vornehmen.

Schritt 6: Vorlagebenutzer anlegen

Benutzerrollen

Für die verschiedenen Rollen, die am Prozess des Anforderungsmanagements teilnehmen, können Sie in Konfigurationsschritt 6 Vorlagebenutzer anlegen oder aktualisieren. Die ausgewählten Vorlagebenutzer erhalten dadurch im Z-Namensraum automatisch eine kundeneigene Kopie der aktuellen SAP-Standardberechtigungsrollen, die für dieses Szenario relevant sind. Passen Sie lediglich die kopierten Berechtigungsrollen an Ihren Anforderungsmanagementprozess an, und weisen Sie diese Ihren Mitarbeitern zu.

Schritt 7: Suchinfrastruktur konfigurieren

Führen Sie in Schritt 7 die Aktivitäten durch, um die Embedded Search oder TREX für Ihre Suche zu konfigurieren (siehe Abschnitt 2.4, »Grundkonfiguration der Embedded Search«).

Schritt 8: Zusatzfunktionen integrieren

Integrative Funktionen

In diesem Schritt können Sie Ihr Anforderungsmanagement um folgende Zusatzfunktionen erweitern:

- Lösungsdokumentation
- Projektmanagement
- ChaRM
- IT-Kalender

Weitere Informationen zur Integration des Projektmanagement und des IT-Kalenders können Sie Abschnitt 5.2, »Voraussetzungen für den Einsatz des IT-Projektmanagements«, und Abschnitt 10.9.3, »IT-Kalender«, entnehmen.

Der Konfigurationsschritt 8.3, **Change-Request-Management integrieren**, verweist Sie auf die ChaRM-Grundkonfiguration und auf das Setup Ihrer verwalteten Systeme. Haben Sie die Szenarien Anforderungsmanagement und ChaRM erfolgreich konfiguriert, können Sie aus Ihrer IT-Anforderung heraus Änderungsdokumente anlegen. Damit können Sie dann die Systemänderungen, die sich aus Ihren Anforderungen ergeben, mithilfe der zentralen Transportsteuerung in Ihrer Transportlandschaft verteilen.

Schritt 9: Zusätzliche Anwendungsfälle verwenden

Über diesen Konfigurationsschritt können Sie weitere zusätzliche Funktionen für Ihr Anforderungsmanagement einrichten:

- **Optionale Umfangselemente aktivieren**
  Mit dieser Einstellung können Sie die IT-Anforderung auch ohne Um-

fangselemente verwenden. In diesem Fall würden keine Änderungsdokumente als Folgevorgänge generiert werden.

- **Anforderungsmanagement mit mehreren IT-Anforderungen aktivieren**
  Falls Sie das Anforderungsmanagement auf einem älteren Release als SAP Solution Manager 7.2 SPS05 eingerichtet haben, können Sie diese Funktion mit dieser Aktivität aktivieren. Hierdurch können Sie aus einer Geschäftsanforderung mehrere IT-Anforderungen anlegen.
- **Umfangsintegration aktivieren**
  In dieser Aktivität legen Sie fest, dass die einem Projekt zugeordneten Umfänge den Anforderungen des jeweiligen Projekts zugeordnet werden können. Durch die Zuordnung eines Umfangs zu einer Anforderung geben Sie an, dass nur Lösungsdokumentationselemente aus diesem Umfang der Anforderung zugeordnet werden können.

Schritt 10: Abgeschlossen

Im letzten Schritt der Anforderungsmanagementkonfiguration können Sie in einer übersichtlichen Zusammenfassung alle durchgeführten Aktivitäten noch einmal überprüfen.

6.3 Funktionen des Anforderungsmanagements

In diesem Abschnitt gehen wir näher auf den Ablauf des Anforderungsmanagementprozesses ein und zeigen die Integrationsmöglichkeiten in das Prozess- und das Projektmanagement. Die Anpassungs- und Erweiterungsmöglichkeiten, die Sie in diesem Szenario haben, werden am Ende dieses Abschnitts beschrieben.

6.3.1 Geschäfts- und IT-Anforderung im Zusammenspiel

Ablauf des Anforderungsprozesses

Der folgende Prozessablauf verdeutlicht das Zusammenspiel zwischen Geschäftsanforderung, IT-Anforderung und Änderungsdokument:

1. Der *Geschäftsprozessexperte* oder die *Geschäftsprozessexpertin* erstellt eine Geschäftsanforderung, die ihm oder ihr beispielsweise per E-Mail oder in einem Meeting mit der Fachabteilung zugetragen wurde. Im Vorgang beschreibt er oder sie die genaue Anforderung und legt die Zuständigkeiten fest. Abbildung 6.4 zeigt eine Geschäftsanforderung im Status **Definieren**. Der Geschäftsprozessexperte oder die -expertin weist im Bereich **Allgemeine Daten** im Zuordnungsblock **Details** die zuständigen Personen zu.

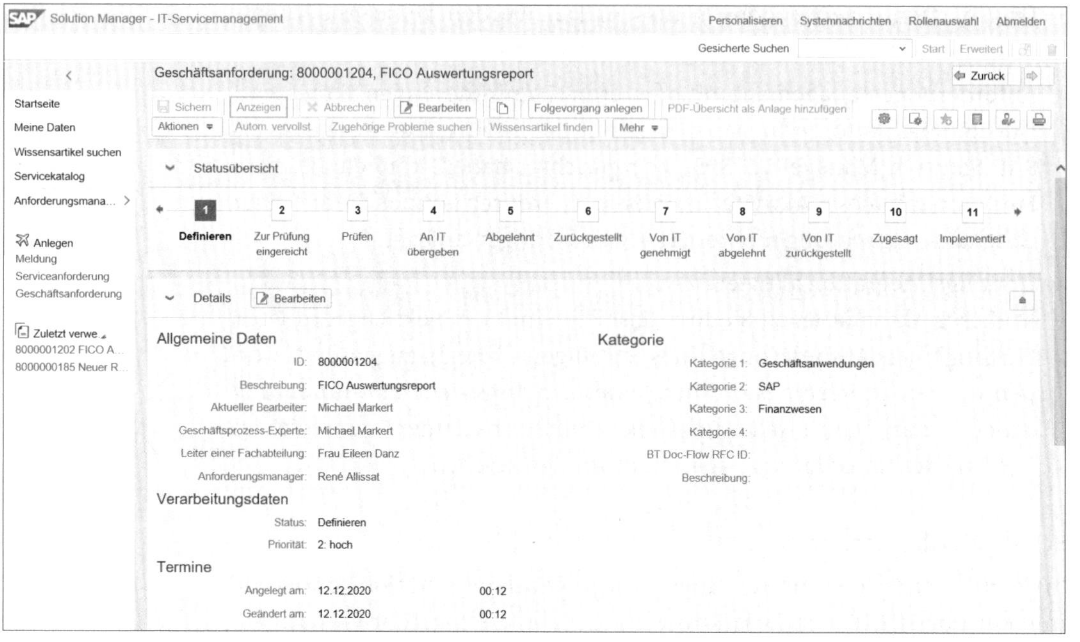

Abbildung 6.4 Geschäftsanforderung im Status »Definieren«

[+]

Zentrale Dokumentation in der Lösungsdokumentation

Falls es neben dem Vorgang der Geschäftsanforderung noch ein Anforderungsdokument oder Diagramme gibt, die die Anforderung näher spezifizieren, ist es ratsam, diese Dokumente in der integrierten Lösungsdokumentation zu verknüpfen. Diagramme können dabei über das BPMN-2.0-Modellierungswerkzeug abgebildet werden. Dadurch können Sie gewährleisten, dass alle beteiligten Personen, die an den Vorgängen Geschäfts- und IT-Anforderung arbeiten, immer die aktuellen Versionen dieser Dokumente einsehen und bearbeiten.

2. Nachdem die Geschäftsanforderung durch den *Leiter* oder die *Leiterin einer Fachabteilung* geprüft, priorisiert und genehmigt wurde, wird die Anforderung an die IT-Abteilung übergeben (Status **An IT übergeben**). Technisch wird dabei eine IT-Anforderung als Folgevorgang generiert und direkt mit der Geschäftsanforderung verknüpft. Abbildung 6.5 zeigt die Verknüpfung der IT-Anforderung innerhalb der Geschäftsanforderung. Bereits relevante Informationen wie die Beschreibung der Anforderung, deren Priorität oder Zuständigkeiten werden in den neuen Vorgang übernommen.

Abbildung 6.5 IT-Anforderung generieren

3. Der zuständige *Anforderungsmanager* oder die *Anforderungsmanagerin* weist der Anforderung einen *Lösungsarchitekten* oder eine *Lösungsarchitektin* (**Solution Architect**) zur Bearbeitung zu.
4. Diese Person prüft die Anforderung in Bezug auf Kosten, Machbarkeit und verfügbare Ressourcen. In Abbildung 6.6 sehen Sie die IT-Anforderung, die aktuell durch den oder die Lösungsarchitekt*in bearbeitet wird. Als Hilfsmittel wird eine Prüfliste verwendet.

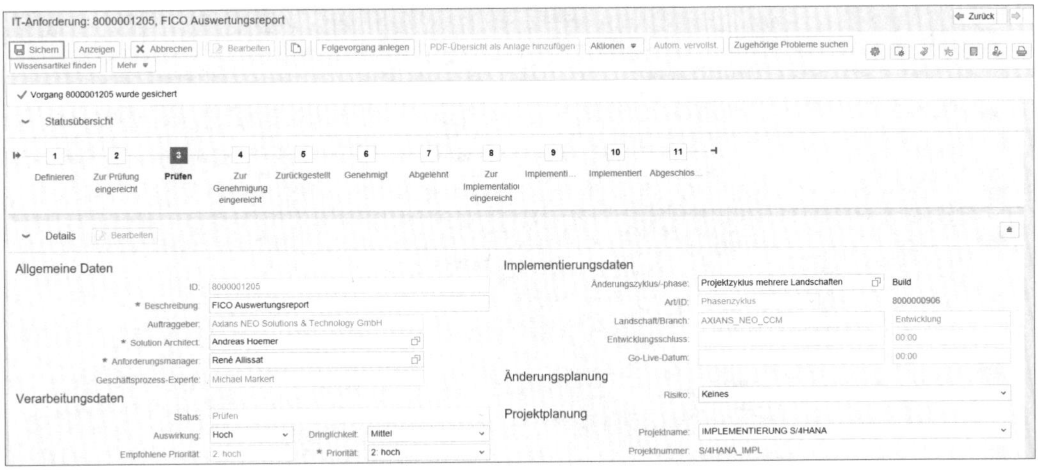

Abbildung 6.6 IT-Anforderung im Status »Prüfen«

Weitere IT-Anforderung erstellen

Innerhalb der IT-Anforderung haben Sie bis zum Status **Zur Genehmigung eingereicht** die Möglichkeit, weitere IT-Anforderungen zur Geschäftsanforderung zu erstellen. Wählen Sie hierzu **Aktionen • Weitere IT-Anforderung erstellen**. Eine Aufteilung in mehrere IT-Anforderungen ist vor allem dann sinnvoll, wenn die Geschäftsanforderung sehr umfangreich ist und von unterschiedlichen Entwicklungsteams bewertet werden muss. Die neu generierten IT-Anforderungen werden dabei automatisch mit der ausgehenden Geschäftsanforderung verknüpft.

5. Sobald der oder die Anforderungsmanager*in die Analyse des oder der Lösungsarchitekt*in genehmigt, aktualisiert sich der Status in der korrespondierenden Geschäftsanforderung (Status **Von IT genehmigt**, siehe Abbildung 6.7). In diesem Status ist ein weiterer Statuswechsel in der IT-Anforderung vorerst nicht möglich. Falls mehrere IT-Anforderungen mit der Geschäftsanforderung verknüpft sind, erhält die Geschäftsanforderung den Status **Von IT genehmigt** erst dann, wenn alle korrespondierenden IT-Anforderungen den Status **Genehmigt** erreicht haben. Innerhalb der Geschäftsanforderung können Sie den Fortschritt der zugehörigen IT-Anforderungen über den Zuordnungsblock **Zugehörige Vorgänge** verfolgen (siehe Abbildung 6.8).

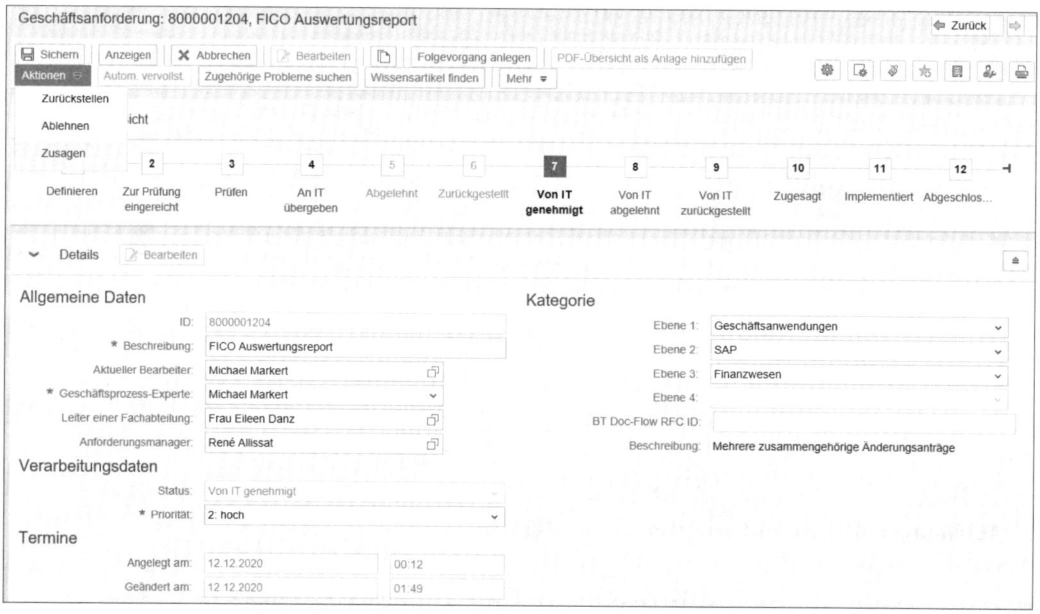

Abbildung 6.7 IT-Anforderung im Status »Von IT genehmigt«

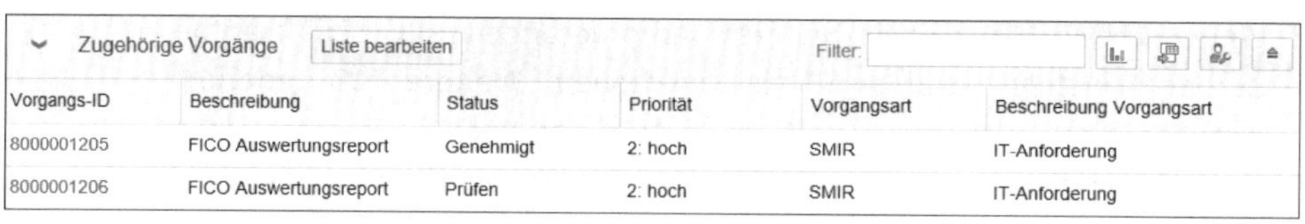

Vorgangs-ID	Beschreibung	Status	Priorität	Vorgangsart	Beschreibung Vorgangsart
8000001205	FICO Auswertungsreport	Genehmigt	2: hoch	SMIR	IT-Anforderung
8000001206	FICO Auswertungsreport	Prüfen	2: hoch	SMIR	IT-Anforderung

Abbildung 6.8 Zuordnungsblock »Zugehörige Vorgänge« in der Geschäftsanforderung

6. Der Leiter oder die Leiterin der Fachabteilung prüft in der Geschäftsanforderung die Ergebnisse der IT-Anforderung und bestätigt, dass die vorgeschlagene Umsetzung realisiert werden soll. Diese Genehmigung wirkt sich auch wieder auf den Anwenderstatus in der IT-Anforderung aus (Status **Zur Implementation eingereicht**).
7. Nach dieser Genehmigung beginnt der oder die Lösungsarchitekt*in mit der Implementierung, erstellt *Änderungsdokumente* (normale, dringende, administrative und/oder allgemeine Änderungen sowie Standardänderungen) und weist diese den Entwickler*innen zu. Abbildung 6.9 zeigt den Zuordnungsblock **Umfang** innerhalb der IT-Anforderung. Nachdem der Vorgang den Status **Implementieren** erreicht hat, werden die in dem Umfang definierten Änderungsdokumente automatisch angelegt.

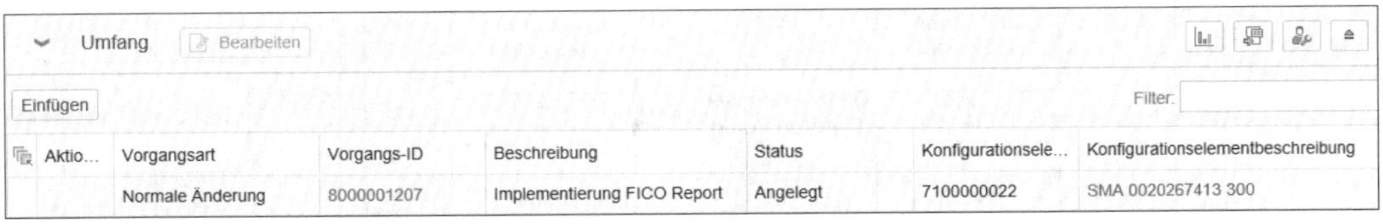

Abbildung 6.9 Zuordnungsblock »Umfang« in der IT-Anforderung

8. Die Realisierung der Anforderung wird durch die Funktionalitäten des ChaRM unterstützt. Über die Änderungsdokumente erfolgen die Entwicklung, das Customizing, der Test und die Produktivsetzung der Anforderungsrealisierung. Sobald diese abgeschlossen sind, werden die Status in den korrespondierenden Vorgängen (IT- und Geschäftsanforderung) aktualisiert.

Unverknüpfte Änderungsdokumente

Ab SAP Solution Manager 7.2 SPS10 ist es auch möglich, unverknüpfte Änderungsdokumente zu einer IT-Anforderung zuzuordnen. Ein Änderungsdokument kann seine Zuordnung zur ursprünglichen IT-Anforderung beispielsweise durch eine Neuzuordnung des Änderungszyklus verlieren.

9. Damit ist die Umsetzung der Anforderung erfolgt; die Anforderungsbelege können nun abgeschlossen werden.

Integration in das Change Request Management

Die aus der IT-Anforderung generierten Änderungsdokumente sind in das SAP-Transportmanagement integriert. Somit werden die zentrale Steuerung und Verwaltung der Änderungen vom SAP Solution Manager übernommen. Die Generierung der Änderungsdokumente aus der IT-Anforderung bildet die Schnittstelle zum ChaRM.

Abbildung 6.10 veranschaulicht diese Prozessbeschreibung.

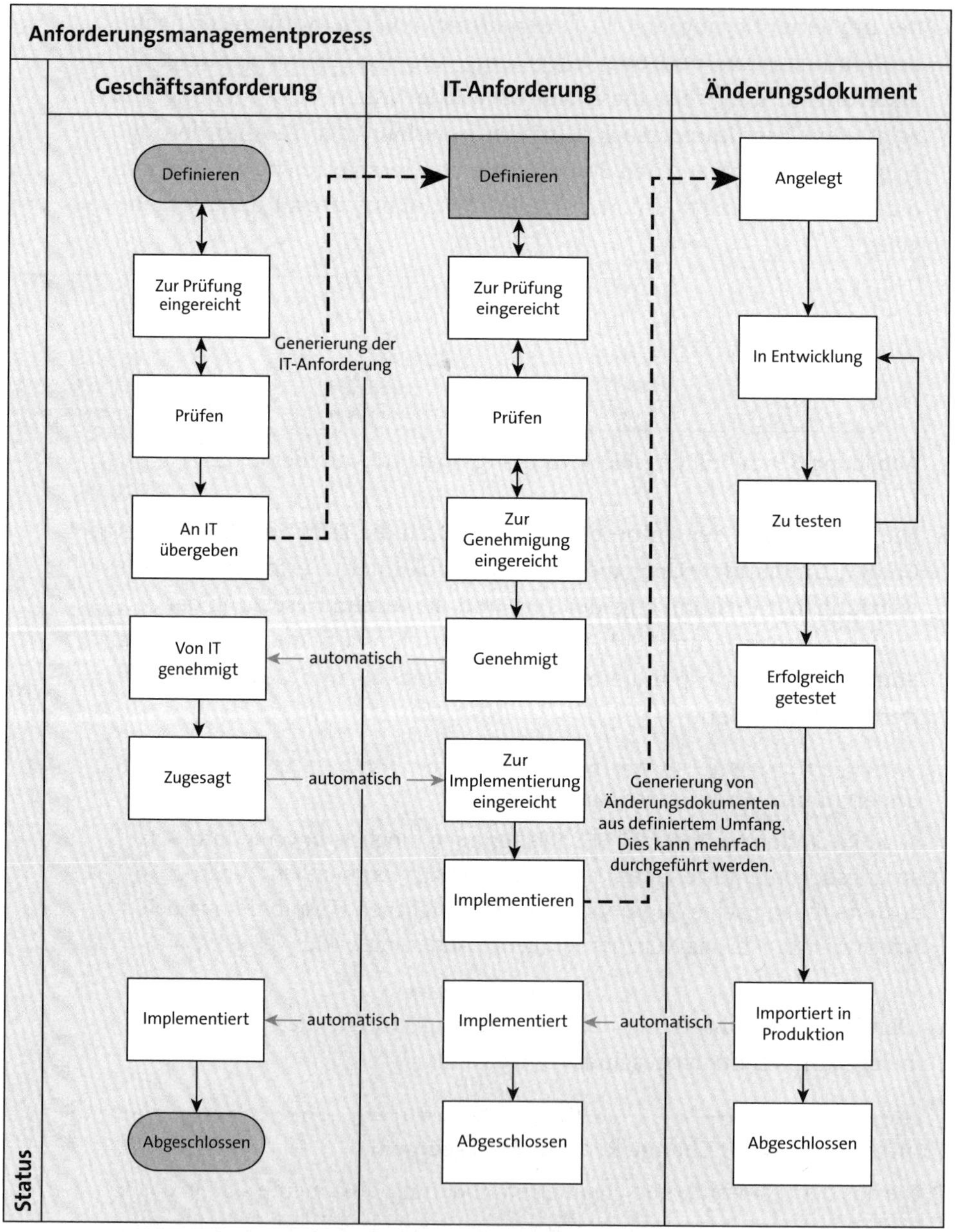

Abbildung 6.10 Anforderungsmanagementprozess

Die Pfeile in diesem Prozessdiagramm symbolisieren grundsätzlich einen Statuswechsel. An zwei Stellen im Anforderungsmanagementprozess werden Folgevorgänge generiert, die durch einen gestrichelten Pfeil gekennzeichnet sind. Automatische Statuswechsel im Vorgänger- bzw. Folgebeleg sind mit hellgrauen Linien gekennzeichnet.

Status der Anforderungsbelege

Standardstatus der Geschäftsanforderung

Die folgenden beiden Tabellen beschreiben die Standardstatus der Vorgangsarten IT- und Geschäftsanforderung. Tabelle 6.3 zeigt die Status, die die Geschäftsanforderung haben kann.

Status	Beschreibung
Definieren	Der Geschäftsprozessexperte beschreibt die Anforderung.
Zur Prüfung eingereicht	Die Anforderung wartet auf Prüfung und Priorisierung.
Prüfen	Der Leiter bzw. die Leiterin der Fachabteilung prüft und priorisiert die Anforderung.
An IT übergeben	Der Leiter bzw. die Leiterin der Fachabteilung hält die Anforderung für relevant und entscheidet, dass diese von der IT-Abteilung analysiert werden soll. Dabei wird eine IT-Anforderung generiert.
Abgelehnt	Die Anforderung wird nicht realisiert.
Zurückgestellt	Die Anforderung ist zwar relevant, die Realisierung wird jedoch auf einen späteren, unbestimmten Zeitpunkt verschoben.
Von IT genehmigt	Die IT-Abteilung bestätigt nach der Anforderungsanalyse, dass die Anforderung zu den vereinbarten Bedingungen realisiert wird.
Von IT abgelehnt	Die IT-Abteilung hat die Anforderung abgelehnt. Die Gründe der Ablehnung können nun noch einmal von dem oder der Lösungsarchitekt*in und dem oder der Geschäftsprozessexpert*in diskutiert werden. Möglicherweise führt eine Anpassung der Änderung zu einer Genehmigung. Ansonsten kann die Anforderung abgeschlossen werden.

Tabelle 6.3 Status der Geschäftsanforderung

Status	Beschreibung
Von IT zurückgestellt	Die IT-Abteilung möchte die Anforderung umsetzen, die Realisierung wird jedoch auf einen späteren, unbestimmten Zeitpunkt verschoben.
Zugesagt	Der Leiter bzw. die Leiterin der Fachabteilung akzeptiert das Angebot des oder der Anforderungsmanager*in, die Anforderung auf Basis der Analyseergebnisse zu realisieren.
Implementiert	Die Anforderung ist produktiv.
Abgeschlossen	Der Prozess ist abgeschlossen.

Tabelle 6.3 Status der Geschäftsanforderung (Forts.)

Standardstatus der IT-Anforderung

Tabelle 6.4 beschreibt die verschiedenen Status der IT-Anforderung.

Status	Beschreibung
Definieren	Die Anforderung wurde an die IT-Abteilung übergeben, sodass die Bewertung der Anforderung durch die IT beginnen kann. Der oder die Anforderungsmanager*in prüft die Anforderung und weist ihr einen Lösungsarchitekten oder eine -architektin zu.
Zur Prüfung eingereicht	Der Arbeitsvorrat für den oder die Lösungsarchitekt*in. Diese Anforderungen stehen für eine Analyse bereit.
Prüfen	Der oder die Lösungsarchitekt*in arbeitet zu diesem Zeitpunkt an der Anforderung. Er oder sie prüft Kosten, Nutzen, Machbarkeit und Ressourcenverfügbarkeit.
Zur Genehmigung eingereicht	Die Anforderungsanalyse ist abgeschlossen. Der oder die Anforderungsmanager*in muss auf Basis der Analyse eine Genehmigung durchführen.
Zurückgestellt	Die Genehmigung wurde auf einen späteren, unbestimmten Zeitpunkt verschoben.
Genehmigt	Die Anforderung wurde durch den oder die Anforderungsmanager*in genehmigt. Er oder sie hat sich verpflichtet, die Anforderung auf Basis der Analyseergebnisse zu realisieren, sofern auch der Leiter bzw. die Leiterin der Fachabteilung die Genehmigung erteilt.

Tabelle 6.4 Status der IT-Anforderung

Status	Beschreibung
Abgelehnt	Es existieren Gründe, weshalb die Anforderung nicht realisiert wird. In der Geschäftsanforderung wird der Status auf **Von IT abgelehnt** gesetzt. Der Leiter bzw. die Leiterin der Fachabteilung ist dadurch über die Ablehnung informiert und kann sich nun mit dem Lösungsarchitekten oder der Lösungsarchitektin abstimmen.
Zur Implementation eingereicht	Der Leiter bzw. die Leiterin der Fachabteilung stimmt zu, die Anforderung auf Basis der Analyseergebnisse zu realisieren. Die Implementierung ist nun startbereit. Die technischen Informationen wie Änderungszyklus, Systeme und Umfang werden von dem Lösungsarchitekten oder der Lösungsarchitektin gepflegt.
Implementieren	Die Anforderung befindet sich in der Realisierungsphase; die Änderungsdokumente wurden erzeugt und neue Änderungsdokumente können sehr einfach durch eine Umfangserweiterung generiert werden. Auf Basis der Änderungsdokumente erfolgt nun die Umsetzung der Anforderung.
Implementiert	Die Realisierung der Anforderung wurde umgesetzt, getestet und produktiv gesetzt. Dementsprechend wird die korrespondierende Geschäftsanforderung auf den gleichen Status gesetzt.
Abgeschlossen	Der Prozess ist abgeschlossen.

Tabelle 6.4 Status der IT-Anforderung (Forts.)

Standardstatus anpassen

Die Statusschemata dieser Vorgangsarten passen nicht immer zu dem Anforderungsprozess, der zwischen Ihrer Fach- und Ihrer IT-Abteilung abläuft. Sie haben jedoch die Möglichkeit, diese Statusprofile zu erweitern bzw. zu vereinfachen. Ihr Einstiegspunkt, um die Statusprofile dieser Vorgangsarten zu erweitern, ist die SAP-Solution-Manager-Konfiguration (Transaktion SOLMAN_SETUP). Folgen Sie hier folgendem Pfad:

Szenario Anforderungsmanagement • 3 Anforderungsprozess definieren • 3.3 Statusverwaltung definieren

Abbildung 6.11 zeigt das Standardstatusschema der Geschäftsanforderung (Konfigurationsaktivität **Statusprofil für Benutzerstatus definieren**). An dieser Stelle haben Sie die Möglichkeit, Status hinzuzufügen bzw. zu entfernen, um den Anforderungen Ihres Anforderungsmanagementprozesses gerecht zu werden. Über die Ordnungsnummern (niedrigste und höchste

Ordnungsnummer) können Sie regeln, welche Folgestatus innerhalb eines bestimmten Status möglich sind.

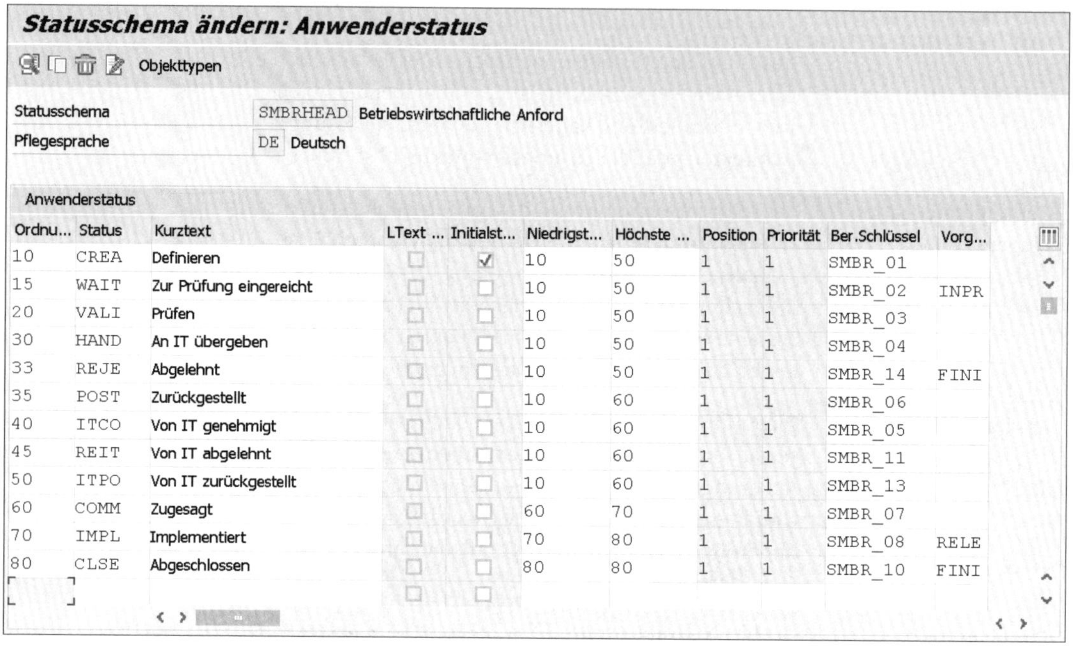

Statusschema ändern: Anwenderstatus

Objekttypen

Statusschema SMBRHEAD Betriebswirtschaftliche Anford
Pflegesprache DE Deutsch

Anwenderstatus

Ordnu...	Status	Kurztext	LText ...	Initialst...	Niedrigst...	Höchste ...	Position	Priorität	Ber.Schlüssel	Vorg...
10	CREA	Definieren	☐	☑	10	50	1	1	SMBR_01	
15	WAIT	Zur Prüfung eingereicht	☐	☐	10	50	1	1	SMBR_02	INPR
20	VALI	Prüfen	☐	☐	10	50	1	1	SMBR_03	
30	HAND	An IT übergeben	☐	☐	10	50	1	1	SMBR_04	
33	REJE	Abgelehnt	☐	☐	10	50	1	1	SMBR_14	FINI
35	POST	Zurückgestellt	☐	☐	10	60	1	1	SMBR_06	
40	ITCO	Von IT genehmigt	☐	☐	10	60	1	1	SMBR_05	
45	REIT	Von IT abgelehnt	☐	☐	10	60	1	1	SMBR_11	
50	ITPO	Von IT zurückgestellt	☐	☐	10	60	1	1	SMBR_13	
60	COMM	Zugesagt	☐	☐	60	70	1	1	SMBR_07	
70	IMPL	Implementiert	☐	☐	70	80	1	1	SMBR_08	RELE
80	CLSE	Abgeschlossen	☐	☐	80	80	1	1	SMBR_10	FINI

Abbildung 6.11 Statusschema der Geschäftsanforderung anpassen

[»]

PPF-Aktionen

Im Anforderungsmanagement erfolgen Statusänderungen mittels PPF-Aktionen. Eine Statusänderung kann Konsistenzprüfungen starten, Folgevorgänge erzeugen, den Status des Vorgänger- oder Folgebelegs beeinflussen oder einfach nur einen Status setzen. Dies muss bei einer Anpassung des Statusschemas unbedingt berücksichtigt und ebenfalls angepasst werden.

IT-Anforderung und Änderungsantrag – die Funktionen im Vergleich

Gleiche Funktion wie Änderungsantrag?

Auf den ersten Blick weist die IT-Anforderung eine starke Ähnlichkeit zum Änderungsantrag im ChaRM auf:

- Sowohl in IT-Anforderungen als auch in Änderungsanträgen werden Änderungsdokumente generiert.
- Die Ausführung einer BPCA-Analyse ist aus beiden Vorgängen heraus möglich.

- Die Integration mit dem IT-PPM ist für beide Szenarien gleichermaßen ausgeprägt.
- Auch die Integration mit der Lösungsdokumentation ist für beide Szenarien gleichermaßen ausgeprägt.

Bei genauerem Betrachten der beiden Vorgangsarten fallen jedoch viele Unterschiede auf, die die Nutzung der neuen Vorgangsart IT-Anforderung rechtfertigen. Die im Folgenden beschriebenen Unterschiede beziehen sich auf die Standardprozesse.

Genehmigungsvorgang

In der IT-Anforderung ist, anders als beim Änderungsantrag, kein Genehmigungsvorgang vorgesehen. Genehmigungen an sich sind zwar Teil des Anforderungsprozesses, diese werden jedoch lediglich über einen Statuswechsel realisiert. Auch bei der Erweiterung des Umfangs der IT-Anforderung um ein oder mehrere Änderungsdokumente ist keine weitere Genehmigung mehr notwendig. Abbildung 6.12 zeigt den Genehmigungsvorgang, der standardmäßig im Änderungsantrag genutzt wird und genauso auch innerhalb der IT-Anforderung verwendet werden kann.

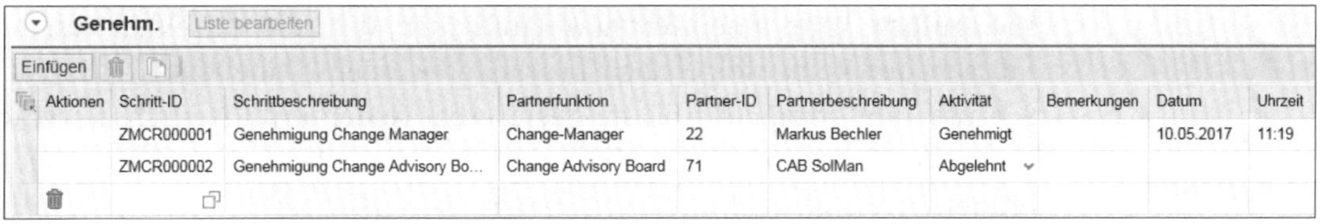

Abbildung 6.12 Zweistufiger Genehmigungsvorgang im Änderungsantrag

[+]

Genehmigungsverfahren im Anforderungsmanagement

Falls Sie in der Geschäfts- bzw. IT-Anforderung dennoch ein Genehmigungsverfahren nutzen möchten, können Sie ein solches Verfahren durch Customizing in den Prozess einbinden. Dadurch können Sie wie im ChaRM mehrstufige Genehmigungsprozesse abbilden.

Prüfliste

Die IT-Anforderung enthält im Gegensatz zum Änderungsantrag den Zuordnungsblock **Prüfliste** (siehe Abbildung 6.13). Diese unterstützt Lösungsarchitekt*innen bei der Prüfung der Anforderung.

Eine Prüfliste zeigt alle Schritte an, die zur Bearbeitung eines Vorgangs notwendig sind. Sie wird nicht nur im Anforderungsmanagement, sondern z. B. auch im ITSM verwendet. Hier unterstützt sie bei der Bearbeitung einer Serviceanforderung und der Bereitstellung eines Service.

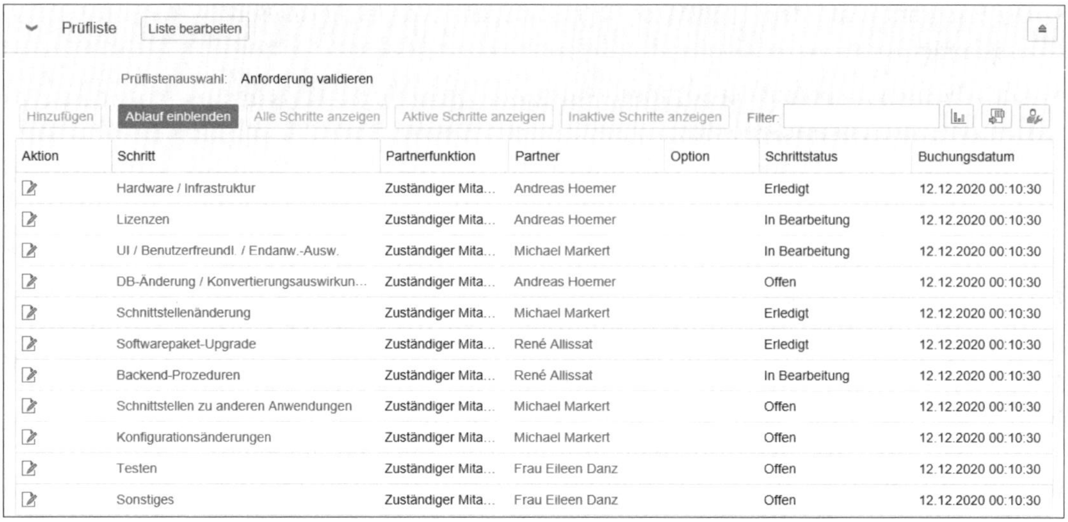

Aktion	Schritt	Partnerfunktion	Partner	Option	Schrittstatus	Buchungsdatum
	Hardware / Infrastruktur	Zuständiger Mita...	Andreas Hoemer		Erledigt	12.12.2020 00:10:30
	Lizenzen	Zuständiger Mita...	Andreas Hoemer		In Bearbeitung	12.12.2020 00:10:30
	UI / Benutzerfreundl. / Endanw.-Ausw.	Zuständiger Mita...	Michael Markert		In Bearbeitung	12.12.2020 00:10:30
	DB-Änderung / Konvertierungsauswirkun...	Zuständiger Mita...	Andreas Hoemer		Offen	12.12.2020 00:10:30
	Schnittstellenänderung	Zuständiger Mita...	Michael Markert		Erledigt	12.12.2020 00:10:30
	Softwarepaket-Upgrade	Zuständiger Mita...	René Allissat		Erledigt	12.12.2020 00:10:30
	Backend-Prozeduren	Zuständiger Mita...	René Allissat		In Bearbeitung	12.12.2020 00:10:30
	Schnittstellen zu anderen Anwendungen	Zuständiger Mita...	Michael Markert		Offen	12.12.2020 00:10:30
	Konfigurationsänderungen	Zuständiger Mita...	Michael Markert		Offen	12.12.2020 00:10:30
	Testen	Zuständiger Mita...	Frau Eileen Danz		Offen	12.12.2020 00:10:30
	Sonstiges	Zuständiger Mita...	Frau Eileen Danz		Offen	12.12.2020 00:10:30

Abbildung 6.13 Prüfliste in der IT-Anforderung als Hilfsmittel für Lösungsarchitekt*innen

Die Prüfliste kann einen festen Ablauf haben, d. h., die einzelnen Punkte müssen der Reihenfolge nach bearbeitet werden. Dabei sind optionale Schritte und parallele Abläufe realisierbar. Jeder Prüflistenschritt wird einem Bearbeiter, einer Bearbeiterin oder einer Bearbeitergruppe zugeordnet.

Änderungsdokumente generieren

Wenn die Anforderung von der Fachabteilung in der Geschäftsanforderung genehmigt wurde, erreicht die IT-Anforderung den Status **Zur Implementation eingereicht**. Damit ist jede Änderung, die zur Umsetzung der Anforderung führt, ebenfalls bereits genehmigt. Deshalb ist es jederzeit möglich, weitere Änderungsdokumente ohne eine weitere Genehmigung zu generieren, während die IT-Anforderung sich im Status **Implementieren** befindet. Um Änderungsdokumente zu generieren, setzen Sie zunächst den Status **Implementieren** und führen dann die Aktion **Weitere Änderungsdokumente im Umfang generieren** aus (siehe Abbildung 6.14).

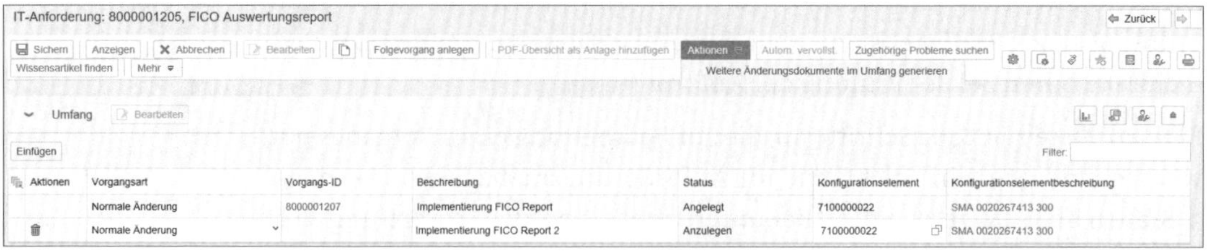

Abbildung 6.14 Weitere Änderungsdokumente im Umfang generieren

Vorgängerdokument

Während der Änderungsantrag eine Meldung, ein Problem oder auch gar keinen Beleg als Vorgänger haben kann, baut die IT-Anforderung gewöhnlich auf einer Geschäftsanforderung auf.

6.3.2 Anforderungsmanagement und Prozessmanagement

Dokumentationselemente anbinden

Das Anforderungsmanagement ist mit dem *Prozessmanagement* über den Zuordnungsblock **Lösungsdokumentation** verknüpft. An dieser Stelle können Sie einzelne oder mehrere Elemente der Lösungsdokumentation mit einer Anforderung verbinden (siehe Abbildung 6.15). Sobald Sie auf den Link in der Spalte **Beschreibung** klicken, springen Sie in die entsprechende Stelle der Lösungsdokumentation ab.

Abbildung 6.15 Lösungsdokumentation im Anforderungsmanagement integrieren

Dokumente zur Anforderung

Hier können Sie jegliche Dokumente (Konzepte, Prozessabläufe, Testdokumente etc.) zu Ihrer Geschäfts- bzw. IT-Anforderung ablegen und bearbeiten. Mithilfe der in der Lösungsdokumentation integrierten *Versionierung* von Dokumenten wird so zentral sichergestellt, dass Sie immer mit den aktuellen Versionen Ihrer Dokumente arbeiten.

Inkonsistenzen vermeiden

Des Weiteren haben Sie innerhalb der Lösungsdokumentation immer den Überblick über die Anforderungen, die gerade aktiv einem Prozess zugeordnet sind. So vermeiden Sie mögliche Inkonsistenzen zwischen Ihren Anforderungen. Abbildung 6.16 zeigt, dass der Prozess **Aufnahme Stammdaten** bereits durch Geschäfts- und IT-Anforderungen bearbeitet wird. Durch einen Klick auf den Link **<Anzahl> zugeordnet** erhalten Sie detaillierte Informationen zu den zugehörigen Vorgängen.

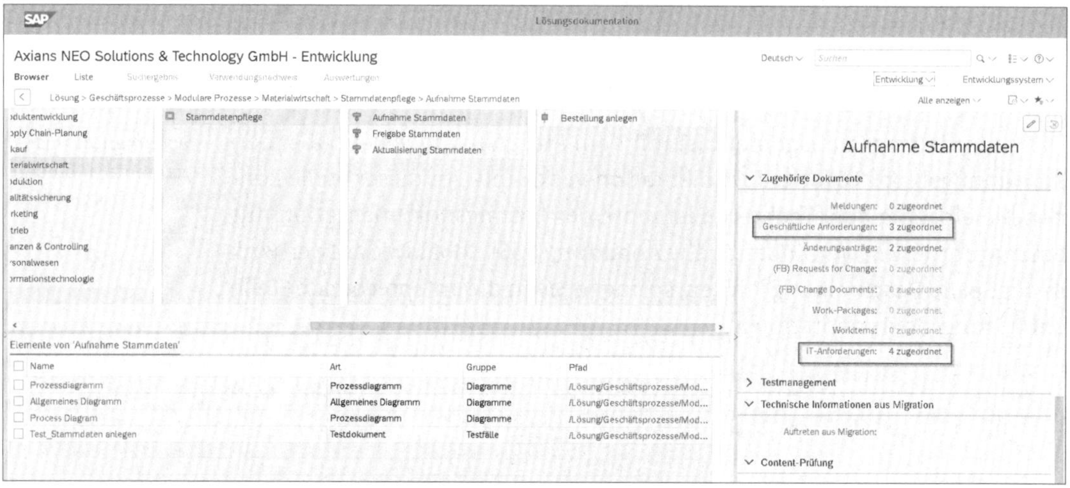

Abbildung 6.16 Zugehörige Dokumente in der Lösungsdokumentation

[+]

Zugehörige Anforderungen anzeigen

Falls die zugehörigen Geschäfts- und/oder IT-Anforderungen innerhalb der Lösungsdokumentation nicht sichtbar sind, können Sie diese aktvieren. Rufen Sie hierzu die Konfiguration der **Prozesskoordination** in der Transaktion SOLMAN_SETUP auf, und führen Sie die manuelle Aktivität **Zugehörige Dokumente zur Anzeige im Attributbereich definieren** in Schritt 5, **Lösungsdokumentation konfigurieren**, aus. Aktivieren Sie die Integration von Geschäfts- und IT-Anforderungen in der Lösungsdokumentation, wie in Abbildung 6.17 gezeigt.

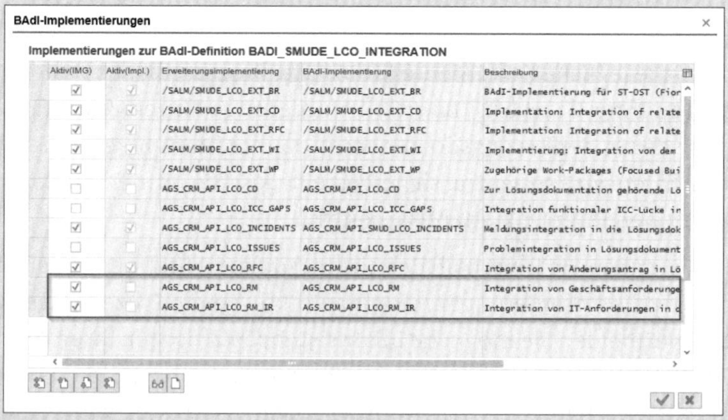

Abbildung 6.17 Aktivierung der Integration in der Lösungsdokumentation

Weitere Informationen zu den Funktionen und Möglichkeiten der Lösungsdokumentation finden Sie in Kapitel 3, »Prozessmanagement«.

[«]

Änderungskontrolle

Mit SAP Solution Manager 7.2 können Sie für Ihre Wartungs- oder Innovations-Branches die Änderungskontrolle aktivieren. Dadurch lassen sich Änderungen an der Lösungsdokumentation lediglich über zugeordnete Änderungsdokumente durchführen. Sobald die entsprechenden Änderungsdokumente abgeschlossen wurden, werden auch die geänderten Elemente der Lösungsdokumentation im Produktiv-Branch aktiviert. Ihre Geschäfts- bzw. IT-Anforderung können Sie jedoch nicht für diese Änderungsaufzeichnung verwenden. Erst mit den zur IT-Anforderung zugeordneten Änderungsdokumenten eröffnet sich Ihnen diese Möglichkeit.

6.3.3 Anforderungsmanagement und Projektmanagement

Das SAP Portfolio and Project Management (PPM) wurde bereits mit SPS10 in SAP Solution Manager 7.1 integriert. Die Nutzung des PPM ist sowohl allein als auch integriert mit dem ChaRM und seit Release 7.2 auch mit dem Anforderungsmanagement und der Lösungsdokumentation möglich. Wenn Sie diese SAP-Solution-Manager-Szenarien mit den Projektmanagementfunktionen von SAP PPM integrieren, haben Sie ein umfangreiches Werkzeug, mit dem Sie Ihre Projektzeiten und -ressourcen verwalten können.

Konfiguration und Integration

Die Integration mit dem Projektmanagement konfigurieren Sie in Schritt 8 der Konfiguration des Szenarios Anforderungsmanagement (siehe Abschnitt 6.2, »Grundkonfiguration des Anforderungsmanagements«). Anschließend können Sie im PPM ein neues Projekt anlegen und dieses über die Registerkarte **Lösungsdokumentation** mit Ihrer Lösung sowie einem Änderungszyklus aus dem ChaRM verknüpfen. Nach der Freigabe des Projekts können Sie Ihre neu angelegten PPM-Aufgaben jeweils mit einer IT-Anforderung verknüpfen. Sobald eine aus der Geschäftsanforderung generierte IT-Anforderung bereit zur Implementierung ist (Status **Zur Implementation eingereicht**), legt der Projektleitung dafür im PPM eine solche Aufgabe an. Sie taktet die Realisierung zeitlich ein, definiert den Aufwand und ordnet Ressourcen zu. Über die Registerkarte **Transaktion** ordnen Sie im Projektmanagement der PPM-Aufgabe Ihre vorhandene IT-Anforderung zu, die bereit zur Umsetzung ist (siehe Abbildung 6.18).

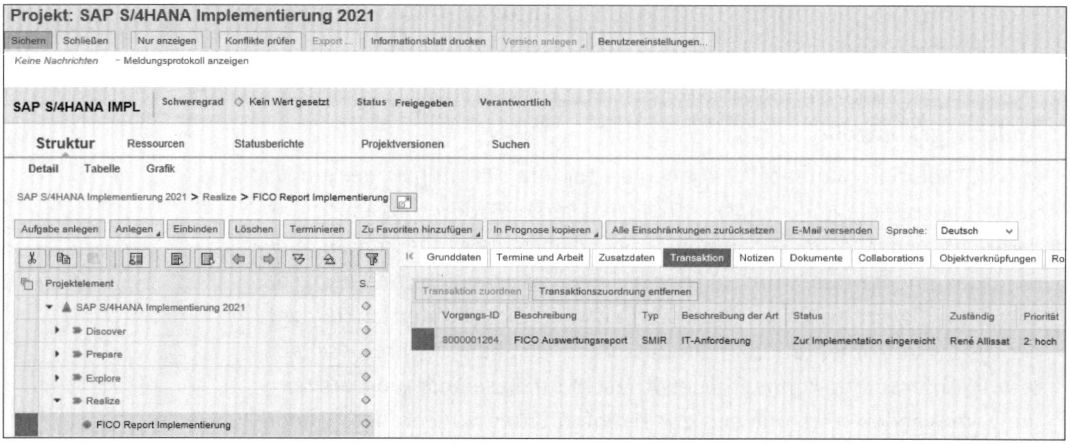

Abbildung 6.18 Transaktion in der PPM-Aufgabe zuordnen

Zeiterfassung Im Detailbereich der IT-Anforderung erhalten Sie nun durch die Verknüpfung zur PPM-Aufgabe Informationen zur Projektplanung und können direkt in die PPM-Aufgabe abspringen (siehe Abbildung 6.19). Über den Zuordnungsblock **Zeiterfassung** innerhalb der IT-Anforderung können die Projektmitglieder ihre Aufwände erfassen. Diese Zeiten werden direkt an das PPM-Projekt kommuniziert, wodurch der Projektleiter einen guten Überblick über den geplanten und den tatsächlichen Aufwand erhält und entsprechend reagieren kann, sobald das Budget fast erschöpft ist.

Abbildung 6.19 PPM-Informationen innerhalb der IT-Anforderung

Die PPM-Integration in das Anforderungsmanagement ähnelt stark der PPM-Integration in das ChaRM. Weitere Informationen hierzu finden Sie in Abschnitt 5.6, »Integration von IT-PPM und SAP Solution Manager«.

6.3.4 Anpassungs- und Erweiterungsmöglichkeiten

Es ist sehr wahrscheinlich, dass das Standardanforderungsmanagement nicht vollständig zu Ihren Prozessen passt. Da Sie Ihre Prozesse und Rollen mitunter nicht anpassen können, gibt es verschiedene Optionen, das Anforderungsmanagement Ihren Bedürfnisse entsprechend einzurichten.

Konfiguration

Wie für Schritt 3 der SAP-Solution-Manager-Konfiguration für das Szenario Anforderungsmanagement beschrieben, können Sie den Workflow zur Bearbeitung einer IT- oder Geschäftsanforderung anpassen (siehe Abschnitt 6.2, »Grundkonfiguration des Anforderungsmanagements«). Vor allem durch Änderungen am Statusschema (Schritt 3.3) und am Partnerschema (Schritt 3.6) können Sie die Vorgangsarten des Anforderungsmanagements schon sehr stark auf Ihre Prozesse zuschneiden.

Benutzerrollen anpassen

Im zweiten Schritt können Sie innerhalb Ihrer Benutzerrollen einstellen, welche Oberflächen und Zuordnungsblöcke in Ihren Vorgangsarten jeweils angezeigt werden sollen. Diese Anpassung ähnelt der des ITSM, daher erfahren Sie in Abschnitt 4.1.1, »CRM Web UI«, wie dies genau funktioniert.

Eigenentwicklung

Wenn Sie noch weitere Änderungen am Anforderungsmanagementprozess vornehmen möchten, die nicht durch die Konfiguration zu realisieren sind, müssen Sie auf Eigenentwicklungen ausweichen. An dieser Stelle haben Sie im Wesentlichen die Möglichkeit einer Methodenausführung durch PPF-Aktionen, einer BAdI-Implementierung oder einer Komponentenerweiterung.

Methodenausführung durch PPF-Aktionen

PPF-Aktionen

Wie in Abschnitt 4.3.16, »PPF-Aktionen«, beschrieben, führt das PPF über Aktionen bestimmte Aktivitäten innerhalb eines Vorgangs aus. Jede Vorgangsart verfügt dazu über eine Sammlung von definierten Aktionsdefinitionen, die entweder manuell oder bei Eintritt eines bestimmten Ereignisses (d. h. einer Bedingung) ausgeführt werden.

Kundeneigene Methode

Innerhalb einer PPF-Aktionsdefinition können Sie kundeneigene Methoden ausführen. Legen Sie dafür eine eigene Implementierung in einer BAdI-Definition (*Business Add-in*) an. Verwenden Sie dazu die BAdI-Definition `EXEC_METHODCALL_PPF`. Ordnen Sie die kundeneigene Methode Ihrer Aktionsdefinition zu, wie in Abbildung 6.20 gezeigt. So können Sie beispielsweise eigene Partnerermittlungen realisieren oder Feldwerte beeinflussen.

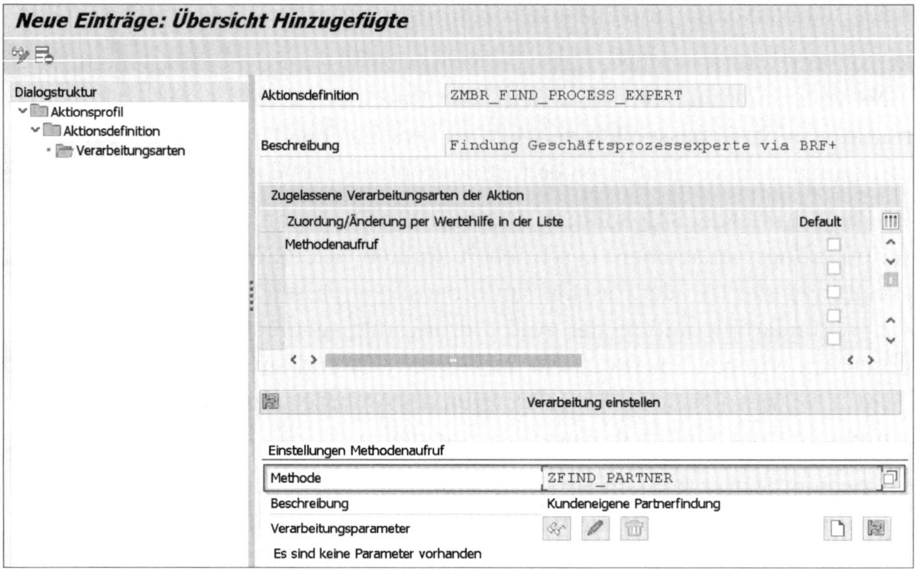

Abbildung 6.20 Methodenausführung durch eine PPF-Aktion

BAdI-Implementierung

BAdIs für das Anforderungsmanagement

Ihnen stehen eine Reihe weiterer BAdIs zur Verfügung, die zu verschiedenen Zeitpunkten im Anforderungsmanagementprozess verwendet werden können, um den Workflow an Ihre Anforderungen anzupassen. Speziell für das Anforderungsmanagement existieren die in Tabelle 6.5 aufgeführten BAdIs zur Implementierung.

BAdI-Definition	Beschreibung
SOCM_PROCESS_ACTION	Aktionen im Anforderungsmanagement implementieren
SOCM_CHECK_CONDITION	Konsistenzprüfungen im Anforderungsmanagement implementieren
AIC_OVERWRITE_APP_PROC_ENHANCE	erweiterte Berechtigungen für Genehmigungsvorgang überschreiben
AIC_INFLUENCE_SET_SUCCDOC	Steuerungseinstellung für Folgebelege
AIC_POPUP_ON_CLOSE_EVENT	BAdI-Methode für Dialogfenster implementieren
AI_CRM_GW_MYREQ_QUERY_BADI	Suchanfrage zum Lesen der Hauptliste

Tabelle 6.5 BAdIs im Anforderungsmanagement

BAdIs in CRM-Belegen

Zusätzlich gibt es weitere BAdIs, die unabhängig vom Szenario in allen CRM-Belegen verwendet werden können. Mithilfe der folgenden zwei BAdIs können Sie innerhalb Ihrer Anforderungsmanagementvorgangsarten beispielsweise eine eigene Partnerermittlung realisieren oder eigene Prüfungen durchführen, sobald Ihr Vorgang gesichert wird.

- `ORDER_SAVE`
  Die Implementierung dieses BAdI wird bei jedem Sichern eines CRM-Vorgangs durchlaufen. Deshalb können Sie hier den aktuellen Beleg manipulieren oder Prüfungen durchführen, sobald dieser Beleg gesichert wird.
- `COM_PARTNER_BADI`
  Über dieses BAdI können Sie eigenen Code für die Partnerverarbeitung implementieren. Sie können beispielsweise prüfen, ob Ansprechpartner*in und Auftraggeber*in übereinstimmen.

Komponentenerweiterung

Komponenten-Workbench

Die Vorgangsarten des Anforderungsmanagements und der Änderungsantrag im ChaRM bauen auf der UI-Komponente `AIC_CMCR_H` auf. Über die *Komponenten-Workbench* (Transaktion BSP_WD_CMPWB) können Sie diese Standard-UI-Komponente modifikationsfrei erweitern. Dabei bleiben die SAP-Standardklassen von Änderungen unberührt, da zur Laufzeit lediglich die Standardklasseninstanzen durch kundeneigene Klasseninstanzen ersetzt werden. Erweiterungen an der Komponente wirken sich dabei auf alle Vorgangsarten aus, die auf dieser Komponente aufbauen.

Abbildung 6.21 zeigt eine erweiterte `AIC_CMCR_H`-Komponente.

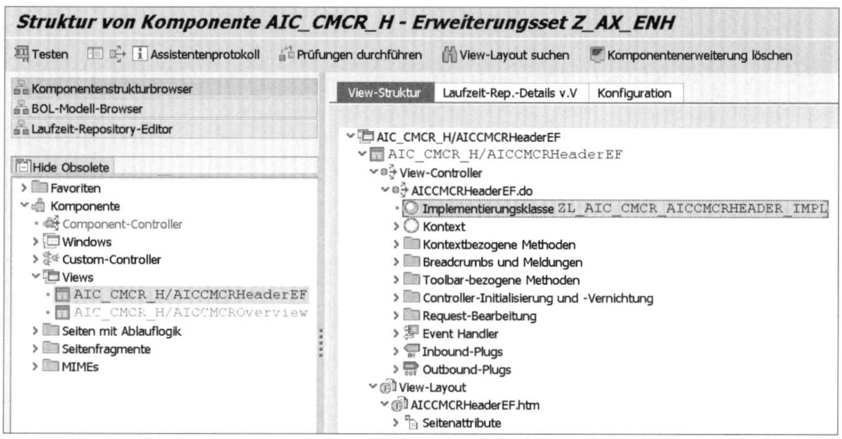

Abbildung 6.21 Komponenten-Workbench

Bei der Erweiterung wurden entsprechende kundeneigene Z*-Implementierungsklassen generiert. Die Komponentenerweiterung ist einem *Erweiterungsset* zugeordnet.

[»]

Erweiterungsset

Das Erweiterungsset bildet einen Container für erweiterte Komponenten. Zur Laufzeit des Web-UI-Frameworks kann immer nur ein Erweiterungsset verwendet werden. Über den Pflegeview BSPWDV_EHSET_ASG können Sie mit der Transaktion SM30 das aktive Erweiterungsset definieren.

Mithilfe von Komponentenerweiterungen können Sie beispielsweise Schaltflächen und neue Attribute hinzufügen oder kundenspezifische Wertehilfen implementieren.

6.4 SAP-Fiori-Applikation »Meine Geschäftsanforderungen«

Oberfläche für die Fachabteilungen

Damit die Mitarbeiter*innen in den Fachabteilungen ihre Geschäftsanforderungen über eine einfache und zeitgemäße Benutzeroberfläche verwalten können, stellt SAP die SAP-Fiori-Applikation **Meine Geschäftsanforderungen** (My Business Requirements) zur Verfügung. Sie finden diese Applikation im SAP Solution Manager Launchpad innerhalb der Gruppe **Projekt- und Prozessverwaltung** (siehe Abbildung 6.22).

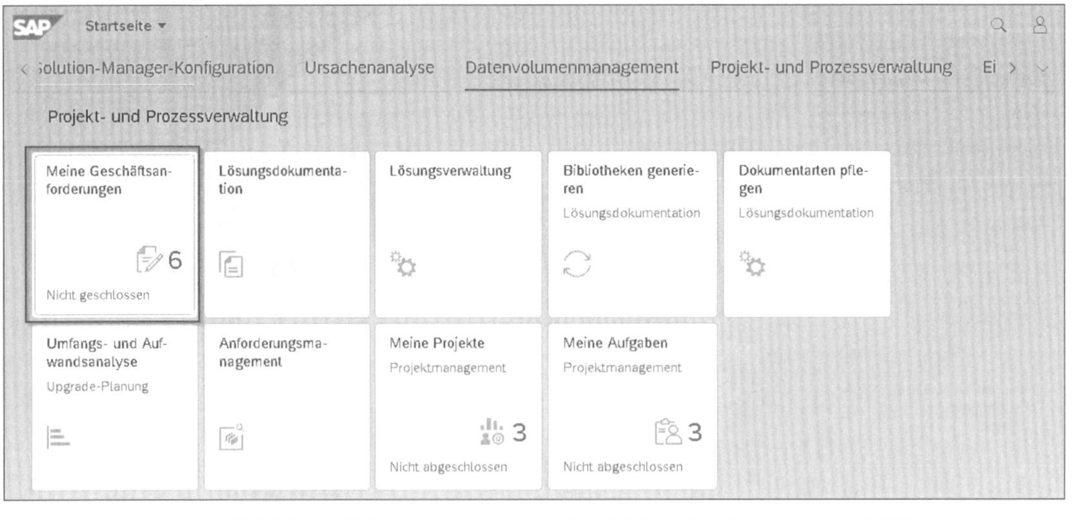

Abbildung 6.22 Kachel »Meine Geschäftsanforderungen« mit Zähler

Aufbau der Applikation

Mit dieser Anwendung können Sie Ihre angelegten Geschäftsanforderungen einsehen und ändern oder neue Geschäftsanforderungen erstellen. Abbildung 6.23 zeigt die Oberfläche der SAP-Fiori-Applikation nach dem Klick auf die Kachel.

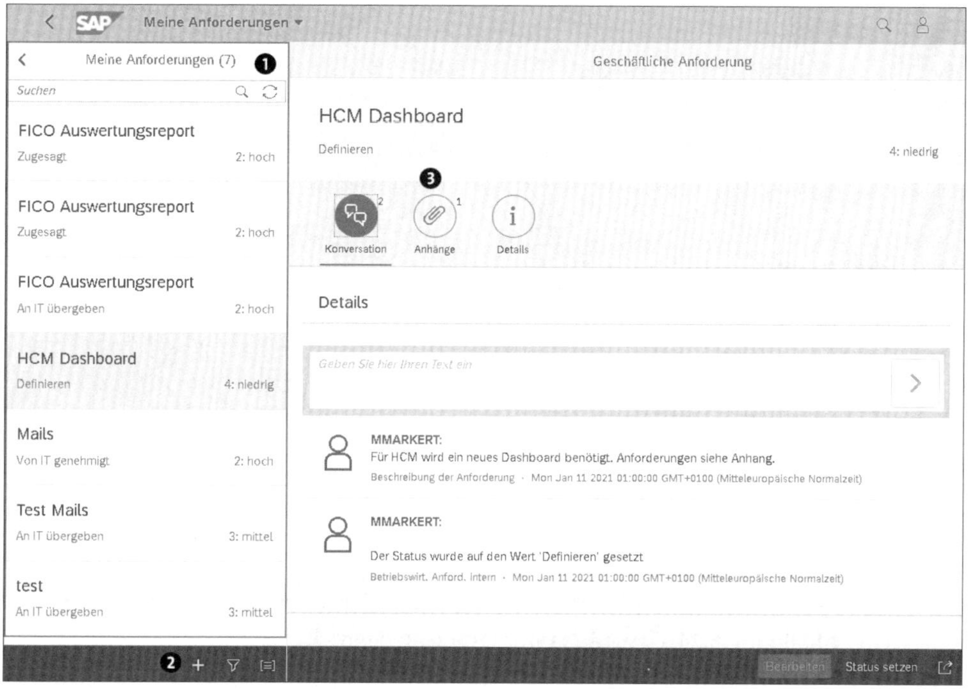

Abbildung 6.23 SAP-Fiori-Applikation »Meine Geschäftsanforderungen«

Die Liste **Meine Anforderungen** ❶ auf der linken Seite zeigt alle offenen Geschäftsanforderungen, die Sie angelegt haben. Über die Symbole auf der Statusleiste unten links ❷ können Sie diese Liste nach dem Anwenderstatus filtern (▽) oder die Anforderungen nach der Priorität, dem Status oder der letzten Änderung gruppieren (≡).

Nähere Informationen zu Ihrer ausgewählten Geschäftsanforderung liefert Ihnen der Detailbereich auf der rechten Seite. Über drei Registerkarten ❸ können Sie die bereits vorhandenen Texte einer Geschäftsanforderung ansehen oder einen weiteren Text verfassen (Registerkarte **Konversation**), die bereits vorhandenen Anhänge einer Geschäftsanforderung einsehen oder weitere Anhänge hochladen (Registerkarte **Anhänge**) sowie Detailinformationen wie Objekt-ID, Ansprechpartner, Priorität oder Kategorie einer Geschäftsanforderung ansehen und bearbeiten (Registerkarte **Details**).

Geschäftsanforderung anlegen

Eine neue Geschäftsanforderung können Sie hier über eine sehr übersichtliche Eingabemaske anlegen (siehe Abbildung 6.24), die Sie über das Plussymbol links unten aufrufen.

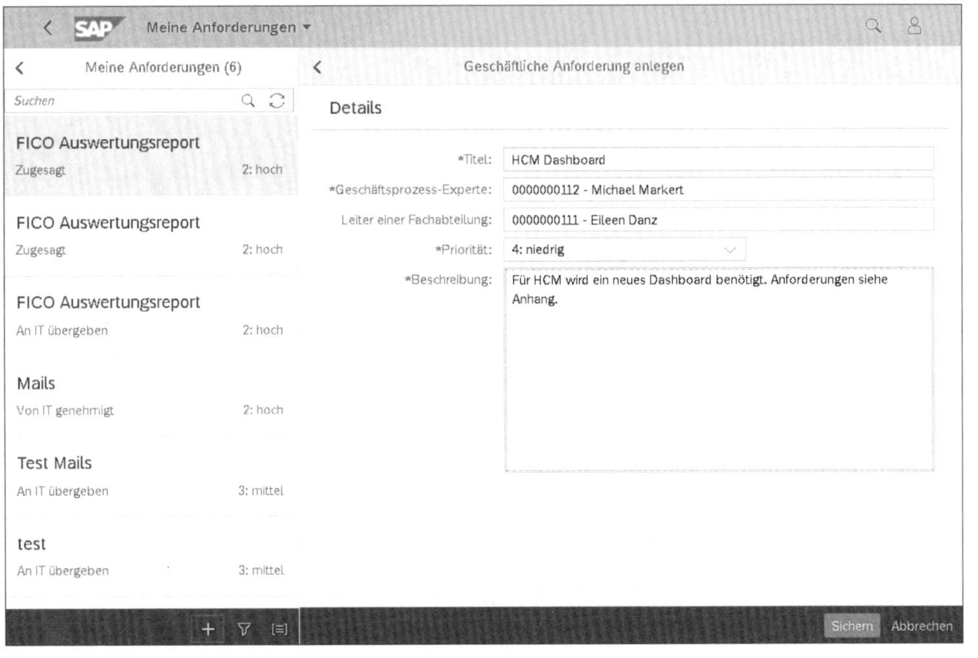

Abbildung 6.24 Geschäftsanforderung anlegen

Status ändern

Über die Applikation können Sie auch den Status der Geschäftsanforderungen setzen (siehe Abbildung 6.25). Dabei stellt die Applikation Ihnen die jeweils möglichen Folgestatus zur Auswahl. Die Statusänderung erfolgt technisch durch eine PPF-Aktion. Diese Art der Statusänderung kennen Sie bereits von Änderungsanträgen und Änderungsdokumenten. An dieser Stelle findet also auch das ChaRM-Framework Anwendung.

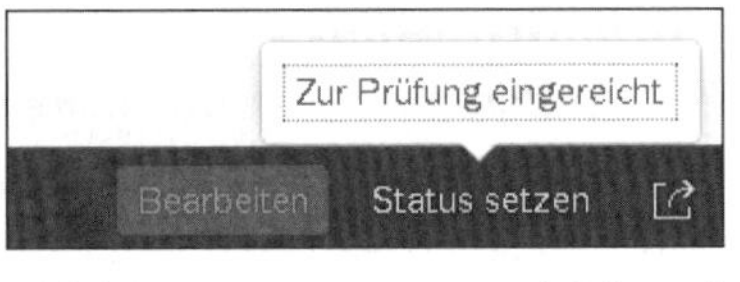

Abbildung 6.25 Eine Geschäftsanforderung ändern

Erweiterungsmöglichkeiten

Diese SAP-Fiori-Applikation beinhaltet bereits alle notwendigen Funktionen zur Anlage, Ansicht und Bearbeitung von Geschäftsanforderungen. Falls Sie dennoch Funktionen vermissen oder die Oberfläche anpassen möchten (z. B. kundeneigene Felder ergänzen), können Sie die Applikation Ihren Anforderungen entsprechend einrichten.

Um Anpassungen an der Oberfläche der Applikation vorzunehmen, verwenden Sie ein *Extension Project* in der Entwicklungsumgebung der SAP Web IDE. Hier können Sie die Standardapplikation auswählen und anschließend erweitern.

OData-Service erweitern

Falls Sie weitere Funktionen innerhalb der Applikation implementieren möchten, müssen Sie zusätzlich den OData-Service der Applikation erweitern.

Im SAP Gateway Service Builder (Transaktion SEGW) können Sie dazu das Projekt AI_CRM_GW_MYBUSI_REQUIRE kopieren und bearbeiten. Legen Sie neue Entitätstypen an, um Ihr Datenmodell zu erweitern. Für Ihre eigene Programmierung verwenden Sie die für diese Zwecke bereitgestellten Klasse CL_AI_CRM_GW_MYBUSI_RE_DPC_EXT (siehe Abbildung 6.26).

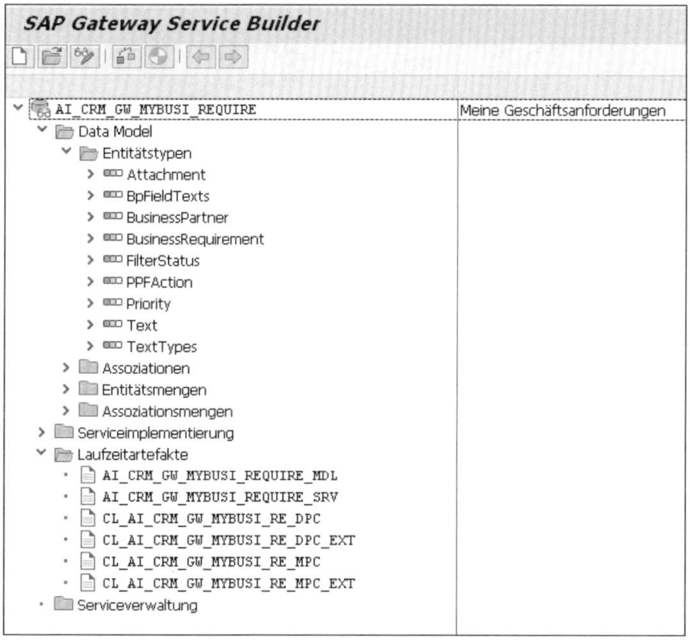

Abbildung 6.26 SAP Gateway Service Builder

Kapitel 7
Change Control Management

In diesem Kapitel stellen wir die Teilbereiche des Change Control Managements vor. Dabei gehen wir insbesondere auf die Konfiguration der einzelnen Bestandteile und auf deren Funktionsweisen ein.

IT-Organisationen stehen vor der Herausforderung, einen Änderungsprozess für ihre IT-Änderungen zu implementieren, der internen und externen Anforderungen gerecht wird. Dabei sind Qualität, Transparenz, Revisionssicherheit, Akzeptanz und die Abbildung von IT-Standards wesentliche Einflussfaktoren. Der SAP Solution Manager stellt mit dem *Change Control Management*, d. h. mit den Funktionen zur Verwaltung der Änderungskontrolle, eine Reihe von Szenarien zur Verfügung, die Ihnen dabei helfen, diese Herausforderungen zu bewältigen.

Bestandteile des Change Control Managements

Mit den Funktionen des Change Control Managements lassen sich IT-Änderungen planen, verwalten und auswerten sowie kontrolliert und konsistent durchführen. Abbildung 7.1 veranschaulicht die einzelnen Bestandteile des Change Control Managements in SAP Solution Manager 7.2. Im Verlauf dieses Kapitels erläutern wir Ihnen diese Bestandteile. In Kapitel 8, »Change Request Management«, gehen wir umfassender auf das mächtige Szenario des Change Request Managements (ChaRM) ein.

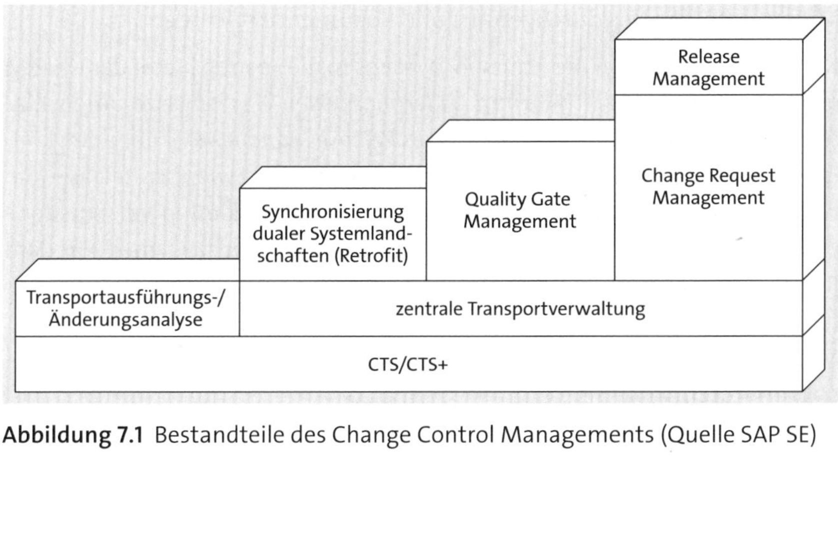

Abbildung 7.1 Bestandteile des Change Control Managements (Quelle SAP SE)

7.1 Einordnung von Change Request Management und Quality Gate Management

Mithilfe des ChaRM können Sie Änderungen an Ihrer IT-Systemlandschaft zentral verwalten und kontrolliert durchführen. Der SAP Solution Manager stellt Ihnen hierfür vordefinierte, ITIL-konforme Prozessabläufe für die Beantragung und Genehmigung sowie für die Durchführung von Änderungen zur Verfügung. Mit diesen Prozessabläufen können Sie den Änderungsprozess von der Beantragung über die Genehmigung und von der Entwicklung bis zum Deployment in die Produktivumgebung lückenlos dokumentieren.

Integration in das SAP-Transportwesen

Ein großer Vorteil dieser Lösung im Vergleich zu den meisten anderen Change-Management-Tools ist die Integration in das SAP-Transportwesen, dessen Einrichtung wir in Abschnitt 7.2.3, »Setup des verwalteten Systems«, erläutern (Schritt 4). Damit ist eine direkte Anbindung des *Transportauftrags* als technischer Rahmen der Änderung sowie zur Änderungsdokumentation im SAP Solution Manager möglich. Transportaufträge werden über ein Änderungsdokument im jeweiligen Entwicklungssystem erzeugt. Standardmäßig werden dabei die Transportaufträge mit der ID und dem Kurztext des Änderungsvorgangs betitelt. So können Transportaufträge, die über das ChaRM angelegt wurden, immer eindeutig dem betreffenden Änderungsvorgang zugeordnet werden.

Änderungen ohne Transportauftrag

Änderungen, die keinen Transportauftrag erfordern, können ebenfalls über das ChaRM beantragt und dokumentiert werden. Das können z. B. Änderungen an IT-Geräten wie Druckern oder mobilen Endgeräten sein. Aber auch Änderungen, die direkt auf einem IT-System durchgeführt werden müssen, können innerhalb eines dafür vorgesehenen und vordefinierten Änderungsprozesses durchgeführt und dokumentiert werden.

Release Management

Neben der Integration des Transportwesens in die Lösung bietet das ChaRM den Vorteil, dass Sie mithilfe von *Änderungszyklen* Wartungsszenarien, Einführungsprojekte sowie ein komplettes *Release Management* abbilden können. Um das Wartungs- und Projektmanagement sowie das Release Management zu unterstützen, wurden die Änderungszyklen in verschiedene Phasen unterteilt (siehe auch Abschnitt 8.2, »Änderungszyklen«). Mit dem Release Management in SAP Solution Manager 7.2 wurde eine Funktionalität entwickelt, die es Ihnen im Zusammenspiel mit dem ChaRM ermöglicht, Major- und Minor-Releases im Vorfeld zu planen und anschließend kontrolliert durchzuführen.

Die Änderungsprozesse in SAP Solution Managers 7.2 können ohne großen Aufwand im vorkonfigurierten Zustand nach der entsprechenden Systemanbindung eingesetzt werden. SAP berücksichtigt hierbei die Integration aller beteiligten Personengruppen. Durch vorkonfigurierte Prozesse kann die Kommunikation zwischen allen an einer Änderung beteiligten Personen sichergestellt werden. Dabei hat der betroffene Personenkreis jederzeit Zugriff auf sämtliche für die Durchführung relevanten Informationen.

Quality Gate Management

Das *Quality Gate Management* (QGM) stellt eine vereinfachte und damit auch funktionsärmere Alternative zum ChaRM dar. Mithilfe des QGM steuern Sie über Änderungsszenarien und Meilensteine, die sogenannten *Quality Gates*, Softwareänderungen in Ihren SAP- und Nicht-SAP-Systemlandschaften. Auf die dem QGM zugehörigen Prozesse gehen wir in Abschnitt 7.3, »Quality Gate Management«, umfassender ein.

Das QGM weist viele Gemeinsamkeiten mit dem ChaRM auf, es gibt jedoch auch diverse Unterschiede zwischen den beiden Werkzeugen. Bei der Wahl des für Sie richtigen Werkzeugs zur Kontrolle Ihrer Softwareänderungen sollten Sie sich deshalb im Klaren darüber sein, auf welche Funktionen Sie besonderen Wert legen.

Infrastruktur und Werkzeuge

Sowohl das QGM als auch das ChaRM nutzen die Infrastruktur des Change and Transport Systems (CTS, CTS+ und cCTS) als technische Basis für die Verteilung der Änderungen in der Systemlandschaft (siehe Abschnitt 7.4, »Verfügbare Transportmanagementinfrastruktur«). Auch Werkzeuge wie *Retrofit* für die Synchronisation von Wartungs- und Projektlandschaft oder die *systemübergreifende Objektsperre* in Verbindung mit dem Downgrade-Schutz zur Vermeidung von Transportüberholern stehen beiden Szenarien zur Verfügung.

Workflows und Prozesse

Das ChaRM setzt den Fokus auf die Dokumentation und Steuerung von Änderungen über definierte Workflows und Prozesse, in denen ein Benutzer eine bestimmte Rolle (Entwickler*in, Tester*in, Change Manager*in usw.) einnimmt und mit anderen Benutzern interagiert. Des Weiteren ist das ChaRM sehr stark in weitere SAP-Solution-Manager-Szenarien wie das Anforderungsmanagement, das Incident Management, das Testmanagement, das Prozessmanagement, das Projektmanagement, das Job Scheduling Management und den IT-Kalender integriert. Darüber hinaus bietet das ChaRM auch die Möglichkeit einer Release-Planung. Demgegenüber verzichtet das QGM auf diese Workflows und Prozesse und fokussiert sich auf die zentrale Steuerung von Transporten in Ihrer Systemlandschaft. Dabei vereint das QGM Funktionen für das Projektmanagement und die Release-Planung.

Zielgruppe für QGM

Das QGM richtet sich vor allem an Kunden, die bereits ein Change-Management-Werkzeug eines Drittanbieters im Einsatz haben und lediglich ein Transportmanagementwerkzeug benötigen, um die Softwareänderungen in ihrer Systemlandschaft zu steuern.

7.2 Grundvoraussetzungen für den Einsatz von Change Request Management und Quality Gate Management

In diesem Abschnitt beschreiben wir die Grundkonfiguration des Szenarios **Change Control Management**. Innerhalb dieses Szenarios konfigurieren Sie das QGM sowie das ChaRM und führen das Setup Ihrer verwalteten Systeme durch.

7.2.1 Grundkonfiguration des Quality Gate Managements

Falls Sie sich dazu entschließen sollten, das QGM für Ihre Änderungsprozesse einzusetzen, konfigurieren Sie in der **SAP-Solution-Manager-Konfiguration** (Transaktion SOLMAN_SETUP) das Szenario **Change-Control-Management • Quality Gate Management** (siehe Abbildung 7.2).

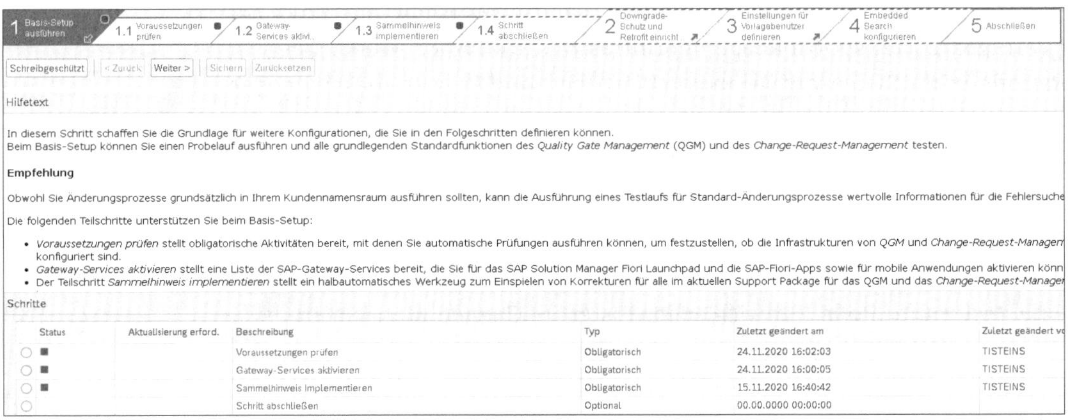

Abbildung 7.2 Quality Gate Management konfigurieren

Umfassende Dokumentationen zu den folgenden Schritten finden Sie üblicherweise direkt in der Guided Procedure zur Grundkonfiguration in den Hilfetexten. Wir stellen daher lediglich die Hauptkonfigurationsschritte im Überblick dar. Achten Sie bei der Konfiguration darauf, welche Schritte als **Obligatorisch** und welche als **Optional** gekennzeichnet sind.

Schritt 1: Basis-Setup ausführen

Infrastruktur prüfen

Über eine automatische Prüfung können Sie in Schritt 1 sehr schnell feststellen, ob die Infrastruktur für das QGM korrekt konfiguriert ist. Stellen Sie zudem sicher, dass der Zentralhinweis für das QGM in der aktuellen Version in Ihrem SAP Solution Manager implementiert wurde. Das Basis-Setup ist ebenfalls Teil der ChaRM-Konfiguration. Da sich die Schritte gleichen, finden Sie detailliertere Informationen in Abschnitt 7.2.2, »Grundkonfiguration des Change Request Managements«. Nach dem Abschluss des Basis-Setups starten Sie die Guided Procedure **Setup des verwalteten Systems**. Hierüber konfigurieren Sie, für welche verwalteten Systeme das QGM genutzt werden soll (siehe auch Abschnitt 7.2.3, »Setup des verwalteten Systems«).

Schritt 2: Downgrade-Schutz und Retrofit einrichten

Das QGM können Sie an dieser Stelle optional um die Funktionen *Systemübergreifende Objektsperre*, *Downgrade-Schutz* und *Retrofit* erweitern. Weitere Informationen zu deren Konfiguration finden Sie in Abschnitt 7.2.2, »Grundkonfiguration des Change Request Managements«. In Abschnitt 7.5.2, »Downgrade-Schutz«, und Abschnitt 7.6.1, »Retrofit – Abgleich von Systemständen zwischen Entwicklungssystemen zweier Landschaften«, erläutern wir diese Funktionen näher.

Schritt 3: Einstellungen für Vorlagebenutzer definieren

In diesem Schritt legen Sie automatisch die Vorlagebenutzer und deren Berechtigungsrollen an, die für das QGM relevant sind. Sie kennen dieses Prozedere bereits von der Grundkonfiguration anderer Szenarien (siehe z. B. Abschnitt 4.2.1, »Grundkonfiguration des IT-Servicemanagements«).

Schritt 4: Embedded Search konfigurieren

Die Konfiguration der Embedded Search ist ebenfalls Teil der ChaRM-Konfiguration. Weiterführende Informationen hierzu finden Sie in Abschnitt 7.2.2, »Grundkonfiguration des Change Request Managements« (Teilschritt 8.1).

7.2.2 Grundkonfiguration des Change Request Managements

Wenn Sie sich dazu entschließen, das ChaRM für Ihre Änderungsprozesse einzusetzen, konfigurieren Sie in der **SAP-Solution-Manager-Konfiguration** das Szenario **Change-Control-Management • Change-Request-Management** (siehe Abbildung 7.3).

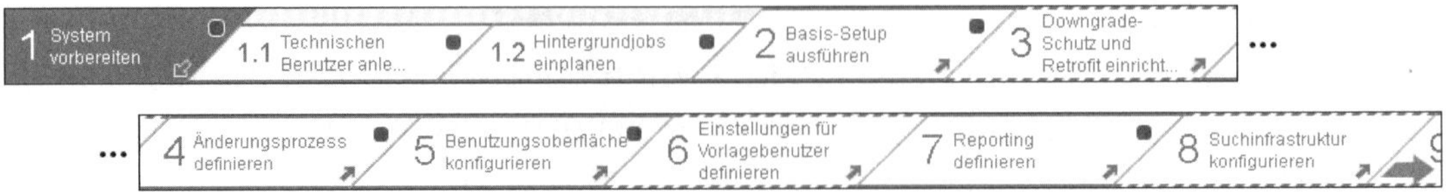

Abbildung 7.3 Change Request Management konfigurieren

Dokumentationen zu den einzelnen Schritten der Grundkonfiguration finden Sie wie üblich direkt in den Hilfetexten der Guided Procedure. Im Folgenden geben wir lediglich einen Überblick über die Hauptkonfigurationsschritte. Achten Sie auch hier darauf, welche Schritte als **Obligatorisch** und welche Schritte als **Optional** gekennzeichnet sind.

Schritt 1: System vorbereiten

In diesem obligatorischen Schritt werden die für das ChaRM-Szenario relevanten technischen Benutzer angelegt sowie die spezifischen Hintergrundjobs eingeplant.

Schritt 2: Basis-Setup ausführen

In diesem ebenfalls obligatorischen Schritt schaffen Sie in mehreren Teilschritten die Grundlage für die weitere Konfiguration des ChaRM.

Teilschritt 2.1: Voraussetzungen prüfen

Voraussetzungen prüfen

In diesem Schritt können Sie automatisiert überprüfen, ob einzelne Konfigurationselemente den erforderlichen Zustand aufweisen. Die automatische Prüfung stellt fest, ob die im Rahmen der Systemvorbereitung und der Basiskonfiguration notwendigen Aktivitäten abgeschlossen wurden. Klicken Sie auf **Alle ausführen**, um sämtliche erforderlichen Aktivitäten auszuführen (siehe Abbildung 7.4). Eventuell auftretende Fehler und Lösungshinweise können Sie nach der Prüfung dem Protokoll entnehmen.

Automatische Aktivitäten

Alle Protok. anzeigen | Alle ausführen | Ausgewählte ausführen | Aktualisieren

	Status	Aktualis. erforde...	Aktivität	Typ
○	■		SAP-Solution-Manager-Sammelhinweis prüfen	Obligatorisch
○	■		Stücklistenaktivierung prüfen	Obligatorisch
○	■		LMDB-Konfiguration prüfen	Obligatorisch
○	■		Service-Aktivierung prüfen	Obligatorisch
○	■		Mandant für Change-Request- und Anforderungs-Management festlegen	Obligatorisch
○	■		ICF-Services aktivieren	Obligatorisch
○	■		Nummernkreise prüfen und einrichten	Obligatorisch
○	■		SAP-Connect-Konfiguration prüfen	Obligatorisch
○	■		Customizing prüfen	Obligatorisch
○	◆		Aktivität "Caches für Launchpad löschen" prüfen	Optional

Abbildung 7.4 Voraussetzungen prüfen

Teilschritt 2.2: Gateway-Services aktivieren

Als weiteren obligatorischen Schritt müssen Sie in Teilschritt 2.2, **Gateway-Services aktivieren**, die für das ChaRM relevanten OData-Services aktivieren.

Teilschritt 2.3: Sammelhinweis implementieren

Zentralhinweis

Stellen Sie anschließend sicher, dass der Zentralhinweis für das ChaRM in der aktuellen Version in Ihrem SAP Solution Manager eingebaut ist. Dieser Hinweis beinhaltet eine Sammlung von SAP-Hinweisen für die Anwendungsszenarien ChaRM und QGM sowie für das Anforderungsmanagement. Falls notwendig, können Sie die aktuelle Version dieses Hinweises im Rahmen des Setups herunterladen und anschließend implementieren.

Teilschritt 2.4: Schritt abschließen

Schritt abschließen

Nun können Sie mit Teilchritt 2.4 die Guided Procedure für das Setup des verwalteten Systems (siehe Abschnitt 7.2.3) starten.

Schritt 3: Downgrade-Schutz und Retrofit einrichten

In Schritt 3 der Grundkonfiguration richten Sie wesentliche transportbezogene Prüfungen sowie den Retrofit-Prozess ein.

Teilschritt 3.1: CSOL und DGS konfigurieren

Objektsperre und Downgrade-Schutz

Führen Sie die Konfigurationsaktivitäten in Teilschritt 3.1 aus, um die systemübergreifende Objektsperre (*Cross System Object Lock*, kurz CSOL, siehe Abschnitt 7.5.1) und den Downgrade-Schutz (DGS, siehe Abschnitt 7.5.2) für Ihre Change-Control-Landschaft zu konfigurieren. Diese transportbezogenen Prüfungen sind für die Konfiguration optional, wir empfehlen Ihnen jedoch, sie zu konfigurieren. Diese transportbezogenen Prüfungen können in hohem Maße dazu beitragen, Transportüberholer zu vermeiden.

Über die Navigation zur Aktivität **CSOL und DGS global aktivieren (Stammdaten)** gelangen Sie in die Konfigurationssicht für diese Funktionen. Abbildung 7.5 zeigt die Konfigurationsmöglichkeiten:

❶ Aktivieren Sie die systemübergreifende Objektsperre, eine Voraussetzung für die Konfiguration des Downgrade-Schutzes.

❷ Aktivieren Sie anschließend den Downgrade-Schutz.

❸ Stellen Sie den **Prüfmodus** für die systemübergreifende Objektsperre ein (siehe auch Abschnitt 7.5.1).

❹ Falls Sie die allgemeinen Einstellungen für bestimmte Entwicklungssysteme übersteuern möchten, können Sie dies über die **Track-spezifische Konfliktkonfiguration** regeln.

❺ Falls Sie die allgemeinen Einstellungen für bestimmte Entwicklungsobjekte übersteuern möchten, können Sie dies über die **Objektspezifische Warnmoduskonfiguration** konfigurieren.

❻ Optional können Sie mit der Aktivität **Symbol für Prüfungsart definieren** die Symbole festlegen, die für bestimmte Konfliktarten angezeigt werden sollen.

❼ Führen Sie die Aktivität **Downgrade-Schutz – Systemkonfiguration** durch, um den Downgrade-Schutz systemspezifisch zu konfigurieren. Damit übersteuern Sie die Standardkonfiguration, die wir in Abschnitt 7.5.2 erläutern.

❽ Im Bereich **Prüfung der Rollen- und Customizing-Objekte** besteht die Möglichkeit, die Prüfung von PFCG-Rollenobjekten und Customizing-Objekten zu konfigurieren. Zur Verbesserung der Performance der Prüfung kann diese einzeln für den jeweiligen Objekttyp oder für beide Typen gemeinsam deaktiviert werden.

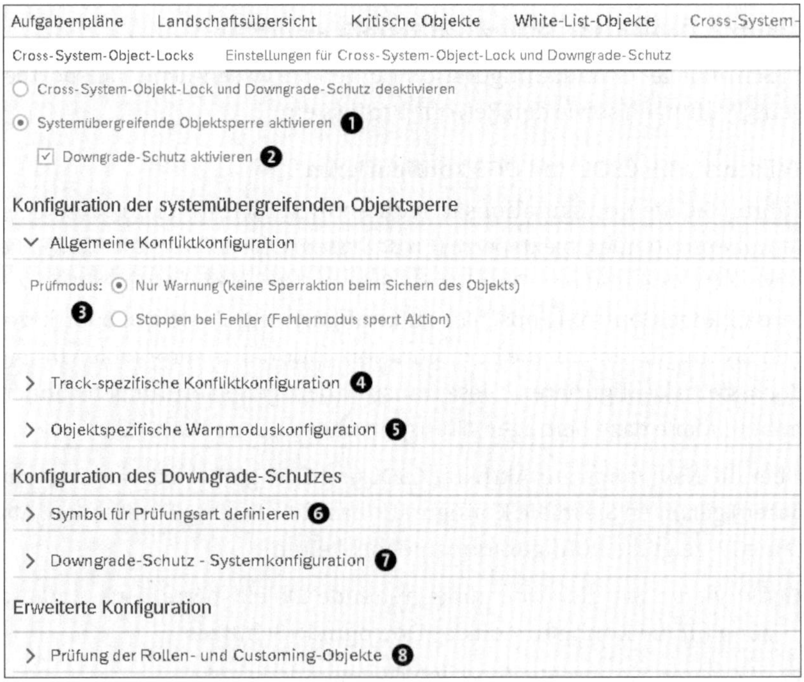

Abbildung 7.5 Systemübergreifende Objektsperre und Downgrade-Schutz konfigurieren

Teilschritt 3.2: Retrofit konfigurieren

Retrofit

Sollten Sie mit dualen Systemlandschaften (Entwicklungslandschaft und Wartungslandschaft) arbeiten, indem Sie parallel in beiden Systemlandschaften gleichzeitig Entwicklungen und Konfigurationen vornehmen, können Sie mithilfe der Funktion *Retrofit* Ihre Systemstände zwischen Wartungs- und Entwicklungslandschaft abgleichen. In Schritt 3.2 werden die manuellen Konfigurationsoptionen zusammengefasst.

Das Systemverhalten der Retrofit-Funktionalität wird zum Großteil über einzelne Parameter gesteuert. Konfigurieren Sie diese in der Aktivität **Retrofit-Parameter definieren** Ihren Anforderungen entsprechend. Die verknüpfte Dokumentation gibt Ihnen Informationen zu den verschiedenen Parametern, die Sie in der Konfigurationstabelle verwenden können. Sie können beispielsweise durch die Aktivierung des Parameters `SET_ORGSYS` das Originalsystem für Objekte im Zielsystem ändern, wenn der Retrofit durchgeführt wird. Dieses Szenario wird in Abschnitt 7.6.1, »Retrofit – Abgleich von Systemständen zwischen Entwicklungssystemen zweier Landschaften«, näher beschrieben.

Schritt 4: Änderungsprozess definieren

Die Definition des Änderungsprozesses wird in 16 Teilschritten durchgeführt. Wir erläutern Ihnen die einzelnen Konfigurationsschritte in den folgenden Abschnitten.

Teilschritt 4.1: Vorgangsarten kopieren

Auch bei der Konfiguration des ChaRM kopieren Sie die SAP-Standardvorgangsarten in Ihren kundeneigenen Namensraum und passen diese anschließend an, wie in Abschnitt 4.2.1, »Grundkonfiguration des IT-Servicemanagements«, beschrieben.

Transportbezogene Prüfungen

Führen Sie innerhalb dieses Konfigurationsschritts auch die Aktivität **Transportbezogene Customizing-Autokorrektur prüfen** durch. Überprüfen Sie mit dem darin beschriebenen Programm `/TMWFLOW/FIX_CHK_FRMWK_CUSTMZG`, ob das Customizing für Ihre Vorgangsarten mit Transportanschluss aktuell und korrekt ist. Im Falle eines veralteten Customizings können Sie dieses über dasselbe Programm aktualisieren. Führen Sie diesen Teilschritt nach jedem Upgrade Ihres SAP-Solution-Manager-Systems aus, um sicherzustellen, dass die transportbezogenen Prüfungen Ihrer kundeneigenen Änderungsdokumente ordnungsgemäß funktionieren.

Teilschritt 4.2: Kopiersteuerung definieren

Definieren Sie in Teilschritt 4.2 die *Kopiersteuerung* und die *Mapping-Regeln* für Ihre Vorgangsarten im ChaRM. Details zur Kopiersteuerung finden Sie in Abschnitt 4.2.1, »Grundkonfiguration des IT-Servicemanagements«, oder in den Hilfetexten der einzelnen Aktivitäten.

Teilschritt 4.3: Statusverwaltung definieren

Die Aktivitäten dieses Schritts sind optional. Sie werden für Sie relevant, wenn die Standardstatusschemata der Vorgangsarten im ChaRM nicht zu Ihren eigenen Prozessabläufen passen und Sie entsprechende Anpassungen durchführen müssen. Falls Sie die Statusprofile erweitern oder vereinfachen möchten, sollten Sie im Anschluss die Konfiguration der relevanten PPF-Aktionen anpassen, da der Statuswechsel im ChaRM immer über die Ausführung dieser Aktionen durchgeführt wird.

Teilschritt 4.4: PPF-Aktionen definieren

Aktionen im ChaRM

Das Post Processing Framework (PPF) führt über *Aktionen* bestimmte Aktivitäten innerhalb eines Vorgangs aus, wie in Abschnitt 4.2.1, »Grundkonfiguration des IT-Servicemanagements«, beschrieben. Ein großer Teil der Prozessabläufe im ChaRM basiert technisch auf der Ausführung solcher PPF-Aktionen: von der Durchführung der Konsistenzprüfungen, dem Anstoßen von Transportaktionen, dem Statuswechsel, dem Versand von E-Mail-Benachrichtigungen bis hin zur Generierung der Änderungsdokumente.

Teilschritt 4.5: E-Mail-Benachrichtigungen einrichten

Für gewöhnlich wird eine E-Mail versendet, wenn in Ihrem ChaRM-Beleg ein bestimmter Status erreicht wird. Beispielsweise könnten Tester*innen per E-Mail informiert werden, sobald eine Entwicklung abgeschlossen und die Änderung zum Testen freigegeben wurde. Details zur Einrichtung der E-Mail-Benachrichtigung können Sie in Abschnitt 4.2.1, »Grundkonfiguration des IT-Servicemanagements«, nachlesen.

Teilschritt 4.6: Geschäftspartner einrichten

Partnerfunktionen

Die Vorgangsarten des ChaRM bieten im Standard eine Reihe von Partnerfunktionen wie IT-Operator*in, Entwickler*in, Tester*in, Change Manager*in oder Change Advisory Board an. Falls in Ihrem individuellen ChaRM-Prozess weitere Partnerfunktionen eine Rolle spielen, können Sie diese über die Aktivitäten in diesem Schritt ergänzen und in Ihren Prozess einbinden.

In der Aktivität **Erforderliche PFCG-Rolle für Partnerfunktion angeben** legen Sie fest, welche PFCG-Rolle für die einzelnen Partnerfunktionen eines Änderungsvorgangs erforderlich ist. Darauf basierend schlägt die Eingabehilfe (F4) der Geschäftspartnersuche Ihnen passende Suchergebnisse in Abhängigkeit von der Benutzerzuordnung dieser Rollen vor.

Teilschritt 4.7: Textverwaltung definieren

Textarten

Innerhalb Ihrer ChaRM-Vorgangsarten können Sie Ihre Langtexte über verschiedene Textarten, die SAP bereits im Standard ausliefert, klassifizieren. Um Ihren Vorgangsarten kundeneigene Textarten hinzuzufügen oder nicht benötigte Textarten zu entfernen, können Sie die Aktivitäten dieses Konfigurationsschritts durchführen.

[«]

> **Aktivierung der Rich-Text-Formatierung**
>
> Ab SAP Solution Manager SPS07 können Sie den Rich Text Editor für Ihre Textarten aktivieren. Des Weiteren haben Sie ab SPS06 die Möglichkeit, Screenshots per Drag-and-Drop in Ihren Langtext einfügen. Weitere Informationen dazu erhalten Sie in Abschnitt 4.2.1, »Grundkonfiguration des IT-Servicemanagements«.

Teilschritt 4.8: Terminverwaltung definieren

Definieren Sie in diesem Konfigurationsschritt, welche Terminarten, Zeiträume und Terminregeln Sie in Ihren Vorgangsarten nutzen möchten (siehe auch Abschnitt 4.2.1, »Grundkonfiguration des IT-Servicemanagements«).

Teilschritt 4.9: Genehmigungsverfahren definieren

Genehmigung des Änderungsantrags

Legen Sie in diesem Teilschritt das Genehmigungsverfahren für Ihren Änderungsantrag fest. Standardmäßig steht Ihnen ein einstufiges Verfahren zur Verfügung, in dem ein*e Change Manager*in für die Genehmigung verantwortlich ist. Optional können Sie einen zweiten Genehmigungsschritt definieren, falls in Ihrem Prozess beispielsweise ein Change Advisory Board für die Genehmigung größerer Änderungen zuständig ist.

Regelwerk anpassen

Weitere Genehmigungsschritte sind an dieser Stelle ebenso denkbar und umsetzbar. Führen Sie hierfür die manuelle Konfigurationsaktivität **Genehmigungseinstellungen definieren** aus. Im Vorgangsarten-Customizing ordnen Sie Ihrem Änderungsantrag anschließend Ihr kundeneigenes Genehmigungsverfahren zu (Aktivität **Genehmigungsverfahren den Vorgangsarten zuordnen**). Damit Sie Ihr Genehmigungsverfahren verwenden können, müssen Sie mit der Benutzerrolle `SOLMANPRO` noch zwei Regelwerke anpassen. Wählen Sie hierzu im CRM Web UI die Bereichsstartseite **Grundfunktionen** und dort den Link **Regelwerke**. Folgen Sie hierzu der Anleitung in der Konfigurationsaktivität **Regeln für Genehmigungsvorgang anlegen**. Legen Sie schließlich über die Aktivität **Servicemanagerprofile definieren** Servicemanagerprofile an, und ordnen Sie diesen die IDs Ihrer zuvor angelegten Regelwerke zu.

[»]

Änderungsantrag ohne Genehmigungsvorgang

Falls Sie in Ihrem ChaRM-Prozess kein Genehmigungsverfahren verwenden möchten, beachten Sie hierzu die manuellen Aktivitäten von SAP-Hinweis 1608118.

Workflow-Customizing

Die in Ihrem Änderungsprozess definierten Genehmiger*innen können per Workitem über Ihre zu genehmigenden Änderungsanträge informiert werden. Führen Sie hierfür das automatische Workflow-Customizing durch, um SAP Business Workflow auf Ihrem System zu aktivieren (Aktivität **SAP Business Workflow aktivieren**). Nachdem die Grundvoraussetzungen für die Verwendung von SAP Business Workflow erfüllt sind, müssen Sie im Workflow-Muster `CRM_RFC_APRV` das Startereignis `REQUESTTOBEAPPROVED` aktivieren. Damit wird der Workflow gestartet, sobald eine Genehmigung aussteht (Aktivität **Workflow für Änderungsantragsgenehmigung konfigurieren**).

[»]

Erweiterter Genehmigungsworkflow

Mit der Aktivität **Erweiterten Genehmigungsvorgang aktivieren** können Sie ein erweitertes Genehmigungsverfahren aktivieren, in dem der Genehmigungsprozess über Berechtigungsobjekte und -werte sowie eine Vertreterregelung gesteuert wird. Für die Benachrichtigungen in diesem Genehmigungsprozess gibt es ein neues Workflow-Muster. Mit diesem Workflow-Muster haben Sie die Möglichkeit, eine HTML-E-Mail an die Genehmiger*innen zu versenden. Hierfür können Sie ein eigenes HTML-E-Mail-Formular konfigurieren, das Ihrem eigenem Corporate Design angepasst werden kann. Die E-Mails aus dem alten Workflow sind leider nur schwer personalisierbar. Beachten Sie hierzu auch SAP-Hinweis 2940587.

Teilschritt 4.10: Change-Request-Management-Aktionen definieren

Standardaktionen

Führen Sie die Konfigurationsaktivitäten von Teilschritt 4.10 durch, um die Ausführungszeiten von Aktionen und Konsistenzprüfungen in Ihrem Änderungsprozess zu definieren. Ihnen stehen standardmäßig diverse Aktionen zur Verfügung, die Sie für Ihre Vorgangsarten verwenden können. Mithilfe dieser Aktionen können Sie im ChaRM-Prozess beispielsweise die Anlage, die Freigabe und den Import eines Transportauftrags bei einem Statuswechsel steuern.

Konsistenzprüfungen

Darüber hinaus existieren hierzu standardmäßig diverse Konsistenzprüfungen, die u. a. prüfen, ob bestimmte Aktionen wie beispielsweise die Freigabe oder ein Import eines Transportauftrags in der aktuellen Phase eines Änderungszyklus erlaubt sind oder ob ein Import eines Transportauftrags erfolgreich war.

Falls Sie den ChaRM-Standardprozess weitgehend unverändert einsetzen möchten und keine wesentlichen Änderungen an den Statusschemata der Änderungsvorgänge vorgenommen haben, sind an dieser Stelle keine Konfigurationen notwendig.

Teilschritt 4.11: Einstellungen für Aufgabenpläne vornehmen

Kundenspezifische Variante

Der *Aufgabenplan* enthält alle für den ChaRM-Prozess relevanten Aufgaben, z. B. die Anlage oder den Import eines Transportauftrags. Falls die Standardaufgabenpläne, die SAP zur Verfügung stellt, und ihre Varianten für Ihre Zwecke zu umfänglich oder nicht vollständig genug sein sollten, können Sie eine **Kundenspezifische Variante für Aufgabenpläne anlegen**. In dieser Aktivität haben Sie die Möglichkeit, zusätzliche Aufgaben zu definieren und Ihrer Variante zuzuordnen oder für Sie unnütze Aufgaben aus Ihrer Aufgabenplanvariante zu entfernen.

Teilschritt 4.12: Mehrstufige Kategorisierung pflegen

Die mehrstufige Kategorisierung ermöglicht eine genaue Klassifizierung Ihrer Änderungen. Weitere Informationen hierzu finden Sie in Abschnitt 4.3.1.

Teilschritt 4.13: Bearbeitungsprotokoll definieren

Definieren Sie in diesem Konfigurationsschritt, welche Änderungstypen an Ihrem ChaRM-Beleg im Bearbeitungsprotokoll dokumentiert werden sollen und welcher Typ der Standardprotokolltyp sein soll. Dies funktioniert für das ChaRM ähnlich, wie in Abschnitt 4.2.1, »Grundkonfiguration des IT-Servicemanagements«, beschrieben.

Teilschritt 4.14: Risiken/Auswirkung/Dringlichkeit/ Empfohlene Priorität definieren

Prioritäten berechnen

Definieren Sie innerhalb von Konfigurationsschritt 4.14 zentral die Risiken, Auswirkungen, Dringlichkeiten und Prioritäten für Ihre Vorgangsarten im ChaRM, IT-Servicemanagement (ITSM) und Anforderungsmanagement. Über die Aktivität **Auswirkung, Dringlichkeit und Priorität angeben** können Sie festlegen, welche empfohlene Priorität aus einer Kombination aus Auswirkung und Dringlichkeit berechnet werden soll. Diese Funktion soll den Vorgangsersteller*innen Hilfestellung dabei geben, realistisch einzuschätzen, welche Priorität ein Vorgang erhalten soll. Darüber hinaus können Sie in diesem Schritt über die Aktivität **Risiken für Änderungsantrag** Risikostufen zur Zuordnung in Änderungsanträgen definieren.

Teilschritt 4.15: Transportrisiken definieren

In Ihren ChaRM-Vorgängen können Ihnen innerhalb des Zuordnungsblocks **Landschaft** Transportrisiken angezeigt werden, die Sie in Konfigurationsschritt 4.15 definieren können. Auf Basis der Vorgangsart, der Systemrolle und des Anwenderstatus können Sie festlegen, welche Transportrisiken angezeigt werden sollen. So wird beispielsweise ein offener und schon freigegebener Transportauftrag als Transportrisiko für noch nicht belieferte Zielsysteme erkannt. Falls ein Import eines Transportauftrags beispielsweise mit dem Return Code 8 fehlgeschlagen ist, wird dieser Transportauftrag ebenfalls als Risiko angezeigt.

Teilschritt 4.16: Schritt abschließen

Nach dem Abschluss der vorangegangenen Schritte starten Sie die Guided Procedure **Setup des verwalteten Systems** (siehe auch Abschnitt 7.2.3, »Setup des verwalteten Systems«).

Schritt 5: Benutzeroberfläche konfigurieren

Die Konfiguration der Benutzeroberfläche ist in allen Szenarien, die das CRM Web UI verwenden, sehr ähnlich. Details hierzu finden Sie daher in Abschnitt 4.2.1, »Grundkonfiguration des IT-Servicemanagements«.

Schritt 6: Einstellungen für Vorlagebenutzer definieren

Für die verschiedenen Anwenderrollen, die am ChaRM-Prozess teilnehmen, können Sie in diesem Konfigurationsschritt Vorlagebenutzer anlegen oder diese entsprechend aktualisieren. Dies funktioniert ebenfalls so, wie in Abschnitt 4.2.1 beschrieben.

Schritt 7: Reporting definieren

In diesem Konfigurationsschritt definieren Sie optional das BW- und das ChaRM-Reporting.

Extraktionseinstellungen

Aktivieren Sie in Teilschritt 7.1, **Extraktionseinstellungen definieren**, den BI Content für das ChaRM. Damit lösen Sie einen Hintergrundjob aus, der die relevanten SAP-BW-Objekte für das Reporting vorbereitet. Legen Sie außerdem in den **Extraktionseinstellungen** fest, in welchen Intervallen die Extraktion durchgeführt oder zu welchem Zeitpunkt mit der Extraktion begonnen werden soll.

Vorgangsart für Reporting auswählen

In Teilschritt 7.2, **Vorgangsart für Reporting auswählen**, wählen Sie Ihre relevanten ChaRM-Vorgangsarten aus, die in das BW-Reporting integriert werden sollen.

In Teilschritt 7.3, **Change-Request-Management-Reporting**, konfigurieren Sie die Reportingservices für das ChaRM. Über die verknüpfte Konfigurationsaktivität können Sie Objektauswertungen aktivieren. Mit dieser Aktivierung erhalten Sie in Ihren Auswertungen auch Informationen zu Objekten aus den vom ChaRM kontrollierten Transportaufträgen.

Nähere Informationen zum Reporting im SAP Solution Manager finden Sie in Abschnitt 4.3.17, »Reportingfunktionen«.

Schritt 8: Suchinfrastruktur konfigurieren

Die Suchfunktionalität innerhalb des ChaRM-Szenarios wird in Schritt 8 konfiguriert. Die Aktivitäten hierzu entsprechen im Wesentlichen denen des ITSM, wie in Abschnitt 4.3.5, »Volltextsuche«, beschrieben, wenn auch mit anderen Suchkonnektoren. Die für das ChaRM relevanten Suchkonnektoren werden in der Dokumentation der Aktivität **Suchkonnektoren anlegen** beschrieben.

[«]

Suchinfrastruktur im ChaRM

Falls Sie für Ihr SAP-Solution-Manager-System eine SAP-HANA-Datenbank installiert haben, reichen die Aktivitäten in Schritt 8 aus, da das SAP-HANA-System bereits eine integrierte Suchfunktion bereitstellt. Wenn Sie das System mit einer anderen Datenbank betreiben, müssen Sie für eine optimale Suchfunktionalität inklusive einer Volltextsuche zusätzlich einen TREX-Server (Text Retrieval and Information Extraction) installieren. Die Grundkonfiguration der Suche ist vor der Konfiguration der Suchinfrastruktur für das ChaRM über **Szenarioübergreifende Konfiguration • Embedded Search** durchzuführen.

Schritt 9: Zusatzfunktionen integrieren

In diesem Schritt können Sie verschiedene zusätzliche SAP-Solution-Manager-Szenarien in das ChaRM integrieren.

Lösungsdokumentation

Als erstes Integrationsszenario haben Sie die Möglichkeit, die Lösungdokumentation in das ChaRM zu integrieren. Details hierzu lesen Sie in Abschnitt 3.6.2, »Integration mit dem Change Request Management«).

Projektmanagement

Führen Sie die Anweisungen der Aktivität **Projektmanagement integrieren** durch, um die Integration des SAP Portfolio and Project Managements

(PPM) mit dem ChaRM oder dem Anforderungsmanagement zu ermöglichen (siehe Abschnitt 5.2, »Voraussetzungen für den Einsatz des IT-Projektmanagements«).

IT-Kalender

Mithilfe der Integration des IT-Kalenders können Sie darüber hinaus die Bestandteile von Anforderungsmanagement, ChaRM und QGM übersichtlich in einem Kalender darstellen. Führen Sie Teilschritt 9.3 aus, um Ihren ChaRM-Prozess um dieses Planungswerkzeug zu erweitern. Weitere Informationen hierzu finden Sie in Abschnitt 8.7.1, »Integration mit dem IT-Kalender«.

Job Scheduling Management

Das Job Scheduling Management kann ebenfalls in den ChaRM- bzw. den ITSM-Prozess integriert werden. Die Jobverwaltung kann den ChaRM-Prozess zur Abwicklung des Antrags-, Genehmigungs- und Implementierungs-Workflows für neue Jobs und Jobänderungen verwenden. Weitere Informationen zu diesem Szenario und dessen Einrichtung finden Sie in Abschnitt 11.5, »Jobverwaltung«.

SAP-Fiori-Applikation »Meine Inbox«

Als weitere Integrationsmöglichkeit können Sie die SAP-Fiori-Applikation **Meine Inbox** für folgende Anwendungsfälle aus dem ChaRM einrichten:

- Genehmigung eines Änderungsantrags
- Genehmigung einer dringenden Änderung
- Genehmigung eines Vorabimports einer normalen Änderung
- Genehmigung kritischer Objekte
- Genehmigung von Objekten einer Positivliste (Whitelist-Objekte)

Weitere Informationen zur Einrichtung dieses Integrationsszenarios finden Sie in Abschnitt 8.6.6, »SAP-Fiori-Applikation ›Meine Inbox‹«.

Retrofit für SAP S/4HANA

Konfigurieren Sie das Szenario **Retrofit für SAP S/4HANA**, wenn Sie mithilfe des SAP Solution Managers einen Retrofit zwischen den Entwicklungssystemen einer SAP-ERP-Landschaft und einer SAP-S/4HANA-Landschaft durchführen möchten. SAP empfiehlt, hierfür ein RFC-fähiges, zentrales Prüfsystem für das ABAP Test Cockpit (ATC) einzurichten. Beachten Sie hierzu auch SAP-Hinweis 2590595.

[»]

Retrofit von SAP ERP nach SAP S/4HANA durchführen

Wenn ein Retrofit von einer SAP-ERP-Landschaft in eine SAP-S/4HANA-Landschaft durchgeführt wird und Sie ein zentrales Prüfsystem eingerichtet haben, werden SAP-S/4HANA-Objekte mit **manueller Retrofit** kategorisiert.

Schritt 10: Zusätzliche Anwendungsfälle verwenden

Über diesen Konfigurationsschritt können Sie zusätzliche Funktionen für Ihr Change-Control-Management-Szenario einrichten, die wir im Folgenden vorstellen.

Obligatorische Transporte

In der Standardkonfiguration können Sie alle Änderungsdokumente ohne eine obligatorische Zuordnung von Transportaufträgen bearbeiten. Über die Konfigurationsaktivität **Obligatorische Transporte aktivieren** können Sie dieses Systemverhalten ändern. Die Konfiguration ist nur für Änderungsdokumenttypen relevant, die in das Transport Management System (TMS) integriert sind.

Optionale Umfangselemente

Führen Sie die Konfigurationsaktivität **Optionale Umfangselemente aktivieren** durch, wenn Sie Ihre Änderungsanträge auch ohne Umfangspositionen verwenden möchten. Diese Funktion richtet sich hauptsächlich an Kunden, die ihre Aufgaben im Transportmanagement mit einem externen Tool durchführen und mithilfe des Änderungsantrags lediglich die Änderungen verwalten und dokumentieren möchten.

Umfangsintegration

In der Aktivität **Umfangsintegration aktivieren** legen Sie fest, dass nur in der Lösungsdokumentation definierte Umfänge aus einem Projekt den Änderungsanträgen, Anforderungen oder Änderungsdokumenten zugeordnet werden können. Dadurch können nur Lösungsdokumentationselemente aus einem definierten Umfang den Belegen aus dem ChaRM und dem Anforderungsmanagement zugeordnet werden.

BAdI-Implementierungen

Mithilfe zweier BAdI-Implementierungen (`AIC_RELEASE_NUMBERING_BADI`, `AI_CM_RELEASE_CYCLE_DESC`) können Sie die SAP-Standardlogik für die automatische Vergabe für Release-Nummern und Release-Zyklusbeschreibungen entsprechend Ihrer Bedürfnisse anpassen.

Mithilfe des BAdI `AI_CM_CYCLE_CONTROL` können Sie außerdem eine kundeneigene, erweiterte Steuerung des Änderungszyklusfelds implementieren, wenn ein Änderungsantrag oder Änderungsdokument neu angelegt oder neu zugeordnet wird.

Mit der Aktivierung des BAdI `/TMWFLOW/ASSIGN_TRANS_DESC_UPD` wird die Beschreibung eines Transportauftrags bei der Neuzuordnung eines Transportauftrags zu einem Änderungsdokument automatisch entsprechend der Beschreibung des Änderungsdokuments aktualisiert. Bitte beachten Sie hierzu auch SAP-Hinweis 2849745.

Mit dem BAdI `/TMWFLOW/SCMA_IMPORT_BADI` können Sie Ihre kundeneigene Importstrategie für Transportaufträge über den Aufgabenplan implementieren. Weitere Informationen zu den standardmäßig verfügbaren Importstrategien finden Sie in Abschnitt 8.6.3, »Importstrategien – selektiver und statusabhängiger Import«.

Schritt 11: Abschließen

Im letzten Schritt der ChaRM-Grundkonfiguration können Sie alle durchgeführten Aktivitäten anhand einer übersichtlichen Zusammenfassung nochmals prüfen.

7.2.3 Setup des verwalteten Systems

Ein wesentlicher Bestandteil des Setups für das QGM oder das ChaRM ist die Konfiguration der Systeme, die Sie mit den Change-Control-Management-Szenarien Ihres SAP-Solution-Manager-Systems verwalten möchten. In der Grundkonfiguration beider Szenarien gibt es Absprungpunkte in diesen Konfigurationsbereich. Sie können in der **SAP-Solution-Manager-Konfiguration** aber auch direkt das Setup **Change-Control-Management • Setup des verwalteten Systems** durchführen (siehe Abbildung 7.6).

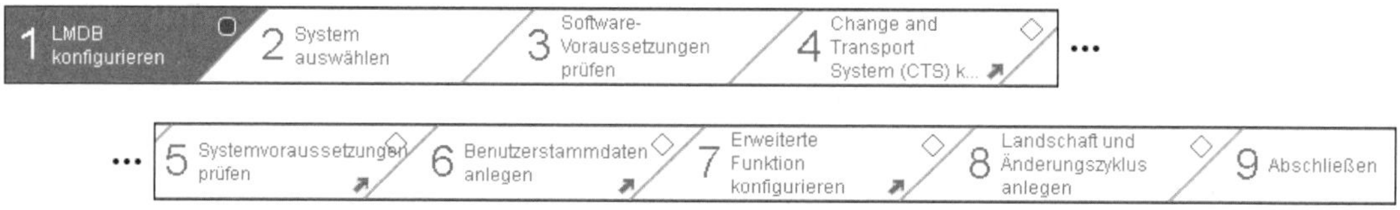

Abbildung 7.6 Setup des verwalteten Systems

Die acht Hauptkonfigurationsschritte dieses Setups werden in den folgenden Abschnitten beschrieben.

Schritt 1: LMDB konfigurieren

Prüfen Sie mit der ersten Aktivität, **Systeme in LMDB prüfen**, manuell, ob die verwalteten Systeme, die durch das Change Control Management kontrolliert werden sollen, bereits in der Landscape Management Database (LMDB) verfügbar sind. Ist dies der Fall, können Sie den Ausführungsstatus **Ausgeführt** setzen. Sollten Sie bei der Prüfung feststellen, dass Ihre Systeme noch nicht in der LMDB verfügbar sind, fahren Sie mit der zweiten Aktivität in diesem Schritt, **Systeme für eine Verbindung zu SLD konfigurieren**, fort. Mithilfe eines Hintergrundjobs in Ihrem verwalteten System können Sie die erforderlichen Systeminformationen an das System Landscape Directory (SLD) senden, um schließlich das jeweilige System in der LMDB registrieren zu lassen. Details zum SLD können Sie in Abschnitt 2.3, »Verwaltete Systeme konfigurieren«, nachlesen.

Schritt 2: System wählen

Im zweiten Schritt, **System wählen**, selektieren Sie die verwalteten Systeme, für die Sie das Change Control Management einsetzen möchten. Wählen Sie bei jeder Ausführung des Setups nur ein System, und fügen Sie es dem *Workset* hinzu, indem Sie die Schaltfläche **Hinzufügen** wählen. Anschließend durchlaufen Sie die folgenden Schritte für das ausgewählte System.

Schritt 3: Software-Voraussetzungen prüfen

Prüfen Sie in den folgenden Teilschritten die Softwarevoraussetzungen Ihrer verwalteten Systeme.

ST-PI/ST-A/PI

Prüfen Sie in dem obligatorischen Teilschritt 3.1, **ST-PI/-A/PI implementieren**, ob ein ST-PI-Plug-in, vorzugsweise in der aktuellen Version, in Ihrem verwalteten System installiert ist. Dieses Plug-in stellt ein zentrales Application Programming Interface (API) zur Verfügung, um die Interaktion mit dem SAP-Solution-Manager-System zu gewährleisten.

SAP-Hinweise

Falls Sie transportbezogene Prüfungen für Ihren Change-Control-Management-Prozess einsetzen möchten, was wir Ihnen dringend empfehlen, spielen Sie in Teilschritt 3.2, **Hinweis für Back-RFC-Check-Support implementieren**, SAP-Hinweis 2402504 in der aktuellen Version in Ihr verwaltetes System ein.

Über die Navigation von Teilschritt 3.3, **Allgemeinen Hinweis zu verwaltetem System prüfen**, navigieren Sie direkt zu SAP-Hinweis 1703391. Dieser Hinweis enthält Informationen zu den Einschränkungen und Bedingungen für die verwalteten Systeme sowie für Ihr SAP-Solution-Manager-System, um einen reibungslosen Einsatz des Change Control Managements sicherzustellen. Grundsätzlich gilt: Je aktueller Ihr Patch-Level der wesentlichen Softwarekomponenten, desto weniger Hinweise aus diesem Zentralhinweis sind für Sie relevant.

Schritt 4: Change and Transport System (CTS) konfigurieren

Im vierten Schritt der Konfiguration können Sie das *Change and Transport System* (CTS) für Ihre verwalteten Systeme konfigurieren. Wenn das Transportmanagement für Ihre Systeme bereits konfiguriert wurde, müssen Sie diese Konfiguration aller Voraussicht nach anpassen, um das Change Control Mangement einsetzen zu können.

[»]

Konfiguration im Mandanten 000 des Controllers der Transportdomäne

Sie müssen die folgenden Konfigurationsschritte für alle verwalteten Systeme (Mandant 000) ausführen, die die Rolle des *Transportdomänen-Controllers* einnehmen. Normalerweise ist das das Produktivsystem aufgrund seiner hohen Verfügbarkeit. Die Änderungen werden auf sämtliche Systeme der Transportdomäne, ausgehend vom Domänen-Controller-System, verteilt, sodass eine Wiederholung der Konfigurationsschritte für Ihre Entwicklungs- und Qualitätssicherungssysteme nicht notwendig ist.

Teilschritt 4.1: Transport Management System konfigurieren

Beginnen Sie mit Teilschritt 4.1, **Transport Management Syst. konfigurieren**. Dieser obligatorische Schritt beinhaltet die wichtigsten Aktivitäten, die notwendig sind, um Ihre ABAP-Systeme für die Verwendung des ChaRM und des QGM zu konfigurieren.

Transportdomänen-Controller definieren

In der ersten Aktivität **Transport-Domain-Controller definieren** prüfen Sie, ob Ihre Transportdomäne richtig konfiguriert wurde. Melden Sie sich hierzu an jedem Ihrer Domänen-Controller an. Rufen Sie anschließend die Transaktion STMS für das Transport Management System (TMS) auf. Wenn Sie in diesem Schritt keine Fehlermeldungen erhalten und den Hinweis sehen, dass Sie am Domänen-Controller angemeldet sind (siehe Abbildung 7.7), ist die Prüfung erfolgreich.

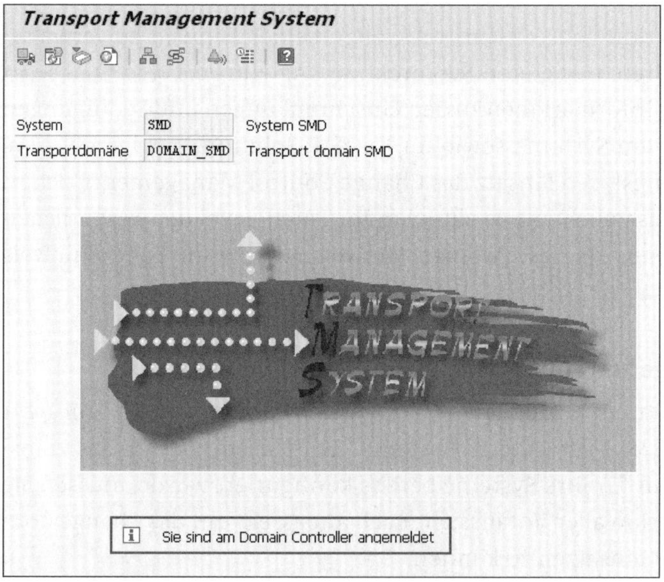

Abbildung 7.7 Konfiguration Ihrer Transportdomänen prüfen

Transportsteuerung definieren

Im Hinblick auf die Konfiguration der Transportwege und einer mandantenspezifischen Transportstrategie muss in der nächsten Aktivität die *erweiterte Transportsteuerung* aktiviert werden. Mit dieser können Sie u. a. mandantenspezifische Transportzielgruppen für Transportwege (Typ Konsolidierung und Belieferung) anlegen. Hierfür muss der Parameter `CTC=1` im Transport-Tool gesetzt werden:

1. Melden Sie sich zunächst auf dem Mandanten 000 Ihres Domänen-Controller-Systems an.
2. Rufen Sie die Transaktion STMS auf.
3. Navigieren Sie über den Pfad **Übersicht • Systeme** in die Systemübersicht.
4. Klicken Sie doppelt auf einen Ihrer Domänen-Controller, um in die Detailsicht zu gelangen.
5. Wechseln Sie auf die Registerkarte **Transporttool** (siehe Abbildung 7.8)
6. Prüfen Sie, ob der Parameter `CTC` den Wert 1 hat. Anderenfalls passen Sie ihn an.

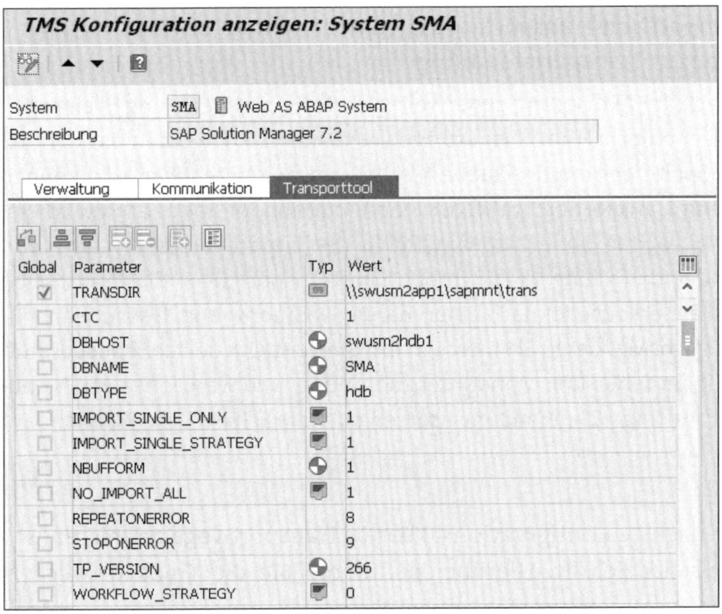

Abbildung 7.8 Erweiterte Transportsteuerung definieren

7. Sichern Sie Ihre Eingaben, falls Sie Änderungen vorgenommen haben, und wechseln Sie zurück in die Systemübersicht.
8. Aktivieren und verteilen Sie die TMS-Konfiguration mit einem Klick auf die Schaltfläche **TMS Konfiguration verteilen und aktivieren**.

Diese Parameterkonfiguration ist obligatorisch, um die Änderungskontrollfunktionen im SAP Solution Manager für Ihre Systemlandschaften nutzen zu können.

[»]

Parameter CTC bei ABAP- und Nicht-ABAP-Systemen

Setzen Sie den Wert des Parameters CTC auf 1, sofern es sich bei Ihrem zu konfigurierenden System um ein ABAP-Single- oder Dual-Stack-System handelt. Bei Nicht-ABAP-Systemen muss der Wert auf 0 gesetzt werden.

Auswirkungen auf Transportsteuerung

Durch die Aktivierung der erweiterten Transportsteuerung erhalten Sie folgende Konfigurationsmöglichkeiten:

- Mandanten zu Transportwegen zuordnen
- Transportzielgruppen (Zuordnung von System und Mandant) zu Transportwegen zuordnen
- Mandanten zu Transportschichten zuordnen

[!]

Kein Import von Transportaufträgen nach Aktivierung der erweiterten Transportsteuerung

Falls nach der Aktivierung der erweiterten Transportsteuerung in einer Import-Queue noch Transportaufträge vorhanden sind, werden diese in der neuen Spalte der Import-Queue MANDANT rot hervorgehoben und können erst dann transportiert werden, wenn ein Mandant angegeben wird. Sobald ein Auftrag ohne Zielmandant in der Import-Queue existiert, verschwindet das kleine LKW-Symbol. Ein Transport über die Transaktion STMS wäre erst wieder nach einer manuellen Zuordnung des Zielmandanten möglich. Markieren Sie hierzu in Ihrer Import-Queue den Transportauftrag mit der fehlenden Mandantenzuordnung, und wählen Sie den Menüeintrag **Auftrag • Zielmandant • setzen** oder die Schaltfläche **Zielmandant setzen**.

Transportwege definieren

Auch die nächste Konfigurationsaktivität **Transportwege definieren** ist ein obligatorischer Schritt. Hierüber definieren Sie die Transportwege zwischen den Systemen Ihrer Systemlandschaft.

[»]

Unterstützung der Standardtransportschicht

Das ChaRM und das QGM berücksichtigen für die Transportsteuerung lediglich die Konsolidierungswege, die der Standardtransportschicht des exportierenden Mandanten zugeordnet sind. Beachten Sie in Bezug auf

Änderungen an SAP-Objekten und der zugehörigen SAP-Transportschicht SAP-Hinweis 1401611.

RFC-Verbindungen zu Domänen-Controller

Der SAP Solution Manager kommuniziert mit dem Domänen-Controller der verwalteten Systeme, um die Informationen zum TMS abzurufen. Legen Sie diese RFC-Verbindungen über die manuelle Aktivität **RFC-Destinationen zu Domänen-Controller anlegen** an.

[«]

RFC-Destination zum Domänen-Controller

Für den Abruf von Transportmanagementinformationen benötigen Sie keine RFC-Destination und keinen RFC-Benutzer im Mandanten 000 des Domänen-Controller-Systems mehr. Legen Sie für die Kommunikation zwischen dem SAP Solution Manager und dem Domänen-Controller-System eine lesende RFC-Verbindung in einem Mandanten Ihrer Wahl an, z. B. im Produktivmandanten des Systems.

QA-Genehmigungsverfahren

In der weiteren Konfiguration deaktivieren Sie das *QA-Genehmigungsverfahren* (QA = Quality Assurance) im TMS jeder für die Änderungskontrolle relevanten Transportdomäne. Die Deaktivierung ist nötig, da dieses Verfahren nicht kompatibel mit dem ChaRM-Szenario ist.

Transportstrategie

Des Weiteren muss die Strategie **Einzeltransporte** aktiviert werden (siehe Abbildung 7.9).

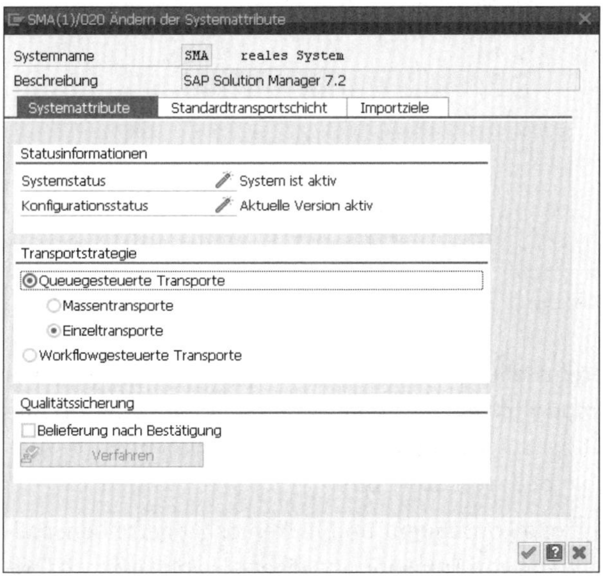

Abbildung 7.9 Transportstrategie konfigurieren

Durch diese Einstellung wird verhindert, dass versehentlich die Funktion **Alle importieren** ausgeführt wird. Alle Softwaretransporte innerhalb der Systemlandschaft sollen über Projekt- oder Einzelimporte verarbeitet werden. Führen Sie die Konfigurationsaktivität **Transportstrategie konfigurieren** aus, um diese Einstellungen vorzunehmen. Sie erreichen diese Einstellungen in der Transaktion STMS über den Menüeintrag **Übersicht • Transportwege** und einen Doppelklick auf die einzelnen Systeme im Transportweg.

Durch die Aktivierung der Einzeltransportstrategie werden folgende Parameter im TMS gesetzt (siehe Abbildung 7.10):

- IMPORT_SINGLE_ONLY = 1
- IMPORT_SINGLE_STRATEGY = 1
- NO_IMPORT_ALL = 1

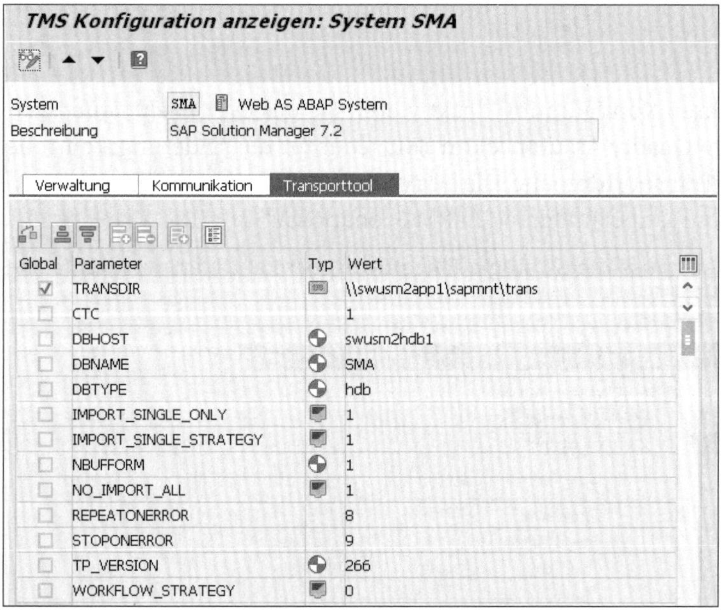

Abbildung 7.10 Parameter durch Einzeltransportstrategie

Durch diese Parametereinstellungen werden die Importoption **Transportauftrag für weiteren Import in Queue stehen lassen** und die Funktion **Alle Aufträge importieren** ( ) standardmäßig deaktiviert. Die Funktion **Auftrag importieren** ( ) bleibt davon unberührt.

Projektzuordnung von Transportaufträgen

Um die Änderungskontrolle konsequent und lückenlos zu betreiben, sollten Sie die Projektzuordnung von Transportaufträgen als obligatorisch festlegen. Wenn die CTS-Projektstatusschalter entsprechend gesetzt sind, ist es nicht mehr möglich, Transportaufträge ohne die Verwendung des ChaRM oder des QGM direkt im Entwicklungssystem anzulegen, Transportaufträge freizugeben oder über die Transaktion STMS zu importieren. Über den Navigationslink der Konfigurationsaktivität **Projektzuordnung von Anträgen als obligatorisch definieren** gelangen Sie in die **Landschaftsübersicht** des Administrations-Cockpits für das Change Control Management. Klicken Sie anschließend in der Spalte **CTS-Zuordnung** für das entsprechende Entwicklungssystem und den Mandanten auf das Ampelsymbol (■). Sie gelangen in das entsprechende Zielsystem im ausgewählten Mandanten. Aktivieren Sie die CTS-Projektpflicht entweder für einzelne oder für alle Mandanten Ihres verwalteten Entwicklungssystems (siehe Abbildung 7.11).

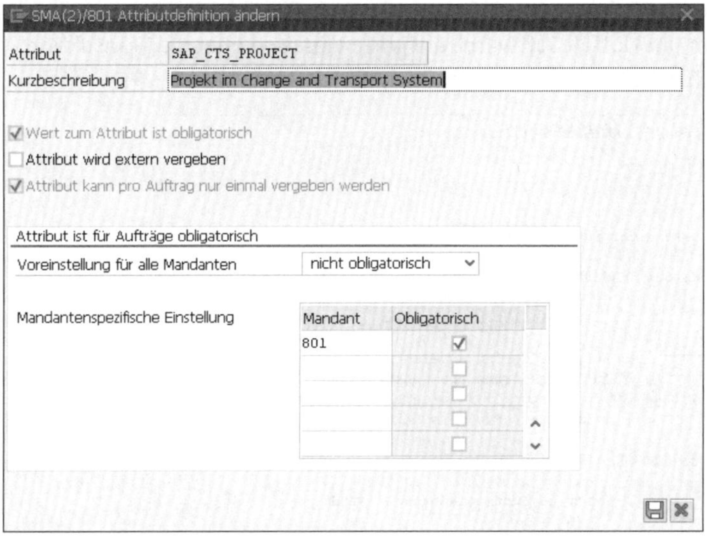

Abbildung 7.11 CTS-Zuordnung festlegen

Sollte das SAP-Solution-Manager-System vorübergehend nicht verfügbar sein, können Sie die Einstellung über die Transaktion SE03 im Entwicklungssystem vorübergehend wieder ändern. Wählen Sie hierzu den Pfad **Auftragsattribute anzeigen/ändern • Ändern • SAP_CTS_PROJECT**.

CTS-Projekte

Sobald Sie einen Änderungszyklus anlegen, werden automatisch CTS-Projekte für alle betreffenden Entwicklungssysteme erstellt. Über die *CTS-Projektstatusschalter* kann gesteuert werden, welche Aktionen bzgl. der dem Projekt zugeordneten Transportaufträge außerhalb des ChaRM zulässig sind. Standardmäßig sind diese Statusschalter ausgeschaltet, um den Benutzern keine Möglichkeit zu geben, Systemänderungen ohne die Verwendung des ChaRM durchzuführen. Über die in der Aktivität **CTS-Statusschalter konfigurieren** verknüpfte URL gelangen Sie in das Administrations-

Cockpit des Change Control Managements. Dort können Sie über die Schaltfläche **CTS-Statusschalter ändern** die CTS-Projektstatusschalter für die Systeme eines ausgewählten Aufgabenplans konfigurieren.

Was ist zu tun, wenn der SAP Solution Manager nicht verfügbar ist?

Damit Sie im Notfall Ihre Systemänderungen transportieren können, wenn Ihr SAP Solution Manager einmal nicht verfügbar ist, müssen Sie auf dem betreffenden Entwicklungssystem die CTS-Statusschalter im entsprechenden CTS-Projekt öffnen. Markieren Sie innerhalb Ihres *Transport Organizers* (Transaktion SE10) einen zu transportierenden Transportauftrag, und wählen Sie **Springen • Projekt bearbeiten • Projektstatusschalter • Alle konfigurierten Transportziele**. Öffnen Sie an dieser Stelle die CTS-Projektstatusschalter, um im Notfall Softwaretransporte klassisch über die Transaktion STMS durchzuführen (siehe Abbildung 7.12).

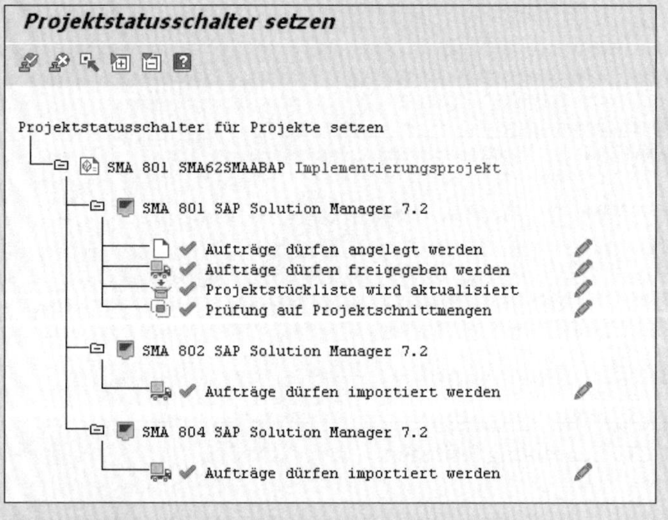

Abbildung 7.12 CTS-Projektstatusschalter öffnen

CTS-Plug-ins verteilen

Führen Sie die Konfigurationsaktivität **CTS-Plugins an verwaltete Systeme verteilen** durch, um das *Central Change und Transport System* (cCTS) und insbesondere den Downgrade-Schutz nutzen zu können. Über den Navigationslink **Change and Transport System • Plug-In-Management** (alternativ über die Transaktion SZENPLUGIN) können Sie die CTS-Mandanten-Plugins auf Ihre verwalteten Systeme verteilen. Hierfür müssen Sie zuvor die Webservices `cts_configuration` und `cts_configuration_plugin_mgmt` aktivieren. Beachten Sie im Hinblick auf die Aktualisierung der Plug-ins den SAP-Hinweis 1665940.

Teilschritt 4.2: Enhanced CTS (nicht ABAP) konfigurieren

Das *erweiterte Änderungs- und Transportsystem* (CTS+) erweitert die CTS-Funktionalitäten um die Möglichkeit, Java- sowie SAP-Objekte zusammen mit spezifischen Nicht-ABAP-Objekten in Ihrer Systemlandschaft zu transportieren. Führen Sie die Konfigurationsschritte in Teilschritt 4.2 aus, um die erforderlichen Einstellungen vorzunehmen. Weitere Informationen hierzu finden Sie in Abschnitt 7.4.2, »Enhanced Change and Transport System«.

Teilschritt 4.3: cCTS konfigurieren

Teilschritt 4.3 ermöglicht Ihnen den Einstieg in die Konfiguration der cCTS-Infrastruktur. Abschnitt 7.4.3, »Central Change and Transport System«, liefert Ihnen zu diesem Thema nähere Informationen.

Teilschritt 4.4: BAdIs implementieren

Transportauftraganlage erweitern

In Teilschritt 4.4 werden Ihnen zwei Business-Add-ins (BAdI) zur Verfügung gestellt, mit denen Sie folgende Möglichkeiten haben:

- Durch die Implementierung des BAdI `/TMWFLOW/SCMA_TRANS_REQ_DESC` können Sie die Logik für die Standardbeschreibung der Transportaufträge ändern, die im ChaRM- oder QGM-Prozess erstellt werden. Standardmäßig folgt die Beschreibung des Transportauftrags folgendem Muster:

  »S (Änderungsdokument-ID): (Beschreibung des Änderungsdokuments)«
- Mithilfe des BAdI `AIC_CREATE_TRANSPORT_WINDOW` können Sie die Liste der angezeigten Systeme im Dialogfenster der Transportauftragsanlage aus den Änderungsdokumenten (normale Änderung, dringende Änderung und Fehlerkorrektur) des ChaRM herausfiltern.

Schritt 5: Systemvoraussetzungen prüfen

Für den Einsatz des ChaRM werden RFC-Verbindungen und Konfigurationselemente verwendet. Prüfen Sie in den nächsten beiden Teilschritten, ob die relevanten Verbindungen und Elemente existieren. Falls nicht, legen Sie diese an.

RFC-Verbindungen

Prüfen Sie in Teilschritt 5.1, **RFC generieren**, zunächst, ob die für das ChaRM relevanten RFC-Verbindungen generiert wurden, und legen diese bei Bedarf an (siehe Abschnitt 2.3, »Verwaltete Systeme konfigurieren«).

Konfigurationselemente prüfen

Ihre verwalteten Systeme werden in Ihrem ChaRM-Prozess als Konfigurationselemente abgebildet. Überprüfen Sie in Teilschritt 5.2, ob die relevanten Konfigurationselemente in Ihrem SAP-Solution-Manager-System ordnungsgemäß angelegt wurden. Alternativ können Sie diesen Schritt auch über die Transaktion IB53 durchführen.

Schritt 6: Benutzerstammdaten anlegen

In den folgenden Konfigurationsschritten legen Sie im verwalteten System und Ihrem SAP-Solution-Manager-System die erforderlichen Benutzerstammdaten sowie im Bedarfsfall entsprechende Geschäftspartner zu Ihren Benutzern an.

Vorlagebenutzer anlegen

In dem optionalen Teilschritt 6.1, **Vorlagebenutzer für verwaltetes System anlegen**, legen Sie Vorlagebenutzer in Ihren verwalteten Systemen inklusive der Standardberechtigungsrollen an. Folgende Anwendergruppen werden hierbei im SAP-Standard unterschieden:

- IT-Operator*in
- Entwickler*in
- Change Manager*in
- Tester*in
- Administrator*in
- Release Manager*in

Eine Beschreibung der typischen Tätigkeiten der jeweiligen Anwendergruppe innerhalb des Standardprozesses finden Sie in der zugehörigen Dokumentation.

[»]

Trusted-RFC-Berechtigungen

Im Rahmen des Change Control Managements werden Informationen zwischen dem SAP Solution Manager und den verwalteten Systemen über Trusted-RFC-Verbindungen ausgetauscht. Daher müssen die Benutzer-IDs in den verwalteten Systemen den Benutzer-IDs im SAP Solution Manager entsprechen. Berechtigungsseitig ist dabei die Rolle SAP_SM_S_RFCACL relevant. Ordnen Sie diese Rolle oder eine Kopie davon allen Benutzern der oben erwähnten Anwendergruppen zu.

Benutzer im verwalteten System

In Teilschritt 6.2, **Benutzer im verwalteten System pflegen**, legen Sie die realen Benutzer in den verwalteten Systemen an bzw. weisen diesen die entsprechenden Berechtigungsrollen zu.

Benutzer im SAP Solution Manager

In Teilschritt 6.3, **Benutzer im Solution Manager anlegen**, steht die Anlage von Benutzern und Geschäftspartnern im Ihrem SAP-Solution-Manager-System im Vordergrund. Um das ChARM einzusetzen, ist die Anlage von Geschäftspartnern zu den einzelnen Benutzern obligatorisch. Falls Anwender*innen noch kein Benutzerkonto für Ihr System haben, können Sie sowohl Benutzer als auch Geschäftspartner über die Transaktion BP_USER_GEN manuell anlegen. Diesen Prozess haben wir in Abschnitt 4.4.1, »Incident

Management«, unter der Überschrift »Stammdaten anlegen«, näher beschrieben.

Schritt 7: Erweiterte Funktionen (lokal) konfigurieren

In diesem Schritt können Sie erweiterte Funktionen für das ChaRM konfigurieren. Ein Teil dieser Funktionen wird in anderen Abschnitten dieses Buches ausführlicher beschrieben.

Filterumfangselemente

Im Zuordnungsblock **Umfang** eines Änderungsdokuments werden die Änderungsdokumente angezeigt, die Sie in der Kopiersteuerung definiert haben. Dieses Systemverhalten können Sie mithilfe des BAdI `/TMWFLOW/CRM_UI_SCOPE_AB` ändern.

[«]

Filter für Standardänderung in Umfang überschreiben

Die Standardimplementierung des BAdI `/TMWFLOW/CRM_UI_SCOPE_AB` verarbeitet alle Änderungsdokumente, die als Standardänderung typisiert wurden. Es filtert alle Umfangseinträge heraus, die die Proxy-Klasse `CL_CHM1_STAND_CHG_INSTANCE_70` für Standardänderungen nicht verwenden.

Retrofit

Um das Retrofit-Szenario einzurichten, führen Sie Teilschritt 3.2 der Grundkonfiguration für das ChaRM aus (siehe Abschnitt 7.2.2). Weitere Informationen zum Retrofit-Prozess finden Sie in Abschnitt 7.6.1, »Retrofit – Abgleich von Systemständen zwischen Entwicklungssystemen zweier Landschaften«.

Selektiver Import

Mit der Aktivität **Selektiven und statusabhängigen Import definieren** können Sie einen selektiven und/oder einen statusabhängigen Import konfigurieren. Diese Funktionalität wird in Abschnitt 8.6.2, »Vorabimportprozess innerhalb einer normalen Änderung«, erläutert. Des Weiteren können Sie kritische Transportobjekte definieren (siehe Abschnitt 7.5.3).

Transportbezogene Prüfungen

Außerdem lassen sich folgende transportbezogene Prüfungen in Ihren Change-Control-Management-Prozess definieren:

- **ABAP Test Cockpit und Code Inspector aktivieren**
  Für die Aktivierung im Entwicklungssystem lesen Sie die Dokumentation der Konfigurationsaktivitäten **ABAP Test Cockpit aktivieren** und **Code Inspector aktivieren**. In diesem Zusammenhang sind auch die SAP-Hinweise 2986558 und 2761273 interessant.
- **Objekte für White List pflegen**
  Dieser Konfigurationsschritt ist relevant, wenn Sie die Standardänderung aus dem ChaRM einsetzen möchten. Weitere Informationen hierzu finden Sie in Abschnitt 8.5.4, »Standardänderung«.

- **Kundeneigene Prüfungen**
  Mit verschiedenen BAdI-Implementierungen können Sie das Prüfverhalten beim Sichern, bei der Freigabe, vor dem Import, vor der Entkopplung und der Zuordnung von Transportaufträgen sowie vor der Neuzuordnung von Änderungen erweitern. Hilfestellung kann Ihnen die Dokumentation zu den jeweiligen Aktivitäten geben. Mögliche Konflikte aus den Prüfungen werden Ihnen im ChaRM im Zuordnungsblock **Transportbezogene Prüfungen** unter **Kundeneigene Prüfung** in Änderungsdokumenten und Änderungszyklen angezeigt. Im QGM sind diese auf Szenario- oder Änderungsebene unter **Transportbezogene Prüfungen** ebenfalls im Bereich **Kundeneigene Prüfung** zu finden.

Schritt 8: Landschaft und Änderungszyklus anlegen

Lösungsdokumentation

Eine wesentliche Voraussetzung zur Verwendung vom ChaRM oder QGM ist das Vorhandensein einer *Lösung*, die mit Ihrem Änderungszyklus verknüpft ist (siehe Abschnitt 3.1.1, »Eine einzige Lösung als Single Source of Truth«). Innerhalb des Konfigurationsschritts 8 erhalten Sie Hilfestellung bei der Pflege der folgenden Objekte:

- Lösungslandschaft
- Branches
- Logische Komponentengruppen
- Change-Control-Landschaft
- Änderungszyklen (im ChaRM)
- Szenarien (im QGM)
- Release-Planung

Weitere Informationen zur Integration der Lösungsdokumentation finden Sie in Abschnitt 8.2, »Änderungszyklen«, und Abschnitt 7.3, »Quality Gate Management«.

Schritt 9: Abschließen

Im letzten Schritt des Setups des verwalteten Systems können Sie in einer übersichtlichen Zusammenfassung alle durchgeführten Aktivitäten nochmals überprüfen.

7.2.4 Berechtigungen

Anwendergruppen

Innerhalb des ChaRM- oder QGM-Prozesses interagieren verschiedene Anwendergruppen wie Change Manager*innen, Entwickler*innen und Tester*innen. Anwender*innen nehmen innerhalb des Änderungsprozesses abhängig von ihren Verantwortlichkeiten eine oder mehrere dieser Rollen ein. SAP stellt für diese Anwendergruppen Standardberechtigungsrollen zur Verfügung, die Sie in Ihren eigenen Kundennamensraum kopieren und anschließend an Ihre Anforderungen anpassen können. Sie haben zudem in der Grundkonfiguration der jeweiligen Szenarien die Möglichkeit, Vorlagebenutzer für die einzelnen Anwendergruppen anzulegen und diesen die entsprechenden Rollen zuzuordnen.

Applikationsspezifischer Sicherheitsleitfaden

[«]

Weiterführende Informationen zu den benötigten Berechtigungsrollen und -objekten finden Sie im applikationsspezifischen Sicherheitsleitfaden für den SAP Solution Manager. Neben den Sicherheits- und Berechtigungsaspekten des ChaRM-Prozesses finden Sie an dieser Stelle auch die relevanten Informationen für das QGM und für alle weiteren SAP-Solution-Manager-Szenarien. Laden Sie sich den Leitfaden für Ihren jeweilige Support-Package-Stand im SAP Help Portal unter der URL *http://s-prs.de/v791823* herunter.

7.3 Quality Gate Management

Das QGM nutzt im Vergleich zum ChaRM keine umfangreichen Genehmigungs- und Änderungsprozesse. Der Funktionsumfangs ist deutlich reduzierter. Wenn Sie auf die in Kapitel 8 ausführlicher beschriebenen Funktionen des ChaRM verzichten können, kann Ihnen das QGM dabei helfen, die Verteilung Ihrer Softwaretransporte innerhalb Ihrer Systemlandschaften kontrolliert durchzuführen. Mithilfe von Quality Gates können Sie die Durchführung und den Ablauf von Softwareänderungen aus Projekt- und Release-Sicht steuern. Ein Quality Gate stellt dabei einen Phasenübergang dar, z. B. von der Konzeptions- in die Implementierungsphase eines Entwicklungsprojekts.

7.3.1 Phasen im Quality-Gate-Management-Prozess

In diesem Abschnitt beschreiben wir den typischen Ablauf eines QGM-Prozesses mit seinen verschiedenen Phasen.

Phase »Scope«

Durch die Genehmigung des Quality Gates **Beginn der Scope-Phase** wird die Phase **Scope** eingeleitet. In dieser Phase planen Sie alle Aufgaben, die zur erfolgreichen Durchführung Ihres Szenarios (Projekt oder Betrieb) beitragen. Sie dokumentieren Anforderungen und prüfen deren Realisierbarkeit.

Phase »Build« Mit der Genehmigung des Quality Gates **Scope to Build** startet die Phase **Build**. In dieser realisiert das Entwicklungsteam die in der initialen Phase definierten Anforderungen. Hierfür werden Transportaufträge angelegt. Die Änderungen können für Unit-Tests bereits mittels Transporten von Kopien in das Qualitätssicherungssystem transportiert werden, nachdem das Entwicklungsteam seine Transportaufgaben freigegeben hat. Sollten die Tests im Qualitätssicherungssystem nicht erfolgreich verlaufen, kann das Entwicklungsteam die Korrekturen weiterhin am ursprünglichen Transportauftrag vornehmen.

Phase »Test« Durch die Genehmigung des Quality Gates **Build to Test** wird die Phase **Test** eingeleitet. In der **Test**-Phase werden die Originaltransportaufträge in das Qualitätssicherungssystem transportiert. Sollte das Qualitätssicherungsteam im Rahmen des Integrationstests Fehler identifizieren, muss das zuständige Entwicklungsteam anhand eines neuen Transportauftrags die Korrekturen durchführen und erneut zum Testen übergeben.

Phase »Deploy« Wird das Quality Gate **Test to Deploy** genehmigt, leitet dies die Phase **Deploy** ein. In dieser Phase findet der Import aller Änderungen in das Produktivsystem statt. Dabei werden die Transportaufträge entsprechend der Freigabereihenfolge importiert. Transportüberholer können während des ganzen Zeitraums durch den Einsatz von transportbezogenen Prüfungen vermieden werden.

Mehrere Änderungszyklen Damit ist der Änderungszyklus abgeschlossen. Sollte es im Falle eines Einführungsprojekts keinen weiteren Änderungszyklus geben, stellt diese Phase die letzte des Szenarios dar. Falls Sie jedoch in Ihrer Wartungslandschaft mit Releases arbeiten, können Sie nun in das nächste Release wechseln, das durch einen neuen Änderungszyklus abgebildet wird. Durch die Genehmigung des Quality Gates **Deploy to Scope** wird erneut die **Scope**-Phase eingeleitet. Der Ablauf beginnt an dieser Stelle für ein Folge-Release oder -projekt von vorne.

7.3.2 Bestandteile des Quality Gate Managements

Komponenten Die Komponenten des QGM sind denen des ChaRM zu einem großen Teil sehr ähnlich:

- **Szenario**
  Das Szenario ist die zentrale Komponente des QGM. Ein Szenario kann z. B. ein Implementierungsprojekt, aber auch ein einzelnes Release innerhalb des operativen Betriebs sein. Innerhalb eines Szenarios werden

die Systemlandschaft(en) und einzelne Quality Gates definiert und verwaltet.

- **Änderungszyklen**
  Ein QGM-Szenario lässt sich in verschiedene Änderungszyklen unterteilen. Sämtliche Softwareänderungen müssen innerhalb eines Szenarios implementiert und getestet werden. Am Ende eines Zyklus erfolgt der Import in das Produktivsystem. Offene Änderungen und Transportaufträge, die zum Go-live-Termin nicht importiert wurden, können in einen Folgezyklus verschoben werden. Wenn ein Änderungszyklus endet, kann das Szenario für weitere Softwareänderungen weiterverwendet werden.

  Folgende Anwendungsfälle lassen sich mithilfe von Änderungszyklen abbilden:

  - *Entwicklungsprojekt*
    Sie können einen Änderungszyklus einrichten, um lediglich Ihre Änderungen innerhalb eines Entwicklungsprojekts zu steuern. Mit dem Abschluss dieses Projekts wird auch das Szenario beendet.
  - *Wartung*
    Mithilfe des QGM können Sie auch Bugfixes und Änderungen in Ihrer Wartungslandschaft phasengesteuert verteilen. Am Ende eines Zyklus gehen offene Änderungen und Transportaufträge in den Folgezyklus über. Ein Zyklus kann in diesem Zusammenhang für die Abwicklung eines Wartungs-Release dienen.

  Der erste Änderungszyklus wird bei der initialen Erstellung eines Szenarios automatisch durch das System angelegt.

- **Aufgabenplan**
  Ein Aufgabenplan wird im QGM genauso wie im ChaRM vorwiegend zur Ausführung von Transportaufgaben verwendet. Details hierzu finden Sie in Abschnitt 8.3, »Aufgabenpläne«. Der Aufgabenplan wird automatisch bei der Erstellung eines Szenarios vom System erstellt. Sie finden ihn im Administrations-Cockpit des Change Control Managements (Transaktion CM_ADM_COCKPIT) unter **Aufgabenpläne • Quality-Gate-Management-Szenarios**.

- **Änderungen**
  Eine Änderung bündelt ein oder mehrere Transportaufträge für eine oder mehrere Systemlandschaften innerhalb eines Szenarios.

- **Transportaufträge**
  Transportaufträge können aus einer Änderung heraus angelegt werden.
- **CTS-Projekt**
  Das CTS-Projekt bildet eine Klammer um alle Transportaufträge des Änderungszyklus. Bei der Anlage eines Änderungszyklus erzeugt das System für jedes zugeordnete Entwicklungssystem ein CTS-Projekt. Dieses CTS-Projekt bildet eine Klammer um alle Transportaufträge, die in einem Entwicklungssystem im Rahmen des QGM-Prozesses angelegt werden. Über CTS-Projektstatusschalter kann gesteuert werden, welche Aktionen der dem CTS-Projekt zugeordneten Transportaufträge außerhalb des QGM zulässig sind. Dazu gehört beispielsweise die Transportauftragsfreigabe oder der Import in die jeweiligen Systeme.
- **Phasen und Quality Gates**
  Grundsätzlich besteht ein Szenario aus den vier Phasen **Scope**, **Build**, **Test** und **Deploy**. Quality Gates trennen diese einzelnen Phasen voneinander ab. Mit der Genehmigung eines Quality Gates durch den oder die Qualitätsmanager*in und den *Qualitätsausschuss* (nach dem Vier-Augen-Prinzip) wird die nächste Phase erreicht. Innerhalb einer Phase wird geregelt, ob beispielsweise eine Transportfreigabe oder ein Import erlaubt sind. Ein Quality Gate sichert also immer einen bestimmten Teil der zu kontrollierenden Change-Control-Landschaft ab. So kann beispielsweise erst ein Import in das Qualitätssicherungssystem erfolgen, nachdem das Quality Gate **Build to Test** genehmigt und damit die Phase **Test** erreicht wurde.

[»]

Dringende Änderungen im Quality Gate Management

Dringende Änderungen können immer unabhängig von der aktuellen QGM-Phase importiert werden. Die Quality Gates haben lediglich Auswirkungen auf normale Änderungen.

7.3.3 Erstellung eines Szenarios

Voraussetzungen

Wenn Sie das QGM in Ihrem produktiven SAP-Solution-Manager-System verwenden möchten, um die Softwareänderungen Ihrer Systemlandschaft zu kontrollieren, stellen Sie zunächst sicher, dass folgende Voraussetzungen erfüllt sind:

- Sie haben die Konfiguration des QGM-Szenarios sowie das Setup der verwalteten Systeme, die durch das QGM kontrolliert werden sollen, erfolgreich abgeschlossen (siehe Abschnitt 7.2.1, »Grundkonfiguration des Quality Gate Managements«, und 7.2.3, »Setup des verwalteten Systems«).

- Zudem haben Sie sichergestellt, dass die Benutzer, die mit dem QGM arbeiten, die entsprechenden Berechtigungen besitzen.
- Sie haben in der Lösungsverwaltung eine Lösung angelegt und Ihre verwalteten Systeme über eine logische Komponentengruppe zu Ihren Branches (mindestens Wartungs- und Produktiv-Branch) zugeordnet. Zusätzlich haben Sie eine Change-Control-Landschaft angelegt (siehe Abschnitt 3.3, »Lösungsverwaltung«).

Übersichtsseite

Sobald diese Voraussetzungen erfüllt sind, können Sie im SAP Solution Manager Launchpad (Transaktion SM_WORKCENTER) innerhalb der Gruppe **Change Management** auf die Kachel **Quality Gate Management** klicken, um Ihre QGM-Szenarien zu konfigurieren. Abbildung 7.13 zeigt ein Übersichtsbild eines QGM-Szenarios mit definierten Quality Gates und einer exemplarischen Vier-System-Landschaft.

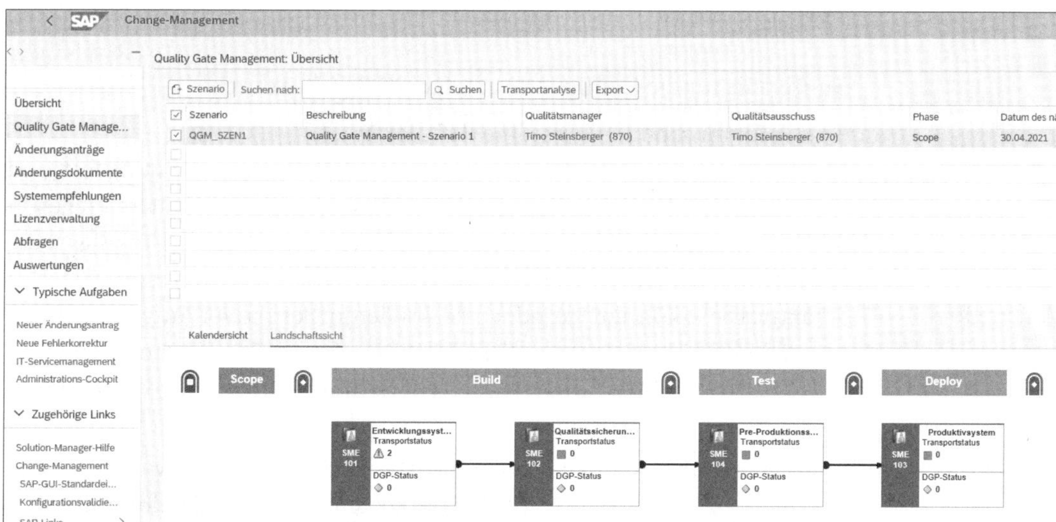

Abbildung 7.13 Übersicht des Quality Gate Managements

Szenario konfigurieren

Über die Schaltfläche **Szenario** starten Sie eine Guided Procedure zur Anlage und Konfiguration eines neuen Szenarios (siehe Abbildung 7.14).

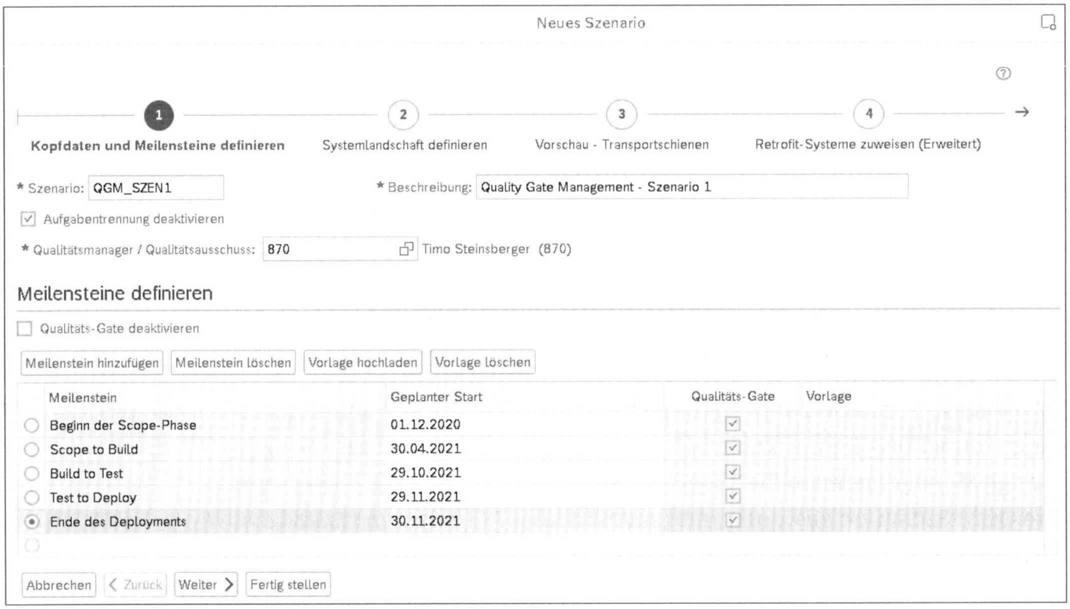

Abbildung 7.14 Neues Szenario definieren

Führen Sie für die Konfiguration folgende Schritte durch:

1. **Kopfdaten und Meilensteine definieren**
   Legen Sie im ersten Schritt zunächst eine Szenariobeschreibung fest, und ordnen Sie die Geschäftspartner für den oder die Qualitätsmanager*in sowie die Mitglieder des Qualitätsausschusses zu. Standardmäßig ist die Aufgabenteilung zwischen Qualitätsausschuss und Qualitätsmanager*in aktiv. Diese können Sie jedoch deaktivieren. Bei aktiver Aufgabenteilung müssen beide Verantwortlichen im Vier-Augen-Prinzip eine Genehmigung durchführen, um ein Quality Gate als erfolgreich abgeschlossen zu definieren.

   Neben den vorhandenen Quality Gates können Sie noch weitere, eigene Meilensteine anlegen. Über die Checkbox in der Spalte **Quality-Gate** können Sie Ihren Meilenstein als Quality Gate klassifizieren. Geben Sie außerdem die Termine an, zu denen Ihre Quality Gates durchlaufen werden sollen. Ergänzend können Sie für jedes Ihrer Quality Gates Dokumentvorlagen verknüpfen, die die Anwender*innen dann verwenden können. An dieser Stelle können Sie Quality Gates und Dokumentvorlagen auch wieder löschen.

2. **Systemlandschaft definieren**
   Ordnen Sie im zweiten Schritt eine Lösung, einen Branch (z. B. Wartungs-Branch) sowie eine Change-Control-Landschaft zu. Diese Elemente müs-

sen zuvor in der Lösungsverwaltung definiert worden sein. Bringen Sie in diesem Schritt die in der Change-Control-Landschaft verwendeten Systemrollen in die richtige Reihenfolge.

3. **Vorschau – Transportschienen**
   Die der Change-Control-Landschaft zugeordnete Transportschienen werden in einer Übersicht dargestellt. Sie haben an dieser Stelle die Option, die Auswahl der zugeordneten Systeme zu verändern, indem Sie die Markierung für ein oder mehrere Systeme aufheben.

4. **Retrofit-Systeme zuweisen (Erweitert)**
   Falls Sie die Retrofit-Funktion innerhalb Ihres QGM-Szenarios verwenden möchten, können Sie hier das Quell- und Retrofit-System angeben. Diese Beziehung besteht immer zwischen dem Quellentwicklungssystem Ihrer Wartungslandschaft und dem Zielentwicklungssystem der Projektlandschaft.
5. **cCTS-Cluster zuordnen (Erweitert)**
   In diesem Schritt können Sie für Ihr QGM-Szenario die Infrastruktur des cCTS aktivieren bzw. deaktivieren (siehe auch Abschnitt 7.4.3, »Central Change and Transport System«). Wenn Sie das cCTS nutzen wollen, müssen Sie an dieser Stelle Ihre verwalteten Systeme zu Clustern zuordnen.
6. **Quality Gates zu Systemrollen zuordnen**
   Legen Sie in diesem Schritt die Zuordnung zwischen Systemrolle und Quality Gate fest. Damit können Sie definieren, welches Quality Gate genehmigt werden muss, bevor ein Import von Transportaufträgen in die entsprechenden Systeme erlaubt wird.

   Weiterhin können Sie den Import von Transporten von Kopien in das Testsystem erlauben, auch wenn Sie sich in Ihrem Szenario gerade erst in der **Build**-Phase befinden. Das ist vor allem dann sinnvoll, wenn Sie in der Implementierungsphase ein Testsystem, beispielsweise für Entwickler- und Beratertests, benötigen. Markieren Sie hierzu die Checkbox **Import des Transports von Kopien in Build-Phase aktivieren**. Durch die Aktivierung des Felds **Transportfreigabe in Scope-Phase deaktivieren** können Sie die Transportauftragsfreigabe während dieser Phase verhindern.
7. **Daten bestätigen**
   Prüfen Sie im letzten Schritt die Szenariokonfiguration und Ihre eingegebenen Daten.

Transportaufträge anlegen

Um Änderungen und Transportaufträge anzulegen, klicken Sie auf das jeweilige Szenario. Zur Anlage einer Änderung klicken Sie auf die Schaltfläche **Änderung**. Sie können anschließend über die Drop-down-Liste in der Spalte

Aktionen Transportaufträge zur jeweiligen Änderung anlegen (siehe Abbildung 7.15).

Abbildung 7.15 Transportaufträge anlegen

Darüber hinaus haben Sie an dieser Stelle auch die Möglichkeit, einzelne Transportaktionen wie die Freigabe oder den Import einer einzelnen Änderung durchzuführen. Welche Aktionen durchführbar sind, hängt vom jeweiligen Quality Gate ab.

Quality Gate genehmigen

Die Genehmigung eines Quality Gates können Sie über die Kalenderübersicht durchführen. Klicken Sie hier auf das Quality Gate, und wählen Sie den Status **Genehmigt** (siehe Abbildung 7.16).

Abbildung 7.16 Quality Gate genehmigen

Über die Schaltfläche **Szenariotransport** (siehe Abbildung 7.15) haben Sie die Möglichkeit, sämtliche freigegebenen Änderungen gesammelt in Ihre Zielsysteme zu importieren.

7.4 Verfügbare Transportmanagementinfrastruktur

Mithilfe des *Change and Transport Systems* (CTS), des *Enhanced Change and Transport Systems* (CTS+) sowie des *Central Change and Transport Systems* (cCTS) können Softwareänderungen für ABAP- und Nicht-ABAP-Objekte in einer SAP-Systemlandschaft verteilt werden. Das zentrale Transportmanagement des SAP Solution Managers bedient sich dieser Infrastruktur, um Änderungen zentral verwalten und verteilen zu können.

Seit SAP Solution Manager 7.2 SPS 10 ist es auch möglich, den Service *SAP Cloud Transport Management* der *SAP Business Technology Platform* (SAP BTP) in die Change-Control-Management-Szenarien zu integrieren. Somit können nun auch Softwareänderungen mit auf der SAP BTP generierten Inhalten mit dem ChaRM- oder QGM-Prozess verwaltet werden.

7.4.1 Change and Transport System

Werkzeuge

Das klassische CTS beinhaltet folgende Werkzeuge, die zur Unterstützung der Änderungsverwaltung dienen – allerdings nur bei ABAP-basierten Produkten:

- Der *Change and Transport Organizer* (CTO) ermöglicht die Anlage, Dokumentation und Freigabe von Transportaufträgen für das Customizing (*Customizing Organizer*) bzw. die Entwicklung (*Workbench Organizer*). Für die Transportaufträge, die dadurch nicht unterstützt werden, ist der *Transport Organizer* zuständig.
- Mithilfe des *Transport Management Systems* (TMS) können Sie Ihre Transportaufträge organisieren, in Ihre SAP-Systeme transportieren und überwachen. Des Weiteren führen Sie über das TMS die Konfiguration Ihrer Transportumgebung durch.
- Die ausführbaren Programme *tp* und *R3trans* laufen auf Betriebssystemebene und dienen der Kommunikation mit dem SAP-System und der Datenbank. Auch bei der Freigabe bzw. beim Import von Transportaufträgen arbeiten diese Programme mit den Transportdateien im Transportverzeichnis.

7.4.2 Enhanced Change and Transport System

Das CTS+ erweitert die Funktionalitäten des CTS um die Möglichkeit, Java-Objekte sowie spezifische Nicht-ABAP-Objekte in Ihrer Systemlandschaft zu transportieren. Damit können Sie ABAP- und Nicht-ABAP-Objekte zusammen in einem Transportauftrag in Ihrer Systemlandschaft verteilen.

Voraussetzungen

Ab SAP NetWeaver 7.0 SPS12 (besser SPS14) können Sie CTS+ verwenden. Der Domänen-Controller sowie das ABAP-Kommunikationssystem müssen dabei diesen Stand haben. Spielen Sie zusätzlich Zentralhinweis 1003674 ein.

Transportierbare Objekte

Mit CTS+ können Sie neben den ABAP-Objekten folgende weitere Objekte transportieren:

- Java- und J2EE-basierte Objekte
  - Software Component Archives (SCA)
  - Enterprise Application Archives (EAR)
  - Software Deployment Archives (SDA)
- Objekte aus SAP Enterprise Portal
  - Enterprise Portal Archives (EPA)
  - Enterprise Portal Applications (PAR)
  - Knowledge-Management-Objekte
- Objekte aus SAP Process Integration (PI) und SAP Process Orchestration (PO)
- Content-Objekte aus dem System Landscape Directory (SLD)
- SAP-HANA-Objekte
- Inhalte der SAP BTP

Komponenten

Um das CTS+ verwenden zu können, müssen die folgenden Komponenten konfiguriert sein:

- **CTS-Deploy-Webservice**
  Dieser Java-Webservice dient der Kommunikation mit den Deployment-Tools von Nicht-ABAP-Systemen.
- **CTS-Deploy-Proxy**
  Auf der ABAP-Seite ist das CTS-Deploy-Proxy notwendig, damit das Transportsteuerungsprogramm (`tp`) mit dem CTS-Deploy-Webservice kommunizieren kann.
- **Transport Organizer Web UI**
  Diese Web-Dynpro-Anwendung erlaubt Ihnen die Anlage und Bearbeitung von Transportaufträgen für Nicht-ABAP-Systeme.

- **Transportverzeichnis**
  Der ABAP-Stack schreibt die Dateien bei der Freigabe des Transportauftrags in das Transportverzeichnis und liest diese beim Import in das Folgesystem wieder aus.

Abbildung 7.17 veranschaulicht das Zusammenspiel dieser Komponenten mit dem Java-Quell- und dem Java-Zielsystem.

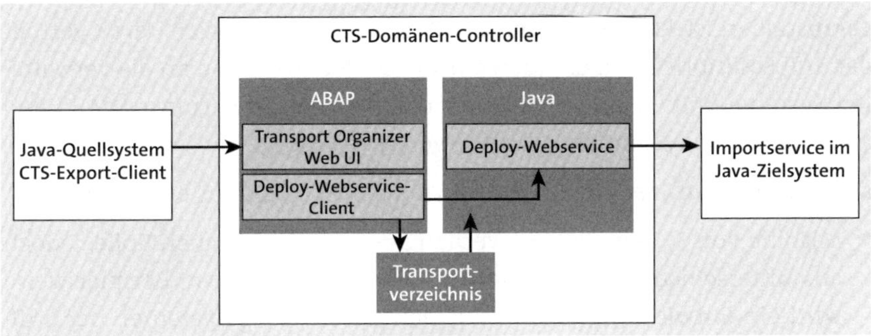

Abbildung 7.17 Komponenten im CTS+

7

Einrichtung von CTS+

Informationen zur Konfiguration von CTS+ in SAP Solution Manager 7.2 finden Sie im SAP Community Wiki unter der URL *http://s-prs.de/v791824*

7.4.3 Central Change and Transport System

Funktionen

In SAP Solution Manager 7.2 haben Sie bei der Erstellung von Änderungszyklen die Option, die cCTS-Infrastruktur zu verwenden. Mit cCTS stehen Ihnen im Vergleich zum klassischen CTS weitere Funktionen zur Verfügung, die Ihre Flexibilität im ChaRM- und im QGM-Prozess erhöhen:

- Neuzuordnung von Änderungen zu anderen Änderungszyklen und Aufgabenplänen, auch wenn darin bereits freigegebene Transportaufträge enthalten sind
- Zuordnung externer Transportaufträge
- Erkennung von Konflikten zwischen Transportaufträgen der zentralen Änderungskontrolle (ChaRM) und Aufträgen des lokalen Transportmanagements (Transaktion STMS)

Verfügbarkeit

Die cCTS-Funktionalitäten sind bereits mit SPS10 von SAP Solution Manager 7.1 verfügbar und im ChaRM anwendbar. Mit SAP Solution Manager 7.2 wurden einige Funktionen verändert bzw. erweitert. So ist es nun möglich, mit einer ungleichen Anzahl von Systemen in den einzelnen Systemstrecken zu arbeiten. Auch die Domain-Links vom SAP Solution Manager zu den verwalteten Systemen werden nicht mehr benötigt.

Softwarekomponenten

Die Funktionen des cCTS sind in SAP Solution Manager 7.2 als Bestandteil von SAP NetWeaver verfügbar. Durch das Einspielen von Support Packages für die Softwarekomponenten SAP_BASIS und CTS_PLUG können Sie die Funktionen des cCTS aktualisieren. Das CTS-Plug-in, das im SAP Solution Manager installiert ist, klassifiziert diesen als zentralen CTS-Server. Damit verteilt der SAP Solution Manager einerseits die cCTS-Funktionen an die verwalteten Systeme und ist andererseits für die Steuerung der Transporte in den angebundenen Systemlandschaften verantwortlich.

Erweiterte Transportwerkzeuge

Mit cCTS werden Systemcluster und Transport Collections eingeführt:

- Mithilfe von *Systemclustern* werden Systeme der gleichen Rolle, jedoch aus unterschiedlichen Landschaften, zusammengefasst. Beispielsweise wird ein Entwicklungscluster aus den Entwicklungssystemen der SAP-ERP-, SAP-CRM-, SAP-EWM- und Nicht-SAP-Landschaften gebildet. Das Qualitätssicherungscluster würde die entsprechenden Qualitätssicherungssysteme beinhalten, während das Produktivcluster die Produktivsysteme enthält. Neben diesen drei klassischen Clustern sind noch weitere Cluster wie das für die Vorproduktivsysteme denkbar.

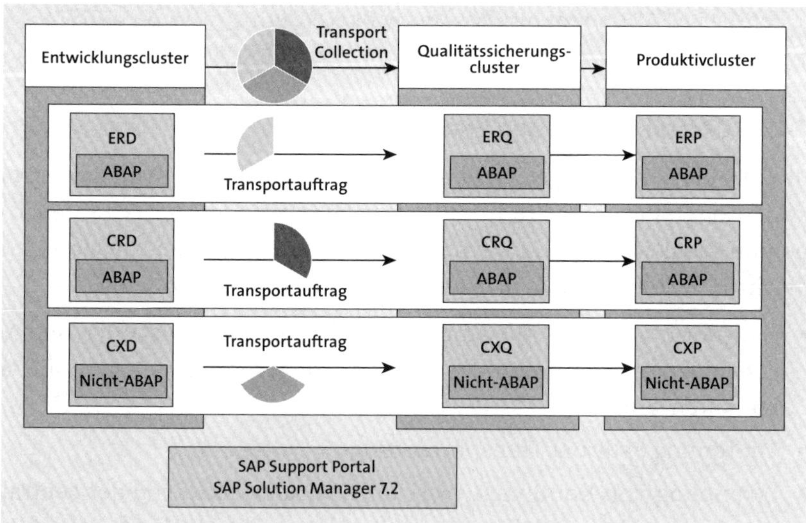

Abbildung 7.18 cCTS-Landschaft mit Systemclustern

- Eine *Transport Collection* ist eine Bündelung von mehreren Transportaufträgen. Die Transportaufträge können dabei aus unterschiedlichen Systemen eines Clusters stammen. Eine Collection wird innerhalb des

ChaRM über ein Änderungsdokument in Ihrer Systemlandschaft verteilt. Abbildung 7.18 veranschaulicht die Verteilung einer Transport Collection über die Systemcluster hinweg.

Systemvoraussetzungen

Wenn Sie cCTS innerhalb des ChaRM oder des QGM verwenden möchten, benötigen Sie ein verwaltendes System und die verwalteten Systeme. Auf beiden Seiten müssen bestimmte System- und Konfigurationsvoraussetzungen erfüllt sein.

- **Verwaltendes System**

  Das SAP-Solution-Manager-System, auf dem das ChaRM oder QGM eingerichtet wurde, nimmt die Rolle des verwaltenden Systems ein.

  Dieses System unterstützt Sie in diesem Zusammenhang bei der Durchführung der folgenden Aufgaben:

  - Verteilung der CTS-Plug-ins an die verwalteten Systeme
  - Anlage von Systemclustern
  - Anlage von Transport Collections und Transportaufträgen
  - Verwaltung der verwalteten Systeme
  - Steuerung von Transportaufträgen in den verwalteten Systemen

  In Bezug auf das Transportmanagement müssen zudem noch die folgenden Voraussetzungen erfüllt sein:

  - Die Transportwerkzeuge `tp` und `R3trans` müssen den empfohlenen Versionsstand haben (siehe SAP-Hinweis 2116545).
  - Das produktive SAP-Solution-Manager-System ist der Domänen-Controller für die Domäne, der es angehört.

[+]

Verteilung der CTS-Plug-ins

Es ist sinnvoll, die Verteilung der Plug-ins *CTS Bootstrapper Plug-in* und *CTS-Service Plug-in* über den SAP Solution Manager anzustoßen (Transaktion SZENCONFIG). Für die zentrale Verteilung der CTS-Plug-ins müssen alle verwalteten Systeme entweder Teil der SAP-Solution-Manager-Domäne sein, oder deren Domäne muss über einen Domain-Link mit der SAP-Solution-Manager-Domäne verbunden sein. Andernfalls müssen die CTS-Plug-ins manuell in alle verwalteten Systeme eingespielt werden.

Die Plug-ins werden über eine Import-RFC-Destination verteilt. Wenn Sie die Systeme ordnungsgemäß an den SAP Solution Manager angebunden haben, können Sie die im Setup angelegten Destinationen (Typ TRUSTED) für die Verteilung der Plug-ins verwenden.

- **Verwaltete Systeme**
  Die verwalteten Systeme sind an dieser Stelle die einzelnen Systeme der verschiedenen Systemcluster. Folgende Voraussetzungen müssen seitens der verwalteten Systeme erfüllt sein, um das cCTS verwenden zu können:
  - Mögliche verwaltete Systeme:
  - SAP NetWeaver 7.50, SAP_BASIS SP00 oder höher
  - SAP NetWeaver 7.40, SAP_BASIS SP02 oder höher
  - SAP NetWeaver 7.31, SAP_BASIS SP01 oder höher
  - SAP NetWeaver 7.30, SAP_BASIS SP01 oder höher
  - SAP NetWeaver 7.11, SAP_BASIS SP09 oder höher
  - SAP NetWeaver 7.02, SAP_BASIS SP06 oder höher
  - SAP NetWeaver 7.01, SAP_BASIS SP07 oder höher
  - SAP NetWeaver 7.00, SAP_BASIS SP14 oder höher
  - Ab SAP NetWeaver 7.40 SP 10 sind die aktuellen CTS-Plug-ins in der Softwarekomponente SAP_BASIS enthalten.
  - Die Transportwerkzeuge `tp` und `R3trans` müssen den empfohlenen Versionstand haben (siehe SAP-Hinweis 2116545).
  - Alle verwalteten Systeme müssen für die Nutzung des ChaRM oder QGM konfiguriert sein. Im Wesentlichen muss in der Solution-Manager-Konfiguration das Setup für die verwalteten Systeme durchgeführt worden sein (siehe Abschnitt 7.2.3).
  - Alle verwalteten Systeme müssen eine Vertrauensbeziehung zum SAP Solution Manager haben. Weitere Information dazu finden Sie in SAP-Hinweis 128447.
  - Ihr SAP Business Client ist konfiguriert.
  - Die in Zentralhinweis 2231041 verknüpften Hinweise sollten Sie in SAP Solution Manager 7.2 einspielen.

[»]

Nicht-ABAP-Systeme integrieren

Falls Sie auch Ihre Nicht-ABAP-Systeme in die cCTS-Infrastruktur integrieren möchten, müssen Sie auch die Kommunikationssysteme für Ihre Nicht-ABAP-Systeme in der SAP-Solution-Manager-Konfiguration konfigurieren.

[+]

Weiterführende Informationen zur Einrichtung von cCTS für das ChaRM und QGM

Informationen zur Konfiguration von cCTS in SAP Solution Manager 7.2 finden Sie im Konfigurationsleitfaden »How To... Set Up cCTS for ChaRM and QGM« unter dem Link *http://s-prs.de/v561562*

7.4.4 SAP Cloud Transport Management

Lebenszyklus von SAP-Cloud-Entwicklungen

Mit SAP Solution Manager 7.2 SPS10 lieferte SAP die direkte Integration des Service *SAP Cloud Transport Management* in das ChaRM und QGM an die Kunden aus. SAP Cloud Transport Management ist ein Werkzeug für die Verwaltung des Lebenszyklus von SAP-Cloud-Entwicklungen. Es steuert den Transport von Content zwischen verschiedenen Tenants der SAP BTP.

Dank der Integration dieses Service sind Sie nun auch in der Lage, sämtliche Softwareänderungen in hybriden Systemlandschaften, bestehend aus On-Premise- und Cloud-Anwendungen, ganzheitlich mit dem ChaRM oder QGM zu verwalten.

Im SAP Solution Manager gibt es zwei Möglichkeiten, Inhalte, die auf der SAP BTP (vormals SAP Cloud Platform) generiert wurden, zu transportieren:

- **CTS+-Integration mit der SAP BTP**
  Die Architektur dieses Integrationsszenarios ist in Abbildung 7.19 skizziert. Die Basis für den Transport von Inhalten der SAP BTP über CTS+ ist eine *Multi-Target-Application* (MTA). Der zu transportierende Content wird in eine MTA-Archivdatei verpackt und an den CTS+-Transportauftrag angehängt. Das wiederum bedeutet, dass nur Cloud-Inhalte, die in einer MTA-Datei verpackt werden können, mit CTS+ transportiert werden können.
- **Direkte Integration mit SAP Cloud Transport Management**
  Seit SAP Solution Manager 7.2 SPS10 muss das ChaRM nicht mehr zwingend die CTS+-Integration mit der SAP BTP verwenden. Das ChaRM ist direkt mit dem Service SAP Cloud Transport Management integriert. Seit SPS10 sind somit beide Optionen möglich.

[+]

Weiterführende Informationen zur Konfiguration der Integration

Wenn Sie eines dieser Integrationsszenarien konfigurieren möchten, folgenden Sie den Anweisungen aus SAP-Hinweis 2712590.

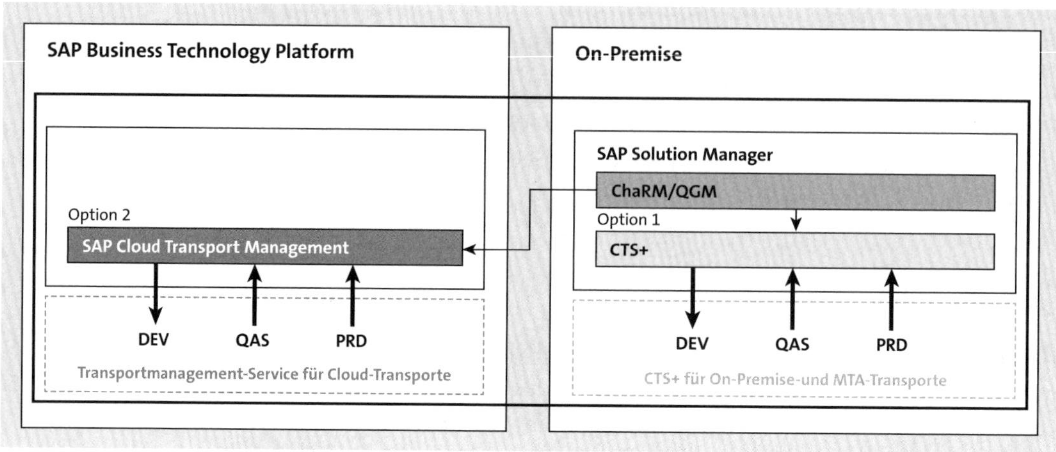

Abbildung 7.19 Optionen der Integration der SAP Business Technology Platform

7.5 Transportbezogene Prüfungen

Im Folgenden stellen wir Ihnen wichtige *transportbezogene Prüfungen* vor, die Sie bei der Verteilung Ihrer Software innerhalb der Systeme Ihrer Systemlandschaften unterstützen können. Diese Prüfungen können Sie sowohl im ChaRM als auch im QGM einsetzen. Sie spielen eine wichtige Rolle für die kontrollierte Durchführung von Softwareänderungen. Transportbezogene Prüfungen werden automatisiert, optional auch manuell, ausgeführt und sind komplett in den Änderungsprozess integriert. Dabei können sie dazu beitragen, Transportüberholer bei der parallelen Entwicklung an gleichen Objekten sowie Importfehler zu vermeiden, die Codequalität zu verbessern und einen kontrollierten Abgleich von Objekten zwischen dualen Systemlandschaften durchzuführen.

Mögliche Prüfungen

Bei der Sicherung von Objekten in einem Transportauftrag und beim Transportieren der Objekte in Folgesysteme können folgende transportbezogene Prüfungen ausgeführt werden:

- Cross-System-Object-Lock-Prüfung (CSOL-Prüfung)
- Downgrade-Schutz-Prüfung
- Prüfung kritischer Objekte
- Querverweisprüfung
- ABAP-Test-Cockpit-Prüfung (ATC-Prüfung)
- Code-Inspector-Prüfung
- kundeneigene Prüfung (BAdI-Implementierung)

Innerhalb des Zuordnungsblocks **Transportbezogene Prüfungen** werden im Falle eines Transportkonflikts Detailinformationen aus den Änderungsdokumenten sowie den Änderungszyklen im ChaRM angezeigt (siehe Abbildung 7.20).

Abbildung 7.20 Transportbezogene Prüfungen

Die transportbezogenen Prüfungen unterstützen Sie bei der Identifizierung und Lösung von Konflikten im Transportwesen und sind ein wesentlicher Faktor, um die Qualität, Sicherheit und Transparenz Ihres Change-Control-Management-Prozesses zu erhöhen. Die Prüfungen erläutern wir in den nachfolgenden Abschnitten anhand des ChaRM-Szenarios.

7.5.1 Systemübergreifende Objektsperre

CSOL

In diesem Abschnitt stellen wir Ihnen die Funktionalität der *systemübergreifenden Objektsperre* (Cross System Object Lock = CSOL) vor. Der Einsatz dieser Funktionalität ist sinnvoll, sofern Sie neben normalen Wartungsaktivitäten parallel auch neue Funktionen in einem oder mehreren Entwicklungsprojekten entwickeln. Wenn Entwicklungen aus verschiedenen Projekten in das gleiche Produktivsystem importiert werden sollen, muss darauf geachtet werden, dass die verschiedenen Entwicklungsteams kontrolliert an denselben Objekten arbeiten, um Inkonsistenzen zu vermeiden. Daher müssen Objekte so lange gesperrt bleiben, bis diese in das Produktivsystem importiert wurden.

Die systemübergreifende Objektsperre gewährleistet nach ihrer Aktivierung, dass für Objektänderungen im verwalteten System für diese Objekte *Sperreinträge* im zentralen SAP-Solution-Manager-System erstellt werden. Abhängig vom konfigurierten Konfliktszenario verhindert der Sperreintrag die erneute Aufnahme desselben Objekts in einen weiteren Transportauftrag, vorausgesetzt das Transportziel des Transportauftrags ist derselbe Mandant in demselben Produktivsystem. Der Sperreintrag wird automatisch aus dem zentralen Sperrverwaltungssystem entfernt, sobald das gesperrte Objekt in das Produktivsystem importiert wurde. Diese Funktionalität wird nur für Transportaufträge angeboten, die über das ChaRM oder das QGM angelegt oder nachträglich im SAP Solution Manager registriert wurden.

[»]

Entfernung der Sperreinträge bei dringenden Änderungen und Vorabimporten

Beachten Sie, dass die Transportaufträge aus dringenden Änderungen und bei vorabimportierten normalen Änderungen erneut zum Import anstehen. Erst wenn diese erneut importiert wurden, werden die Sperreinträge auch gelöscht.

Sperreinträge verwalten

In SAP Solution Manager 7.2 wird die Transaktion /TMWFLOW/LOCKMON zur Anzeige und zum Löschen der Sperreinträge nicht mehr verwendet. Die Sperreinträge können Sie stattdessen im SAP Solution Manager Launchpad (Transaktion SM_WORKCENTER) unter **Change Management • Administrationscockpit • Cross-System-Objekt-Lock und Downgrade-Schutz • Cross-System-Object-Locks** einsehen.

Manuelle Registrierung

Hier haben Sie u. a. auch noch die Möglichkeit, Objekte aus Transportaufträgen manuell zu registrieren (siehe Abbildung 7.21).

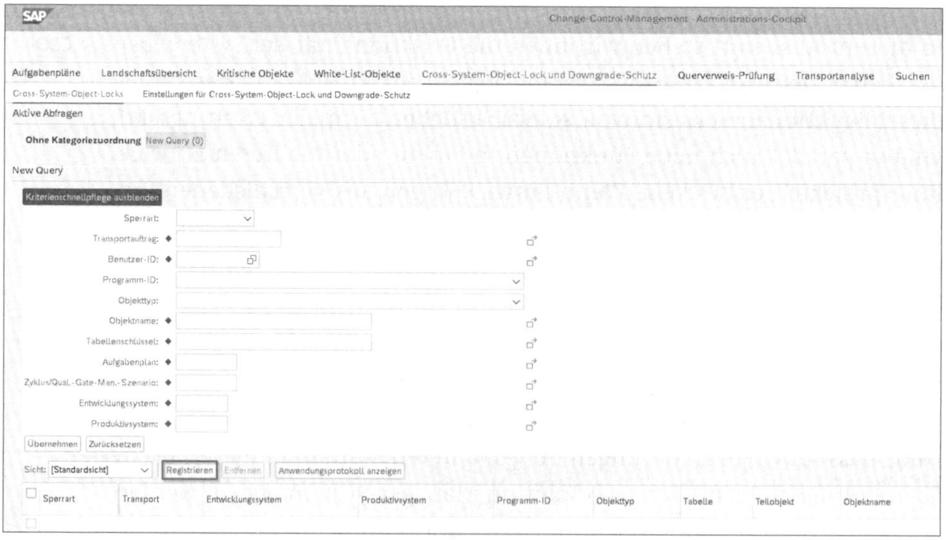

Abbildung 7.21 Transportaufträge manuell registrieren

Das ist bei Transportaufträgen sinnvoll, die lokal im Entwicklungssystem angelegt wurden, z. B. während einer Downtime Ihres SAP-Solution-Manager-Systems oder vor der Aktivierung der systemübergreifenden Objektsperre. Zudem können Sie an dieser Stelle auch Sperreinträge zu Transportaufträgen suchen und bei Bedarf manuell löschen.

Konfiguration des Konfliktszenarios

Die Konfiguration der systemübergreifenden Objektsperre führen Sie im Administrations-Cockpit des Change Control Managements durch (Transaktion CM_ADM_COCKPIT). Wählen Sie hier **Cross-System-Objekt-Lock und Downgrade-Schutz • Einstellungen für Cross-System-Object-Lock und Downgrade-Schutz**. Sie können die systemübergreifende Objektsperre abhängig vom gewünschten Soll-Konfliktszenario im Standardmodus oder benutzerspezifisch im Expertenmodus (Report `/TMWFLOW/CONFIG_CSOL`) konfigurieren. In Abhängigkeit vom Konfliktszenario wird ein Konflikt vom System gemeldet. Wird aufgrund der Einstellung des Konfliktszenarios kein Konflikt gemeldet, kann der Benutzer mit der Änderung des Objekts fortfahren. Die Standardeinstellungen für das Standardkonfliktszenario sind:

- **Zyklusbeziehung**: zyklusübergreifend
- **Änderungstypbeziehung**: nur dringende Änderungen

Konfliktszenarien

Die in Tabelle 7.1 aufgeführten Konfliktszenarien stehen Ihnen zur benutzerspezifischen Konfiguration im Expertenmodus zur Verfügung.

Zyklusbeziehung	Änderungstypbeziehung	Ausprägung Konfliktmeldungen
zyklusübergreifend	nur dringende Änderungen	Es werden Konflikte zwischen Transportaufträgen gemeldet, die demselben Änderungszyklus oder unterschiedlichen Änderungszyklen angehören. Die Transportaufträge sind jeweils einer dringenden Änderung zugeordnet.
zyklusübergreifend	Teilüberschneidung	Es werden Konflikte zwischen Transportaufträgen gemeldet, die demselben Änderungszyklus oder unterschiedlichen Änderungszyklen angehören. Mindestens einer der Transportaufträge ist dabei einer dringenden Änderung zugeordnet.

Tabelle 7.1 Konfliktszenarien der systemübergreifenden Objektsperre

Zyklusbeziehung	Änderungs-typbeziehung	Ausprägung Konfliktmeldungen
zyklusübergreifend	Über-schneidung	Es werden Konflikte zwischen Transport-aufträgen gemeldet, die demselben Än-derungszyklus oder unterschiedlichen Änderungszyklen angehören. Dabei ist die Änderungsvorgangsverknüpfung der Transportaufträge typenunabhängig.
zyklusspezifisch	nur dringende Änderungen	Es werden Konflikte zwischen Transport-aufträgen gemeldet, die demselben Än-derungszyklus angehören. Die Transport-aufträge sind jeweils einer dringenden Änderung zugeordnet.
zyklusspezifisch	Teilüber-schneidung	Es werden Konflikte zwischen Transport-aufträgen gemeldet, die demselben Än-derungszyklus angehören. Mindestens einer der Transportaufträge ist dabei einer dringenden Änderung zugeordnet.
zyklusspezifisch	Über-schneidung	Es werden Konflikte zwischen Transport-aufträgen gemeldet, die demselben Än-derungszyklus angehören. Dabei ist die Änderungsvorgangs-verknüpfung der Transportaufträge typenunabhängig.
anderer Zyklus	nur dringende Änderungen	Es werden Konflikte zwischen Transport-aufträgen gemeldet, die unterschied-lichen Änderungszyklen angehören. Die Transportaufträge sind jeweils einer dringenden Änderung zugeordnet.
anderer Zyklus	Teilüber-schneidung	Es werden Konflikte zwischen Transport-aufträgen gemeldet, die unterschied-lichen Änderungszyklen angehören. Min-destens einer der Transportaufträge ist dabei einer dringenden Änderung zuge-ordnet.
anderer Zyklus	Über-schneidung	Es werden Konflikte zwischen Transport-aufträgen gemeldet, die unterschiedli-chen Änderungszyklen angehören. Dabei ist die Änderungsvorgangs-verknüpfung der Transportaufträge typenunabhängig.

Tabelle 7.1 Konfliktszenarien der systemübergreifenden Objektsperre (Forts.)

Stoppen bei Fehler

Wenn Sie den Prüfmodus **Stoppen bei Fehler** auswählen, ist keine erneute Aufnahme des gleichen Objekts in einen weiteren Transportauftrag mehr möglich, solange das Objekt nicht in das Produktivsystem importiert wurde. Beim Versuch der erneuten Aufnahme des Objekts in einen Transportauftrag erscheint eine Konfliktmeldung (siehe Abbildung 7.22).

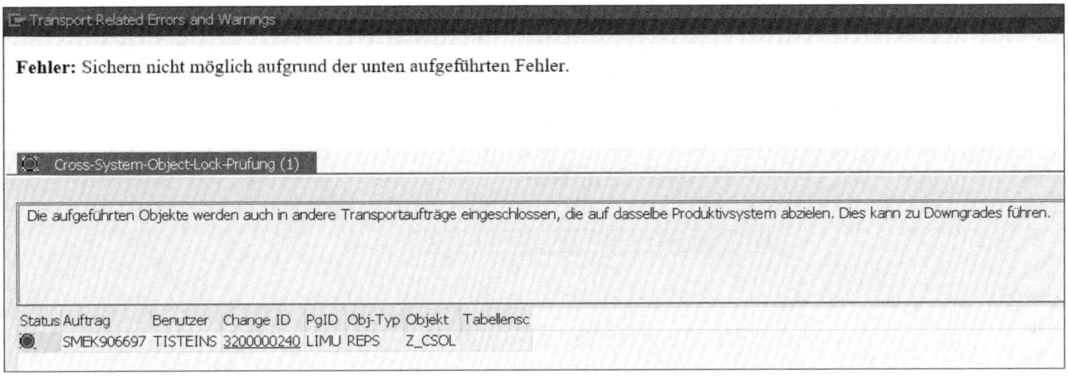

Abbildung 7.22 Konfliktmeldung im Prüfmodus »Stoppen bei Fehler«

Eine solche Konfliktmeldung enthält folgende Informationen:

- Art des Konflikts (Warnung oder Fehler)
- betroffene Transportaufträge
- Inhaber der Transportaufträge
- ID der relevanten Änderungsdokumente
- betroffene Objekte

Konfliktszenario »Nur Warnung«

In der Praxis ist es oft nicht möglich, Objekte so lange zu sperren, bis das zugehörige Release oder Entwicklungsprojekt live geht, da parallel schon weitere Entwicklungstätigkeiten an denselben Objekten durchgeführt werden müssen (beispielsweise bei einem Hotfix). Folglich ist es für viele Kunden unabdingbar, bei der systemübergreifenden Objektsperre den Modus **Nur Warnung** anstelle des Modus **Stoppen bei Fehler** einzustellen. Um Software-Downgrades in diesen Fällen zu vermeiden, hat SAP eine weitere SAP-Solution-Manager-Funktionalität entwickelt: den Downgrade-Schutz (siehe Abschnitt 7.5.2).

Wenn Sie bei der Konfiguration die Option **Nur Warnung** markieren (siehe Abbildung 7.23), wird den Entwickler*innen im Konfliktfall bei der Aufnahme des Objekts in einen Transportauftrag lediglich eine Warnung anstatt einer Fehlermeldung angezeigt. Diese kann ignoriert werden. Dadurch wird das Objekt in einem weiteren Transportauftrag gespeichert. Sollten Sie diese Option wählen, müssen Sie sich des Downgrade-Risikos bewusst sein,

d. h. des Risikos, dass Objekte aus neueren Transportaufträgen mit gleichen Objekten aus älteren Transportaufträgen überschrieben werden.

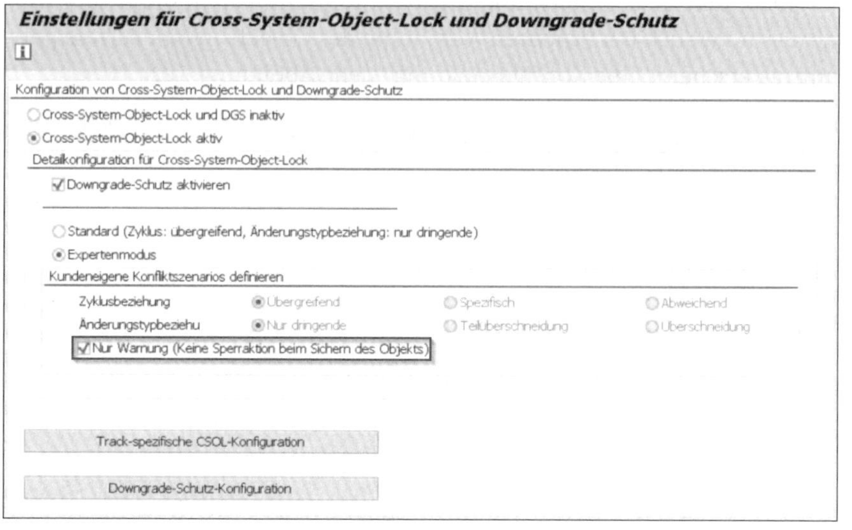

Abbildung 7.23 Warnung bei systemübergreifender Objektsperre

Noch spezifischer für jedes einzelne Entwicklungssystem können Sie die systemübergreifende Objektsperre mit der **Track-spezifischen Konfiguration** oder auf Objektebene mit der **Objektspezifischen Warnmoduskonfiguration** einstellen. Diese Einstellungen übersteuern die allgemeinen Konfigurationseinstellungen für die Objektsperre.

Aktivierung Nachdem Sie die Konfiguration der systemübergreifenden Objektsperre durchgeführt haben, müssen Sie die Funktionalität für Ihre Entwicklungssysteme aktivieren. Die Aktivierung erfolgt über das Administrations-Cockpit im Bereich **Landschaftsübersicht** für das entsprechende Entwicklungssystem (siehe Abbildung 7.24).

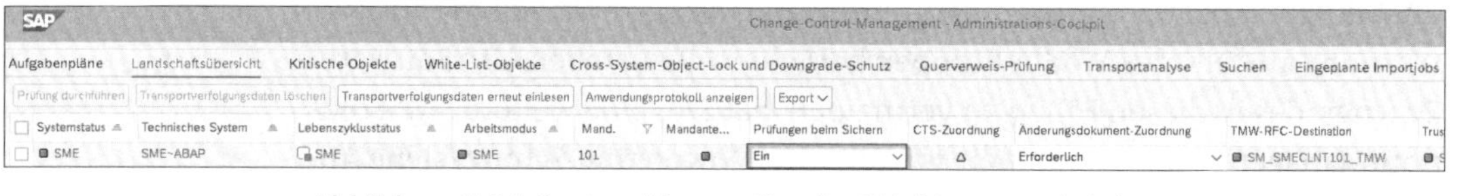

Abbildung 7.24 Systemübergreifende Objektsperre aktivieren

[»]

Systemübergreifende Objektsperre bei Nicht-Verfügbarkeit des SAP-Solution Manager Systems

Falls Ihr produktives SAP-Solution-Manager-System vorübergehend mal nicht verfügbar sein sollte, Sie jedoch weiterhin Objektänderungen in Entwicklungssystemen vornehmen möchten, verwenden Sie den Report TMW_CONTROL_PROJECT_LOCK, um die systemübergreifende Objektsperre in Ihrem Entwicklungssystem vorübergehend zu deaktivieren. Bei Wiederverfügbarkeit des SAP-Solution-Manager-Systems können Sie die Objektsperre mit diesem Report auch wieder aktivieren.

Über die Registrierung von Transportaufträgen im Administrations-Cockpit oder mit dem Report TMW_TRKORR_LOCK_UPDATE können Sie das Schreiben der Sperreinträge für die während der Downtime geänderten Objekte in das zentrale Sperrverwaltungssystem des SAP Solution Managers nachholen.

7.5.2 Downgrade-Schutz

Mit der Funktionalität Downgrade-Schutz (DGS) werden im SAP Solution Manager Transportaufträge nachverfolgt, die die gleichen Transportobjekte beinhalten und dasselbe Produktivsystem als Transportziel haben. Diese Funktionalität ist für ABAP- sowie eingeschränkt auch für Nicht-ABAP-Systeme verfügbar. Die Funktion baut auf der systemübergreifenden Objektsperre auf und ermöglicht es Entwickler*innen, Berater*innen und Transportmanager*innen durch entsprechende Warnungen, Risiken und Gefahren für das Qualitätssicherungs- und das Produktivsystem rechtzeitig zu erkennen.

Varianten der Downgrade-Prüfung

Grundsätzlich gibt es zwei Möglichkeiten, eine Downgrade-Prüfung auszulösen. Die Prüfung erfolgt in der Regel automatisch durch das System. Konflikte, die in der Prüfung erkannt werden, werden im ChaRM in Änderungsdokumenten und Änderungszyklen angezeigt und können dort auch ignoriert werden.

- **Automatische Prüfung**
  Eine Downgrade-Prüfung kann durch das Freigeben, Importieren, Entkoppeln oder Zuordnen von Transportaufträgen oder bei Neuzuordnung von Änderungsdokumenten automatisiert angestoßen werden. Wenn dabei ein Konflikt auftreten sollte, wird dieser in einem Dialogfenster angezeigt. Er kann ignoriert, und der Vorgang kann fortgesetzt werden. Downgrade-Konflikte werden Ihnen zudem im Zuordnungsblock **Transportbezogene Prüfungen** in Änderungsdokumenten oder Änderungszyklen angezeigt.
- **Manuelle Prüfung**
  Die Downgrade-Prüfung in Änderungsdokumenten oder Änderungszyklen kann im ChaRM auch manuell über den Zuordnungsblock **Trans-**

portbezogene Prüfungen • Prüfung durchführen (siehe Abbildung 7.25) angestoßen werden. Im QGM können Sie die Prüfung über die Szenarioübersicht oder bezogen auf die jeweilige Änderung in der Änderungsübersicht anstoßen. Dabei analysiert das System potenzielle Konflikte, die bei der Freigabe aller offenen Transportaufträge in den Entwicklungssystemen sowie beim Import aller freigegebenen Transportaufträge in allen Zielsystemen der Landschaft auftreten können. Dadurch haben Sie die Möglichkeit, mögliche Konflikte bereits vor ihrem Auftreten zu erkennen und zu verhindern.

Abbildung 7.25 Zuordnungsblock »Transportbezogene Prüfungen«

[»]

Delta-Downgrade-Prüfung

Die Downgrade-Prüfung kann beim Import von Releases mit vielen Transportaufträgen unter Umständen sehr viel Zeit in Anspruch nehmen. Wenn Zeit ein relevanter Faktor für Sie ist, beispielsweise beim Produktivimport, sollten Sie darüber nachdenken, die *Delta-Downgrade-Prüfung* zu aktivieren. Diese ist wesentlich schneller als eine vollständige Prüfung. Mehr zu dieser Möglichkeit erfahren Sie im SAP Help Portal unter folgender URL: *http://s-prs.de/v791825*

Prüfarten

Innerhalb der Downgrade-Schutz-Funktion werden folgende verschiedene Prüfungen durchlaufen und entsprechende Konflikte durch das System gemeldet:

- **Prüfung bei Freigabe**
  Die Downgrade-Prüfung wird vom System automatisch bei der Freigabe von Transportaufträgen ausgeführt. Ein Downgrade tritt auf, wenn zuerst freigegebene Transportaufträge als zweites importiert werden wür-

den. Dies kann mit der Freigabeprüfung frühzeitig erkannt und im weiteren Verlauf verhindert werden.

- **Prüfung bei Neuzuordnung**
  Das System führt diese Prüfung aus, wenn ein Transportauftrag einem entsprechenden Aufgabenplan oder einem Änderungsdokument neu zugeordnet oder entkoppelt wird. Da die Transportaufträge nach einer Neuzuordnung zu anderen Änderungszyklen gehören können, kann sich die Reihenfolge der freizugebenden und zu importierenden Transportaufträge ändern. Verifizieren Sie vor der Ausführung einer Neuzuordnung oder Entkopplung die technische Notwendigkeit einer solchen Aktion.
- **Prüfung von Vorgängern**
  Das System kann Vorgänger, d. h. vorausgegangene Transportaufträge mit Konflikten, während des Imports von Transportaufträgen in das Qualitätssicherungssystem oder Produktivsystem feststellen. Ein Downgrade würde dann auftreten, wenn ein Vorgängertransportauftrag nach dem bereits erfolgten Import des Nachfolgertransportauftrags importiert werden würde. Beim Import des Nachfolgertransportauftrags wurden bereits Downgrade-Konflikte gemeldet und ignoriert. Diesen Sachverhalt erkennt das System und meldet beim Import des Vorgängers einen Konflikt.
- **Prüfung drohender Konflikte**
  Das System kann während des Imports von Transportaufträgen Konflikte feststellen, die zu einem Downgrade führen würden. Würden Sie diese Konflikte ignorieren und den Transportauftrag dennoch importieren, hätte dies einen Downgrade der entsprechenden Objekte zur Folge.

Konfiguration des Downgrade-Schutzes

Die Downgrade-Schutz-Funktionalität können Sie im Administrations-Cockpit des **Change-Control-Management** unter **Einstellungen für Cross-System-Objekt-Lock und Downgrade-Schutz • Konfiguration des Downgrade-Schutzes** konfigurieren. Hier haben Sie die Möglichkeit, den einzelnen Downgrade-Prüfarten Downgrade-Konfliktartensymbole zuzuweisen (siehe Abbildung 7.26).

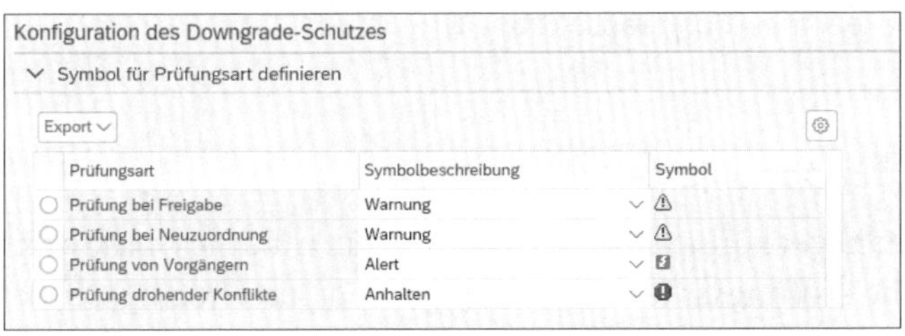

Abbildung 7.26 Konfiguration des Downgrade-Schutzes

Im Bereich **Downgrade-Schutz – Systemkonfiguration** können Sie eine systemspezifische Konfiguration durchführen, im Bereich **Prüfung der Rollen- und Customizing-Objekte** eine spezifische Konfiguration für bestimmte PFCG-Rollen und Customizing-Objekte. Die Prüfung bestimmter Customizing-Objekte oder PFCG-Rollen kann auch systemspezifisch ein- oder ausgeschaltet werden. Diese spezifischen Einstellungen übersteuern jeweils die allgemeinen, globalen Konfigurationseinstellungen.

Voraussetzungen

Für den Einsatz der Downgrade-Schutz-Funktion sollten folgende technischen Grundvoraussetzungen erfüllt sein:

- Sie haben ein aktuelles CTS-Plug-in für Ihr SAP-Solution-Manager-System installiert (siehe SAP-Hinweis 1665940).
- Sie müssen die CTS-Plug-ins an alle verwalteten Systeme verteilt haben, in denen Sie die Downgrade-Schutz-Funktionalität aktivieren möchten. Ab SAP NetWeaver 7.40 SP 10 sind die Plug-ins in der Softwarekomponente SAP_BASIS enthalten. Es ist sinnvoll, die Verteilung der Plug-ins über den SAP Solution Manager anzustoßen (Transaktion SZENCONFIG).
- Sie haben die systemübergreifende Objektsperre konfiguriert und in Ihren verwalteten Entwicklungssystemen aktiviert (siehe Abschnitt 7.5.1).
- Für das Ignorieren der Downgrade-Konflikte ist das Berechtigungsobjekt `SM_CM_DGPN` relevant. Stellen Sie sicher, dass die entsprechenden Rollen dieses Objekt in der benötigten Ausprägung enthalten.

[»]

Empfohlene Routineaufgaben für den Downgrade-Schutz

Wenn Sie den Downgrade-Schutz aktiviert haben, werden laufend Daten (Tracking- und Objektdaten) zu den Transportaufträgen in verschiedenen zentralen Datenbanktabellen abgelegt. Damit diese Tabellen nicht zu groß werden, valide Datensätze enthalten und die Downgrade-Prüfung performanter durchlaufen werden kann, sollten Sie den in SAP-Hinweis 2444942 beschriebenen Report periodisch als Hintergrundjob einplanen. SAP empfiehlt in Abhängigkeit vom Transport- und Entwicklungsverhalten mindestens eine wöchentliche Einplanung, optimalerweise eine tägliche. Beachten Sie in diesem Zusammenhang auch das in SAP-Hinweis 2363546 beschriebene Housekeeping-Tool (Transaktion SCTS_DGP).

7.5.3 Kritische Transportobjekte

Im SAP Solution Manager können Sie eine Prüfung für kritische Objekte aktivieren. Eine solche Prüfung ist für Entwicklungs- und Customizing-Objekte mit großer Relevanz für Ihre kritischen Kerngeschäftsprozesse sinnvoll. Mithilfe dieser Funktionalität sollen unkontrollierte Änderungen an diesen Objekten vermieden und ein Vier-Augen-Prinzip implementiert werden.

Konfiguration

Kritische Transportobjekte können Sie über Administrations-Cockpit des Change Control Managements (Transaktion CM_ADM_COCKPIT) definieren. Wählen Sie dort den Bereich **Kritische Objekte • Hinzufügen**. Hier können Sie hinterlegen, welche Workbench- und Customizing-Objekte beim Export des Transportauftrags überprüft werden sollen. Sie können die Namen der relevanten Objekte manuell eingeben oder einen Transportauftrag einlesen, der diese Objekte enthält (siehe Abbildung 7.27).

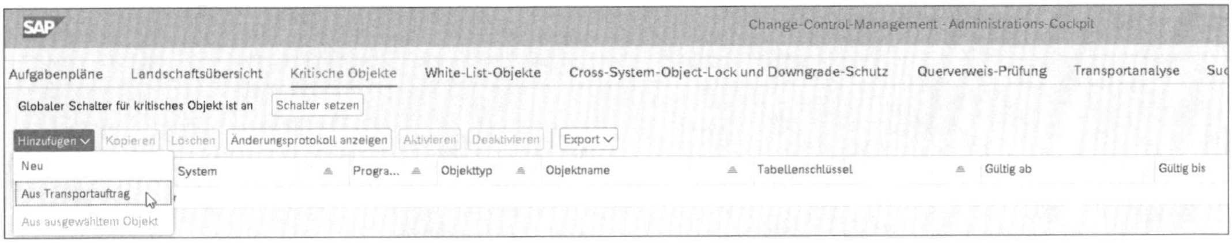

Abbildung 7.27 Kritische Objekte anlegen

Als Beispiel zeigen wir Ihnen in Abbildung 7.28 die Anlage eines kritischen Objekts aus einem Transportauftrag.

Abbildung 7.28 Kritisches Objekt aus Transportauftrag anlegen

Prüfung aktivieren

Die Aktivierung der Prüfung auf kritische Objekte erfolgt pro Entwicklungssystem und Mandant:

1. Wählen Sie die Schaltfläche **Schalter setzen**.
2. Wählen Sie die Schaltfläche **Globalen Schalter aktivieren**.

3. Anschließend wählen Sie die Kombination aus Entwicklungssystem und Mandant aus, für die Sie die Prüfung aktivieren wollen, und setzen einen Haken in der Spalte **Prüfung kritischer Objekte** (siehe Abbildung 7.29).

Abbildung 7.29 Aktivierung der Prüfung kritischer Objekte

[»]

Globaler Schalter und Systemschalter

Sie können mit dem globalen Schalter und dem Systemschalter festlegen, ob die Prüfung für alle Systeme oder für einzelne Systeme aktiv sein soll. Die Prüfung wird jedoch nur ausgeführt, wenn sowohl der globale Schalter als auch der Systemschalter für die relevanten Entwicklungssysteme eingeschaltet sind.

4. Bestätigen Sie die Aktivierung im folgenden Dialogfenster mit **Ja**.

Nun ist die Prüfung für das definierte Objekt aktiv. Das Feld **Status** in der Übersicht der kritischen Objekte sollte für diese Objekte grün sein.

[»]

Modifikationsobjekte als kritische Objekte

Mit dem Schalter **Änderungsprüfung aktivieren**, können Sie die Prüfung von Modifikationen in den jeweiligen Entwicklungssystemen aktivieren. Seit SPS11 wurde die Steuerung der Modifikationsprüfung in das Administrations-Cockpit integriert. In früheren Releases mussten Sie die Modifikationsprüfung über die Transaktion /n/TMWFLOW/CONFIG_SVC aktivieren. Mehr Informationen zu dieser Prüfung erhalten Sie in SAP-Hinweis 2512935.

Prüfung auf kritische Objekte

Ein erstes Ergebnis der Prüfung erhalten Sie bei der Aufnahme eines kritischen Objekts in einen Transportauftrag (siehe Abbildung 7.30). In diesem Fall wird aber lediglich eine Warnung ausgegeben, und ein Sichern des Objekts in dem Transportauftrag ist trotzdem möglich.

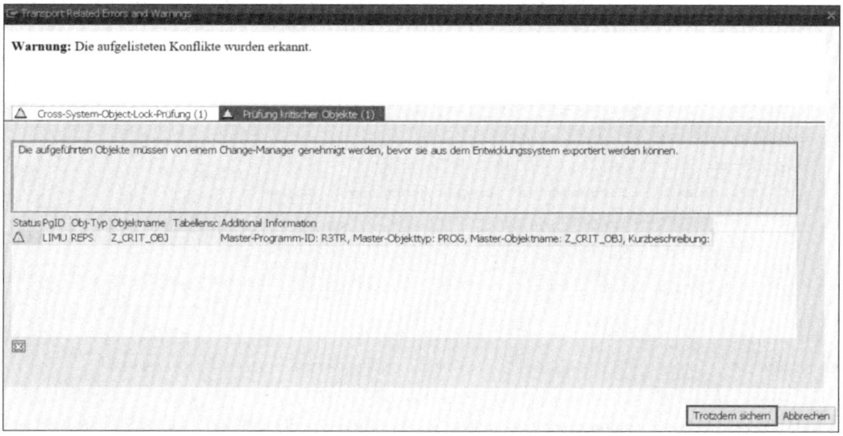

Abbildung 7.30 Erste kritische Objektprüfung

Die wichtigste Prüfung wird während des Exports eines Transportauftrags ausgeführt (auch bei Transporten von Kopien). Sollte ein Transportauftrag kritische Objekte enthalten, wird der Transportauftrag nicht freigegeben. Im Änderungsdokument erscheint in diesem Fall ein Dialogfenster mit dem Prüfungsergebnis (siehe Abbildung 7.31).

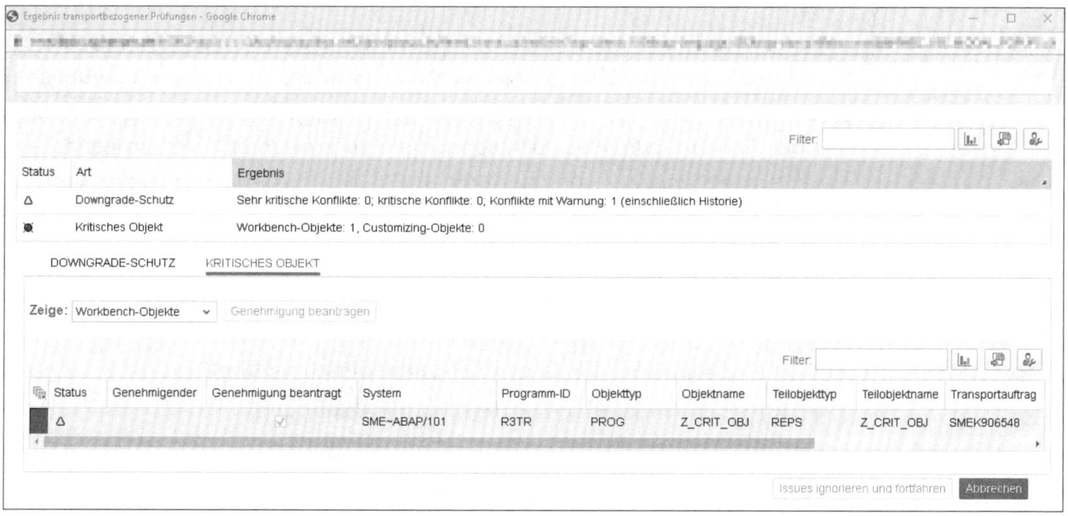

Abbildung 7.31 Ergebnis transportbezogener Prüfungen

Transportauftrag genehmigen

Der Transportauftrag kann nur noch freigegeben werden, wenn die Änderung der kritischen Objekte von einer verantwortlichen Person wie beispielsweise dem oder der Change Manager*in genehmigt wurde. Die Genehmigung erfolgt über die SAP-Fiori-Applikation **Meine Inbox** oder den Zuordnungsblock **Transportbezogene Prüfungen** im Änderungsdokument (siehe Abbildung 7.32).

Abbildung 7.32 Transport eines kritischen Objekts genehmigen

[»]

E-Mail-Workflow bei kritischen Objekten

Es können E-Mail-Benachrichtigungen eingerichtet werden, um beispielsweise den oder die Change Manager*in (im Standard) über Genehmigungsanträge zu informieren. Auch der oder die Antragsteller*in kann per E-Mail über Genehmigungen und Ablehnungen zu kritischen Objekten benachrichtigt werden. Zur Konfiguration eines E-Mail-Workflows für Ihre Änderungsvorgänge im ChaRM können Sie die PPF-Aktionen in den Aktionsprofilen entsprechender Standardvorgangsarten (z. B. Vorgangsart `SMMJ`) als Vorlage verwenden:

- `SMMJ_SEND_MAIL_REQ_CRIT_OBJ` (für die Beantragung)
- `SMMJ_SEND_MAIL_APR_CRIT_OBJ` (für die Genehmigung)
- `SMMJ_SEND_MAIL_REJ_CRIT_OBJ` (für die Ablehnung)

Wenn Sie diese PPF-Aktionen konfiguriert haben, gibt es ab SPS09 die Möglichkeit, die Beantragung der Genehmigung automatisiert per E-Mail anzufordern. Sobald ein Entwickler oder eine Entwicklerin eine Änderung an einem kritischen Objekt auf dem verwalteten System in einem Transportauftrag sichert, wird automatisiert eine E-Mail an den oder die Change Manager*in oder an eine andere von Ihnen definierte Partnerfunktion gesendet. Über die Genehmigung oder Ablehnung wird die beantragende Person per E-Mail informiert.

7.5.4 Querverweisprüfung

Die *Querverweisprüfung* ist mit SAP Solution Manager 7.2 SPS08 verfügbar. Sie prüft mithilfe eines Verwendungsnachweises, ob es bei den in Transportaufträgen referenzierten Objekte Inkonsistenzen im Hinblick auf ein zukünftiges Transportvorhaben gibt. Wenn ein referenziertes Objekt im Zielsystem beim Import eines Transportauftrags nicht vorhanden ist, bricht der Import, oder besser gesagt die Generierung und Aktivierung, des verwendenden Objekts im Normalfall mit einem Fehler und dem Return Code 8 ab. Wird vor dem Import die Querverweisprüfung ausgeführt, weist diese Sie auf die potenzielle Fehlersituation hin. Im Prüfergebnis werden Ihnen die betroffenen Transportaufträge sowie die fehlenden Transportaufträge, die die fehlenden Objektversionen beinhalten, angezeigt.

Die Querverweisprüfung kann wahlweise automatisch oder manuell ausgelöst werden. Bei der automatischen Ausführung wird die Prüfung beim Export oder Import eines Transportauftrags angestoßen.

Die Querverweisprüfung unterstützt folgende Arten von Objekten:

- ABAP-Repository-Objekte
- Dictionary-Objekte
- Customizing-Objekte

Nicht unterstützt werden logische Transportobjekte und SAP-HANA-Objekte.

Anwendungsfälle

Typische Anwendungsfälle für den Einsatz der Querverweisprüfung sind:

- Prüfung eines Transports im Entwicklungssystem, bevor ein bzw. eine Entwickler*in diesen freigibt und in das Qualitätssicherungssystem importiert
- Prüfung einer Reihe von Aufträgen, beispielsweise einer Import-Queue oder eines bestimmten Release, bevor ein bzw. eine Transportmanager*in diese in das Vorproduktiv- oder Produktivsystem importiert

Systemvoraussetzungen

Um die Querverweisprüfung einsetzen zu können, müssen Sie das ST-PI-Plug-in 740, 2008.1 SP16 oder höher in den verwalteten Systemen installiert haben. Diese finden Sie in SAP-Hinweis 2475591.

Konfiguration der Querverweis-prüfung

Die Querverweisprüfung wird über das Administrations-Cockpit des Change Control Managements (Transaktion CM_ADM_COCKPIT) auf der Registerkarte **Querverweis-Prüfung** aktiviert und konfiguriert. Dabei haben Sie folgende Möglichkeiten:

- Prüfung aktivieren oder deaktivieren
- allgemeine Konfliktkonfiguration mit dem jeweiligen Prüfmodus (nur bei aktiver Prüfung konfigurierbar)
- Track-spezifische Einstellungen konfigurieren (nur bei aktiver Prüfung konfigurierbar)

Prüfmodus

Im Rahmen der allgemeinen Konfiguration können Sie den Prüfmodus festlegen. Dieser bestimmt, was geschehen soll, wenn die Prüfung in einem Transportauftrag einen potenziellen Fehler erkennt. Es wird zwischen folgenden Prüfmodi unterschieden:

- Wählen Sie den Modus **Nur Warnung**, gibt das System im Konfliktfall sowohl bei der Freigabe als auch bei einem Import eines Transportauftrags nur eine Warnung aus.
- Wählen Sie den Modus **Bei Fehler stoppen**, gibt das System im Konfliktfall sowohl bei der Freigabe als auch bei einem Import eines Transportauftrags einen Fehler aus.
- Haben Sie den Modus **Still** eingerichtet, wird die Prüfung bei der Freigabe und beim Import eines Transportauftrags nicht ausgeführt, sondern übersprungen. Bei diesem Modus wird im Konfliktfall immer eine Warnung ausgegeben. Um eine Warnung zu Konflikten zu erhalten, müssen Sie die Prüfung jedoch manuell über den Zuordnungsblock **Transportbezogene Prüfungen** ausführen. Dieser Modus ist ab SPS09 sowohl für die Konfiguration der Querverweisprüfung als auch für die Konfiguration der Downgrade-Schutz-Prüfung verfügbar.
- Im Standardmodus wird im Konfliktfall bei der Freigabe eines Transportauftrags eine Warnung ausgegeben. Bei einem Import wird im Konfliktfall eine Fehlermeldung ausgegeben, und der Import wird gesperrt.

Falls kein Modus Ihren Anforderungen genügt, können Sie eine Transport-Track-spezifische Konfliktkonfiguration durchführen.

[»]

Ausführung ohne globale Aktivierung

Wenn Sie lediglich als Transportmanager*in eine Reihe von Aufträgen importieren wollen, beispielsweise vor dem Import eines Release in die Vorproduktiv- oder Produktivsysteme, können Sie die Querverweisprüfung mithilfe des Reports /SDF/CMO_TR_CHECK (Transaktion /SDF/TRCHECK) auch manuell anstoßen, ohne sie global zu aktiveren. Dieses Programm bietet noch weitere sehr sinnvolle Prüfmöglichkeiten, wie beispielsweise eine Transportreihenfolgeprüfung. Weitere Informationen zu den angebotenen Prüfungen finden Sie in SAP-Hinweis 2475591.

[«]

Weitere transportbezogene Prüfungen

Sie haben die Möglichkeit, noch weitere transportbezogene Prüfungen zu implementieren, beispielsweise im ABAP Test Cockpit und dem Code Inspector. Auch kundeneigene Prüfungen (siehe auch Abschnitt 7.2.3, »Setup des verwalteten Systems«, Schritt 7).

7.6 Nützliche Funktionen für duale Systemlandschaften

Der Einsatz von dualen Systemlandschaften ist in den folgenden Anwendungsszenarien sinnvoll:

- Neben fortlaufenden Wartungsaktivitäten für Ihren Produktivbetrieb finden innerhalb eines Entwicklungsprojekts über einen längeren Zeitraum hinweg Tätigkeiten zur Entwicklung neuer Funktionalitäten statt. Nach dem Go-live des Projekts startet das nächste Entwicklungsprojekt. Dies erfordert eine permanente duale Systemlandschaft.
- Für ein einzelnes Entwicklungsprojekt oder bei einem Upgrade wird eine duale Systemlandschaft für Entwicklungs- und Testaktivitäten aufgebaut. Die Wartungsaktivitäten wie Fehlerbehebungen für das Produktivsystem finden in der Wartungslandschaft statt.

Duale Systemlandschaften bringen ihre eigenen Herausforderungen mit sich, da die Komplexität im Hinblick auf das Transportmanagement in einer solchen Umgebung steigt. SAP stellt Ihnen zwei Werkzeuge zur Verfügung, die Ihnen beim Umgang mit dieser Komplexität helfen. Diese beiden Werkzeuge, *Retrofit* und *Cutover-Prüfungen und Post-Cutover-Aktivitäten*, erläutern wir in den folgenden Abschnitten.

7.6.1 Retrofit – Abgleich von Systemständen zwischen Entwicklungssystemen zweier Landschaften

Retrofit

Die Retrofit-Funktionalität dem kontrollierten Abgleich von Änderungen aus einer Wartungs- in eine Entwicklungslandschaft. Eine *duale Systemlandschaft* besteht häufig aus einer Drei- oder Vier-System-Landschaft für die Wartung sowie einer Zwei- oder Drei-System-Landschaft für Entwicklungs- und Testaktivitäten (siehe Abbildung 7.33).

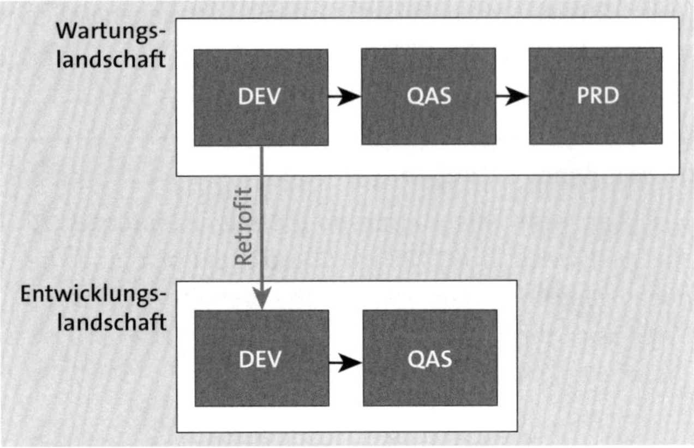

Abbildung 7.33 Duale Systemlandschaft und Retrofit-Prozess

In solchen komplexen Systemlandschaften ist es erforderlich, Änderungen, die innerhalb der Wartungslandschaft vorgenommen wurden, in der Projektlandschaft zu wiederholen, um den gleichen SAP-Softwarestand in beiden Systemlandschaften zu gewährleisten. Vereinfacht bedeutet das, dass die Fehlerkorrekturen aus der Wartungslandschaft beim Go-live des Entwicklungsprojekts noch verfügbar sein müssen.

Der manuelle Abgleich ist sehr aufwendig und riskant. In der Praxis kann es oft vorkommen, dass Fehlerbehebungen in der Wartungslandschaft erforderlich sind und deswegen Objekte geändert werden müssen, die gleichzeitig in der Projektlandschaft weiterentwickelt werden. In diesem Fall muss verhindert werden, dass weiterentwickelte Softwarestände aus der Projektlandschaft mit Änderungen aus der Wartungslandschaft überschrieben werden und dadurch Inkonsistenzen entstehen. Der SAP Solution Manager hilft Ihnen mit der Retrofit-Funktionalität und der systemübergreifenden Objektsperre dabei, potenzielle Konflikte automatisch zu identifizieren und den Abgleich zwischen beiden Systemlandschaften kontrolliert durchzuführen. Um Konflikte aufzulösen, ist es darüber hinaus erforderlich, dass sich die Entwicklungsteams abstimmen und den Retrofit-Prozess kontrolliert durchführen.

Voraussetzungen

Damit Sie den Retrofit-Prozess anwenden können, sind folgende Grundvoraussetzungen zu erfüllen:

- Die technische Voraussetzung wird durch eine ChaRM-kompatible Konfiguration des TMS geschaffen. Das ChaRM wird für eine Wartungslandschaft und diverse Projektlandschaften konfiguriert. Die TMS-Aktivitäten werden jeweils in den verwalteten Systemen (d. h. in den Domänen-Controllern) im Mandanten 000 ausgeführt. Wenn sich die Systeme in verschiedenen Transportdomänen befinden, müssen Domain-Links zwischen beiden Domänen erstellt werden.

- Alle prozessrelevanten Systeme und Mandanten der dualen Systemlandschaft müssen über die Transaktion SOLMAN_SETUP (**Szenarioübergreifende Konfiguration • Konfiguration der verwalteten Systeme**) an den SAP Solution Manager angebunden sein.
- Die systemübergreifende Objektsperre sollte für die Wartungs- und Entwicklungslandschaft konfiguriert sein (siehe Abschnitt 7.5.1).

[!]

Retrofit ohne systemübergreifende Objektsperre

Sie können die Retrofit-Funktionalität grundsätzlich auch ohne den Einsatz der systemübergreifenden Objektsperre nutzen. Die automatische Konflikterkennung ist jedoch damit nicht aktiv. Dadurch kann es passieren, dass Objektänderungen aus der Entwicklungslandschaft durch Änderungen aus der Wartungslandschaft überschrieben werden. Daher empfehlen wir Ihnen, die systemübergreifende Objektsperre für Ihr Szenario zu aktivieren.

- Entwicklungs- und Qualitätssicherungssystem der Wartungslandschaft werden in der Regel dem Wartungs-Branch, das Produktivsystem dem Produktiv-Branch zugeordnet. Die Systeme der Entwicklungslandschaft werden dem Entwicklungs-Branch zugewiesen. Sie können diese logischen Komponentengruppen über die Transaktion SM_WORKCENTER im Bereich **Projekt- und Prozessmanagement • Lösungsverwaltung • Systemlandschaft • Logische Komponentengruppen bearbeiten** anlegen und bearbeiten.
- Die Änderungszyklen und deren Aufgabenpläne müssen für die Wartungs- und Entwicklungslandschaft angelegt werden. Bei der Anlage des Aufgabenplans für den Änderungszyklus der Wartungslandschaft muss in Schritt 2, **Umfang definieren**, unter **Retrofit-Systeme • Hinzufügen** das Retrofit-System (Entwicklungssystem der Entwicklungslandschaft) zugeordnet werden (siehe Abbildung 7.34). Wie Sie Änderungszyklen und Aufgabenpläne anlegen, erfahren Sie in Abschnitt 8.2 und Abschnitt 8.3.
- Die speziellen Retrofit-Customizing-Aktivitäten und ggfs. Entwicklungstätigkeiten aus Schritt 3.2 der Grundkonfiguration des ChaRM (siehe Abschnitt 7.2.2) sowie Schritt 7.2 des Setups des verwalteten Systems (siehe Abschnitt 7.2.3) müssen durchgeführt werden.

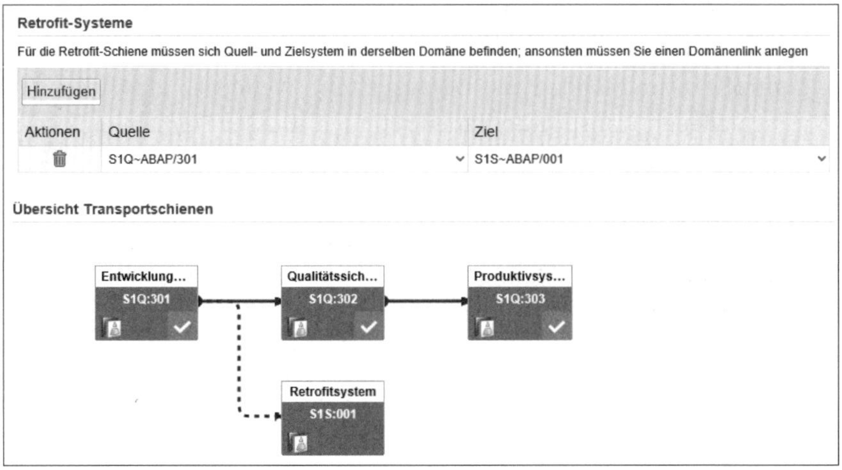

Abbildung 7.34 Retrofit-System im Aufgabenplan zuordnen

[»]

Eigenständiges Retrofit

Mit der Funktion *Retrofit Standalone* können Sie in SAP Solution Manager 7.2 die Retrofit-Funktionen auch verwenden, wenn Sie das ChaRM- oder das QGM-Szenario nicht eingerichtet haben. Aktivieren Sie dazu den Retrofit-Parameter STANDALONE. Die Voraussetzungen für die eigenständige Nutzung der Retrofit-Funktionen sind der erfolgreiche Abschluss des Konfigurationsschritts 7.2, **Retrofit konfigurieren**, im Setup des verwalteten Systems sowie die Verwendung eines Aufgabenplans zur Anlage und Freigabe von Transportaufträgen.

Nutzen Sie Retrofit zusammen mit dem ChaRM- oder QGM-Szenario, müssen Transportaufträge aus diesen Prozessen heraus freigegeben und importiert werden. Nutzen Sie hierzu den Aufgabenplan oder die entsprechende Aktion in Ihrem Änderungsdokument. Für den Retrofit-Prozess ist die Nutzung von Änderungsdokumenten aus dem ChaRM aber nicht zwingend erforderlich.

Die Retrofit-Funktionalität zeichnet automatisch alle Änderungen an transportfähigen Objekten in der Wartungslandschaft auf. Dabei werden alle Objekte eines Transportauftrags einzeln kategorisiert (grün, gelb, rot). Die Basis für die Kategorisierung ist die systemübergreifende Objektsperre.

Retrofit-Werkzeuge

Abhängig von der Objektkategorie wird das Werkzeug für die Retrofit-Durchführung bestimmt. Die Retrofit-Kategorie wird bei der Freigabe des Transportauftrags im Entwicklungssystem der Wartungslandschaft ermittelt und spätestens bei der Durchführung des Retrofits erneut berechnet.

Um den Objektabgleich durchzuführen, stehen drei Werkzeuge zur Verfügung:

- *Auto Import* (Unterstützung aller transportierbaren Objekte)
- semiautomatischer Import über die *Correction Workbench* (CWB) oder *Business Configuration Sets* (BC-Sets, Customizing)
- manueller Import

Kategorisierung und zugehörige Werkzeuge

Welches Werkzeug für welche Kategorisierung zu wählen ist, veranschaulicht Abbildung 7.35:

- **Grüne Kategorie: Auto Import (automatisches Retrofit)**
  Die grüne Kategorisierung gibt an, dass alle Objekte des Transportauftrags konfliktfrei sind. Das bedeutet, dass Objekte nur im Entwicklungssystem der Wartungslandschaft geändert wurden. Im Falle einer grünen Kategorisierung kann der Retrofit automatisch erfolgen. Technisch wird nach der Freigabe des Transportauftrags im Entwicklungssystem der Wartungslandschaft vom System automatisch ein Transport von Kopien erzeugt, der nur konfliktfreie Objekt enthält. Dieser Transportauftrag wird vom System automatisch freigegeben und hat als Transportziel das Entwicklungssystem der Entwicklungslandschaft. Die alte Objektversion wird beim Import der Objekte überschrieben. Nach dem erfolgreichen Abgleich wird der Retrofit-Status **Retrofit erfolgt** automatisch gesetzt.

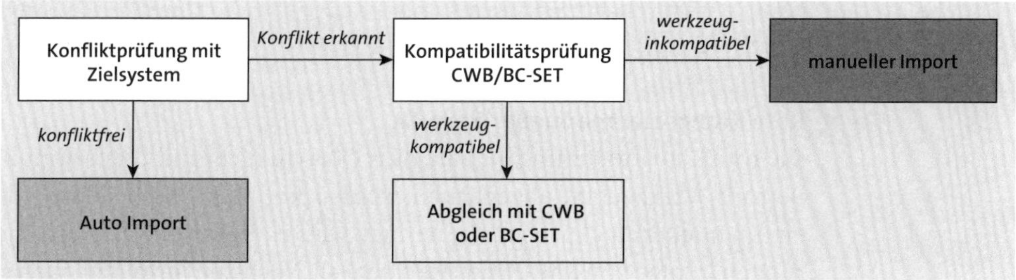

Abbildung 7.35 Retrofit-Kategorien und Werkzeuge

- **Gelbe Kategorie: CWB/BC-Set (semiautomatischer Retrofit)**
  Die gelbe Kategorisierung gibt an, dass Objekte innerhalb des Transportauftrags Konflikte aufweisen. Das bedeutet, dass die betreffenden Entwicklungsobjekte in beiden Entwicklungssystemen gleichzeitig geändert wurden. Daher muss ein halbautomatischer Abgleich werkzeugbasiert erfolgen. Für Customizing-Objekte sollten Sie BC-Sets als Werkzeug wählen, für Workbench-Objekte steht die CWB zur Verfügung. Nach dem erfolgreichen Abgleich wird der Retrofit-Status **Retrofit erfolgt** automatisch gesetzt.

[»]

Löschvermerke in BC-Sets übernehmen

Damit Löscheinträge in das BC-Set übernommen werden können, muss für jeden Benutzer in den Entwicklungssystemen die Löschfunktion aktiviert werden. Dies erfolgt in der Transaktion SCPR20 über den Pfad **Hilfsmittel • Benutzereinstellungen • Pflegetransaktionen • Löschfunktionalität • Einschalten** (siehe Abbildung 7.36).

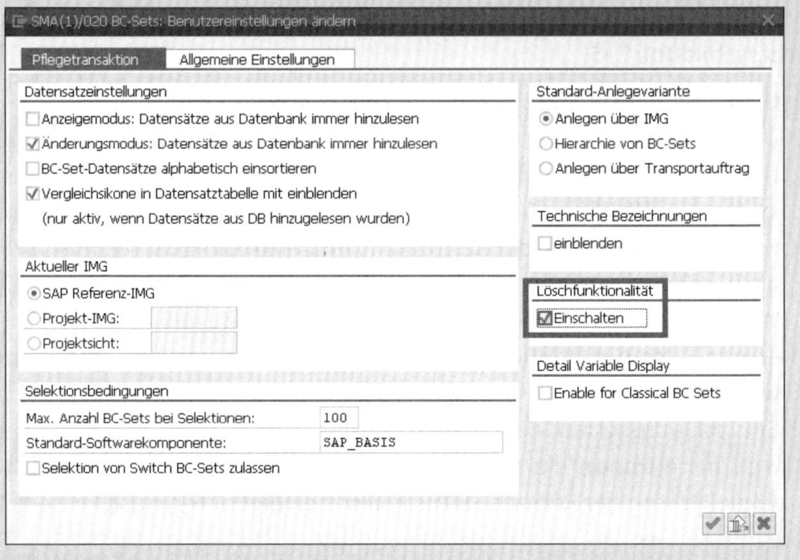

Abbildung 7.36 Löschfunktionalität aktivieren

- **Rote Kategorie: manueller Retrofit**
  Die rote Kategorisierung gibt an, dass Objekte nicht mit den erwähnten Retrofit-Werkzeugen abgeglichen werden können. Das bedeutet, dass ein manueller Abgleich erfolgen muss. Dies ist beispielsweise bei Änderungen infolge von SAP-Hinweisen der Fall. Nach dem erfolgten manuellen Abgleich muss der Retrofit-Status **Retrofit erfolgt** manuell gesetzt werden.

Unterschiedliche Objektkategorisierungen

Da die Kategorisierung objektbasiert erfolgt, kann ein Transportauftrag Objekte verschiedenster Kategorien enthalten. Ein Transportauftrag mit fünf Objekten kann beispielsweise nur ein Objekt enthalten, das manuell abgeglichen werden muss. Die restlichen vier Objekte können, wenn sie konfliktfrei sind, automatisch oder – im Falle von Konflikten – mit der CWB und den BC-Sets abgeglichen werden.

Liegt eine unterschiedliche Objektkategorisierung innerhalb eines Transportauftrags vor, führen Sie den Abgleich über die Schaltfläche **Retrofit für**

alle Kategorien durch. Die beschriebenen Tools werden dann nacheinander für den Objektabgleich der Objektkategorisierung und dem Objekttyp entsprechend aufgerufen.

Retrofit durchführen

Technisch kann der Abgleich bereits nach der Freigabe eines Transportauftrags im Entwicklungssystem der Wartungslandschaft erfolgen. Aus Qualitätsgründen sollten die Objekte jedoch erst nach einem erfolgreichen Test im Qualitätssicherungssystem der Wartungslandschaft abgeglichen werden. Daher kann das Retrofit-Werkzeug, beispielsweise aus einem Änderungsdokument heraus, nur in einem entsprechenden Status über das Aktionsmenü gestartet werden:

- Bei einer dringenden Änderung ist die Aktion **Starten des Retrofit** im Status **Freigegeben für Produktion** verfügbar.
- Bei einer normalen Änderung ist diese Aktion im Status **Erfolgreich Getestet** verfügbar.

Alternativ kann die Retrofit-Funktion aus dem Aufgabenplan des entsprechenden Änderungszyklus für die Wartungslandschaft mit der Aufgabe **Retrofit starten** gestartet werden.

Retrofit-Arbeitsvorrat

Wenn Sie die entsprechende Aktion ausgeführt haben, öffnet sich Ihr Retrofit-Arbeitsvorrat (siehe Abbildung 7.37).

Abbildung 7.37 Retrofit-Arbeitsvorrat

Für den Abgleich benötigen Sie immer einen änderbaren Zielauftrag ❶ im Entwicklungssystem der Entwicklungslandschaft, in den die Objekte aufgenommen werden können. Wir empfehlen, den Zielauftrag direkt über das ChaRM, das QGM oder den entsprechenden Aufgabenplan für die Entwicklungslandschaft anzulegen. Sind gleiche Objekte aus unterschiedlichen Transportaufträgen abzugleichen, können Sie das in der Spalte **Sequenz-**

Abhängigkeit anzeigen ❷ erkennen. Lassen Sie sich die Sequenzabhängigkeit anzeigen ❸, und führen Sie anschließend den Abgleich der Objekte in der entsprechenden Reihenfolge mit dem jeweiligen Retrofit-Werkzeug durch. Sobald der Abgleich durch eines der Tools durchgeführt wurde, wird automatisch der Status **Retrofit erfolgt** ❹ gesetzt. Nach einem manuellen Abgleich muss dieser Status manuell vergeben werden. Über Filter können Sie die bereits abgeglichenen Transportaufträge ausblenden.

[»]

Retrofit-Erweiterungen mit Focused Build

Mit Focused Build werden Ihnen sinnvolle Erweiterungen zum Retrofit-Szenario angeboten: die Retrofit-Automatisierung und Retrofit für SAP BW. Auf diese Erweiterungen, die auch eigenständig eingesetzt werden können, gehen wir in Abschnitt 13.1.8, »Erweiterungen für das Change Control Management«, ausführlicher ein.

7.6.2 Cutover-Prüfungen und Post-Cutover-Aktivitäten

Cutover-Strategien

Der *Cutover* ist ein wesentlicher Teil des Transportprozesses, wenn Sie mit einer dualen Systemlandschaft arbeiten. Dieser umfasst das Einspielen der Projektentwicklungen, die über mehrere Wochen und Monate in der Projektlandschaft entwickelt wurden, in ein System der Wartungslandschaft. Abhängig von der Cutover-Strategie werden die Transportaufträge des Entwicklungsprojekts direkt oder über eine zusätzliche Qualitätssicherung in das Produktivsystem importiert. In Abbildung 7.38 werden exemplarisch gängige Cutover-Strategien aufgeführt.

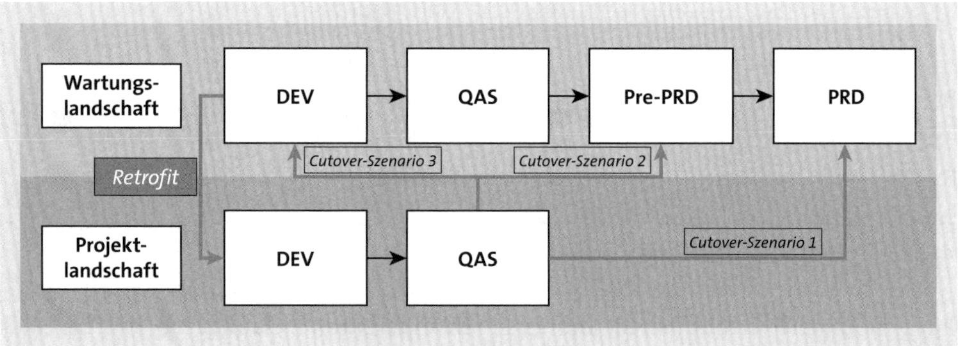

Abbildung 7.38 Cutover-Strategien

Herausforderungen

Ein Cutover-Vorhaben kann durchaus herausfordernd sein. Für einen reibungslosen Ablauf müssen einige Prüfungen und Aufgaben ausgeführt werden. So müssen Sie in diesem Zusammenhang beispielsweise Folgendes sicherstellen:

- Alle Retrofit-Aktivitäten aus der Landschaft müssen abgeschlossen sein und sich im Umfang des Cutovers befinden.
- Es darf keine laufenden Entwicklungen mehr geben, die mit dem Cutover-Umfang kollidieren könnten.
- Die richtigen Transportaufträge müssen manuell selektiert und in das Cutover-Zielsystem importiert werden.
- Andere Systeme aus der Systemlandschaft müssen anschließend manuell synchronisiert werden.

Focused-Build-Erweiterungen

Bisher gab es für diese Aufgaben keine Tool-Unterstützung. SAP stellt Ihnen nun mit den Focused-Build-Erweiterungen *Cutover-Prüfungen* und *Post-Cutover-Aktivitäten* Werkzeuge für das ChaRM zur Verfügung, die Ihnen bei Ihrem Cutover-Vorhaben helfen können.

Die Cutover-Prüfungen stellen sicher, dass die Risiken, die beim Cutover in der Wartungslandschaft entstehen können, bekannt sind und entsprechend behandelt werden können. Sie helfen Ihnen bei den folgenden Aufgaben:

- Validierung, dass alle Retrofits durchgeführt wurden und dem Cutover-Änderungszyklus angehören, um mögliche Downgrades zu verhindern
- Validierung, dass alle ursprünglichen Transportaufträge, die mit Retrofit verarbeitet wurden, auch in das Produktivsystem importiert wurden, um mögliche Downgrades durch den Cutover zu verhindern
- Validierung, dass keine abhängigen Transportaufträge in Ihrem Go-live-Umfang für den gewählten Änderungszyklus fehlen

Im Rahmen der Post-Cutover-Aktivitäten wird Ihnen Unterstützung bei den folgenden Aufgaben angeboten:

- Transportaufträge in den Transportpuffer eines Zielsystems kopieren
- Import dieser Transportaufträge ausführen
- Originalsystem ändern
- Systemanmeldung, um eventuelle Importprotokolle und Probleme direkt im verwalteten System zu prüfen

Die Funktionen werden Ihnen im Zuordnungsblock **Cutover Checks und Aktivitäten** in Änderungszyklen des ChaRM (Standardmäßig in Phasen- und Entwicklungszyklen) zur Verfügung gestellt, den Sie mit der Benutzerrolle `/SALM/SM_PRO` aufrufen. Informationen zu weiteren Focused-Build-Erweiterungen im Bereich Change Control Management erhalten Sie in Abschnitt 13.1.8.

7.7 Transportanalyse und Änderungsdiagnose

Mithilfe der Änderungsdiagnosefunktionen im SAP Solution Manager können Sie Änderungen Ihrer verwalteten Systeme nachverfolgen und analysieren. Zu den Analysewerkzeugen der Änderungsdiagnose gehören folgende Funktionen:

- Änderungsanalyse
- Änderungsauswertungen
- Konfigurationsvalidierung

Diese Funktionen stehen Ihnen zur Verfügung, sobald Sie die SAP-Solution-Manager-Konfiguration für Ihre verwalteten Systeme durchgeführt haben.

Transportausführungsanalyse

Ein weiteres Werkzeug, um das Transportverhalten in einem Kundensystem zu analysieren, ist die *Transportausführungsanalyse*. Als Release- und Testmanager*in identifizieren Sie damit Schwachstellen und Probleme im Änderungsprozess und leiten dadurch Gegenmaßnahmen ein. In den folgenden Abschnitten beschreiben wir die einzelnen Werkzeuge.

7.7.1 Änderungsanalyse

Zugriff

Die Änderungsanalyse kann über die **Ursachenanalyse** des SAP Solution Managers aufgerufen werden. Die Funktion können Sie mit den entsprechenden Berechtigungen über die Transaktion SM_WORKCENTER erreichen.

Änderungen nachverfolgen

Mithilfe dieser Funktionalität können Sie sämtliche Änderungen in Ihrer Lösungslandschaft nachverfolgen und sich einen Überblick über die Änderungen in Ihren verwalteten Systemen verschaffen. Wenn sich Systeme Ihrer Systemlandschaft unterschiedlich verhalten, kann der Grund dafür sein, dass in einem System Änderungen durchgeführt wurden, die in einem anderen System fehlen. Mithilfe der Änderungsanalyse können Sie die genaue Ursache des Problems herausfinden.

Wählen Sie ein System und den entsprechenden Analysezeitraum und lassen sich die Daten anzeigen. Sie können beispielsweise auf den Tag genau sehen, welche SAP-Hinweise oder Softwaretransporte in das jeweilige System eingespielt wurden. Wählen Sie hierzu im Bereich **KonfigSpeicher** den

Tag und den entsprechenden Alias für den Softwaretransport aus (siehe Abbildung 7.39).

Abbildung 7.39 Änderungsanalyse

Änderungsdatenbank

Die Änderungsanalyse basiert auf den Daten der *Configuration and Change Database* (CCDB), also der Änderungsdatenbank, im SAP Solution Manager. Sämtliche Änderungsdaten werden in das integrierte SAP-BW-System geschrieben. Die Änderungsdatenbank enthält Konfigurationsspeicher (*Config Stores*), die die Konfigurationseinstellungen der verwalteten Systeme beinhalten. Von diesen Einstellungen werden regelmäßig Momentaufnahmen erstellt und in der Änderungsdatenbank abgelegt. Die Historie sowie die Details einer Änderung werden innerhalb der Änderungsanalyse über den *Data Viewer* angezeigt.

Weitere Informationen zur Änderungsanalyse

Weitere Informationen zur Änderungsanalyse finden Sie in der SAP-Dokumentation unter folgender URL: *http://s-prs.de/v561563*

7.7.2 Änderungsauswertung

Die Kachel **Änderungsauswertung** kann ebenfalls in der Gruppe **Ursachenanalyse** aufgerufen werden und ist Teil der Systemanalyse.

Applikationslebenszyklus überwachen

Obwohl die Änderungsauswertung an sich eine eigenständige Funktionalität ist, kann sie auch als Bestandteil der Änderungsanalyse bei der Anzeige von Änderungsdetails eingesetzt werden. Mit der Änderungsauswertung können Sie Änderungen von Softwareanwendungen über den Applikationslebenszyklus hinweg überwachen. Sie können analysieren, welche Änderungen zu einem bestimmten Zeitpunkt in Ihrer Systemlandschaft durchgeführt wurden. Dabei kann es sich um aktuelle und historische Daten handeln. Darüber hinaus können Sie spezielle Konfigurationen zwischen zwei verschiedenen Systemen zu einem bestimmten Zeitpunkt vergleichen. Markieren Sie hierzu die jeweilige Speichergruppe, und klicken Sie auf die Schaltfläche **Vergleichen**. Die Ergebnisse des Vergleichs können Sie sich in der Ergebniszusammenfassung ansehen (siehe Abbildung 7.40).

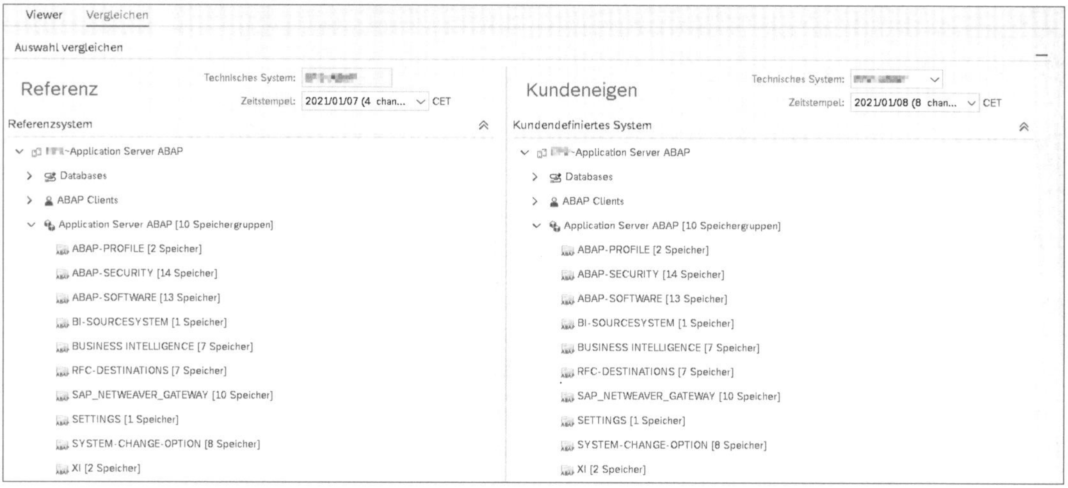

Abbildung 7.40 Vergleich innerhalb der Änderungsauswertung

Die Änderungsauswertung greift ebenso wie die Änderungsanalyse auf die Daten der Änderungsdatenbank zu. Dabei wird jede Änderung innerhalb der verwalteten Systeme in den Konfigurationsspeichern der Änderungsdatenbank abgelegt. Änderungsstatistiken werden auf Basis von SAP BW bereitgestellt.

[»]

Weitere Informationen zur Änderungsauswertung

Weitere Informationen zur Änderungsauswertung finden Sie im SAP Help Portal unter folgender URL: *http://s-prs.de/v791826*

7.7.3 Konfigurationsvalidierung

Abgleich mit Referenzsystem

Mithilfe der Konfigurationsvalidierung können Sie prüfen, ob die Systeme in Ihrer Landschaft konsistent konfiguriert wurden. Sie haben dabei ein definiertes Soll in Form eines Referenzsystems, gegen das Sie Ihre Systemkonfiguration abgleichen können. Die Konfigurationsvalidierung stellt Ihnen Reports bzw. Prüfungen zur Verfügung, mit denen Sie nachvollziehen können, wie homogen die Konfiguration Ihrer Systeme ist.

Sie können die Kachel **Konfigurationsvalidierung** über die Gruppe **Ursachenanalyse** aufrufen. Mit dieser Funktionalität können Sie u. a. vordefinierte Reports zum Validieren von Transporten in Ihren Systemen ausführen. Diese Reports finden Sie in der Sicht **Transport-Reporte**.

7.7.4 Transportausführungsanalyse

Der SAP Solution Manager bietet Ihnen über die Guided Self-Services *Transportausführungsanalyse* (TAA) und *Transportausführungsanalyse für Projekte* die Möglichkeit, das Transportverhalten in einem Kundensystem zu analysieren. Als Test- oder Release Manager*in identifizieren Sie so Schwachstellen und Probleme im Änderungsprozess und können entsprechende Gegenmaßnahmen einleiten.

Analyse anlegen

Um den Guided Self-Service für die Transportausführungsanalyse anzulegen, wählen Sie den Bereich **SAP-Engagement und Servicelieferung** aus. Über eine Guided Procedure legen Sie fest, welche Systemschiene Sie für einen definierten Zeitraum auswerten wollen.

Auswertungsreport

Der SAP Solution Manager wertet dann Daten aus dem Entwicklungs-, Qualitätssicherungs- und Produktivsystem aus und generiert daraus einen Report. In diesem erhalten Sie Informationen zur Qualität Ihrer Softwareänderungen und auch Handlungsempfehlungen, wie Sie die Qualität und das Transportverhalten künftig verbessern können. Folgende Themen werden in dem Report berücksichtigt:

- Wartbarkeit Ihres kundeneigenen Codes
- SAP-Software-Wartung
- Systemlandschaft- und TMS-Einstellungen
- Transporte
- Laufzeitfehler
- Konsistenz der Transportlandschaft

Abbildung 7.41 zeigt die Zusammenfassung der einzelnen Auswertungsbereiche. Auf den ersten Blick können Sie erkennen, dass Fehler in der geprüften Systemlandschaft sowie Warnungen bei den Softwaretransporten existieren. Details und Best Practices zu diesen Vorkommnissen werden in den einzelnen Abschnitten des Auswertungsreports beschrieben.

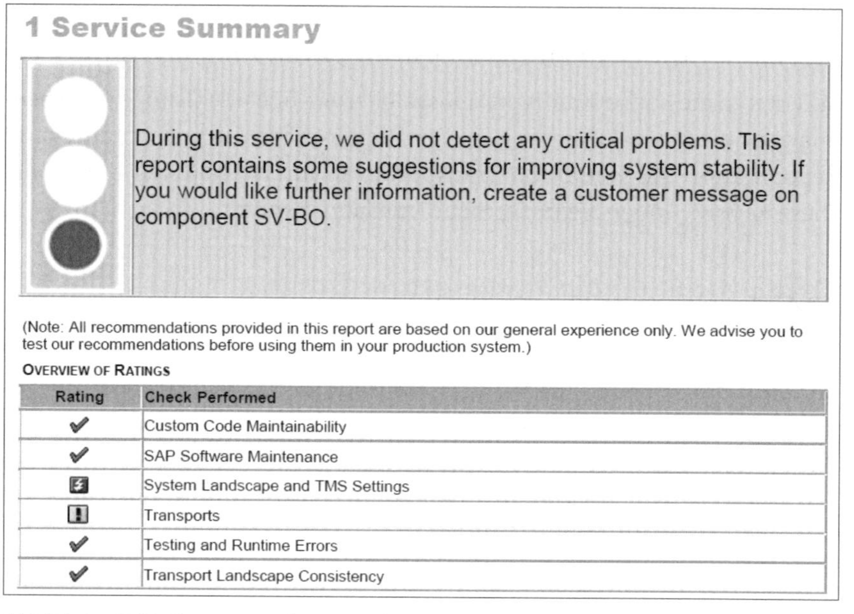

1 Service Summary

During this service, we did not detect any critical problems. This report contains some suggestions for improving system stability. If you would like further information, create a customer message on component SV-BO.

(Note: All recommendations provided in this report are based on our general experience only. We advise you to test our recommendations before using them in your production system.)

OVERVIEW OF RATINGS

Rating	Check Performed
✔	Custom Code Maintainability
✔	SAP Software Maintenance
⚡	System Landscape and TMS Settings
!	Transports
✔	Testing and Runtime Errors
✔	Transport Landscape Consistency

Abbildung 7.41 Zusammenfassung der Transportausführungsanalyse

[»]

SAP-Hinweis zur Transportausführungsanalyse

Weitere Informationen zur Transportausführungsanalyse können Sie SAP-Hinweis 1621722 entnehmen.

Transportausführungsanalyse für Projekte

Die Transportausführungsanalyse für Projekte ist dagegen eine proaktive Analyse. Dabei analysieren Sie Transportaufträge noch vor einem Import, um Probleme aufzuzeigen, die während eines späteren Imports auftreten können. Sie erhalten an dieser Stelle Empfehlungen, wie Sie mit diesen Problemen umgehen sollten und wie Sie diese vermeiden können. Im Gegensatz zur zuvor beschriebenen Transportausführungsanalyse ohne Projektbezug prüfen Sie einen oder mehrere Transportaufträge. Zudem können Sie hier sämtliche Transportaufträge aus der Import-Queue auswählen. Die ausgewählten Transportaufträge können Sie weiter eingrenzen, indem Sie die Auswertung nur auf bestimmte CTS-Projekte beschränken.

Im Auswertungsreport erhalten Sie in einem Microsoft-Word-Dokument Indikatoren und Handlungsempfehlungen zu folgenden Themen:

- Transportaufträge (Anzahl, Typ, Quellsystem und Testdauer)
- zu transportierende Objekte (doppelte und kritische Objekte sowie obsolete Transportaufträge)
- Transportreihenfolge (Downgrade-Schutz)
- Importanalyse in einem Referenzsystem
- Transport zwischen unterschiedlichen Softwarekomponentenständen (Konsistenz von Support Packages und Business Functions)

Kapitel 8
Change Request Management

In diesem Kapitel gehen wir umfassender auf das Szenario Change Request Management ein. Sie lernen den Umgang mit Änderungszyklen, Aufgabenplänen, Änderungsanträgen, Änderungsdokumenten und weiteren nützlichen Funktionen.

8

Nachdem wir die Grundkonfiguration von Change Request Management (ChaRM) und Quality Gate Management (QGM) sowie die Grundlagen dieser Szenarien in Kapitel 7, »Change Control Management«, beschrieben haben, möchten wir Ihnen in diesem Kapitel die Funktionsweise und die Handhabung des ChaRM näherbringen. Dazu gehen wir umfassender auf die Architektur sowie die verschiedene Transportvorgehensweisen und Änderungsprozesse ein. Zudem beleuchten wir in Abschnitt 8.6 einige aus unseren Augen wesentlichen und zugleich sehr nützlichen Funktionen für Ihren eigenen ChaRM-Prozess näher. Abschließend gehen wir auf die Integration weiterer SAP-Solution-Manager-Szenarien in das ChaRM ein.

8.1 Architektur des Change Request Managements

Die Architektur des ChaRM besteht aus mehreren Komponenten, die wir Ihnen in diesem Abschnitt vorstellen.

Benutzeroberfläche

Die Benutzeroberfläche des ChaRM basiert ebenso wie die des IT-Servicemanagements (ITSM) auf der Technologie des CRM Web UI. Das bedeutet, dass allen am ChaRM-Prozess beteiligten Anwender*innen zusätzlich zu einem SAP-Benutzer auch ein Geschäftspartner zugeordnet sein muss.

Im ChaRM werden zwei Belegarten zur Dokumentation und Verwaltung von Änderungen unterschieden – der *Änderungsantrag* und das *Änderungsdokument*.

Änderungsantrag

Mithilfe des Änderungsantrags können Änderungen in Ihrer Systemlandschaft beantragt und genehmigt werden. In einem Änderungsantrag werden alle Informationen gesammelt, die für die Genehmigung der Änderung relevant sind. Die Umsetzung der Änderung ist in einem Änderungsantrag allerdings nicht vorgesehen. Hierzu wird ein *Änderungsvorgang* benötigt, der dem Änderungsantrag folgt. Die Bearbeitung des Änderungsantrags wird in Abschnitt 8.4 beschrieben.

Änderungsdokument

Eine wesentliche Aufgabe bei der Beantragung einer Änderung ist die Auswahl des Änderungsvorgangs, mit dem die Änderung durchgeführt und dokumentiert werden soll. Dieser wird im SAP Solution Manager auch Änderungsdokument genannt. Im Änderungsdokument werden alle Aktivitäten von der Durchführung über den Test bis zur Produktivsetzung der Änderung dokumentiert. Die meisten dieser Änderungsdokumente sind in das SAP-Transportwesen integriert. Welche Änderungsdokumente mit vordefinierten Arbeitsabläufen Ihnen SAP standardmäßig zur Verfügung stellt, erfahren Sie in Abschnitt 8.5.

Lösung und logische Komponentengruppen

Einen weiteren Bestandteil der ChaRM-Architektur stellt die *Lösung* dar. Sie umfasst sämtliche Systeme, Applikationen sowie Prozesse und Dokumentationen eines Unternehmens. Innerhalb einer Lösung werden *logische Komponentengruppen* definiert. Grundsätzlich fasst eine logische Komponentengruppe alle Systeme desselben Produkttyps zusammen, die dasselbe Produktivsystem haben. Eine logische Komponentengruppe wiederum besteht aus *logischen Komponenten*. Diese bilden die einzelnen Transportschienen ihrer Landschaft ab (beispielsweise eine Dreisystemlandschaft bestehend aus Entwicklungs-, Qualitätssicherungs- und Produktivsystem).

Change-Control-Landschaft

Ein weiterer wichtiger Bestandteil des ChaRM ist die *Change-Control-Landschaft*, die eine oder mehrere logische Komponentengruppen beinhaltet. Change-Control-Landschaften werden für die Anlage von Änderungszyklen benötigt. Durch die Verwendung von Change-Control-Landschaften anstelle der Lösung ist es möglich, Änderungszyklen nur für bestimmte Komponentengruppen einer Lösung zur Verfügung zu stellen. So können Sie beispielsweise jeweils separate Änderungszyklen für Ihre ERP- und Ihre CRM-Landschaft bereitstellen. Lösung, logische Komponentengruppen und Change-Control-Landschaften werden in Abschnitt 3.3.2, »System- und Change-Control-Landschaft«, ausführlicher beschrieben.

Aufgabenplan und Änderungszyklus

Eine Change-Control-Landschaft wird durch den *Aufgabenplan* mit einem Änderungszyklus verknüpft (siehe auch Abschnitt 8.2). Durch die Zuweisung des *Änderungszyklus* sowie der Angabe des Konfigurationselements im Umfang eines Änderungsantrags können Sie definieren, in welcher Systemlandschaft die Änderung entwickelt, getestet und letztendlich produktiv gesetzt werden soll. Abhängig vom Typ des Änderungszyklus umfasst dieser bestimmte vordefinierte Phasen. Dadurch können Änderungsaktivitäten wie die Freigabe oder der Import von Transportaufträgen phasenabhängig gesteuert werden.

Zu jedem Änderungszyklus existiert ein Aufgabenplan. Über diesen können verschiedene Aktivitäten wie der Import von Transportaufträgen in Folgesysteme ausgeführt werden. Dabei muss der Aufgabenplan die Phasen des zugeordneten Änderungszyklus in einer vorgegebenen Reihenfolge durchlaufen.

CTS-Projekt

Bei der Anlage des Aufgabenplans erzeugt das System für jedes zugeordnete Entwicklungssystem ein *CTS-Projekt* (Change and Transport System). Einem CTS-Projekt werden alle Transportaufträge eines Änderungszyklus zugewiesen. Somit bildet das CTS-Projekt eine Klammer um alle Transportaufträge des Änderungszyklus eines jeden Entwicklungssystems und wird als Attribut jedem dieser Transportaufträge zugeordnet. Über *CTS-Projektstatusschalter* kann gesteuert werden, welche Aktionen bzgl. der dem Projekt zugeordneten Transportaufträge außerhalb des ChaRM zulässig sind (beispielsweise die Transportauftragsfreigabe oder der Import in die jeweiligen Systeme). Abbildung 8.1 zeigt die Architektur im Überblick.

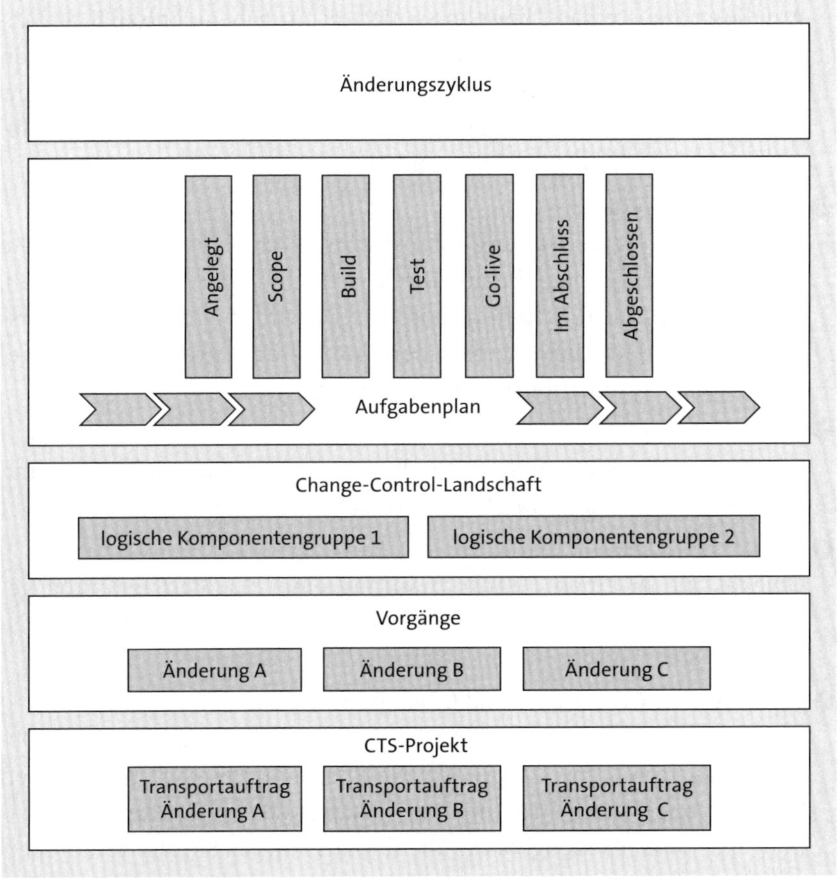

Abbildung 8.1 Architektur des Change Request Managements

Administrations-Cockpit

Der zentrale Einstiegspunkt für sämtliche administrative Tätigkeiten im ChaRM oder im QGM ist das Administrations-Cockpit des Change Control Managements. Dieses erreichen Sie im SAP Solution Manager Launchpad (Transaktion SM_WORKCENTER) über die Launchpad-Gruppe **Change Management**. Alternativ können Sie das Administrations-Cockpit auch direkt über die Transaktion CM_ADM_COCKPIT aufrufen. Den Aufbau des Administrations-Cockpit sehen Sie in Abbildung 8.2.

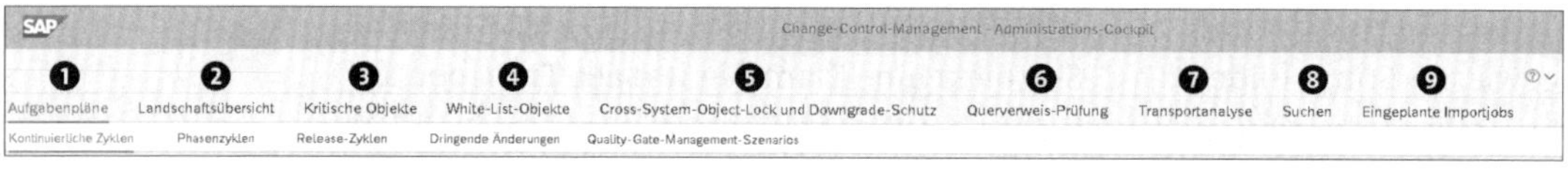

Abbildung 8.2 Change Control Management – Administrations-Cockpit

Abhängig von Ihren Berechtigungen können Sie die folgenden Registerkarten nutzen:

➊ **Aufgabenpläne**
Auf dieser Registerkarte können Sie sich die Aufgabenpläne zu Ihren Änderungszyklen anzeigen lassen. Innerhalb der Aufgabenpläne können Sie jeweils operative Aktivitäten und Hintergrundaktivitäten für die Verteilung der Software in Ihrer Systemlandschaft ausführen (siehe Abschnitt 8.2, »Änderungszyklen«, und Abschnitt 8.3, »Aufgabenpläne«).

➋ **Landschaftsübersicht**
Über die Lösungsverwaltung (Transaktion SLAN) können Sie logische Komponentengruppen, die aus Ihren verwalteten Systemen bestehen, Change-Control-Landschaften zuordnen. Die einzelnen verwalteten Systeme, die mit dem ChaRM verbunden sind, werden jeweils mit den zugehörigen Kommunikationssystemen aufgeführt.

➌ **Kritische Objekte**
An dieser Stelle können Sie kritische Transportobjekte definieren und bearbeiten (siehe Abschnitt 7.5.3, »Kritische Transportobjekte«).

➍ **White-List-Objekte**
Objekte, die in einem Transportauftrag einer Standardänderung gesichert werden dürfen, fügen Sie auf dieser Registerkarte einer Positivliste hinzu (siehe Abschnitt 8.5.4, »Standardänderung«).

➎ **Cross-System-Object-Lock und Downgrade-Schutz**
An dieser Stelle können Sie die Einträge für die systemübergreifende Objektsperre verwalten. Sie können die Sperreinträge nach bestimmten Kriterien selektieren, entfernen oder sogar Sperreinträge für Transportaufträge manuell erzeugen. Darüber hinaus können Sie die systemüber-

greifende Objektsperre (siehe Abschnitt 7.5.1) und den Downgrade-Schutz (siehe Abschnitt 7.5.2) hier konfigurieren.

❻ **Querverweis-Prüfung**
Die Querverweisprüfung gehört ebenso wie die systemübergreifende Objektsperre und der Downgrade-Schutz zu den transportbezogenen Prüfungen. Auf dieser Registerkarte können Sie die Querverweisprüfung konfigurieren (siehe Abschnitt 7.5.4).

❼ **Transportanalyse**
Über die Transportanalyse können Sie Transportaufträge in Ihrer Landschaft analysieren. Dazu stehen Ihnen folgende Analysemöglichkeiten zur Verfügung:

- **Zyklusanalyse**: Transportanalyse in Bezug zu einem Änderungszyklus
- **Analyse des QGM-Szenarios**: Transportanalyse in Bezug zu einem QGM-Szenario
- **Systemanalyse**: Transportanalyse auf Systemebene (Quell- und Zielsystem)
- **Auftragsanalyse**: Analyse eines bestimmten Transportauftrags

❽ **Suchen**
Anhand von Suchkriterien können Sie hier nach verschiedenen Objekten des Change Control Managements suchen. Es besteht auch die Möglichkeit, eine Volltextsuche auszuführen. Abhängig von Ihrer Auswahl im Feld **Suchen in** können Sie sich ChaRM-Änderungsvorgänge (Änderungszyklen, -anträge, -dokumente), Transportaufträge oder sogar Transportobjekte anzeigen lassen.

[«]

Voraussetzungen für die Suche

Die Suche im Administrations-Cockpit funktioniert nur, wenn Sie die Embedded Search für das ChaRM mit den Konnektoren der Konnektormodelle `AI_CM_BUS2000116`, `AI_CM_TRANSPORT_REQ` und `AI_CM_TRANSPORT_OBJ` eingerichtet haben (siehe Abschnitt 7.2.2, »Grundkonfiguration des Change Request Managements«, Schritt 8, Suchinfrastruktur konfigurieren).

Wenn Sie das Suchkriterium **Transportobjekte – Change-Request-Mgmt** auswählen, werden bei der Suche nur ABAP-basierte Objekte berücksichtigt. Verwenden Sie SAP HANA als Datenbanksystem und ist Ihr SAP-Solution-Manager-System das Kommunikationssystem, können Sie auch nach SAP-HANA-Datenbankobjekten suchen. Nicht-ABAP-Objekte und Transportaufträge, die solche Objekte enthalten, werden nicht unterstützt. Mithilfe des Links in der Spalte **ID** der Ergebnisliste einer Suche können Sie direkt zum jeweiligen Änderungsvorgang im CRM Web UI navigieren.

❾ **Eingeplante Importjobs**
Auf dieser Registerkarte erhalten Sie eine Übersicht über die eingeplanten Importjobs zur automatischen Verteilung Ihrer Software in Ihre Systeme. Sie können Hintergrundjobs, die für den Import von Transportaufträgen über das QGM- oder ChaRM-Szenario eingeplant wurden, nach bestimmten Kriterien suchen (siehe Abschnitt 8.5.1, »Normale Änderung«.

8.2 Änderungszyklen

Der Änderungszyklus mit seinen Phasen kann als operative Erweiterung zum Projektplan eingesetzt werden. Ein Änderungszyklus umfasst u. a. alle Änderungen zu einem Entwicklungsprojekt. Das bedeutet, dass einem Änderungszyklus alle zu einem Projekt gehörenden Änderungsanträge und -dokumente sowie Transportaufträge zugeordnet werden. Des Weiteren können Sie mithilfe eines Änderungszyklus während der Projektlaufzeit in Abhängigkeit der einzelnen Zyklusphasen die komplette Änderungslogistik wie den Import in Folgesysteme oder die Freigabe von Transportaufträgen steuern.

Typen von Änderungszyklen

Der SAP Solution Manager stellt Ihnen im SAP-Standard drei verschiedene Typen von Änderungszyklen zur Verfügung, die wir in den folgenden Abschnitten erläutern:

- Phasenzyklus
- kontinuierlicher Zyklus
- Entwicklungszyklus

8.2.1 Phasenzyklus

Änderungsdokumenttypen

Der *Phasenzyklus* (Vorgangsart `SMIM`) verfügt über typische Projektphasen und kann somit in Wartungs- und insbesondere in Einführungsprojekten verwendet werden. Innerhalb eines Phasenzyklus können alle Änderungsdokumenttypen eingesetzt werden (siehe Abbildung 8.3):

- normale Änderung
- dringende Änderung
- Fehlerkorrektur
- administrative Änderung
- allgemeine Änderung
- Standardänderung

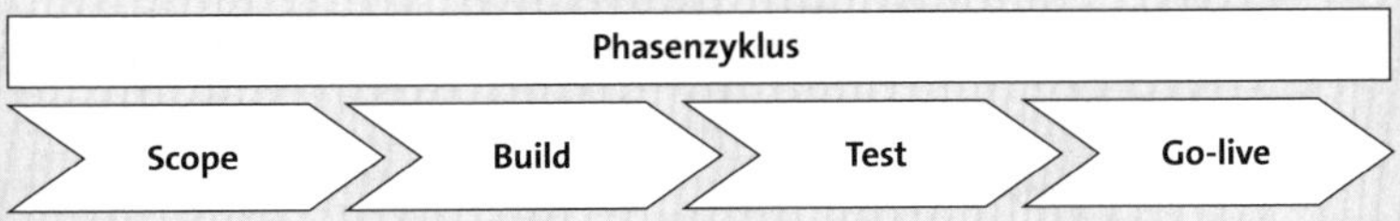

	Scope	Build	Test	Go-live
Normale Änderung	×	×		
Fehlerkorrektur			×	
Standardänderung	×	×	×	
Dringende Änderung	×	×	×	
Administrative Änderung	×	×	×	×
Allgemeine Änderung	×	×	×	×

Abbildung 8.3 Phasenabhängige Verwendung von Änderungsdokumenttypen

Welche Änderungsdokumenttypen im Detail angelegt bzw. bearbeitet werden können, hängt von der aktuellen Phase des Phasenzyklus ab (siehe auch Abschnitt 8.5). Allgemein umfasst der Phasenzyklus folgende Phasen:

Phasen

1. **Angelegt**
2. **Scope**
3. **Build**
4. **Test**
5. **Go-Live**
6. **Im Abschluss**
7. **Abgeschlossen**
8. **Zurückgezogen**

Phasenzyklus anlegen

Die Anlage eines Phasenzyklus erfolgt im SAP Solution Manager Launchpad im Bereich **Change Management** über die Kachel **Administrations-Cockpit** oder direkt über die Transaktion CM_ADM_COCKPIT:

1. Wechseln Sie auf der Registerkarte **Aufgabenpläne** in den Bereich **Phasenzyklen**, und klicken Sie auf die Schaltfläche **Zyklus anlegen** (siehe Abbildung 8.4).

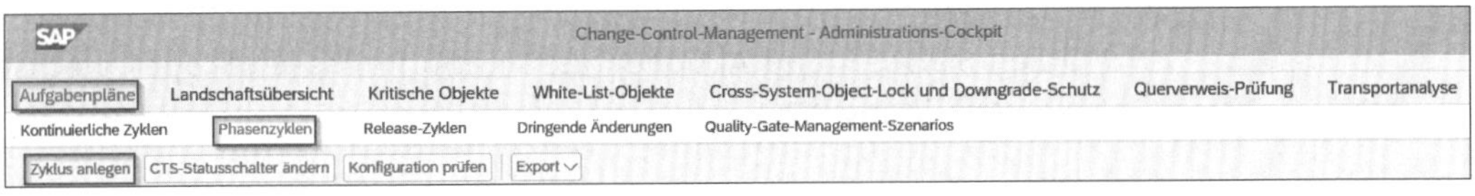

Abbildung 8.4 Phasenzyklus anlegen

2. Anschließend wählen Sie im sich öffnenden Pop-up-Fenster die Vorgangsart SMIM und **Phasenzyklus** aus (siehe Abbildung 8.5).

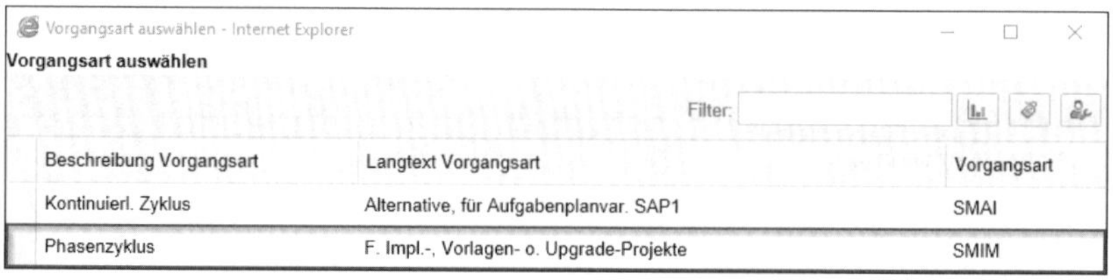

Abbildung 8.5 Phasenzyklus auswählen

3. Pflegen Sie die Pflichtfelder **Beschreibung**, **Change-Control-Landschaft** und **Branch** sowie optional weitere Felder. Klicken Sie anschließend auf **Sichern**, um den Phasenzyklus zu erstellen (siehe Abbildung 8.6).

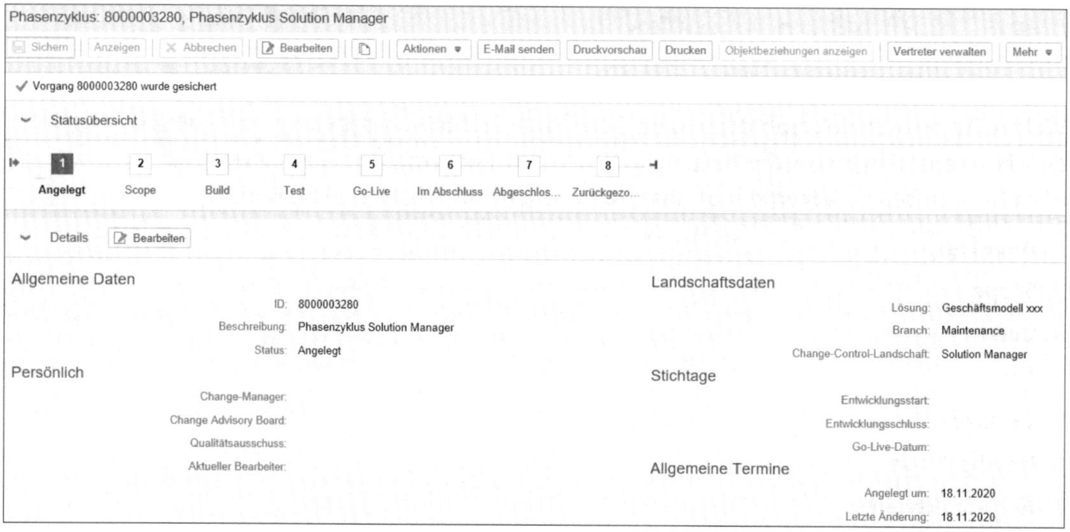

Abbildung 8.6 Phasenzyklus erstellen

Der Phasenzyklus befindet sich nun in der Phase **Angelegt**. In dieser Phase kann der Änderungszyklus noch nicht im ChaRM verwendet werden.

Aufgabenplan anlegen

Um Transporttätigkeiten durchführen zu können, muss jedem Änderungszyklus ein Aufgabenplan zugeordnet sein. In einem Phasenzyklus können Sie den Aufgabenplan beim Übergang von der Phase **Angelegt** in die Phase **Scope** erzeugen:

1. Wählen Sie im Menü **Aktionen** die Aktion **In Phase »Scope« wechseln** (siehe Abbildung 8.7).

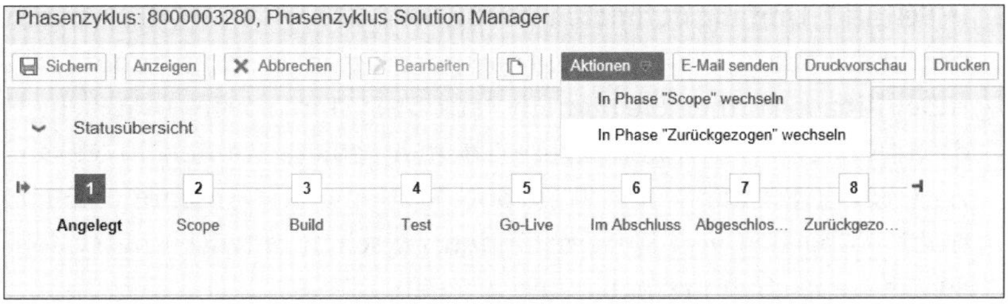

Abbildung 8.7 In Phase »Scope« wechseln

2. Sie werden vom System gefragt, ob Sie einen Aufgabenplan anlegen möchten. Klicken Sie auf **Ja**, um einen neuen Aufgabenplan zu diesem Änderungszyklus anzulegen.
3. Die Anlage des Aufgabenplans erfolgt in vier Schritten. In Schritt 1, **Voraussetzungen prüfen**, überprüft das System die Konfiguration des Transport Management Systems (TMS) der ausgewählten Landschaft, die relevanten RFC-Verbindungen und das Vorhandensein eines Nummernkreisobjekts für den Aufgabenplan (siehe Abbildung 8.8).

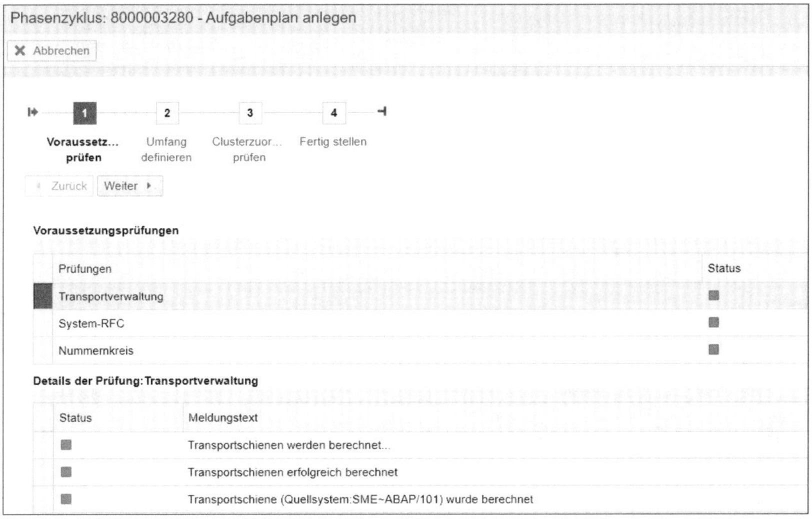

Abbildung 8.8 Voraussetzungen prüfen

4. Ein grünes Ampelsymbol in der Spalte **Status** signalisiert eine erfolgreiche Prüfung. Klicken Sie nur dann auf **Weiter**, wenn alle Prüfungen erfolgreich waren. Sollte eine Prüfung negativ (rotes Ampelsymbol) ausfallen, brechen Sie die Erstellung des Aufgabenplans ab, bereinigen die Fehlersituation und führen die Anlage des Zyklus erneut durch.

5. In Schritt 2, **Umfang definieren**, haben Sie die Möglichkeit, die Infrastruktur für das Central Change and Transport System (cCTS) zuzuordnen. Darüber hinaus können Sie hier ein Retrofit-System sowie zusätzliche Produktivsysteme zuordnen. Diese Themengebiete werden in Abschnitt 7.4.3, »Central Change and Transport System«, und Abschnitt 7.6.1, »Retrofit – Abgleich von Systemständen zwischen Entwicklungssystemen zweier Landschaften«, näher beschrieben.
6. Bestimmen Sie in diesem Schritt zudem die zu verwendende Aufgabenplanvariante. Für diesen Änderungszyklustyp ist die Variante **Standardvariante für Aufgabenplan** (siehe Abbildung 8.9) standardmäßig vorgesehen. Wählen Sie diese aus, und klicken Sie auf **Weiter**.

Abbildung 8.9 Umfang definieren

[»]

Kundeneigene Varianten für Aufgabenpläne

In einem Phasenzyklus können Sie im SAP-Standard lediglich die **Standardvariante für Aufgabenplan** zuordnen. Sie haben jedoch auch die Möglichkeit, kundeneigene Varianten anzulegen (siehe Abschnitt 7.2.2, »Grundkonfiguration des Change Request Managements«, Teilschritt 4.11). Das kann sinnvoll sein, wenn Sie eine bestimmte Aufgabe aus einer Aufgabengruppe entfernen oder eine kundeneigene Aufgabe hinzufügen möchten. Kundeneigene Aufgabenplanvarianten können in Schritt 2, **Umfang definieren**, zugeordnet werden.

7. Schritt 3, **Clusterzuordnung prüfen**, wird automatisch übersprungen, wenn Sie in Schritt 2 die Checkbox **Infrastruktur des central Change and Transport System verwenden** nicht markiert haben.
8. In Schritt 4, **Fertig stellen**, können Sie Ihre Einstellungen nochmals überprüfen. Falls Sie versehentlich falsche Einstellungen vorgenommen haben, klicken Sie auf **Zurück**. Ist alles richtig, klicken Sie auf **Anlegen**.

Der Aufgabenplan wurde nun angelegt und der damit verknüpfte Änderungszyklus befindet sich in der Phase **Scope**.

Aufgabenplan anpassen

Falls Sie den Aufgabenplan nochmals anpassen möchten, weil Sie beispielsweise ein andere Aufgabenplanvariante zuordnen wollen, wählen Sie **Bearbeiten • Mehr • Landschaft neu definieren** (siehe Abbildung 8.10).

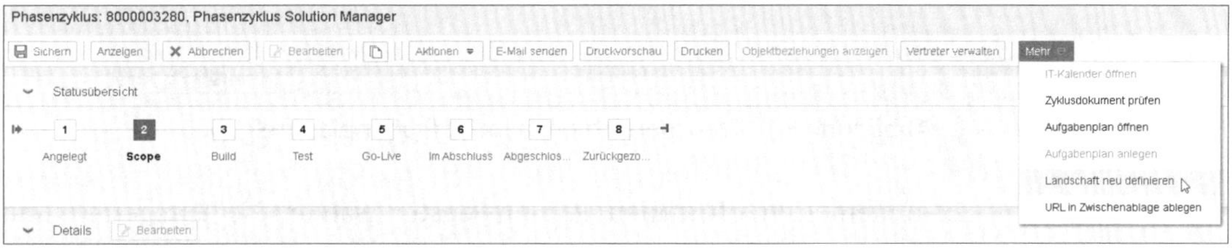

Abbildung 8.10 Landschaft neu definieren

Phasen »Scope« und »Build«

In der Phase **Scope** können Transportaufträge angelegt, aber noch nicht freigegeben werden. Diese Phase spiegelt in einem Projekt die Spezifikations- und Planungsphase für die anstehenden Projektänderungen wider. Wir empfehlen Ihnen, den Zyklus gleich nach der Anlage des Aufgabenplans auf die Phase **Build** umzustellen (es sei denn, die Freigabe von Transportaufträgen soll projektbedingt vorerst nicht erfolgen).

Wechseln Sie in die Phase **Build**, indem Sie im Menü **Aktionen** die Aktion **In Phase »Build« wechseln** auswählen. Klicken Sie anschließend auf **Sichern**.

Transportschienen entsperren

Navigieren Sie aus dem Phasenzyklus über **Mehr • Aufgabenplan öffnen** zum Aufgabenplan. Um nun systemspezifische Aufgaben wie beispielsweise die Anlage eines Transportauftrags im Entwicklungssystem oder den Import eines Transportauftrags im Qualitätssicherungs- oder Produktivsystem ausführen zu können, müssen Sie die relevanten Transportschienen entsperren:

1. Navigieren Sie hierzu zum Aufgabenplan, und führen Sie die Aufgabe **Sperren/Freigeben von Transporttracks inkl. Rollentypen** im Aufgaben-

block **Allgemeine Aufgaben** aus. Dazu markieren Sie die Aufgabe und klicken im oberen Bildbereich auf **Ausführen** (siehe Abbildung 8.11).

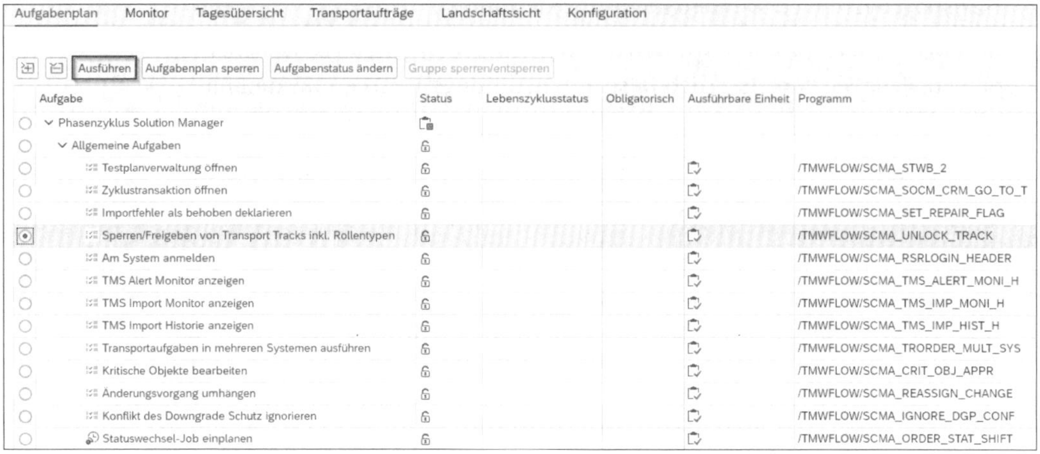

Abbildung 8.11 Transportschienen im Aufgabenplan freigeben

2. In dem sich öffnenden Pop-up-Fenster wählen Sie **Entsperren** und klicken anschließend auf **OK** (siehe Abbildung 8.12).

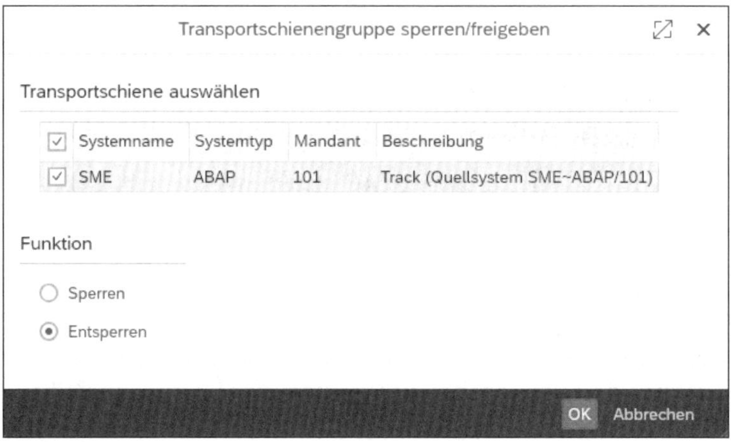

Abbildung 8.12 Transportschienengruppe entsperren

Nun sind der Phasenzyklus und der dazugehörige Aufgabenplan erstellt. Diese beiden Objekte bilden die technische Grundlage für sämtliche administrativen Tätigkeiten von Transportmanager*innen im ChaRM. In Abschnitt 8.3, »Aufgabenpläne«, kommen wir auf die Arbeit mit den Aufgabenplänen zurück.

Weitere Phasen des Phasenzyklus

Um einen *Funktionstest* in der Testumgebung durchführen zu können, ist es erforderlich, Transportaufträge freizugeben und in die Testumgebung zu importieren. Dies wird in der Phase **Build** des Phasenzyklus ermöglicht.

Nachdem die Funktionstests der Änderungen erfolgreich durchgeführt wurden, kann der *Integrationstest* stattfinden. Um einen aussagekräftigen Integrationstest durchführen zu können, sollten innerhalb der Testlaufzeit keine neuen Änderungen mehr in die Testumgebung gelangen. Das wird in der Phase **Test** sichergestellt. In dieser Phase ist es nicht möglich, normale Änderungen anzulegen oder Transportaufträge über solche Änderungen in das Qualitätssicherungssystem zu importieren. Damit Fehler aus dem Integrationstest beseitigt werden können, müssen daher in der Zyklusphase **Test** Änderungsdokumente vom Typ Fehlerkorrektur angelegt werden.

Erst in der Phase **Go-Live** können die Transportaufträge aus den Projektänderungen in das Produktivsystem importiert werden. In dieser Phase ist es nicht möglich, noch änderbare Transportaufträge aus dringenden Änderungen freizugeben und in die Produktivumgebung zu importieren.

Abschluss des Phasenzyklus

Bevor Sie den Phasenzyklus finalisieren, sollten Sie alle relevanten Projektänderungen in das Produktivsystem importieren und die in diesem Zusammenhang stehenden Änderungsdokumente sowie Änderungsanträge abschließen. Sollten noch offene Änderungsdokumente und noch nicht in das Produktivsystem importierte Transportaufträge zu einem Phasenzyklus existieren, werden diese dem nächsten Phasenzyklus zugeordnet. Dabei wird der zugehörige Aufgabenplan wiederverwendet, wenn das System mindestens ein offenes Änderungsdokument oder einen offenen Transportauftrag ermittelt.

Wechseln Sie über das Aktionsmenü mit der Aktion **In Phase »Im Abschluss« wechseln** in die Phase **Im Abschluss**. In dieser Phase können Sie den Änderungszyklus nicht mehr in die vorangegangenen Phasen zurücksetzen. Schließen Sie den Änderungszyklus ab, indem Sie über das Aktionsmenü die Aktion **Phasenzyklus abschließen** ausführen. Nach dem Abschluss befindet sich der Änderungszyklus in der Phase **Abgeschlossen**. In dieser Phase sind keine Änderungen im Beleg mehr möglich.

8.2.2 Kontinuierlicher Zyklus

Wollen Sie Änderungen ohne spezifische Phasensteuerung verwalten, können Sie hierfür den *kontinuierlichen Zyklus* einsetzen. Dieser Zyklus kann daher sehr gut im Rahmen von Wartungsänderungen, genutzt werden.

Änderungsdokumenttypen

Ein kontinuierlicher Zyklus (Vorgangsart SMAI) kann mit folgenden Änderungsdokumenttypen verwendet werden:

- normale Änderung (ab SAP Solution Manager 7.2 SPS06)
- dringende Änderung
- Fehlerkorrektur (ab SAP Solution Manager 7.2 SPS06)
- administrative Änderung
- allgemeine Änderung
- Standardänderung (ab SAP Solution Manager 7.2 SPS06)

Phasen in einem kontinuierlichen Zyklus

Welche Änderungsdokumenttypen im Detail angelegt bzw. bearbeitet werden können, hängt jedoch von der aktuellen Phase des kontinuierlichen Zyklus ab (siehe Abschnitt 8.5). Er umfasst die folgenden Phasen:

1. **Angelegt**
2. **Aktiv**
3. **Zurückgezogen**
4. **Abgeschlossen**

Kontinuierlichen Zyklus anlegen

Die Anlage eines kontinuierlichen Zyklus erfolgt ebenfalls über das Administrations-Cockpit. Wechseln Sie hier in den Bereich **Kontinuierliche Zyklen**, und klicken Sie auf die Schaltfläche **Zyklus anlegen**. Anschließend wählen Sie im Pop-up-Fenster **SMAI Kontinuierl. Zyklus** aus. Gehen Sie dann weiter vor wie bei der Anlage eines Phasenzyklus. Nach der Anlage des kontinuierlichen Zyklus befindet sich dieser in der Phase **Angelegt**. In dieser Phase kann er noch nicht im ChaRM verwendet werden.

Aufgabenplan anlegen

Der Aufgabenplan kann beim Wechsel von der Phase **Angelegt** zur Phase **Aktiv** erstellt werden. Die Phase **Aktiv** ist die Hauptphase des kontinuierlichen Zyklus und wird für sämtliche Arten von Änderungen eingesetzt.

Wählen Sie im Aktionsmenü die Aktion **In Phase »Aktiv« wechseln** aus, und klicken Sie anschließend auf **Sichern**. Bestätigen Sie die Nachfrage, ob Sie einen Aufgabenplan anlegen möchten, mit **Ja**. Die Anlage des Aufgabenplans eines kontinuierlichen Zyklus verläuft wie bei einem Phasenzyklus. Der einzige Unterschied liegt darin, dass hier die Aufgabenplanvariante **Variante mit Löschung des Import-Puffers** verfügbar ist. Diese Aufgabenplanvariante ist standardmäßig diesem Zyklustyp zugeordnet. Seit SAP Solution Manager 7.2 SPS06 ist es auch möglich, normale Änderungen und Fehlerkorrekturen sowie Standardänderungen zu Änderungszyklen dieses Typs anzulegen.

[«]

Aufgabenplanvariante »SAPO Standardvariante für Aufgabenplan« verfügbar machen

Wenn Sie den Zyklus mit der grundsätzlich von SAP empfohlenen Aufgabenplanvariante SAPO und allen möglichen Änderungsdokumenttypen verwenden möchten, müssen Sie eine Anpassung in der Customizing-Tabelle /TMWFLOW/TLVARCY vornehmen. Mit dieser Anpassung machen Sie diese Aufgabenplanvariante bei der Anlage eines Aufgabenplans verfügbar. Der Importpuffer wird dann bei dringenden Änderungen und Vorabimporten aus normalen Änderungen nicht mehr gelöscht.

Öffnen Sie den Aufgabenplan über **Mehr • Aufgabenplan öffnen**. Entsperren Sie die Transportschienen, wie für den Aufgabenplan des Phasenzyklus gezeigt.

Kontinuierlichen Zyklus abschließen

Wenn Sie einen kontinuierlichen Zyklus abschließen möchten, führen Sie die Aktion **Kontinuierlichen Zyklus abschließen** aus. Danach befindet sich der Zyklus in der Phase **Abgeschlossen**. In dieser Phase sind keine Änderungen am Zyklusbeleg mehr möglich. Wenn Sie einen kontinuierlichen Zyklus schließen, wird das zugeordnete CTS-Projekt freigegeben, und der zugehörige Aufgabenplan wird geschlossen. Dies geschieht jedoch nur, wenn keine offenen Änderungsdokumente und zu importierenden Transportaufträge mehr mit dem Änderungszyklus verknüpft sind.

[!]

Kontinuierlichen Zyklus abschließen

Ein kontinuierlicher Zyklus kann seit SPS06 auch abgeschlossen werden, obwohl noch offene Änderungsvorgänge und Transportaufträge zugeordnet sind. Beim Abschluss weist Sie ein Pop-up-Fenster auf offene Änderungsdokumente und Transportaufträge hin. Sie haben nun die Möglichkeit, einen Folgezyklus mit demselben Aufgabenplan für die offenen Vorgänge anzulegen. Bereits abgeschlossene Vorgänge werden beim Zykluswechsel nicht berücksichtigt und bleiben somit dem zu finalisierenden Zyklus zugeordnet.

8.2.3 Entwicklungszyklus

Release-Planung

In Phasen- und kontinuierlichen Zyklen ist es nicht möglich, eine Release-Planung durchzuführen, da es normalerweise zu jedem SAP-Produkt mit einer identischen Systemlandschaft lediglich einen aktiven Änderungszyklus geben sollte. Somit kann eine geplante Änderung nie einem zukünftigen Änderungszyklus bzw. Release zugeordnet werden. Mit der Release-Planungsfunktionalität des SAP Solution Managers ist es jedoch möglich, eine Reihe von Major- und Minor-Releases zu planen. Mit dieser Funktionalität können Sie beispielsweise den kompletten Release-Kalender eines Jahres im System abbilden.

[»]

Unterschied zwischen Major- und Minor-Releases

Ein *Major-Release* hat zumeist eine Laufzeit von drei bis sechs Monaten. Diese Releases enthalten größere Änderungen an Geschäftsprozessen. Hierzu zählen beispielsweise auch Änderungen im Rahmen eines technischen Upgrades auf neuere Softwareversionen. Ein *Minor-Release* dagegen hat eine wesentlich kürzere Laufzeit von ein bis vier Wochen. Ein Minor-Release bündelt kleinere Korrekturen sowie kleinere funktionale Erweiterungen.

Während bei einem Major-Release ein kompletter Regressionstest erfolgen sollte, ist der Testumfang eines Minor-Release wesentlich geringer. Der Test lässt sich in der Regel auf die Kerngeschäftsprozesse und auf eine Überprüfung der funktionalen Erweiterungen beschränken. An Major- und Minor-Releases wird in der Praxis häufig gleichzeitig gearbeitet, jedoch haben sie unterschiedliche Go-live-Termine.

Zukünftige Änderungsanforderungen können mit *Entwicklungszyklen* (Vorgangsart SMRE) geplant werden. Innerhalb eines Entwicklungszyklus können wie bei Phasenzyklen alle bekannten Änderungsdokumenttypen verwendet werden.

Phasen eines Entwicklungszyklus

Ein Entwicklungszyklus kann ähnlich wie ein Phasenzyklus für phasengesteuerte Änderungen eingesetzt werden. Dabei sind die Änderungen abhängig von einem Release-Plan. Welche Änderungsdokumenttypen im Detail angelegt und bearbeitet werden können, hängt jedoch von der aktuellen Phase des Release-Zyklus ab (siehe Abschnitt 8.5, »Änderungsdokumente«). Ein Release-Zyklus besteht im Wesentlichen aus den folgenden Phasen:

1. **Angelegt**
2. **Scope**
3. **Build**
4. **Test**
5. **Deploy**
6. **Hypercare**
7. **Betrieb**
8. **Abgelöst**

[«]

Vorgänger-Nachfolger-Beziehung im Release Management

Das Release Management basiert auf einer Vorgänger-Nachfolger-Beziehung. Sie können erst dann Transportaufträge eines Folge-Release importieren, wenn Sie die Transportaufträge des Vorgänger-Release bereits importiert haben. Somit können Sie beispielsweise das Folge-Release erst in die Zyklusphase **Test** verschieben, nachdem die Phase **Deploy** des Vorgänger-Release beendet wurde.

Aufruf der Release-Planung

Ein Entwicklungszyklus kann über das CRM Web UI erstellt werden. Geben Sie hierzu den Transaktionscode SM_CRM ein, und wählen Sie die Benutzerrolle SOLMANPRO. Navigieren Sie in den Bereich **Change Request Management**, und klicken Sie anschließend auf **Release-Planung** (siehe Abbildung 8.13).

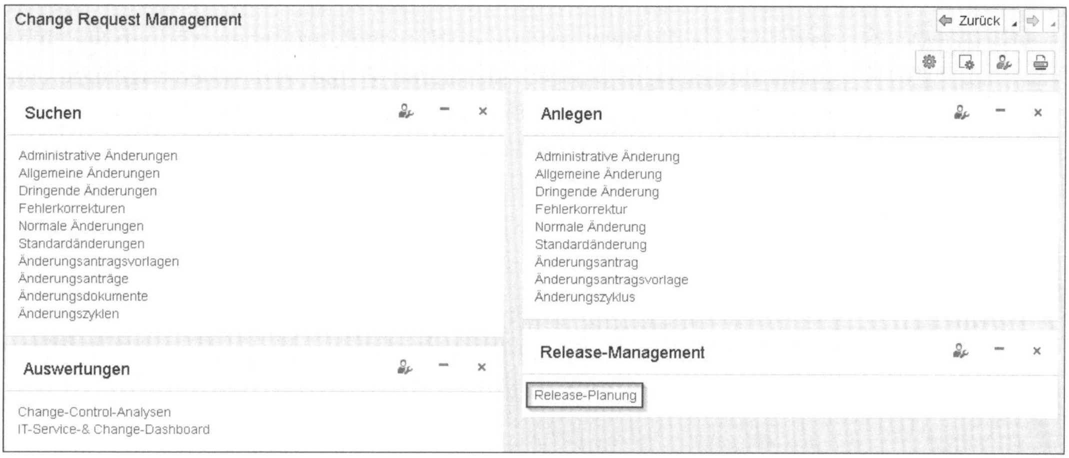

Abbildung 8.13 Release-Planung im CRM Web UI

Um einen Entwicklungszyklus anlegen zu können, müssen Sie zuerst eine Release-Planung durchführen. So können Sie beispielsweise am Ende eines Jahres die Releases für das Folgejahr planen. Diese Planung lässt sich jederzeit nachträglich anpassen.

Major- und Minor-Releases anlegen

Klicken Sie für die initiale Erstellung einer Planung auf **Anlegen • Major- und Minor-Releases**. Füllen Sie hier die Pflichtfelder mit den gewünschten Planungsdaten (siehe Abbildung 8.14), und wählen Sie die Schaltfläche **Anlegen**. In unserem Beispiel planen wir die Releases für das Jahr 2021. Nun werden die Major- und Minor-Releases in einer kalendarischen Übersicht dargestellt.

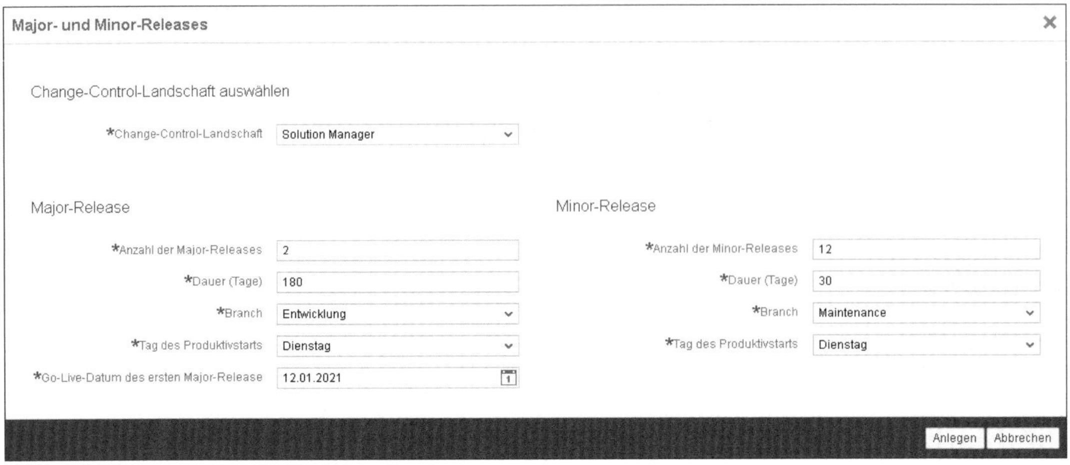

Abbildung 8.14 Major- und Minor-Releases anlegen

Entwicklungszyklen anlegen

Nachdem Sie die Release-Planung durchgeführt haben, können Sie einen Entwicklungszyklus anlegen. Markieren Sie hierzu die eben angelegten Releases. Wählen Sie anschließend **Anlegen • Release-Zyklen** (siehe Abbildung 8.15), und bestätigen Sie das Pop-up-Fenster mit **Ja**).

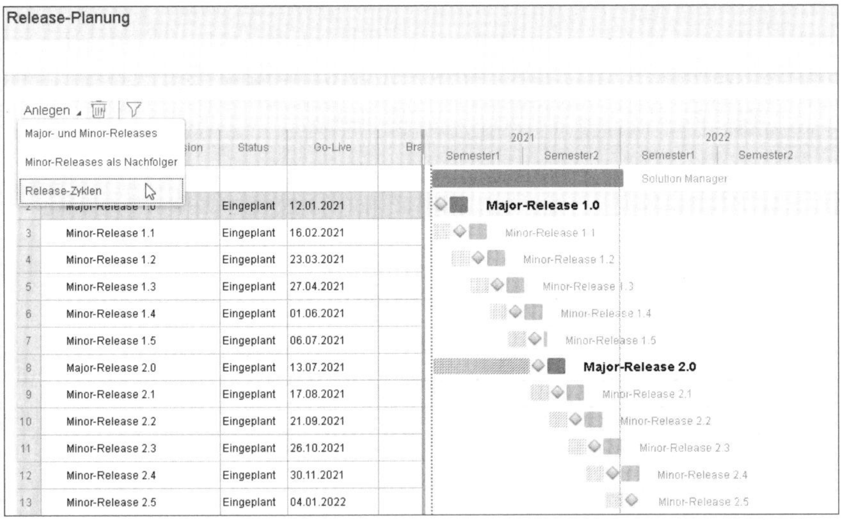

Abbildung 8.15 Entwicklungszyklus anlegen

[»]

Entwicklungs- vs. Release-Zyklus

Die Bezeichnung *Entwicklungszyklus* wird auf der Anwendungsoberfläche leider nicht konsistent verwendet. Teilweise finden Sie stattdessen die Bezeichnung *Release-Zyklus*.

Aufgabenplan anlegen

Dadurch wird ein Entwicklungszyklus angelegt. Nach der Anlage befindet sich dieser in der Phase **Angelegt**. In der Spalte **Zyklusbeschreibung** finden Sie die angelegten Entwicklungszyklen. Um den Entwicklungszyklus einzusehen und einen Aufgabenplan anzulegen, klicken Sie in dieser Spalte auf den entsprechenden Zyklus. Legen Sie den Aufgabenplan an, indem Sie die Aktion **Zur Phase »Scope« wechseln** ausführen. Klicken Sie anschließend im Pop-up-Fenster auf **Ja**.

Phase »Scope«

In der Phase **Scope** können Transportaufträge angelegt, aber noch nicht freigegeben werden. Ordnen Sie dem Entwicklungszyklus in dieser Phase die entsprechenden Änderungsanträge und -dokumente zu. Die Anlage des Aufgabenplans erfolgt wie bei der Erstellung eines Phasenzyklus (siehe Abschnitt 8.2.1).

[+]

Wiederverwendung von Aufgabenplänen

Aufgabenpläne des Vorgängerzyklus können für den Nachfolgerzyklus (des gleichen Branches) wiederverwendet werden.

Phase »Build«

Wechseln Sie von der Phase **Scope** in die Phase **Build**, um mit den Änderungstätigkeiten zu beginnen. Führen Sie hierzu die Aktion **Zur Phase »Build« wechseln** aus. Navigieren Sie anschließend über **Mehr • Aufgabenplan öffnen** zum Aufgabenplan. Entsperren Sie die Transportschienen, indem Sie die Aufgabengruppe **Track** markieren und auf die Schaltfläche **Gruppe sperren/entsperren** klicken.

Weitere Phasen des Entwicklungszyklus

Nun ist der Aufgabenplan zur Ausführung transportbezogener Aufgaben freigegeben. Wenn Sie von der **Build**- in die **Test**-Phase wechseln möchten, sollten alle Änderungsdokumente des zugeordneten Zyklus den Status **Erfolgreich getestet** aufweisen.

Sollten Änderungen zum Phasenwechsel noch nicht fertiggestellt sein, können Sie die nicht erledigten Änderungsdokumente durch die Funktion **Zykluszuordnung ändern** beispielsweise einem Folge-Release zuordnen. Die Neuzuordnung erfolgt für jedes Änderungsdokument separat.

[«]

Release-Zuordnung manuell ändern

Die Release-Zuordnung kann seit SAP Solution Manager 7.2 SPS08 komfortabel über eine Drop-down-Liste im Feld **Änderungszyklus/-phase** des Zuordnungsblocks **Details** eines Änderungsantrags oder -dokuments manuell neu zugeordnet werden (ausschließlich bei Entwicklungszyklen). Die Drop-down-Liste ist lediglich für Änderungen verfügbar, die bereits einem Entwicklungszyklus zugeordnet wurden. Auch Änderungen mit bereits freigebenden Transportaufträgen können hier einem anderen Release zugeordnet werden.

Phase »Deploy«

In der Phase **Deploy** werden die Transportaufträge der Änderungsdokumente, die zuvor erfolgreich getestet wurden, in das Produktivsystem transportiert. Nicht finalisierte Änderungsdokumente (außer dringende Änderungen) werden beim Übergang von der Phase **Deploy** in die Phase **Hypercare** dem Zyklus des Folge-Release zugeordnet. Nicht finalisierte dringende Änderungen werden beim Übergang von der Phase **Betrieb** in die Phase **Abgelöst** dem Folge-Release-Zyklus zugeordnet.

8.3 Aufgabenpläne

Der Aufgabenplan wird als eine Art Strukturbaum mit einzelnen Aufgabengruppen angezeigt und enthält alle für den ChaRM-Prozess relevanten Aufgaben (siehe Abbildung 8.16). Dabei wird die Relevanz der Aufgaben durch den zugeordneten Änderungszyklus bestimmt.

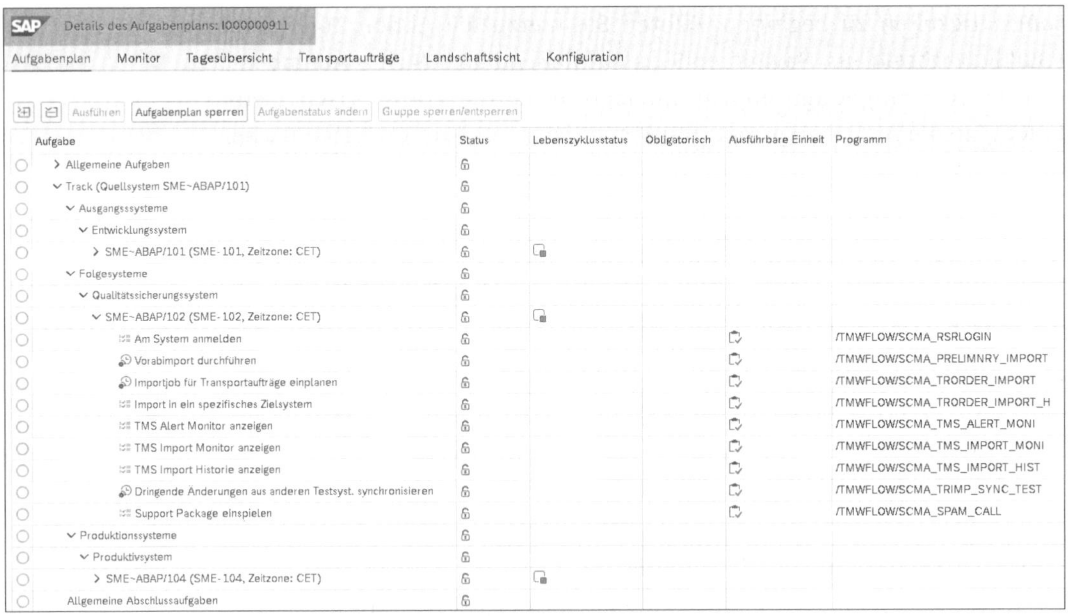

Abbildung 8.16 Beispiel für einen Aufgabenplan

Verwendung von Aufgabenplänen

Ein Aufgabenplan wird im ChaRM vorwiegend zur Ausführung von Aufgaben im Transportmanagement verwendet. Er bestimmt in Abhängigkeit vom Änderungszyklus, welche Aufgaben ausgeführt werden dürfen. Im SAP

Solution Manager erfolgt die Anlage eines Aufgabenplans immer über den entsprechenden Änderungszyklus. Administrator*innen erlangen hier einen Überblick über durchgeführte Aktionen im Umfeld des Transportwesens. So werden beispielsweise die Anlage oder der Import eines Transportauftrags protokolliert und im Aufgabenplan angezeigt.

[«]

Aufgabenpläne von dringenden Änderungen

Die dringende Änderung hat im ChaRM-Prozess eine Sonderstellung. Dieser Änderungstyp ist durch einen eigenen Aufgabenplan charakterisiert, während alle anderen Änderungsvorgänge dem Aufgabenplan des jeweiligen Änderungszyklus zugeordnet werden. Dies ist dadurch begründet, dass dringende Änderungen unabhängig von den Phasen eines Änderungszyklus sein müssen, um einen schnellen Transport in das Produktivsystem zu ermöglichen und schnelle Fehlerbehebungen zu unterstützen.

Zur Unterscheidung beginnt der technische Name eines Aufgabenplans einer dringenden Änderung mit einem H, der Aufgabenplan eines kontinuierlichen Zyklus mit einem M. Aufgabenpläne von Phasen- und Entwicklungszyklen beginnen mit einem I bzw. mit einem R.

Aufbau eines Aufgabenplans

Grundsätzlich besteht ein Aufgabenplan aus den folgenden Registerkarten (siehe Abbildung 8.16):

- **Aufgabenplan**
  Der Bereich **Aufgabenplan** besteht aus einer vordefinierten Grundstruktur. Diese Struktur unterteilt sich in die Strukturblöcke **Allgemeine Aufgaben**, **Track** sowie **Allgemeine Abschlussaufgaben**.
- **Monitor**
  Im Monitor werden die Anwendungsprotokolle zu bestimmten Aufgaben angezeigt. Diese Informationen können Sie auch aus dem Zuordnungsblock **Anwendungsprotokoll** des zugehörigen Änderungszyklus entnehmen.
- **Tagesübersicht**
  Hier werden auf Tagesbasis alle ausgeführten oder eingeplanten Aufgaben angezeigt.
- **Transportaufträge**
  In diesem Bereich erhalten Sie eine Übersicht über alle Transportaufträge zu einem Aufgabenplan.
- **Landschaftssicht**
  Hier werden alle zum Aufgabenplan zugeordneten Systeme und Systemlandschaften angezeigt.

- **Konfiguration**
  In diesem Bereich erhalten Sie eine Übersicht über aktivierte transportbezogene Prüfungen, ein definiertes Retrofit-System sowie die konfigurierte Importstrategie je System. Darüber hinaus werden Ihnen in der Sicht **Phasencontroller** Aktionen zu den Änderungsprozessen angezeigt, die für den ausgewählten Aufgabenplan bzw. Änderungszyklus in der jeweiligen Phase verfügbar sind.

Phasencontroller

Wenn Sie die Sicht **Phasencontroller** aufklappen, erkennen Sie, welche Aktionen für jede Phase des selektierten Aufgabenplans verfügbar sind. Sie können die Aktionen je Phase über das Viewcluster /TMWFLOW/VC_PHMD für jeden Zyklustyp anpassen. SAP empfiehlt hier jedoch, keine Änderungen vorzunehmen bzw. bei Änderungen besondere Vorsicht walten zu lassen. Anpassungen an dieser Stelle können jedoch Sinn ergeben, wenn Sie beispielsweise die Release-Planungsfunktionalität einsetzen und bei einer Vier-System-Landschaft Ihre Änderungen für ein zukünftiges Release auf einem *Integrationssystem* testen möchten. In diesem Fall müssen Sie Ihre Transportaufträge in der Phase **Scope** freigeben können, um sie in Ihr Integrationssystem importieren zu können. In diesem Szenario agiert das Vorproduktivsystem als Testsystem für den Release-Abnahmetest in der Phase **Test** des Entwicklungszyklus. Weitere Informationen zum Phasen-Controller finden Sie in SAP-Hinweis 2145487.

8.4 Änderungsantrag

Informationen im Änderungsantrag

Der Änderungsantrag (Vorgangsart SMCR) ist ein vorkonfigurierter Vorgang zur Genehmigung von Änderungen. Er beinhaltet im SAP-Standard wesentliche Informationen, die für die Genehmigung einer Änderung relevant sind:

- Beschreibung der Änderung
- Angaben zu den im Änderungsprozess beteiligten Personen (Anforder*in, Auftraggeber*in, Change Manager*in, Change Advisory Board)
- an der Genehmigung beteiligte Person(en)
- Änderungszyklus
- das zu beliefernde Zielsystem
- Umfang der Änderung (Paketierung der Änderung, beispielsweise die Umsetzung mit mehreren normalen Änderungen)
- Auswirkung der Änderung auf produktive Prozesse
- Priorität

- Kategorisierung der Änderung
- Genehmigungsvorgang (ein- oder mehrstufig)

Verfügbare Statuswerte im Änderungsantrag

Um Aussagen zum Arbeitsfortschritt in IT-Projekten treffen zu können, ist es u. a. erforderlich, den Status einzelner Änderungen auswerten zu können. Im Änderungsantrag werden standardmäßig folgende Statuswerte ausgeliefert:

- **Angelegt**
- **Überprüfung**
- **Zu Genehmigen**
- **Zurückgewiesen**
- **Genehmigt**
- **Laufende Implementierung**
- **Realisiert**
- **Umfang erweitern**
- **Bestätigt**

Prozessbeispiel

Das folgende Beispiel soll Ihnen die Beantragung einer Änderung in SAP Solution Manager 7.2 verdeutlichen. Die einzelnen Schritte sind in Abbildung 8.17 skizziert.

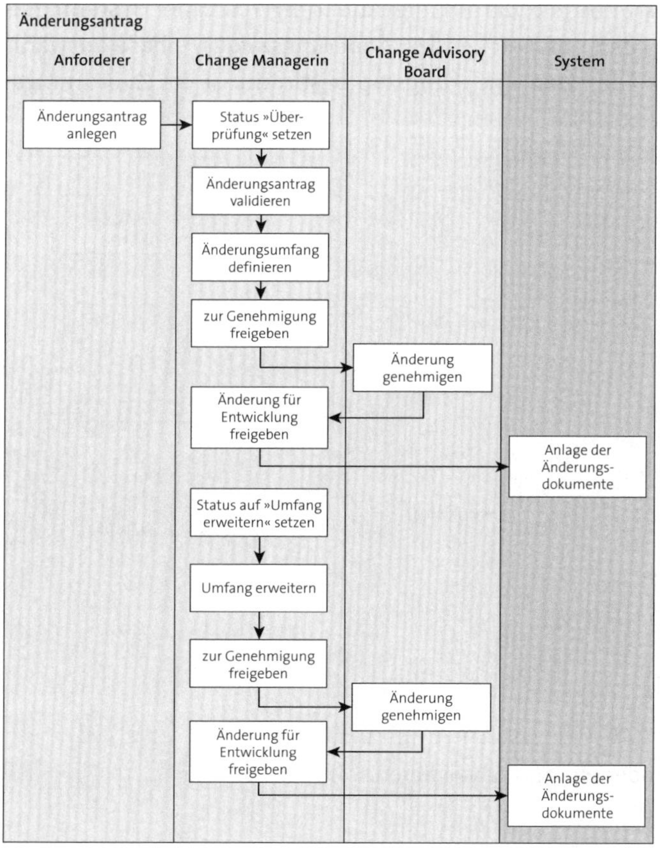

Abbildung 8.17 Prozess eines Änderungsantrags im Überblick

Anlage des Änderungsantrags

Ein Key-User, der in einem SAP-System arbeitet, erkennt einen Änderungsbedarf. Hierzu legt er im SAP Solution Manager einen Änderungsantrag an und beschreibt seine Anforderung. In unserem Beispiel wird ein neuer Beruf »SAP Consultant« in der Stammdatenpflege von Geschäftspartnern benötigt. Diesen Änderungsantrag erstellt der Key-User wie folgt:

1. Er ruft zuerst die Transaktion SM_CRM mit der Benutzerrolle SOLMANPRO auf (alternativ über die Launchpad-Gruppe **Change Management • Change- und Release-Management**).
2. Er wählt **Change Request Management** in der Navigationsleiste.
3. Er klickt im Fenster **Anlegen** auf **Änderungsantrag** (Vorgangsart `SMCR`).
4. Er beschreibt die Änderung und füllt die Felder **Priorität**, **Auftraggeber** und **Change Manager**. Anschließend klickt er auf **Sichern**.
5. Der Änderungsantrag wird im Arbeitsvorrat der zuständigen Change Managerin angezeigt.

Prüfung des Änderungsantrags

Die Change Managerin setzt den Status des Änderungsantrags auf **Überprüfung**. Zudem bestimmt sie die für die Änderung relevante Systemlandschaft, indem sie den entsprechenden **Änderungszyklus/-phase** auswählt (siehe Abbildung 8.18). Den Änderungstyp bestimmt sie im Zuordnungsblock **Umfang**.

Abbildung 8.18 Änderungsantrag validieren

Zuordnungsblock »Umfang«

Im Zuordnungsblock **Umfang** können Sie festlegen, mit welchem Änderungsvorgang die Änderung umgesetzt werden soll. Generell ist es auch möglich, eine Änderung in mehrere Änderungsvorgänge aufzuteilen. Das kann sinnvoll sein, wenn einzelne Bestandteile der Änderung getrennt voneinander in die Folgesysteme transportiert werden sollen.

Abhängig vom zugeordneten Änderungszyklustyp (eine Ausnahme bildet der kontinuierliche Zyklus, siehe Abschnitt 8.2.2) stehen Ihnen im Zuordnungsblock **Umfang** folgende Änderungsdokumente zur Verfügung:

- **Administrative Änderung**
- **Allgemeine Änderung**
- **Dringende Änderung**
- **Normale Änderung**
- **Standardänderung**

Da es sich bei der Fehlerkorrektur um eine Korrektur einer bereits genehmigten Änderung handelt, wird dieser Änderungsvorgangstyp ohne Bezug zum Änderungsantrag angelegt und kann somit auch nicht im Zuordnungsblock **Umfang** ausgewählt werden.

In unserem Beispiel wird für die Änderung ein Transportauftrag benötigt. Zudem soll die Änderung im Rahmen eines Projekts umgesetzt werden. Daher wählt die Change Managerin an dieser Stelle die **Normale Änderung** (siehe Abbildung 8.19).

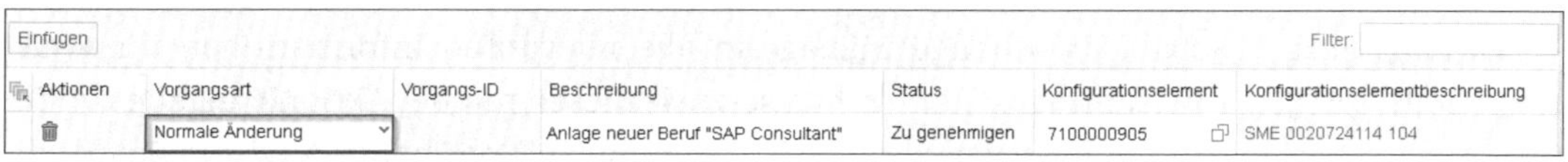

Abbildung 8.19 Dokumententyp im Zuordnungsblock »Umfang« auswählen

Änderungsantrag ohne definierten Umfang

Die Zuordnung von Änderungsdokumenten im Zuordnungsblock **Umfang** ist ab SAP Solution Manager 7.2 SPS03 optional. Da die Umfangspositionen in einem Änderungsantrag angeben, welche Änderungsdokumente zu einer Änderung angelegt werden sollen, impliziert die Verwendung des Änderungsantrags ohne Umfangspositionen, dass keine Änderungsdokumente erstellt werden. Dieses Szenario können Sie beispielsweise einsetzen, wenn Sie Ihre Änderungen in den Änderungsanträgen verwalten oder lediglich die Genehmigung, aber nicht die Durchführung der Änderungen mit Änderungsdokumenten im SAP Solution Manager abbilden möchten.

Genehmigungsvorgänge

Standardmäßig muss der Änderungsantrag einen Genehmigungsprozess durchlaufen. Die Change Managerin hinterlegt im Änderungsantrag die für die Genehmigung der Änderung relevanten Personen und wählt einen Genehmigungsvorgang aus. Der SAP-Standard sieht einen einstufigen Genehmigungsvorgang mit der Person in der Rolle des Change Managers oder der Change Managerin als genehmigende Person vor. Dieser Genehmigungsvorgang wird standardmäßig in einem Änderungsantrag als Default-Wert gesetzt (siehe Abbildung 8.20). In unserem Prozessbeispiel ist jedoch das *Change Advisory Board*, das sich in der Regel aus Vertreter*innen der IT- und Fachabteilungen zusammensetzt, für die Genehmigung verantwortlich.

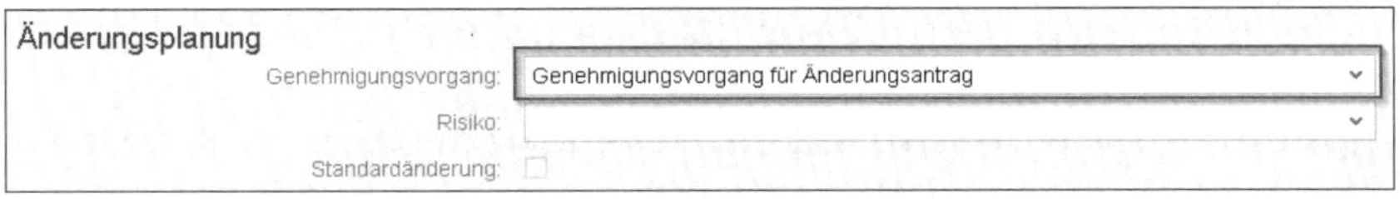

Abbildung 8.20 Genehmigungsvorgang im Änderungsantrag

[»]

Kundeneigene Genehmigungsvorgänge anlegen

Genehmigungsvorgänge können schnell kundenindividuell angelegt werden (siehe Abschnitt 7.2.2, »Grundkonfiguration des Change Request Managements«, Teilschritt 4.9).

Änderungsantrag genehmigen

Sobald die Change Managerin alle relevanten Informationen im Änderungsantrag hinterlegt hat, setzt sie diesen mit der Aktion **Freigabe zur Genehmigung** auf den Status **Zu Genehmigen**. Das Change Advisory Board entscheidet nun darüber, ob die Genehmigung durchgeführt werden soll. Über den Zuordnungsblock **Genehmigung** setzen die Mitglieder den Genehmigungsstatus auf **Genehmigt** (siehe Abbildung 8.21). In unserem Beispiel entscheidet sich das Change Advisory Board also für die Umsetzung der Änderung.

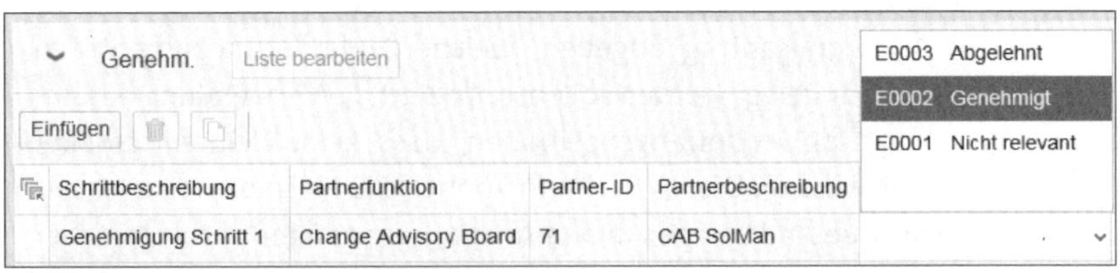

Abbildung 8.21 Zuordnungsblock »Genehmigung«

[«]

Ablehnung des Änderungsantrags

Bei der Ablehnung eines Änderungsantrags wird der Status **Zurückgewiesen** gesetzt. Dieser Status ist ein Finalstatus. Das bedeutet, dass Sie keine weiteren Änderungen am Beleg mehr durchführen können. Soll die Änderung zu einem späteren Zeitpunkt umgesetzt werden oder ist die Entscheidung über eine Implementierung noch offen, kann es hilfreich sein, den Status **Zurückgestellt** zu implementieren, der mit einer entsprechenden Aktion gesetzt werden kann. Dadurch wird der Änderungsantrag noch nicht geschlossen und kann zu einem späteren Zeitpunkt wieder bearbeitet werden.

Änderung zur Entwicklung freigeben

Nachdem der Änderungsantrag genehmigt wurde, gibt die Change Managerin in unserem Beispiel die Änderung mit der Aktion **Freigabe für Entwicklung** zur Entwicklung frei (siehe Abbildung 8.22). Dadurch wird der Änderungsantrag auf den Status **Laufende Implementierung** gesetzt, und die im **Umfang** definierten Änderungsdokumente werden automatisch erzeugt.

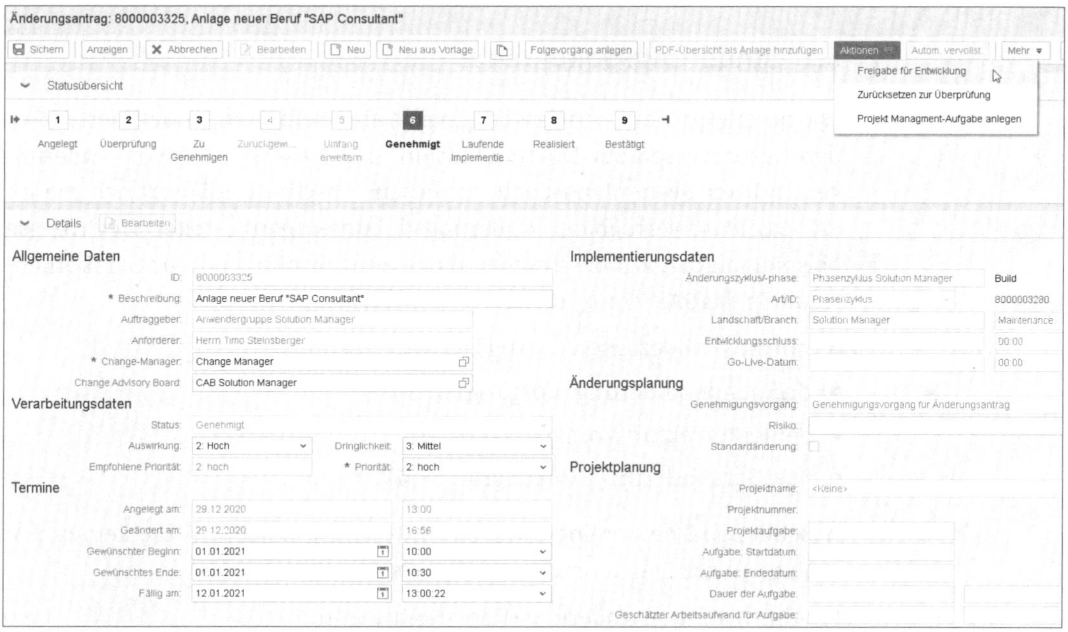

Abbildung 8.22 Den Änderungsantrag zur Entwicklung freigeben

In der Spalte **Vorgangs-ID** im Zuordnungsblock **Umfang** wird jetzt die ID des erzeugten Änderungsdokuments angezeigt (siehe Abbildung 8.23). Mit einem Klick auf die Vorgangs-ID gelangen Sie in das betreffende Änderungsdokument. Die Prozessierung der durch die Entwicklungsfreigabe erzeugten normalen Änderung zeigen wir Ihnen in Abschnitt 8.5. Der Änderungsantrag wird durch das System automatisch auf den Status **Realisiert** gesetzt, wenn das letzte zugeordnete Änderungsdokument einen finalen Status erreicht. In unserem Fall wäre das der Status **Import in Produktion** der normalen Änderung.

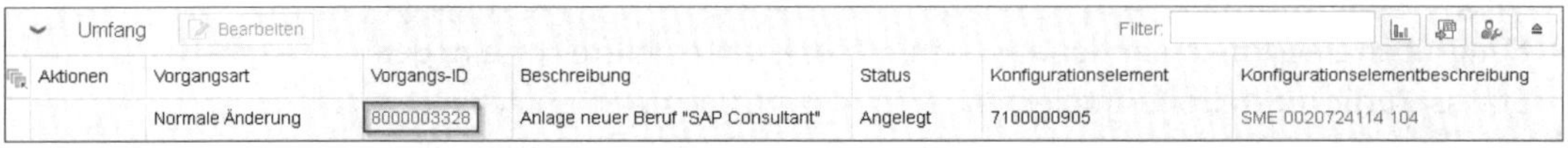

Abbildung 8.23 Vorgangs-ID des erzeugten Änderungsdokuments

Umfang erweitern

Falls nach der Freigabe der Änderung noch weitere Änderungsdokumente benötigt werden, kann der **Umfang** des Änderungsantrags erweitert werden. Führen Sie hierzu im Änderungsantrag die Aktion **Umfang erweitern** aus. Anschließend muss, wie bereits beschrieben, eine weitere Genehmigung und Entwicklungsfreigabe erfolgen, um zusätzliche Änderungsdokumente zu erzeugen.

8.5 Änderungsdokumente

Wie bereits erwähnt, umfasst das ChaRM eine Reihe von vordefinierten Änderungsprozessen zur Dokumentation und Prozessierung von Änderungen in Ihrer Systemlandschaft. In diesem Abschnitt erläutern wir die im SAP-Standard verfügbaren Änderungsdokumente und stellen die Prozesse beispielhaft dar. Wir beschreiben Ihnen zunächst die Änderungsdokumente, die in das SAP-Transportwesen integriert sind:

- normale Änderung (Vorgangsart SMMJ)
- dringende Änderung (Vorgangsart SMHF)
- Fehlerkorrektur (Vorgangsart SMTM)
- Standardänderung (Vorgangsart SMSG)

Abschließend beschreiben wir die Änderungsdokumente, die keinen Anschluss an das Transportwesen vorweisen:

- administrative Änderung (Vorgangsart SMAD)
- allgemeine Änderung (Vorgangsart SMCG)

[»]

Obligatorische Transporte

Die Zuordnung von Transportaufträgen zu Änderungsdokumenten ist ab Solution Manager 7.2 SPS03 optional. Wenn die Zuordnung von Transportaufträgen obligatorisch sein soll, können Sie dies in der Transaktion SOLMAN_SETUP über den Pfad **Change-Control-Management • Change Request Management • Zusätzliche Anwendungsfälle verwenden • Obligatorische Transporte aktivieren** konfigurieren (siehe Abschnitt 7.2.2, »Grundkonfiguration des Change Request Managements«, Schritt 10)

8.5.1 Normale Änderung

8

Eine *normale Änderung* ist dafür vorgesehen, Änderungen im Rahmen einer Systemwartung oder im Rahmen von Entwicklungsprojekten innerhalb von Major- und Minor-Releases durchzuführen. Dieser Änderungstyp ist an die Release-Strategie eines IT-Projekts für eine oder mehrere Systemlandschaften gebunden und in das SAP-Transportmanagement integriert. Das bedeutet u. a., dass normalen Änderungen Transportaufträge zugeordnet werden können. Normale Änderungen werden mithilfe des Aufgabenplans eines Änderungszyklus gebündelt und per Projektimport in die Folgesysteme (Test- und Produktivsysteme) importiert.

[«]

Projektimport

Der *Projektimport* ist ein Verfahren, in dem alle Transportaufträge des CTS-Projekts gemeinsam transportiert werden (`IMPORT_PROJECT_ALL`-Verfahren). Dadurch kann sichergestellt werden, dass die Transportaufträge entsprechend der Freigabereihenfolge importiert werden und somit die Transportreihenfolge eingehalten wird. Weitere Importstrategien im ChaRM werden in Abschnitt 8.6.3, »Importstrategien – selektiver und statusabhängiger Import«, beschrieben.

Statusschema

Die normale Änderung (Vorgangsart `SMMJ`) verfügt im SAP-Standard über folgendes Statusschema:

- **Angelegt**
- **In Entwicklung**
- **Zu testen**
- **Erfolgreich getestet**
- **Freigegeben für Import**
- **Vorabimport beantragt**
- **Test für Vorabimport**
- **Getestet für Produktionsimport**
- **Importiert in Produktion**
- **Zurückgezogen**

Zur Durchführung der Änderung sind im SAP-Standard folgende Anwenderrollen vorgesehen:

- Change Manager*in
- Entwickler*in
- Tester*in
- IT-Operator*in

Prozessbeispiel Das Rollenkonzept lässt sich problemlos an Ihre Anforderungen anpassen. Abbildung 8.24 soll Ihnen einen möglichen Prozessablauf veranschaulichen. Zur Durchführung dieses Beispiels wurden ein Phasenzyklus und der dazugehörige Aufgabenplan angelegt. Der Zyklus befindet sich in diesem Beispiel initial im Status **Build**.

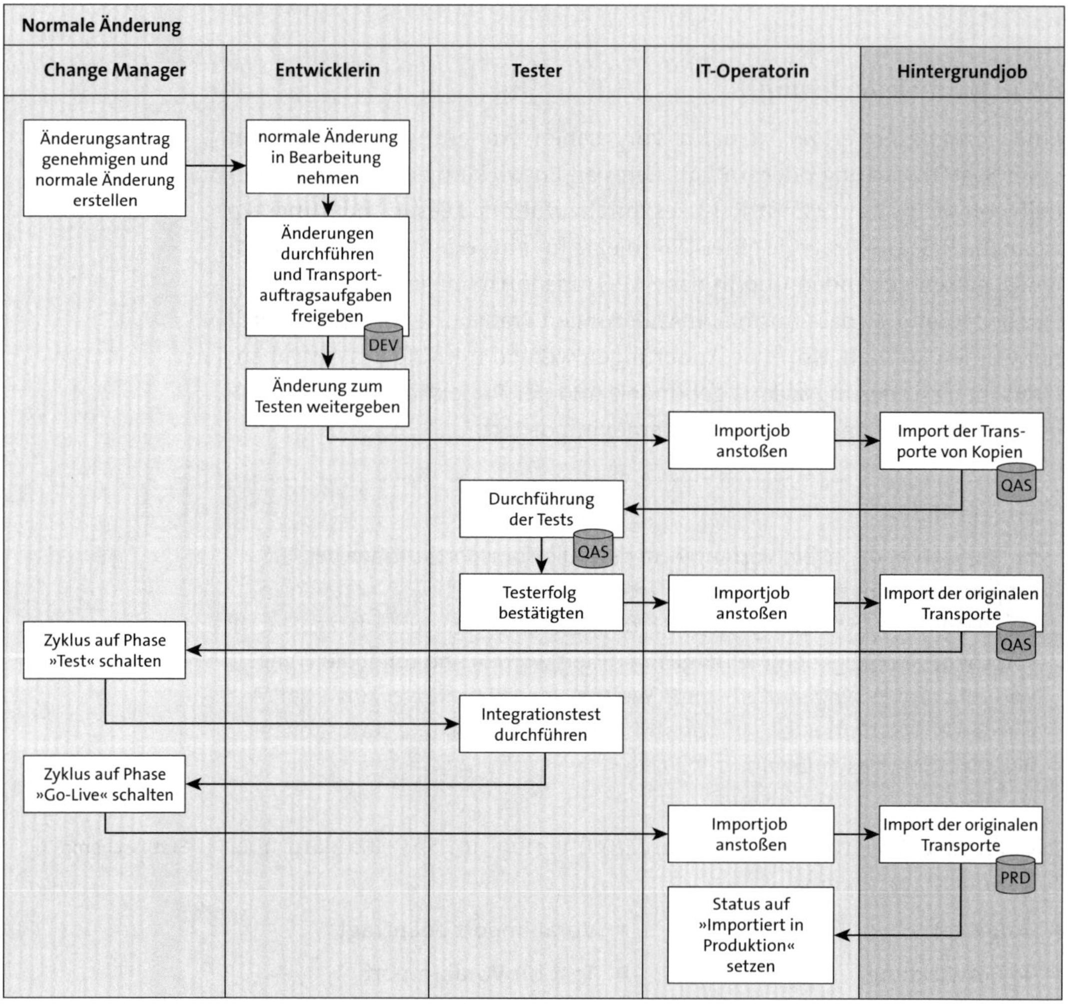

Abbildung 8.24 Überblick des Prozesses einer normalen Änderung

Normale Änderung anlegen Eine normale Änderung wird grundsätzlich über einen genehmigten Änderungsantrag erstellt. Anschließend befindet sie sich im Status **Angelegt**. In diesem Status enthält sie bereits alle relevanten Informationen, wie die Änderungsbeschreibung, den Änderungszyklus, das Konfigurationselement und die Referenz zum dazugehörigen Änderungsantrag. Zunächst reichert die Person, die die Änderung erstellt hat, in unserem Prozessbeispiel der

Change Manager, das neu erstellte Änderungsdokument mit weiteren Informationen, wie den an der Änderung beteiligten Personen, an.

Normale Änderung in Entwicklung nehmen

Die verantwortliche Entwicklerin findet das Änderungsdokument, nachdem sie diesem zugeordnet wurde, in ihrem Arbeitsvorrat. Sie setzt den Status des Änderungsdokuments auf **In Entwicklung**.

Transportaufträge anlegen

Anschließend legt sie über den Zuordnungsblock **Transportverwaltung** im betreffenden Entwicklungssystem die benötigten Transportaufträge und -aufgaben an. Dazu klickt sie auf die Schaltfläche **Transportauftrag** (siehe Abbildung 8.25).

Abbildung 8.25 Zuordnungsblock »Transportverwaltung«

Im Dialogfenster kann sie zwischen Workbench- und Customizing-Aufträgen wählen und die Beschreibung der Transportaufträge anpassen (siehe Abbildung 8.26). Darüber hinaus kann sie für alle an der Änderung mitwirkenden Entwickler*innen Aufgaben zu den Transportaufträgen anlegen. Mit einem Klick auf die Schaltfläche **Anlegen** werden die Transportaufträge und -aufgaben im Entwicklungssystem erstellt.

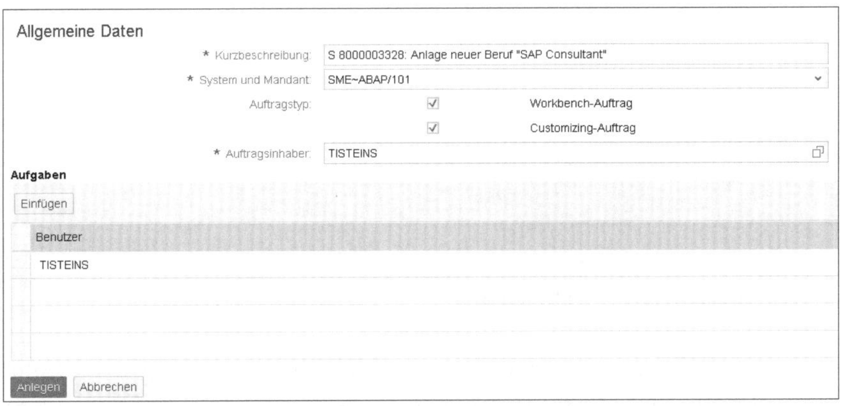

Abbildung 8.26 Transportauftrag anlegen

Änderung durchführen

Die Entwickler*in meldet sich nun über den Zuordnungsblock **Landschaft** mit einem Klick auf die grüne Schaltfläche in der Spalte **Aktionen** am Entwicklungssystem an, um die gewünschten Änderungen zu implementieren (siehe Abbildung 8.27).

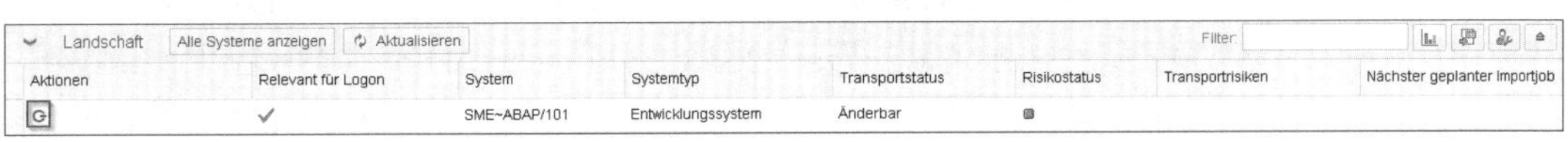

Abbildung 8.27 Zuordnungsblock »Landschaft«

Hier legt sie den neuen Beruf »SAP Consultant« an und speichert ihre Änderung im entsprechenden Transportauftrag (siehe Abbildung 8.28).

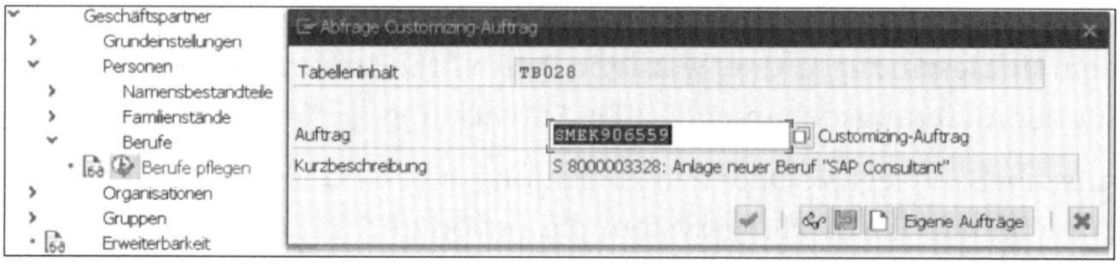

Abbildung 8.28 Änderung in Transportauftrag übernehmen

Aufgabe freigeben

Anschließend gibt sie die relevanten Aufgaben des Transportauftrags im Entwicklungssystem im Transport Organizer (Transaktion SE01, alternativ Transaktion SE09 oder SE10) frei (siehe Abbildung 8.29).

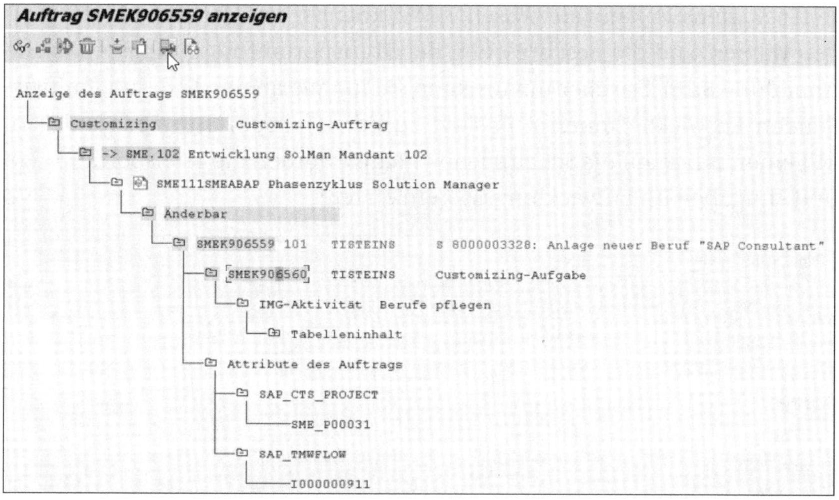

Abbildung 8.29 Aufgaben freigeben

Änderung zum Testen übergeben

Für die Übergabe der Änderung zum Testen setzt die Entwicklerin mithilfe der Aktion **Normale Änderung zum Testen weitergeben** den Status auf **Zu testen**. Durch diese Aktion wird automatisch ein **Transport von Kopien** mit dem Inhalt der originalen Transportaufträge erstellt, direkt freigegeben und in das Qualitätssicherungssystem importiert (mit Aktion COPY_ALL_ENH).

[+]

Transport von Kopien direkt mit dem Statuswechsel importieren

Mit SAP Solution Manager 7.2 SPS03 wurde die Aktion COPY_ALL_ENH ausgeliefert. Diese bietet eine Alternative zum automatischen Import von Transporten von Kopien via Jobeinplanung. Wenn Sie diese Aktion im Customizing hinterlegt haben, werden beim Übergang vom Status **In Entwicklung** in den Status **Zu testen** die Transporte von Kopien erstellt, freigegeben und sogleich importiert. Das hat den Vorteil, dass der Funktionstest der Änderung direkt nach dem Statuswechsel im Testsystem ausgeführt werden kann. Sie können die Aktion in der Transaktion SOLMAN_SETUP über den Pfad **Change-Control-Management • Change-Request-Management • Änderungsprozess definieren • Change-Request-Management-Aktionen definieren • Aktionen definieren** konfigurieren.

[«]

Transport von Kopien in normalen Änderungen

In großen Implementierungs- und Release-Projekten entsteht oft eine Vielzahl von Transportaufträgen. Um die Anzahl von Transportaufträgen zu verringern und die originalen Transportaufträge möglichst spät und zu einem Zeitpunkt mit einem hohen Entwicklungsreifegrad freizugeben, können Sie sich im ChaRM die Vorteile normaler Änderungen zunutze machen. Nur dieser Änderungsdokumenttyp hat standardmäßig die Möglichkeit, mit Transporten von Kopien umzugehen. Bei normalen Änderungen werden Kopien von den originalen Transportaufträgen erstellt und in das Testsystem transportiert, jedoch nicht in den Importpuffer des Folgesystems weitergeleitet. Die originalen Transportaufträge bleiben noch änderbar und werden erst nach einer erfolgreichen Qualitätssicherung freigegeben.

Falls der Test einer Änderung nicht erfolgreich war, können Sie die erforderlichen Korrekturen den originalen Transportaufträgen zuordnen. Die originalen Transportaufträge bleiben änderbar, solange der Test der Änderung nicht erfolgreich war. Dadurch kann sichergestellt werden, dass nur fehlerfrei getestete Änderungen beim Projektimport in das Produktivsystem importiert werden. Es werden dann lediglich die originalen Transportaufträge importiert.

Normale Änderung testen

Der zugeordnete Tester findet die normale Änderung in seinem Arbeitsvorrat. Über den Zuordnungsblock **Landschaft** kann er sich anschließend am Testsystem anmelden und den Funktionstest durchführen. Wenn der Test nicht erfolgreich verlief, setzt der Tester den Status auf **In Entwicklung** zurück.

Daraufhin führt die Entwicklerin ihre Korrekturen durch und speichert diese in den originalen Transportaufträgen. Anschließend erfolgt wieder der Import der Transporte von Kopien. Diese Aktionen werden so lange durchlaufen, bis der Test erfolgreich war. Über die Aktion **Erfolgreichen Test be-**

stätigen setzt der Tester dann den Status des Änderungsdokuments auf **Erfolgreich getestet**. Durch diese Aktion werden alle originalen Transportaufträge der Änderung automatisch freigegeben und dem Importpuffer des Testsystems hinzugefügt.

Import in Originaltransporte

Die IT-Operatorin oder ein Transportmanager importiert die Transportaufträge des Projekts mithilfe des Aufgabenplans der Aufgabe **Importjob für Transportaufträge einplanen** in das Testsystem. Beachten Sie, dass an dieser Stelle grundsätzlich ein Projektimport stattfindet. Das bedeutet, dass alle freigegebenen Transportaufträge des Projekts in das Qualitätssicherungssystem importiert werden.

Für den Import der Transportaufträge in das Testsystem gibt es mehrere Möglichkeiten. Zum einem kann die IT-Operatorin den Import manuell über den Aufgabenplan anstoßen, indem sie die Aufgabe **Importjob für Transportaufträge einplanen** ausführt. Zum anderen kann sie den Import automatisiert über einen Job im Hintergrund ausführen lassen. Wir empfehlen Ihnen die letztere Variante, da der manuelle Import auf Dauer sehr aufwendig sein kann.

Importjob einplanen

Planen Sie wie folgt über das Administrations-Cockpit einen periodischen Importjob für das entsprechende Testsystem ein. So entfällt der manuelle Projektimport über den Aufgabenplan.

1. Rufen Sie die Transaktion SM_WORKCENTER auf, und wählen Sie **Change Management • Administrations-Cockpit**.
2. Wählen Sie über den Zyklus den dazugehörigen Aufgabenplan aus.
3. Navigieren Sie im Aufgabenplan im Abschnitt **Folgesysteme** zum entsprechenden Testsystem, und führen Sie die Aufgabe **Importjob für Transportaufträge einplanen** aus.
4. Im angezeigten Pop-up-Fenster sehen Sie die zu importierende normale Änderung. Klicken Sie auf die Registerkarte **Datum** und markieren dort **Zur Startzeit** (siehe Abbildung 8.30).
5. Hinterlegen Sie die entsprechenden Zeitangaben, die Periodizität und den ausführenden Hintergrundbenutzer.
6. Grundsätzlich können Sie auch für einen Importjob angeben, ob nur Transporte von Kopien und/oder nur Standardänderungen via Job importiert werden sollen. Hierzu markieren Sie im oberen Bereich des Pop-up-Fensters **Nur Transport von Kopie** und/oder **Nur Standardänderung**. Zudem können transportbezogene Prüfungen für den Importjob bzw. -schritt übersprungen werden, wenn Sie die Checkbox **Transportbezogene Prüfungen deaktivieren** markieren.

Abbildung 8.30 Importjob einplanen

7. Darüber hinaus können Sie auf der Registerkarte **Ausführung** eine synchrone oder asynchrone Ausführung bestimmen.
8. Auf der Registerkarte **Optionen** finden Sie die jeweiligen Importoptionen. Klicken Sie auf **OK**.

Die über den Aufgabenplan eingeplanten Importjobs können Sie sich im Administrations-Cockpit im Bereich **Eingeplante Importjobs** anzeigen lassen.

Integrationstest durchführen

Um einen Integrationstest aller Projektänderungen durchführen zu können, wechselt der Change Manager oder eine Release- und Testmanagerin von der Zyklusphase **Build** zur Phase **Test**. Damit ein aussagekräftiger Integrationstest durchgeführt werden kann, sollten innerhalb der Testlaufzeit keine neuen Änderungen mehr in die Testumgebung gelangen. Das wird in der Phase **Test** sichergestellt. In dieser Phase ist es nicht möglich, Transportaufträge aus normalen Änderungen in das Qualitätssicherungssystem zu importieren.

[+]

Transportstatus im Zuordnungsblock »Landschaft« einsehen

Sie können jederzeit den Importstatus der Transportaufträge über den Zuordnungsblock **Landschaft** in der Spalte **Transportstatus** einsehen (siehe Abbildung 8.31).

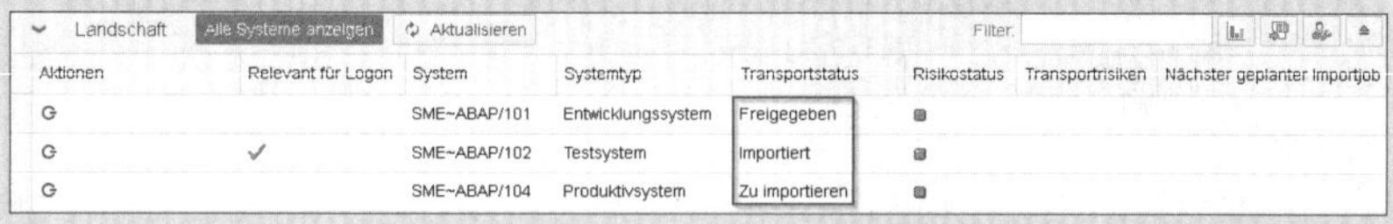

Abbildung 8.31 Transportstatus prüfen

Fehlerkorrektur

Um im Integrationstest festgestellte Fehler zu beseitigen, müssen in der Zyklusphase **Test** Änderungsdokumente vom Typ Fehlerkorrektur erstellt werden. Für den weiteren Prozessablauf gibt es zwei Optionen:

- Zum einen ist in Ausnahmefällen ein Vorabimport der Änderung möglich, der den Importprozess beschleunigt und die Transportaufträge der einzelnen Änderung produktiv setzt.
- Zum anderen kann ein gebündelter Transport aller Änderungen des Entwicklungsprojekts in das Produktivsystem durchgeführt werden.

Im Folgenden gehen wir noch nicht auf den Vorabimportprozess ein; dieser wird in Abschnitt 8.6.2, »Vorabimportprozess innerhalb einer normalen Änderung«, beschrieben.

Import in Produktivsystem

Für den gemeinsamen Transport aller erfolgreich getesteten Änderungen schaltet der Change Manager oder die Release- und Testmanagerin zunächst die Zyklusphase des Änderungszyklus auf **Go-Live**. Anschließend kann die IT-Operatorin die Transportaufträge des Projekts mithilfe des Aufgabenplans und der Aufgabe **Importjob für Transportaufträge einplanen** (diese ist unter der Gruppe **Produktivsysteme** zu finden) in das Produktivsystem importieren.

Nach dem erfolgreichen Import der Änderungen können die entsprechenden Änderungsdokumente abgeschlossen werden. Der Abschluss einer normalen Änderung erfolgt durch das Ausführen der Aktion **Produktivstatus setzen** mit dem Status **Importiert in Produktion**.

[+]

Automatisierter Statuswechsel mit Importrückmeldefunktion

Mit SAP Solution Manager 7.2 SPS08 wurde ein neuer Rückmeldemechanismus für Importe eingeführt. Dieser ermöglicht es, im Rahmen des ChaRM-Prozesses auf Importereignisse aus den verwalteten Systemen zu reagieren. Auf diese Weise können Änderungsdokumente mit der Aktion **Produktivstatus setzen** automatisiert finalisiert werden. Die automatische Ausführung der Aktion wird durch das Importereignis ausgelöst. Weitere Informationen zu dieser Funktion finden Sie in Abschnitt 8.6.1, »Importrückmeldefunktion«.

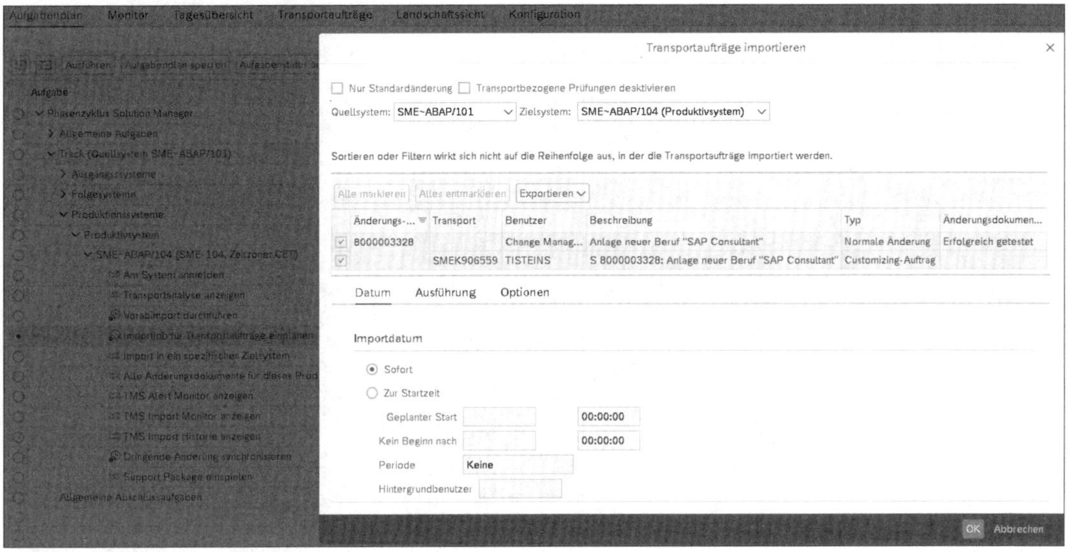

Abbildung 8.32 Projektimport ins Produktivsystem ausführen

Abbildung 8.33 und Abbildung 8.34 zeigen Ihnen, welche Aktionen status-, phasen- und zyklusabhängig in einer normalen Änderung ausgeführt werden können.

Aktionen der normalen Änderung

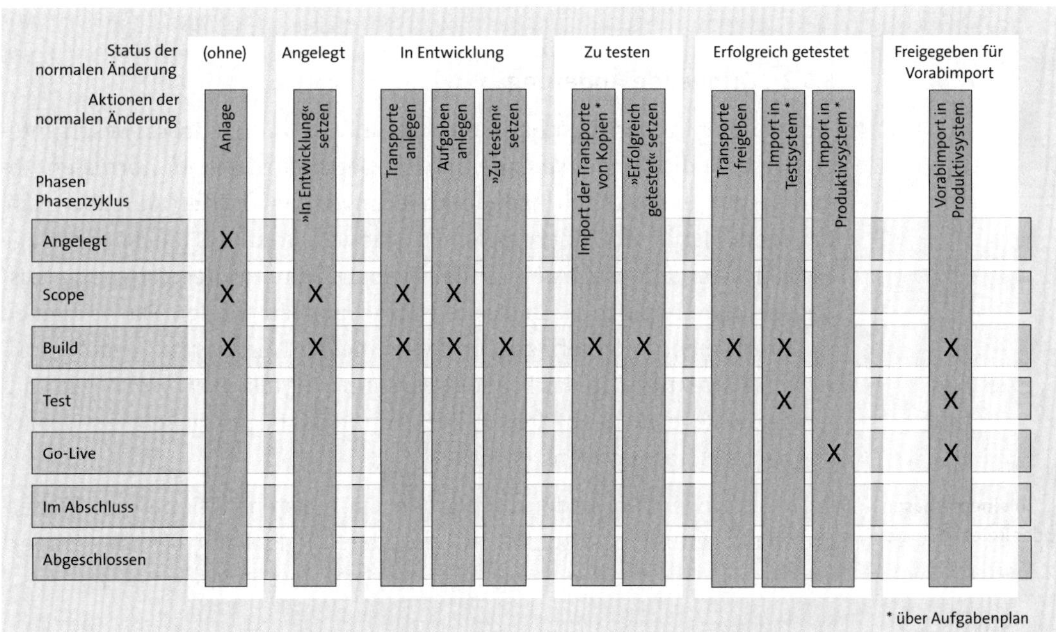

Abbildung 8.33 Status- und phasenabhängige Aktionen einer normalen Änderung innerhalb des Phasenzyklus

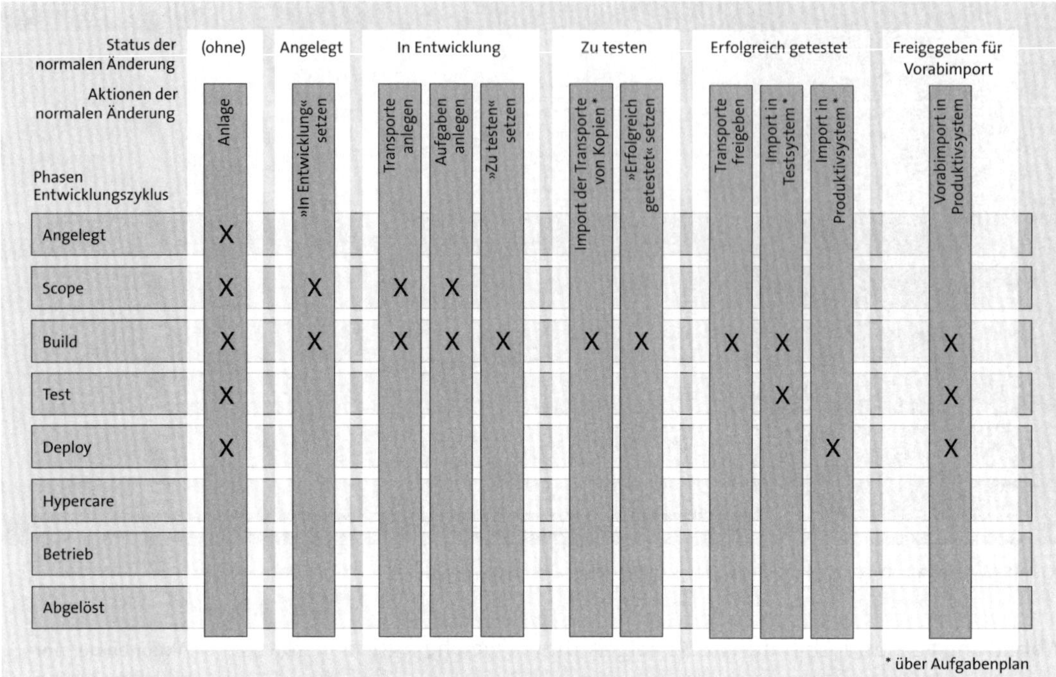

Abbildung 8.34 Status- und phasenabhängige Aktionen einer normalen Änderung innerhalb des Entwicklungszyklus

8.5.2 Dringende Änderung

Ein weiteres Änderungsdokument, das in das SAP-Transportwesen integriert ist, ist die *dringende Änderung*. Im Gegensatz zu einer normalen Änderung gibt es für die dringende Änderung einen eigenen Aufgabenplan, um mehr Flexibilität zu ermöglichen. Dadurch können Transportaufträge einer dringenden Änderung schnellstmöglich und weitestgehend zyklusphasenunabhängig in die Zielsysteme transportiert werden. Die dringende Änderung eignet sich sehr gut für den schnellen Transport von hochpriorisierten Korrekturen in das Produktivsystem (*Notfalltransporte*). Diese können in der Regel nicht auf den Go-live-Termin des nächsten Release oder auf das nächste Transportfenster warten.

In einem Phasen- oder Release-Zyklus

Bei der dringenden Änderung werden die meisten Aktionen im Hintergrund ausgeführt. Das betrifft insbesondere die Freigabe und den Import von Transportaufträgen. Diese Aktionen werden durch den Statuswechsel im Änderungsvorgang automatisch angestoßen. Da dringende Änderungen durch Ihre Flexibilität innerhalb eines Änderungszyklus andere Transportaufträge überholen können, empfehlen wir Ihnen, den Downgrade-Schutz einzurichten (siehe Abschnitt 7.5.2).

Die Aufträge einer dringenden Änderung bleiben zum Schutz vor Downgrades nach ihrem Import im Importpuffer der Zielsysteme mit dem Status **Auftrag steht nochmals zum Import an** stehen. Dadurch können die Aufträge mit dem Projektimport aller Aufträge des Änderungszyklus nochmals in die Zielsysteme importiert werden. So kann die Transportreihenfolge änderungstypübergreifend gewährleistet werden.

Statusschema

Die dringende Änderung (Vorgangsart `SMHF`) verfügt über folgendes Statusschema:

- **Angelegt**
- **In Entwicklung**
- **Zu testen**
- **Erfolgreich getestet**
- **Freigegeben für Produktion**
- **Importiert in Produktion**
- **Bestätigt**
- **Abgeschlossen**
- **Zurückgezogen**

Anwenderrollen

Zur Durchführung einer dringenden Änderung sind im SAP-Standard folgende Anwenderrollen vorgesehen:

- Change Manager*in
- Entwickler*in
- Tester*in
- IT-Operator*in

Prozessbeispiel

Das Rollenkonzept lässt sich problemlos Ihren Anforderungen anpassen. Abbildung 8.35 veranschaulicht einen möglichen Prozessablauf einer dringenden Änderung. Zur Durchführung dieses Beispiels wurden ein Phasenzyklus sowie der dazugehörige Aufgabenplan angelegt. Der Zyklus befindet sich initial in der Phase **Build**.

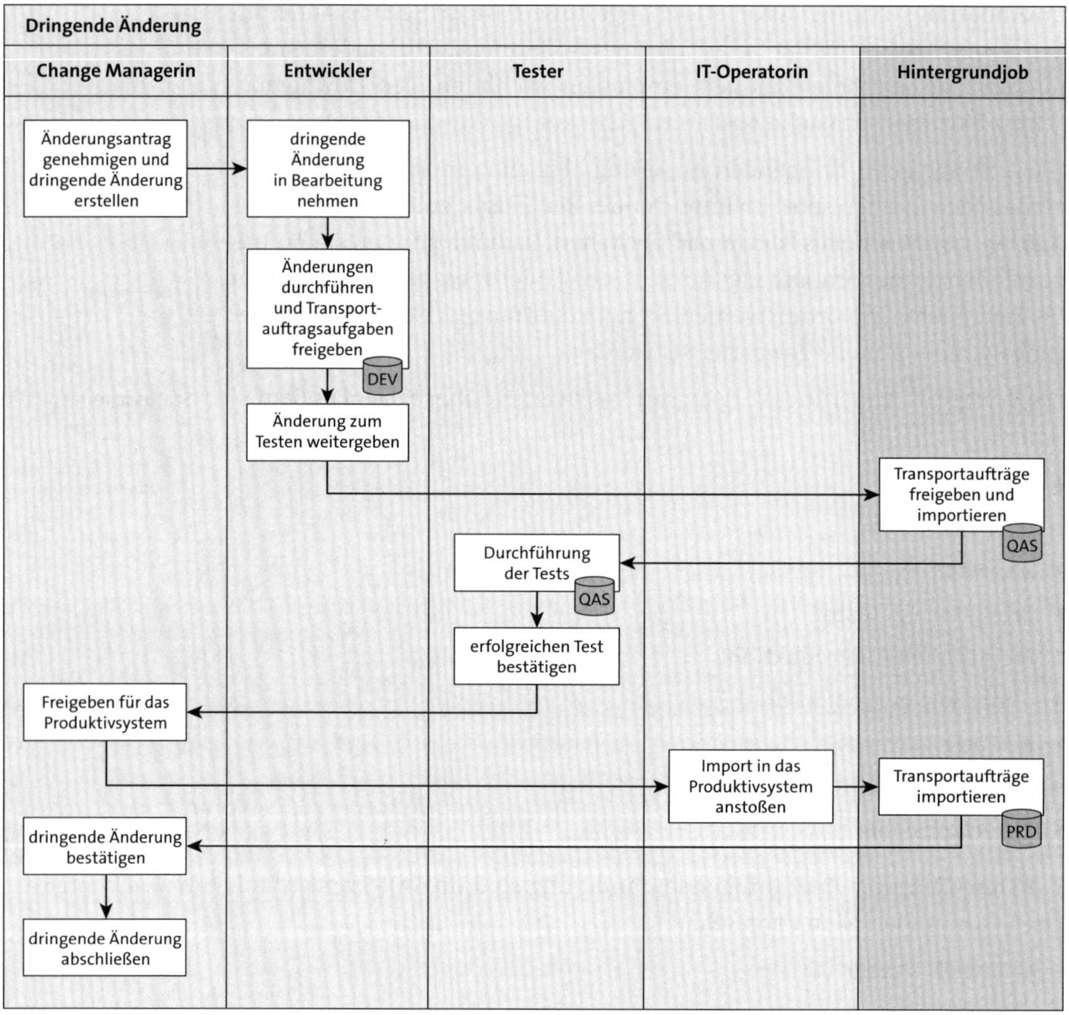

Abbildung 8.35 Prozess einer dringenden Änderung im Überblick

Dringende Änderung im Status »Angelegt«

Eine dringende Änderung wird grundsätzlich über einen genehmigten Änderungsantrag erstellt. Initial befindet sich die Änderung im Status **Angelegt**. Alle relevanten Informationen, wie die Änderungsbeschreibung, den Änderungszyklus, das Konfigurationselement und die Referenz zum Änderungsantrag, erhält sie aus dem Änderungsantrag (siehe Abbildung 8.36). Die Person, die die Änderung erstellt, in unserem Prozessbeispiel die Change Managerin, reichert das Änderungsdokument mit weiteren Informationen wie den an der Änderung beteiligten Personen an.

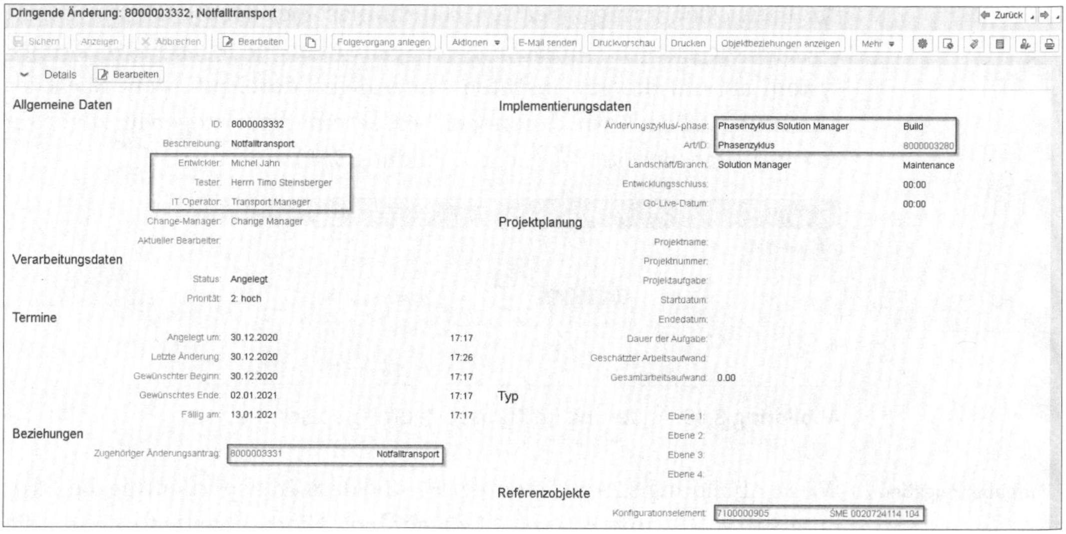

Abbildung 8.36 Eine dringende Änderung anlegen

Der zugeordnete verantwortliche Entwickler findet das Änderungsdokument in seinem Arbeitsvorrat. Er setzt den Status auf **In Entwicklung**. Im Gegensatz zur normalen Änderung wird hier aus Gründen der Dringlichkeit direkt das Pop-up-Fenster für die Anlage eines Transportauftrags angezeigt (siehe Abbildung 8.37).

Entwicklung durchführen

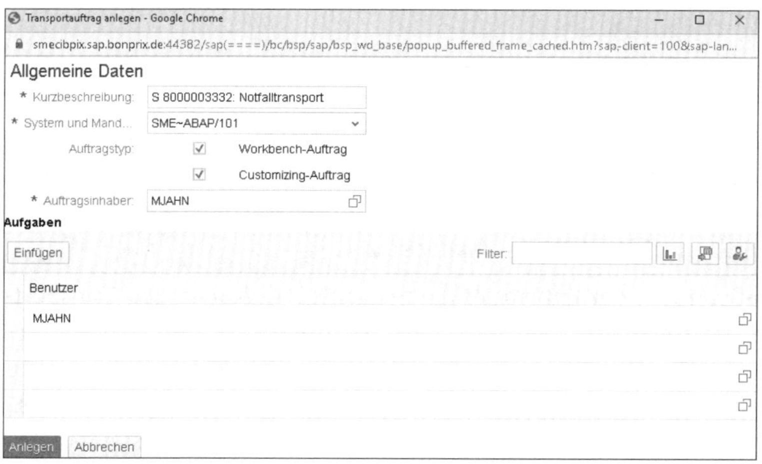

Abbildung 8.37 Transportauftrag für eine dringende Änderung anlegen

Mit einem Klick auf die Schaltfläche **Anlegen** werden die entsprechenden Transportaufträge und -aufgaben im Entwicklungssystem angelegt. Die Nummer des Transportauftrags können Sie anschließend im Zuordnungsblock **Transportverwaltung** einsehen.

Der Entwickler springt über den Zuordnungsblock **Landschaft** mit einem Klick auf die grüne Schaltfläche in der Spalte **Aktionen** in das Entwicklungssystem ab, um die gewünschten Änderungen durchzuführen. Nach der Durchführung der Korrekturen speichert er seine Änderungen im zuvor angelegten Transportauftrag (siehe Abbildung 8.38).

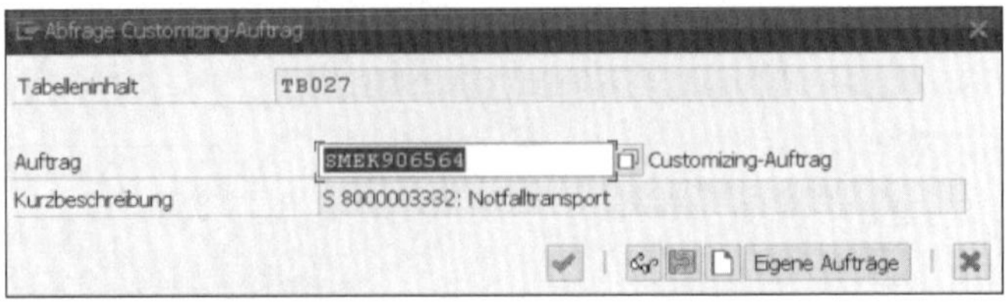

Abbildung 8.38 Änderung im Transportauftrag speichern

Aufgabe freigeben

Wie in Abbildung 8.39 zu erkennen ist, sind dem Transportauftrag die Attribute SME_P00031 und H000000914 zugeordnet. Hierbei handelt sich um die dem Änderungszyklus zugeordnete CTS-Projektstückliste und die technische Nummer des Aufgabenplans der dringenden Änderung.

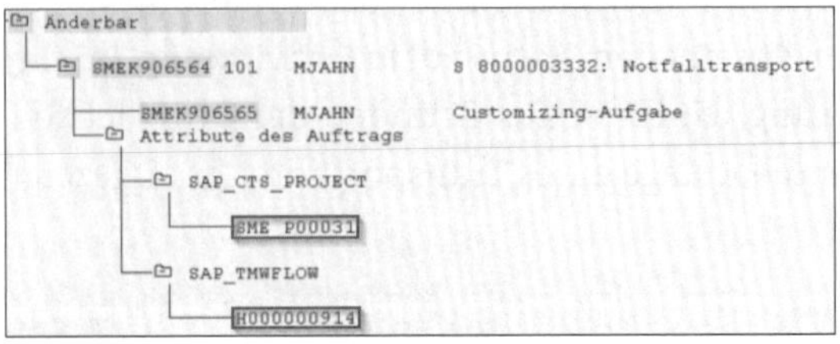

Abbildung 8.39 Attribute des Transportauftrags

Die ID der CTS-Projektstückliste finden Sie auch in den Import-Queues der einzelnen Systeme in der Spalte **Projekt** des jeweiligen Transportauftrags wieder. Mit einem Doppelklick können Sie bei Bedarf das CTS-Projekt aufrufen und entsprechende Statusschalter setzen.

Änderung zum Test übergeben

Anschließend gibt der Entwickler die relevanten Aufgaben des Transportauftrags im Transport Organizer im Entwicklungssystem frei. Um die Änderung zum Testen zu übergeben, setzt der Entwickler den Status auf **Zu testen**. Durch das Ausführen dieser Aktion werden im Hintergrund die originalen Transportaufträge direkt freigegeben und in das Qualitätssicherungssystem importiert. Der Status **Zu testen** wird nur im Falle einer erfolgreichen Freigabe und eines erfolgreichen Imports in das Qualitätssicherungssystem gesetzt.

Änderung testen

Nun findet der zugeordnete Tester die dringende Änderung ebenfalls in seinem Arbeitsvorrat. Über den Zuordnungsblock **Landschaft** kann er sich am Testsystem anmelden und den Funktionstest durchführen.

Wenn der Test nicht erfolgreich verlaufen ist, setzt der Tester den Status auf **In Entwicklung**. Anschließend legt der Entwickler neue Transportaufträge an, da die originalen Transportaufträge bereits freigegeben wurden. Danach führt er seine Korrekturen durch und speichert diese in den entsprechenden Transportaufträgen. Dieser Prozessabschnitt wird solange durchlaufen, bis der Test erfolgreich war.

[+]

Arbeiten mit normalen Änderungen und dem Vorabimportprozess

Viele SAP-Kunden arbeiten verstärkt mit dringenden Änderungen, da der Import der Transportaufträge durch das Ausführen der entsprechenden PPF-Aktion im Änderungsdokument automatisiert und sofort erfolgt. So müssen die Beteiligten nicht auf das nächste Transportfenster oder die Ausführung des Importjobs warten. Durch diese Arbeitsweise ergeben sich jedoch einige Nachteile: eine hohe Anzahl an Transportaufträgen, die Notwendigkeit einer frühen Freigabe der originalen Transportaufträge und ein erhöhtes Downgrade-Risiko. Wir empfehlen Ihnen daher, in der Regel die normale Änderung einzusetzen. Mit dem *Vorabimportprozess* haben Sie auch hier die Möglichkeit, einzelne Änderungen früher und unabhängig von einem Release oder Transportfenster produktiv zu setzen.

Wie bereits erwähnt, funktioniert die normale Änderung mit Transporten von Kopien. Dadurch ist es möglich, die originalen Transportaufträge nach einem nicht erfolgreichen Test im Qualitätssicherungssystem weiterzuverwenden. Das reduziert u. a. die Anzahl der zu importierenden Aufträge für das Produktivsystem sowie das Downgrade-Risiko.

Durch die Aktion COPY_ALL_ENH können Sie den Prozess für normale Änderungen so konfigurieren, dass Transporte von Kopien bei der Übergabe von der Entwicklung zum Testen sofort importiert werden. Mithilfe des Vorabimportprozesses können Sie die Änderungen – unabhängig von dem Go-live eines Release – einzeln importieren, ohne einen Projektimport durchführen zu müssen (siehe Abschnitt 8.6.2, »Vorabimportprozess innerhalb einer normalen Änderung«).

Ist der Test positiv verlaufen, setzt der Tester mit der Aktion **Erfolgreichen Test bestätigen** den Status des Änderungsdokuments auf **Erfolgreich getestet**.

Import in das Produktivsystem

Nun kann die Change Managerin die dringende Änderung für die Produktivsetzung freigeben. Sie führt die Aktion **Dringende Änderung für Produktion freigeben** aus und setzt somit den Status des Änderungsdokuments auf **Freigegeben für Produktion**. Die zugeordnete IT-Operatorin findet die dringende Änderung in ihrem Arbeitsvorrat. Sie löst den Import der dringenden Änderung mit der Aktion **Dringende Änderung in Produktivsystem**

importieren aus. Im Falle eines erfolgreichen Imports wird der Status des Änderungsdokuments auf **Importiert in Produktion** gesetzt.

Änderung in Produktivsystem überprüfen

Anschließend überprüft die Change Managerin, ob die Störung im Produktivsystem durch die Änderung behoben wurde. Konnte der Fehler nicht behoben werden, hat die Change Managerin an dieser Stelle erneut die Möglichkeit, das Änderungsdokument mit der Aktion **Status auf »In Entwicklung« zurücksetzen** wieder zurück an die Entwicklung zu geben. Somit beginnt der Korrektur- und Testprozess von neuem. Der Entwickler legt erneut Transportaufträge an, führt die Änderungen durch und gibt das Änderungsdokument erneut zum Testen weiter. Wenn der Fehler behoben werden konnte, setzt er den Status des Änderungsdokuments durch das Ausführen der Aktion **Dringende Änderung bestätigten** auf **Bestätigt**.

Änderung bestätigen und abschließen

Im Anschluss kann die Änderung finalisiert werden. Die Change Managerin schließt die dringende Änderung ab, indem sie die Aktion **Dringende Änderung abschließen** ausführt und damit den Status auf **Abgeschlossen** setzt. In diesem Status sind keinerlei Änderungen am Änderungsdokument mehr möglich.

Aktionen einer dringenden Änderung

Abbildung 8.40, Abbildung 8.41 und Abbildung 8.42 zeigen Ihnen, welche Aktionen status-, phasen- und zyklusabhängig in einer dringenden Änderung ausgeführt werden können.

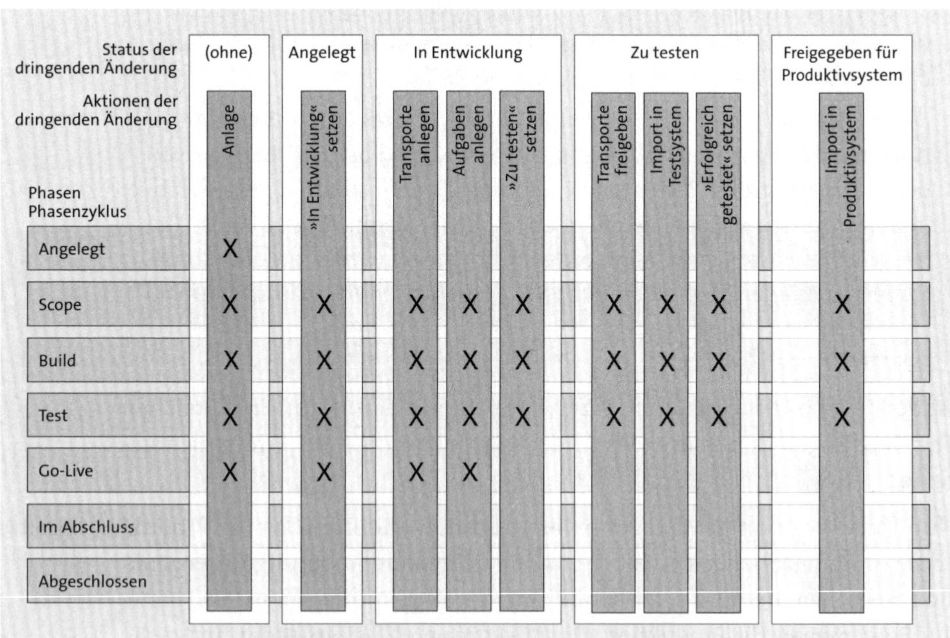

Abbildung 8.40 Status- und phasenabhängige Aktionen einer dringenden Änderung innerhalb des Phasenzyklus

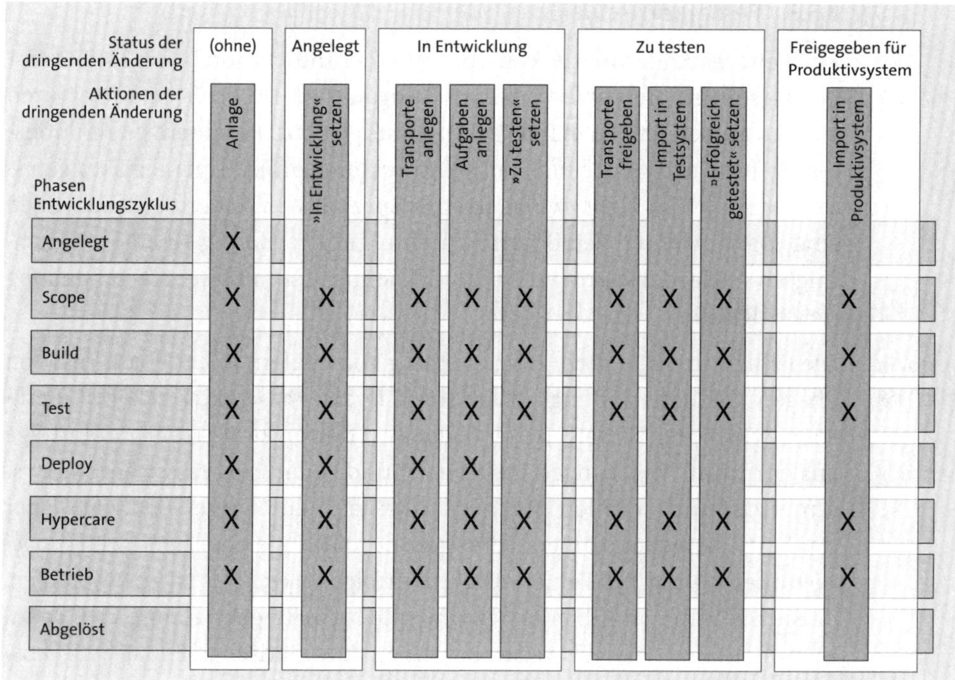

Abbildung 8.41 Status- und phasenabhängige Aktionen einer dringenden Änderung innerhalb des Entwicklungszyklus

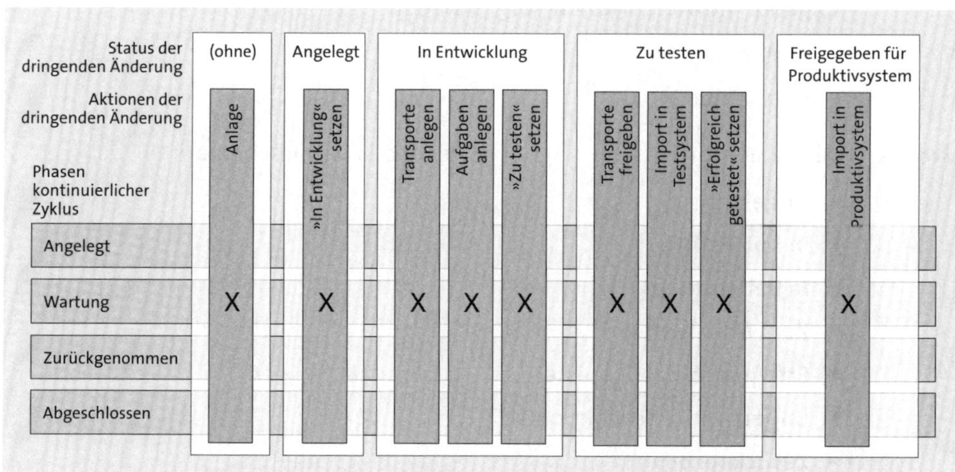

Abbildung 8.42 Status- und phasenabhängige Aktionen einer dringenden Änderung innerhalb des kontinuierlichen Zyklus

8.5.3 Fehlerkorrektur

Ein weiteres Änderungsdokument mit einer Integration in das SAP-Transportwesen ist die *Fehlerkorrektur* (Vorgangsart SMTM). Fehlerkorrekturen werden ausschließlich in Integrationstests genutzt. Bei einem Integrationstest werden alle Änderungen des Entwicklungsprojekts gemeinsam getestet, sodass Fehler nicht zwingend einer spezifischen Änderung zuzuordnen sind. Daher werden Fehlerkorrekturen ohne Zuordnung zu einem genehmigten Änderungsantrag erstellt und nehmen somit eine Sonderstellung im ChaRM ein.

Fehlerkorrektur in der Testphase

Die Fehlerkorrektur dient der Behebung von Fehlern in der Phase **Test** von Phasen- und Entwicklungszyklen sowie in der Phase **Aktiv** in kontinuierlichen Zyklen (seit SPS06). In der Phase **Test** dürfen keine Transportaufträge aus normalen Änderungen freigegeben und in das Qualitätssicherungssystem importiert werden. Korrekturmaßnahmen können lediglich über direkt im Aufgabenplan erstellte Transportaufträge oder über Änderungsdokumente vom Typ Fehlerkorrektur erfolgen. Letzteres ist zu empfehlen, da Sie mithilfe von Fehlerkorrekturen die Änderungen umfangreich dokumentieren und beispielsweise auch einen automatischen E-Mail-Workflow sowie einen statusabhängigen Import nutzen können.

Anwenderrollen

Da die Fehlerkorrektur ohne einen genehmigten Änderungsantrag angelegt wird, sind zur Durchführung der Änderung im SAP-Standard lediglich folgende Anwenderrollen vorgesehen:

- Tester*in
- Entwickler*in

Statusschema

Die Fehlerkorrektur verfügt über folgendes Statusschema:

- **Angelegt**
- **In Korrektur**
- **In Belieferung**
- **Zum Nachtesten**
- **Erfolgreich nachgetestet**
- **Importiert in Produktion**
- **Zurückgezogen**

Prozessbeispiel

Abbildung 8.43 veranschaulicht einen möglichen Prozessablauf einer Fehlerkorrektur. Zur Durchführung dieses Beispiels wurden ein Phasenzyklus sowie der dazugehörige Aufgabenplan angelegt. Der Änderungszyklus befindet sich in der Phase **Test**.

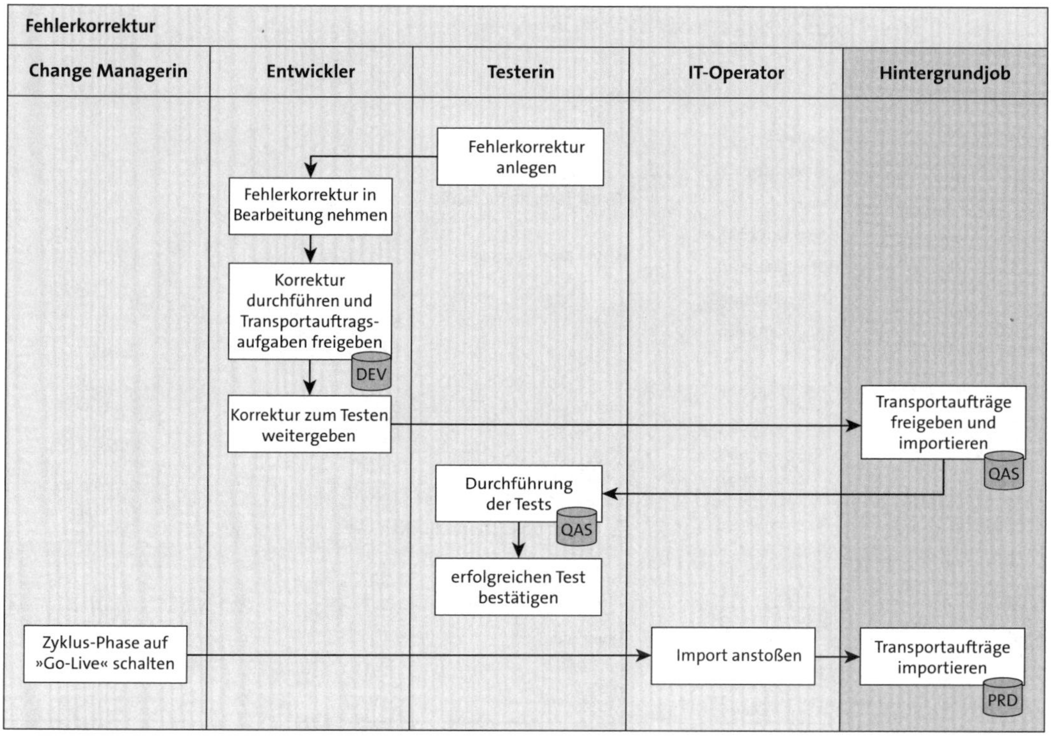

Abbildung 8.43 Prozess einer Fehlerkorrektur im Überblick

Fehlerkorrektur anlegen

Nehmen wir an, die Testerin entdeckt während der Durchführung der Testfälle innerhalb eines Integrationstests einen Fehler. Damit der Entwickler die notwendigen Korrekturen durchführen kann, legt die Testerin (alternativ auch der zuständige Bearbeiter/Dispatcher) eine Fehlerkorrektur im CRM Web UI an. Eine Fehlerkorrektur können Sie am einfachsten über den Schnellanlagelink **Fehlerkorrektur** in Ihrer CRM-Benutzerrolle erstellen (siehe Abbildung 8.44).

Die Testerin, alternativ der verantwortliche Bearbeiter oder eine Koordinatorin, befüllt das Änderungsdokument initial mit den wichtigsten Informationen (siehe Abbildung 8.45):

- Entwickler, Testerin sowie weitere an der Korrektur beteiligte Personen
- Beschreibung des Fehlers (Kurztext)
- detaillierte Beschreibung des Fehlers (Textart **Fehlermeldung** im Block **Text**)
- Änderungszyklus
- betroffenes Produktivsystem (Konfigurationselement)

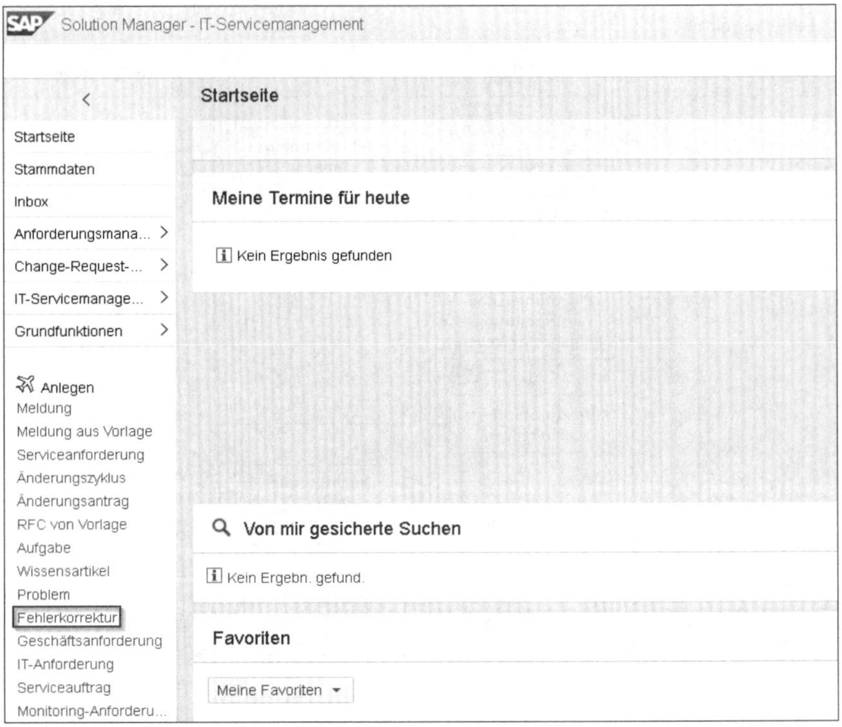

Abbildung 8.44 Schnellanlagelink »Fehlerkorrektur«

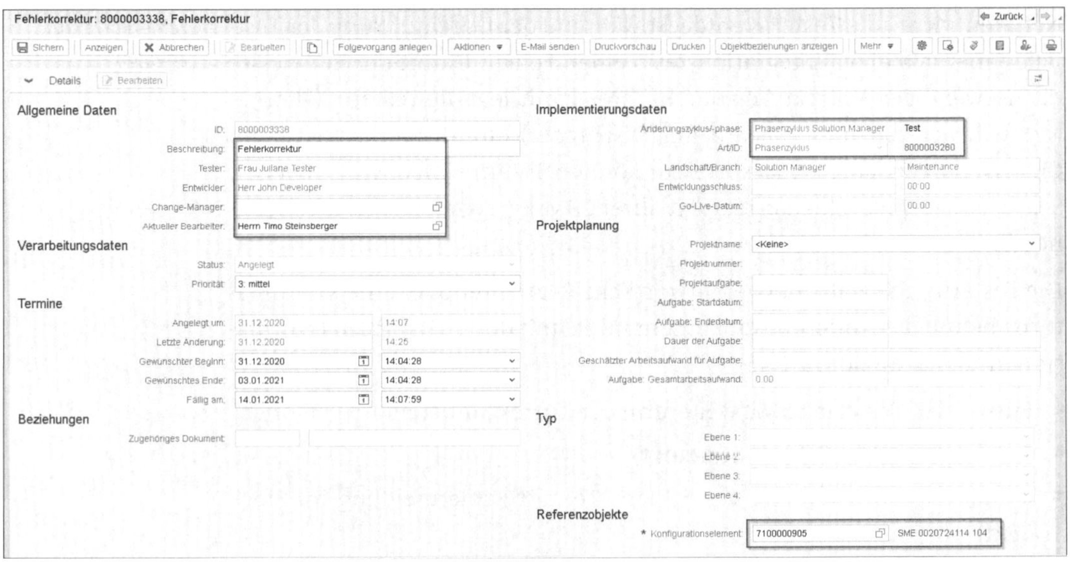

Abbildung 8.45 Fehlerkorrektur anlegen

[«]

Phasenzyklus oder Entwicklungszyklus müssen sich in der Phase »Test« befinden

Wenn eine Fehlerkorrektur innerhalb eines Phasen- oder Entwicklungszyklus angelegt werden soll, muss sich der jeweilige Zyklus in der Phase **Test** befinden. Andernfalls ist eine Anlage und Prozessierung der Fehlerkorrektur nicht möglich.

Fehlerkorrektur durchführen

8

Der zugeordnete Entwickler findet das Änderungsdokument in seinem Arbeitsvorrat und setzt den Status der Fehlerkorrektur auf **In Korrektur** (siehe Abbildung 8.46).

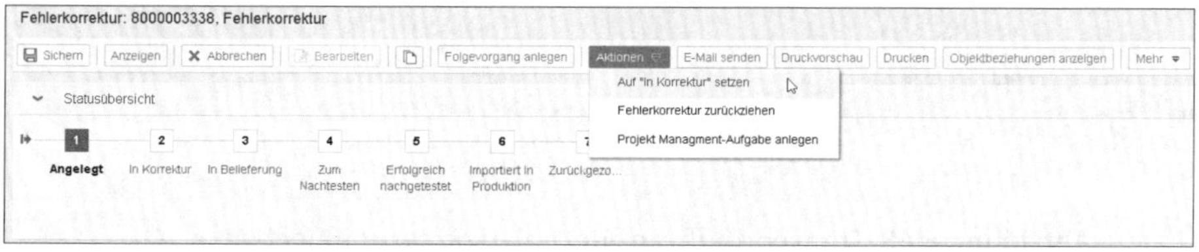

Abbildung 8.46 Fehlerkorrektur auf »In Korrektur« setzen

Transportauftrag anlegen

Anschließend legt der Entwickler die für die Korrektur benötigten Transportaufträge an. Hierzu klickt er im Zuordnungsblock **Transportverwaltung** auf die Schaltfläche **Transportauftrag** (siehe Abbildung 8.47).

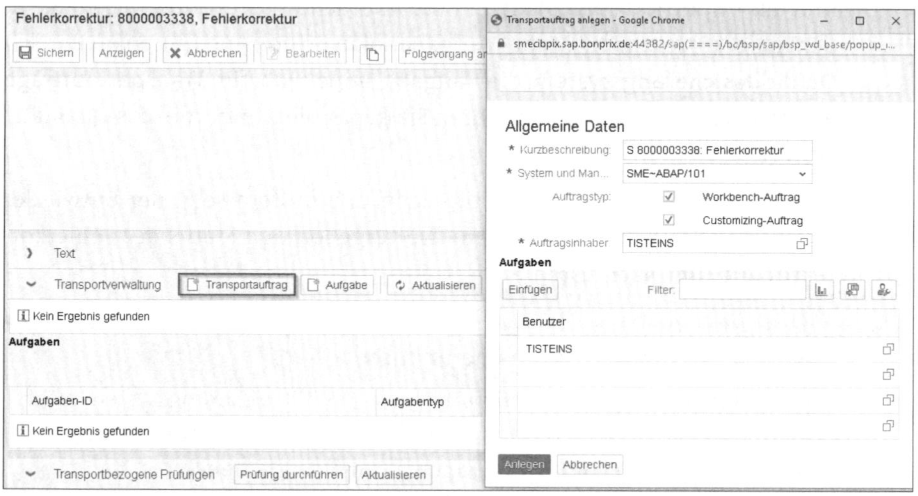

Abbildung 8.47 Transportauftrag anlegen

Der Entwickler springt über den Zuordnungsblock **Landschaft** mit einem Klick auf die grüne Schaltfläche in der Spalte **Aktionen** in das Entwicklungssystem ab, um die gewünschten Korrekturen durchzuführen. Nachdem er die Korrekturen durchgeführt hat, legt er seine Änderungen in dem vorher angelegten Transportauftrag ab und gibt anschließend die relevanten Aufgaben des Transportauftrags im Transport Organizer im Entwicklungssystem frei.

Transportaufträge freigeben

Damit die Änderung auf dem Qualitätssicherungssystem nachgetestet werden kann, müssen die Transportaufträge freigegeben und anschließend importiert werden. Zur Freigabe der originalen Transportaufträge setzt der Entwickler über die Aktion **zum »Nachtesten« weitergeben** die Fehlerkorrektur auf den Status **In Belieferung** (siehe Abbildung 8.48).

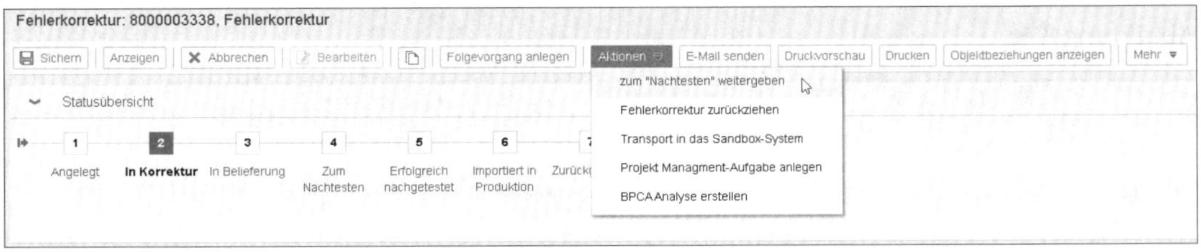

Abbildung 8.48 Transportauftrag zur Fehlerkorrektur freigeben

Import in das Qualitätssicherungssystem

Der Import der Transportaufträge erfolgt wie bei einer normalen Änderung über den Aufgabenplan. Hier haben Sie analog zur normalen Änderung die Möglichkeit, einen Importjob einzuplanen oder den Import manuell durchzuführen. In unserem Beispiel wurde unserer Empfehlung entsprochen und ein Importjob eingeplant. Für die manuelle Ausführung klicken Sie in der Fehlerkorrektur auf **Mehr • Aufgabenplan öffnen** und führen im Bereich **Qualitätssicherungssystem** die Aufgabe **Importjob für Transportaufträge einplanen** aus. Anschließend führen Sie den Projektimport in das Qualitätssicherungssystem durch.

Nach dem Import in das Qualitätssicherungssystem setzt der Entwickler mit der Aktion **zum »Nachtesten« weitergeben** den Status der Fehlerkorrektur auf **Zum Nachtesten**.

[+]

Nutzung der Importrückmeldefunktion

Damit der Status nach dem Import in das Qualitätssicherungssystem nicht manuell gesetzt werden muss, können Sie die Importrückmeldefunktion nutzen (siehe Abschnitt 8.6.1, »Importrückmeldefunktion«).

Test durchführen

Die Testerin findet das Änderungsdokument nun in ihrem Arbeitsvorrat. Mit einem Klick auf die grüne Schaltfläche in der Spalte **Aktionen** des Zuordnungsblocks **Landschaft** springt sie in das Qualitätssicherungssystem ab und führt den Nachtest durch.

Fehlerkorrektur bestätigen

Ist der Nachtest erfolgreich verlaufen, führt die Testerin die Aktion **Fehlerkorrektur bestätigen** aus und setzt dadurch den Status der Fehlerkorrektur auf **Erfolgreich nachgetestet**.

War der Test nicht erfolgreich, wählt die Testerin die Aktion **Zurücksetzen auf »In Entwicklung«** und setzt damit den Status wieder auf **In Korrektur** zurück. Die beschriebenen Aktionen werden so lange erneut durchlaufen, bis der Test erfolgreich durchgeführt wurde.

Import in Produktivsystem

Der Import von Fehlerkorrekturen in das Produktivsystem erfolgt zum Go-live des Entwicklungsprojekts. Das bedeutet, dass die Fehlerkorrekturen zusammen mit allen dringenden und normalen Änderungen des Änderungszyklus im Rahmen eines Projektimports in das Produktivsystem importiert werden.

Die Fehlerkorrektur kann nach dem Import des Release mit der Aktion **Fehlerkorrektur abschließen** auf den Status **Importiert in Produktion** gesetzt werden. In diesem Status können keine Änderungen mehr am Änderungsdokument durchgeführt werden. Auch hier lässt sich wieder die Importrückmeldefunktion für einen automatischen Statuswechsel einsetzen.

Aktionen in der Fehlerkorrektur

Abbildung 8.49 und Abbildung 8.50 zeigen die verschiedenen status-, phasen- und zyklusabhängigen Aktionen einer Fehlerkorrektur in einem Phasen- und einem Entwicklungszyklus.

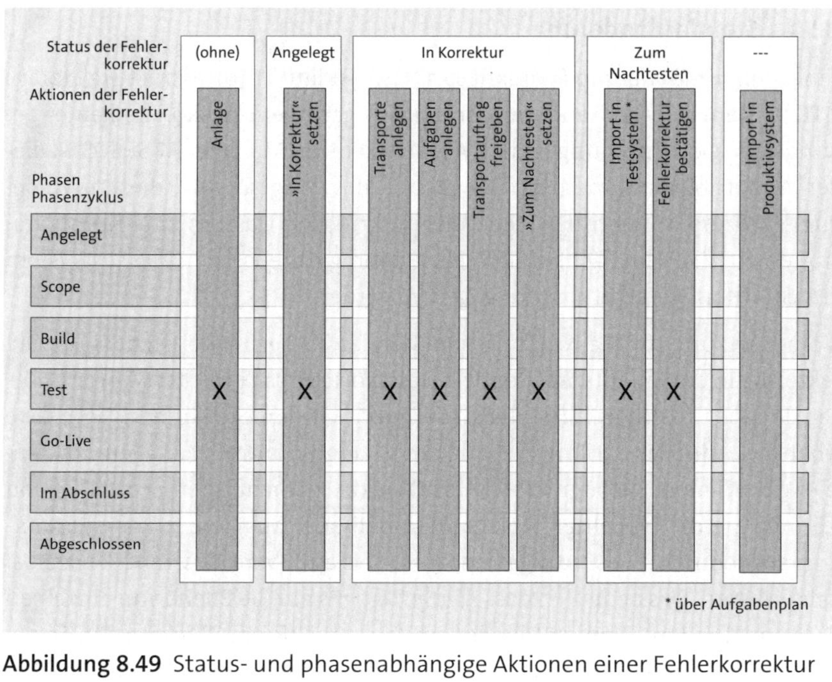

Abbildung 8.49 Status- und phasenabhängige Aktionen einer Fehlerkorrektur innerhalb des Phasenzyklus

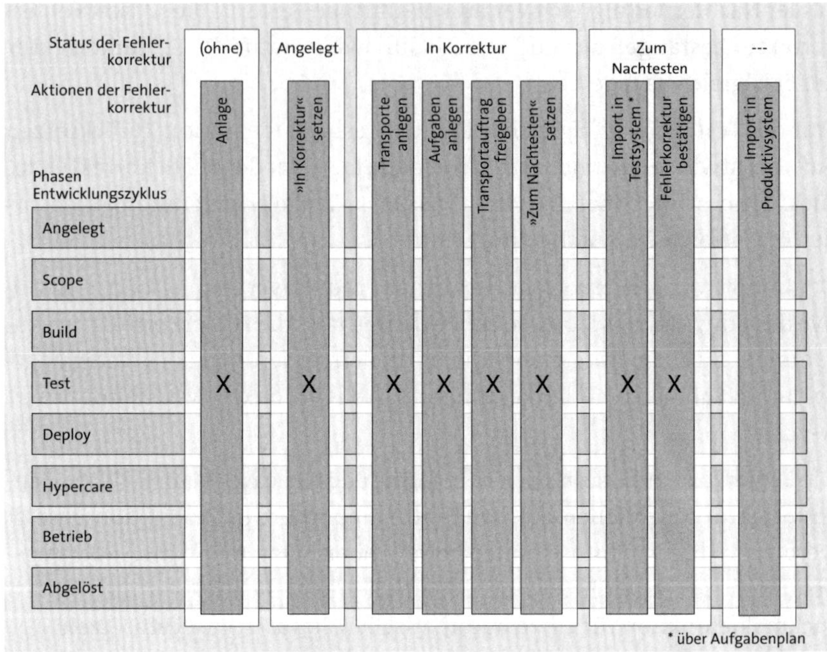

Abbildung 8.50 Status- und phasenabhängige Aktionen einer Fehlerkorrektur innerhalb des Entwicklungszyklus

8.5.4 Standardänderung

Eine *Standardänderung* (Vorgangsart SMSG) ist laut IT Infrastructure Library (ITIL) eine wiederkehrende Änderung mit geringem Risiko, die keiner gesonderten Genehmigung bedarf. Ab SAP Solution Manager 7.2 SPS05 ist dieser Änderungsdokumenttyp im Standard verfügbar. Mit diesem Änderungsprozess können beispielsweise unkritische Customizing-Konfigurationen durch einen Fachbereich selbstständig angepasst, in das Testsystem transportiert, getestet und freigegeben werden.

Liste der erlaubten Objekte

Voraussetzung für die Nutzung von Standardänderungen ist, dass die Objekte, die in einem entsprechenden Transportauftrag gesichert werden dürfen, in einer Positivliste (*Whitelist*) definiert wurden. Sie können diese Liste über das Administrations-Cockpit des Change Control Managements anpassen. Wählen Sie hier **White List Objekte • Hinzufügen**. Anschließend können Sie die einzelnen Objekte manuell oder aus einem Transportauftrag aufnehmen. Die Einträge lassen sich bis auf Ebene des Tabellenschlüssels erfassen. Das bedeutet, dass das System bis auf die Ebene von einzelnen Customizing-Einträgen in Tabellen prüfen kann, ob ein Objekt in den Transportauftrag aufgenommen werden darf. In unserem Beispiel dürfen über die entsprechende IMG-Aktivität (Tabelle TB028) zusätzliche Berufe gepflegt und über Standardänderungen transportiert werden (siehe Abbildung 8.51).

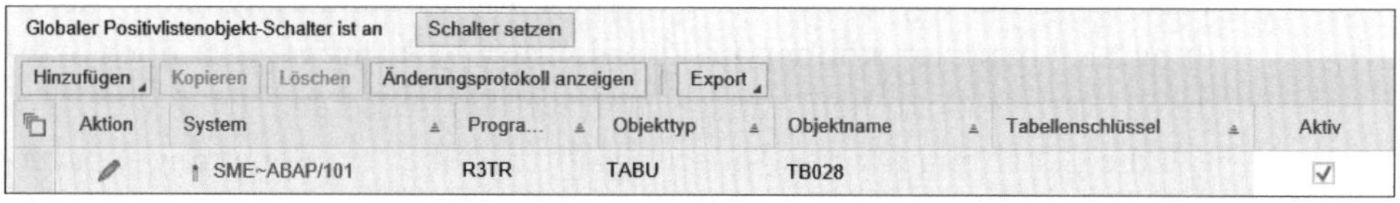

Abbildung 8.51 Beispiel für die Pflege eines Objekts in der Positivliste

Positivlisten-prüfung aktivieren

Damit die Prüfung durchgeführt wird, muss sie für die entsprechenden Entwicklungssysteme aktiviert werden. Wählen Sie hierzu die Schaltfläche **Schalter setzen** (siehe Abbildung 8.51). Wählen Sie **Globalen Schalter aktvieren**, und markieren Sie anschließend, in welchen Systemen die Prüfung laufen soll.

Ist bei der Freigabe eines Transportauftrags aus einer Standardänderung das freizugebende Objekt nicht in der Positivliste hinterlegt, wird eine Fehlermeldung ausgegeben, und der Transportauftrag kann nicht freigegeben werden. Die Prüfung wird bereits beim Wechsel auf den Status **Zu Testen** durchlaufen, d. h. auch bei der Freigabe von Transporten von Kopien.

Soll der Transport trotzdem ausgeführt werden, müssen Sie die relevanten Objekte entweder der Positivliste hinzufügen oder den Transportauftrag abhängig von seiner Dringlichkeit einer normalen oder dringenden Änderung zuordnen. Um die Objekte der Liste hinzuzufügen, wählen Sie im Zuordnungsblock **Transportbezogene Prüfungen** auf der Registerkare **Positivlistenobjekt** die Objekte aus der Liste aus und klicken auf die Schaltfläche **Zur Positivliste hinzufügen** (siehe Abbildung 8.52).

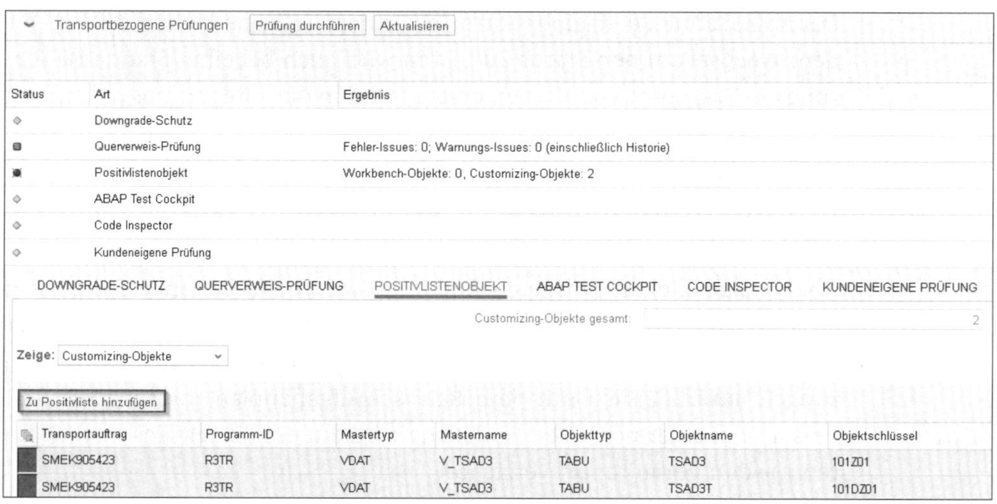

Abbildung 8.52 Objekte zur Positivliste hinzufügen

Beantragung einer Standardänderung

Eine Standardänderung muss ebenso wie die meisten Änderungsdokumente im System stets über einen Änderungsantrag beantragt werden. Wird im Änderungsantrag die Checkbox **Standardänderung** (siehe Abbildung 8.53) markiert, können im Zuordnungsblock **Umfang** nur noch Standardänderungsdokumente ausgewählt werden. Außerdem wird in diesem Fall die Genehmigung des Änderungsantrags über ein Genehmigungsverfahren und die zugehörigen Statuswechsel ausgesetzt. Durch die Ausführung der Aktion **Änderungsantrag implementieren** im Änderungsantrag werden die Standardänderungsbelege erstellt.

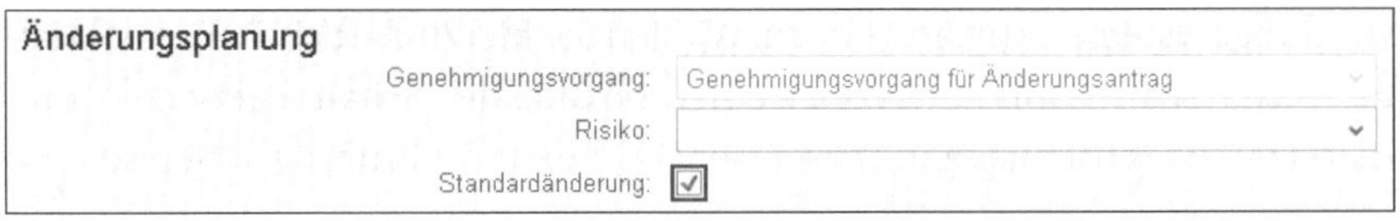

Abbildung 8.53 Checkbox »Standardänderung« im Änderungsantrag

Ablauf der Standardänderung

Eine Standardänderung verfügt im SAP-Standard über folgendes Statusschema:

- **Angelegt**
- **In Entwicklung**
- **Zu testen**
- **Erfolgreich getestet**
- **Importiert in Produktion**
- **Zurückgezogen**

Zur Durchführung der Änderung sind folgende Anwenderrollen vorgesehen:

- Change Manager*in
- Entwickler*in
- Tester*in
- IT-Operator*in

Der Ablauf ähnelt dem einer normalen Änderung (siehe Abschnitt 8.5.1). Mit dem Wechsel auf den Status **Zu testen** wird auch bei einer Standardänderung ein Transport von Kopien erzeugt und in das Integrationssystem importiert (Aktion `COPY_ALL_ENH`). Dies passiert jedoch nur, wenn die Objekte im Transportauftrag bereits in der Positivliste registriert wurden. Mit dem Wechsel auf den Status **Erfolgreich getestet** wird analog zur normalen Änderung der originale Transportauftrag freigegeben.

Anders als bei einer normalen Änderung wird bei der Standardänderung aufgrund des geringen Risikos der Änderung auf den Status **Freigegeben für Produktion** als Quality Gate verzichtet. Des Weiteren werden Standardänderungen ausschließlich mit dem Release-Aufgabenplan transportiert. Anders als bei einer normalen Änderung wird auf ein Einzeltransportverfahren wie den Vorabimport verzichtet.

8.5.5 Administrative Änderung

Die *administrative Änderung* (Vorgangsart SMAD) ist ein Änderungsvorgang, der für systemspezifische Änderungen, die keinen Transportauftrag erfordern, eingesetzt werden kann. Beispiele für solche Änderungen wären die Pflege von Nummernkreisen oder Stammdaten. Mithilfe dieses Änderungsdokuments können Sie auch Änderungen, die innerhalb der SAP-Basisabteilung vorgenommen werden, wie die Pflege von Profilparametern, abbilden.

Anwenderrollen

Zur Durchführung einer administrativen Änderung sind im SAP-Standard folgende Anwenderrollen vorgesehen:

- Change Manager*in
- IT-Operator*in

Statusschema

Die administrative Änderung verfügt über folgendes Statusschema:

- **Angelegt**
- **In Bearbeitung**
- **Abgeschlossen**
- **Bestätigt**
- **Zurückgezogen**

Abbildung 8.54 veranschaulicht einen möglichen Prozessablauf.

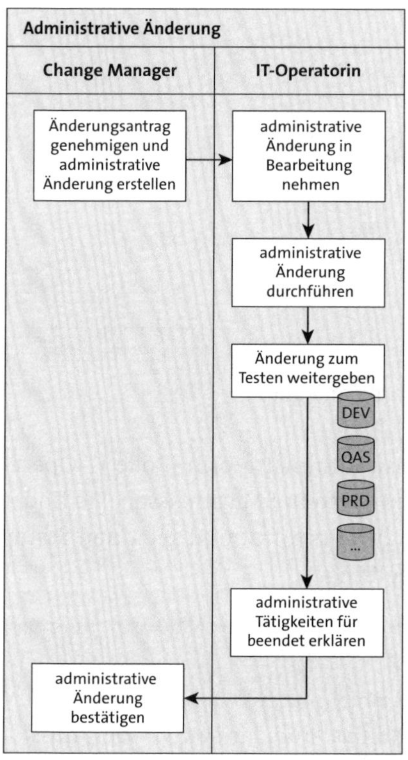

Abbildung 8.54 Prozess einer administrativen Änderung im Überblick

Administrative Änderung anlegen

Eine administrative Änderung wird grundsätzlich über einen genehmigten Änderungsantrag erstellt und befindet sich dann im Status **Angelegt**. Dabei enthält sie alle relevanten Informationen aus dem Änderungsantrag wie die Änderungsbeschreibung, den relevanten Änderungszyklus, das betroffene System und die Referenz zum zugehörigen Änderungsantrag. Die Person, die die Änderung erstellt, in unserem Prozessbeispiel der Change Manager, reichert das Änderungsdokument mit weiteren Informationen, wie den durchführenden Personen (in diesem Fall nur die IT-Operatorin) an (siehe Abbildung 8.55).

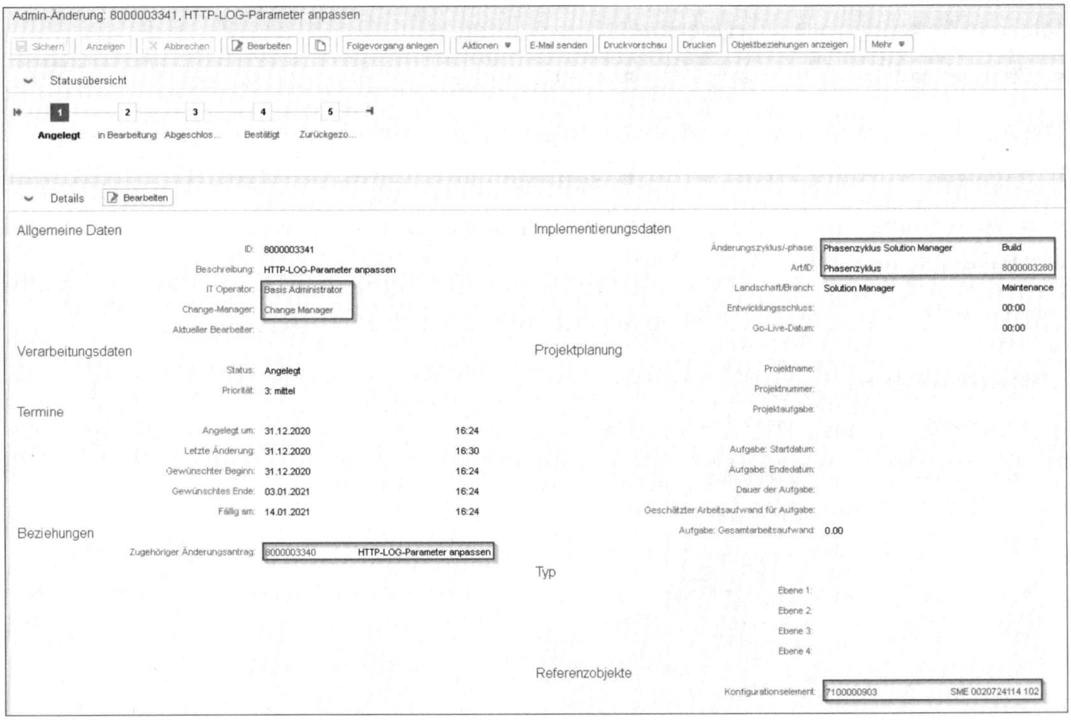

Abbildung 8.55 Eine administrative Änderung anlegen

In unserem Prozessbeispiel soll die Basisadministratorin (Rolle IT-Operator*in) den HTTP-Log-Parameter auf dem System SME anpassen. Sie findet die administrative Änderung in ihrem Arbeitsvorrat und setzt den Status des Änderungsdokuments auf **In Bearbeitung**.

[»]

Systemauswahl im Änderungsantrag

Da sich eine administrative Änderung immer nur auf ein bestimmtes System bezieht und dieses nicht zwingend das Produktivsystem sein muss, werden die Komponente und das Konfigurationselement im Zuordnungsblock **Umfang** des Änderungsantrags nicht automatisch befüllt. Wählen Sie an dieser Stelle das richtige Konfigurationselement für das betroffene änderungsrelevante System aus (siehe auch SAP-Hinweis 1974305).

Änderung durchführen

Anschließend springt die Basisadministratorin über den Zuordnungsblock **Landschaft** mit einem Klick auf die grüne Schaltfläche in der Spalte **Aktionen** in das änderungsrelevante System ab, um die gewünschte Änderung durchzuführen. Sie führt die Parameteranpassung durch und dokumentiert ihre Tätigkeiten im Änderungsdokument im Zuordnungsblock **Text**. Um den Abschluss ihrer Tätigkeiten zu dokumentieren, setzt sie den Status des Änderungsdokuments auf **Abgeschlossen**.

Änderung überprüfen und abschließen

Nun kann der Anforderer oder wie in unserem Beispiel der Change Manager die Änderungen überprüfen und bei einer positiven Prüfung das Änderungsdokument mit der Aktion **Administrative Änderung bestätigen** abschließen. Dadurch wird der Status **Bestätigt** gesetzt.

Mit dem Erreichen dieses Status sind keine weiteren Änderungen im Änderungsdokument mehr möglich. Sollte das Prüfungsergebnis negativ ausfallen, setzt der Change Manager den Status zurück auf **In Bearbeitung**. Anschließend muss die Basisadministratorin die entsprechenden Nachbesserungen durchführen.

8.5.6 Allgemeine Änderung

Ein weiteres Änderungsdokument, das keinen Anschluss an das SAP-Transportwesen aufweist und somit lediglich der Dokumentation von Änderungen dient, ist die *allgemeine Änderung*. Im Unterschied zur administrativen Änderung ist dieses Änderungsdokument für die Dokumentation von Änderungen außerhalb der SAP-Systeme vorgesehen. Mit diesem Änderungsprozess können beispielsweise Änderungen an IT-Anlagen und Geräten wie mobilen Endgeräten oder Hardwarekomponenten durchgeführt und nachvollziehbar dokumentiert werden.

Anwenderrollen

Zur Durchführung einer allgemeinen Änderung sind im SAP-Standard folgende Anwenderrollen vorgesehen:

- Change Manager*in
- IT-Mitarbeiter*in
- Tester*in

Statusschema

Die allgemeine Änderung (Vorgangsart SMCG) verfügt über folgendes Statusschema:

- **Angelegt**
- **Zu Dokumentieren**
- **Fehlgeschlagen**
- **Bestätigt**
- **Abgebrochen**
- **Änderungsauswertung**
- **Zu testen**
- **In Bearbeitung**
- **Ursprung wiederherstellen**
- **Zurückgezogen**

Abbildung 8.56 veranschaulicht einen möglichen Prozessablauf.

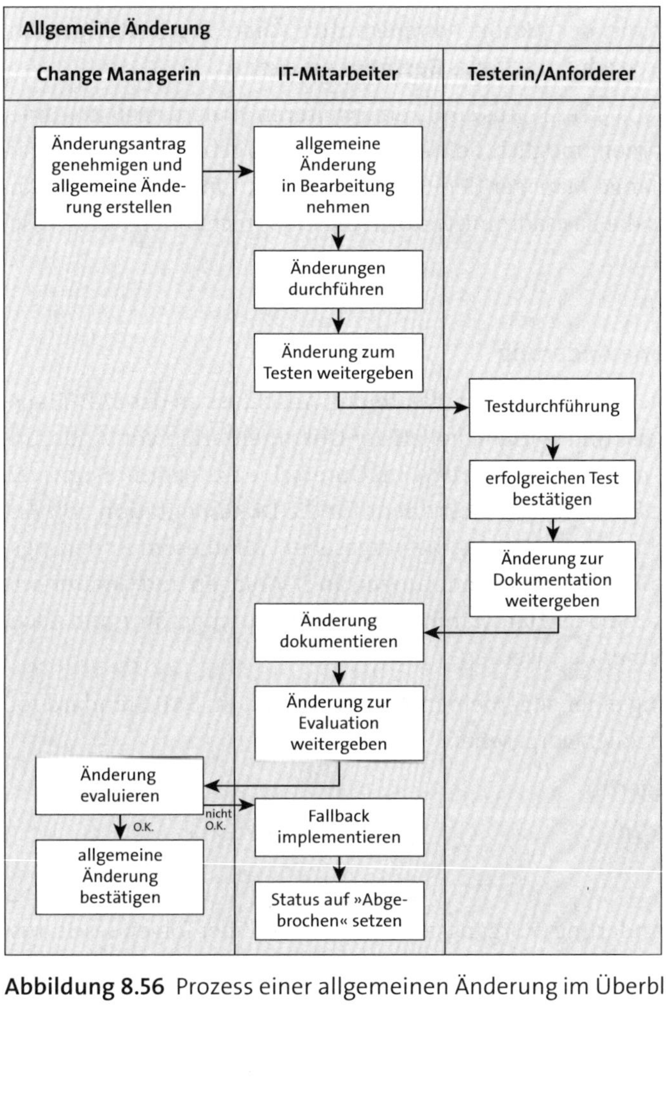

Abbildung 8.56 Prozess einer allgemeinen Änderung im Überblick

Allgemeine Änderung anlegen

Eine allgemeine Änderung wird grundsätzlich über einen genehmigten Änderungsantrag erstellt und befindet sich dann im Status **Angelegt**. Dabei enthält sie alle relevanten Informationen aus dem Änderungsantrag wie die Änderungsbeschreibung, den Änderungszyklus, das Konfigurationselement und die Referenz zum dazugehörigen Änderungsantrag. Der Ersteller der Änderung, in unserem Prozessbeispiel die Change Managerin, reichert das Änderungsdokument mit weiteren Informationen wie der durchführenden Person (dem IT-Mitarbeiter, Partnerfunktion Entwickler) und der qualitätssichernden Person (der Testerin) an (siehe Abbildung 8.57).

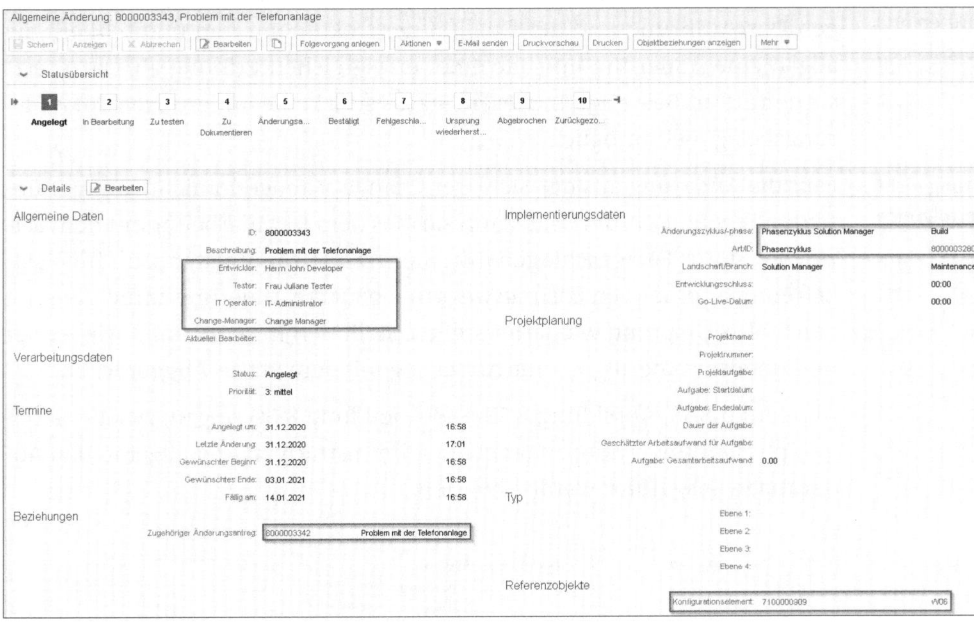

Abbildung 8.57 Allgemeine Änderung anlegen

Der zugeordnete IT-Mitarbeiter findet die allgemeine Änderung in seinem Arbeitsvorrat. Er führt die Aktion **In Bearbeitung nehmen** aus und setzt somit den Status des Änderungsdokuments auf **In Bearbeitung**. Anschließend führt er die Änderungsmaßnahme durch und dokumentiert diese im Zuordnungsblock **Text**.

Allgemeine Änderung zum Testen übergeben

Als nächster Schritt erfolgt die Übergabe an die Testerin mit der Ausführung der Aktion **Allgemeine Änderung an Test übergeben**. Daraufhin befindet sich das Änderungsdokument im Status **Zu testen**.

Die Testerin findet das Änderungsdokument in ihrem Arbeitsvorrat und überprüft anschließend, ob die Änderung erfolgreich durchgeführt wurde. Sie dokumentiert ihre Testaktivitäten im Zuordnungsblock **Text** in der Textart **Testbericht**. Im Falle eines negativen Testergebnisses setzt die Testerin den Status des Änderungsdokuments auf **In Bearbeitung** zurück. Ist der Test positiv verlaufen, führt sie die Aktion **Auf »Zu dokumentieren« setzen** aus.

Der Bearbeiter findet die allgemeine Änderung erneut in seinem Arbeitsvorrat und dokumentiert anschließend detailliert die Änderungsaktivitäten, die zur Problemlösung beigetragen haben. Nach der Durchführung der Dokumentation ändert er den Status des Änderungsdokuments auf **Änderungsauswertung**.

Änderung überprüfen und abschließen

Die Change Managerin verifiziert die Änderung hinsichtlich der vollständigen Durchführung und der Qualität der Dokumentation und schließt die allgemeine Änderung im Falle einer erfolgreichen Prüfung ab. Dazu setzt sie den Status **Bestätigt**. In diesem Status sind keine Änderungen am Änderungsbeleg mehr möglich.

Änderung nicht erfolgreich

Falls die Änderung aus der Sicht der Change Managerin nicht zum gewünschten Ergebnis geführt hat, kann sie dies dem IT-Mitarbeiter mit dem Setzen des Status **Fehlgeschlagen** mitteilen. Der IT-Mitarbeiter prüft hinsichtlich eines alternativen Lösungswegs und baut die Änderung zurück. Er setzt den Status **Ursprung wiederherstellen**, stellt den Initialzustand wieder her und finalisiert die allgemeine Änderung mit dem Status **Abgebrochen**.

Abbildung 8.58, Abbildung 8.59 und Abbildung 8.60 zeigen, welche Aktionen phasen- und zyklusabhängig in administrativen und allgemeinen Änderungen ausgeführt werden können.

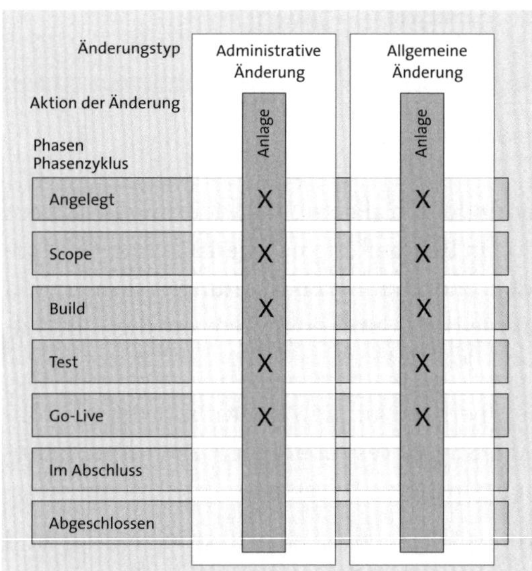

Abbildung 8.58 Phasenabhängige Aktionen in administrativen und allgemeinen Änderungen innerhalb des Phasenzyklus

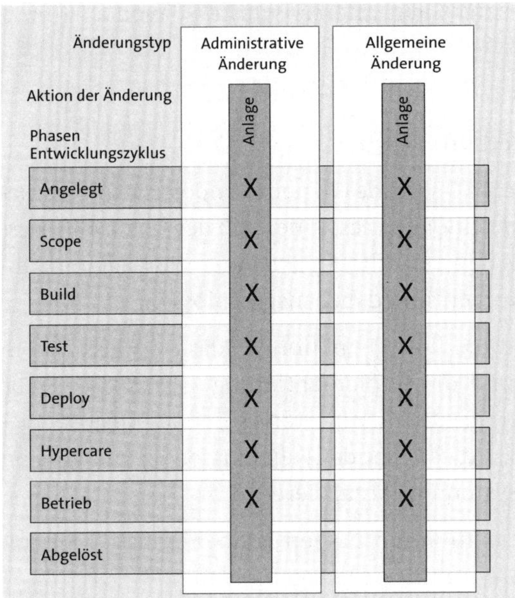

Abbildung 8.59 Phasenabhängige Aktionen in administrativen und allgemeinen Änderungen innerhalb des Entwicklungszyklus

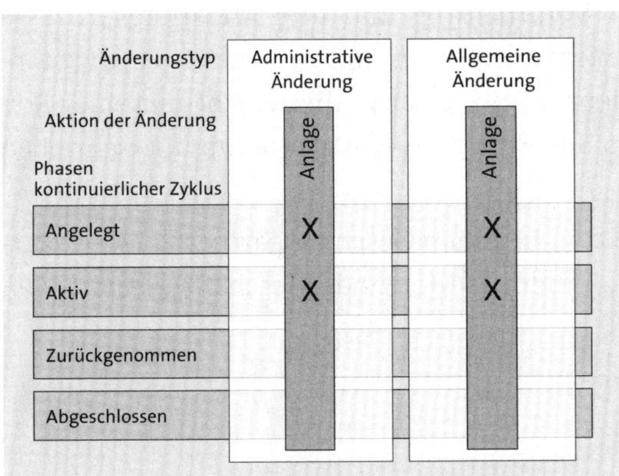

Abbildung 8.60 Phasenabhängige Aktionen in administrativen und allgemeinen Änderungen innerhalb des kontinuierlichen Zyklus

8.6 Nützliche Funktionen im Change Request Management

Für das ChaRM gibt es verschiedene Konfigurations- und Erweiterungsmöglichkeiten sowie nützliche Funktionen, die die tägliche Arbeit mit diesem Änderungskontrollszenario erleichtern. In den folgenden Abschnitten stellen wir Ihnen die aus unserer Sicht Interessantesten davon ausführlicher vor.

8.6.1 Importrückmeldefunktion

Mit SAP Solution Manager 7.2 SPS08 wurde ein neuer Importrückmeldemechanismus eingeführt. Dieser ermöglicht es, innerhalb des ChaRM-Prozesses auf Import-Ereignisse aus den verwalteten Systemen zu reagieren. Importe von Transporten von Kopien sind dabei ausgeschlossen.

Voraussetzungen in den verwalteten Systemen

Prüfen Sie vor der Konfiguration dieser Funktion, ob das Business Add-in (BAdI) CTS_IMPORT_FEEDBACK und die Implementierung /SDF/IMPORT_FEEDBACK in den verwalteten Systemen, deren Importereignisse als Auslöser dienen sollen, vorhanden sind. Ist dies nicht der Fall, müssen Sie die Version des ST-PI-Plug-ins in diesen Systemen aktualisieren.

Voraussetzungen im SAP Solution Manager

Bevor Sie die Importrückmeldefunktion nutzen können, müssen Sie folgende Voraussetzungen im SAP Solution Manager schaffen:

1. Legen Sie in der Grundkonfiguration des ChaRM in Teilschritt 1.1, **Technischen Benutzer anlegen**, den Benutzer SM_CHM mit der in diesem Schritt erwähnten Berechtigungsrolle an. Ggfs. reichen die Berechtigungen in dieser Rolle für die Batch-Verarbeitung und Ihre Änderungsprozesse sowie für den RFC-Zugriff nicht aus. In diesem Fall legen Sie eine weitere PFCG-Rolle in Ihrem Namensraum an, damit diese nicht mit einer Rollenaktualisierung aus dem SAP-Solution-Manager-Setup überschrieben werden kann.
2. Legen Sie über die Transaktion BP einen Geschäftspartner vom Typ **Person** für diesen Benutzer an, dem Sie folgende Geschäftspartnerrollen zuweisen:
   - **Geschäftspartner allgemein**
   - **Ansprechpartner**
   - **Mitarbeiter**
3. Ordnen Sie diesem Geschäftspartner in der Rolle über **Mitarbeiter • Identifikation • Benutzername** den Benutzer SM_CHM zu.
4. Planen Sie im SAP-Solution-Manager-System manuell einen *eventperiodischen Job* mit dem Namen SM: AI_CRM_CM_CM_COM_IMPORT_FEEDBACK ein, der das ABAP-Programm AI_CRM_CM_COM_IMPORT_FEEDBACK ausführt, und durch das Ereignis SAP_AI_CM_IMPORT_FEEDBACK ausgelöst wird. Als technischen Benutzer für diesen Job wählen Sie SM_CHM.
5. Für die Übertragung des Importereignisses aus dem verwalteten System in Ihr SAP-Solution-Manager-System wird außerdem eine RFC-Verbin-

dung benötigt. Diese RFC-Verbindung ordnen Sie in der Tabelle BCOS_CUST in Ihrem verwalteten System dem Eintrag SOL_CONNECT zu.

6. Stellen Sie außerdem sicher, dass im Aufgabenplan des jeweiligen Änderungszyklus unter **Allgemeine Aufgaben** die Aufgabe **Statuswechsel-Job einplanen** vorhanden ist. Falls dies nicht der Fall ist, prüfen Sie SAP-Hinweis 2764366.

[«]

Typ der RFC-Verbindung

Beachten Sie, dass der Tabelleneintrag SOL_CONNECT auch für die Konfiguration der systemübergreifenden Objektsperre verwendet wird. Falls Sie diese Funktionalität bereits implementiert haben, können Sie die vorhandene RFC-Verbindung verwenden, wenn es sich nicht um eine Trusted-RFC-Verbindung handelt. Weitere Informationen hierzu finden Sie in SAP-Hinweis 2746697.

Automatische Aktualisierung des Status

Ist die Rückmeldefunktion konfiguriert, erfolgt der Statuswechsel bei einem erfolgreichen Import über den eingeplanten Job. Dieser führt die Aufgabe **Statuswechsel-Job einplanen** im Aufgabenplan des jeweiligen Änderungszyklus aus. Damit das System weiß, welcher Status gesetzt werden soll, muss das Szenario entsprechend konfiguriert werden. Eine exemplarische Konfiguration für die Standardvorgangsarten ist in der dafür vorgesehenen Customizing-Tabelle bereits als Standardkonfiguration vorzufinden (siehe Abbildung 8.61).

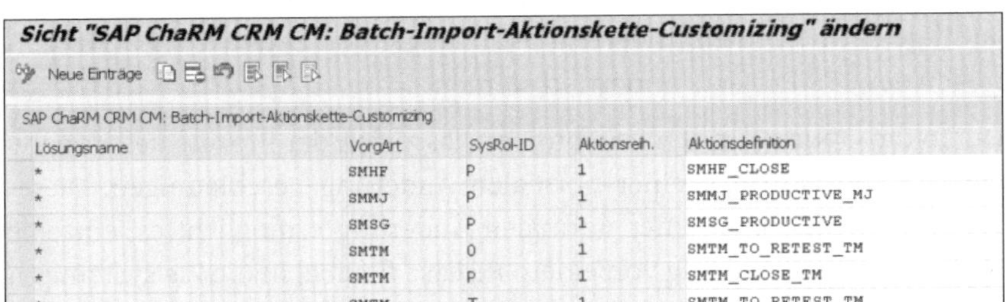
Sicht "SAP ChaRM CRM CM: Batch-Import-Aktionskette-Customizing" ändern

Neue Einträge

SAP ChaRM CRM CM: Batch-Import-Aktionskette-Customizing

Lösungsname	VorgArt	SysRol-ID	Aktionsreih.	Aktionsdefinition
*	SMHF	P	1	SMHF_CLOSE
*	SMMJ	P	1	SMMJ_PRODUCTIVE_MJ
*	SMSG	P	1	SMSG_PRODUCTIVE
*	SMTM	O	1	SMTM_TO_RETEST_TM
*	SMTM	P	1	SMTM_CLOSE_TM
*	SMTM	T	1	SMTM_TO_RETEST_TM

Abbildung 8.61 Status von Änderungsbelegen für Importjob definieren

Konfiguration der PPF-Aktionen

Sie können die Konfiguration der über den Statuswechseljob auszuführenden PPF-Aktionen über den folgenden IMG-Pfad anpassen:

SAP Solution Manager • Capabilities (Optional) • Change-Control-Management • Transport Management System • Status von Änderungsbelegen für Importjob definieren

In dieser Customizing-Aktivität können Sie für jede Vorgangsart und Systemrolle die Abfolge der PPF-Aktionen festlegen, die nach einem Import durch die Statuswechselaufgabe des jeweiligen Aufgabenplans ausgeführt werden.

[+]

Einsatz beim Go-live von Releases

Sie können mit der Importrückmeldefunktion beispielsweise die Änderungsdokumente im Rahmen des Imports eines Release in die Produktivsysteme automatisch finalisieren. Das kann bei einem großen Release-Umfang eine erhebliche Arbeitserleichterung darstellen, da die Änderungsdokumente nicht mehr manuell abgeschlossen werden müssen.

E-Mail-Benachrichtigung

Sollte ein Import fehlschlagen, ermöglicht es diese Funktionalität außerdem, automatisiert eine E-Mail mit detaillierten Informationen aus dem Importprotokoll an eine definierte Personengruppe zu versenden. Beispielsweise können so Entwickler*innen und Berater*innen über einen fehlerhaften Import in das Zielsystem verständigt werden. Informationen zur Konfiguration dieser Benachrichtigung finden Sie in SAP-Hinweis 2746697.

8.6.2 Vorabimportprozess innerhalb einer normalen Änderung

Wie in Abschnitt 8.5, »Änderungsdokumente«, erläutert, haben Sie bei einer erfolgreich getesteten normalen Änderung zwei Möglichkeiten, die Transportaufträge in das Produktivsystem zu importieren: den Projekt- und den Vorabimport. Bei einem Projektimport werden alle Transportaufträge des CTS-Projekts importiert, während bei einem Vorabimport alle Transportaufträge der normalen Änderung unabhängig von anderen Transportaufträgen des CTS-Projekts importiert werden.

Durch die Option für den Vorabimport lässt sich der Prozess des Imports der Transportaufträge einer normalen Änderung beschleunigen. Dieser Teilprozess innerhalb einer normalen Änderung ermöglicht es, einzelne Änderungen unabhängig von einem Release flexibel in die Zielsysteme zu transportieren. Wir empfehlen Ihnen, diese Funktion zusammen mit der systemübergreifenden Objektsperre und dem Downgrade-Schutz einzusetzen, um Transportüberholer zu vermeiden.

Prozessbeispiel

In diesem Abschnitt erläutern wir die Aktivitäten, die Sie für einen Vorabimport einer normalen Änderung durchführen müssen. Ausgangssituation ist eine normale Änderung im Status **Erfolgreich getestet** und die damit verbundene Freigabe der Transportaufträge.

Vorabimport beantragen

Die Anforderin beantragt den Vorabimport der Änderung mit dem Ausführen der Aktion **Vorabimport beantragen** und setzt somit den Status des Änderungsdokuments auf **Vorabimport beantragt** (siehe Abbildung 8.62). Der Change Manager genehmigt den Vorabimport, indem er die Aktion **Vorabimport Genehmigen** ausführt.

Import von Originaltransportaufträgen

Daraufhin werden die Transportaufträge der normalen Änderung automatisch in das Folgesystem transportiert. Im Falle eines erfolgreichen Imports wird der Status des Änderungsdokuments auf **Test für Vorabimport** gesetzt.

Nun wird überprüft, ob die Transportaufträge der normalen Änderung separat importiert werden können und keine Abhängigkeiten zu anderen Änderungen aufweisen. Sollte sich die Prüfung negativ auf einen Vorabimport auswirken, kann dieser mit der Aktion **Vorabimport abbrechen** abgebrochen werden. Der Status des Änderungsdokuments befindet sich nach dem Ausführen der Aktion wieder auf **Erfolgreich getestet**.

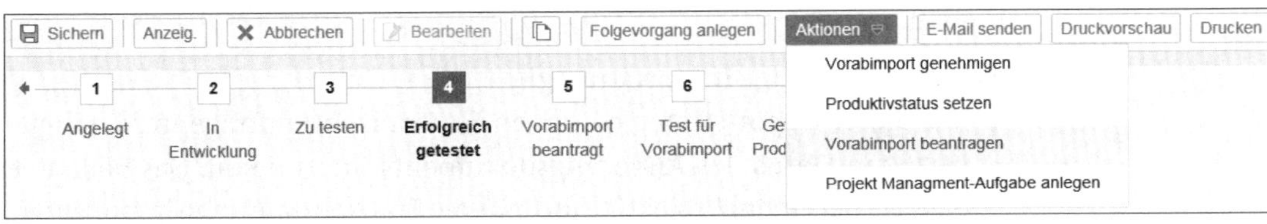

Abbildung 8.62 Vorabimport beantragen

Kann ein Vorabimport der normalen Änderung durchgeführt werden, führt die verantwortliche Person, zumeist ein Entwickler oder eine Entwicklerin, die Aktion **Erfolgreichen Test bestätigen** aus. Der Status des Änderungsdokuments nach der Ausführung der Aktion lautet **Getestet für Produktionsimport**.

Vorabimport freigeben

Der Change Manager kann nun die Änderung über die Aktion **Freigeben zum Import** für den Import ins Produktivsystem freigegeben.

Import in Produktivsystem

Nun kann die Person in der Rolle des IT-Operators, zumeist ein*e Mitarbeiter*in aus dem SAP-Basisteam oder ein*e Transportmanager*in, den Produktivimport durchführen. Sie führt hierzu die Aktion **Normale Änderung in Produktion importieren** aus.

Mit dem Ausführen der Aktion werden automatisch die Transportaufträge des Änderungsdokuments in das Produktivsystem importiert. Bei einem erfolgreichen Import der Transportaufträge wird der Status des Änderungsdokuments auf den Finalstatus **Importiert in Produktion** gesetzt. Änderungen an dem Änderungsdokument sind nun nicht mehr möglich. Durch den Vorabimport einer normalen Änderung bleiben die der Änderung zugeordneten Transportaufträge in der Import-Queue des Qualitätssicherungs- und Produktivsystems stehen, da diese mit dem Projektimport aller Transportaufträge des Änderungszyklus erneut importiert werden. Dadurch bleiben auch die Sperreinträge der systemübergreifenden Objektsperre erhalten; sie werden erst nach dem Projektimport gelöscht. Dieses Systemverhalten wird auch in SAP-Hinweis 1826789 beschrieben.

8.6.3 Importstrategien – selektiver und statusabhängiger Import

Weitere Importstrategien

Wenn Sie Transportaufträge mithilfe des Aufgabenplans in Ihre Qualitäts-, Vorproduktiv- oder Produktivsysteme importieren, werden sämtliche Transportaufträge ungeachtet des Status der dazugehörenden Änderungsdokumente importiert. Das kann u. a. zur ungewollten Produktivsetzung von Änderungen führen. SAP stellt Ihnen die folgenden Importstrategien für einen kontrollierten Import Ihrer Änderungen in Ihre Systeme zur Verfügung:

- **Statusabhängige Importstrategie**
  Mit dieser Importstrategie können Sie Transportaufträge in Abhängigkeit vom Status des Änderungsdokuments importieren. Das bedeutet, dass Sie bei einem Projektimport nur die Transportaufträge importieren, bei denen das zugehörige Änderungsdokument auch den konfigurierten Status aufweist.
- **Selektive Importstrategie**
  Beim Ausführen der Importaufgabe aus dem Aufgabenplan heraus erscheint ein Pop-up-Fenster, in dem Sie die zu importierenden Transportaufträge für den Import auswählen können.

[!]

Einsatz der Downgrade-Schutz-Funktion

Der Einsatz dieser Importstrategien erhöht die Flexibilität beim Import von Transportaufträgen, aber zugleich auch das Risiko von Transportüberholern. Daher empfehlen wir Ihnen, die Strategien des statusabhängigen und selektiven Imports nur in Kombination mit dem Downgrade-Schutz einzusetzen, um Transportüberholer zu vermeiden.

Importstrategien konfigurieren

Sie können die Importstrategien über folgenden IMG-Pfad konfigurieren:

SAP Solution Manager • Capabilities (Optional) • Change-Control-Management • Transport Management System • Importstrategie für Transportaufträge definieren

Hier stehen Ihnen die folgenden Importstrategien zur Verfügung (siehe Abbildung 8.63):

- `IMPORT_ALL`: Standardimport (alle oder keine Transportaufträge)
- `IMPORT_SEL`: selektiver Import mit Auswahlfenster im Aufgabenplan
- `IMPORT_STA`: statusabhängiger Import
- `IM_STA_SEL`: Kombination aus selektivem und statusabhängigem Import. Bei dieser Option sind im Pop-up-Fenster beim Ausführen der Importaufgabe im Aufgabenplan nur die Transportaufträge für den Import selektierbar, bei denen das zugeordnete Änderungsdokument einen konfigurierten Status aufweist.

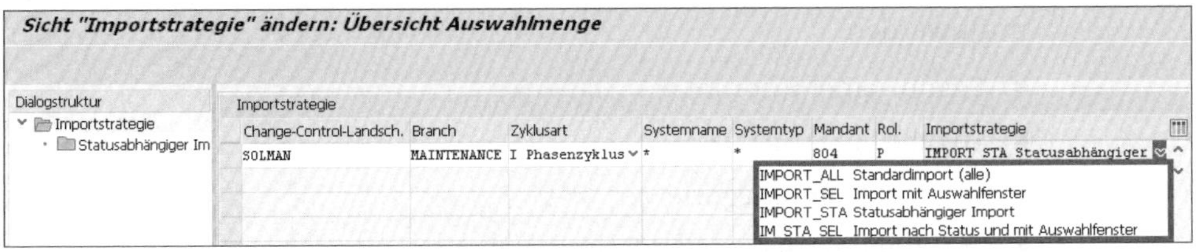

Abbildung 8.63 Importstrategie für Transportaufträge definieren

Über den Unterpunkt **Statusabhängiger Import** können Sie die entsprechenden Statuswerte zu Ihrer Importstrategie definieren (siehe Abbildung 8.64).

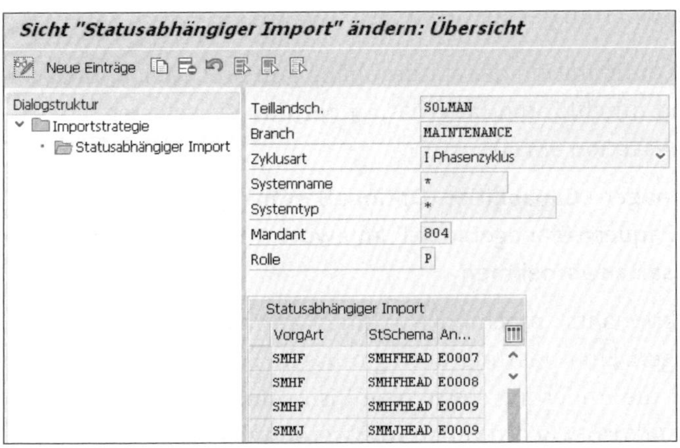

Abbildung 8.64 Statuswerte festlegen

Pflegen Sie die entsprechenden Statuswerte aller relevanten Vorgangsarten, damit die Transportaufträge dieser Vorgangsarten auch importiert werden können. Wenn Sie beispielsweise bei der dringenden Änderung den Finalstatus **Abgeschlossen** nicht konfiguriert haben, können bei einem Projektimport die Transportaufträge der dringenden Änderungen, die diesen Status aufweisen, nicht erneut importiert werden.

8.6.4 Statusabhängige Pflichtfeldprüfung

Prüfbare Standardfelder

Sehr lange war es im ChaRM nicht möglich, im Rahmen des SAP-Standards statusabhängige Pflichtfelder zu definieren. Mit SAP Solution Manager 7.2 SPS10 wurden neue Konfigurationsmöglichkeiten zum Definieren solcher Pflichtfelder und zur Migration vorhandener Textfeldanforderungen hinzugefügt. Sie können nun für jeden einzelnen Anwenderstatus festlegen, welche Felder eines Änderungsantrags oder -dokuments ausgefüllt sein müssen. Andernfalls ist beispielsweise ein Statuswechsel nicht möglich. Folgende Standardangaben können mit dieser Funktionalität sinnvoll geprüft werden:

- Angabe einer Priorität
- Angabe eines Risikos
- Angabe einer Kategorie
- Vorhandensein eines Änderungszyklus
- Auswahl eines Genehmigungsverfahrens
- Vorhandensein einer Anlage
- sämtliche Partnerfunktionstypen der ausgewählten Vorgangsart
- sämtliche Textarten der ausgewählten Vorgangsart
- sämtliche Terminarten der ausgewählten Vorgangsart

Statusabhängige Pflichtfelder konfigurieren

Sie können die Konfiguration der statusabhängigen Pflichtfelder über folgenden IMG-Pfad durchführen (alternativ über das Viewcluster AIC_SETTINGS2 in der Transaktion SM34):

SAP Solution Manager • Capabilities (Optional) • Change-Control-Management • Change-Request-Management-Framework • Einstellungen für Änderungsvorgangsarten vornehmen

Anwendungsbeispiel

Auch diese Funktionalität möchten wir Ihnen anhand eines Prozessbeispiels näherbringen. Ein Änderungsantrag muss im Status **Zu Genehmigen** einen Grund für die Änderung sowie eine Risikoeinschätzung enthalten, um vom Change Advisory Board genehmigt werden zu können. Das bedeutet, dass der Änderungsantrag diese Informationen spätestens im Status **Überprüfung** enthalten muss, bevor er zur Genehmigung weitergegeben werden kann.

Konfiguration des Änderungsantrags

Wir verwenden für dieses Beispiel die Standardvorgangsart SMCR (Änderungsantrag). Wählen Sie diese in der Customizing-Aktivität aus, und navigieren Sie in den Bereich **Mussfelder pro Status angeben**. Hier erfassen Sie über die Schaltfläche **Neue Einträge** einen neuen Eintrag für den Anwenderstatus E0012 (**Zu genehmigen**). Markieren Sie die Felder **Text** und **Risiko** (siehe Abbildung 8.65) und klicken anschließend auf **Sichern**.

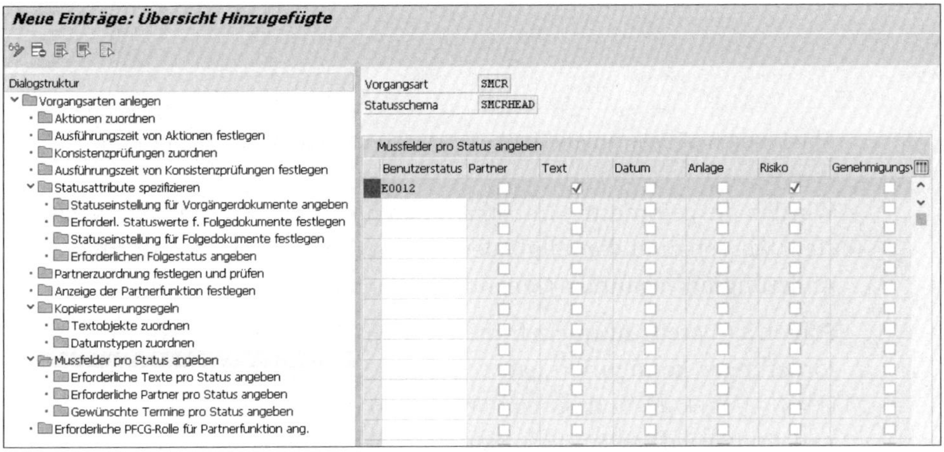

Abbildung 8.65 Customizing-Aktivität »Mussfelder pro Status angeben«

Textart hinterlegen

Nun müssen Sie noch die Textart CR02 (**Grund der Änderung**) für den Status E0012 hinterlegen. Hierzu markieren Sie den eben erstellten Eintrag und navigieren zur Aktivität **Erforderliche Texte pro Status angeben** (siehe Abbildung 8.66).

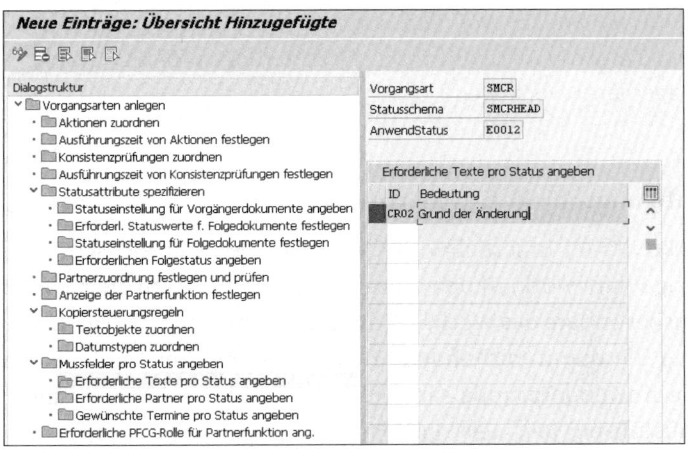

Abbildung 8.66 Erforderliche Texte pro Status angeben

Wenn Sie nun einen Änderungsantrag zur Genehmigung freigeben möchten, ohne einen Grund für die Änderung und eine Risikoeinschätzung anzugeben, wird der Statuswechsel durch das System mit entsprechenden Warnmeldungen unterbunden (siehe Abbildung 8.67).

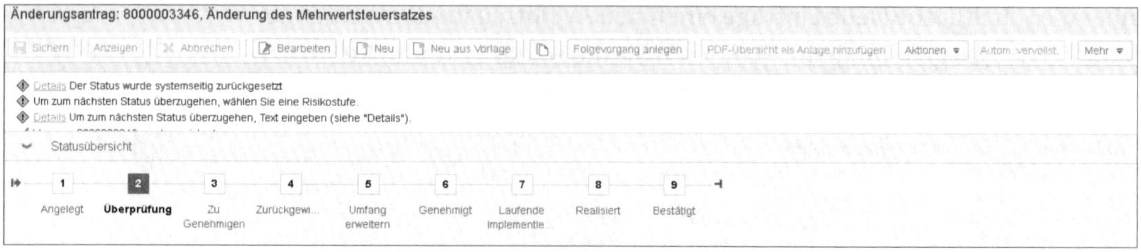

Abbildung 8.67 Warnmeldung bei statusabhängiger Pflichtfeldprüfung

Wurden die geforderten Informationen hinterlegt, kann der Status umgestellt werden, und die Mitglieder des Change Advisory Boards finden den Änderungsantrag für die Genehmigung in ihrem Arbeitsvorrat.

Sollten Sie bereits zu einem früheren Zeitpunkt Pflichtfelder für Textfeldanforderungen konfiguriert haben, können Sie diese mit dem Report AIC_CM_REQ_TEXT_MIGRATE in das neue Framework migrieren. Weitere Informationen finden Sie im SAP-Solution-Manager-Setup (Transaktion SOLMAN_SETUP) unter **Change-Control-Management • Change Request Management 4.3 Statusverwaltung definieren • Mussfelder migrieren**.

[»]

Statusabhängiges Prüf-Framework mit Focused Build

Falls Sie neben den genannten Feldern weitere Felder, wie z. B. ein kundeneigenes Feld, statusabhängig prüfen möchten, könnte die Standalone-Erweiterung *statusabhängiges Prüf-Framework* aus Focused Build für Sie interessant sein, die wir in Abschnitt 13.1.8, »Erweiterungen für das Change Control Management«, vorstellen.

8.6.5 Berechtigungsobjekt für PPF-Aktionen

Wesentliche Aktivitäten innerhalb des ChaRM werden mit PPF-Aktionen (Post Processing Framework) in den einzelnen Vorgangstypen ausgeführt. Dazu zählen insbesondere das Wechseln des Status über eine Aktion im Aktionsmenü und die damit verbundene Hintergrundverarbeitung. Jedoch darf nicht jede Anwendergruppe sämtliche konfigurierte Aktionen einer Vorgangsart ausführen. Beispielsweise ist ein Key-User aus dem Fachbereich zwar für die Anforderungserstellung und für Abnahmetests von Incidents und Geschäftsanforderungen zuständig, jedoch nicht für Importe von Transportaufträgen aus einer normalen oder dringenden Änderung.

PPF-Aktionen im Aktionsmenü

Bis SAP Solution Manager 7.2 SPS05 war es nicht möglich, zu kontrollieren, welche PPF-Aktionen einem Benutzer im Aktionsmenü eines Vorgangs angezeigt wurden. Lediglich die damit verbundene Verarbeitung, wie das Setzen eines bestimmten Status oder der Import in ein Zielsystem, konnte über Berechtigungen gesteuert werden. Leider hat das reine Vorhandensein der Aktionen im Aktionsmenü in vielen Fällen dazu geführt, dass Anwender*innen diese Aktionen ausführten, woraufhin ein Berechtigungsfehler ausgegeben wurde, wenn sie nicht über die erforderlichen Berechtigungen verfügten. Die Behandlung solcher Fehler konnte zu Mehraufwänden sowohl seitens der Anwender*innen als auch seitens der Anwendungsbetreuung führen.

Das neue Berechtigungsobjekt `SM_PPF` steuert, welche PPF-Aktionen bei Auswahl der Schaltfläche **Aktionen** sichtbar und somit ausführbar sind. Dadurch können PPF-Aktionen nur dann angezeigt und ausgeführt werden, wenn der entsprechende Benutzer zu ihrer Ausführung berechtigt ist. Weitere Informationen zu dem Berechtigungsobjekt können Sie SAP-Hinweis 2477897 entnehmen.

8.6.6 SAP-Fiori-Applikation »Meine Inbox«

Genehmigungsaufgaben

Für Genehmigungsaktivitäten im ChaRM können Sie die SAP-Fiori-Applikation **Meine Inbox** nutzen. Folgende Aufgaben können in diesem Zusammenhang über die Applikation ausgeführt werden:

- Genehmigung oder Ablehnung von Änderungsanträgen
- Genehmigung des Produktivimports von dringenden Änderungen oder Zurücksetzen auf den Status **In Entwicklung**
- Genehmigung des Vorabimports normaler Änderungen oder Ändern des Status
- Genehmigung oder Ablehnung kritischer Objekte in den Transportaufträgen von Änderungsdokumenten
- Genehmigung von Objekten der Positivliste in den Transportaufträgen von Standardänderungen

[«]

Genehmigungen in kundeneigenen Vorgangsarten

Die genannten Aufgaben können auch für Ihre kundeneigenen Vorgangsarten ausgeführt werden. Für jede Genehmigungsaktivität wird jeweils eine Aufgabe pro Genehmigungsschritt erzeugt, die in der Applikation **Meine Inbox** gestartet werden kann.

Installation und Konfiguration

Damit Sie diese Funktionalität nutzen können, stellen Sie sicher, dass Sie die Applikation **Meine Inbox** installiert und eingerichtet haben. Eine Anleitung hierzu finden Sie im SAP Community Wiki unter der URL *http://s-prs.de/v791827*.

Die szenariospezifische Einrichtung erfolgt in der Grundkonfiguration des SAP Solution Managers (Transaktion SOLMAN_SETUP) unter **Change-Control-Management • Change-Request-Management**. Führen Sie hier Teilschritt 9.5, **SAP-Fiori-App »Meine Inbox«**, durch. Die SAP-Hinweise 2675843, 2834985 und 2793640 können Ihnen bei der Konfiguration der Applikation helfen.

8.6.7 Prozessvisualisierung für Vorgangsarten

Seit SAP Solution Manager 7.2 SPS05 lassen sich ChaRM-Vorgangsarten mithilfe des Reports AI_CRM_CM_COM_ORDER_PROC_GUI (Transaktion CM_ADM_PROC_VIS) grafisch darstellen. Eine solche grafische Darstellung kann bei der Analyse von Problemen sehr hilfreich sein. Das Programm identifiziert PPF-Aktionen und Konsistenzprüfungen (Konfiguration aus dem Viewcluster AIC_SETTINGS2), die mit einer Anwenderstatusänderung innerhalb eines Änderungsdokuments zusammenhängen.

Prozessdiagramm

Ein Beispiel für eine solche Visualisierung sehen Sie in Abbildung 8.68. Hier wurden *SOCM-Aktionen* (Aktionen, die mit dem Wechsel des Anwenderstatus E00** durch eine bestimmte PPF-Aktion im Hintergrund ausgeführt werden) der Vorgangsart SMMJ (normale Änderung) automatisch visualisiert.

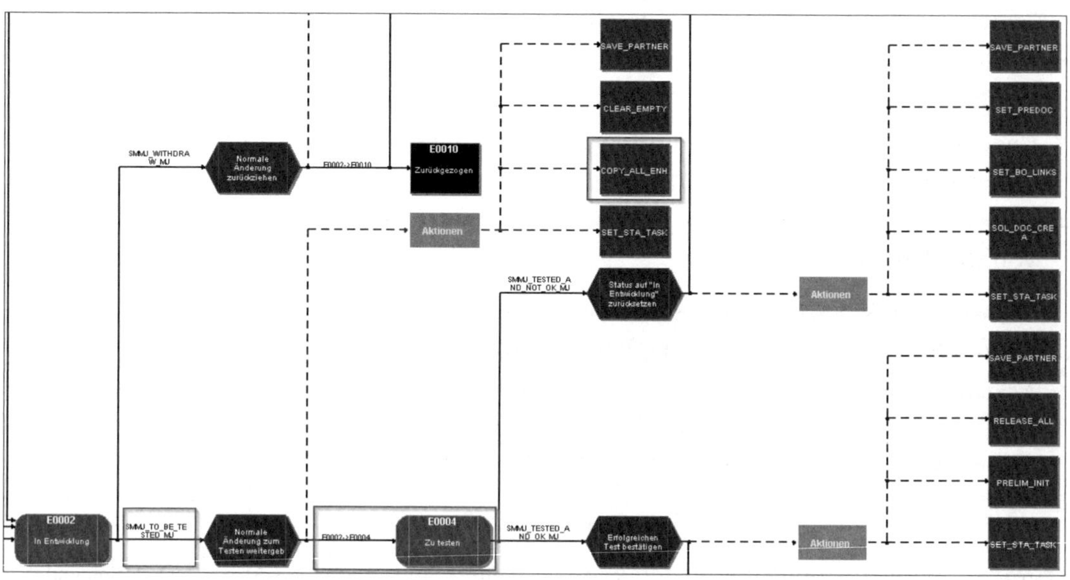

Abbildung 8.68 Ausschnitt der Visualisierung der SOCM-Aktionen der Vorgangsart SMMJ (normale Änderung)

Anhand des Diagramms lässt sich beispielsweise erkennen, dass bei Ausführung der PPF-Aktion `SMMJ_TO_BE_TESTED_MJ` der Anwenderstatus `E0004` (**Zu testen**) gesetzt wird. Darüber hinaus sehen Sie, dass mit diesem Statuswechsel die SOCM-Aktion `COPY_ALL_ENH` ausgeführt wird. Diese Aktion ist innerhalb einer normalen Änderung für die Erstellung, Freigabe und den Import von Transporten von Kopien in das Qualitätssicherungssystem verantwortlich.

[+]

Problemanalyse innerhalb des ChaRM-Prozesses

Weitere Informationen zur Problemanalyse innerhalb einer Vorgangsart des ChaRM können Sie SAP-Hinweis 1820635 entnehmen.

8.6.8 Neuzuordnung von Änderungsdokumenten

Verknüpfung von Änderungsdokument und -antrag

Wenn nach der Neuzuordnung eines Änderungsdokuments zu einem anderen Änderungszyklus dieses Änderungsdokument nicht der einzige Umfangsbestandteil eines Änderungsantrags oder einer IT-Anforderung ist, entfernt das System die Verknüpfung zwischen dem neu zugeordneten Änderungsdokument und dem dazugehörigen Änderungsantrag oder der dazugehörigen IT-Anforderung. SAP-Hinweis 1969503 beschreibt die Szenarien, bei denen diese Verknüpfung zwischen dem Änderungsdokument und dem Änderungsantrag verloren geht.

Seit SAP Solution Manager SPS10 ist es in bei einem solchen Verlust der Verknüpfung möglich, das Änderungsdokument manuell mit einem anderen Änderungsantrag zu verknüpfen. Verwenden Sie die Wertehilfe des Felds **Zugehöriges Dokument** im Zuordnungsblock **Details**, um den Änderungsantrag zu suchen, mit dem Sie das Änderungsdokument verknüpfen wollen. Alternativ können Sie auch die ID des Änderungsantrags direkt in das Feld **Zugehöriges Dokument** eingeben und anschließend mit [↵] bestätigen.

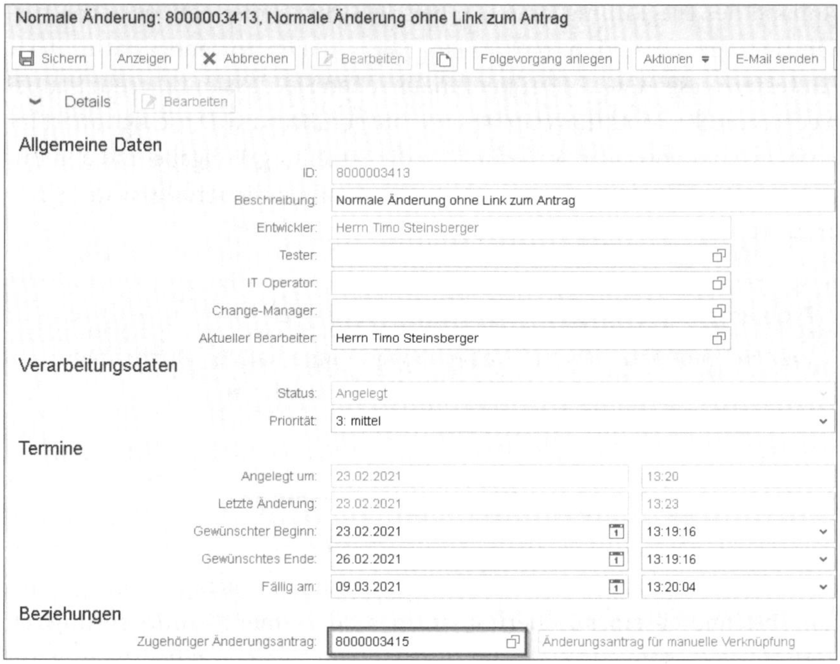

Abbildung 8.69 Manuelle Verknüpfung des Änderungsdokuments mit einem Änderungsantrag

Manuell verknüpfte Dokumente

Im Zuordnungsblock **Umfang** eines Änderungsantrags werden auf diese Weise zugeordnete Änderungsdokumente als **Manuell verknüpft** gekennzeichnet (siehe Abbildung 8.70).

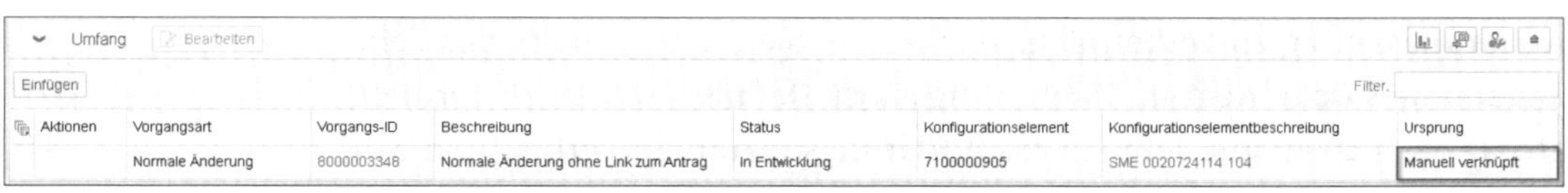

Abbildung 8.70 Kennzeichnung »Manuell verknüpft« im Umfang

[»]

Weiterführende Informationen zur Neuzuordnung von Änderungsanträgen und -dokumenten

SAP-Hinweis 2830558 beschreibt die Systemvoraussetzungen, die für die Anwendung dieser Funktion erfüllt sein müssen. Auf der folgenden Seite im SAP Help Portal finden Sie außerdem Informationen zur Neuzuordnung von Änderungsanträgen und -dokumenten zu anderen Änderungszyklen: *http://s-prs.de/v791828*

8.7 Integration des Change Request Managements mit anderen SAP-Solution-Manager-Szenarien

In diesem Abschnitt beschreiben wir die Integration einiger wesentlicher SAP-Solution-Manager-Szenarien in das ChaRM.

8.7.1 Integration mit dem IT-Kalender

Geplante Ausfallzeiten

Mit SAP Solution Manager 7.2 SPS10 wurde die Integration des IT-Kalenders in das ChaRM verbessert. In der Vergangenheit mussten Systemadministrator*innen geplante Ausfallzeiten für Systeme im IT-Kalender als *Arbeitsmodus* pflegen. Zudem mussten sie den Lebenszyklusstatus für das entsprechende System in der LMDB pflegen, damit während der Downtime keine Transportaktionen aus dem ChaRM heraus für dieses System angestoßen werden konnten. Diese Doppelpflege ist nun hinfällig. Wenn sich ein System in einer geplanten Ausfallzeit befindet – also demzufolge auch ein Arbeitsmodus vom Typ **Geplante Auszeit** für dieses System im IT-Kalender gepflegt wurde – wird das jeweilige System im Aufgabenplan eines Änderungszyklus gesperrt. Dadurch ist für dieses System keine Transportaktion mehr während der Ausfallzeit möglich. Während der Ausfallzeit wird der Lebenszyklusstatus des Systems im Aufgabenplan als inaktiv angezeigt (siehe Abbildung 8.71).

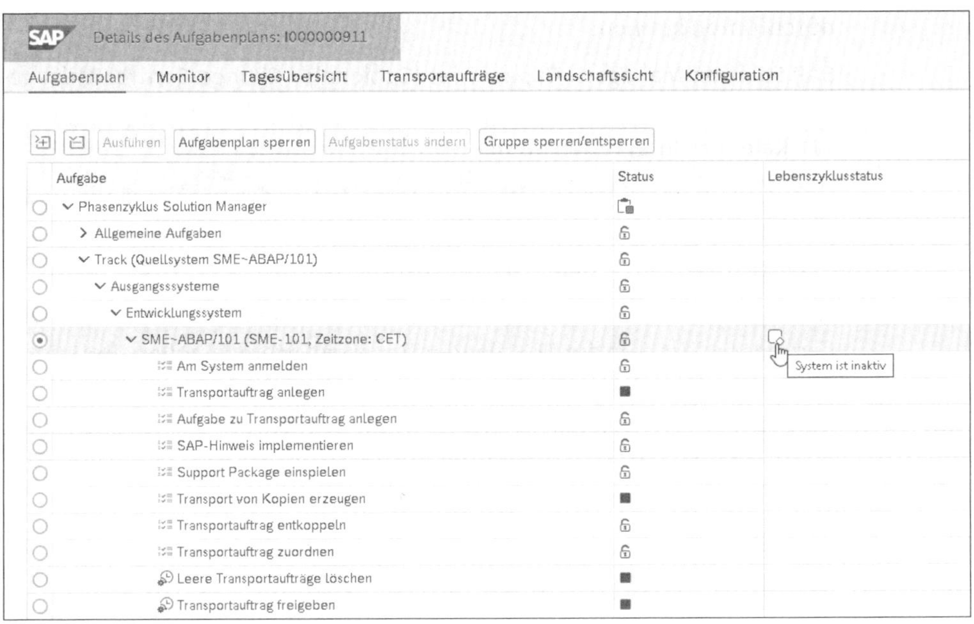

Abbildung 8.71 Lebenszyklusstatus im Aufgabenplan

Lebenszyklusstatus eines Systems

Darüber hinaus kann der Lebenszyklusstatus des Systems im Administrations-Cockpit des Change Control Managements auf der Registerkarte **Landschaftsübersicht** in der Spalte **Lebenszyklusstatus** nachvollzogen werden. Auch eine Prüfung des Zyklusdokuments gibt Aufschluss über eine mögliche Inaktivität des Systems.

[»]

Arbeitsmodus muss vor dem Import von Transportaufträgen beendet sein

Achten Sie beispielsweise beim einem System-Update darauf, dass der Arbeitsmodus vom Typ **Geplante Ausfallzeit** beendet ist, wenn Sie in diesem Zusammenhang die SPAU-Transportaufträge in die entsprechenden Systeme importieren. Andernfalls ist ein Import dieser Transportaufträge über das ChaRM nicht möglich. Falls der Arbeitsmodus noch aktiv sein sollte, beenden Sie diesen über den IT-Kalender, den Sie in der Transaktion SM_WORKCENTER über den Pfad **Technische Administration • IT-Kalender und Arbeitsmodi** aufrufen. Bei Bedarf können Sie nach dem Import der Transportaufträge den Arbeitsmodus wieder anlegen.

Integration von IT-Planungsaktivitäten

Neben der integrierten Verwaltung der Arbeitsmodi ist eine Integration von IT-Planungsaktivitäten wie Änderungszyklusphasen oder Änderungsdokumenten aus dem ChaRM in den IT-Kalender möglich. Voraussetzung hierfür ist eine spezielle Konfiguration, die Sie über folgenden IMG-Pfad durchführen können:

SAP Solution Manager • Capabilities (Optional) • Change-Control-Management • Change-Request-Management-Framework • IT-Kalenderintegration • IT-Kalender-Integration definieren

Geben Sie hier an, welche Vorgangsarten für Änderungsvorgänge im IT-Kalender angezeigt werden sollen. Ordnen Sie zudem die Anzeigefarben zu (Hilfestellung kann Ihnen eine Farblegende liefern).

Geben Sie außerdem an, welche Änderungszyklusphasen der einzelnen Änderungszyklustypen im IT-Kalender angezeigt werden sollen. Definieren Sie zudem, für welche Systemrollen der einzelnen Änderungszyklusphasen die Einträge im IT-Kalender angelegt werden sollen. Standardmäßig ordnet das System alle Phasen dem Produktivsystem zu. Ordnen Sie auch für die Änderungszyklusphasen die entsprechenden Anzeigefarben zu.

Erstdatenübernahme

Nach der Konfiguration können Sie die Erstdatenübernahme in den IT-Kalender über folgenden IMG-Pfad durchführen:

SAP Solution Manager • Capabilities (Optional) • Change-Control-Management • Change-Request-Management-Framework • IT-Kalenderintegration • Erstdatenübernahme für IT-Kalender durchführen

Mithilfe dieser Integration können Sie sich beispielsweise die Dauer einer Integrationstestphase eines Major-Release bezogen auf ein spezifisches System im IT-Kalender anzeigen lassen (siehe Abbildung 8.72).

Abbildung 8.72 Integration von Änderungszyklusphasen in den IT-Kalender

[«]

> **Integration mit der Lösungsdokumentation**
>
> Änderungen betreffen in der Regel bestehende oder neue Prozesse, die Sie in Ihrer Lösungsdokumentation dokumentiert haben oder dokumentieren möchten. Aus diesem Grund kann es für Sie sinnvoll sein, Änderungen aus dem ChaRM direkt mit einem Prozess aus der Lösungsdokumentation zu verknüpfen. Diese Integration erläutern wir in Abschnitt 3.6.2, »Integration mit dem Change Request Management«.

8.7.2 Integration mit Funktionen der Test-Suite

Mit dem ChaRM stellt Ihnen der SAP Solution Manager vordefinierte Prozesse zur Änderungskontrolle, mit der Test-Suite Funktionen zur systematischen Durchführung von Testaktivitäten zur Verfügung. Im Sinne eines ganzheitlichen Testmanagements und Release Managements ist es nur konsequent, beide Szenarien integriert in Ihrem Unternehmen einzusetzen. Standardmäßig haben Sie folgende Möglichkeiten, um Testfunktionalitäten in Ihren Änderungsprozess zu integrieren:

- Zuordnung von Testplänen und Testpaketen aus der Test-Suite zu Änderungsdokumenten
- Navigation zur Testausführung ausgehend vom Änderungsdokument
- Anzeige des Teststatus für Testpläne und Testpakete über das Statusinfosystem
- Durchführung einer BPCA-Analyse ausgehend vom Änderungsdokument

Testpakete für Änderungsdokumente

Testpläne und -pakete können über den Zuordnungsblock **Testmanagement** einem Änderungsdokument zugewiesen werden:

1. Klicken Sie in diesem Zuordnungsblock auf die Schaltfläche **Hinzufügen**.
2. Wählen Sie beim Suchkriterium **Typ** entsprechend **Testplan** oder **Testpaket** aus, und ordnen Sie anschließend das entsprechende Element zu.

Durch diese Zuordnung können Sie aus den Änderungsdokumenten in die Testausführung navigieren. Darüber hinaus können Sie jederzeit über die Schaltfläche **Statusinfosystem** den Teststatus der Testfälle des entsprechenden Testpakets und Testplans einsehen. Zusätzlich können Sie über die Schaltfläche **Testreport** einen Bericht zum entsprechenden Testplan erstellen (siehe Abbildung 8.73).

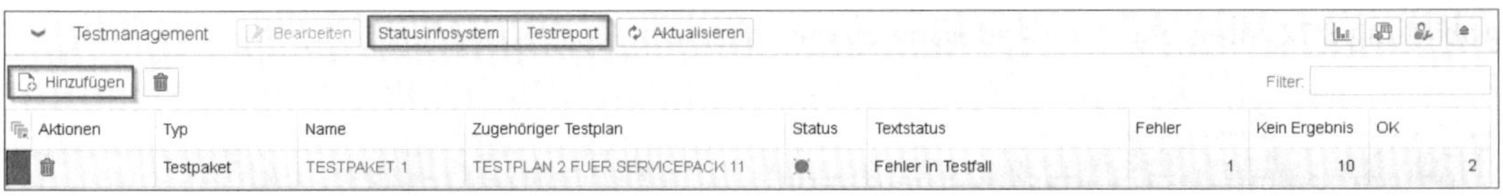

Abbildung 8.73 Zuordnungsblock »Testmanagement«

Konsistenzprüfung zuordnen

Mit der Transaktion SM34 können Sie das Viewcluster `AIC_SETTINGS2` aufrufen. Über die Schaltfläche **Pflegen** können Sie hier beispielsweise eine Konsistenzprüfung einer normalen Änderung zuordnen (siehe Abbildung 8.74). Diese Konsistenzprüfung überprüft dann beim Setzen des Status **Erfolgreich getestet** (Anwenderstatus `E0009`) in einer normalen Änderung, ob alle Testfälle des zugewiesenen Testpakets erfolgreich getestet wurden.

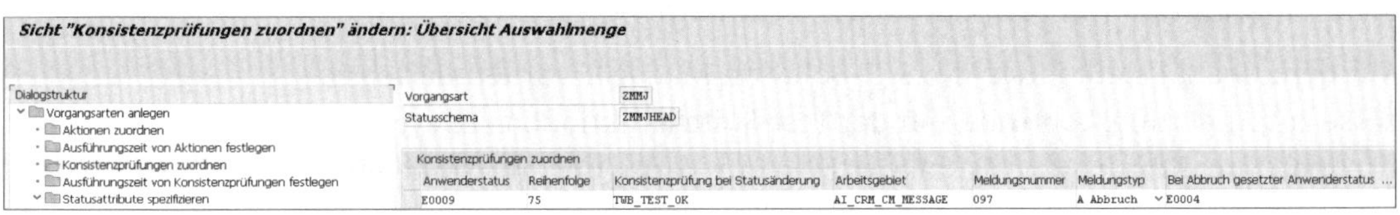

Abbildung 8.74 Konsistenzprüfung zuordnen

Ist das nicht der Fall, wird der Status des Änderungsdokuments auf **Zu testen** (Status `E0004`) zurückgesetzt. In diesem Fall erscheint eine Warnmeldung (siehe Abbildung 8.75).

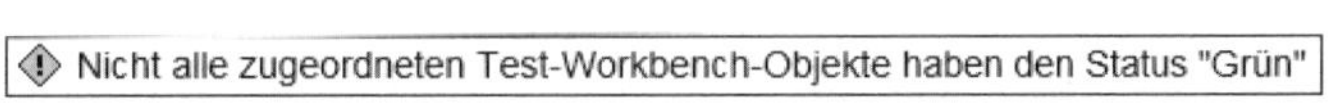

Abbildung 8.75 Warnmeldung aus Konsistenzprüfung

[+]

Eigene Prüfungen implementieren

SAP liefert die Standard-BAdI-Implementierung AGS_CHARM_TWB_STATUS_CHECK aus, die die beschriebene Konsistenzprüfung ausführt. Mit dem BAdI BADI_TWB_CHECK haben Sie die Möglichkeit eine kundeneigene Prüfung zu implementieren.

Business Process Change Analyzer

Der *Business Process Change Analyzer* (BPCA) ist eine weitere Funktionalität aus dem Bereich der Test-Suite, die in das ChaRM integriert wurde. Mithilfe dieses Werkzeugs können Sie eine Änderungseinflussanalyse durchführen. Diese kann Ihnen Auskunft darüber geben, welche Geschäftsprozesse von einem der folgenden Einflüsse betroffen sind und welche Testfälle folglich getestet werden müssen:

- SAP-S/4HANA-Release-Wechsel
- Einspielen von Support Packages und Support Packages Stacks
- Einspielen von Enhancement Packages
- geplante Aktivierung einer Business Function
- Einspielen von Transportaufträgen
- Einspielen von Objektlisten
- Einspielen von Transportaufträgen aus Änderungsdokumenten

Die Auswirkung solcher Änderungen auf die Geschäftsprozesse sind für die Genehmigung von Änderungen relevant.

Aufruf des BPCA

Sie können den BPCA mit der PPF-Aktion **BPCA Analyse erstellen** in Änderungsanträgen und Änderungsdokumenten aufrufen (siehe Abbildung 8.76).

Abbildung 8.76 Eine BPCA-Analyse aus einer normalen Änderung aufrufen

Transportaufträge analysieren

Der BPCA kann auch Transportaufträge aus Änderungsdokumenten analysieren. Wenn Sie diese Funktionalität aus einem Änderungsdokument heraus aufrufen, wird dieses Dokument automatisch für die Analyse vorselektiert (siehe Abbildung 8.77).

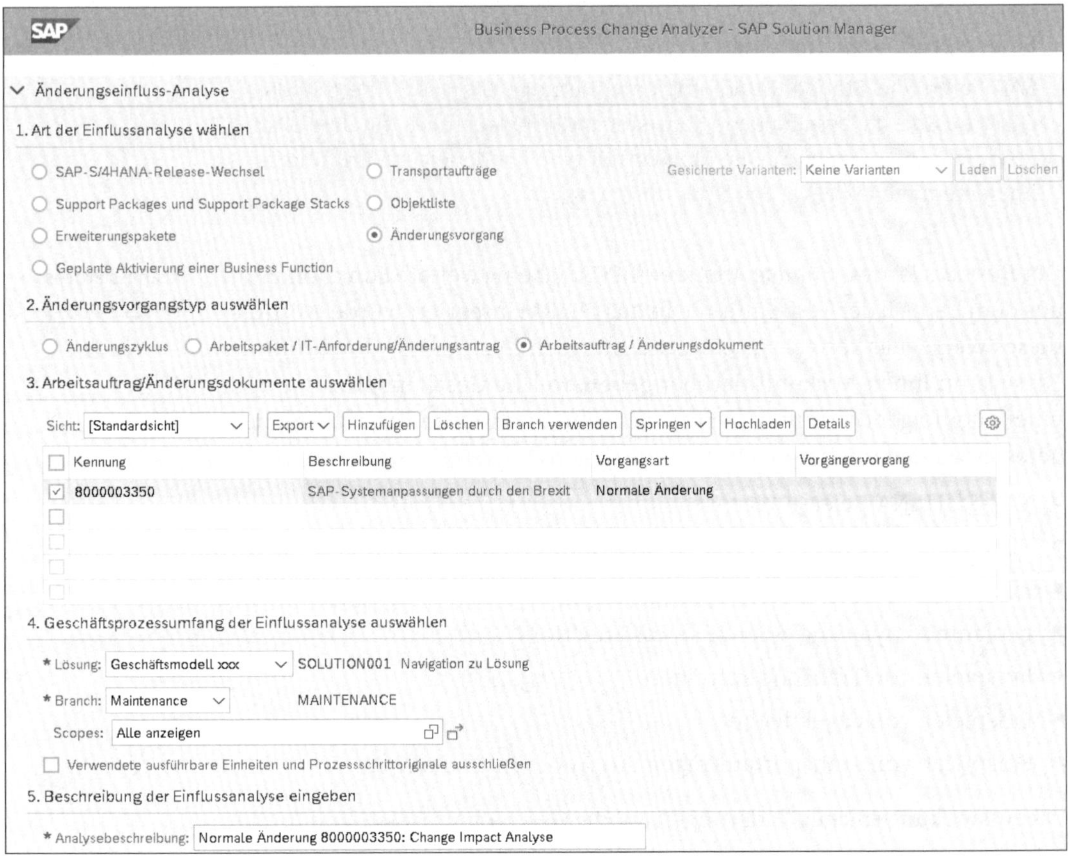

Abbildung 8.77 BPCA-Analyse für Änderungsdokumente

Weitere Informationen zum BPCA finden Sie in Abschnitt 9.5.1, »Business Process Change Analyzer«.

8.7.3 Integration mit IT-Portfolio- und Projektmanagement

Das SAP Portfolio and Project Management (SAP PPM) ist als eigenständige Applikation vollständig in SAP Solution Manager 7.2 integriert. Wenn Sie das ChaRM zusammen mit den Projektmanagementfunktionen des SAP PPM einsetzen, haben Sie umfangreiche Möglichkeiten, um die Zeit, die Status und die Ressourcen von IT-Projekten zu verwalten.

Funktionsumfang im ChaRM

Standardmäßig sind die folgenden IT-PPM-Funktionen in das ChaRM integriert:

- Änderungsanträge können aus Aufgaben des Projektmanagements heraus angelegt werden.

- Aufgaben des Projektmanagements können aus Änderungsanträgen oder -dokumenten heraus angelegt werden.
- Über den Zuordnungsblock **Zeiterfassung** kann die Zeit erfasst werden, die für die Umsetzung einer Änderung aufgewendet wurde.

Weitere Informationen zu diesen Funktionen finden Sie in Abschnitt 5.6, »Integration von IT-PPM und SAP Solution Manager«.

Kapitel 9
Test-Suite

In diesem Kapitel stellen wir die Test-Suite in SAP Solution Manager 7.2 vor, mit der Sie funktionale Tests planen, steuern und auswerten können. Sie lernen die Funktionalitäten für das Testmanagement kennen und erfahren, wie Sie die Effizienz Ihrer Tests durch Testautomatisierung und Änderungseinflussanalyse erhöhen können.

Funktionale Tests

Die Qualitätssicherung Ihrer SAP-Lösungen durch *funktionale Tests* ist ein fundamentaler Bestandteil des Applikationslebenszyklus. Grundsätzlich gilt es, jede Änderung eines Systems in angemessener Weise zu testen. Der Begriff *Änderung* umfasst dabei sowohl Implementierungs- als auch Upgrade-Projekte, z. B. den Umstieg auf SAP S/4 HANA. Aber auch fachliche oder technische Anpassungen eines Systems im laufenden Betrieb sind gemeint, z. B. die Implementierung neuer Geschäftsprozesse oder technische Updates in Form von Support Packages oder Enhancement Packages. In jedem dieser Fälle ist ein planvolles Testvorgehen unabdingbar, um die Qualität Ihrer SAP-Lösungen sicherzustellen bzw. zu erhalten und Fehler im Produktivbetrieb zu vermeiden.

Teststrategie

Vorab gilt es im Rahmen einer *Teststrategie* festzulegen, welche Prozesse oder Funktionen wann, mit welcher Intensität und in welcher Form zu testen sind. Zu diesen Überlegungen gehört auch die Gestaltung von *Testfällen*, die konkrete Testaktivitäten mit Eingaben und erwarteten Ergebnissen z. B. in Form eines Dokuments beschreiben. Idealerweise werden einheitliche Vorlagen und eine genaue Definition ausgeprägt, wie detailliert ein Testfall eines bestimmten Typs sein muss – und wer ihn verfasst. Ebenso sollten z. B. *Testeingangs-* und *-ausgangskriterien* etabliert werden, um festzulegen, wann ein Test durchzuführen ist bzw. als erfolgreich abgeschlossen gilt.

Auch für die Testdurchführung sollten Regeln definiert werden: Wer führt die Tests in welcher Phase aus? Wie dokumentieren die Tester*innen, dass der Test erfolgreich war? Was passiert im Fehlerfall? Derlei Festlegungen sind nur ein Teil der Aufgaben des *Testmanagements*. Sie bilden das Fundament, um die erforderlichen Testaktivitäten strukturiert planen, steuern, durchführen und auswerten zu können. Das hierfür erforderliche theoretische Fundament ist sehr gut etabliert. In diesem Kontext sei z. B. auf das Ausbildungsprogramm zum *ISTQB® Certified Tester* des International Software Testing Qualification Board (ISTQB, siehe *https://www.istqb.org/*) verwiesen.

Testwerkzeuge

Die genannten Punkte haben einen wesentlichen Einfluss auf die Auswahl geeigneter *Testwerkzeuge* und deren Konfiguration. Im Zentrum dieser Werkzeuge steht typischerweise ein Testmanagementwerkzeug, das die Planung, Steuerung und Durchführung von Tests sowie das Reporting strukturiert und vereinfacht. Dieses bietet meist auch Integrationsmöglichkeiten für weitere Testwerkzeuge, die die Effizienz der Testaktivitäten erhöhen, z. B. Werkzeuge für die *Testautomatisierung*.

Der SAP Solution Manager bietet mit der *Test-Suite* entsprechende Werkzeuge an. Damit Sie den vielfältigen Anforderungen im Testmanagement gerecht werden können, zeigen wir die wesentlichen Konfigurationsschritte und Anpassungsmöglichkeiten der Test-Suite. Anschließend stellen wir Ihnen die Funktionen für das Testmanagement vor. Wenn Ihr Testmanagement einen angemessenen Reifegrad erreicht hat, steht der Nutzung von Werkzeugen zur Steigerung der Testeffizienz nichts mehr im Wege. Wir geben Ihnen einen Überblick über die komponentenbasierte Testautomatisierung (*Component-Based Test Automation*, CBTA) und die Änderungseinflussanalyse mithilfe des *Business Process Change Analyzers* (BPCA).

9.1 Die Test-Suite im Überblick

Die Test-Suite ist die in SAP Solution Manager 7.2 integrierte Lösung für das Testmanagement, d. h. für die Vorbereitung, Planung, Durchführung und Auswertung von manuellen und automatischen Testaktivitäten. Abbildung 9.1 zeigt das Menü **Test Suite** im SAP Solution Manager Launchpad und gibt einen Überblick über die enthaltenen Funktionen und Anwendungen.

Werkzeuge der Test-Suite

Neben Applikationen, die den grundlegenden Testprozess unterstützen, enthält die Test-Suite weitere Werkzeuge, die die einzelnen Arbeitsschritte des Prozesses vereinfachen oder optimieren können. Zur Analyse von Änderungen stehen beispielsweise der BPCA und der *Scope and Effort Analyzer* (SEA) zur Verfügung. Beide Werkzeuge unterstützen Sie bei der Fragestellung, welche Auswirkungen eine Änderung hat, bzw. bei der Festlegung, welche Testfälle oder ausführbaren Einheiten nach einer Änderung getestet werden müssen.

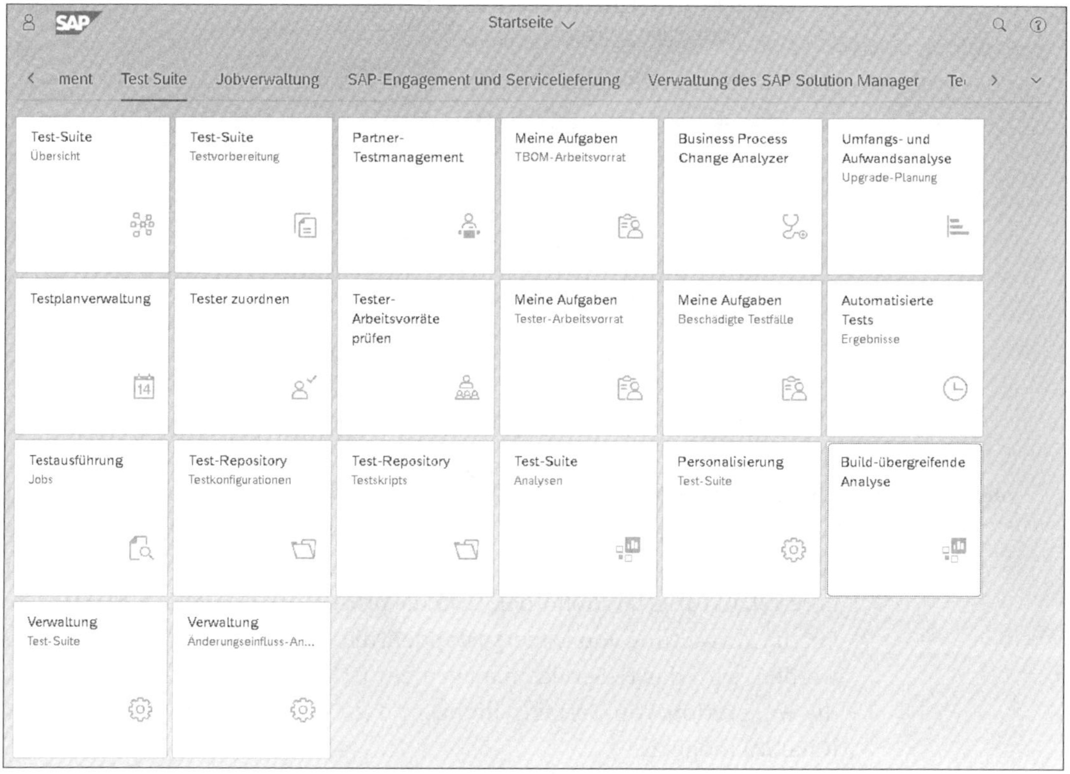

Abbildung 9.1 Die Test-Suite im SAP Solution Manager Launchpad

Für die Testautomatisierung steht das *Test Automation Framework* zur Verfügung. Es erlaubt die Verwendung SAP-eigener Automatisierungswerkzeuge oder die Integration ausgewählter Werkzeuge von Drittanbietern. Damit sind auch automatisierte Tests der Oberflächen von Nicht-SAP-Systemen möglich.

Erweiterte Werkzeuge für SAP Enterprise Support

Die Verwendung der ergänzenden Werkzeuge ist Kunden mit SAP Enterprise Support vorbehalten. Abbildung 9.2 zeigt, welche Funktionen des SAP Solution Managers nur im Rahmen des SAP Enterprise Support verwendet werden können. Die betroffenen Werkzeuge im Umfeld der Test-Suite sind hier dunkel hervorgehoben.

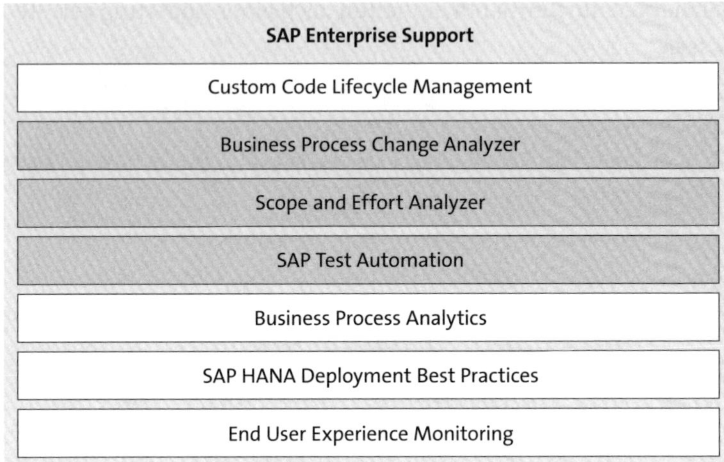

Abbildung 9.2 Nutzungsrechte für die Test-Suite

Integration mit weiteren Szenarien

Ein Alleinstellungsmerkmal der Test-Suite von SAP gegenüber anderen Testmanagementwerkzeugen ist die Integration in andere Szenarien des SAP Solution Managers. Diese beginnt mit der Lösungsdokumentation, in deren strukturierter Bibliothek Testfälle prozessorientiert abgelegt werden. Für die Verwaltung von Fehlerzuständen, die während eines Tests gefunden werden, wird das IT-Servicemanagement (ITSM) verwendet. Außerdem ist die Integration von Testaktivitäten in das Change Request Management (ChaRM) möglich.

Das Add-on Focused Build stellt darüber hinaus einige Erweiterungen für das Testmanagement bereit. Hier werden die dokumentenbasierten manuellen Tests durch Testfälle erweitert, die direkt im System aufgerufen werden. Der sogenannte Testschritt-Designer geht mit einer optimierten Benutzeroberfläche für Tester*innen einher. Weitere Informationen zu diesen Erweiterungen finden Sie in Abschnitt 13.1.7, »Erweiterungen für das Testmanagement«.

9.2 Grundkonfiguration der Test-Suite

Damit Sie die Test-Suite des SAP Solution Managers vollumfänglich nutzen können, muss diese technisch und fachlich konfiguriert werden. In diesem Abschnitt zeigen wir die wesentlichen Konfigurationsschritte.

Konfiguration der verwalteten Systeme

Im Rahmen des Testmanagements möchten Sie Prozesse und Änderungen in einem betroffenen System (dem *System unter Test*) überprüfen. Deshalb ist es wichtig, dass zwischen den Systemen unter Test und dem SAP Solution Manager eine Verbindung besteht. Ohne diese Verknüpfung kann der SAP Solution Manager nicht auf andere Systeme zugreifen. In diesem Fall könnten Tester*innen z. B. nicht auf die zu testenden Elemente im Zielsystem zugreifen.

Stellen Sie daher sicher, dass die **Konfiguration der verwalteten Systeme** für die zu testenden Systeme ordnungsgemäß und fehlerfrei abgeschlossen wurde (siehe Abschnitt 2.3, »Verwaltete Systeme konfigurieren«). Für manuelle Tests, Testautomatisierung und die Erstellung von technischen Stücklisten (TBOMs) werden insbesondere die Standard-RFC-Verbindungen benötigt.

Konfiguration der Test-Suite

Nachdem Sie sichergestellt haben, dass die szenarioübergreifenden Einstellungen erfolgreich vorgenommen wurden, können Sie mit der Konfiguration der Test-Suite beginnen. Im Folgenden gehen wir kurz auf die wesentlichen Guided Procedures für die in diesem Kapitel beschriebenen Funktionalitäten ein. Dies sind:

- **Test-Suite-Vorbereitung**
- **Komponentenbasierte Testautomatisierung**
- **Umfangs- und Aufwandsanalyse**
- **Business Process Change Analyzer**

Die Guided Procedures rufen Sie jeweils über die Transaktion SOLMAN_SETUP im Szenario **Test Suite** auf.

9.2.1 Test-Suite-Vorbereitung

In der **Test-Suite-Vorbereitung** richten Sie die Test-Suite grundlegend ein und nehmen wesentliche Einstellungen für das Testmanagement vor (siehe Abbildung 9.3).

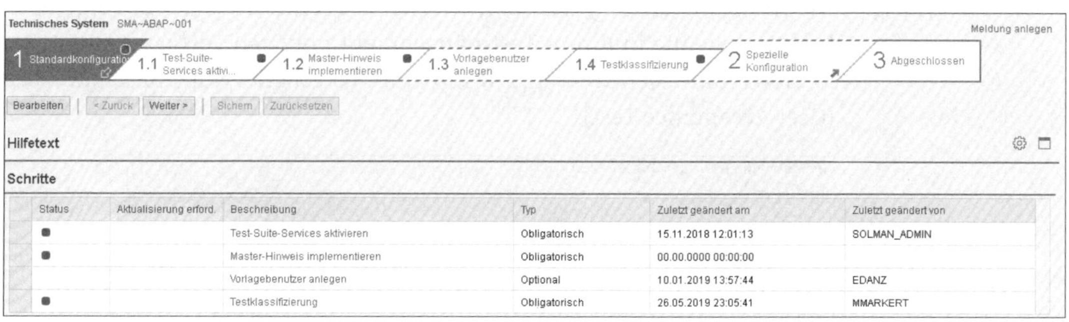

Abbildung 9.3 Test-Suite-Vorbereitung

Schritt 1: Standardkonfiguration

Die Standardkonfiguration besteht aus vier Teilschritten. In Teilschritt 1.1 aktivieren Sie automatisch die benötigten Webservices. Teilschritt 1.2 überprüft, ob der Zentralhinweis für die Test-Suite implementiert wurde und in der aktuellen Version vorliegt.

Vorlagebenutzer

In Teilschritt 1.3 können Sie Vorlagebenutzer anlegen lassen. Diese Benutzer sind Vorschläge für fachliche Rollen im Umfeld des Testmanagements und können die Grundlage für ein Berechtigungskonzept bilden. Beim Anlegen der Benutzer werden die von SAP ausgelieferten Standardrollen in den Kundennamensraum kopiert. Sie finden Vorlagebenutzer für die folgenden fachlichen Rollen:

- Tester*in
- Basisentwicklungsberater*in
- Projektmanager*in und Test Organizer
- Anzeigebenutzer (Leseberechtigung)

[»]

Berechtigungskonzept für das Testmanagement

Wie auch für andere Szenarien des SAP Solution Managers ist es empfehlenswert, ein eigenes Berechtigungskonzept für das Testmanagement zu etablieren. So stellen Sie sicher, dass die für den Testprozess definierten fachlichen Rollen Zugriff auf alle benötigten Funktionen haben. Die Vorlagebenutzer und die dort referenzierten Standardrollen bilden einen guten Ausganspunkt. Falls Sie Anpassungen vornehmen möchten, hilft Ihnen das Kapitel »Process Management and Test Suite« des applikationsspezifischen Sicherheitsleitfadens für den SAP Solution Manager (*http://s-prs.de/v791829*).

Testklassifizierung

Die *Testklassifizierung* (Teilschritt 1.4) ist eine einfache Customizing-Tabelle, in der Sie die in Ihrem Testmanagement üblichen Testkategorien oder -stufen hinterlegen können, z. B. Integrationstest oder Nutzerakzeptanztest (User Acceptance Test).

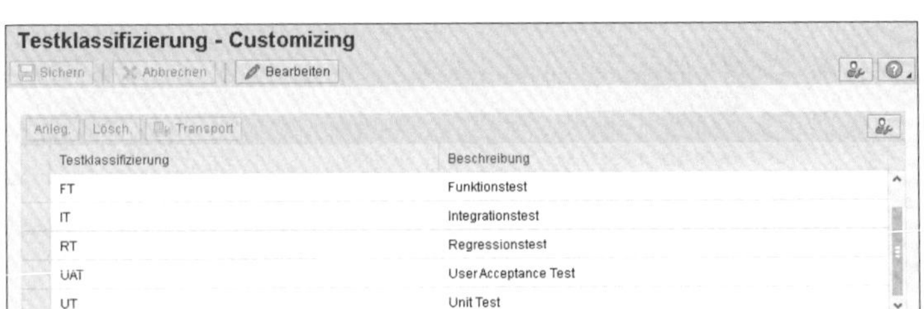

Abbildung 9.4 Testklassifizierung

Die Klassifizierung ist ein Pflichtfeld bei der Testplanerstellung (siehe Abschnitt 9.3.2, »Testplanung«); entsprechend muss diese Tabelle über mindestens einen Eintrag verfügen.

Schritt 2: Spezielle Konfiguration

Die spezielle Konfiguration enthält ausschließlich optionale Schritte. Hier können Sie Standardkonfigurationen an Ihre Bedürfnisse anpassen oder optionale Funktionalitäten aktivieren.

Freigabestatus-schema

In Teilschritt 2.1 können Sie das Freigabestatusschema für Testpläne anpassen, indem Sie zunächst – wenn erforderlich – neue Statuswerte anlegen und anschließend ein Statusschema anlegen oder bearbeiten. Für jeden Status eines Schemas kann festgelegt werden, ob der Testplan geändert oder getestet werden darf; ferner kann auch eine Strategie für die digitale Signatur hinterlegt werden (siehe Abbildung 9.5).

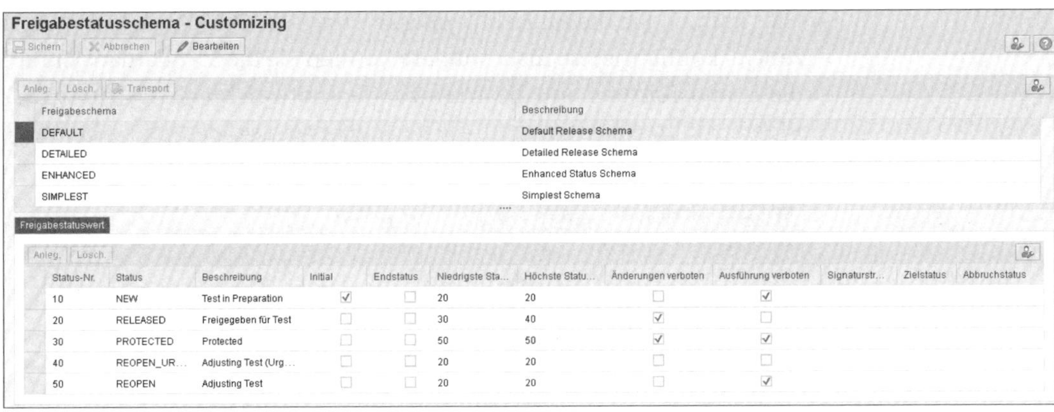

Abbildung 9.5 Freigabestatusschema – Customizing

Fehlermeldungen

In Teilschritt 2.2 können Sie Vorlagen für Fehlermeldungen im Test erstellen und die eigentlichen Vorgangsarten für Fehler auswählen.

E-Mail-Benachrichtigungen

Die E-Mail-Benachrichtigungen der Test-Suite können Sie in Teilschritt 2.3 anpassen, indem Sie eigene E-Mail-Formulare erstellen und diese den einzelnen Benachrichtigungsereignissen zuordnen.

Teilschritt 2.4, **Zentrale Einstellungen**, umfasst folgende Aktivitäten:

- **Testplanauswertung anpassen**
  Für Testpakete und Testpläne kann jeweils festgelegt werden, welchen Status Testfälle erhalten, wenn mehrere Tester*innen zu einem Paket zugeordnet sind bzw. wenn ein Testfall in mehreren Paketen auftaucht. Die Möglichkeiten für diese Aggregationsregeln sind:

- Das aktuellste Testergebnis entscheidet (**Last Wins**).
- Das schlechteste Ergebnis entscheidet (**Worst Wins**).
- Das schlechteste Ergebnis entscheidet – jedoch ohne »gelb« bewertete Testfälle (**Worst Wins Optimistic**).

- **Standardausführungszeit angeben**
  Zeiten zur Berechnung von Testaufwänden können in einer Customizing-Tabelle gepflegt werden.
- **Testmenge definieren**
  Das Feld **Testmenge** kann genutzt werden, um Testpläne zu gruppieren. Die Testmenge bzw. Testreihe kann z. B. als übergeordnetes Kriterium verwendet werden, um mehrere Testpläne zusammenzufassen. In der hinterlegten Customizing-Tabelle können Einträge hinzugefügt oder bearbeitet werden.
- **Globale Einstellungen**
  Hier können Sie die Bildschirmmasken der Test-Suite für alle Benutzer zentral konfigurieren. Insbesondere können Sie die Standardansicht für die Testausführung und die Arten von Testnotizen (siehe Abschnitt 9.3.3, »Testausführung«) festlegen, die verfügbar sein sollen (siehe Abbildung 9.6).

Abbildung 9.6 Globale Einstellungen für die Test-Suite

[«]

Testfallstatus ändern

Viele der Einstellungen, die Sie in dieser Guided Procedure vornehmen können, stehen alternativ auch im SAP Solution Manager Launchpad im Menü **Test-Suite** zur Verfügung. Über die Kachel **Verwaltung Test-Suite** öffnen Sie ein entsprechendes Menü. Hier finden Sie auch die zusätzliche Option **Statusdefinition**. Hiermit können Sie die verfügbaren Testfallstatus ändern sowie eigene Status hinzufügen. Für jeden Wert können Sie festlegen, welches Ampelsymbol angezeigt werden soll (siehe Abbildung 9.7). Ebenso können Sie bestimmen, ob ein Status zum Abschluss des jeweiligen Tests führt und damit im Falle einer Testsequenz die Ausführung des nachfolgenden Testfalls erlaubt (siehe Abschnitt 9.3.2, »Testplanung«). Zudem können Sie an dieser Stelle einzelne Status ausblenden, damit z. B. Tester*innen manueller Testfälle nicht versehentlich Statuswerte für Testautomatisierungsskripte auswählen.

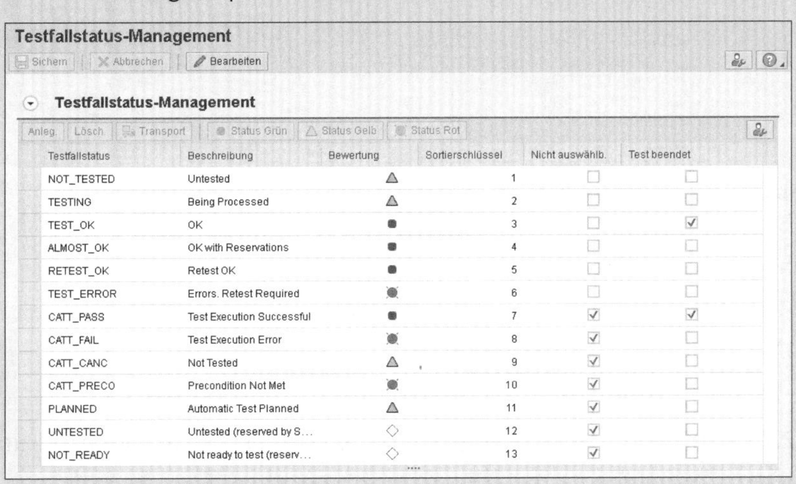

Abbildung 9.7 Testfallstatus ändern

SAP-BW-Reporting

Im letzten Konfigurationsschritt 2.5, **Analysen**, aktivieren Sie das SAP-BW-Reporting für die Test-Suite über die Schaltfläche **BW-Content aktivieren** (siehe Abbildung 9.8). Die Aktivierung dauert eine Weile, je nach System und Datenbank. Mit **Aktivierungsprotokoll anzeig.** prüfen Sie, ob der Hintergrundjob zur Aktivierung erfolgreich war. Wenn erforderlich, können Sie die Extraktionseinstellungen anpassen, um das integrierte SAP Business Warehouse z. B. durch ein kürzeres Extraktionsintervall häufiger mit aktualisierten Daten zu versorgen.

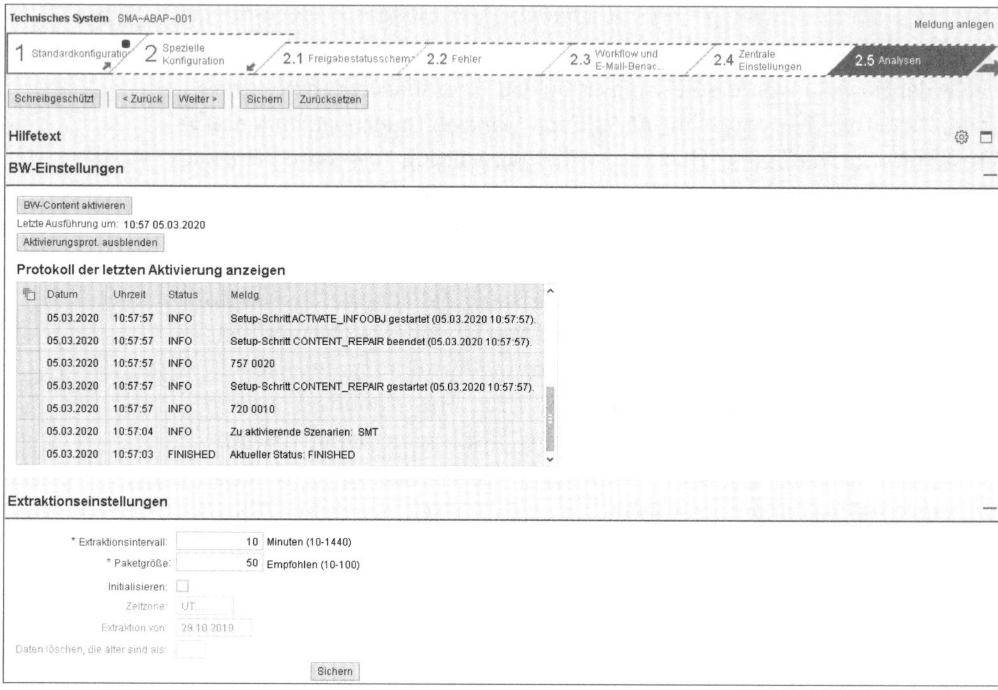

Abbildung 9.8 SAP-BW-Reporting einrichten

Schritt 3: Abgeschlossen

Im letzten Schritt werden alle Konfigurationsschritte und deren Status noch einmal zusammengefasst.

9.2.2 Konfiguration der komponentenbasierten Testautomatisierung

Mit dieser Guided Procedure konfigurieren Sie die grundlegenden Funktionen von CBTA. Arbeiten Sie die angezeigten Schritte nacheinander durch.

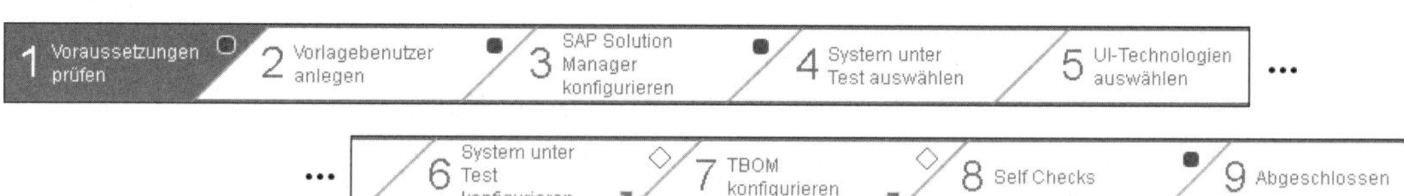

Abbildung 9.9 Guided Procedure zur Konfiguration der komponentenbasierten Testautomatisierung

Schritt 1: Voraussetzungen prüfen

Im Schritt **Voraussetzungen prüfen** stellen Sie sicher, dass die beiden obligatorischen Konfigurationen **Systemvorbereitung prüfen** und **Basiskonfi-**

guration prüfen richtig abgeschlossen wurden. Ebenso wird überprüft, ob die Guided Procedure **Testautomatisierungs-Vorbereitung** abgeschlossen wurde. Um die Prüfungen auszuführen, wechseln Sie über **Bearbeiten** in den Änderungsmodus und klicken entweder auf **Alle ausführen** oder, falls Sie nur die markierte Aktivität prüfen wollen, auf **Ausgewählte ausführen** (siehe Abbildung 9.10).

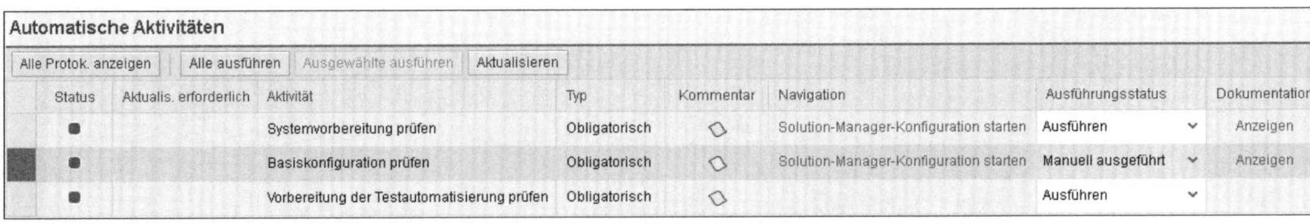

Abbildung 9.10 Voraussetzungen prüfen – automatische Aktivitäten

Erst wenn alle Prüfungen ein grünes Statussymbol aufweisen, sollten Sie mit der Konfiguration fortfahren. Falls Sie in der Spalte **Status** ein gelbes oder rotes Statussymbol sehen, gehen Sie den betroffenen Schritt der jeweiligen Konfiguration noch einmal durch. Anschließend führen Sie die automatische Prüfung erneut durch.

Schritt 2: Vorlagebenutzer anlegen

CBTA-Vorlagebenutzer

Unter **Vorlagebenutzer anlegen** erstellen Sie verschiedene CBTA-Vorlagebenutzer im SAP Solution Manager. Diesen Benutzern werden SAP-Standardrollen zugeordnet, die Sie in den Kundennamensraum kopieren können. Folgende Vorlagebenutzer werden angelegt:

- CBTA-Anwendungsbenutzer
- Testingenieur*in
- Testkoordinator*in
- Anzeigebenutzer

Diese Benutzer erhalten verschiedene Berechtigungen, um z. B. Projekte anzeigen zu können oder die Testautomatisierung verwenden zu dürfen.

Schritt 3: SAP Solution Manager konfigurieren

Testwerkzeug registrieren

Schritt 3 beinhaltet die Aktivitäten **Testwerkzeug registrieren, eCATT-Benutzer generieren** und **SAP GUI Scripting im SAP GUI Frontend aktivieren**. Um für die Testautomatisierung ein externes Werkzeug, in unserem Fall CBTA, verwenden zu können, muss dieses zuerst registriert werden (siehe Abbildung 9.11). Sie müssen sozusagen das Testautomatisierungswerkzeug mit dem SAP Solution Manager bekannt machen.

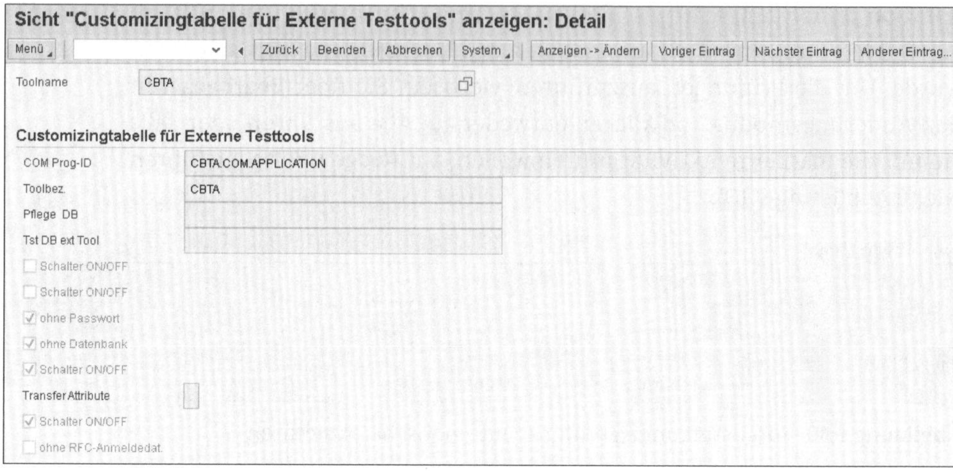

Abbildung 9.11 Testwerkzeug registrieren

eCATT-Benutzer anlegen

Damit das Tool anschließend mit dem SAP Solution Manager kommunizieren kann, müssen Sie einen eCATT-Benutzer anlegen. Für diesen Servicebenutzer wird in dem Generierungsreport ECATT_GENERATE_ET_USER bereits ein Name vorgeschlagen.

SAP-GUI-Scripting

Der letzte Schritt beschreibt, wie Sie das SAP-GUI-Scripting über Profilparameter und für das Frontend aktivieren. Dieser Schritt ist nur erforderlich, wenn Sie Automatisierungsskripte mit dem SAP GUI aufzeichnen wollen. Haben Sie die Aktivitäten dieses Schritts durchgeführt, können Sie den Status auf **Ausgeführt** setzen und mit dem nächsten Schritt beginnen.

Schritt 4: System unter Test auswählen

Nun können Sie ein oder mehrere verwaltete Systeme als Testsysteme und anschließend die betroffenen Mandanten auswählen. In den nächsten Schritten konfigurieren Sie diese Systeme, indem Sie auf **Weiter** klicken.

Schritt 5: UI-Technologien auswählen

Mit CBTA können Sie so gut wie alle gängigen UI-Technologien testen. Um diese voll funktionsfähig überprüfen zu können, wählen Sie in diesem Schritt die verwendeten UI-Technologien der zuvor ausgewählten Systeme unter Test aus.

[!]

Nur relevante UI-Technologie auswählen

Vermeiden Sie unnötige Prüfungen, indem Sie nur die UI-Technologien auswählen, die im System unter Test auch zum Einsatz kommen.

Schritt 6: System unter Test konfigurieren

Plug-ins prüfen

Nachdem Sie das System unter Test ausgewählt und die im Einsatz befindlichen UI-Technologien angegeben haben, können Sie mit der Konfiguration des Systems fortfahren. In Teilschritt 6.1 wird zunächst automatisch geprüft, ob die Plug-ins ST-PI und ST-A/PI sowie erforderliche SAP-Hinweise im System unter Test vorhanden sind. Anschließend aktivieren Sie das SAP-GUI-Scripting im Zielsystem und legen dort einen technischen Benutzer an. In Teilschritt 6.4 legen Sie eine RFC-Destination zu den ausgewählten Systemen an.

Schritt 7: TBOM konfigurieren

Dieser Schritt muss nur ausgeführt werden, wenn Sie TBOMs verwenden. Mehr Informationen hierzu finden Sie in Abschnitt 9.5.1, »Business Process Change Analyzer«.

Schritt 8: Self Checks

Nachdem Sie alle nötigen Einstellungen getätigt haben, gehen Sie zur Selbstdiagnose des Systems über. Nutzen Sie die Aktivität **Testmanagement-Selbstchecks**, um den SAP Solution Manager, die Frontend-Komponente des CBTA sowie das System unter Test zu überprüfen (siehe Abbildung 9.12).

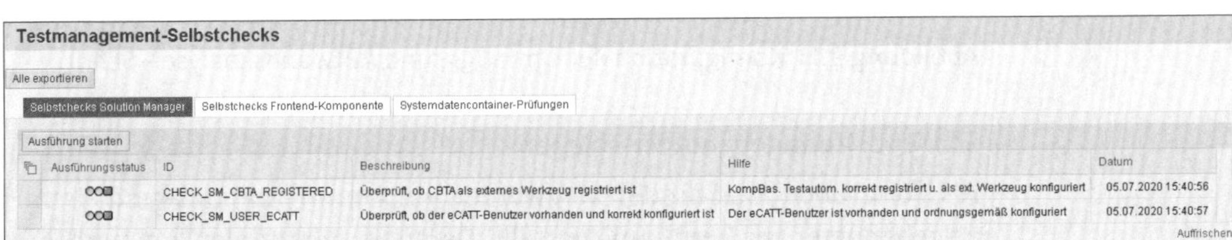

Abbildung 9.12 Selbstdiagnose für die komponentenbasierte Testautomatisierung

Schritt 9: Abgeschlossen

Dieser Schritt stellt Ihnen eine Übersicht der Konfigurationsschritte und deren Status bereit.

9.2.3 Konfiguration der Umfangs- und Aufwandsanalyse

Um den Scope and Effort Analyzer (SEA) verwenden zu können, sind die folgenden Konfigurationsschritte erforderlich.

Schritt 1: Voraussetzungen

Manuelle und automatische Prüfungen

In diesem Schritt werden die wesentlichen Voraussetzungen geprüft, um den SEA nutzen zu können (siehe Abbildung 9.13). Neben den automatischen Konfigurationsprüfungen muss manuell geprüft werden, dass die RFC-Verbindungen relevanter Systeme funktionieren, die Verwendungsprotokollierung im Einsatz ist und die Bibliotheksgenerierung eingerichtet ist. Optional kann mit dem BPCA-Selbstcheck ermittelt werden, ob die Voraussetzungen zum Anlegen semidynamischer TBOMs erfüllt sind.

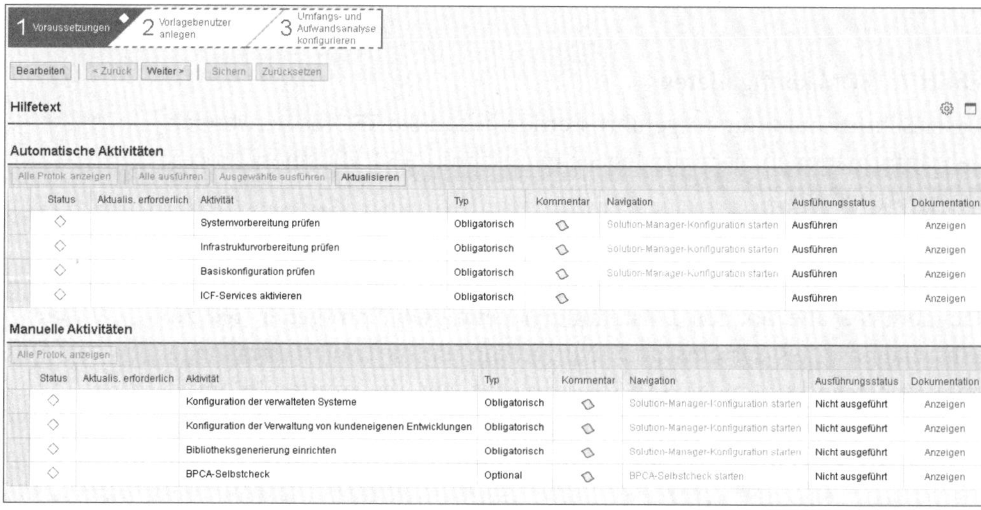

Abbildung 9.13 Konfiguration der Umfangs- und Aufwandsanalyse – Schritt 1

Schritt 2: Vorlagebenutzer anlegen

Als Vorlagebenutzer für den SEA werden ein Administrations- und ein Anzeigebenutzer zur Verfügung gestellt. Deren Standardrollen können Sie in Ihren Kundennamensraum kopieren.

Schritt 3: Umfangs- und Aufwandsanalyse konfigurieren

In diesem optionalen Schritt kann ein Business Add-in (BAdI) zum Filtern der Analyseergebnisse basierend auf der Berechtigung zur Darstellung von Systemen in der Landscape Management Database (LMDB) aktiviert werden.

9.2.4 Konfiguration des Business Process Change Analyzers

Um den BPCA, wie in Abschnitt 9.5.1 beschrieben, nutzen zu können, müssen Sie ebenfalls eine geführte Konfiguration durchführen, deren Schritte Sie in Abbildung 9.14 sehen.

Abbildung 9.14 Guided Procedure zur Konfiguration des Business Process Change Analyzers

Schritt 1: BPCA-Vorlagebenutzer anlegen

Benutzer und Berechtigungen

Im ersten Schritt legen Sie Vorlagebenutzer im SAP Solution Manager an. Neben einem bzw. einer Qualitäts- und Geschäftsprozessexpert*in erstellen Sie einen Anzeigebenutzer und einen eCATT-Vorlagebenutzer. Die einzelnen Benutzer unterscheiden sich hinsichtlich ihrer Berechtigungen. Die aus den SAP-Standardrollen kopierten Rollen berechtigen die Benutzer, die für ihre jeweilige fachliche Rolle relevanten Aktionen im Rahmen des BPCAs auszuführen. So ist z. B. der Vorlagebenutzer für den oder die Qualitätsexpert*in dazu berechtigt, TBOM-Workitems zu erstellen und Prozesse zu bearbeiten (siehe Abschnitt 9.5.1, »Business Process Change Analyzer«).

9

Schritt 2: Benutzer im verwalteten System pflegen

Während der Arbeit mit dem BPCA greifen Sie auf die verschiedenen Systeme zu, auf denen Sie Tests durchführen möchten. Legen Sie deshalb die genannten Vorlagebenutzer auch auf den relevanten verwalteten Systemen an.

Vorlagebenutzer anlegen lassen

Vorab können Sie dazu in Schritt 2.1 ein oder mehrere Systeme sowie deren Mandanten auswählen. Anschließend können Sie in Schritt 2.2 die benötigten Benutzer in den selektieren Systemen erstellen lassen.

Schritt 3: BPCA-Vorbereitung

Nachdem Sie mit den vorangehenden Schritten die Voraussetzungen geschaffen haben, konfigurieren Sie in den folgenden Teilschritten das BPCA-Szenario (siehe Abbildung 9.15).

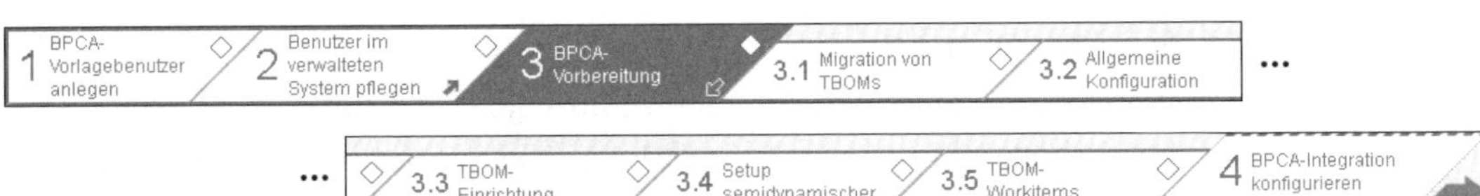

Abbildung 9.15 Tätigkeiten zur BPCA-Vorbereitung

Migration von TBOMs

Teilschritt 3.1, **Migration von TBOMs**, ist nur erforderlich, wenn bereits vor der Nutzung von SAP Solution Manager 7.2 SPS06 TBOMs erstellt wurden. Um diese in ein seit diesem Release verfügbares, effizienteres Repository zu migrieren, kann die hier hinterlegte automatische Aktivität verwendet werden.

Allgemeine Konfiguration

Aktivieren Sie in Teilschritt 3.2, **Allgemeine Konfiguration**, die BPCA-Services, um die Web-Dynpro-Anwendungen des BPCA verwenden zu können. Ferner legen Sie in diesem Schritt Benutzerparameter für E-Mail-Benachrichtigungen des TBOM-Arbeitsvorrats fest.

TBOM-Einrichtung

Mit Teitschritt 3.3, **TBOM-Einrichtung**, aktivieren Sie einen Hintergrundjob, der die Aktualität der generierten technischen Stücklisten prüft. Des Weiteren verbessern sie die Performance während der Massengenerierung der statischen und semidynamischen TBOMs, indem Sie Servergruppen definieren. So vergeben Sie die Systemressourcen, die für die Generierung zur Verfügung stehen sollen.

Setup semidynamischer TBOMs

Im Teilschritt 3.4, **Setup semidynamischer TBOMs**, stellen Sie sicher, dass die Verwendungsprotokollierung funktioniert und die hierfür relevanten Extraktoren Daten liefern. Diese Informationen bilden die Grundlage für die spätere Erstellung der TBOMs. Anschließend können Sie den BPCA-Selbstcheck ausführen und semidynamische TBOMs per Massengenerierung anlegen lassen.

TBOM-Workitems

Möchten Sie TBOM-Workitems für den Workflow zur Erstellung dynamischer TBOMs durch Prozessexpert*innen aktivieren, müssen Sie in Teilschritt 3.5 zumindest Geschäftspartner für die beteiligten Personen anlegen. Zudem können Sie den Workflow für den TBOM-Arbeitsvorrat an Ihre eigenen Anforderungen anpassen.

Schritt 4: BPCA-Integration konfigurieren

Drittanbieterwerkzeug verknüpfen

Falls Sie in Ihrem Unternehmen ein Drittanbieterwerkzeug für die Testverwaltung verwenden, haben Sie in diesem Schritt die Möglichkeit, dieses mit dem BPCA zu verknüpfen.

Schritt 5: Abgeschlossen

Wenn Sie alle Einstellungen für die Einrichtung des BPCA abgeschlossen haben, erhalten Sie im letzten Schritt eine Übersicht der durchgeführten Aktivitäten.

9.3 Der Testprozess

Das werkzeuggestützte Testmanagement mit der Test-Suite gliedert sich in mehrere Phasen: Vorbereitung, Planung, Ausführung und Auswertung. Für jede dieser Phasen stellen wir in diesem Abschnitt die typischen Arbeitsschritte in der Test-Suite und den umliegenden Szenarien des SAP Solution Managers vor. Unser Hauptaugenmerk liegt dabei auf Ihren Möglichkeiten, Ihren individuellen Testprozess mit den bereitgestellten Werkzeugen effizient abzubilden.

9.3.1 Testvorbereitung

Noch bevor eine konkrete Testaktivität geplant wird, müssen verschiedene Grundvoraussetzungen geschaffen werden. Aus fachlicher Sicht sollte z. B. die Zielsetzung der Tests definiert werden. Ebenso sollte festgelegt werden, wie und zu welchen Zeitpunkten die Testaktivitäten durchgeführt werden sollen. Üblicherweise wird hierzu eine Teststrategie bzw. ein Testkonzept ausgearbeitet. Daraus leiten sich auch die Anforderungen für die Gestaltung von Testfällen ab, z. B. deren Herkunft und Detaillierungsgrad. Die Unterstützung bei der Erstellung von Testfällen und deren strukturierter Ablage ist daher eine der ersten Aufgaben eines Testmanagementwerkzeugs. Die Test-Suite greift hierzu auf das Szenario der Lösungsdokumentation des SAP Solution Managers zurück.

Lösungsdokumentation als Fundament

Mit ihrer Zielsetzung, sämtliche Geschäftsprozesse in einer Single Source of Truth abzubilden und zu dokumentieren, bildet die Lösungsdokumentation ein optimales Fundament für das Testmanagement: Testfälle können an Geschäftsprozessen ausgerichtet werden, und die Prozesshierarchie Ihrer Lösungsdokumentation gibt bereits eine sinnvolle Struktur für die Ablage der Testfälle vor.

[+]

Lösungsdokumentation pragmatisch starten

Eine perfekt ausgearbeitete Lösungsdokumentation ist keinesfalls Voraussetzung, um mit dem Testmanagement zu starten. Zwar ist es sinnvoll, Testfälle aus Prozessanforderungen und -dokumentationen abzuleiten, um mit dem Testmanagement zu starten, reicht es jedoch aus, eine erste, pragmatische Prozesshierarchie in der Lösungsdokumentation aufzubauen und diese anschließend mit (vorhandenen) Testfällen zu füllen.

Den Aufbau der Prozesshierarchie und die Erstellung und Pflege Ihrer Prozessdokumentation haben wir in Kapitel 3, »Prozessmanagement«, beschrieben. Im Kontext des Testmanagements ist besonders das Konzept der Branches wichtig, das die Versionen einer Lösung abbildet. Für Tests einer bestehenden Lösung wird typischerweise der Wartungs-Branch gewählt.

Arten von Testfällen

Die Testfälle selbst sind in der Lösungsdokumentation lediglich eine von mehreren Objektarten. Über das Kontextmenü zum Hinzufügen neuer Objekte können Sie auf der Ebene von Szenarien, Prozessen oder Prozessschritten jederzeit neue Testfälle erstellen (siehe Abbildung 9.16). Dabei werden Testdokumente und Testdokument-URLs für manuelle Tests und Testkonfigurationen für die Testautomatisierung unterschieden.

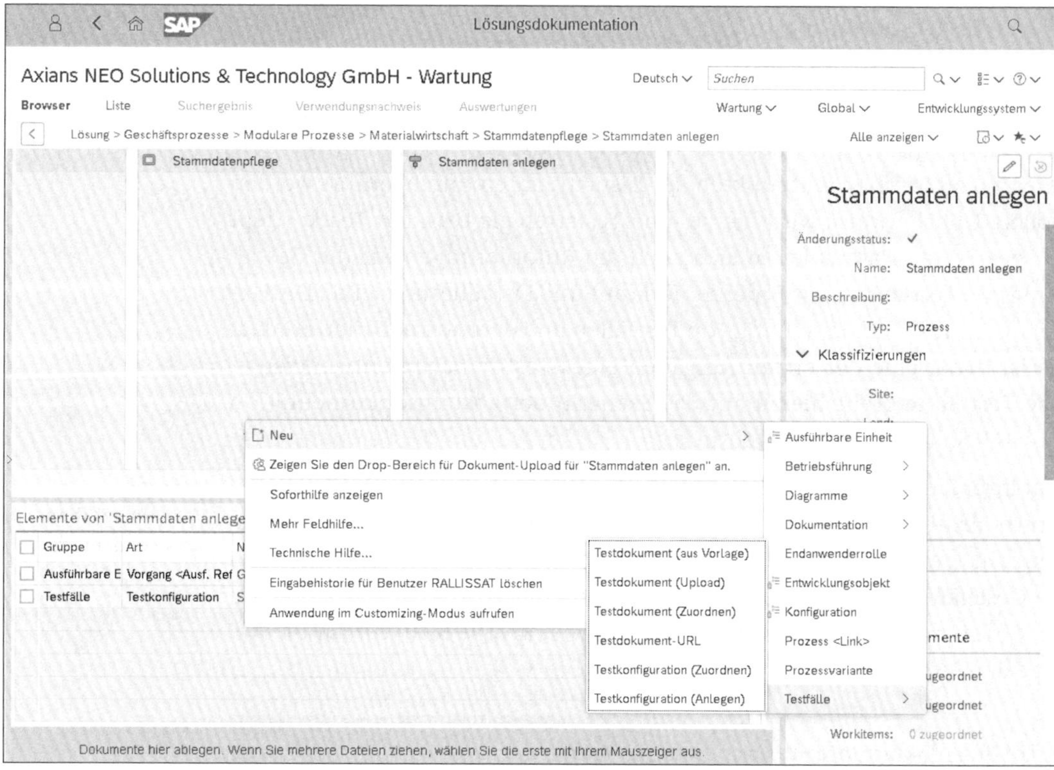

Abbildung 9.16 Testfälle in der Lösungsdokumentation hinzufügen

Testdokumente

Testdokumente sind dokumentenbasierte manuelle Testfälle. Sie werden z. B. als Microsoft-Word- oder Excel-Dokument erstellt. Testdokumente können direkt in der Lösungsdokumentation aus einer Vorlage erstellt oder hochgeladen werden. Dabei können dieselben Funktionen verwendet werden, wie für sonstige Dokumente der Lösungsdokumentation. So können Sie eine Dokumentenart als Vorlage festlegen, diese mit einem Statusschema verknüpfen oder digitale Signaturen verwenden, z. B. wenn Testfälle einen formalen Reviewprozess durchlaufen müssen.

Testfälle klassifizieren

Bei der Anlage eines Testfalls, hier für das Anlegen von Stammdaten, können Sie bereits vorhandene oder kundeneigene Attribute verwenden, um den Testfall zu klassifizieren. Mit Angabe der **Sensitivität** und **Priorität** sowie gezielten Schlüsselwörtern oder eigenen Attributen können Sie Ihre individuelle Strategie zur Erstellung und Klassifizierung von Testfällen umsetzen (siehe Abbildung 9.17).

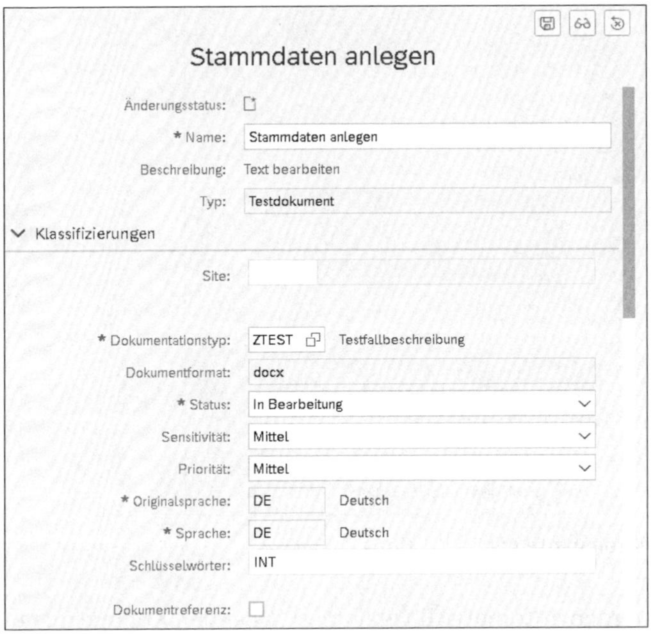

Abbildung 9.17 Attribute eines Testfalls

Im Bereich **Testmanagement** können Sie zudem die Testklassifizierung festlegen und damit angeben, in welcher Testphase der Testfall verwendet werden kann. Ferner dient dieser Bereich dazu, die **Art der Testfallzuordnung** bei Szenarien, Prozessen und Prozessschritten festzulegen (siehe Abbildung 9.18):

- Mit der Einstellung **Zusätzlich** werden die Testfälle von niedrigeren Strukturelementen der Lösungsdokumentation an das ausgewählte Strukturelement vererbt.
- Durch die Einstellung **Ausschließlich** legen Sie fest, dass die einem Strukturelement zugeordnete Testfälle auch nur für dieses Element verfügbar sind.

Bei der Anlage von Geschäftsprozessen, in Abbildung 9.18 der Prozess **Stammdaten anlegen**, können Sie zudem wählen, ob diese einen durchgängigen Test erfordern.

Abbildung 9.18 Testrelevante Attribute eines Prozesses

Versionierung von Testdokumenten

Testdokumente werden automatisch versioniert. Über den Kontextmenüeintrag **Historie anzeigen** können Sie sich Änderungen an dem Dokument und seinen Attributen anzeigen lassen. Außerdem können Sie hier frühere Versionen des Testfalls aufrufen. Für die spätere Testdurchführung ist die Versionierung relevant, da damit sichergestellt ist, dass bereits abgeschlossene Testpläne revisionssicher die jeweils ursprünglichen Versionen der durchgeführten Testfälle enthalten.

Testdokument-URL

Eine *Testdokument-URL* ist ein Link auf eine externe Quelle. Damit kann auf Testfälle in externen Dokumentenmanagementwerkzeugen wie z. B. Microsoft SharePoint verwiesen werden. Bei der Nutzung externer Werkzeuge sollten Sie prüfen, ob die individuellen Anforderungen an die Revisionssicherheit eingehalten werden können, da diese Werkzeuge über eigene Versionierungsmechanismen verfügen.

Testkonfiguration

Eine *Testkonfiguration* ermöglicht das Einbinden von Testautomatisierungsskripten unterstützter Werkzeuge (siehe Abschnitt 9.3.3, »Testausführung«). Sie enthält alle für einen automatisierten Testfall notwendigen Informationen und Objekte.

Testschritte

Ist die Erweiterung Focused Build installiert und konfiguriert, ist in der Lösungsdokumentation zusätzlich die Option **Testschritte** verfügbar, die eine

Alternative zu dokumentenbasierten Testfällen anbietet. Über den Testschritt-Designer können Testfälle erstellt werden, die direkt im System aufgerufen und bearbeitet werden können (siehe Abschnitt 13.1.7, »Erweiterungen für das Testmanagement«).

Ausführbare Einheiten zuordnen

Wenn Sie im Zuge Ihrer Prozessdokumentation ihren Prozessen oder Prozessschritten auch ausführbare Einheiten zugewiesen haben, können Sie diese mit Ihren Testfällen verknüpfen. Klicken Sie dazu in der Lösungsdokumentation mit der rechten Maustaste auf einen Testfall und wählen im Kontextmenü den Eintrag **Ausführbare Elemente zuordnen**. Anschließend können Sie die ausführbaren Einheiten auswählen, für die der Testfall relevant ist (siehe Abbildung 9.19). Bei manuellen Testfällen verbessert diese Funktion den Komfort für die Tester*innen. Sie können so bei der Testausführung direkt in die jeweilige SAP-Transaktion oder -Weboberfläche abspringen. Die Verknüpfung unterstützt außerdem die Funktionen des BPCA (siehe Abschnitt 9.5.1, »Business Process Change Analyzer«).

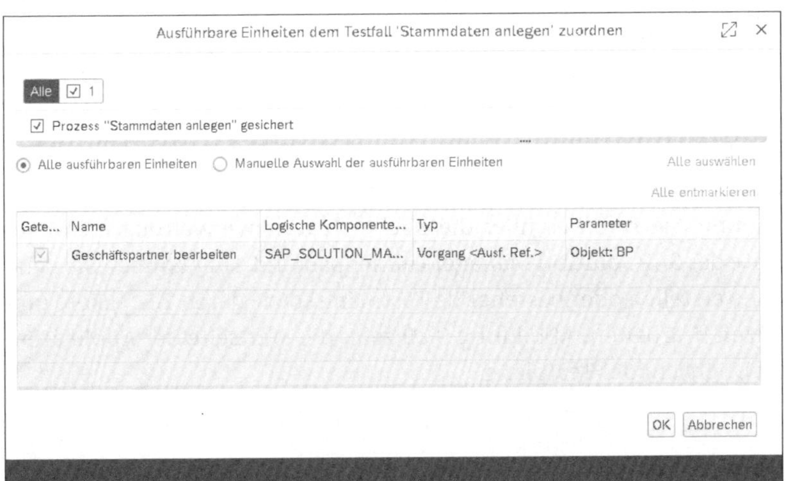

Abbildung 9.19 Ausführbare Einheiten einem Testfall zuordnen

9.3.2 Testplanung

Testfälle und Tester*innen auswählen

Der Begriff *Testplanung* bezeichnet im Kontext der Test-Suite die konkrete Planung einer bevorstehenden Testaktivität. Hierzu gehören im Wesentlichen die Auswahl geeigneter Testfälle aus der Lösungsdokumentation sowie die Zuordnung von Tester*innen zu diesen Testfällen. Zur Umsetzung dieser Arbeitsschritte kommen drei wesentliche Konstrukte zum Einsatz:

- Ein *Testplan* ist eine Sammlung von Testfällen für eine definierte Testaktivität, z. B. »Integrationstest Release 2021/01 Finance/Controlling«. Er basiert auf einer Lösung und einem Branch. Alle Testfälle, die in der Prozesshierarchie dieses Branches vorhanden sind, können dem Testplan hinzugefügt werden.

- Ein *Testpaket* ist eine Teilmenge eines Testplans. Einem Testpaket können konkrete Tester*innen zugeordnet werden. Somit entspricht ein Testpaket einem Arbeitspaket für eine testende Person oder eine Gruppe von Tester*innen.
- Die Ausführungsreihenfolge von Testfällen innerhalb eines Testpakets ist zunächst beliebig. Wird eine strikte Abfolge von Testfällen benötigt, können *Testsequenzen* erstellt werden. Damit kann eine feste Reihenfolge von Testfällen festgelegt werden. Zusätzlich wird jedem Testfall eine testende Person bzw. eine Testergruppe zugeordnet.

Zusammen mit den vielfältigen Möglichkeiten, Testfälle unterschiedlicher Komplexität auf den verschiedenen Ebenen der Lösungsdokumentation (z. B. Szenarien, Prozesse, Prozessschritte) abzulegen, schaffen Testpläne, -pakete und -sequenzen eine Vielfalt an Möglichkeiten für die Testplanung. Im Folgenden stellen wir die wesentlichen Arbeitsschritte vor.

Testplan erstellen

Die Applikation **Testplanverwaltung** ist das wesentliche Werkzeug für die Testplanung. Sie rufen es über die Kachel **Testplanverwaltung** im Menü **Test Suite** des SAP Solution Manager Launchpads auf. Hier können Sie neue Testpläne erstellen oder bestehende Testpläne sowie deren Testpakete und Sequenzen bearbeiten. Abbildung 9.20 zeigt die Startseite der Applikation mit der Übersicht der Testpläne.

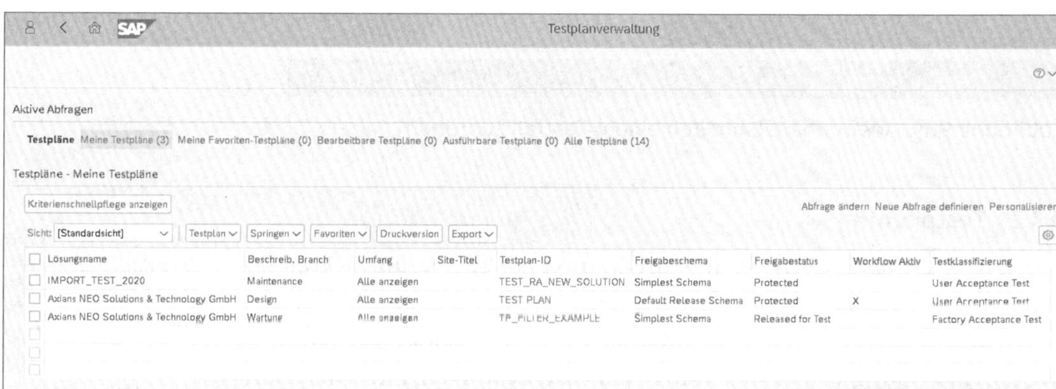

Abbildung 9.20 Testplanverwaltung

Der Block **Aktive Abfragen** zeigt verschiedene Suchabfragen für Testpläne. Die hier verfügbaren Vorlagen für Suchabfragen können Sie über die Schaltfläche **Kriterienschnellpflege anzeigen** anpassen.

Testplan anlegen

Um einen neuen Testplan anzulegen, öffnen Sie im Block **Testpläne** das Drop-down-Menü **Testplan** und wählen **Anlegen**.

In einem neuen Fenster wird nun die Pflegemaske für Testpläne, -sequenzen und -pakete geöffnet. Für Ihren Testplan müssen Sie zunächst die beiden Registerkarten **Allgemeine Daten** und **Einstellungen** bearbeiten. Auf ersterer legen Sie eine **Testplan-ID** fest und vergeben im Feld **Beschreibung** einen Titel für den Testplan (siehe Abbildung 9.21). Anschließend wählen Sie die Lösung aus Ihrer Lösungsdokumentation – einschließlich Branch und Umfang – aus, in der Sie die benötigten Testfälle angelegt haben. Pflegen Sie zudem die Felder **Verantwortlicher** und **Systemrollen-ID**. Letztere bestimmt, auf welche Systeme bei der Testdurchführung zugegriffen wird. Grundlage für die Zuordnung sind die logischen Komponentengruppen, die Sie unten im Block **Systemlandschaft** einsehen können.

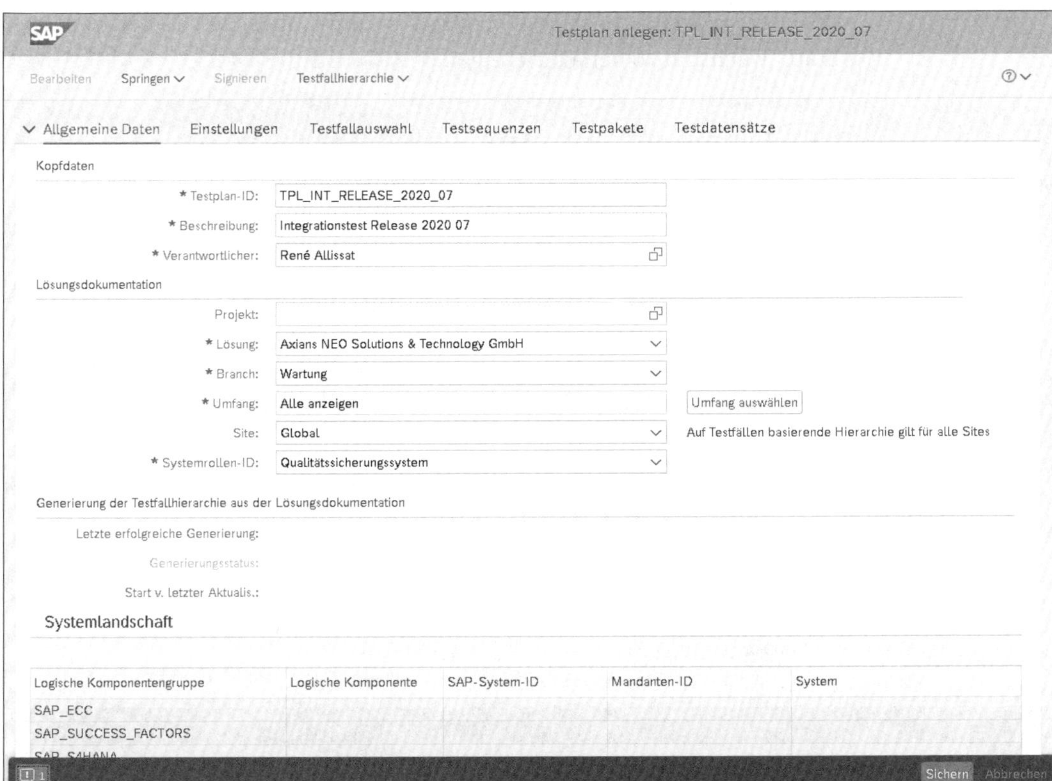

Abbildung 9.21 Testplan anlegen – allgemeine Daten

[+]

Namenskonventionen für Testpläne, -pakete und -sequenzen

Vor allem für Testpläne, aber auch für Testpakete und -sequenzen, ist es empfehlenswert, Namenskonventionen für IDs und Beschreibungen festzulegen. Diese sollten alle Informationen beinhalten, die für Ihre Testaktivitäten relevant sind. Relevante Informationen können z. B. die Teststufe, das zugehörige Release oder der ausführende Fachbereich sein. Diese Angaben ermöglichen es Testmanager*innen und Tester*innen, sofort zu erkennen, um was für einen Testplan es sich handelt. Darüber hinaus wird das Reporting erleichtert, da Sie somit z. B. Testpläne nach Namensbestandteilen filtern können (»Zeige alle Testpläne des aktuellen Release«).

Freigabeschemata

Fahren Sie anschließend mit der Registerkarte **Einstellungen** (siehe Abbildung 9.22) fort. Hier pflegen Sie als erstes das **Freigabeschema**. Anhand dieses Schemas legen Sie fest, welche Statuswerte für diesen Testplan zur Auswahl stehen (siehe Abschnitt 9.2.1, »Test-Suite-Vorbereitung«). Über das Feld **Freigabestatus** können Sie die Status des jeweiligen Schemas setzen. Aktivieren Sie die Checkbox **Workflow ist aktiv**, um später Tester*innen bei Statuswechseln zu benachrichtigen.

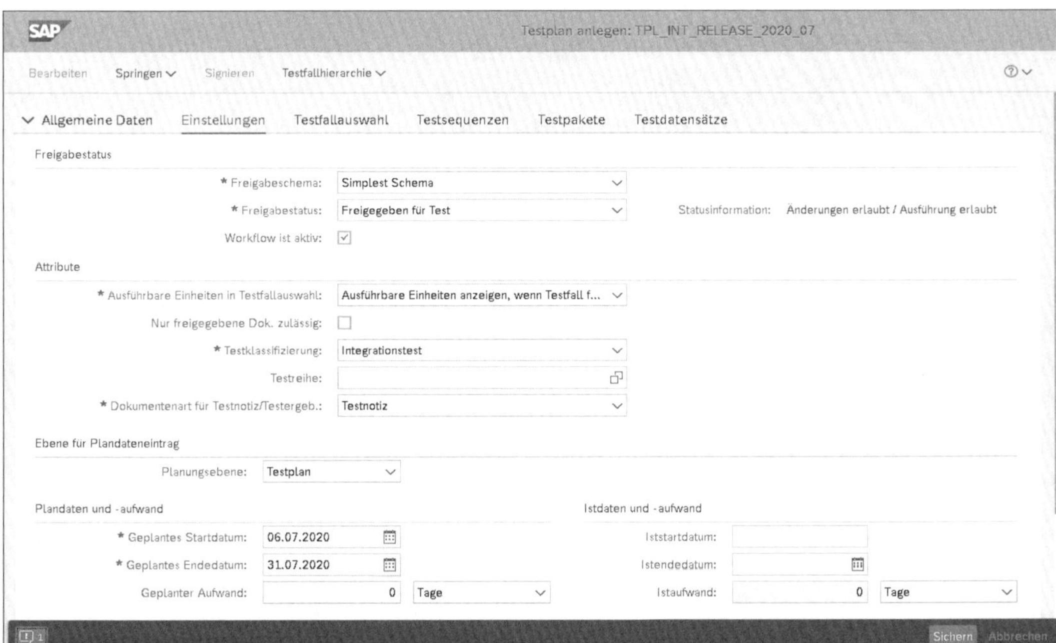

Abbildung 9.22 Testplan anlegen – Einstellungen

[+]

Freigabeschemata nutzen

Die Freigabestatus eines Testplans legen im Wesentlichen fest, wer einen Testplan bearbeiten darf: Testmanager*innen bei der Testvorbereitung, Tester*innen im Rahmen der Testausführung oder – wenn die Testaktivitäten abgeschlossen sind – niemand. Die Statuswechsel werden aufgezeichnet und können in der Testplanhistorie eingesehen werden. Somit können Testbeginn, Testende und vor allem Änderungen am Testplan nachvollzogen werden.

Ausführbare Einheiten

Mit dem Feld **Ausführbare Einheiten in Testfallauswahl** legen Sie fest, ob und wie ausführbare Einheiten in der Testfallauswahl berücksichtigt werden sollen. Sie haben die Wahl zwischen folgenden Optionen:

- **Nur Testfälle anzeigen**
- **Ausführbare Einheiten anzeigen, wenn Testfall fehlt**
- **Testfälle und ausführbare Einheiten anzeigen**

Für die **Testklassifizierung** können Sie zuvor im Customizing die in Ihrem Unternehmen gebräuchlichen Begriffe pflegen (siehe Abschnitt 9.2.1, »Test-Suite-Vorbereitung«). Durch die Klassifizierung können Sie die Testart oder Teststufe festlegen, also z. B. »Integrationstest« oder »Nutzerakzeptanztest«.

Mit der **Dokumentenart für Testnotiz/Testergeb.** bestimmen Sie schließlich die Dokumentenvorlage, mit der die Tester*innen später ihren Testerfolg dokumentieren können. Legen Sie abschließend auch das geplante Start- und Enddatum des Tests fest. Bei diesen Angaben handelt es sich ebenfalls um Pflichtfelder.

Testfallauswahl

Nachdem die Rahmendaten festgelegt sind, können Sie auf der Registerkarte **Testfallauswahl** alle Testfälle auswählen, die für den anstehenden Test relevant sind.

[«]

Testfallhierarchie generieren

Sollte die Registerkarte **Testfallauswahl** keine Testfallhierarchie anzeigen, muss diese ggf. (neu) generiert werden. Wählen Sie dazu im Drop-down-Feld **Testfallhierarchie** die Option **Aus Lösungsdokumentation generieren** aus.

Diese Registerkarte zeigt abhängig von den Einstellungen im Feld **Ausführbare Einheiten in Testfallauswahl** alle Testfälle und ggf. ausführbaren Einheiten der gewählten Lösung an. Sie nehmen Testfälle in den Testplan auf, indem Sie diese in der Spalte **Ausgewählt** markieren (siehe Abbildung 9.23). Wenn Sie Ihre Testfälle in der Lösungsdokumentation über Attribute, Status oder sonstige Auswahlkriterien gruppiert haben, können Sie über die Schaltfläche **Filter anwenden** nach diesen Kriterien filtern und somit die Auswahl der Testfälle vereinfachen.

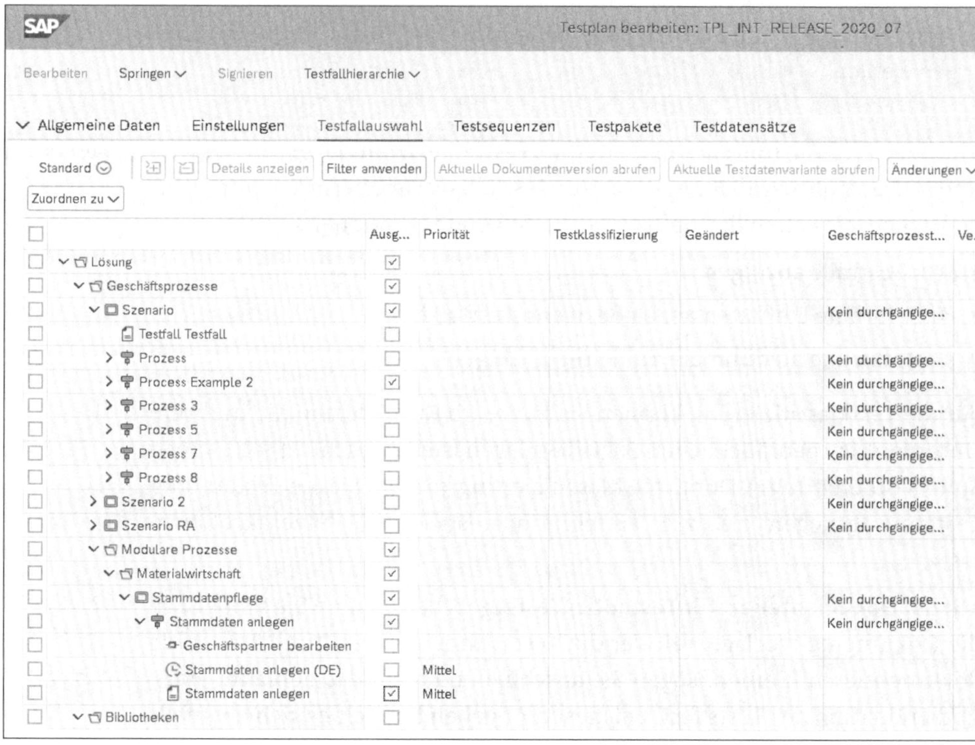

Abbildung 9.23 Testfallauswahl

Testpakete anlegen

Mit Testpaketen unterteilen Sie die Testfälle eines Testplans in kleinere Arbeitspakete, die Sie anschließend den Tester*innen zuordnen können. Ein Testplan kann ein oder mehrere Testpakete enthalten. In der Testdurchführung darf jede zugeordnete testende Person auf alle Testfälle eines Pakets zugreifen.

Testpaket anlegen

Nachdem Sie Testfälle zu Ihrem Testplan zugeordnet und diesen gesichert haben, können Sie die Pakete auf der Registerkarte **Testpakete** anlegen. Alternativ stehen Ihnen die Funktionen zur Erstellung und Bearbeitung von Testpaketen auch in der Testplanverwaltung auf der Registerkarte **Testpaketliste** zur Verfügung.

1. Wählen Sie im Drop-down-Menü **Testpaket** den Eintrag **Anlegen**. Analog zur Anlage von Testplänen erscheint eine Pflegemaske mit verschiedenen Registerkarten.
2. Geben Sie auf der Registerkarte **Allgemeine Daten** mindestens die **Testpaket-ID** und eine **Beschreibung** sowie eine verantwortliche Person ein. Darüber hinaus können Sie eine Priorität für das Testpaket angeben.
3. In den Blöcken **Lösungsdokumentation** und **Systemlandschaft** werden die Daten aus dem Testplan übernommen. Kontrollieren Sie hier, ob alle Informationen korrekt sind (siehe Abbildung 9.24).

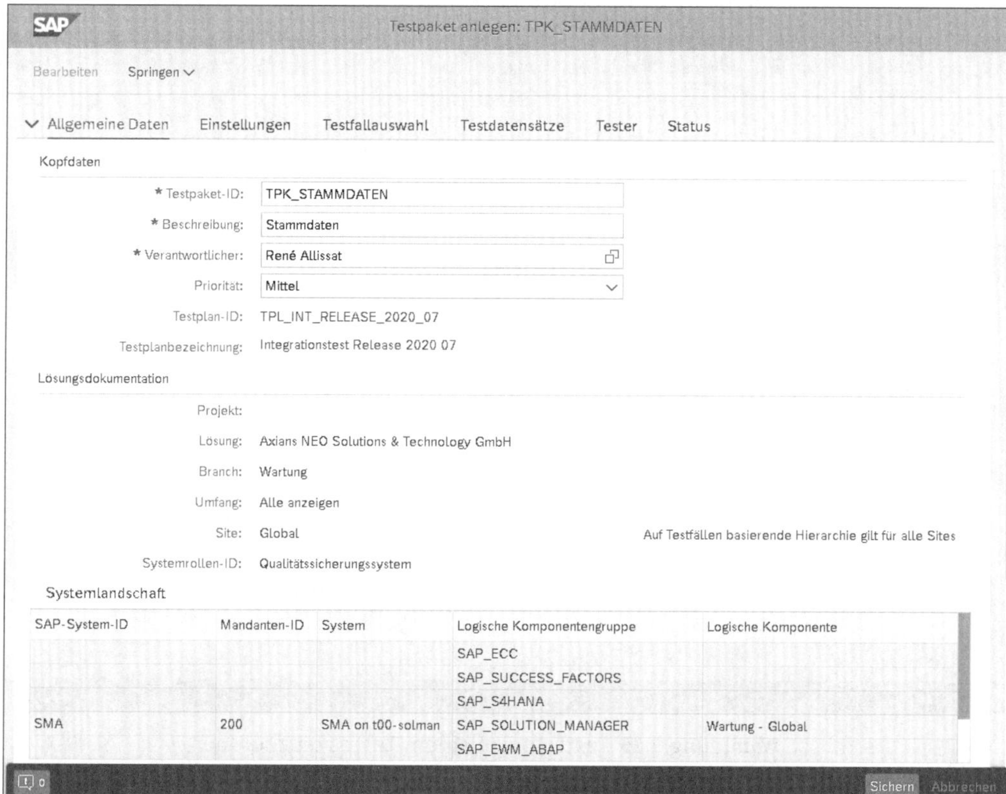

Abbildung 9.24 Testpaket anlegen

4. Fahren Sie mit der Registerkarte **Einstellungen** fort. Die Daten der Blöcke **Attribute** und **Planungszeitraum** werden ebenfalls aus den Testplandaten generiert. Im Block **Testpaketanlagen** haben Sie die Möglichkeit, Dateien an das Testpaket zu knüpfen, z. B. um weitere Informationen wie interne Testrichtlinien, Hilfestellungen für die Tester*innen oder Testdaten bereitzustellen.

5. Wie bei der Testplanerstellung gibt es auch hier die Registerkarte **Testfallauswahl**. Hier sind die Testfälle verfügbar, die zuvor für den Testplan ausgewählt wurden. Markieren Sie alle Testfälle, die für Ihr Testpaket relevant sind, und sichern Sie Ihre bisherigen Eingaben.
6. Wechseln Sie anschließend auf die Registerkarte **Tester** (siehe Abbildung 9.25). Fügen Sie dem Testpaket einen oder mehrere Tester*innen hinzu, indem Sie deren Namen in der Spalte **Name des Testers** eingeben oder über die Wertehilfe auswählen. Alternativ können Sie über die Schaltfläche **Tester zuordnen** ein Suchfeld aufrufen, in dem Sie mehrere Tester*innen gleichzeitig zuordnen können.

Abbildung 9.25 Tester*innen einem Testpaket zuordnen

7. Wenn Sie in der **Testerliste** eine Testerin oder einen Tester markieren, sehen Sie in der **Testfall-Liste** darunter alle Testfälle, die dieser Person zugeordnet sind. Sind einem Testpaket mehrere Tester*innen zugewiesen, können diese später die Testfälle unabhängig voneinander ausführen. Der Testausführungsstatus ist jeweils von der testenden Person abhängig und wird anhand einstellbarer Regeln aggregiert.
8. Überprüfen Sie Ihre Angaben, und sichern Sie diese. Das Testpaket ist nun vollständig angelegt und bereit zum Testen.

[«]

Geschäftspartner

Technisch sind die Tester*innen Geschäftspartner. Diese werden im SAP Solution Manager in verschiedenen Szenarien (insbesondere im ITSM) benötigt und in der Regel per Massenanlage aus den Systembenutzern generiert (siehe auch Abschnitt 4.4.1, »Incident Management«).

Die Verwendung von Geschäftspartnern eröffnet praxisrelevante Optionen für die Testplanung, z. B. das Festlegen von Testergruppen oder Stellvertretern. Diese beschreiben wir in Abschnitt 9.3.5, »Weitere Funktionalitäten«.

Überblick der Testfälle

Die Registerkarte **Status** liefert Ihnen vor und während der Testaktivitäten einen Überblick über alle Testfälle, die Ihrem Testpaket zugeordnet sind. Sie erhalten hier Informationen über das aktuelle Testergebnis, eventuelle Fehler und zugeordnete Tester*innen.

Testsequenzen anlegen

Bei aufeinander aufbauenden Tests ist die Reihenfolge der Testausführung von elementarer Bedeutung. Sie können beispielsweise den Änderungsprozess einer Bestellung erst dann testen, wenn diese angelegt wurde. In der Testsequenz legen Sie genau diese Reihenfolge fest.

Testsequenz anlegen

Auf der Registerkarte **Testsequenzen** bei der Testplanerstellung oder in der **Testsequenzliste** der Applikation **Testplanverwaltung** können Sie über die Schaltfläche **Testsequenz** neue Sequenzen anlegen bzw. bestehende bearbeiten (siehe Abbildung 9.26).

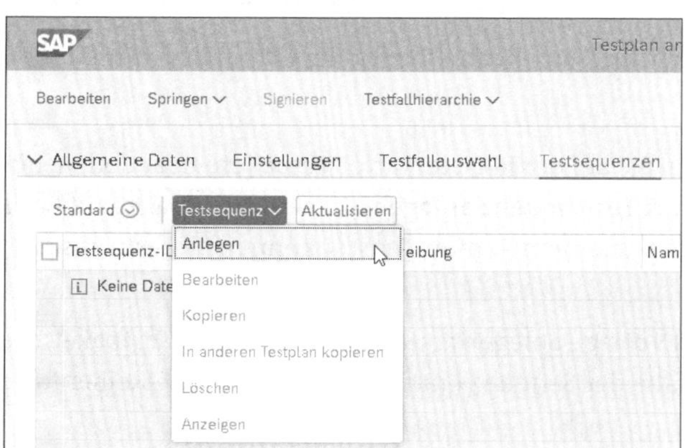

Abbildung 9.26 Testsequenz anlegen

Reihenfolge der Tests festlegen

Vergeben Sie eine **Testsequenz-ID** und eine **Beschreibung**. Wählen Sie anschließend wie bei der Anlage eines Testpakets die Testfälle aus (siehe Abbildung 9.27). Die Reihenfolge, in der Sie die Testfälle markieren, legt auch ihre Reihenfolge in der Sequenz fest. Alternativ können Sie die Reihenfolge der Testfälle im Bereich **Testfallreihenfolge** über Schaltflächen oder die Eingabe einer Sequenznummer nachjustieren.

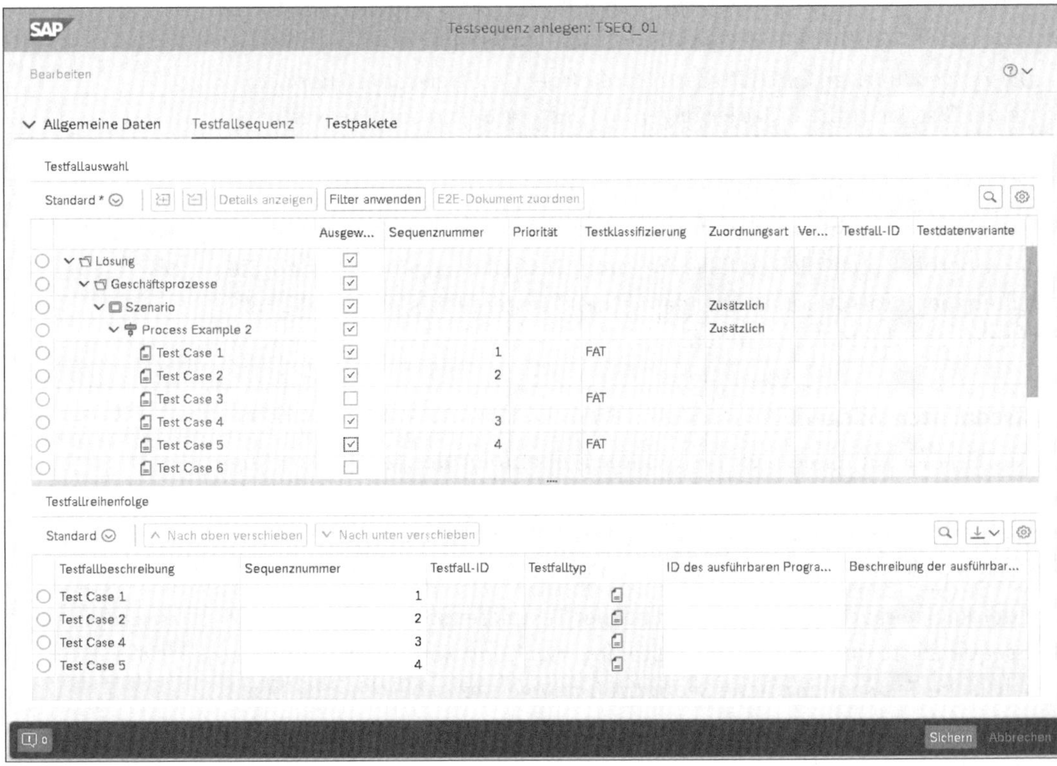

Abbildung 9.27 Testfallauswahl und Bestimmung der Reihenfolge in einer Testsequenz

Testpaket aus Testsequenz erstellen

Anschließend können Sie auf der Registerkarte **Testpakete** über den Menüeintrag **Testpaket • Aus Testsequenz anlegen** ein neues Testpaket auf Basis Ihrer Sequenz erstellen. In einem Pop-up-Fenster können Sie dazu aus zwei Optionen wählen:

- Mit der Option **Als Vorlage anlegen** erstellen Sie ein neues Testpaket, das lediglich die Testfälle der Sequenz enthält, aber keine feste Reihenfolge vorgibt.
- Mit der Option **Als Referenz anlegen** legten Sie ein Testpaket an, dessen Testfälle in der Reihenfolge der Sequenz abgearbeitet werden müssen. Entsprechend ist die Testfallauswahl für dieses Paket gesperrt.

Tester*innen zuordnen

Auf der Registerkarte **Tester** müssen Sie für jeden Testfall der Sequenz eine*n Tester*in angeben (siehe Abbildung 9.28). Tragen Sie deren Namen in der Spalte **Tester** ein.

Abbildung 9.28 Tester*innen den Testfällen einer Testsequenz zuordnen

9.3.3 Testausführung

Tester-Arbeitsvorrat

Die Testausführung ist gewissermaßen die heiße Phase der Testaktivitäten, in der die Tester*innen die ihnen zugeordneten Testfälle ausführen und den Testerfolg bewerten und dokumentieren. Dazu steht ihnen im Menü **Test Suite** des SAP Solution Manager Launchpads die Applikation **Meine Aufgaben – Tester-Arbeitsvorrat** zur Verfügung. Der Arbeitsvorrat dient als Überblick über alle Testpakete, die ihnen zugeordnet sind (siehe Abbildung 9.29).

Der Arbeitsvorrat unterteilt sich in zwei Bereiche:

- Der Bereich **Meine Pakete** ❶ listet alle Testpakete auf, die dem oder der angemeldeten Tester*in zugordnet sind und den Kriterien der gerade ausgewählten Abfrage entsprechen. Wählen Sie z. B. die Abfrage **Freigegeben** ❷, werden nur die Testpakete angezeigt, bei denen der Freigabestatus des zugehörigen Testplans die Testausführung erlaubt. Die vordefinierten Abfragen können Sie über die Schaltfläche **Kriterienschnellpflege anzeigen** ❸ anpassen.

- Sobald Sie ein Testpaket aus der Liste auswählen, zeigt die Tabelle in der unteren Hälfte der Applikation ❹ die enthaltenen Testfälle an, einschließlich der Informationen **Testfalltyp**, **Bereit zum Test**, **Zugeordneter Tester** und **Ausführungsstatus**. Um die Liste der Testfälle auf eine Hierarchiesicht umzuschalten, wählen Sie die Schaltfläche **Sicht wechseln** ❺. Die hierarchische Ansicht zeigt die auszuführenden Testfälle im Kontext der Lösungsdokumentation an und bietet Tester*innen zusätzliche Informationen, wie z. B. den Namen des zu testenden Prozesses.

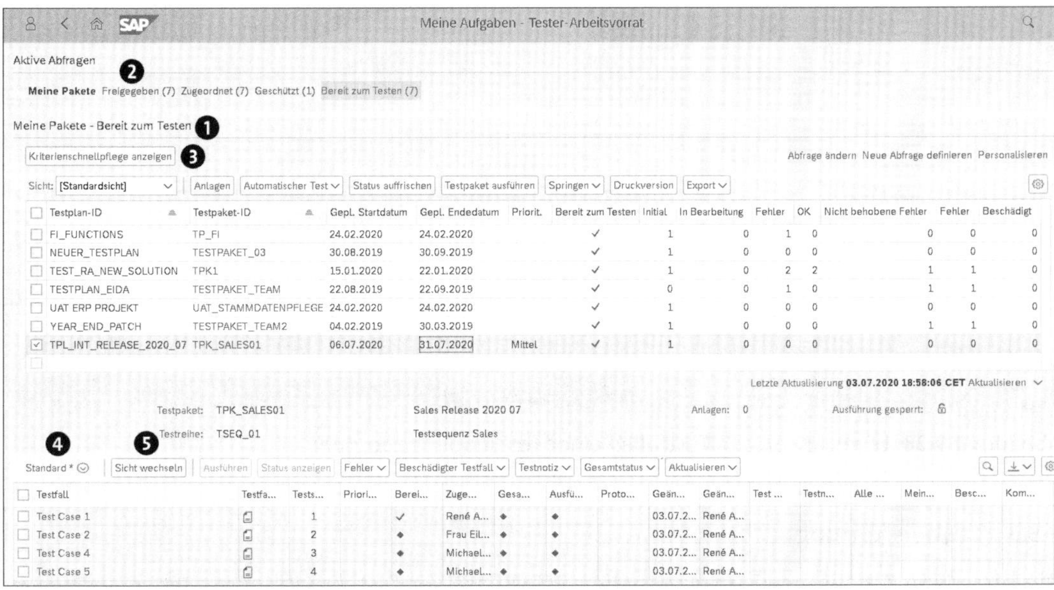

Abbildung 9.29 Tester-Arbeitsvorrat

Test ausführen

Nach Auswahl eines Testfalls starten Sie die Durchführung eines manuellen Tests über die Schaltfläche **Ausführen** (in Abbildung 9.29 ausgegraut). In dem sich öffnenden Fenster können Sie sich auf der Registerkarte **Testfall anzeigen** den manuellen Testfall anzeigen lassen und – sofern eine ausführbare Einheit verknüpft ist – die Testausführung über die Schaltfläche **Testausführung starten** beginnen. Dazu wird die ausführbare Einheit im Zielsystem geöffnet. Über das Feld **Ausführungsstatus** können Sie das Testergebnis bewerten. Die dort hinterlegten Statuswerte können Sie im Customizing (siehe Abschnitt 9.2.1, »Test-Suite-Vorbereitung«) anpassen. Jedem Status ist ein Ampelsymbol zugeordnet, das eine einfache Einschätzung des Testergebnisses ermöglicht. Dieses Feld ist die Grundlage für die

Auswertung des Teststatus. Nutzen Sie das Feld **Kommentar**, um den Testverlauf kurz zu schildern oder Testdaten auszutauschen (siehe Abbildung 9.30).

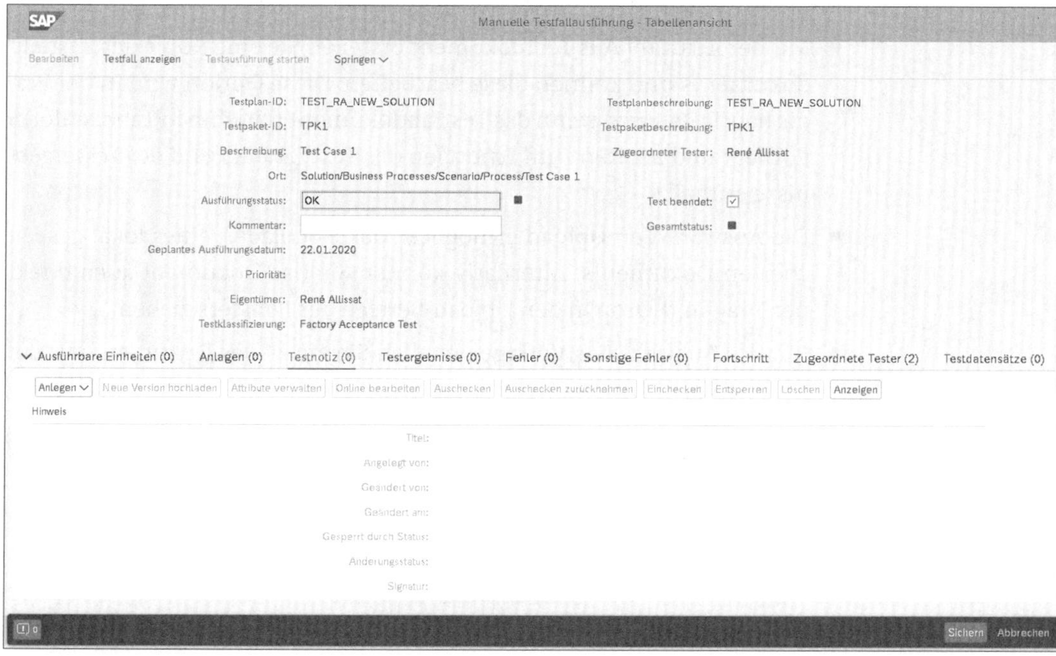

Abbildung 9.30 Manuelle Testausführung

Die Checkbox **Test beendet** dokumentiert zusätzlich, ob der Test vollständig abgeschlossen ist. Abhängig vom ausgewählten Status wird der Wert automatisch gesetzt. Sie können die Auswahl jedoch manuell übersteuern. Relevant ist das Festlegen des Testendes vor allem für Sequenzen. Nur wenn der Haken gesetzt und damit der Test beendet ist, können nachfolgende Testfälle in der Sequenz ausgeführt werden.

[+]

Testdokumentation organisatorisch festlegen

Der Tester-Arbeitsvorrat bietet verschiedenste Möglichkeiten und Komplexitätsstufen zur Dokumentation von Testfällen. Bereits im Vorfeld der Testaktivitäten sollte daher festgelegt werden, welche Art der Dokumentation gewünscht bzw. mindestens erforderlich ist. Hierbei gibt es kein Richtig oder Falsch: Während z. B. bei Unternehmen aus dem pharmazeutischen Umfeld Testergebnisse umfassend dokumentiert und digital signiert werden, reichen bei pragmatischen Ansätzen ggf. schon das Setzen des Ampelstatus und die Eingabe eines kurzen Kommentars.

Testergebnis dokumentieren

Über die Registerkarten im unteren Drittel der Testausführungsmaske haben Sie die Möglichkeit, den Testverlauf formal zu dokumentieren, wenn dies gefordert ist. Hierzu eignet sich die *Testnotiz*, ein Dokument, das in drei Varianten angelegt werden kann (siehe Abbildung 9.31):

- Mit der Auswahl **Aus Testdokument** erstellen Sie eine Kopie des Testfalldokuments und können diese bearbeiten. Diese Option wird in der Praxis häufig genutzt, wenn das Testfalldokument ohnehin in Tabellenform vorliegt und Spalten zum Eintragen des Testverlaufs und der Testergebnisse enthält.
- Die Auswahl **Von Upload** ermöglicht das Hochladen eines lokal gespeicherten Dokuments. Alternativ können Sie das Dokument auch direkt per Drag-and-Drop in den Upload-Bereich des Fensters ziehen.
- Mit der Auswahl **Aus Vorlage** erstellen Sie ein neues Dokument aus der im Testplan festgelegten Vorlage.

Abbildung 9.31 Testnotiz anlegen oder hochladen

Alternativ oder begleitend zu den Testnotizen können *Testergebnisse* genutzt werden. Diese bieten die gleichen Optionen, sind allerdings spezifisch pro Tester*in; zusätzlich können mehrere Dokumente pro Testfall angelegt werden.

[»]

Automatische Testfälle

Ein Testpaket kann nicht nur manuelle, sondern auch automatische Testfälle beinhalten. Über die Schaltfläche **Automatischer Test** können Sie diese **Sofort ausführen** lassen oder deren **Ausführung einplanen**.

Defect Management

Auch wenn gerne andere Aspekte, z. B. die Validierung von Anforderungen, in den Vordergrund gestellt werden: Der ureigentliche Zweck von Testaktivitäten ist es, Defekte (engl. *Defects*) zu finden. Entsprechend ist eine der

Grundanforderungen an ein Testmanagementwerkzeug, eine Funktionalität für das *Defect Management* bereitzustellen, um die Bearbeitung von Fehlermeldungen und die Behebung von Fehlern zu strukturieren. In der Test-Suite wird dies durch die Integration des Incident Managements gewährleistet. Meldungen im Testumfeld werden hier als eine Vorgangsart abgebildet (siehe Abschnitt 9.2.1, »Test-Suite-Vorbereitung«).

Navigieren Sie in der Testausführung auf die Registerkarte **Fehler**, um alle dem aktuellen Testfall zugeordneten Meldungen zu sehen. Über die Schaltflächen **Anlegen** und **Zuordnen** können Sie neue Meldungen erstellen bzw. eine bereits vorhandene Meldung dem Testfall zuordnen.

Abbildung 9.32 zeigt die Bildschirmmaske, um eine neue Meldung anzulegen.

Abbildung 9.32 Meldung anlegen

[+]

Incident Management als Defect-Management-Werkzeug

Bei der Gestaltung Ihres Defect-Management-Prozesses stehen Ihnen alle Funktionalitäten der ITSM-Umgebung des SAP Solution Managers zur Verfügung, sodass Sie Statuswerte, Ansprechpartner*innen und die Felder zur Beschreibung und Klassifizierung eines Defekts an Ihre Anforderungen anpassen können. Standardfunktionen und Automatismen erleichtern die Fehlerbehebung im Test, darunter z. B. E-Mail-Benachrichtigungen oder die automatische Partnerfindung, die Meldungen den richtigen Entwickler*innen oder Fachbereichen zuordnet.

9.3.4 Testauswertung und Reporting

Testauswertungen bzw. das Reporting ermöglichen den Verantwortlichen, die Testaktivitäten zu steuern und den Überblick über das Testgeschehen zu behalten. So kann z. B. der Ist-Fortschritt mit Plandaten verglichen werden. Ebenso können kritische Situationen aufgedeckt werden, z. B. wenn Testfälle aufgrund von Fehlern in vorgelagerten Testaktivitäten nicht ausgeführt werden können. Daneben dient das Reporting dazu, Projektbeteiligte und sonstige Stakeholder bedarfsgerecht zu informieren.

Test-Suite-Übersicht

Einen schnellen Überblick über den Teststatus ermöglicht die Applikation **Test-Suite – Übersicht**, die Sie über die gleichnamige Kachel im Menü **Test Suite** des SAP Solution Manager Launchpads erreichen. Hier werden editierbare und ausführbare Testpläne gefiltert nach Zeiträumen und Status angezeigt. Nach Auswahl eines Testplans werden Ihnen die enthaltenen Testpakete einschließlich offener Testfälle und offener Fehler dargestellt (siehe Abbildung 9.33). Die weiteren Registerkarten der Applikation zeigen Details zur Testausführung eigener Testpakete sowie zu Läufen des Business Process Change Analyzers.

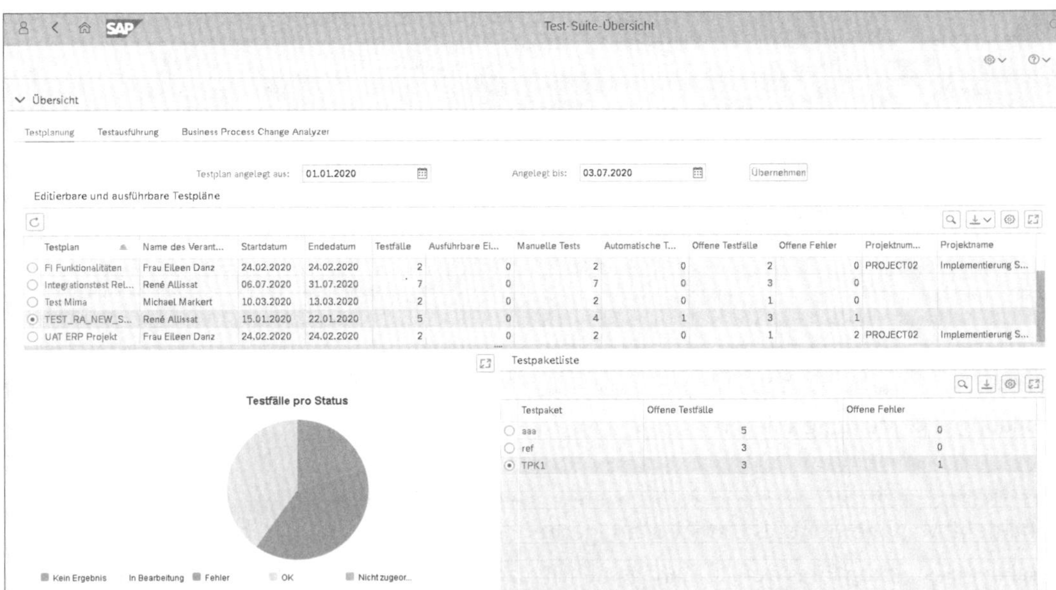

Abbildung 9.33 Test-Suite-Übersicht

Test-Suite-Analysen

Detailliertere Auswertungen erreichen Sie über die Kachel **Test-Suite – Analysen**. Die hier verfügbaren Auswertungen sind drei Bereichen zugeordnet:

Vollständigkeits- und Lückenreports, Testausführungsanalyse sowie Status- und Fortschrittsanalyse (siehe Abbildung 9.34).

Abbildung 9.34 Test-Suite-Analysen

Vollständigkeitsreports

Die Vollständigkeits- und Lückenreports unterstützen die Vorbereitung von Tests. So zeigt z. B. die Auswertung **Testfallzuordnung zu Lösungsdokumentation**, ob den Ebenen Ihrer Lösungsdokumentation Testfälle zugeordnet sind. Das Ergebnis kann als Positiv-, Negativ- oder Gesamtliste dargestellt werden. So können Sie z. B. ermitteln, ob Testfälle für die anstehenden Testaktivitäten fehlen (siehe Abbildung 9.35).

Der Report **Testpläne – Knoten- und Testfalländerungen** prüft, ob die Testpläne aktuell sind, oder ob sich seit deren Erstellung die zugrunde liegende Lösungsdokumentation (Struktur, Dokumente und Testkonfigurationen) geändert hat. Der Report **Testfall nicht in Testplan eingeschlossen** zeigt alle Testfälle, die keinem Testplan zugeteilt sind. Mit diesem Report können Sie sicherstellen, dass kein Testfall vergessen wurde.

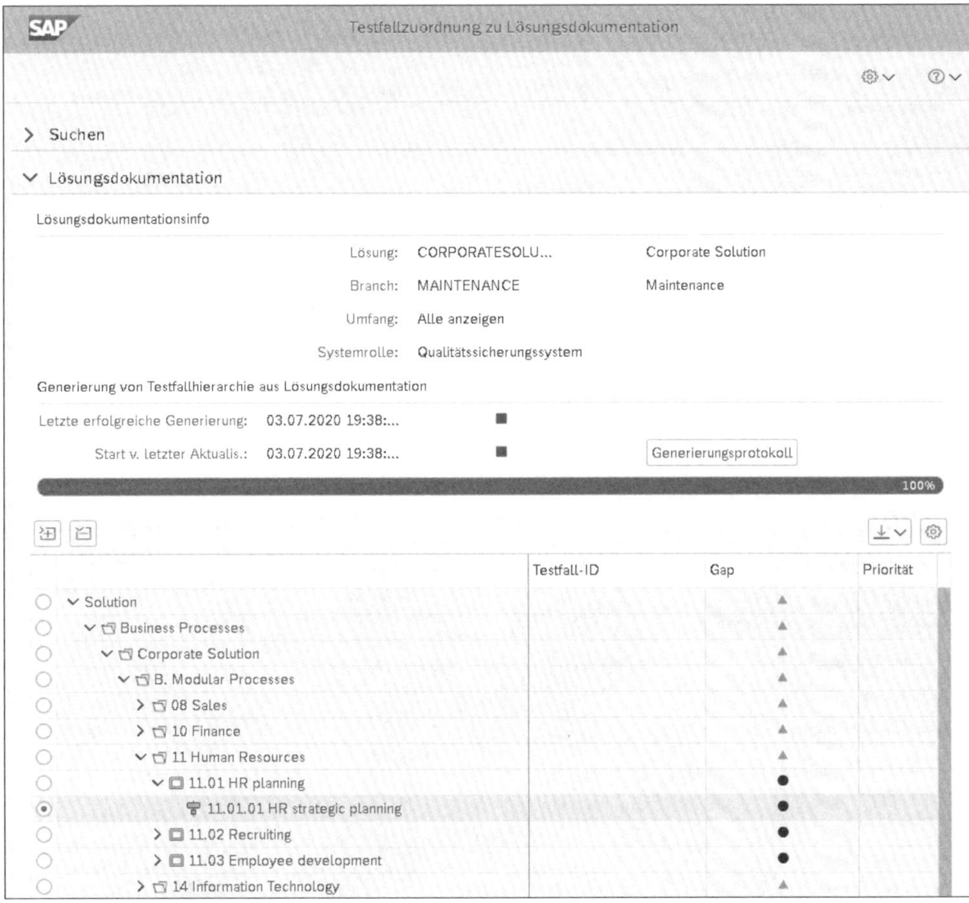

Abbildung 9.35 Testfallzuordnung zu Lösungsdokumentation

[+]

Mit Analysen vertraut machen

Die Anforderungen an das Testreporting sind vielfältig und mitunter sehr spezifisch. Die in der Test-Suite verfügbaren Auswertungen tragen dem Rechnung, indem nahezu jede Auswertung angepasst werden kann, z. B. durch Auswahlkriterien, Filter oder Änderung der Ergebnisanzeige. Nehmen Sie sich bereits im Vorfeld der Testaktivitäten Zeit und machen Sie sich mit allen Analysen vertraut, um herauszufinden, welche sich für Ihre Anforderungen am besten eignen.

Testausführungsanalyse

Die Reports im Bereich **Testausführungsanalyse** liefern Informationen über den Bearbeitungsstand von Testplänen, Testpaketen und den enthaltenen Testfällen sowie Fehlermeldungen. Diese Berichte eignen sich damit besonders für die Überwachung des Fortschritts laufender Testaktivitäten. Ihre Ergebnisse werden zumeist als Tabelle oder in einer Baumansicht dargestellt. Die Ergebnislisten vieler Reports können angepasst und in eine Tabellenkalkulation exportiert werden. Abbildung 9.36 zeigt exemplarisch den Bericht **Testplan – Testfallanalyse**, der den Status der Testdurchführung eines Testplans anhand der zugrunde liegenden Prozesshierarchie auswertet.

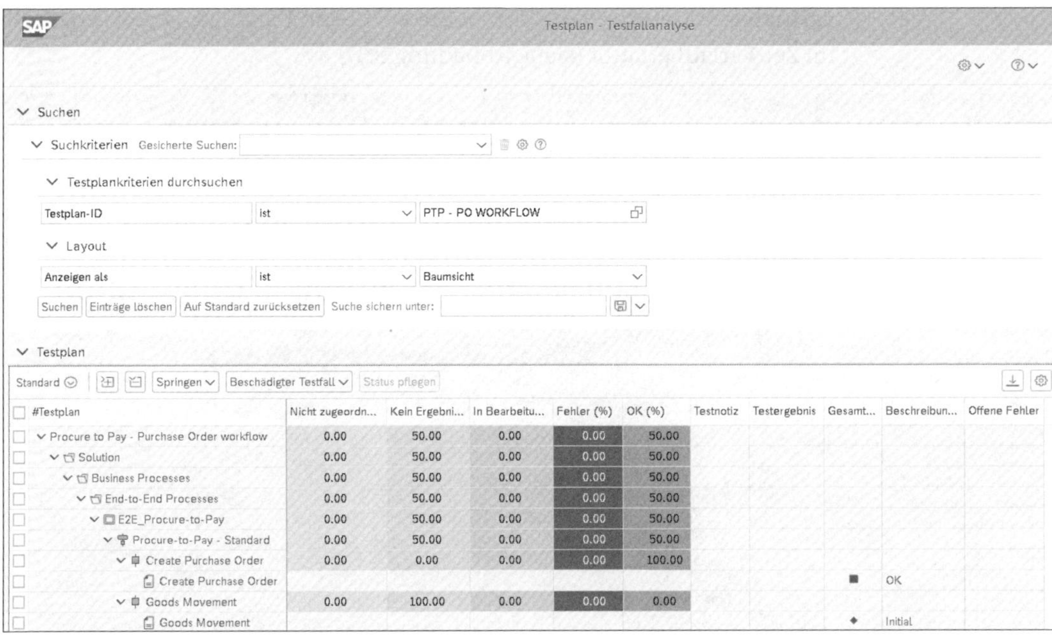

Abbildung 9.36 Testplan – Testfallanalyse

Zusätzlich finden Sie im Bereich **Testausführungsanalyse** die Optionen **Testreport** und **Build-übergreifende Analyse**. Der Testreport bereitet die Details eines Testplans in einem Microsoft-Word-Dokument auf.

Die *Build-übergreifende Analyse* ist ein Dashboard zur Auswertung von Testaktivitäten über gesamte Projekte hinweg, einschließlich IT-Anforderungen, Änderungsanträgen und Änderungen. Voraussetzung für die Nutzung dieses Dashboards ist, dass die entsprechenden Funktionalitäten aus anderen SAP-Solution-Manager-Szenarien zusammen mit dem Testmanagement verwendet werden. Besonders aufschlussreich ist der in diesem

Dashboard enthaltene *Rückverfolgbarkeitsreport* mit dem Systemänderungen von der Anforderung bis zum getesteten Testfall nachvollzogen werden können.

Status- und Fortschrittsanalysen

Der Bereich **Status- und Fortschrittsanalyse** ermöglicht grafische und tabellarische Auswertungen des Status von Testplänen und Testpaketen. Die Daten stammen aus dem SAP-BW-System, das in den SAP Solution Manager integriert ist. Um die Berichte zu nutzen, muss daher das SAP-BW-Reporting aktiviert sein (siehe Abschnitt 2.2.2, »Infrastrukturvorbereitung«). Die Aktualität der Daten ist immer von der letzten Datenextraktion abhängig. Wesentlicher Vorteil der Status- und Fortschrittsanalysen ist die Menge der verfügbaren Daten, die insbesondere auch eine Darstellung des Teststatus im Zeitverlauf erlaubt (siehe Abbildung 9.37).

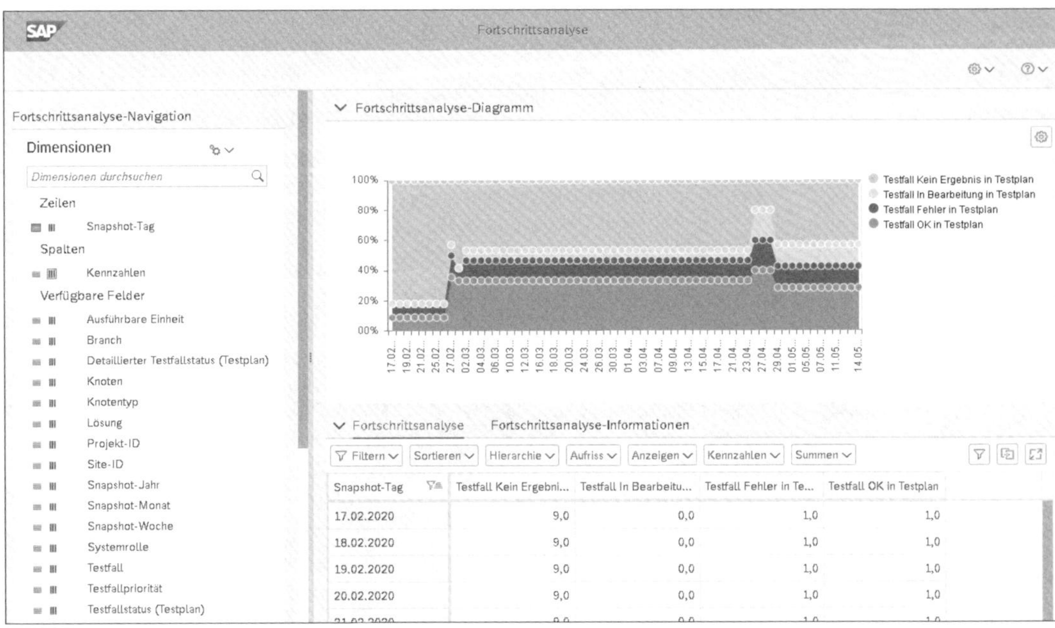

Abbildung 9.37 Fortschrittsanalyse

Die SAP-BW-Auswertungen können Sie flexibel anpassen: Im Bereich **Dimensionen** auf der linken Bildschirmseite können Sie festlegen, welche Dimensionen und Kennzahlen als Zeilen oder Spalte dargestellt werden sollen. Mit den Filtern in der Funktionsleiste können Sie die angezeigten Daten z. B. auf einzelne Testpläne oder bestimmte Zeiträume einschränken. Die

Darstellungsform des Diagramms lässt sich über die das Zahnradsymbol (⚙) anpassen. Ebenso kann die Tabelle über diverse Schaltflächen gefiltert und angepasst werden.

9.3.5 Weitere Funktionalitäten

Die Test-Suite bietet zahlreiche weitere Applikationen und Funktionalitäten, um die tägliche Arbeit im Testmanagement zu erleichtern. An dieser Stelle stellen wir die in der Praxis relevantesten Funktionalitäten dar.

Massenbearbeitung von Testplänen und -paketen

Das Erstellen und Bearbeiten von Testplänen und -paketen gehört zu den aufwendigsten Arbeitsschritten im Testprozess. Dazu bietet die bereits vorgestellte Testplanverwaltung einige Arbeitshilfen. Über die Menüs **Testplan** (siehe Abbildung 9.20) und **Testpaket** können Sie jeweils den Menüpunkt **Massenaktualisierung** auswählen, mit der Sie die Rahmendaten mehrerer Testpläne und Testpakete gleichzeitig anpassen können. Selektieren Sie dazu vorab die zu ändernden Objekte. Sie gelangen in eine neue Sicht zur Massenaktualisierung: In Abbildung 9.38 sehen Sie die Sicht zur Massenaktualisierung für Testpläne. Hier können Sie z. B. die verantwortliche Person oder die Beschreibung der ausgewählten Testpläne ändern.

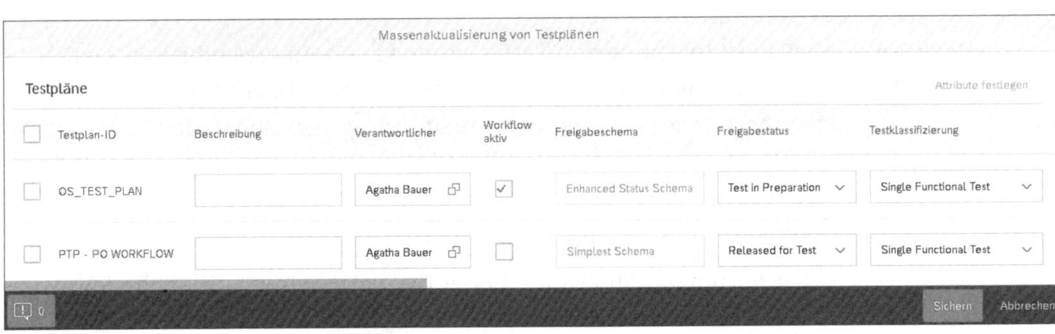

Abbildung 9.38 Massenaktualisierung von Testplänen

Testpläne und -pakete kopieren

Ebenso können Testpläne und Testpakete kopiert werden. Insbesondere die Funktion zur Kopie von Testplänen bietet zahlreiche Möglichkeiten, um Inhalte des ursprünglichen Testplans selektiv zu übernehmen (siehe Abbildung 9.39). Auch hier ist jeweils eine Mehrfachselektion von Testplänen oder Testpaketen möglich. Testpakete können auch in einen anderen Testplan kopiert werden.

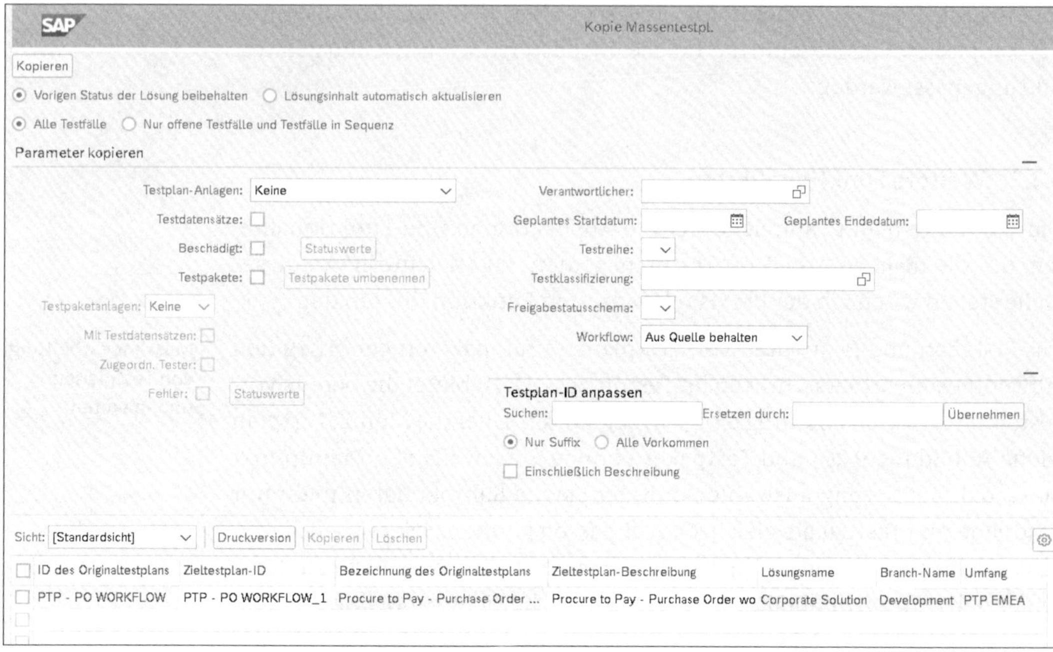

Abbildung 9.39 Kopieren von Testplänen

Tester*innen zuordnen

Auch die Zuordnung von Tester*innen kann zeitaufwendig sein. Gerade in größeren Projekten kommt es häufig vor, dass Tester*innen während der Planungsphase oder der Testdurchführung neu zugeordnet oder ausgetauscht werden müssen. Um nicht jedes Testpaket mühsam einzeln bearbeiten zu müssen, ermöglicht die Applikation **Tester zuordnen** die Massenbearbeitung von Testerzuordnungen.

1. Sie starten die Anwendung über die gleichnamige Kachel im SAP Solution Manager Launchpad.
2. Wählen Sie einen oder mehrere Testpläne aus, und klicken Sie auf **Ausführen**.
3. Sie erhalten eine Liste aller enthaltenen Testpakete und der diesen Paketen zugeordneten Tester*innen.
4. Wählen Sie die Testpakete aus, die geändert werden sollen. Mit den Schaltflächen über der Ergebnistabelle können Sie verschiedene Massenoperationen für diese Pakete ausführen (siehe Abbildung 9.40):
   - Über die Schaltfläche **Tester zuordnen** weisen Sie den ausgewählten Testpaketen einen oder mehrere Tester*innen zu.
   - Über die Schaltfläche **Tester ersetzen** tauschen Sie eine Testerin oder einen Tester durch eine andere Person aus.

- Über die Schaltfläche **Zuordnung des Testers** heben Sie die Zuordnung auf oder entfernen Sie eine selektierte Testerin oder einen Tester.
- Die Schaltlfäche **Massenoperation** ermöglicht das Austauschen mehrerer Tester*innen gleichzeitig, wenn erforderlich auch über eine Import-/Exportfunktion.
- Über die Schaltfläche **Zuordnung sperren/entsperren** sperren Sie einen oder eine Tester*in für die Testausführung bzw. geben diese Person frei.

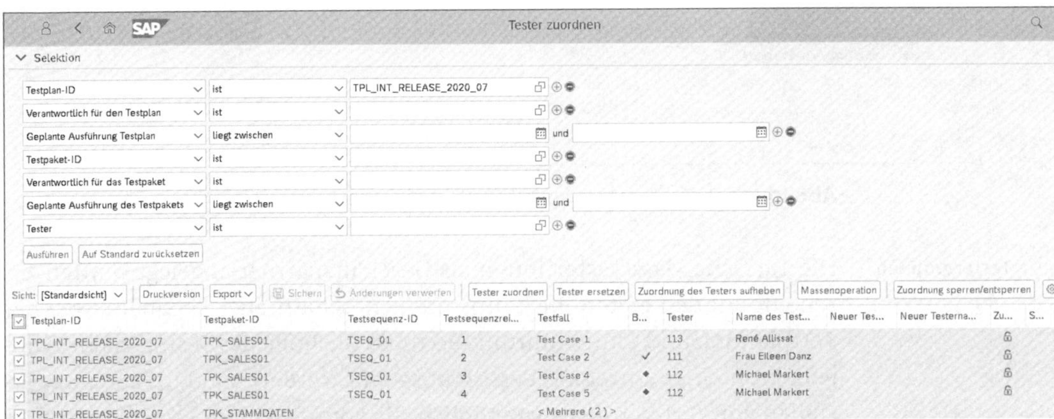

Abbildung 9.40 Applikation »Tester zuordnen«

Voraussetzung für die Massenbearbeitung ist, dass die jeweilige Änderung erlaubt ist, z. B. dass der Freigabestatus eines Testplans seine Bearbeitung ermöglicht. Die vorgenommenen Änderungen werden in der Ergebnisliste angezeigt. Sie werden erst übernommen, wenn Sie auf **Sichern** klicken.

Tester-Arbeitsvorräte prüfen

Auch die Testdurchführung birgt Herausforderungen. Wenn z. B. Testerinnen oder Tester in der Testphase nicht verfügbar sind, technische Probleme haben oder ihren Aufgaben zur Testbewertung und -dokumentation nicht nachkommen, kann es sinnvoll sein, einen Blick in deren Tester-Arbeitsvorrat zu werfen oder Testausführung und Dokumentation sogar in deren Namen vorzunehmen. Dies ist mit der Applikation **Tester-Arbeitsvorräte prüfen** möglich. Die Benutzeroberflächer dieser Anwendung entspricht der des normalen Tester-Arbeitsvorrats, enthält in der Kriterienpflege jedoch zusätzlich das Feld **Im Namen von**. Entsprechende Berechtigungen vorausgesetzt, können Sie hier einen anderen Tester oder eine andere Testerin auswählen. Nach einem Klick auf **Übernehmen** sehen Sie dessen bzw. deren Arbeitsvorrat und können diesen bearbeiten. Wenn Sie Änderungen vornehmen, z. B. die Bewertung von Testfällen, wird Ihr Benutzername in Feldern wie **Geändert von** angezeigt; die Zuordnung der ursprünglichen testenden Person bleibt aber bestehen.

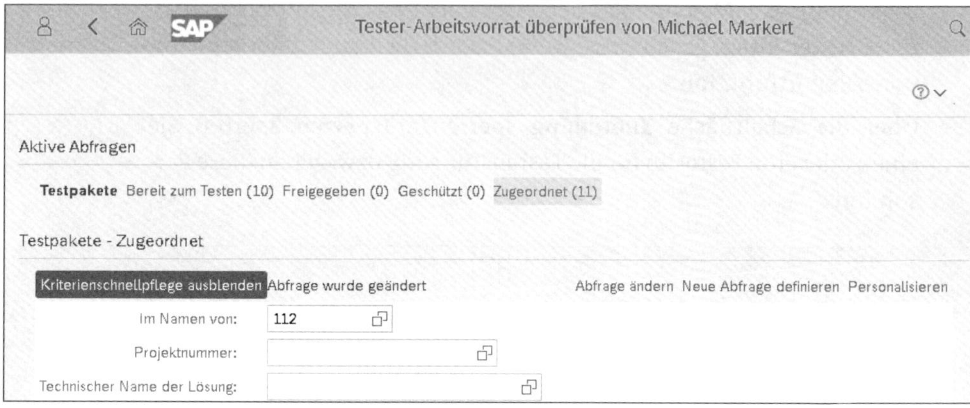

Abbildung 9.41 Tester-Arbeitsvorrat überprüfen

Testergruppen

Die Tatsache, dass Tester*innen als Geschäftspartner angelegt werden, erscheint auf den ersten Blick umständlich, schafft aber Flexibilität bei der Testplanung und -durchführung. So muss die Rolle des Testers nicht zwingend von einer einzelnen Person ausgeübt werden, sondern auch das Erstellen von *Testergruppen* ist möglich. Sie können einem Testfall innerhalb einer Testsequenz auf diese Weise mehrere Personen zuweisen. Um eine Testergruppe anzulegen, gehen Sie wie folgt vor:

1. Öffnen Sie die Transaktion BP im SAP GUI.
2. Erstellen Sie einen Geschäftspartner vom Typ **Organisation** oder **Gruppe**.
3. Füllen Sie die Pflichtfelder aus, und sichern Sie den Geschäftspartner.
4. Anschließend können Sie über die Schaltfläche **Beziehungen** Verweise auf andere Geschäftspartner erstellen. Um diese der Gruppe Tester*innen zuzuordnen, wählen Sie den Beziehungstyp **Beinhaltet die Tester**.
5. Wählen Sie anschließend unter **Beziehung zu GP** eine Person aus, die der Gruppe angehören soll, und bestätigen Sie Ihre Auswahl mit der Schaltfläche **Anlegen**.

Abbildung 9.42 zeigt eine einfache Testergruppe mit drei Personen. Alternativ können Sie auch den Geschäftspartner einer einzelnen testenden Person auswählen und dort die Beziehung **Ist Tester von** definieren.

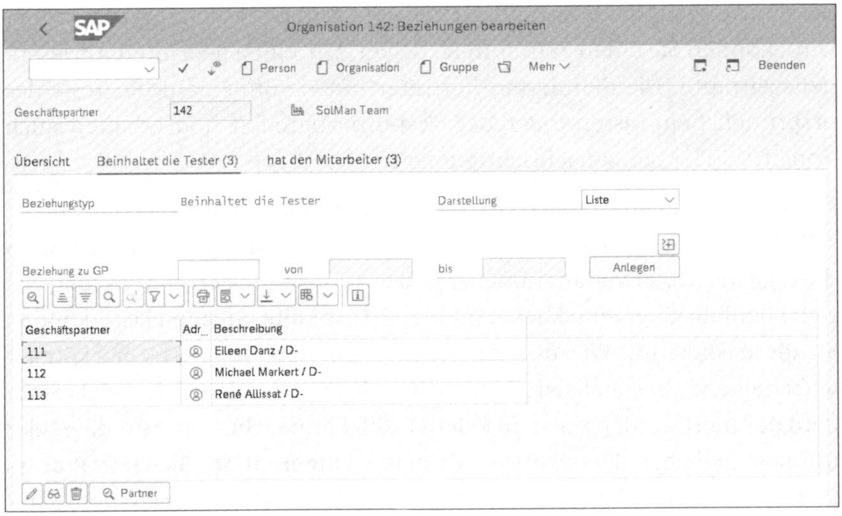

Abbildung 9.42 Eine Testergruppe erstellen

Vertreter*in festlegen

Auf die gleiche Weise kann für einen Geschäftspartner ein Vertreter oder eine Vertreterin festgelegt werden. Auf diese Weise können Sie z. B. eine Urlaubsvertretung abbilden, ohne die Testpakete ändern zu müssen, denen die ursprüngliche testende Person zugeordnet ist. Ein weiterer Vorteil der Vertreterfunktion besteht darin, dass die Vertretung innerhalb der Eigenschaften des Geschäftspartners dokumentiert wird.

Um eine Vertretung anzulegen, wählen Sie in den Beziehungen eines Geschäftspartners den Beziehungstyp **ersetzt** bzw. **wird ersetzt durch** aus (siehe Abbildung 9.43).

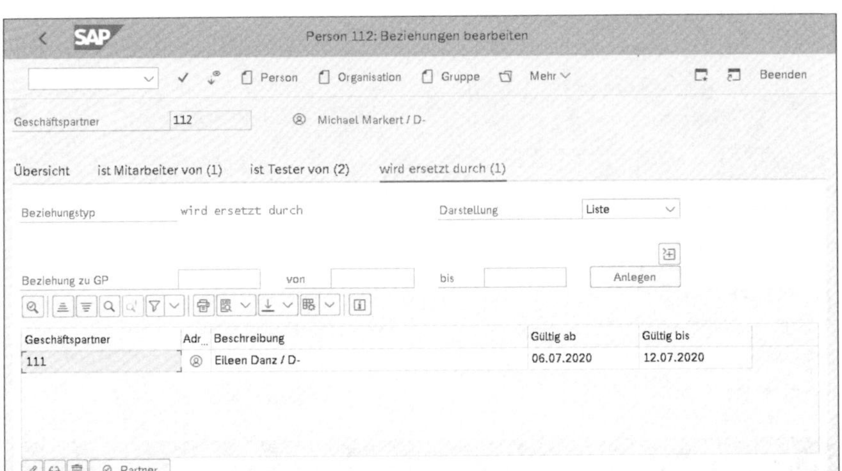

Abbildung 9.43 Vertretung eines Testers einrichten

Bei der Auswahl des Geschäftspartners, dem diese Beziehung zugeordnet wird, können Sie einen Zeitraum festlegen, z. B. einen geplanten Abwesenheitszeitraum. Die definierten Vertreter*innen können auf die Tests des ursprünglichen Testers oder der Testerin zugreifen und erhalten auch Kopien von E-Mail-Benachrichtigungen.

Personalisierung

Die Anwendungen der Test-Suite enthalten viele Standardeingabefelder, z. B. für Lösungen oder Branches. Diese immer wieder neu zu füllen, kann die tägliche Arbeit verlangsamen. Mit der Applikation **Personalisierung**, die sich ebenfalls über eine Kachel im Menü **Test Suite** aufrufen lässt, können Sie diese Felder mit Werten vorbelegen (siehe Abbildung 9.44). Sie können verschiedene Personalisierungsprofile anlegen, von denen eines als Standard definiert werden muss. In jedem Profil können Sie Werte für die Felder unterschiedlicher Bereiche wie **Lösungsdokumentation**, **Business Process Change Analyzer** oder **Testausführung** vorbelegen. Die Werte aus dem Standardprofil werden in den entsprechenden Anwendungen der Test-Suite zur Vorbelegung der Felder herangezogen.

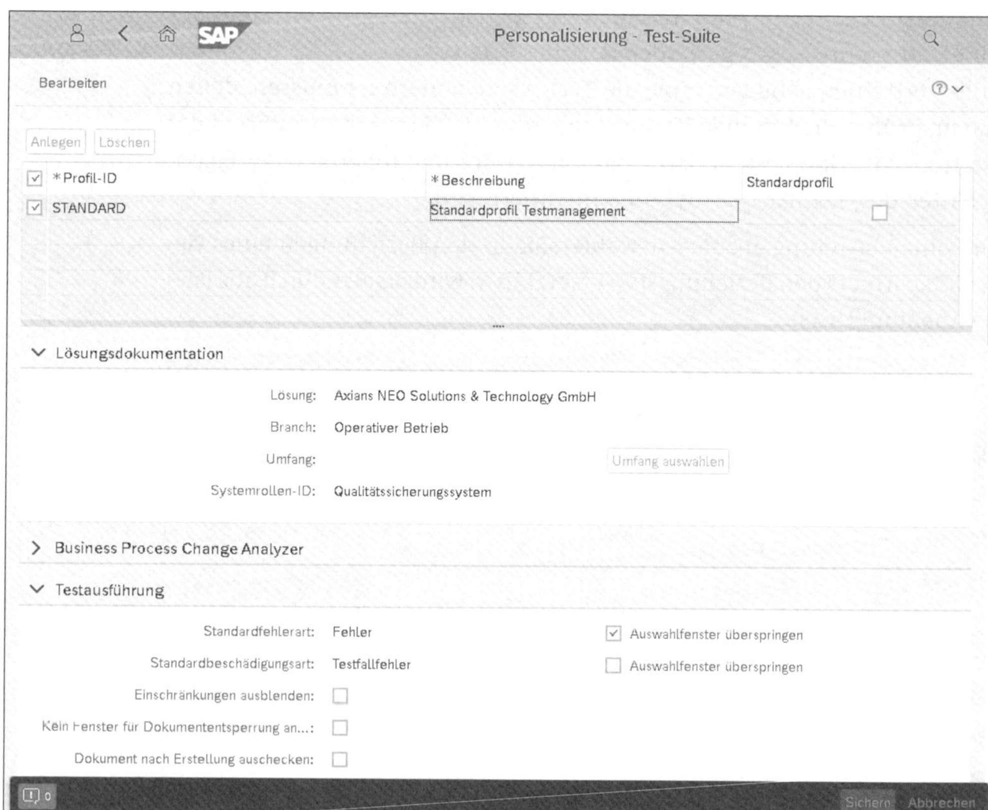

Abbildung 9.44 Personalisierungsprofil anlegen

9.4 Testautomatisierung

Testautomatisierung ist ein probates Mittel, um die Effizienz funktionaler Tests im SAP-Umfeld zu erhöhen. Das Grundprinzip ist simpel: Die für einen Testfall auszuführenden Benutzerinteraktionen mit dem System werden aufgezeichnet und können künftig automatisch abgespielt werden. Damit werden Tester*innen aus den Fachbereichen entlastet und die Aufwände und Kosten für Tests reduziert.

Erfolgversprechende Automatisierung

Doch die Praxis ist etwas komplexer: Testautomatisierung kann nur gelingen, wenn die Testorganisation und das manuelle Testen bereits über einen angemessenen Reifegrad verfügen. So müssen wesentliche Überlegungen für die Automatisierung bereits während der Testkonzeption angestellt werden:

- Für welche Testfälle ist eine Automatisierung sinnvoll?
- Ist es realistisch, Tests für alle kritischen Geschäftsprozesse zu automatisieren?
- Welche manuellen Tests sind am zeitaufwändigsten, d. h., wo bedeutet die Automatisierung den größten Zeitgewinn?
- Welche Benutzeroberflächen müssen getestet werden?

Abhängig von der Beantwortung dieser Fragen muss eine Werkzeugauswahl getroffen werden. Zudem erfordert eine erfolgreiche Automatisierung Mitarbeiter*innen, die sich diesem Thema widmen und z. B. bei Systemänderungen die Testfälle prüfen und überarbeiten. Das Erstellen von Automatisierungsskripten ist in den seltensten Fällen Aufgabe der Fachbereiche.

Qualität der manuellen Testfälle

Kritisch ist auch die Qualität der manuellen Testfälle: Nur hinreichend detaillierte Testfälle können sinnvoll in einem automatisierten Test umgesetzt werden. Sind die Testanweisungen oder die Angaben zur Erzeugung bzw. Herkunft von Testdaten nicht detailliert genug, müssen diese Informationen in zeitaufwendigen Workshops mit den Fachbereichen hergeleitet werden, was die Gesamtkostenersparnis durch die automatisierten Tests senkt.

Testautomatisierung stellt daher eine eigene Disziplin innerhalb des Testmanagements dar, und entsprechende Werkzeuge verfügen über einen großen Funktionsumfang. In diesem Abschnitt können wir daher lediglich einen ersten Überblick über die Testautomatisierungsmöglichkeiten der Test-Suite des SAP Solution Manager vermitteln.

9.4.1 Testautomatisierungswerkzeuge im SAP Solution Manager

Test Automation Framework

Werkzeuge für die Testautomatisierung werden durch das *Test Automation Framework* in den SAP Solution Manager integriert. Dieses Framework unterstützt die SAP-eigenen Werkzeuge *extended Computer Aided Test Tool* (eCATT) und *Component Based Test Automation* (CBTA). Darüber hinaus besteht die Möglichkeit, unterstützte Werkzeuge anderer Anbieter zu integrieren.

eCATT

Üblicherweise arbeiten Testautomatisierungswerkzeuge nach dem Prinzip *Capture and Replay*: Benutzeraktionen (z. B. das Anlegen einer Bestellung über die SAP GUI) werden aufgezeichnet und können anschließend – meist um Eingabeparameter und Ausgabeprüfungen ergänzt – wieder abgespielt werden. Als langjährig etabliertes Werkzeug für die Testautomatisierung nach diesem Prinzip ist eCATT auch weiterhin eine zuverlässige Option für klassische SAP-Oberflächen wie den SAP GUI oder Web-Dynpro-Anwendungen. Ein wesentlicher Vorteil von eCATT ist dessen Integration in SAP NetWeaver, aufgrund derer keine zusätzliche Softwarekomponente auf den zu testenden Systemen installiert werden muss. Aufgrund seiner langen Historie ist das Werkzeug vielen SAP-Kunden bekannt und findet in zahlreichen Unternehmen Einsatz.

Komponenten-basierte Testautomatisierung

Auch beim Quasinachfolger von eCATT, CBTA, kommt das Capture-and-Replay-Prinzip zum Einsatz, um Testfälle erstmalig aufzuzeichnen. Wesentlicher Unterschied zu eCATT ist, dass CBTA die aufgezeichneten Testfälle aus *Komponenten* zusammensetzt. Eingaben in Bildschirmmasken oder Nutzeraktionen (z. B. die Auswahl einer Schaltfläche) werden jeweils als einzelne Bausteine dargestellt. Dies ermöglicht eine leichtere Wiederverwendung von Teilen eines Testfalls sowie eine einfachere Reparatur von Testskripten nach Systemänderungen.

Unterstützte Oberflächen

CBTA unterstützt alle gängigen SAP-Oberflächen, darunter auch aktuelle Technologien wie SAPUI5 und SAP Fiori. Die Skriptaufzeichnung ist in den gängigen Browsern möglich. Zum Aufzeichnen und Abspielen von Skripten ist lediglich die Installation eines Werkzeugs auf dem zu testenden Frontend notwendig.

[»]

Unterstütze Systeme, Oberflächen und Browser

SAP-Hinweis 1835958 führt die von CBTA unterstützten Betriebssysteme, Browser und SAP-Oberflächentechnologien einschließlich etwaiger Einschränkungen detailliert auf. SAP-Hinweis 2007325 beschreibt die Download-Quelle und die Installation der Frontend-Komponente, die ähnlich wie das SAP GUI über SAP-Installer ausgeliefert wird.

Unterstützung weiterer Werkzeuge

Zusätzlich zu den von SAP angebotenen Werkzeugen unterstützt das Test Automation Framework die Integration von Drittanbieterwerkzeugen. Dabei werden die Funktionalitäten für das Testmanagement weiterhin durch den SAP Solution Manager bereitgestellt; lediglich die Automatisierung erfolgt mit einem separaten Werkzeug. Ein Vorteil dieser Herangehensweise ist üblicherweise, dass auch Oberflächen von Nicht-SAP-Systemen automatisiert getestet werden können. Ebenso kann es sinnvoll sein, ein Testautomatisierungswerkzeug zu nutzen, dass bereits im Unternehmen etabliert ist bzw. für das Expertise in der Testorganisation vorhanden ist.

[«]

Unterstützte und zertifizierte Werkzeuge

Die aktuell für die Testautomatisierung unterstützten und von SAP zertifizierten Werkzeuge anderer Hersteller finden Sie in der Übersicht zertifizierter Lösungen unter *http://www.sap.com/sapcertifiedsolutions*. Suchen Sie hier nach der Komponente SM-TSTR.

9.4.2 Testskript

Simulation von Benutzereingaben

Ein *Testskript* ist eine Liste von Anweisungen, um Benutzereingaben zu simulieren, z. B. das Ausfüllen von Bildschirmmasken oder den Klick auf Schaltflächen. Die einzelnen Schritte eines Testskripts können Eingabe- und Ausgabeparameter beinhalten, um Daten einzugeben bzw. angezeigte Daten weiterzuverarbeiten. Ferner kann ein Schritt eines Testskripts auf ein anderes Testskript verweisen, was die Modularisierung von Testfällen erleichtert.

Testskript anlegen

Testskripte können Sie in der Applikation **Test-Repository – Testskripts** im Menü **Test Suite** des SAP Solution Manager Launchpads anlegen und bearbeiten. Die folgende Schrittanleitung skizziert exemplarisch, wie ein CBTA-Testskript erstmalig aufgezeichnet wird:

1. Öffnen Sie die Anwendung **Test-Repository – Testskripts**, und wählen Sie die Schaltfläche **Anlegen**.
2. Wählen Sie im folgenden Pop-up-Fenster die Lösung aus, auf die sich der Test bezieht, sowie eine eindeutige Bezeichnung und einen Titel für Ihr Testskript.
3. Wählen Sie **CBTA** als Testwerkzeug aus.
4. Wählen Sie ein Entwicklungspaket (in der Regel ist das Paket `$TMP` ausreichend), und bestätigen Sie Ihre Eingaben mit **OK** (siehe Abbildung 9.45).

Abbildung 9.45 Testskript anlegen

5. Sie gelangen zur Übersichtsseite Ihres neu angelegten Testskripts. Wählen Sie die Schaltfläche **Ausführb. Einheit zuordnen**, um festzulegen, welche ausführbare Einheit mit dem Skript getestet werden soll.
6. In dem sich öffnenden Suchfenster können Sie nach ausführbaren Einheiten suchen. Sie haben die Möglichkeit, nach einer logischen Komponentengruppe, dem Typ der ausführbaren Einheit oder einer konkreten ausführbaren Einheit zu filtern (siehe Abbildung 9.46).

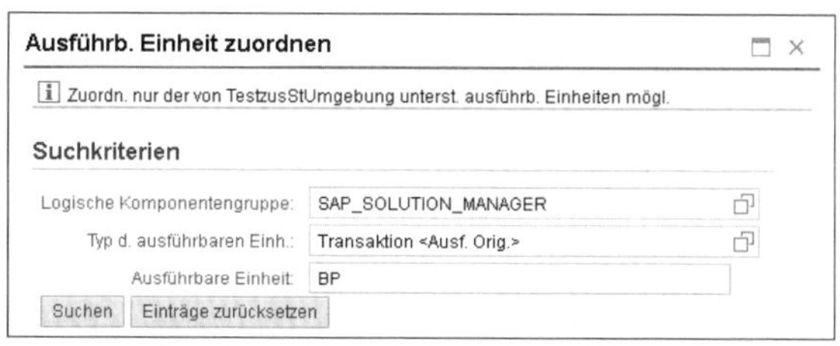

Abbildung 9.46 Suchmaske für die zu testenden ausführbaren Einheiten

7. Starten Sie die Aufzeichnung des Testskripts mit der Schaltfläche **Starten CBTA**.
8. Sie werden in einem neuen Fenster zum Testanlegeassistenten weitergeleitet. Dieser Assistent begleitet Sie während der Aufzeichnung Ihres CBTA-Testskripts (siehe Abbildung 9.47).
9. Bevor die Aufzeichnung startet, haben Sie noch verschiedene Entscheidungen zu treffen. Wählen Sie, ob das generierte Skript Bildkomponenten oder ausschließlich Standardkomponenten verwenden soll. Während Standardkomponenten Benutzeraktionen darstellen (z. B. »[↵]-Taste gedrückt«) entsprechen Bildkomponenten den bei der Aufzeichnung bearbeiteten Bildschirmmasken. Außerdem können Sie zwischen drei verschiedenen Aufzeichnungsoptionen wählen. Sie können ein komplett neues Skript anlegen, vorhandene Skripte ersetzen oder vorhandene Skripte ergänzen. Nachdem Sie Ihre Entscheidungen getroffen haben, klicken Sie auf **Vorwärts**.

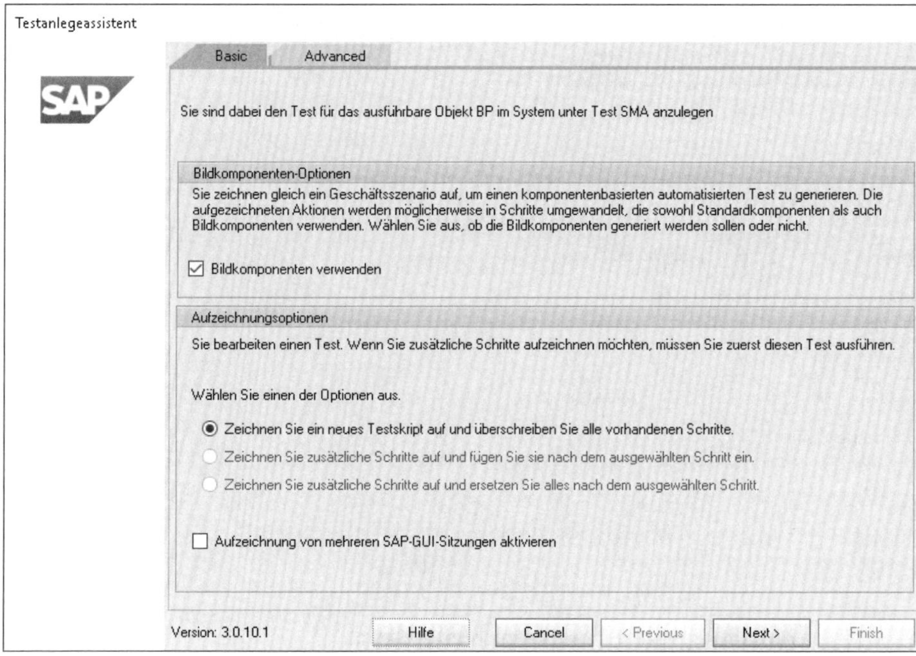

Abbildung 9.47 Testanlegeassistent

10. Sie werden nun automatisch oder – falls keine Trusted-RFC-Verbindung verfügbar ist – manuell am System angemeldet; Anschließend wird die hinterlegte ausführbare Einheit aufgerufen.
11. Führen Sie hier die zu testenden Schritte nacheinander durch.
12. Nachdem Sie alle Schritte durchgeführt haben, schließen Sie das Fenster. Hierdurch wird der Aufzeichnungsprozess beendet.
13. In den beiden darauffolgenden Schritten **Analysedetails** und **Aufzeichnung** erhalten Sie alle wichtigen Informationen zum gerade aufgezeichneten Skript. Überprüfen Sie diese Daten auf ihre Korrektheit und Vollständigkeit hin. Klicken Sie dann auf **Vorwärts**.
14. Im nächsten Schritt werden einige Aktivitäten automatisch durchgeführt: Der aufgezeichnete Ablauf wird analysiert und geprüft; anschließend wird das Testskript generiert und zusammen mit den Bildkomponenten in den SAP Solution Manager hochgeladen.

Testskript ausführen

Sie können sich das erstellte Skript inklusive der verwendeten Parameter nun auf der Registerkarte **Testskript** ansehen (siehe Abbildung 9.48). Über die Schaltfläche **Ausführen** können Sie das gerade aufgezeichnete Skript abspielen.

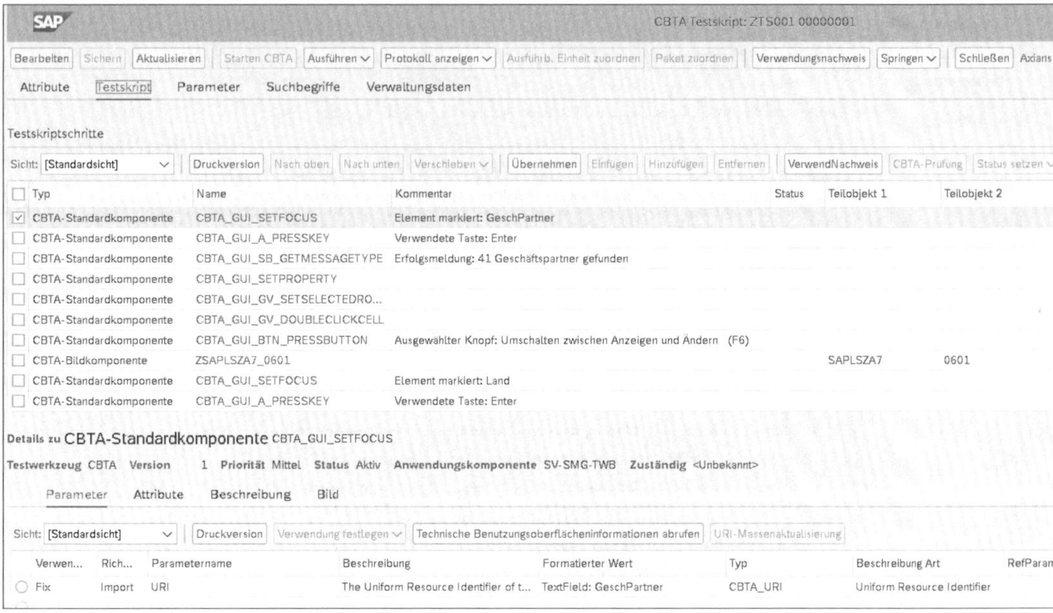

Abbildung 9.48 Ein aufgezeichnetes Skript

[»]

Testskript aktualisieren

Sollten nach der Aufzeichnung Ihres CBTA-Testskripts keine Daten im SAP Solution Manager erscheinen, klicken Sie auf **Aktualisieren.**

9.4.3 Testkonfiguration

Rahmenwerk für automatisierte Testfälle

Durch das Test Automation Framework ist die Automatisierung tief in das Testmanagement des SAP Solution Managers integriert. Ein grundlegendes Element ist dabei die *Testkonfiguration*. Sie bildet ein Rahmenwerk für automatisierte Testfälle, das aus einem oder mehreren Testskripten, einem *Testdatencontainer* sowie einem *Systemdatencontainer* besteht (siehe Abbildung 9.49). Die Testkonfiguration verbindet damit alle Elemente des automatischen Tests.

Abbildung in der Lösungs dokumentation

Die Testkonfiguration ist in der Lösungsdokumentation als eigener Testfalltyp verfügbar. Entsprechend können Testkonfigurationen zusammen mit den zugehörigen manuellen Testfällen in der Prozesshierarchie abgelegt werden. Ähnlich wie bei dokumentenbasierten Testfällen haben Sie im Kontextmenü **Testfälle** die Optionen **Testkonfiguration (Anlegen)** und **Testkonfiguration (Zuordnen)**. Mit letzterer Option können Sie z. B. einem

Geschäftsprozess eine bereits existierende Testkonfiguration zuweisen. Bei der Anlage einer Testkonfiguration öffnet sich ein Pop-up-Fenster, in dem Sie die Basisinformationen für Ihre Testkonfiguration pflegen und das zu verwendende Automatisierungswerkzeug angeben können (siehe Abbildung 9.50).

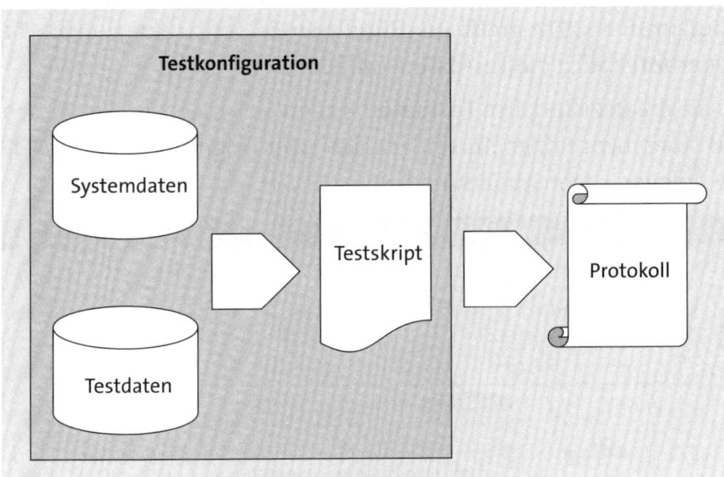

Abbildung 9.49 Architektur für das automatische Testen

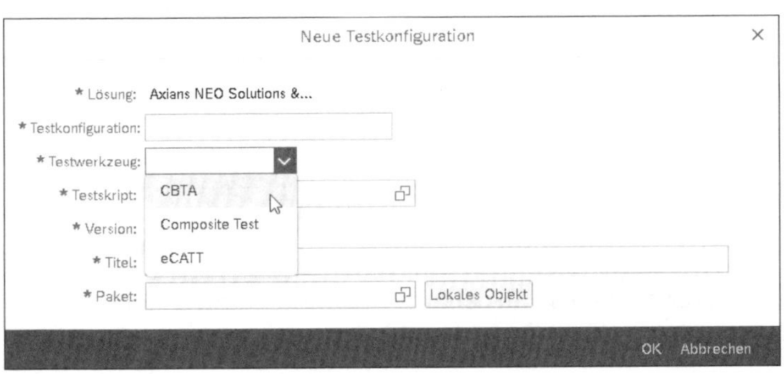

Abbildung 9.50 Testkonfiguration anlegen

Anlage über SAP-Fiori-Applikation

Über die Kachel **Test-Repository – Testkonfigurationen** im SAP Solution Manager Launchpad können Sie Testkonfigurationen alternativ auch ohne Bezug zur Lösungsdokumentation anlegen und bearbeiten. Nach der Anlage füllen Sie die Testkonfiguration mit Inhalten, darunter das eigentliche Testskript sowie die Test- und Systemdaten. Letzteren widmen wir uns in den folgenden Abschnitten.

9.4.4 Testdatencontainer

Testdatencontainer anlegen

Falls Sie im Rahmen der Testautomatisierung Testdaten benötigen, können diese in Testdatencontainern zur Verfügung gestellt werden. Um einen Testdatencontainer anzulegen, gehen Sie wie folgt vor:

1. Öffnen Sie die Transaktion SECATT im SAP GUI, um die Einstiegsseite des eCATT aufzurufen. CBTA greift auf grundlegende Konstrukte von eCATT zurück, darunter auch die Testdatencontainer.
2. Wählen Sie die Registerkarte **Testdaten**, geben Sie einen Namen für den neuen Testdatencontainer ein, und wählen Sie im Menü den Pfad **ECATT-Objekt • anlegen** (siehe Abbildung 9.51).

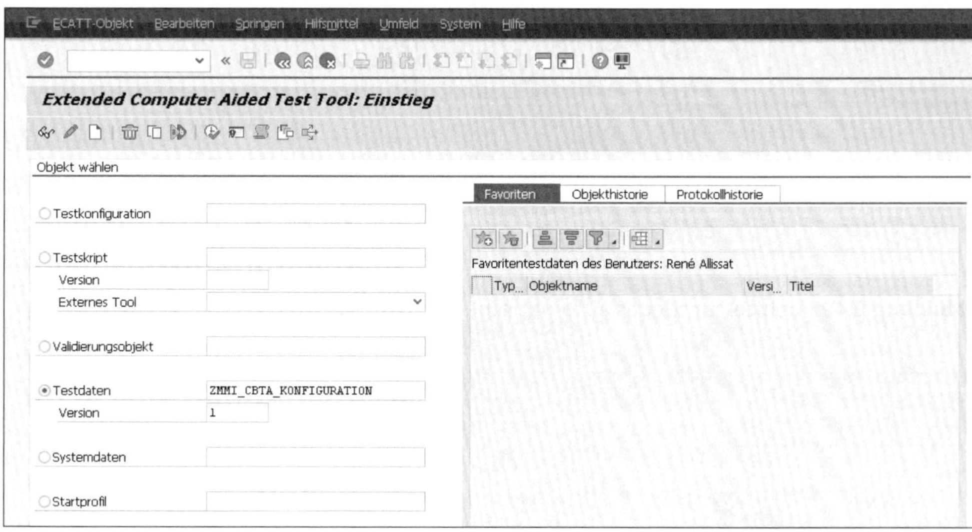

Abbildung 9.51 Testdatencontainer in der Transaktion SECATT anlegen

3. Im Anlagefenster vergeben Sie einen **Titel** und wählen eine **Anwendungskomponente** (z. B. **BC** für Basiskomponenten) für den Testdatencontainer.
4. Wechseln Sie zur Registerkarte **Parameter**, und pflegen Sie die benötigten Parameter ein. Falls Sie diese bereits in einem anderen Testdatencontainer angelegt haben, können Sie diese importieren. Wählen Sie hierzu im Menü **Bearbeiten • Parameter importieren** aus. Sie können auch die Parameter aus einem Testskript herunterladen. Das Importieren und Exportieren von Varianten steht ebenfalls zur Verfügung.
5. Auf der Registerkarte **Varianten** können Sie verschiedene Varianten für Ihre Testdaten anlegen. Nachdem Sie diese erstellt haben, sichern Sie Ihren Testdatencontainer.

Testdaten verknüpfen

Ihr Testdatencontainer steht im Moment noch nicht in Verbindung mit Ihrer Testkonfiguration bzw. dem Testskript. Von Ihrer Testkonfiguration aus können Sie die Daten des Testdatencontainers über einen Zuordnungsassistenten (siehe Abbildung 9.52) verknüpfen. Rufen Sie diesen auf der Registerkarte **Testdaten** über die Schaltfläche **Testdaten: Zuordnungsassistent** auf, und folgen Sie den angegebenen Schritten.

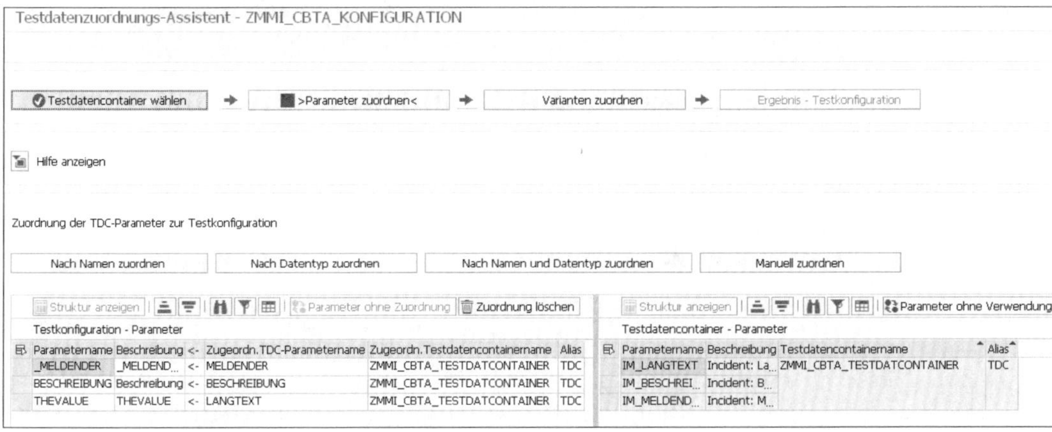

Abbildung 9.52 Zuordnungsassistent für Testdaten

9.4.5 System unter Test und Testprofile

Ein *Testprofil* bestimmt, in welchem System und mit welchen Berechtigungen ein Test ausgeführt wird. Das Testprofil enthält die technische Destination des Systems unter Test sowie einen Benutzer und das zugehörige Kennwort. Während der Testzusammenstellung (spätestens vor der Aufzeichnung des Testskripts) ordnen Sie einem Testskript ein Testprofil zu, wie in Abbildung 9.53 gezeigt. Damit vergeben Sie für die jeweiligen Systemrollen Anmeldeinformationen, die rollenabhängig oder rollenunabhängig sein können.

Abbildung 9.53 Ein Testprofil beim Anlegen bzw. bei der Pflege eines Testskripts zuordnen

SUT-Verwaltung

Wenn Sie sich in einem Testskript oder einer Testkonfiguration befinden, erreichen Sie über den Menüpfad **Springen • SUT-Verwaltung** die Verwaltung der Systeme unter Test (SUT). Hier können Sie die Testprofile anlegen bzw. bearbeiten. Wählen Sie auf der linken Seite des Bildschirms eine logische Komponentengruppe und eine Systemrolle. Anschließend können Sie auf der rechten Seite eine Destination (für ein ABAP-System z. B. eine RFC-Verbindung) sowie das Testprofil durch Angabe eines Benutzernamens und Kennworts anlegen (siehe Abbildung 9.54).

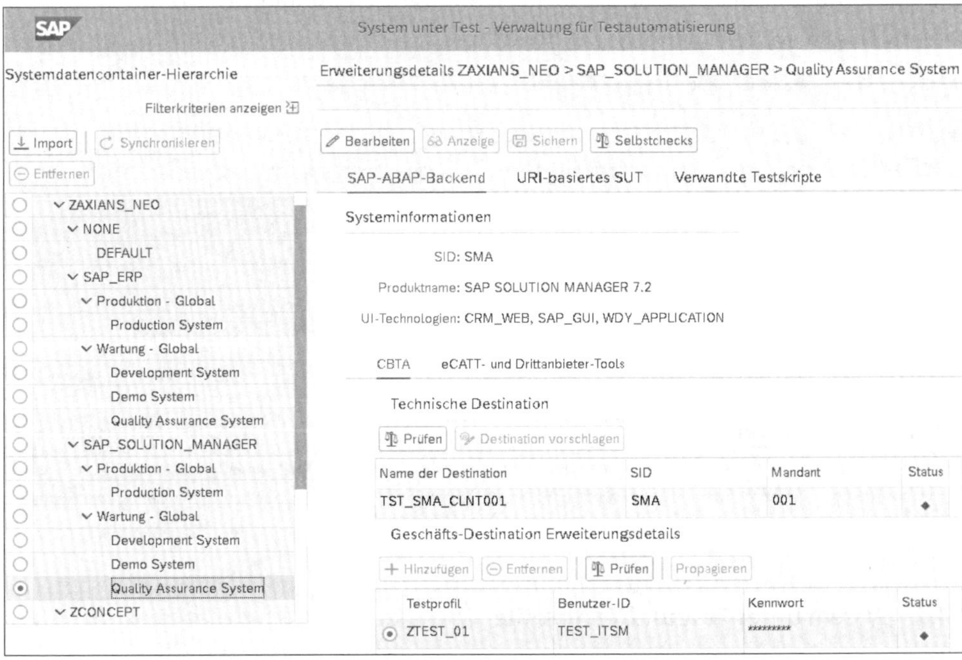

Abbildung 9.54 System unter Test mit Testprofil

9.4.6 Testprotokoll

Jede Ausführung einer Testkonfiguration bzw. eines Testskripts hat die Erstellung eines *Testwerkzeugprotokolls* zur Folge. In diesem Protokoll werden alle wichtigen Informationen zur Testausführung mitgeschrieben. Neben den generellen Informationen, die nach dem Ausführen eines Skripts ausgegeben werden, bietet das Protokoll noch tiefergehende Informationen. Sie können hiermit z. B. analysieren, warum ein automatischer Testfall nicht korrekt ausgeführt wurde, oder überprüfen, ob ein als erfolgreich gekennzeichneter Testfall auch wirklich alle nötigen Daten erhalten oder ausgegeben hat.

Testwerkzeugprotokoll aufrufen

Das Protokoll erscheint nach jeder Ausführung des automatischen Testfalls, steht jedoch auch darüber hinaus noch weiter zur Verfügung. Wenn Sie sich in einer Testkonfiguration oder einem Testskript befinden, können Sie über die Schaltfläche **Protokoll anzeigen** das Protokoll Ihres ausgeführten Testskripts aufrufen (siehe Abbildung 9.55). Die Option **Testwerkzeug-**

protokoll zeigt dabei das detaillierte Ausführungsprotokoll des Testwerkzeugs, hier CBTA, an. Das **Solution-Manager-Protokoll** bietet eine Zusammenfassung der Testausführung.

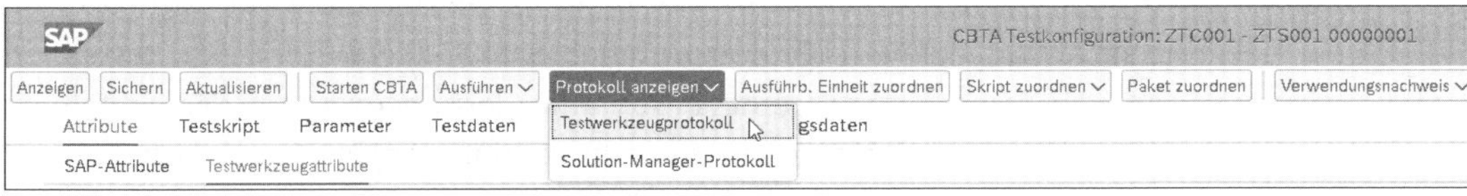

Abbildung 9.55 Testwerkzeugprotokoll anzeigen

Die Zusammenfassung der Testausführung erreichen Sie auch über die Kachel **Automatisierte Tests – Ergebnisse** im Menü **Test Suite** des SAP Solution Manager Launchpads. Hier erhalten Sie einen Überblick über alle automatischen Testausführungen.

Beispiel für ein Testprotokoll

In Abbildung 9.56 sehen Sie ein Beispiel für ein Testprotokoll nach der erfolgreichen Ausführung eines Testskripts mit dem Testwerkzeug CBTA.

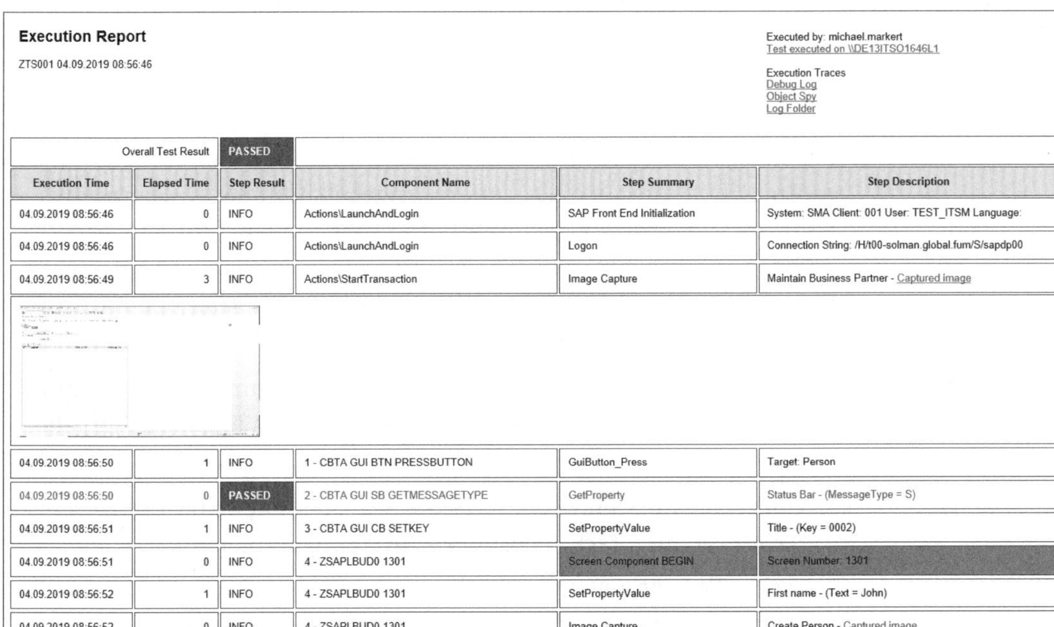

Abbildung 9.56 Testprotokoll für das Werkzeug CBTA

9.4.7 Zusammengesetzte Testskripte

Mithilfe der Testautomatisierung können Sie nicht nur einzelne Teilprozesse oder Prozessschritte überprüfen, sondern in einer Testkonfiguration auch mehrere Teilprozesse verknüpfen und diese im Verbund testen. Viele

Testfälle weisen Abhängigkeiten auf; Sie müssen also zuerst einen anderen Vorgang abschließen, um mit dem Test des eigentlichen Testfalls beginnen zu können. Beispielsweise können in einem Vorgang generierte Nummern für einen Folgevorgang als Input benötigt werden. Aber auch direkte logische Abhängigkeiten können bestehen. Sie können z. B. erst eine Bestellung anlegen, wenn hierzu eine Bestellanforderung existiert. Die Erstellung eines Kundenauftrags ist erst auf Basis eines Angebots möglich. Im SAP Solution Manager gibt es daher mit den *Composite Tests* eine Testwerkzeugoption, mit der Testfälle verknüpft werden können.

Fallbeispiel

Im Folgenden zeigen wir Ihnen basierend auf CBTA das Vorgehen zur Erstellung eines Composite Tests. Als konkretes Anwendungsbeispiel werden wir einen Terminauftrag auf Basis eines zuvor in der Transaktion VA21 erstellten Angebots in einem verwalteten SAP-ERP-System anlegen. Die bei erfolgreicher Anlage generierte Angebotsnummer werden wir verwenden, um einen Kundenauftrag in der Transaktion VA01 anzulegen.

Aufzeichnung der Skripte

Als Vorbereitung für den Composite Test müssen Sie zuerst beide Transaktionen in jeweils einem CBTA-Testskript aufzeichnen. Gehen Sie hierzu wie in Abschnitt 9.4.2, »Testskript«, beschrieben vor.

Nachdem Sie das erste Skript (Angebot anlegen) erstellt haben, gilt es bei der Aufzeichnung des Kundenauftrags etwas zu beachten: Legen Sie den Auftrag mit Bezug auf die generierte Angebotsnummer an. Hierzu müssen Sie in der Testskriptaufzeichnung der Transaktion VA01 auf die Schaltfläche **Anlegen mit Bezug** klicken. Im sich öffnenden Fenster geben Sie die Angebotsnummer an und klicken auf **Übernehmen**. Führen Sie den Prozess wie gewohnt fort, und beenden Sie die Aufzeichnung.

Skripte verknüpfen

Nachdem Sie beide Skripte aufgezeichnet haben, müssen Sie diese miteinander verknüpfen. Orientieren Sie sich dabei an folgender Vorgehensweise:

1. Öffnen Sie im Menü **Test Suite** des SAP Solution Manager Launchpads die Anwendung **Test-Repository – Testkonfigurationen**.
2. Legen Sie eine neue Testkonfiguration an, wie in Abschnitt 9.4.3 beschrieben. Beachten Sie hierbei, dass Sie als Testwerkzeug **Composite Test** angeben (siehe Abbildung 9.57).
3. Wechseln Sie auf die Registerkarte **Testskript**. Im Bereich **Verfügbare Schritte** sehen Sie alle verfügbaren Testskripte. Wählen Sie aus dieser Liste das Testskript für die Erstellung des Angebots und das Skript für das Anlegen des Kundenauftrags.

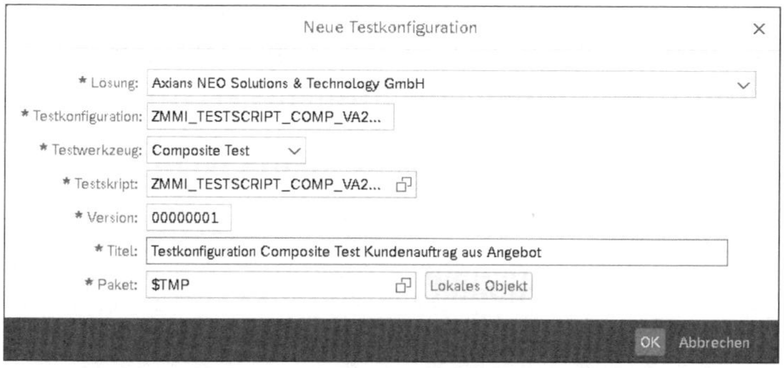

Abbildung 9.57 Testwerkzeug »Composite Test« auswählen

4. Über die Schaltfläche **Hinzufügen** können Sie Ihre Composite-Test-Konfiguration um diese Testskripte als Testskriptschritte ergänzen (siehe Abbildung 9.58).

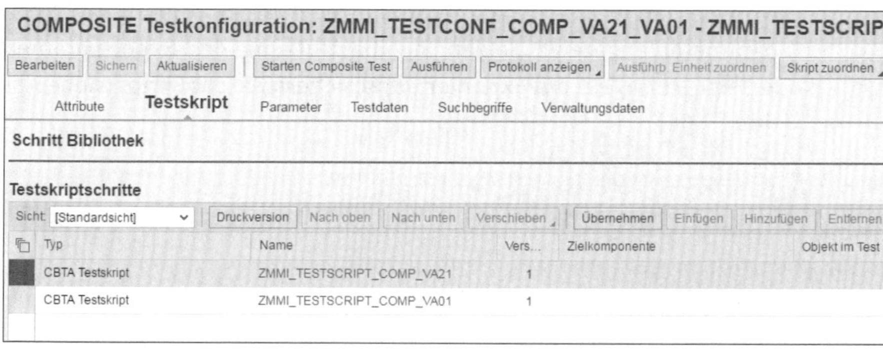

Abbildung 9.58 Testskriptschritte

[«]

Import- und Exportparameter

Arbeiten Sie bei der Verknüpfung von Testskripten mit Import- und Exportparametern. Diese benötigen Sie, um Ihre Testskripte sinnvoll miteinander verbinden zu können. In unserem Beispiel ist der Exportparameter die generierte Nummer des erstellten Angebots. Die Angebotsnummer wird dann vom zweiten Skript (Kundenauftrag anlegen) als Importparameter übernommen. Auf dessen Basis wird anschließend der Kundenauftrag erstellt.

5. Rufen Sie aus der Testkonfiguration heraus das Testskript für die Angebotserstellung im Bearbeitungsmodus auf.

6. Navigieren Sie anschließend zur Registerkarte **Testskript**. Markieren Sie den Testskriptschritt CBTA_GUI_SB_GETMESSAGEPARAMS (siehe Abbildung 9.59).

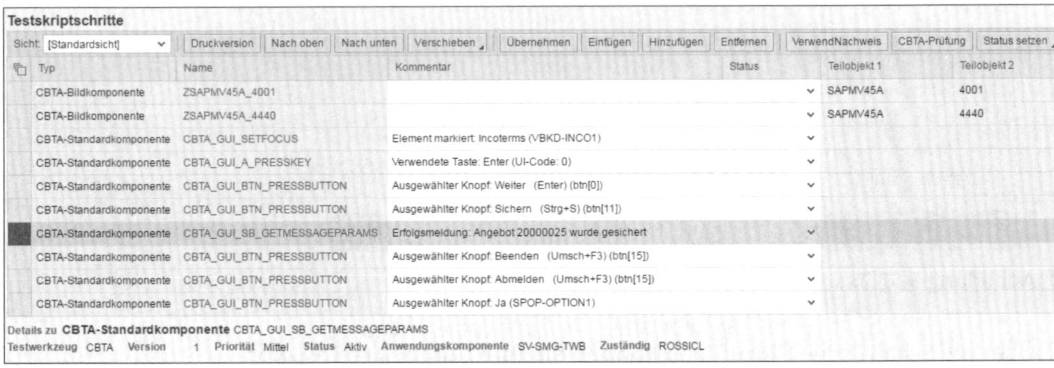

Abbildung 9.59 Testskriptschritt mit Exportparameter auswählen

7. Nun werden im Block **Parameter** alle zugehörigen Import- und Exportparameter angezeigt. Setzen Sie die **Nutzung** des Exportparameters MESSAGEPARAMETER1 auf **Exponiert**, und sichern Sie das Skript (siehe Abbildung 9.60).

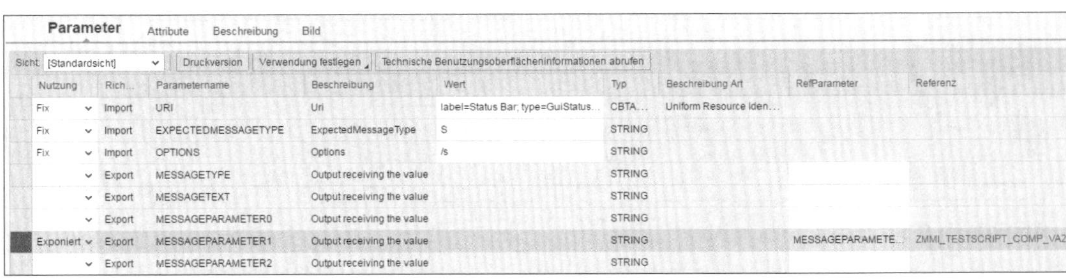

Abbildung 9.60 Exportparameter deklarieren

8. Begeben Sie sich wieder zu Ihrer Testkonfiguration des Composite Tests. Im nächsten Schritt legen Sie den Importparameter fest, der die Angebotsnummer entgegennimmt. Wählen Sie hierzu den zweiten Testskriptschritt (Kundenauftrag anlegen) aus (siehe Abbildung 9.61). Wählen Sie im unteren Block den Parameter VERKAUFSBELEG aus. Verwenden Sie die [F4]-Wertehilfe, um im Feld **RefParameter** den in Schritt 7 definierten Exportparameter als Referenzparameter auszuwählen.
9. Sichern Sie die Testkonfiguration, nachdem Sie alle nötigen Einstellungen getätigt haben.

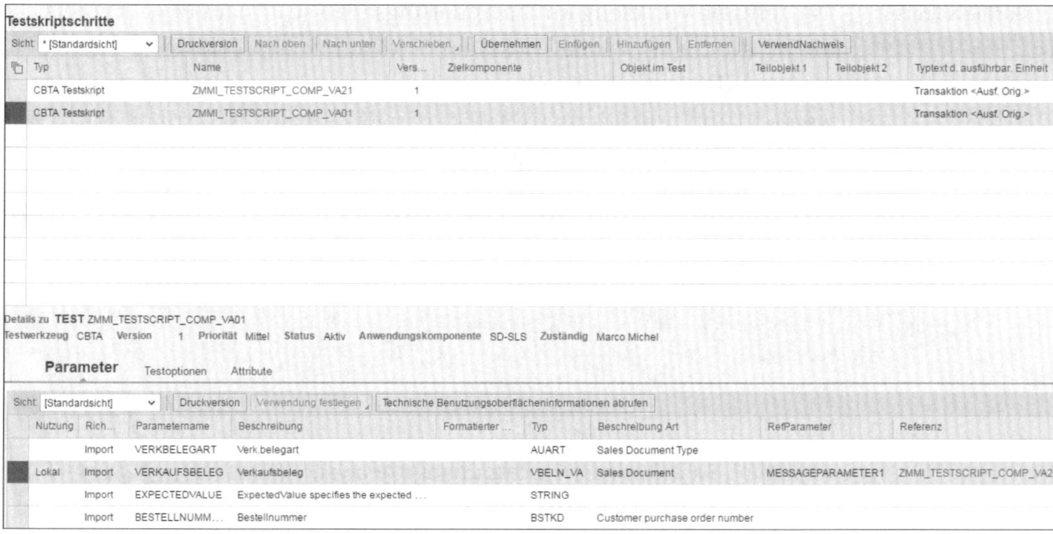

Abbildung 9.61 Importparameter deklarieren

Die Testkonfiguration des Composite Tests verhält sich wie eine CBTA-Testkonfiguration (siehe Abschnitt 9.4.3, »Testkonfiguration«).

9.5 Änderungseinflussanalyse

Jede Anpassung eines SAP-Systems verändert technische Objekte und hat damit möglicherweise Auswirkungen auf Ihre Geschäftsprozesse. Entsprechend sollte, wie zu Beginn dieses Kapitels erläutert, jede Änderung durch einen Test abgesichert werden. Technische Aktualisierungen, die durch SAP ausgeliefert werden, z. B. Enhancement Packages (EHPs) oder Support Packages (SPs), sind dabei ebenso zu berücksichtigen wie kundenseitige Anpassungen, wie die Einführung neuer Funktionen oder Prozesse durch Customizing und Eigenentwicklungen.

Technische Änderungsanalyse

Die Herausforderung für das Testmanagement besteht darin, die Auswirkung dieser Änderungen vorherzusagen, was ohne technische Unterstützung nur eingeschränkt möglich ist. Es besteht die Gefahr, den erforderlichen Testumfang zu niedrig oder zu hoch einzuschätzen – oder schlicht unzutreffende Testfälle auszuwählen. Die technische Analyse der Auswirkung von Änderungen kann Unterstützung leisten und ist daher ein weiteres Werkzeug, um die Effizienz von funktionalen Tests im SAP-Umfeld zu erhöhen.

Business Process Change Analyzer

Das zentrale Werkzeug für die Änderungsanalyse ist der BPCA. Er vergleicht die produktiv verwendeten Systemobjekte mit den geänderten Objekten, wodurch der Testumfang für verschiedene Änderungen technisch ermittelt werden kann. Abbildung 9.62 zeigt den Einstiegsbildschirm des BPCA mit den unterstützten Änderungsereignissen.

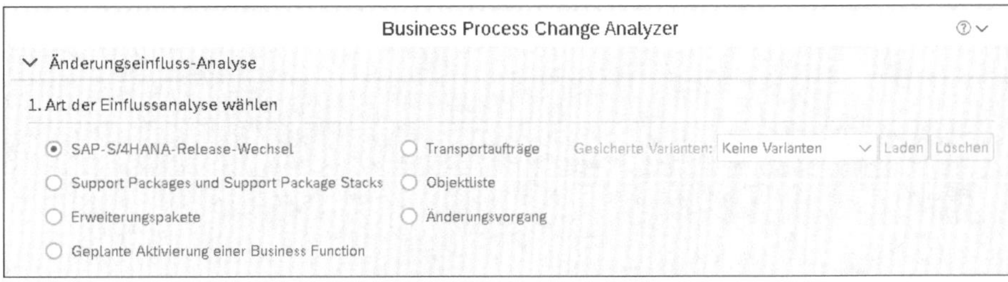

Abbildung 9.62 Business Process Change Analyzer

Scope and Effort Analyzer

Ergänzend dazu steht mit dem SEA ein weiteres Werkzeug zur Verfügung, dass die Aufwände für die Implementierung von EHPs und SPs analysiert, bevor diese physisch im System installiert werden. Der SEA ermittelt dabei die Aufwände für die Anpassung kundeneigener Entwicklungen sowie für Testaktivitäten. Für letztere greift das Werkzeug auf die Daten des BPCA zurück.

[+]

Verwendungsprotokollierung aktivieren

Sollten Sie vor der Entscheidung stehen, in naher Zukunft eines dieser beiden Werkzeuge zu nutzen, empfehlen wir Ihnen, bereits jetzt die *Verwendungsprotokollierung* in der Transaktion SOLMAN_SETUP für alle zu analysierenden Systeme zu aktivieren. Diese bildet eine wesentliche Grundlage für die Nutzung der beiden Werkzeuge, kann aber auch verwendet werden, wenn Sie keinen SAP Enterprise Support nutzen. Sie können somit mit der Datensammlung beginnen, um zum Einsatzzeitpunkt bereits auf repräsentative Daten zurückgreifen zu können.

9.5.1 Business Process Change Analyzer

Der BPCA vergleicht die technischen Objekte einer Änderung (die z. B. in einem Transportauftrag enthalten sind) mit den verwendeten Objekten des Zielsystems, um die zu testenden Prozesse oder Transaktionen zu ermitteln. Grundlage für die Änderungsanalyse ist eine umfassende Sammlung technischer Objekte. Hierzu bietet sich die Lösungsdokumentation an, die im einfachsten Fall mit der Bibliothek ausführbarer Einheiten bereits eine strukturierte Liste tatsächlich verwendeter SAP-Transaktionen enthält (siehe Abschnitt 3.4.2, »Bibliotheken«). Im besten Fall enthält die Lösungsdokumentation zusätzlich eine Prozesshierarchie mit zugeordneten Transaktionen und Testfällen (siehe Abschnitt 3.4.3, »Geschäftsprozesse und Prozesshierarchie«).

Technische Stücklisten erstellen

Jede ausführbare Einheit in der Lösungsdokumentation kann um eine technische Stückliste (Technical Bill of Material, kurz TBOM) ergänzt werden. Hierbei handelt es sich um eine Liste aller technischen Objekte, die während der Ausführung der Einheit verwendet werden. In dieser Liste stehen alle Objekte, die im Vordergrund aufgerufen werden, aber auch solche, die im Hintergrund ausgeführt werden.

Im Rahmen der BPCA-Analyse werden die betroffenen Objekte einer Änderung mit den Objektlisten der TBOMs verglichen. Alle ausführbaren Einheiten, die keine der betroffenen Objekte aus der Änderung enthalten, müssen für diesen Test nicht beachtet werden. Hierdurch kann der Testaufwand eingegrenzt werden.

Arten technischer Stücklisten

Es existieren drei Arten von TBOMs:

- **Dynamische TBOMs**
  Dynamische TBOMs werden während der Ausführung eines Geschäftsvorgangs aufgezeichnet. Das heißt, es werden nur die Objekte erfasst, die auch während der Aufzeichnung ausgeführt werden. Hierdurch sind die dynamischen TBOMs die genauesten der drei Arten von Stücklisten. Verwenden Sie nur einen Teil einer Transaktion in einem Geschäftsprozess, wird auch nur dieser Teil aufgezeichnet. Sie haben also keine unnötigen Objekte in der Stückliste.

  Der Nachteil dabei ist der relativ große Aufwand, da diese technischen Stücklisten nicht automatisch generiert werden können. Sie können die TBOMs während der Ausführung eines automatischen Testfalls mitlaufen lassen. Hierbei wird die Transaktion mit den mitgelieferten Werten wie gewohnt ausgeführt, während im Hintergrund die technische Stückliste erstellt wird. Natürlich können Sie die TBOM auch manuell aufzeichnen. Dafür starten Sie die Aufzeichnung und führen den Geschäftsvorgang in der jeweiligen Ausprägung aus. Nachdem Sie fertig sind, beenden Sie die TBOM-Aufzeichnung wieder manuell.

  Dynamische TBOMs können direkt in der Lösungsdokumentation als Unterelement einer ausführbaren Einheit angelegt werden. Alternativ besteht die Möglichkeit, die Erstellung von TBOMs an Geschäftsprozess-expert*innen zu delegieren. Über die Kontextmenüoption **TBOM-Aufgaben anlegen** kann eine Art Workflow genutzt werden, der den oder die Prozessexpert*in über die Aufgabe informiert. Über die Applikation **Meine Aufgaben • TBOM-Arbeitsvorrat** haben die Prozessexpert*innen dann Zugriff auf die von ihnen zur Aufzeichnung durchzuführenden Aufgaben.

- **Semidynamische TBOMs**
  Semidynamische TBOMS können automatisch generiert werden. Sie sind exakter als die statischen Stücklisten, stehen aber, was die Genauigkeit angeht, etwas hinter den dynamischen zurück.

  Die Aufzeichnung der semidynamischen TBOMs greift auf die Daten der Verwendungsprotokollierung, d. h. Daten des *ABAP Call Monitors* (Transaktion SCMON) oder des *Usage and Procedure Loggings* (UPL), zu. Die Protokollierung über den ABAP Call Monitor ist dabei zu präferieren, da die Zuordnung der Objekte zu den ausführbaren Einheiten damit genauer ermittelt werden kann und auch dynamisch aufgerufene Objekte erfasst werden. Um möglichst genaue Ergebnisse zu erhalten, ist es empfehlenswert, die Verwendungsprotokollierung über mehrere Monate hinweg laufen zu lassen, denn nur über einen längeren Zeitraum kann sichergestellt werden, dass auch wirklich alle verwendeten Daten analysiert werden.

- **Statische TBOMs**
  Auch die Aufzeichnung statischer TBOMs erfolgt über eine Massengenerierung, die Sie über einen Hintergrundjob einplanen können. Wie beim Aufzeichnen der semidynamischen Stücklisten entfällt hier der manuelle Aufwand. Darüber hinaus benötigen Sie keine Ergebnisse bzw. Daten aus dem ABAP Call Monitor oder UPL.

  Anders als bei den anderen beiden Varianten wird die ausführbare Einheit nicht aufgerufen. Es werden lediglich alle Objekte erfasst, die aus dem Quellcode heraus aufgerufen werden. Hierbei wird nicht darauf geachtet, ob dieses Objekt überhaupt genutzt wird. Die technische Stückliste enthält somit mitunter eine Unzahl an Objekten, die gar nicht relevant sind. Da auch generierte Objekte und dynamische Aufrufe nicht beachtet werden, ist diese Art der technischen Stückliste für eine korrekte BPCA-Analyse nicht zu empfehlen.

TBOM-Massengenerierung

Wie beschrieben, werden die statischen und semidynamischen TBOMs über einen Hintergrundjob generiert. Diesen legen Sie wie folgt an:

1. Öffnen Sie im Menü **Test Suite** des SAP Solution Manager Launchpads die Anwendung **Verwaltung – Änderungseinfluss-Analyse**, und wählen Sie die Registerkarte **BPCA-Vorbereitung** (siehe Abbildung 9.63).

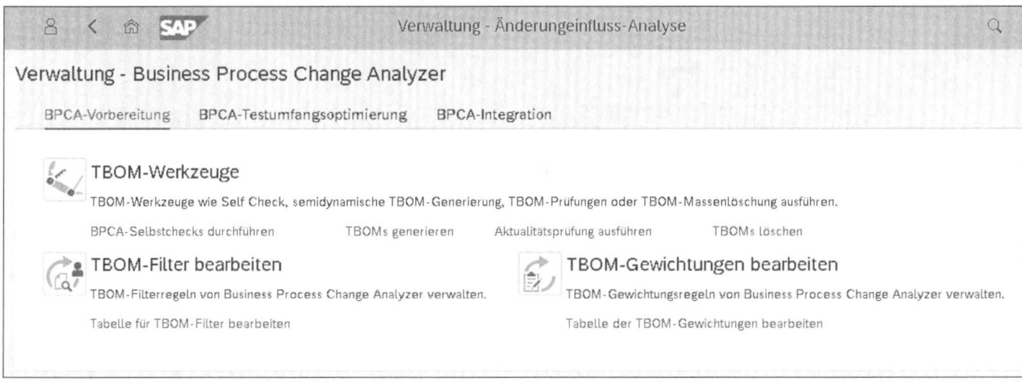

Abbildung 9.63 Verwaltung des Business Process Change Analyzers

2. Über den Link **BPCA-Selbstchecks durchführen** können Sie zunächst überprüfen, ob die Voraussetzungen für die Erstellung von TBOMs erfüllt sind. Geben Sie dazu neben einer Lösung das System an, in dem die TBOMs aufgezeichnet werden, sowie das System, aus dem die Verwendungsdaten stammen.
3. Wählen Sie die Schaltfläche **Selbstcheck ausführen**. Sie erhalten daraufhin detaillierte Informationen zu den technischen Voraussetzungen und der Verfügbarkeit der Nutzungsdaten.
4. Sind alle Voraussetzungen erfüllt, wählen Sie im Menü **TBOM-Werkzeuge** den Eintrag **TBOMs generieren**.
5. Nun öffnet sich die Anwendung zum Anlegen von statischen und semidynamischen TBOMs (siehe Abbildung 9.64). Nachdem Sie hier alle wichtigen Informationen erfasst haben, können Sie über die Schaltfläche **Einplanen** den Hintergrundjob zur Generierung einplanen. Wenn Sie den Job sofort ausführen möchten, klicken Sie auf **Ausführen**.

Aufzeichnung dynamischer TBOMs

Für die Aufzeichnung dynamischer TBOMs gibt es verschiedene Möglichkeiten. Wir zeigen Ihnen im Folgenden, wie Sie TBOMs manuell aufzeichnen und wie Sie die Aufzeichnung über die Testautomatisierung erledigen.

Abbildung 9.64 Massengenerierung von TBOMs

Manuelle Aufzeichnung

Gehen Sie wie folgt vor, um eine technische Stückliste manuell zu erstellen:

1. Öffnen Sie im SAP Solution Manager Launchpad die Applikation **Lösungsdokumentation** im Menü **Projekt- und Prozessmanagement**.
2. Navigieren Sie in der Lösungsdokumentation zu einer ausführbaren Einheit, und öffnen Sie die Registerkarte **Elemente von <ausführbare Einheit>**. Sollte diese noch nicht vorhanden sein, markieren Sie die ausführbare Einheit auf der Registerkarte **Elemente von <Knoten>**, und klicken Sie auf das Plussymbol.
3. Wählen Sie auf der Registerkarte **Elemente von <ausführbare Einheit>** im Kontextmenü die Option **Neu • TBOM (Anlegen)** aus (siehe Abbildung 9.65).
4. Pflegen Sie im folgenden Fenster die richtige **Systemrolle** und eine passende **Beschreibung** für die technische Stückliste. Klicken Sie anschließend auf **OK**.
5. Daraufhin öffnet sich ein neuer Modus, in dem Sie die **Aufzeichnung starten** können. Nach dem Start wird die ausführbare Einheit aufgerufen. Führen Sie diese in der benötigten Ausprägung aus.

Abbildung 9.65 Dynamische TBOM über die Lösungsdokumentation aufzeichnen

6. Nachdem Sie alle Aktionen durchgeführt haben, klicken Sie auf **Aufzeichnung beenden**. Nun wird die technische Stückliste generiert.
7. In Ihrer Lösungsdokumentation erhalten Sie abschließend eine Übersicht der gerade aufgezeichneten TBOM (siehe Abbildung 9.66).

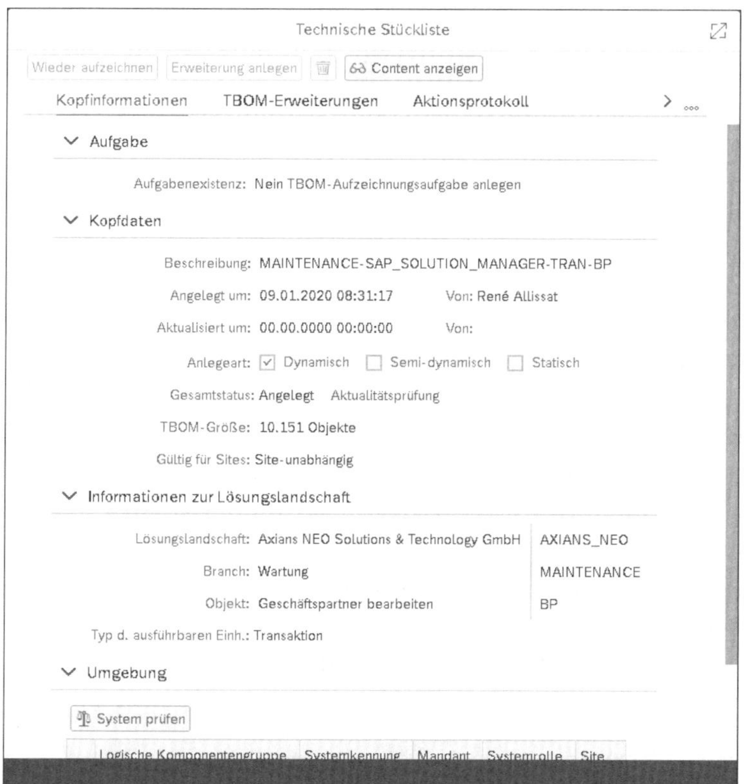

Abbildung 9.66 Übersicht der technischen Stückliste

TBOM in Testautomatisierung aufzeichnen

Wie beschrieben, können Sie dynamische TBOMs auch während der Ausführung von automatischen Testfällen aufzeichnen. Gehen Sie wie folgt vor, um eine TBOM mittels Testautomatisierung anzulegen:

1. Im ersten Schritt müssen Sie den automatischen Testfall der ausführbaren Einheit zuordnen. Diese Verknüpfung ist notwendig, um die TBOM-Generierung während des Testfalls durchzuführen. Öffnen Sie dazu die **Lösungsdokumentation** im SAP Solution Manager Launchpad.
2. Navigieren Sie zur betreffenden ausführbaren Einheit. Achten Sie darauf, dass Sie die richtige Lösung und den richtigen Branch ausgewählt haben.
3. Klicken Sie im Drill-down-Menü der ausführbaren Einheit auf **Für TBOM-Generierung zuordnen** (siehe Abbildung 9.67).

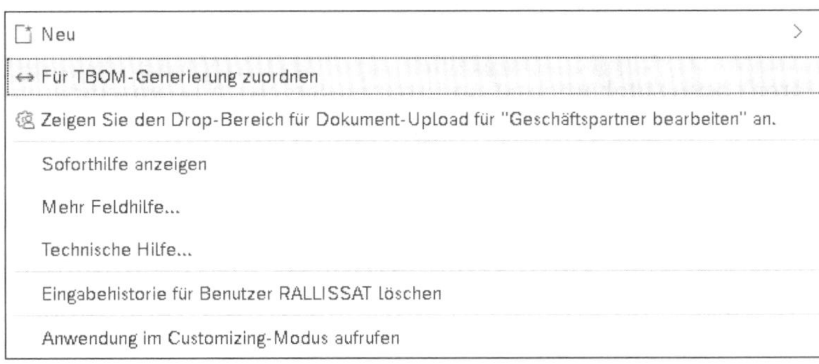

Abbildung 9.67 TBOM-Aufzeichnung in einem automatischen Test

4. Ordnen Sie nun den Testfall zu, der für die Aufzeichnung der dynamischen TBOM genutzt werden soll. Der Testfall taucht jetzt auf der Registerkarte **Elemente von <ausführbare Einheit>** auf.
5. Als Nächstes müssen Sie einen Testplan erstellen, der den verknüpften Testfall enthält. Sie müssen außerdem ein Testpaket anlegen, das dem Benutzer, der die technische Stückliste generieren soll, zugeteilt wird. Gehen Sie beim Anlegen des Testplans und des Testpakets so vor, wie in Abschnitt 9.3.2, »Testplanung«, beschrieben.
6. Rufen Sie nun Ihren **Tester-Arbeitsvorrat** auf. Wählen Sie den zuvor angelegten Testplan, der den betreffenden automatischen Test beinhaltet, aus, und klicken Sie anschließend auf **Automatischer Test • Ausführung einplanen**.

7. Sie können jetzt die Ausführung einplanen. Achten Sie darauf, dass die Checkboxen **Status in Test-Suite kopieren** und **TBOM-Aufzeichnung aktivieren** markiert sind. Ohne diese Auswahl wird keine TBOM aufgezeichnet.
8. Wenn Sie die Ausführung sofort durchführen wollen, klicken Sie auf **Automatischer Test • Sofort ausführen**. Denken Sie hierbei daran, in den Startoptionen die Haken bei **RFC-Verbindung schließen**, **Status in Test-Suite kopieren** und **TBOM-Aufzeichnung aktivieren** zu setzen.

[!]

Testausführungsstatus bei der TBOM-Aufzeichnung

Die TBOM-Aufzeichnung während eines automatischen Tests kann das Ergebnis des Testfalls bzw. des Testplans verfälschen. Der Grund hierfür ist, dass der Testausführungsstatus bei einer fehlgeschlagenen Generierung der TBOM auf Rot (fehlgeschlagen) gesetzt wird, obwohl der Testfall an sich erfolgreich war.

Mit der Generierung der TBOMs über Massengenerierung und Aufzeichnung haben Sie nun die Grundlage für die Nutzung des BPCA geschaffen.

Einflussanalysen durchführen

Nachdem Sie die technischen Stücklisten erstellt haben, können Sie den BPCA nutzen, um Analysen durchführen. Hierbei werden die in den TBOMs enthaltenen Objekte mit den Objekten der Änderungen abgeglichen. So kann bestimmt werden, in welchen Objekten sich die ausführbare Einheit mit der durchgeführten Änderung überschneidet.

Art der Einflussanalyse

Der BPCA unterstützt die folgenden Änderungsarten (siehe Abbildung 9.68):

- SAP-S/4HANA-Release-Wechsel
- Support Packages und Support Package Stacks
- Enhancement Packages (Erweiterungspakete)
- geplante Aktivierung einer Business Function
- Transportaufträge
- Objektlisten
- Änderungsvorgänge

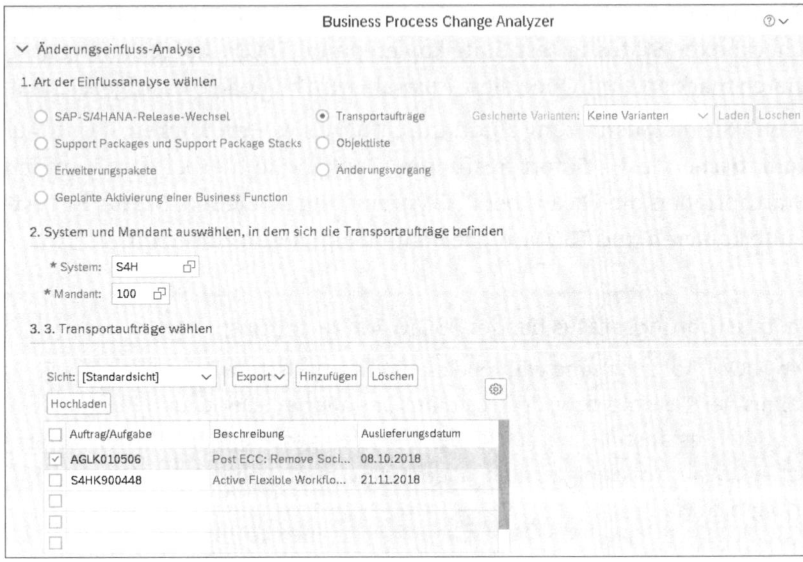

Abbildung 9.68 Art der Einflussanalyse wählen

BPCA-Analyse anlegen

Gehen Sie wie folgt vor, um eine neue BPCA-Analyse anzulegen:

1. Öffnen Sie im SAP Solution Manager Launchpad die Anwendung **Test-Suite • Business Process Change Analyzer**.
2. Selektieren Sie die zu analysierende Änderungsart, wie in Abbildung 9.68 gezeigt.
3. Wählen Sie das **System** aus, in dem die Änderung implementiert wurde. Geben Sie anschließend die konkreten Elemente zum Vergleich an. Da wir in Abbildung 9.68 die Änderungsart Transportaufträge gewählt haben, wählen Sie in diesem Beispiel die Nummern der Transportaufträge.
4. Anschließend können Sie den **Geschäftsprozessumfang der Einflussanalyse auswählen** (siehe Abbildung 9.69). Geben Sie dazu die **Lösung**, den **Branch** und den **Scope** an. Nur die darin enthaltenen technischen Stücklisten werden beachtet.
5. Vergeben Sie im Feld **Analysebeschreibung** einen passenden Namen für die Einflussanalyse.
6. Sollten die bisherigen Einstellungen nicht für Ihre BPCA-Analyse ausreichen, können Sie unter **Optionale Parameter definieren** weitere Informationen pflegen (z. B. **Filteroptionen für ausführbare Einheiten** oder **Filteroptionen für Geschäftsprozessknoten**).
7. Wenn Sie alle Daten gepflegt haben, klicken Sie auf **Ausführen**, um die BPCA-Analyse zu starten. Alternativ können Sie diese auch für einen späteren Zeitpunkt einplanen. Wählen Sie hierzu die Schaltfläche **Einplanen**.

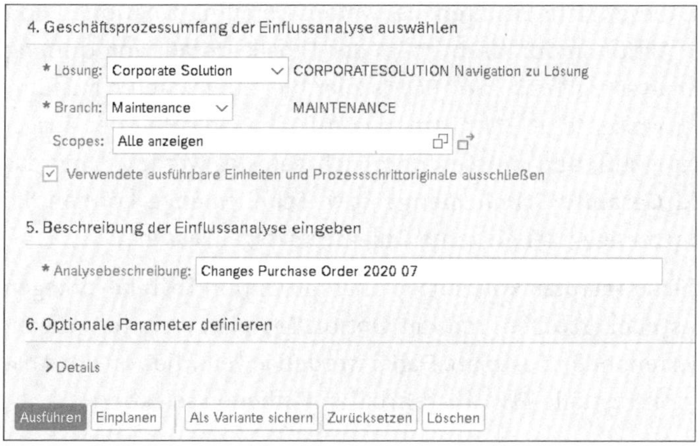

Abbildung 9.69 BPCA-Analyse anlegen

Nachdem Sie die BPCA-Analyse durchgeführt haben, können Sie diese im Block **Ergebnisse** auswählen. **Ergebnisse anzeigen**

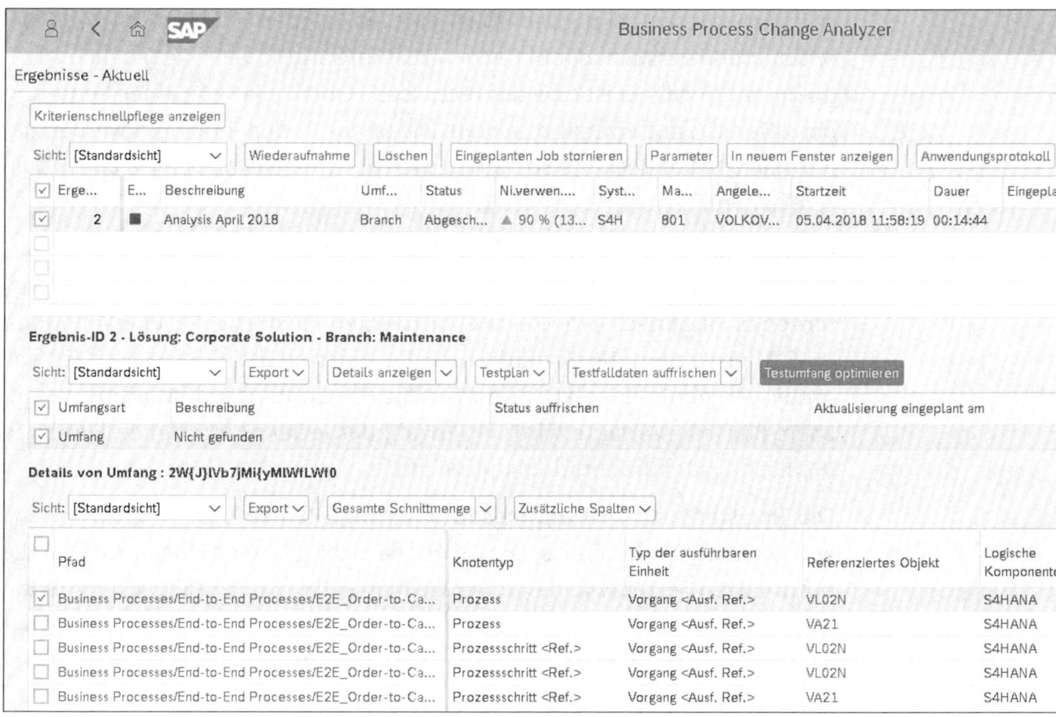

Abbildung 9.70 Ergebnisse der BPCA-Analyse

Ausgehend von dieser Sicht erhalten Sie weitere Detailinformationen und können weitere Aktionen durchführen. In der Tabelle **Details von Umfang** sehen Sie das Analyseergebnis. Die TBOMs aller hier aufgelisteten ausführbaren Einheiten weisen eine Schnittmenge mit den Objekten der ausgewählten Änderung auf, und müssen demnach getestet werden. Über das Drop-down-Feld **Gesamte Schnittmenge** bzw. **Schnittmenge** können Sie sich diese Schnittmenge oder einzelne Objekte anzeigen lassen.

Testplan generieren

Mit der Schaltfläche **Testplan** können Sie über die Option **Testplan anlegen** einen neuen Testplan erstellen; mit der Option **Testplan erweitern** ergänzen Sie einen bestehenden Testplan. Dabei werden jeweils die von der Analyse identifizierten Testfälle bzw. ausführbaren Einheiten selektiert.

Testumfang optimieren

Abhängig von der gewählten Änderung sind nur einzelne oder viele ausführbare Einheiten betroffen. Insbesondere bei umfangreichen Systemänderungen ist es keine Seltenheit, dass ein großer Teil der Lösungsdokumentation betroffen ist. Viele der geänderten Objekte sind gleichzeitig in mehreren verschiedenen ausführbaren Einheiten enthalten und müssten gemäß Analyseergebnis mehrfach getestet werden. Mit der *Testumfangsoptimierung* versucht der BPCA, den Testaufwand so weit wie möglich zu reduzieren. Ziel dabei ist es, jedes technische Objekt, das von einer Änderung betroffen ist, nur einmal zu testen. Die zu testenden Einheiten werden daher nach Testabdeckung sortiert: Tests, die viele geänderte Objekte erfassen, haben die höchste Priorität.

Über die Schaltfläche **Testumfang optimieren** (siehe Abbildung 9.70) starten Sie die Optimierung einer ausgewählten Analyse. In einem neuen Fenster sehen Sie zunächst die Registerkarte **Ergebnisübersicht** (siehe Abbildung 9.71). Hier werden die Testaufwände für einen vollständigen Test, für das Analyseergebnis des BPCA und für die Testumfangsoptimierung verglichen. Für jede Variante wird die Anzahl der jeweils betroffenen Elemente der Lösungsdokumentation angezeigt.

Die Registerkarte **Testumfangsoptimierung: Reihenfolge** zeigt im Detail, was getestet werden muss: Die **Grafische Sicht** gibt eine Übersicht über die optimierten Testaufwände, wobei die blaue Linie die Testabdeckung repräsentiert. Die Grafik kann angepasst werden. Setzen Sie z. B. die Granularität auf den Wert 1, entspricht jeder Knoten der Grafik einem Testfall bzw. einer zu testenden Einheit (siehe Abbildung 9.72).

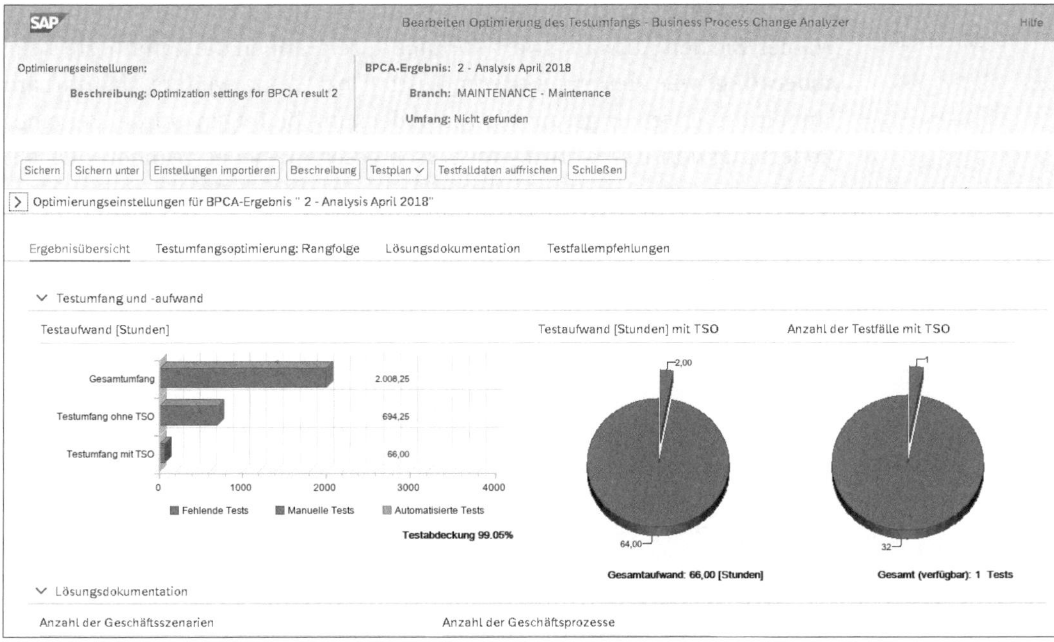

Abbildung 9.71 Testumfang optimieren – Ergebnisübersicht

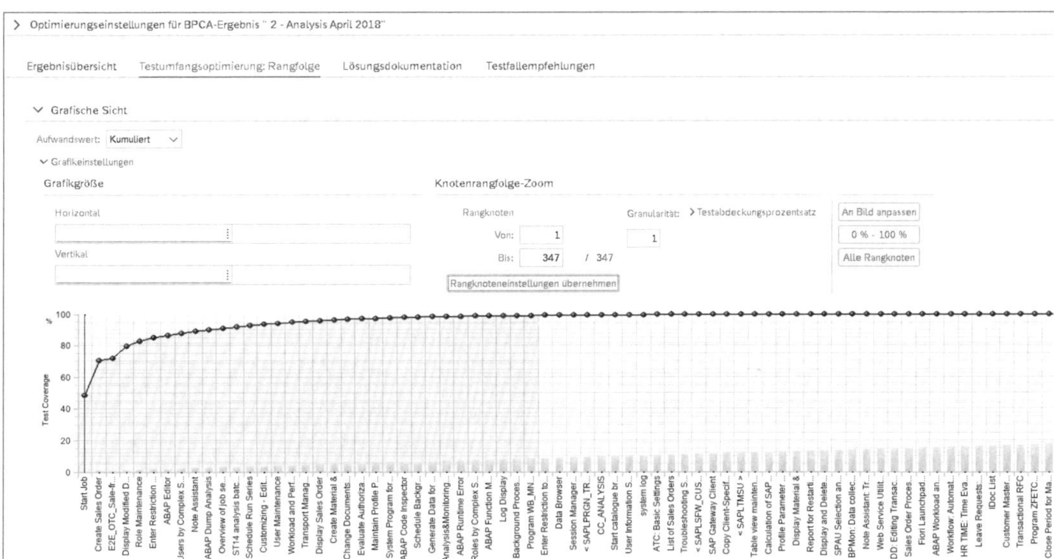

Abbildung 9.72 Testumfangsoptimierung – Grafische Sicht

Kumulierte Testabdeckung

In der **Rangliste** in Abbildung 9.73 sehen Sie die zu testenden Einheiten. Wählen Sie den Aufwandswert **Kumuliert**, zeigt Ihnen die kumulierte Testabdeckung, wie viel ein weiterer Testfall bzw. eine weitere ausführbare Einheit der Liste zur gesamten Testabdeckung beitragen würde. Bei einer Abdeckung von 100 % wird – technisch gesehen – jedes geänderte Objekt zumindest einmal von den aufgelisteten Elementen erfasst.

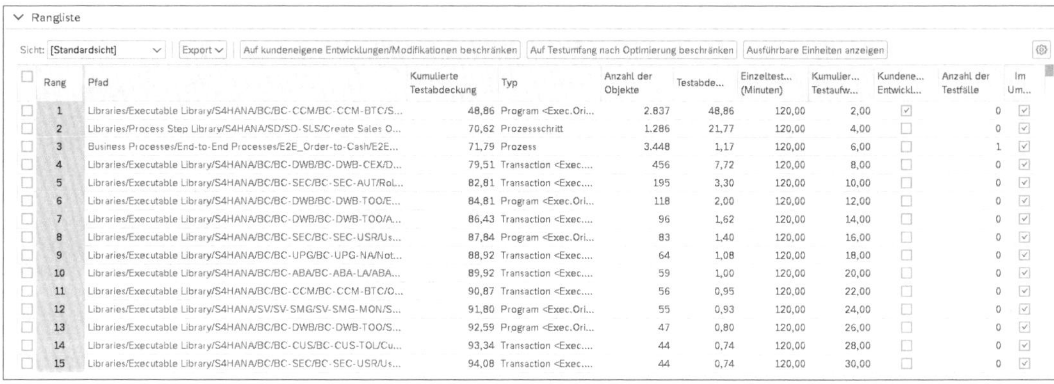
Rangliste

Sicht: [Standardsicht] | Export | Auf kundeneigene Entwicklungen/Modifikationen beschränken | Auf Testumfang nach Optimierung beschränken | Ausführbare Einheiten anzeigen

Rang	Pfad	Kumulierte Testabdeckung	Typ	Anzahl der Objekte	Testabde...	Einzeltest... (Minuten)	Kumulier... Testaufw...	Kundene... Entwickl...	Anzahl der Testfälle	Im Um...
1	Libraries/Executable Library/S4HANA/BC/BC-CCM/BC-CCM-BTC/S...	48,86	Program <Exec.Ori...	2.837	48,86	120,00	2,00	☑	0	☑
2	Libraries/Process Step Library/S4HANA/SD/SD-SLS/Create Sales O...	70,62	Prozessschritt	1.286	21,77	120,00	4,00	☐	0	☑
3	Business Processes/End-to-End Processes/E2E_Order-to-Cash/E2E...	71,79	Prozess	3.448	1,17	120,00	6,00	☐	1	☑
4	Libraries/Executable Library/S4HANA/BC/BC-DWB/BC-DWB-CEX/D...	79,51	Transaction <Exec....	456	7,72	120,00	8,00	☐	0	☑
5	Libraries/Executable Library/S4HANA/BC/BC-SEC/BC-SEC-AUT/RoL...	82,81	Transaction <Exec....	195	3,30	120,00	10,00	☐	0	☑
6	Libraries/Executable Library/S4HANA/BC/BC-DWB/BC-DWB-TOO/E...	84,81	Program <Exec.Ori...	118	2,00	120,00	12,00	☐	0	☑
7	Libraries/Executable Library/S4HANA/BC/BC-DWB/BC-DWB-TOO/A...	86,43	Transaction <Exec....	96	1,62	120,00	14,00	☐	0	☑
8	Libraries/Executable Library/S4HANA/BC/BC-SEC/BC-SEC-USR/Us...	87,84	Program <Exec.Ori...	83	1,40	120,00	16,00	☐	0	☑
9	Libraries/Executable Library/S4HANA/BC/BC-UPG/BC-UPG-NA/Not...	88,92	Transaction <Exec....	64	1,08	120,00	18,00	☐	0	☑
10	Libraries/Executable Library/S4HANA/BC/BC-ABA/BC-ABA-LA/ABA...	89,92	Transaction <Exec....	59	1,00	120,00	20,00	☐	0	☑
11	Libraries/Executable Library/S4HANA/BC/BC-CCM/BC-CCM-BTC/O...	90,87	Transaction <Exec....	56	0,95	120,00	22,00	☐	0	☑
12	Libraries/Executable Library/S4HANA/SV/SV-SMG/SV-SMG-MON/S...	91,80	Program <Exec.Ori...	55	0,93	120,00	24,00	☐	0	☑
13	Libraries/Executable Library/S4HANA/BC/BC-DWB/BC-DWB-TOO/S...	92,59	Program <Exec.Ori...	47	0,80	120,00	26,00	☐	0	☑
14	Libraries/Executable Library/S4HANA/BC/BC-CUS/BC-CUS-TOL/Cu...	93,34	Transaction <Exec....	44	0,74	120,00	28,00	☐	0	☑
15	Libraries/Executable Library/S4HANA/BC/BC-SEC/BC-SEC-USR/Us...	94,08	Transaction <Exec....	44	0,74	120,00	30,00	☐	0	☑

Abbildung 9.73 Rangliste mit kumulierter Testabdeckung

Optimierungseinstellungen

Über die **Optimierungseinstellungen** im oberen Bildschirmdrittel können Sie die Ergebnisse der Optimierung anpassen und z. B. die maximale Testabdeckung oder den maximal möglichen Testaufwand festlegen. Mit den Optimierungsoptionen können Sie z. B. verschiedene Testfalltypen bevorzugen oder Elemente anhand von Attributen ein- oder ausschließen (siehe Abbildung 9.74).

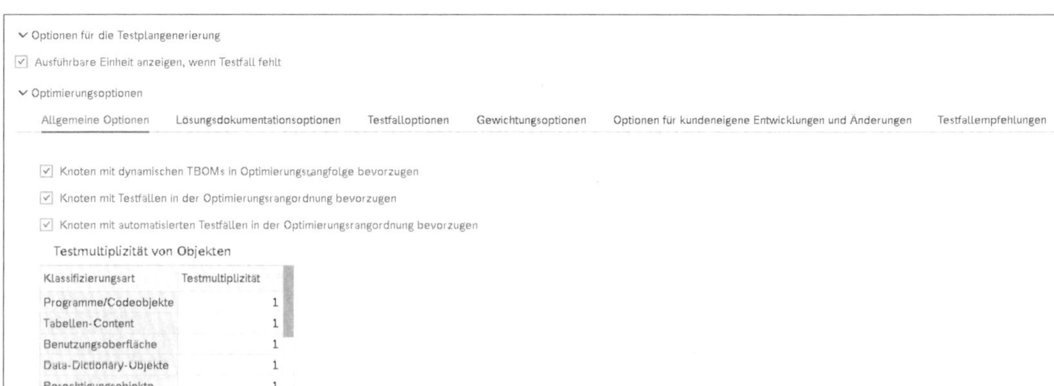

Abbildung 9.74 Optimierungseinstellungen

Abschließend können Sie auch hier über die Schaltfläche **Testplan** einen **Testplan anlegen** oder einen bestehenden **Testplan erweitern**.

9.5.2 Scope and Effort Analyzer

Die Umfangs- und Aufwandsanalyse mit dem SEA kommt vor der eigentlichen Implementierung eines EHP oder SP zum Einsatz. Sie können mithilfe einer SEA-Analyse den Aufwand bzw. Umfang analysieren, der bei der Einspielung von EHPs oder SPs verursacht wird.

[+]

Verwendungsprotokollierung über mehrere Monate laufen lassen

Da der SEA ebenfalls auf Daten der Verwendungsprotokollierung (ABAP Call Monitor oder UPL) zugreift, gilt auch hier: Lassen Sie die Datensammlung über mehrere Monate hinweg laufen, um genauere Analysen durchführen zu können. Erst nach einigen Monaten können diese Daten als repräsentativ betrachtet werden.

Anlage einer SEA-Analyse

Gehen Sie wie folgt vor, um eine SEA-Analyse durchzuführen:

1. Wählen Sie im SAP Solution Manager Launchpad im Menü **Test Suite** die **Umfangs- und Aufwandsanalyse (Upgrade-Planung)**.
2. Sie befinden Sich nun auf der Übersichtsseite des SEA (siehe Abbildung 9.75). Hier können Sie sich u. a. die Ergebnisse bereits durchgeführter Analysen anzeigen lassen. Auch das **Löschen** vorhandener Analysen ist möglich.

Abbildung 9.75 Umfangs- und Aufwandsanalyse – Übersicht

3. Klicken Sie auf **Neu**, um mit der Erstellung einer Analyse zu beginnen.
4. Vergeben Sie einen passenden Namen für die Analyse. Der initiale Wert setzt sich aus dem Namen des angemeldeten Benutzers und einem Datum- und Zeitstempel zusammen (siehe Abbildung 9.76). Sie sollten eine sprechende Beschreibung verwenden, da Sie zu einem späteren Zeitpunkt in der Regel viele verschiedene Analysen erstellt haben werden und diese unterscheiden müssen.

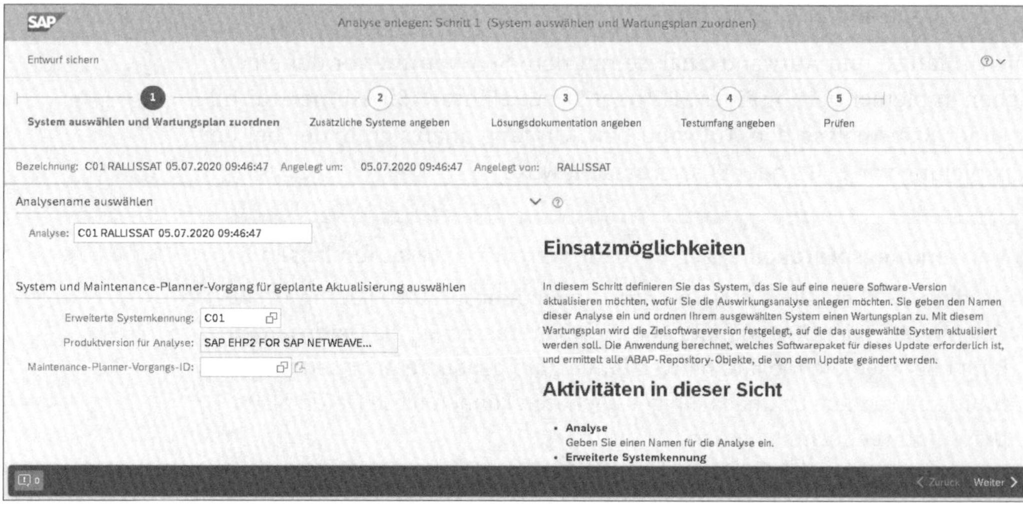

Abbildung 9.76 Namen für die SEA-Analyse vergeben

5. Wählen Sie anschließend das betroffene System aus. Geben Sie die ID des Maintenance-Planner-Vorgangs an, um die zu prüfende Änderung anzugeben.
6. Im nächsten Schritt können Sie zusätzliche Systeme angeben, um der SEA-Analyse weitere Informationen zur Verfügung zu stellen. Für folgende Aktionen können Sie die technischen Systeme angeben:
   - kundeneigene Entwicklungen und Modifikationen
   - Lesen der Verwendungsstatistik
   - Aktivitäten der Testumfangsoptimierung
7. Geben Sie in Schritt 3 die Lösung und den Branch an, in denen sich die Geschäftsvorfälle, die Sie analysieren möchten, befinden.
8. Legen Sie anschließend den Testumfang fest. Sie können hier definieren, ob und mit welcher Technik (ABAP Call Monitor bzw. UPL) semidynamische TBOMs angelegt werden sollen. Ferner können Sie einen Ansatz für die Testumfangsoptimierung angeben. Dieser wird für die im Hintergrund laufende BPCA-Analyse verwendet.
9. Prüfen Sie alle getätigten Eingaben auf Ihre Richtigkeit. Wenn Sie alle Daten kontrolliert haben, können Sie die **Analyse starten**.

Analyse durchführen

Während die SEA-Analyse, die einige Zeit in Anspruch nimmt, im Hintergrund durchgeführt wird, können Sie den Status im Überblicksfenster der Umfangs- und Aufwandsanalyse verfolgen. Sollten Sie nähere Informationen über den genauen Ausführungsstatus benötigen, können Sie mit einem Klick auf die laufende Analyse mehr Details einsehen. Im Verarbeitungsprotokoll wird dargestellt, welcher Schritt gerade durchgeführt wird (siehe Abbildung 9.77). Sobald alle Schritte erfolgreich abgeschlossen wurden (Status grün), können Sie sich die Ergebnisse mit einem Klick auf die Analyse anschauen.

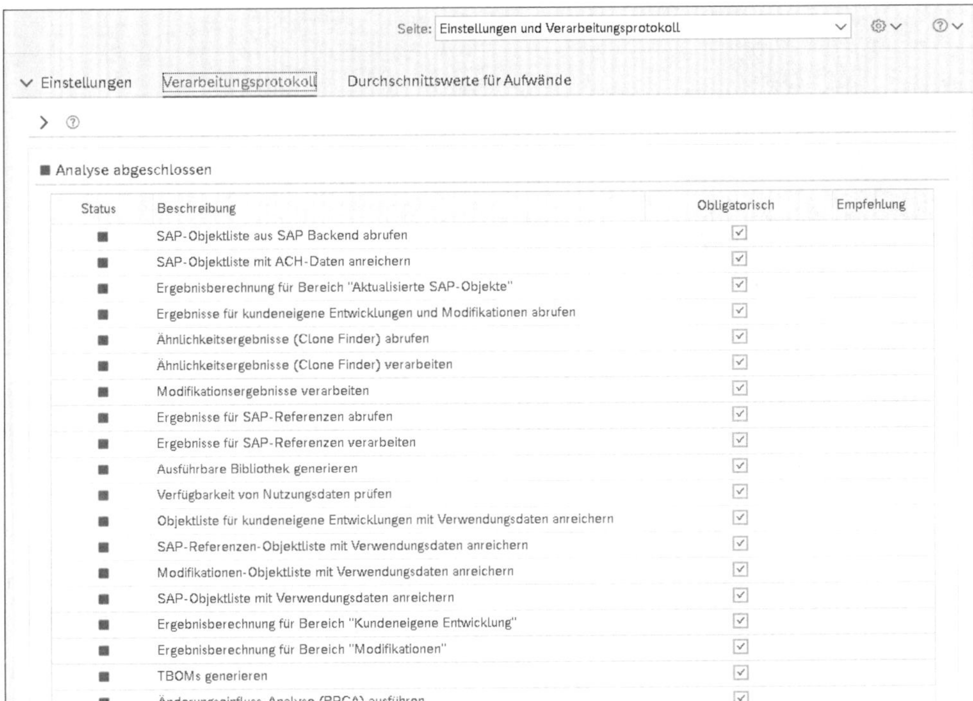

Abbildung 9.77 Verarbeitungsprotokoll der SEA-Analyse

Übersicht der Analyseergebnisse

Das Resultat der Umfangs- und Aufwandsanalyse wird auf vier Seiten angezeigt, zwischen denen Sie über das Drop-down-Feld am oberen Bildschirmrand wechseln können. Die Seite **Übersicht** präsentiert die Ergebnisse der Analyse in Kurzform (siehe Abbildung 9.78). Auf der Registerkarte **Zusammenfassung** werden das geplante Upgrade und die geschätzten Aufwände für die Anpassung von Eigenentwicklungen und für Regressionstests angezeigt. Diese Informationen werden auf den Registerkarten **Modifikationen / Kundeneigene Entwicklungen** bzw. **Testmanagement** detaillierter ausgeführt. So ist auf der Registerkarte **Testmanagement** z. B. auch die aus der Umfangsoptimierung des BPCA bekannte Statistik zum Testaufwand enthalten (siehe Abschnitt 9.5.1, »Business Process Change Analyzer«). Die Registerkarte **Aktualisierte SAP-Objekte** zeigt die Repository-Objekte, die von SAP mit der geplanten Änderung ausgeliefert werden.

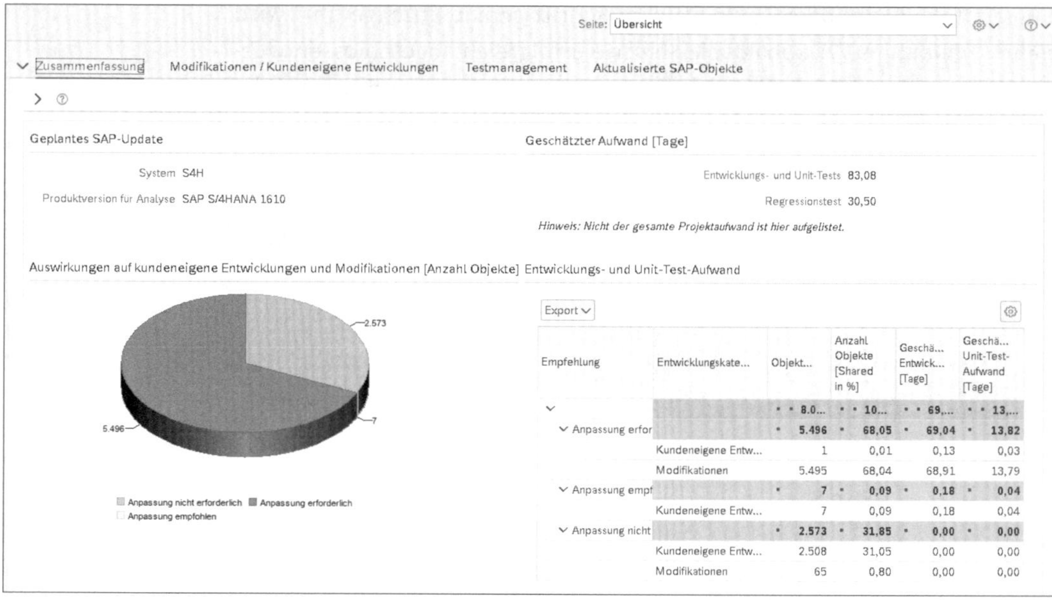

Abbildung 9.78 Zusammenfassung der Analyseergebnisse

Details zu Eigenentwicklungen

Die Seite **Details – Modifikationen / Kundeneigene Entwicklungen** enthält detaillierte Angaben über Modifikationen und Eigenentwicklungen, die im Zuge des geplanten Upgrades überprüft werden müssen (siehe Abbildung 9.79).

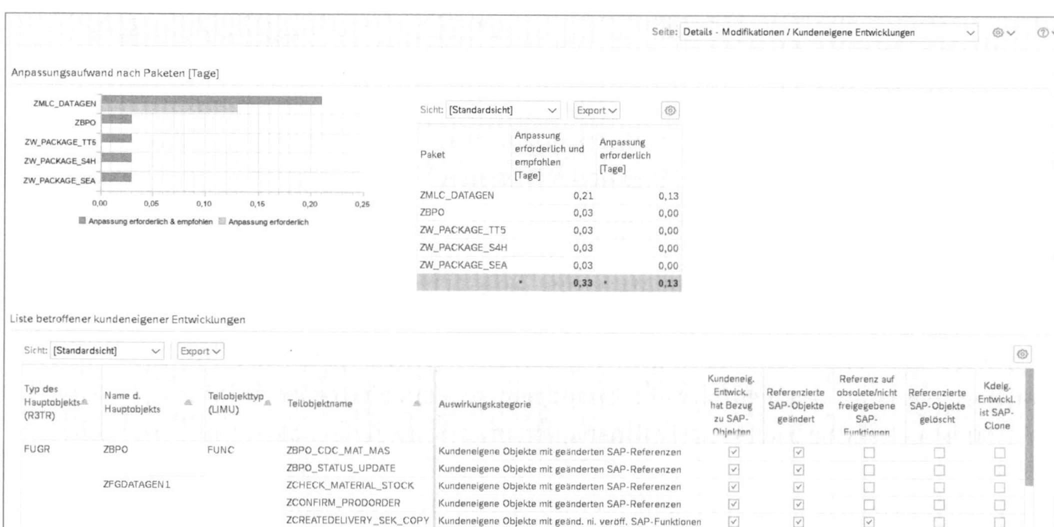

Abbildung 9.79 Details zu Modifikationen und kundeneigenen Entwicklungen

Für jede der beiden Kategorien wird eine Tabelle mit den identifizierten Objekten angezeigt. Die Spalte **Auswirkungskategorie** sowie die weiteren Spalten zeigen, warum ein Objekt überprüft werden sollte (z. B. weil dieses auf SAP-Objekte verweist, die sich mit dem Upgrade ändern). Daneben finden Sie jeweils eine Einschätzung, warum diese Objekte überprüft werden sollten.

Details zum Testmanagement

Die Seite **Details – Testmanagement** entspricht einer BPCA-Analyse mit anschließender Testumfangsoptimierung. Sie finden hier die in Abschnitt 9.5.1, »Business Process Change Analyzer«, vorgestellten Grafiken, die Rangliste und die Optimierungseinstellungen, anhand derer Sie einen Überblick über den Umfang des erforderlichen Regressionstests gewinnen bzw. um den Testumfang an Ihre Erfordernisse anpassen können (siehe Abbildung 9.80). Ausgehend von dieser Analyse können Sie anschließend einen Testplan anlegen. Zudem können Sie über die Auswahlflächen im Kopfbereich die gesamte Analyse auf Prozesse mit kundeneigenen Entwicklungen bzw. Modifikationen beschränken.

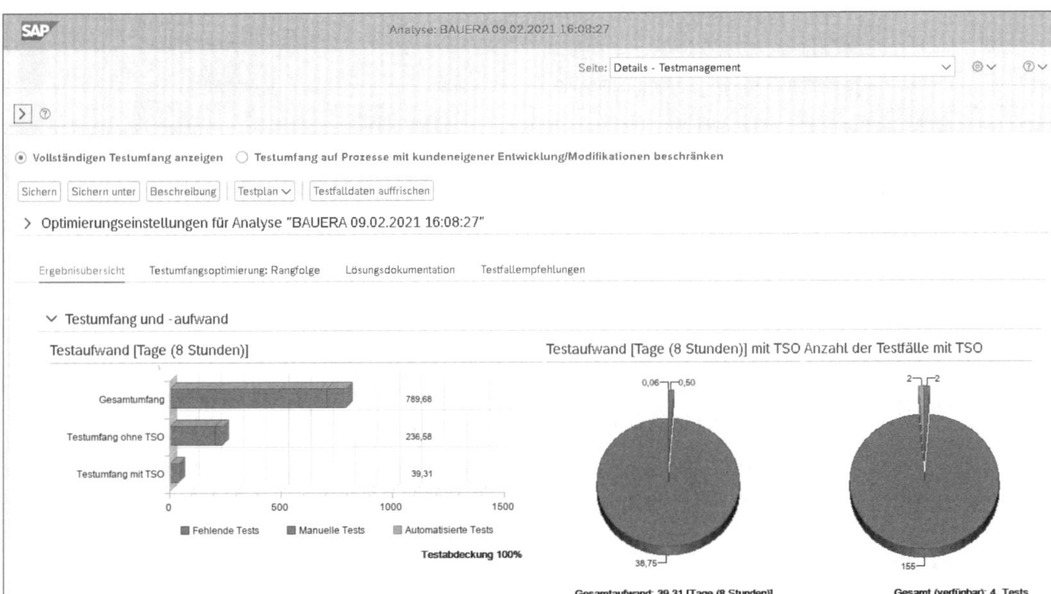

Abbildung 9.80 Details zum Testmanagement

Einstellungen und Verarbeitungsprotokoll

Auf der Seite **Einstellungen und Verarbeitungsprotokoll** finden Sie die beiden titelgebenden Übersichten. Darüber hinaus haben Sie hier die Möglichkeit, die **Durchschnittswerte für Aufwände** zu ändern (siehe Abbildung 9.81). Haben Sie bereits in anderen Projekten Erfahrungen diesbezüglich gesammelt und ein gewisses Know-how erworben, können Sie Ihre Werte in diesem Customizing hinterlegen.

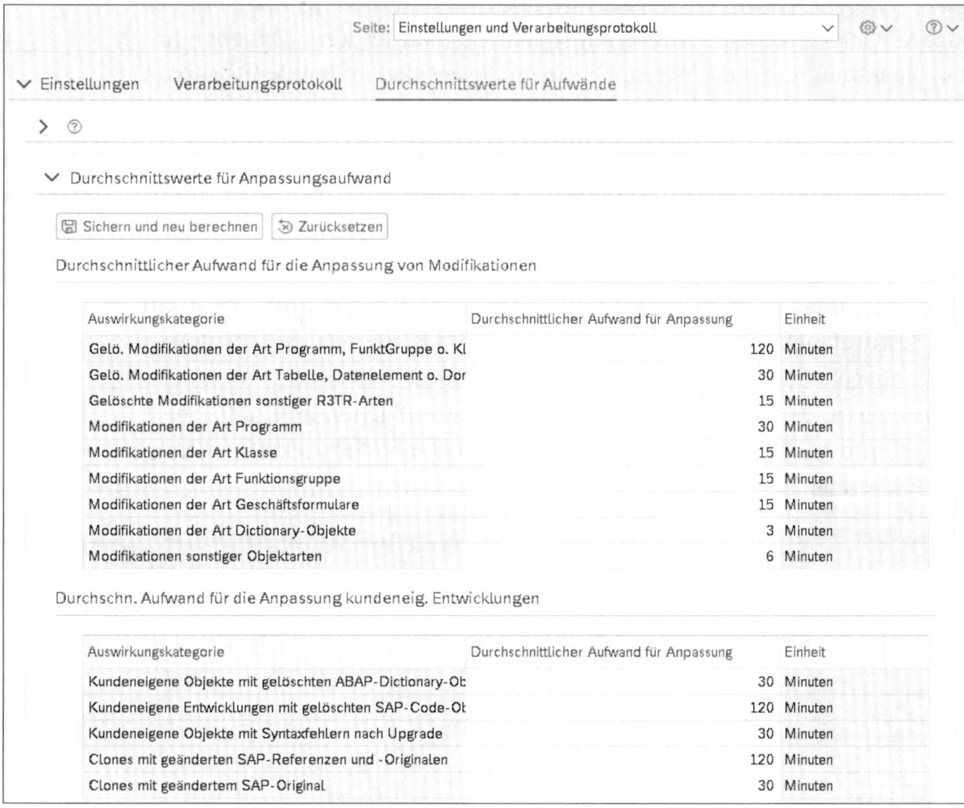

Abbildung 9.81 Durchschnittswerte für die Testaufwände

[!]

Durchschnittswerte für Testaufwand

Die Durchschnittswerte für den Testaufwand müssen Sie vor der Anlage einer SEA-Analyse hinterlegen. Im Nachgang können Sie diese nicht mehr ändern, da sonst die komplette Analyse neu gestartet werden müsste.

Kapitel 10
Technischer Betrieb

Dieses Kapitel gibt Ihnen das nötige Wissen an die Hand, um den reibungslosen Betrieb Ihrer Systemlandlandschaft sicherstellen zu können.

Mit zunehmender Digitalisierung betriebswirtschaftlicher und logistischer Prozesse und der damit verbundenen wachsenden Komplexität und Menge der zu verarbeitenden Daten fällt es Unternehmen immer schwerer, einen Überblick über ihre IT-Systemlandschaften und die sich darin abspielenden Geschäftsvorfälle und Prozesse zu behalten. IT-Administratoren müssen sich dem Problem von schnell veraltenden Softwarelösungen und dem damit verbundenen Aufwand bei Einführungen und Wartungen stellen. Um dem steigenden Aufwand entgegenzuwirken, werden mit SAP Solution Manager 7.2 neue und verbesserte technische und organisatorische Funktionen zur Verfügung gestellt.

Teilbereiche des Betriebs

SAP-Lösungen lassen sich in drei Teilbereiche des Betriebs unterteilen:

- Infrastruktur
- Anwendungen
- Geschäftsprozesse

Treibende Kraft für alle technischen Umsetzungen sind immer das Geschäft und die damit verbundenen Geschäftsvorfälle. Kommt eine Anforderung aus einer Geschäftseinheit, muss die IT-Abteilung zusammen mit der entsprechenden Geschäftseinheit ein Konzept zur technischen Umsetzung erarbeiten. Dieses Konzept muss u. a. die entsprechenden Anwendungs- und Datenbankserver, die Betriebssysteme und letztendlich die darauf laufenden SAP- bzw. Nicht-SAP-Anwendungen berücksichtigen.

Monitoring und Alerting

Der eigentliche Prozess des technischen Betriebs (*Application Operations*) beginnt mit der Überwachung der Systeme. Diese soll möglichst automatisiert geschehen und die gesamte Systemlandschaft umfassen, von der Hardware über die Ebene der Betriebssysteme bis hin zur Anwendung.

[+]

Ganzheitliches Monitoring mit dem SAP Solution Manager

Wer schon Erfahrung mit dem Betrieb eines SAP-Systems gesammelt hat, weiß, dass sich die Fehlersuche als äußerst komplex erweisen kann. Fehler können von der Anwendung bis hin zur Hardware auf allen Ebenen auftreten. Die Auswirkungen eines solchen Fehlers sind jedoch oft nicht direkt ersichtlich. Es empfiehlt sich daher, alle nötigen Informationen an einer zentralen Stelle zusammenzufassen. Der SAP Solution Manager hat sich hierfür als gut geeignetes Tool herausgestellt, da er Monitoring-Funktionen für so gut wie alle benötigten Bereiche bereitstellt.

Ein Fehlerfall lässt sich über die Definition bestimmter Schwellenwerte für einen überwachten Parameter bestimmen. Werden diese Werte über- bzw. unterschritten, soll eine Benachrichtigung ausgelöst werden. Um die Anzahl dieser Benachrichtigungen nicht ausufern zu lassen, werden diese im SAP Solution Manager zu sogenannten *Alerts* zusammengefasst. Diese können dann zielgerichtet über einen oder mehrere Kanäle an den passenden Empfängerkreis weitergeleitet werden. Der SAP Solution Manager kann durch das Bereitstellen von Detailinformationen und passenden Auswertungen bei der Analyse, der Lösung des eigentlichen Problems und der Optimierung des gesamten technischen Betriebs unterstützen.

Technisches Monitoring und Varianten

Die einzelnen Funktionen des technischen Betriebs mit SAP Solution Manager 7.2 beleuchten wir in diesem Kapitel. Sie erhalten zunächst einen Überblick über die Möglichkeiten des technischen Monitorings. Anschließend erläutern wir die wichtigsten Monitoring-Varianten näher.

[+]

Expert Portal nutzen

Für den technischen Betrieb mit SAP Solution Manager 7.2 hat SAP ein eigenes *Expert Portal* bereitgestellt. Hier finden sie Tipps und Informationen zur Einrichtung und zum Betrieb der einzelnen Teilbereiche des technischen Betriebs. Navigieren Sie entweder im SAP Support Portal zum Bereich **Application Lifecycle Management • SAP Solution Manager • Expert Portal** oder öffnen Sie direkt folgenden Link: *http://s-prs.de/v791831*

10.1 Einheitliche User Experience für das Monitoring

Das Ziel eines Monitorings ist es, Störfälle und Probleme schnell zu erkennen und an die zuständigen Personen weiterzugeben, damit diese im Anschluss möglichst zeitnah behoben werden können. Im SAP Solution Manager gibt es eine Vielzahl von Monitoring-Applikationen, die von SAP sukzessive erweitert werden.

Gute User Experience

Mit SAP Solution Manager 7.2 hat SAP ein für alle Monitoring-Applikationen einheitliches User-Experience-Konzept umgesetzt. Der grobe Aufbau und die Bedienung der Oberflächen wurden dem SAP-Fiori-Designkonzept angeglichen und mithilfe der SAPUI5-Technologie ansprechend dargestellt. Als Basis für alle Applikationen steht nun die *Unified OCC Shell* (UOS) bereit. Diese stellt den standardisierten Aufbau der Monitoring-Applikationen sicher.

Als zentraler Einstieg dient auch hier das SAP Solution Manager Launchpad (Transaktion SM_WORKCENTER). Von hier aus können Sie direkt in die gewünschte SAPUI5-Applikation abspringen (siehe Abbildung 10.1).

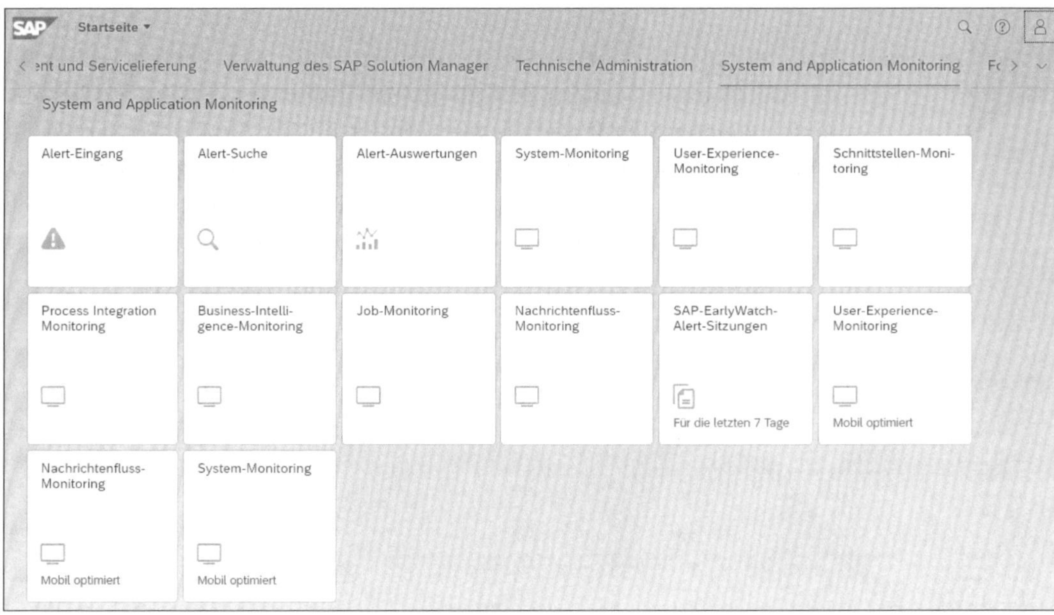

Abbildung 10.1 Einstieg über das SAP Solution Manager Launchpad

Personalisierung

Jede Applikation kann durch individuelle Einstellungen personalisiert werden. Durch einen Klick auf **Personalisierung** in der senkrechten Leiste am rechten Bildrand können Sie beispielsweise eigene Registerkarten mit den entsprechenden Systemen und Monitoring-Objekten erstellen, wie in Abbildung 10.2 gezeigt. Hier wurde z. B. der *Alert Ticker*, der eine Übersicht über aktuelle Monitoring-Alerts bietet, mit eingeblendet.

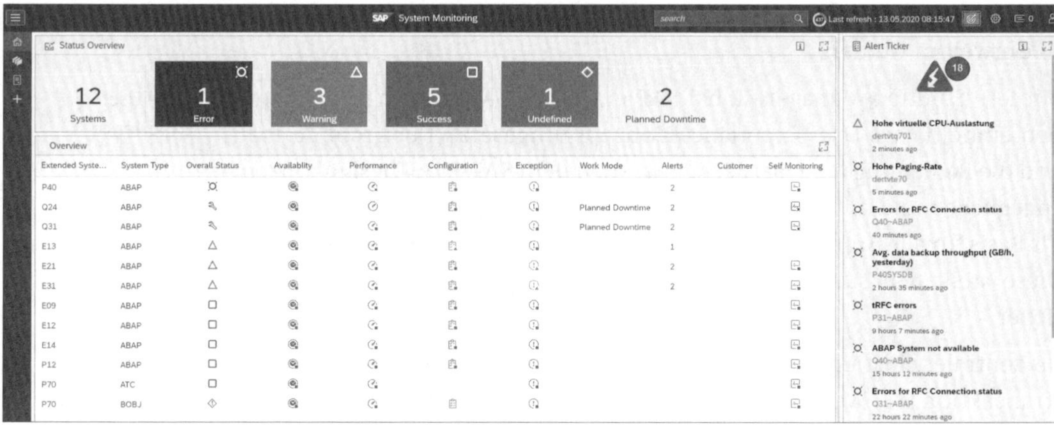

Abbildung 10.2 Einheitliche Monitoring-Oberflächen

Metriken konfigurieren

Darüber hinaus können Sie die Konfiguration einzelner Metriken direkt in der Metrikansicht ändern. Selektieren Sie hierfür das gewünschte System, und navigieren Sie zur gewünschten Metrik. Klicken Sie auf den Namen der Metrik und anschließend im Übersichtsfenster auf **Konfiguration ändern**, woraufhin sich das Fenster aus Abbildung 10.3 öffnet. Hier können Sie beispielsweise Anpassungen an den Schwellenwerten vornehmen.

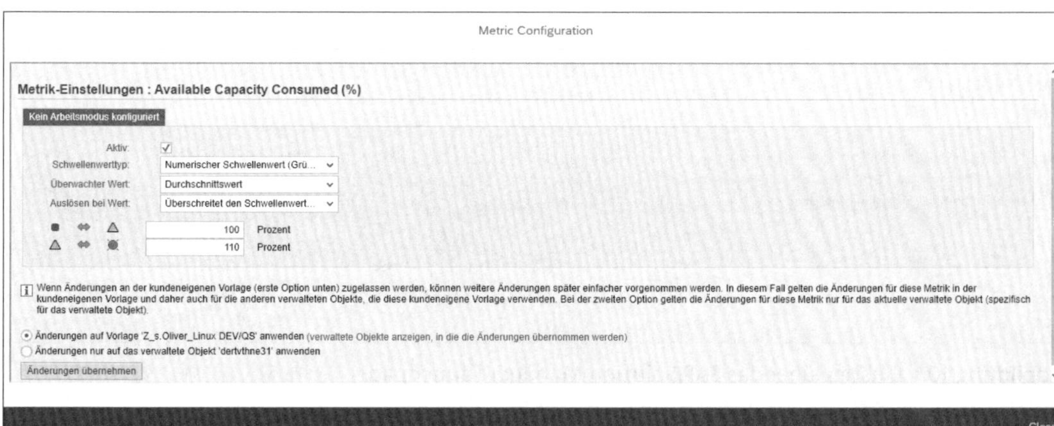

Abbildung 10.3 Metrikkonfiguration anpassen

Einheitliche Dashboards

Es ist ebenfalls möglich, aktuelle Daten und Fakten des Monitorings aufbereitet auf einem Dashboard darzustellen. Dies ist besonders für übergreifende Anwendungsfälle interessant. Sie können entweder Dashboards für eine spezielle Applikation wählen oder anwendungsübergreifende Dashboards erstellen. Die Konfiguration und Verwendung von Dashboards erläutern wir in Abschnitt 10.12, »Monitoring-Dashboards«.

10.2 Berechtigungen im Umfeld des technischen Betriebs

Aufgrund der Vielzahl an Szenarien und der zahlreichen Integrationsmöglichkeiten mit anderen Funktionen des SAP Solution Managers sind Berechtigungen im technischen Betrieb ein sehr komplexes Thema. Generell sieht SAP für die meisten Szenarien zwei Standardrollen vor. Dabei handelt sich um eine First- und eine Second-Level-Benutzerrolle. Diese listen wir in den folgenden Tabellen beispielhaft für das System-Monitoring auf.

First-Level-Benutzerrolle

Die *First-Level-Benutzerrolle* deckt alle benötigten Berechtigungen für die Nutzungsszenarien eines klassischen First-Level-Support-Mitarbeiters oder einer -Mitarbeiterin ab. Diese nehmen in der Regel Probleme auf und bearbeiten diese in einfachen Fällen oder leiten sie in schwierigeren Fällen an das nächste Support-Level weiter. SAP stellt hierfür die Sammelrolle SAP_SM_L1_COMP bereit, die die in Tabelle 10.1 aufgeführten Einzelrollen enthält.

Technischer Rollenname	Bezeichnung
SAP_SM_SYM_LEVEL01	Zugriff auf Alert-Eingang und Alerts
SAP_SMWORK_TECH_MON	Navigation in System- und Anwendungsüberwachung
SAP_SYSTEM_REPOSITORY_DIS	Anzeige System-Repository-Objekt
SAP_SUPPDESK_CREATE	Key-User-Aufgaben im Incident Management
SAP_NOTIF_ADMIN	Benachrichtigungsverwaltung – volle Berechtigung
SAP_SM_BP_DISPLAY	Geschäftspartner und Produkte in SM/LMDB (Anzeiger)
SAP_SM_FIORI_LP_EMBEDDED	SAP Solution Manager Launchpad

Tabelle 10.1 Einzelrollen zur Sammelrolle SAP_SM_L1_COMP

Second-Level-Benutzerrolle

Von der Second-Level-Benutzerrolle werden viele tiefergehende Berechtigungen, die zur Fehleranalyse benötigt werden, abgedeckt. Die Sammelrolle hat den Namen SAP_SM_L2_COMP und besteht aus den in Tabelle 10.2 aufgeführten Einzelrollen.

Technischer Rollenname	Bezeichnung
SAP_SM_SYM_LEVEL02	System, Datenbank, Host-Monitoring: zweite Ebene

Tabelle 10.2 Einzelrollen zur Sammelrolle SAP_SM_L2_COMP

Technischer Rollenname	Bezeichnung
SAP_SMWORK_TECH_MON	Navigation in System- und Anwendungsüberwachung
SAP_SMWORK_DIAG	Work Center: Ursachenanalyse
SAP_SYSTEM_REPOSITORY_DIS	Anzeige System-Repository-Objekt
SAP_RCA_DISP	Ursachenanalyse (Anzeigeberechtigung)
SAP_SUPPDESK_CREATE	Key-User-Aufgaben im Incident Management
SAP_NOTIF_ADMIN	Benachrichtigungsverwaltung – volle Berechtigung
SAP_SM_MAI_REPORTING	BI-Reporting: Monitoring und Alerting
SAP_SM_BP_DISPLAY	Geschäftspartner und Produkte in SM (Anzeiger)
SAP_SM_FIORI_LP_EMBEDDED	SAP Solution Manager Launchpad
SAP_DBA_DISP	DBA Cockpit – Berechtigung anzeigen
SAP_BI_E2E_SM	SAP Solution Manager/E2E-Berechtigungen – SM
SAP_SM_BI_DISP	Anzeige Benutzer: BW-Auswertungen

Tabelle 10.2 Einzelrollen zur Sammelrolle SAP_SM_L2_COMP (Forts.)

[»]

Security Guide prüfen

Für nähere Informationen zu den bereitgestellten Rollen jedes einzelnen Szenarios und den dazugehörigen Berechtigungen empfiehlt es sich, die jeweils passende Version des Security Guides von SAP anzuschauen. Diese finden Sie im SAP Support Portal (*https://help.sap.com/en/index.html*) unter **Product Hierarchy • Technology Platform • SAP Solution Manager • SAP Solution Manager 7.2 SPS 11 • Implement** im Bereich **Security**.

10.3 Architektur der Monitoring and Alerting Infrastructure

Bereits mit Release 7.1 des SAP Solution Managers wurde die sogenannte *Monitoring and Alerting Infrastructure* (MAI) eingeführt. Diese Infrastruktur basiert in Ihrem Kern auf einer mit SAP Solution Manager 7.0 EHP 1 etablierten Architektur namens *End-to-End Diagnostics*. Ein großer Unterschied zwischen den beiden Versionen ist, dass die Komponenten von End-to-End Diagnostics wie die Diagnostics Agents oder der Introscope Enterprise Manager nicht länger nur für die Ursachenanalyse von Bedeutung sind, sondern auch Hauptbestandteil der MAI sind.

Voraussetzungen

Bevor Sie mit der Einrichtung des technischen Monitorings beginnen können, müssen bestimmte Voraussetzungen erfüllt sein (siehe auch Abschnitt 2.3, »Verwaltete Systeme konfigurieren«). Unter anderem sind das:

- die Installation von aktuellen Diagnostics Agents und SAP-Host-Agenten auf allen für das Monitoring relevanten Hosts, auf denen die SAP-Komponenten bzw. die verbundenen Satellitensysteme installiert sind und überwacht werden sollen
- die Installation und Konfiguration des Introscope Enterprise Managers
- die Registrierung der verbundenen Satellitensysteme im System Landscape Directory (SLD) und die anschließende grundlegende Konfiguration der verwalteten Systeme im SAP Solution Manager

Während die verwalteten Systeme mithilfe einer Setup-Routine mit dem SAP Solution Manager verbunden werden, werden auch weitere Elemente der MAI eingerichtet:

- die Installation sowie Implementierung der Adapter (*Introscope Host Adapter* und *Introscope Byte Code Adapter*)
- die Einplanung von Extraktoren im *Extractor Framework* (EFWK)
- die Ausführung des Datenbank-Setups sowie die Einplanung der Datenbankextraktoren
- die Konfiguration der Einstellungen für das EWA-Monitoring (SAP Early-Watch Alert)

Erst wenn Sie Ihren SAP Solution Manager, wie in Kapitel 2, »Grundkonfiguration«, beschrieben, vollständig konfiguriert haben, steht Ihnen eine voll funktionsfähige Infrastruktur für Ihr Monitoring zur Verfügung.

Datenlieferanten

Die MAI verwendet für die Datensammlung von den angeschlossenen Systemen verschiedene Quellen. Dies sind die sogenannten Datenlieferanten (*Data Provider*). Sie sammeln periodisch Daten ein und senden diese an das SAP-Solution-Manager-System. Diese Werte (auch *Metriken* genannt) werden zunächst mit dem *Data Provider Connector* bearbeitet.

Der Data Provider Connector hat grundsätzlich zwei Aufgaben:

- Zum einen legt er die gelieferten Daten in einem Speicher des angeschlossenen SAP Business Warehouse (SAP BW) ab. Dies ist deshalb so wichtig, weil diese Daten später für das Reporting wiederverwendet werden.

- Zum anderen leitet er die gesammelten Metrikwerte an die *Event Calculation Engine* weiter. Diese speichert die Daten wiederum im sogenannten *Metrik- und Ereignis-Store* als Ereignisse, die später in den Monitoring-Applikationen zur Verfügung gestellt werden, ab. Gleichzeitig werden die Daten an den *Alert Consumer Connector* gesendet. Hier werden generierte Alerts im *Alert-Store* gespeichert.

10.3.1 Datenlieferanten

Arten von Datenlieferanten

Die Datenlieferanten sind, wie bereits erwähnt, für das Sammeln von Informationen zur Generierung von Metrikwerten zuständig. Da es im SAP-Umfeld viele verschiedene Komponenten gibt, existieren auch unterschiedliche Typen von Datenlieferanten. Auf einer ersten Ebene ergeben sich die zwei folgenden Arten:

- **Push Data Provider**
  Push Data Provider liefern Daten von externen Quellen, z. B. Daten, die vom Diagnostics Agent oder Introscope Enterprise Manager kommen. Diese werden dann an das SAP-Solution-Manager-System gesendet.
- **Pull Data Provider**
  Pull Data Provider liefern die Daten direkt aus dem SAP-Solution-Manager-System oder übermitteln aktiv die Daten nach einer Anfrage.

Verfügbare Datenlieferanten

In Tabelle 10.3 sehen Sie eine Übersicht der vorhandenen Datenlieferanten.

Name des Datenlieferanten	Beschreibung
RFC Pull: ST-PI	Sammelt Daten aus dem lokalen Computing Center Management System (CCMS) der ABAP-Systeme.
RFC Pull: ST	Sammelt Daten aus dem SAP-EarlyWatch-Alert-Bericht.
RFC Pull: ST-BW	Liest Daten aus InfoCubes in SAP BW.
RFC Pull: DBMS	Sammelt Daten aus der Datenbank.
Push Introscope	Sammelt J2EE-Metriken aus Java-Systemen.
Push Diagnostics Agent	Sammelt Betriebssystemdaten über den Datenkollektor SAPOSCOL.

Tabelle 10.3 Datenlieferanten

10.3.2 Extractor Framework

Das Extractor Framework (EFWK) des SAP Solution Managers ist eine Engine zur Datenbeschaffung. Es wird z. B. eingesetzt, um Daten von den genannten Datenlieferanten aktiv einzusammeln oder – je nach Typ des Datenlieferanten – entgegenzunehmen. Mithilfe dieses Frameworks werden die Daten später in die InfoCubes des SAP BW des SAP Solution Managers geschrieben.

Konfigurations- und Änderungsdatenbank

Ebenfalls vom Extractor Framework wird die Speicherung der Daten in der *Konfigurations- und Änderungsdatenbank* (Configuration and Change Database, CCDB) verantwortet, die die Entwicklungen und Änderungen in der gesamten SAP-Systemlandschaft enthält. Das Extractor Framework ist somit für die Datensammlung und -verarbeitung sowie für die spätere Ablage der Daten im SAP Solution Manager unverzichtbar.

Verarbeitung der Daten

In aller Regel erfolgt die Verarbeitung der Daten in vier Schritten:

1. Die *Extraktoren* werden in regelmäßigen Zeitabständen auf dem SAP-Solution-Manager-System gestartet. Diese werden für jedes System während der Anbindung der SAP-Systeme an den SAP Solution Manager definiert und aktiviert. Art und Anzahl der Extraktoren für jedes System hängen von der Art des technischen Systems ab. Die Extraktoren bei einem SAP-ERP- bzw. SAP-S/4HANA-System und einem reinen SAP-NetWeaver-System können sich deutlich unterscheiden.
2. Nach der Anbindung eines Systems an den SAP Solution Manager erfolgt ein initialer Extraktorlauf, bei dem initial die gesamten Daten für die CCDB gesammelt und in dieser abgelegt werden. Alle Extraktorläufe danach laufen nur noch im sogenannten *Deltamodus*. Das heißt, dass nur noch Änderungen in die entsprechenden Datenbanktabellen geschrieben werden.
3. Im SAP Solution Manager wird stündlich ein Extraktor ausgeführt, der die Daten in der CCDB prüft und anschließend mit den entsprechenden Änderungen, die zwischenzeitlich gesammelt wurden, verdichtet. Diese Daten werden dann wiederum in InfoCubes des SAP BW im SAP Solution Manager abgelegt.
4. Durch regelmäßige Hintergrundprozesse werden die Daten in den InfoCubes des SAP BW noch weiter verdichtet.
5. Nun können die gesammelten Daten in den verschiedenen Anwendungen des SAP Solution Managers verwendet werden. Eine Oberfläche, mit der Sie die wichtigsten Informationen zu Softwareänderungen innerhalb der CCDB übersichtlich einsehen können, wird z. B. von der End-to-End-Änderungsanalyse bereitgestellt.

Administrationsübersicht

Das Extractor Framework ist eines der Kernelemente des SAP Solution Managers. Abbildung 10.4 zeigt einen Ausschnitt aus der Übersicht der aktuell gültigen Extraktoren. Diese Administrationsübersicht können Sie im SAP Solution Manager Launchpad über die Kachel **Extraktoren – Verwaltung** erreichen.

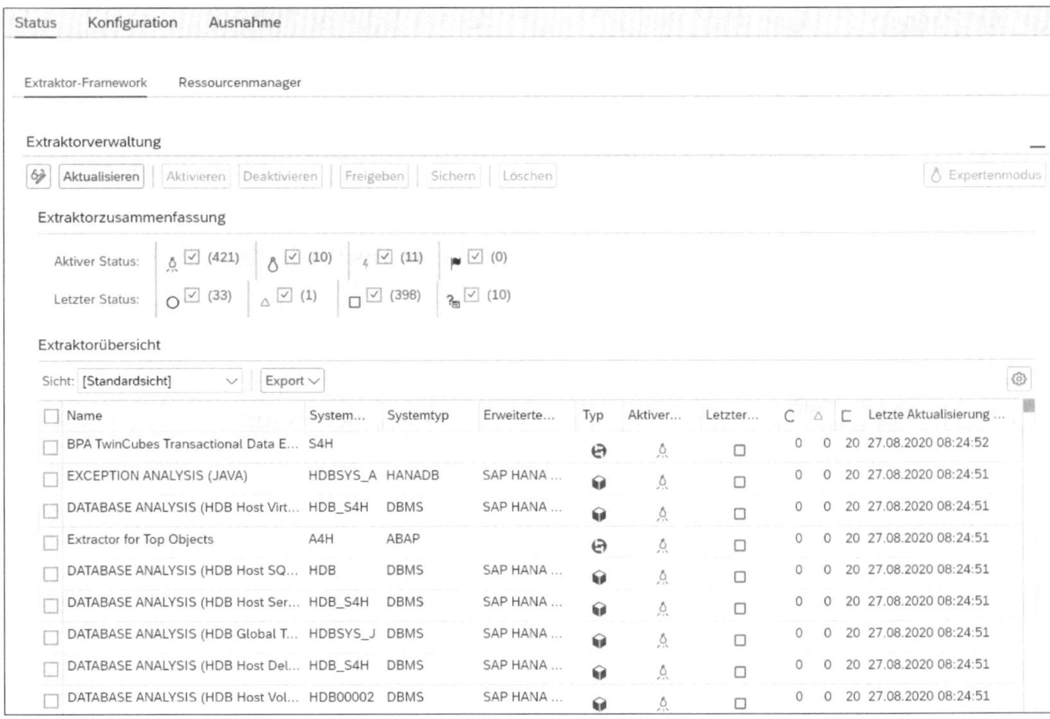

Abbildung 10.4 Extraktorverwaltung

Sollten Ihnen in einer Monitoring-Applikation keine Daten angezeigt werden, empfiehlt es sich, einen Blick in die Extraktorverwaltung zu werfen. Denn eine ausbleibende Datenanzeige kann immer ein Indiz dafür sein, dass etwaige Extraktoren nicht richtig funktionieren.

[»]

Weitere Informationen zum Extractor Framework

Für die Fehlerrecherche ist das eigens aufgebaute SAP Comnunity Wiki für das Extractor Framework eine gute Anlaufstelle. Sie erreichen es unter dem folgenden Link: *http://s-prs.de/v791832*. Weitere hilfreiche Informationen finden Sie im Expert Portal unter: *http://s-prs.de/v791833*

10.3.3 Alert-Eingang

Der *Alert-Eingang* ist eine zentrale Applikation, in der sämtliche Alarme, die generiert werden, gesammelt und zentral zur Verfügung gestellt werden. Sie wird daher auch als *Unified Alert Inbox* bezeichnet.

Hauptbereiche des Alert-Eingangs

Dieser Alert-Eingang teilt sich in drei Hauptbereiche auf.

- Alert-Typensicht
- Alert-Gruppensicht
- Alert-Detailsicht

Sobald Sie im SAP Fiori Launchpad im Bereich **Technische Administration** die Applikation **Alert-Eingang** starten, sehen Sie die Ansicht aus Abbildung 10.5. Im oberen Bildschirmbereich stehen Ihnen verschiedene Abfragen zur Verfügung. Neben den von SAP vordefinierten Abfragen können Sie auch eigene Abfragen für die Systeme, für die Sie verantwortlich sind, definieren. In diesen Abfragen werden sämtliche aufkommende Alerts, inklusive aktueller und kritischer Status, zusammengefasst.

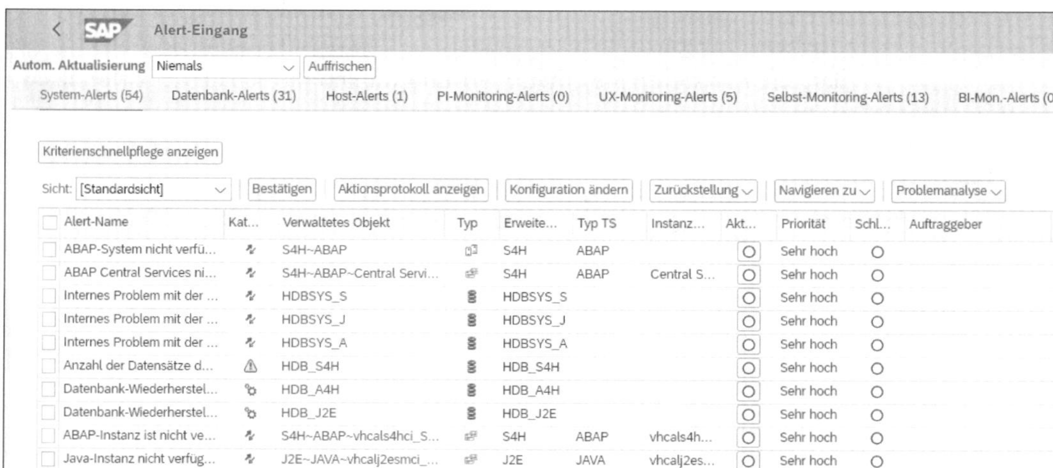

Abbildung 10.5 Einstiegsseite des Alert-Eingangs

Alert-Gruppensicht

Sobald Sie einen Alert auswählen, erscheint im unteren Bildschirmbereich die Alert-Gruppensicht. Um die Anzahl an auftretenden Alerts bzw. die dazugehörigen Benachrichtigungen zu verringern, werden Alerts in den meisten Fällen zu einer Gruppe gebündelt. Sobald ein Alert zum selben Ereignis gehört und denselben Status aufweist, wird er einer Gruppe zugeordnet. In der Gruppensicht sehen Sie dann – einzeln aufgelistet – alle zu einer Gruppe gehörenden Alerts. Wie das im Echtbetrieb aussieht, zeigt Abbildung 10.6.

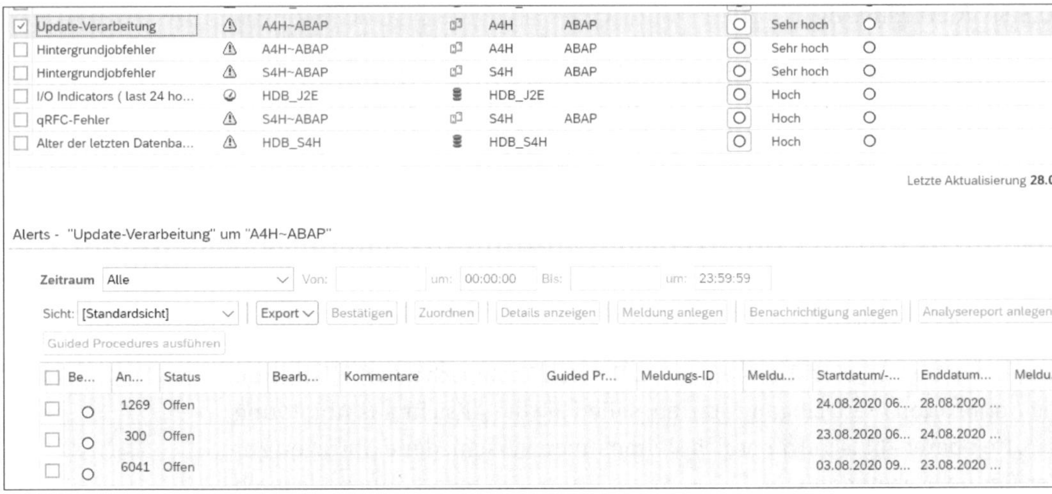

Abbildung 10.6 Alert-Gruppensicht

Alert-Detailansicht

Die Detailinformationen zu einem Alert sehen Sie in Abbildung 10.7. Diese Sicht ist die tiefste Drill-down-Ebene für einen Alert. Von hier aus starten Sie in aller Regel mit der Detailanalyse eines Alerts. Um in diese Sicht zu gelangen, markieren Sie einen Alert und wählen die Schaltfläche **Details Anzeigen**.

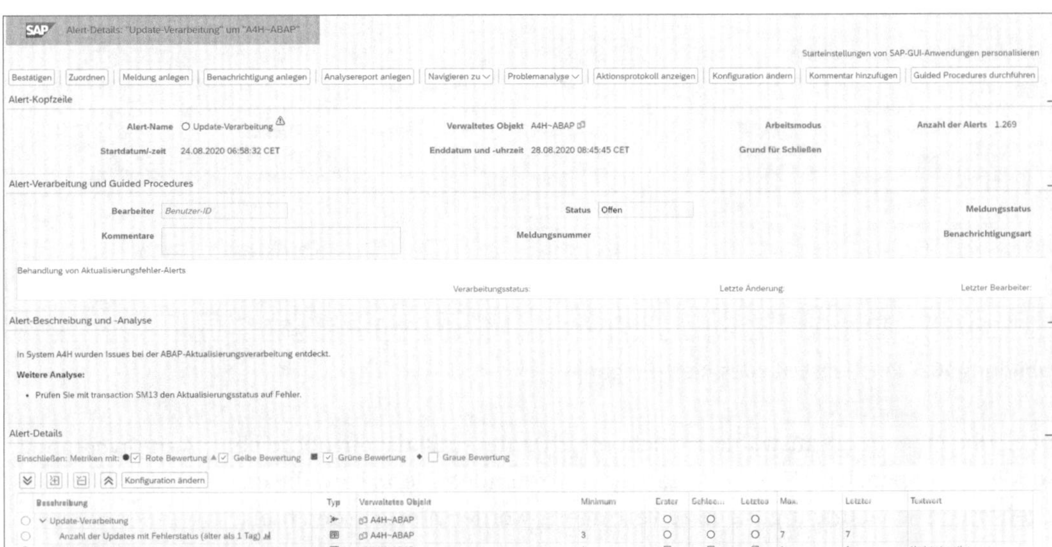

Abbildung 10.7 Alert-Detailsicht

In der Detailansicht stehen Ihnen verschiedene Werkzeuge wie der Analysereport oder der Metrikmonitor zur Verfügung. Der *Analysereport* erstellt eine HTML-Datei mit Informationen zu dem gewählten Alert. Aktuelle Informationen zu der jeweiligen Metrik erhalten Sie vom *Metrikmonitor*. Zudem haben Sie hier die Möglichkeit, verschiedene Guided Procedures zu starten. Diese definierte Arbeitsabfolgen können Sie für die Analyse häufig auftretende bzw. wiederkehrende Alerts verwenden. In Abschnitt 10.9.5, »Guided Procedure Management«, gehen wir näher auf die Verwendung und Erstellung von Guided Procedures ein.

Eine weitere Möglichkeit ausgehend von der Detailansicht besteht darin, für weitere Fehleranalysen verschiedene Transaktionen direkt auf dem Satellitensystem zu starten. Außerdem haben Sie die Option, aus einem Alert direkt eine Meldung im IT-Servicemanagement (ITSM) des SAP Solution Managers anzulegen (siehe Abbildung 10.8). Allerdings muss hierfür das ITSM in Ihrem SAP Solution Manager konfiguriert sein. Des Weiteren können Sie eine Benachrichtigung per E-Mail versenden oder dem Alert einen Kommentar hinzufügen. Möchten Sie den Alert einem bestimmen Benutzer zuweisen, der sich anschließend um die Bearbeitung kümmern soll, nutzen Sie die Schaltfläche **Zuordnen**. Dieser Benutzer wird wiederum per E-Mail informiert.

Abbildung 10.8 Integration in das IT-Servicemanagement

Die Applikation der **Alert-Suche** erreichen Sie ebenfalls im SAP Solution Manager Launchpad über den Bereich **Technisches Monitoring**. Hier können Sie auf Basis verschiedener Selektionskritierien nach vergangenen und vorhanden Alerts suchen (siehe Abbildung 10.9). **Alert-Suche**

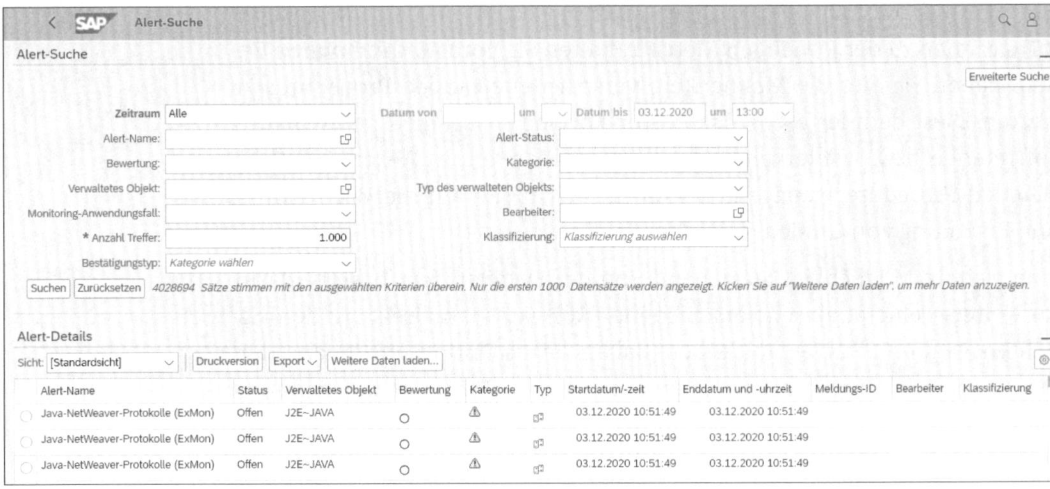

Abbildung 10.9 Alert-Suche

SAP Operations Control Center

Der Alert-Eingang ist das Mittel der Wahl, wenn Sie den operativen Betrieb sicherstellen möchten. Wir empfehlen Ihnen, den Alert-Eingang auf einem zentralen Monitor oder in einem Dashboard darzustellen, mit dem die Mitarbeiter in Ihren verschiedenen Serviceorganisationen arbeiten. Ein Konzept, das exakt diese Konstellation vorsieht, wird von SAP unter dem Namen *SAP Operations Control Center* vermarktet. Nähere Informationen hierzu finden Sie unter folgendem Link: *http://s-prs.de/v791834*

10.3.4 Rapid Content Delivery

Schnelle Content-Auslieferung

Die sogenannte *Rapid Content Delivery* (RCD) oder auch *schnelle Content-Auslieferung* wurde bereits mit SAP Solution Manager 7.1 eingeführt. Mit Version 7.2 wurde die Einrichtung vereinfacht und weiter verbessert. Es handelt sich hierbei um eine Funktion, mit der Inhalte für verschiedene Szenarien im SAP Solution Manager automatisiert heruntergeladen werden. Hierzu zählen beispielsweise das Technische Monitoring und das Guided Procedure Framework.

Die Einrichtung der Rapid Content Delivery erfolgt als manuelle Aktivität innerhalb der Grundkonfiguration mit der Transaktion SOLMAN_SETUP. Zudem gibt es im SAP Solution Manager Launchpad die Kachel **Schnelle Content-Auslieferung**. In der damit aufgerufenen Anwendung sehen Sie den aktuellen Status der heruntergeladenen Content-Pakete (siehe Abbildung 10.10).

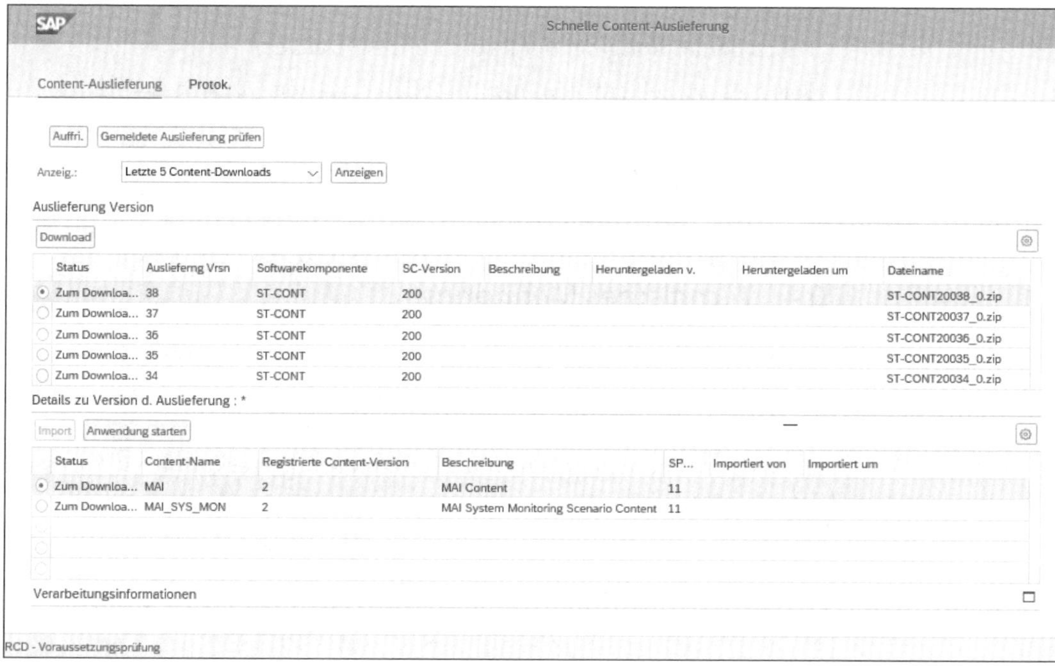

Abbildung 10.10 Schnelle Content-Auslieferung

Sollte es beim Download des Contents zu Problemen kommen, hilft die *RCD-Voraussetzungsprüfung*. Um diese durchzuführen, klicken Sie in der Applikation **Schnelle Content-Auslieferung** auf den Link **RCD – Voraussetzungsprüfung** am unteren Bildschirmrand. In der Ergebnisliste werden Ihnen eine Vielzahl von Voraussetzungsprüfungen, z. B. von Einstellungen, Berechtigungen und Zertifikaten, und deren Ergebnisse angezeigt (siehe Abbildung 10.11).

RCD-Voraussetzungsprüfung

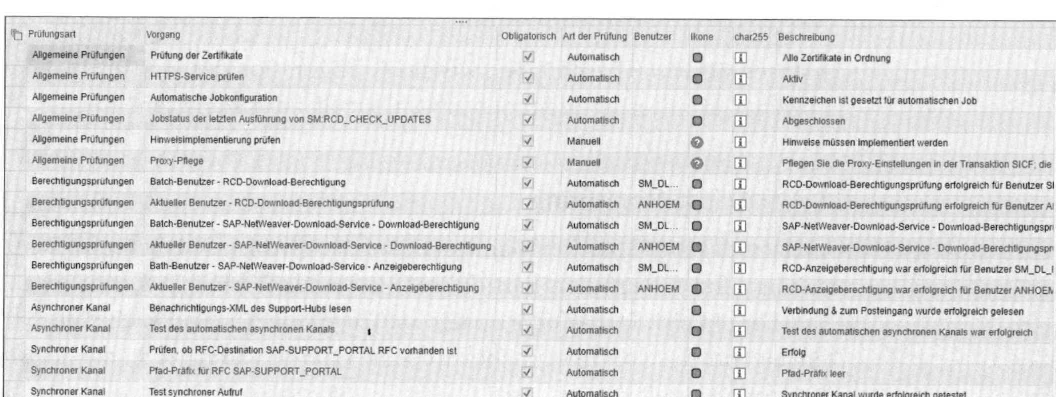

Abbildung 10.11 RCD-Voraussetzungsprüfung

[»]

Fehlerbehandlung bei der Rapid Content Delivery

Sollte es zu Fehlern kommen, empfiehlt sich ein Blick in SAP-Hinweis 2584103 und den folgenden Blogbeitrag in der SAP Community:

http://s-prs.de/v791835

10.4 Technisches Monitoring

Seit Einführung der MAI zur technischen Überwachung von Systemlandschaften in SAP Solution Manager 7.1 wurde dieser Bereich mit jedem Update immer weiter ausgebaut und stabilisiert. In diesem Abschnitt erfahren Sie, was hinter dem Begriff *technisches Monitoring* steckt und wie Sie es am besten einsetzen.

Szenarien

Das technische Monitoring bietet eine Reihe von produktspezifischen Werkzeugen. Folgende Szenarien werden in SAP Solution Manager 7.2 abgedeckt:

- Selbst-Monitoring
- System-Monitoring
- User-Experience-Monitoring
- Job-Monitoring
- IT-Infrastruktur-Monitoring
- Ausnahmenverwaltung
- Cloud-Monitoring
- Integrations-Monitoring
- SAP-HANA- und BI-Monitoring

In Abschnitt 10.4.8 beschreiben wir die Konfiguration des Alertings für die einzelnen Monitoring-Szenarien zentral für all diese Szenarien.

10.4.1 Selbst-Monitoring

Aufgabe des SAP Solution Managers bzw. der MAI ist es, einen möglichst stabilen und fehlerfreien Betrieb Ihrer Systemlandschaft sicherzustellen. Dabei ergibt sich früher oder später die Frage, wie das überwachende System eigentlich selbst überwacht wird. Eine Antwort darauf stellt das *Selbst-Monitoring* bereit.

Bereiche des Selbst-Monitorings

Die Selbstüberwachung des SAP Solution Managers ist in drei verschiedene Bereiche aufgeteilt:

- Monitoring des SAP-Solution-Manager-Systems
- Selbstüberwachung der verwalteten Systeme
- Überwachung der MAI und anderer zentraler Funktionen

Voraussetzungen und Vorbereitung

Konfiguration der Infrastruktur

Um das Selbst-Monitoring zu konfigurieren, öffnen Sie die Transaktion SOLMAN_SETUP und navigieren zum Bereich **Application Operations • Selbst-Monitoring**. Die Einrichtung jedes Monitoring-Szenarios bedarf einiger vorbereitender Schritte, der sogenannten *Konfiguration der Infrastruktur*. Diese Schritte sind in allen Szenarien sehr ähnlich (siehe Abbildung 10.12).

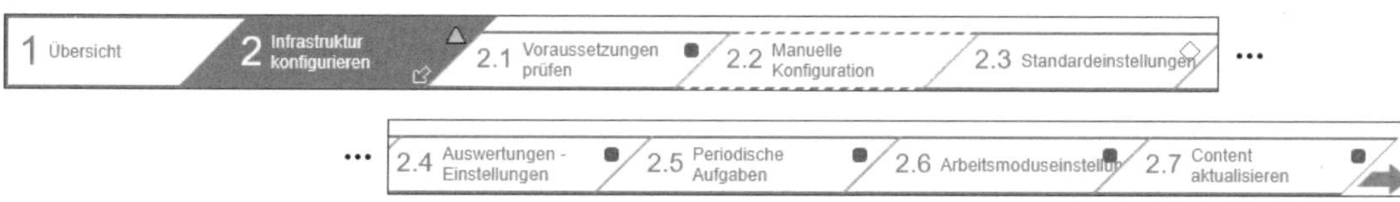

Abbildung 10.12 Infrastruktur konfigurieren

Zunächst müssen diverse Voraussetzungen automatisiert geprüft werden. Anschließend erfolgen sowohl manuelle als auch automatisierte Konfigurationsschritte, wie das Einplanen von Aufgaben und das Erstellen verschiedener Benutzer im System. Genaue Informationen zu diesen Aktionen finden Sie in den Hilfetexten des jeweiligen Schritts der Guided Procedure in der Transaktion SOLMAN_SETUP.

Content aktualisieren

Wie bei fast jedem Monitoring-Szenario ist es auch für das Selbst-Monitoring wichtig, den *SAP-Content* zu aktualisieren (Schritt 2.7, **Content aktualisieren**). Dieser enthält wichtige Informationen, Metriken, Vorlagen und weitere Inhalte für das jeweilige Monitoring-Szenario. Die Voraussetzungen hierfür werden mit der Rapid Content Delivery geschaffen (siehe Abschnitt 10.3.4).

Übersicht konfigurieren

Fahren Sie nun mit Schritt 3, **Übersicht konfigurieren**, fort. Hier wird Ihnen im unteren Bereich zunächst eine Übersicht ausgegeben, in der alle verfügbaren Metriken und Alerts nach technischen Komponenten gruppiert angezeigt werden. SAP schlägt Ihnen eine voreingestellte Auswahl an sinnvollen Metriken für die Selbstüberwachung vor (siehe Abbildung 10.13).

Möchten Sie benachrichtigt werden, wenn eine bestimmte Metrik einen Schwellenwert überschreitet, können Sie diese Metrik auswählen und im weiter unten angezeigten Abschnitt **Konfigurationsdetails** das Alerting bzw. die automatische Anlage einer Meldung im IT-Servicemanagement konfigurieren (siehe Abschnitt 10.4.8).

Abbildung 10.13 Metriken und Alerts konfigurieren

Systemsicht konfigurieren

In Schritt 4, **Systemsicht konfigurieren**, müssen Sie nun festlegen, was genau für die verwalteten Systeme überwacht werden soll. Hierfür arbeitet SAP mit Vorlagen. Diese müssen Sie, wie in Abbildung 10.14 zu sehen, für das jeweilige System im Drop-down-Menü auswählen und anschließend mit einem Klick auf **Übernehmen und Aktivieren** aktivieren.

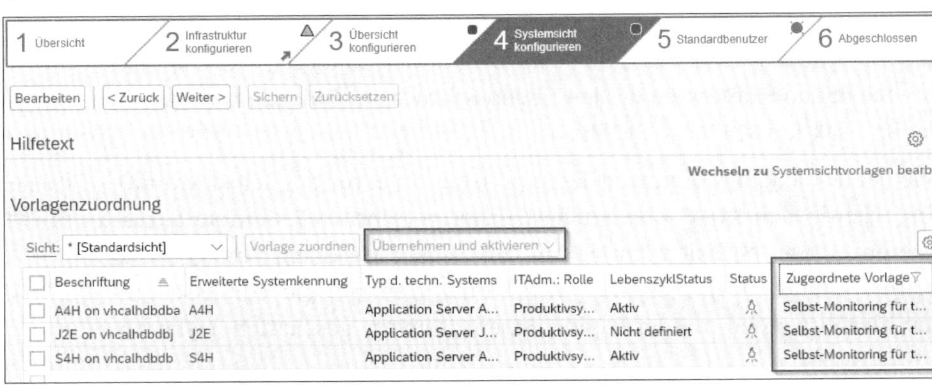

Abbildung 10.14 Vorlagen zuordnen

Kundendefinierte Vorlagen erstellen

Sie haben die Möglichkeit, die von SAP ausgelieferten Vorlagen zu bearbeiten. Klicken Sie hierfür in der genannten Sicht auf **Systemsichtvorlagen bearbeiten**. Dort haben Sie nun die Möglichkeit, eine eigene Vorlage zu erstellen. Klicken Sie dazu auf **Kundendefinierte Vorlage erstellen**, und benennen Sie diese. Im Abschnitt **Vorlagendetails** können Sie jetzt die Metriken und Alerts anpassen. Löschen Sie nicht benötigte Metriken, fügen Sie kundeneigene Beschreibungen ein oder passen Sie die Schwellenwerte für die Bewertung Ihren Wünschen entsprechend an (siehe Abbildung 10.15).

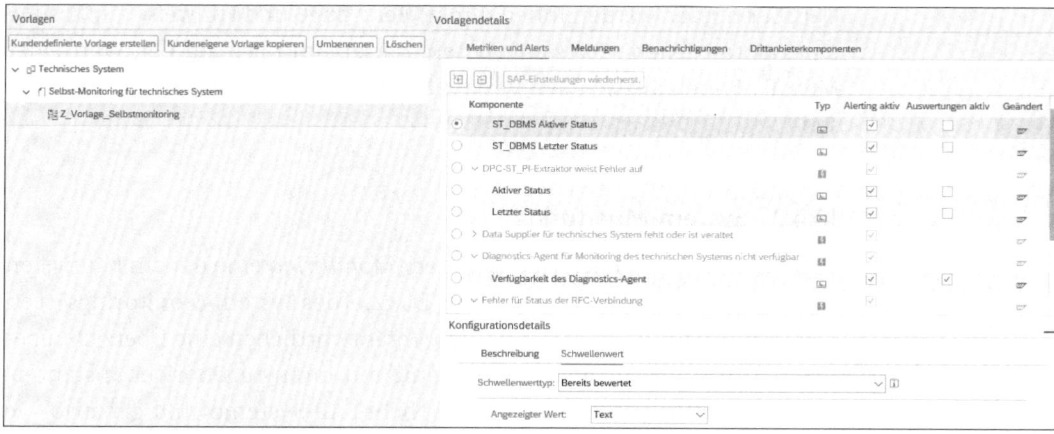

Abbildung 10.15 Kundeneigene Vorlage erstellen und bearbeiten

Speichern Sie die Vorlage nach abgeschlossener Bearbeitung über ein Pop-up-Fenster, und kehren Sie mit einem Klick auf **Wechseln zu Vorlagen übernehmen und Aktivieren** wieder zum Ausgangsbild zurück. Ordnen Sie dort nun die geänderte Vorlage zu, und aktivieren Sie diese erneut.

Mit dem Selbst-Monitoring arbeiten

Monitoring-Applikation aufrufen

Um das eingerichtete Monitoring auszuwerten, wählen Sie im SAP Solution Manager Launchpad die Kachel **Selbst-Monitoring**. Hier werden Ihnen die von Ihnen definierten Metriken mit ihren aktuellen Status angezeigt (siehe Abbildung 10.16).

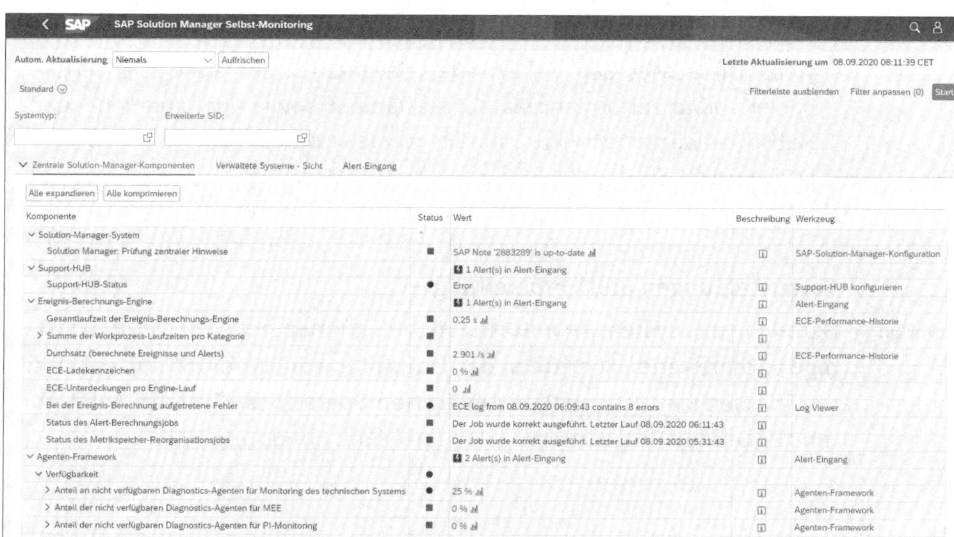

Abbildung 10.16 Statusmeldungen des Selbst-Monitorings

Darüber hinaus werden Ihnen direkt Werkzeuge und Hinweise zur Lösung eines potenziellen Alerts angeboten. Mit einem Klick auf den Wert einer Metrik können Sie sich den Verlauf der Messungen grafisch darstellen lassen.

10.4.2 System-Monitoring

Zustand aller technischen Systeme

Unserer Erfahrung nach ist das *System-Monitoring* eine der am häufigsten eingesetzten Monitoring-Varianten. Das Ziel des System-Monitorings ist es, dem Administrationsteam bzw. den Verantwortlichen eine Übersicht über den Zustand aller technischen Systeme mit ihren zugehörigen Instanzen, Datenbanken und Hosts zu geben. Nicht-SAP-Systeme sind genauso wie SAP-Systeme und Datenbanken aller Art Bestandteil des System-Monitorings. Neben Informationen zum generellen Zustand eines Systems erhalten Sie mithilfe des System-Monitorings auch Informationen zur Performance Ihrer Systeme. So können Probleme und drohende Ausfälle zeitnah automatisiert erkannt und gemeldet werden.

[»]

Monitoring von SAP HANA

SAP Solution Manager 7.2 bietet Ihnen die Möglichkeit, sämtliche Alerts aus dem SAP HANA Studio bzw. SAP HANA Cockpit und dem Datenbankadministrations-Cockpit (DBA Cockpit) sowie der darunter liegenden Hardware aufzufangen und zu verteilen. Das DBA Cockpit stellt Ihnen alle Alert-, Wartungs- und Reportingfunktionen für SAP-Datenbanken zentral im SAP-Solution-Manager-System zur Verfügung. Wie auch bei anderen System-Monitoring-Szenarien werden Vorlagen mit definierten Metriken bereitgestellt. Diese Metriken decken alle relevanten Teilbereiche wie Verfügbarkeits- und Performancedaten, Ausnahmen sowie Konfigurations- und Selbstüberwachungs-Alerts ab. Sie werden mithilfe der Rapid Content Delivery aktuell gehalten (siehe Abschnitt 10.3.4).

Voraussetzungen und Vorbereitung

Konfiguration

Damit Sie das System-Monitoring nutzen können, müssen Sie zunächst einige vorbereitende Schritte in der Transaktion SOLMAN_SETUP durchführen. Wählen Sie dort den Pfad **Application Operations • System-Monitoring**, um zur Guided Procedure zu gelangen (siehe Abbildung 10.17).

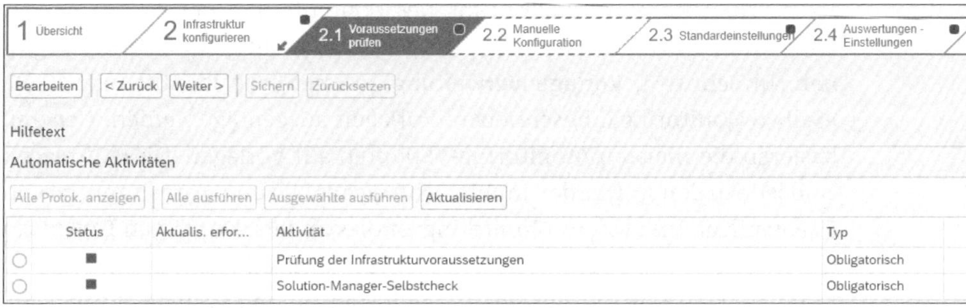

Abbildung 10.17 System-Monitoring vorbereiten

Im ersten Schritt muss, wie bereits für das Selbst-Monitoring im vorangehenden Abschnitt beschrieben, die Monitoring-Infrastruktur konfiguriert werden. Hierzu dienen u. a. eine automatische Prüfung der Voraussetzungen sowie die Definition einiger Standards hinsichtlich der automatischen Anlage von Meldungen und dem Einplanen von periodischen Aufgaben.

Arbeitsmodus-einstellungen

In Teilschritt 2.6, **Arbeitsmoduseinstellungen**, lässt sich auf globaler Ebene festlegen, bei welchen Arbeitsmodi die Überwachung aktiviert sein soll. Ist für ein System nun ein Arbeitsmodus aktiv, die Überwachung für diesen Modus jedoch deaktiviert, wird kein Monitoring der Systeme stattfinden.

Content aktualisieren

Laden Sie in Teilschritt 2.7, **Content aktualisieren**, eine aktuelle Content-Version in das System. Der Content enthält wichtige Informationen, Metriken und andere Inhalte für die weitere System- und Anwendungsüberwachung (siehe Abbildung 10.18).

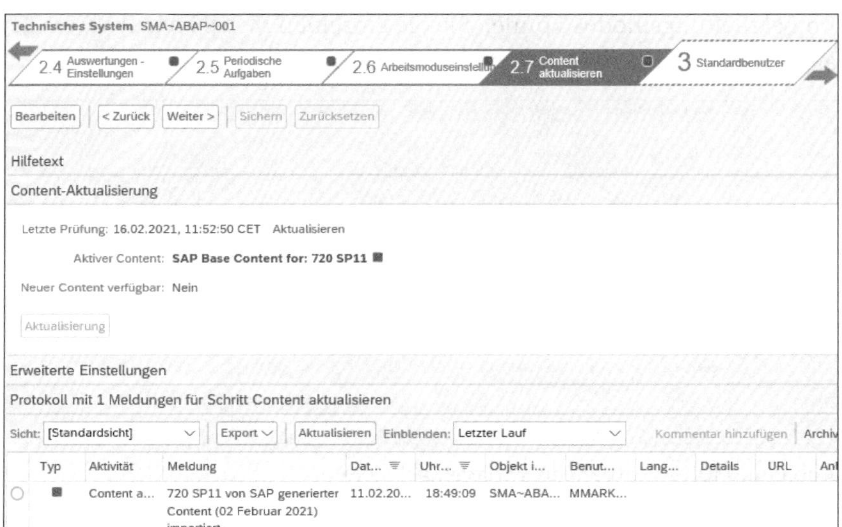

Abbildung 10.18 Monitoring-Content aktualisieren

Vorlagenverwaltung

Nach erfolgreicher Aktualisierung des Contents und der Anlage einiger Standardbenutzer können Sie mit einem der wichtigsten Schritte beginnen: In Schritt 4, **Vorlagenverwaltung**, müssen, wie in Abschnitt 10.4.1, »Selbst-Monitoring«, beschrieben, Vorlagen ausgeprägt werden. Generell basieren die meisten Monitoring-Varianten auf Vorlagen. Diese Vorlagen sind jedoch den Anwender*innen nicht zugänglich und werden zentral von SAP gepflegt. Im System-Monitoring ist dies anders. Durch den Download des aktuellen Contents in Schritt 2.7 ist eine Vielzahl von Vorlagen für z. B. Datenbanken, Hosts sowie technische Instanzen und Systeme vorhanden. Diese Vorlagen sind in einer Standardausprägung hinterlegt.

[»]

Unterstützte Produkte

SAP aktualisiert die Liste der Produkte, die mit dem System-Monitoring überwacht werden können, laufend und erweitert in diesem Zuge auch die Monitoring-Vorlagen. Die Liste der aktuell unterstützten Produkte finden Sie unter folgendem Link: *http://s-prs.de/v791836*

Kundendefinierte Vorlage erstellen

Um eine Vorlage bearbeiten und kundenspezifisch anpassen zu können, muss die von SAP ausgelieferte Standardvorlage in eine kundendefinierte Vorlage kopiert werden. Hierfür müssen Sie zunächst die gewünschte Vorlage markieren und anschließend auf **Kundendefinierte Vorlage erstellen** klicken. Wählen Sie hierbei einen sinnvollen Namen wie »Z_Kundenname_Vorlagentyp«.

Metriken anpassen

Anschließend wählen Sie die gewünschten Metriken für Ihre Vorlage aus. Im Bearbeitungsmodus können Sie die einzelnen Metriken aktivieren, deaktivieren und anpassen (siehe Abbildung 10.19).

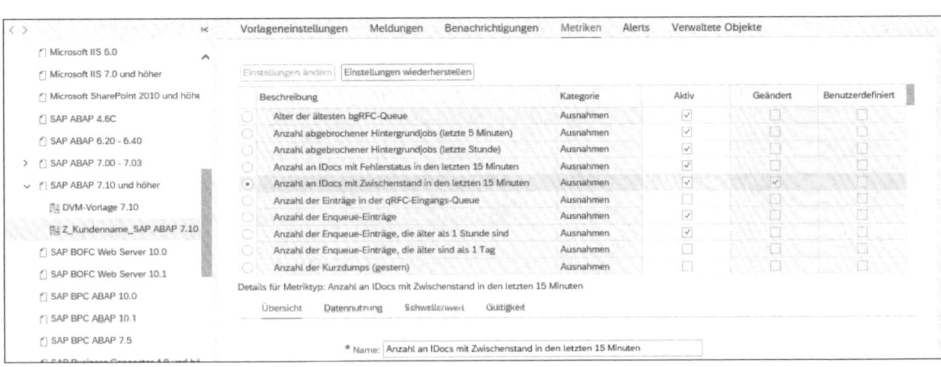

Abbildung 10.19 Metriken in Vorlagen aktivieren

Schwellenwerte anpassen

Wichtig hierbei sind die Anpassungen der Schwellenwerte der einzelnen Metriken. Diese Schwellenwerte sind letztlich für das Auslösen von Alerts verantwortlich. Wählen Sie eine Metrik aus, und wechseln Sie auf die Registerkarte **Schwellenwert**. Dort können Sie den Typ des Schwellenwerts sowie die gewünschten Werte definieren (siehe Abbildung 10.20). Durch einen Klick auf **Einstellungen ändern** werden die Felder zur Bearbeitung freigegeben.

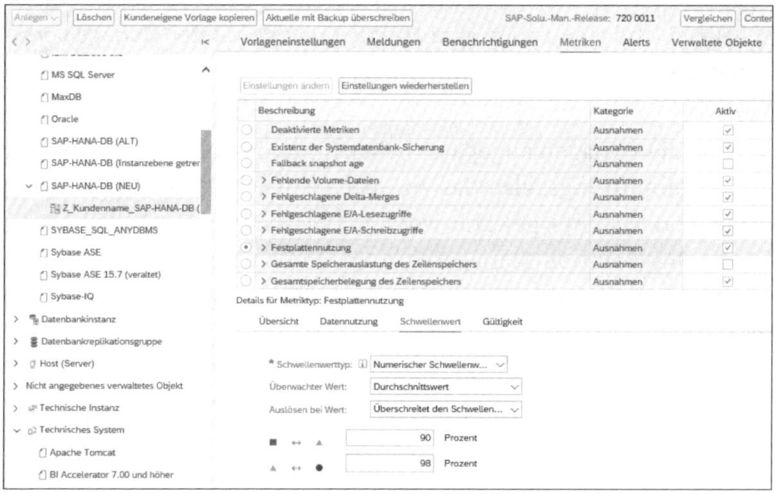

Abbildung 10.20 Schwellenwerte anpassen

Metrikgruppenvarianten

Die meisten Metriken prüfen von SAP vordefinierte Parameter. Es gibt jedoch auch einige Metriken, für die es erforderlich ist, die Suchparameter individuell zu definieren. Hierfür müssen Sie zunächst den **Expertenmodus** aktivieren und anschließend die Registerkarte **Datensammlung** aufrufen. Abbildung 10.21 zeigt exemplarisch die Anpassung der Datensammlung für den Metriktyp *Textmustersuche*. Hierbei können Sie durch einen Klick auf **Variante hinzufügen** eine neue Variante anlegen und anpassen. Dieses Vorgehen ist auf weitere Metriken übertragbar.

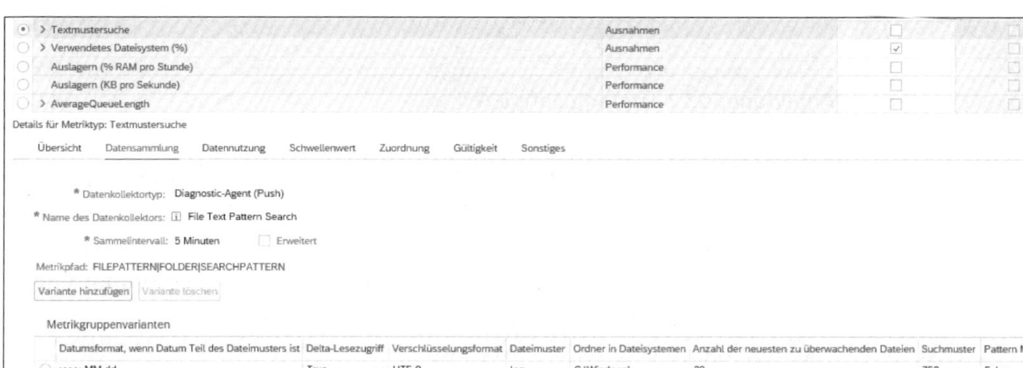

Abbildung 10.21 Datensammlung anpassen

[+]

Eigene Metriken erstellen

Das System-Monitoring ermöglicht Ihnen auch die Anlage kundeneigener Metriken. Wählen Sie hierfür in der Vorlagenverwaltung eine eigene Vorlage aus. Klicken Sie dann auf **Anlegen • Metrik**. Geben Sie in den nächsten Dialogen die gewünschten Eigenschaften ein, und speichern Sie die Metrik. Anschließend ist die neu angelegte Metrik in der gewählten Vorlage vorhanden und kann aktiviert werden.

Umfang festlegen

Nachdem Sie die Vorlagen angepasst haben, muss im nächsten Schritt der *Umfang* des Monitorings, also das zu überwachende System bzw. die zu überwachenden Systeme, gewählt werden. Dieser Schritt ist in Abbildung 10.22 für das SAP-Solution-Manager-System SMA dargestellt. Fügen Sie die gewünschten Systeme mit einem Klick auf **Hinzufügen** dem aktuellen Workset hinzu.

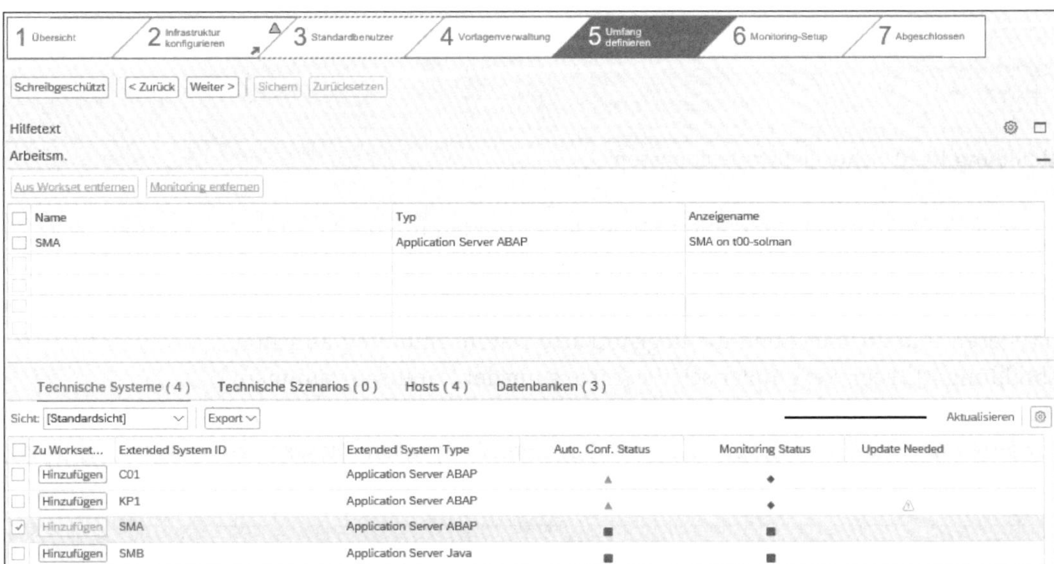

Abbildung 10.22 Umfang definieren

Vorlagen zuordnen

In Schritt 6, **Monitoring-Setup**, müssen Sie anschließend die Vorlagen den entsprechenden Monitoring-Objekten zuordnen. Das System schlägt Ihnen zunächst eine Zuweisung basierend auf den installierten Produkten vor. Diese Zuordnung können Sie mit einem Klick auf **Vorlagen zuordnen** anpassen. Anschließend können Sie Ihre zuvor modifizierten Vorlagen zuweisen (siehe Abbildung 10.23)

Abbildung 10.23 Vorlagenzuordnung

Sobald Sie auf die Schaltfläche **Übernehmen und Aktivieren** klicken, aktiviert das System die zugeordneten Vorlagen und die darin enthaltenen Metriken.

Monitoring aktivieren

Schritt 7, **Abgeschlossen**, gibt Ihnen zum Ende noch eine Übersicht der durchgeführten Schritte.

[!]

Korrekte Aktivierung überprüfen

Sobald Sie eine Änderung an einer Vorlage und den darin enthaltenen Metriken vorgenommen haben, müssen Sie diese erneut aktivieren. Wenn Sie dies nicht tun, werden die Änderungen nicht wirksam. Die Überprüfung nehmen Sie in Schritt 6, **Monitoring Setup**, vor.

Mit dem System-Monitoring arbeiten

Aufruf

Nachdem Sie die Konfiguration des System-Monitorings erfolgreich abgeschlossen haben, können Sie das Ergebnis betrachten. Hierzu wählen Sie im SAP Solution Manager Launchpad die Kachel **System-Monitoring**. Auf der Oberfläche des System-Monitorings wird Ihnen direkt ein Dialogfenster angezeigt, in dem Sie bestimmte Filterkriterien zur Anzeige der Systeme festlegen können (siehe Abbildung 10.24). Dazu zählen u. a. die System-ID (SID) und der Systemtyp. Sollen sämtliche überwachten Systeme angezeigt werden, können Sie alle Filterkriterien leer lassen und auf **Start** klicken. Über einen Klick auf das Drop-down-Symbol (⌵) lässt sich eine vorgefertigte Auswahl als Vorlage speichern.

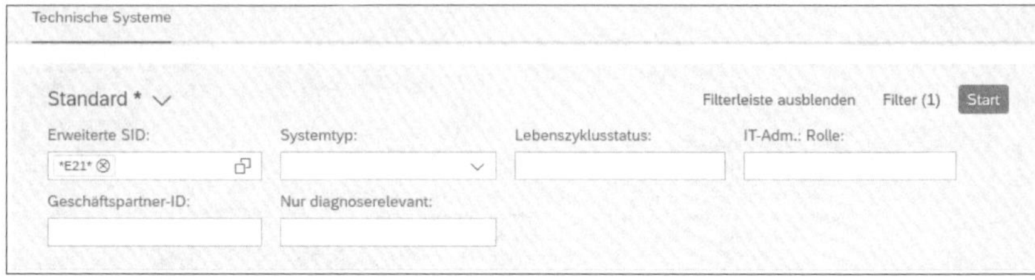

Abbildung 10.24 Dialogfenster zum Filtern von Systemen

Übersicht aller Systeme

Sie gelangen nun in die in Abbildung 10.25 dargestellte Übersicht Ihrer Systeme. Hier sehen Sie auf einen Blick die vorher gewählten Systeme und deren aktuellen Status. Des Weiteren wird ein *Alert-Ticker* angezeigt, der die neuesten Fehlermeldungen direkt in der Übersicht ausgibt.

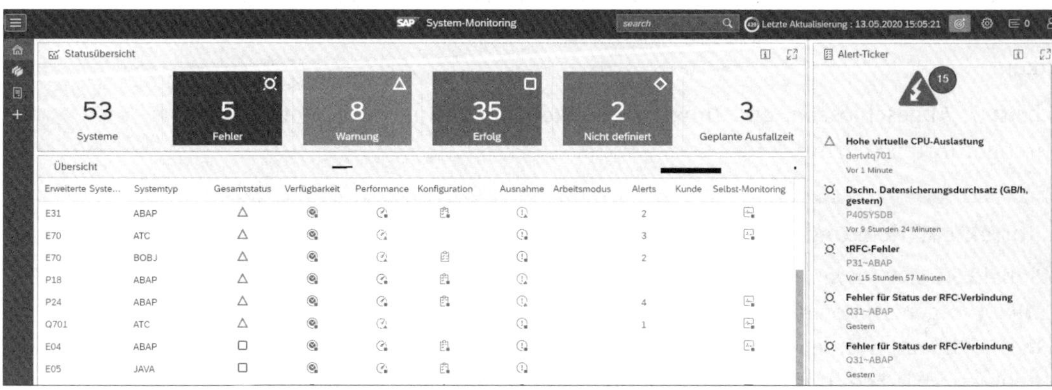

Abbildung 10.25 Übersicht des System-Monitorings

Übersicht eines Systems

Um genauere Informationen über ein bestimmtes System zu erhalten, können Sie entweder auf die Registerkarte **Systeme** wechseln oder direkt in der Übersicht auf das gewünschte System klicken. Sie gelangen zu der in Abbildung 10.26 dargestellten Übersicht.

Auf der linken Seite wird standardmäßig der Aufbau der Systemhierarchie angezeigt. Die rechte Seite bietet eine Übersicht über die einzelnen Metriken mit ihren aktuellen Werten. Sie können die einzelnen Positionen bis zum gewünschten Wert weiter aufklappen. Sobald Sie in der Hierarchie an einer einzelnen Metrik angekommen sind, wird Ihnen außerdem ein Diagramm mit den historischen Daten dieser Metrik angezeigt.

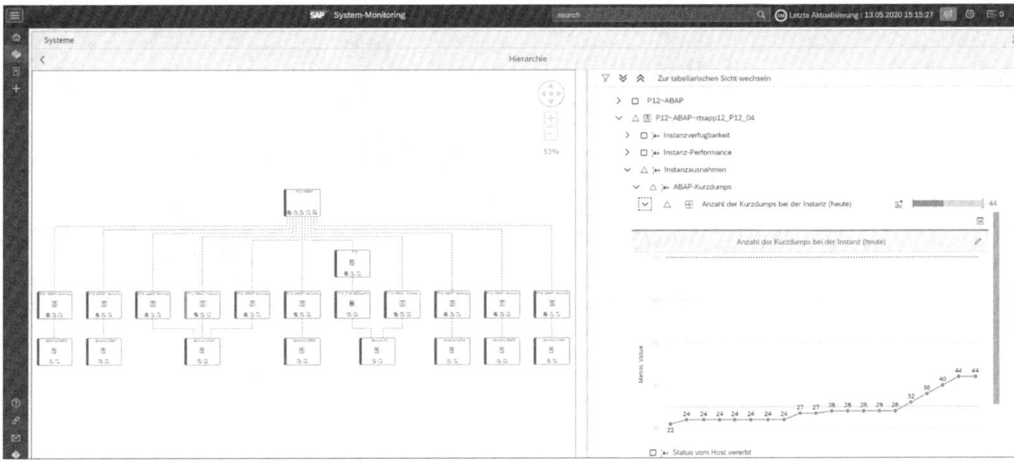

Abbildung 10.26 Übersicht der Systemstatus

10

[«]

Monitoring von Nicht-SAP-Systemen

Eine Systemlandschaft besteht in der Regel nicht nur aus SAP-Produkten. Deswegen bietet SAP auch die Möglichkeit, Nicht-SAP-Produkte in einem gewissen Maß zu überwachen. Hierbei werden grundlegende Metriken unterstützt, wie z. B. die Hostauslastung und ein Monitoring des Betriebssystems. Weitere Informationen zum Monitoring von Nicht-SAP-Systemen finden Sie im Expert Portal unter folgendem Link: *http://s-prs.de/v791837*

10.4.3 User Experience Monitoring

Verfügbarkeit und Performance

Auch das *User Experience Monitoring* (früher *End User Experience Monitoring*, EEM) kommt unserer Erfahrung nach in Kundenlandschaften oft zum Einsatz. Mit diesem können Sie detaillierte Informationen über die Verfügbarkeit und die Performance eines bestimmten IT-Systems bzw. eines darauf ablaufenden IT-Prozesses erhalten. Ein sogenannter *Robot* gibt dazu in periodischen Intervallen vorher aufgezeichnete Skripte wieder. Dieser Robot kann auf einem beliebigen Host an einem beliebigen Standort installiert werden. Gerade für Konzerne mit mehreren Standorten – evtl. auch mit einer weltweiten Verteilung der Standorte – bietet dieses Monitoring die Möglichkeit, Rückschlüsse auf mögliche Fehlerquellen zu ziehen (siehe Abbildung 10.27). Im Optimalfall ist Ihre IT-Abteilung bereits vor den Endanwender*innen über ein Problem informiert und kann so direkt und schnell reagieren, um mögliche Ausfallzeiten gering zu halten. Momentan unterstützt das User Experience Monitoring hauptsächlich das Aufzeichnen von klassischen SAP-GUI- und HTTP-Skripten im Browser.

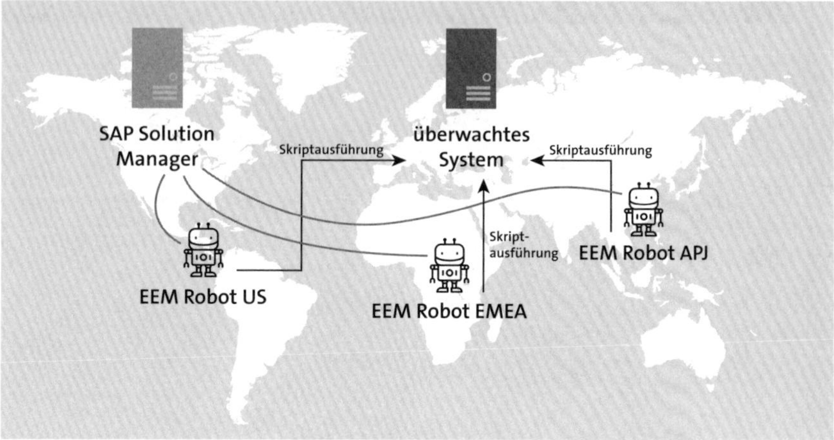

Abbildung 10.27 Funktionsweise des User Experience Monitorings

Genutzte Verbindungen

Regelmäßig werden wir mit der Fragestellung konfrontiert, welche Beziehungen zwischen dem SAP-Solution-Manager-System, dem Robot für das User Experience Monitoring und dem verwalteten System bestehen. Dies ist vor allem für potenzielle Firewall-Freischaltungen interessant. Abbildung 10.28 soll diese Zusammenhänge verdeutlichen:

❶ Das Skript wird ausgeführt.

❷ Eine lokale Datei **BusTrans.xml** wird erstellt und gespeichert.

❸ Eine Benachrichtigung wird an den Webservice gesendet, und die folgenden Objekte werden in der Datenbank gespeichert:
   - SMD-Agent (Solution Manager Diagnostics)
   - BT_ID
   - Skriptnamen
   - Antwortzeiten
   - Fehlermeldungen

❹ Ein Ad-hoc-Extraktor wird registriert (wenn Trace-Level > 0).

❺ SMD wird aufgerufen, um die Datei **BusTrans.xml** zu sammeln.

❻ **BusTrans.xml** wird erhalten.

❼ HTTP-Log und Distributed Statistical Records (DSR) werden gesammelt.

❽ HTTP-Log und Single Statistical Records (SSR) werden gesammelt.

❾ **EEM.XML** wird an den Extraktor zurückgegeben.

❿ Systemdaten werden in User-Experience-Monitoring-Tabellen geschrieben.

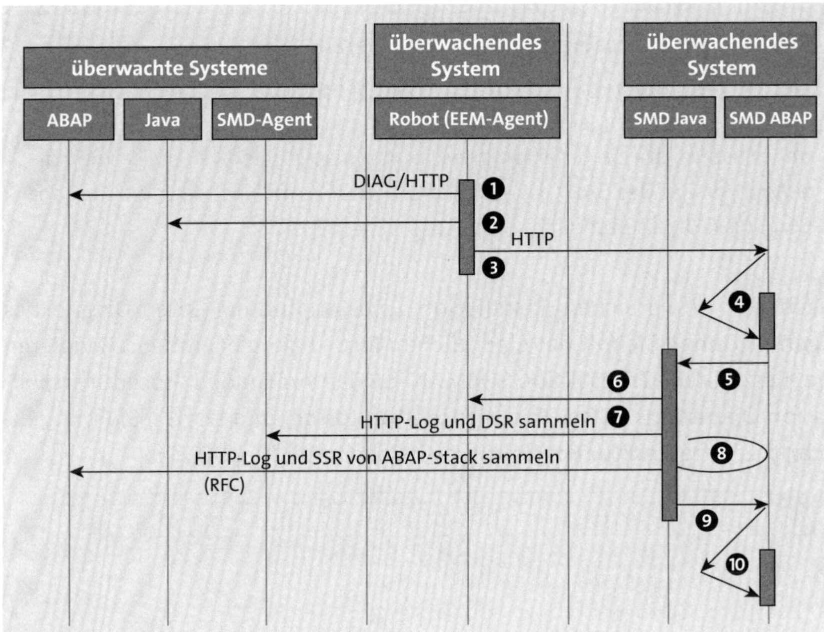

Abbildung 10.28 Verbindungsübersicht des User Experience Monitorings (Quelle: SAP SE)

Im Folgenden beschreiben wir einen überschaubaren Anwendungsfall. Das daran gezeigte Muster kann jedoch beliebig skaliert und auch für komplexe Einsatzszenarien genutzt werden.

Voraussetzungen und Vorbereitung

Wie auch für die anderen Monitoring-Szenarien sind einige Vorbereitungen vor dem Einsatz des User Experience Monitorings nötig. Zunächst sollten Sie sich ein Bild von der technischen Infrastruktur und Funktionsweise machen.

Diagnostics Agent

Zur Wiedergabe von aufgezeichneten Skripten ist ein Robot nötig, der technisch gesehen nichts anderes als ein klassischer *Diagnostics Agent* ist. Dieser kann problemlos auf jedem Host und auf klassischen Client-PCs oder Servern installiert werden. Den Diagnostics Agent können Sie im SAP Support Portal herunterladen. Achten Sie hierbei darauf, eine zu Ihrem SAP Solution Manager passende Version auszuwählen. Die Anbindung des verwalteten Systems inklusive des Diagnostics Agents wird in Abschnitt 2.3, »Verwaltete Systeme konfigurieren«, genauer beschrieben.

[»]

SAP GUI auf demselben System installieren

Um im weiteren Verlauf nicht nur HTTP-Skripte, sondern auch klassische SAP-GUI-Skripte von einem Robot wiedergeben zu können, müssen Sie auf dem System, auf dem der Diagnostics Agent installiert ist, auch eine passende Version des SAP GUI installieren. Anderenfalls ist eine Wiedergabe von SAP-GUI-Skripten nicht möglich.

Infrastruktur konfigurieren

Nach der erfolgreichen Installation und Anbindung Ihrer Diagnostics Agents können Sie mit der eigentlichen Einrichtung beginnen. Navigieren Sie hierzu in die Transaktion SOLMAN_SETUP zur Guided Procedure **Application Operations • User-Experience-Monitoring**, und starten Sie mit dem Schritt 2, **Infrastruktur konfigurieren**, (siehe Abbildung 10.29).

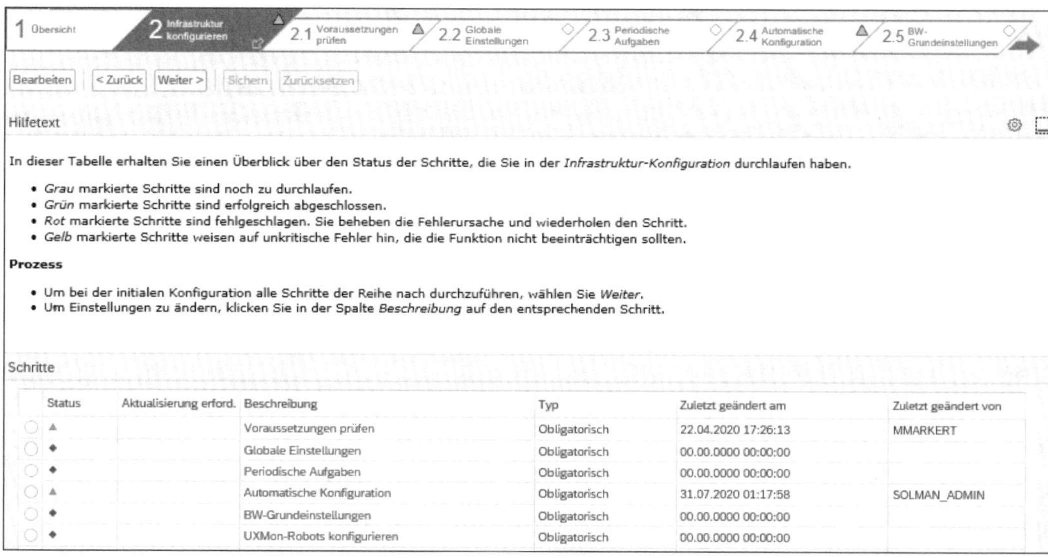

Abbildung 10.29 Infrastruktur konfigurieren

UXMon-Robots konfigurieren

An diesem Punkt sind wie zu Beginn eines jeden Monitoring-Szenarios einige Voraussetzungen zu prüfen und grundsätzliche Einstellungen vorzunehmen. Wichtig hierbei ist Schritt 2.6, **UXMon-Robots konfigurieren**. Hier müssen Sie Ihre zuvor installierten Robots (Diagnostics Agents) dem User Experience Monitoring bekannt machen und aktivieren. Wählen Sie hierzu die passenden Agents in der rechten Spalte **Mögliche Agenten für UX-Monitoring** aus. Fügen Sie diese, wie in Abbildung 10.30 gezeigt, mit einem Klick auf den Pfeil nach links (<) der Auswahl der konfigurierten Robots hinzu.

In dieser Übersicht wird Ihnen direkt angezeigt, welche Skripte (HTTP/SAP GUI) von dem entsprechenden Robot wiedergegeben werden können.

Wechseln Sie in den Bearbeitungsmodus, um den genauen Standort des jeweiligen Robots festzulegen. Dies vereinfacht zu einem späteren Zeitpunkt die Auswertung.

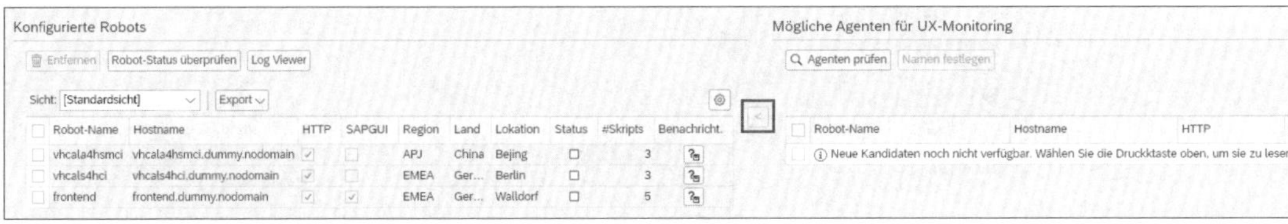

Abbildung 10.30 Robots konfigurieren

Skripte aufzeichnen und bearbeiten

SAP-GUI-Skript aufzeichnen

Der wohl wichtigste Schritt ist die jetzt folgende Aufzeichnung und Bearbeitung der eigentlichen Skripte. Wir erläutern Ihnen zunächst, wie Sie ein SAP-GUI-basiertes Skript aufzeichnen können.

[«]

User-Scripting-Parameter im Frontend setzen

Möchten Sie eine Aufzeichnung im zu überwachenden System bzw. Server aktivieren, müssen Sie vorbereitend mehrere Parameter in diesem System anpassen. Hierfür haben Sie zwei Möglichkeiten (siehe auch SAP-Hinweis 480149):

- **Parameter temporär in der Transaktion RZ11 setzen**
  Starten Sie die Transaktion RZ11, und setzen Sie den Parameter `sapgui/user_scripting` auf den Wert `TRUE`. Beachten Sie, dass dieser Wert nur temporär geändert und nach einem Neustart des Servers wieder auf `FALSE` gesetzt wird.
- **Parameter dauerhaft im Serverprofil setzen**
  Öffnen Sie die Profildatei des SAP NetWeaver Application Servers, und setzen Sie den Parameter `sapgui/user_scripting` auf den Wert `TRUE`.

Weitere Informationen hierzu finden Sie unter folgendem Link:
http://s-prs.de/v791838

Verbindung herstellen

Um eine Aufzeichnung zu starten, stellen Sie zunächst eine Verbindung mit dem SAP GUI auf dem entsprechenden Server her. Sie können hier bereits den Anmeldevorgang mit aufzeichnen. Klicken Sie, wie in Abbildung 10.31 zu sehen, auf die Schaltfläche **Lokales Layout anpassen** (), und wählen Sie im Menü den Punkt **Skript-Aufzeichnung und Playback**.

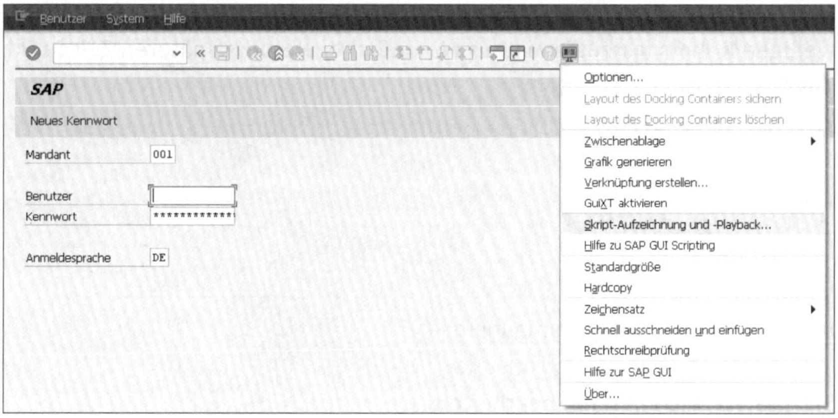

Abbildung 10.31 SAP-GUI-Aufzeichnung starten

SAP-GUI-Recorder

Anschließend gelangen Sie in das Bedienfenster des SAP-GUI-Recorders (siehe Abbildung 10.32). Geben Sie zunächst einen gültigen Pfad an, unter dem das Skript gespeichert werden soll. Anschließend können Sie die Aufzeichnung mit einem Klick auf die rote Recordingschaltfläche (●) starten. Durchlaufen Sie den zuvor definierten Prozess. Um eine Aufzeichnung zu beenden, müssen Sie auf die (nach Aufzeichnungsstart) gelbe Stoppschaltfläche (■) klicken.

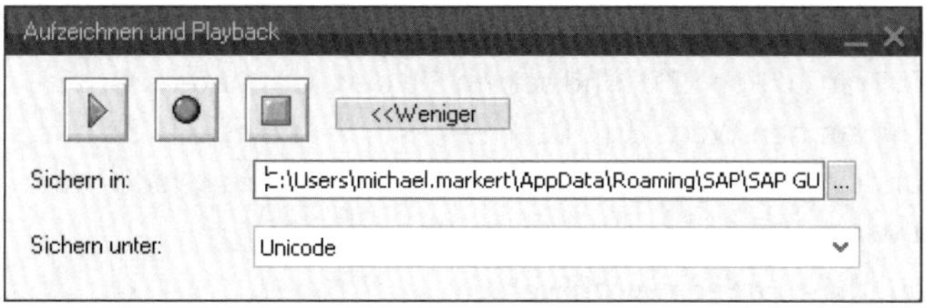

Abbildung 10.32 SAP-GUI-Recorder

Zu einem späteren Zeitpunkt können Sie die aufgezeichneten Skripte noch anpassen und parametrisieren. Bevor wir Ihnen diesen Schritt zeigen, erläutern wir jedoch noch, wie Sie HTTP-Skripte aufzeichnen.

[+]

Aufzeichnungsplan erstellen

Um eine gute Qualität der Aufzeichnungen zu erhalten, ist es wichtig, sich im Voraus zu überlegen, welche Transaktionen oder anderen SAP-GUI-Objekte Sie erfassen möchten. Machen Sie sich daher einen Plan des zu durchlaufenden Vorgangs bzw. Prozesses. Dies reduziert den Aufwand bei der eigentlichen Aufnahme und der späteren Bearbeitung enorm.

HTTP-Skripte aufzeichnen

Zur Aufzeichnung von HTTP-Skripten sollten Sie sich die neueste Version des *End User Experience Monitoring Recorders* herunterladen. Diese finden Sie in der Transaktion SOLMAN_SETUP unter **Application Operations • User-Experience-Monitoring • Skriptverwaltung • Skripte anlegen** im Download-Bereich.

[«]

HTTP-Recorder

Wir werden im weiteren Verlauf vom *HTTP-Recorder* sprechen, da dieser Recorder in erster Linie für HTTP-Skripte verwendet wird. Er ermöglicht jedoch auch die Aufzeichnung anderer Skripte basierend auf Microsoft-Produkten bzw. dem SAP Business Client.

Entpacken Sie die heruntergeladene Datei, und starten Sie den Recorder. Im ersten Schritt müssen Sie die aufzuzeichnende Applikation wählen (siehe Abbildung 10.33).

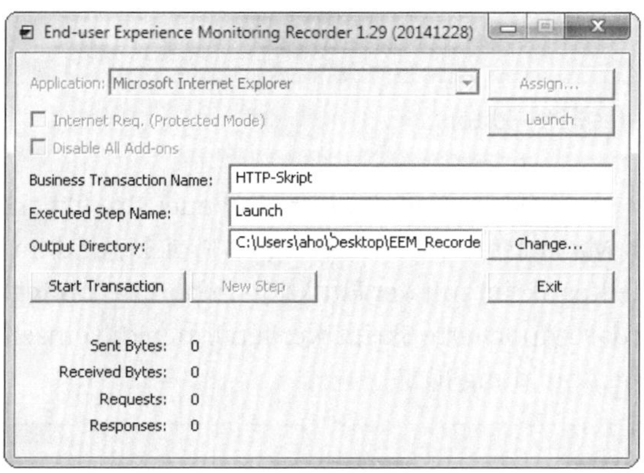

Abbildung 10.33 HTTP-Skripte aufzeichnen

Anschließend können Sie die gewählte Applikation starten und den Speicherpfad sowie den Namen der aufgezeichneten Transaktion und des ersten aufzuzeichnenden Schritts ergänzen. Mit einem Klick auf **Start Transaction** beginnt die eigentliche Aufzeichnung. Springen Sie in den im Feld **Application** angegebenen Browser, und rufen Sie die Adresse der Anwendung auf, die Sie aufzeichnen möchten.

Möchten Sie Ihr Skript direkt in verschiedene Schritte unterteilen, können Sie dies mit der Schaltfläche **New Step** erreichen. Denken Sie daran, den neuen Schritt dann auch zu benennen. Sind Sie am Ende Ihres Skripts angelangt, wird dieses mit einem Klick auf **Exit** in das gewählte Verzeichnis gespeichert.

Skripte bearbeiten

Zur Bearbeitung von Skripten ist der sogenannte *EEM-Editor* nötig (siehe Abbildung 10.34). Diesen können Sie ebenfalls in der Transaktion SOLMAN_SETUP im Download-Bereich des User Experience Monitorings im Rahmen von Schritt 3.1, **Skripte anlegen**, herunterladen. Mit dem EEM-Editor lassen sich sowohl SAP-GUI- als auch HTTP-Skripte bearbeiten.

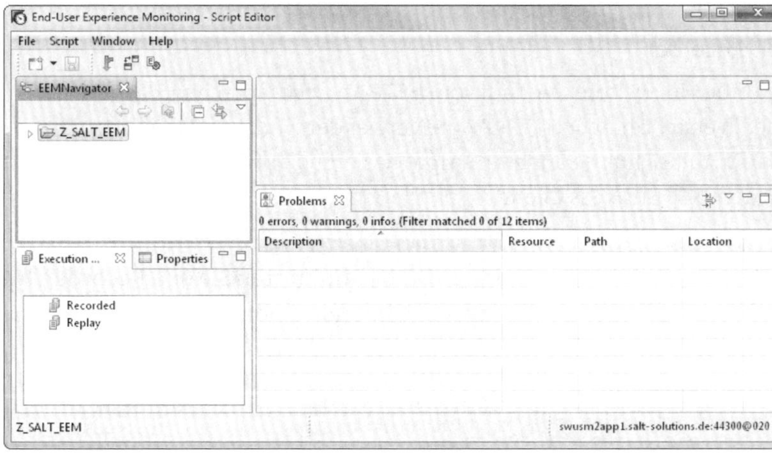

Abbildung 10.34 Oberfläche des EEM-Editors

Projekt anlegen

Legen Sie zunächst mit der Schaltfläche **New Project** ein neues Projekt an. Klicken Sie mit der rechten Maustaste auf Ihr angelegtes Projekt, und importieren Sie Ihr zuvor erstelltes Skript mit der Funktion **Import Recording**. Mit einem Doppelklick auf das importierte Skript werden Ihnen die einzelnen Schritte angezeigt (siehe Abbildung 10.35).

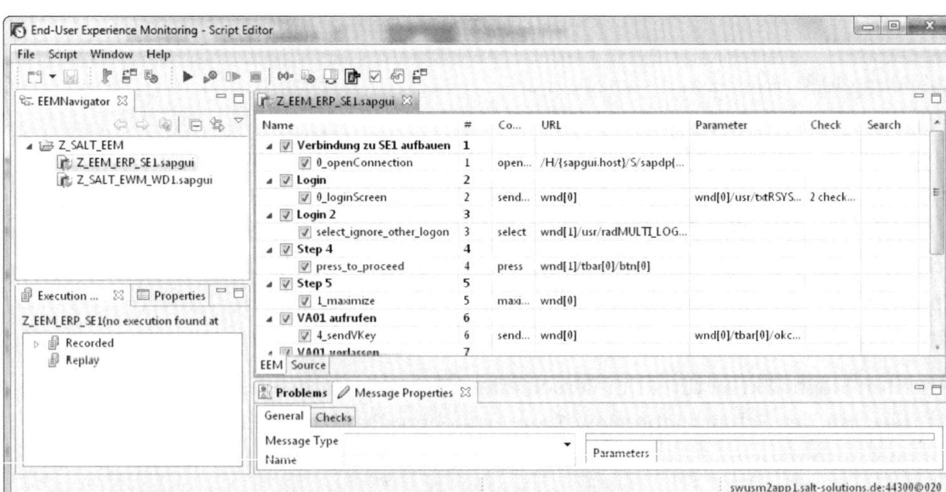

Abbildung 10.35 Skript bearbeiten

Testlauf durchführen

Starten Sie zunächst mit der Schaltfläche **Run Script** oder der F8-Taste den ersten Testlauf Ihres Skripts. Wie in Abbildung 10.36 zu sehen, erhalten Sie nach der Durchführung ein Protokoll, in dem sowohl erfolgreiche als auch fehlerhafte Schritte angezeigt werden. Dazu wird ein Fehlerprotokoll ausgegeben.

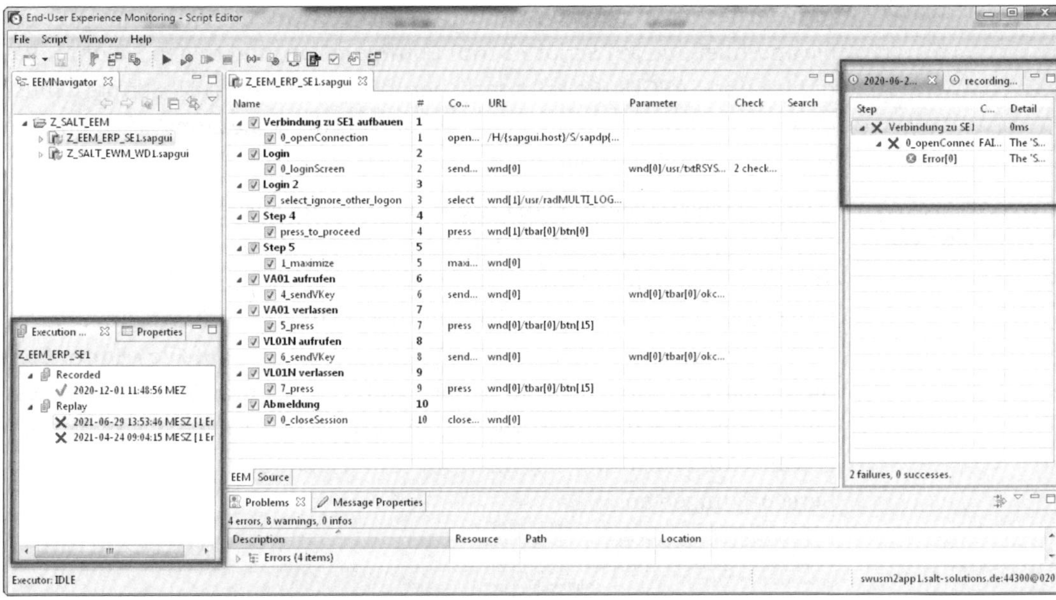

Abbildung 10.36 Rückmeldung zur Skriptausführung

Schritte benennen

Anschließend empfiehlt es sich, die einzelnen Schritte mit einer Beschriftung zu versehen. Dies gewährleistet sowohl bei der Bearbeitung des Skripts als auch bei der späteren Auswertung der eigentlichen Monitoring-Daten eine bessere Übersicht.

[+]

Benennung für SAP-GUI-Skript-Schritte automatisch generieren

Sie können die Schritte automatisch benennen. Wählen Sie dazu zunächst das gewünschte Skript aus. Klicken Sie in der Navigationsleiste auf die Schaltfläche **Script**, und wählen Sie die Option **Script-Wizard**. Führen Sie diesen Wizard mit der Option **Generate Names for SAPGui Script Steps** aus. Nach der erfolgreichen Durchführung können Sie die ermittelten Schrittnamen nochmals kontrollieren und gegebenenfalls bearbeiten bzw. ergänzen.

Ausführungsparameter anpassen

Jeder Schritt kann mit Ausführungsparametern wie einem Benutzernamen und einem Kennwort oder Informationen über die ausgeführten Transaktionen versehen werden. Um diese festzulegen oder zu ändern, klicken Sie auf den passenden Wert in der Spalte **Parameter** und führen die gewünschten Änderungen in den Eigenschaften durch.

Basisparameter ergänzen

Damit bei den SAP-GUI-Skripten eine Verbindung zu dem gewünschten SAP-System hergestellt werden kann, müssen Sie zunächst einige Basisparameter festlegen. Wählen Sie hierfür das gewünschte Skript aus. Klicken Sie anschließend auf **Script • Script Configuration**, und tragen Sie unter **Variables** und **SAPGUI** die erforderlichen Werte ein. Bei HTTP-Skripten muss dieser Schritt nicht durchgeführt werden, da diese die zum Aufruf nötigen Parameter bereits enthalten.

Verbindung herstellen

Nachdem alle Benennungen erstellt, alle Schritte ausgewählt und alle nötigen Parameter angepasst sind, können Sie das Skript in Ihr SAP-Solution-Manager-System hochladen. Der einfachste Weg hierfür ist die Uploadfunktion des EEM-Editors. Zur Einrichtung dieser Funktion müssen Sie zunächst die Verbindungsoptionen pflegen. Klicken Sie hierfür auf **File • Editor Configuration**, und wählen Sie im Bereich **Editor** den Eintrag **Solution Manager Connection**. Geben Sie hier, wie in Abbildung 10.37 beispielhaft zu sehen, die gewünschten Hostinformationen sowie einen Benutzer mit ausreichenden Berechtigungen an.

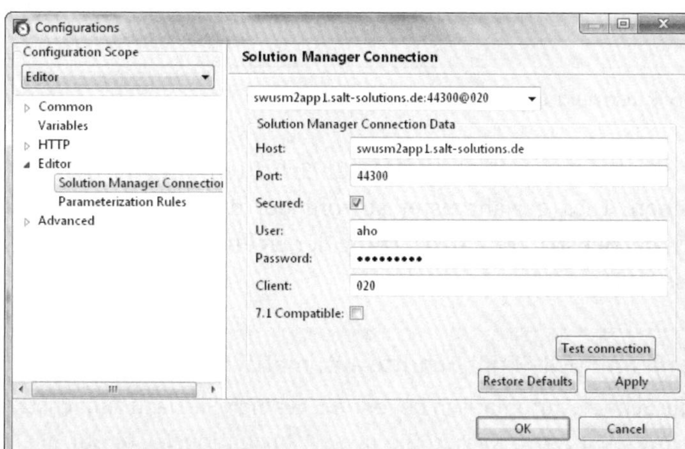

Abbildung 10.37 Upload-Funktion einrichten

Upload des Skripts

Nach erfolgreichem Verbindungstest über die Schaltfläche **Test connection** ist die Upload-Funktion fertig konfiguriert. Damit ein Skript letztendlich in das SAP-Solution-Manager-System hochgeladen wird, müssen Sie mit der rechten Maustaste auf das jeweilige Skript klicken und anschließend die Option **Upload to EEM Repository** wählen.

Monitoring-Szenario anlegen

Nach erfolgreichem Upload sind die Skripte im SAP Solution Manager verfügbar und können für das Monitoring verwendet werden. Rufen Sie die Transaktion SOLMAN_SETUP auf, und navigieren Sie zum Bereich **Application Operations • User-Experience-Monitoring**. Um ein Monitoring zu implementieren, benötigen Sie zunächst ein *Szenario*. Dieses dient als Klammer für verschiedene Monitoring-Skripte. Legen Sie in Schritt 3.2 der Infrastrukturkonfiguration ein solches Szenario an. Im nächsten Schritt ordnen Sie das angelegte Skript dem jeweiligen Szenario zu.

Skripte verteilen

In Schritt 3.4, **Skript verteilen**, müssen Sie, wie in Abbildung 10.38 zu sehen, die Zuordnung zwischen dem Szenario bzw. dem Skript zu den verschiedenen Robots, die letztlich die Skripte wiedergeben sollen, festlegen. Gleichzeitig erhalten Sie einen Überblick über die erfolgreiche Verteilung der Skripte an die Robots.

Abbildung 10.38 Verteilung der EEM-Skripte

Ausführungsparameter definieren

Das Verhalten der Robots lässt sich in Schritt 4, **Monitoring**, auf verschiedenen Konfigurationsebenen bestimmen. Wichtig hierbei ist das Festlegen von Konfigurationsparametern. Diese können z. B. für komplette Szenarien, einzelne Robots oder Skripte festgelegt werden. Auch Ausführungsintervalle können in diesem Schritt definiert werden.

Wählen Sie hierzu die gewünschte Festlegungsebene (**Global**, **Robot**, **Szenario**, **Skripte**, **Skripte in Robot** etc), und markieren Sie das gewünschte Skript. Anschließend werden Ihnen die zugehörigen Konfigurationsparameter angezeigt. Mit einem Klick auf **Bearbeiten** lassen sich diese entweder verändern oder ergänzen.

[+]

Skriptparameter festlegen

Wir haben die Erfahrung gemacht, dass es bei der Wiedergabe von Skripten häufig nötig ist, bestimmte Parameter anzupassen. Diese können entweder, wie beschrieben, direkt im EEM-Editor oder in der Transaktion SOLMAN_SETUP festgelegt werden. Zu diesen Parametern zählen z. B. das Verhalten von HTTP-Skripten in Hinblick auf Zertifikatsprüfungen oder die Festlegung verschiedener Proxy-Einstellungen. Eine Übersicht der Parameter finden Sie in folgendem Eintrag des SAP Community Wikis:

http://s-prs.de/v561539

Schwellenwerte festlegen

Nach der Durchführung von Schritt 4 ist das User Experience Monitoring funktionsfähig. Schritt 5, **Alerting**, bietet Ihnen die Möglichkeit, Schwellenwerte für jeden einzelnen Schritt eines Skripts festzulegen. Wechseln Sie dazu auf die Registerkarte **Schritte**, und markieren Sie das gewünschte Skript. Anschließend können Sie die Schwellenwerte pro Schritt definieren. Diese dienen dann als Basis für das Alerting und zur Bestimmung der Ampelfarben bei den Statusmeldungen.

Alerting

Das eigentliche Alerting kann entweder auf globaler oder auf Skriptebene aktiviert werden. Das Bestimmen der Alert-Art und der Alert-Inhalte erfolgt größtenteils wie bei den anderen Monitoring-Arten und wird in Abschnitt 10.4.8, »Alerting konfigurieren«, beschrieben.

Mit dem User Experience Monitoring arbeiten

SAP-Fiori-Applikation

Die Auswertung des Monitorings erfolgt über die Applikation **User-Experience-Monitoring**, die Sie über die gleichnamige Kachel im SAP Solution Manager Launchpad aufrufen. Sie erhalten im Einstiegsbild der Applikation direkt eine Übersicht über den aktuellen Stand der Skriptausführungen der einzelnen Szenarien. Klicken Sie direkt auf eines der angezeigten Szenarien, um detailliertere Informationen über die einzelnen Skripte zu erhalten. Hier befinden sich Informationen zu jeder einzelnen Ausführung und zu den Ausführungszeiten der einzelnen Schritte (siehe Abbildung 10.39).

- Möchten Sie eine schnelle Auswertung über die letzten Ausführungen eines Skripts starten, können Sie sich im Bereich **Performance** eine Performancegrafik anzeigen lassen. Den angezeigten Zeitraum können Sie im Drop-down-Menü **Ausgewählter Zeitbereich** im Kopfbereich der Anwendung einstellen.

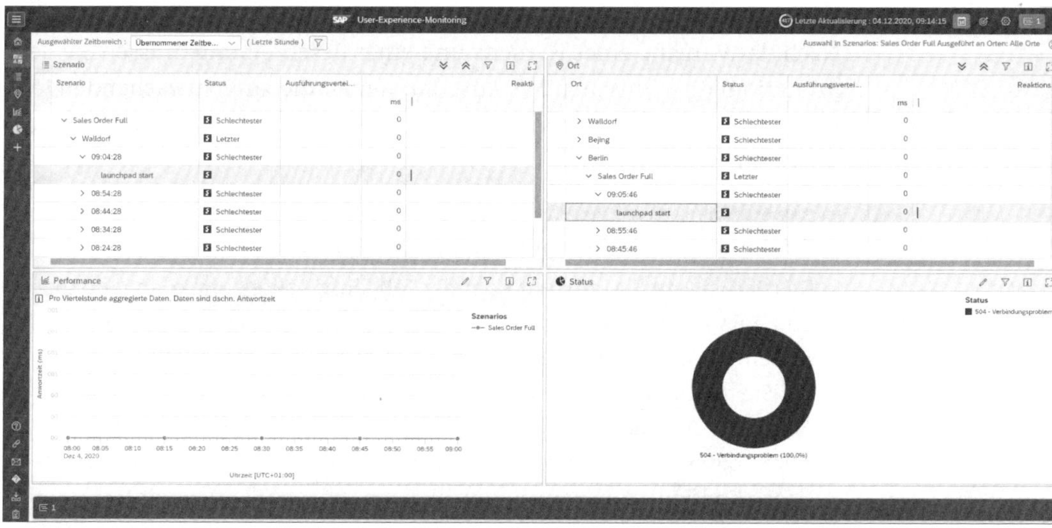

Abbildung 10.39 Übersicht der Skriptausführung

> **Weiterführende Informationen zum User Experience Monitoring**
>
> Das User Experience Monitoring bietet weitreichende Möglichkeiten der Überwachung. Die Anwendungsfälle sind dabei oft sehr individuell. Weiterführende Informationen zu diesem Thema finden Sie unter folgendem Link im Expert Portal: *http://s-prs.de/v791839*

10.4.4 Job-Monitoring

Das Job-Monitoring ist ein wichtiges Werkzeug zur Überwachung der korrekten Ausführung von Hintergrundjobs. Sie erhalten zentral einen Überblick über den Ausführungsstatus und können bei negativen Ergebnissen schnell und zielgerichtet reagieren. Des Weiteren bietet das Job-Monitoring eine Reportingfunktion, die Sie ohne direkten Zugriff auf das Satellitensystem nutzen können.

Vorraussetzungen und Vorbereitung

Die Konfiguration des Job-Monitorings erfolgt in der Transaktion SOLMAN_SETUP unter **Application Operations • Job-Monitoring**. Führen Sie in Schritt 2, **Infrastruktur konfigurieren**, die standardmäßigen Prüfungen durch, und aktualisieren Sie in Teilschritt 2.6 den Monitoring-Content. Erstellen Sie in Schritt 3, **Vorlagebenutzer anlegen**, die vorgegebenen Vorlagebenutzer.

Szenario erstellen

Um das eigentliche Job-Monitoring zu konfigurieren, müssen Sie zunächst ein technisches Szenario anlegen. Dieses beinhaltet einen Satz von technischen Systemen. Klicken Sie dazu im Bereich **Szenarioauswahl** auf **Anlegen**. Nach der Vergabe eines Namens und einer Beschreibung müssen Sie dem Szenario die technischen Systeme, auf denen die zu überwachenden Jobs laufen, mitgeben. Speichern Sie das Szenario, und fahren Sie mit Schritt 5, **Jobs konfigurieren**, fort.

[!]

Konfiguration der verwalteten Systeme prüfen

Das verwaltete System, auf dem der Job läuft, sollte korrekt angebunden und entsprechend konfiguriert sein. Überprüfen Sie daher den Status des Systems. Dies können Sie direkt nach der Anlage des Szenarios tun. Markieren Sie hierfür in Schritt 4 das entsprechende Szenario, und prüfen Sie den Abschnitt **Job-Monitoring-Szenariodetails**. Werden hier Probleme angezeigt, sollten Sie das jeweilige System markieren und dieses über die Schaltfläche **Konfiguration verwalteter Systeme** zunächst korrigieren.

Job(s) festlegen

In Schritt 5 müssen Sie zunächst einen Jobtyp, das technische System und den gewünschten Mandanten, auf dem der Job läuft, wählen. In Teilschritt 5.2, **Jobs auswählen**, erfolgt die eigentliche Auswahl des Jobs. Sie können hierfür bestimmte Jobauswahlkriterien wie den Jobnamen oder das jeweilige ABAP-Programm angeben. Führen Sie anschließend eine Suche durch, und markieren Sie den gewünschten Job in der Ergebnisanzeige (siehe Abbildung 10.40).

Abbildung 10.40 Job für das Monitoring auswählen

Die Pflege der Monitoring-Objekte, also die Definition des überwachten Jobs, kann anschließend in Teilschritt 5.3 erfolgen. Möchten Sie keine weiteren Anpassungen mehr vornehmen, können Sie die Konfiguration mit einem Klick auf **Bestätigen** schließen. Das gerade definierte Monitoring-Objekt steht Ihnen anschließend im Bereich **Monitoring-Objekte** zur Verfügung und kann auch hier entsprechend angepasst werden.

Monitoring auswerten

Die Ergebnisse lassen sich anschließend wieder über eine SAP-Fiori-Applikation aufrufen. Starten Sie hierzu das SAP Solution Manager Launchpad, und wählen Sie die Kachel **Job-Monitoring**. Hier können Sie den anzuzeigenden Umfang auswählen.

10.4.5 IT-Infrastruktur-Monitoring

Voraussetzungen

Mit dem IT-Infrastruktur-Monitoring bietet SAP Solution Manager 7.2 Ihnen die Möglichkeit, auch Infrastrukturkomponenten wie Drucker, Laptops, Netzwerk-Switches u. v. m. zu überwachen und in Ihr Monitoring-Konzept aufzunehmen. Voraussetzung, um diese Funktionalität nutzen zu können, ist jedoch, dass Sie das Add-on *SAP IT Infrastructure Management* der Firma REALTECH im Einsatz haben und dessen Konfiguration in der Transaktion SOLMAN_SETUP durchgeführt haben. Die Guided Procedure zur Konfiguration sehen Sie in Abbildung 10.42. Sie konfigurieren das Überwachen und Ausgeben von Fehlern ähnlich wie im System-Monitoring anhand von Vorlagen (siehe Abschnitt 10.4.2, »System-Monitoring«).

Abbildung 10.41 IT-Infrastruktur-Monitoring konfigurieren

Unserer Erfahrung nach gibt es aktuell nur wenige Kunden, die das IT-Infrastruktur-Monitoring nutzen. Das Problem hierbei besteht darin, dass zunächst eine Erweiterung separat lizenziert werden muss. Diese Softwareerweiterung muss auf einem eigenen Server installiert werden und durchforstet dann mit Agents die gesamten Netzwerksegmente. Allerdings wird dieser Vorgang gerade aus sicherheits- und datenschutztechnischen Gründen bei Kunden oft nicht gerne gesehen.

10.4.6 Notfall-Monitoring

Monitoring während der Downtime

Bei einer Vielzahl von SAP-Kunden wurden wir bereits mit der Problemstellung konfrontiert, wie die Monitoring-Funktionalitäten im Falle eines Upgrades oder eines Ausfalls des produktiven SAP-Solution-Manager-Systems aufrechterhalten werden können. Die verwalteten Systeme müssen in diesem Fall weiterhin zumindest auf ihre grundsätzliche Funktionalität hin geprüft werden. Für diesen Fall hat SAP die Funktionalität des *Notfall-Monitorings* entwickelt. Der Diagnostics Agent wird dabei zusammen mit dem *Introscope Host Adapter* verwendet, um Dashboards mit den wichtigsten Monitoring-Daten bereitzustellen. Spezielle Dashboards werden an den Introscope Host Adapter verteilt. Dazu werden auch ST-PI- bzw. ST-A/PI-basierte Datenlieferanten genutzt. Diese kommunizieren anschließend auf verschiedenen Wegen mit dem Introscope Enterprise Manager und bilden so eine saubere Datenbasis für das Notfall-Monitoring (siehe Abbildung 10.42). Das *MAI-Agelet* weist den Diagnostics Agent an.

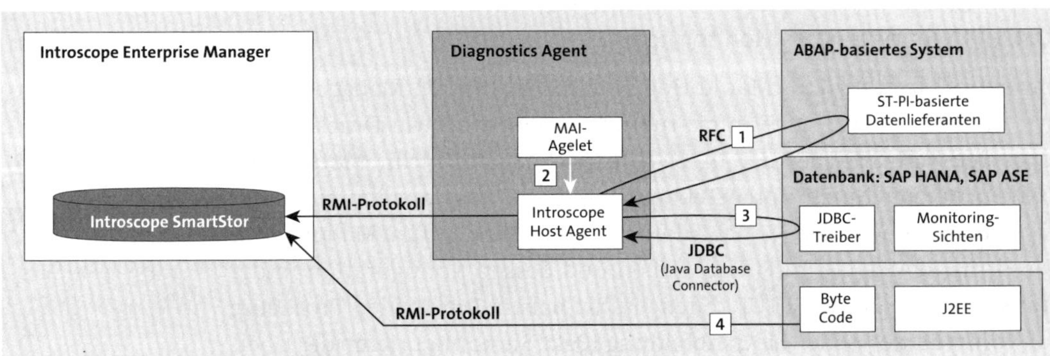

Abbildung 10.42 Schematische Darstellung des Datenflusses (Quelle: SAP SE)

Voraussetzungen

Folgende Voraussetzungen müssen für die Verwendung des Notfall-Monitorings geschaffen werden:

- SAP Solution Manager 7.1 SP14 oder SAP Solution Manager 7.2 SPS01 oder höher
- Introscope Enterprise Manager 9.7 oder höher
- SAP Management Modules für Introscope 9.7 oder höher (diese sind versionsspezifisch und werden bei der Installation bzw. dem Upgrade des Introscope Enterprise Managers mit angegeben)

Dashboard

In Abbildung 10.43 sehen Sie exemplarisch das Dashboard, das Ihnen im Falle einer Downtime des SAP-Solution-Manager-Systems den Gesundheitszustand Ihrer SAP-Systeme zeigt.

[»]

Weitere Informationen zum Notfall-Monitoring

Weitere Informationen zum Notfall-Monitoring finden Sie im Expert Portal zum SAP Solution Manager unter folgender URL: *http://s-prs.de/v791840*

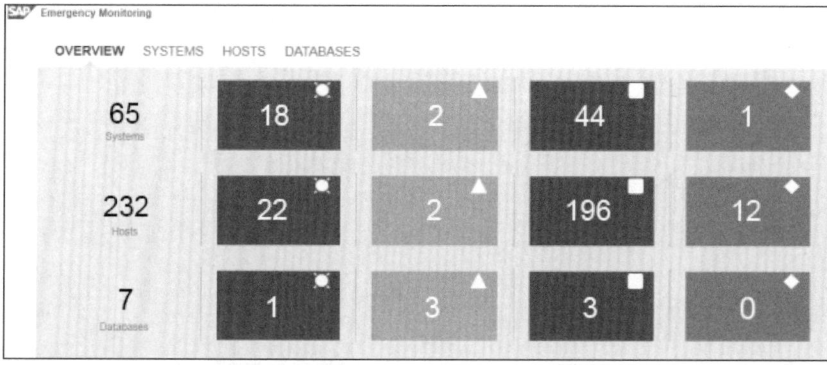

Abbildung 10.43 Dashboard zum Zustand der SAP-Systeme

10.4.7 Cloud-Monitoring

Das sogenannte *Cloud-Monitoring* hilft Ihnen dabei, Ihre hybriden Landschaften oder Cloud-Anwendungen zu überwachen. So halten Sie auch für diese Anwendungen einen reibungslosen Betrieb aufrecht. Im Export Portal des SAP Solution Managers sehen Sie, welche Cloud-Lösungen Sie mit welchen Möglichkeiten des SAP Solution Managers überwachen können: *http://s-prs.de/v791841*

Unterstützte Monitoring-Applikationen

Die Überwachung dieser Cloud-Anwendungen richten Sie zusätzlich in Ihren bestehenden Szenarien ein. Folgende Guided Procedures innerhalb der Transaktion SOLMAN_SETUP unterstützen die Anbindung von Cloud-Anwendungen:

- User Experience Monitoring
- Ausnahmenverwaltung
- Schnittstellen- und Verbindungs-Monitoring
- Datenkonsistenzmanagement

Schnittstellen- und Verbindungs-Monitoring

Am Beispiel des Schnittstellen- und Verbindungs-Monitorings legen wir im Folgenden einen neuen Schnittstellenkanal vom Typ **Cloud** an. Ein *Schnittstellenkanal* ist eine Bündelung von Schnittstellen eines bestimmten Typs zwischen zwei definierten Systemen (siehe auch Abschnitt 10.5.1, »Schnittstellen und Verbindungen«). Wechseln Sie dazu in den Bereich **Application Operations • Integration Monitoring • Schnittstellen und Verbindungen**. Klicken Sie im Abschnitt **Schnittstellenkanäle** auf die Schaltfläche **Anlegen**. In diesem Schnittstellenkanal können Sie dann wählen, welche Cloud-Anwendung überwacht werden soll (siehe Abbildung 10.44).

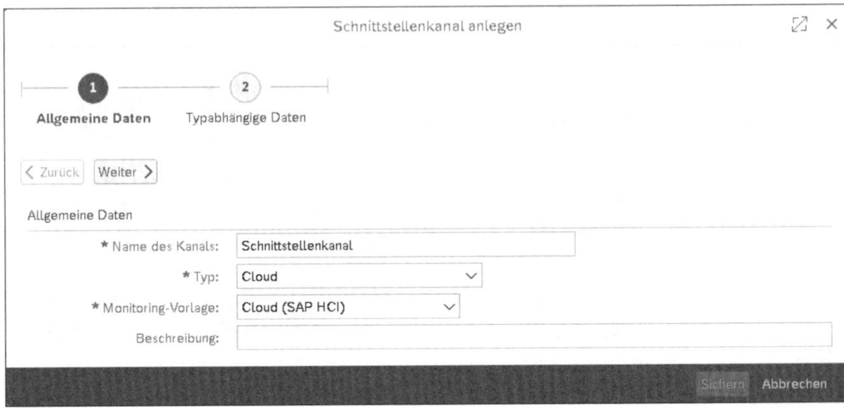

Abbildung 10.44 Anlage eines Schnittstellenkanals

Die Einbindung in die anderen genannten Monitoring-Szenarien geschieht auf ähnlichem Weg. SAP hat vieles daran gesetzt, möglichst alle cloudbasierten SAP-Anwendungen in SAP Solution Manager 7.2 zu unterstützen.

[»]

Weitere Informationen zum Cloud-Monitoring

Weiterführende Informationen können Sie auch dem eigenen Expert Portal zum Thema **Public Cloud Operations** entnehmen: *http://s-prs.de/v791842*

10.4.8 Alerting konfigurieren

Die Aktivierung der automatischen Benachrichtigungen bzw. die automatische Anlage von Meldungen im ITSM erfolgt in fast allen Monitoring-Applikationen nach demselben Muster. Aus diesem Grund beschreiben wir das Vorgehen an dieser Stelle einmalig. Zunächst muss das Objekt bzw. Template ausgewählt werden, für das die Alarmierung eingerichtet werden soll (hier exemplarisch für das System-Monitoring).

Meldung aussteuern

Um im Fehlerfall automatisch eine Meldung im ITSM des SAP Solution Managers zu eröffnen, wählen Sie die Registerkarte **Meldungen**. Wie in Abbildung 10.45 zu sehen, müssen Sie hier die gewünschten Meldungsparameter wie Variante, Vorgangsart oder Support-Komponente mitgeben. Im Bereich **Erweiterte Einstellungen** können Sie außerdem eigene Texte definieren oder BAdI-Implementierungen aktivieren.

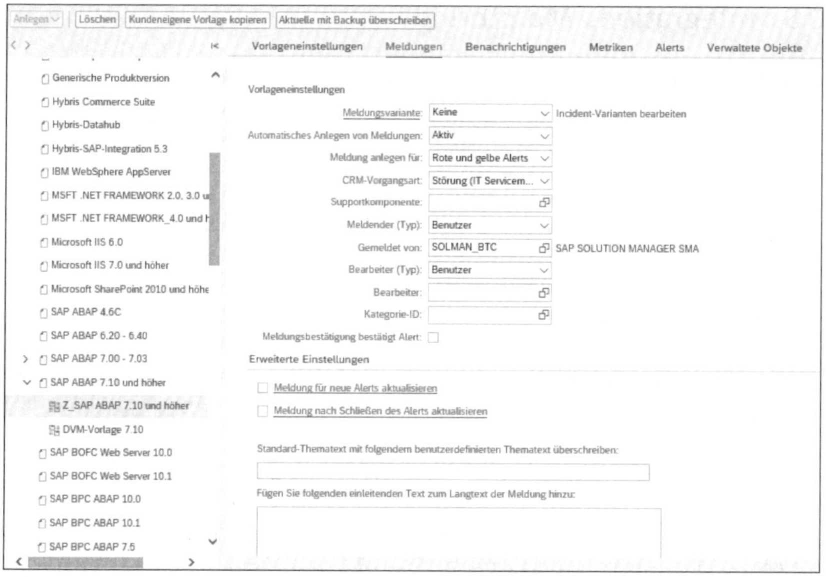

Abbildung 10.45 Meldungen automatisch eröffnen

Des Weiteren können Sie **Benachrichtigungen** über E-Mail bzw. SMS aussteuern. Geben Sie hierfür die gewünschten Empfänger*innen bzw. Empfängerlisten an (siehe Abbildung 10.46). Auch hier können Sie in den erweiterten Einstellungen die Standardtexte anpassen bzw. BAdI-Implementierungen aktivieren.

Benachrichtigung steuern

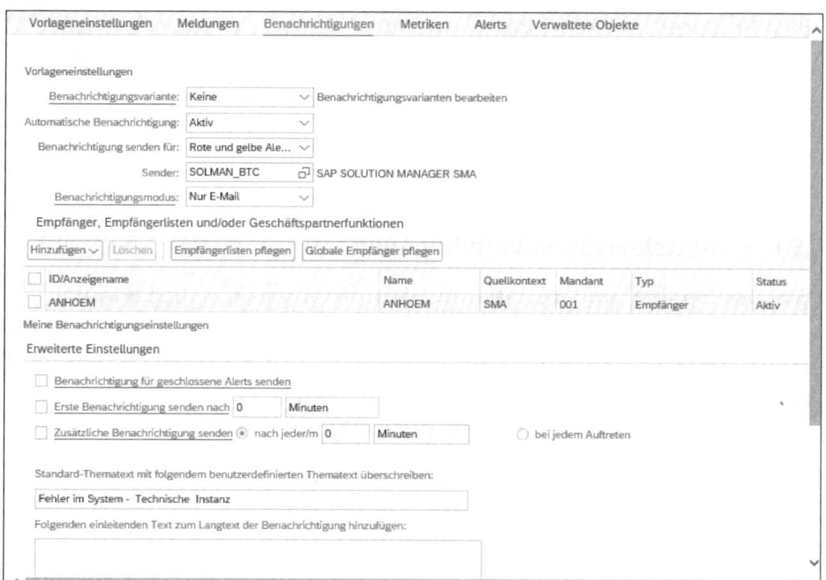

Abbildung 10.46 Automatische Benachrichtigungen konfigurieren

10.5 Integrations-Monitoring

Das Integrations-Monitoring ist eine Sammlung von Werkzeugen und Methoden, mit denen Sie die Kommunikation verschiedenster Protokolle und Schnittstellen innerhalb Ihrer Systemlandschaft zentral und in Echtzeit überwachen können. Es gliedert sich in drei Teilbereiche:

- Schnittstellen und Verbindungen
- Prozessintegration
- Nachrichtenflüsse

Die einzelnen Szenarien des Integrations-Monitorings werden in den folgenden Abschnitten detailliert erläutert.

Schnittstelle dokumentieren

SAP Solution Manager 7.2 bietet die Möglichkeit, Schnittstellen grafisch zu modellieren und in den Prozessdiagrammen des Prozessmanagements zu hinterlegen. Öffnen Sie hierzu zunächst das SAP Solution Manager Launchpad (Transaktion SM_WORKCENTER), und wählen Sie die Kachel **Lösungsdokumentation**. Navigieren Sie anschließend zu dem Prozess, dem die Schnittstelle zugeordnet sein soll, oder in die passende Bibliothek. Legen Sie nun mit einem Rechtsklick auf die **Elemente**-Registerkarte eine neue Sammelschnittstelle an. Die Modellierung einer Schnittstelle erfolgt in ihren Grundzügen analog zur Prozessmodellierung (siehe Abschnitt 3.4.5, »Prozesse mit BPMN 2.0 modellieren«).

[+]

Best Practices im Expert Portal nutzen

Das Expert Portal bietet für die meisten Szenarien des Integrations-Monitorings Best Practices mit Beispielen an. Diese sind unter folgendem Link zu finden: *http://s-prs.de/v791843*

10.5.1 Schnittstellen und Verbindungen

Das Schnittstellen- und Verbindungs-Monitoring ist das unserer Einschätzung nach am häufigsten eingesetzte Monitoring im Bereich des Integrations-Monitorings. Es stellt Transparenz in Bezug auf die technischen Schnittstellen her. In SAP Solution Manager 7.2 können die aktuellen Status der einzelnen Monitoring-Objekte außerdem in das grafische Prozessdiagramm integriert und später übersichtlich abgerufen werden. Außerdem steht eine SAPUI5-Applikation bereit, in der alle Schnittstellen und Verbindungen dargestellt werden.

Unterstützte Kommunikationsarten

Die folgenden Kommunikationsarten können in der aktuellen Version des SAP Solution Managers mit dem Schnittstellen- und Verbindungs-Monitoring überwacht werden:

- RFC-Aufrufe
- Webserviceaufrufe
- Meldungen aus SAP Process Integration (PI) und SAP Process Orchestration (PO)
- iFlow-Ausführungen aus der SAP Integration Suite (vormals SAP Cloud Platform Integration)
- Services aus SAP Gateway
- Flat Files
- Meldungen aus dem Application Interface Framework (AIF)
- Intermediate Documents (IDocs)
- qRFC (queued RFC)
- tRFC (transactional RFC)
- bgRFC (background RFC)
- BDocs (Business Documents) und CRM Middleware
- Workflows aus SAP Business Workflow
- Batch-Input
- HTTP-Aufrufe
- Schnittstellen aus SAP Manufacturing Integration and Intelligence (MII)
- Kommunikationsvorgänge innerhalb der Public-Cloud-Lösungen von SAP

Voraussetzungen und Vorbereitung

Infrastrukturkonfiguration

Um das Schnittstellen- und Verbindungs-Monitoring nutzen zu können, müssen Sie zunächst einige vorbereitende Schritte durchführen. Öffnen Sie hierfür wie gewohnt die Transaktion SOLMAN_SETUP, und navigieren Sie zur Guided Procedure **Application Operations • Integrations-Monitoring • Schnittstellen und Verbindungen**. Nach der obligatorischen Prüfung der Voraussetzungen müssen noch einige Konfigurationen durchgeführt, Aufgaben eingeplant und Benutzer angelegt werden. Führen Sie hierzu die entsprechenden Schritte in der Guided Procedure durch, und folgenden Sie dazu der hinterlegten Dokumentation. Installieren Sie auf jeden Fall in Schritt 2.6, **Content aktualisieren**, den aktuellsten Monitoring-Content.

Schnittstellenszenario anlegen

In Schritt 4, **Umfang definieren**, müssen Sie ein Szenario erstellen bzw. auswählen. Dazu klicken Sie auf die Schaltfläche **Anlegen**. Vergeben Sie zunächst einen passenden Namen und eine Beschreibung für das Szenario. Anschließend wählen Sie in Teilschritt 4.2, **Technische Elemente definieren**, die technischen Systeme, Services und Hosts aus, auf denen bzw. zwischen denen die Schnittstelle existiert (siehe Abbildung 10.47).

Abbildung 10.47 Schnittstellenszenario anlegen

In Teilschritt 4.3, **Attribute definieren**, und Teilschritt 4.4, **Details konfigurieren**, können Sie Verbindungen löschen, die nicht überwacht werden sollen, oder neue Verbindungen hinzufügen. Sichern Sie anschließend Ihr Schnittstellenszenario, und fahren Sie mit Schritt 5, **Monitoring und Alerting**, fort. Führen Sie in Teilschritt 5.1 die automatischen Aktivitäten durch, und prüfen Sie die korrekte Ausführung.

Schnittstellenkanal anlegen

Anschließend können Sie mit der weiteren Konfiguration in Teilschritt 5.2, **Konfiguration**, fortfahren. In diesem Schritt müssen ein oder mehrere

Schnittstellenkanäle angelegt werden. Klicken Sie hierfür auf die Schaltfläche **Anlegen**. Diesen Schritt haben wir bereits in Abschnitt 10.4.7, »Cloud-Monitoring«, gezeigt. Wählen Sie einen Namen, einen Kanaltyp und eine passende, durch den Monitoring-Content ausgelieferte Vorlage aus. Klicken Sie anschließend auf **Weiter**. Die typabhängigen Daten sind vom gewählten Typ des Kanals abhängig.

Da es sich bei Schnittstellenkanälen um gerichtete Verbindungen handelt, müssen im nächsten Schritt eine Quelle, ein Ziel und ein Messpunkt definiert werden. Damit legen Sie die Richtung der Verbindung fest. Eine beispielhafte Konfiguration können Sie Abbildung 10.48 entnehmen.

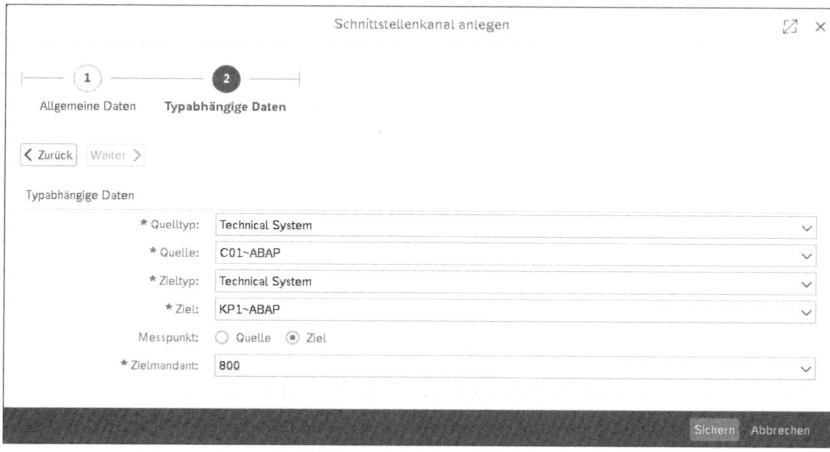

Abbildung 10.48 Kanalrichtung definieren

Details konfigurieren

Sichern Sie anschließend den Schnittstellenkanal. Wählen Sie jetzt den eben angelegten Kanal aus. Auf der Registerkarte **Details zu Schnittstellenkanal** können Sie nun die Eigenschaften der Schnittstelle pflegen. Da sich die einzugebenden Werte von Typ zu Typ unterscheiden, können wir hier keine generelle Hilfestellung geben. Meist werden jedoch eine Richtung, ein Ziel bzw. ein zu überwachendes IDoc oder eine Datei und ein oder mehrere definierte Status für den Fehlerfall angegeben. In Abbildung 10.49 sehen Sie eine beispielhafte Konfiguration für die Überwachung einer IDoc-Schnittstelle.

Auf der Registerkarte **Metrikkonfiguration** können Sie die von SAP vordefinierten Metriken aktivieren und gegebenenfalls anwendungsspezifisch konfigurieren. Eine Beschreibung der Metriken befindet sich im Normalfall in der Anzeige rechts neben der Metrikauswahl. Wählen Sie die passenden Metriken aus, und setzen Sie den Haken bei **Aktiviert**.

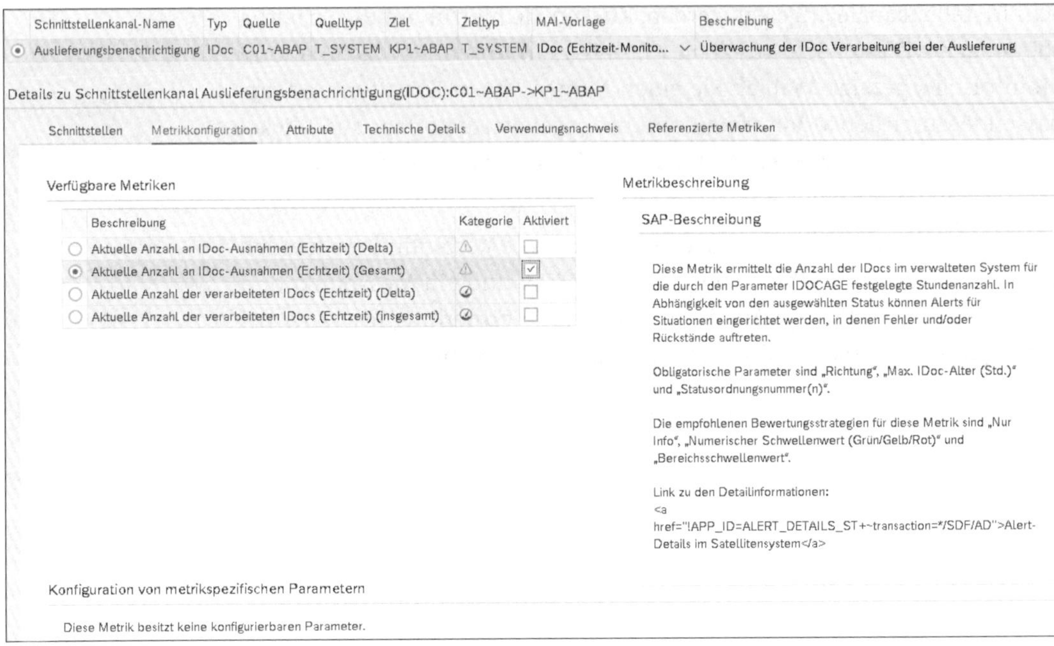

Abbildung 10.49 Eine IDoc-Überwachung konfigurieren

Schnittstellenkanal aktivieren

Zum Abschluss muss der Schnittstellenkanal noch aktiviert werden. Dazu wählen Sie den oder die gewünschten Kanäle und klicken auf die Schaltfläche **Übernehmen und aktivieren**.

Mit dem Schnittstellen-Monitoring arbeiten

Sie haben zwei Optionen, um sich die angelegten Kanäle mit Ihren Metriken anzeigen zu lassen. Zum einen können Sie im SAP Solution Manager Launchpad die Kachel **Schnittstellen-Monitoring** aufrufen und den oder die gewünschten Kanäle auswählen und auswerten. Die Oberfläche dieser Applikation ist wieder im einheitlichen SAP-Fiori-Layout aufgebaut, die Navigation erfolgt analog zu den anderen Monitoring-Applikationen.

Schnittstellen in der Lösungsdokumentation

Zum anderen haben Sie die Möglichkeit, Schnittstellen direkt in der Lösungsdokumentation anzulegen und den passenden Prozessschritten eines Prozesses zuzuordnen. Öffnen Sie hierfür die Lösungsdokumentation und navigieren Sie entweder zur Schnittstellenbibliothek (siehe Abschnitt 3.4.2, »Bibliotheken«), oder legen Sie die Schnittstelle direkt im gewünschten Prozess an. Geben Sie nun, wie in Abbildung 10.50 zu sehen, die Details der Schnittstelle – ähnlich wie bei der Anlage eines Schnittstellenkanals – an.

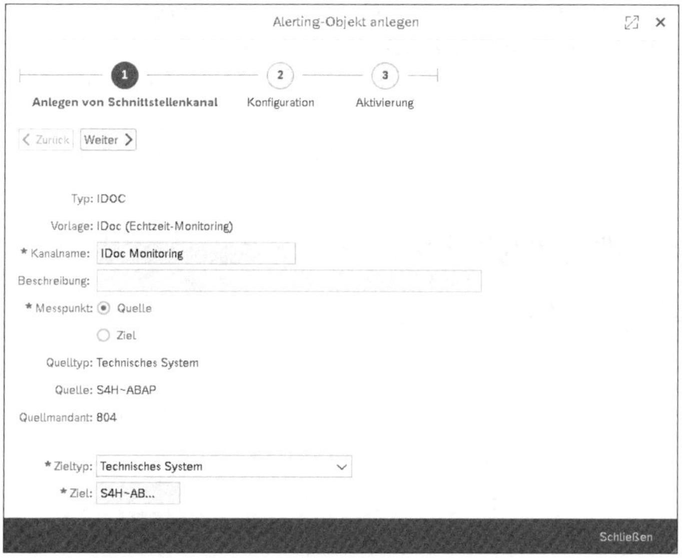

Abbildung 10.50 Schnittstelle in der Lösungsdokumentation anlegen

Alert in der Lösungsdokumentation

Um anschließend eine Überwachung zu integrieren, müssen Sie als Element der Schnittstelle einen Alert festlegen. Dies geschieht, indem Sie auf der Registerkarte **Elemente** einen Rechtsklick ausführen und unter **Neu • Betriebsführung** das Element **Alert** wählen. Pflegen Sie nun die Details des Alerts (siehe Abbildung 10.51).

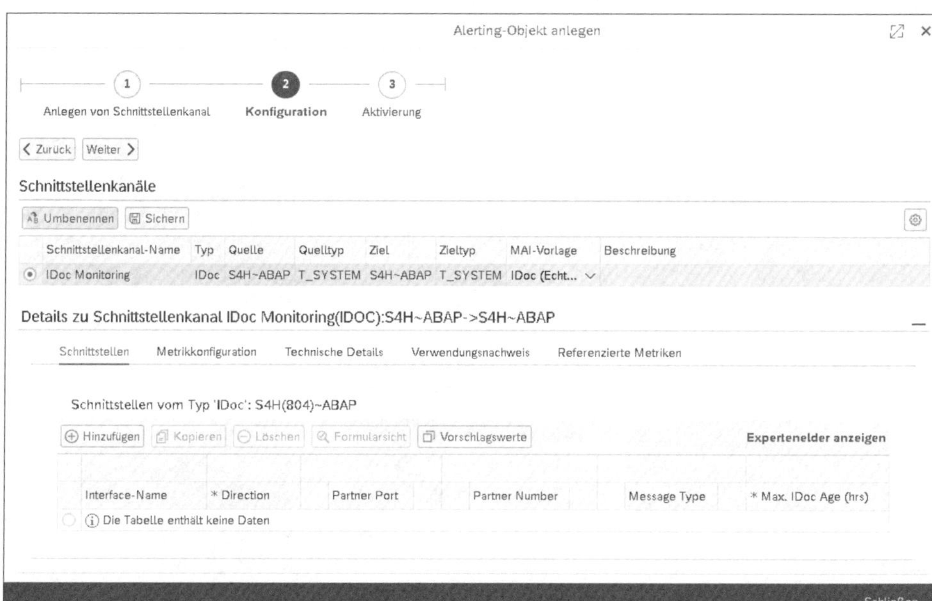

Abbildung 10.51 Alert-Details pflegen

Status im Geschäftsprozess-Monitoring

Für die Auswertung der hier angelegten Schnittstellen empfehlen wir einen Blick in die Applikation **Geschäftsprozess-Monitoring** im gleichnamigen Bereich des SAP Solution Manager Launchpads. Dort finden Sie die angelegten und zugeordneten Schnittstellen, wie in Abbildung 10.52 zu erkennen, in der Spalte **Schnittstelle** (). Durch einen Klick auf die jeweilige Zelle können Sie direkt in das Schnittstellen-Monitoring abspringen.

Abbildung 10.52 Schnittstellen im Geschäftsprozess-Monitoring

Integration in Prozessdiagramme

Je nachdem, wie detailliert Sie Ihre Prozesse dokumentiert haben, kann der aktuelle Status der Schnittstelle auch in einem zuvor modellierten Prozessdiagramm dargestellt werden. Abbildung 10.53 zeigt hierfür ein Beispiel.

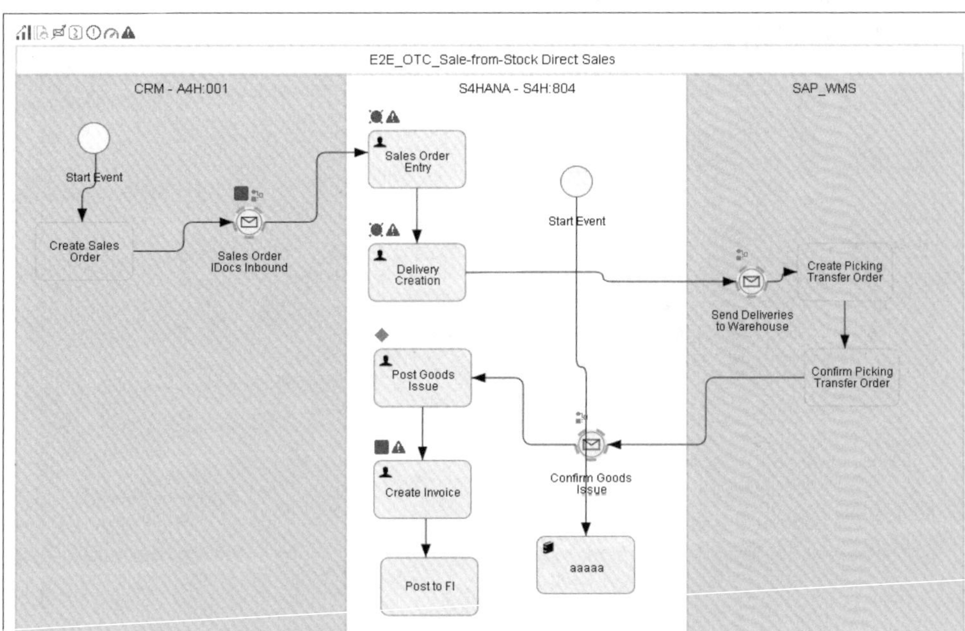

Abbildung 10.53 Integration der Schnittstelle in ein Prozessdiagramm

10.5.2 Prozessintegration

SAP Process Integration/Orchestration

In Zeiten, in denen der Datenaustausch innerhalb von Unternehmen oder auch von Unternehmen zu Unternehmen (*Business to Business*) immer wichtiger und somit auch kritischer wird, ist es elementar, eine Softwarelösung zu nutzen, die sich reibungslos in Ihren Betrieb eingliedert. SAP Process Integration (PI) bzw. SAP Process Orchestration (PO) bietet Ihnen genau diese Möglichkeiten. Mit diesen Lösungen können Sie Ihre Geschäftsprozesse komplett integriert über verschiedene Softwarekomponenten, Abteilungen und Organisationen hinweg betreiben.

PI-Monitoring

Umso wichtiger ist es, diese Tools nahezu störungsfrei zu betreiben. Hierbei kann Ihnen der SAP Solution Manager mit seinem Prozessintegrations-Monitoring helfen. Konfiguriert wird dieses Monitoring über eine Guided Procedure **Application Operations • Integration Monitoring • Prozessintegration** in der Transaktion SOLMAN_SETUP (siehe Abbildung 10.54). SAP Solution Manager 7.2 unterstützt aktuell alle Versionen ab SAP NetWeaver Process Integration 7.0.

Abbildung 10.54 Monitoring für SAP Process Integration konfigurieren

PI-Monitore

Folgende Monitore bietet SAP Solution Manager 7.2 zur Überwachung Ihrer PI-Domäne:

- **Übersichtsmonitor**
  Der Übersichtsmonitor dient der Überwachung der Verfügbarkeit aller PI-Komponenten in einer PI-Domäne.
- **Komponentenmonitor**
  Mit diesem Monitor werden alle Komponenten einer PI-Domäne überwacht.
- **Kanalmonitor**
  Dieser Monitor überwacht die Verfügbarkeit der Kommunikationskanäle für alle zentralen und dezentralen Adapter-Engines.
- **Message-Monitor**
  Der Message-Monitor überwacht PI-Messages in allen Komponenten der PI-Domäne.
- **Message-Suche-Monitor**
  Hiermit können Sie nach bestimmen Payloads in PI-Messages suchen.
- **Message-basierter Alert-Monitor**
  Ein Message-basierter Alert-Monitor kann einen Alert zu einer fehlerhaften PI-Message basierend auf den PI-Alert-Regeln ausgeben.

Der große Vorteil des zentralen PI-Monitorings im SAP Solution Manager ist, dass Sie Probleme und Fehler in Ihrer PI-Domäne frühzeitig erkennen und beheben können. So können Sie den Fachabteilungen eine sehr hohe Verfügbarkeit der PI-Komponenten garantieren.

Monitoring-Vorlagen

Die Konfiguration erfolgt ebenfalls über Vorlagen, wie in Abschnitt 10.4.1 am Beispiel des Selbst-Monitorings dargestellt. Diese werden kundenindividuell ausgeprägt. Dabei wird pro Metrik bzw. Alert eine Reaktion festgelegt. Das gleiche Vorgehen wird auch im Szenario des System-Monitorings angewendet.

10.5.3 Nachrichtenflüsse

Mit dem Überwachen von Nachrichtenflüssen (*Message-Flows*) können Sie den Status von geschäftskritischen, nachrichtenbasierten Vorgängen innerhalb einer SAP-Process-Integration-Landschaft überwachen. In Abbildung 10.55 sehen Sie einen exemplarischen Einsatz des Nachrichtenflussmonitors.

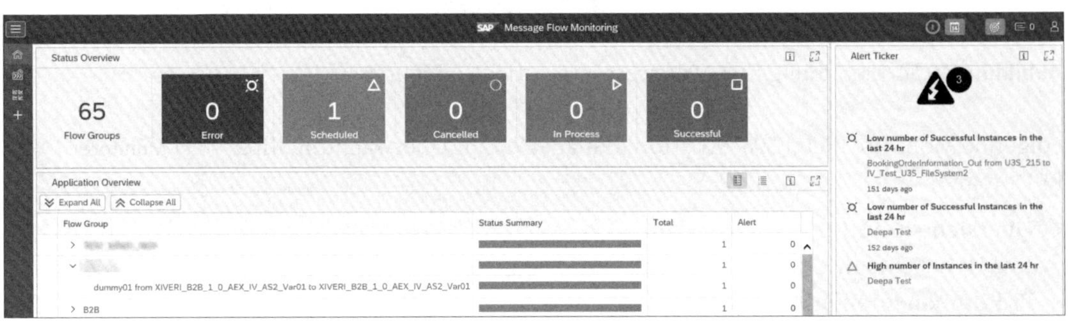

Abbildung 10.55 Exemplarische Darstellung des Nachrichtenflussmonitors

Überwachungsmöglichkeiten

Folgendes können Sie mit dem Nachrichtenflussmonitor überwachen:

- A2A-Nachrichtenflüsse (Application to Application)
- B2B-Nachrichtenflüsse (Business to Business)

Um das Nachrichtenfluss-Monitoring nutzen zu können, müssen folgende Systemvoraussetzungen erfüllt sein:

- SAP Process Integration 7.31 SP07 oder höher
- SAP Solution Manager 7.1 SP09 oder höher

Konfiguration

Konfiguriert wird das Nachrichtenfluss-Monitoring wie gewohnt mithilfe einer Guided Procedure in der Transaktion SOLMAN_SETUP (siehe Abbildung 10.56).

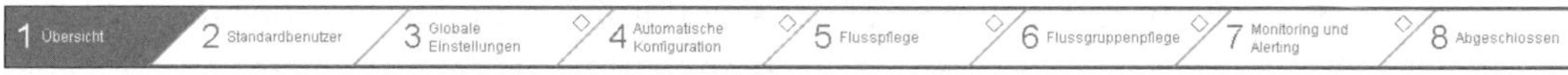

Abbildung 10.56 Nachrichtenfluss-Monitoring konfigurieren

Alerting

Auch eine Integration der Alerts in das ITSM des SAP Solution Managers ist an dieser Stelle möglich (siehe Abschnitt 10.4.8, »Alerting konfigurieren«).

[«]

Weiterführende Informationen zur Konfiguration

Um das Monitoring der Nachrichtenflüsse nutzen zu können, müssen Sie in Ihrem SAP-PI-System die sogenannte *Integration Visibility* und eine Suche innerhalb dieser Integration Visibility eingerichtet haben. Informationen zu deren Einrichtung finden Sie unter folgender URL: *http://s-prs.de/v561544*. Dort erhalten Sie auch Hinweise zur Einrichtung der erforderlichen Suche.

Für jeden definierten Nachrichtenfluss können Sie entscheiden, was im Fehlerfall passieren soll. Dies können Sie ebenfalls in der Guided Procedure einstellen. Zum Einrichten der unterschiedlichen Alerting-Möglichkeiten gibt es ein ausführliches FAQ-Dokument von SAP unter der URL *http://s-prs.de/v791844*

10.6 Monitoring von SAP HANA und Business-Intelligence-Lösungen

Das *SAP-HANA- und BI-Monitoring* (Business Intelligence) bietet Ihnen die Möglichkeit, z. B. SAP-BW-Systeme, SAP BW/4HANA, SAP-BusinessObjects-BI-Lösungen und SAP-HANA-Systeme zentral zu überwachen. Es ist in die klassischen Monitoring-Anwendungen wie den Alert-Eingang, das System-Monitoring, die Benachrichtigungsverwaltung und das ITSM integriert.

Vorausgesetzte Versionsstände

Folgende Versionsstände müssen mindestens gewährleistet sein:

- SAP NetWeaver BW 7.0 oder höher
- SAP BusinessObjects Business Intelligence 3.1 oder höher

Vorbereitend für die Verwendungen dieses Monitorings muss zunächst die Konfiguration in der Transaktion SOLMAN_SETUP durchgeführt werden. Navigieren Sie dazu zum Bereich **Application Operations • SAP-HANA- und BI-Monitoring**. Führen Sie die Konfiguration für die Bereiche **Business Intelligence** und **Datenbereitschaft** – je nachdem, welches Szenario Sie verwenden möchten – durch. Legen Sie in Schritt 3, **Standardbenutzer**, die dort angegebenen Benutzer an.

BI-Monitoring konfigurieren

Für die Konfiguration des BI-Monitorings muss zunächst ein Szenario angelegt werden. Klicken Sie hierzu in Schritt 4, **Umfang definieren**, in der **Szenarioauswahl** auf **Anlegen**. In den Bereichen **technische Elemente definieren** und **Attribute definieren** müssen Sie der Konfiguration Ihrem Szenario entsprechend eine Vielzahl von Informationen zu den BI-, BO-, BW- und anderen Schichten mitgeben. Überprüfen Sie in Schritt 5, **Prüfen**, die angezeigten Details zum Szenario, und klicken Sie auf **Sichern**.

Jobs konfigurieren

Legen Sie anschließend in Teilschritt 5.1 die zu überwachenden Jobs fest. Hierbei können folgende Jobs konfiguriert werden:

- BW-Prozessketten
- Jobs in SAP BusinessObjects
- Jobs in SAP Data Services
- BW-Report-Monitor
- ABAP-Jobs
- Data Services

Um einen Job anzulegen, klicken Sie auf **Neu** und geben die Grunddaten wie den Jobtyp, das technische System und das Monitoring-Objekt an. Wählen Sie als nächstes den gewünschten Job aus. Pflegen Sie nun die für das Monitoring-Objekt benötigten Informationen ein, und klicken Sie auf **Sichern**. Generieren und Aktivieren Sie das Objekt über die Schaltfläche **Generieren und Aktivieren**.

BW-Report-Monitoring konfigurieren

In Schritt 5.2, **BW-Report-Monitoring konfigurieren**, legen Sie die BW-Reports zur Überwachung fest. Um einen Report hinzuzufügen, klicken Sie auf die Schaltfläche **Reports hinzufügen**. Aktivieren Sie anschließend die Datensammlung bzw. das Alerting mit einem Klick auf **Alle aktivieren**.

DRM konfigurieren

Die Konfiguration des *Datenbereitschafts-Monitorings* (Data Readiness Monitoring, DRM) erfolgt in Schritt 4, **Umfang definieren**. Legen Sie hier zunächst mit einem Klick auf **Anlegen** ein neues Szenario an, und vergeben Sie einen passenden Namen. Sie müssen sich zwischen den beiden Typen **Aktueller Status** (Prüfung des aktuellen oder vergangenen Status) oder **SLA** (bei vorhandenen Service Level Agreements; hier erfolgt die Prüfung der Daten zu einem festgelegten Zeitpunkt) entscheiden. Ordnen Sie anschließend, wie in Abbildung 10.57 gezeigt, ein Monitoring-Objekt zu, und geben Sie eine **Zeit für die Rückschau (Stunden)** an.

Darüber hinaus können Sie auf der Registerkarte **Benachrichtigung** Benachrichtigungsoptionen anlegen. Aktivieren Sie das Szenario, und schließen Sie damit die Konfiguration ab.

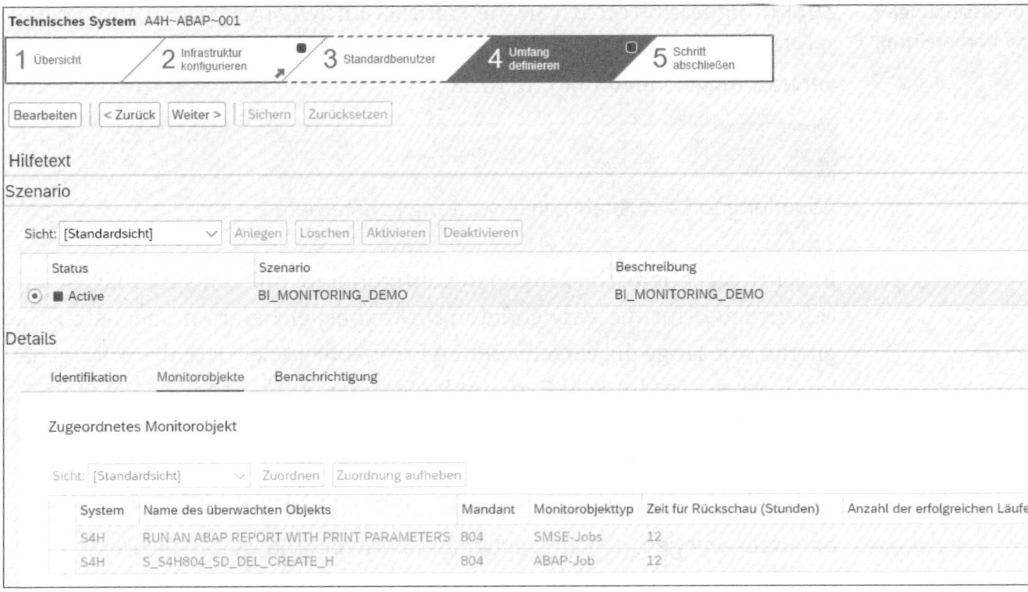

Abbildung 10.57 Datenbereitschafts-Monitoring konfigurieren

Aufruf der Monitoring-Oberfläche

Die Auswertung des konfigurierten Monitorings erfolgt im SAP Solution Manager Launchpad über den Aufruf der Applikation **Business-Intelligence-Monitoring**. Wählen Sie hier die gewünschten Monitoring-Szenarien aus. Die Oberfläche zeigt sich im gewohnten SAP-Fiori-Layout und folgt demselben Bedienkonzept wie die anderen bisher vorgestellten Monitoring-Applikationen.

[«]

Weiterführende Informationen zum SAP-HANA- und BI-Monitoring

Weitere Informationen zum SAP-HANA- und BI-Monitoring finden Sie auf folgenden Internetseiten:

- SAP Help Portal: *http://s-prs.de/v791845*
- SAP Community Wiki: *http://s-prs.de/v561547*
- Expert Portal: *http://s-prs.de/v791846*

10.7 Ausnahmenverwaltung

Die Ausnahmenverwaltung ist ein Werkzeug, mit dem geschäftskritische Ausnahmen in Ihrer Systemlandschaft erkannt und behandelt werden. Sie können Standardlogdateien auswerten, aber auch selbstdefinierte Ausnahmen in Prozessabläufen überwachen.

Voraussetzungen und Vorbereitung

Zur Konfiguration öffnen Sie die Transaktion SOLMAN_SETUP und navigieren im Bereich **Application Operations** zur Guided Procedure **Ausnahmenverwaltung** (siehe Abbildung 10.58).

Abbildung 10.58 Ausnahmenverwaltung konfigurieren

In Schritt 1, **Periodische Aufgaben konfigurieren**, müssen Sie zunächst eine Lebensdauer für die verwendeten Protokollspeicherarten angeben. Diese gibt an, wie lange die verschiedenen Protokolle in der Datenbank vorgehalten werden. Der im Feld **Periodische Standardaufgaben für neue Einträge** verwendete Wert wird dabei automatisch für jede neu definierte Protokollspeicherart gesetzt.

Erstellen bzw. aktualisieren Sie anschließend in Schritt 2, **Standard-Dialogbenutzer anlegen**, den angegebenen Benutzer, und weisen Sie ihm die entsprechenden Rollen zu. Sie können dies automatisiert durchführen.

Umfang festlegen

In Schritt 3, **Umfang definieren**, wählen Sie die zu überwachenden Systeme und definieren passende Filter. SAP Solution Manager 7.2 unterstützt hier neben klassischen On-Premise-Systemen auch verschiedene Cloud-Services. Für ABAP-Systeme kann pro Mandant eine eigene Konfiguration der Ausnahmenverwaltung erstellt werden. Wählen Sie das gewünschte System, und klicken Sie auf **Konfigurieren**. Das Setup springt automatisch in den nächsten Schritt 4.1, **Ausnahmekonfiguration**.

[!]

Konfiguration verwalteter Systeme muss abgeschlossen sein

Bevor Sie die Ausnahmenverwaltung für ein System aktivieren können, muss für dieses System die Konfiguration der verwalteten Systeme durchgeführt sein. Weitere Informationen hierzu finden Sie in Abschnitt 2.3, »Verwaltete Systeme konfigurieren«.

Protokollspeicher hinzufügen

Klicken Sie auf **Protokollspeicher hinz.**, und wählen Sie entweder einen Standard- oder einen Drittanbieterprotokollspeicher aus. Die Standardprotokollspeicher werden von SAP bereitgestellt. Drittanbieterprotokollspeicher müssen in der Protokollspeicheradministration definiert und verwaltet werden. Diese können Sie über **Protokollspeicher hinzufügen • Drittanbieter • Verwaltung generischer Protokollspeicher** erreichen.

Filterkriterien pflegen

Wir empfehlen, Filterkriterien festzulegen, um die Ergebnisse aus den Protokollspeichern sinnvoll einzugrenzen. Der Dialog für das Hinzufügen von Filterkriterien wird Ihnen beim Hinzufügen von Standardprotokollspeichern direkt angezeigt. Er kann ebenfalls mit einem Klick auf **Filter hinzufügen** aufgerufen werden. Wählen Sie die gewünschten Felder aus, und bestätigen Sie die Auswahl mit **OK**. Pflegen Sie anschließend im Bereich **Filterdefinitionen** die entsprechenden Filter (siehe Abbildung 10.59).

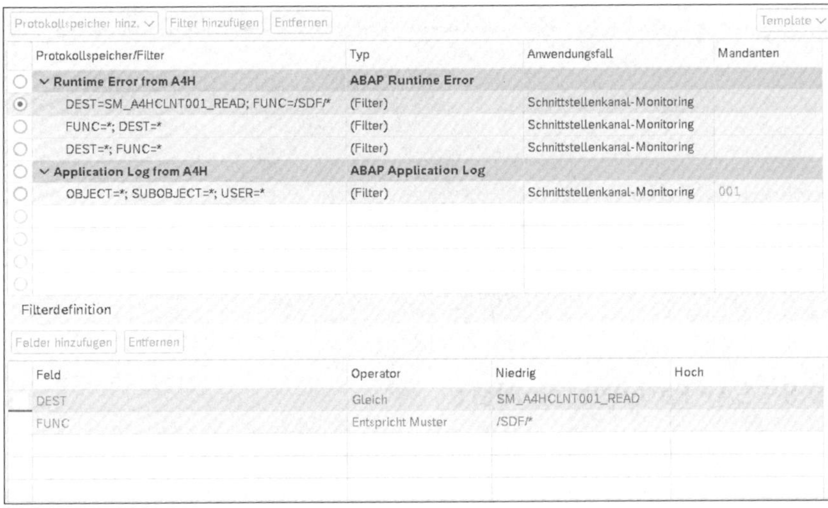

Abbildung 10.59 Filterdefinition pflegen

[+]

Vorlagen verwenden

Sie haben die Möglichkeit, kundeneigene Vorlagen für einen speziellen Systemtyp zu definieren. Diese können anschließend immer wieder verwendet werden. Klicken Sie dazu in dem in Abbildung 10.59 gezeigten Dialog auf die Schaltfläche **Template** rechts über der Tabelle, und wählen Sie die gewünschte Option. Wenn Sie eine Vorlage für ein bestimmtes System aktivieren, gehen alle selbst definierten Filter verloren.

Alerting konfigurieren

In den Schritten 4.2 bis 4.4 wird das Alerting für die verschiedenen Metriken konfiguriert und aktiviert. Setzen Sie dazu in Schritt 4.3, **Metrik-Konfiguration**, die entsprechende Metrik auf **aktiv**. Weisen Sie dieser Metrik in Schritt 4.4, **Alert-Konfiguration**, eine entsprechende Variante zu (siehe Abbildung 10.60). Sollten Sie noch keine Varianten gepflegt haben, können Sie das im nächsten Schritt mit einem Klick auf die Schaltfläche **Varianten pflegen** nachholen.

Aufruf der Monitoring-Oberfläche

Die konfigurierte Ausnahmenüberwachung können Sie sich anschließend im SAP Solution Manager Launchpad durch den Aufruf der Applikation **Ausnahmenverwaltung** ansehen. Selektieren Sie dort die gewünschten Kriterien, und lassen Sie sich die Ausnahmen anzeigen.

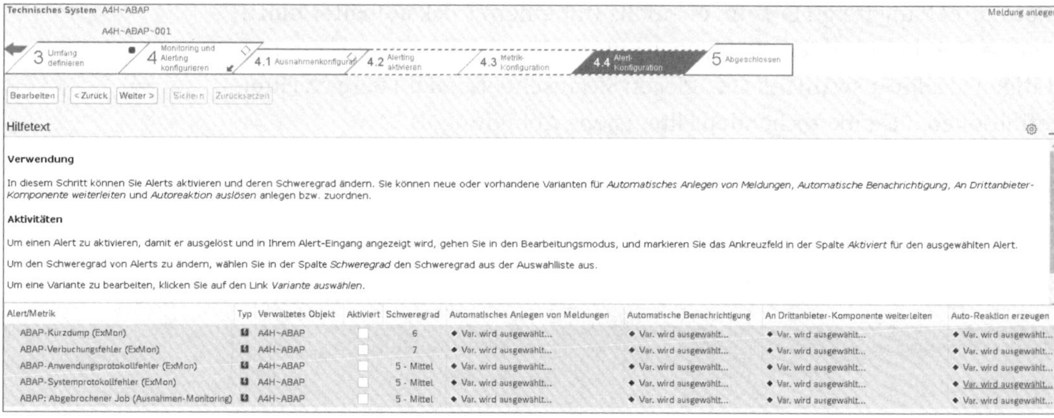

Abbildung 10.60 Alerting konfigurieren

10.8 SAP EarlyWatch Alert

Der *SAP EarlyWatch Alert* (EWA) ist ein Service, der automatisiert einen Bericht über den Zustand Ihrer SAP-Systeme erstellt. Dieser Bericht enthält verschiedene systemtypabhängige Key Performance Indicators (KPIs).

EWA konfigurieren

Um den EWA zu konfigurieren, können Sie entweder im SAP Solution Manager Launchpad im Bereich **SAP-Engagement und Servicelieferung** die Anwendung **Konfiguration • SAP EarlyWatch Alert** aufrufen oder in der Transaktion SOLMAN_SETUP in den Bereich **Application Operations • Early-Watch-Alert-Verwaltung** navigieren. Abbildung 10.61 zeigt die Guided Procedure zur Konfiguration.

Abbildung 10.61 SAP EarlyWatch Alert einrichten

In Schritt 1, **Umfang definieren**, müssen Sie zunächst eines oder mehrere Systeme wählen, für die der EWA aktiviert werden soll. Für Produktivsysteme ist der EWA bereits standardmäßig aktiviert. In Schritt 2, **EWA aktivieren**, definieren Sie die Sprache des ausgegebenen Berichts, den Wochentag, an dem der Bericht generiert werden soll, und die Verweildauer eines Berichts.

EWA aktivieren

Den Status der benötigten Plug-ins prüft das SAP-Solution-Manager-System automatisch in Schritt 3, **Softwarekomponentenlevel prüfen**. Schlägt diese Prüfung fehl, müssen die Plug-ins auf den angeforderten Stand gebracht werden (siehe Abbildung 10.62). Nähere Informationen hierzu finden Sie in Abschnitt 2.3, »Verwaltete Systeme konfigurieren«.

Plug-in-Stand

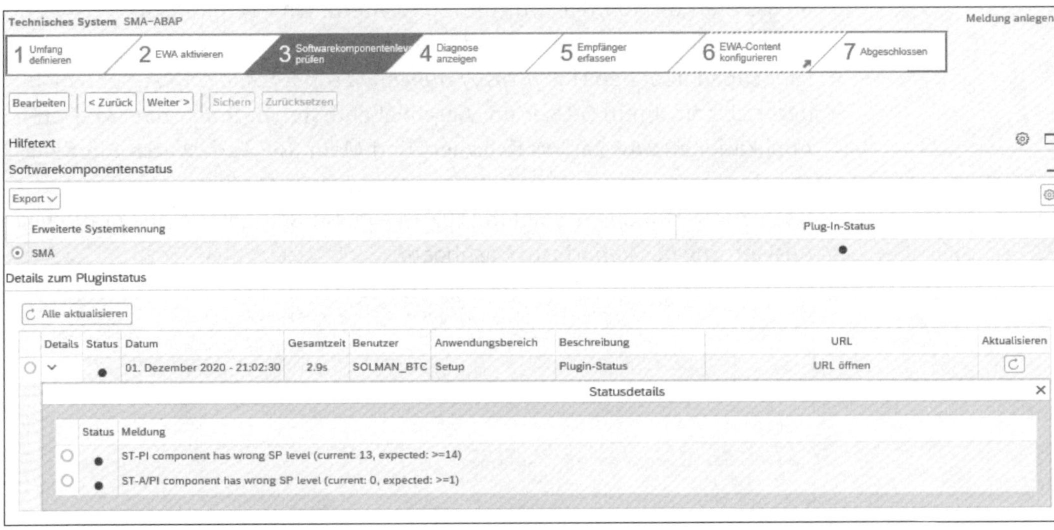

Abbildung 10.62 Softwarekomponentenlevel prüfen

In Schritt 4, **Diagnose anzeigen**, wird Ihnen der SDCCN-Status (Service Data Control Center) für die jeweiligen Systeme angezeigt. Sie können an dieser Stelle die Selbstdiagnosefunktion für den SAP EarlyWatch Alert ausführen. Klicken Sie hierfür auf den Link **Status der Selbstdiagnosefunktion SAP EarlyWatch Alert**. Daraufhin öffnet sich ein neues Fenster mit der Selbstdiagnose. Falls hier Fehler auftreten, müssen diese geprüft und gegebenenfalls behoben werden.

SDCCN-Status

Fügen Sie in Schritt 5, **Empfänger erfassen**, die gewünschten Empfänger*innen bzw. Empfängerlisten ein, und setzen Sie den Empfängerstatus auf **aktiv**. Wählen Sie im Bereich **Erweiterte Systemkennung** die SID des gewünschten Systems. Legen Sie unter **Reportformat** das Format fest, in dem der EWA-Bericht übermittelt werden soll.

Empfänger festlegen

Erweiterte Konfigurationen

In den Schritten 6.1 bis 6.3 können noch erweiterte Konfigurationen zu Spitzengeschäftszeiten, Geschäftsprozessanalysen (dokumentenbasierte Geschäftskennzahlen in SAP-ERP- und SAP-S/4HANA-Systemen) und dem Datenvolumenmanagement vorgenommen werden. Beim Datenvolumenmanagement lassen sich die für das System erhobenen Daten in den jeweiligen EWA-Bericht einbinden. Setzen Sie hierzu den Haken im Feld **DVM aktiv**.

[+]

EWA Workspace im SAP ONE Support Launchpad

SAP stellt online im SAP ONE Support Launchpad seit Anfang 2020 eine neue Möglichkeit bereit, um die SAP-EarlyWatch-Alert-Berichte genauer analysieren zu können. Um diese erweiterte und vereinfachte Auswertungsmöglichkeit nutzen zu können, rufen Sie das SAP ONE Support Launchpad über den Link *https://launchpad.support.sap.com* auf und melden sich mit Ihrem S-User an. Anschließend stehen Ihnen die SAP-Fiori-Applikationen **SAP EarlyWatch Alert** und **Mein SAP EarlyWatch Alert** zur Anzeige von Alerts sowie das *SAP EarlyWatch Alert Dashboard* für Ihre Analysen zur Verfügung. Abbildung 10.63 zeigt ein Beispiel für eine grafische Auswertung des Reports im Dashboard.

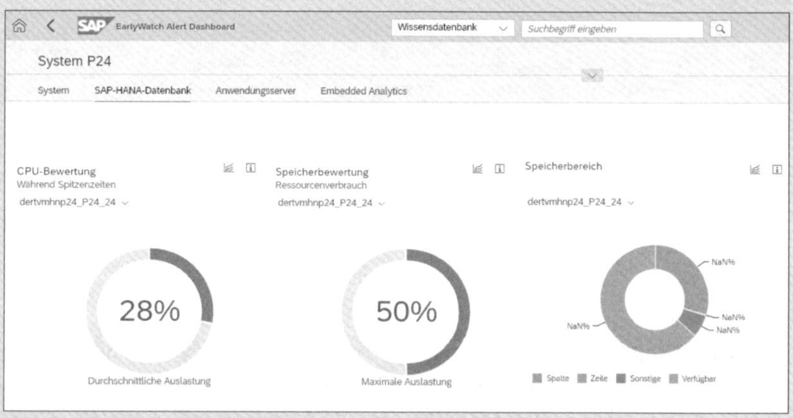

Abbildung 10.63 SAP EarlyWatch Alert Dashboard

10.9 Technische Administration

In bestimmten Situationen ist es nötig, Tätigkeiten im Systembetrieb manuell durchzuführen. Das können z. B. Aktionen rund um die regelmäßige Wartung sein, die einen Systemstopp erfordern könnten. Im Rahmen der technischen Administration im SAP Solution Manager steht Ihnen eine Reihe von Werkzeugen zur Verfügung, die es ermöglichen, Aufgaben manuell einzuplanen und auszuführen. Der Einstieg in die Werkzeuge der technischen Administration erfolgt direkt im SAP Solution Manager Launchpad über die entsprechende Kachel im Bereich **Technische Administration** (siehe Abbildung 10.64).

Abbildung 10.64 Menü »Technische Administration« im SAP Solution Manager Launchpad

10

Werkzeuge

Hier finden Sie verschiedene Werkzeuge. Dazu gehören unter anderem folgende:

- IT-Aufgabenverwaltung und IT-Aufgabenplanung
- IT-Kalender
- Guided Procedure Management
- Benachrichtigungsverwaltung
- Serviceverfügbarkeit (Service Availability Management)

Die genannten Werkzeuge und das Service Availability Management stellen wir Ihnen im weiteren Verlauf dieses Abschnitts vor.

10.9.1 Service Availability Management

Das *Service Availability Management* gibt einen Überblick über die für die *Service Level Agreements* (SLA) relevanten Ausfallzeiten von Systemen. Diese Daten werden anschließend von den Systemverantwortlichen bestätigt. Eine solche Downtime wird als *Serviceausfall* bezeichnet. Mithilfe der dokumentierten Ausfälle können automatisiert Reports erstellt werden, die einen Überblick über die Einhaltung bzw. Nichteinhaltung von SLAs geben.

Konfiguration

Zur Konfiguration des Service Availability Managements starten Sie im SAP Solution Manager Launchpad die Applikation **Serviceverfügbarkeit**. Selektieren Sie die Systeme, für die die Funktion der Serviceverfügbarkeit eingerichtet werden soll.

Serviceverfügbarkeitsdefinitionen

Klicken Sie am linken Bildrand auf das Symbol **Serviceverfügbarkeitsdefinitionen** (), um diese zu verwalten. Hier sehen Sie alle zu den Systemen vorhandenen Servicedefinitionen (siehe Abbildung 10.65). Mit einem Klick auf das Plussymbol können Sie neue Serviceverfügbarkeitsdefinitionen anlegen. Vergeben Sie zunächst einen Titel sowie eine Periode, in der die Definition gültig ist, und wählen Sie die passende Zeitzone. Fügen Sie anschließend die Systeme hinzu, für die die Definition gelten soll.

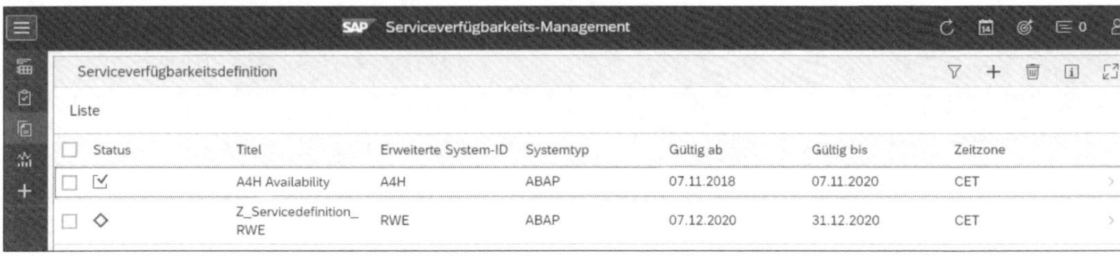

Abbildung 10.65 Übersicht der Servicedefinitionen

Wählen Sie anschließend die Registerkarte **Verfügbarkeit** aus. Hier definieren Sie zunächst einen SLA-Schwellenwert in Prozent. Dieser Wert spiegelt die zu gewährleistende Verfügbarkeit des verwalteten Objekts wieder. Wechseln Sie nun auf die Registerkarte **Vertragspflege**, um die vereinbarten Ausfallzeiten für Wartungsarbeiten festzuhalten.

Ausfallzeiten dokumentieren

Im nächsten Schritt müssen die Ausfallzeiten von Services festgehalten werden. Dazu klicken Sie am linken Bildrand auf das Symbol **Ausfälle** (). Es wird zwischen zwei verschiedene Typen von Ausfällen unterschieden:

- **Geplante Ausfälle**
  geplante Arbeitsmoduseinstellungen, manuelle Einträge
- **Ungeplante Ausfälle**
  Monitoring-Daten, manuelle Einträge

Die Ausfälle werden Ihnen in diesem Fenster angezeigt. Klicken Sie einen Ausfall an, um in die Detailansicht zu gelangen. Dort können Sie den Ausfall qualifizieren und seine Relevanz für das SLA feststellen. Des Weiteren können Sie Gründe und Auswirkungen für jeden Ausfall festhalten. Dabei haben folgende Felder eine Relevanz für die Verfügbarkeitsberechnung:

- **Typ** (geplant/ungeplant)
- **Kategorie**
- **SLA-Relevanz**
- **Status**
- **Dauer**

Alle weiteren Attribute sind rein informativer Natur. Die Registerkarte **Änderungsprotokolle** stellt Ihnen eine Änderungsverwaltung für jedes Objekt zur Verfügung.

Serviceauswertung

Auf der Übersichtsseite findet das eigentliche Reporting statt, basierend auf den gemessenen und definierten Daten. Diese Seite erreichen Sie mit einem Klick auf das Übersichtssymbol (). Für die gewählten Systeme steht Ihnen sowohl eine monatliche als auch eine jährliche Auswertung zur Verfügung.

[«]

Mess- und Berechnungsgrundlagen für das Service Availability Management

In folgendem Blogbeitrag in der SAP Community erhalten Sie genauere Informationen zur Funktionsweise des Service Availability Managements und zu den dabei verwendeten Berechnungsgrundlagen: *http://s-prs.de/v561548*

10.9.2 IT-Aufgabenverwaltung

Die IT-Aufgabenverwaltung hilft Ihnen dabei, regelmäßige Aufgaben und Tätigkeiten zu planen und entsprechenden Bearbeiter*innen zuzuordnen. Ihren Einstellungen entsprechend können Sie sich benachrichtigen lassen, sobald eine bestimmte Aufgabe fällig wird.

Konfiguration

Damit Sie die IT-Aufgabenverwaltung nutzen können, müssen Sie zuerst in der Transaktion SOLMAN_SETUP die entsprechende Guided Procedure durchführen (siehe Abbildung 10.66).

Abbildung 10.66 IT-Aufgabenverwaltung einrichten

Hier werden verschiedene Schritte durchgeführt, um die IT-Aufgabenverwaltung verwenden zu können. Sie können die konfigurierten Anwendungen (in Abbildung 10.64 zu sehen) im SAP Solution Manager Launchpad starten, sobald die Konfiguration abgeschlossen ist.

Planung

Starten Sie die Anwendung **Planung – IT-Aufgabenverwaltung** (siehe Abbildung 10.67). Hier können Sie die verschiedenen Aufgaben planen. Mit einem Klick auf **Plan** können Sie entweder eine einfache Aufgabe, eine Guided Procedure (Standard) oder eine Guided Procedure (Experten) anlegen. Guided Procedures erläutern wir in Abschnitt 10.9.5, »Guided Procedure Management«.

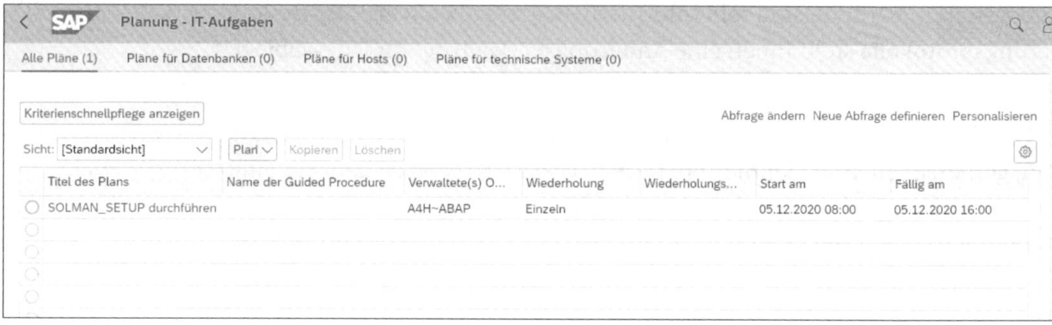

Abbildung 10.67 Aufgabenverwaltung planen

Aufgabe anlegen

Abbildung 10.68 zeigt das Pop-up-Fenster zur Anlage einer einfachen Aufgabe. Hier erfassen Sie die folgenden Informationen als Pflichtfelder:

- Aufgabenname
- Priorität
- Bearbeiter/Support-Organisation
- Startdatum
- Fälligkeitsdatum

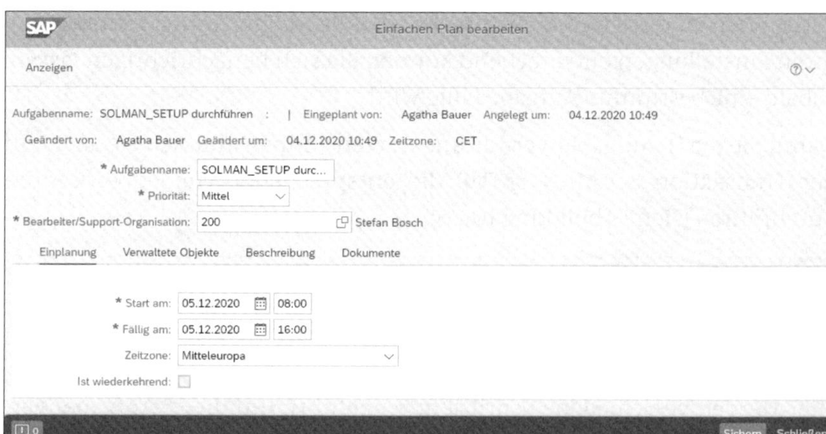

Abbildung 10.68 Aufgabe anlegen

Sie haben zudem die Möglichkeit, auf der Registerkarte **Beschreibung** eine umfassende Aufgabenbeschreibung zu erfassen. Auf der Registerkarte **Dokumente** können Sie beliebige Anhänge hochladen, die nötig sind, um die Aufgabe bearbeiten zu können. Abbildung 10.69 zeigt den allgemeinen Aufgabeneingang **Aufgaben – IT-Aufgabenverwaltung**. Dieser bietet einen Überblick über sämtliche vorhandenen Aufgaben.

Abbildung 10.69 Allgemeiner Aufgabeneingang

10.9.3 IT-Kalender

Mit dem IT-Kalender können IT-relevante Themen und Tätigkeiten übersichtlicher dargestellt werden und für eine möglichst große Zielgruppe zugänglich gemacht werden. Mit diesem Kalender können Sie wichtige IT-Ereignisse wie Downtimes oder auch generische Ereignisse für Systeme planen und visualisieren. Sie erhalten so eine landschaftsweite Übersicht über alle geplanten Aktivitäten für Ihre Systeme.

Aufruf

Den IT-Kalender können Sie über das SAP Solution Manager Launchpad mit der Kachel **IT-Kalender und Arbeitsmodi** (ebenfalls in Abbildung 10.64 zu sehen) starten.

In Abbildung 10.70 sehen Sie einen exemplarischen IT-Kalender für ein System. Hier ist die vollständige Ansicht ausgewählt. Die Ansicht können Sie oben rechts in der Navigationsleiste über einen Klick auf das Brillensymbol (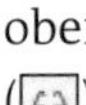) wechseln. Zur Auswahl stehen neben der vollständigen Ansicht noch die komprimierte Sicht und die Sicht für bevorstehende Ereignisse.

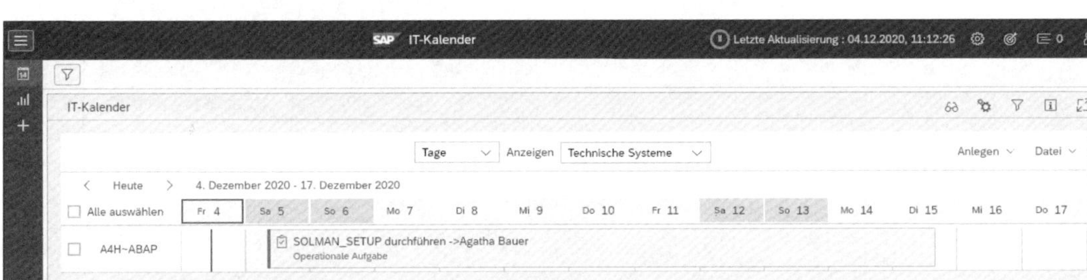

Abbildung 10.70 IT-Kalender

Ereignis anlegen

Möchten Sie z. B. ein generisches Ereignis anlegen, klicken Sie oben rechts auf **Anlegen**. Daraufhin gelangen Sie zu der Eingabemaske in Abbildung 10.71.

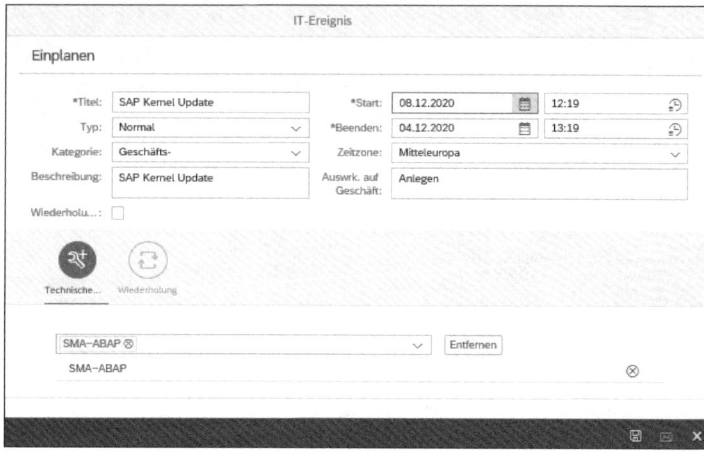

Abbildung 10.71 Ereignis anlegen

Geben Sie dort eine Kategorie, einen Titel sowie ein Start- und Enddatum an. Sie können das Ereignis außerdem um eine detaillierte Beschreibung und involvierte technische Systeme ergänzen.

Benachrichtigungen senden

Eine zusätzliche Option im Rahmen der Ereignisse bietet Ihnen hier die Funktion **Benachrichtigung senden**. Diese ist über die Navigationsleiste auf der linken Seite zu finden. Sobald Sie das Briefsymbol (✉) in der linken Funktionsleiste anklicken, öffnet sich das Pop-up-Fenster aus Abbildung 10.72.

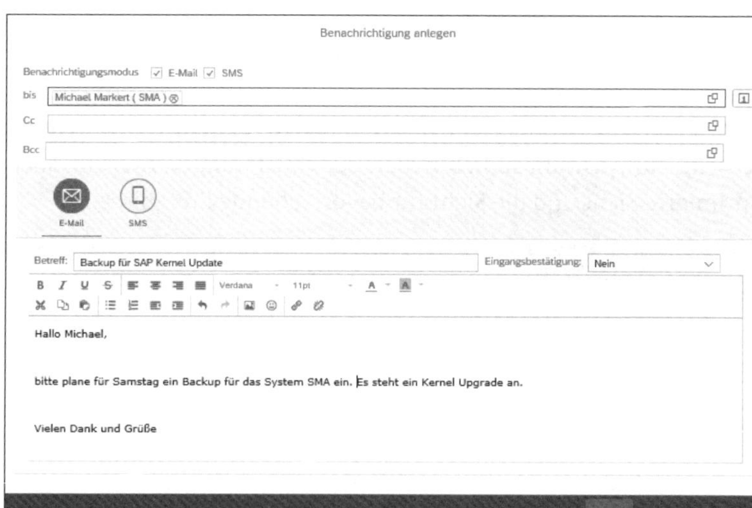

Abbildung 10.72 Benachrichtigung senden

Hier können Sie nun beispielsweise eine Benachrichtigung an einen bestimmten Kollegen oder eine Kollegin senden, für den oder die das Ereignis, das Sie im IT-Kalender angelegt haben, interessant ist.

Arbeitsmodusverwaltung

Die Arbeitsmodusverwaltung ist eine wichtige Funktion bei der Planung, Implementierung und Erweiterung von Komponenten innerhalb Ihrer IT-Systemlandschaft. Als Teil des IT-Kalenders dient sie grundsätzlich drei verschiedenen Zwecken:

- Alert-Unterdrückung
- Landschaftsplanung
- Downtime-Reporting

Ein Arbeitsmodus beinhaltet eine Ausprägung der genannten Punkte. Arbeitsmodi werden grundsätzlich im IT-Kalender gepflegt. Geben Sie in der Umfangsauswahl zunächst die gewünschten Systeme an. Anschließend landen Sie in der Kalenderübersicht für den gewählten Umfang.

Arbeitsmodus einplanen

Damit Sie einen konkreten Arbeitsmodus planen können, müssen Sie zunächst im Übersichtsraster einen konkreten Zeitraum eines Systems selektieren und anschließend auf **Anlegen • Arbeitsmodi** klicken (siehe Abbildung 10.73).

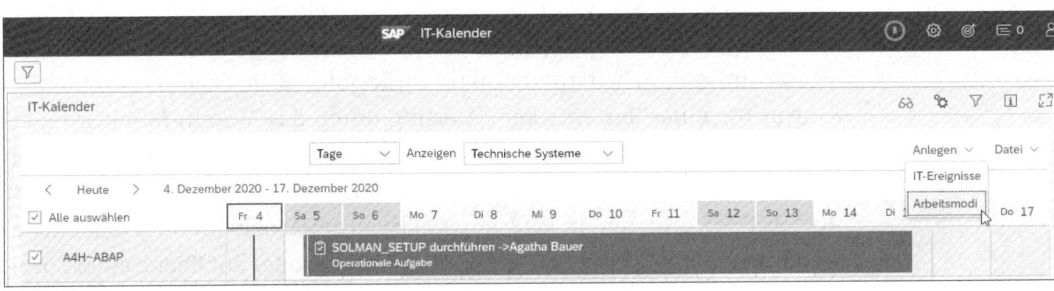

Abbildung 10.73 Arbeitsmodus einplanen

Anschließend öffnet sich ein Pop-up-Fenster, in dem Sie die nötigen Informationen zum Arbeitsmodus wie Start- und Enddatum sowie einen Titel, einen Typ, eine Kategorie und evtl. eine Beschreibung mitgeben (siehe Abbildung 10.74). Klicken Sie anschließend auf **Sichern**. Der geplante Arbeitsmodus erscheint nun in Ihrem IT-Kalender.

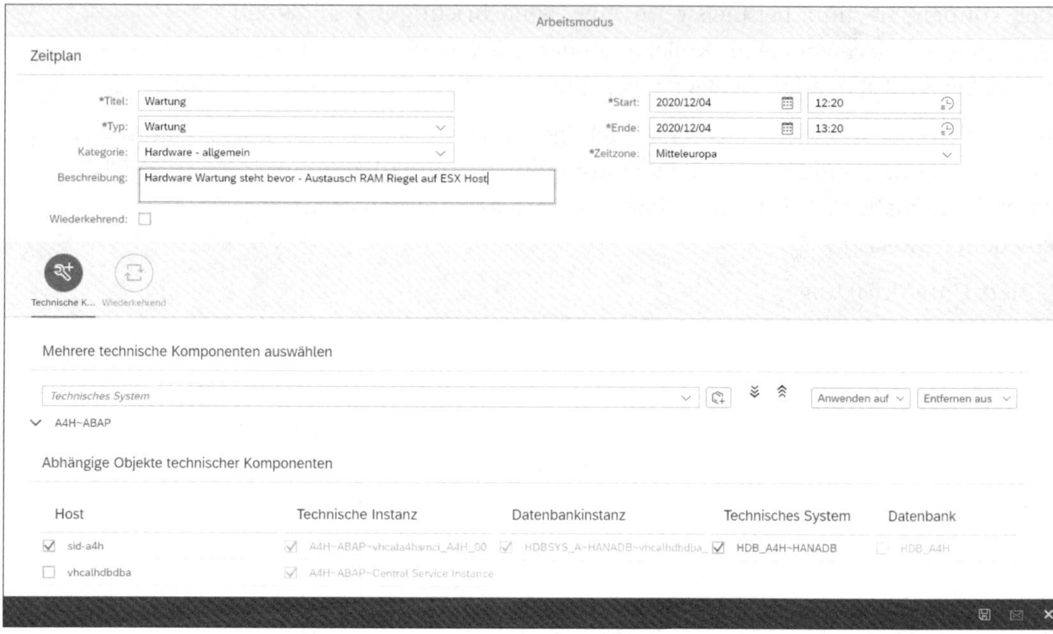

Abbildung 10.74 Eigenschaften des Arbeitsmodus festlegen

Arbeitsmodi im Monitoring

Die Arbeitsmodusverwaltung ist stark in die einzelnen Monitoring-Szenarien integriert. Dort wird jeweils festgelegt, wie reagiert werden soll, wenn ein bestimmter Arbeitsmodus aktiv ist. So soll z. B. im Falle einer geplanten Downtime eines Systems kein Alerting durch das System-Monitoring erfolgen. Diese und ähnliche Einstellungen müssen Sie in der Transaktion SOLMAN_SETUP für das System-Monitoring vornehmen (siehe Abschnitt 10.4.2). Das Verhalten im Falle eines aktivierten Arbeitsmodus kann entweder auf globaler Ebene, auf Ebene einer Vorlage oder auf Ebene einer speziellen Metrik festgelegt werden. Abbildung 10.75 zeigt die Einstellungen auf Ebene der Vorlagen im System-Monitoring.

Arbeitsmodus-reporting

Die Arbeitsmodusverwaltung bringt außerdem eine Reportingfunktion mit sich. Diese ermöglicht es beispielsweise, die geplanten Ausfallzeiten mit den realen Ausfallzeiten zu vergleichen. Starten Sie hierzu im SAP Solution Manager Launchpad die Applikation **IT-Kalender und Arbeitsmodi**, und wählen Sie zunächst das gewünschte System. Klicken Sie anschließend auf das Symbol für die **Arbeitsmodus-Analyse** am linken Bildrand (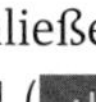), und selektieren Sie den Auswertungszeitraum. Das System errechnet anschließend das Ergebnis und stellt es in Form eines Diagramms grafisch dar.

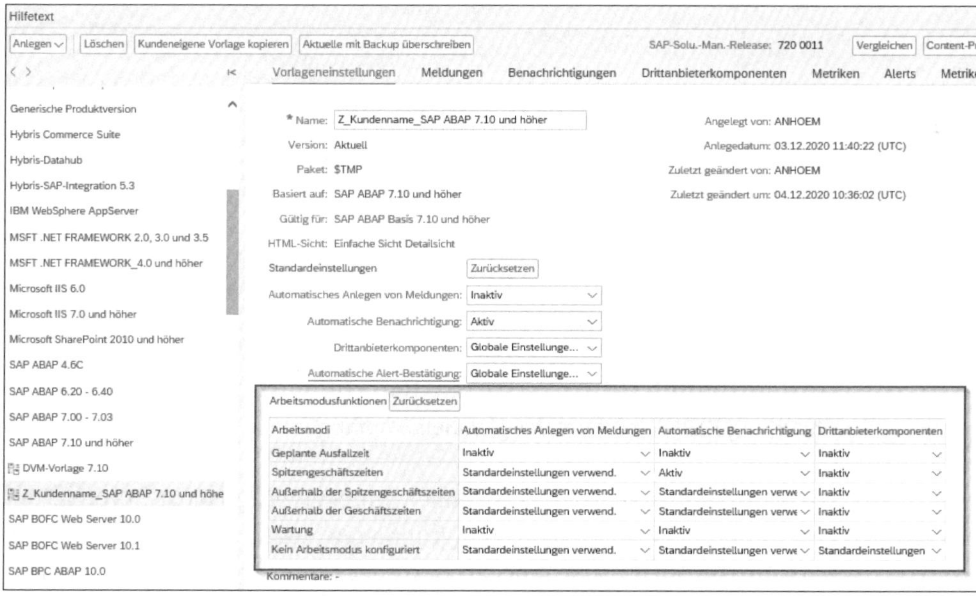

Abbildung 10.75 Arbeitsmodusfunktionen konfigurieren

10.9.4 Benachrichtigungsverwaltung

Die Benachrichtigungsverwaltung ist in mehrere Funktionen aufgeteilt, über die es möglich ist, beispielsweise Systembenutzer, Geschäftspartner und externe Benutzer zu pflegen und zu benachrichtigen. Alle Werkzeuge, die Benachrichtigungen versenden können, greifen auf die hier gepflegten Empfängerlisten, Empfänger*innen und persönlichen Einstellungen zurück. Dadurch müssen Sie die Einstellungen nur an dieser zentralen Stelle pflegen.

Funktionen

Folgende Funktionen stehen bereit:

- Empfängerpool pflegen
- Empfängerlisten anlegen und bearbeiten
- Abwesenheit und Verfügbarkeit von Empfänger*innen
- Benachrichtigungseinstellungen

Globaler Empfängerpool

Der globale *Empfängerpool* dient dazu, Empfänger*innen aus verschiedenen Systemen zentral vorzuhalten. Zu diesen können SAP-Solution-Manager-Benutzer und -Geschäftspartner sowie Benutzer und Geschäftspartner aus den verwalteten Systemen und Benutzer aus externen Quellen gehören (siehe Abbildung 10.76). Um den globalen Empfängerpool zu bearbeiten, starten Sie im SAP Solution Manager Launchpad im Bereich **Technische Administration** die Applikation **Globaler Empfängerpool**.

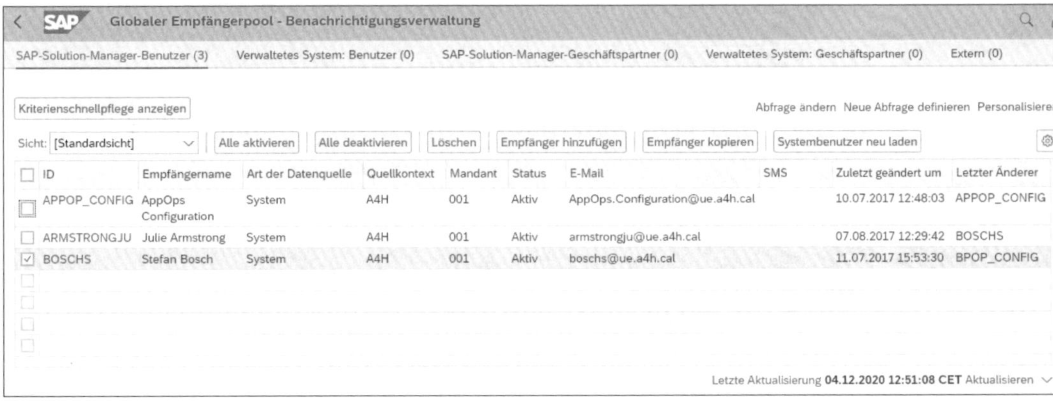

Abbildung 10.76 Übersicht des globalen Empfängerpools

Empfängerlisten pflegen

Nachdem die potenziellen Empfänger*innen global gepflegt wurden, können Sie diese in Empfängerlisten gruppieren. Legen Sie hierzu mit einem Klick auf die Schaltfläche **Anlegen** eine neue Empfängerliste an. Wählen Sie diese Liste aus, und klicken Sie auf **Empfänger/Empfängerlisten hinzufügen**, um sie zu erweitern (siehe Abbildung 10.77).

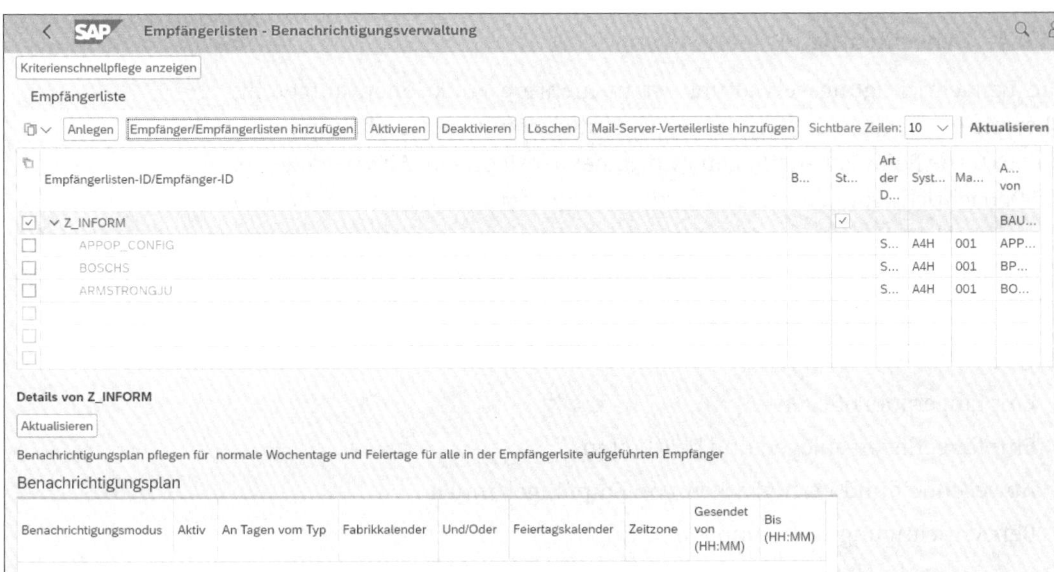

Abbildung 10.77 Empfängerlisten pflegen

Persönliche Benachrichtigungseinstellungen

Darüber hinaus ist es möglich, für jeden Empfänger bzw. jede Empfängerin eigene Benachrichtigungseinstellungen zu hinterlegen. Hierzu zählen z. B. Erreichbarkeitszeiten, Abwesenheitszeiten und Vertretungsregelungen.

Diese Einstellungen können entweder durch den jeweiligen Benutzer selbst (in der Applikation **Meine Benachrichtigungseinstellungen**) oder zentral im globalen Empfängerpool gepflegt werden. Klicken Sie im globalen Empfängerpool auf den gewünschten Benutzer, und geben Sie in dem sich öffnenden Pop-up-Fenster die gewünschten Werte ein (siehe Abbildung 10.78).

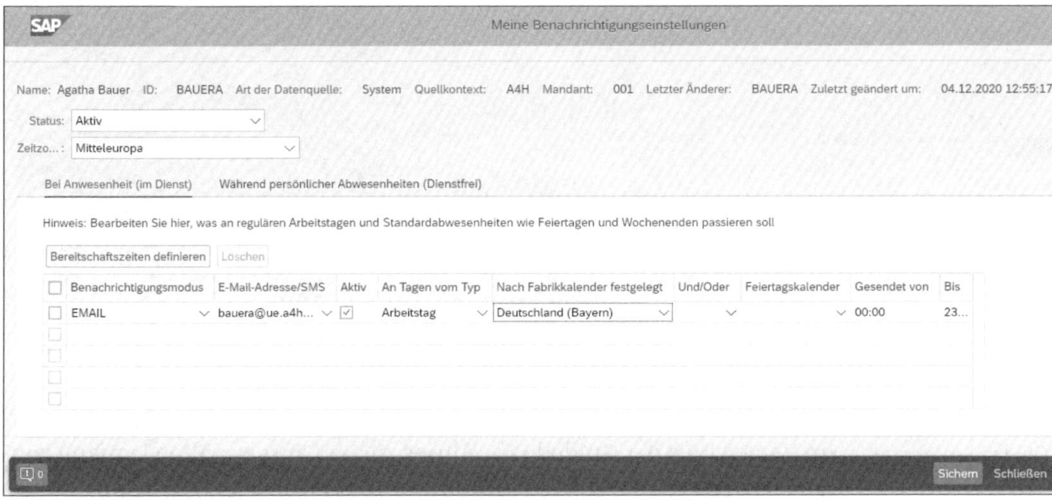

Abbildung 10.78 Persönliche Benachrichtigungseinstellungen pflegen

10.9.5 Guided Procedure Management

Mit dem *Guided Procedure Management* können Sie geführte Anleitungen verfassen und den Benutzern bereitstellen. Diese Anleitungen können sowohl manuelle Handlungsempfehlungen als auch vordefinierte automatische Aktivitäten beinhalten. Ein Vorteil, den die Verwendung von Guided Procedures mit sich bringt, ist das Logging (d. h. eine Protokollfunktion): Jeder durchgeführte Schritt wird mit einem Zeitstempel und dem Namen des Bearbeiters bzw. der Bearbeiterin gesichert. Darüber hinaus können Kommentare verfasst werden.

Integration in andere Bereiche

Die erstellten Guided Procedures können u. a. auch in das Monitoring integriert werden. Dazu können Sie Guided Procedures zur Lösung eines bestimmten Alert-Typs bereitstellen. SAP bietet eine Vielzahl bereits vorgefertigter Guided Procedures zu verschiedenen Themen an, die regelmäßig aktualisiert werden.

Das Guided Procedure Management können Sie entweder über den Bereich **Guided Procedures** im SAP Solution Manager Launchpad oder die Transaktion GPA_ADMIN aufrufen.

Übersicht zur Selektionsauswahl

Auf beiden Wegen gelangen Sie zu der in Abbildung 10.79 gezeigten Übersicht. Hier können Sie sich z. B. alle vorhandenen Guided Procedures zu einem System (Umfang) anzeigen lassen.

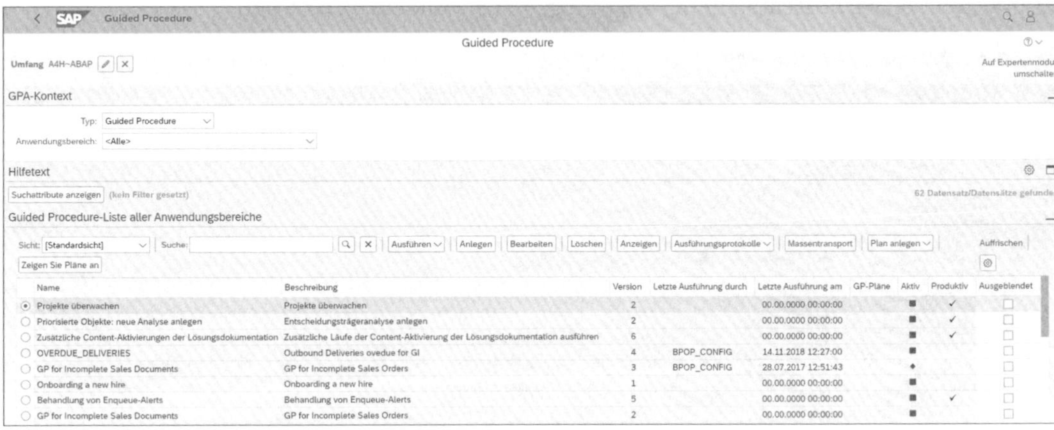

Abbildung 10.79 Guided-Procedure-Verzeichnis aufrufen

Guided-Procedure-Verzeichnis

Im Verzeichnis der Guided Procedures zu dem ausgewählten Umfang können Sie vorhandene Guided Procedures ausführen oder bearbeiten. Außerdem können Sie wie folgt eine neue Guided Procedure anlegen:

1. Im Bereich **Guided-Procedure-Liste** des jeweiligen Anwendungsbereichs können Sie unter **Anlegen • Neu** mit der Erstellung einer Guided Procedure beginnen.
2. Geben Sie anschließend die relevanten Daten wie **Name**, **Anzahl der initialen Schritte** und das **Paket für Dokumente** an.
3. Bestätigen Sie mit **OK**.

Logbuch

Einen großen Mehrwert bieten die Ausführungsprotokolle (*Logbücher*) der Guided Procedures. Diese ermöglichen es, den genauen Verlauf jeder Ausführung einer Guided Procedure nachzuvollziehen. Es werden sowohl sämtliche gesetzten Status als auch alle erfassten Kommentare protokolliert und zur Verfügung gestellt (siehe Abbildung 10.80). Um das Logbuch anzuzeigen oder zu löschen, klicken Sie auf die Schaltfläche **Ausführungsprotokolle** in Abbildung 10.79.

[»]

Weiterführende Informationen

SAP stellt für das Erstellen und Bearbeiten von Guided Procedures eine Vielzahl von Anleitungen für alle Bereiche bereit. Diese finden Sie im Expert Portal unter folgender URL: *http://s-prs.de/v791847*

Abbildung 10.80 Logbuch einer Guided Procedure

10.10 Konfigurationsvalidierung

Mit der Konfigurationsvalidierung (*Configuration Validation*) stellt SAP ein sehr mächtiges Werkzeug bereit, um die Konfiguration ihrer Systeme auf ihre Richtigkeit und Konsistenz hin zu überprüfen. Sie können entweder reale Systeme miteinander vergleichen oder ein oder mehrere Systeme mit einem selbst definierten Zielstatus vergleichen. Hierbei können Sie für ein oder mehrere Systeme prüfen, ob Transporte richtig eingespielt, Parameter richtig gesetzt oder Sicherheitseinstellungen richtig vorgenommen wurden. Des Weiteren können Sie sicherstellen, dass wichtige SAP-Hinweise in den Produktivsystemen eingespielt sind, oder Auswertungen durchführen, wie lange ein Transport nach seiner Freigabe bis zum Import in das Produktivsystem braucht. Wie Sie bereits in diesen einleitenden Sätzen feststellen können, ist die Konfigurationsvalidierung sehr vielschichtig. Es handelt sich um ein weitreichendes Framework, mit dessen Hilfe viele individuelle Abfrage- und Vergleichsmöglichkeiten implementiert werden können.

Voraussetzungen und Vorbereitungen

Grundvoraussetzung für die Konfigurationsvalidierung ist die korrekte Anbindung der zu überprüfenden Systeme. Prüfen Sie deshalb zuerst, ob die

Systeme vollständig angebunden sind. Genauere Informationen zur Konfiguration der verwalteten Systeme finden Sie in Abschnitt 2.3.

Datenextraktion prüfen

Zudem ist eine Überprüfung der Datenextraktion nötig. Die Daten werden extrahiert und in der Konfigurations- und Änderungsdatenbank (Configuration and Change Database, CCDB) des SAP Solution Managers abgelegt. Starten Sie dazu im SAP Solution Manager Launchpad die Applikation **Konfigurationsänderungsdatenbank – Speicherverwaltung**. Überprüfen Sie, ob die Datenextraktion für die gewünschten Systeme korrekt funktioniert. Eine Übersicht erhalten Sie auf der Registerkarte **Technische Systeme** (siehe Abbildung 10.81). Sollten hierbei Fehler ausgegeben werden, müssen Sie diese durch einen Klick auf den jeweiligen Fehler im Detail analysieren und gegebenenfalls beheben.

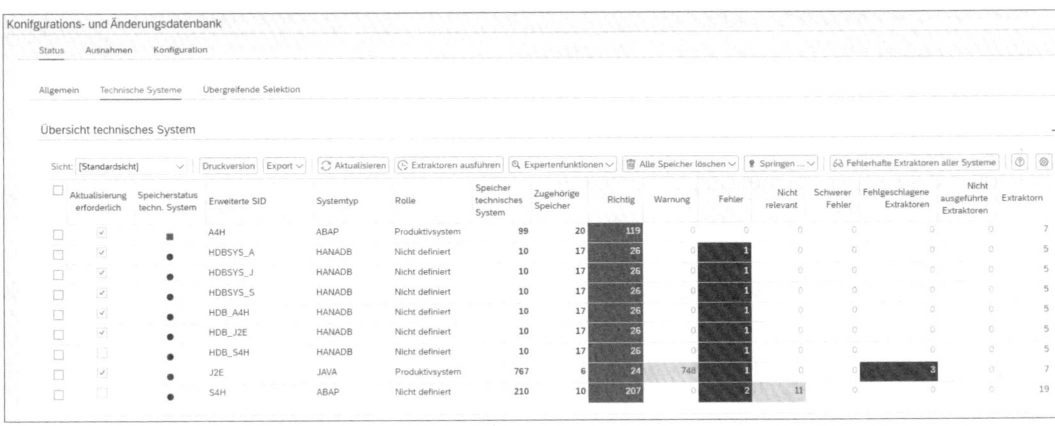

Abbildung 10.81 Übersicht der technischen Systeme in der Konfigurations- und Änderungsdatenbank

Konfiguration

Um mit der Einrichtung der Konfigurationsvalidierung zu beginnen, rufen Sie im SAP Solution Manager Launchpad die Applikation **Konfigurationsvalidierung** auf. Auf dem Einstiegsbild wird Ihnen zunächst das Reportverzeichnis angezeigt. Dort sind alle vorhandenen Berichte hinterlegt.

Für spätere Vergleiche muss immer ein *Referenzsystem* als Vergleichssystem definiert werden. Das Referenzsystem muss kein real vorhandenes System sein, sondern kann frei definiert werden.

Zielsysteme pflegen

Die Basis für jedes Szenario der Konfigurationsvalidierung bildet die Pflege der Zielsysteme. Öffnen Sie hierzu die Registerkarte **Pflege Zielsystem** (siehe Abbildung 10.82).

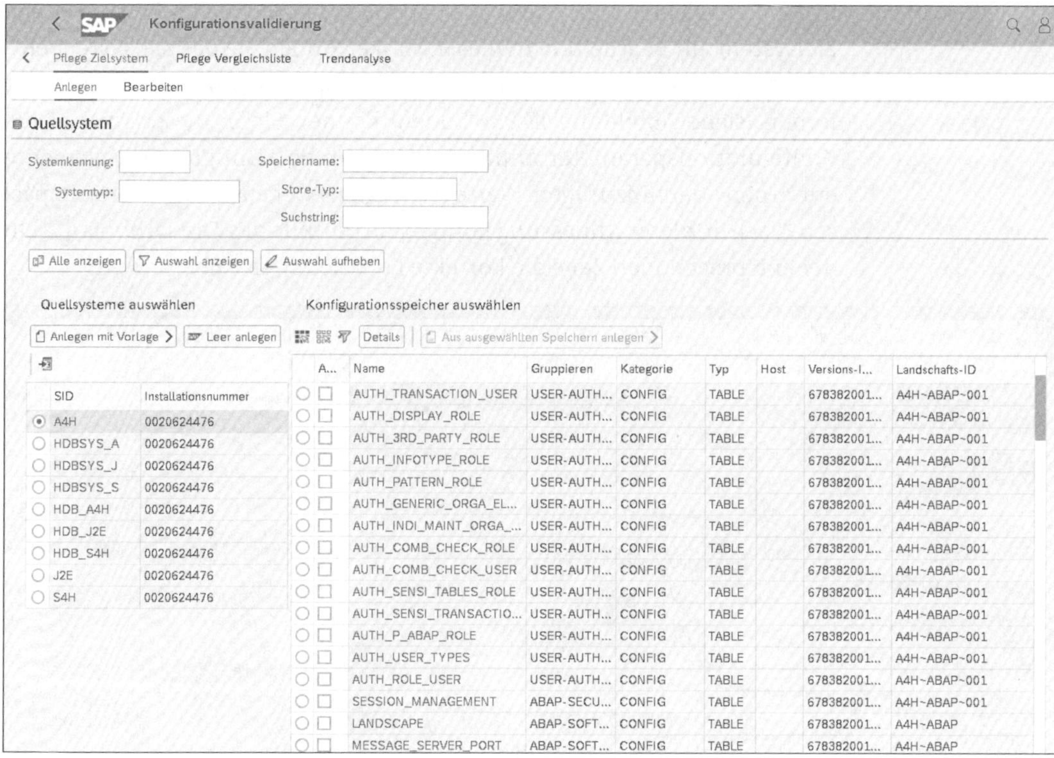

Abbildung 10.82 Zielsysteme pflegen

Hier können Sie Ihr Zielsystem definieren. Dazu gibt es verschiedene Wege. Klicken Sie zunächst auf die Schaltfläche **Alle anzeigen** bzw. **Auswahl anzeigen**:

- Sie können ein leeres Zielsystem anlegen, das keine festgelegten Konfigurationsspeicher enthält. Wählen Sie hierfür im Bereich **Quellsysteme** das gewünschte Quellsystem aus, und klicken Sie anschließend auf die Schaltfläche **Leer anlegen**.
- Alternativ können Sie ein Zielsystem mit definierten Konfigurationsspeichern direkt in der Übersicht anlegen. Wählen Sie dazu ein **Quellsystem** aus, und selektieren Sie anschließend im Bereich **Konfigurationsspeicher auswählen** die jeweiligen Konfigurationsspeicher. Klicken Sie anschließend auf die nun aktive Schaltfläche **Aus ausgewählten Speichern anlegen**.
- Möchten Sie ein bereits existierendes Zielsystem als Vorlage wählen, klicken Sie auf die Schaltfläche **Anlegen mit Vorlage**. Bei dieser Variante werden alle in der Vorlage definierten Konfigurationsspeicher und Validierungsinformationen übernommen.

Zielsystem bearbeiten

Um ein angelegtes Zielsystem zu bearbeiten, klicken Sie im Bereich **Pflege Zielsystem** auf **Bearbeiten**. In dieser Maske können Sie das Zielsystem entsprechend anpassen und z. B. Konfigurationsspeicher hinzufügen oder entfernen (siehe Abbildung 10.83). Zudem können Sie in dieser Ansicht die Konfigurationsparameter anpassen. Sie können Konfigurationselemente entfernen oder hinzufügen, Werte bearbeiten oder auch Operatoren anpassen. Nach erfolgter Anpassung können Sie mithilfe des Testsymbols ( ) in der entsprechenden Zeile die korrekte Funktionsweise überprüfen.

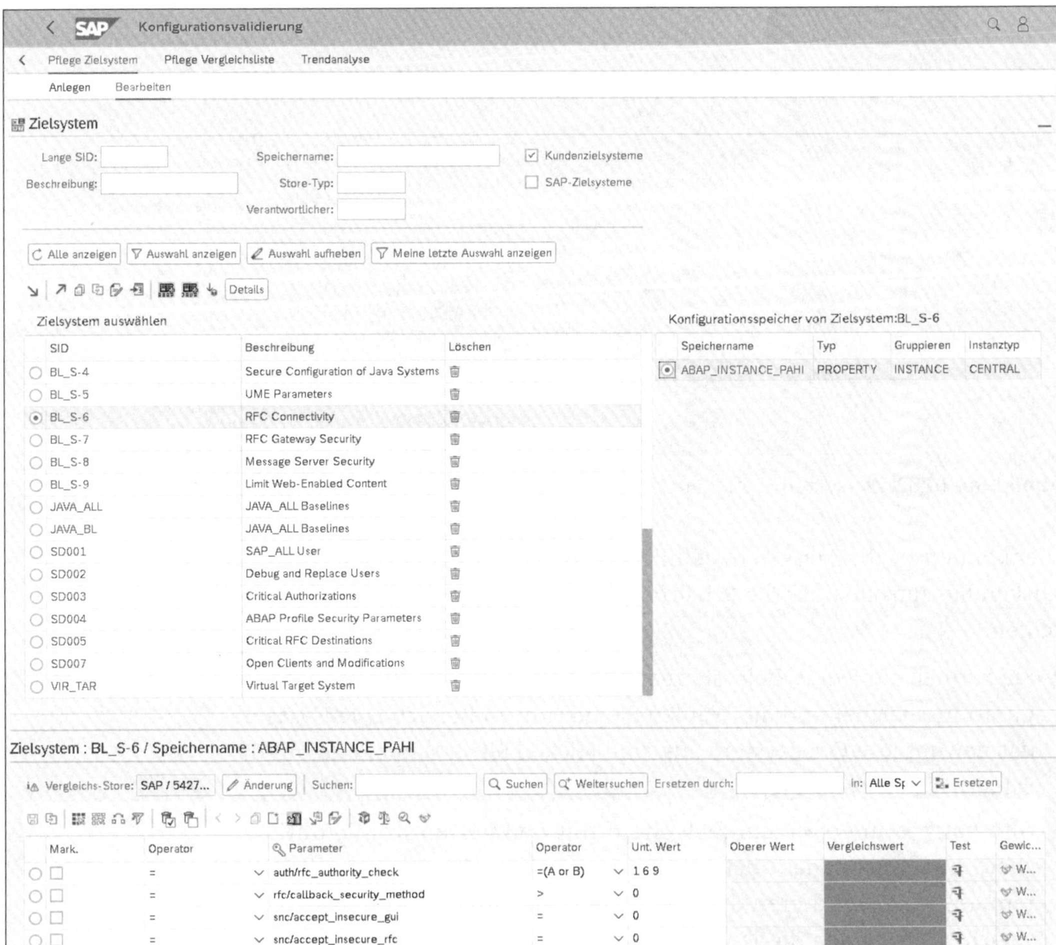

Abbildung 10.83 Zielsystem bearbeiten

Vergleichsliste pflegen

Mit *Vergleichslisten* können Sie Systeme anhand bestimmter Merkmale gruppieren. Abbildung 10.84 zeigt die Erstellung einer Vergleichsliste für mehrere SAP-ERP-Systeme.

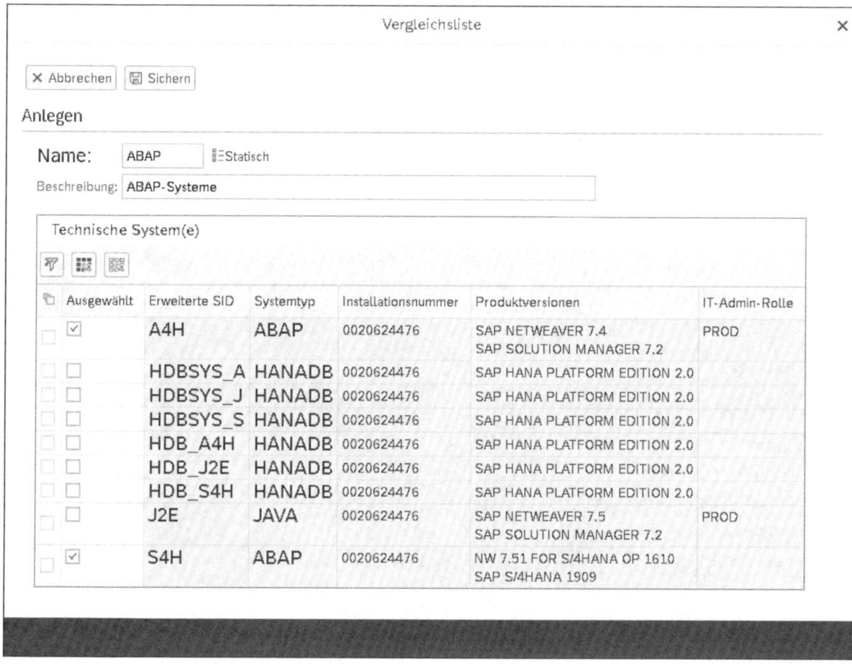

Abbildung 10.84 Vergleichsliste erstellen

Im weiteren Verlauf können Sie eine Vergleichsliste als Basis für eine Validierung wählen. Die Validierung wird dann auf alle der Vergleichsliste zugehörigen Systeme angewandt. Nach dem erfolgreichen Speichern der Vergleichsliste steht diese zur Ausführung der Reports zur Verfügung.

Report ausführen

Wechseln Sie für die Ausführung eines Reports auf die Registerkarte **Report-Ausführung** (siehe Abbildung 10.85). Hier haben Sie verschiedene Möglichkeiten, Reports auszuführen. Auf der Registerkarte **Report-Verzeichnis** werden Ihnen alle vorhandenen Reports angezeigt. Um einen Konfigurationsvalidierungsreport direkt zu starten, tragen Sie ein entsprechendes Referenzsystem (evtl. auch mit Konfigurationsspeicher) im Bereich **Referenzsystem auswählen** ein. Geben Sie im Bereich **Zu vergleichende Systeme** entweder ein System für einen Einfachvergleich oder eine der vorher definierten Vergleichslisten an.

Diese Konfiguration können Sie entweder direkt ausführen oder als Trendanalyse einplanen. Alternativ können Sie die Auswahl im Reportverzeichnis speichern. Auf den gesicherten Report kann anschließend immer wieder zurückgegriffen werden.

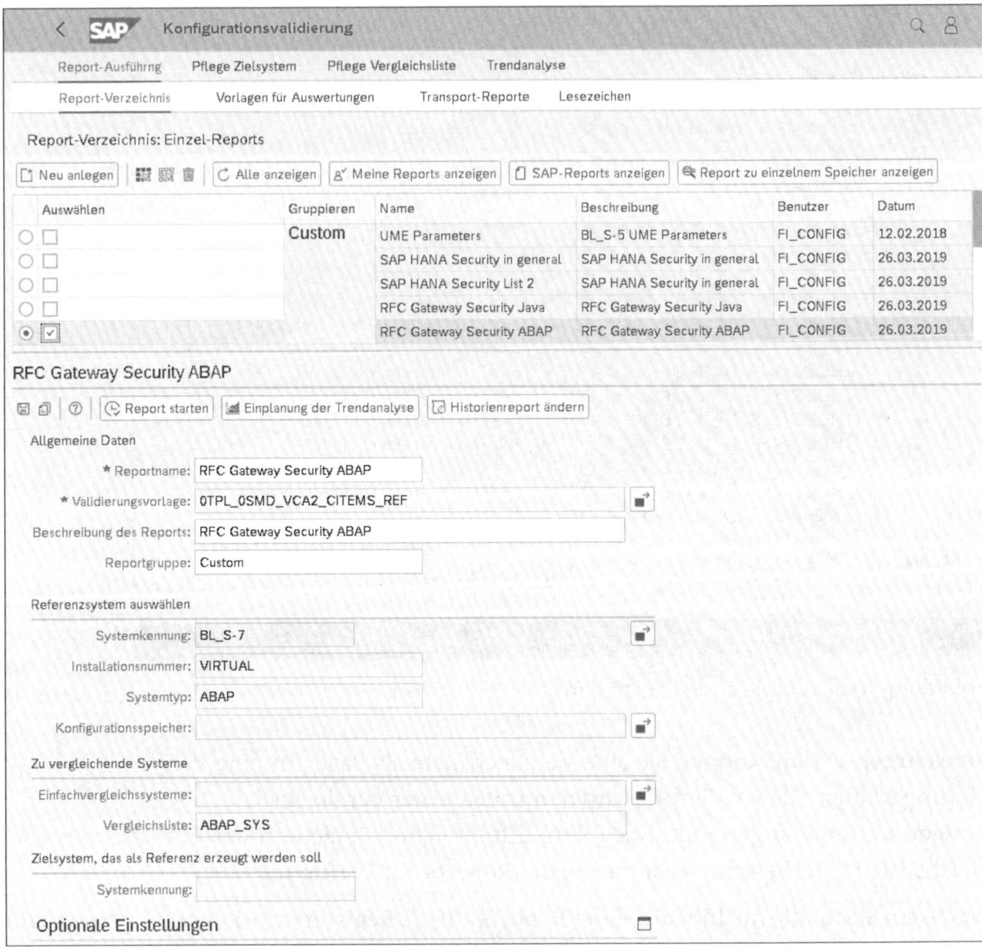

Abbildung 10.85 Reportausführung

Vorlagen für Auswertungen

Im Abschnitt **Vorlagen für Auswertungen** können Sie auf von SAP vordefinierte Reports zugreifen (siehe Abbildung 10.86). Der obere Abschnitt unterteilt sich in zwei Bereiche. Auf der linken Seite (**Referenzsystem auswählen**) können Sie entweder ein komplettes Referenzsystem oder einzelne Referenzpositionen auswählen. Entscheiden Sie sich hier für einzelne Konfigurationsspeicher und Elemente, die Sie validieren möchten, nicht für ein komplettes System.

Wählen Sie auf der rechten Seite im Bereich **Systeme zum Vergleich auswählen** eine Ihrer zuvor definierten Systemvergleichslisten. Im unteren Bereich finden Sie eine Vielzahl von Reports, die sich in die Kategorien **Operatorvalidierung**, **Konsistenzvalidierung** (prüft die Konsistenz der Konfigurationsparameter), **Konfigurations-Reporting** (gibt Auskunft über die Konfigurationen) und **Gewichtete Validierung** (gibt Auskunft über verschiedene Elemente und gewichtet diese) aufteilen. Markieren Sie den gewünschten Report, und klicken Sie im unteren Bereich auf die Schaltfläche **Validierungs-Reporting für Operatoren starten**.

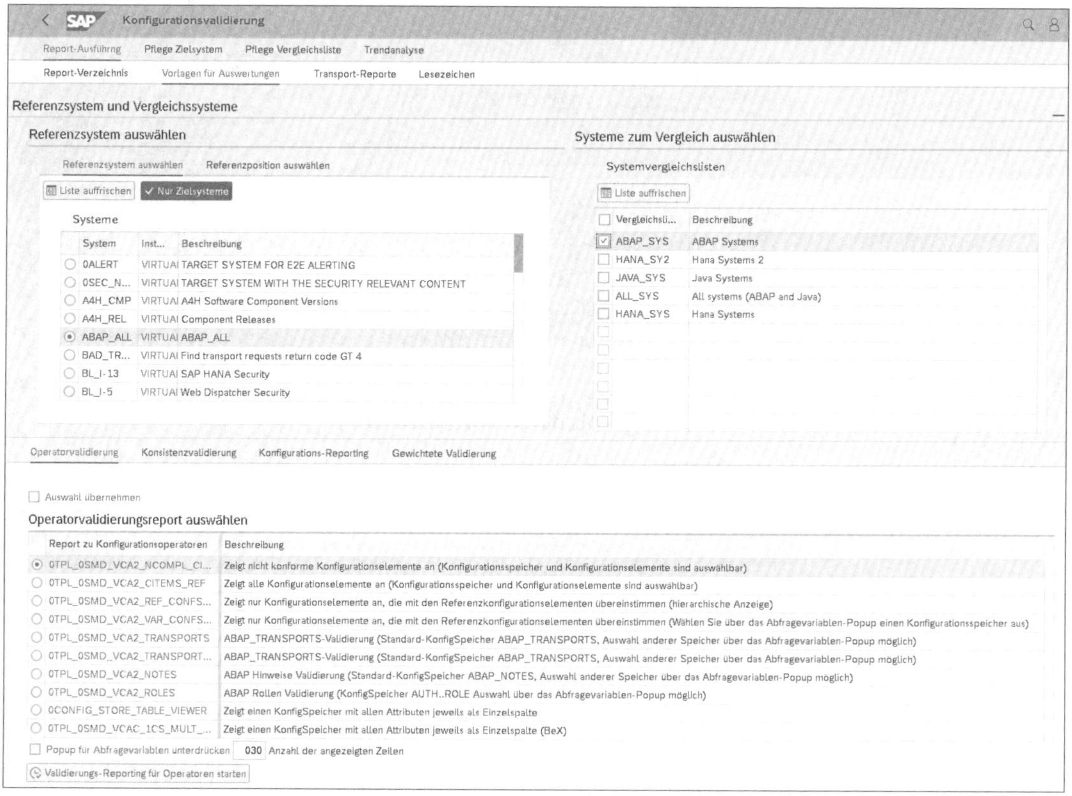

Abbildung 10.86 Vorlagen für Auswertungen

Das Ergebnis zu Ihrem Report wird Ihnen ähnlich wie in Abbildung 10.87 ausgegeben.

Transportreports

Darüber hinaus können Sie Transportreports ausführen. Wechseln Sie hierfür auf die Registerkarte **Transport-Reporte**. SAP stellt verschiedene vordefinierte Reporte zum Transportmanagement bereit. Sie können z. B. Auswertungen über Transportzeiten, Transportstände, offene und/oder fehlgeschlagene Transporte und viele weitere Informationen erhalten. Geben Sie hierfür erneut, wie in Abbildung 10.88 zu sehen, ein Referenzsystem und ein zu vergleichendes System (oder eine Vergleichsliste) an. Starten Sie den Report.

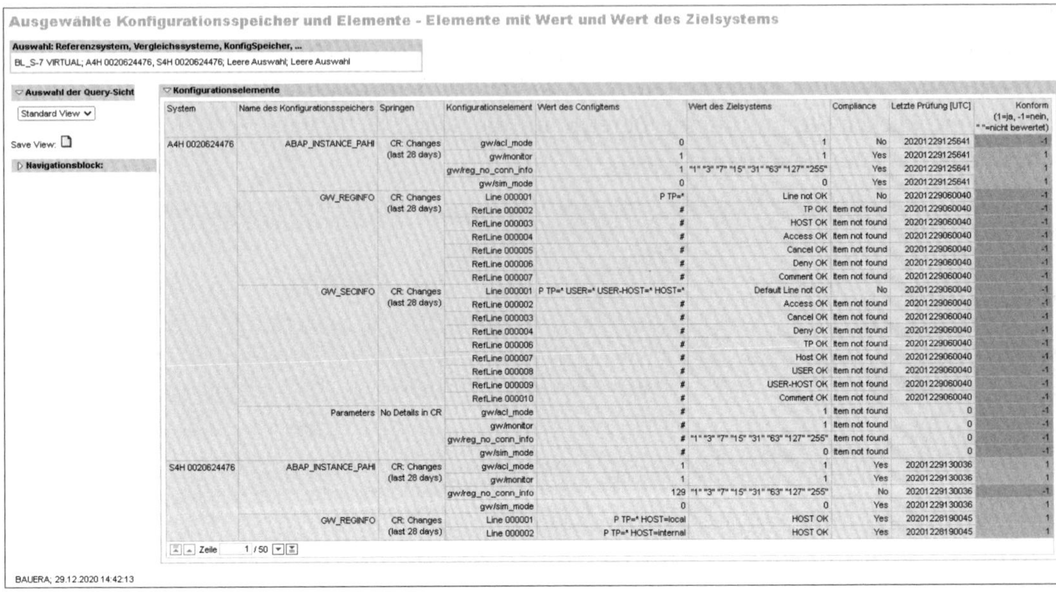

Abbildung 10.87 Ergebnis der Reportausführung

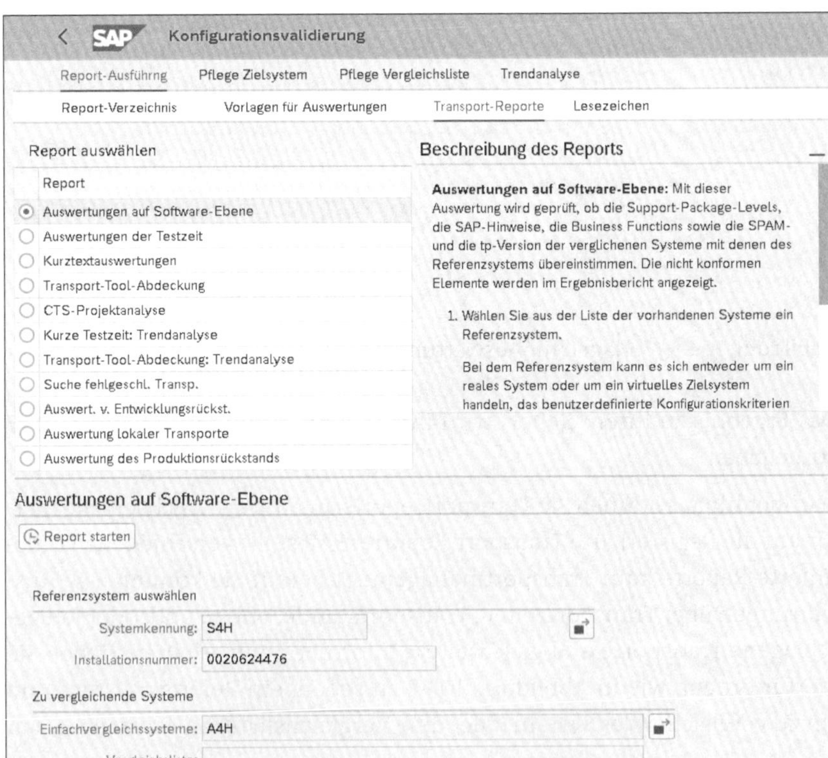

Abbildung 10.88 Transportreports ausführen

Auf der Registerkarte **Trendanalyse** können Sie die Analyseergebnisse speichern. Auf diesem Weg erhalten Sie einen zeitlichen Verlauf, der anschließend analysiert und verglichen werden kann. Sie können hier Reports aus dem Reportverzeichnis einfügen und für eine Trendanalyse verwenden (siehe Abbildung 10.89).

Trendanalyse

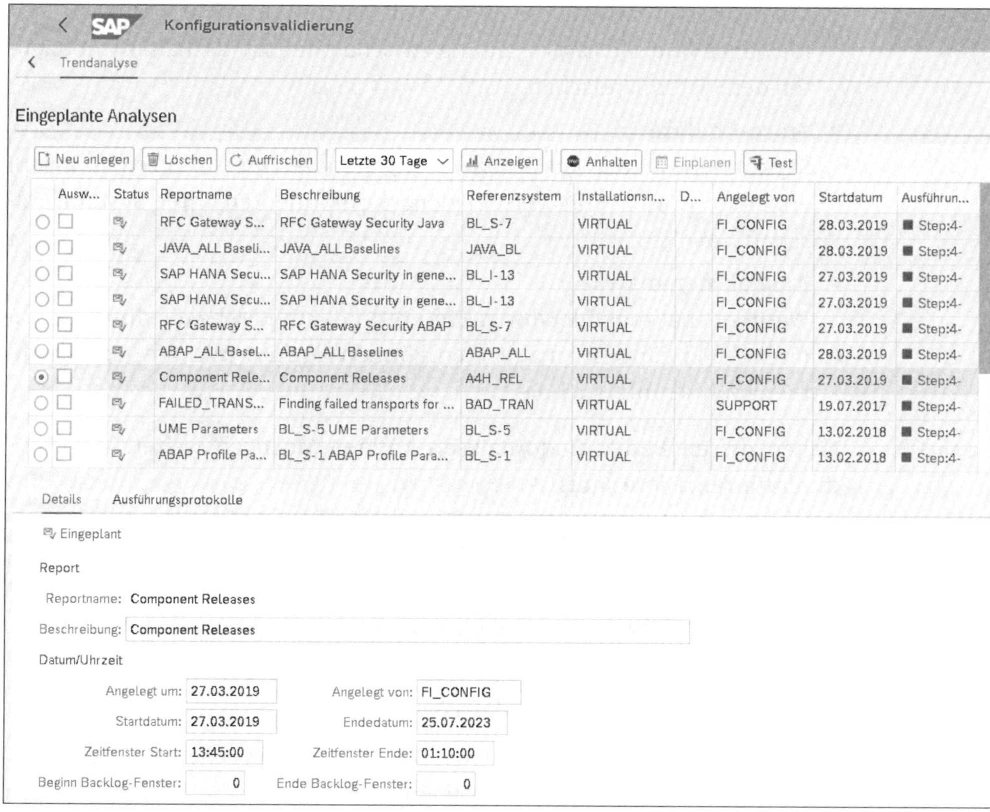

Abbildung 10.89 Trendanalyse

10.11 Ursachenanalyse

Ausnahmesituationen und Performanceengpässe gehören zu den täglichen Herausforderungen im IT-Betrieb. Die Ursachenanalyse im SAP Solution Manager gibt Ihnen eine Sammlung von Werkzeugen an die Hand, die Sie bei der Untersuchung verschiedener Probleme unterstützen.

Ihnen stehen folgende End-to-End-Methoden, die alle am Prozess beteiligten Elemente einbeziehen, zur Analyse von Ursachen zur Verfügung:

End-to-End-Analysen

- **Änderungsanalyse**
  Mithilfe der Änderungsanalyse können Sie untersuchen, welche Änderungen in den Landschaftskomponenten vorgenommen werden. Wir beschäftigen uns mit diesem Thema ausführlicher in Abschnitt 7.6.1.
- **Systemlastanalyse**
  Mit der Systemlastanalyse (Workload-Analyse) untersuchen Sie die Performance und die Lastverteilung zwischen den Landschaftskomponenten der Systemlandschaft.
- **Trace-Analyse**
  Sie können mit der Trace-Analyse sogenannte *Traces* (Aufzeichnungen) erstellen. Dies ist für verschiedene Komponenten Ihrer Systemlandschaft möglich.
- **Ausnahmenanalyse**
  Wenn Ausnahmefehler durch Hintergrundaktivitäten oder durch Aktivitäten der Endanwender auftreten, können Sie diese mithilfe der Ausnahmenanalyse untersuchen.

Weitere Analysen

Neben diesen End-to-End-Analysen können Sie noch weitere Analysen durchführen. Diese sind:

- Systemanalyse (Änderungsauswertung – siehe Abschnitt 7.6.2)
- Hostanalyse (File System Browser)
- Datenbankanalyse

In jeder dieser Analysen finden Sie Werkzeuge, die Sie für Ihre weitergehenden Untersuchungen verwenden können.

Aufruf

Der Einstieg in die verschiedenen Bereiche der Ursachenanalyse erfolgt über die jeweilige Kachel im Bereich **Root Cause Analysis** (Ursachenanalyse) im SAP Solution Manager Launchpad. Klicken Sie dort die Kachel für die gewünschte Analyse an.

Damit Sie die Ursachenanalyse nutzen können, müssen die zu analysierenden Systeme vollständig an den SAP Solution Manager angebunden sein. Ansonsten ist keine weitere Konfiguration nötig.

Beispiel: Systemlastanalyse

Möchten Sie eine bestimmte Analyse starten, öffnen Sie die entsprechende Applikation im SAP Solution Manager Launchpad und wählen anschließend das zu analysierende System aus. In unserem Beispiel in Abbildung 10.90 haben wir eine Systemlastanalyse für das System SE1 durchgeführt. Nach der Durchführung der Analyse werden Ihnen die Analyseergebnisse in einem separaten Fenster angezeigt.

Die anderen Analyseformen starten Sie auf die gleiche Weise.

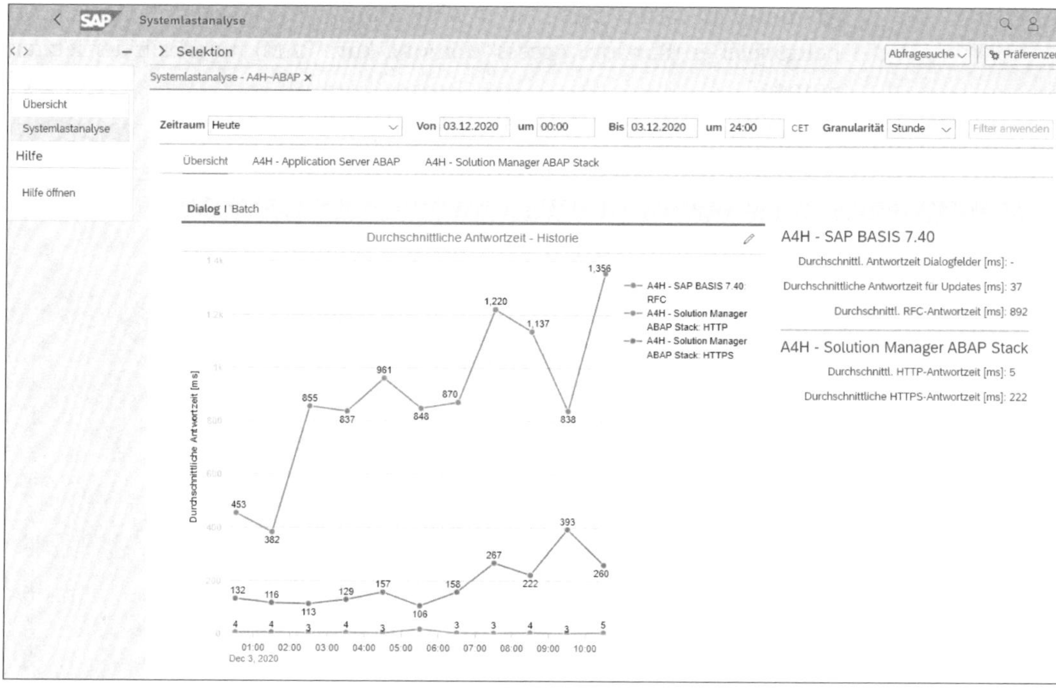

Abbildung 10.90 Beispiel für eine Systemlastanalyse

[«]

Weiterführende Information zur Ursachenanalyse

Weiterführende Informationen finden Sie in SAP-Hinweis 2248724 und im folgenden Bereich des Expert Portals: *http://s-prs.de/v791848*

10.12 Monitoring-Dashboards

Nach der erfolgreichen Implementierung eines Monitorings liefert dieses eine Vielzahl von Daten. Um diese Daten auswerten und Rückschlüsse auf potenzielle Fehlerquellen ziehen zu können, bieten sich Übersichten in Form von Dashboards an. Diese Auswertungen können sowohl anwendungsübergreifend als auch anwendungsspezifisch erstellt werden.

Anwendungsspezifische Auswertungen

Anwendungsspezifische Auswertungen können eingebettet in der jeweiligen Applikation, z. B. im System- oder Integrations-Monitoring, aufgerufen werden. Diese Ansichten sind in den Applikationen standardmäßig vorhanden und aufrufbar. Sie lassen sich mit einem Klick auf **Standardansicht ändern** individualisieren. Ein Beispiel für eine solche Auswertung aus dem

System-Monitoring sehen Sie in Abbildung 10.91. Sie zeigt den freien Arbeitsspeicher (Random Access Memory, kurz RAM) innerhalb der letzten Stunde.

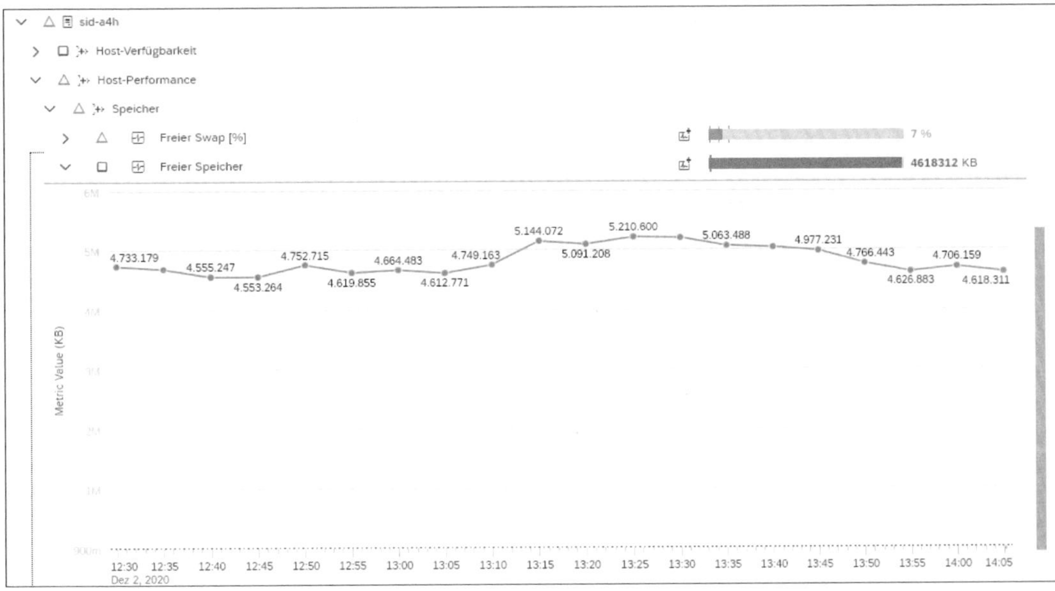

Abbildung 10.91 Beispiel für eine anwendungsspezifische Auswertung

Anwendungsübergreifende Dashboards

Die seit SAP Solution Manager 7.2 verfügbaren anwendungsübergreifenden Dashboards ermöglichen das Zusammentragen wichtiger Kennzahlen aus verschiedenen Anwendungen auf einem Dashboard. Diese Auswertungen lassen sich mithilfe des *Dashboard Builders* erstellen und ersetzen die alten flashbasierten Management-Dashboards. Der Dashboard Builder wird im SAP Solution Manager Launchpad in der Gruppe **SAP Solution Manager Konfiguration** über die Kachel **Konfiguration Dashboard Builder** aufgerufen.

Benötigte Rollen

Zur Konfiguration von Dashboards sind folgende Berechtigungen nötig:

- als Benutzer des SAP Solution Managers: `SAP_SM_DSH_CONF`
- als Benutzer von SAP BW: `SAP_SM_BI_DSH_CONF`

Zum Anzeigen der Dashboards werden folgende Berechtigungen benötigt:

- als Benutzer des SAP Solution Managers: `SAP_SM_DSH_DISP`
- als Benutzer von SAP BW: `SAP_SM_BI_DSH_DISP`

Dashboard Builder

Im Dashboard Builder sind bereits eine Vielzahl von Dashboards für verschieden Szenarien beispielhaft vorkonfiguriert (siehe Abbildung 10.92). Über einen Klick auf das Plussymbol unten links (**Dashboards hinzufügen**) können Sie Ihre eigenen Dashboards anlegen und mit den passenden Informationen füllen. Öffnen Sie hierzu das gewünschte Dashboard, und klicken Sie entweder auf **+ Standardkachel** (hier können Sie Kacheln aus dem KPI-Katalog von SAP hinzufügen) oder auf **+ Kundeneigene Kachel**.

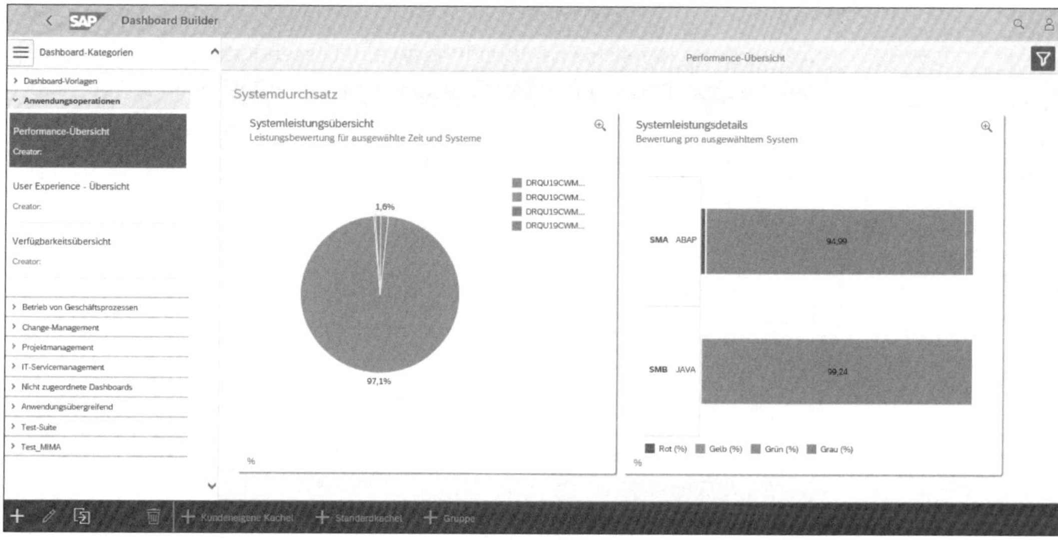

Abbildung 10.92 Dashboard Builder

Falls Sie eine kundeneigene Kachel anlegen möchten, müssen Sie dieser zunächst einen Namen und eine Datenquelle mitgeben. Datenquellen können alle im SAP BW gespeicherten Daten und Kennzahlen sein. Wählen Sie anschließend eine Visualisierungsform (z. B. Balken- oder Liniendiagramm), legen Sie die gewünschten Zeilen und Spalten fest, und sichern Sie die Kachel.

Informationskacheln erstellen

Zur Darstellung der Informationen innerhalb der Dashboards gibt es sowohl von SAP ausgelieferte Standardkacheln als auch kundeneigene Kacheln:

- Standardkacheln enthalten vordefinierte Auswertungen; sie können schnell und unkompliziert eingefügt und angepasst werden.
- Bei kundeneigenen Kacheln müssen Sie beim Anlegen noch weitere Informationen wie die Art und den Namen einer spezifischen Datenquelle (z. B. die erhobenen Daten aus einer speziellen Metrik im Monitoring) und den Typ der Visualisierung mitgeben.

Als Datenquellen können BW-Querys, Funktionsmodule oder Daten aus Geschäftsprozessanalysen bzw. dem Geschäftsprozess-Monitoring verwendet werden. Die angezeigten Informationen lassen sich durch die Anlage von Filtern oder die Auswahl von weiteren anzuzeigenden Werten in derselben Ansicht den eigenen Wünschen entsprechend manipulieren.

[+]

KPI-Katalog von SAP verwenden

Der Katalog der KPIs von SAP stellt bereits viele vordefinierte Kacheln zur Auswertung bereit (siehe Abbildung 10.93). Diesen Katalog finden Sie im SAP Support Portal unter **SAP Solution Manager • Dashboards, Apps and Control Center • KPI-Katalog** oder unter folgendem Direktlink: *https://go.support.sap.com/kpicatalog*. Für den Login wird ein S-User benötigt.

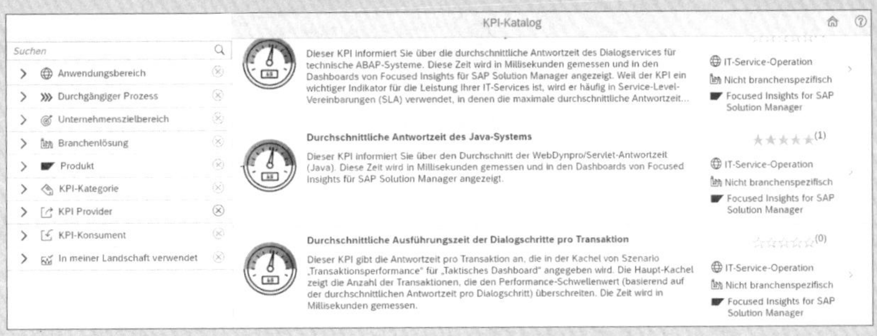

Abbildung 10.93 KPI-Katalog

Nach dem Speichern des Dashboards können Sie mit einem Klick auf **Modus anzeigen** in den Anzeigemodus wechseln und die Informationen abrufen.

10.13 Kundenbericht: System Monitoring bei der s.Oliver Bernd Freier GmbH & Co.KG

Die s.Oliver Bernd Freier GmbH & Co.KG ist ein deutscher Bekleidungshersteller mit weltweit knapp 5.100 Mitarbeitern und Sitz in Rottendorf bei Würzburg. Sie setzt in ihrer Infrastruktur sowohl auf SAP- als auch auf Nicht-SAP-Software. Der SAP Solution Manager dient dem Unternehmen als Grundlage für die Betreuung vieler eingesetzter Systeme und Prozesse. Es werden zahlreiche Komponenten des SAP Solution Managers genutzt. Der Einsatz des SAP Solution Managers erfolgt weitestgehend nahe am Standard.

Proaktive Problembehebung

In diesem Abschnitt erfahren Sie etwas über den Einsatz des System-Monitorings in der s.Oliver Group. Es dient der Überwachung und proaktiven Erkennung – und möglichst der Vermeidung – von Störfällen. Die Überwachung wird durch das SAP-Basisteam durchgeführt. Probleme sollen möglichst erkannt und behoben werden, bevor diese für die Endanwender*innen sichtbar werden.

System-überwachung und Alerting

Die SAP-Basis nutzt hierfür zum einen das Dashboard des System-Monitorings (siehe Abbildung 10.94), zum anderen Benachrichtigungen per E-Mail. Damit die Mitglieder des Teams Störfälle effizient beheben und priorisieren können, werden nur schwerwiegende und geschäftskritische Fälle per E-Mail und SMS gemeldet. Alle weiteren Alerts werden über das Dashboard bzw. den Alert-Eingang abgearbeitet.

Abbildung 10.94 System-Monitoring-Dashboard

Überwachte Systemtypen

Aktuell sind folgende System- und Datenbanktypen an das System-Monitoring angebunden:

- SAP NetWeaver Application Server ABAP
- SAP NetWeaver Application Server Java
- SAP BusinessObjects
- SAP HANA
- SAP Adaptive Server Enterprise (SAP ASE)

Voraussetzungen

Um das System-Monitoring vollumfänglich nutzen zu können, mussten einige Voraussetzungen geschaffen werden. Zunächst musste die Grundkonfiguration korrekt durchgeführt werden. Anschließend wurden die Diagnostics Agents auf jedem zu überwachenden Host installiert. Des Weiteren wurde die Konfiguration der verwalteten Systeme für jeden Host und jedes System durchgeführt.

Templates

Das System-Monitoring arbeitet mit Monitoring-Templates. Diese ließen sich einfach an zentraler Stelle konfigurieren und anschließend auf die Systeme ausrollen. Bei der s.Oliver Group wurde für jeden Typ jeweils ein Template für Entwicklungs- und Testsysteme sowie ein Template für Produktivsysteme erstellt (siehe Abbildung 10.95). Das Produktiv-Template besitzt eine größere Anzahl an aktivierten Metriken und schärfere Schwellenwerte als das Template für die Entwicklungs- und Testsysteme. Dies gewährleistet, dass Probleme im Produktivbetrieb frühzeitiger erkannt werden. Zudem konnten die Schwellenwerte für einzelne Metriken über das Monitoring-Dashboard bequem und übersichtlich nachjustiert werden.

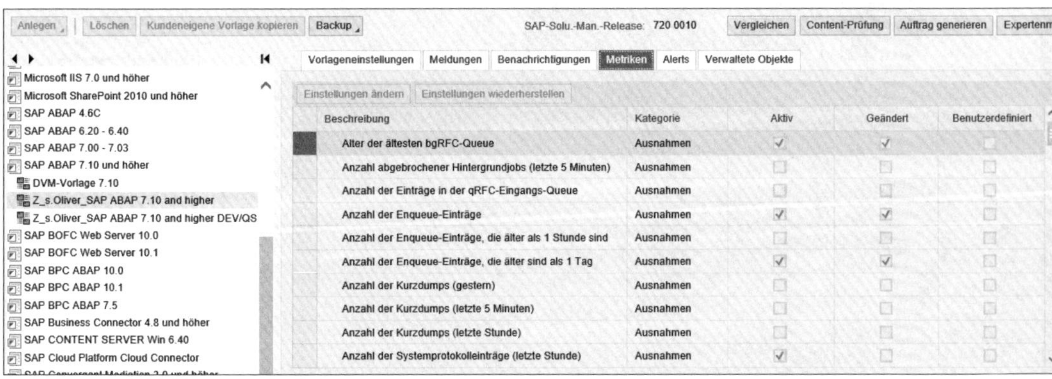

Abbildung 10.95 System-Monitoring-Templates

Planung über IT-Kalender

Um im Falle einer geplanten Downtime, z. B. für eine Wartung, ein Upgrade o. Ä. nicht ungewollte Benachrichtigungen zu erhalten, wird bei der s.Oliver Group mit dem IT-Kalender bzw. den Arbeitsmodusfunktionen gearbeitet. Hierfür ist in jedem Template hinterlegt, wie im Falle einer Wartung bzw. einer geplanten Ausfallzeit reagiert werden soll. Die geplanten Tasks werden anschließend im IT-Kalender hinterlegt (siehe Abbildung 10.96). Dies bringt zum einen eine bessere Übersicht über geplante Tasks und verhindert zum anderen Fehlalarme.

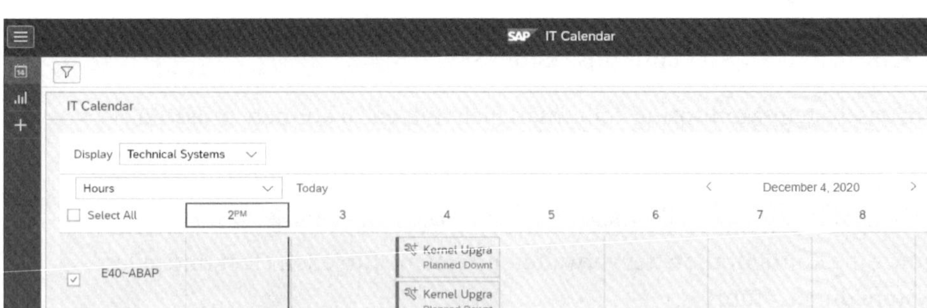

Abbildung 10.96 Planung von Upgrades im IT-Kalender

Zusammenfassung und Empfehlungen

Die s.Oliver Group möchte folgende Erfahrungen und mit Ihnen teilen:

- Durch die Nutzung des System-Monitorings konnten die Stabilität der Systeme erhöht und ungeplante Ausfälle minimiert werden. Die Incident Rate sank im ersten Halbjahr nach der Einführung um 50 %.
- Durch die Nutzung des SAP Solution Managers als Monitoring-System konnte eine proaktive Überwachung etabliert werden, was dem Unternehmen mehr Zeit für Innovationen gibt.
- Durch die Vielzahl verschiedener Metriken konnten die SAP-Basismitarbeiter*innen von manuellen Prüfungen entlastet werden. Zudem werden menschliche Fehlprüfungen vermieden. Beispielsweise wird zuverlässig für alle Systeme geprüft, ob Datenbank-Backups vorhanden sind.
- Fehler werden frühzeitig erkannt und behoben, bevor Probleme im Geschäftsbetrieb auftreten.
- Der Monitoring-Content wird durch SAP regelmäßig aktualisiert, sodass auch neue Produkte überwacht werden können.
- Als wichtigste Metriken haben sich erwiesen:
- Verfügbarkeit
  - Performance und Ressourcen (CPU, Memory Filesystem)
  - Backup
  - Queue-Fehler (SMQ1/2)
  - SAP-HANA-Tabellen (maximale Anzahl von 2,1 Milliarden Einträgen)

[«]

Ansprechpartner bei s.Oliver

Jürgen Müller ist gelernter Kommunikationselektroniker (Siemens) mit einer Weiterbildung zum staatlich geprüften Elektrotechniker. Seit seiner Zertifizierung zum Wirtschaftsinformatiker (HWK) und Datenbankentwickler vor über zehn Jahren arbeitet er bei der s.Oliver Group. Als Platform Engineer SAP Basis verantwortet er den reibungslosen Betrieb und die Weiterentwicklung der SAP-Systemlandschaft. Er ist in seinem Team technischer Service Owner für alle SAP-Datenbanken (SAP HANA, SAP ASE/IQ und IBM Db2) sowie für SAP BW.

Kapitel 11
Fachlicher Betrieb

Der Bereich Business Process Operations im SAP Solution Manager umfasst alle wichtigen anwendungsrelevanten Funktionen, um einen reibungslosen und fehlerfreien Betrieb der Kerngeschäftsprozesse gewährleisten zu können.

Mit steigender Komplexität der SAP-Systemlandschaften bzw. einer zunehmenden Anzahl heterogener Systemlandschaften wird es in manchen Fehlerfällen immer schwieriger, die richtigen Entscheidungen zu treffen und die passenden Aktivitäten einzuleiten. Von großer Bedeutung ist in diesem Zusammenhang das frühzeitige Erkennen von Ausnahmesituationen, die den Regelbetrieb der Geschäftsprozesse beeinträchtigen können. Durch *Key Performance Indicators* (KPIs) kann eine gewisse Transparenz geschaffen werden, um den Zustand der verschiedensten Geschäftsprozesse messbar darzustellen.

Disziplinen des fachlichen Betriebs

Der fachliche Betrieb (*Business Process Operations*) umfasst mehrere Bereiche:

- Geschäftsprozess- und Schnittstellenüberwachung
- kontinuierliche Verbesserung der Geschäftsprozesse
- Jobverwaltung und -überwachung
- Datenkonsistenzmanagement
- Performanceoptimierung von Geschäftsprozessen

Diese Bereiche sind nahezu alle miteinander verbunden. Wenn also beispielsweise ein Problem mit einer Schnittstelle besteht, kann es sein, dass auch ein später startender Hintergrundjob auf einen Fehler stößt. Um dies frühzeitig zu erkennen, sind die Bereiche eng miteinander verzahnt. SAP Solution Manager 7.2 kann Sie bei der Umsetzung der genannten Anforderungen unterstützen.

In diesem Kapitel stellen wir die einzelnen Bereiche des fachlichen Betriebs vor und zeigen Ihnen, was Sie tun müssen, um Ihre kritischen Geschäftsprozesse nahezu ausfallfrei zu betreiben.

11.1 Was wir unter dem Begriff »Business Process Operations« verstehen

SAP Operations Control Center

Unter dem globalen Begriff *Business Process Operations* verstehen wir ein gleichermaßen effektives wie effizientes Anwendungsmanagement bzw. den fachlichen Betrieb von Softwarelösungen. SAP fasst dies gerne unter dem Motto *Run SAP like a Factory* zusammen. Dabei wird der SAP Solution Manager zu einem zentralen *SAP Operations Control Center* (OCC) ausgebaut. Mit ihm lassen sich so alle wichtigen Status und Laufzeitinformationen Ihrer Geschäftsprozesse und Schnittstellen sowie zugrunde liegender Softwarekomponenten zentral überwachen.

Zusammenspiel der Bereiche

In Abbildung 11.1 sehen Sie, wie sich der Bereich des fachlichen Betriebs zusammensetzt. Bereits hier können Sie erkennen, dass es eine enge Verzahnung zwischen den verschiedenen Teilbereichen (z. B. Jobs, Schnittstellen etc.) gibt, die als Basis eines Geschäftsprozesses dienen.

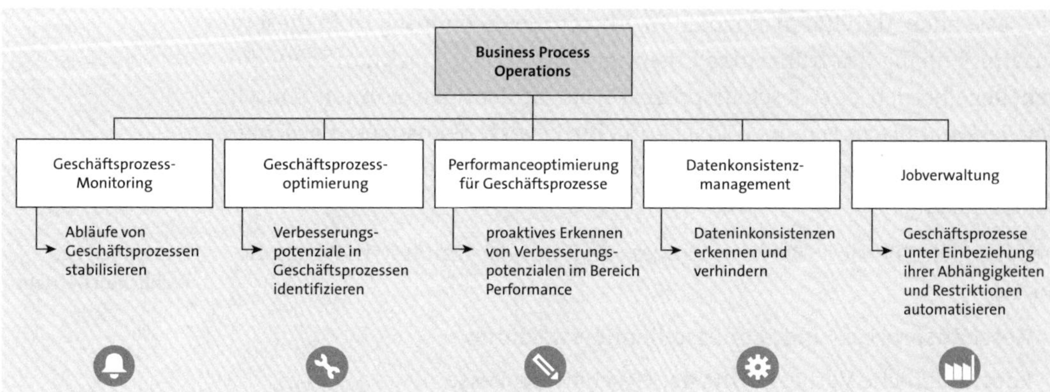

Abbildung 11.1 Überblick über die Bereiche des fachlichen Betriebs

Zentrale Verwaltung

Durch die zentrale Verwaltungsmöglichkeit können die folgenden Aufgaben besser bearbeitet werden:

- Ursachen von Problemen können schneller identifiziert und Services können, falls Schnittstellen oder andere elementare Komponenten ausfallen, wiederhergestellt werden.
- Es kann sichergestellt werden, dass Geschäftsprozesse mit der besten Performance und vor allem korrekt ablaufen.
- Es erfolgt eine durchgängige Überwachung aller Komponenten eines Geschäftsprozesses.

Der Bereich SAP Business Process Operations ist sehr vielschichtig. Das Ziel ist jedoch einfach darzustellen: Die Anforderungen von IT- und Fachabteilungen sollen durch die Werkzeuge gleichermaßen abgedeckt werden. Viele der von SAP bereitgestellten Werkzeuge und Methoden sind den meisten Anwender*innen noch unbekannt, das Portfolio wird darüber hinaus ständig erweitert. Wir geben Ihnen in diesem Kapitel deshalb einen Einblick in die aus unserer Sicht wichtigsten Teilbereiche.

11.2 Voraussetzungen für die Nutzung von Business-Process-Operations-Anwendungen

Um die Funktionen des fachlichen Betriebs nutzen zu können, müssen Sie zunächst die Basiskonfiguration für den Betrieb von Geschäftsprozessen (**BvGP-Basiskonfiguration**) durchführen. Dies ist eine szenarioübergreifende Voraussetzung für die Nutzung der verschiedenen bereitgestellten Werkzeuge.

11.2.1 Grundkonfiguration für den Betrieb von Geschäftsprozessen

Öffnen Sie für die Grundkonfiguration die Transaktion SOLMAN_SETUP, und navigieren Sie zum Bereich **Betrieb von Geschäftsprozessen • BvGP-Basiskonfiguration**. Die Schritte dieser Guided Procedure sehen Sie in Abbildung 11.2.

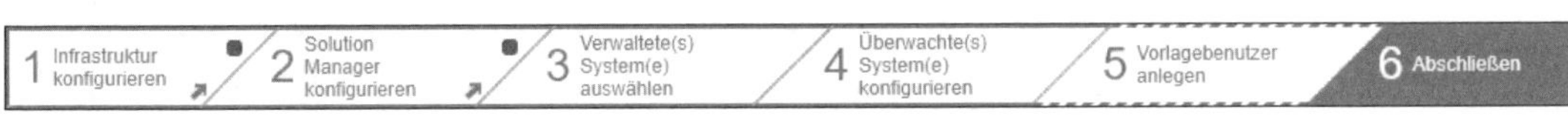

Abbildung 11.2 Übersicht über die Basiskonfiguration des Betriebs von Geschäftsprozessen

Infrastruktur konfigurieren

Zunächst werden, wie in fast allen SAP-Solution-Manager-Szenarien üblich, einige Voraussetzungen automatisiert überprüft. In Schritt 1.2, **Auswertungen**, wird im angebundenen SAP-BW-System geprüft, ob die Voraussetzungen für Auswertungen geschaffen sind. Anschließend werden die Ergebnisse angezeigt. Sollten hier Fehler ausgegeben werden, empfehlen wir, die Schritte durchzuführen, die in dem angezeigten Langtext bzw. dem Hilfetext angegeben werden.

Planen Sie, wie in Schritt 1.3, **Periodische Aufgaben**, angegeben, die Aufgaben wie die periodische Bereinigung des Alert-Ereignis-Stores ein. Wir empfehlen, die Standardwerte für die Lebensdauer der SAP-BW-Daten und für die periodischen Aufgaben zu übernehmen.

Aktualisieren Sie anschließend in Schritt 1.4, **Content aktualisieren**, den Monitoring-Content auf die neueste Version. Sofern eine aktuellere Version verfügbar sein sollte und angezeigt wird, laden Sie diese zunächst herunter. Klicken Sie anschließend, wie in Abbildung 11.3 zu sehen, auf die Schaltfläche **Aktualisierung**, um diesen Content einzuspielen.

Abbildung 11.3 Monitoring-Content aktualisieren

Führen Sie dann in Schritt 1.5, **Automatische Konfiguration**, die automatischen Aktivitäten aus. Achten Sie darauf, dass Sie zuvor alle vorangehenden Schritte korrekt durchgeführt haben.

SAP Solution Manager konfigurieren

Nach der erfolgreichen Konfiguration der Infrastruktur können Sie mit der Konfiguration des SAP-Solution-Manager-Systems fortfahren. Führen Sie auch hier zunächst die automatischen Aktivitäten in Schritt 2.1 durch. Diese sind vor allem vorbereitend für den Einsatz des Geschäftsprozess-Monitorings nötig. Lassen Sie anschließend in Schritt 2.2, **Vorlagebenutzer anlegen**, die vorgegebenen Benutzer mit den entsprechenden Rollen automatisch erstellen.

[!]

Systemrolle beachten

Handelt es sich bei Ihrem SAP-Solution-Manager-System um ein Produktivsystem, können keine Benutzerrollen angelegt oder geändert werden. Diese Änderungen müssen über Transporte eingespielt werden. Die Systemrolle Ihres SAP-Solution-Manager-Systems können Sie unter **Obligatorische Konfiguration • Systemvorbereitung • Systemrolle definieren** nachschauen.

Der optionale Schritt 2.3, **Aktivitäten für Ausfallzeiten**, bietet Ihnen die Möglichkeit, festzulegen, wie das Monitoring im Falle eines Ausfalls bzw. einer Downtime weiter verfährt.

System/Mandant wählen

In den Schritten 3 und 4 wählen Sie das bzw. die zu überwachenden Systeme und die entsprechenden Mandanten aus. Achten Sie darauf, dass die Konfiguration der verwalteten Systeme (siehe auch Abschnitt 2.3, »Verwaltete Systeme konfigurieren«) korrekt durchgeführt wurde und die verschiedenen Statusampeln grün sind. Ist das nicht der Fall, kann es im weiteren Verlauf zu Problemen kommen.

Überwachtes System konfigurieren

Führen Sie in Schritt 4, **Überwachte(s) System(e) konfigurieren**, die automatischen Aktivitäten aus. In diesem Schritt werden erneut verschiedene Prüfungen durchgeführt. Auch hier ist für eine korrekte Funktion des späteren Monitorings entscheidend, dass alle Aktivitäten korrekt ausgeführt werden.

Vorlagebenutzer anlegen

Schritt 5, **Vorlagebenutzer anlegen**, ist ein optionaler Schritt. Hier können Sie Vorlage- und Demobenutzer für ein Szenario in einem verwalteten System anlegen und mit den entsprechenden Rollen ausstatten.

Nach Abschluss dieser vorbereitenden Schritte können Sie nun mit der Implementierung des eigentlichen Monitorings starten, wie in Abschnitt 11.3, »Geschäftsprozess-Monitoring«, beschrieben.

11.2.2 Grundkonfiguration der Jobverwaltung

Mit der Jobverwaltung stellt der SAP Solution Manager ein Werkzeug bereit, um die Jobs in Ihrer kompletten Systemlandschaft von einem zentralen Ort aus zu verwalten. Für den optimalen Betrieb Ihrer Geschäftsprozesse sind funktionierende sowie gut geplante und überwachte Jobs eine elementare Basis. Um diese Jobs zu verwalten, öffnen Sie die Transaktion SOLMAN_SETUP und navigieren zu dem Bereich **Betrieb von Geschäftsprozessen • Jobverwaltung**. Die Schritte der Guided Procedure sehen Sie in Abbildung 11.4.

Abbildung 11.4 Basiskonfiguration der Jobverwaltung

Voraussetzungen

In SAP Solution Manager 7.2 müssen alle Versionen einer Jobdokumentation auf den gleichen Einplanungsinformationen basieren. Das bedeutet, dass Sie eventuell aus SAP Solution Manager 7.1 vorhandene Dokumentationen mit mehreren Versionen migrieren müssen. Wählen Sie hierfür in Schritt 1, **Voraussetzungen**, die manuelle Aktivität **JobdokDaten aus 7.1 nach 7.2 migrieren** aus. Mit dieser veranlassen Sie einen Report für die Migration der Jobdokumentation. Führen Sie das Programm gemäß der angezeigten Dokumentation aus, falls Sie die Funktion nach einem Release-Wechsel von SAP Solution Manager 7.1 nach 7.2 einsetzen möchten.

Infrastruktur konfigurieren

Der nächste Schritt 2, **Infrastruktur konfigurieren**, beinhaltet die grundlegenden Konfiguration der Jobverwaltung. Sie gliedert sich in drei Teilschritte. Aktivieren Sie in Schritt 2.1, **Jobverwaltungsservices aktivieren**, mithilfe einer automatischen Aktivität die benötigten Services für die Jobverwaltung. Markieren Sie hierzu im Bereich **Automatische Aktivitäten** die Aktivität, und klicken Sie anschließend auf **Ausgewählte ausführen**. Für nähere Informationen können Sie sich die Dokumentation anzeigen lassen.

Nutzen Sie Schritt 2.2, **Vorlagebenutzer anlegen**, um die für die Jobverwaltung notwendigen Vorlagebenutzer zu erstellen (siehe Abbildung 11.5). Anschließend können Sie die Benutzer anhand dieser Vorlagen mit den entsprechenden Rollen ausstatten.

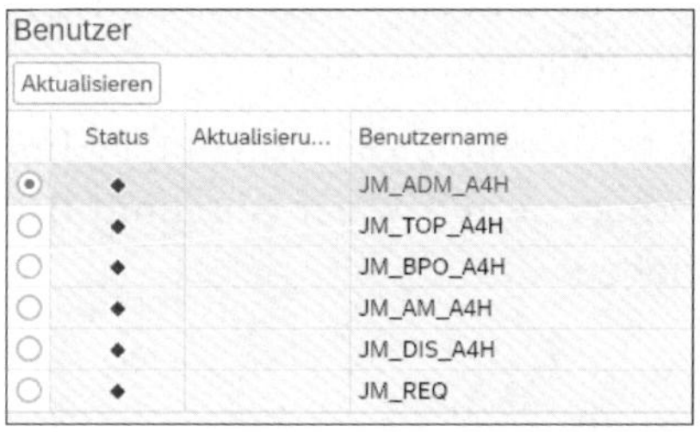

Abbildung 11.5 Vorlagebenutzer für die Jobverwaltung anlegen

Bestimmen Sie in Schritt 2.3 die CRM-Vorgangsarten für Ihren Jobantrag. Alle für die Jobverwaltung verfügbaren Vorgangsarten werden hier aufgelistet und können als Standard definiert werden.

Mit ChaRM und ITSM integrieren

Sie können in der Jobverwaltung die beiden Szenarien Change Request Management (ChaRM) und IT-Servicemanagement (ITSM) integrieren. Führen Sie in diesem Fall Schritt 3, **Änderungsmanagement integrieren**, und Schritt 4, **Zusätzliche ITSM/Änderungsmanagement-Konfiguration**, aus. Diese beiden Schritte sind optional.

Mit SMSE integrieren

In der Jobverwaltung haben Sie die Option, neben dem SAP-Standard-Scheduler auch einen externen Job Scheduler einzubinden, über den Sie Jobs einplanen können. Dieser externe Einplaner (Scheduler) verwendet die Schnittstelle *Solution Manager Scheduling Enabler* (SMSE). Um diese zu konfigurieren, wechseln Sie zu Schritt 5, **Mit SMSE integrieren**, und führen die beiden Unterschritte aus.

In Teilschritt 5.1, **Kommunikationsbenutzer anlegen**, erstellen Sie einen Dialogbenutzer. Dieser Benutzer wird für die Kommunikation des externen Schedulers mit dem SAP Solution Manager benötigt. Alle weiteren Aktivitäten zur Einrichtung der SMSE-Schnittstelle finden Sie unter Teilschritt 5.2, **Manuelle Einrichtung**. Führen Sie hier mindestens die folgenden drei manuellen Tätigkeiten durch:

- SAP-Solution-Manager-System mit externem Scheduler verbinden
- Verbindung prüfen
- verwaltetes System mit externem Scheduler verbinden

Diese Aktivitäten sind obligatorisch und für eine erfolgreiche Einrichtung der Jobverwaltung notwendig.

Wenn Sie alle obligatorischen Schritte und deren Aktivitäten erfolgreich durchlaufen haben, können Sie mit der Nutzung der Jobverwaltung beginnen. Auf diese gehen wir in Abschnitt 11.5 ein.

11.3 Geschäftsprozess-Monitoring

Geschäftsprozesse dokumentieren

In diesem Abschnitt beschreiben wir die Werkzeuge, die SAP Solution Manager 7.2 für Sie bereithält, um den Betrieb Ihrer Geschäftsprozesse und Schnittstellen auch systemübergreifend zu gewährleisten und zu stabilisieren. In SAP Solution Manager 7.2 ist das Geschäftsprozess-Monitoring vollumfänglich in die Lösungsdokumentation integriert. In früheren Versionen waren die Dokumentation der Geschäftsprozesse und das Einrichten von Monitoring-Objekten zwei komplett voneinander getrennte Bereiche. Ab Version 7.2 ist die Lösungsdokumentation der zentrale Einstieg für beide Szenarien. Um das Geschäftsprozess-Monitoring nutzen zu können, müssen zunächst die entsprechenden Geschäftsprozesse – zumindest rudimentär – in der Lösungsdokumentation hinterlegt werden, wie in Kapitel 3, »Prozessmanagement«, beschrieben.

Implementierung

Der Prozess der Implementierung eines Geschäftsprozess-Monitorings untergliedert sich grob in fünf Teilschritte, auf die wir in den folgenden Abschnitten eingehen:

1. Prozesse dokumentieren
2. Monitoring-Objekt erstellen
3. Monitoring-Objekt konfigurieren
4. Konfiguration speichern und generieren
5. Monitoring-Objekt aktivieren

11.3.1 Integration in die Lösungsdokumentation

Wie in Kapitel 3, »Prozessmanagement«, beschrieben, ist es ab Version 7.2 des SAP Solution Managers möglich, Prozesse grafisch in der neu aufgelegten Lösungsdokumentation zu dokumentieren. Diese dokumentierten Prozesse dienen als Basis für die integrierte Nutzung des Geschäftsprozess-Monitorings.

Status im Prozessdiagramm

Sie können sich den Gesamtstatus eines bestimmten Geschäftsprozesses bzw. den Status der sich darin befindenden Prozessschritte im Prozessdiagramm anzeigen lassen (siehe Abbildung 11.6). Hier sehen Sie den Gesamtstatus zu den Bereichen Durchsatz und Dokumentenrückstände, Schnittstellen, Konsistenz, Jobs und Ausnahmen sowie Performance.

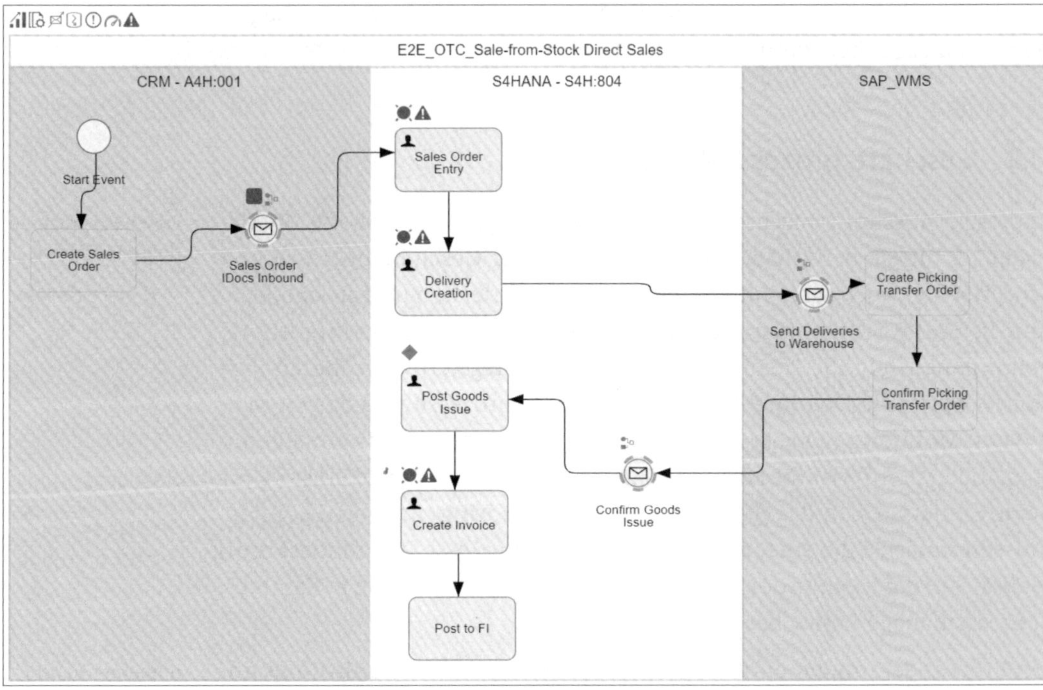

Abbildung 11.6 Geschäftsprozess-Monitoring im Prozessdiagramm

Monitoring-Objekte definieren

Die Definition einzelner Monitoring-Objekte und deren Zuordnung zu einzelnen Prozessschritten erfolgt ebenfalls in der Lösungsdokumentation. Hierfür können Sie entweder zu Beginn in den Bibliotheken bestimmte Alerting-Objekte anlegen und diese anschließend wiederverwenden oder die Objekte direkt im gewünschten Prozessschritt erstellen und ausprägen. Dies beschreiben wir in den folgenden Abschnitten.

Prozesse dokumentieren

Um die Monitoring-Objekte sinnvoll zuordnen und aktivieren zu können, müssen Sie also zunächst die Prozessschritte in der Lösungsdokumentation definieren. Dazu sind folgende Schritte erforderlich:

1. Lösung anlegen
2. Branches anlegen
3. logische Komponentengruppen/Systeme definieren
4. Szenario anlegen
5. Prozess anlegen
6. Prozessschritte anlegen/einfügen

Detailliertere Informationen zu diesen Schritten erhalten Sie in Kapitel 3, »Prozessmanagement«.

11.3.2 Monitoring-Objekte erstellen

Im Geschäftsprozess-Monitoring sind insgesamt drei verschiedene Typen von Monitoring-Objekten verfügbar. Da sich die Anlage dieser Typen unterscheidet, erläutern wir den Vorgang im Folgenden pro Objekttyp.

Alerting-Objekte

Alerting-Objekt zu Prozessschritt anlegen

Sie können Alerting-Objekte auf Ebene eines Geschäftsprozesses, eines Prozessschritts oder einer Schnittstelle anlegen. Darüber hinaus ist es möglich, Alerting-Objekte initial in der Alerting-Bibliothek zu erstellen. Navigieren Sie dazu in der Lösungsdokumentation auf die gewünschte Ebene, und klicken Sie mit der rechten Maustaste in den Abschnitt **Elemente**. Wählen Sie im sich öffnenden Kontextmenü, wie in Abbildung 11.7 zu sehen, **Neu • Betriebsführung • Alerts** aus.

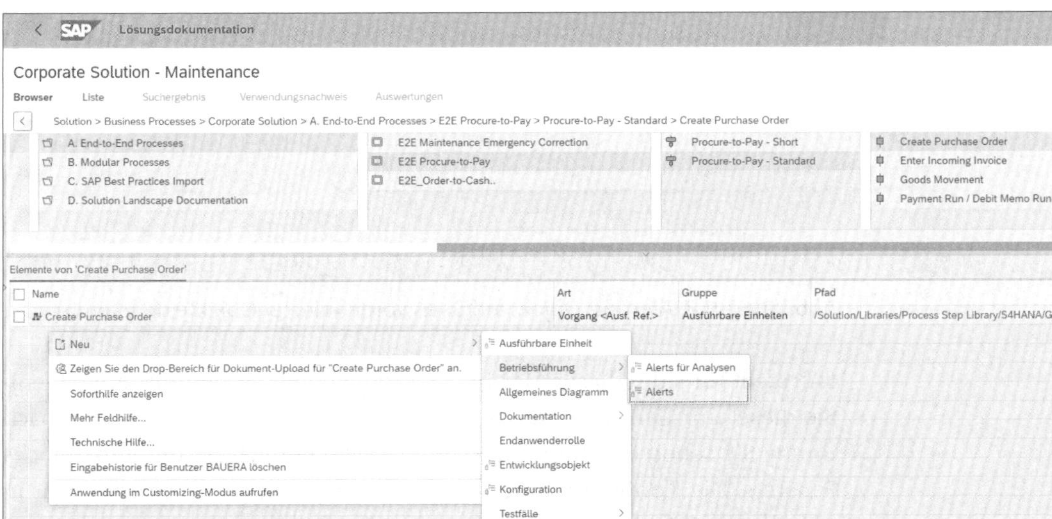

Abbildung 11.7 Alerting-Objekt erstellen

Ihnen wird nun der Erstellungsdialog angezeigt. Hier können Sie im oberen Bereich wählen, ob Sie ein neues Objekt anlegen, ein vorhandenes Objekt zuordnen oder ein bestehendes Objekt kopieren möchten. Bei den letzten beiden Varianten können Sie eines der angezeigten Objekte wählen und dieses anschließend direkt zuordnen bzw. kopieren und anschließend zuordnen.

Vordefinierte Monitoring-Objekte

Wenn Sie ein neues Objekt in einem Prozess bzw. Prozessschritt anlegen möchten, wird Ihnen basierend auf dem KPI-Katalog von SAP automatisch ein Katalog an vordefinierten Monitoring-Objekten angezeigt, der dieser Zuordnung des Prozesses bzw. Prozessschritts zum Produkt entspricht (siehe Abbildung 11.8).

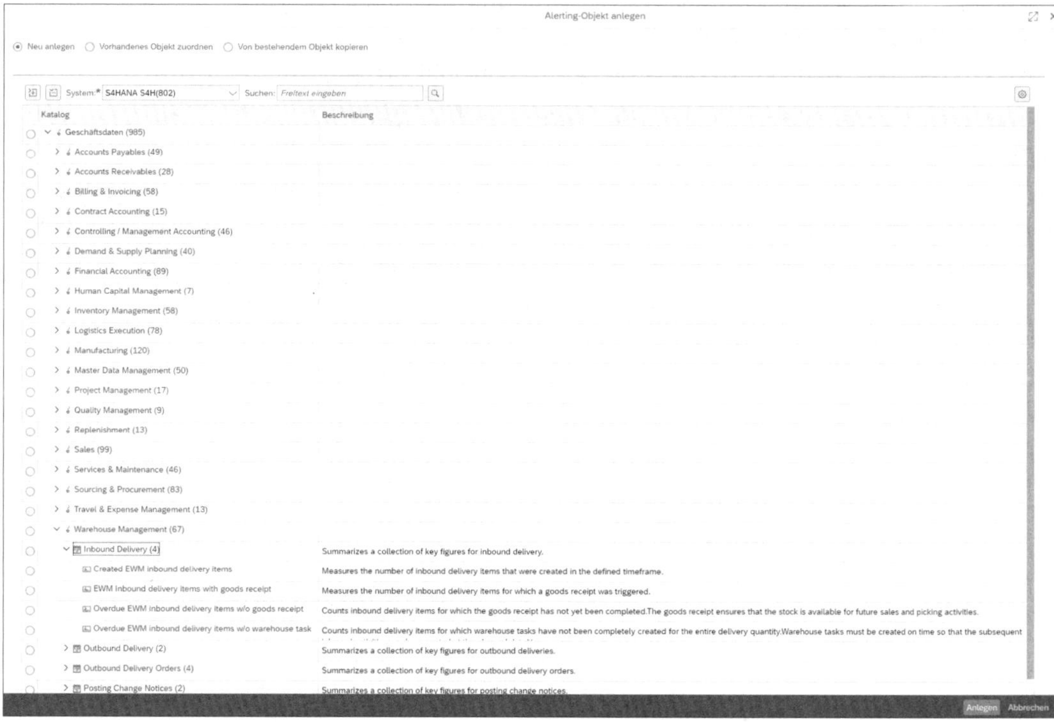

Abbildung 11.8 Alerting-Objekt auf Basis vordefinierter Objekte definieren

SAP stellt für jedes dieser Alerting-Objekte eine Beschreibung bereit. Wenn Sie diese aufrufen möchten, markieren Sie ein Objekt und scrollen nach unten. Sie sehen die Informationen im Detailbereich im unteren Teil des Fensters. Die Konfiguration eines Monitoring-Objekts beschreiben wir in Abschnitt 11.3.4, »Monitoring-Objekt konfigurieren«.

Analyseobjekte

Objekt zu einem System anlegen

Analyseobjekte werden im Gegensatz zu Monitoring-Objekten nicht für einen speziellen Prozess bzw. Prozessschritt definiert, sondern für ein System. Gehen Sie hierzu z. B. in die Bibliotheken, und navigieren Sie zum Ordner **Analysebibliothek**. Klicken Sie mit der rechten Maustaste in den Abschnitt **Elemente**, um das Kontextmenü zu öffnen. Legen Sie dann eine neue Analyse an, wie in Abbildung 11.9 gezeigt.

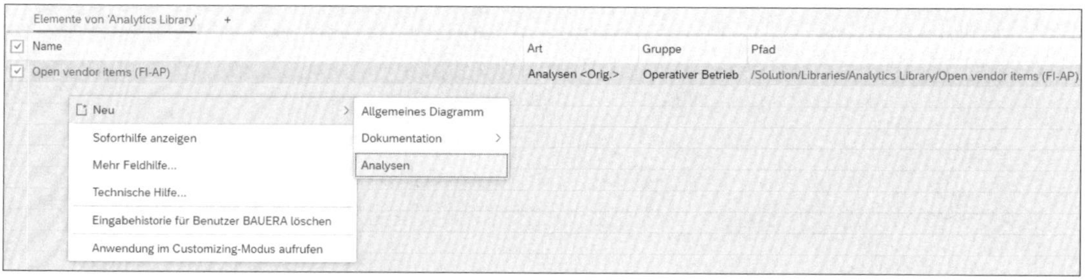

Abbildung 11.9 Analyseobjekt anlegen

Sie können Analyseobjekte entweder aus dem lokalen Katalog der Monitoring-Objekte anlegen, aus dem Cloud-Katalog laden oder aus einem Katalog bereits vorhandener Monitoring-Objekte kopieren (siehe Abbildung 11.10).

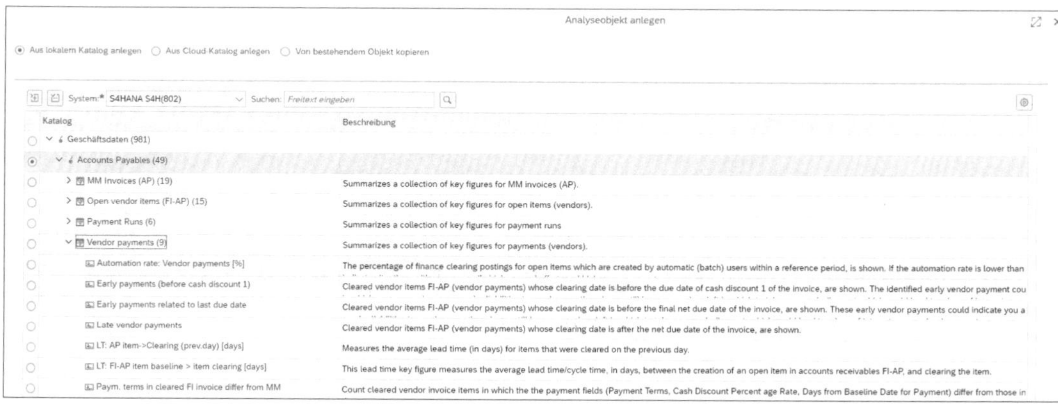

Abbildung 11.10 Analyseobjekt definieren

Nach der Erstellung eines Analyseobjekts gelangen Sie direkt in den Pflegedialog, den sie in Abbildung 11.11 sehen. Hier können Sie die gewünschten Parameter wie die zu analysierenden Kennzahlen für die jeweilige Analyse festlegen. Spezifizieren Sie außerdem auf der Registerkarte **Datensammlung**, wann und in welchem Intervall die Analysedaten gesammelt werden sollen.

Sind Sie mit der Pflege fertig, müssen Sie das Objekt zunächst speichern. Klicken Sie anschließend auf die Schaltfläche **Generieren und aktivieren**, um das Analyseobjekt aktiv zu schalten.

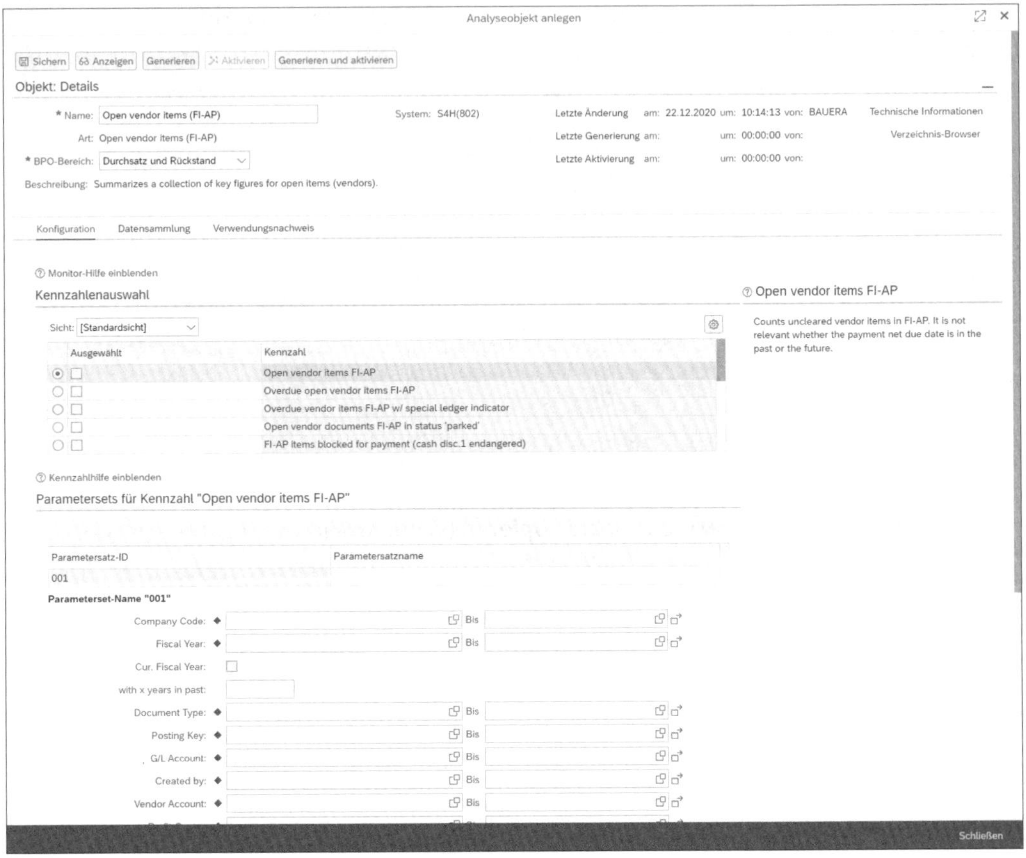

Abbildung 11.11 Analyseobjekt pflegen

11.3.3 Alerts für Analyseobjekte anlegen

Sobald Analysedaten im SAP Business Warehouse (BW) des SAP Solution Managers verfügbar sind, können Sie ein Alerting auf Basis der Analyseobjekte konfigurieren. Dies reduziert die Last auf den jeweiligen Systemen.

Alert anlegen

Alerts für Analyseobjekte erstellen Sie ähnlich wie Alerting-Objekte. Navigieren Sie zu der gewünschten Stelle, und klicken Sie mit der rechten Maustaste in den Abschnitt **Elemente**. Wählen Sie im Kontextmenü **Neu • Betriebsführung • Alerts für Analysen**. Markieren Sie dann, wie in Abbildung 11.12 zu sehen, das gewünschte Analyseobjekt, und klicken Sie auf **Anlegen**.

Wählen Sie anschließend die entsprechende Kennzahl bzw. die entsprechenden Kennzahlen aus, für die der Alert ausgegeben werden soll. Die Konfiguration erfolgt anschließend analog der eines Alerting-Objekts, die wir im folgenden Abschnitt beschreiben. Speichern Sie den Alert, und führen Sie die Generierung und Aktivierung durch.

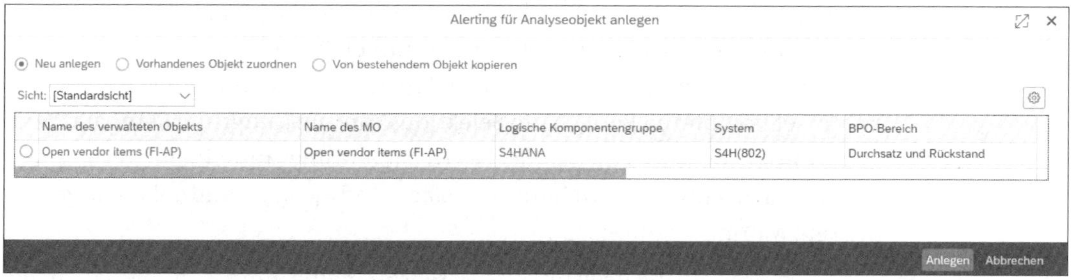

Abbildung 11.12 Alerts für Analyseobjekt anlegen

11.3.4 Monitoring-Objekt konfigurieren

Kennzahlen auswählen

Ein Monitoring-Objekt, im Speziellen ein Alerting-Objekt, können Sie entweder direkt nach seiner Erstellung oder mit einem Klick auf das jeweilige Objekt konfigurieren. Wählen Sie zunächst im Bereich **Kennzahlenauswahl** die gewünschten Kennzahlen zum jeweiligen Monitoring-Objekt. Im Hilfebereich werden Ihnen, wie in Abbildung 11.13 zu sehen, Beschreibungen zu der jeweiligen Kennzahl angezeigt.

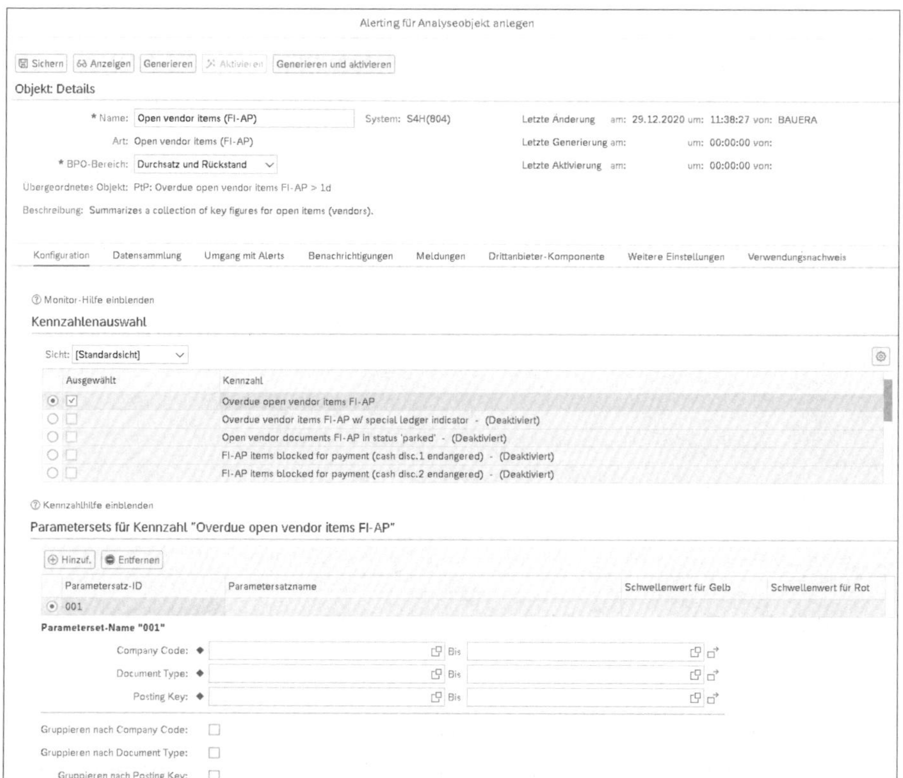

Abbildung 11.13 Monitoring-Objekt pflegen

Anschließend müssen Sie ein Parameterset für die jeweilige Kennzahl festlegen. Geben Sie hier Schwellenwerte an, bei deren Überschreitung das Monitoring seinen Status ändern soll. Ergänzen Sie außerdem jedes Parameterset im unteren Bereich um Selektionskriterien, aufgrund derer die Werte ermittelt werden sollen. Pflichtwerte sind immer mit einem Sternchen (*) gekennzeichnet. Alle weiteren Eingaben sind optional und abhängig von Ihrem Monitoring-Konzept.

Zeitplan für Datensammlung

Klicken Sie auf die Registerkarte **Datensammlung**, um einen Zeitplan für die Datensammlung, die die Datenbasis für das Monitoring bildet, zu definieren (siehe Abbildung 11.14). Hier werden die Startzeit und die Ausführungsperiodizität für die Datensammlung festgelegt.

- Beim *einfachen Zeitplan* wählen Sie die gewünschten Wochentage aus und legen die Uhrzeit und den Zeitraum fest, in dem eine Datensammlung erfolgen soll.
- Der *erweiterte Zeitplan* bietet deutlich komplexere Einstellungsmöglichkeiten. So kann z. B. eine Datensammlung basierend auf dem Fabrikkalender eines verwalteten Systems stattfinden.

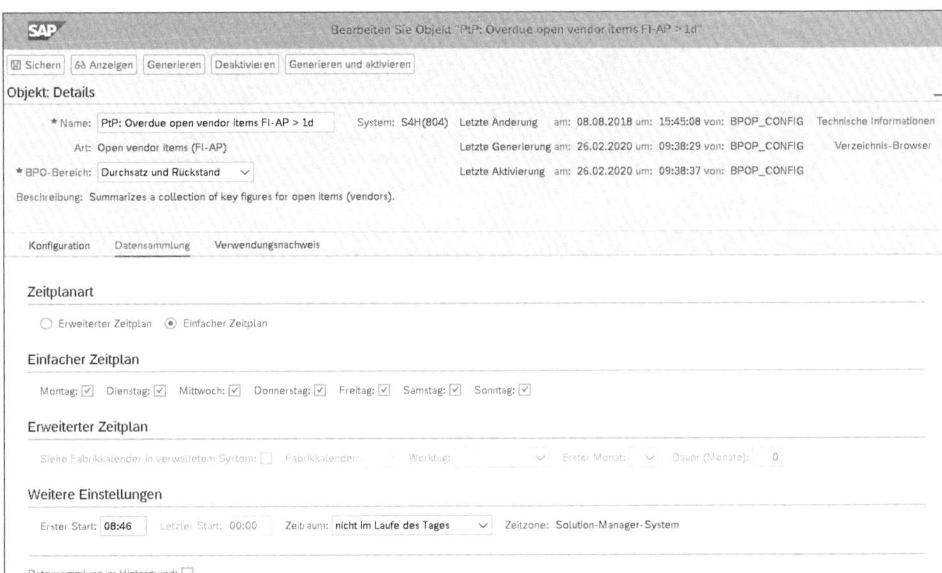

Abbildung 11.14 Zeitplan für die Datensammlung

[+]

Datensammlung im Hintergrund

Bei beiden Zeitplanarten haben Sie die Möglichkeit, die **Datensammlung im Hintergrund** zu aktivieren. Ist dies der Fall, wird die Datensammlung an einen Hintergrundjob im verwalteten System übergeben. Handelt es sich um komplexe Systeme mit hohen Datenmengen und langen Ausführungszeiten, empfehlen wir, diese Option zu aktivieren.

Umgang mit Alerts

Auf der Registerkarte **Umgang mit Alerts** können Informationen hinterlegt werden, die zur Beschreibung des jeweiligen Alerts bzw. zur Lösung des aufgetretenen Problems relevant sind. Darüber hinaus können Guided Procedures zum Umgang mit einem Alert angefügt werden.

Benachrichtigungen

Welche Person bzw. welcher Personenkreis im Fehlerfall alarmiert werden soll, können Sie auf der Registerkarte **Benachrichtigungen** festlegen. Sie können einzelne Empfänger, aber auch ganze Empfängerlisten benachrichtigen. Als Benachrichtigungsmodus ist entweder eine Benachrichtigung über E-Mail und/oder SMS möglich. Tragen Sie hier die Empfänger ein (siehe Abbildung 11.15).

11

Abbildung 11.15 Benachrichtigungen pflegen

Klappen Sie den Bereich **Erweiterte Einstellungen** auf, um z. B. einen eigenen Benachrichtigungstext festzulegen oder Einstellungen zur Häufigkeit der Benachrichtigungen (Eskalations-E-Mails) zu definieren.

BAdI-Implementierungen nutzen

An dieser Stelle können Sie kundeneigene Implementieren aktivieren (siehe Abbildung 11.16). Diese können Sie Ihren Wünschen entsprechend anpassen und nutzen.

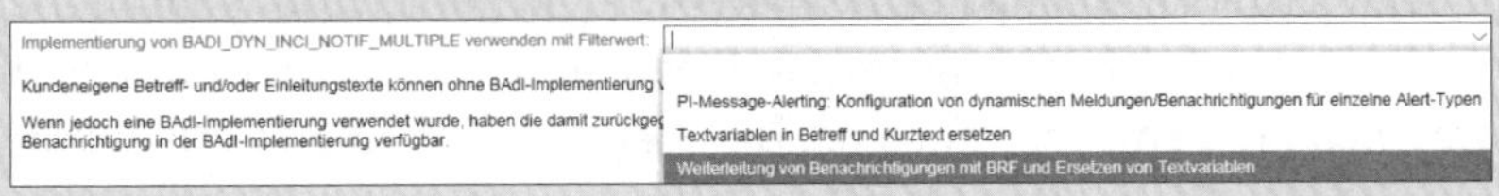

Abbildung 11.16 BAdI-Implementierungen aktivieren

Meldungen im ITSM

Öffnen Sie die Registerkarte **Meldungen**, um automatisiert Meldungen (Incidents) im ITSM des SAP Solution Managers zu eröffnen. Legen Sie dabei, wie in Abbildung 11.17 zu sehen, fest, in welchen Fällen eine Meldung erstellt (z. B. für welche CRM-Vorgangsart, welche Supportkomponente etc.) und wie diese Meldung ausgesteuert werden soll.

Abbildung 11.17 Einstellungen zum Eröffnen von Meldungen

Auch im Geschäftsprozess-Monitoring können Sie Alerts an Drittanbieter-Tools weiterleiten. Allerdings ist diese Option nicht für Analyseobjekte auswählbar. Sie können die Weiterleitung auf der Registerkarte **Drittanbieter-Komponente** aktivieren (siehe Abbildung 11.18). Fügen Sie dazu die gewünschte Alert-Reaktion ein, und klicken Sie auf **Speichern**. Diese Alert-Reaktionen werden ebenfalls über BAdI-Implementierungen definiert.

Drittanbieterkomponenten

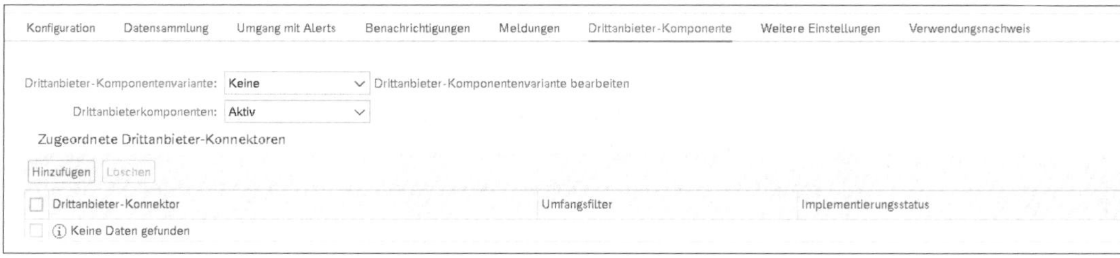

Abbildung 11.18 Drittanbieterkomponente aktivieren

Auf der Registerkarte **Weitere Einstellungen** haben Sie die Möglichkeit, weitere Anpassungen vorzunehmen. Diese sind allerdings nicht für Analyseobjekte verfügbar.

Weitere Einstellungen

- **BW-Granularität**
  Hier wird festgelegt, in welche InfoCubes im SAP-BW-System die Monitoring-Daten innerhalb der Monitoring and Alerting Infrastructure (MAI) gelegt werden (siehe auch Abschnitt 10.3, »Architektur der Monitoring and Alerting Infrastructure«). Dies ist für spätere Auswertungen interessant.
- **Datenverweildauer**
  Hier definieren Sie, wie lange die Alert-Informationen erhalten bleiben.
- **Alert pro Variante auslösen**
  Diese Option ist vor allem für Alerts für Analysen interessant. Nutzen Sie sie, wenn Sie spezielle Alerts für gruppierte Elemente haben.
- **Einzelne Vorkommen nicht gruppieren**
  Aktivieren Sie diese Option, wenn Sie bei jedem Vorkommen einer gelb bzw. rot (also als Warnung bzw. als Fehler) gekennzeichneten Bewertung einer Metrik in einem Datensammlungsintervall eine neue Benachrichtigung erhalten möchten.
- **Automatische Alert-Bestätigung**
  Sobald eine Metrik wieder grün gekennzeichnet ist, also als unkritisch bewertet wird, kann ein bereits bestehender Alert automatisch bestätigt werden.

- **Schweregrad**
  Hier legen Sie fest, ab welchem Schweregrad welche Alerts ausgegeben werden.
- **Sprache Metriktext**
  Auch die Sprache, die im Text zu einer Metrik verwendet werden soll, können Sie nach Ihren Vorlieben festlegen.

[+]

Verwendungsnachweis

Auf der Registerkarte **Verwendungsnachweis** haben Sie die Möglichkeit, festzustellen, an welchen Stellen ein Objekt verwendet wird. Durch einen Klick auf den jeweiligen Objektpfad können Sie zur angegebenen Stelle abspringen.

Konfiguration generieren und aktivieren

Um die konfigurierten Monitoring-Objekte letztendlich verwenden zu können, müssen diese zunächst generiert und aktiviert werden. Öffnen Sie hierzu das gewünschte Objekt. Klicken Sie entweder zunächst auf **Generieren** und nach erfolgreicher Generierung auf **Aktivieren**, oder nutzen Sie direkt die Schaltfläche **Generieren und Aktivieren** (siehe Abbildung 11.19). Sobald das Objekt aktiviert ist, läuft die Datensammlung und damit das eingerichtete Monitoring.

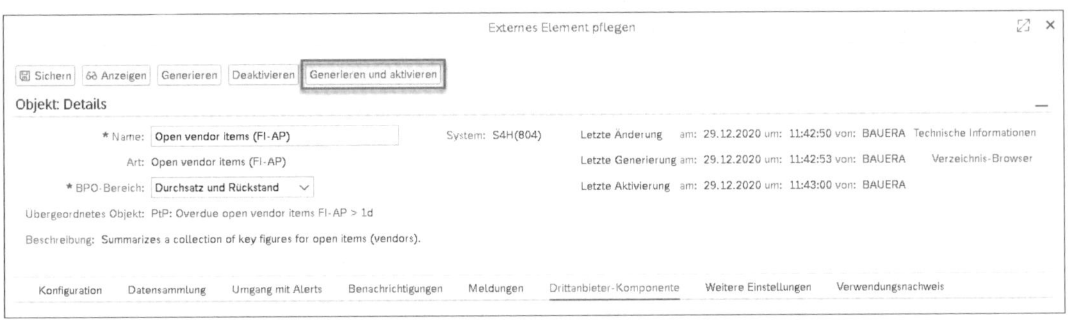

Abbildung 11.19 Monitoring-Objekt generieren und aktivieren

11.3.5 Objektverwaltung und Objektpflege

Übersicht der Monitoring-Objekte

Der SAP Solution Manager bietet mit der *Objektverwaltung* eine zentrale Möglichkeit, alle Monitoring-Objekte anzuzeigen und zu bearbeiten. Öffnen Sie hierzu im SAP Solution Manager Launchpad (Transaktion SOLMAN_WORKCENTER) im Abschnitt **Geschäftsprozess-Monitoring** die Kachel **Objektverwaltung**. Sie gelangen zu der in Abbildung 11.20 gezeigten Übersicht.

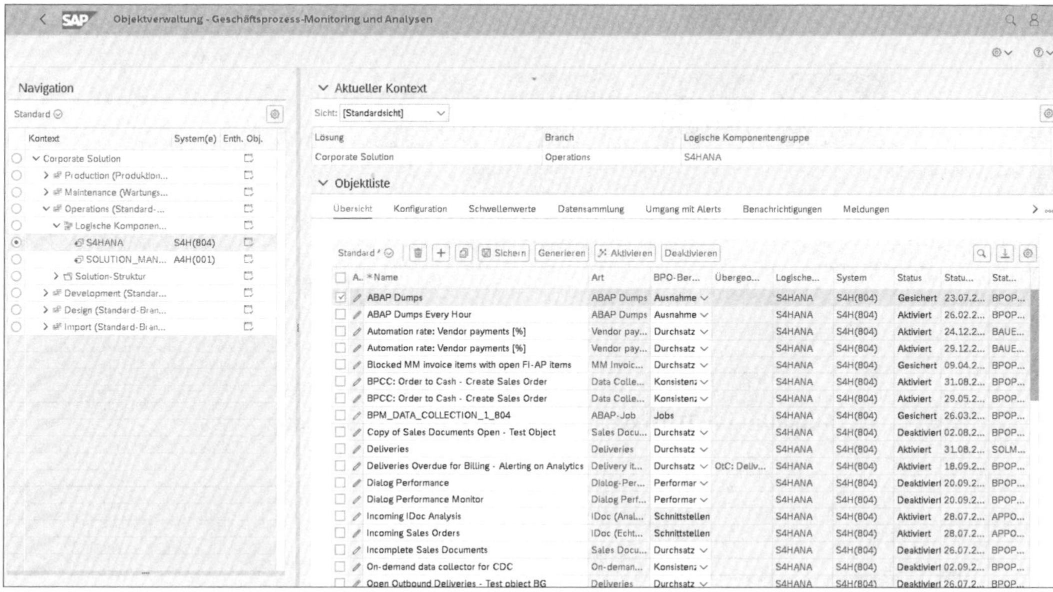

Abbildung 11.20 Objektverwaltung

Wählen Sie im Navigationsbereich Ihre Lösung aus, und navigieren Sie entweder zu einer logischen Komponente oder zu einem Element aus der Lösungsstruktur. Auf der rechten Seite werden Ihnen dann immer der entsprechende Kontext und die Objektliste angezeigt.

11.3.6 Monitoring aufrufen

Geschäftsprozess-Monitoring-Übersicht

Um den aktuellen Status des Monitorings bzw. der aktivierten Monitoring-Objekte zu prüfen, müssen Sie in die Geschäftsprozess-Monitoring-Übersicht wechseln. Rufen Sie hierzu im SAP Solution Manager Launchpad die Kachel **Geschäftsprozess-Monitoring** auf. Sie gelangen in die Übersicht aus Abbildung 11.21.

Für die Anzeige von Details zu einem speziellen Objekt klicken Sie z. B. auf die jeweilige Bewertung in der ersten Spalte (), also auf den farbigen Balken, bzw. auf die in der letzten Spalte () angezeigte Anzahl der bestehenden Alerts.

Absprung in das Prozessdiagramm

Wenn für den jeweiligen Prozess ein grafisches Prozessdiagramm hinterlegt ist, können Sie mit einem Klick auf das Prozesssymbol () in die grafische Prozessübersicht abspringen (siehe Abbildung 11.22). Je nachdem, welchem Prozessschritt ein Monitoring-Objekt zugeordnet ist, wird jeweils der aktuelle Status des Objekts angezeigt.

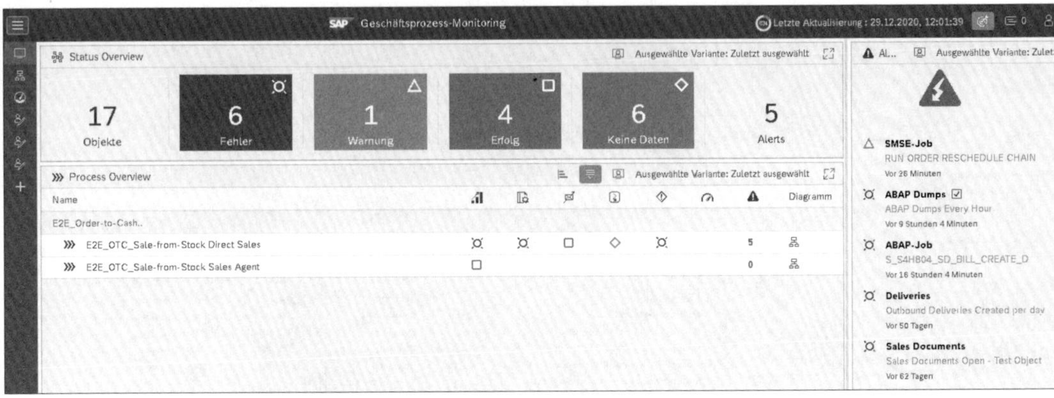

Abbildung 11.21 Übersicht des Geschäftsprozess-Monitorings

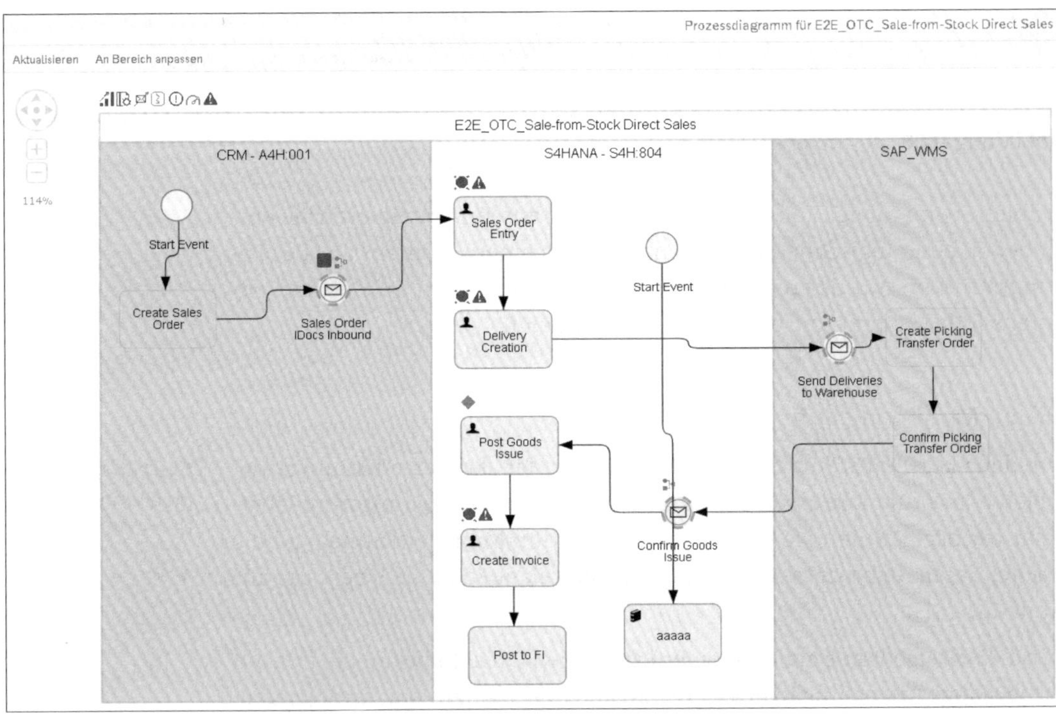

Abbildung 11.22 Grafische Monitoring-Übersicht

Metrikdetails aufrufen

In diesem Diagramm können Sie wiederum mit einem Klick auf die jeweilige Metrikbewertung (z. B. ■) eine Detailübersicht zu jeder Metrik aufrufen (siehe Abbildung 11.23).

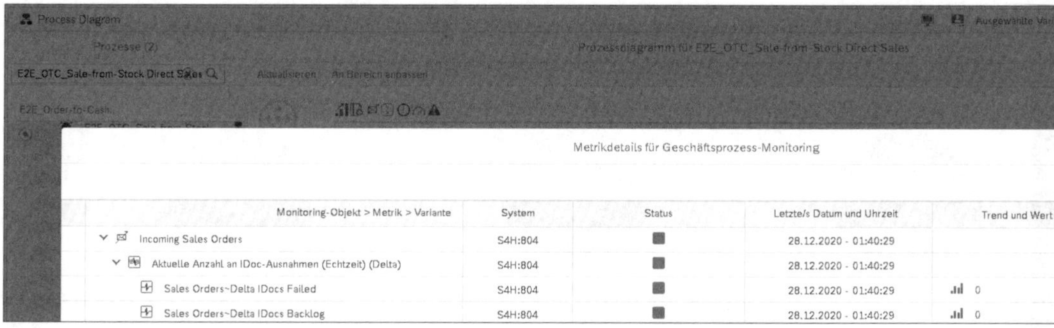

Abbildung 11.23 Details zur Metrik für ein Monitoring-Objekt aufrufen

[«]

Dashboards für das Geschäftsprozess-Monitoring

Auch für das Geschäftsprozess-Monitoring ist es möglich, eigene Dashboards zu erstellen. Wie in vielen anderen Szenarien steht hierfür der Dashboard Builder bereit. Dashboards für das Geschäftsprozess-Monitoring werden wie Dashboards für den technischen Betrieb angelegt (siehe Abschnitt 10.12, »Monitoring-Dashboards«). Informationen zu den Dashboards für das Geschäftsprozess-Monitoring finden Sie auch in folgendem Eintrag im SAP Community Wiki: *http://s-prs.de/v561552*

11.3.7 Alerts im SAP Operations Control Center

Das Alert-Reporting im SAP Operations Control Center (OCC) stellt Ihnen vordefinierte Auswertungen und Kennzahlen bereit, die Ihnen Aufschluss über die Auslastung der überwachten Systeme und damit auch über die Arbeitslast des SAP Operations Control Centers während einer bestimmten Zeitspanne geben.

OCC-Alert-Reporting aufrufen

Klicken Sie im SAP Solution Manager Launchpad auf die Kachel **OCC-Alert-Reporting**, um diese Applikation zu starten. Abbildung 11.24 zeigt die Übersicht des Alert-Reportings. Im oberen Bereich können Sie selektieren, welcher Bereich, d. h. welche Systeme und welche Lösung, bis hin zu einem speziellen Geschäftsprozess ausgewertet werden soll. Hierbei können Sie sowohl zeitliche Einschränkungen vornehmen als auch eine spezielle Systemrolle auswählen.

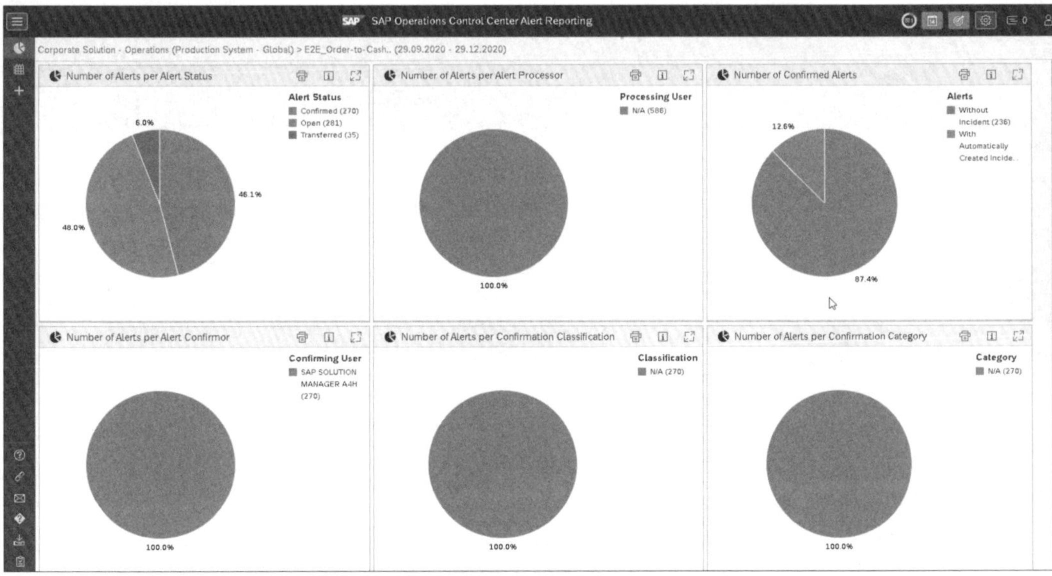

Abbildung 11.24 Alert-Reporting im SAP Operations Control Center

Im Detailbereich in der unteren Hälfte der Sicht werden Ihnen anschließend die zur Verfügung stehenden Informationen zu dem ausgewählten Bereich angezeigt. Dies können z. B., wie in Abbildung 11.24 zu sehen, Informationen über das Alert-Aufkommen in einem Zeitraum oder aber fachliche Informationen wie die Anzahl an fehlerhaft übertragenen Anlieferungsbenachrichtigungen sein.

11.4 Geschäftsprozessoptimierung

SAP bezeichnet den Teilbereich *Geschäftsprozessoptimierung* (Business Process Improvement, BPI) gerne auch als »Health Check für die eigenen Geschäftsprozesse«. Ziel dieses Checks soll es sein, Ineffizienzen und kaum oder nicht effektive Prozessabschnitte und -objekte zu identifizieren und diese dann zu optimieren.

Die Verwendung von Werkzeugen für die Geschäftsprozessoptimierung kann folgende Vorteile bringen:

- gesteigerte Prozesstransparenz
- optimierte Prozesskosten
- gesteigerte Kundenzufriedenheit
- bessere Datenqualität

Der Bereich der Geschäftsprozessoptimierung beinhaltet eine Vielzahl von Methoden und Werkzeugen, um diese Vorteile zu erzielen. Die aus unserer Sicht wichtigsten Werkzeuge stellen wir im Folgenden näher vor.

[+]

Kennzahlen-, Sicherbarkeits- und Berechtigungsgruppen

Geschäftsprozesse basieren oft auf kritischen Daten. Damit sichergestellt ist, dass nur berechtigte Benutzer auf diese Daten zugreifen können, empfehlen wir das Erstellen von Kennzahlen-, Sichtbarkeits- und Berechtigungsgruppen. Mit *Kennzahlengruppen* legen Sie fest, welche Kennzahlen und Anwendungsbereiche für Benutzer sichtbar sind. *Sichtbarkeitsgruppen* hingegen definieren, welche Kennzahlenmerkmale für Benutzer sichtbar sind. Um Filterwerte für Benutzer sichtbar zu machen, müssen Sie zuvor entsprechende Berechtigungsgruppen definieren.

Weitere Informationen zur diesem Vorgehen finden Sie unter folgendem Link: *http://s-prs.de/v791800*

11.4.1 Analyse von Geschäftsprozessen

Werkzeuge

Die Analyse von Geschäftsprozessen ordnet sich dem generellen Ziel der Optimierung von Geschäftsprozessen unter. Ziel der Analysen ist es, akute betriebliche Probleme aufzudecken und zu analysieren, an welchen Stellen diese auftreten. Ihnen stehen die folgenden Werkzeuge zur Verfügung:

- **Benchmarking**
  Zu den verschiedenen Typen von Auswertungen, die Sie verwenden können, zählt u. a. das klassische *Benchmarking*. Bei diesem können Sie bestimmte Parameter z. B. in verschiedenen Werken vergleichen und daraus Rückschlüsse auf Probleme in einem Werk ziehen.
- **Trendanalyse**
  Die *Trendanalyse* ermöglicht die Anzeige von Entwicklungen bestimmter Parameter über einen bestimmten Zeitraum hinweg in einem Liniendiagramm.
- **Altersanalyse**
  Mithilfe der *Altersanalyse* können Sie feststellen, ob bestimmte Probleme oder Rückstände aufgrund von aktuellen betrieblichen Engpässen oder veralteten Daten entstanden sind. Sie analysieren hierbei Daten über mehrere Monate bzw. Jahre hinweg.

- **Detailanalyse**
  Bei der *Detailanalyse* wird immer ein ausgewähltes Objekt untersucht, um die Ursache eines bestimmten Problems festzustellen. Die Analyse erfolgt hierbei direkt auf dem verwalteten System.

Voraussetzungen

Als Basis einer jeden Analyse benötigen Sie Alerting- bzw. Analyseobjekte und die dazugehörigen Kennzahlen. Wie Sie diese Objekte definieren, erfahren Sie in Abschnitt 11.3.2, »Monitoring-Objekte erstellen«.

Der Einstieg in die Analysen erfolgt im SAP Solution Manager Launchpad im Bereich **Geschäftsprozessoptimierung** über die Applikation **Geschäftsprozess-Analyse** (siehe Abbildung 11.25).

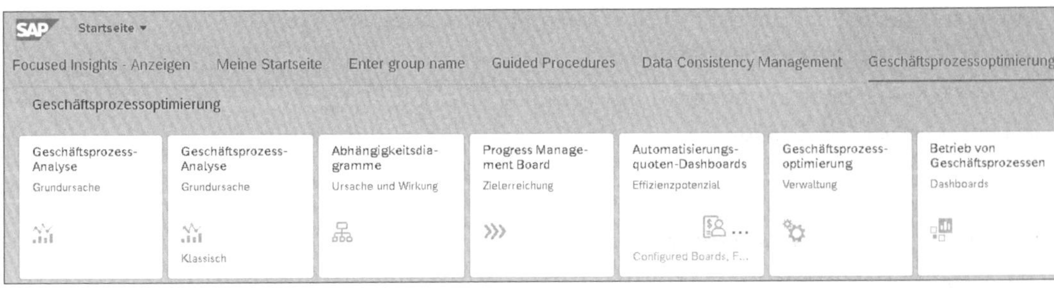

Abbildung 11.25 Bereich »Geschäftsprozessoptimierung« im SAP Solution Manager Launchpad

Analyse erstellen

Um eine Analyse zu erstellen, müssen zunächst die folgenden Schritte durchgeführt werden (siehe Abbildung 11.26):

1. Wählen sie zu Beginn den **Zeitrahmen** für die Analyse aus. Zur Identifizierung aktueller Probleme wird ein Zeitrahmen von ca. einer Woche empfohlen. Für langfristige Trendanalysen muss dieser Zeitrahmen erweitert werden. Beachten Sie jedoch, dass Auswertungen, die mehr als zwei Monate berücksichtigen, Auswirkungen auf die Systemperformance haben können. Klicken Sie anschließend auf **Zeitraum übernehmen**.
2. Wählen Sie dann den entsprechenden Kennzahlenkontext aus. Dazu gehören die betreffende Lösung, der Branch und letztendlich das Monitoring-Objekt mit der entsprechenden Kennzahl.
3. Klicken Sie auf die Schaltfläche **Analyse für die ausgewählte Kennzahl starten**.
4. Sie gelangen auf den Analysebildschirm (siehe Abbildung 11.27). Hier werden die Analysen durchgeführt und die dazugehörigen Diagramme erstellt.

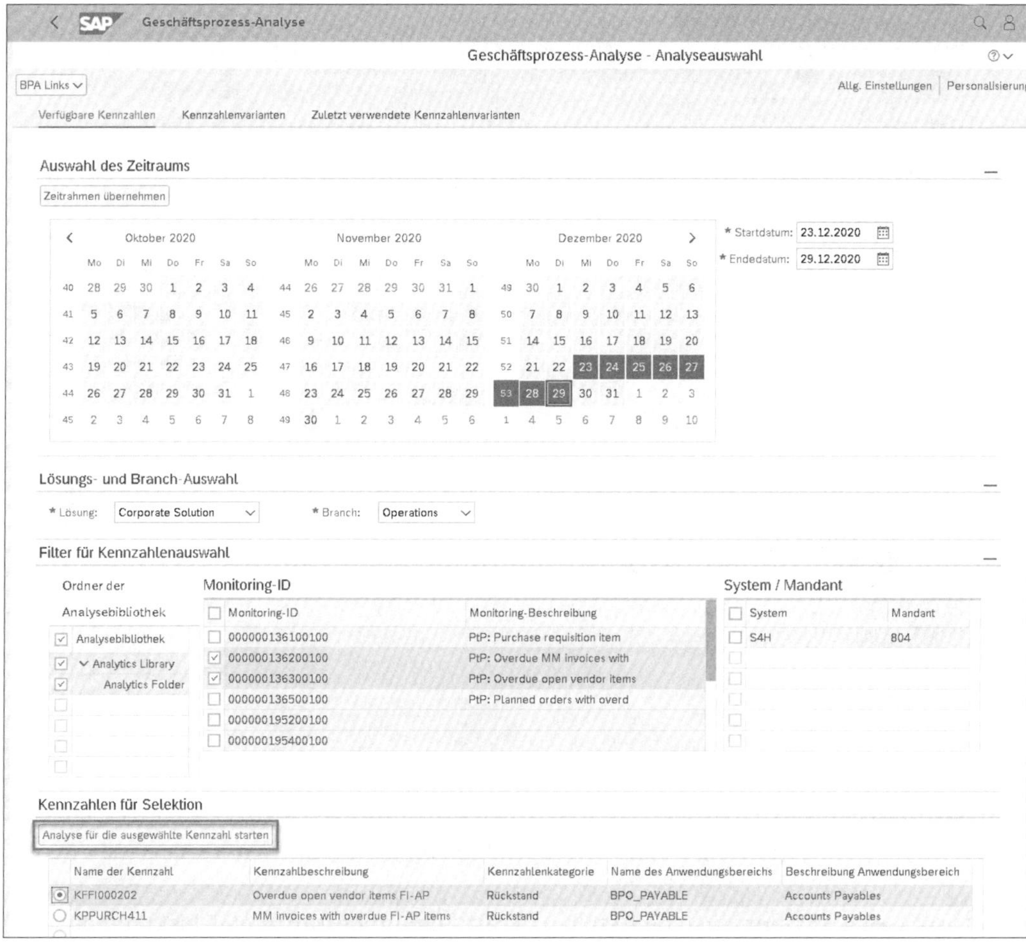

Abbildung 11.26 Analyse für eine Kennzahl

5. Wählen Sie zunächst eine Analyseart (❶ in Abbildung 11.27) aus.
6. Selektieren Sie anschließend im Bereich der verfügbaren Filtermerkmale die gewünschten Filtermerkmale ❷. Fügen Sie diese Ihren aktiven Filtermerkmalen mit einem Klick auf die Schaltfläche **Dem Filter hinzufügen** hinzu.
7. Wählen Sie anschließend im Diagrammbereich zunächst eine Kategorie- und dann eine Drill-down-Dimension aus ❸.
8. Klicken Sie abschließend auf die Schaltfläche **Verbuchung** ❹, um das Diagramm aufzubauen.

Abbildung 11.27 Analysebildschirm für die Geschäftsprozessanalyse

Detailanalyse durchführen

Wenn Sie eine Detailanalyse zu einem bestimmten Objekt auf einem System durchführen möchten, klicken Sie auf die Schaltfläche **Detailanalyse** ❺. Wählen Sie im darauffolgenden Dialog das konkrete System und die passende Monitoring-ID aus.

[+]

Analysevarianten verwenden

Damit Sie angelegte Analysen später wiederverwenden können, können Sie diese als Varianten abspeichern. Analysevarianten enthalten die benötigten Kontextinformationen, um im weiteren Verlauf Analysen durchzuführen. Definieren Sie hierfür, wie beschrieben, die jeweilige Analyse, und klicken Sie auf dem Analysebildschirm auf die Schaltfläche **Variante sichern**. Die Variante steht Ihnen anschließend in der **Analyseauswahl** auf der Registerkarte **Kennzahlenvarianten** zur Verfügung.

11.4.2 Dashboards für die Geschäftsprozessoptimierung

Die Dashboards für den Betrieb von Geschäftsprozessen stellen geschäftskritische KPIs grafisch dar. Sie können solche Dashboards einrichten, indem Sie die Kachel **Konfiguration – Dashboards Betrieb von Geschäftsprozessen** aufrufen.

Analytische Kennzahlen

Hier müssen Sie zunächst *analytische Kennzahlen* (AKZI) definieren. Klicken Sie dazu oben links auf **Hinzufügen** (siehe Abbildung 11.28). Legen Sie dann ein Repository sowie eine Konnektorinstanz für die Verbindung zum Datenspeicher fest. Sie greifen hierbei auf die durch das Monitoring gesammelten und in SAP BW verdichteten Daten zu. Spezifizieren Sie anschließend z. B. eine Monitoring-ID als Filtermerkmal.

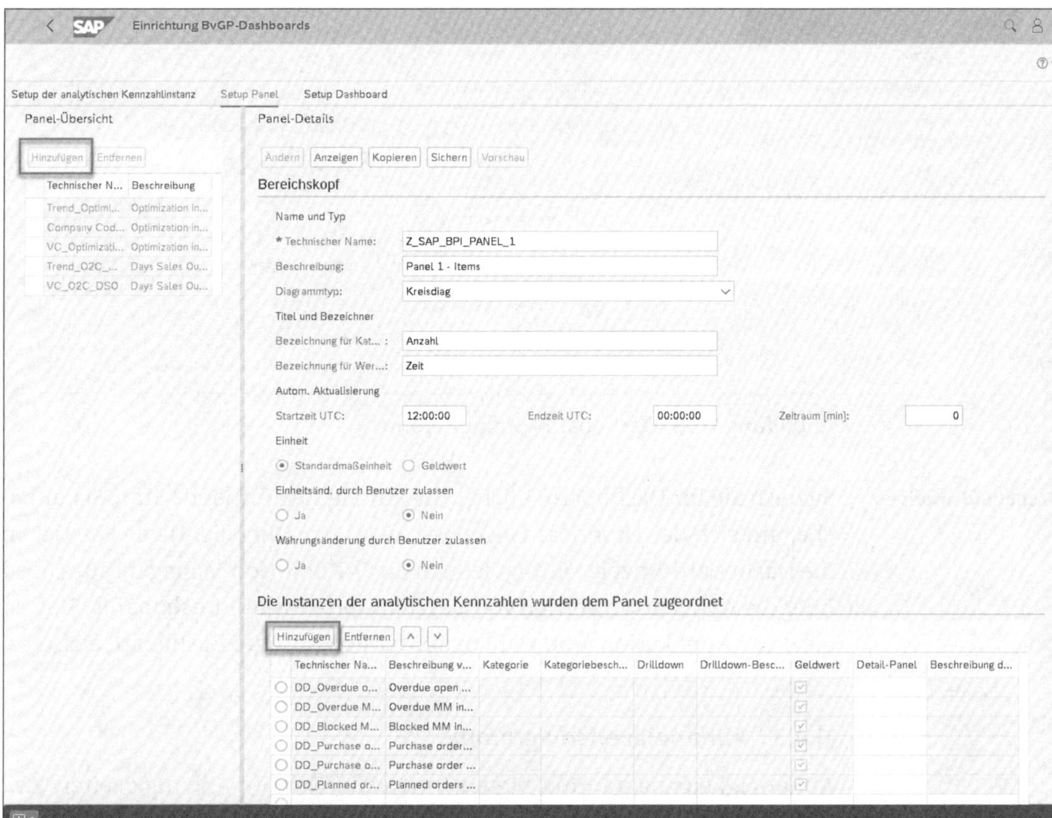

Abbildung 11.28 Panel für ein Dashboard konfigurieren

Vorschau anzeigen

Sobald Sie die Kennzahlen hinzugefügt haben, können Sie das Panel speichern. Klicken Sie auf die Schaltfläche **Vorschau**, um sich einen ersten Eindruck von dem Panel machen zu können.

Dashboard konfigurieren

Wechseln Sie anschließend auf die Registerkarte **Setup Dashboard**, um die eigentlichen Dashboards zu definieren (siehe Abbildung 11.29). Klicken Sie auf **Hinzufügen** ❶, um ein neues Dashboard anzulegen. Vergeben Sie für dieses einen Namen sowie eine Beschreibung, und legen Sie im Feld **Dashboard-Art** dessen Größe bzw. Aufteilungsart (Zeilen/Spalten) fest. Im Feld **Berechtigungsgruppe** können Sie definieren, wer im späteren Verlauf Zugriff auf das Dashboard haben soll. Fügen Sie dem Dashboard anschließend mit einem Klick auf **Hinzufügen** ❷ die eben angelegte Panel-Instanz hinzu.

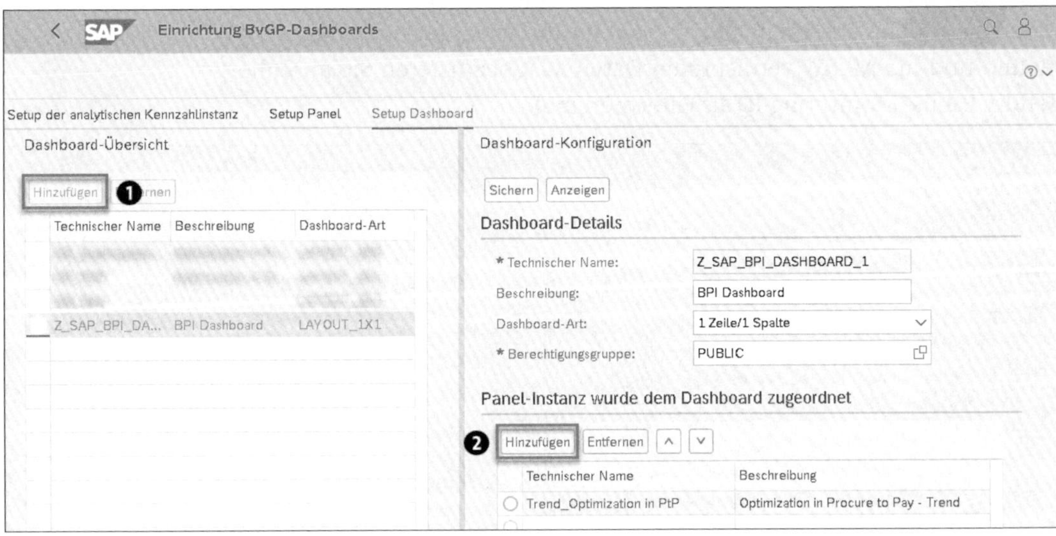

Abbildung 11.29 Dashboard konfigurieren

Dashboard anzeigen

Sichern Sie Ihr Dashboard. Klicken Sie auf die sich öffnende **Start**-Schaltfläche, um sich das Dashboard anzeigen zu lassen. Der eigentliche Einstieg in die Dashboard-Anzeige erfolgt jedoch im SAP Solution Manager Launchpad über die Applikation **Betrieb von Geschäftsprozessen – Dashboards**. Starten Sie diese Applikation, und wählen Sie das gewünschte Dashboard aus.

11.4.3 Abhängigkeitsdiagramme

Abhängigkeitsdiagramme bieten Ihnen die Option, Abhängigkeiten zwischen Ihren wichtigsten Geschäftskennzahlen festzustellen und zu visualisieren. Hierbei können Sie Livedaten aus Ihren Systemen in die Diagramme einbringen. In Abbildung 11.30 ist ein beispielhaftes Abhängigkeitsdiagramm dargestellt. Die Kachel **Vendor Items (FI-AP)** überträgt in diesem Beispiel Livedaten aus einem SAP-ERP-System.

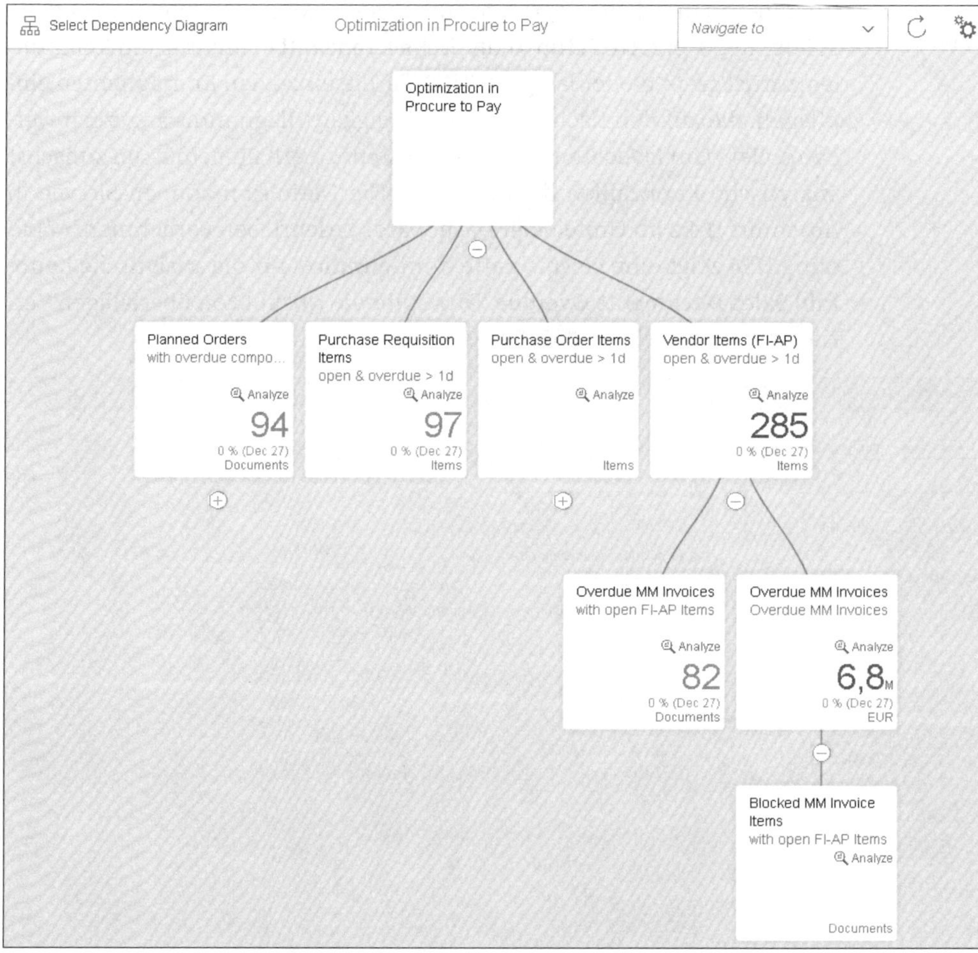

Abbildung 11.30 Beispiel für ein Abhängigkeitsdiagramm

[+]

Abhängigkeiten frühzeitig ausarbeiten

Bevor Sie damit starten, Ihre Abhängigkeiten im SAP Solution Manager zu dokumentieren, müssen Sie diese zunächst mit den Prozessverantwortlichen herausarbeiten. Dies erleichtert die darauffolgende Dokumentationsarbeit.

Öffnen Sie im SAP Solution Manager Launchpad die Applikation **Konfiguration – Abhängigkeitsdiagramme**, um Ihre eigenen Diagramme zu definieren. Klicken Sie anschließend auf die Registerkarte **Abhängigkeitsdiagramm-Setup**.

Analytische Kennzahlen

Um ein Abhängigkeitsdiagramm aufzubauen, können Sie entweder auf die auf der Registerkarte **Setup Analytische Kennzahlen** hinterlegten Kennzahlen zurückgreifen oder lediglich Titel für die einzelnen Komponenten einpflegen, die auf den Kacheln des Abhängigkeitsdiagramms angezeigt werden sollen. Um Livedaten aus einem System zu erhalten, müssen zunächst analytische Kennzahlen definiert sein. Die Definition können Sie wie in Abschnitt 11.4.2 im Umfeld der Dashboards beschrieben vornehmen. Abbildung 11.31 zeigt eine beispielhafte Konfiguration für die analytische Kennzahl **Sales Documents Overdue**. Diese gibt die Anzahl von überfälligen Verkaufsbelegen in einem SAP-ERP-System wieder.

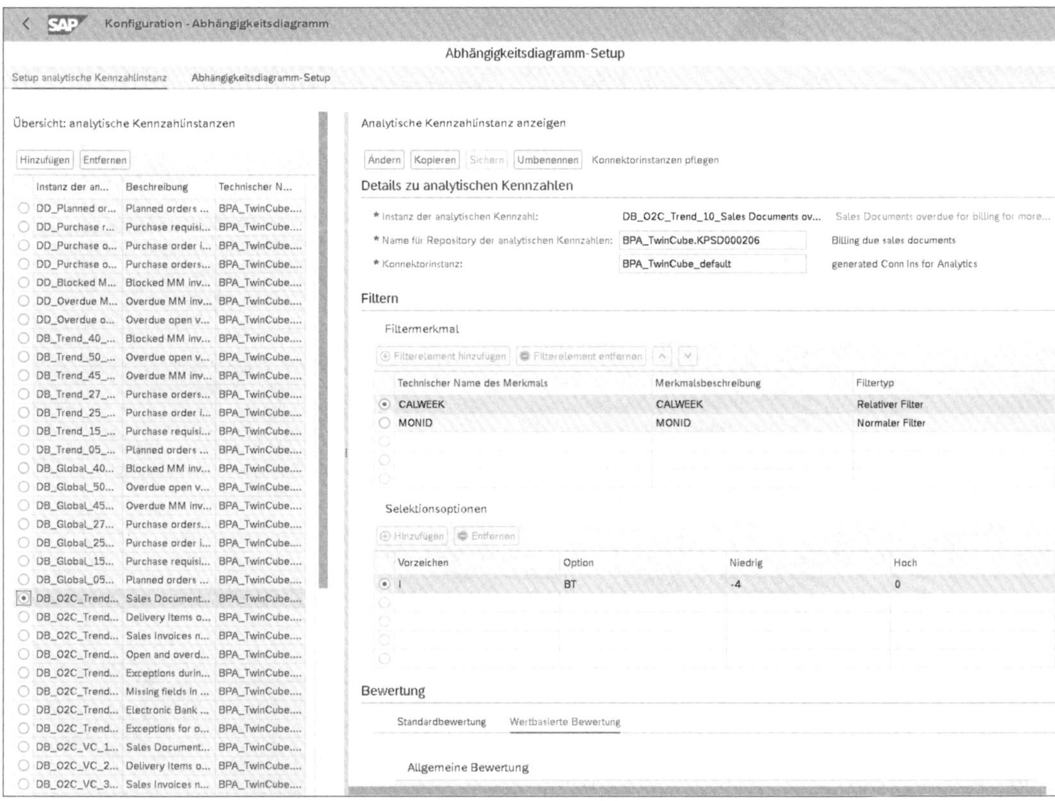

Abbildung 11.31 Beispiel für eine analytische Kennzahl anlegen

Abhängigkeitsdiagramm konfigurieren

Anschließend können Sie ein Abhängigkeitsdiagramm aufbauen. Wechseln Sie dazu auf die Registerkarte **Abhängigkeitsdiagramm-Setup**. Zur Anlage eines neuen Diagramms klicken Sie auf die Schaltfläche **Hinzufügen** und vergeben einen Namen und eine Beschreibung. Wählen Sie im Feld **Berechtigungsgruppe** die Gruppe aus, die Zugriff auf das Diagramm haben soll. Soll der Zugriff nicht eingeschränkt werden, wählen Sie die Berechtigungsgruppe PUBLIC.

Definitionen einfügen

Fügen Sie, wie in Abbildung 11.32 gezeigt, die technischen Namen der abhängigen Kacheln im Bereich **Abhängigkeitsdiagramm-Definitionen** ein. Klicken Sie hierfür auf die Schaltfläche **Hinzufügen**, vergeben Sie einen Kacheltitel, und legen Sie in der Spalte **Der Kachel untergeordnet** eine Hierarchie fest. Der Kacheltitel und der Kacheluntertitel werden Ihnen anschließend im Diagramm angezeigt.

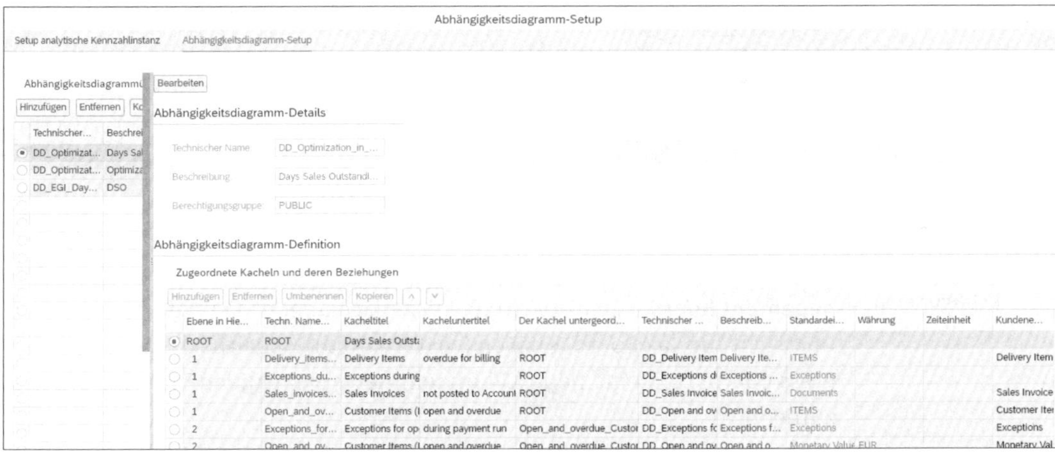

Abbildung 11.32 Ein Abhängigkeitsdiagramm konfigurieren

Damit Sie an dieser Stelle die zuvor verwendeten analytischen Kennzahlen weiternutzen können, müssen Sie diese in der Spalte **Technischer Name von AKFI** (entspricht dem AKZI) einfügen. Alle weiteren Spalten dienen lediglich der sprachlichen Ergänzung der Kachelinformationen.

Abhängigkeitsdiagramm aufrufen

Um das Diagramm anschließend anzeigen zu lassen, müssen Sie im SAP Solution Manager Launchpad die Kachel **Abhängigkeitsdiagramme** aufrufen. Sie gelangen damit in die in Abbildung 11.30 zu sehende Übersicht. Hier können Sie mit einem Klick auf **Abhängigkeitsdiagramm auswählen** das gewünschte Diagramm selektieren.

11.4.4 Progress Management Board

Das *Progress Management Board* ermöglicht es Ihnen, den Fortschritt für die in Geschäftsprozessoptimierungsprojekten beobachteten KPIs zu verfolgen. Die Phasen des Prozesses zur Verbesserung der verschiedenen KPIs werden dabei grafisch dargestellt. So sind Vergleiche der Zielwerte mit den aktuellen Werten bzw. einem definierten Ausgangswert möglich (siehe Abbildung 11.33).

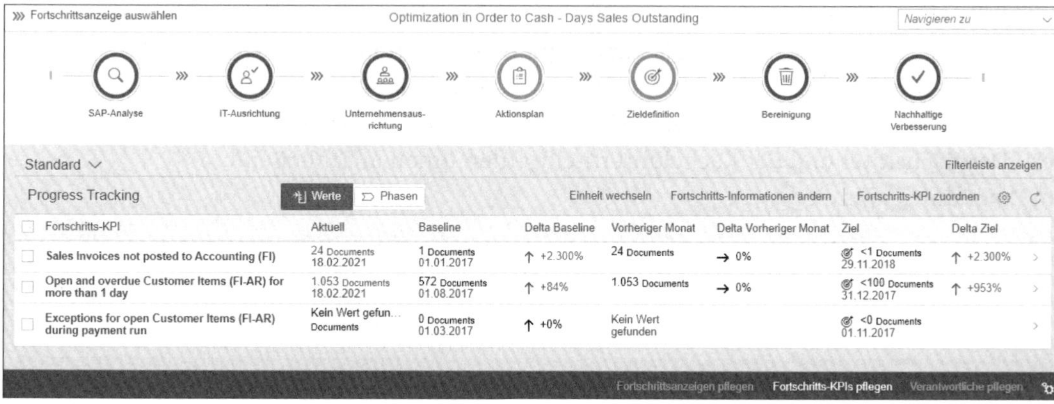

Abbildung 11.33 Beispiel eines Progress Management Boards

Das Board konfigurieren

Wenn Sie im SAP Solution Manager Launchpad auf die Kachel **Progress Management Board – Zielerreichung** klicken, gelangen Sie in die Verwaltungsübersicht für das Board. Klicken Sie dort auf die Schaltfläche **Maintain Progress Boards**, um eine neue KPI im Rahmen einer Guided Procedure hinzuzufügen:

1. Wählen Sie zunächst eine Datenquelle aus (hier werden Ihnen Ihre im vorangehenden Abschnitt selbst definierten KPIs bzw. AKZIs angezeigt). Geben Sie außerdem einen Namen und, falls benötigt, eine Zugriffsbeschränkung für das Board an.
2. Anschließend müssen Sie eine Einheit für die Kennzahl festlegen. Weiterhin können Sie einen Ausgangswert für den Vergleich angeben. Das System listet Ihnen hierfür Vergleichswerte aus der Vergangenheit auf.
3. Um die Zieldefinition zu erstellen, müssen Sie einen Zielwert angeben, der durch die Optimierung erreicht werden soll. Wenn Sie möchten, können Sie auch Toleranzwerte vorgeben.
4. Legen Sie ein Fälligkeitsdatums für den Zielwert und eine Priorität für die Anzeige der Kennzahlen fest.
5. Im letzten Schritt können Sie für dieses Objekt verantwortliche Personen aus dem Fachbereich und aus der IT-Abteilung definieren.

Fortschritts-KPI anzeigen

Speichern Sie Ihre Fortschritts-KPI nach erfolgreicher Konfiguration. Diese wird Ihnen im Anschluss direkt auf dem Einstiegsbild angezeigt. Mit einem Klick auf **Change Progress Information** können Sie Detailinformationen festlegen, z. B. in welcher Phase sich das Objekt aktuell befindet (siehe Abbildung 11.34).

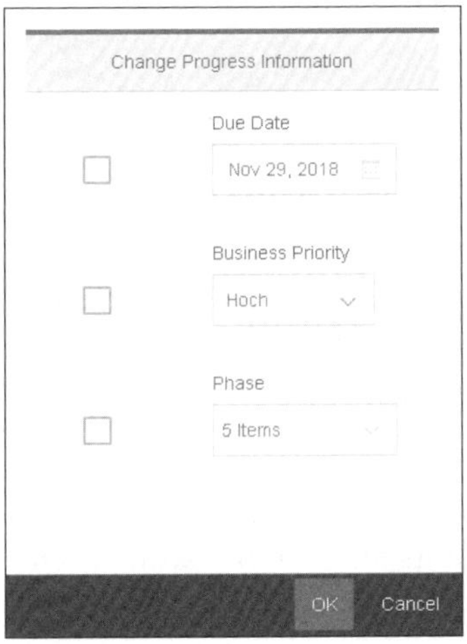

Abbildung 11.34 Informationen zum Optimierungsprozess bearbeiten

[«]

Weiterführende Informationen zur Geschäftsprozessoptimierung

Das SAP Community Wiki bietet Ihnen unter folgender URL sehr gute Informationen zum Thema Geschäftsprozessoptimierung: *http://s-prs.de/v561554*

11.5 Jobverwaltung

Die *Jobverwaltung* (Job Scheduling Management) unterstützt Sie bei der Verwaltung und Dokumentation Ihrer Hintergrundprozesse. Im Rahmen dieses Abschnitts geben wir Ihnen einen kurzen Überblick über die folgenden Funktionen der Jobverwaltung:

- Jobanträge
- Jobdokumentation
- Jobeinplanung
- Job-Monitoring

Die Jobverwaltung verfügt darüber hinaus über ergänzende Funktionen, wie z. B. die Anzeige von Jobeinplanungen mithilfe von Gantt-Diagrammen oder die Bereitstellung von Jobergebnissen an die Nutzer*innen über verschiedene vereinfachte Benutzeroberflächen.

Um die Jobverwaltung vollständig nutzen zu können, müssen Sie zu Beginn die entsprechende Grundkonfiguration durchführen, wie in Abschnitt 11.2.2, »Grundkonfiguration der Jobverwaltung«, beschrieben.

11.5.1 Jobantrag

Die Verwendung von *Jobanträgen* hilft Ihnen, den Überblick über Ihren kompletten Jobeinplanungsprozess zu behalten. Bevor ein Anwender oder eine Anwenderin einen Job einplanen kann, muss er oder sie diesen über einen Antrag anfordern. Während dieses Prozesses wird die Anfrage geprüft und – sofern alle Kriterien erfüllt sind – schließlich freigeben. Erst danach wird der Job eingeplant.

Typen von Jobanträgen

Haben Sie festgestellt, dass Sie einen neuen Job benötigen, müssen Sie sich zwischen zwei verschiedenen Jobanträgen entscheiden. Sie können entweder einen *einfachen Jobantrag* anlegen oder eine *detailliertere* Version wählen.

Die einfache Variante des Antrags ist, wie der Name schon sagt, sehr übersichtlich gehalten (siehe Abbildung 11.35). Alle Eingabefelder der Pflegemaske finden auf einer Seite Platz. Da diese Anträge nur den Scheduler-Typ BC-XBP und das technische ABAP-System unterstützen, ist es nicht in allen Fällen ratsam, diesen Jobantrag zu verwenden.

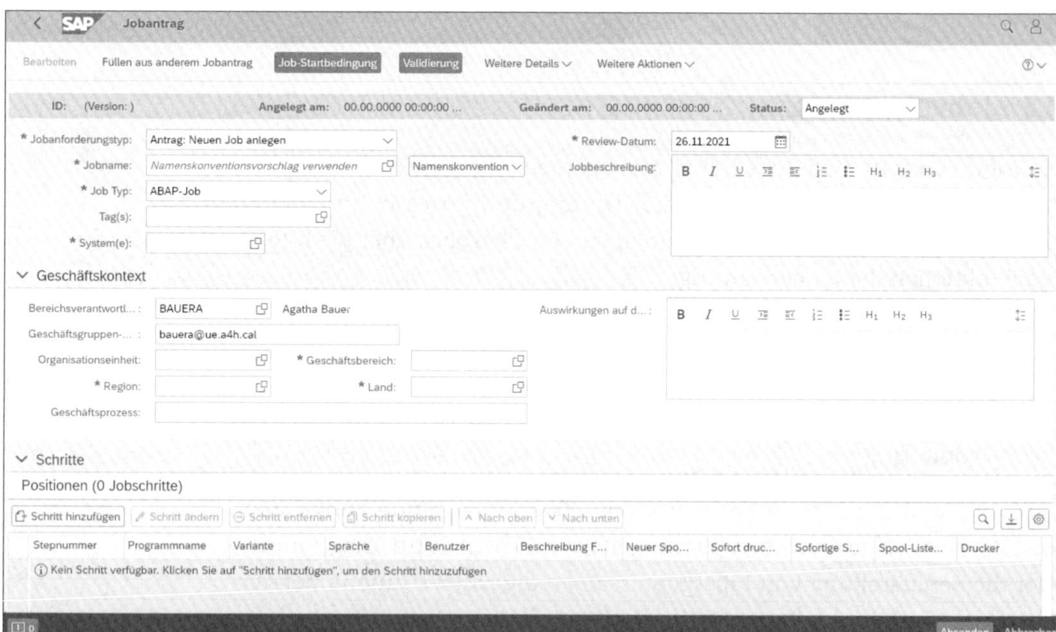

Abbildung 11.35 Einfacher Jobantrag

Jobs anderer Scheduler-Typen wie SMSE müssen Sie im detaillierteren Modus beantragen. Anders als in der Basisvariante sind die einzupflegenden Daten hier auf mehrere Registerkarten verteilt (siehe Abbildung 11.36).

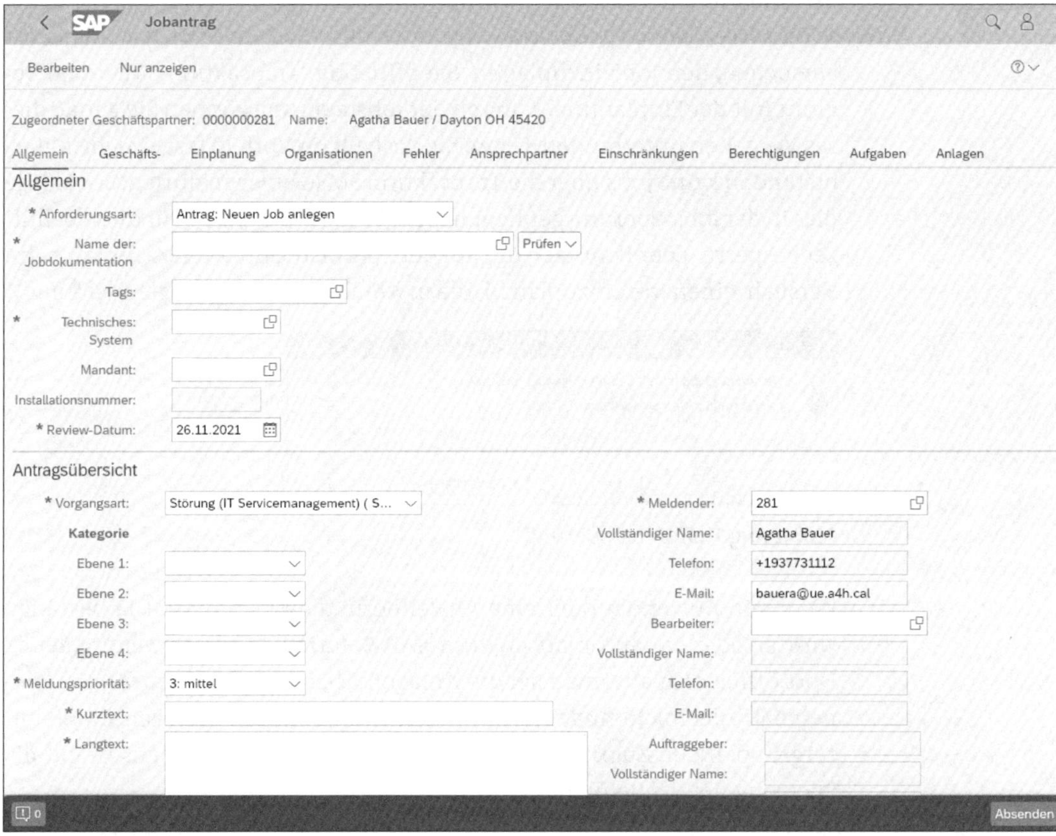

Abbildung 11.36 Detaillierter Jobantrag

Scheduler-Typen

Im Rahmen der Jobverwaltung bietet SAP zwei verschiedene Schnittstellen für die Jobeinplanung (das Scheduling):

- Über die Schnittstelle BC-XBP läuft der standardmäßige SAP-Einplaner. Die Einplanung erfolgt über den SAP Solution Manager.
- Sollten Sie einen externen Scheduler verwenden, müssen Sie diesen über die SMSE-Schnittstelle (Solution Manager Scheduling Enabler) konfigurieren.

Die Auswahl der Schnittstelle erfolgt in Ihrer Jobdokumentation (siehe Abschnitt 11.5.2).

Jobsteuerung

Wie bringen Sie nun die Anwender*innen dazu, die Funktionalität des Jobantrags auch zu verwenden? Mithilfe der *Jobsteuerung* können Sie genau diese Problemstellung in Angriff nehmen. Gehen wir einmal davon aus, dass ein Mitarbeiter oder eine Mitarbeiterin einen Job benötigt. Sobald diese Person ein wenig geübt im Umgang mit SAP-Systemen ist, wird sie selbst versuchen, den Job einzuplanen. Sie öffnet die Transaktion SM36 und beginnt mit der Einplanung. Anhand der Jobsteuerung können Sie genau dieses Vorgehen unterbinden. Legen Sie deshalb im Vorfeld fest, welche Mitarbeitenden keine Jobs über die Transaktion SM36 anlegen dürfen. Sobald Sie dies in der Jobsteuerung gepflegt haben, ist die Transaktion für diese Benutzer gesperrt. Jeder Benutzer, der auf der Sperrliste enthalten ist, erhält beim Versuch, einen Job einzuplanen, die in Abbildung 11.37 gezeigte Meldung.

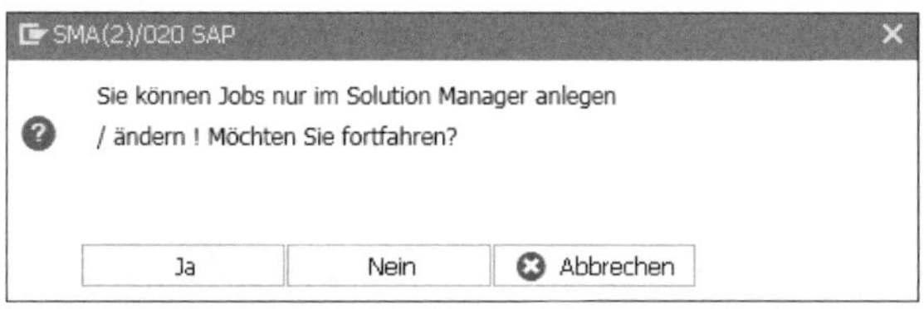

Abbildung 11.37 Jobsteuerung

Wenn ein Anwender oder eine Anwenderin die Meldung mit **Ja** bestätigt, wird er oder sie automatisch zum SAP Solution Manager weitergeleitet. Dort öffnet sich automatisch die Anlagemaske für den Jobantrag. Sie können natürlich nicht nur einzelnen Benutzern, sondern auch ganzen Benutzergruppen den Zugriff verweigern. Bei Angabe des Sternchens (*) gilt die Sperrung für alle Benutzer.

[»]

Periodische und Ad-hoc-Jobs

Beim Jobantrag und bei der Jobeinplanung müssen Sie sich Gedanken machen, in welchem Turnus der Job gestartet werden soll. Standardmäßig können Ad-hoc-Jobs, also einmalige Jobs, direkt eingeplant werden. Hierfür ist dann kein Jobantrag notwendig. Wenn Sie die einmaligen Jobs ebenfalls nur über Jobanträge einplanen wollen, können Sie im Customizing der Jobverwaltung den Parameter `JSM_GAF_ADHOC_FLAG` konfigurieren.

Jobantrag anlegen

In unserem folgenden Beispiel verwenden wir den Basis-Scheduler-Typ BC-XBP und nutzen den detaillierten Jobantrag (siehe Abbildung 11.35). Außerdem gehen wir davon aus, dass die Jobsteuerung gepflegt wurde und Sie gezwungen werden, einen Jobantrag für die Anlage zu verwenden. Das Vorgehen für die Beantragung ist wie folgt:

1. Rufen Sie die Transaktion SM36 auf. Sie erhalten nun die Meldung aus Abbildung 11.37, dass Sie für die Anlage eines Jobs den SAP Solution Manager verwenden müssen. Bestätigen Sie diese Meldung mit **Ja**.
2. Sie werden auf den Jobantrag weitergeleitet, den Sie anhand einer SAP-Fiori-Oberfläche geführt füllen können.
3. Pflegen Sie im allgemeinen Bereich des Jobantrags alle planungsrelevanten Daten Ihres Jobs. Wählen Sie den Jobtyp und die RFC-Verbindung durch die Angabe des entsprechenden Systems im Feld **Technisches System** aus, und vergeben Sie anschließend einen Jobnamen.
4. Wählen Sie im Drop-down-Menü **Anforderungsart**, ob sie einen neuen Job anlegen oder einen vorhandenen Job ändern wollen. Geben Sie ein Review-Datum, also das Datum, bis wann der Job gültig ist, an.
5. Auf der Registerkarte **Einplanung** müssen Sie die Startmethode und einen Startzeitpunkt eingeben. Anschließend legen Sie unter **Job-Step** die einzelnen Schritte des Jobs fest. Hier geben Sie neben dem Typ (ABAP-Programm) auch den auszuführenden Report und den dazugehörigen Benutzer an.
6. Zu jedem Jobantrag wird ein CRM-Vorgang erstellt. Machen Sie sich frühzeitig Gedanken, welchen Vorgang Sie prinzipiell für Jobanträge verwenden möchten. Es empfiehlt sich mit einer Kopie der Vorgangsart `SMIN` zu arbeiten. Wählen Sie diese Vorgangsart auf der Registerkarte **Allgemein** aus.
7. Des Weiteren müssen Sie die Felder **Meldungspriorität**, **Kurztext**, **Langtext** und **Meldender** mit Daten füllen. Außerdem können Sie gleich angeben, welche Kategorisierung das mit dem Jobantrag verknüpfte Ticket erhält, das an die für die Jobverwaltung zuständigen Personen weitergeleitet wird.
8. Erläutern Sie im Feld **Geschäftskontext** die fachlichen Anforderungen und den betroffenen Geschäftsprozess.
9. Sollte es Dateien geben, die für den Job relevant sind, können Sie diese als **Anlage hinzufügen**. Sie können auch vorhandene Dateien anzeigen lassen oder Dateien, die nicht mehr benötigt werden, löschen. Wechseln Sie hierfür auf die Registerkarte **Anlagen**, und wählen Sie die Schaltfläche **Datei hochladen.**
10. Kontrollieren Sie Ihre Eingaben, und schließen Sie den Vorgang mit **Absenden** ab, wenn alle nötigen Informationen gepflegt sind.

Sie erhalten nun eine Meldung ähnlich der in Abbildung 11.38, der Sie die Jobantragsnummer und die Nummer des angelegten Tickets entnehmen können. Außerdem bietet Ihnen diese Sicht verschiedene Links, um weitere Jobanträge anzulegen, oder den angelegten Antrag zu prüfen.

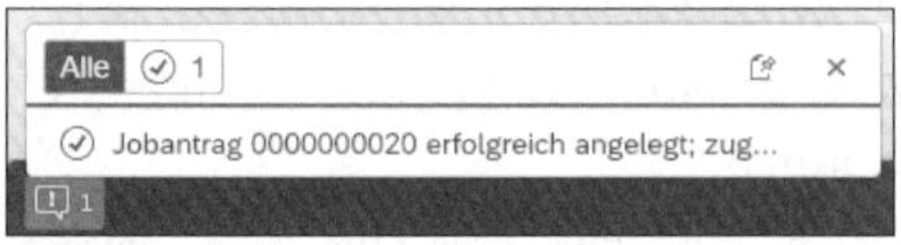

Abbildung 11.38 Anlage des Jobantrags bestätigen

11.5.2 Jobdokumentation

Bei der Jobdokumentation handelt es sich um ein zentrales Dokument, das für die Verwaltung, Dokumentation und Einplanung von Hintergrundjobs genutzt wird.

Registerkarten

Die Anlagemaske für die Jobdokumentation rufen Sie im SAP Solution Manager Launchpad im Bereich **Jobverwaltung** über die Kachel **Jobdokumentation anlegen** auf. Sie besteht aus verschiedenen Registerkarten (siehe Abbildung 11.39):

- **Allgemein**: Erfassen Sie in diesem Bereich allgemeine Informationen wie den Namen des Jobs, den Jobtyp, den Dokumentationsstatus, die Jobschritte und eine Beschreibung.
- **Organisation**: Diese Registerkarte enthält die verantwortliche Organisationseinheit sowie die betriebswirtschaftliche Priorität und Anforderung des dokumentierten Hintergrundjobs.
- **Systeme**: Um mithilfe der Jobdokumentation Jobs einplanen und das Monitoring konfigurieren zu können, müssen Sie unter **Systeme** die betroffenen Systeme pflegen.
- **Fehler**: Sollten Sie während der Jobausführung auf Fehler stoßen, können Sie in der Jobdokumentation das Vorgehen zur Behebung dieser Fehler definieren.
- **Ansprechpartner**: Legen Sie auf dieser Registerkarte die Ansprechpartner für die einzelnen Bereiche (Hintergrundverarbeitung, Geschäftsprozess, Entwicklung, Jobdokumentation, Überwachung und Systemlandschaft) fest.
- **Beschränkungen**: Alle Beschränkungen, die Sie während der Jobeinplanung beachten müssen, können Sie in dieser Registerkarte einstellen.
- **Berechtigungen**: Listen Sie unter **Autorisierung** alle Berechtigungen auf, die Sie für die Jobeinplanung benötigen.
- **Aufgaben**: Legen Sie hier Aufgaben an, die von den Benutzern im Rahmen des Jobs erledigt werden müssen.

- **Dokumente**: Verwenden Sie diese Registerkarte, um Dokumente oder Verweise auf ein Jobdokument hinzuzufügen.
- **Änderungen**: Auf dieser Seite können Sie Ihrer Jobdokumentation Änderungsvorgänge zuordnen oder diese entfernen.
- **Beziehung Grafik**: Diese Grafik stellt die Beziehungen zwischen Jobantrag, CRM-Vorgang, Jobdokumentation und logischer Komponentengruppe dar.

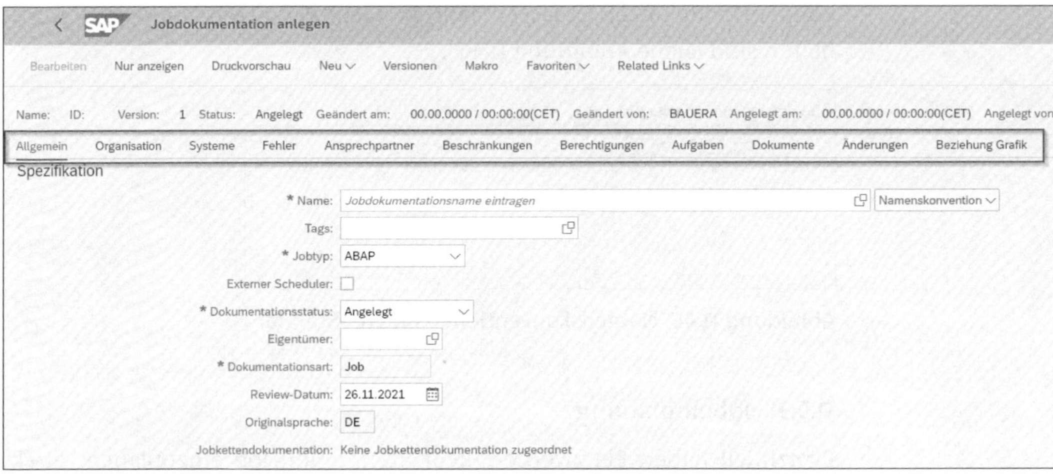

Abbildung 11.39 Registerkarten innerhalb der Jobdokumentation

[+]

Registerkarten ausblenden

Wenn Sie nicht alle Registerkarten benötigen, können Sie diese über das Customizing ausblenden. Wir empfehlen Ihnen, immer nur die Registerkarten als sichtbar zu markieren, die Sie auch wirklich benötigen. Hierdurch wird die Erstellung und Bearbeitung von Jobdokumentationen für Sie wesentlich übersichtlicher und einfacher.

Vorlage für Jobdokumentaton

Eine weitere Funktion, die Sie bei der Erstellung einer Jobdokumentation unterstützt, sind die Vorlagen. Sie können Jobdokumentationsvorlagen verwenden, um die Erstellung und Verwendung der Dokumentation für die Anwender zu erleichtern. Gleichzeitig können Sie die Qualität der Jobdokumentationen verbessern, da Sie in der Vorlage im Vorfeld alle wichtigen Informationen bereits vorausgefüllt haben. Somit müssen die Anwender*innen nur noch wenige Daten ergänzen, und etwaige Fehler können verhindert bzw. minimiert werden.

Namenskonventionen

Sie können in der Jobverwaltung Konventionen für die Benennung der Jobs angeben. Falls Sie eigene Namenskonventionen in Ihrem Unternehmen haben, können Sie diese im SAP Solution Manager erfassen. Jedes Mal, wenn Sie eine neue Jobdokumentation anlegen, wird daraufhin die Bezeichnung überprüft. Sollte sie nicht mit den Namenskonventionen übereinstimmen, wird die erstellende Person darauf hingewiesen. Hierdurch wird die Verwendung von Namen, die nicht den Richtlinien Ihres Unternehmens entsprechen, verhindert. Außerdem können Sie sich die aktuellen Namenskonventionen anzeigen lassen, falls Sie nicht genau wissen, welche einzuhalten sind (siehe Abbildung 11.40).

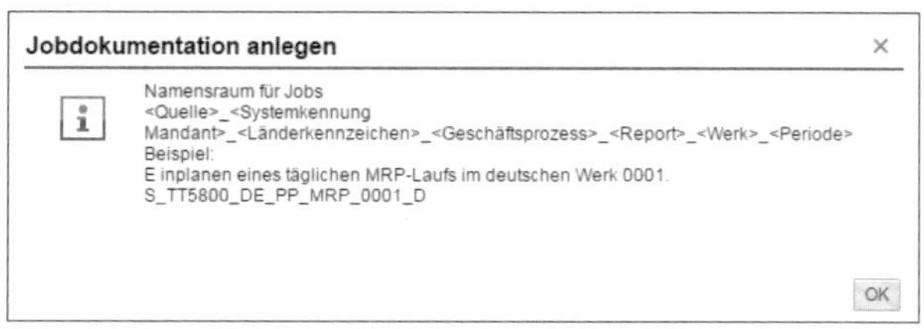

Abbildung 11.40 Namenskonventionen im SAP-Standard

11.5.3 Jobeinplanung

Prinzipiell haben Sie zwei Möglichkeiten, einen Job einzuplanen: direkt oder über eine Jobdokumentation.

Direkte Jobeinplanung

Bei der direkten Einplanung verzichten Sie auf die Anlage einer Jobdokumentation im Vorhinein. Sie verwenden den SAP Solution Manager, um den Job direkt im verwalteten System einzuplanen. Nutzen Sie dazu die Guided Procedure, die Sie im Bereich **Jobverwaltung** unter **Typische Aufgaben • Jobs einplanen** finden (siehe Abbildung 11.41).

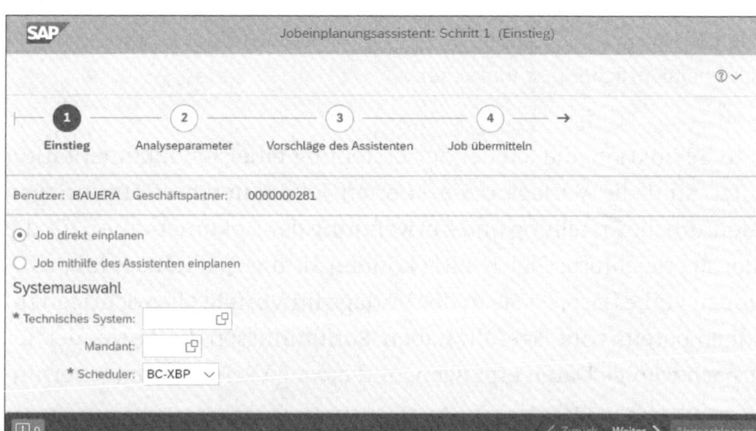

Abbildung 11.41 Guided Procedure für die direkte Jobeinplanung

Einplanung über die Jobdokumentation

Die Jobeinplanung über die Jobdokumentation kann entweder mithilfe des SAP-Einplaners (BC-XBP) oder auf Basis eines externen Einplaners (z. B. SMSE) durchgeführt werden. In diesem Abschnitt gehen wir nur auf die Einplanung mit dem SAP-Einplaner ein. Gehen Sie dazu wie folgt vor:

1. Öffnen Sie Ihre Jobdokumentation über die Kachel **Jobdokumentation** im SAP Solution Manager Launchpad, und klicken Sie nach dem Anwählen auf **Jobdokumentation • Bearbeiten**.
2. Navigieren Sie auf der Registerkarte **Systeme** (siehe Abbildung 11.39) auf die untergeordnete Registerkarte **Einplanung**. Klicken Sie alternativ im Drop-down-Menü **Einplanung** auf das System, in dem der Job eingeplant werden soll. Aktivieren Sie hier den Bearbeitungsmodus, sodass Sie Änderungen vornehmen können.
3. Überprüfen Sie alle Eingaben, falls in dieser Maske (siehe Abbildung 11.42) schon Daten vorhanden sind. Sollte das nicht der Fall sein, müssen Sie neben der RFC-Verbindung, dem Jobnamen und der Jobklasse auch die Startmethode inklusive des Startzeitpunkts pflegen.

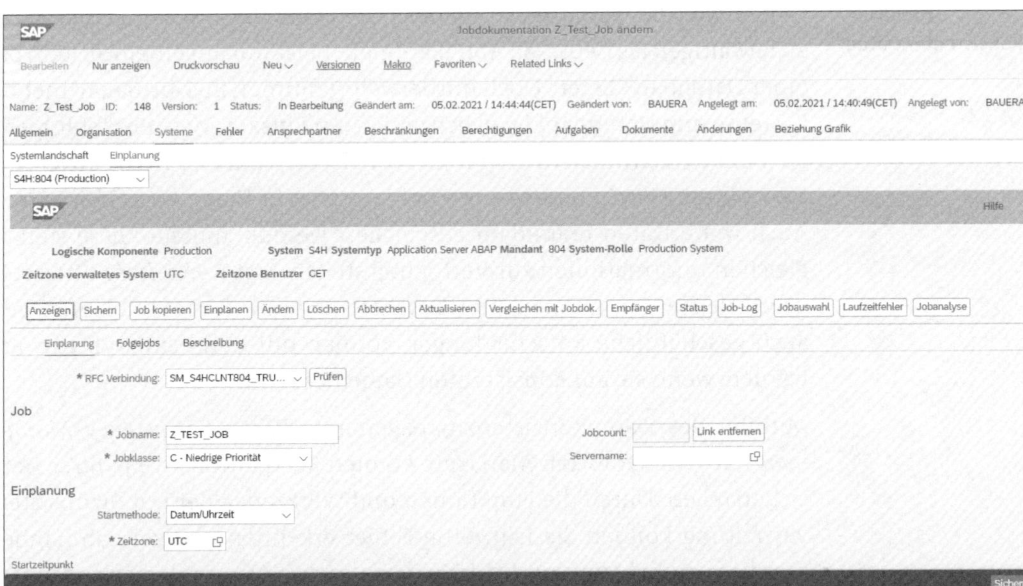

Abbildung 11.42 Daten der Jobeinplanung prüfen

4. In der Tabelle **Steps** können Sie anschließend die auszuführenden Jobschritte hinzufügen.
5. Nachdem Sie alle Eingaben getätigt haben, klicken Sie auf die Schaltfläche **Einplanen** bzw. **Sichern**. Der Job ist nun eingeplant, und Sie erhalten in einer Meldung die Jobnummer.

Jobeinplanungsassistent

Falls Sie Unterstützung beim Prozess der Jobeinplanung benötigen, ist der *Jobeinplanungsassistent* ein gutes Hilfsmittel. Vor jeder Jobeinplanung müssen Sie verschiedene Dinge beachten. Wie lasten Sie das System optimal aus, ohne es zu überlasten? Wie schaffen Sie es, die Anforderungen aus den Geschäftsbereichen zu erfüllen? Bei diesen Fragestellungen hilft Ihnen der SAP Solution Manager mit dem Jobeinplanungsassistenten. Mit den zur Verfügung gestellten Metriken können Sie Ihre Systeme während der Einplanungsphase optimal untersuchen und überwachen. Um diese Funktion nutzen zu können, müssen Sie zuvor das System-Monitoring (siehe Abschnitt 10.4.2) bzw. das Job-Monitoring (siehe Abschnitt 10.4.4) einrichten. Solange dies nicht geschieht, kann das System auf keine Metriken und Auswertungen zugreifen. Führen Sie mit den ausgegebenen Werten die Einplanungsanalyse durch.

11.6 Datenkonsistenzmanagement

Bedeutung konsistenter Daten

Früher war die Gewährleistung der *Datenkonsistenz* wesentlich einfacher zu bewältigen als heute, da Applikationen meist nur auf einem System bzw. einer Datenbank liefen. Doch mittlerweile kommen im Normalfall mehrere Systeme und Datenbanken gleichzeitig zum Einsatz. Meistens fehlt hierbei aber ein Synchronisierungspunkt. Damals wie heute ist es essenziell, dass Sie in Ihren Geschäftsprozessen auf konsistente Daten zugreifen können. Auch wenn Daten redundant gespeichert werden, müssen diese stets die gleichen Informationen zur Verfügung stellen. Erst wenn diese Konsistenz gewährleistet ist, können Ihre Geschäftsprozesse korrekt ablaufen. Aber auch geschäftliche Entscheidungen können nur dann sinnvoll getroffen werden, wenn sie auf konsistenten Daten basieren.

Mithilfe des Datenkonsistenzmanagements (*Data Consistency Management*) des SAP Solution Managers können Sie die Konsistenz Ihrer Daten sicherstellen. Durch die Funktionen und Werkzeuge der Datenkonsistenzverwaltung können Sie frühzeitig Fehler erkennen und zeitnah handeln, um diese zu beheben und zukünftig zu vermeiden. In den folgenden Abschnitten stellen wir Ihnen die Werkzeuge und Funktionen des Datenkonsistenzmanagements vor, damit Sie sich einen Überblick verschaffen können.

11.6.1 Überwachung der Datenkonsistenz

Monitoring

Das Monitoring im Rahmen des Datenkonsistenzmanagements unterteilt sich in zwei Gebiete: die Überwachung der Datenkonsistenz und die Überwachung der Schnittstellen. Mit dem *Schnittstellen-Monitoring* überwachen Sie die Kommunikation zwischen zwei oder mehr Systemen. Damit stellen Sie sicher, dass Sie Fehler, die die Konsistenz der Daten beeinflussen können, frühzeitig erkennen. Nähere Informationen zum Thema Schnittstellen-Monitoring finden Sie Abschnitt 10.5.1, »Schnittstellen und Verbindungen«.

Fehler, die andere Ursachen als Schnittstellenproblematiken haben, können Sie mit dem *Datenkonsistenz-Monitoring* entdecken. Auch hier ist das Ziel, Fehler möglichst früh zu erkennen, damit diese schnell behoben werden können. Um dies zu erreichen, müssen Sie die richtigen Alerting-Objekte anlegen und konfigurieren.

Alert anlegen

Legen Sie einen Alert für das Datenkonsistenz-Monitoring wie folgt an:

1. Öffnen Sie im SAP Solution Manager Launchpad den Bereich **Betrieb von Geschäftsprozessen • Lösungsdokumentation (Monitoring-Konfiguration)**.
2. Wählen Sie in der Menüleiste den Betriebs-Branch aus. Dieser wird, wie in Abschnitt 3.1.2, »Umsetzung des Lebenszykluskonzepts mit Branches«, beschrieben, für Ihre Monitoring-Szenarien verwendet.
3. Navigieren Sie zu dem Geschäftsprozess oder Geschäftsprozessschritt, für den Sie einen Datenkonsistenz-Alert anlegen wollen.
4. Wählen Sie im Kontextmenü **Neu • Betriebsführung • Alerts**, und expandieren Sie im Fenster **Alerting-Objekt anlegen** den Bereich **Datenkonsistenz** (siehe Abbildung 11.43).

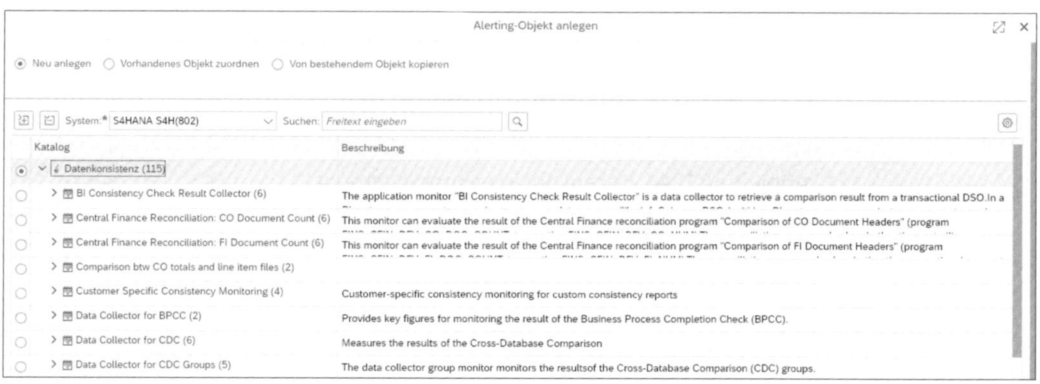

Abbildung 11.43 Alerting-Objekt anlegen

5. Ihnen wird nun eine Liste aller im Rahmen des Datenkonsistenzmanagements verfügbaren Monitoring-Objekte, geordnet nach Ihrem System, angezeigt.

6. Legen Sie fest, welches Objekt aus dem **Katalog** Sie verwenden möchten. Klicken Sie anschließend auf **Anlegen**.
7. Sie befinden sich nun in der Bearbeitungsmaske des ausgewählten Monitoring-Objekts. Wie Sie die Objekte richtig konfigurieren, können Sie Abschnitt 11.3.4, »Monitoring-Objekt konfigurieren«, entnehmen.

Alerting-Objekte aktivieren

Nachdem Sie alle benötigten Alerting-Objekte angelegt haben, müssen Sie diese generieren und aktivieren. Sämtliche aktiven Alerts finden Sie in der Applikation **Datenkonsistenzmanagement** im Block **Alert-Eingang** (siehe Abbildung 11.44). Sie haben in diesem Bereich sowohl das Schnittstellen- als auch das Datenkonsistenz-Monitoring zur Verfügung. Nutzen Sie die Links **Schnittstelle** und **Konsistenz**, um zwischen den beiden Monitoring-Arten zu navigieren. Die Anwendung erreichen Sie im SAP Solution Manager Launchpad über den Pfad **Betrieb von Geschäftsprozessen • Datenkonsistenzmanagement**.

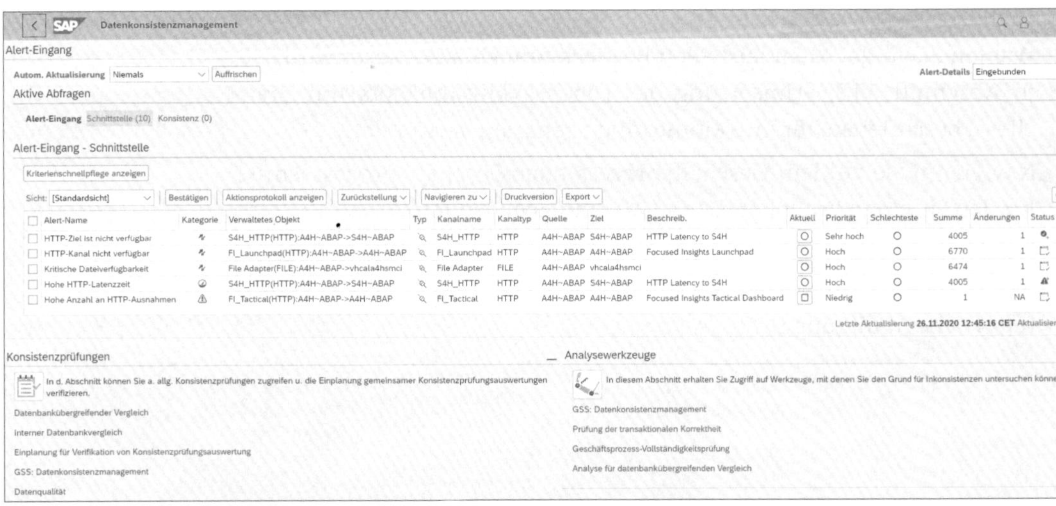

Abbildung 11.44 Datenkonsistenzmanagement

11.6.2 Konsistenzprüfungen

Im Rahmen der Konsistenzprüfung bietet Ihnen die Datenkonsistenzverwaltung folgende Werkzeuge:

- datenbankübergreifender Vergleich
- interner Datenbankvergleich
- Einplanung für Verifikation von Konsistenzprüfungsauswertung

- Guided Self-Service zum Datenkonsistenzmanagement
- Datenqualität

Nutzen Sie die bereitgestellten Werkzeuge, um Ihre Datenkonsistenz zu erhalten.

Datenbankübergreifender Vergleich

Mit dem *datenbankübergreifenden Vergleich* stellen Sie Datenbanken einander gegenüber und untersuchen diese hinsichtlich der Konsistenz ihrer Daten. Datensätze, die logisch gleich sind, aber auf verschiedenen Systemen unterschiedliche Ausprägungen besitzen (z. B. die Angabe einer System-ID innerhalb eines Pfads), müssen dennoch konsistent sein. Das können Sie mithilfe des datenbankübergreifenden Vergleichs überprüfen, indem Sie das Quellsystem mit dem Zielsystem abgleichen (siehe Abbildung 11.46). Sie analysieren dabei, ob z. B. die Aktualisierung der Daten erfolgreich vom Quell- an das Zielsystem weitergegeben wurde. Hierbei ist es egal, ob sich die verglichenen Datenquellen in unterschiedlichen Systemen oder im gleichen System befinden.

Abbildung 11.45 Datenbankübergreifender Vergleich

Eine große Stärke dieser Anwendung ist, dass Sie viele verschiedene Systeme miteinander vergleichen können. Sie können beispielsweise die Datenquellen eines SAP-ERP-Systems mit den Datenquellen eines SAP-CRM-Systems abgleichen. Aber Sie sind nicht nur auf SAP-Systeme beschränkt. Der Vergleich von SAP- und Nicht-SAP-Systemen ist ebenfalls möglich. Da der datenbankübergreifende Vergleich generisch ist, können Sie ABAP-Systeme ebenso wie Nicht-ABAP-Systeme auf Ihre Datenkonsistenz hin überprüfen.

[»]

Weitere Informationen zum datenbankübergreifenden Vergleich

Ausführliche Informationen und eine Anleitung zu diesem Thema finden Sie unter *http://s-prs.de/v791801*. Rufen Sie hier den Pfad **Business Process Operations • Overview • Data Consistency Management** auf. Dort finden Sie ebenfalls geführte Demos und Videos zu dem Thema.

Interner Datenbankvergleich

Den *internen Datenbankvergleich* verwenden Sie, um Datenquellen innerhalb eines SAP-Systems zu vergleichen. Ein Beispiel hierfür ist der Vergleich von zwei Tabellen, die sich im gleichen System befinden. Sie gleichen die Einträge hinsichtlich eventueller Fehler bzw. Inkonsistenzen ab. Den internen Datenbankvergleich erreichen Sie entweder direkt über eine Applikation oder über den datenbankübergreifenden Vergleich. Zur eigenständigen Anwendung gelangen Sie, indem Sie in der Applikation **Betrieb von Geschäftsprozessen – Datenkonsistenzmanagement** den Link **Interner Datenbankvergleich** auswählen. Möchten Sie aber komplexere Datenmodelle definieren, empfehlen wir Ihnen den Aufruf über den datenbankübergreifenden Vergleich. Wählen hierzu in der Applikation des datenbankübergreifenden Vergleichs einfach die Extraktionsstrategie **Vergleich in einem System ausführen**.

Verifikation von Konsistenzprüfungsauswertung

Nutzen Sie die *Einplanung für Verifikation von Konsistenzprüfungsauswertung*, um sich einen Überblick über die eingeplanten Analysen zu verschaffen. Dieses Werkzeug zeigt Ihnen alle eingeplanten und ausgeführten Programme an. Sie erhalten Informationen über die Programmbezeichnung und den Ausführungszeitpunkt. Außerdem können Sie der Auflistung weitere Einplanungsinformationen entnehmen. Die Informationen der Konsistenzprüfungsauswertungen erhalten Sie wie folgt:

1. Rufen Sie im SAP Solution Manager Launchpad die Applikation **Betrieb von Geschäftsprozessen • Datenkonsistenzmanagement** auf.
2. Öffnen Sie im Bereich **Konsistenzprüfungen** die **Einplanung für Verifikation von Konsistenzprüfungsauswertung**. Wählen Sie nun das richtige **Produkt** (z. B. SAP ERP oder SAP CRM) und die entsprechende **RFC-Verbindung** aus (siehe Abbildung 11.46).
3. Klicken Sie abschließend zum Ausführen auf das Uhrsymbol (⌚).

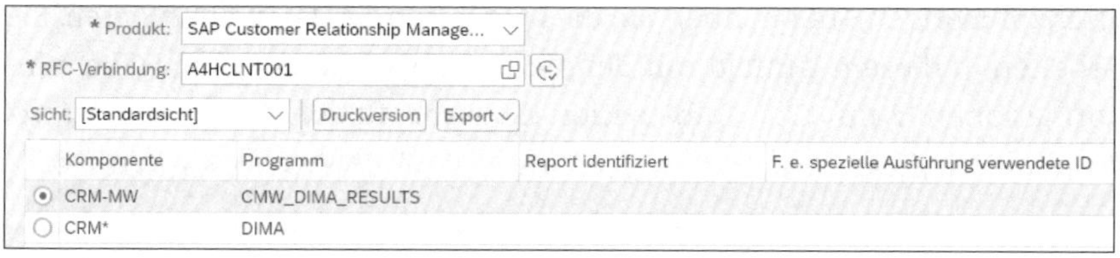

Abbildung 11.46 Einplanung für Verifikation von Konsistenzprüfungs-auswertung

Guided Self-Service

Bei der Erhaltung Ihrer Datenkonsistenz hilft Ihnen auch der *Guided Self-Service* (GSS) zum Datenkonsistenzmanagement. Sie können mithilfe dieses Tools herausfinden, welche Werkzeuge Sie am besten für Ihr aktuelles Szenario einsetzen sollten. Der Guided Self-Service arbeitet mit Sitzungen, sodass Sie Ihre Bearbeitung jederzeit unterbrechen und zu einem späteren Zeitpunkt wieder aufnehmen können.

Beginnen Sie die Bearbeitung mit der Auswahl des richtigen Ereignisses. Abhängig vom ausgewählten Ereignis müssen Sie nun die Objekte (z. B. Geschäftsprozesse oder Systeme), für die Sie die Datenkonsistenz überprüfen möchten, definieren. Anschließend werden Ihnen die ermittelten Werkzeuge vorgeschlagen, und Sie können diese ausführen. Nachdem Sie noch eine Auswertung erstellt haben, können Sie den Prozess mit der Anlage von Folgeaktivitäten abschließen. Die detaillierte Vorgehensweise können Sie dem Guided Self-Service entnehmen (siehe Abbildung 11.47).

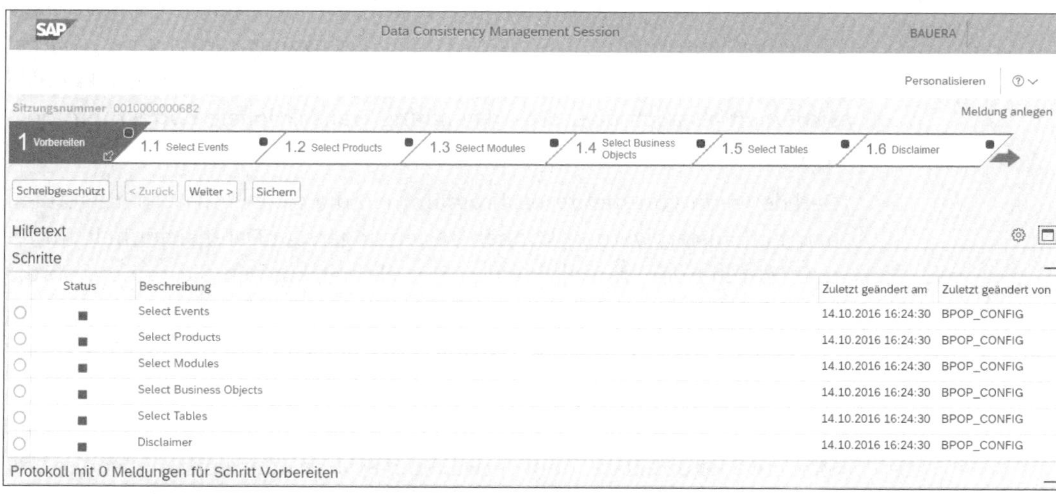

Abbildung 11.47 Guided Self-Service Datenkonsistenzmanagement

Datenqualität

Unter dem Schlagwort *Datenqualität* ermöglicht das Datenkonsistenzmanagement eine Integration mit dem *SAP Information Steward*. Mit diesem lizenzpflichtigen Tool können Sie die Qualität Ihrer Daten analysieren. Sie arbeiten in diesem Umfeld mit definierbaren Geschäftsregeln. Nähere Informationen zum SAP Information Steward finden Sie unter *http://help.sap.com/bois*.

[»]

Service aktivieren

Um das Werkzeug zur Sicherung der Datenqualität im Rahmen der Konsistenzprüfung verwenden zu können, müssen Sie den Service `WDA_AGS_DCM_IS_INTEGRATION` aktivieren. Über die Transaktion SICF erhalten Sie Zugriff auf die **Pflege der Services**.

11.6.3 Analysewerkzeuge

Ursachen analysieren

Während die Konsistenzprüfung Sie dabei unterstützt, die Datenkonsistenz zu erhalten, dienen die Analysewerkzeuge der Aufdeckung von Ursachen vorhandener Inkonsistenzen. Folgende Werkzeuge unterstützen Sie bei der Suche nach Gründen von Dateninkonsistenzen:

- GSS: Datenkonsistenzmanagement (siehe Abschnitt 11.6.2)
- Prüfung der transaktionalen Korrektheit
- Geschäftsprozess-Vollständigkeitsprüfung

Transaktionale Korrektheit

Damit die Datenkonsistenz gewährleistet werden kann, ist es unabdingbar, das Prinzip der *transaktionalen Korrektheit* (alternativ *transaktionale Sicherheit*) einzuhalten. Die gleichnamigen Werkzeuge unterstützen Sie bei dieser Aufgabe. Ein Einstieg ist sowohl über die Anwendung **Transaktionale Sicherheit** als auch über die Anwendung **Transaktionale Korrektheit** möglich.

Gerade wenn von mehreren Programmen die gleichen Daten aufgerufen bzw. aktualisiert werden, können Verletzungen der Datensicherheit auftreten. Mithilfe der transaktionalen Korrektheit können Sie prüfen, ob die transaktionale Sicherheit Ihrer ABAP-Programme gewährleistet ist. Sie sollten eine solche Prüfung nach jedem Systemausfall oder Ähnlichem durchführen.

Die Überprüfung und Auswertung der transaktionalen Sicherheit können Sie entweder direkt auf dem verwalteten System oder zentral über den SAP Solution Manager durchführen. Im Folgenden wird die Vorgehensweise für die Überprüfung über den SAP Solution Manager kurz beschrieben:

1. Rufen Sie die Prüfung der transaktionalen Korrektheit (transaktionale Sicherheit) über die gleichnamige Kachel im SAP Solution Manager Launchpad auf.
2. Geben Sie im Schritt **Traces starten/stoppen** die **RFC-Destination** des verwalteten Systems und den **Benutzer**, der das zu überprüfende Programm ausführt, an.
3. Starten bzw. stoppen Sie anschließend den Trace über die Schaltflächen **Trace starten** und **Trace stoppen** (siehe Abbildung 11.48).
4. In Schritt 2 können Sie die **Trace-Einschränkungen** wie **RFC-Destination**, **Benutzername** oder **Datum** erfassen. Außerdem können Sie im Bereich **Daten für Auswertung** explizit Tabellen von der Trace-Auswertung ausschließen.

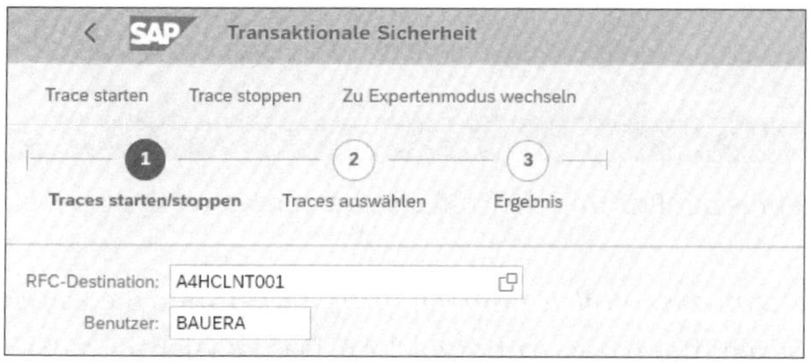

Abbildung 11.48 Traces im Werkzeug »Transaktionale Sicherheit« starten

5. Im letzten Schritt erhalten Sie die Ergebnisse der Strukturprüfungen. Das Ergebnis der Commit-Strukturprüfung können Sie auf der Registerkarte **Struktur bestätigen (COMMIT)** einsehen (siehe Abbildung 11.49). Die Registerkarte **Enqueues** liefert Ihnen die Resultate der Enqueue-/Dequeue-Strukturprüfung.

Weitere Informationen zur transaktionalen Korrektheit sowie zur Vorgehensweise bei der Überprüfung direkt auf dem verwalteten System finden Sie unter *http://s-prs.de/v791802* im Bereich • **Datenkonsistenzmanagement • Transaktionale Sicherheit.**

[«]

ACID-Prinzip

Die Basis des Werkzeugs zur Prüfung der transaktionalen Korrektheit bildet das sogenannte *ACID-Prinzip*. Dieses besagt, dass die Eigenschaften Atomarität, Konsistenz, Isolation und Dauerhaftigkeit geprüft werden, die als Voraussetzung für verlässliche Systeme dienen.

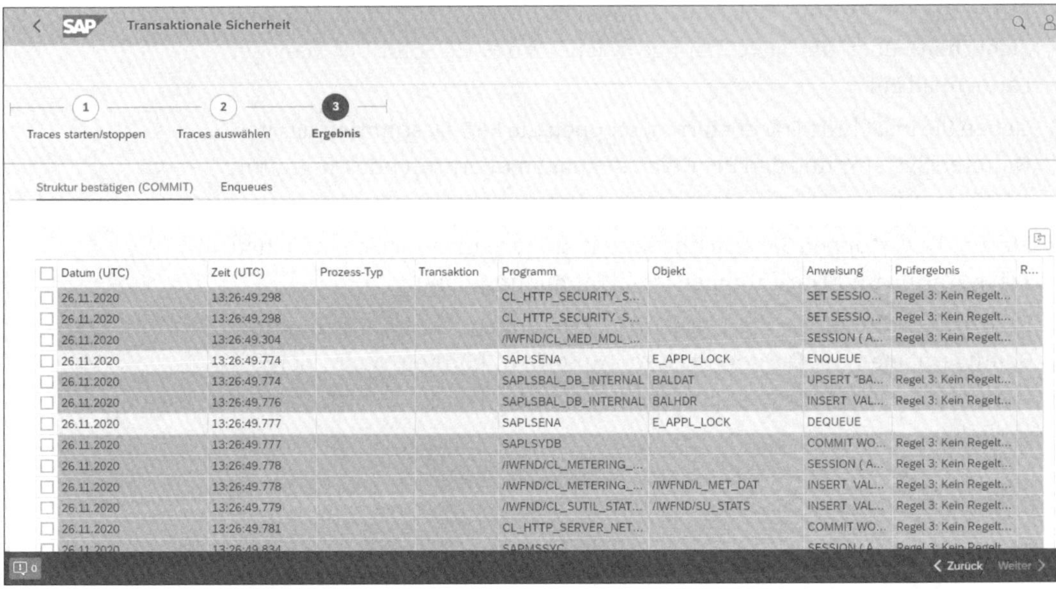

Abbildung 11.49 Ergebnis der Prüfung der transaktionalen Korrektheit

Geschäftsprozess-Vollständigkeitsprüfung

Mithilfe der *Geschäftsprozess-Vollständigkeitsprüfung* können Sie kritische Teilprozesse Ihrer Geschäftsprozesse überwachen. Das ist wichtig, da Sie bis hin zur Ebene der Prozessschritte genau sagen können, ob alles erfolgreich ausgeführt wurde. Sie prüfen aber auch, ob die Prozessschritte in der richtigen Reihenfolge ausgeführt und alle Geschäftsobjekte richtig erstellt oder geändert wurden. Dabei ist es egal, ob der Geschäftsprozess sich nur auf ein System beschränkt oder ob die Prozessschritte in vielen verschiedenen Systemen durchlaufen werden. Im Fehlerfall können Sie die einzelnen Prozessschritte direkt analysieren.

Voraussetzung

Damit Sie die Geschäftsprozess-Vollständigkeitsprüfung nutzen können, müssen Sie die Ausnahmenverwaltung konfiguriert haben. In Abschnitt 10.7 erhalten Sie hierzu ausführliche Informationen.

Aufruf

Für den Aufruf der Geschäftsprozess-Vollständigkeitsprüfung gibt es verschiedene Möglichkeiten:

- über die Applikation **Geschäftsprozess-Vollständigkeitsprüfung** im SAP Solution Manager Launchpad
- über die Anwendung **Ausnahmenverwaltung** des Bereichs **Ursachenanalyse** im SAP Solution Manager Launchpad

[«]

Weitere Informationen zur Geschäftsprozess-Vollständigkeitsprüfung

Weitere Informationen zur Nutzung und Einrichtung der Geschäftsprozess-Vollständigkeitsprüfung finden Sie unter *http://s-prs.de/v791803* im Bereich **Datenkonsistenzmanagement • Geschäftsprozess-Vollständigkeitsprüfung**.

[«]

Integration-Repository-Werkzeuge

Mit SAP Solution Manager 7.2 SPS10 hat SAP die *Integration-Repository-Werkzeuge* eingeführt. Das Integration Repository dient als zentrale Stelle zur Dokumentation von Schnittstellen. Hiermit können Sie Schnittstelleninformationen aus verschiedenen Quellen (z. B. SAP Process Integration (SAP PI)/SAP Process Orchestration (SAP PO), externen Dateien oder aus diversen Schnittstellen in das *Integration Repository* importieren. Um die Werkzeuge zu nutzen, rufen Sie die SAP-Fiori-Applikation **Integration-Repository-Werkzeuge** im SAP Solution Manager Launchpad auf.

11.7 Perfomanceoptimierung für Geschäftsprozesse

Bedeutung der Geschäftsprozessperformance

Die Performance von Geschäftsprozessen ist für den erfolgreichen Betrieb einer SAP-Lösung unerlässlich. Neben den funktionalen Punkten, der einfachen Bedienung, dem Datenschutz und der Sicherheit ist die Performance das zentrale Kriterium. Meist ist es die Systemantwortzeit pro Nutzeraktion oder die Laufzeit eines kritischen Hintergrundjobs, die in diesem Bereich aussagekräftig ist.

Für Anwender spielt die Geschäftsprozessperformance eine besondere Rolle, da diese direkt spürbar ist. Oft verschlechtert sich die Performance erst im Laufe der Zeit, was nicht direkt von einer Systemüberwachung erkannt wird. Wichtig ist es hier, die entsprechenden kritischen Geschäftsprozesse zu überwachen, sodass bei schlechter werdenden Benutzerantwortzeiten die notwendigen Gegenmaßnahmen ergriffen werden können. Wenn Performanceengpässe auftreten, müssen Sie zuerst die Ursache der schlechten Antwortzeiten analysieren. Hierzu bietet Ihnen der SAP Solution Manager verschiedene Funktionen und Dashboards an. Eine der Funktionen zur Analyse ist die Ursachenanalyse (siehe Abschnitt 10.11).

Self-Service für die Performanceoptimierung

Um Ihnen im konkreten Fall Hilfestellung geben zu können, bietet SAP einen Self-Service für die Performanceoptimierung an. Weitere Informationen zu den Guided Self Services von SAP finden Sie unter folgender URL: *http://s-prs.de/v561555*. Wenn Sie diesen Service von SAP beziehen, können Sie gemeinsam mit SAP versuchen, die Komplexität Ihrer Geschäftsprozesse zu verringern und die Performance spürbar zu erhöhen. Eine wichtige Voraussetzung hierfür ist, dass die Geschäftsprozesse im SAP Solution Manager bereits dokumentiert sind. Wie Sie Geschäftsprozesse dokumentieren, erfahren Sie in Kapitel 3, »Prozessmanagement«.

11.8 Anwendungsbeispiel: IDoc-Monitoring

Der in der Praxis wohl am häufigsten vorkommende Fall im Bereich des fachlichen Betriebs ist das Echtzeit-IDoc-Monitoring mithilfe des Geschäftsprozess-Monitorings. Hierbei soll im Standardfall die Verarbeitung ein oder mehrerer IDoc-Typen geprüft werden. Wird für IDocs eines bestimmten Typs ein vorher definierter Fehlerstatus ausgegeben, soll eine bestimmte Person oder ein Personenkreis benachrichtigt werden, die oder der anschließend die korrekte Weiterverarbeitung der jeweiligen IDocs sicherstellen muss.

Einrichtung

Die grundsätzliche Implementierung dieses Monitorings erweist sich als simpel und kann problemlos anhand der in Abschnitt 11.3, »Geschäftsprozess-Monitoring«, beschriebenen Grundlagen durchgeführt werden. Erstellen Sie, wie dort geschildert, einen neuen Alert, und wählen Sie den Typ **IDoc (Echtzeit-Monitoring)**. Anschließend müssen Sie angeben, auf welchem System die IDocs überwacht werden sollen. Legen Sie auf der Registerkarte **Schnittstellen** die Detailinformationen bezüglich der Schnittstelle fest, und wechseln Sie auf die Registerkarte **Metrikkonfiguration**. Hier können Sie, wie in Abbildung 11.50 zu sehen, bestimmte Metriken aktivieren und die metrikspezifischen Parameter wie den zu überwachenden Statuscode definieren.

Aktivieren Sie in Schritt 3, **Aktivierung**, anschließend das angelegte Objekt.

Qualifizierung von Alerts

Eine häufige Fragestellung ist, wie mit den auftretenden Alerts umzugehen ist. Ein Alert enthält in der Regel nur rudimentäre Information zur reinen Anzahl von IDocs eines bestimmten Typs in einem bestimmten Status.

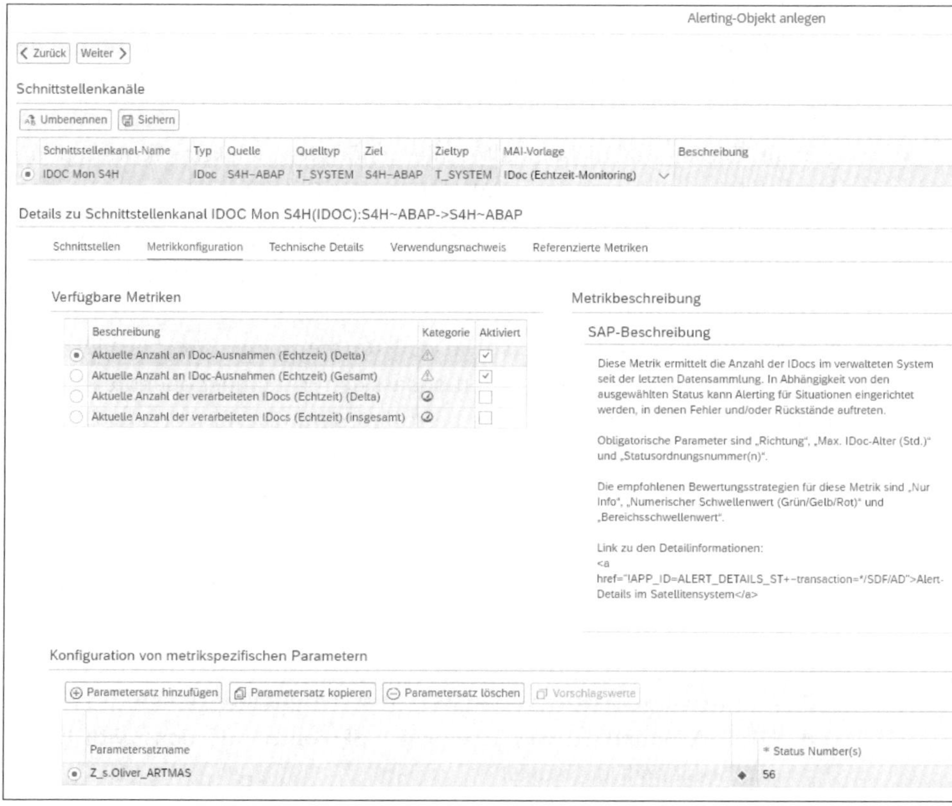

Abbildung 11.50 IDoc-Monitoring-Objekt definieren

[zB]

Meldung über Fehlerstatus

Sie überwachen IDocs des Typs ARTMAS, die Änderungen an einem Artikelstamm beinhalten. Befinden sich jetzt IDocs des Typs ARTMAS im Fehlerstatus, bekommt der definierte Empfänger oder die Empfängerin eine Meldung, dass eine bestimmte Anzahl von IDocs fehlerhaft sind.

Um diese Fehler zu beheben, sind für den letztendlichen Bearbeiter oder die Bearbeiterin jedoch weitere Informationen wie die konkreten Nummern der IDocs nötig. Er oder sie muss sich am Zielsystem anmelden, eine Selektion in der Transaktion BD87 vornehmen und anschließend die Probleme der fehlerhaften IDocs lösen. Die Möglichkeit, dem Alert diese Informationen direkt mitzugeben, ist jedoch aus Performancegründen im Standard von SAP nicht vorgesehen. Das kontinuierliche Durchlaufen der Tabellen in den Produktivsystemen ist, gerade bei einer hohen Anzahl vorhandener IDocs, extrem performancelastig.

Absprung aus dem Alert-Eingang

Eine klassische Möglichkeit, die Qualifizierung der fehlerhaften IDocs vorzunehmen ist, mit dem Alert-Eingang zu arbeiten. Dem Administrator oder der Administratorin, der oder die den Alert bearbeitet, wird in den Alert-Details ein Direktlink zum Absprung auf das verwaltete System zur Verfügung gestellt. Dieser Aufruf beinhaltet alle benötigten Selektionskriterien, um die im Alert bezifferten fehlerhaften IDocs im Detail anzuzeigen.

BAdI-Erweiterung

Eine weitere Option ist das Ausprogrammieren einer BAdI-Erweiterung (`BADI_DYN_INCI_NOTIF_MULTIPLE`). Diese durchsucht die entsprechenden Tabellen auf dem Zielsystem und gibt die IDoc-Nummern direkt an den Alert zurück. Anschließend können die IDoc-Nummern vom BAdI beispielsweise in eine E-Mail geschrieben werden, sodass der Empfänger oder die Empfängerin sofort sieht, welche IDocs betroffen sind. Dieser Vorgang ist allerdings, wie bereits beschrieben, sehr performancelastig. Ein Einsatz dieser Variante sollte daher genau bedacht werden.

[»]

Hinweise zur Implementierung der Benachrichtigungserweiterung

Folgende SAP-Hinweise beschreiben das Vorgehen zur Erweiterung der Benachrichtigungen der MAI um die konkreten IDoc-Nummern:

- 2578164 (How to get IDoc Numbers into BPMon Notification)
- 2213698 (Simplified way to enhance BPMon notifications with IDoc numbers and IDoc details)

11.9 Kundenbericht: Geschäftsprozess-Monitoring bei der Otto Group

SAP-Landschaft und ALM

Die SAP-Landschaft der Otto Group besteht aus mehreren SAP-ERP- und SAP-S/4HANA-Systemlinien, SAP-BW- und SAP Business-Objects-Systemen, SAP Process Orchestration und verschiedenen Diensten der SAP Business Technology Platform (SAP BTP, vormals SAP Cloud Platform). Für das Application Lifecycle Management (ALM) wird SAP Solution Manager 7.2 inklusive der Erweiterung Focused Insights eingesetzt, um die Systeme über ihren kompletten Lebenszyklus hinweg zu begleiten. Für den Systembetrieb und das Monitoring wurde zusätzlich SAP Focused Run eingeführt. Die Lösungsdokumentation ist das Herzstück des SAP-Solution-Manager-Systems. Mit ihrer Integration kommen dessen Stärken voll zur Geltung. Wichtige Bausteine des ALM sind die Überwachung von Geschäftsprozessen, die Alarmierung und die Erstellung von Meldungen.

Verschiedene Monitoring-Varianten

Fordert ein Fachbereich einen neuen Monitor an (z. B. zur Überwachung eines Geschäftsprozesses), lässt sich die IT den Anwendungsfall inhaltlich möglichst genau beschreiben und sucht im KPI-Katalog von SAP (*https://launchpad.support.sap.com/#/kpicatalog*) nach einer passenden Metrik. Die Hälfte der momentan rund 160 aktiven Monitore überwachen ein- oder ausgehende IDocs in ERP-Systemen, gefolgt von ABAP-Jobmonitoren, SAP-BW-Prozessketten und Tabellenmonitoren. Insgesamt nutzt die Otto Group rund 20 verschiedene Monitorarten, mit steigender Tendenz (siehe Abbildung 11.51).

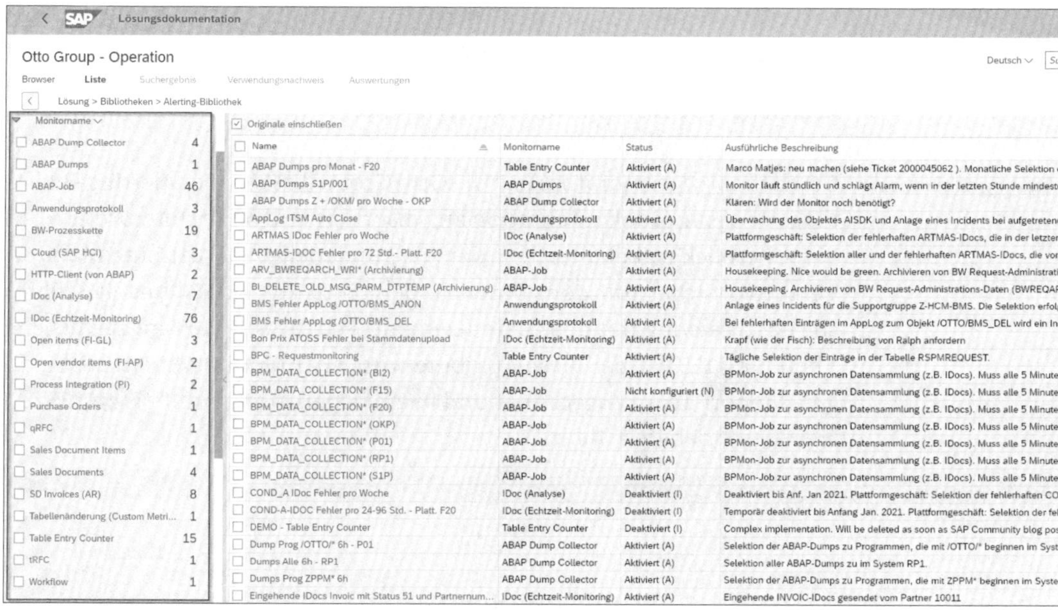

Abbildung 11.51 Monitoring-Varianten der Otto Group

Table Entry Counter

Findet sich im KPI-Katalog der SAP keine passende Metrik, prüft die IT, ob eine einzelne Tabelle oder ein View mit der flexibleren und eher generellen Metrik *Table Entry Counter* überwacht werden kann. Wenn Anforderungen mit keinem der vorgefertigten Monitorobjekte im KPI-Katalog erfüllt werden können, wird als letzte Möglichkeit der Customer Exit zur Entwicklung eigener Monitore genutzt, was jedoch mit einigem Customizing- und Programmieraufwand verbunden ist.

[+]

Customer Exit Setup Guide

Der Setup Guide für diesen Customer Exit ist im SAP Community Wiki zum Geschäftsprozess-Monitoring verlinkt und kann dort heruntergeladen werden (*http://s-prs.de/v791804*).

Der beschriebene Prozess ermöglicht die Umsetzung komplexer Monitoring-Anfragen. Er folgt immer demselben Muster (siehe Abbildung 11.52).

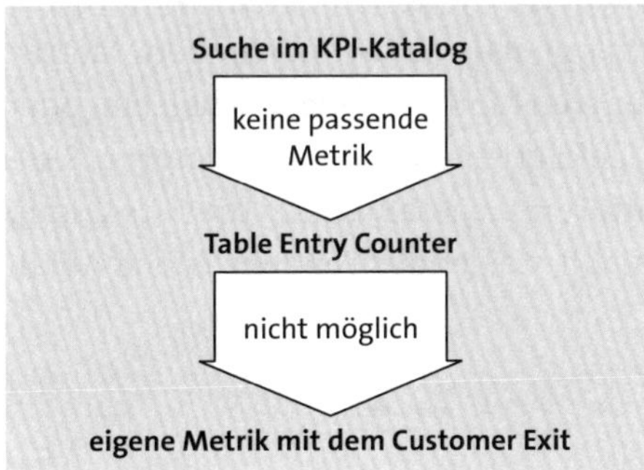

Abbildung 11.52 Auswahlprozess einer Metrik

Alerting-Bibliothek

Geschäftsprozessmonitore legt die Otto Group direkt in der Alerting-Bibliothek der Lösungsdokumentation an, unsortiert und ohne Unterordner. Um den Überblick zu behalten, wurden die kundeneigenen Attribute **Monitor-Verantwortlicher** mit dem Datenelement `SMUD_BU_PARTNER` und **Ausführliche Beschreibung** mit dem Datenelement `SMUD_DESCRIPTION` angelegt (siehe Abbildung 11.53). Über diese Attribute wird jeder Monitor einem zuständigen Support-Team zugeordnet und in einfachen Worten mit bis zu 255 Zeichen beschrieben.

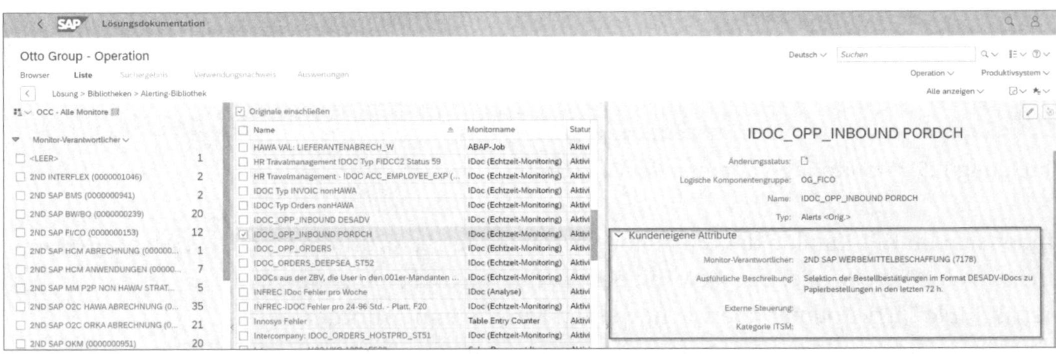

Abbildung 11.53 Kundeneigene Attribute zur Verwaltung der Monitore

[+]

Anlage kundeneigener Attribute

Informationen zur Anlage und Verwendung von kundeneigenen Attributen finden Sie in SAP-Hinweis 2549970.

Standardsicht

Des Weiteren hat die Otto Group eine öffentliche Sicht **OCC – Alle Monitore** gebaut, in der die zur Navigation wichtigsten Attribute wie **Monitor-Verant-**

wortlicher, **Monitor-Typ** und der **Status** standardmäßig als Filter angelegt sind. Abbildung 11.54 zeigt die Auswahl dieses Layouts. Im SAP Operations Control Center werden alle Monitoring-Szenarien aus dem SAP Solution Manager und SAP Focused Run sowie sämtliche Dashboards-Tools inklusive Focused Insights zusammengefasst.

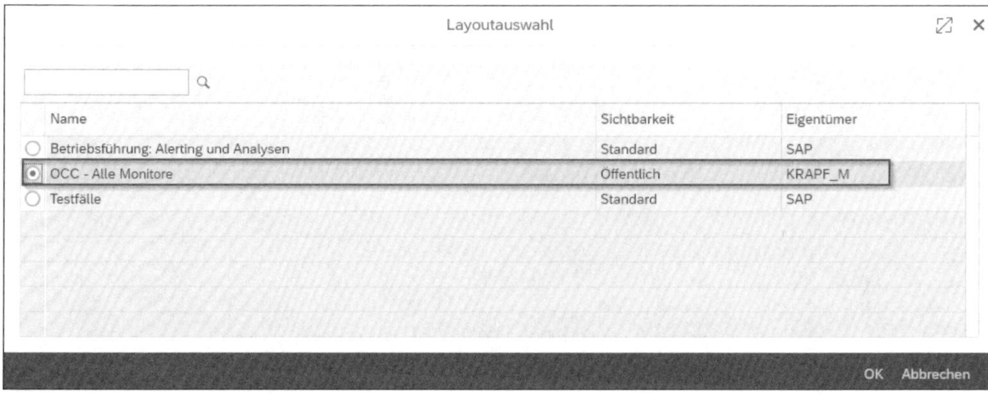

Abbildung 11.54 Layout-Auswahl

Die kundeneigene Sicht **OCC – Alle Monitore** ist zusätzlich auf Alerting-Objekte beschränkt. Abbildung 11.55 zeigt, wie diese Typeinschränkung konfiguriert wurde.

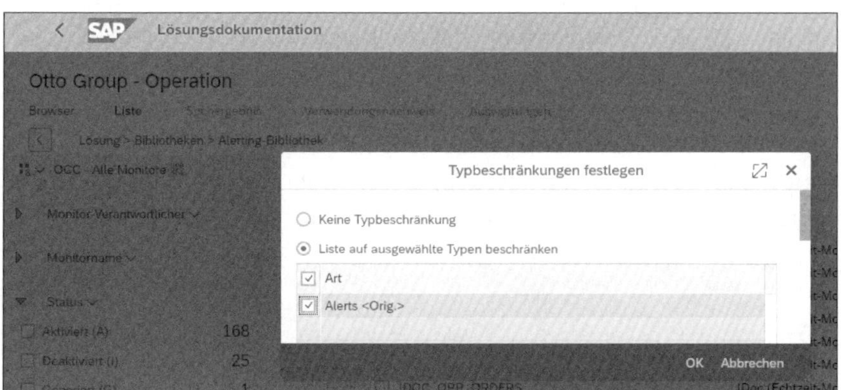

Abbildung 11.55 Typbeschränkung der Sicht auf Alerts

Monitoring über Prozessdiagramme

Bei allen Geschäftsprozessen, die mit BPMN-Prozessdiagrammen modelliert sind, wurden die Monitore den Prozessen bzw. Prozessschritten in diesen Diagrammen zugeordnet. Damit haben die Prozessverantwortlichen die Möglichkeit, den Zustand ihrer Prozesse in der Applikation für das Geschäftsprozess-Monitoring nahezu in Echtzeit im Blick zu haben. Abbildung 11.56 zeigt die Anordnung der Monitore (einer auf Prozess- und zwei auf Prozessschrittebene). Sie ergeben eine Gesamtbewertung, die links in Form eines Ampelsymbols angezeigt wird.

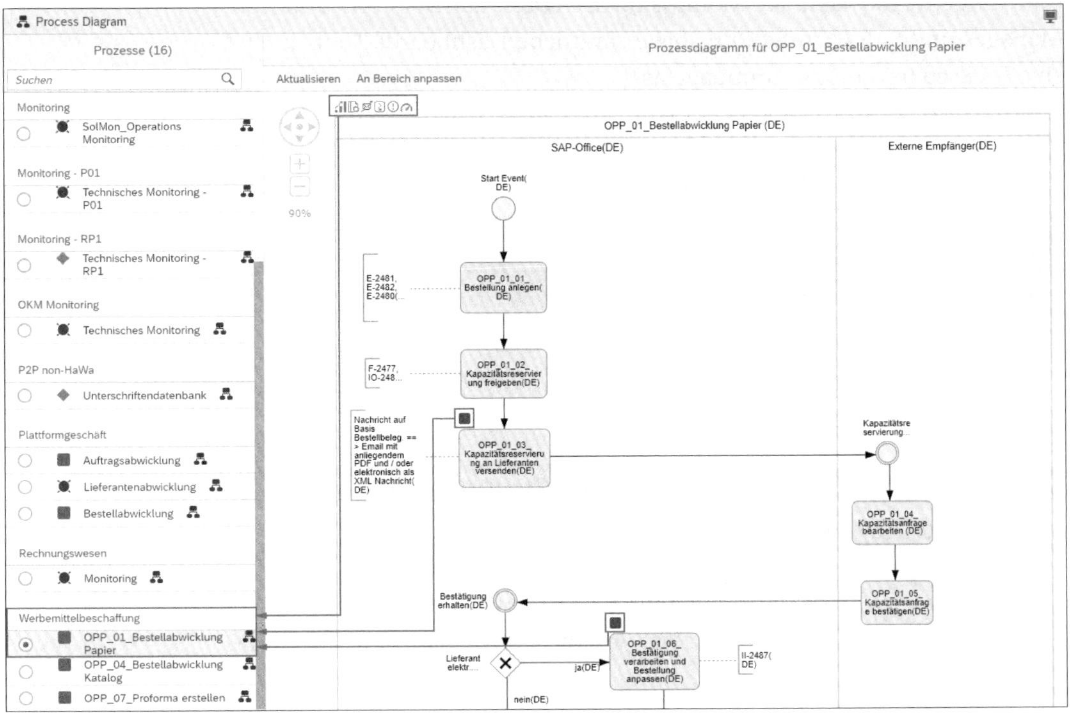

Abbildung 11.56 Prozessdiagramm mit Monitoren und aktuellem Status

Dummy-Prozessschritte

Sind (noch) keine Prozesse modelliert oder können die Monitore nicht einem konkreten Geschäftsprozess zugeordnet werden, wird in der Lösungsdokumentation ein Pseudoprozess mit einem Dummy-Prozessschritt angelegt (siehe Abbildung 11.57).

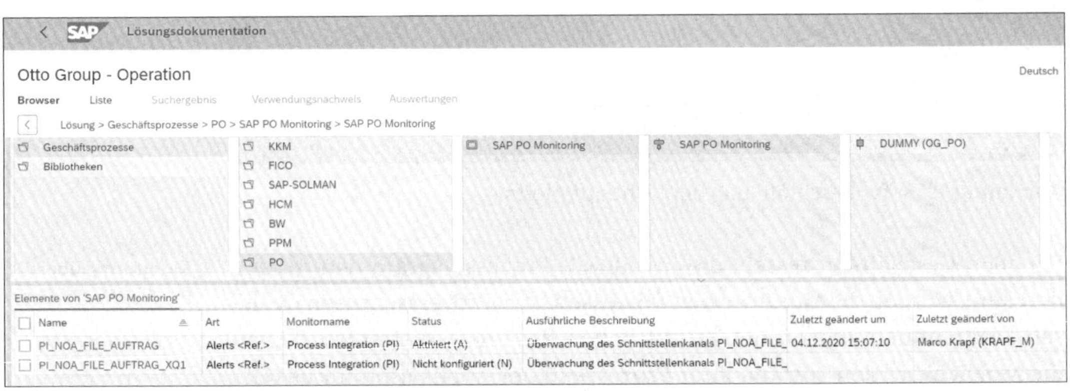

Abbildung 11.57 Dummy-Struktur für Monitore ohne Prozesszuordnung

So sind auch die Monitore für diese Prozesse in der Geschäftsprozess-Monitoring-Applikation sichtbar (siehe Abbildung 11.58).

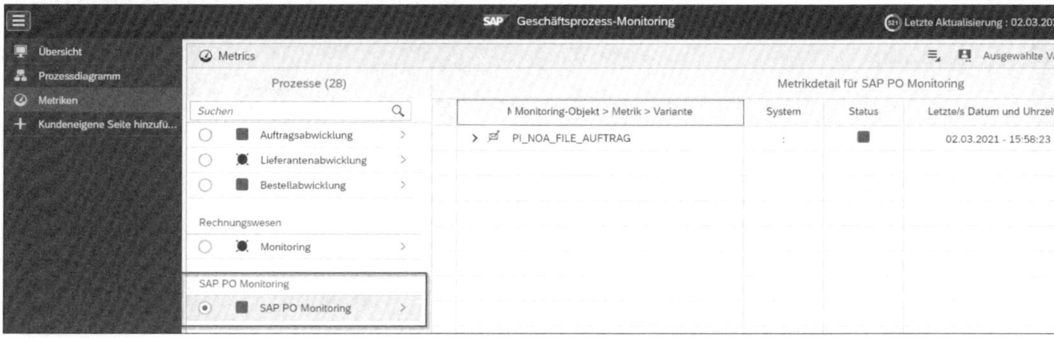

Abbildung 11.58 Status der Monitore

Testmonitore

Um neue Monitore testen können, hat die Otto Group neben den Produktivsystemen auch die Testsysteme der angebundenen SAP-Systeme in den Betriebs-Branch der Lösungsverwaltung aufgenommen (siehe Abbildung 11.59). Diese Vorgehensweise ist vor allem bei selten angeforderten Monitortypen wie solchen für queued Remote Function Calls (qRFC), Cloud-Prozesse oder Anwendungsprotokolle hilfreich, bei denen in der Regel mehrere Iterationen benötigt werden, bis die richtige Konfiguration gefunden wurde.

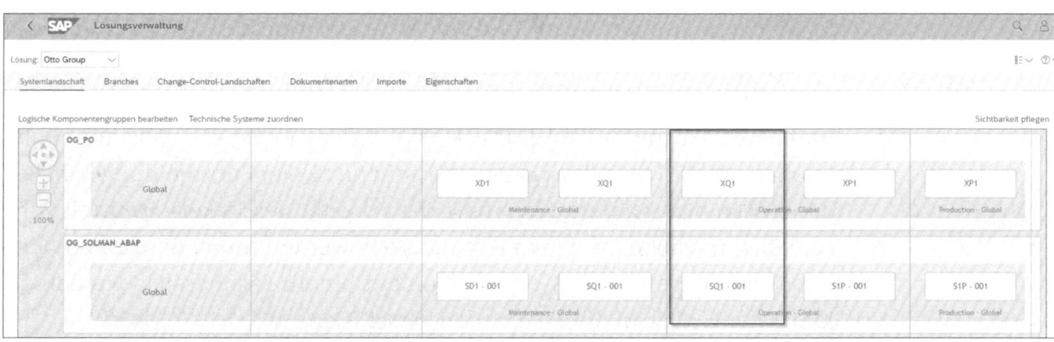

Abbildung 11.59 Betriebs-Branch mit Produktiv- und Qualitätssicherungssystemen

Im Geschäftsprozess-Monitoring kann mit der Umfangsauswahl dann zwischen den Monitoren in Produktivsystem und denen in den Testsystemen gewechselt werden (siehe Abbildung 11.60).

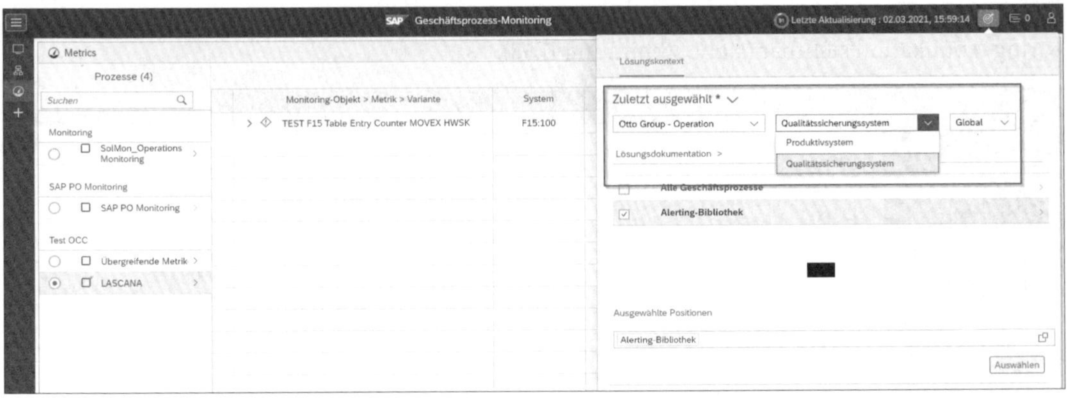

Abbildung 11.60 Monitore in Qualitätssicherungssystemen

[+]

> **Monitoring von Testsystemen**
>
> Das Monitoring der nicht-produktiven Systeme wird auch im SAP Community Wiki beschrieben: *http://s-prs.de/v791805*

Eigene Support-Komponenten

In den meisten Fällen werden beim Auftreten von Alerts Tickets in der ITSM-Komponente des SAP Solution Managers erzeugt. Dazu hat die Otto Group für jedes Support-Team vier eigene Support-Komponenten mit verschiedenen Priorisierungen angelegt, aus denen schon optisch hervorgeht, in welchem Support-Team und mit welcher Priorität ein Ticket angelegt wird (siehe Abbildung 11.61). Die Support-Komponente (z. B. Z-OCC-ST07178-P3 für ein Ticket mit der Priorität 3 an das Supportteam 7178) wird in einer Implementierung des BAdI `ORDER_SAVE` an das erweiterte Business Rules Framework (BRFplus) übergeben, wo anhand zweier Entscheidungstabellen das zuständige Support-Team bzw. die Priorität des Tickets ermittelt wird. Lediglich in Fällen, in denen jemand aktiv werden muss, der keinem Support-Team angehört (z. B. eine Person aus einem Fachbereich) werden die Alerts per E-Mail an diese Personen verschickt.

Seit Einführung der übersichtlichen und bedienungsfreundlichen kundeneignen Sicht auf die Alerting-Bibliothek ist das Geschäftsprozess-Monitoring im SAP Solution Manager der Otto Group nicht nur effizient, sondern macht dem SAP-Solution-Manager-Administrationsteam genauso Spaß wie den jeweiligen Monitorverantwortlichen für die angebundenen SAP-Systeme. Das Interesse, möglichst viele Prozesse automatisch zu überwachen, hat damit sichtlich zugenommen, genau wie die Anzahl und auch die Vielfalt der Monitoring-Typen.

Abbildung 11.61 Alerting-Einstellungen mit eigener Support-Komponente

[«]

Ansprechpartner bei der Otto Group

Marco Krapf ist seit 2015 bei der Otto Group in Hamburg angestellt. Als SAP-Solution-Manager-Libero betreut er die Systeme technisch, entwickelt sie weiter und unterstützt die Anwender*innen der einzelnen Komponenten. Seine Spezialgebiete im ALM-Umfeld sind die Lösungsdokumentation, verschiedene technische und geschäftsprozessbezogene Monitoring-Szenarien, ITSM, SAP Focused Run und Focused Insights. Darüber hinaus widmet er sich eher defensiven Themen wie Datenvolumenmanagement, Archivierung und Lizenzvermessung.

Kapitel 12

Verwaltung kundeneigener Entwicklungen

Kundeneigene Entwicklungen im SAP-Umfeld schaffen entscheidende Wettbewerbsvorteile, bringen aber mitunter hohe Aufwände und Kosten mit sich. Die Werkzeuge des Custom Code Lifecycle Managements helfen dabei, vermeidbare Kosten für Eigenentwicklungen zu senken.

Da der SAP-Standard nicht alle Anforderungen von Kunden abdecken kann, ist es für die Erfüllung bestimmter Anforderungen notwendig, diesen kundenspezifisch zu erweitern. Durch eigene Programme und Erweiterungen oder auch durch Add-ons von Drittherstellern können Unternehmen individuelle Geschäftsprozesse besser abbilden, als dies im Standard durch bloßes Customizing möglich wäre. Somit können Eigenentwicklungen einen konkreten Wettbewerbsvorteil schaffen.

Doch je höher der Anteil an kundeneigenen Entwicklungen ist, desto mehr Aufwand liegt in deren Pflege. Das *Custom Code Lifecycle Management* (CCLM) im SAP Solution Manager stellt Methoden und Werkzeuge bereit, um den Bestand an Eigenentwicklungen zu verwalten und zu optimieren. Das Ziel des CCLM ist es, Transparenz über die Gesamtheit der kundeneigenen Entwicklungen zu schaffen und somit eine kontinuierliche Optimierung der Eigenentwicklungen zu ermöglichen, z. B. durch die Stilllegung nicht verwendeter Objekte.

In diesem Kapitel beschreiben wir, wie Sie das CCLM technisch einrichten und für einzelne Systeme aktivieren können. Anschließend stellen wir die Funktionsweise der einzelnen Werkzeuge des Szenarios sowie deren methodisches Fundament vor.

12.1 Einführung in das Custom Code Lifecycle Management

Aufwände und Kosten kundeneigener Entwicklungen

Wird z. B. ein Support Package eingespielt oder ein Upgrade eines SAP-Systems vorgenommen, müssen Eigenentwicklungen manuell überprüft und gegebenenfalls angepasst werden. Ein Sonderfall in diesem Kontext sind disruptive Technologieänderungen, z. B. der Umstieg auf SAP S/4HANA.

Sämtliche kundeneigenen Objekte, die im neuen Umfeld verwendet werden sollen, müssen überprüft, angepasst und getestet werden. Unabhängig davon, mit welchem Transformationsszenario SAP S/4HANA im Unternehmen eingeführt wird, ist es daher sinnvoll, sich frühzeitig einen Überblick über die Verwendung, Kritikalität und Qualität von Eigenentwicklungen zu verschaffen. Dies kann dabei helfen, Aufwände frühzeitig zu priorisieren und z. B. kritische Eigenentwicklungen bevorzugt anzupassen. Auch können nicht verwendete Objekte auf diese Weise noch vor Beginn des Transformationsprojekts ausgeschlossen werden, um die Aufwände und Kosten für die Migration des kundeneigenen Codes zu reduzieren.

Herausforderungen

Eine grundlegende Herausforderung kundeneigener Entwicklungen scheint offensichtlich: Sämtliche Aspekte der Softwareentwicklung und damit die Verwaltung des gesamten Lebenszyklus der Software obliegen Ihnen selbst. Dazu gehören nicht nur die Organisation der eigentlichen Programmierung, sondern z. B. auch die Dokumentation und Qualitätssicherung. Eine unzureichende Strategie bei der Verwaltung entwicklungsbezogener Dokumentation kann z. B. dazu führen, dass das Wissen über kundeneigene Objekte und deren Funktion ausschließlich in den Köpfen der Personen vorhanden ist, die an dem jeweiligen Entwicklungsprojekt beteiligt waren. Wenn diese Personen aus dem Unternehmen ausscheiden, verlässt auch das Wissen das Unternehmen. Es besteht die Gefahr, dass der Überblick über die Anzahl und den Verwendungszweck der Eigenentwicklungen mit der Zeit verloren geht.

Change Management und Qualitätssicherung

Ein mangelhaftes Change Management, in dem z. B. neue Anforderungen, Anpassungen oder vermeintlich triviale Änderungen nicht ausreichend dokumentiert werden, kann diesen Effekt verstärken. Lücken in der Dokumentation erhöhen die Aufwände bei Anpassungen. Mitunter muss der Programmcode von Eigenentwicklungen aufwendig analysiert werden, um deren Funktion im Rahmen eines Upgrades zu erhalten.

Gleichermaßen führen auch Defizite bei der Qualitätssicherung zu langfristig höheren Aufwänden und Kosten. Durch eine statische Codeanalyse mit dem *ABAP Test Cockpit* kann dagegen die Einhaltung von Entwicklungsrichtlinien, Namenskonventionen und Leitlinien für qualitativ guten Programmcode forciert werden, die den Aufwand für spätere Änderungen maßgeblich reduzieren. Ebenso stärkt ein systematisches Testmanagement den Dokumentationsprozess und stellt sicher, dass Eigenentwicklungen gemäß der Spezifikation funktionieren und dass deren Qualität angemessen ist. Für die angesprochenen Themen sei auf die Szenarien Change Request Management (ChaRM) und Testmanagement des SAP Solution Managers verwiesen.

Das CCLM im SAP Solution Manager stellt Werkzeuge bereit, um die genannten Herausforderungen anzugehen. Kern des CCLM ist eine Bibliothek aller kundeneigenen Objekte der SAP-Systemlandschaft eines Unternehmens (siehe Abschnitt 12.4, »Bibliothek für kundeneigene Entwicklungen«). Die Objekte sowie zahlreiche zugehörige Informationen werden nahezu automatisiert aus den angeschlossenen SAP-Systemen ausgelesen und erlauben einen ersten Überblick über Anzahl, Umfang und Verwendung eigener Entwicklungen. Weiterführende Werkzeuge unterstützen anschließend konkrete Optimierungsprojekte:

- Mit dem *Qualitäts-Cockpit* können Sie Eigenentwicklungen qualitativ beurteilen und Ziele zur Qualitätssteigerung verfolgen (siehe Abschnitt 12.5).
- Das *Stilllegungs-Cockpit* unterstützt sie dabei, nicht verwendete Objekte zu identifizieren und zu entfernen (siehe Abschnitt 12.6).

Aufruf

In Abschnitt 12.3 bis Abschnitt 12.9 beschreiben wir die einzelnen Funktionen des CCLM. Sie finden diese, wie in Abbildung 12.1 gezeigt, im Menü **Verwaltung von kundeneigenen Entwicklungen** im SAP Solution Manager Launchpad.

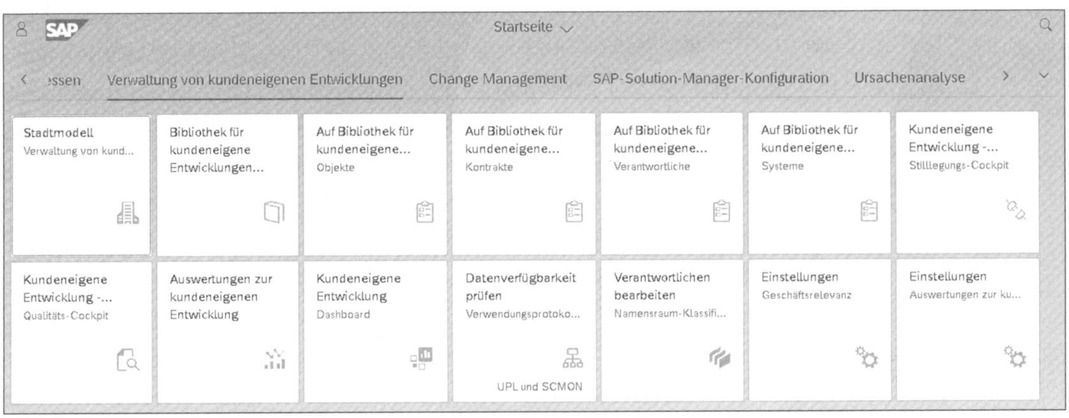

Abbildung 12.1 Verwaltung von kundeneigenen Entwicklungen

12.2 Grundvoraussetzungen für den Einsatz des Custom Code Lifecycle Managements

Bevor wir auf die einzelnen Werkzeuge eingehen, zeigen wir Ihnen im folgenden Abschnitt die wichtigsten vorbereitenden Schritte.

12.2.1 Verwendungsprotokollierung

Verwendete Technologien

Die *Verwendungsprotokollierung* (engl. *Usage Logging*) ist eine Funktionalität, die von mehreren Szenarien des SAP Solution Managers, insbesondere vom CCLM und der Änderungsanalyse mit dem Business Process Change Analyzer (BPCA), genutzt wird. Sie basiert auf den Technologien *Usage and Procedure Logging* (UPL) sowie deren Quasinachfolger *ABAP Call Monitor* (Transaktion SCMON). Diese Technologien sind – versionsabhängig – in jedem ABAP-System enthalten und dienen dazu, die im System tatsächlich verwendeten technischen Objekte aufzuzeichnen.

In diesem Abschnitt stellen wir kurz die Funktionsweise der beiden Technologien dar und zeigen Ihnen anschließend, wie Sie die Verwendungsprotokollierung als Grundvoraussetzung für das CCLM einrichten und für einzelne Systeme aktivieren.

Usage and Procedure Logging

Mit UPL ist es möglich, alle aufgerufenen und ausgeführten ABAP-Prozeduren wie ABAP-Programme, -Klassen, -Methoden und -Subroutinen aufzuzeichnen. Eingeschlossen sind auch dynamisch aufgerufene ABAP-Elemente. Bei dieser Datensammlung müssen keine Performanceeinbußen in Kauf genommen werden.

Architektur

UPL unterstützt alle ABAP-basierten SAP-Systeme. Die Logik für das UPL steckt in den Komponenten SAP_BASIS sowie ST-PI und im SAP-Kernel. UPL ersetzt nicht die Workload-Statistiken (Transaktion ST03N), sondern liefert zusätzliche Daten und schließt die bestehenden Lücken. Die vollen Reportingmöglichkeiten ergeben sich, indem die gesammelten Daten im SAP Business Warehouse (SAP BW) des SAP Solution Managers mit weiteren Informationen angereichert werden.

Datensammlung

UPL-Daten werden jeden Tag gesammelt und in einer eigenen Persistenzschicht des angebundenen Systems gesichert. Über Funktionen des Housekeepings können diese Daten mittels eines Jobs nach 14 Tagen (so die Standardeinstellung) aufgeräumt werden. Falls die Aktivierung des UPL über den SAP Solution Manager erfolgt ist, werden die Daten für eine unbegrenzte Zeit in einem UPL-InfoCube im SAP-BW-System des SAP Solution Managers vorgehalten und können für verschiedene Zeitspannen aggregiert werden.

ABAP Call Monitor

Verwendung und Einstiegspunkte

Der Einsatzbereich des ABAP Call Monitors (Transaktion SCMON) ist die Überwachung der Ausführung von ABAP-Code in einem SAP-System (z. B.

dem Aufruf von Methoden, Funktionsbausteinen etc.). Im Vergleich zu UPL besteht der Vorteil des ABAP Call Monitors darin, dass nicht nur Daten zu den aufgerufenen ABAP-Prozeduren, sondern auch Informationen zum aufrufenden Geschäftsprozess gesammelt werden. Der ABAP Call Monitor stellt somit nicht nur Informationen über aufgerufene ABAP-Prozeduren bereit, sondern auch über deren Einstiegspunkte. Somit kann der ABAP Call Monitor als umfangreicherer Nachfolger von UPL gesehen werden und dieses Werkzeug ersetzen. Auch bei Verwendung dieser Technologie wird die Systemleistung nicht beeinflusst.

[«]

Verfügbarkeit des ABAP Call Monitors

Der ABAP Call Monitor ist ab SAP NetWeaver 7.50 standardmäßig bzw. für SAP NetWeaver 7.00 oder höher über das Add-on ST-PI verfügbar.

Verwendungsprotokollierung einrichten

Sie können die Verwendungsprotokollierung in der **SAP-Solution-Manager-Konfiguration** im gleichnamigen Szenario einrichten. Die Konfiguration besteht aus automatischen Aktivitäten zur Grundkonfiguration und der Aktivierung der Protokollierung für einzelne Systeme. Abbildung 12.2 zeigt die beiden Bereiche.

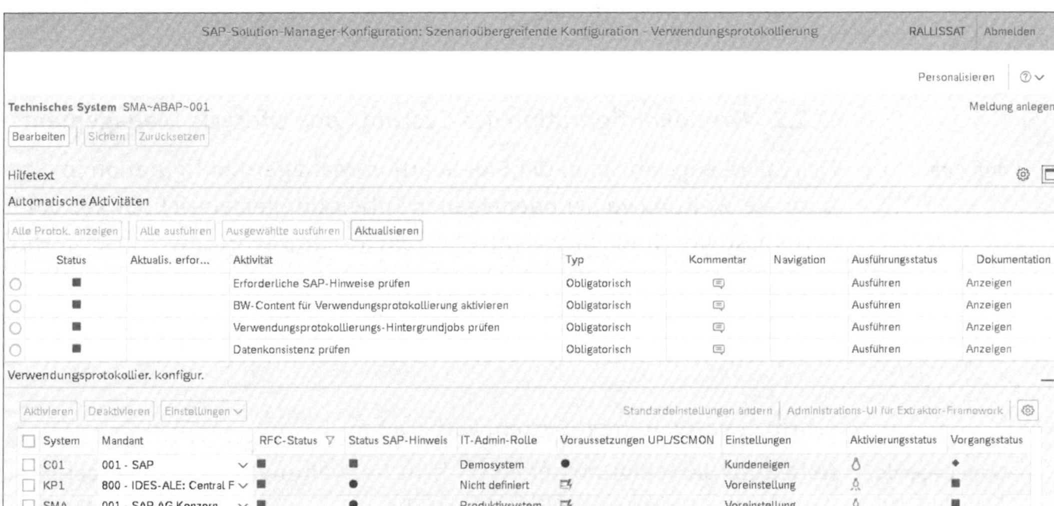

Abbildung 12.2 Konfiguration der Verwendungsprotokollierung

Im Bereich **Automatische Aktivitäten** wird das Szenario grundlegend vorbereitet. Dazu werden zunächst erforderliche SAP-Hinweise geprüft. So-

Automatische Grundkonfiguration

fern diese vorhanden sind, wird der BW-Content für die Verwendungsprotokollierung aktiviert. Anschließend werden für das Szenario relevante Hintergrundjobs geprüft, die bereits im Rahmen der Basiskonfiguration des SAP Solution Manager eingeplant wurden. Ferner prüft das System die Datenkonsistenz der InfoCubes für die Verwendungsprotokollierung. Sämtliche Aktivitäten kann das System automatisch ausführen, lediglich bei fehlenden Voraussetzungen (z. B. fehlende SAP-Hinweise) müssen Sie manuell eingreifen.

UPL/SCMON aktivieren

Im Bereich **Verwendungsprotokollierung konfigurieren** können Sie die Protokollierung für einzelne Systeme aktivieren und deaktivieren, indem Sie das System auswählen und die Schaltfläche **Aktivieren** wählen. Ob das jeweilige System die notwendigen Voraussetzungen erfüllt, wird in den Spalten **RFC-Status** und **Status SAP-Hinweis** angezeigt. Die Spalte **Voraussetzungen UPL/SCMON** zeigt zudem, welche der Protokollierungstechnologien auf dem ausgewählten System genutzt werden kann. Der **Aktivierungsstatus** gibt an, ob die Protokollierung für ein System bereits aktiviert wurde. Der **Vorgangsstatus** zeigt an, ob die letzte Datenextraktion erfolgreich war.

[+]

Verwendungsprotokollierung frühzeitig aktivieren

Wir empfehlen, die Verwendungsprotokollierung für alle relevanten Systeme frühzeitig zu aktivieren, sodass den Werkzeugen des CCLM Nutzungsdaten über eine möglichst große Zeitspanne vorliegen.

12.2.2 Grundkonfiguration des Custom Code Lifecycle Managements

Konfigurationsschritte

Das CCLM können Sie in der **SAP-Solution-Manager-Konfiguration** im Szenario **Verwaltung von kundeneigenen Entwicklungen** einrichten. Die dafür bereitgestellte Guided Procedure besteht aus drei Schritten: Zunächst wird der SAP Solution Manager als verwaltendes System vorbereitet. Im optionalen zweiten Schritt können Sie Vorlagebenutzer anlegen. Im dritten Schritt können Sie die Datensammlung für einzelne Systeme aktivieren.

Schritt 1: Verwaltendes System vorbereiten

Grundlegende Konfiguration

Abbildung 12.3 zeigt den ersten Schritt **Verwaltendes System vorbereiten**, der vollständig automatisiert ausgeführt werden kann. Sofern die Prüfung erforderlicher SAP-Hinweise erfolgreich war, wird die SAP-BW-Infrastruktur für das CCLM eingerichtet. Anschließend werden erforderliche Hintergrundjobs eingeplant und Services aktiviert.

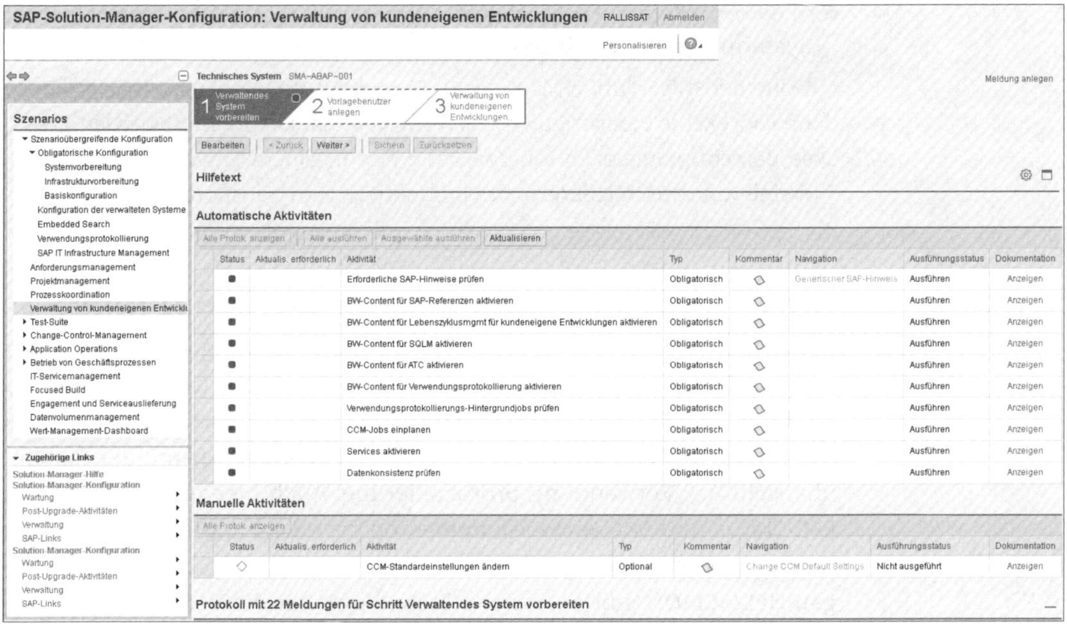

Abbildung 12.3 Verwaltendes System vorbereiten

Sofern Sie die Verwendungsprotokollierung nicht bereits wie in Abschnitt 12.2.1 beschrieben aktiviert haben, können Sie diese Schritte hier noch nachholen. Ferner bietet die manuelle Aktivität **CCM-Standardeinstellungen ändern** diverse Experteneinstellungen, um Standardwerte für die zu speichernden Zeitgranularitäten, periodische Aufgaben zur Datenbereinigung und die SCMON-Einstellungen zur Erfassung von Einstiegspunkten zu ändern.

Schritt 2: Vorlagebenutzer anlegen

Vorlagebenutzer

In diesem optionalen Schritt können die in Tabelle 12.1 aufgeführten Standardvorlagebenutzer angelegt bzw. aktualisiert werden. Dabei werden auch die entsprechenden Berechtigungsrollen zugeordnet. Der Platzhalter <SID> steht hier jeweils für die System-ID Ihres SAP-Solution-Manager-Systems.

Benutzername	Beschreibung
CC_ALL_<SID>	Endanwender*in für das CCLM
CC_ADM_<SID>	Administrator*in für das CCLM
CC_DIS_<SID>	Anzeigebenutzer für das CCLM

Tabelle 12.1 Vorlagebenutzer für das Custom Code Lifecycle Management

[»]

Systemrolle »Produktivsystem«

Sollte der SAP Solution Manager als Produktivsystem eingestellt sein, können dort keine Berechtigungsrollen angelegt oder aktualisiert werden. Diese Berechtigungsrollen müssen dann erst in einem Entwicklungssystem erstellt und anschließend in das Produktivsystem transportiert werden.

Schritt 3: Verwaltung von kundeneigenen Entwicklungen einrichten

Datensammlung aktivieren

In Schritt 3 können Sie die eigentliche Datensammlung für das CCLM für einzelne Systeme aktivieren (siehe Abbildung 12.4). Sofern ein System in der **Konfiguration der verwalteten Systeme** eingerichtet wurde, erscheint es in der Tabelle **Systemübersicht**. Der Aufbau ist vergleichbar mit der Systemübersicht der Verwendungsprotokollierung. Auch hier zeigen die Spalten **RFC-Status** und **SAP-Hinweisnummer**, ob grundlegende Voraussetzungen für die Datensammlung erfüllt sind. Der Wert in der Spalte **Voraussetzungen UPL/SCMON** gibt an, welche Technologie für die Verwendungsprotokollierung genutzt werden kann. **Aktivierungsstatus** und **Vorgangsstatus** zeigen an, ob bereits Daten gesammelt werden und ob die Datensammlung erfolgreich ist. Zusätzlich weist der **Funktionsumfang** darauf hin, ob die Datenextraktion teilweise oder vollständig erfolgt.

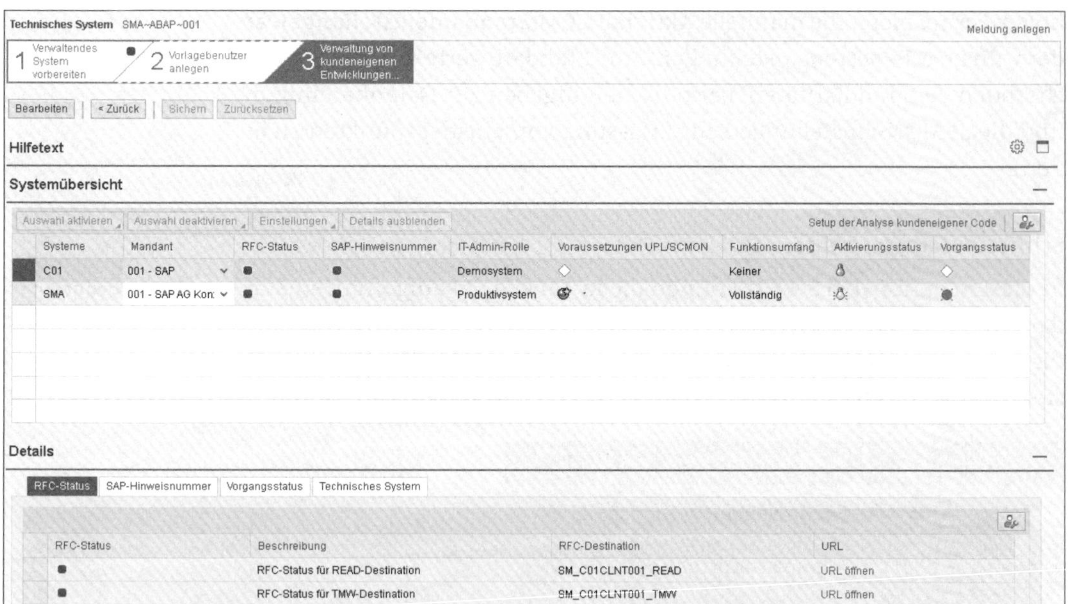

Abbildung 12.4 Verwaltung von kundeneigenen Entwicklungen einrichten

Um die Datensammlung für das CCLM zu aktivieren, können Sie die gewünschten Systeme einzeln auswählen und über die Schaltfläche **Auswahl aktivieren** die **vollständige Aktivierung** oder die **Expertenaktivierung** starten. Erstere aktiviert alle Analysejobs, Extraktoren und Kollektoren für das gewählte System.

Expertenaktivierung

Die **Expertenaktivierung** ermöglicht es Ihnen, die einzelnen Komponenten manuell auszuwählen, wie Abbildung 12.5 zeigt. Dies kann insbesondere zur Fehlerbehebung hilfreich sein, z. B. wenn ein Hintergrundjob oder ein Extraktor fehlschlagen ist und erneut aktiviert werden muss. Daneben ist diese Option nützlich, um sicherzugehen, dass nur benötigte Daten gesammelt werden.

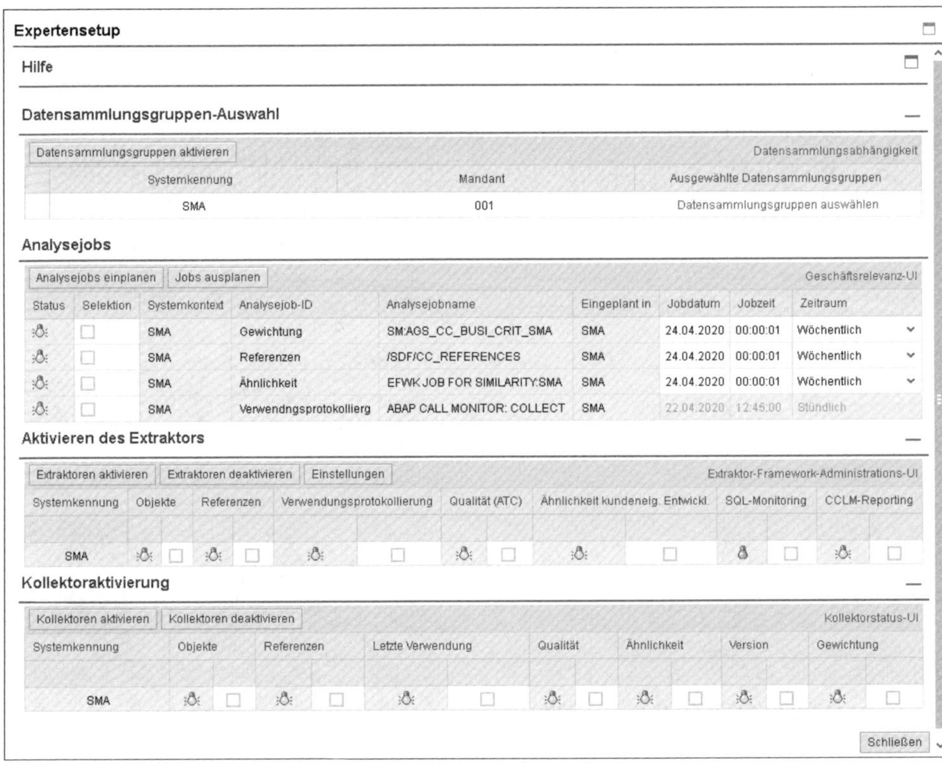

Abbildung 12.5 Expertenaktivierung

Datensammlungsgruppen

Eine Hilfestellung bei der Auswahl der Daten bieten die *Datensammlungsgruppen*. Im Bereich **Datensammlungsgruppen-Auswahl** können sie die Funktionen des CCLM auswählen, die Sie nutzen möchten (z. B. das Stilllegungs-Cockpit). Basierend auf Ihrer Auswahl werden dann automatisch nur die benötigten Jobs, Extraktoren und Kollektoren ausgewählt.

[+]

Alle relevanten Systeme erfassen

Je vollständiger die gesammelten Daten sind, desto mehr Nutzen lässt sich aus den einzelnen Funktionen des CCLM ziehen. Wir empfehlen daher, die Datensammlung für alle Systeme einer Landschaft zu aktivieren, d. h. zumindest Entwicklungs-, Qualitätssicherungs- und Produktivsystem. So wird z. B. auch transparent, welche Entwicklungen nie im Produktivsystem angekommen sind.

Ist dieser Konfigurationsschritt für die gewünschten Systeme erfolgreich abgeschlossen, werden die für das CCLM benötigten Daten gesammelt.

12.3 Stadtmodell

Das *Stadtmodell* vermittelt einen Überblick über die kundeneigenen Entwicklungen eines oder mehrerer Systeme (siehe Abbildung 12.6). Sie erreichen diese Ansicht über die gleichnamige Kachel im Menü **Verwaltung von kundeneigenen Entwicklungen** des SAP Solution Manager Launchpads.

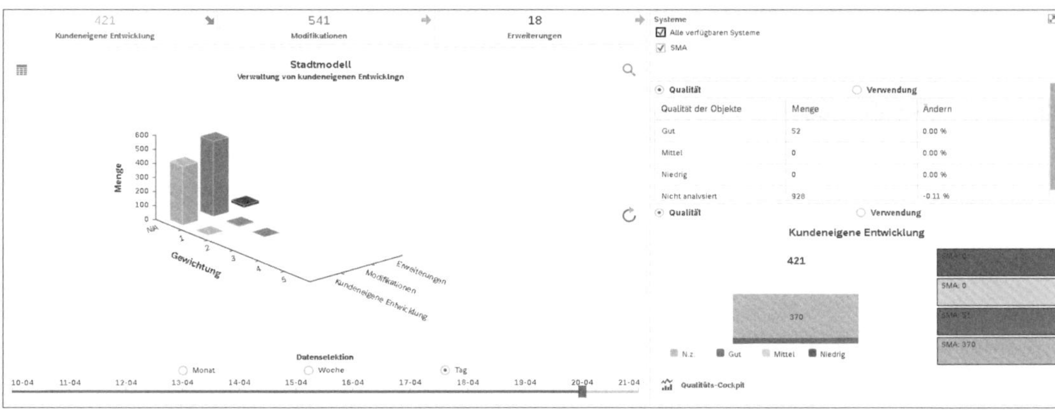

Abbildung 12.6 Stadtmodell

Dimensionen des Stadtmodells

Das titelgebende Diagramm, das an die Skyline einer Stadt erinnert, gruppiert die gesammelten Entwicklungsobjekte in die Dimensionen Schweregrad, Gewichtung und Menge:

- Der *Schweregrad* gibt an, ob ein Objekt eine Erweiterung, eine Modifikation oder eine kundeneigene Entwicklung ist. Abhängig davon unterscheidet sich der Aufwand für die Verwaltung der jeweiligen Eigenentwicklung.

- Die *Gewichtung* eines Objekts wird pro System anhand verschiedener Kriterien (Anzahl der Nutzer*innen, Verwendungshäufigkeit, Laufzeit, Datenwachstum, Tabellenverwendung) ermittelt. Aus der Ergebnisliste einer Abfrage der Verwendungshäufigkeit kundeneigener Objekte werden z. B. die obersten und untersten 10 % der erhaltenen Datensätze ausgewählt, um sowohl besonders häufig genutzte als auch sehr selten genutzte Objekte zu markieren. Da mehrere Kriterien auf ein Objekt zutreffen können (z. B. besonders häufig und von vielen verschiedenen Nutzer*innen verwendet), wird eine Gewichtung vorgenommen. Ein Objekt, das in mehreren Kategorien als kritisch identifiziert wird, wird somit höher gewichtet. Die Objekte werden abschließend mit einer Kritikalität von 1 (niedrig) bis 5 (sehr kritisch) bewertet.

  Für die Parameter der Gewichtung bzw. Kritikalitätsanalyse liegen Standardeinstellungen vor, die jedoch angepasst werden können. Sie erreichen die Einstellungen über die im Standard ausgeblendete Kachel **Einstellungen – Geschäftsrelevanz**.
- Die Dimension *Menge* zeigt die Anzahl der Elemente je Schweregrad und Kritikalität.

Kennzahlen und Statistiken

Oberhalb des Diagramms finden Sie die Gesamtzahl der kundeneigenen Entwicklungen, Modifikationen und Erweiterungen. Pfeile geben hier jeweils einen Trend im Vergleich zum vorherigen Auswertungszeitraum an.

Die rechte Seite der Auswertung enthält Statistiken zur Qualität und die Verwendung der angezeigten Objekte. Die Daten zur Qualität werden aus Ergebnissen von Prüfläufen des ABAP Test Cockpits im jeweiligen System abgeleitet und stehen entsprechend nur zur Verfügung, wenn dieses Cockpit genutzt wird. Die Angaben zur Verwendung werden aus den Daten der Verwendungsprotokollierung sowie der Workload-Statistik des jeweiligen Systems ermittelt.

System auswählen

Im Bereich **Systeme** können Sie Systeme anhand ihrer System-ID auswählen, auf die sich die Auswertungen beziehen. Über die Auswahlflächen und den Schieberegler unterhalb des Diagramms können Sie den Zeitraum der Analyse (Monat, Woche oder Tag) auswählen. Das Diagramm im linken Bereich und die weiteren Auswertungen passen sich Ihrer Auswahl entsprechend an. Auf diese Weise können Sie Änderungen im Zeitverlauf erkennen.

Custom Code City

Das Stadtmodell liefert somit einen schnellen Überblick über die Menge und Qualität der kundeneigenen Objekte und erlaubt auch historische Betrachtungen. SAP führt die Stadtmetapher der *Custom Code City* noch weiter: Optimierungsmaßnahmen, z. B. das Stilllegen nicht benötigter Objekte, verbessern die Architektur der Stadt, indem die Anzahl der kritischen oder qualitativ minderwertigen Objekte reduziert wird.

12.4 Bibliothek für kundeneigene Entwicklungen

Die *Bibliothek für kundeneigene Entwicklungen* ist die Kernanwendung des CCLM. In ihr werden Daten zu sämtlichen kundeneigenen Objekten aller Systeme erfasst, die Sie über die Konfiguration in Abschnitt 12.2, »Grundvoraussetzungen für den Einsatz des Custom Code Lifecycle Managements«, eingerichtet haben. Die Bibliothek für kundeneigene Entwicklungen dient den Auswertungen und Anwendungen des CCLM als zentrale Datenquelle.

Mit den in diesem Kapitel vorgestellten Werkzeugen können Sie auf die Bibliothek zugreifen, um einen Überblick über die Gesamtheit der kundeneigenen Objekte zu gewinnen und erste Aussagen zu Anzahl, Umfang und Verwendung von Eigenentwicklungen zu treffen. Ebenso können Sie die Informationen in der Bibliothek über vordefinierte und kundeneigene Attribute ergänzen, um zum Beispiel Verantwortlichkeiten für bestimmte Objekte festzulegen. Sämtliche Anwendungen, mit denen Sie auf die Bibliothek zugreifen und diese bearbeiten, finden Sie im Menü **Verwaltung von kundeneigenen Entwicklungen** im SAP Solution Manager Launchpad.

12.4.1 Bibliotheksdefinition und Attribute

Sofern bereits Daten zu den Eigenentwicklungen in Ihren Systemen gesammelt wurden, können Sie diese direkt einsehen. Vorab sollten Sie sich jedoch mit den Attributen vertraut machen, die für jedes Objekt gesammelt oder erfasst werden können. Um diese anzusehen und zu erweitern, können Sie die Bibliotheksdefinition über die Kachel **Bibliothek für kundeneigene Entwicklungen definieren** starten.

Bibliotheksdefinition

Die Bibliotheksdefinition ist auf vier Registerkarten aufgeteilt, eine für jedes der zentralen Elemente der Bibliothek:

- Die Registerkarte **Objekte** enthält die eigentlichen kundeneigenen Objekte, die aus Ihren Systemen ausgelesen werden.
- Die Registerkarte **Systeme** dokumentiert die angeschlossenen Systeme, die den Objekten zugeordnet sind.

- *Verantwortliche* und *Verträge* können den Objekten manuell zugeordnet werden. Die gleichnamigen Registerkarten bieten Möglichkeiten, um Objekte zu Personen bzw. Organisationseinheiten zuzuweisen.

Attribute ansehen und bearbeiten

Auf den Registerkarten können Sie jeweils die Attribute der genannten Elemente einsehen. Die Spalte **Bearbeitbar** zeigt dabei an, ob es sich um ein Attribut handelt, das Sie in der Objektliste manuell pflegen bzw. verändern können, oder ob das Attribut automatisch erstellt wird, z. B. indem die entsprechenden Daten aus dem Objekt ausgelesen werden (siehe Abbildung 12.7). Über die Schaltfläche **Attribut anlegen** können Sie für jedes der Elemente eigene Attribute anlegen.

Abbildung 12.7 Bibliotheksdefinition

12.4.2 Liste kundeneigener Objekte

Die *Liste kundeneigener Objekte* zeigt die gesammelten Entwicklungsobjekte aller Systeme an und ist somit das zentrale Werkzeug für die Arbeit mit der Bibliothek für kundeneigene Entwicklungen. Sie erreichen die Anwendung über die Kachel **Auf Bibliothek für kundeneigene Entwicklungen zugreifen – Objekte**. Abbildung 12.8 zeigt deren Oberfläche nach dem Öffnen. Hier können Sie den gesamten Datenbestand nach allen in der Bibliotheksdefinition vorgegebenen Attributen filtern und sortieren.

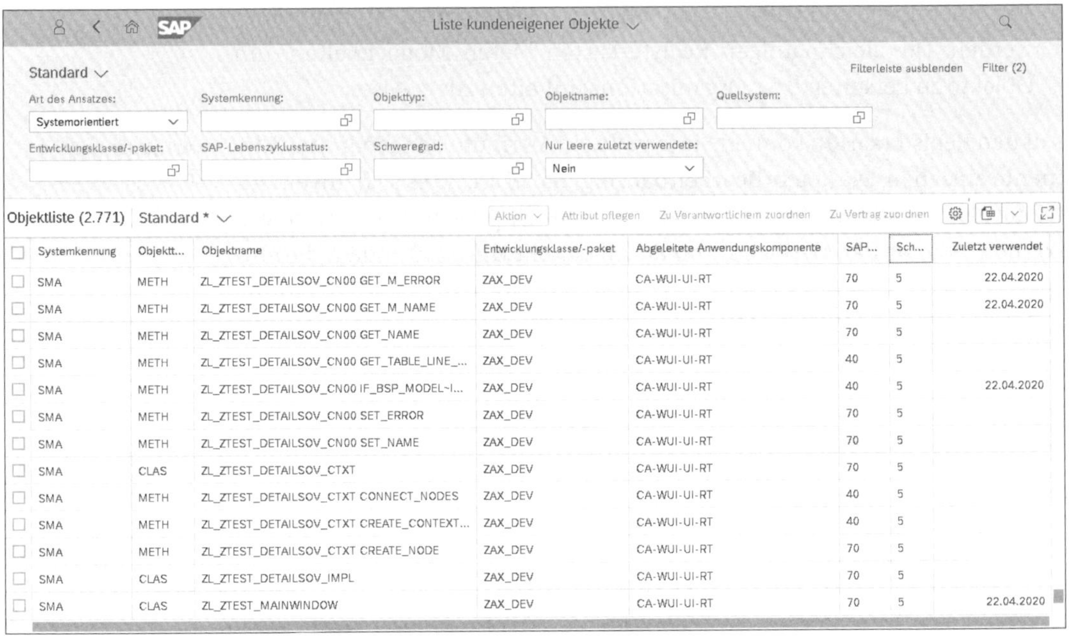

Abbildung 12.8 Liste kundeneigener Objekte

Objekte filtern und sortieren

Nutzen Sie die Filterleiste im oberen Bereich der Oberfläche, um nach Attributen zu filtern. Die Filter lassen sich beliebig kombinieren. Zusätzlich können Sie über den Link **Filter** weitere Attribute zur Filterleiste hinzufügen. Über den Filter **Art des Ansatzes** legen Sie fest, ob die angezeigten Ergebnisse **Systemorientiert** oder **Objektorientiert** dargestellt werden.

Die **Objektliste** im unteren Bereich der Oberfläche stellt alle Objekte dar, die den aktuellen Filtereinstellungen entsprechen. Über das Zahnradsymbol (⚙) können Sie zusätzliche Attribute als Spalten in die Tabelle aufnehmen und zudem nach ausgewählten Spalten sortieren. Eine auf diese Weise angelegte Tabelle können Sie über das Drop-down-Feld neben der Überschrift **Objektliste** speichern. Ebenso können Sie die Objektliste jederzeit exportieren, um das Ergebnis mit anderen Werkzeugen weiter zu bearbeiten.

[+]

Mehr Daten anzeigen

Im Standard werden nur Daten zu wenigen der verfügbaren Attribute angezeigt. Um einen Überblick über alle gesammelten Daten zu erhalten, klicken Sie auf das Zahnradsymbol (⚙) und wählen in der Objektliste alle Attribute aus. Zwar ist die daraus resultierende Tabelle nicht gerade übersichtlich, Sie können auf diese Weise aber schnell ermitteln, welche Spalten für Sie relevant sind und welche wieder ausgeblendet werden können. Ausgehend von dieser Einstellung können Sie außerdem sämtliche Daten exportieren und z. B. in Microsoft Excel weiterverarbeiten.

Details zu einem Entwicklungsobjekt

Ein Klick auf ein einzelnes Entwicklungsobjekt führt Sie zu einem Datenblatt, das alle verfügbaren Informationen zu dem Objekt enthält. In der objektorientierten Sicht wird Ihnen vorab eine Übersicht ausgegeben, in welchen Systemen das jeweilige Objekt existiert.

Sie können auch mehrere Objekte auswählen und gleichzeitig bearbeiten, z. B. um Attribute, Verantwortlichkeiten oder Verträge über die entsprechenden Schaltflächen auf der rechten Seite zu pflegen. Die Bibliothek ist damit nicht nur eine Datenquelle, sondern eignet sich auch für die aktive Arbeit mit Entwicklungsobjekten, z. B. indem Sie Verantwortliche aus den Fachbereichen oder externe Entwickler*innen zuordnen.

[«]

Kundeneigene Aktion anlegen

Mit der Schaltfläche **Aktionen** können Sie auch kundeneigene Aktionen ausführen. Um eine solche kundeneigene Aktion anzulegen, müssen Sie das Business Add-in (BAdI) `AGS_CUSTOM_CODE_ACTION` implementieren. Nähere Informationen dazu finden Sie im Kapitel »Define customer specific actions on custom code objects« in der von der SAP bereitgestellten Dokumentation zum CCLM unter *http://s-prs.de/v561523*

12.4.3 Verantwortliche und Verträge

Die Bibliothekselemente Verantwortliche und Verträge sind Möglichkeiten, Entwicklungsobjekte zu Personen oder Organisationseinheiten zuzuordnen. Auf diese Weise können Sie die technischen Informationen zu den Entwicklungsobjekten um Angaben zu Verantwortlichkeiten ergänzen. Verantwortliche sind dabei als diejenigen Personen aus den Fachbereichen definiert, die die Geschäftsanforderung erstellt haben, die zur Entwicklung eines kundeneigenen Objekts geführt hat. Ein Vertrag im Sinne des CCLM ist eine Organisation, die für das Entwicklungsobjekt verantwortlich ist. So können z. B. aktive Entwicklung und Wartung gekennzeichnet werden. Aber auch Offshore-Konstrukte und das Outsourcing von Entwicklungen können auf diese Weise in der Bibliothek abgebildet werden.

Für die beiden Elemente gibt es jeweils eine eigene Oberfläche, in der Sie die entsprechenden Objekte anlegen, bearbeiten oder löschen können. Sie erreichen diese Anwendungen über die Kacheln **Verantwortliche** bzw. **Kontrakte** im SAP Solution Manager Launchpad. Abbildung 12.9 zeigt beispielhaft die Anwendung zur Verwaltung der Verantwortlichen.

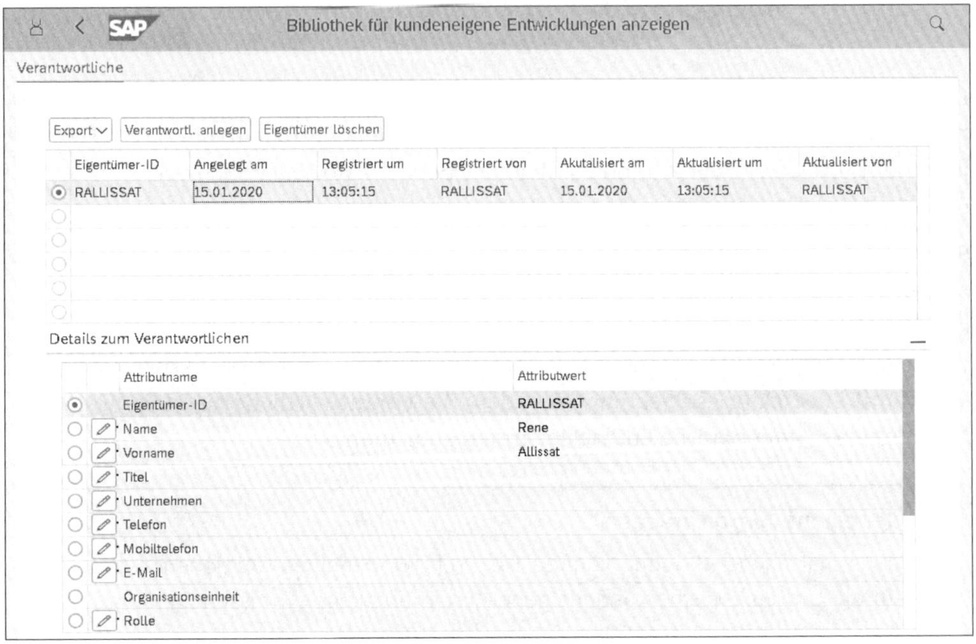

Abbildung 12.9 Verantwortliche verwalten

Verantwortliche/ Verträge zuordnen

Nachdem Sie Verantwortliche oder Verträge angelegt haben, können Sie diese in der Liste kundeneigener Objekte zuordnen, indem Sie die gewünschten Objekte auswählen und die entsprechende Schaltfläche nutzen.

Die Liste kundeneigener Objekte können Sie nach Verantwortlichen und Verträgen filtern und sortieren, um einen Überblick über die Zuordnungen zu erhalten.

12.5 Qualitäts-Cockpit

Die *statische Codeanalyse* ist ein grundlegendes Element der Softwarequalitätssicherung. Noch bevor ein Programm oder Programmteil ausgeführt wird, kann dessen Code formalen Prüfungen unterzogen werden, die nicht nur Syntaxfehler aufdecken, sondern z. B. auch die Einhaltung von Standards wie Namenskonventionen sicherstellen oder potenzielle Sicherheitslücken aufzeigen.

ABAP Test Cockpit

Im SAP- bzw. ABAP-Umfeld wird für derartige Prüfungen das ABAP Test Cockpit (Transaktion ATC) genutzt. Es bietet umfassende Möglichkeiten, Prüfläufe aufzusetzen sowie die gefundenen Ergebnisse zu verwalten und zu bearbeiten. So ist z. B. auch ein Prozess für Ausnahmen integriert, um Abweichungen von einer gewünschten Programmqualität freizugeben und zu dokumentieren. Ebenso ist die Integration in Entwicklungswerkzeuge wie die *ABAP Development Tools* in Eclipse möglich.

Code Inspector

Für statische Analysen nutzt das ABAP Test Cockpit die Prüfungen des *Code Inspectors* (Transaktion SCI). Hier können die gewünschten Prüfungen ausgewählt und zu eigenen *Prüfvarianten* zusammengestellt werden. Zum Beispiel können Entwicklungsrichtlinien zur Einhaltung von Namenskonventionen oder Sicherheitsanforderungen in einer Prüfvariante abgebildet werden. SAP stellt zudem Prüfungen bereit, die bei der Vorbereitung von SAP-S/4HANA-Projekten unterstützen.

Qualitätsprojekte

Mit dem *Qualitäts-Cockpit* können Sie die Ergebnisse der ATC-Prüfläufe im CCLM in Form von *Qualitätsprojekten* anzeigen und aufbereiten. Auf diese Weise können Sie Qualitätsverbesserungen im Zeitverlauf visualisieren und den Fortschritt von Optimierungsprojekten verfolgen.

Sie starten das Qualitäts-Cockpit über die entsprechende Kachel im Menü **Verwaltung von kundeneigenen Entwicklungen** im SAP Solution Manager Launchpad. Nach dem Aufrufen gibt Ihnen das Qualitäts-Cockpit im oberen Bereich der Oberfläche eine Übersicht über die aktuellen Qualitätsprojekte, unterteilt nach Status und Anzahl der kritischen bzw. zu verbessernden Objekte (siehe Abbildung 12.10).

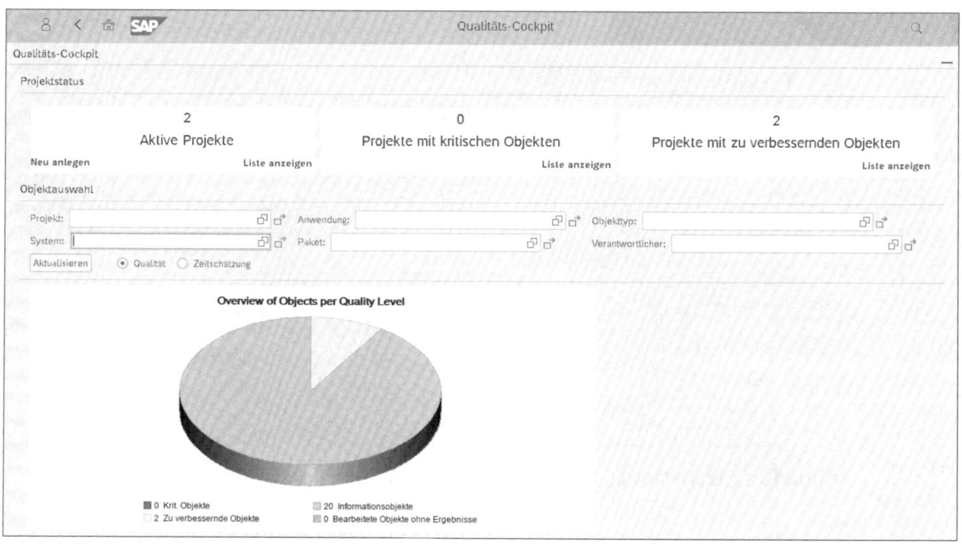

Abbildung 12.10 Qualitäts-Cockpit

Über die Schaltfläche **Liste Anzeigen** können Sie die Projekte im jeweiligen Status in Form einer Liste aufrufen. Über die Schaltfläche **Neu anlegen** können Sie ein neues Qualitätsprojekt anlegen.

Qualität und Zeitschätzung

Im unteren Bereich wird ein Diagramm zur Objektqualität (Option **Qualität**) oder **Zeitschätzung** angezeigt, das Sie bei Bedarf anpassen können, indem Sie in der Filterleiste darüber z. B. nur bestimmte Entwicklungspakete auswählen. Die Grafik bezieht sich dabei immer auf die Objektauswahl.

Qualitätsprojekt anlegen

Abbildung 12.11 zeigt die Anlagemaske für ein neues Qualitätsprojekt. Geben Sie hier den Projektnamen, eine Beschreibung und eine verantwortliche Person an. Außerdem können Sie hier optional prozentuale Zielschwellenwerte als Messkriterium für den Projekterfolg festlegen. So würde ein Wert von 100 % im Feld **Zielschwellenwerte für zu verbessernde Fehler** beispielsweise bedeuten, dass alle gefundenen Fehler behoben werden müssen, um das Ziel zu erreichen.

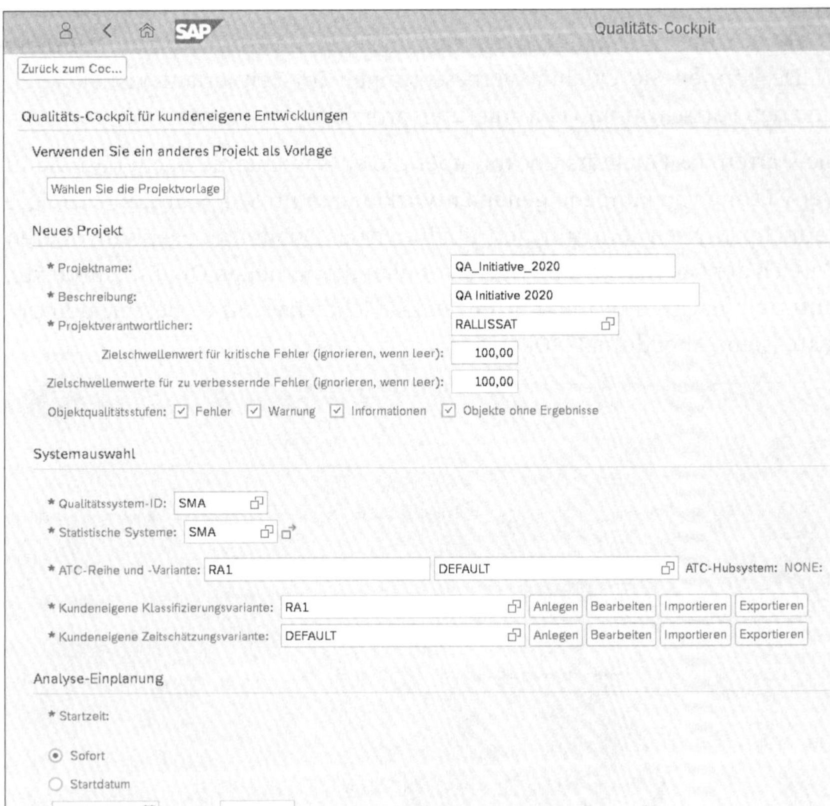

Abbildung 12.11 Neues Qualitätsprojekt anlegen

In der **Systemauswahl** geben Sie anschließend das Quellsystem an, in dem die ATC-Prüfungen ausgeführt werden. Zusätzlich können Sie statistische Systeme auswählen, aus dem die Verwendungsdaten der jeweiligen Objekte gelesen werden; dies ist typischerweise das jeweilige Produktivsystem. Anschließend können Sie die ATC-Reihe und Prüfvariante auswählen, die Sie für Ihr Projekt verwenden möchten. Sofern Ihr ATC-Prüfsystem nicht dem Qualitätssystem entspricht (Remote-Analyse), können Sie es als **ATC-Hubsystem** auswählen.

Klassifizierung und Zeitschätzung

Über Klassifizierungs- und Zeitschätzungsvarianten können Sie die Bedeutung der rückgemeldeten Ergebnisse an Ihre Anforderungen anpassen:

- In der *Klassifizierungsvariante* legen Sie fest, welche ATC-Fehlerarten und Fehlercodes für Sie kritisch sind oder Verbesserungen des Codes erfordern und welche Rückmeldungen des ABAP Test Cockpits für Sie lediglich eine Information darstellen.
- In der *Zeitschätzungsvariante* können Sie für die verschiedenen Rückmeldevarianten des ABAP Test Cockpits Aufwandsschätzungen hinterlegen, um die voraussichtlichen Aufwände für die Verbesserung von Eigenentwicklungen kalkulieren zu können.

Abschließend legen Sie im Block **Analyse-Einplanung** fest, wann der Analysejob erstmalig gestartet werden soll und wie häufig anschließend Ihr Projekt mit den neuen Ergebnissen der ATC-Reihe und -Variante aktualisiert werden soll.

Qualitätsprojekte anzeigen

Bestehende Projekte können Sie über den Link **Liste anzeigen** auf der Startseite des Qualitäts-Cockpits aufrufen. Sie gelangen dann zu einer Liste der Projekte der gewählten Kategorie (siehe Abbildung 12.12). Für jedes Projekt werden grundlegende Informationen angezeigt. Über die entsprechenden Schaltflächen können Sie hier z. B. die Analysejobs einsehen, aktivieren und deaktivieren.

ATC-Monitoring

Rechts über der Projektliste finden Sie den Link **ATC-Monitoring**. Hierüber können Sie Statistiken und Details zu ATC-Ergebnissen projektunabhängig aufrufen (siehe Abbildung 12.13).

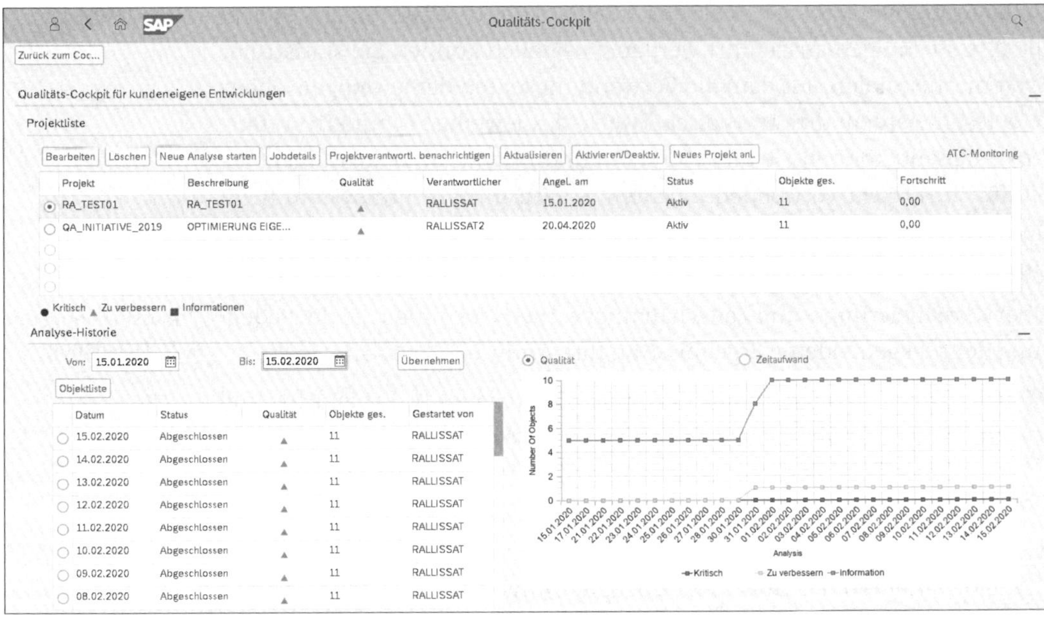

Abbildung 12.12 Projektliste und Analysehistorie

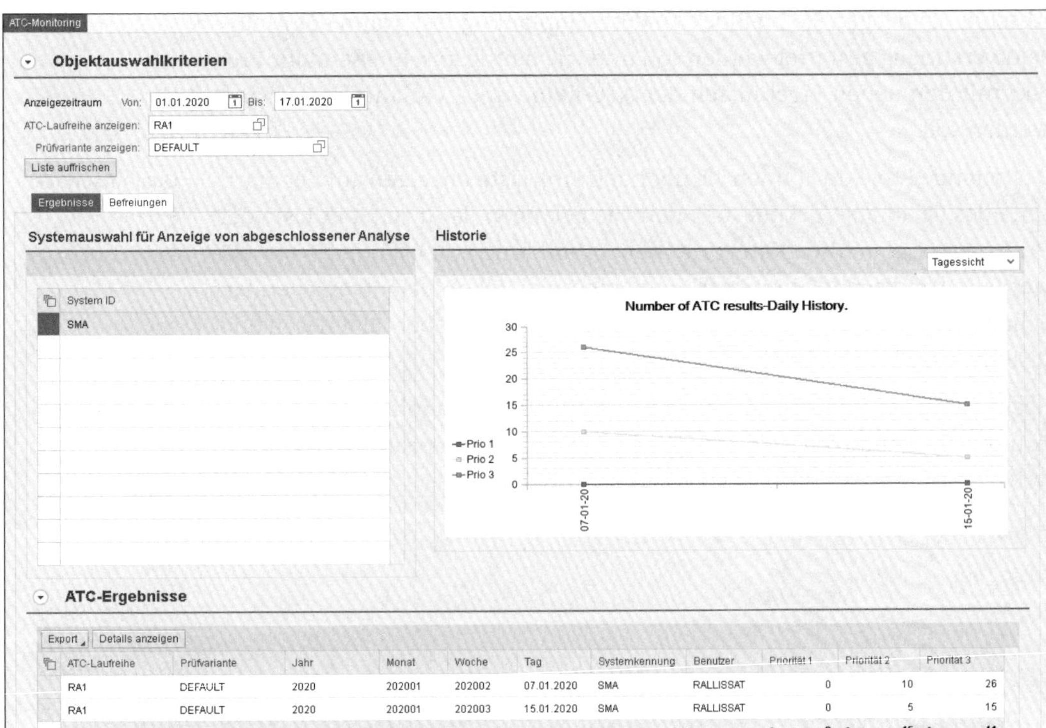

Abbildung 12.13 ATC-Monitoring

Objektliste

Unterhalb der Projektliste des Qualitäts-Cockpits finden Sie die **Analyse-Historie** (siehe Abbildung 12.12). Hier werden die Ergebnisse der ATC-Läufe als Liste und in einer Grafik angezeigt. Sie können die angezeigten Daten über das Start- und Enddatum einschränken. In der Grafik können Sie zwischen den Ansichten **Qualität** und **Zeitaufwand** umschalten.

Wählen Sie in der Liste der Analyseergebnisse eine Zeile aus, um die Objektstatistik im unteren Bereich des Cockpits einzublenden. In der **Objektliste** können Sie alle analysierten Objekte anzeigen lassen, einschließlich der ATC-Ergebnisse für jedes Objekt (siehe Abbildung 12.14).

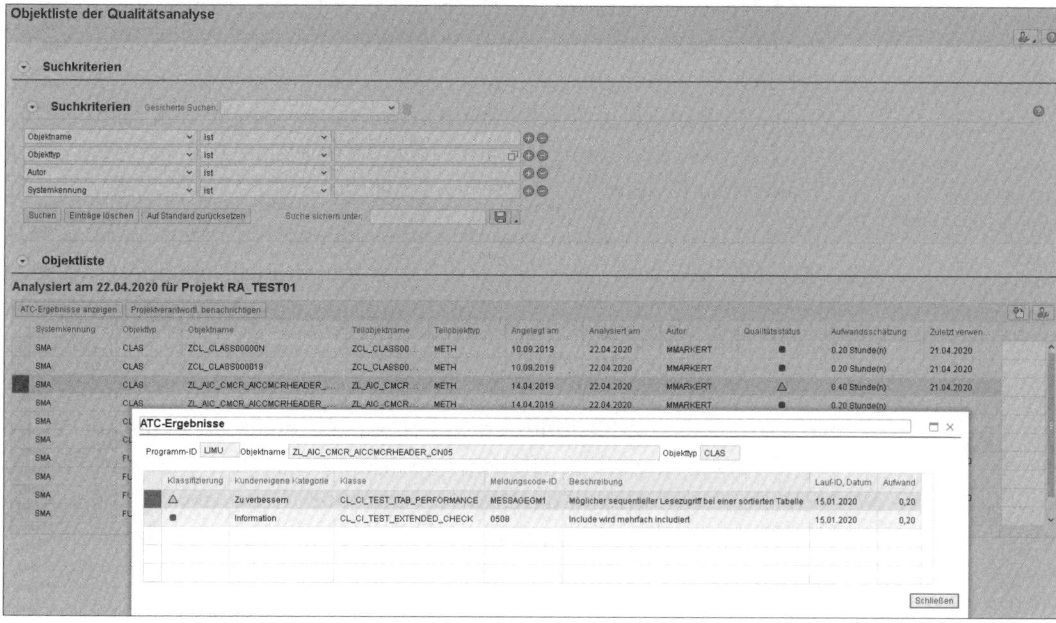

Abbildung 12.14 Objektliste eines Qualitätsprojekts

12.6 Stilllegungs-Cockpit

Obsolete Eigenentwicklungen

Die Gründe, aus denen eine Eigenentwicklung nicht länger verwendet wird, sind vielfältig. Gerade in »historisch gewachsenen« ERP-Systemen, die mitunter seit Jahrzehnten im Einsatz sind, hat SAP über neue Versionen und Enhancement Packages anfängliche funktionale Lücken geschlossen, die in der Vergangenheit über Eigenentwicklungen ausgeglichen wurden. Auch Änderungen an Geschäftsprozessen, Gesetzesänderungen und unternehmensinterne und -externe Einflüsse können dazu führen, dass einst benötigte Programme ersetzt oder schlicht nicht mehr verwendet werden. In der Praxis existiert dabei selten ein konsequentes Lebenszyklusmanagement für die kundeneigenen Entwicklungen. Oft verbleiben ungenutzte Objekte in den Systemen, und bei unzureichender Dokumentation geht das Wissen, ob und wozu bestimmte Programme und Objekte verwendet werden, schnell verloren.

Identifizieren und Beobachten

Das *Stilllegungs-Cockpit* unterstützt Sie dabei, kundeneigene Objekte zu identifizieren, die nicht mehr verwendet werden. Die in diesem Cockpit bereitgestellten Analysen und Werkzeuge sind in eine Methodik eingebettet, bei der jedem Objekt, das untersucht wird, ein Lebenszyklusstatus zugewiesen wird. Damit wird sichergestellt, dass die Analyse der Objekte – deren Zahl nicht selten in die Tausende geht – schrittweise und planvoll erfolgt. Mutmaßlich obsolete Objekte können über einen längeren Zeitraum beobachtet werden. In diesem Zeitraum zeigt das Stilllegungs-Cockpit an, ob ein Objekt wider Erwarten doch verwendet wird.

Insbesondere im Vorfeld von Upgrades oder als Vorbereitung von SAP-S/4HANA-Projekten kann das gezielte Entfernen nicht benötigter Objekte einen großen positiven Einfluss auf Aufwände und Kosten haben. Jedes Objekt, das im Rahmen des Upgrades nicht geprüft werden muss, reduziert die Aufwände während eines Upgrades bzw. im laufenden Betrieb der Lösung.

Sie starten das Stilllegungs-Cockpit über die entsprechende Kachel im Menü **Verwaltung kundeneigener Entwicklungen** im SAP Solution Manager Launchpad. Der Aufbau der Einstiegsseite ähnelt dem des Qualitäts-Cockpits. Im oberen Bildschirmbereich sehen Sie eine Übersicht der vorhandenen Analyseprojekte, sortiert nach Status (siehe Abbildung 12.15). Von dieser Übersicht gelangen Sie jeweils in die detaillierte Projektsicht. Über die Schaltfläche **Neue Analyse anlegen** legen sie eine neue Analyse an.

Statistik

Im unteren Bereich der Seite finden Sie eine Statistik, wie viele Objekte sich in den verschiedenen Analysestatus befinden. Über die **Objektauswahlkriterien** können Sie diese Statistik z. B. auf einzelne Objekttypen wie etwa Reports einschränken. Im Bereich **Verwendung kundeneig. Entw.** können Sie über die Schaltfläche **Statistik abrufen** eine Übersicht aller kundeneigenen Objekte Ihrer Systeme aufrufen.

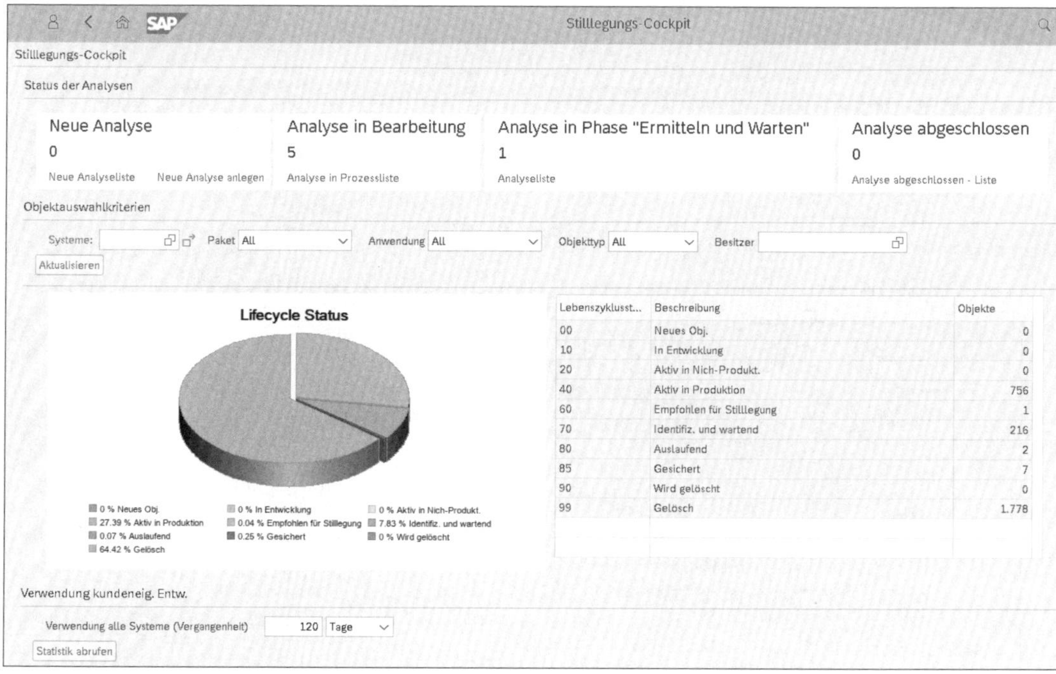

Abbildung 12.15 Stilllegungs-Cockpit

Neue Analyse erstellen

Abbildung 12.16 zeigt die Anlagemaske für eine neue Analyse, die Sie über die Schaltfläche **Neue Analyse anlegen** öffnen. Neben grundlegenden Informationen geben Sie hier ein Stilllegungsziel, die zu analysierenden Systeme, die Analyseperiode und Wartezeit an. Mit dem Stilllegungsziel (**Stillzulegendes Zielsystem**) können Sie den Erfolg des Projekts messen. Das Ziel kann entweder als Anzahl der stillzulegenden Objekte oder als prozentualer Wert von der Gesamtzahl der Objekte definiert werden.

Bei den zu analysierenden Systemen werden **Entwicklungssysteme** und **Statistische Systeme** unterschieden. Letztere sind Qualitätssicherungs- und Produktivsysteme, in denen die Nutzungsdaten der Objekte ausgewertet werden sollen.

Die **Analyseperiode** gibt den Zeitraum an, in dem die Nutzung der Objekte in die Analyse einbezogen wird. Die **Wartezeit** bestimmt, wie lange mutmaßlich ungenutzte Objekte dahingehend überwacht werden sollen, ob sie wider Erwarten doch noch verwendet werden.

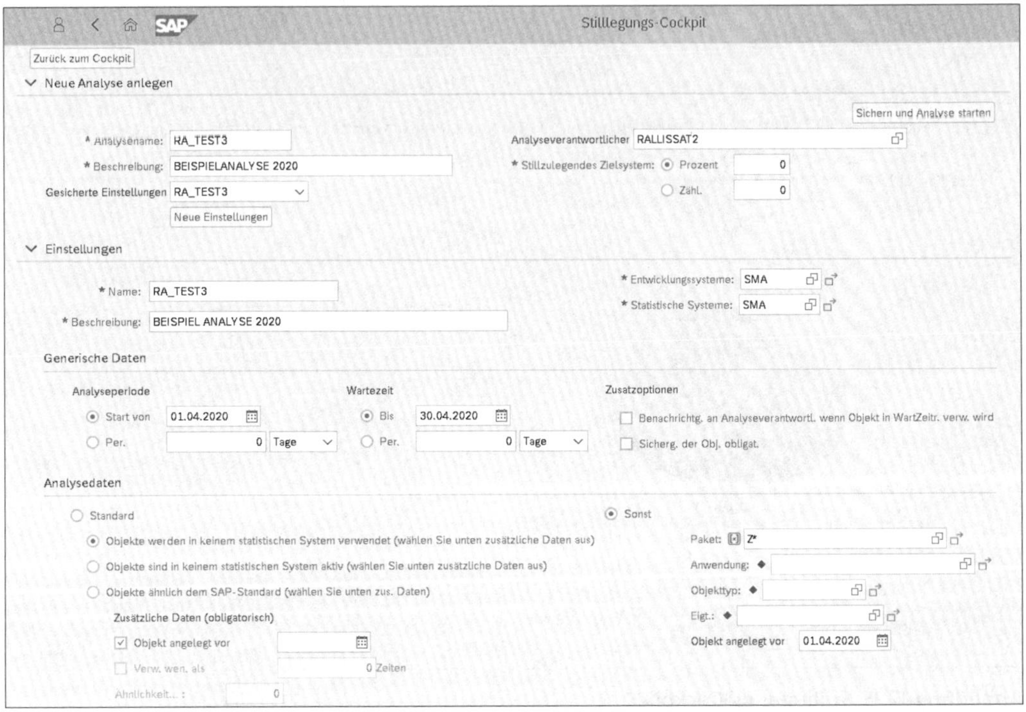

Abbildung 12.16 Neue Analyse im Stilllegungs-Cockpit anlegen

Analysemodi

Im Block **Analysedaten** legen Sie die Art der Analyse fest. Es gibt vier Modi:

- **Objekte werden in keinem statistischen System verwendet**
  Dieser Modus findet Objekte, die im Entwicklungssystem und im statistischen System vorhanden sind und keine Verwendungsdaten im statistischen System aufweisen, d. h. mutmaßlich nicht verwendet werden.
- **Objekte sind in keinem statistischen System aktiv**
  Dieser Modus findet Objekte, die im Entwicklungssystem, nicht aber in den statistischen Systemen vorhanden sind.
- **Objekte ähnlich dem SAP-Standard**
  Dieser Modus hilft z. B. dabei, vom Standard abgeleitete Objekte zu finden, die nur minimal angepasst wurden. Dazu können Sie einen prozentualen Wert für die Ähnlichkeit angeben, z. B. 90 %.
- **Sonst**
  Diese Sicht ermöglicht eine eigene Auswahl der zu analysierenden Objekte. Sie können hier z. B. das Entwicklungspaket oder den Objekttyp angeben.

Nachdem Sie alle Einstellungen vorgenommen haben, wählen Sie die Schaltfläche **Sichern und Analyse starten**, um die Analyse auszuführen.

Projekt aufrufen

Auf dem Einstiegsbildschirm finden Sie nun das Stilllegungsprojekt in der Übersicht **Analyse in Bearbeitung** (siehe Abbildung 12.15). Wählen Sie den Link **Analyse in Prozessliste**, um zur Projektsicht in Abbildung 12.17 zu wechseln. Hier sehen Sie alle Projekte in der von Ihnen ausgewählten Phase. Sobald Sie ein Projekt auswählen, wird in den Objektstatistiken angezeigt, wie viele Objekte gefunden wurden und in welchem Status sich diese befinden.

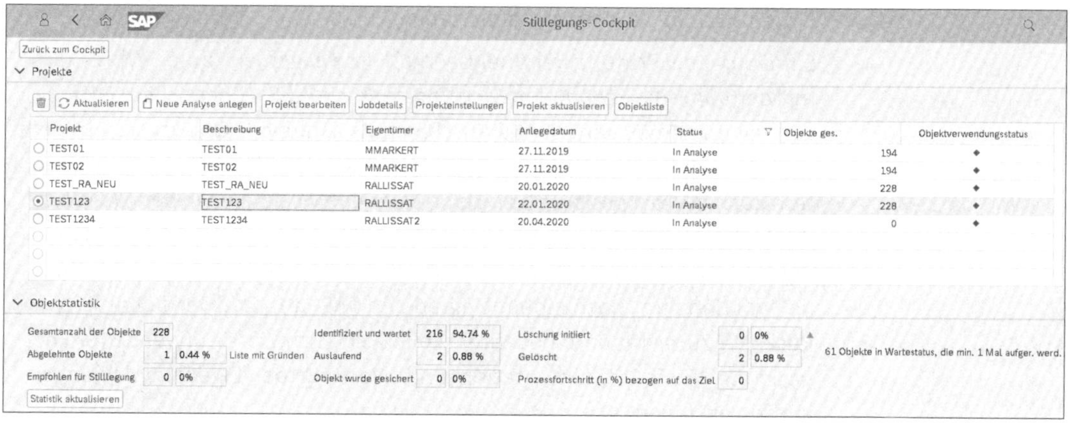

Abbildung 12.17 Übersicht der Stilllegungsprojekte

Objektliste

Über die Schaltfläche **Objektliste** gelangen Sie zur Detailansicht des Projekts (siehe Abbildung 12.18).

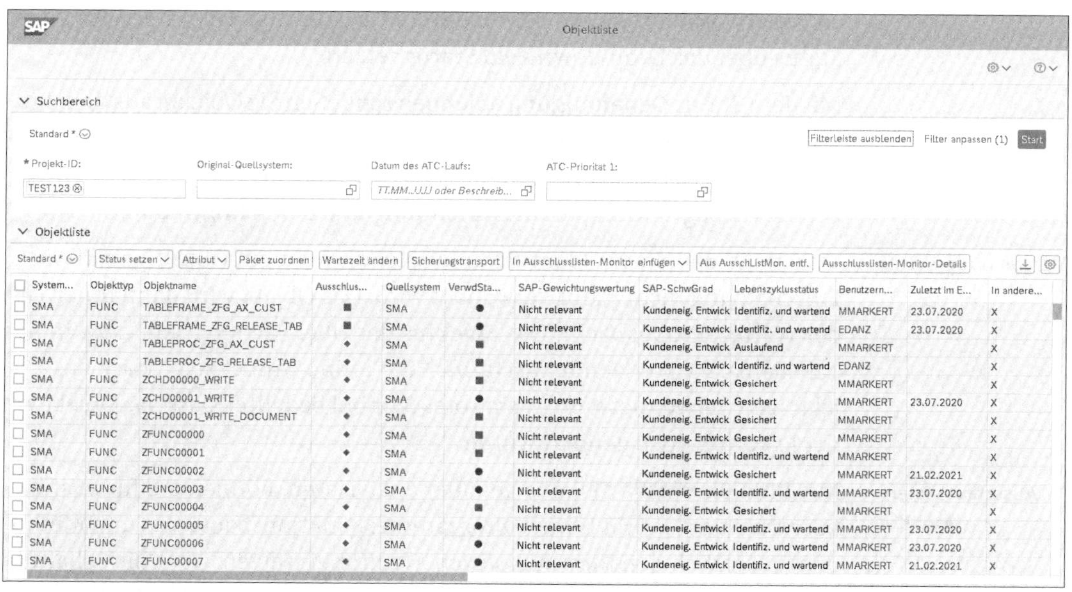

Abbildung 12.18 Objektliste

Hier werden Ihnen alle Objekte angezeigt, die gemäß der Analysekriterien möglicherweise nicht mehr verwendet werden. Lassen Sie sich über die Schaltfläche **Start** alle Objekte anzeigen, oder nutzen Sie die Such- und Filterfunktionen, um nur ausgewählte Objekte darzustellen. Bei Bedarf können Sie in der Tabelle Spalten mit weiteren Informationen einblenden.

[+]

Objektliste in Workshops einsetzen

Sinnvoll ist die Prüfung der Analyseergebnisse in gemeinsamen Workshops mit dem SAP-Basisteam, Entwicklungsteams und Fachbereichen. Oftmals können im gemeinsamen Austausch bereits zahlreiche Objekte als obsolet gekennzeichnet werden. Die Ergebnisse des Stilllegungs-Cockpits erleichtern auch die Diskussion, ob einzelne Eigenentwicklungen in den SAP-Standard zurückgeführt werden können, z. B. weil die Mehrwerte einer aufwendigen Eigenentwicklung für ein Thema begrenzt sind oder die entsprechende Funktionalität nach einem Upgrade im SAP-Standard verfügbar ist. Die Rückkehr zum Standard bedeutet schließlich auch, dass Aufwände für Entwicklung, Tests, Dokumentation und Wartung der Eigenentwicklungen künftig entfallen.

Objektstatus

In der Detailsicht beginnt die eigentliche Arbeit mit dem Stilllegungsprojekt. Jedem Objekt ist ein **Lebenszyklusstatus** zugeordnet. Jedes gefundene Objekt hat zunächst den Status **Empfohlen für Stilllegung**. Um diesen Status zu ändern, wählen Sie ein oder mehrere Objekte aus, und wählen Sie einen Status über das Drop-down-Feld **Status setzen**.

Mit dem Status **Genehmigung ablehnen** schließen Sie Objekte aus dem Projekt aus, von denen Sie wissen, dass sie noch verwendet werden, und die daher nicht weiter betrachtet werden sollen. Dabei erfassen Sie Verantwortliche, eine Begründung für die Ablehnung und einen Kommentar.

Verwendungsstatus

Setzen Sie den Status **Identifiz. u. wartend**, wenn ein Objekt gemäß Ihrer Einschätzung nicht mehr verwendet wird. Das Objekt wird dann innerhalb der Wartezeit überwacht. Das Ergebnis der Überwachung sehen Sie in der Tabellenspalte **Verwendungsstatus**. Eine grüne Ampel zeigt, dass das Objekt nicht verwendet wurde; ein rotes Symbol bedeutet, dass das Objekt wider Erwarten doch genutzt wurde.

Ausschlusslisten-Monitor

Möchten Sie solche Objekte genauer analysieren, können Sie für ausführbare Objekte (Transaktionen, Programme, Funktionsbausteine und Methoden) zusätzlich den *Ausschlusslisten-Monitor* einsetzen. Über die Schaltfläche **Ausschlusslisten-Monitor-Details** können Sie diesen für einzelne oder mehrere Objekte aktivieren. Der Monitor protokolliert, wann und von wem ein Objekt aufgerufen wurde (siehe Abbildung 12.19). Genau wie der Verwendungsstatus wird der Ausschlusslisten-Monitor-Status in Form von Ampelsymbolen dargestellt.

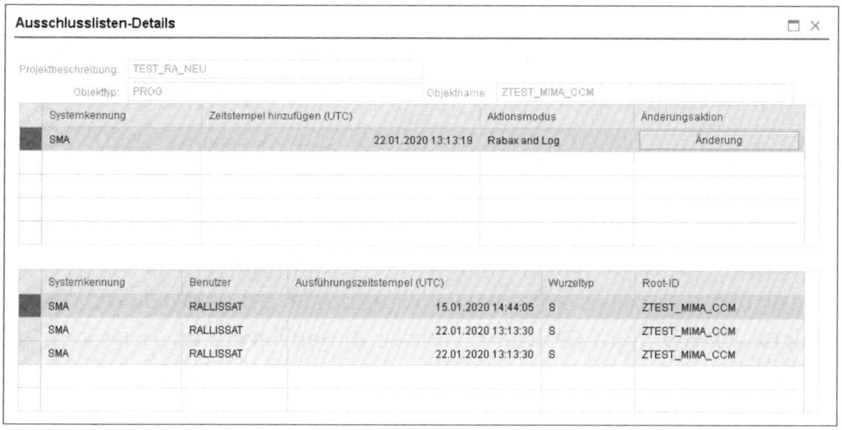

Abbildung 12.19 Ausschlusslistendetails

Wenn gewünscht, kann beim Aufrufen eines obsoleten Objekts im Zielsystem ein Shortdump generiert werden. Somit wird die Ausführung des Objekts verhindert und die Anwender*innen werden darauf aufmerksam gemacht, dass es sich um ein Objekt handelt, das nicht mehr verwendet werden sollte (siehe Abbildung 12.20).

Nutzung obsoleter Programme blockieren

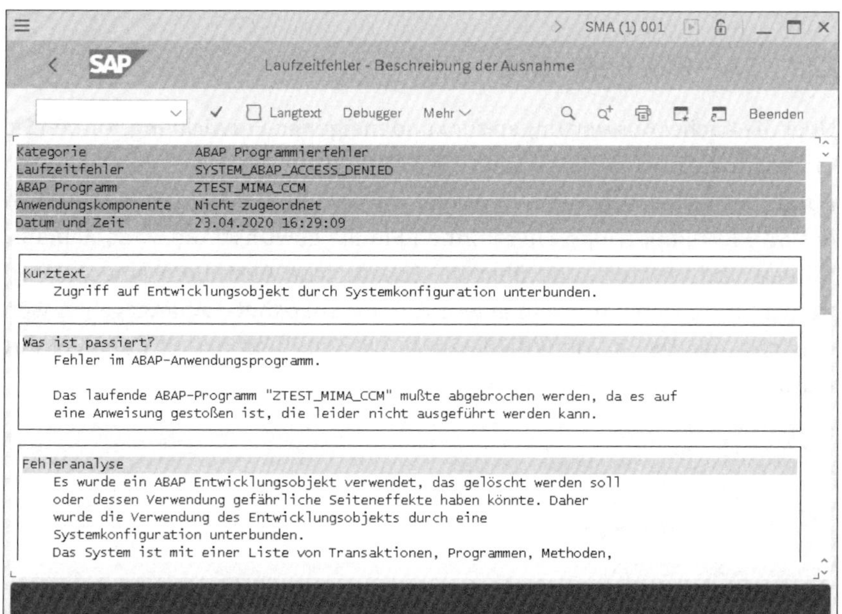

Abbildung 12.20 Shortdump bei Aufruf eines gesperrten Objekts

[»]

Vom Ausschlusslisten-Monitor unterstütze Objekte

Der Ausschlusslisten-Monitor unterstützt die folgenden ausführbaren Objekte: Funktionsbausteine (FUNC), Methoden (METH), Programme (PROG) und Transaktionen (TRAN).

Sicherungstransport erstellen

Wenn Sie hinreichend sicher sind, dass ein Objekt nicht mehr verwendet wird, können Sie dessen Status in der Drop-down-Liste **Status setzen** auf **Auslaufend** setzen. Bevor Sie diese Objekte abschließend löschen, können Sie zunächst über die Schaltfläche **Sicherungstransport** einen Transportauftrag erstellen, der alle markierten Objekte enthält. Der Status dieser Objekte ändert sich dann auf **Gesichert**. Werden diese Objekte im Zielsystem gelöscht, ändert sich mit der nächsten Datenextraktion auch deren Status im Projekt zu **Gelöscht**.

[+]

Warteperiode einhalten

Vor dem endgültigen Löschen der Objekte empfehlen wir eine konsequente Einhaltung der Warteperiode. So stellen Sie sicher, dass Objekte tatsächlich nicht mehr verwendet werden. Für unsichere Kandidaten kann zudem proaktiv der Ausschlusslisten-Monitor aktiviert werden.

12.7 SAP-BW-Reporting

Auswertungen

Über die Kachel **Auswertungen zur kundeneigenen Entwicklung** können Sie direkt auf die im SAP-BW-System des SAP Solution Managers gespeicherten Daten des CCLM zugreifen. In Abbildung 12.21 sehen Sie das Einstiegsbild des SAP-BW-Reportings. Hier können Sie die gewünschten Variablen auswählen und anschließend über die Schaltfläche **Ausführen** eine Auswertung starten. Dabei muss in jedem Fall der **Snapshot-Tag** angegeben werden, also der Tag, an dem die letzte CCLM-Datenextraktion durchgeführt wurde. (Typischerweise läuft diese täglich.)

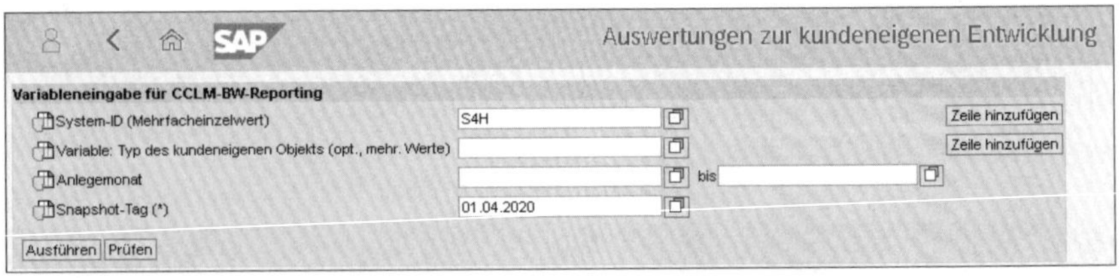

Abbildung 12.21 Variableneingabe für das SAP-BW-Reporting

Ergebnisse sortieren und filtern

Sobald das Ergebnis angezeigt wird, können Sie den **Navigationsblock** verwenden, um neue Datenfelder als Zeilen oder Spalten hinzuzufügen oder um nach bestimmten Werten zu filtern. In der Ergebnissicht **CCLM-BW-Reporting** (siehe Abbildung 12.22) können Sie per Rechtsklick auf ein Element das Kontextmenü aufrufen, das weitere Optionen zum Bearbeiten des Ergebnisses enthält. Hier finden Sie auch eine Option, um das auf diese Weise zusammengestellte Ergebnis als Lesezeichen (*Bookmark*) zu speichern. Über den Kontextmenüeintrag **Erweitertes Menü** haben Sie zudem die Möglichkeit, das Ergebnis als Microsoft-Excel- oder CSV-Datei zu exportieren.

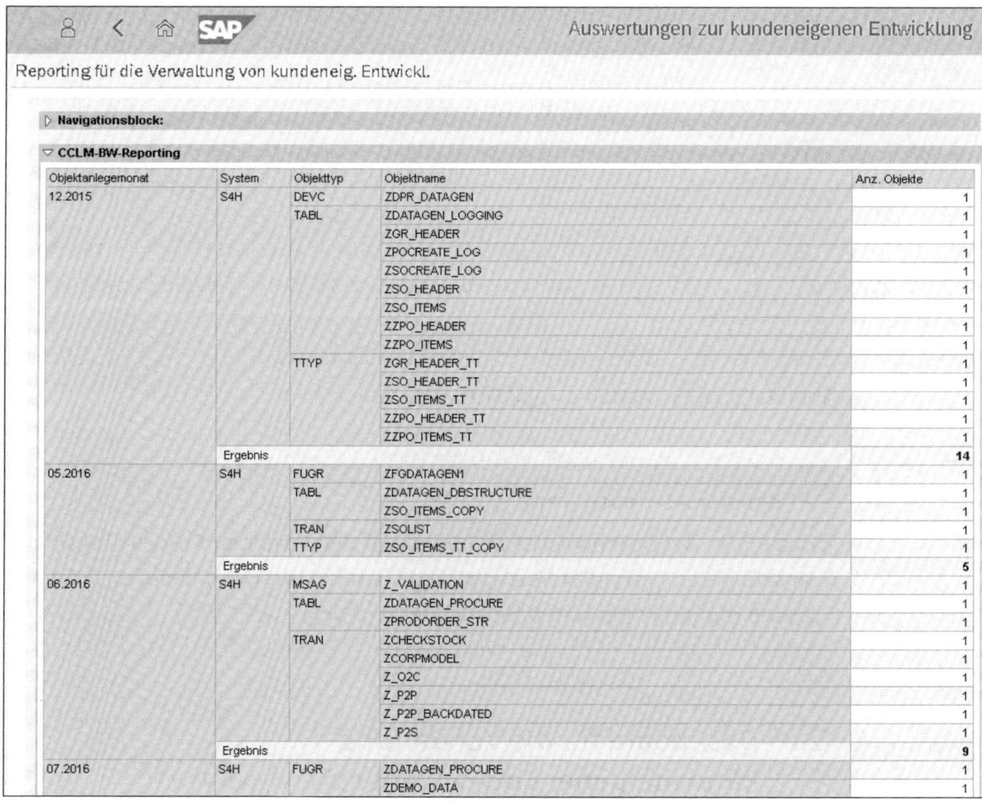

Abbildung 12.22 Ergebnisübersicht des SAP-BW-Reportings

Customizing

Sollten Ihnen Daten in der Ergebnissicht fehlen, haben Sie über die im Standard im SAP Solution Manager Launchpad ausgeblendete Kachel **Einstellungen – Auswertungen zur kundeneigenen Entwicklung** die Möglichkeit, das SAP-BW-Reporting um zusätzliche Standardattribute und kundeneigene Attribute zu erweitern. Ordnen Sie in dieser Applikation den Platzhalterfeldern die gewünschten Attribute zu (siehe Abbildung 12.23).

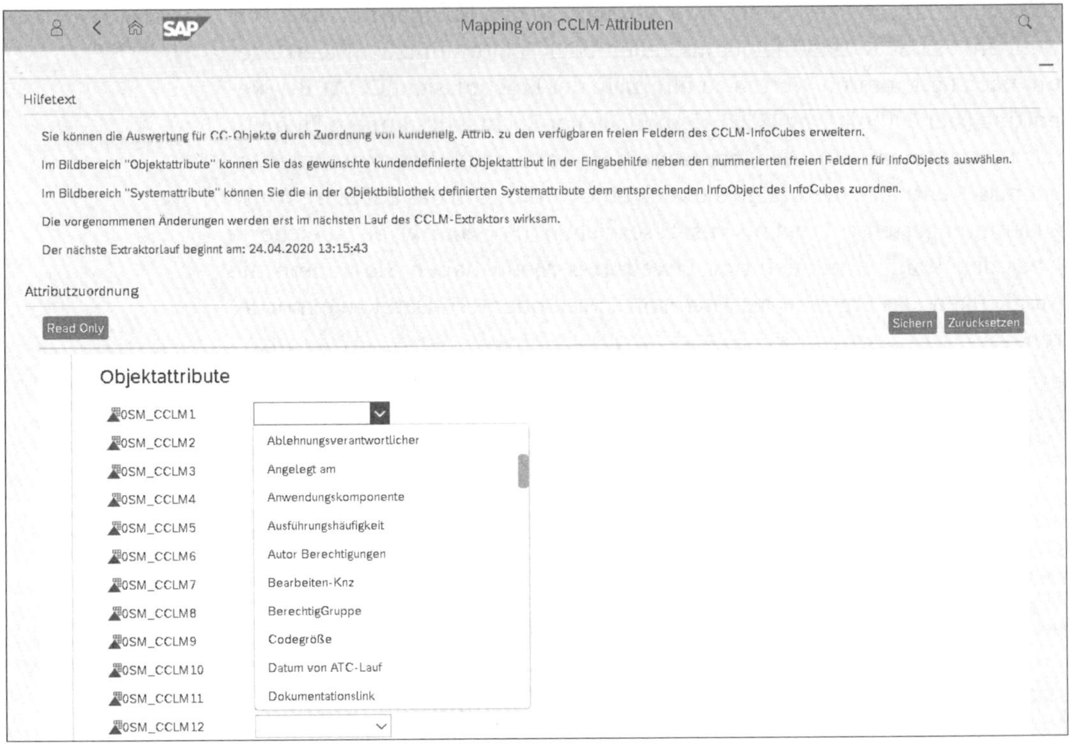

Abbildung 12.23 Mapping von CCLM-Attributen

[»]

Pflege der Attributdaten

Die Pflege der Daten wirkt sich immer auf den nächsten Auswertungslauf aus. In bereits erfolgten Auswertungen können im Nachhinein also keine Daten mehr hinzugefügt oder geändert werden.

12.8 Dashboard für die Verwaltung kundeneigener Entwicklungen

Die Kachel **Kundeneigene Entwicklung – Dashboard** bietet Ihnen eine Sicht zur Anzeige von Scorecards. Mit diesen können Sie Ihre mit der Verwaltung kundeneigener Entwicklungen verbundenen Ziele und deren Fortschritte über verschiedene vordefinierte Key Performance Indicators (KPIs) messen. Die Ziele, die Sie erreichen möchten, können Sie dabei selbst definieren.

Startseite des Dashboards

Abbildung 12.24 zeigt die Startseite des Dashboards. Auf der Registerkarte **GESCHÄFTSWERT** werden sieben KPIs für die Gesamtheit der kundeneigenen Objekte anzeigt.

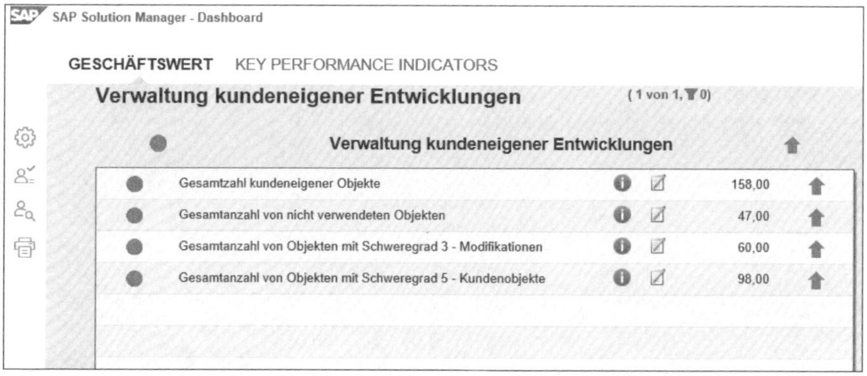

Abbildung 12.24 Registerkarte »GESCHÄFTSWERT« im Dashboard

KPIs analysieren

Wählen Sie die Registerkarte **KEY PERFORMACE INDICATORS**, um sich alle relevanten Informationen für diese KPIs anzeigen zu lassen (siehe Abbildung 12.25). Hier werden der Status und der Trend zu einer KPI sowie das bereits erreichte Ergebnis dargestellt. Darunter finden Sie die wichtigsten Fakten auf einen Blick. Es werden jeweils der beste und schlechteste Wert in Bezug auf das erreichte Ergebnis und die monatliche Verbesserung genannt.

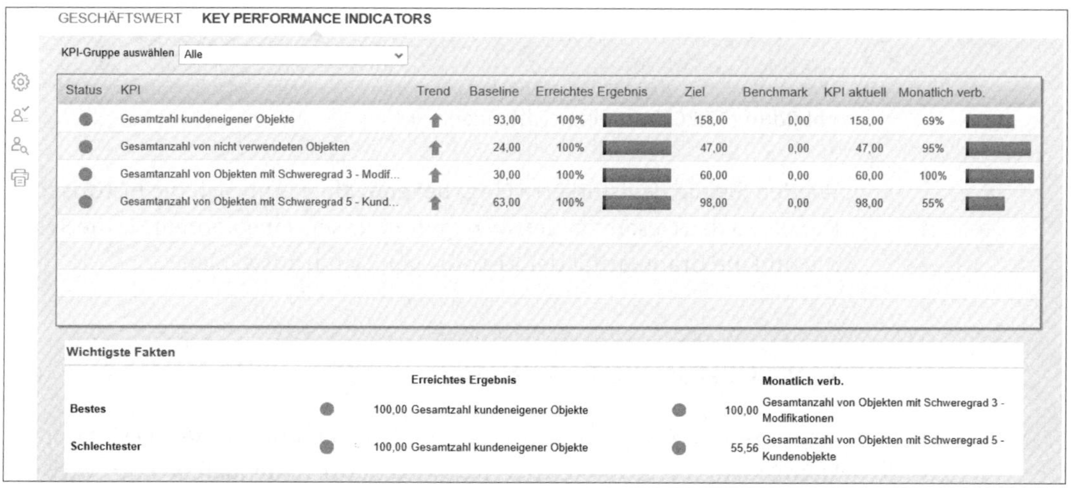

Abbildung 12.25 Registerkarte »KEY PERFORMANCE INDICATORS« im Dashboard

Wählen Sie aus dieser Sicht eine Zeile aus, um in die Schnellansicht für den KPI-Wert zu gelangen (siehe Abbildung 12.26). Die Historie der erreichten Ergebnisse (**Achievement History**), die Plan/Ist-Historie (**Plan/Actual History**), die KPI-Wert-Historie (**KPI Value History**) und die Historie der monatlichen Verbesserungen (**Monthly Improvement History**) werden Ihnen jeweils auf einer Zeitachse angezeigt. Den Zielwert und das Zieldatum können Sie im unteren Bereich bestimmen.

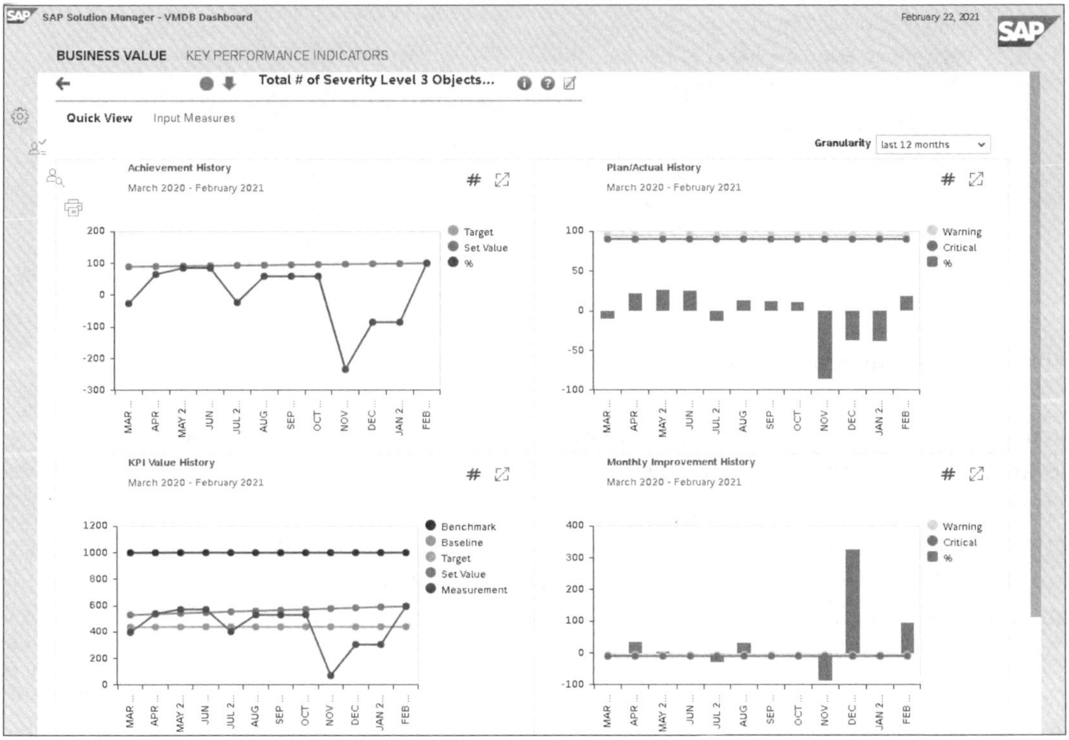

Abbildung 12.26 Schnellansicht einzelner KPIs

Wählen Sie die Registerkarte **Eingabekennzahlen**, um sich die historischen Details zu den Gesamtzahlen anzeigen zu lassen. Hier können Sie die Systeme und die Granularität der historischen Daten auswählen.

12.9 Custom Code Analytics

Custom Code Footprint

Custom Code Analytics (CCA) ist eine Anwendung im SAP ONE Support Launchpad, die grundlegende Statistiken zur Codequalität und -verwendung anzeigt (siehe Abbildung 12.27). Im Gegensatz zu den detaillierten Informationen des CCLM soll die Webanwendung eine grobe und unmittelbar verfügbare Übersicht über den sogenannten *Custom Code Footprint* liefern, darunter die Anzahl, der Typ, der Nutzungsgrad und – wenn verfügbar – die Qualität Ihrer Eigenentwicklungen sowie die Anzahl Ihrer kundeneigenen Objekte im Zeitverlauf.

Abbildung 12.27 Custom Code Analytics im SAP ONE Support Launchpad

CCLM-Daten bereitstellen

Um die Informationen in der Anwendung bereitzustellen, werden die vom CCLM gesammelten Daten aggregiert an das SAP ONE Support Launchpad gesendet. Datensammlung und -versand für die Anwendung aktivieren Sie in der SAP-Solution-Manager-Konfiguration im Szenario **Verwaltung kundeneigener Entwicklungen** (siehe Abschnitt 12.2.2). In Schritt 3 der Guided Procedure verbirgt sich der Link **Setup der Analyse kundeneigener Code**. Hier können Sie für alle Produktivsysteme, für die Sie bereits die Datensammlung für das CCLM aktiviert haben, einen wöchentlichen Datensammlungsjob einplanen, der auch den Versand der Daten an das SAP Support Portal übernimmt (siehe Abbildung 12.28).

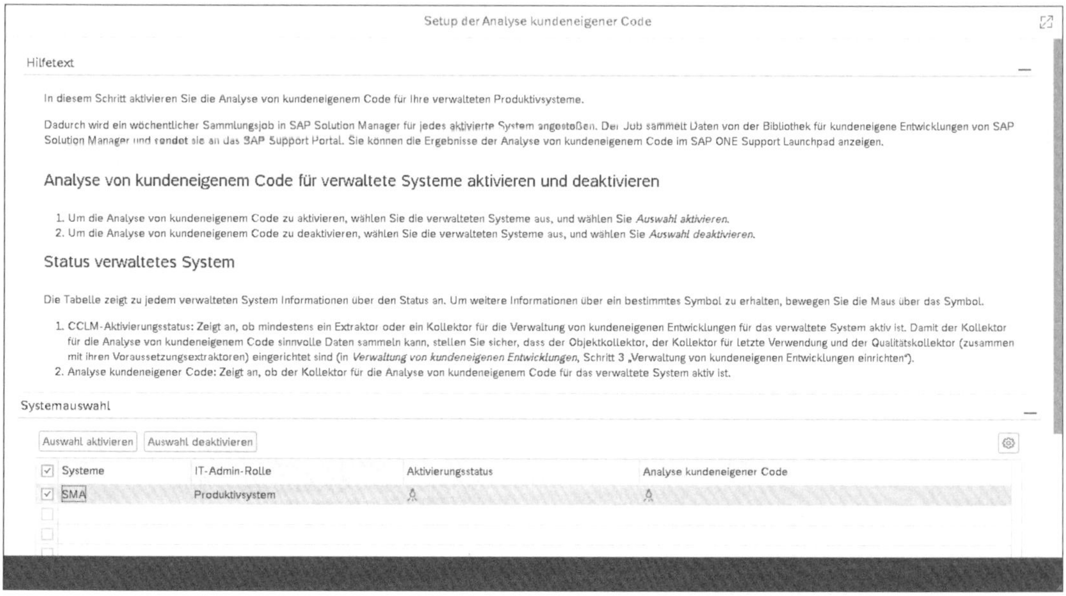

Abbildung 12.28 Einrichten der Datensammlung für die Anwendung Custom Code Analytics

12.10 Kundenbericht: Vorbereitung auf SAP S/4HANA bei den Wuppertaler Stadtwerken

Der Energiekonzern WSW Wuppertaler Stadtwerke GmbH deckt mit seinen Tochtergesellschaften die Geschäftsfelder Energieversorgung, Trinkwasserproduktion, öffentlicher Personennahverkehr, Stadtentwässerung, Energiedienstleistungen und Abfallwirtschaft kommunal, regional und teilweise bundesweit ab. Mit rund 3.167 Beschäftigten gehört die WSW zu den größten Arbeitgebern Wuppertals und betreibt das Wahrzeichen der Stadt, die Wuppertaler Schwebebahn.

Umstieg auf SAP S/4HANA

Der Umstieg auf SAP S/4HANA ist für die WSW – wie für viele SAP-Kunden – ein strategisches Projekt. Geplant ist die Einführung nach dem Brownfield-Ansatz, d. h., die bestehende Systemlandschaft soll schrittweise auf das neue System migriert werden. Dabei legt der Konzern besonderes Augenmerk auf seine Eigenentwicklungen: Diese müssen an die neuen Gegebenheiten des SAP-S/4HANA-Systems und der zugrunde liegenden SAP-HANA-Datenbank angepasst werden. Hierbei stellte sich die Frage, ob tatsächlich alle eigenen Programme und andere Entwicklungen noch benötigt werden. Schließlich müssten Eigenentwicklungen, die zuvor aus dem System entfernt werden können, nicht angepasst werden. Ebenso würden Testaktivitäten für diese Objekte entfallen. Somit könnten die Aufwände für die Anpassung signifikant reduziert werden.

Kombination von Analysewerkzeugen

Mithilfe des Stilllegungs-Cockpits konnten nicht mehr benötigte Objekte identifiziert werden. Um herauszufinden, welche Anpassungen für den Release-Wechsel erforderlich sind, kam das ABAP Test Cockpit zum Einsatz. Eine Herausforderung bestand darin, die Ergebnisse beider Werkzeuge zu kombinieren. Dieser Abschnitt beschreibt das hierzu von der WSW etablierte Vorgehen.

Ungenutzte Objekte identifizieren

Um die Eigenentwicklungen zu ermitteln, die nicht mehr verwendet werden, konfigurierte das SAP-Basisteam der WSW das CCLM im produktiven SAP Solution Manager. Die hierfür erforderliche Datensammlung wurde bereits 2017 beim Release-Wechsel des SAP Solution Managers auf die Version 7.2 für alle relevanten Systeme aktiviert.

Analyseprojekte im Stilllegungs-Cockpit

Für das Projektteam der WSW haben sich folgende Einstellungen im Stilllegungs-Cockpit bewährt:

- Das Analyseprojekt *Analyse ungenutzter Objekte* erfasst Objekte, die im Produktivsystem seit zwei Jahren nicht mehr genutzt wurden (Option **Objekte werden in keinem statistischen System verwendet**).
- Das Analyseprojekt *Analyse alter Entwicklungsobjekte* ermittelt zusätzlich Objekte, die aktuell nur im Entwicklungssystem, nicht aber in den Folgesystemen vorhanden sind (Option **Objekte sind in keinem statistischen System aktiv**). Berücksichtigt werden alle Objekte, die seit dem Jahr 2000 erzeugt wurden und mindestens seit einem Jahr existieren.

Objekte, die den genannten Kriterien entsprechen, erhalten im CCLM den Lebenszyklusstatus 60 (**Empfohlen für Stilllegung**). Die Wartezeit bis zur Löschung der Objekte wurde jeweils auf 13 Monate gesetzt. Innerhalb der Wartezeit kann das Projektteam der WSW zusammen mit den Fachbereichen und der SAP-Entwicklung prüfen, welche der hier ermittelten Objekte tatsächlich nicht mehr verwendet werden.

Analyse der Eigenentwicklungen

Für die Analyse der Eigenentwicklungen mit dem ABAP Test Cockpit wurde ein SAP-NetWeaver-ABAP-System mit Release 7.52 SP 5 als Remote-Auswertungssystem aufgebaut. Im Gegensatz zu den bestehenden Entwicklungssystemen mit älterem Release-Stand enthält dieses System aktuelle Prüfvarianten wie z. B. `S4HANA_READINESS_1909`, auf deren Grundlage eine ATC-Prüfreihe für den eigenen Kundennamensraum aufgebaut wurde. Die daraus abgeleiteten Prüfläufe lieferten als Ergebnis alle für den Umstieg auf SAP S/4HANA erforderlichen oder empfohlenen Anpassungen, jeweils mit Angabe einer Priorität und konkreten Informationen zur Umsetzung.

Anpassung der Entwicklungen

Insbesondere eignet sich das ABAP Test Cockpit für die direkte Bearbeitung der Ergebnisse. Per Klick auf einen Befund können die Entwickler*innen in die entsprechende Stelle des Programmcodes abspringen und diese anpassen. Doch wie lässt sich sicherstellen, dass nur solche Objekte angepasst werden, die tatsächlich auch verwendet werden? Hierzu müssen die Ergebnisse des Stilllegungs-Cockpits mit denen des ABAP Test Cockpits kombiniert werden. Auf den ersten Blick eignen sich hierfür die verschiedenen Werkzeuge des CCLM – schließlich erfasst dessen Datensammlung auch die Ergebnisse des ABAP Test Cockpits. In der Praxis stieß das Projektteam der WSW jedoch auf Einschränkungen:

- Das Qualitäts-Cockpit stellt die Ergebnisse von ATC-Prüfungen im Zeitverlauf dar. So kann z. B. der Fortschritt von ATC-Projekten nachvollzogen werden. Nicht geeignet ist das Cockpit für die operative Arbeit mit den Entwicklungsobjekten. So ist z. B. kein Absprung in das Entwicklungssystem möglich.
- Im Stilllegungs-Cockpit hingegen stehen keine Qualitätsinformationen zur Verfügung, sodass mit diesem Werkzeug allein nicht gearbeitet werden kann.
- In der Objektliste des CCLM fließen beide Informationen zusammen, allerdings unterscheiden sich die Ergebnisdarstellungen von ABAP Test Cockpit und CCLM: Während das ABAP Test Cockpit Befunde in Objekten einzeln auflistet, listet das CCLM Entwicklungsobjekte auf und zeigt für diese lediglich die Häufigkeit von Befunden. Zudem werden die Ergebnisse einiger Objekte auf unterschiedlichen Ebenen geführt: So ordnet das ABAP Test Cockpit z. B. Befunde zu einem Include innerhalb einer SAP-Funktionsgruppe dieser Gruppe zu. Im CCLM wird die Funktionsgruppe jedoch nicht gelistet, da sie kein Kundenobjekt ist. Das Objekt selbst hingegen enthält im CCLM keine ATC-Ergebnisse.

Aufgrund solcher und ähnlicher Effekte können die Ergebnisse beider Werkzeuge nicht exakt übereinandergelegt werden.

Einsatz der ATC-Baseline

Für die Bearbeitung von Entwicklungsobjekten bleibt daher der direkte Einsatz des ABAP Test Cockpits unabdingbar. Um dennoch die Ergebnisse des Stilllegungs-Cockpits zu berücksichtigen, wurde ein Vorgehen etabliert, das sich das *Baseline-Konzept* des ABAP Test Cockpits zunutze macht. Dieses dient z. B. dazu, bereits bekannte Befunde aus der Ergebnisliste des Cockpits zu entfernen.

Mit folgenden Arbeitsschritten wurden die Ergebnisse des Stilllegungs-Cockpits in die ATC-Baseline überführt.

1. Zunächst wurde ein vollständiger ATC-Lauf über alle kundeneigenen Entwicklungsobjekte mit der Prüfvariante `S4HANA_READINESS_1909` erstellt. Die Ergebnisse des Laufs wurden über die entsprechenden Konnektoren und Extraktoren in das CCLM des SAP Solution Managers übernommen.
2. Die Objektliste der Analyseprojekte im Stilllegungs-Cockpit wurde auf folgende Objekttypen eingegrenzt: PROG (Programm), FUNC (Funktionsmodul), FUGR (Funktionsgruppe), FUGS (Funktionsgruppe mit Kunden-Include – SAP-Teil), FUGX (Funktionsgruppe mit Kunden-Include – Kunden-Teil), CLAS (Klasse), METH (Methode), TRAN (Transaktion). Zusätzlich wurde die Liste nach Objekten mit den Lebenszyklusstatus 60 (**Empfohlen für Stilllegung**) und 70 (**Identifiziert und wartend**) gefiltert.
3. Diese Liste konnte nun nach Microsoft Excel exportiert werden. Hierbei wurden zusätzlich die Spalten für das System und das Datum des ATC-Laufs übernommen.
4. Mithilfe dieser Liste wurde eine Objektmenge im Code Inspector des jeweiligen Entwicklungssystems erstellt.
5. Auf Basis dieser Objektmenge wurde ein neuer ATC-Lauf gestartet.
6. Das Ergebnis dieses ATC-Laufs wurde anschließend vollständig in die Baseline des ABAP Test Cockpits übernommen. Damit wurden alle Fehler der Objekte, die laut Stilllegungs-Cockpit gelöscht werden sollen, als bekannte Fehler klassifiziert.
7. Nun musste der erste ATC-Lauf für die SAP-S/4HANA-Bereitschaftsanalyse erneut gestartet werden, diesmal unter Berücksichtigung der Baseline. So wurden alle bekannten Fehler unterdrückt. In diesem Fall waren es die Fehler, die aus Objekten von potenziell zu löschenden Objekten herrührten.
8. Nach Abschluss des Stilllegungsprojekts wurde erneut ein vollständiger ATC-Lauf mit Berücksichtigung der Baseline durchgeführt. So konnten eventuell unentdeckte oder unbearbeitete Objekte aufgespürt werden.

Auf diese Weise konnten beide Werkzeuge sinnvoll kombiniert werden und das SAP-Entwicklungsteam konnte sich auf die Anpassung jener Objekte beschränken, die im SAP-S/4-HANA-System tatsächlich weiterhin benötigt werden. Auch wenn das CCLM des SAP Solution Managers aus Sicht der SAP-Verantwortlichen der WSW (noch) kein vollständiges Konzept anbietet, um die Anpassung von Eigenentwicklungen im Zuge einer SAP-S/4HANA-Umstellung zu begleiten, konnten mit dem dargestellten Vorgehen die Stilllegungsanalyse und die technische Codeanalyse gemeinsam genutzt werden. So konnte die Anpassung der Eigenentwicklungen mit bestmöglichem Ressourceneinsatz bewerkstelligt werden.

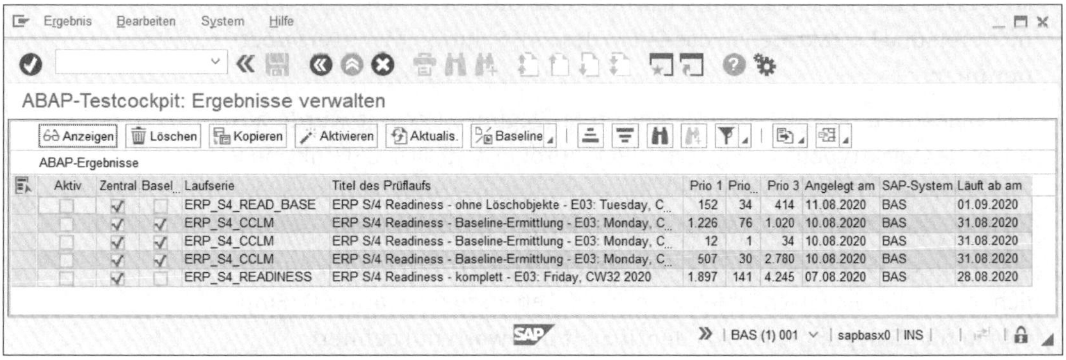

Abbildung 12.29 Aus dem Stilllegungs-Cockpit abgeleitete ATC-Baseline

[»]

Ansprechpartner bei der WSW Wuppertaler Stadtwerke GmbH

Helmer Bode arbeitet seit 1989 in verschiedenen Funktionen im SAP-Umfeld und in zahlreichen firmeninternen Projekten. Aktuell verantwortet er als Manager des Customer Center of Expertise (CCoE) auch den Einsatz des SAP Solution Managers.

Kapitel 13
Focused Solutions

In diesem Kapitel zeigen wir Ihnen, wie Sie mithilfe der Focused Solutions, insbesondere Focused Build und Focused Insights, agile Projekte umsetzen und große Systemlandschaften überwachen können.

Um agile Projekte und große Systemlandschaften optimal unterstützen zu können, bietet SAP mit den *Focused Solutions* einsatzfertige, hoch integrative und vorkonfigurierte zusätzliche Lösungen, die über die Standardszenarien von SAP Solution Manager 7.2 hinausgehen. Dabei handelt es sich insbesondere um anwenderfreundliche SAP-Fiori-Applikationen zur Unterstützung agiler Projektvorgehen sowie vorkonfigurierte Dashboards und Monitoring-Applikationen zur kontinuierlichen Überwachung großer Systemlandschaften. Derzeit sind drei Focused Solutions verfügbar, die Sie über Add-ons für Ihren SAP Solution Manager installieren können: *Focused Build*, *Focused Insights* und *SAP Focused Run*. Während SAP Focused Run weiterhin separat lizenziert werden muss, sind die Lizenzen für die Lösungen Focused Build und Focused Insights seit 2020 in Ihrem SAP-Support-Vertrag enthalten.

In diesem Kapitel erläutern wir die Funktionen der verschiedenen Focused Solutions. Den Schwerpunkt legen wir dabei auf die lizenzkostenfreien Lösungen Focused Build und Focused Insights.

13.1 Focused Build

Mit dem Add-on *Focused Build* liegt Ihnen eine einsatzbereite Methode vor, um den Softwareanforderungs- und Entwicklungsprozess in agilen Projekten zu bewerkstelligen, einschließlich professioneller Tests, Go-live und Hypercare. Anstatt die SAP-Solution-Manager-Szenarien IT-PPM, Prozessmanagement, Anforderungsmanagement, Change Control Management, Test-Suite und IT-Servicemanagement (ITSM) einzeln einzuführen und miteinander zu integrieren, können Sie mit Focused Build auf eine vorkonfigurierte, standardisierte und integrative Lösung zurückgreifen, die alle diese

Szenarien abdeckt. Durch diese Schnellstartmethodik sparen Sie nicht nur Zeit bei der Einführung, sondern reduzieren gleichzeitig den Aufwand.

Der Fokus auf agilen Projekten erweitert gleichzeitig den Einsatzbereich von SAP Solution Manager 7.2. Mit Focused Build erhalten sie eine neue SAP-Fiori-basierte Applikation, die die Nutzerfreundlichkeit der Szenarien weiter steigert. Diese Eigenschaften machen Focused Build gerade im Zusammenhang mit großen Einführungsprojekten, z. B. der Einführung von SAP S/4 HANA, interessant.

13.1.1 Einführung in Focused Build

Requirement-to-Deploy-Prozess

Focused Build unterstützt Sie während des gesamten *Requirement-to-Deploy-Prozesses* (R2D-Prozess), d. h. von der Anforderung bis zur Implementierung einer Applikation. Abbildung 13.1 stellt die vier Hauptprozesse des Lebenszyklus einer Applikation (*Portfolio-to-Project-Prozess, Requirement-to-Deploy-Prozess, Request-to-Fulfill-Prozess, Detect-to-Correct-Prozess*) grafisch dar. Hier wird deutlich, dass der R2D-Prozess zwar zu einem großen Teil, aber nicht ausschließlich, innerhalb der Innovationsphase abläuft. Er spielt ebenfalls während der Erweiterungs- und Korrekturphase eine Rolle.

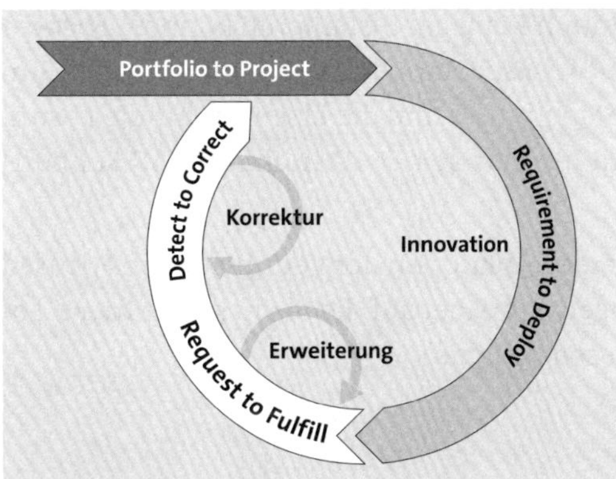

Abbildung 13.1 R2D-Prozess im Kontext eines Applikationslebenszyklus (Quelle: SAP SE)

Hauptaugenmerk von Focused Build liegt auf dem R2D-Prozess im Kontext von Innovationen, d. h. auf der Neueinführung von Applikationen. Seit SP04 unterstützt Focused Build darüber hinaus den Korrekturprozess während der Betriebsphase eines Projekts. Der R2D-Prozess im Kontext von Erweiterungen wird aktuell noch nicht von Focused Build unterstützt. Wir empfehlen Ihnen daher, in Erweiterungsprojekten auf die Standardszenarien von SAP Solution Manager 7.2 zurückzugreifen.

Elemente in Focused Build

Die Strukturelemente und Änderungsbelege, die in Focused Build zur Steuerung agiler Projekte verwendet werden, weichen teilweise von den Elementen ab, die Sie aus den Standardszenarien kennen. Abbildung 13.2 stellt die verschiedenen Elemente und ihre Beziehungen zueinander dar.

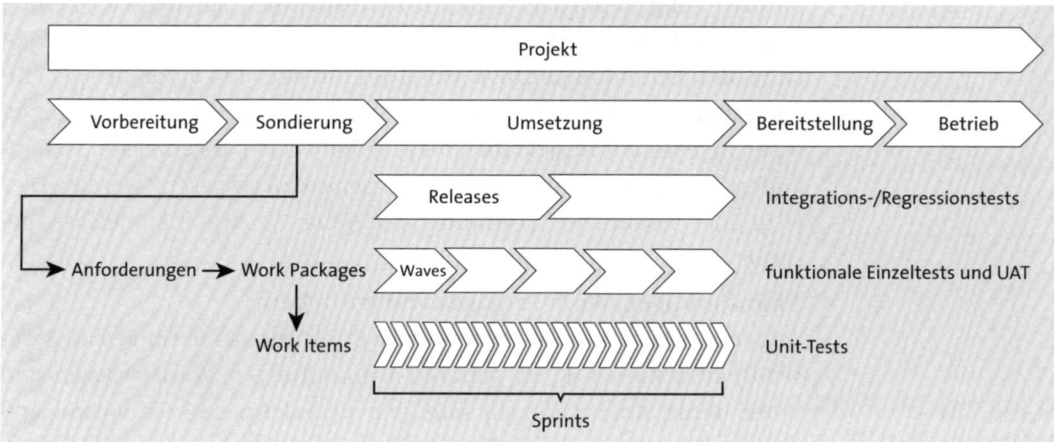

Abbildung 13.2 Strukturelemente in Focused Build

- **Projekt und Phasen**
  Ausgangspunkt für den R2D-Prozess ist immer ein Projekt, das sich in verschiedene Phasen gliedert. Im Kontext von Focused Build und dem agilen Projektansatz werden die Phasen *Vorbereitung* (Discover & Prepare), *Sondierung* (Explore), *Umsetzung* (Realize), *Bereitstellung* (Deploy) und *Betrieb* (Run) unterschieden.
- **Waves und Quality Gates**
  Die Umsetzungsphase stellt den zeitlich längsten Zeitraum des Projekts dar und umfasst die gesamte Umsetzung aller Projektaufgaben. Dem agilen Projektansatz folgend gliedert sich die Umsetzungsphase in *Waves*. Eine Wave stellt einen abgeschlossenen Zeitraum dar, in dem ein zuvor definiertes Bündel von Änderungen umgesetzt wird. Jede Wave beginnt mit einer Umfangsdefinition und einer funktionalen Spezifikation und endet mit einem *Quality Gate* (Meilenstein).
- **Sprints**
  Die kleinste Gliederungseinheit im Zusammenhang mit agilen Projekten ist der *Sprint*. Eine Wave besteht in der Regel aus mehreren aufeinanderfolgenden Sprints. Die Entwicklungsteams setzen innerhalb eines Sprints diejenigen Änderungen um, die zuvor innerhalb der Wave für diesen Sprint priorisiert wurden. Am Ende eines Sprints steht ein kurzer *Unit-Test*.

- **Releases**

  Projekt, Phase, Wave und Sprint sind immer im Kontext eines *Release* zu betrachten. Anhand von vorweg geplanten Releases werden die Änderungen paralleler Projekte synchron und kontinuierlich in die Produktivumgebung importiert. Weitere Informationen zur Release-Planung finden Sie in Abschnitt 8.2, »Änderungszyklen«. Ein Release definiert Lösung, Branch und Änderungszyklus des Projekts und damit die Systemlandschaft, die Sie mit Ihrem Projekt bedienen möchten. Die Zuordnung eines Release auf Projektebene legt jedoch nicht fest, welche Systemänderungen genau mit welchem Release produktiv gesetzt werden. Dies wird über die direkte Zuordnung von Waves zu einzelnen Releases gesteuert.

- **Anforderungen, Work Packages und Work Items**

  Zu den Änderungsbelegen, über die Sie Ihre Systemänderungen im Focused Build dokumentieren, gehören Anforderungen, Work Packages und Work Items. *Anforderungen* sammeln und definieren Sie vorwiegend während der Sondierungsphase Ihres Projekts. Sie bestimmen den Umfang (*Back-Log*), den Sie während Ihres Projekts umsetzen möchten.

  Auf Grundlage der freigegebenen Anforderungen ist es Aufgabe von Lösungsarchitekt*innen, entsprechende *Work Packages* (Arbeitspakete) zu schnüren. Work Packages übersetzen die Anforderungen in technisch umsetzbare Einheiten und werden immer genau einer Wave zugeordnet. Innerhalb dieser Wave wird das Work Package umgesetzt und funktional getestet. Dabei können Sie zu jeder Anforderung ein oder mehrere Work Packages definieren. Ebenso können mehrere Anforderungen in einem Work Package zusammengefasst werden.

  Work Packages wiederum werden für die konkrete Umsetzung durch die Entwicklungsteams in noch kleinere Einheiten, die sogenannten *Work Items*, aufgeteilt. Ein Work Item wird während eines Sprints umgesetzt und vom Entwicklungsteam im kleinen Rahmen getestet. Am Ende einer Wave sollten alle Work Items eines Work Packages abgeschlossen sein.

13.1.2 Voraussetzungen für den Einsatz von Focused Build

Add-on ST-OST

Damit Sie die Funktionen von Focused Build vollumfänglich nutzen können, benötigen Sie zusätzlich zu Ihrer Installation von SAP Solution Manager 7.2 SPS11 das Add-on *ST-OST 200 SP06*. Beachten Sie dabei immer die Release-Abhängigkeiten zwischen Ihrem SAP-Solution-Manager-7.2-System und der ST-OST-Komponente.

[«]

Release-Informationen zur Installation und Konfiguration

SAP-Hinweis 2910113 beinhaltet alle wichtigen Informationen zur Installation und Konfiguration von Focused Build SP06. Beachten Sie insbesondere die dort verlinkten ausführlichen Guides zur Vorbereitung der Installation und zur anschließenden Konfiguration des Add-ons.

Systemvorbereitung

Zur Vorbereitung der Installation gehört insbesondere die Grundkonfiguration von SAP Solution Manager 7.2. Zu den nötigen Voraussetzungen zählt u. a. die obligatorische Konfiguration in der Transaktion SOLMAN_SETUP, die wir in Kapitel 2, »Grundkonfiguration«, erläutert haben. Darüber hinaus müssen Sie jeweils die Basiskonfiguration für die Szenarien Prozessmanagement, Test-Suite, Anforderungsmanagement, Change Request Management (ChaRM) und ITSM durchgeführt haben sowie die Suchinfrastruktur für diese Szenarien eingerichtet haben. Welche Schritte hier genau nötig sind, entnehmen Sie dem aktuellen SAP-Guide zur Vorbereitung der Focused-Build-Installation (abzurufen über den Link **Getting Started Guide** in SAP-Hinweis 2910113).

Konfiguration

Erfüllt Ihr System alle Voraussetzungen für die Focused-Build-Komponente, können Sie diese installieren. Anschließend nehmen Sie das Setup vor, indem Sie den Anweisungen des Konfigurations-Guides folgen (abzurufen über den Link **Focused Build Configuration Guide** in SAP-Hinweis 2910113). Halten Sie dabei unbedingt die Reihenfolge der einzelnen Schritte ein. Ein Großteil des Customizings besteht aus der Aktivierung einer Stückliste in SAP Solution Manager 7.2. Anschließend sind nur wenige weitere manuelle Schritte zur vollständigen Konfiguration notwendig.

Standalone-Erweiterungen

Neben dem Focused-Build-Kernprozess, den wir Ihnen in Abschnitt 13.1.4, »Der Kernprozess Requirement-to-Deploy«, näher erläutern, liefert SAP über die Komponente ST-OST noch weitere Funktionen aus, die Sie ganz unabhängig verwenden können. Diese *Standalone-Erweiterungen* müssen jeweils eigenständig konfiguriert werden. Die erforderlichen Schritte können Sie ebenfalls dem Konfigurations-Guide für Focused Build entnehmen. Die einzelnen Standalone-Erweiterungen stellen wir Ihnen in Abschnitt 13.1.7, »Erweiterungen für das Testmanagement«, und Abschnitt 13.1.8, »Erweiterungen für das Change Control Management«, vor.

[«]

Nutzungsrechte

Seit 2020 fallen für die Nutzung von Focused Build keine zusätzlichen Lizenzgebühren an. Sie dürfen die Funktionen der Komponente ST-OST 200 den aktuellen Lizenzbestimmungen für SAP Solution Manager 7.2 entsprechend für all Ihre SAP-Systeme (als SAP-Standard-Support-Kunde) bzw. für Ihre gesamte IT-Landschaft (als SAP-Enterprise-Support-Kunde) nutzen. Alle Informationen zu den Nutzungsrechten in SAP Solution Manager 7.2 finden Sie unter: *https://support.sap.com/en/alm/usage-rights.html*

13.1.3 Rollen und Arbeitsteilung

Rollenbasiertes Berechtigungskonzept

Focused Build stellt für die verschiedenen fachlichen Rollen der Projektbeteiligten unterschiedliche Sammel- und Benutzerrollen zur Verfügung. Für jede dieser fachlichen Rollen existiert jeweils eine eigene Sicht im SAP Solution Manager Launchpad. Hierdurch können Sie den Projektbeteiligten leicht die passenden Berechtigungen zuweisen. Das SAP Solution Manager Launchpad für Focused Build wird wie gewohnt über die Transaktion SM_WORKCENTER aufgerufen. Abbildung 13.3 zeigt beispielhaft die Gruppe von Kacheln für Projektmanager*innen.

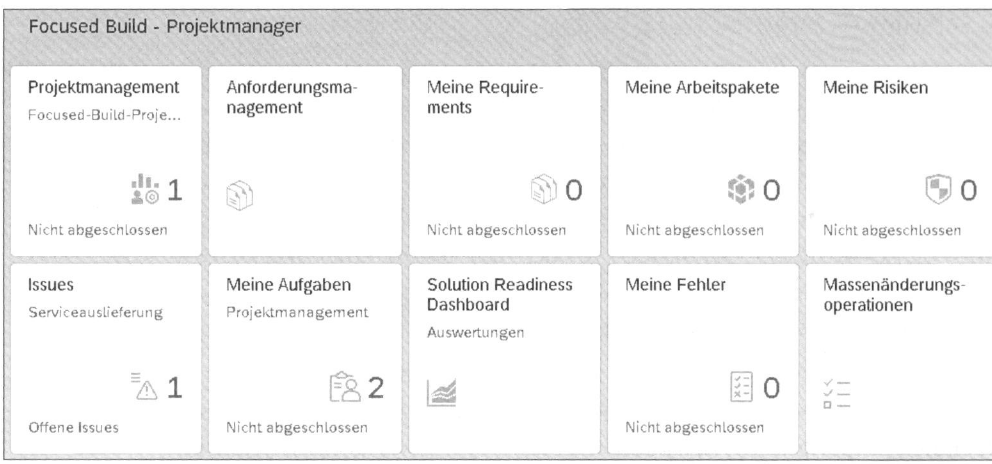

Abbildung 13.3 Gruppe »Focused Build – Projektmanager« im SAP Solution Manager Launchpad

SAP-Standardrollen

Anders als die Standardszenarien von SAP Solution Manager 7.2 sind die Focused-Build-Prozesse nicht für kundenindividuelle Anpassungen konzipiert. Aus diesem Grund können und sollten Sie die mitgelieferten SAP-Rollen direkt zuordnen und nicht in Ihren kundeneigenen Namensraum übernehmen. Hierdurch sparen Sie nicht nur Pflegeaufwand, sondern stellen zudem sicher, dass Funktionsanpassungen durch SAP immer direkt in den Berechtigungen berücksichtigt werden.

Fach-, Sammel- und Benutzerrollen

Die Focused-Build-Sammelrollen, die Sie den Projektbeteiligten zuordnen können, sowie die zugehörigen CRM-Benutzerrollen sind in Tabelle 13.1 aufgeführt.

Fachliche Rolle im Projekt	Focused-Build-Sammelrolle	CRM-Benutzerrolle
Architekt*in (Prozessdesign der Ziellösung)	SAP_OST_FB_ARCHITECT_COMP	/SALM/ARCHTC
Business Analyst (funktionale*r Expert*in ihres bzw. seines Fachbereichs)	SAP_OST_FB_ANALYST_COMP	/SALM/ARCHTC
Change Manager*in (Genehmigung von Änderungsanträgen)	SAP_OST_FB_CHANGE_M_COMP	/SALM/ARCHTC
Entwickler*in (technische Umsetzung von Anforderungen)	SAP_OST_FB_DEV_COMP	/SALM/DEVEL
Projektmanager*in (Hauptverantwortliche*r für das Projekt)	SAP_OST_FB_PROJ_M_COMP	/SALM/PRJMNG
Release Manager*in (Planung und Ausführung von Releases)	SAP_OST_FB_REL_M_COMP	/SALM/RLSMNG
Tester*in (Testausführung)	SAP_OST_FB_TESTER_COMP	/SALM/TESTER
Testkoordinator*in (Testplanung und -überwachung)	SAP_OST_FB_TEST_M_COMP	/SALM/TESTCO
Tool Lead (Focused-Build-Experte mit Konfigurationsberechtigungen)	SAP_OST_FB_TOOLLEAD_COMP	/SALM/TOLEAD

Tabelle 13.1 Verfügbare Fach-, Sammel- und Benutzerrollen

[+]

Rollenspezifische Trainingsunterlagen

SAP bietet mit den Standardrollen nicht nur vordefinierte Berechtigungen, sondern stellt auch zahlreiche Trainingsunterlagen für die Verwendung von Focused Build zur Verfügung. Informationen zu den Verantwortlichkeiten und Aufgaben der verschiedenen Fachrollen erhalten Sie beispielsweise unter folgender URL: *http://s-prs.de/v791806*

Weitere Schulungsunterlagen und Systemdemos (sowohl rollen- als auch phasenbezogen) können Sie unter folgender URL einsehen: *http://s-prs.de/v791807*

13.1.4 Der Kernprozess Requirement-to-Deploy

Der Fokus von Focused Build liegt auf dem R2D-Prozess (siehe Abschnitt 13.1.1, »Einführung in Focused Build«) im Kontext der Neueinführung einer Applikation bzw. eines Systems. Diesen Prozess erläutern wir in diesem Abschnitt näher und zeigen Ihnen, wie Sie Focused Build in den einzelnen Phasen unterstützt. Abbildung 13.4 gibt einen Überblick über die Phasen dieses Kernprozesses.

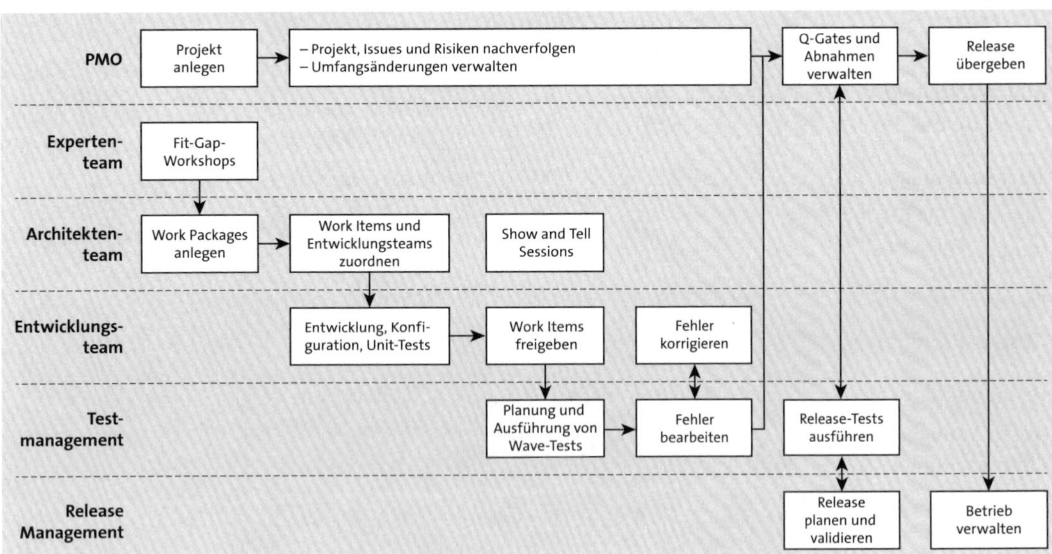

Abbildung 13.4 Focused-Build-Kernprozess (Quelle: SAP SE)

Phase 1: Vorbereitung

Die Vorbereitungsphase dient dazu, Ihr Implementierungsprojekt vorzubereiten. Konkret planen die Lösungsarchitektin oder der Lösungsarchitekt die *Fit-Gap-Workshops* für die Sondierungsphase, während die Testmanagerin oder der Testmanager das Testkonzept zusammen mit den relevanten Ansprechpartner*innen definiert. Vor allem aber sind die Projektmanagerin oder der Projektmanager in dieser Phase dafür zuständig, das Projekt aufzusetzen und zu planen. Hierzu nutzen sie die Projektmanagementapplikationen in Focused Build.

Projekt anlegen

Um ein neues Projekt anzulegen, gehen Sie wie folgt vor:

1. Rufen Sie die Applikation **Projektmanagement – Focused-Build-Projekte** über das SAP Solution Manager Launchpad auf. In dieser Applikation werden Ihnen alle vorhandenen Focused-Build-Projekte angezeigt.
2. Klicken Sie auf die Schaltfläche **Projekt anlegen**.
3. Im Pop-up-Fenster geben Sie eine **Projekt-ID** und einen Projektnamen an (siehe Abbildung 13.5). Über die **Projektart** wird automatisch eine passende Projektvorlage herangezogen, die während der Konfiguration hinterlegt wurde. Sie enthält die Grundstruktur des Projekts aus Phasen, Aufgaben, Quality Gates (Q-Gates) und anderen Meilensteilen.

Abbildung 13.5 Projekt in Focused Build anlegen

4. Geben Sie zudem ein **Startdatum** für Ihr Projekt an.
5. Nach dem Klick auf die Schaltfläche **Anlegen** wird ein entsprechendes Projekt angelegt. Vergessen Sie nicht, das neue Projekt initial zu speichern.

Projektarten

In Focused Build gibt es vier verschiedene Projektarten, zwischen denen Sie wählen können. Für jede Projektart existiert eine separate Vorlage.

- **Focused Build: Einzelprojekt**: Verwenden Sie Einzelprojekte, wenn Sie alle Projektaufgaben in einem einzigen Projekt abbilden wollen.

- **Focused Build: Hauptprojekt**: Für größere Projekte, an denen verschiedene Projektteams arbeiten, ist es in der Regel sinnvoll, ein übergreifendes Hauptprojekt anzulegen. In diesem Projekt wird der Zeitplan des Gesamtprojekts geplant und nachverfolgt.
- **Focused Build: Build-Projekt**: Diese Projektart nutzen Sie für die Teilprojekte eines Hauptprojekts. Jedes Projektteam erhält sein eigenes Projekt. Der zeitliche Rahmen eines Build-Projekts muss immer im Kontext des Hauptprojekts geplant werden.
- **Focused Build: Wartungsprojekt**: Ein Wartungsprojekt besteht nur aus einer Wave mit einem einzigen Sprint. Diese Projektart wird für die Verwaltung von Korrekturen verwendet.

Struktur und Zeitplanung

Nachdem Sie Ihr Projekt angelegt haben, öffnen Sie es, sodass Sie die Projektstruktur ❶ und die Zeitplanung ❸ einsehen können. Abbildung 13.6 zeigt beispielhaft, wie ein Projekt in der Projektmanagementapplikation dargestellt wird. Sie haben hier die Möglichkeit, Anpassungen an der Terminplanung vorzunehmen, falls dies nötig sein sollte. Der Änderungsstatus eines Projektelements wird Ihnen jeweils in der Spalte **Sichern** ❷ angezeigt. Darüber hinaus gibt die Applikation den Schweregrad jedes Projektelements wieder. Das integrierte Gantt-Diagramm stellt Ihnen das Projekt im Zeitverlauf grafisch dar ❹.

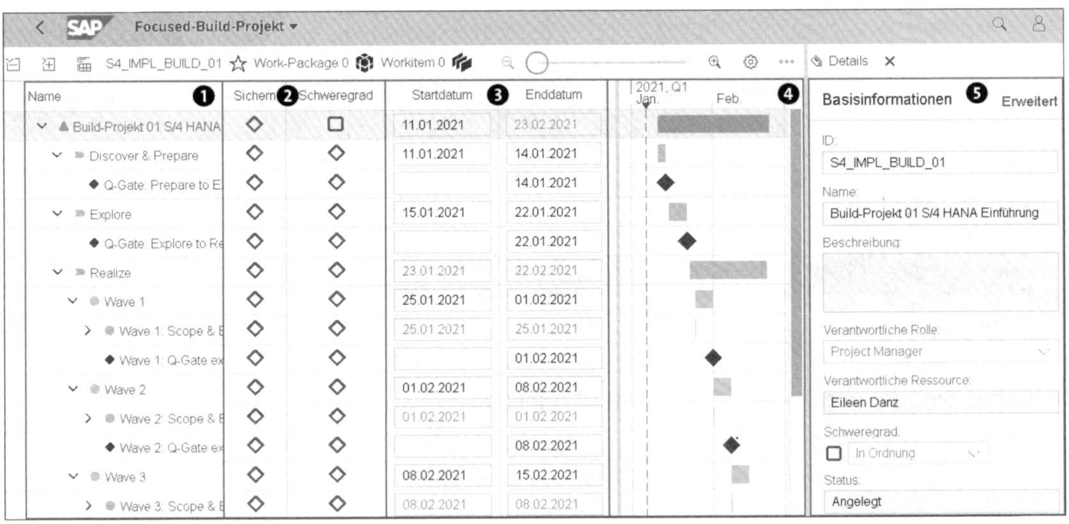

Abbildung 13.6 Focused-Build-Projektmanagementapplikation

Benötigen Sie mehr als die in der Projektvorlage vorgesehenen Waves, können Sie eine weitere Wave anlegen. Markieren Sie dazu die letzte Wave im Projektverlauf, und klicken Sie auf das Plussymbol (⊕).

Planen und strukturieren Sie Ihr Projekt entsprechend Ihren Anforderungen. Haben Sie sich für eine Struktur aus Hauptprojekt und Build-Projekten entschieden, legen Sie bei Bedarf weitere Build-Projekte an.

Release-Zuordnung

Als nächstes müssen Sie das Projekt einem Release zuordnen. Die Release-Zuordnung nehmen Sie auf Ebene der Projektdefinition in der Detailsicht ❺ vor. Sollte die Detailsicht ausgeblendet sein, können Sie diese jederzeit über die Schaltfläche **Details** einblenden. Wählen Sie hier ein passendes Release. Dieses bestimmt die allgemeine Zuordnung des Projekts zu einer Lösung, einem Branch, einer Landschaft und einem Änderungszyklus. Das auf Projektdefinitionsebene zugeordnete Release wird automatisch in alle Waves übernommen. Sie können dort jedoch bei Bedarf die Release-Zuordnung individuell anpassen.

Verknüpfung der Haupt- und Build-Projekte

Haben Sie ein Hauptprojekt sowie mehrere Build-Projekte angelegt, müssen Sie diese miteinander verknüpfen. Navigieren Sie hierzu zurück zur Hauptseite der Focused-Build-Projektmanagementapplikation. Markieren Sie Ihr Hauptprojekt, und wählen Sie **Build zuordnen**. Im folgenden Pop-up-Fenster werden Ihnen alle verfügbaren Build-Projekte zur Auswahl angezeigt. Markieren Sie die relevanten Projekte, und wählen Sie **Zuordnen** (siehe Abbildung 13.7).

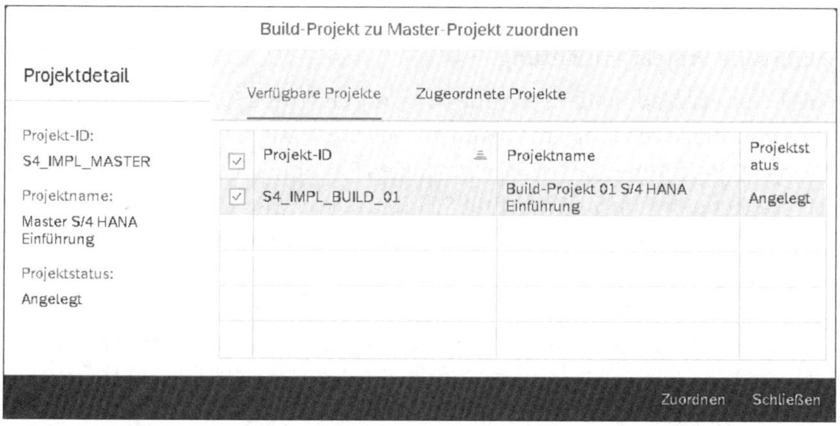

Abbildung 13.7 Zuordnung von Build-Projekten zu einem Hauptprojekt

Wave-Beziehungen

Damit Sie Testpläne übergreifend für die verschiedenen Waves und Build-Projekte erstellen können, müssen Sie außerdem die Wave-Beziehungen zwischen Haupt- und Build-Projekten pflegen. Rufen Sie hierzu Ihr Hauptprojekt auf. In der oberen Funktionsleiste wählen Sie die Funktion **Wave-Beziehung**. Markieren Sie eine Wave des Hauptprojekts, und verknüpfen Sie im unteren Bereich über das Symbol **Hinzufügen** (⊞) die entsprechenden Waves der Build-Projekte (siehe Abbildung 13.8).

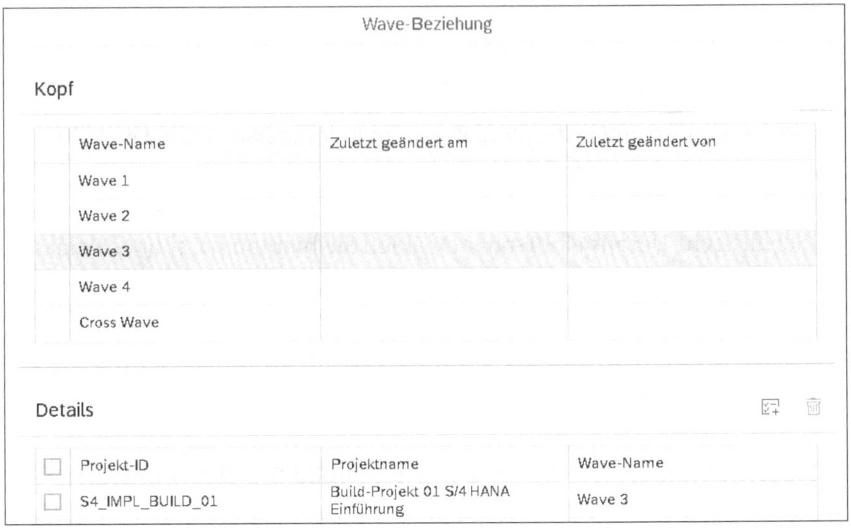

Abbildung 13.8 Pflege der Wave-Beziehungen

Projekt freigeben

Haben Sie die Projektplanung abgeschlossen, geben Sie im letzten Schritt das Projekt sowie die erste Phase frei. Hierzu ändern Sie in den Details der Projektdefinition unter **Basisinformationen** den Eintrag im Feld **Status**.

[+]

Einfache Projekteinrichtung

Mit dem Focused-Build-Release SP06 wurde eine neue Funktion eingeführt, die die Anlage von Projekten deutlich erleichtert. Mit der Funktion **Einfache Projekteinrichtung** starten Sie eine Guided Procedure für die Projektanlage. In dieser definieren Sie Schritt für Schritt Waves, Sprints, Q-Gates und weitere Meilensteine und ordnen Ihrem Projekt ein gültiges Release zu. Die neue Funktion bietet zudem die Möglichkeit, das Hauptprojekt und die zugehörigen Build-Projekte in einem einzigen Schritt und mit synchronisierter Terminplanung anzulegen. Um die Guided Procedure zu starten, wählen Sie die Funktion **Einfache Projekteinrichtung** anstelle der Funktion **Projekt anlegen**.

Phase 2: Sondierung

Fit-Gap-Workshops

In der Sondierungsphase führen Sie sogenannte *Fit-Gap-Workshops* mit allen relevanten Parteien durch. Die Rolle des Business Analyst prüft in diesen Workshops zusammen mit Ansprechpartner*innen aus den Fachbereichen die Geschäftsprozesse. Ziel ist es, die Anforderungen für die korrekte Implementierung der neuen Applikation zu definieren.

Anforderungen erfassen

Als Basis für die Diskussionen in den Workshops bietet SAP im Kontext von SAP-S/4HANA-Einführungen Best-Practices-Pakete für die Lösungsdokumentation an (siehe Abschnitt 3.7, »SAP Best Practices für die Lösungsdokumentation«). Ausgehend von den darin vordokumentierten Geschäftsprozessen können Sie Ihre eigenen Anforderungen direkt über die Lösungsdokumentation aufnehmen:

1. Navigieren Sie hierzu in der Lösungsdokumentation in den Design-Branch, und selektieren Sie einen Prozess, zu dem Sie eine neue Anforderung aufnehmen möchten.
2. Klicken Sie im Attributbereich **Zugehörige Dokumente** auf **Requirements**. Sie gelangen in die Applikation für das Anforderungsmanagement.
3. Über die Schaltflächen **Requirement • Neues Requirement anlegen** können Sie nun eine neue Anforderung ins System aufnehmen, die direkt mit dem zuvor selektierten Geschäftsprozess verknüpft ist (siehe Abbildung 13.9).

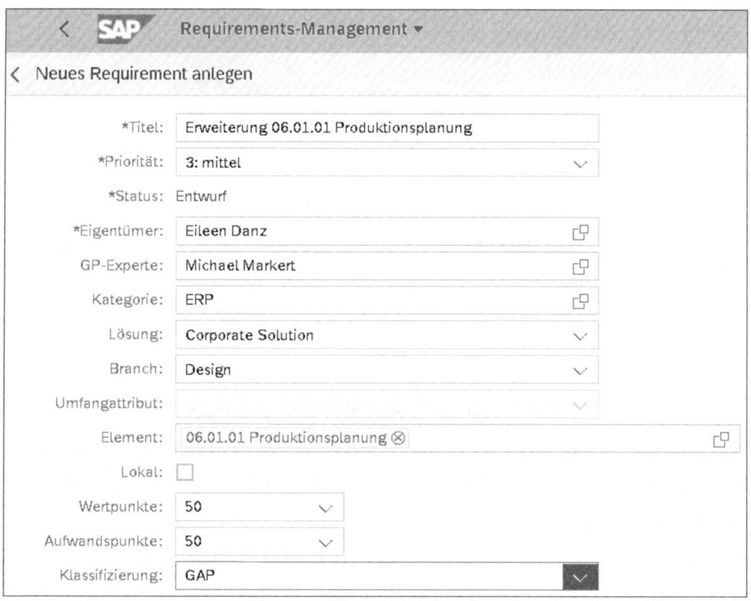

Abbildung 13.9 Anlage einer neuen Anforderung

4. Geben Sie die Anforderungen über die Schaltfläche **Aktion** zur Genehmigung frei.

Alternativ können Sie die Anforderungsmanagementapplikation direkt über das SAP Solution Manager Launchpad aufrufen und die Verknüpfung zum Geschäftsprozess manuell pflegen.

[+]

Upload von Anforderungen

Seit dem Focused-Build-Release SP03 haben Sie alternativ die Möglichkeit, Anforderungen über den Report `/SALM/Requirement_Import` zu importieren. Damit das zu importierende Excel-Dokument die richtige Struktur besitzt, exportieren Sie am besten die Übersichtstabelle der Anforderungen aus der Anforderungsmanagementapplikation als Vorlage für die Tabellenkalkulation.

Anforderungen validieren

Bevor die Lösungsarchitektin oder der Lösungsarchitekt mit der Übersetzung der Anforderungen in Arbeitspakete beginnen kann, müssen die Anforderungen zunächst validiert und genehmigt bzw. zurückgezogen oder zurückgestellt werden. Den entsprechenden Statuswechsel nehmen Sie über die Schaltfläche **Aktion** im Anforderungsbeleg vor. Alternativ können Sie auch die Massenänderungsfunktion nutzen (siehe Abbildung 13.10), die Sie in der Anforderungsmanagementapplikation über den Menüpfad **Requirement • Gehe zu Massenänderung** aufrufen.

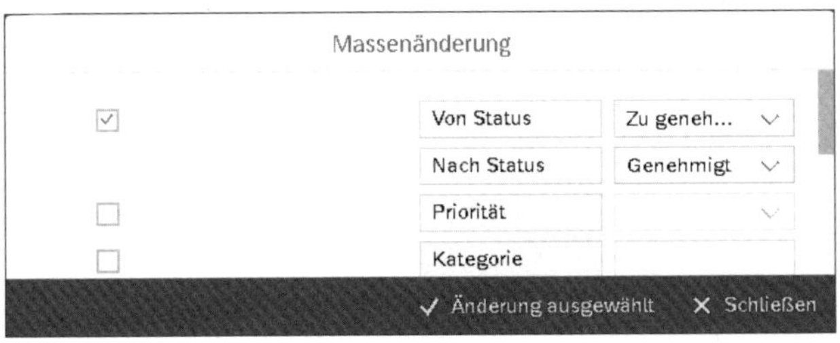

Abbildung 13.10 Massenänderung des Status einer Anforderung

Work Packages anlegen

Die freigegebenen Anforderungen können nun in technisch umsetzbare Work Packages übersetzt werden. Diese Arbeitspakete sollten Sie so schnüren, dass ein Work Package innerhalb einer Wave umgesetzt werden kann. Dabei kann eine m:n-Beziehung zwischen Anforderungen und Work Packages existieren.

Um ein Work Package zu einer Anforderung anzulegen, gehen Sie wie folgt vor:

1. Rufen Sie die Anforderungsmanagementapplikation auf, und markieren Sie die Anforderungen, zu denen Sie ein neues Work Package anlegen bzw. denen Sie ein vorhandenes zuordnen möchten.
2. Wählen Sie **Work-Package • Neues Work-Package anlegen** bzw. **Vorhandenes Work-Package zuordnen**.

3. Pflegen Sie die erforderlichen Informationen im Pop-up-Fenster (siehe Abbildung 13.11). Ordnen Sie dabei das Work Package Ihrem Projekt sowie einer Wave und einem Release zu. Darüber hinaus müssen Sie einen Hauptverantwortlichen (**Eigentümer**) für das Work Package auswählen sowie das Work Package entsprechend seines Inhalts klassifizieren.

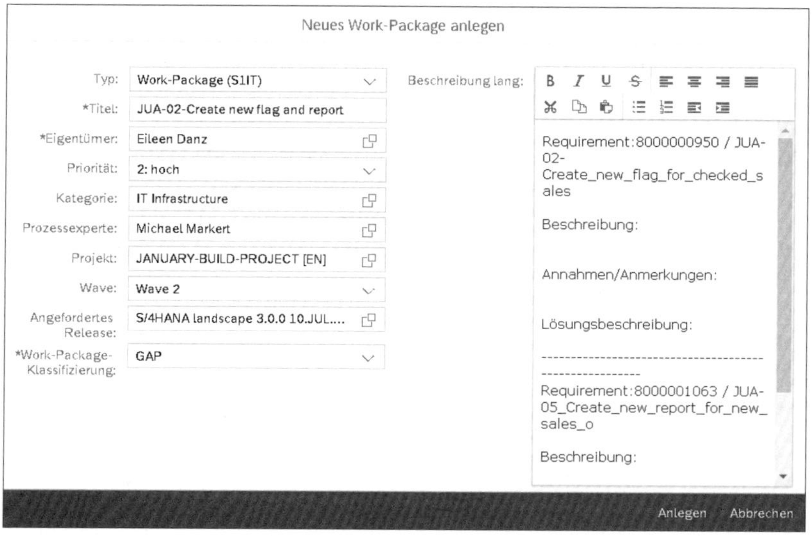

Abbildung 13.11 Anlage eines Work Packages

4. Bestätigen Sie Ihre Angaben mit der Schaltfläche **Anlegen**.

Am Ende der Sondierungsphase sollte es keine freigegebenen Anforderungen mehr geben, denen Work Packages zugeordnet wurde.

Phase 3: Umsetzung

Umfang eines Work Packages

Die Umsetzungsphase ist die längste Phase eines Projekts. Während dieser Phase findet die Umsetzung der Anforderungen im System statt. Ausgangspunkt sind die in der vorherigen Phase angelegten Work Packages. Zu jedem Work Package definiert der oder die Lösungsarchitekt*in im ersten Schritt einen Umfang definiert. Hieraus ergeben sich später die Work Items, die von den Entwicklungsteams umgesetzt werden.

Work Items

Sie sollten immer mindestens zwei Work Items pro Work Package anlegen. Das erste Work Item (vom Typ **Normale Änderung**) dient der technischen Umsetzung der Anforderung. Das zweite Work Item (vom Typ **Allgemeine Änderung**) wird für die Aktualisierung der Dokumentation und Testfälle in der Lösungsdokumentation verwendet. Berücksichtigen Sie auch, dass ein Work Item immer innerhalb eines Sprints realisierbar sein sollte.

Umfang definieren

Gehen Sie wie folgt vor, um den Umfang eines Work Packages zu definieren:

1. Rufen Sie die Applikation **Meine Arbeitspakete** aus dem SAP Solution Manager Launchpad auf.
2. Markieren Sie im linken Bildschirmbereich ein Work Package, das Sie bearbeiten möchten. Gegebenenfalls müssen Sie die Filterkriterien anpassen, um das gewünschte Work Package zu finden.
3. Führen Sie die Aktion **Scope definieren** aus, und wechseln Sie auf die Registerkarte **Scope**.
4. Über das Symbol **Scope hinzufügen** (⊞) erstellen Sie eine Vorlage für ein neues Work Item (siehe Abbildung 13.12). Entscheiden Sie, ob Sie ein Work Item vom Typ **Normale Änderung** (Anlage von Transportaufträgen möglich) oder vom Typ **Allgemeine Änderung** (Transportmanagement nicht integriert) anlegen möchten.

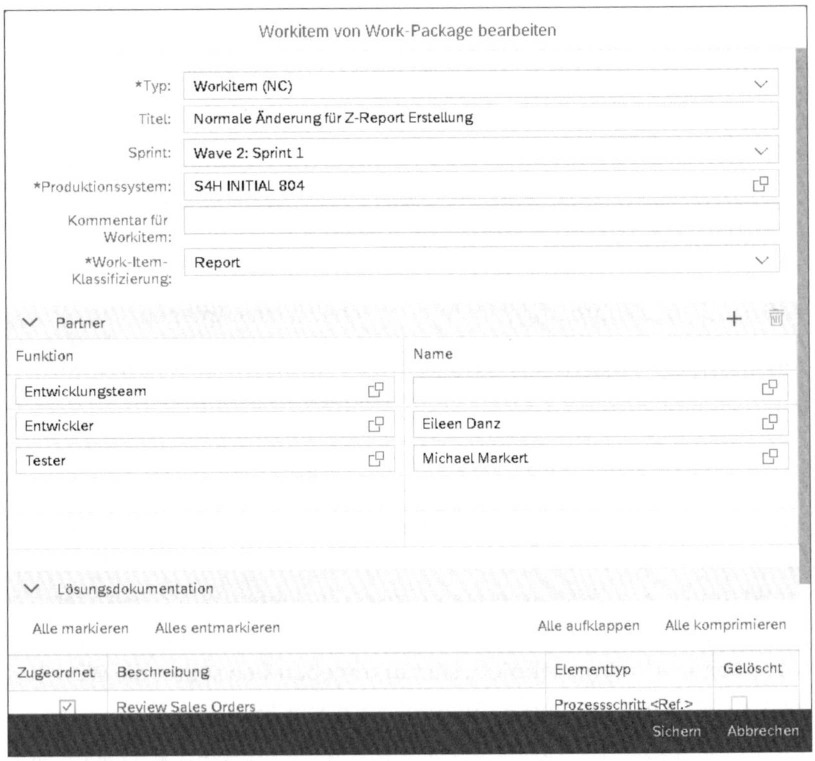

Abbildung 13.12 Anlage eines Work Items

5. Füllen Sie alle weiteren Pflichtfelder aus. Das **Produktionssystem** wird dabei automatisch durch die Zuordnung des Work Items zum Projekt sowie durch die Verknüpfung von Lösungslandschaft und Projekt bestimmt.

Über die **Work-Item-Klassifizierung** kategorisieren Sie das Work Item nach seinem Inhalt.

6. Im Bereich **Lösungsdokumentation** können Sie auswählen, welche Elemente der Lösungsdokumentation aus dem Work Package in das Work Item übertragen werden sollen.
7. Haben Sie den Umfang vollständig definiert, genehmigen Sie das gesamte Work Package über die Aktion **Scope genehmigen**. Alternativ können Sie diese Aktion für mehrere Work Packages gleichzeitig in der Applikation **Massenänderungsoperationen** durchführen, die speziell für Focused Build bereitgestellt wird.

Die eigentliche Umsetzungsphase beginnt in dem Moment, in dem die Work Packages für die Umsetzung freigegeben werden. Dies geschieht ebenfalls über eine Statusänderung, die Sie entweder im Work Package selbst oder über die Massenänderungsapplikation vornehmen. In diesem Moment werden die definierten Work Items angelegt und der zugeordneten Entwicklerin oder dem Entwickler in der Applikation **Meine Workitems** zur Bearbeitung angezeigt.

Im Folgenden gehen wir genauer auf den integrierten Prozessablauf in Focused Build ein, der in Abbildung 13.13 dargestellt ist.

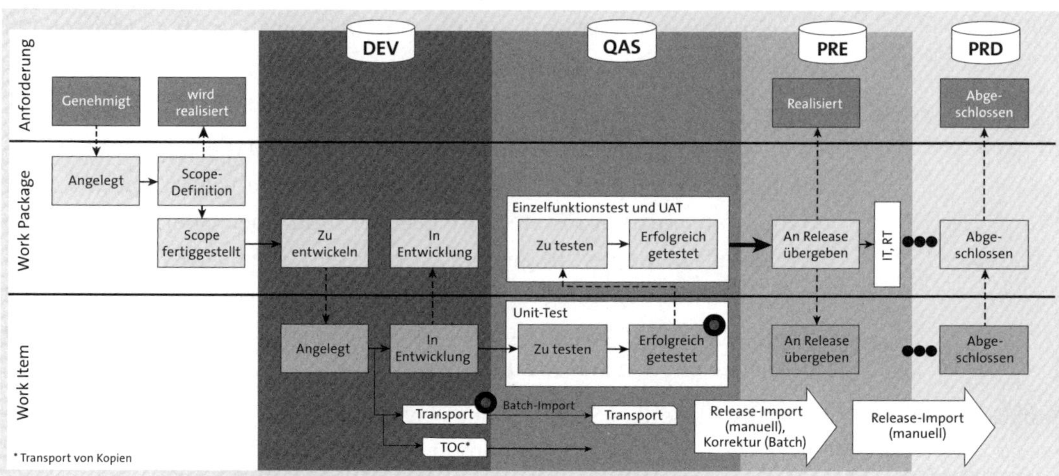

Abbildung 13.13 Integrierter Prozessablauf in Focused Build (Quelle: SAP SE)

Work Items bearbeiten

Der Fortschritt der Bearbeitung eines Work Items wird wie im Work Package über die Status dargestellt. Statuswechsel erfolgen auch hier über die Schaltfläche **Aktion**. Sobald ein Work Item vom Typ **Normale Änderung** den Status **In Entwicklung** erreicht hat, können Sie über die Registerkarte **Transport** und das Plussymbol (⊞) neue Transporte zu diesem Work Item anlegen (siehe Abbildung 13.14). Das Entwicklungssystem im Feld **System und Mandant** wird dabei über das zugeordnete Release bestimmt.

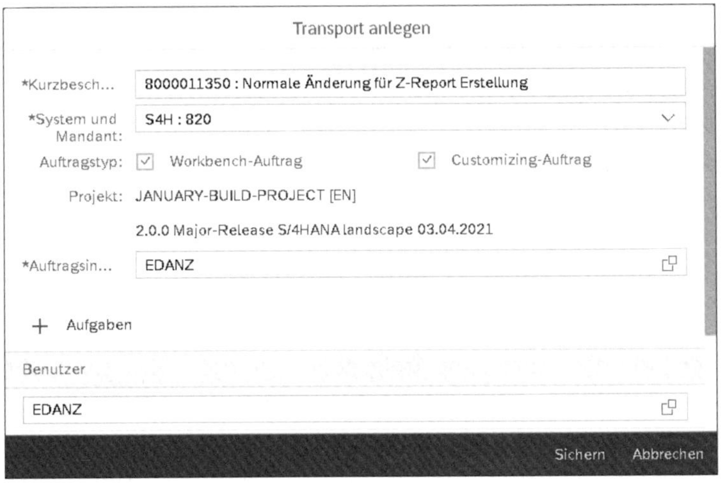

Abbildung 13.14 Dialog zur Anlage eines Transports

Transport von Kopien

Geben Sie die Transportaufgabe frei, sobald Sie die Systemänderungen abgeschlossen haben, wie Sie es vom ChaRM kennen. Setzen Sie anschließend den Status des Work Items auf **Zu Testen**. In diesem Moment wird automatisch ein Transport von Kopien (Transport of Copies, kurz TOC) erzeugt und ins Qualitätssicherungssystem importiert.

Unit-Test

Es folgt ein Unit-Test durch einen Tester oder eine Testerin, der ohne die Funktionalitäten der Test-Suite auskommt. Sobald das erfolgreiche Durchlaufen dieses Tests per Statuswechsel bestätigt wurde, wird automatisch der Originaltransport vom System freigegeben und über einen eingeplanten Job ebenfalls in die Testumgebung transportiert. Die Bearbeitung des Work Items ist damit abgeschlossen. Befinden sich alle Work Items eines Work Packages im Status **Erfolgreich getestet**, wechselt das Work Package selbst automatisch in den Status **Zu Testen**.

Testplanverwaltung

Nach Abschluss aller Sprints einer Wave sollten sich alle Work Packages, die dieser Wave zugeordnet sind, im Status **Zu Testen** befinden. Der oder die Test Manager*in plant nun mithilfe der Testmanagementapplikationen in Focused Build die Einzelfunktionstests (Single Functional Tests, kurz SFT) bzw. Anwenderakzeptanztests (User Acceptance Tests, kurz UAT). Die Person, die diese Rolle einnimmt, ordnet die Testpakete den Tester*innen über die Applikation **Testplanverwaltung – Zuordnungsanalyse und Testplangenerierung** zu. Hier kann sie die aktuelle Wave des Projekts auswählen.

Über die Funktion **Work-Packages ohne Testplanabdeckung** dieser Applikation erhalten Sie einen Überblick über alle Work Packages, denen noch kein Testdokument zugeordnet ist. Wechseln Sie anschließend auf die Registerkarte **Zuordnungsanalyse und Testplangenerierung**, um alle relevanten Testfälle auszuwählen ❶ (siehe Abbildung 13.15). Sichern Sie anschließend den Testplan als neu ❷.

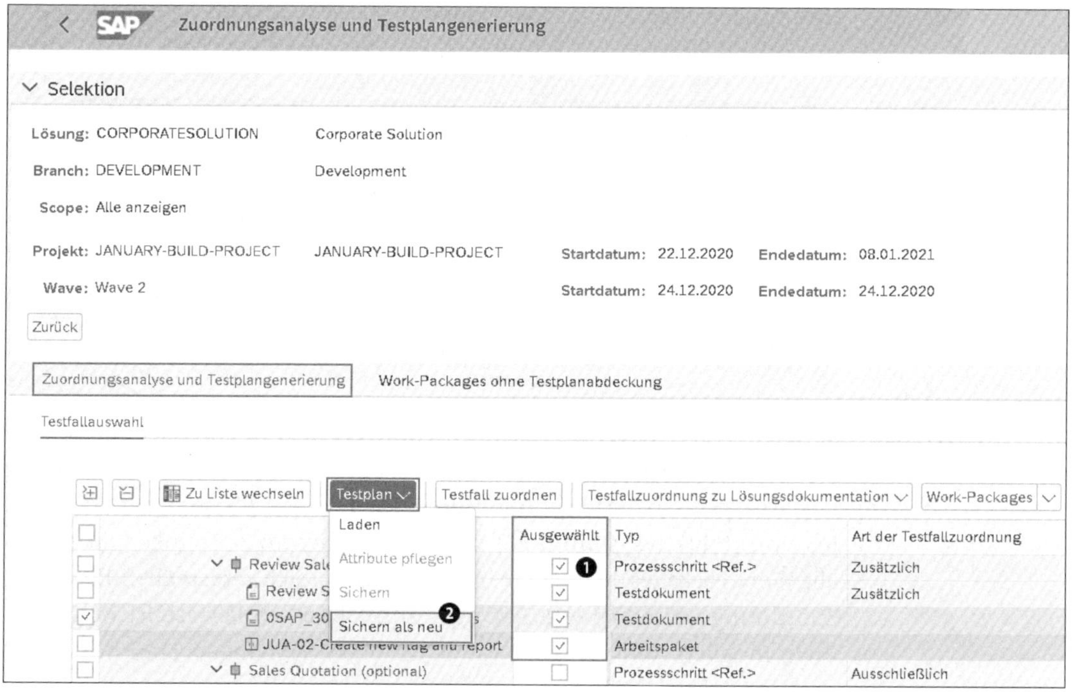

Abbildung 13.15 Anlage eines Testplans in Focused Build

Testausführung

Die Testausführung erfolgt nach Freigabe der Testpakete über die Applikation **Meine Testausführungen** durch die verschiedenen Tester*innen (siehe auch Abschnitt 13.1.7, »Erweiterungen für das Testmanagement«). Wurden alle Testfälle erfolgreich getestet und bestätigt, kann das zugehörige Work Package ebenfalls auf den Status **Erfolgreich getestet** gesetzt werden. Die Bearbeitung des Work Packages ist somit abgeschlossen, und die Änderung kann für das Release freigegeben werden.

Fehler und Fehlerkorrekturen

Wurden während der Testausführung Fehler entdeckt und gemeldet, können Sie diese in der Applikation **Meine Fehler** einsehen (siehe ebenfalls Abschnitt 13.1.7). Ist zur Fehlerbehebung eine Korrektur im System notwendig, wählen Sie die Aktion **Fehlerkorrektur anlegen**. Die automatisch erstellte Fehlerkorrektur wird Ihnen auf der Registerkarte **Details** sowie auf der Registerkarte **Beziehungen** angezeigt. Rufen Sie die Fehlerkorrektur über einen der Links oder über die Applikation **Meine Fehlerkorrekturen** auf. Ordnen Sie der Fehlerkorrektur eine*n Entwickler*in und Tester*in zu.

Die Bearbeitung der Fehlerkorrektur erfolgt ähnlich wie die eines Work Items. Im Status **In Korrektur** hat die mit der Entwicklung beauftragte Person die Möglichkeit, neue Transporte anzulegen. Steht die Fehlerkorrektur zum Test bereit, wird der Status des zugehörigen Fehlers automatisch auf **Lösungsvorschlag** gesetzt. Die Fehlerkorrektur wird automatisch geschlossen, sobald die Lösung des Fehlers final bestätigt wurde.

[»]

E-Mail-Kommunikation

Wenn Sie die E-Mail-Kommunikation für Focused-Build-Vorgänge eingerichtet haben, erhalten die zuständigen Prozessbeteiligten eine E-Mail, sobald sich der Status eines ihnen zugeordneten Work Packages, Work Items, Fehlers oder einer Fehlerkorrektur ändert (siehe auch Abschnitt 4.2.1, »Grundkonfiguration des IT-Servicemanagements«, Schritt 3, Vorgangsarten konfigurieren).

Release-Vorbereitung

Sind alle Waves eines Release abgeschlossen, beginnt die oder der Release Manager*in, das Release vorzubereiten. Hierzu verschiebt sie oder er den Release-Zyklus in die Phase **Build**, denn nur in dieser Phase ist der Transport ins Vorproduktivsystem (PRE) möglich. Zu diesem Zeitpunkt sollten sich alle Work Packages des Release im Status **Erfolgreich getestet** befinden. Eine Zuordnung weiterer Work Packages zum aktuellen Release ist nun nicht mehr möglich. Abbildung 13.16 stellt die phasenabhängige Transportsteuerung in Focused Build dar.

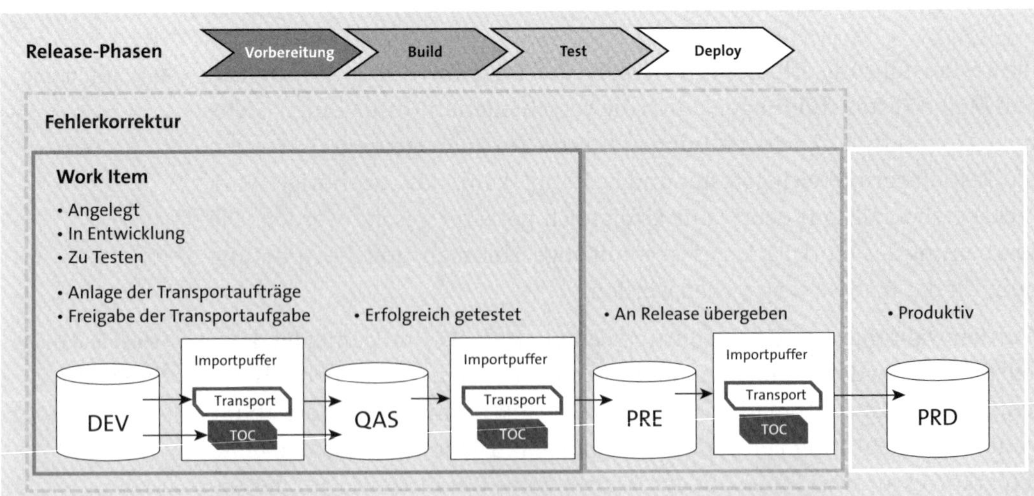

Abbildung 13.16 Phasenabhängige Transportsteuerung (Quelle: SAP SE)

Import in das Vorproduktivsystem

Im nächsten Schritt selektieren Sie alle Work Packages, die mit dem Release produktiv gesetzt werden sollen. Nutzen Sie hierzu am besten die Applikation für Massenänderungsoperationen, und ändern Sie den Status auf **An Release übergeben**. Verknüpfte Work Items und Fehlerkorrekturen werden automatisch auf denselben Status gesetzt. Verknüpfte Anforderungen erhalten den Status **Realisiert**. Sollten weitere nicht verknüpfte Fehlerkorrekturen für das Release relevant sein, vergessen Sie nicht, diese an dieser Stelle ebenfalls auf den Status **An Release übergeben** zu setzen. Stoßen Sie anschließend den Import in das Vorproduktivsystem über das Programm `/SALM/BATCH_IMPORT_TRIGGER` und die Variante `/SALM/RELEASE_PRE` an.

Testausführung im Vorproduktivsystem

Wurden alle Änderungen des Release erfolgreich in das Vorproduktivsystem importiert, setzen Sie den Release-Zyklus auf den Status **Test (SIT, RT, Benutzertest)**. In diesem Status führen Sie Integrations- (IT) bzw. Regressionstests (RT) im Vorproduktivsystem aus. Dazu können Sie die Testmanagementapplikationen verwenden. Sollten Fehler gemeldet werden, wenden Sie den beschriebenen Fehlerkorrekturprozess erneut an. Neue Work Packages und Work Items können dem Release in dieser Phase nicht mehr zugeordnet werden.

Phase 4: Bereitstellung

Import in das Produktivsystem

Ist Ihr Release bereit für den Import in das Produktivsystem, setzen Sie den Status im Release-Zyklus auf **Deployment-Vorbereitung**. Auch Ihr Projekt hat damit die nächste Phase, die Bereitstellungsphase, erreicht. Prüfen Sie, ob sich alle relevanten Work Packages, Work Items und Fehlerkorrekturen im Status **An Release übergeben** befinden. Setzen Sie anschließend den Release-Zyklus auf den Status **Deploy**, und planen Sie den Import der Änderungen in das Produktivsystem über den Report `/SALM/BATCH_IMPORT_TRIGGER` mit der Variante `/SALM/RELEASE` ein.

Bei einem erfolgreichen Import wird der Status der Work Items vom Typ **Normale Änderung** automatisch auf den Status **Produktiv** gesetzt, Fehlerkorrekturen werden automatisch geschlossen. Schließen Sie die Work Items anschließend am besten über die Massenänderungsapplikation final ab. Sind alle Work Items abgeschlossen, wechselt das zugehörige Work Package automatisch in den Status **Produktiv** und kann ebenfalls finalisiert werden.

Phase 5: Betrieb

R2D-Korrekturprozess

Nach erfolgreicher Inbetriebnahme des Release setzen Sie den Release-Zyklus auf den Status **Hypercare**. Offene Work Packages, Work Items und Fehlerkorrekturen mit Priorität 3 oder 4 werden automatisch dem Folge-

Release zugeordnet. Während der Betriebsphase Ihres Projekts (Release-Zyklus hat Status **Hypercare** oder **Betrieb**) können Sie über den neuen R2D-Korrekturprozess weiterhin wichtige Korrekturen vornehmen. Hierzu stehen Ihnen in Focused Build folgende spezifische Änderungsdokumente zur Verfügung:

- **Focused-Build-Änderungsantrag (S1CR)**
  Sie können einen Änderungsantrag als Folgebeleg zu einem Fehler oder direkt über die Applikation **Meine Änderungsanträge** erstellen. Als Release können Sie dabei nur Zyklen wählen, die sich in den Phasen **Hypercare** oder **Betrieb** befinden. Definieren Sie auf der Registerkarte **Scope** des Änderungsantrags, ob Sie für die Korrektur eine **Standardänderung** oder **Dringende Änderung** benötigen. Nach Genehmigung des Änderungsantrags durch die oder den Change Manager*in und Freigabe zur Entwicklung werden die definierten Folgebelege angelegt.
- **Focused-Build-Standardänderung (S1SG)**
  Standardänderungen werden für unkritische und wiederkehrende Customizing-Änderungen verwendet. Welche Objekte hier im Detail verändert werden dürfen, definieren Sie im Administrations-Cockpit des ChaRM (siehe Abschnitt 8.5.4 »Standardänderung«)
- **Dringende Änderung in Focused Build (S1HF)**
  Dringende Änderungen bezeichnen Korrekturen, die nicht aufgeschoben werden können, da die Fehler die Funktionalität des Systems massiv beeinträchtigen.

Für die Bearbeitung von Standardänderungen und dringenden Änderungen durch den zugeordneten Entwickler steht Ihnen die Applikation **Meine Änderungsdokumente** zur Verfügung. Die Bearbeitung erfolgt ähnlich wie die von Work Items. Dringende Änderungen werden anschließend von der oder dem Release Manager*in direkt über einen Statuswechsel im Beleg in das Vorproduktiv- und Produktivsystem importiert. Der Import von Standardänderungen erfolgt analog zu dem von Work Items über das Programm `/SALM/BATCH_IMPORT_TRIGGER` mit den Varianten `/SALM/RELEASE_PRE` bzw. `/SALM/RELEASE`.

13.1.5 Dokumentenmanagement mit DropDoc

DropDoc

Focused Build wurde mit einem Dokumentenmanagementwerkzeug, genannt *DropDoc*, ausgestattet, das mittlerweile in den Kernprozess integriert wurde. Sie können die Funktionen dieses Werkzeugs aber weiterhin auch als Standalone-Erweiterung einrichten. Mit DropDoc ist es möglich, mehrere Dokumente auf einmal per Drag-and-Drop aus einem Dateiverzeichnis in einen Focused-Build-Vorgang (z. B. ein Work Package oder ein Work Item) zu laden und im selben Schritt auch mit der Lösungsdokumentation zu verknüpfen. Für die einem Vorgang zugeordneten Dokumente können Sie Massenänderungen bestimmter Dokumentattribute vornehmen, und Sie können Key Performance Indicators (KPIs) zur Überwachung relevanter Dokumente definieren und einsehen.

Anlagen vs. Dokumentation

In den Focused-Build-Vorgängen sind die DropDoc-Funktionalitäten auf den Registerkarten **Anlagen** und **Dokumentation** integriert:

- Dokumente, die Sie auf der Registerkarte **Anlagen** hinzufügen, sind nur für den jeweiligen Vorgang relevant. Diese Dokumente werden nicht in der Lösungsdokumentation abgelegt.
- Auf der Registerkarte **Dokumentation • Dokumente** pflegen sie die Verknüpfung des Vorgangs zu Elementen aus der Lösungsdokumentation. Dokumente, die Sie auf dieser Registerkarte ergänzen, werden an entsprechender Stelle in der Lösungsdokumentation abgelegt. Auf dieser Registerkarte stehen Ihnen daher ergänzend Optionen zur Massenänderung des Dokumentstatus, zur Dokumentverantwortlichkeit und zur Testfallkategorisierung zur Verfügung.

Abbildung 13.17 zeigt beispielhaft die Upload-Funktion von DropDoc auf der Registerkarte **Dokumentation**. Sie können entweder im oberen Bereich des Pop-up-Fensters ❶ die Eigenschaften für alle Dokumente, die Sie hochladen, gleichzeitig pflegen oder aber im unteren Bereich ❷ diese Eigenschaften einzeln je Dokument ausprägen.

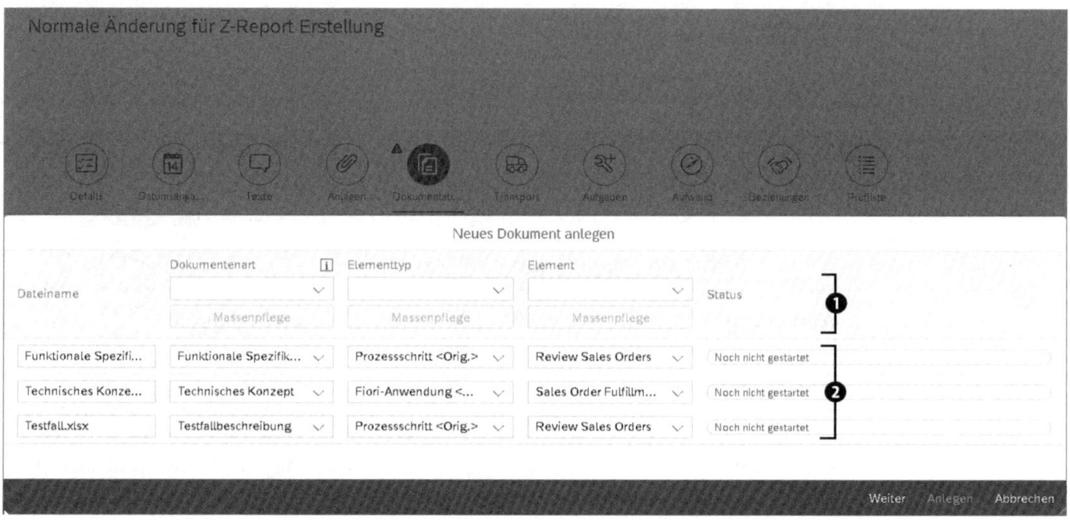

Abbildung 13.17 Upload-Funktion in DropDoc

[»]

Automatische Freigabe an die Lösungsdokumentation

Dokumente auf der Registerkarte **Dokumentation** werden mit dem Bearbeitungsfortschritt von Work Packages, Work Items bzw. Fehlerkorrekturen automatisch in die verschiedenen Branches der Lösungsdokumentation freigegeben. Mit der Produktivsetzung der Transporte werden entsprechend auch alle zugeordneten Dokumente der Vorgangsarten in den Produktiv-Branch freigegeben.

Aktueller Status

Auf der untergeordneten Registerkarte **Aktueller Status** können Sie anhand definierter KPIs für jedes Work Package und jedes Work Item einsehen, welche Dokumente obligatorisch sind, wie ihr aktueller Status vom erwarteten Status abweicht und wie die aktuelle KPI-Bewertung ausfällt (siehe Abbildung 13.18). Die KPIs müssen Sie dazu zuvor im Customizing-Pflegeview /SALM/VC_KPI definieren.

Abbildung 13.18 Prüfung der KPIs zur Dokumentenverfügbarkeit

Meine Dokumente

Neben diesen integrativen Funktionalitäten erhalten Sie mit DropDoc zusätzlich eine weitere Applikation namens **Lösungsdokumentation – Meine Dokumente**, die Sie über das SAP Solution Manager Launchpad aufrufen können. Hier sehen Sie eine Liste aller Dokumente, für die Sie verantwortlich sind bzw. die Sie zuletzt bearbeitet haben. Sie können diese Applikation nutzen, um Dokumente zentral und übersichtlich zu bearbeiten.

13.1.6 Dashboards

Eine der Stärken der Focused Solutions sind die integrierten Dashboards. Jedes dieser Dashboards kann über eine eigene Kachel im SAP Solution Manager Launchpad aufgerufen werden. Im Folgenden stellen wir Ihnen die wichtigsten Dashboards für Focused Build vor.

Solution Readiness Dashboard

Projekt-KPIs

Über das *Solution Readiness Dashboard* können Sie den aktuellen Stand Ihres Projekts jederzeit und auf einen Blick anhand verschiedener KPIs analysieren. Sie sehen hier den Gesamtstatus ihres Projekts, die nächsten Meilensteine sowie die Anzahl und den Bearbeitungsstand von Work Packages und Work Items. Außerdem ist jederzeit ein Blick auf Risiken und offene Punkte möglich. Damit erhalten Sie ein Frühwarnsystem für Schwierigkeiten, die in Ihrem Projekt auftreten können und haben die Möglichkeit, rechtzeitig Gegenmaßnahmen einzuleiten. Ein Beispiel für ein solches Solution Readiness Dashboard sehen Sie in Abbildung 13.19.

13

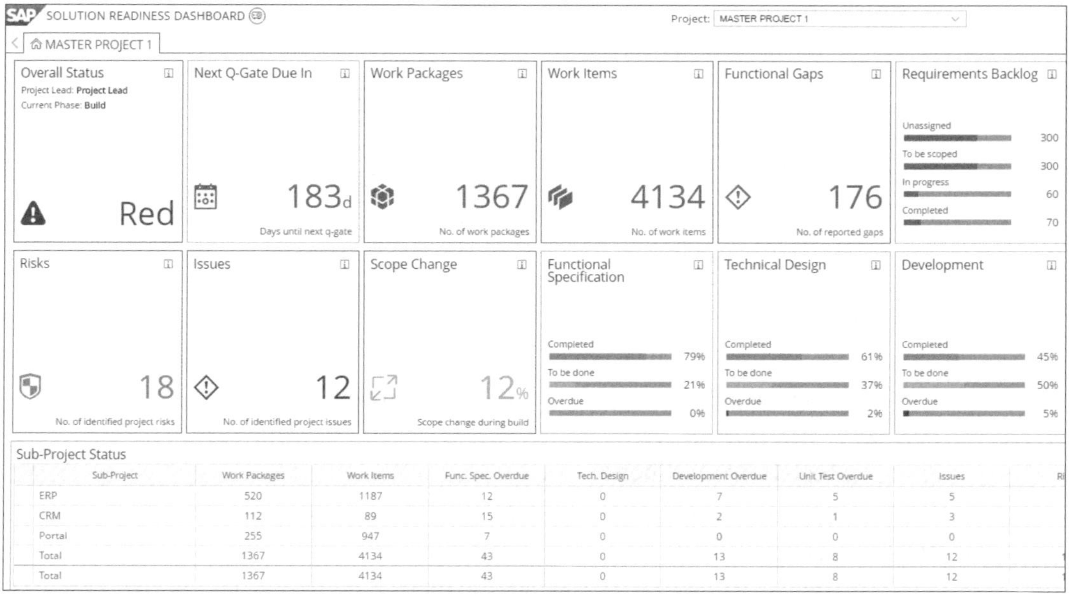

Abbildung 13.19 Solution Readiness Dashboard

Detailinformationen und -daten

Über das kleine Informationssymbol ([i]) auf jeder Kachel erhalten Sie detaillierte Informationen zur jeweiligen KPI. Für einige Kacheln können Sie zudem einen Drill-down durchführen und die Detaildaten einsehen, aus denen diese KPI generiert wird. Das Solution Readiness Dashboard für Hauptprojekte stellt im unteren Bereich darüber hinaus die zugeordneten Build-

Projekte tabellarisch dar. Wenn Sie von hier aus in eines der Build-Projekte navigieren, öffnet sich das entsprechende Solution Readiness Dashboard des gewählten Projekts auf einer zusätzlichen Registerkarte.

Release-Dashboard

Release-Überblick

Ein weiteres Dashboard im Zusammenhang mit Focused Build ist das *Release-Dashboard*. Damit haben Release Manager*innen jederzeit alle Releases einer Change-Control-Landschaft im Blick. Im Detail erhalten sie Informationen zu der Anzahl an Releases und Entwicklungsteams sowie zu den zugeordneten Work Packages, Work Items, Fehlerkorrekturen und Transportaufträgen. Über die Drill-down-Funktion der einzelnen Kacheln erhalten sie jeweils eine tabellarische Sicht auf die Detaildaten. Abbildung 13.20 zeigt ein Beispiel eines Release-Dashboards.

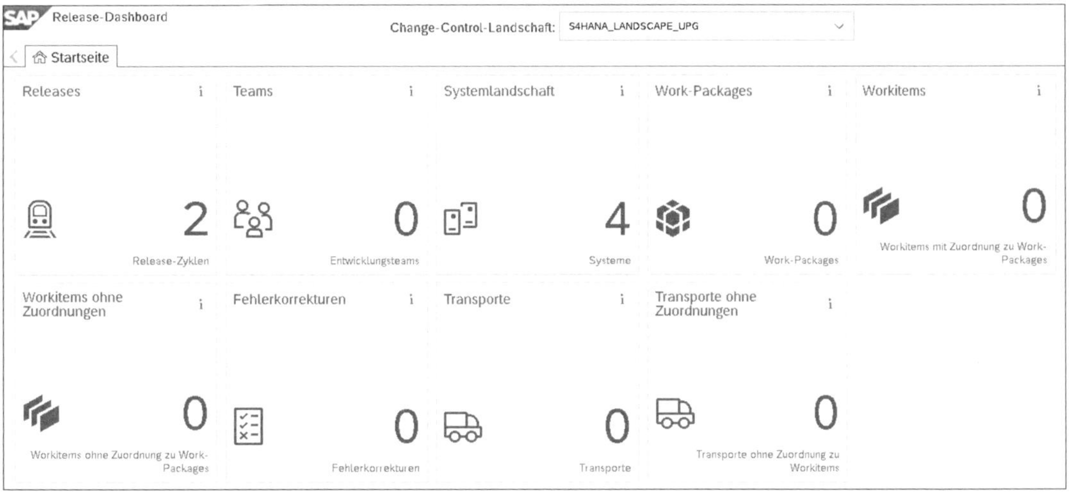

Abbildung 13.20 Beispiel eines Release-Dashboards

Test-Suite-Dashboard

Auswertung des Teststatus

Das *Test-Suite-Dashboard* bietet vordefinierte Übersichten und Auswertungen von Testaktivitäten und damit einen schnellen Überblick über den aktuellen Teststatus. Es ist über die gleichnamige Kachel im Menü **Focused Build – Testmanager** des SAP Solution Manager Launchpads verfügbar.

Nach dem Aufrufen des Dashboards können Sie zunächst im Bereich **Auswahlparameter** Testpläne festlegen , die Ihnen angezeigt werden sollen. Dabei werden sowohl Testpläne unterstützt, die im Kontext des R2D-Ansatzes von Focused Build angelegt wurden, als auch Testpläne, die mit der Standardfunktionalität der Test-Suite erstellt wurden. Durch die Auswahl von **Lösung**, **Branch**, **Scope** und weiteren Daten können Sie die Suchergebnisse weiter einschränken (siehe Abbildung 13.21). Wählen Sie **Testpläne durchsuchen**, um alle Testpläne anzeigen zu lassen, die den gewählten Kriterien entsprechen. Anschließend können Sie einen oder mehrere Testpläne auswählen. Über die Schaltfläche **Apply** (✓) starten Sie die Auswertung der Testpläne.

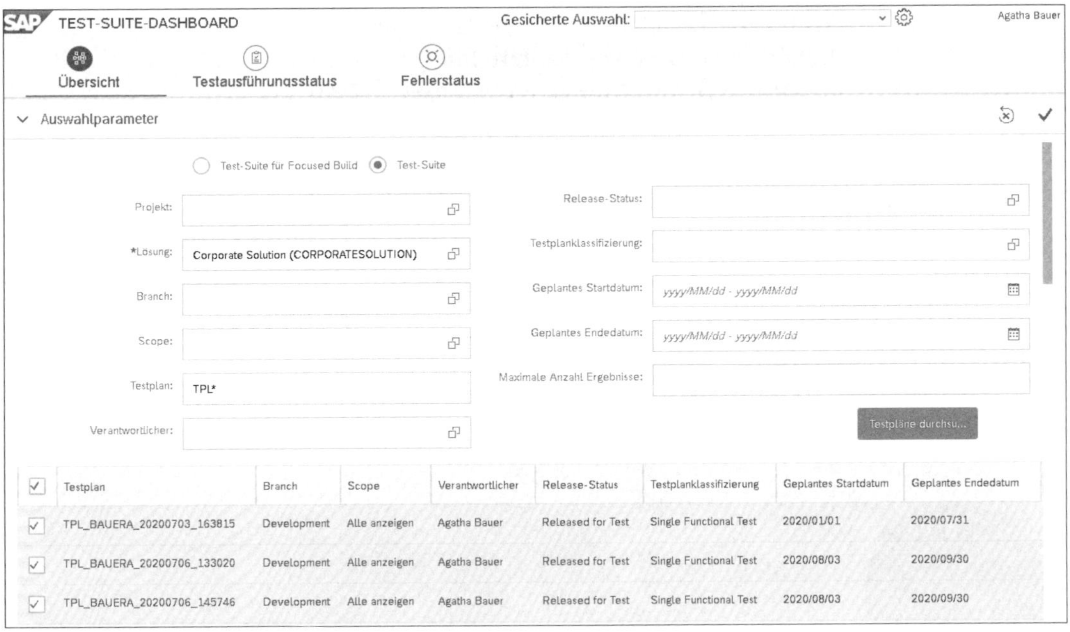

Abbildung 13.21 Test-Suite-Dashboard – Testpläne auswählen

Statusinformationen für Testpläne

Das Dashboard wechselt anschließend in die Übersicht, in der Sie verschiedene Statusinformationen zu allen gewählten Testplänen erhalten (siehe Abbildung 13.22), darunter:

- Anzahl der **Testpläne**
- Anzahl der nicht bestandenen **Testfälle**, d. h. Testfälle, die nicht als »OK« bewertet wurden
- **Off. Fehler** der Priorität 1 und 2
- **Teststatus** gemäß Testklassifizierung
- **Fehlerdetails** nicht behobener Fehler mit Priorität 1 und 2
- **Testausführungsstatus** als Tortendiagramm

- **Fortschritt Testausführung** im Zeitverlauf als Liniendiagramm
- **Testausführungsstatus nach Testplänen** in Tabellenform
- **Testausführungsfortschritt nach Testplänen** in Tabellenform
- **Nicht behobene Fehler nach Priorität** als Tortendiagramm
- **Fehler nach Priorität und Status** als Balkendiagramm
- **Fehlerzeitlinie** als Liniendiagramm

Wurde der Testplan für ein Focused-Build-Projekt angelegt, werden einige Inhalte angepasst bzw. weitere Informationen zur Verfügung gestellt, um den Bezug zu Projekten und Work Packages darzustellen.

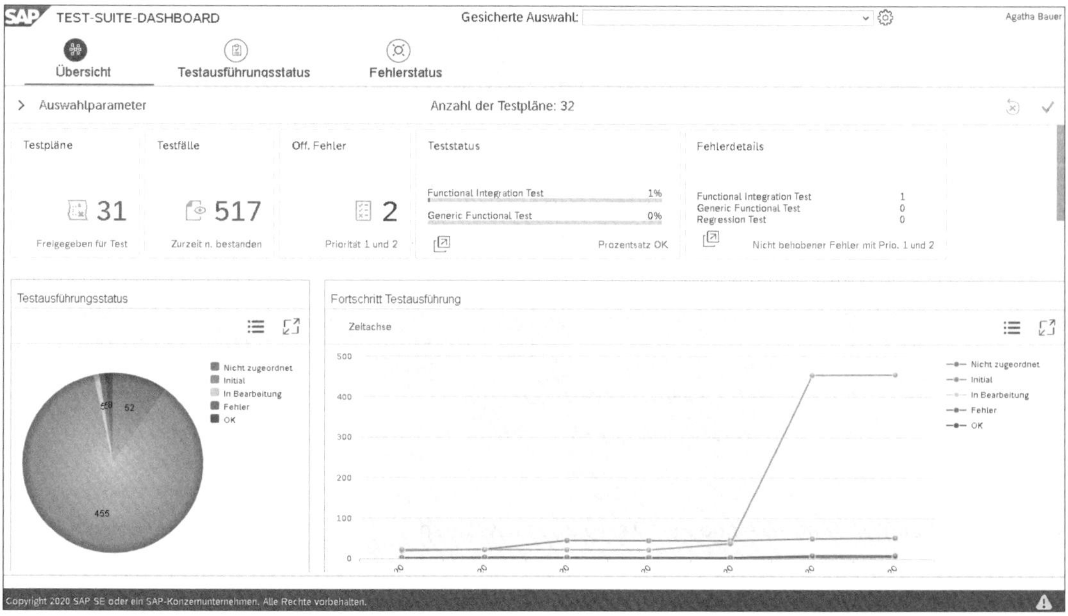

Abbildung 13.22 Test-Suite-Dashboard – Übersicht

Details einzelner Testpläne

Die Registerkarten **Testausführungsstatus** (siehe Abbildung 13.23) und **Fehlerstatus** vertiefen die Informationen der Übersicht und zeigen jeweils Details eines Testplans an. Haben Sie mehrere Testpläne ausgewählt, werden Sie durch ein Pop-up-Fenster gebeten, einen einzelnen Testplan auszuwählen. In dieser Ansicht können Sie die Spalten der gezeigten Tabellen anpassen und diese exportieren.

Testauswertung für Focused-Build-Projekte

Bei Testplänen mit Bezug zu einem Focused-Build-Projekt werden zusätzlich die Registerkarten **Testvorbereitung** und **Rückverfolgbarkeitsmatrix** angezeigt. Erstere zeigt die Zuordnung von Testfällen zu Work Packages.

Die Rückverfolgbarkeitsmatrix zeigt die Relation von Tests zu den Anforderungen, Arbeitspaketen und Aufgaben des Focused-Build-Projekts.

Abbildung 13.23 Test-Suite-Dashboard – Testausführungsstatus

13.1.7 Erweiterungen für das Testmanagement

Agiles Testmanagement

Focused Build enthält Erweiterungen für die Test-Suite des SAP Solution Managers, die den Testprozess agiler machen und einzelne Aufgaben vereinfachen. Kern der Erweiterungen ist der *Testschritt-Designer*, der eine alternative Möglichkeit zur Erstellung von Testfällen bietet. Damit einher gehen neue Benutzeroberflächen für Tester*innen, die die Testdurchführung und die Bearbeitung von Fehlermeldungen vereinfachen. Zusätzlich stellt Focused Build ein neues Dashboard für die Test-Suite, das wir in Abschnitt 13.1.6, »Dashboards«, bereits vorgestellt haben, bereit. In diesem Abschnitt werden die weiteren Werkzeuge und Funktionen für das Testmanagement vorgestellt.

Für den erweiterten Testprozess mit den neuen Werkzeugen stellt Focused Build neue Benutzerrollen für die fachlichen Rollen **Testmanager** und **Tester** zur Verfügung. Abbildung 13.24 zeigt die Menüs dieser Rollen im SAP Solution Manager Launchpad.

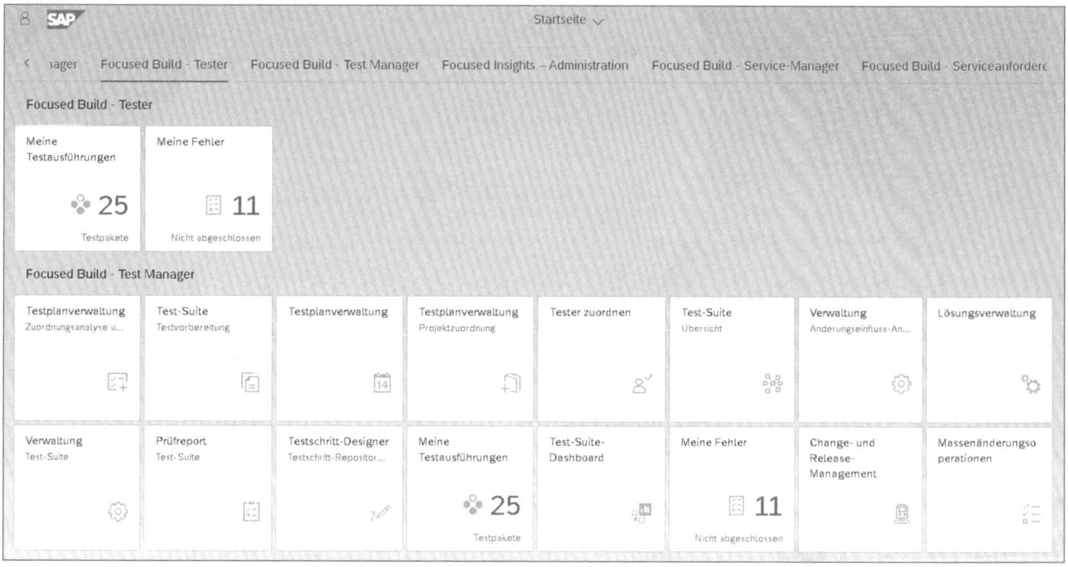

Abbildung 13.24 Menüs für Tester*innen und Testmanager*innen mit Focused Build

[»]

> **Einsatz als Standalone-Erweiterung**
> Die hier beschriebenen Erweiterungen für das Testmanagement können unabhängig vom R2D-Prozess in Focused Build konfiguriert und eingesetzt werden.

Testschritt-Designer

Der Testschritt-Designer und die damit verbundenen Anwendungen sind die in der Praxis bedeutsamsten Erweiterungen für den Testprozess. Das dokumentenbasierte Standardvorgehen zur Erstellung und Durchführung von Testfällen in der Test-Suite wird um eine agile Variante ergänzt, mit der Testfälle unmittelbar im System bearbeitet werden.

Vor- und Nachteile dokumentenbasierter Tests

Das Erstellen, Planen und Durchführen von Tests mit der Test-Suite ist im Standard dokumentenbasiert: Testfälle und die Dokumentation der Testdurchführung werden als Dateien gespeichert, typischerweise Microsoft-Excel- oder Word-Dokumente, die in die Lösungsdokumentation und die Test-Suite hochgeladen, aber lokal geändert werden.

Dies bietet alle Vorteile des Dokumentenmanagements mit dem SAP Solution Manager: So können z. B. Vorlagen, Statusschemata, Schlagworte oder digitale Signaturstrategien verwendet werden. Ebenso bietet dieser Ansatz ein hohes Maß an Flexibilität bei der Umsetzung individueller Anforderungen an den Dokumentationsprozess. Oft können auch bestehende Prozessdokumentationen als Grundlage für Testfälle verwendet werden.

Das dokumentenbasierte Testen eignet sich insbesondere für ein formales Testumfeld, das einen hohen Anspruch an die Qualität von Testfällen und Testdokumentation sowie die Nachvollziehbarkeit der entsprechenden Dokumente stellt. Nachteilig hingegen kann sich der dokumentenbasierte Ansatz bei agileren Testprozessen auswirken: Sollen neue Testfälle möglichst schnell verfasst werden, erscheint das Erstellen eines Dokuments als unangemessener Aufwand. Das Herunterladen, Bearbeiten und erneute Hochladen eines Dokuments zusätzlich zur Teststatusbewertung können Tester*innen als Medienbruch empfinden, der die Testausführung ausbremst.

Testfälle online bearbeiten

Mit der Einrichtung des Testschritt-Designers steht ein neuer Testfalltyp mit der Bezeichnung *Testschritte* zur Verfügung. Anders als die Testdokumente wird ein Testfall dieses Typs direkt im System erfasst und bearbeitet. Abbildung 13.25 zeigt ein Beispiel.

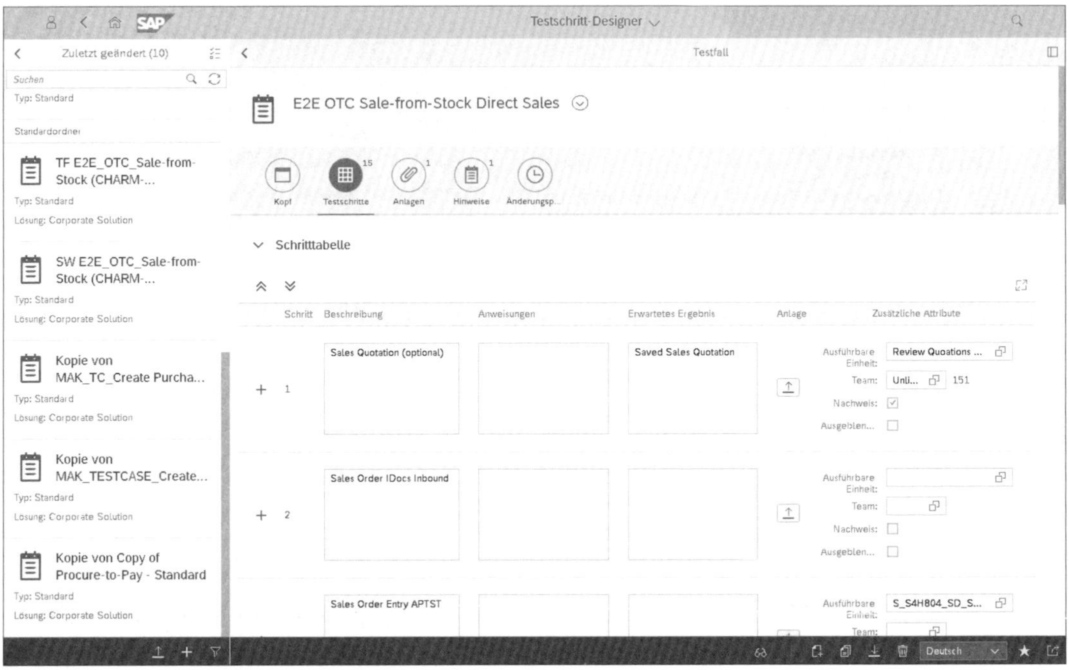

Abbildung 13.25 Testfall im Testschritt-Designer

Testfälle des Typs Testschritte können in der Lösungsdokumentation oder direkt im Testschritt-Designer erstellt werden. Ersteres ist empfehlenswert, da der Testfall so direkt im Kontext eines Geschäftsprozesses abgelegt wird und die dort hinterlegten ausführbaren Einheiten mit dem Testfall verknüpft werden können.

Testschritt-Testfall in der Lösungsdokumentation anlegen

Navigieren Sie in der Lösungsdokumentation zu einem Geschäftsprozess, und öffnen Sie in der Liste der zugeordneten Elemente das Kontextmenü. Wählen Sie hier **Testfälle • Testschritte (Anlegen)**, um einen neuen Testfall anzulegen (siehe Abbildung 13.26). Alternativ können Sie über den Menüeintrag **Testschritte (Zuordnen)** auch einen bereits angelegten Testschritte-Testfall auswählen und dem Prozess zuordnen.

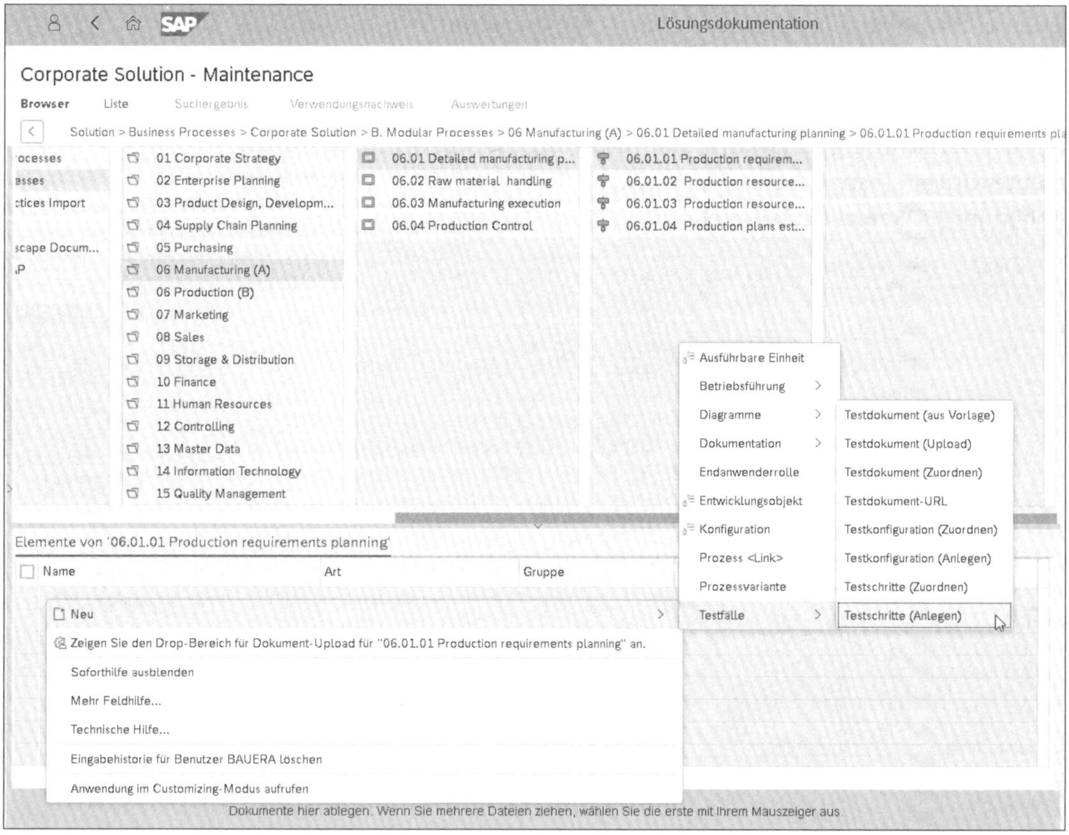

Abbildung 13.26 Testschritte-Testfall in der Lösungsdokumentation anlegen

Testfall anlegen

Zur Konfiguration des neuen Testfalls öffnet sich der Testschritte-Designer im Modus **Neuen Testfall anlegen** (siehe Abbildung 13.27). Hier können Sie zunächst den Namen des Testfalls eingeben; standardmäßig wird der Name des Prozesses übernommen. Der optional wählbare **Ordner** ist eine einfache Gruppierungsebene: Da alle Testschritt-Testfälle auch direkt im Testschritt-

Designer angezeigt werden, schaffen Ordner eine weitere Hierarchieebene. Neue Ordner können über das Customizing des Testschritte-Designers angelegt werden.

Abbildung 13.27 Neuen Testschritte-Testfall anlegen

Die Option **Anlegen in Lösung/Branch-Kontext** ist automatisch selektiert, da Sie den Testfall aus der Lösungsdokumentation heraus angelegt haben. Die Option **Lösungsdokumentation zum Vorbereiten der Schritte verwenden** kann die Erstellung eines neuen Testfalls vereinfachen. Ist sie ausgewählt, wird für jeden Prozessschritt unterhalb des ausgewählten Prozesses der Lösungsdokumentation ein Testschritt im Testfall angelegt. Dabei werden die Namen des Prozessschritts als Beschreibung für den Testschritt im Testfall übernommen. Ebenso werden zugeordnete ausführbare Einheiten übernommen. Klicken Sie abschließend auf **Anlegen**, um den Testfall anzulegen.

Kopfdaten

Der Testschritt-Designer wechselt nun in die Ansicht **Testfall**. Hier können Sie den Testfall über verschiedene Registerkarten bearbeiten. Die Registerkarte **Kopf** enthält allgemeine Informationen, darunter auch Testanweisungen, Speicherorte in der Lösungsdokumentation und eine Änderungshistorie (siehe Abbildung 13.28). Im Bereich **Eigenschaften** können Sie – sofern vorhanden – eine ältere **Version** des Testfalls aufrufen und Informationen wie **Status**, **Priorität**, **Eigentümer** und die geschätzte **Dauer (min)** pflegen. Der **Testmodus** gibt an, ob die Tester*innen gemeinsam an dem Testfall arbeiten oder ihre Testergebnisse getrennt voneinander erfassen, z. B. um ein Vier-Augen-Prinzip umzusetzen. Ist die Option **Strenge Schrittsequenz** gewählt, bedeutet dies, dass die Reihenfolge der Testschritte zwingend eingehalten werden muss. Ist diese Option deaktiviert, ist die Reihenfolge beliebig.

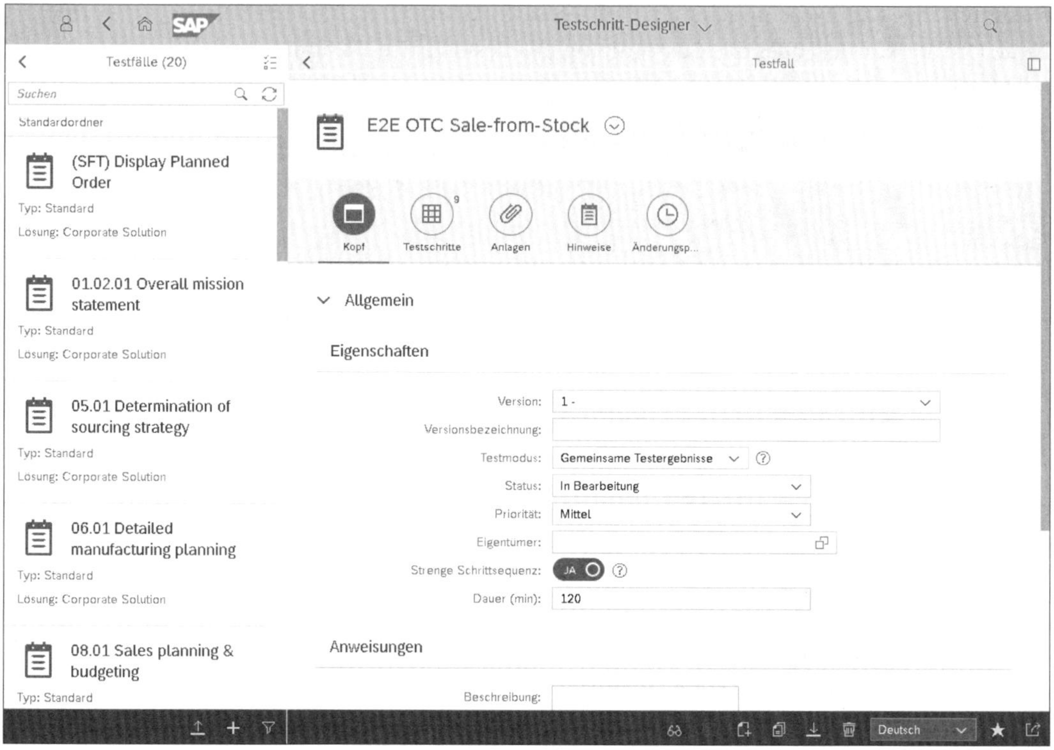

Abbildung 13.28 Testschritt-Testfall – Kopfdaten

Testanweisungen erfassen

Auf der Registerkarte **Testschritte** erfassen Sie die eigentlichen Testanweisungen (siehe Abbildung 13.29). Jeder Schritt enthält im Standard die Freitextfelder **Beschreibung**, **Anweisungen** und **Erwartetes Ergebnis** ❶. Zusätzlich kann je Testschritt eine **Anlage** ❷ hinterlegt werden, z. B. um den Testfall um detaillierte Anweisungen oder Spezifikationsdokumente zu ergänzen. Ebenso kann – sofern der Testfall zur Lösungsdokumentation zugeordnet wurde – eine **Ausführbare Einheit** angegeben werden. Diese können die Tester*innen bei der Testdurchführung direkt aufrufen. Ferner kann einem Testschritt bereits jetzt ein **Team** zugeordnet werden. Über die Checkbox **Nachweis** legen Sie fest, dass ein Nachweis des Tests zwingend erforderlich ist. Mit der Checkbox **Ausgeblendet** kann ein Testschritt versteckt werden.

Unterhalb der Testschritte finden Sie den Bereich **Ergebnisattribute**. Wenn erforderlich, können hier Attribute festgelegt werden, die bei bestimmten Testschritten optional oder zwingend erfasst werden müssen. So können beispielsweise Testergebnisse abgefragt werden, die relevant für Folgeschritte sind. Die Attribute selbst können im Customizing des Testschritt-Designers erfasst werden.

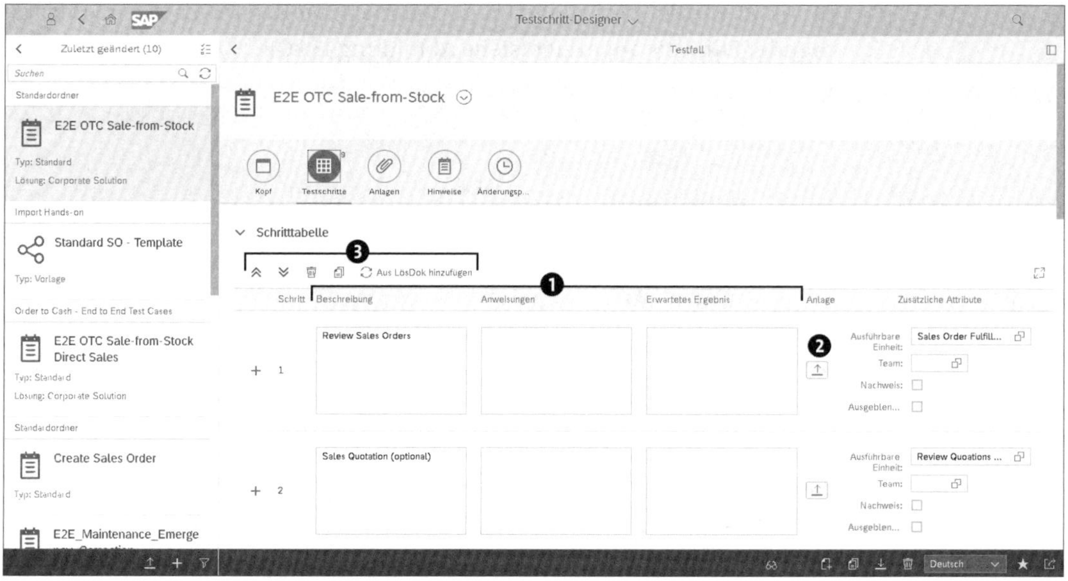

Abbildung 13.29 Testschritte erfassen

Prozessschritte übernehmen

Über die Schaltflächen im Bereich **Schritttabelle** ❸ können Sie zudem einzelne Schritte kopieren oder löschen; ebenso gibt es hier die Option **Aus LösDok hinzufügen**, mit der Sie Testschritte auch nachträglich aus den jeweiligen Prozessschritten hinzufügen können.

Mit den weiteren Registerkarten können Sie Ihren Testfall um **Anlagen** und **Hinweise** per Freitext ergänzen. Das **Änderungsprotokoll** weist die an dem Testfall vorgenommen Änderungen im Detail aus.

Klicken Sie abschließend auf das Speichersymbol (💾) am unteren Rand der Anwendung, um den Testfall zu speichern. In der unteren Leiste finden Sie daneben Optionen, um eine neue Version des Testfalls zu erstellen oder diesen zu kopieren, herunterzuladen oder zu löschen.

Testschritt-Testfall im Testschritt-Designer anlegen

Alternativ können Sie Testfälle auch direkt im Testschritt-Designer anlegen. Öffnen Sie dazu die Applikation im SAP Solution Manager Launchpad. Über die Plusschaltfläche im linken unteren Bereich der Anwendung gelangen Sie in den Modus **Neuen Testfall anlegen**. Da der Bezug zur Lösungsdokumentation fehlt, sind einige der im vorangehenden Abschnitt beschriebenen Optionen hier nicht vorhanden. Sie müssen lediglich den Testfallnamen und optional einen **Ordner** angeben. Nach dem Klick auf **Anlegen** lässt sich der Testfall wie im vorangehenden Abschnitt beschrieben editieren. Als Erinnerung, dass der Testfall noch nicht der Lösungsdokumentation zugeordnet wurde, wird Ihnen im Kopfbereich der Registerkarte ein entsprechender Hinweis angezeigt (siehe Abbildung 13.30).

Abbildung 13.30 Im Testschritt-Designer angelegter Testfall ohne Prozesszuordnung

Vorlagentestfälle

Im Testschritt-Designer können Sie einen Testfall auch als *Vorlagentestfall* anlegen, aus dem weitere Testfälle abgeleitet werden können. Diese Funktion eignet sich z. B., um mehrere Tests für Prozessvarianten anzulegen, deren Testschritte sich nur in wenigen Details unterscheiden.

Um einen Vorlagentestfall anzulegen, aktivieren Sie bei der Testfallerstellung den entsprechenden Schalter und wählen eine Lösung aus (siehe Abbildung 13.31). Ein Vorlagentestfall kann zunächst genau wie ein normaler Testschritt-Testfall gestaltet werden. Da Sie bei dessen Erstellung eine Lösung angegeben haben, können Sie den einzelnen Testschritten auch Transaktionen zuordnen. Nachdem Sie alle Testschritte erfasst haben, setzen Sie auf der Registerkarte **Kopf** den Status des Testfalls auf **Freigegeben**.

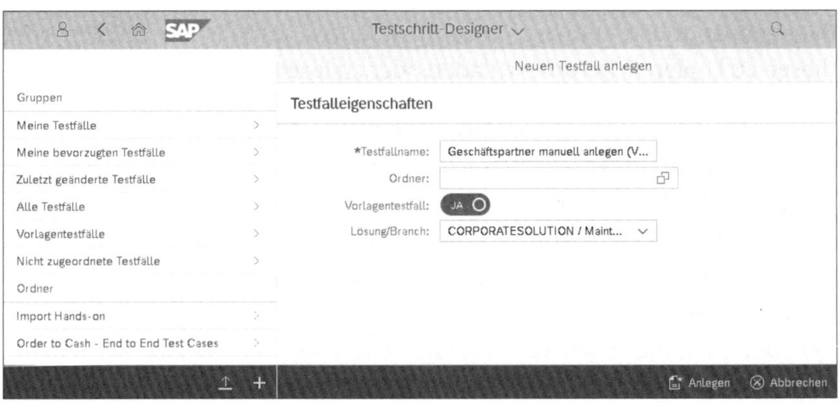

Abbildung 13.31 Vorlagentestfall anlegen

Abgeleiteten Testfall anlegen

Über die Schaltfläche **Neuen Testfall aus Vorlage anlegen** am unteren Rand der Anwendung können Sie nun einen *abgeleiteten Testfall* erstellen. Ein solcher Testfall kann mit neuen Inhalten der Vorlage versorgt werden. Mit der Option **Updates aus Vorlage pushen zulässig** entscheiden Sie, ob Anwender*innen die abgeleiteten Testfälle aus der Vorlage heraus anpassen dürfen (**Ja**) oder ob das Aktualisieren nur aus dem abgeleiteten Testfall heraus möglich ist (**Nein**, siehe Abbildung 13.32). Mit letzterer Option verhindern Sie, dass Inhalte eines abgeleiteten Testfalls (unbeabsichtigt) vom Ersteller der Vorlage überschrieben werden.

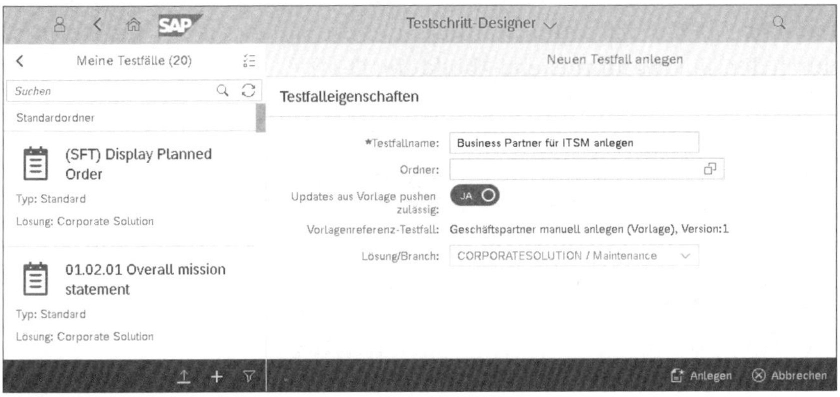

Abbildung 13.32 Testfall aus einer Vorlage anlegen

Testfall aktualisieren

Die Aktualisierung können Sie im abgeleiteten Testfall oder, wenn erlaubt, in der Vorlage über die Registerkarte **Beziehungen** starten. Abbildung 13.33 zeigt den Vorgang aus Sicht der Vorlage.

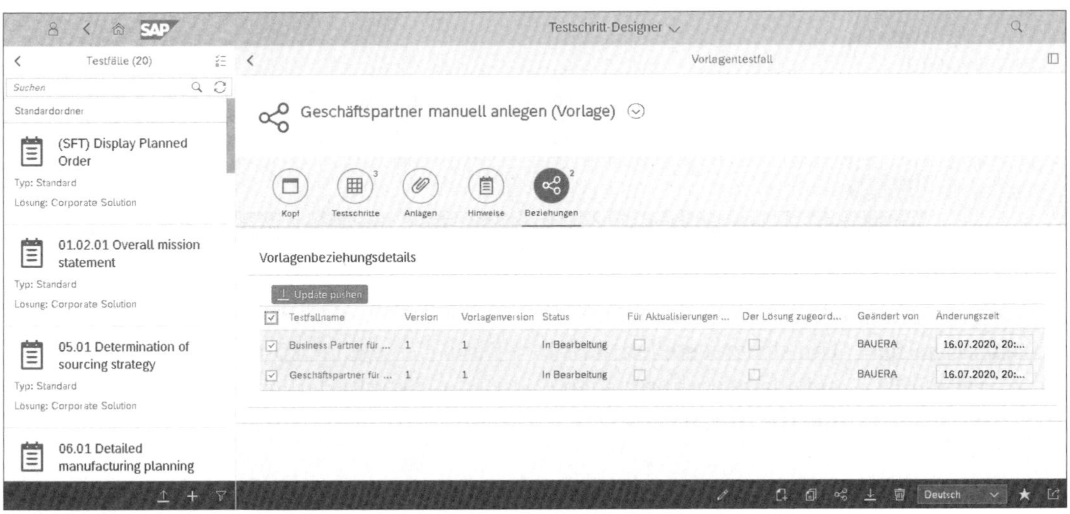

Abbildung 13.33 Testfälle aus einer Vorlage aktualisieren

Wählen Sie die Testfälle aus, die Sie aktualisieren möchten, und klicken Sie auf **Update pushen**, um die Testfälle mit den neuen Inhalten des Vorlagentestfalls zu versorgen. Dabei wird jeweils eine neue Version der abgeleiteten Testfälle angelegt, sodass keine Änderungen verloren gehen.

Testfälle importieren

Upload von Testfällen

Eine weitere Möglichkeit, um Testfälle im Testschritt-Designer anzulegen, ist der Import einer CSV-Datei. Auf diese Weise können Sie z. B. bereits existierende dokumentenbasierte Testfälle in Testschritt-Testfälle umwandeln. Wählen Sie dazu im Testschritt-Designer die Option **Neuen Testfall aus Datei hochladen**. Daraufhin startet ein Assistent, der Sie in drei Schritten durch den Upload führt (siehe Abbildung 13.34).

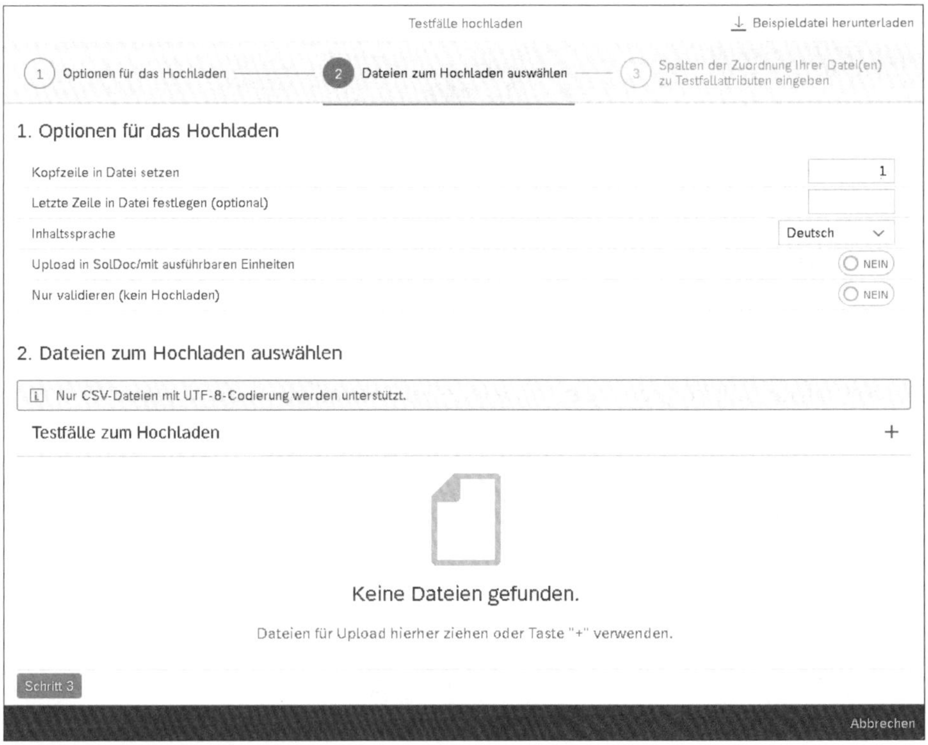

Abbildung 13.34 Upload von Testfällen aus einer CSV-Datei

Beispieldatei für den Upload

Um sicherzustellen, dass Ihre Datei sich eignet, können Sie vorab eine Beispieldatei herunterladen. Diese gibt alle erforderlichen Felder bzw. die Syntax für Testfälle vor.

[+]

Massen-Upload von Testfällen

Die Beispieldatei ist so aufgebaut, dass nicht nur ein einzelner Testfall, sondern viele Testfälle gleichzeitig hochgeladen werden können. Das Zusammenstellen der CSV-Datei aus existierenden Testfällen erfordert in der Praxis meist etwas Tabellenkalkulationsakrobatik.

Folgen Sie den Schritten des Upload-Assistenten. In Schritt 3 können Sie den Feldern eines Testschritt-Testfalls die passenden Spalten der CSV-Dateien zuordnen. Klicken Sie abschließend auf **Upload starten**. Testfälle, deren Name bereits im System existiert, werden mit der importierten Version überschrieben. Auf diese Weise können nachträgliche Änderungen vorgenommen werden, ohne dass beim Massen-Upload versehentlich zahlreiche neue Testfälle angelegt werden.

[«]

Customizing des Testschritt-Designers

Für das Customizing des Testschritt-Designers sei auf den Konfigurationsleitfaden für Focused Build in der aktuellen Version verwiesen (siehe *http://s-prs.de/v791808*). Sie können z. B. diverse Standardeinstellungen und Vorbelegungen definieren, Ordner anlegen oder kundeneigene Felder hinzufügen. Auch die Integration einer automatischen Übersetzung von Testfällen ist möglich.

Testschritt-Parameter

Testdaten bereitstellen

Das Bereitstellen von Testdaten zum Zeitpunkt der Testausführung ist eine Herausforderung: Oftmals müssen abhängig von der Testphase, der Prozessvariante oder den Tester*innen unterschiedliche Stamm- und Bewegungsdaten zur Verfügung gestellt werden, damit ein Testfall korrekt ausgeführt werden kann. Die Applikation **Testschritt-Parameter**, die ebenfalls in der Gruppe **Focused Build – Test Manager** des SAP Solution Manager Launchpads verfügbar ist, bietet hierfür einen Lösungsansatz.

Parameter anlegen

Sie können zunächst *Testschrittparameter* anlegen und gruppieren (Abbildung 13.35). Ein Parameter dient als Platzhalter für einen konkreten Testdatensatz, z. B. für eine Materialnummer oder eine Mengenangabe.

Alle hier erstellten Parameter können im Testschritt-Designer verwendet werden: Während Sie die Textfelder **Beschreibung**, **Anweisungen** oder **Erwartetes Ergebnis** eines Testfalls bearbeiten, können Sie mit der rechten Maustaste ein Kontextmenü aufrufen, das alle verfügbaren Parameter enthält (Abbildung 13.36). Sobald Sie Ihrem Freitext einen Parameter hinzufügen, erscheint dieser in der Designphase in geschweiften Klammern.

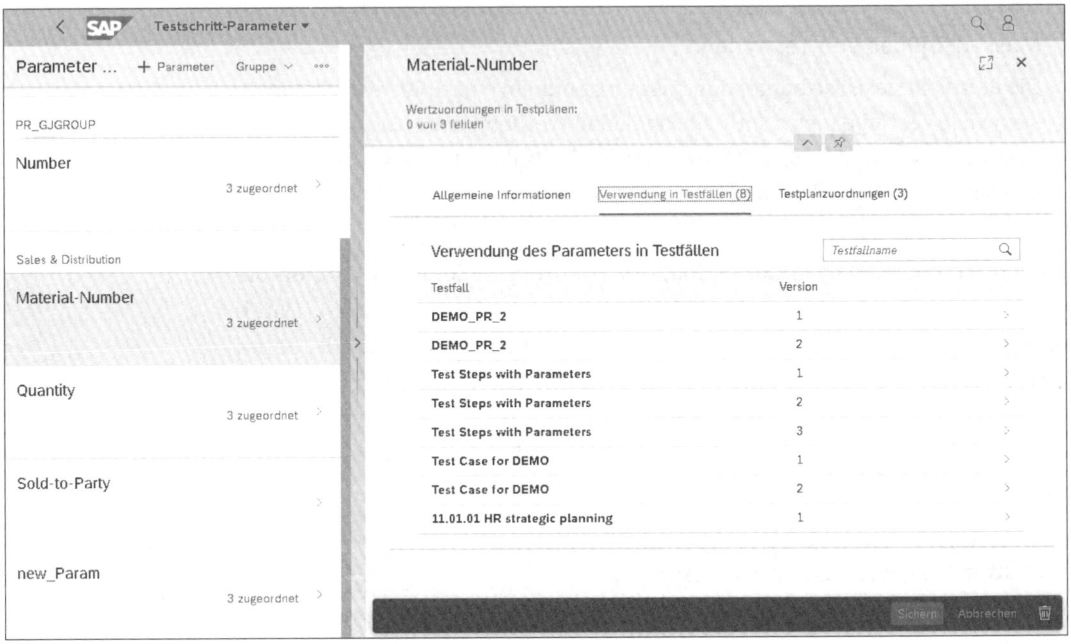

Abbildung 13.35 Die Applikation »Testschritt-Parameter«

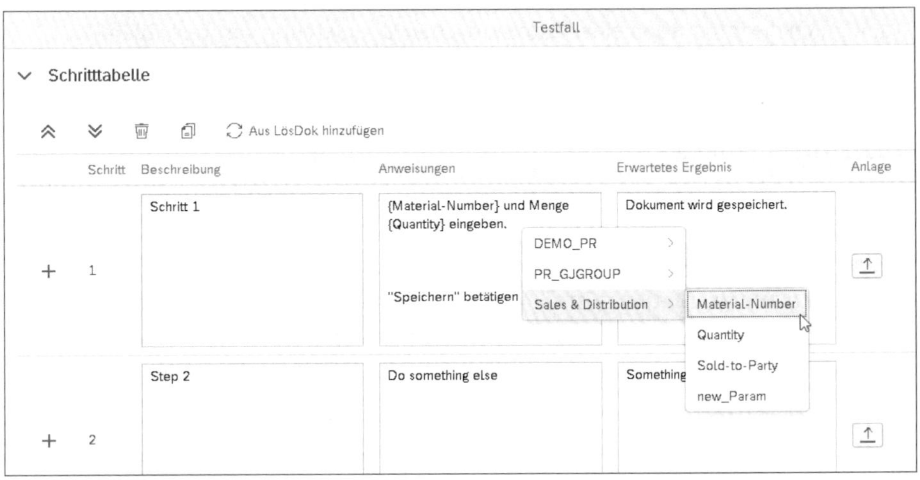

Abbildung 13.36 Testschrittparameter einem Testfall hinzufügen

Werte eintragen

Sobald ein Parameter einem Testfall zugeordnet wurde, wird dieser Bezug auch in der Applikation **Testschritt-Parameter** angezeigt. Wird nun der Testfall in einem Testplan verwendet, können konkrete Testdaten zugeordnet werden. Wählen Sie dazu einen Testplan auf der Registerkarte **Testplanzuordnungen** aus. Sie gelangen zu einem Dialog, in dem Sie für die verwendeten Parameter einen Wert pro Testpaket und Tester*in angeben können (siehe Abbildung 13.37). Die hier eingetragenen Werte werden den Tester*innen bei der Testausführung angezeigt. Ferner ist es möglich, Testdaten in einer Tabellenkalkulation zu bearbeiten und zu importieren.

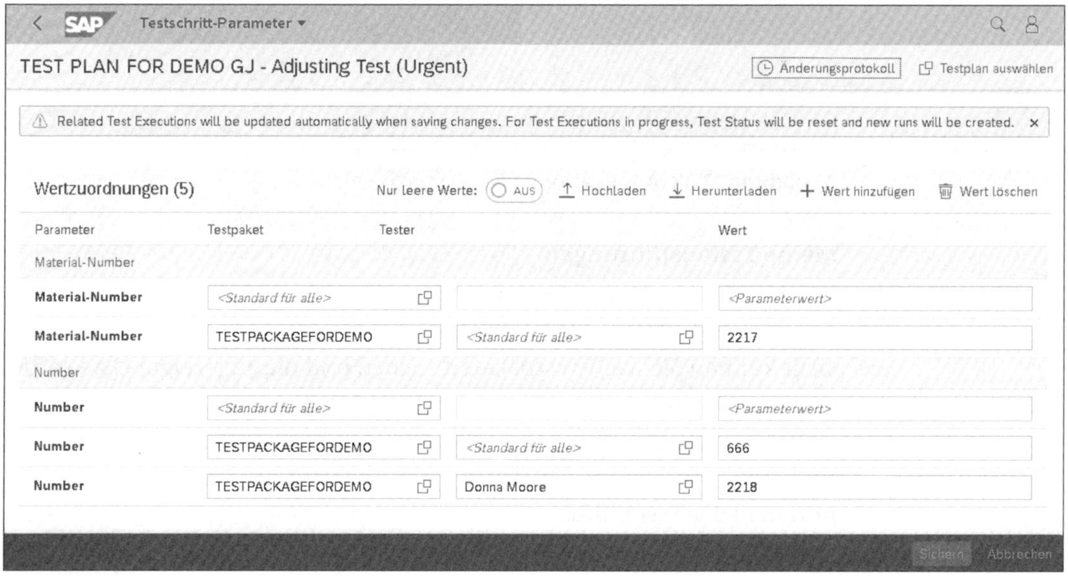

Abbildung 13.37 Parametern konkrete Werte je Testpaket und Tester*in zuordnen

Testschritt-Testfälle verwenden

Testplanung

Die Verwendung von Testschritt-Testfällen unterscheidet sich nicht von der anderer Testfallarten. Genau wie dokumentenbasierte Testfälle können die Testschrittdokumente Testplänen und Testpaketen zugeordnet werden, wie in Abschnitt 9.3.2, »Testplanung«, beschrieben. Es ist auch möglich, verschiedene Testfallarten innerhalb eines Testplans zu kombinieren. Bei der Nutzung des Testschritt-Designers müssen Sie sich also nicht gegen den bestehenden Testansatz entscheiden, sondern können diesen ergänzen.

SAP-Fiori-Applikationen für Testerinnen und Tester

Zusammen mit dem Testschritt-Designer werden zwei weitere SAP-Fiori-Applikationen für Tester*innen zur Verfügung gestellt (siehe Abbildung 13.38):

- **Meine Testausführungen** ist eine Alternative zum Tester-Arbeitsvorrat und ermöglicht die Ausführung von Testschritt-Testfällen.
- **Meine Fehler** bietet eine einfache Möglichkeit, um während der Testaktivitäten aufgetretene Meldungen zu bearbeiten.

Abbildung 13.38 Applikationen für Tester*innen

Meine Testausführungen

Tests durchführen

Die Applikation **Meine Testausführungen** startet mit einer Übersicht aller Testpakete, die Ihnen zugeordnet sind (siehe Abbildung 13.39). In dieser Ansicht können Sie nach Testpaketen suchen und die angezeigte Liste sortieren und filtern. Über das Personensymbol ( ) in der oberen Menüleiste können Sie sich zudem Testpakete anderer Tester*innen anzeigen lassen und diese bearbeiten. Dies entspricht der Funktion **Tester-Arbeitsvorräte prüfen** in der Test-Suite.

Abbildung 13.39 Meine Testausführungen – Testpakete

Durch Auswahl eines Testpakets gelangen Sie in den Modus zum Ausführen von Testfällen. Auf der linken Seite der Anwendung sehen Sie alle zugeordneten Testpakete; die rechte Seite zeigt zunächst alle Testfälle, die dem ausgewählten Paket zugeordnet sind. Wählen Sie hier einen Testfall aus, um diesen auszuführen und zu dokumentieren.

Die Anwendung wechselt nun zu einer Detailsicht. Links sehen Sie alle Testfälle des ausgewählten Testpakets; rechts können Sie den ausgewählten Testfall bearbeiten. Über verschiedene Registerkarten können Sie sich Kopfdaten, Anlagen, zugeordnete Fehlermeldungen, Ergebnisdokumente und

Testdatensätze anzeigen lassen. Abhängig von der Art des Testfalls dokumentieren Sie den Teststatus auf der Registerkarte **Testfall** bzw. **Testschritte**.

Dokumentenbasierte Tests ausführen

Einen dokumentenbasierten Testfall können Sie sich über das Dokumentensymbol () anzeigen lassen. Auf der Registerkarte **Testfall** können Sie – sofern hinterlegt – in die **Ausführbare Testeinheit** im Testsystem abspringen, um den Testfall auszuführen. Ebenso können Sie hier eine **Testnotiz** anlegen bzw. bearbeiten. Dabei werden die aus dem Tester-Arbeitsvorrat bekannten Optionen **Aus Testdokument anlegen**, **Aus Vorlage anlegen** und **Von Upload anlegen** unterstützt; ebenso können Sie hier Dokumente per Drag-and-Drop hochladen.

Abschließend können Sie die Testdurchführung bewerten, indem Sie das Menü **Status setzen** unten selektieren und einen Status auswählen. Hier können Sie zudem einen neuen **Fehler anlegen** bzw. einen bestehenden **Fehler zuordnen** (siehe Abbildung 13.40).

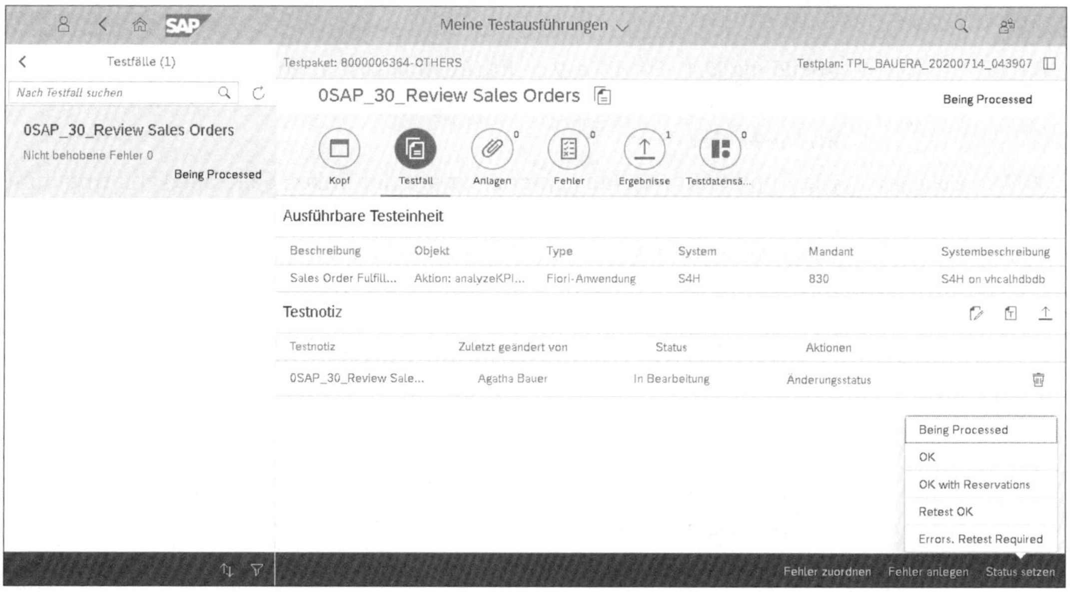

Abbildung 13.40 Einen dokumentenbasierten Testfall ausführen

Testschritte-Testfälle ausführen

Einen Testschritte-Testfall können Sie direkt auf der Registerkarte **Testschritte** ausführen und bewerten (siehe Abbildung 13.41). Für jeden angezeigten Schritt können Sie die Testausführung dokumentieren, in eine ausführbare Einheit abspringen, ggf. weitere Informationen hochladen und anschließend einen Status setzen. Zur Dokumentation des Testergebnisses werden nach Auswahl des Testschritts das Feld **Tatsächliches Ergebnis** sowie die zu dokumentierenden **Testergebnisattribute** auf der rechten Seite der Anwendung angezeigt. Auch bei Testschritt-Testfällen können Sie Fehlermeldungen anlegen und zuordnen. Der Gesamtstatus des Tests wird automatisch anhand von Aggregationsregeln ermittelt, die bei Bedarf im Customizing angepasst werden können.

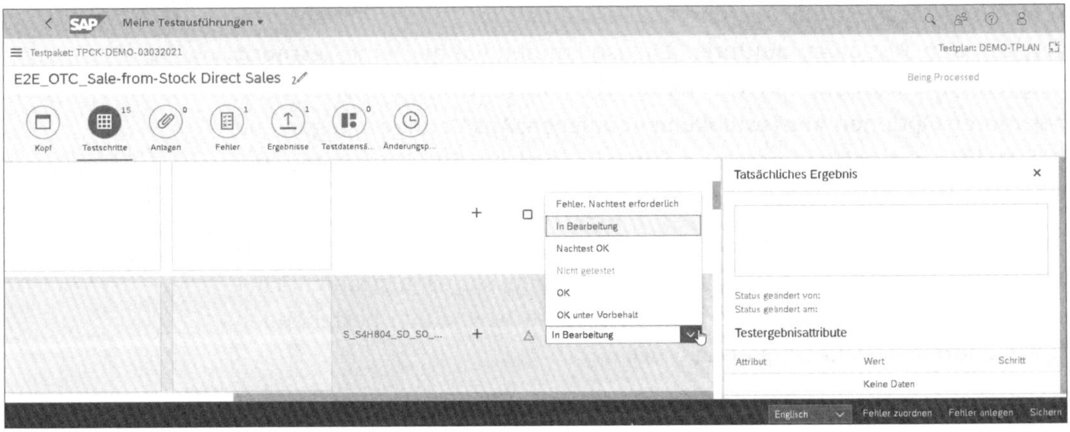

Abbildung 13.41 Einen Testschritte-Testfall ausführen

Meine Fehler

Fehlermeldungen bearbeiten

Die Applikation **Meine Fehler** zeigt auf der linken Seite alle Fehlermeldungen an, die Sie als Tester*in angelegt haben oder denen Sie als Bearbeiter*in zugeordnet sind. Nachdem Sie einen Fehler ausgewählt haben, können Sie ihn auf der rechten Seite bearbeiten. Dazu stehen Ihnen verschiedene Registerkarten zur Verfügung:

- **Details**: Enthält Kopfdaten und die Klassifizierung der Meldung sowie die an der Bearbeitung beteiligten Personen (Geschäftspartner).
- **Texte**: Umfasst Meldungstexte und Antworten der beteiligten Personen. Sie können hier nach unterschiedlichen Textarten filtern. Klicken Sie auf das Plussymbol, um einen neuen Text hinzuzufügen.
- **Anlagen**: Zeigt alle Dateianlagen und ermöglicht es, weitere Anlagen hochzuladen.
- **Beziehungen**: Listet weitere Vorgänge auf, zu denen eine Beziehung besteht, z. B. falls aus einem Fehler ein Änderungsdokument im ChaRM erstellt wird.
- **Ist-Aufwand**: Stellt Aufwände dar, sofern dies im Customizing aktiviert wurde.
- **Zugehöriger Testfall**: Zeigt die Testfälle an, denen der Fehler zugeordnet ist.

Über die Schaltfläche **Aktion** am unteren rechten Rand der Anwendung können Sie den Status der Meldung ändern und so die Fehlerlösung dokumentieren oder die Weiterbearbeitung anstoßen (siehe Abbildung 13.42).

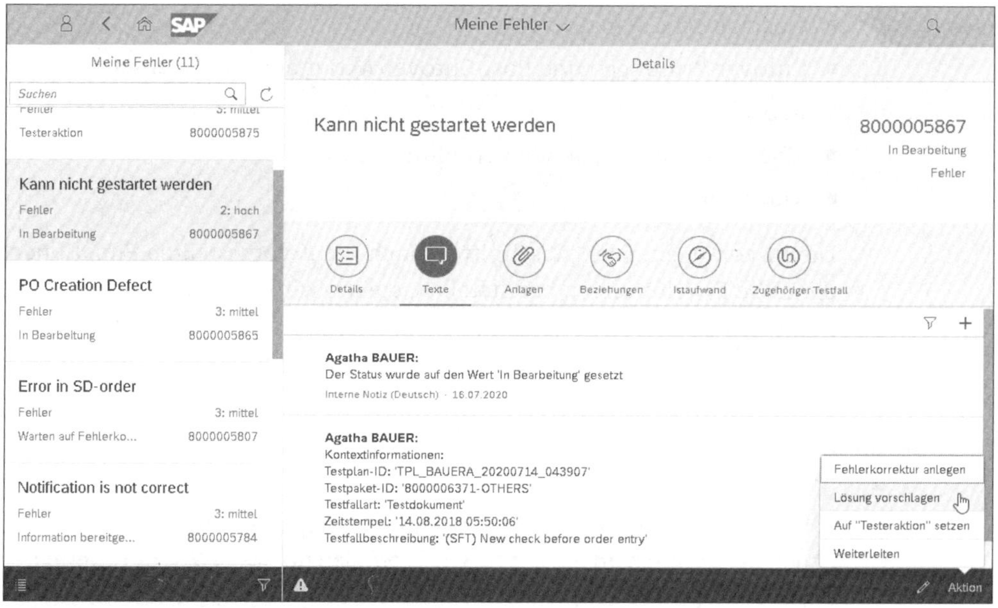

Abbildung 13.42 Fehlermeldungen bearbeiten

13.1.8 Erweiterungen für das Change Control Management

Focused Build stellt außerdem einige interessante Erweiterungen für das Change Control Management in SAP Solution Manager 7.2 zur Verfügung. Einige davon können Sie nur in Verbindung mit dem ChaRM einsetzen. Alle diese Erweiterungen können Sie ohne zusätzliche Lizenzkosten nutzen.

[«]

Eigenständige Erweiterungen

Die Erweiterungen lassen sich auch unabhängig vom Focused-Build-Prozess einsetzen. Hierfür müssen Sie lediglich die Stückliste /SALM/ FB_CUST aktivieren und die Konfiguration der jeweiligen Erweiterungen durchführen. In den folgenden Abschnitten stellen wir Ihnen die einzelnen Erweiterungen vor.

Erweiterungen für das Change Request Management

Wenn Sie das ChaRM einsetzen, können die folgenden Erweiterungen für Sie interessant sein: **Verfügbare Erweiterungen**

- Release Batch Import
- statusabhängiges Prüf-Framework
- Scorecard
- elektronische Signatur
- Cutover-Prüfungen und Post-Cutover-Aktivitäten (siehe Abschnitt 7.6.2)
- Repack
- landschaftsübergreifende Verteilung
- Multi-Tenancy

Die in vorangehenden Abschnitten noch nicht vorgestellten Funktionen, die diese Erweiterungen bereitstellen, stellen wir im Folgenden vor. Informationen zur Konfiguration dieser Erweiterungen können Sie dem Konfigurationsleitfaden für Focused Build entnehmen (siehe *http://s-prs.de/v791809*).

[»]

CRM Web UI

Die Erweiterungen für das ChaRM sind zumeist eigenständige Komponenten und im Standard nur in den Benutzerrollen für das CRM Web UI verfügbar, die Focused Build bereitstellt. Die Erweiterungen werden im Folgenden mit der Benutzerrolle /SALM/SM_PRO aufgerufen. Falls Sie das ChaRM bereits mit eigenen Benutzerrollen einsetzen, können Sie die neuen Komponenten im Wesentlichen über eine Änderung der Komponentenverwendung für Ihre Benutzerrollen verfügbar machen.

Release Batch Import

Transportverwaltung in komplexen Landschaften

SAP-Kunden mit vielen Systemlandschaften stehen häufig vor der Herausforderung, Transportfenster und die zu importierenden Transportaufträge aus verschiedenen Landschaften zu verwalten. Das ChaRM bietet bereits mit den Aufgabenplänen einzelner Änderungszyklen einen landschaftsspezifischen Ansatz zur Verwaltung der Importjobs. Dennoch gibt es im Standard bisher keinen zentralen Ort, um die transportbezogenen Aktivitäten einer Transportmanagerin oder eines Transportmanagers zu verwalten. Besonders komplex wird es, wenn sich Ihre Landschaften in verschiedenen Zeitzonen und Regionen befinden und somit unterschiedliche Transportfenster aufweisen, in denen Sie den Import Ihrer Transportaufträge durchführen dürfen.

Die Funktion *Release Batch Import* stellt eine zentrale Stelle zur Verwaltung von Transportaktivitäten für verschiedene Systemrollen sowie für alle Landschaften, die an das ChaRM angeschlossen sind, bereit. Durch die Integration in das ChaRM wird ein kontrollierter Import von Transportaufträgen in Ihre verwalteten Systeme ermöglicht. Jeder Transportauftrag durchläuft dabei eine Prüfung auf Grundlage Ihrer Customizing-Einstellungen. Dabei können z. B. transportbezogene Prüfungen oder eine Importstrategie in Abhängigkeit vom Status Ihrer Änderungsdokumente mit einbezogen werden. Die Angabe der Importoptionen sowie die Definition der relevanten Änderungszyklen und -zyklusphasen für den Import ist ebenfalls möglich.

Automatischer Import eines Transportauftrags

Wenn ein Transportauftrag die Evaluierungsprüfung besteht, initiiert der Batch Import den automatischen Import des Transportauftrags. Für die Ausführung eines solchen Release Batch Imports gibt es die folgenden Optionen:

- manuelle Ausführung
- automatische Ausführung via Job

Importvarianten definieren

Im Customizing definieren Sie die systemrollenspezifischen Importvarianten, die Sie im Programm /SALM/BATCH_IMPORT_TRIGGER für die Ausführung heranziehen können (siehe Abbildung 13.43). Rufen Sie dazu den Pfad **SAP Solution Manager • Focused Build • Release-Deployment und Batch Import konfigurieren** im IMG auf.

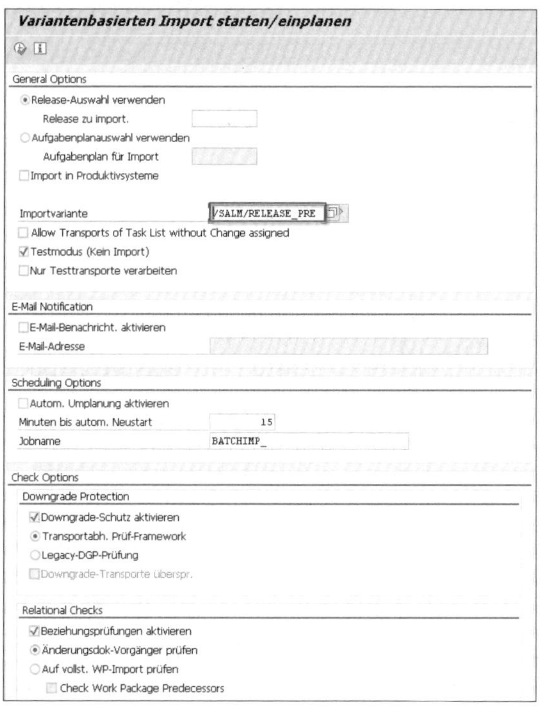

Abbildung 13.43 Importvarianten beim Release Batch Import

Importe von Transportaufträgen simulieren

Des Weiteren können Sie mit dieser Erweiterung Importe für Transportaufträge vor dem Go-live simulieren. So können mögliche Transportkonflikte schon vor dem Import der Transportaufträge berücksichtigt werden.

Statusabhängiges Prüf-Framework

Wie in Abschnitt 8.6.4, »Statusabhängige Pflichtfeldprüfung«, beschrieben, können Sie ab SAP Solution Manager 7.2 SPS 10 standardmäßig statusabhängige Pflichtfelder definieren. Wenn Sie weitere Pflichtfelder definieren möchten, als im Standard erlaubt, kann die Konfiguration der Erweiterung *statusabhängiges Prüf-Framework* für Sie sinnvoll sein.

Prüfung der Pflichtfelder

Sobald ein Benutzer versucht, einen neuen Status über eine Aktion zu setzen, prüft das System, ob Einträge in definierten Pflichtfeldern, wie Geschäftspartnerfunktionen, Textarten oder kundeneigenen Feldern, Voraussetzung für die Statusänderung sind. Falls diese Felder nicht gefüllt sind, bricht das System den Statuswechsel mit einer entsprechenden Meldung ab.

Customizing der Pflichtfelder

An zentraler Stelle im IMG über den Pfad **SAP Solution Manager • Focused Build • Erweiterungen der Verwaltung der Änderungskontrolle • Statusabhängiges Prüf-Framework** definieren Sie die Pflichtfelder. Unter **Zusätzliche Feldprüfungen** können Sie beispielsweise Ihre kundeneigenen Felder als Felder für die statusabhängige Prüfung definieren (siehe Abbildung 13.44).

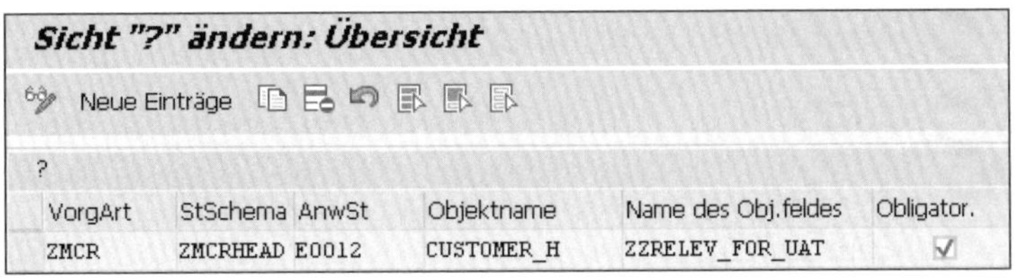

Abbildung 13.44 Kundeneigene Pflichtfelder definieren

Vergessen Sie anschließend nicht, die Konsistenzprüfung `/SALM/CONS_CHECK` im Viewcluster `AIC_SETTINGS2` Ihren Vorgangsarten im entsprechenden Status zuzuordnen.

Scorecard

Die *Scorecard* ist eine eigene UI-Komponente und kann Ihnen ähnlich wie ein Dashboard einen aggregierten Überblick über Ihre Vorgänge aus ChaRM, Incident Management und Anforderungsmanagement bieten. Per Drill-down können Sie in spezifische Listenansichten und in die Details jedes einzelnen Belegs navigieren. Zu diesem Zweck bietet die Scorecard mindestens ein Aggregationsattribut der obersten Ebene (in der Regel die Vorgangsart, z. B. der Änderungsantrag) und mehrere Aggregationsattribute der zweiten Ebene (z. B. Priorität, Status, siehe Abbildung 13.45).

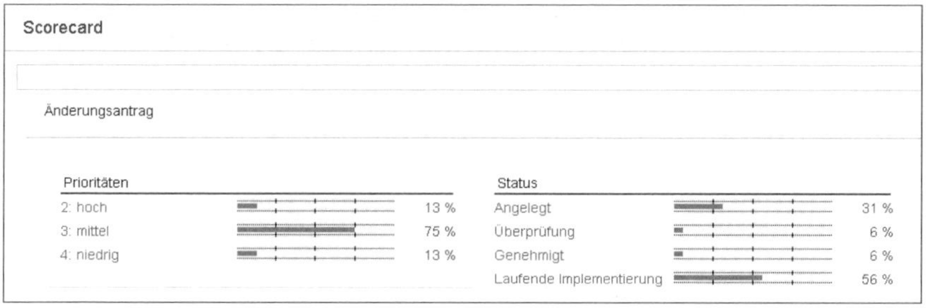

Abbildung 13.45 Beispiel für eine Scorecard

Scorecard konfigurieren

Die Scorecard können Sie mit der CRM-Benutzerrolle **/SALM/SM_PRO** im Bereich **Change-Request-Management** aufrufen. Zur Anzeige von Daten müssen Sie zuerst die Konfiguration im IMG unter **SAP Solution Manager • Focused Build • Erweiterungen der Verwaltung der Änderungskontolle • Scorecard • Scorecards konfigurieren** durchführen. Sobald Sie die Konfiguration abgeschlossen haben, müssen die Daten für die Scorecard generiert werden. Klicken Sie hierzu auf die Schaltfläche **ScoreCard-Puffer aktualisieren**, und führen Sie anschließend den Report `CRM_INDEX_REBUILD` aus, um die gepufferten Daten aufzubauen.

Elektronische Signatur

Rechtsverbindliche Unterschrift

Die Erweiterung *elektronische Signatur* kann in Systemen eingesetzt werden, in denen eine rechtsverbindliche elektronische Unterschrift für bestimmte Genehmigungen und Prozessschritte erforderlich ist. Die Signatur erfüllt die Anforderungen an elektronische Aufzeichnungen und Signaturen, die im US-amerikanischen *Code of Federal Regulations* geregelt sind, und kann insbesondere für Unternehmen aus der Lebensmittel-/Arzneimittelbranche relevant sein.

Die elektronische Signatur wird in den folgenden Fällen im ChaRM aufgerufen:

- während eines Genehmigungsschritts, der über das Genehmigungsverfahren erfolgt
- während eines beliebigen Statuswechsels, der über das Aktionsmenü innerhalb eines Änderungsantrags oder Änderungsdokuments durchgeführt wird

Abbildung 13.46 zeigt das Pop-up-Fenster, mit dem Sie die Signatur vornehmen, im Kontext eines Änderungsantrags.

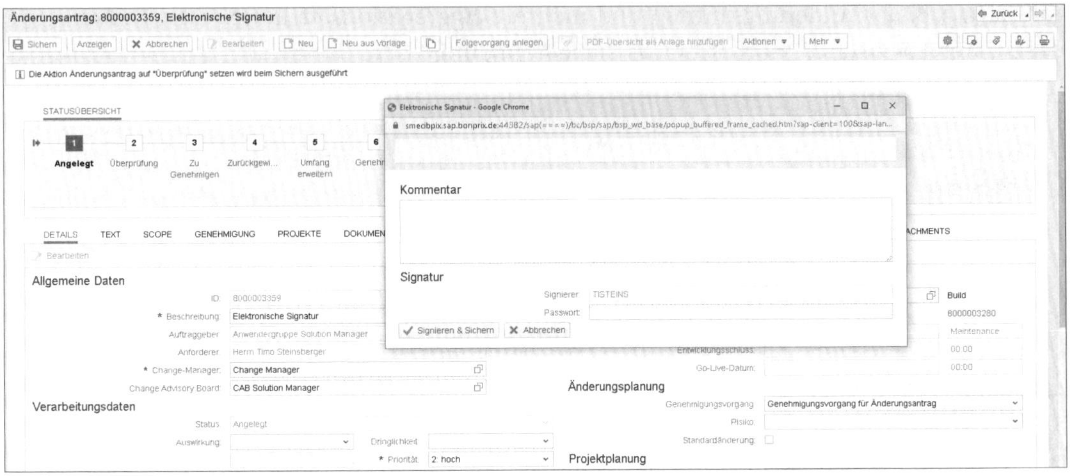

Abbildung 13.46 Elektronische Signatur

Elektronische Signatur aktivieren

Die elektronische Signatur kann im IMG über den Pfad **SAP Solution Manager • Focused Build • Erweiterungen der Verwaltung der Änderungskontrolle • Elektronische Signatur** aktiviert werden.

Cutover-Prüfungen und Post-Cutover-Aktivitäten

Diese Erweiterung wurde in Abschnitt 7.6.2 bereits grundsätzlich beschrieben. Diese Erweiterung kann im IMG über den Pfad **SAP Solution Manager • Focused Build • Erweiterungen der Verwaltung der Änderungskontrolle • Cutover-Management** konfiguriert werden.

Repack

Die Erweiterung *Repack* kann auch als Ergänzung zu den Cutover-Erweiterungen (siehe Abschnitt 7.6.2, »Cutover-Prüfungen und Post-Cutover-Aktivitäten«) gesehen werden, da diese Funktion Sie ebenfalls im Rahmen des Transportwesens in dualen Systemlandschaften unterstützt. Mithilfe der Repack-Funktion können die Transportaufträge aus der Projektlandschaft für den Transport durch die Wartungslandschaft reorganisiert werden (siehe Abbildung 13.47).

Der Einsatz der Repack-Funktion ist darüber hinaus in den folgenden Anwendungsfällen sinnvoll:

- beim Import von externen Transportaufträgen anderer Organisationen
- zur Reorganisation von Transportobjekten aus verschiedenen Änderungen

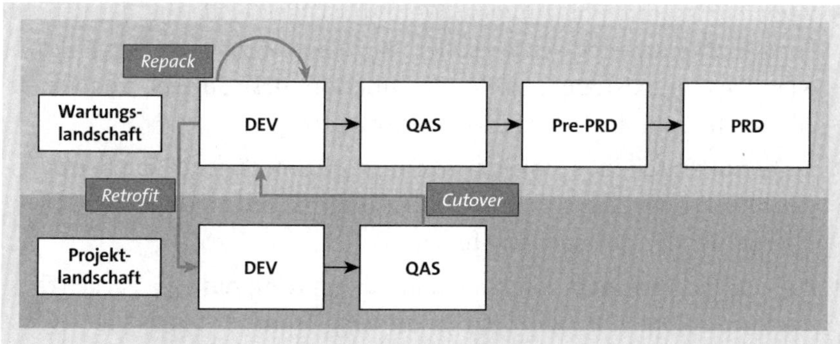

Abbildung 13.47 Repack in dualen Systemlandschaften

Die Repack-Funktion wird im Rahmen einer Guided Procedure ausgeführt, die Sie im Zuordnungsblock **Transportverwaltung** Ihres Zieländerungsdokuments aufrufen. Klicken Sie hierzu auf **Mehr • Repack**. Zur Ausführung stehen Ihnen im ersten Schritt der Guided Procedure zwei verschiedene Szenarien zur Verfügung (siehe Abbildung 13.48):

- **Repack nach Transport**: Sie können Transportaufträge aus dem Quellsystem frei wählen.
- **Repack nach Änderungszyklus**: Sie können Transportaufträge auswählen, die einem bestimmten Änderungszyklus zugeordnet sind.

Abbildung 13.48 Repack-Szenarien

Automatisierte Nacharbeiten

Nach Auswahl des Szenarios werden Sie bei der Auswahl der Quelltransporte und notwendigen Nacharbeiten unterstützt. Folgende Nachbearbeitungsaktivitäten können Sie automatisiert durch das System ausführen lassen:

- **Originalität ändern**: Ändert die Originalität von Workbench-Objekten, d. h. das Entwicklungssystem, aus dem das Objekt stammt, im aktuellen System.

- **Verzeichnissperren hinzufügen**: Wenn für Objekte, die mit der Repack-Funktion verarbeitet werden sollen, Transportauftragssperren im aktuellen System existieren, löscht die Funktion diese Sperren und erstellt zudem die Sperren für den Zieltransportauftrag.
- **Systemübergreifende Objektsperre hinzufügen**: Fügt für die betreffenden Objekte der Zieltransportaufträge automatisch Einträge zur systemübergreifenden Objektsperre hinzu.
- **Repack von Transport von Kopien in Customizing-Auftrag**: Packt Transporte von Kopien in den Ziel-Customizing-Transportauftrag um (sonst werden diese in den Ziel-Workbench-Transport umgepackt).

Sobald Sie die Quell- und Ziel-Transportaufträge sowie die Repack-Optionen ausgewählt haben, können Sie mit einem Klick auf die Schaltfläche **Repack starten** die Repack-Aktion ausführen (siehe Abbildung 13.49).

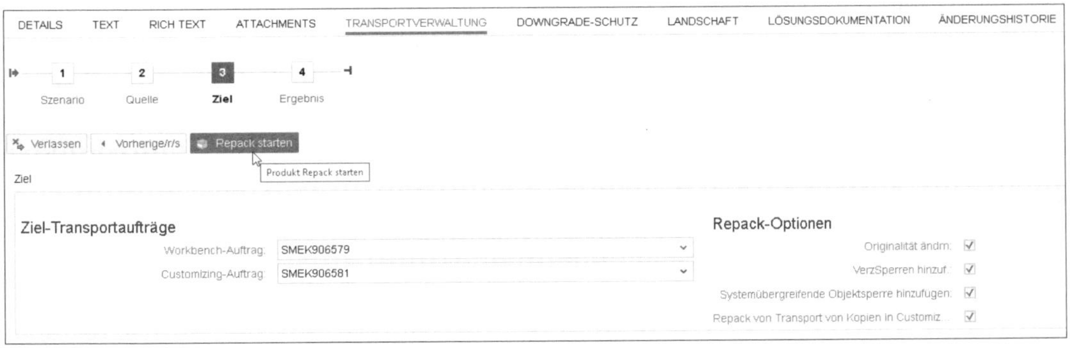

Abbildung 13.49 Repack starten

Repack-Funktion aktivieren

Die Erweiterung kann im IMG über **SAP Solution Manager • Focused Build • Erweiterungen der Verwaltung der Änderungskontrolle • Repack-Konfiguration** konfiguriert werden.

Landschaftsübergreifende Verteilung

Transport in andere Landschaften verteilen

Viele Kunden betreiben mehrere Landschaften. Es gibt daher einen steigenden Bedarf, Customizing- oder Entwicklungsobjekte zwischen diesen Landschaften zu synchronisieren. Die Erweiterung *landschaftsübergreifende Verteilung* dient dazu, Transporte von einer Systemlandschaft in eine andere zu verteilen. Diese Funktion kann u. a. in folgenden Anwendungsszenarien von großem Nutzen für Sie sein:

- **Landschaftsübergreifende Entwicklung von Funktionen**
  Sie können Funktionen in einer Landschaft entwickeln und in andere Landschaften verteilen, z. B. zentrale Funktionen zur Benutzerpflege, Basisprogramme oder Customizing.

- **Globale Entwicklung von Funktionen**
  Sie können globale Entwicklungen und globales Customizing mit lokalen Implementierungslandschaften synchronisieren.

Customizing-Verteilung

SAP hat in der Vergangenheit mit der *Customizing-Verteilung*, einer validen Lösung für Customizing-Objekte, bereits einen ähnlichen Ansatz im SAP Solution Manager verfolgt. Diese Lösung wies jedoch einige Schwachstellen auf und funktionierte nicht für Workbench-Objekte und auch nicht für jedes Customizing-Objekt. Mit der landschaftsübergreifenden Verteilung gibt es diese Schwachstellen nicht mehr. Zudem lässt sich diese Erweiterung gut in den ChaRM-Prozess integrieren.

Guided Procedure

Auch die landschaftsübergreifende Verteilung erfolgt über eine Guided Procedure, die Sie im Zuordnungsblock **Transportverwaltung** Ihrer Quelländerung starten können (siehe Abbildung 13.50). Klicken Sie dazu auf **Mehr • Landschaftsübergreifende Verteilung**. Die Prozedur unterstützt Sie bei der Auswahl des richtigen Ziels und automatisiert die Verteilung Ihrer Änderung in eine neue Landschaft.

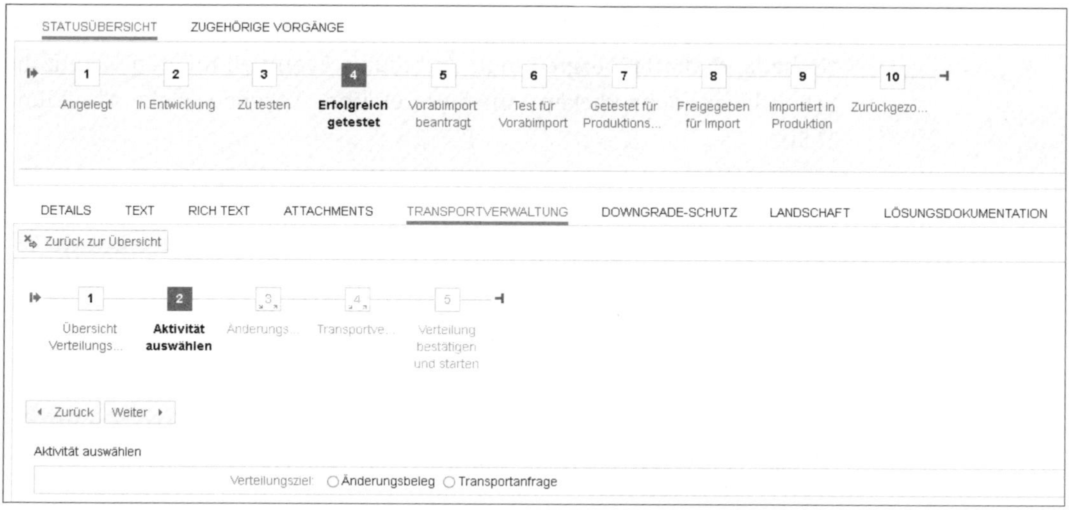

Abbildung 13.50 Landschaftsübergreifende Verteilung

Verteilungsmodi

Sie kann in zwei unterschiedlichen Verteilungsmodi ausgeführt werden:

- **STRICT-Modus**: Im strikten Modus können Sie eine Liste von Objekten für Transportprüfungen definieren, die während des Verteilungs- und Änderungs-Workflows ausgeführt werden. Sie prüfen, welche Objekte für die Verteilung zulässig sind.

- **NON-STRICT-Modus**: Im nicht-strikten Modus können Sie jede Änderung in jede Landschaft verteilen, die im SAP Solution Manager konfiguriert wurde. Dieser Modus bietet große Flexibilität.

Ausführungsmodi

Darüber hinaus gibt es zwei verschiedene Ausführungsmodi:

- **Wizard-basierter Ausführungsmodus (Parameter STANDARD_XLD)**
  In diesem Modus können Sie einen Wizard verwenden, um ein Zieländerungsdokument oder einen -transportauftrag für den Transport zu bestimmen. In diesem Modus können Sie einen Transportauftrag jeweils nur an ein Ziel verteilen. Als Ziel können Sie entweder ein anderes Änderungsdokument aus der Ziellandschaft oder einen Transportauftrag aus einer Landschaft auswählen, die nicht an das ChaRM angebunden ist.
- **Automatisierter Ausführungsmodus (Parameter AUTO_XLD)**
  Dieser Modus verteilt die Transporte auf mehrere Ziele gleichzeitig (nur im strikten Verteilungsmodus ausführbar).

Automatische Ausführung

Um die automatische Verteilung für die Transportaufträge eines Änderungsdokuments auszuführen, wählen Sie im Zuordnungsblock **Transportmanagement** des jeweiligen Änderungsdokuments die Option **Automatische landschaftsübergreifende Verteilung**. Eventuell müssen Sie auf die Schaltfläche **Mehr** klicken, um diese Option zu sehen (siehe Abbildung 13.51).

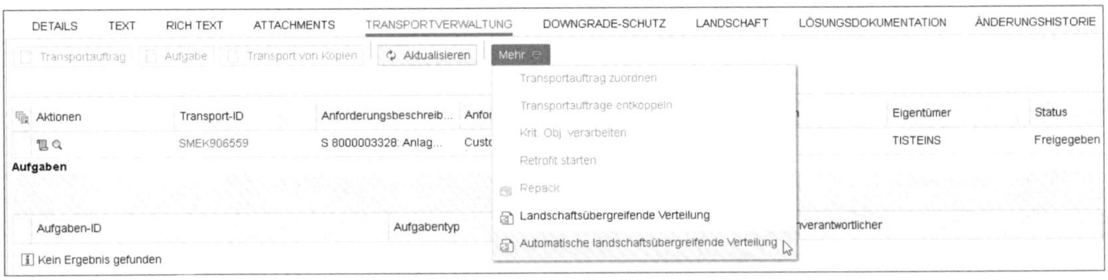

Abbildung 13.51 Automatische landschaftsübergreifende Verteilung

Beim Aufruf der automatischen Verteilung werden alle für das aktuelle Änderungsdokument möglichen Verteilungsoptionen auf einmal ausgeführt. Sie können nicht eingreifen, um Transportziele anzugeben. Die Ziele für die landschaftsübergreifende Verteilung werden im Customizing definiert. Die Zieltransportaufträge werden dann automatisch im selektierten Änderungsdokument erstellt. Alle Zielsysteme müssen sich zudem im gleichen Änderungszyklus wie das Quellsystem befinden.

Bei der Ausführung der Verteilung werden automatisch die folgenden Schritte ausgeführt:

1. Die Transporte von Kopien werden mit allen oder einer gefilterten Liste von Objekten (abhängig vom gewählten Modus) aus der Quelländerung erzeugt.
2. Die Transporte von Kopien werden im Quellsystem freigegeben und die Transportaufträge in die Importqueue des Zielsystems hinzugefügt.
3. Die Transporte von Kopien werden in das oder die Zielsystem(e) der Ziellandschaft(en) importiert.
4. Die Objektliste des Transports von Kopien wird in den Zieltransportauftrag aufgenommen.

Aktivierung der Verteilung

Diese landschaftsübergreifende Verteilung kann im IMG über den Pfad **Focused Build • Erweiterungen der Verwaltung der Änderungskontrolle • Landschaftsübergreifende Verteilung** konfiguriert werden.

[!]

Keine Konflikterkennung

Bei der Verteilung der Software gibt es keine systemübergreifende Konflikterkennung, wie Sie es von der Retrofit-Funktion mit der systemübergreifenden Objektsperre kennen. Zwar bietet Ihnen diese Funktion die Flexibilität, alle transportierbaren Änderungen von einer Systemlandschaft auf jede andere definierte Landschaft zu verteilen, es liegt jedoch in Ihrer Verantwortung, mögliche Transportkonflikte zwischen beiden Landschaften zu identifizieren, bevor Sie die Verteilung durchführen.

Multi-Tenancy

Berechtigungsobjekte für ChaRM und ITSM

Mit den *Multi-Tenancy-Erweiterungen* können Sie die Anzeige aller Daten, die für das ChaRM und das ITSM verwendet werden, durch entsprechende Berechtigungsobjekte steuern. Einige dieser Berechtigungsobjekte sind bereits im SAP-Standard vorhanden und werden hier lediglich wiederverwendet. Die Trennung kann kundenspezifisch (nach Geschäftspartnern) oder systemspezifisch (nach Konfigurationsobjekten) realisiert werden. Beide Möglichkeiten können auch kombiniert werden. So können Sie beispielsweise ein Multi-Kunden-Szenario in Ihrem System implementieren, in dem Kunde A (Tenant 1) nicht auf die Daten des Kunden B (Tenant 2) zugreifen kann und umgekehrt.

Diese Erweiterungen können im IMG über den Pfad **SAP Solution Manager • Focused Build • Erweiterungen der Verwaltung der Änderungskontrolle • Multitenancy-Erweiterungen** konfiguriert werden.

Szenariounabhängige Erweiterungen

Unabhängig vom Einsatz des Change-Control-Management-Szenarios können Sie die folgenden Erweiterungen konfigurieren:

- Test System Refresh
- Vorlagenschutz
- Retrofit-Automatisierung
- Retrofit für SAP BW

Test System Refresh

Um aussagekräftige Ergebnisse aus Ihren Testsystemen zu erhalten, ist es dringend erforderlich, die Testsysteme regelmäßig oder zumindest vor einem großen Release zu aktualisieren. Dabei wird das per Systemkopie erzeugte Testsystem auf einen früheren Entwicklungsstand zurückgesetzt. Dieser Stand enthält zumeist nicht die neueren Entwicklungen und Änderungen, die zuvor in das Testsystem transportiert wurden. Nach einer Systemaktualisierung besteht somit eine wichtige und zugleich zeitaufwendige Aufgabe darin, alle Importprotokolle zu kontrollieren, die fehlenden Transportaufträge zu identifizieren und diese anschließend in das Testsystem zu importieren. Die Erweiterung *Test System Refresh* hilft Ihnen, diesen Aufwand zu reduzieren.

Aufgabeplanvariante

Im Rahmen der Konfiguration erstellen Sie eine kundeneigene Aufgabenplanvariante (siehe auch Abschnitt 8.3, »Aufgabenpläne«) mit einer für den Aufruf der Test-System-Refresh-Funktion bestimmten Aufgabe. Diese Aufgabenplanvariante muss bei der Erstellung oder Änderung eines bestehenden Aufgabenplans zu einem Änderungszyklus herangezogen werden.

Testsystem aktualisieren

Um das Testsystem zu aktualisieren, gehen Sie dann wie folgt vor:

1. Rufen Sie die Aufgabe **Refresh Test System** in Ihrem Aufgabenplan auf (siehe Abbildung 13.52).
2. Wählen Sie den Anwendungsmodus **D Delta-Lauf: Delta zu anderem System berechnen** (siehe Abbildung 13.53).
3. Wählen Sie das Referenzsystem (Quellsystem der Systemkopie).
4. Das Delta wird nun auf der Grundlage der im SAP Solution Manager gespeicherten Transport-Tracking-Informationen berechnet. Alle importierten Transportaufträge werden zwischen den beiden Systemen verglichen, und Transportaufträge, die nicht in das Referenzsystem der Aktualisierung importiert wurden, werden automatisch zur Deltaliste hinzugefügt. Die Daten werden in die Tabellen `/SALM/DELTA_C` und `/SALM/DELTA_H` geschrieben.

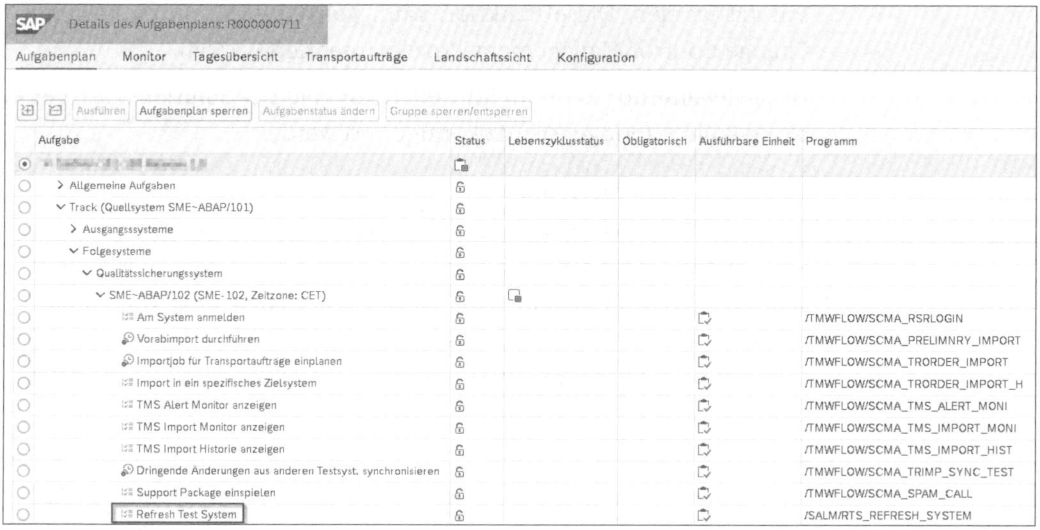

Abbildung 13.52 Aufgabe »Refresh Test System«

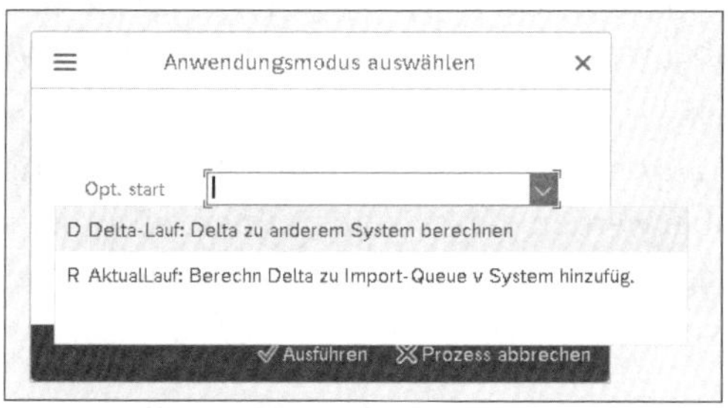

Abbildung 13.53 Deltalauf auswählen

5. Führen Sie anschließend die Systemkopie durch.
6. Rufen Sie bei den Nacharbeiten erneut die Aufgabe **Refresh Test System** in Ihrem Aufgabenplan auf.
7. Wählen als Anwendungsmodus **R AktualLauf: Delta zu Import-Queue v System hinzufüg.** aus, um nun alle fehlenden Transportaufträge automatisch in die Import-Queue des aufgefrischten Testsystems aufzunehmen.
8. Importieren Sie abschließend die Transportaufträge über den Aufgabenplan in Ihr System.

Vorlagenschutz

Transportbezogene Prüfungen

Die Erweiterung *Vorlagenschutz* bietet Ihnen im Rahmen von transportbezogenen Prüfungen Unterstützung für Ihr Rollout- oder Template-Projekt. Damit können globale Objekte vor Änderungen in lokalen Umgebungen geschützt werden. Diese Funktion kann vollständig in Ihren bestehenden Change-Control-Management-Prozess integriert werden.

Diese Erweiterung kann im IMG über den Pfad **SAP Solution Manager • Focused Build • Vorlagenschutz** konfiguriert werden

Retrofit-Automatisierung

Zieltransportaufträge

Das Retrofit-Szenario haben wir in Abschnitt 7.6.1, »Retrofit – Abgleich von Systemständen zwischen Entwicklungssystemen zweier Landschaften«, beschrieben. Mit der Erweiterung *Retrofit-Automatisierung* können Retrofit-Zieltransportaufträge automatisch angelegt werden. Dabei können Sie die folgenden Szenarien für die automatische Erstellung der Transportaufträge definieren:

- AUTO_TOC: Für konfliktfreie Transportaufträge wird der Retrofit automatisch über den Retrofit-Automatisierungsjob durchgeführt. Dabei werden die Objekte in einem Transport von Kopien erfasst, der automatisch freigegeben und in das Testsystem importiert wird.
- AUTO_TR: Der Retrofit wird automatisch über den Retrofit-Automatisierungsjob durchgeführt. Dabei werden die Objekte in einem automatisch angelegten Transportauftrag erfasst.
- AUTO_CD: Der Retrofit wird automatisch über den Retrofit-Automatisierungsjob durchgeführt. Dabei werden die Objekte in einem automatisch angelegten Transportauftrag erfasst, der mit einem automatisch erzeugten Änderungsdokument verknüpft ist.

Grundsätzlich kann immer nur eines der genannten Szenarien aktiv sein. Die Aktivierung der Szenarien können Sie im IMG über den Pfad **SAP Solution Manager • Focused Build • Retrofit • Retrofit-Automatisierungsszenarios aktivieren** durchführen.

Retrofit für SAP BW

SAP-BW-Objekttypen

Ist der Retrofit-Parameter SCEN_BW aktiviert, ist es standardmäßig möglich, bestimmte SAP-BW-Objekttypen mit der Retrofit-Funktionalität zu behandeln. Der Retrofit konnte jedoch bisher aufgrund der roten Objektklassifizierung für den manuellen Retrofit niemals automatisch erfolgen. Weitere Information zur Objektklassifizierung finden Sie in Abschnitt 7.6.1. Mit der Erweiterung *Retrofit für BW* können die folgenden kritischen SAP-BW-Objekttypen mit einem automatischen Retrofit nachgerüstet werden:

- Dateidatenquellen (ISFS)
- Übertragungsregeln (ISMP)
- Übertragungsstrukturen (ISTS)

- Datenquellen (RSDS)
- Transformationen (TRFN)
- Routinen (ROUT)
- BW-Formeln (RSFO)

Retrofit-Erweiterung aktivieren

Sie können diese Erweiterung im IMG über den **SAP Solution Manager • Focused Build • Retrofit • Retrofit-Automatisierungsszenarios** aktivieren. Dazu müssen Sie den Parameter `AUTO_BW` aktivieren. Achten Sie dabei darauf, den Retrofit-Parameter `SCEN_BW` zu deaktivieren und die entsprechenden Einträge im Customizing unter **SAP Solution Manager • Capabilties (Optional) • Change Control Management • Retrofit • Werte für Retrofit-Szenarios definieren** zu löschen. Nach der Aktivierung der Erweiterung werden nicht konfliktbehaftete SAP-BW-Objekte der genannten Objekttypen als grün klassifiziert und somit automatisch nachbereitet.

[«]

Einfache IT-Anforderung

Neben den Erweiterungen für das ChaRM und den szenariounabhängigen Erweiterungen stellt Focused Build mit der einfachen IT-Anforderung eine Zusatzapplikation für den ITSM-Bereich bereit. Diese behandeln wir in Abschnitt 4.5, »Focused-Build-Erweiterung ›einfache IT-Anforderung‹«.

13.2 Focused Insights

Dashboards für IT-Daten

Focused Insights dient der Visualisierung von Daten für die IT-Organisation. Dazu bietet das Add-on eine Gestaltungs- und Darstellungsumgebung für Dashboards. Innerhalb dieser Umgebung können Kennzahlen der SAP-Solution-Manager-Szenarien ansprechend dargestellt, aggregiert und in Relation zueinander gesetzt werden. Focused Insights soll Sie in die Lage versetzen, eigene Dashboards zu erstellen, und dies mit geringem Aufwand und ohne Entwicklungskenntnisse. Um dies zu erreichen, setzt das Add-on auf moderne SAP-Oberflächen und Designrichtlinien.

Zielgruppen-spezifische Dashboards

Dabei hat Focused Insights den Anspruch, mehr als nur ein Baukasten für Dashboards zu sein: In Abgrenzung zu den im Standard vorhandenen Auswertungsmöglichkeiten des SAP Solution Managers setzt Focused Insights auf vordefinierte Dashboard-Kategorien, die die zielgruppengerechte Darstellung von Informationen erleichtern sollen. Dazu werden ausgehend von den Anforderungen unterschiedlicher Zielgruppen (z. B. Führungsebene, Management, technische Experten*innen) verschiedene Arten von

Dashboards definiert, die jeweils unterschiedliche Darstellungsmöglichkeiten und Funktionen bieten.

Nach einer Übersicht über die technische Einrichtung von Focused Insights geben wir Ihnen in diesem Abschnitt einen Überblick über das methodische Fundament dieses Add-ons. Anschließend stellen wir die Dashboard-Kategorien vor und zeigen Ihnen die wichtigsten Schritte zur Konfiguration eigener Dashboards.

13.2.1 Voraussetzungen für den Einsatz von Focused Insights

Installation

Ebenso wie Focused Build ist die Lizenz für Focused Insights seit Anfang 2020 in den Nutzungsrechten für SAP Solution Manager 7.2 enthalten. Beide Focused Solutions werden über das gleiche Add-on *ST-OST 200* bereitgestellt. Mit der Installation dieser Komponente verfügt Ihr SAP-Solution-Manager-System über beide Erweiterungen.

Grundkonfiguration von Focused Insights

Die Grundkonfiguration von Focused Insights erfolgt über eine Guided Procedure, die Sie über die URL *https://<solmanhost>:<solmanport>/sap/bc/webdynpro/stdf/wd_df_setup* erreichen. Abbildung 13.54 zeigt den ersten der insgesamt zehn Konfigurationsschritte. Hier finden Sie auch Verweise zum Zentralhinweis zu Focused Insights und zum SAP Help Portal. Im SAP Help Portal finden Sie den jeweils aktuellen Installationsleitfaden, in dem u. a. auch die manuelle Aktivierung von Focused Insights sowie Aktivitäten beim Upgrade auf eine aktuellere Version beschrieben werden. Ebenso ist hier der Security Guide verfügbar, der die Rollen und Berechtigungen für Focused Insights im Detail beschreibt und weitere sicherheitsrelevante Informationen enthält. So wird z. B. auch die Einrichtung eines anonymen Zugriffs auf Dashboards beschrieben, bei dem Anwender*innen kein Benutzerkonto für den SAP Solution Manager benötigen.

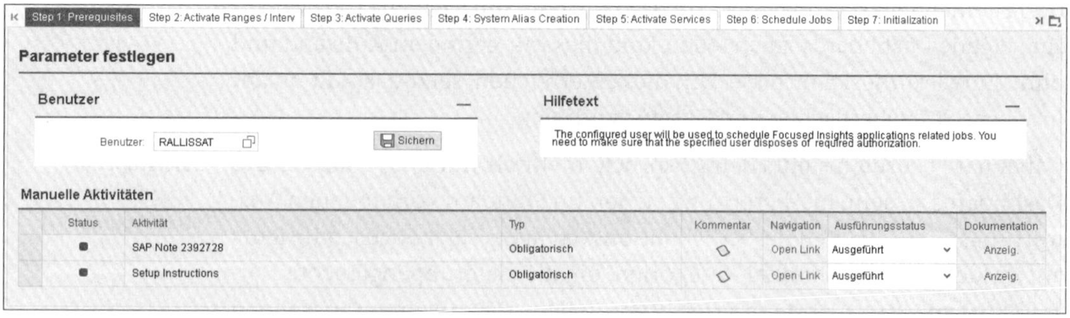

Abbildung 13.54 Einstieg in die Grundkonfiguration von Focused Insights

13.2.2 Dashboard-Kategorien und Focused Insights Launchpad

Für Fachbereiche und IT-Organisationen sind Dashboards ein etabliertes Mittel zur Datenvisualisierung. Allgemein enthalten Dashboards meist grafische Darstellungen von Kennzahlen, die in ihrer Gesamtheit einem zuvor definierten Zweck dienen und sich an eine bestimmte Zielgruppe richten. Genau hierin liegt die Herausforderung: Die bloße Darstellung von Kennzahlen allein hat keinen Nutzwert; erst mit einer klaren Zielsetzung werden die Inhalte eines Dashboards bedeutsam. Ebenso bestimmt die Zielgruppe die Art und Aufbereitung der Kennzahlen.

Anforderungen der IT-Organisation

Focused Insights leitet daher die unterschiedlichen Dashboard-Kategorien zunächst aus grundlegenden Anforderungen einer IT-Organisation ab: Sichtbarkeit, Kontrolle und Transparenz:

- *Sichtbarkeit* beschreibt den Anspruch, die Leistungen einer IT-Organisation als Dienstleister darzustellen und mit den Zielsetzungen des Unternehmens in Einklang zu bringen. Hierzu gehören z. B. die Messung von Servicequalität und -performance. Entsprechende Dashboards sind strategischer Natur und richten sich an Führungskräfte, z. B. die Leitung der IT- oder SAP-Organisation.
- *Kontrolle* meint die Anforderung, einen gegenwärtigen Status bzw. einen Trend mit erwarteten Daten oder Plandaten vergleichen zu können. Entsprechende Auswertungen richten sich an Personen, die konkrete Aufgaben innerhalb der IT-Organisation verantworten, z. B. den Systembetrieb.
- *Transparenz* im Sinne von Focused Build meint einen tieferen Einblick in technische Sachverhalte, z. B. in den Systembetrieb. Entsprechende Dashboards richten sich an technische Spezialisten. Sie sollen flexibel anpassbar sein und eine angemessene technische Tiefe haben, bis hin zum Absprung in weiterführende Analysewerkzeuge.

Informationsebenen

Diesen drei Kategorien werden die Informationsebenen Strategie (*Strategy*), Verwaltung (*Governance*) und Betrieb (*Operation*) zugeordnet. Focused Insights enthält unterschiedliche Dashboard-Modelle, die jeweils den Informationsbedarf einer der drei Ebenen erfüllen sollen. Abbildung 13.55 zeigt die Zuordnung der Dashboard-Modelle zu den Informationsebenen.

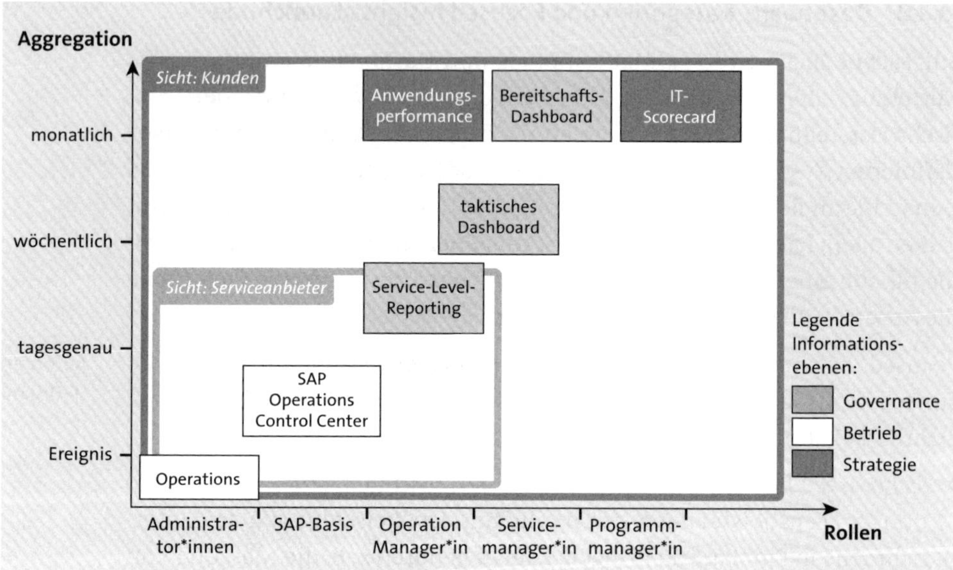

Abbildung 13.55 Dashboard-Modelle in Focused Insights (Quelle: SAP SE)

Focused Insights aufrufen

Sie rufen Focused Insights über das SAP Solution Manager Launchpad auf. Abhängig von Ihren Berechtigungen haben Sie Zugriff auf das Menü **Focused Insights – Anzeigen** oder **Focused Insights: Administration**. Ersteres enthält eine Kachel zum Aufruf des *Focused Insights Launchpads* im Anzeigemodus (siehe Abbildung 13.56).

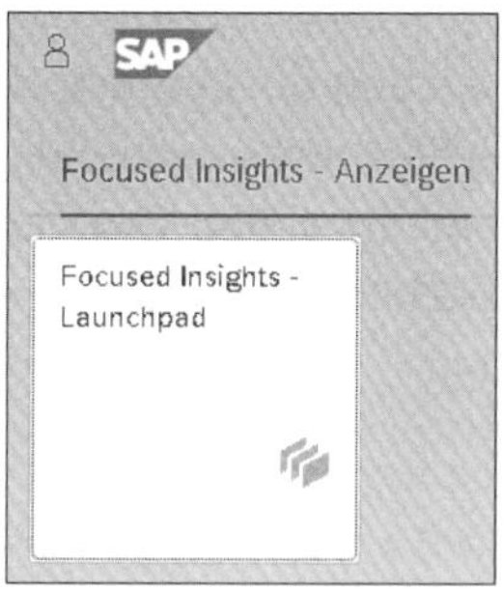

Abbildung 13.56 Aufruf des Focused Insights Launchpads

Das Menü zur Administration (siehe Abbildung 13.57) enthält zusätzlich Kacheln für die Konfiguration der einzelnen Dashboard-Kategorien. Außerdem können Sie hier das Focused Insights Launchpad im Administratormodus starten, in dem es zusätzlich Optionen für die Konfiguration der Dashboards bietet.

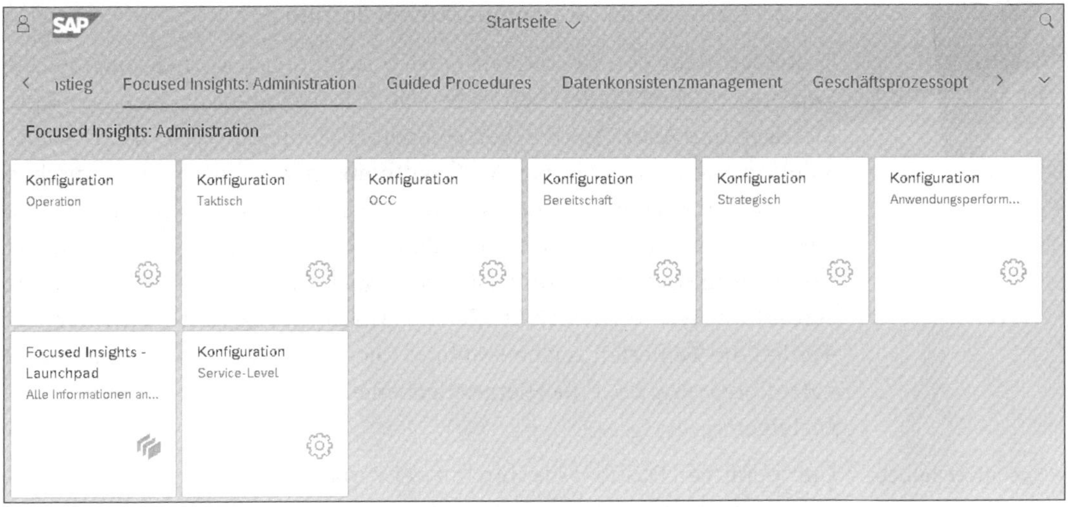

Abbildung 13.57 Menü »Focused Insights – Administration« im SAP Solution Manager Launchpad

Focused Insights Launchpad

Abbildung 13.58 zeigt die Startseite des Focused Insights Launchpads im Administrationsmodus. Von hier aus haben Sie Zugriff auf die verschiedenen Dashboard-Modelle. Durch Klicks auf die Kacheln gelangen Sie zu den eingerichteten Dashboards.

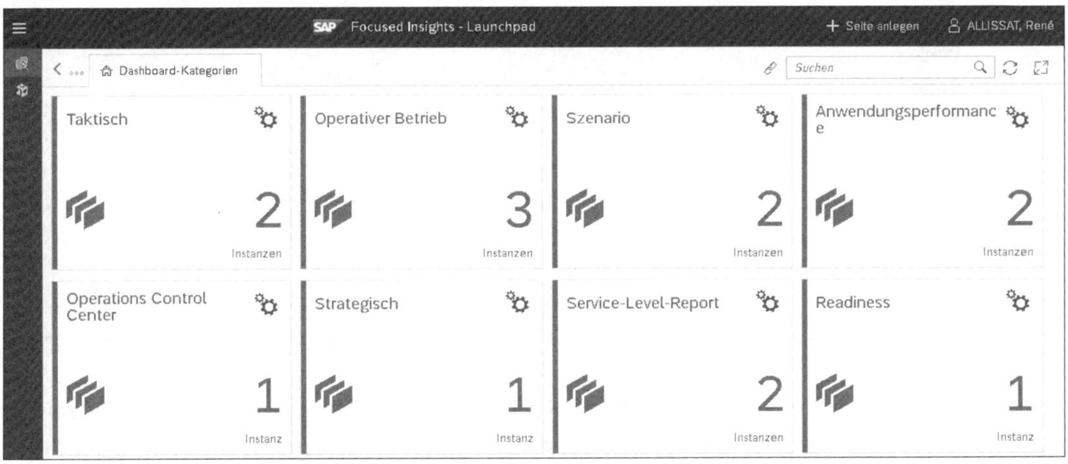

Abbildung 13.58 Dashboard-Kategorien im Focused Insights Launchpad

In den folgenden Abschnitten stellen wir die einzelnen Dashboard-Modelle vor. Ebenso gehen wir auf die wesentlichen Schritte ein, um die Dashboards zu bearbeiten bzw. um neue Dashboards der jeweiligen Kategorie anzulegen.

13.2.3 Dashboards für den operativen Betrieb

Schaltzentrale für den Systembetrieb

Dashboards für den operativen Betrieb richten sich vornehmlich an die Verantwortlichen für den Systembetrieb, z. B. die SAP-Basis. Sie zeigen KPIs, Metriken und Alerts aus den verschiedenen Monitoring-Szenarien des SAP Solution Managers auf einer Art Schaltbrett an, das einem hierarchischen Aufbau folgt. Da die einzelnen Kennzahlen aus dem Monitoring meist eine Bewertung, z. B. anhand von Schwellenwerten beinhalten, ist ein schneller Überblick in Form eines Ampelstatus möglich. So kann z. B. der allgemeine Status Ihrer Systemlandschaft oder ein kritischer Prozess schnell überblickt werden. Im Fehlerfall reichen wenige Klicks, um eine kritische Kennzahl aufzufinden und über die Hierarchieebenen in die Analyse des Fehlers einzusteigen.

Operativer Betrieb

Die operativen Dashboards sind in zwei Varianten verfügbar, die Sie im Focused Insights Launchpad über die Kacheln **Operativer Betrieb** und **Szenario** erreichen. Dashboards in der Kategorie **Operativer Betrieb** stellen zuvor konfigurierte Kennzahlen in einer mehrstufigen Hierarchie dar (siehe Abbildung 13.59). Die Kategorie kann beliebig viele Dashboards enthalten, die Sie für einen bestimmten Zweck erstellt haben, z. B. für alle Produktivsysteme oder für das Monitoring kritischer Hintergrundjobs.

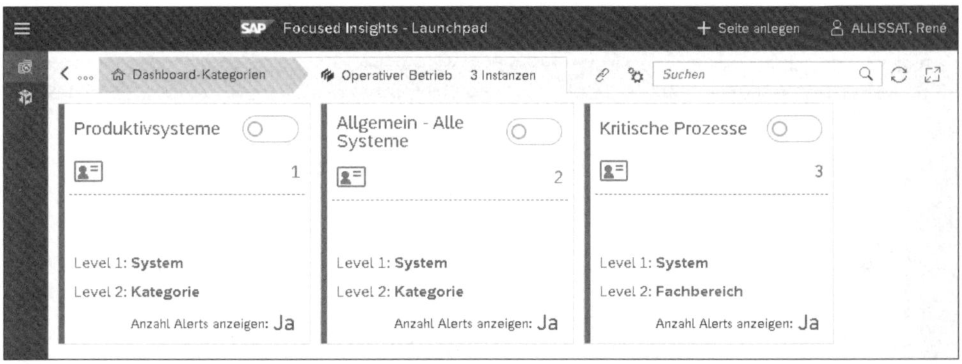

Abbildung 13.59 Exemplarische Dashboards im Bereich »Operativer Betrieb«

Jedes Dashboard hat zwei Ebenen, um die darin enthaltenen Kennzahlen weiter gruppieren zu können, z. B. in Systeme und Kategorien. Die Kategorien werden wiederum jeweils durch einzelne Kacheln dargestellt. Diese zeigen die Bewertung der dahinterliegenden Kennzahlen durch einen Ampelstatus. Abbildung 13.60 zeigt Beispiele für die Ebene **System**.

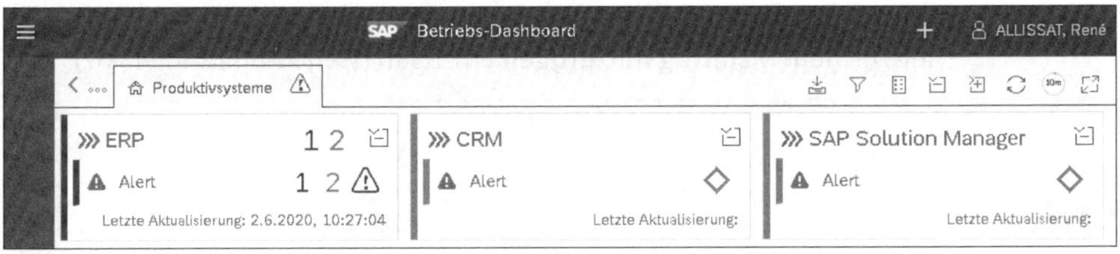

Abbildung 13.60 Ebene »System« eines Dashboards

Durch den Klick auf eine der Kacheln gelangen Sie zur nächsttieferen Ebene. Auf der untersten Ebene, die Sie in Abbildung 13.61 sehen, sehen Sie alle zugordneten Kennzahlen und deren Status. Ein Klick auf eine Kennzahl führt Sie zur jeweiligen Monitoring-Anwendung im SAP Solution Manager.

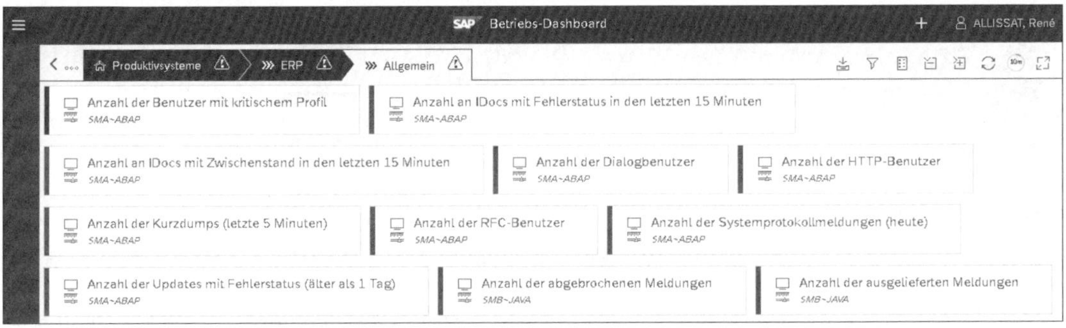

Abbildung 13.61 Kennzahlen im operativen Dashboard

Szenario

Die Dashboard-Variante **Szenario** unterscheidet sich lediglich in der Gruppierung der Ebenen: Der ersten Ebene (im vorangehenden Beispiel die Ebene **System**) kann ein zweistufiges Attribut zugewiesen werden, z. B. **Fachbereiche – Finance/Controlling**. Auf diese Weise lässt sich der technischen Sicht auf die Systemkennzahlen im Bereich **Operativer Betrieb** eine fachlich orientierte Sicht gegenüberstellen.

Konfiguration operativer Dashboards

Zur Konfiguration eines operativen Dashboards, gehen Sie wie folgt vor:

1. Klicken Sie im Bereich **Operativer Betrieb** auf das Zahnradsymbol (, siehe Abbildung 13.59).
2. Auf der Registerkarte **Betriebskonfiguration** können Sie ein neues Dashboard der Kategorie **Operativer Betrieb** anlegen und bestehende Dashboards bearbeiten. Über die drei ähnlich aufgebauten Tabellen **Konfigurationen**, **System** und **Kategorie** können Sie das Dashboard selbst und die beiden darunter liegenden Hierarchieebenen erstellen, indem Sie die an-

zuzeigenden Elemente jeweils als neue Tabellenzeile über die Schaltfläche **Als neuen Eintrag hinzufügen** einfügen (siehe Abbildung 13.62).

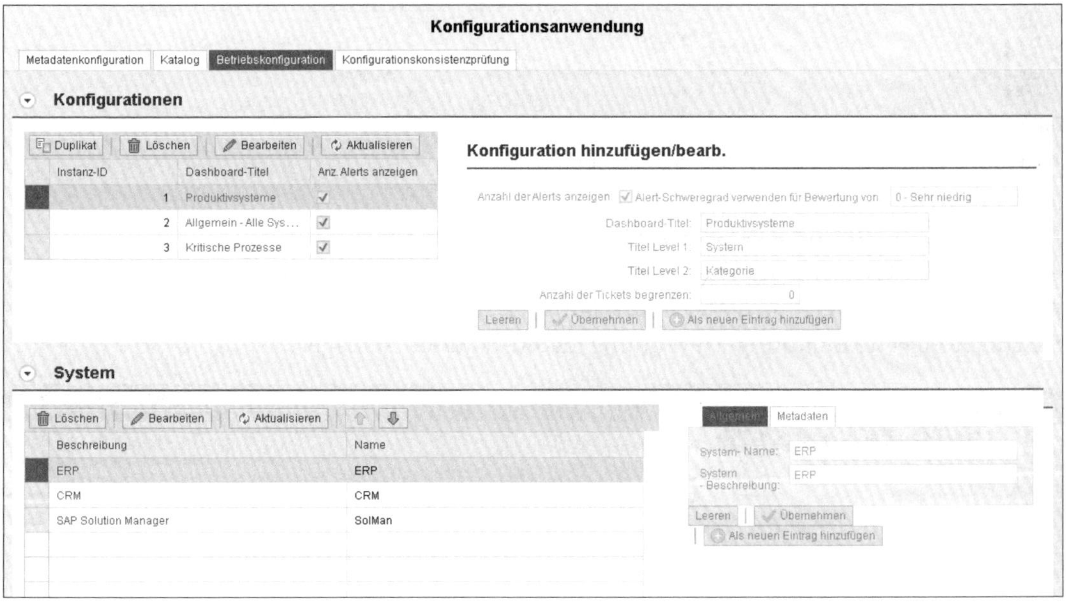

Abbildung 13.62 Betriebskonfiguration

3. Anschließend können Sie im unteren Bereich der Seite die Metriken oder Kennzahlen auswählen, die in der jeweiligen Kategorie angezeigt werden sollen (siehe Abbildung 13.63). Über die verschiedenen Registerkarten haben Sie Zugriff auf die Kennzahlen der Monitoring-Anwendungen Ihres SAP-Solution-Manager-Systems:
   - Die Registerkarte **System/Metriken** beinhaltet Kennzahlen aus dem technischen Monitoring (siehe Abschnitt 10.4.2, »System-Monitoring«).
   - Die Registerkarte **GPA-KPIs** enthält Kennzahlen aus dem Szenario Business Process Analytics (siehe Abschnitt 11.3, Geschäftsprozess-Monitoring«)
   - Die Registerkarte **EEM** ermöglicht die Auswahl von Szenarien, Skripten und Schritten aus dem User Experience Monitoring (siehe Abschnitt 10.4.3, »User Experience Monitoring«).
   - Die Registerkarte **OCC-Querys** integriert die OCC-Dashboards (siehe Abschnitt 13.2.4, »Dashboards für das SAP Operations Control Center«); hier kann eine OCC-Query als Datenquelle angegeben werden.

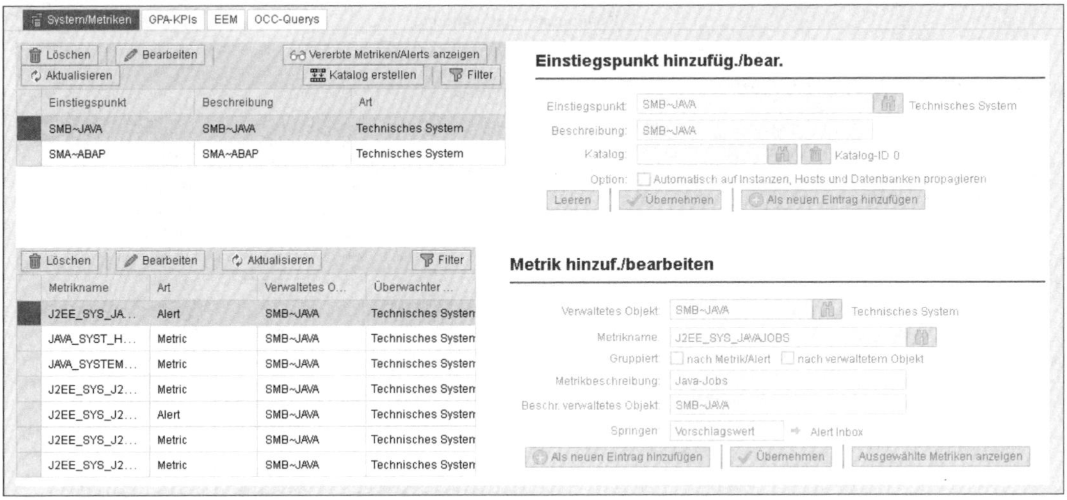

Abbildung 13.63 Metriken für das Dashboard auswählen

13

[«]

Aktivierung der Szenarien und Kennzahlen

Um die Kennzahlen auswählen zu können, muss das jeweilige Monitoring-Szenario bereits im Einsatz sein und die entsprechende Kennzahl muss aktiviert sein.

4. Um den Aufbau von Dashboards zu beschleunigen, können Sie Kennzahlen auf der Registerkarte **Katalog** zu Katalogen gruppieren (siehe Abbildung 13.64). Diese können dann auf Ebene der Systeme anstelle einzelner Kennzahlen zugeordnet werden. Auf der linken Seite der Registerkarte erstellen Sie Kataloge mit beliebiger Bezeichnung, auf der rechten Seite können Sie den Katalogen anschließend Kennzahlen zuordnen. Die Auswahl der KPIs, Metriken oder Alerts erfolgt dabei über eine Suchfunktion.
5. Auf der Registerkarte **Metadatenkonfiguration** können Sie Attribute anlegen, die für die Dashboard-Kategorie **Szenario** verwendet werden. Ein Attribut ist in diesem Kontext eine Gruppierung, der jeweils Werte zugeordnet werden können. So können z. B. unterschiedliche Systemkategorien oder Fachbereiche abgebildet werden (siehe Abbildung 13.65).
6. Die hier angelegten Attribute ordnen Sie auf der Registerkarte **Betriebskonfiguration** der Ebene **System** zu.

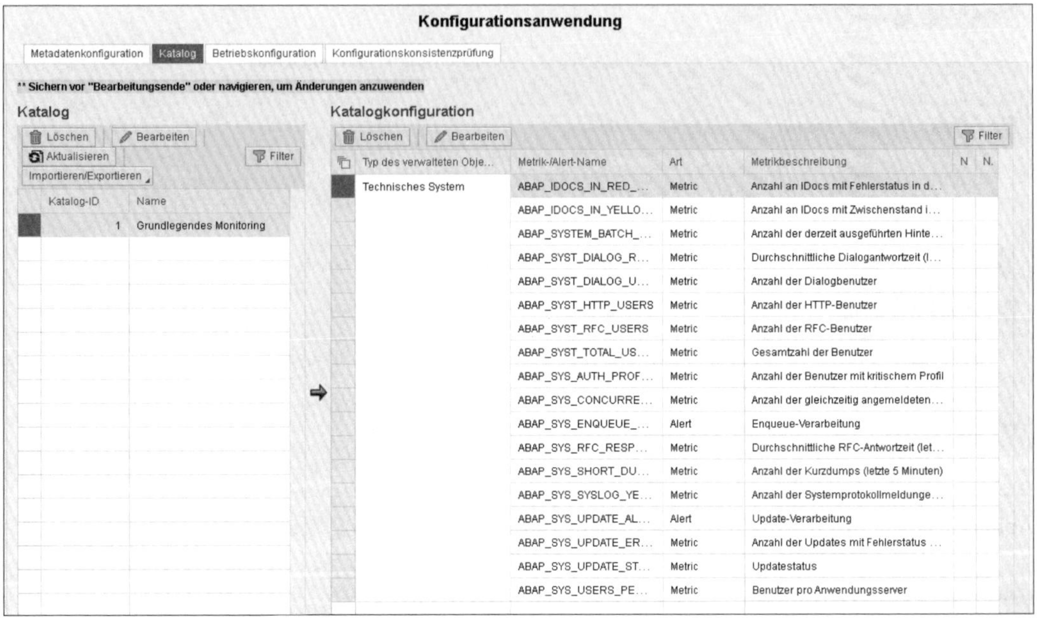

Abbildung 13.64 Kennzahlenkataloge anlegen

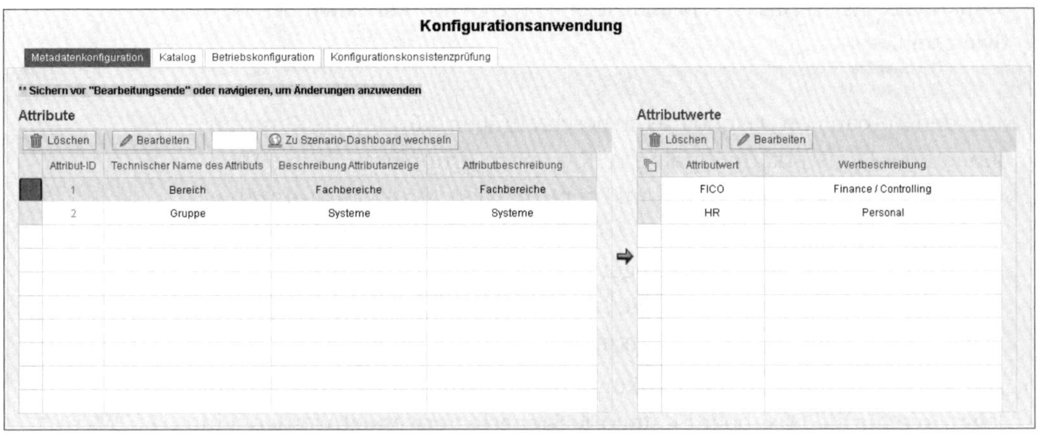

Abbildung 13.65 Metadatenkonfiguration

7. Abschließend können Sie die Funktionen der **Konfigurationskonsistenzprüfung** verwenden, um Konfigurationsfehler in Ihren Dashboards zu finden und zu beheben. Ein Fehler liegt z. B. vor, wenn ausgewählte Kennzahlen im jeweiligen Monitoring-Szenario des SAP Solution Managers deaktiviert wurden.

13.2.4 Dashboards für das SAP Operations Control Center

Rasterartige Darstellung von Gadgets

Die Dashboard-Kategorie **Operations Control Center** (OCC-Dashboards) bietet die umfassendsten Möglichkeiten, Kennzahlen des SAP Solution Managers grafisch darzustellen. Auf jedem Dashboard können Sie in einem zeilen- und spaltenbasierten Gitter sogenannte *Gadgets* anordnen. Ein Gadget umfasst zuvor ausgewählte Kennzahlen in einer bestimmten Darstellungsform. Die Kennzahlen können aus verschiedensten Quellen Ihres SAP-Solution-Manager-Systems stammen und innerhalb eines Gadgets auch kombiniert werden. Als Darstellungsformen stehen u. a. zahlreiche Diagrammarten zur Verfügung. Durch ihren hohen Detailgrad richten sich die Dashboards dieser Kategorie vornehmlich an Experten für den Betrieb von Systemen oder (IT-)Prozessen. Abbildung 13.66 zeigt ein Beispiel für ein OCC-Dashboard.

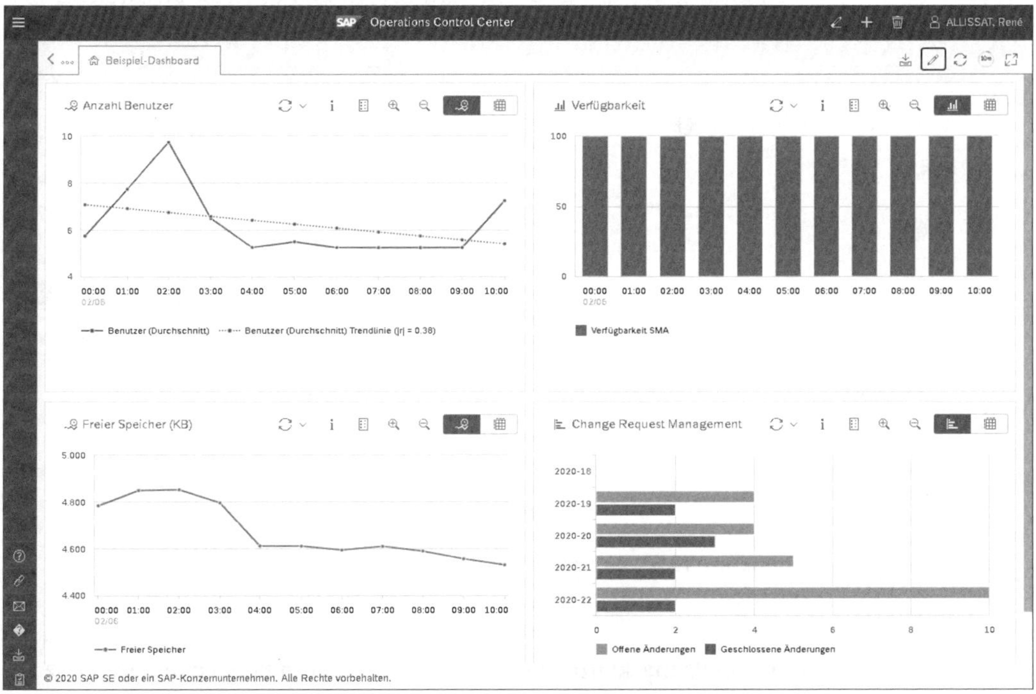

Abbildung 13.66 Beispiel für ein Operations-Control-Center-Dashboard

[+]

Eigene Dashboard-Projekte mit OCC-Dashboards umsetzen

Aufgrund ihrer großen Flexibilität eignen sich die OCC-Dashboards besonders für eigene Dashboard-Projekte. Dies gilt insbesondere dann, wenn Sie bereits eine Vorstellung davon haben, welche Daten auf welche Weise visualisiert werden sollen, aber nicht tief in die Methodik und die Kategorien von Focused Insights einsteigen möchten.

OCC-Dashboards konfigurieren

Um ein neues OCC-Dashboard zu erstellen, gehen Sie wie folgt vor:

1. Wechseln Sie aus dem Feld **Operations Control Center** in der Übersicht der Dashboard-Kategorien mit einem Klick auf das Zahnradsymbol (⚙) in den Konfigurationsmodus. Hier können Sie über das Symbol + am oberen Bildschirmrand ein neues Dashboard erstellen.
2. Der Bildschirm zur Bearbeitung eines Dashboards ist in drei Bereiche unterteilt. Im linken Bereich bearbeiten Sie das Dashboard ❶. Hier können Sie das grundlegende Layout definieren. Mit einem Klick auf eines der Elemente im Abschnitt **Dashboard-Layout** ❷ wählen Sie aus, welches Element bearbeitet werden soll (siehe Abbildung 13.67).

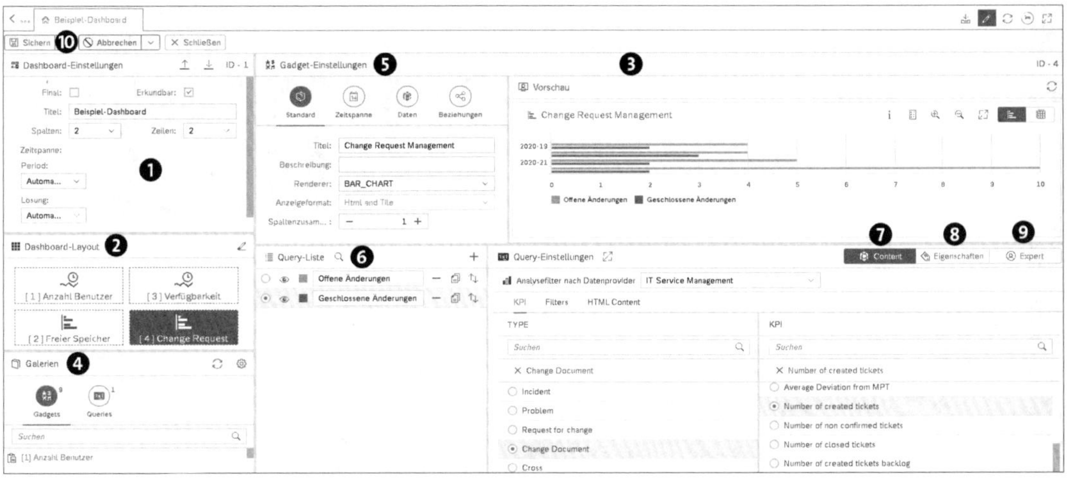

Abbildung 13.67 Konfigurationsmodus zur Bearbeitung eines OCC-Dashboards

3. Das jeweils markierte Element wird im rechten Bereich angezeigt ❸. Sofern Sie ein leeres Element ausgewählt haben, wird hier ein neues Gadget angelegt, das in dem gewählten Element angezeigt wird. Alternativ können Sie dem Element im Abschnitt **Galerien** ❹ ein bereits erstelltes Gadget zuordnen. Dessen Details werden dann hier angezeigt.
4. In den **Gadget-Einstellungen** ❺ legen Sie den Namen des Gadgets fest und definieren über das Feld **Renderer**, wie dessen Daten visualisiert werden sollen.

5. Im unteren Bereich **Query-Liste** ❻ wählen Sie die anzuzeigenden Daten aus. Über das Plussymbol können Sie eine neue Datenabfrage anlegen und anschließend über das Drop-down-Feld **Analysefilter nach Datenprovider** in den **Query-Einstellungen** eine Datenquelle auswählen.
6. Im nächsten Schritt können Sie die Datenquelle auf der Registerkarte **Content** ❼ weiter konfigurieren, um z. B. konkrete Kennzahlen auszuwählen. Der Bereich **Eigenschaften** ❽ ermöglicht es Ihnen, die Kennzahl weiter anzupassen, z. B. indem Sie Trendlinien und Schwellenwerte hinzufügen oder festlegen, welche Detailansicht bei Auswahl des Gadgets angezeigt werden soll (Drill-down).
7. Auf der Registerkarte **Expert** ❾ wird die von Ihnen aufgebaute Abfrage als Text angezeigt, was z. B. Möglichkeiten zur einfachen Massenbearbeitung mittels Copy-and-Paste eröffnet.
8. Um das gesamte Dashboard zu speichern, betätigen Sie abschließend die Schaltfläche **Sichern** ❿.

Ein bereits existierendes Dashboard können Sie mit den gleichen Arbeitsschritten bearbeiten, indem Sie über das Stiftsymbol (🖉) in den Bearbeitungsmodus wechseln.

[+]

Datenquellen

Für nahezu jedes Szenario im SAP Solution Manager ist eine Datenquelle im Konfigurationsmodus verfügbar; die Auswahl reicht vom System-Monitoring über das Geschäftsprozess-Monitoring bis hin zu ITSM und Testmanagement. Darüber hinaus stehen weitere Quellen, z. B. auch für BW-Querys oder Tabellen zur Verfügung. Zur Konfiguration der einzelnen Datenlieferanten finden Sie spezifische Anleitungen in der Dokumentation der OCC-Dashboards im SAP Help Portal (siehe *http://s-prs.de/v791810*). In diesem Dokument finden Sie für viele Quellen auch vorkonfigurierte Beispiele, die sie per Copy-and-Paste in Ihr Dashboard einfügen können.

13.2.5 Dashboards für Service-Level-Reports

Service Level definieren und messen

Service-Level-Reports dienen dazu, die Einhaltung von Service Level Agreements (SLAs) darzustellen bzw. zu belegen. Service-Level-Report-Dashboards in Focused Insights wurden konzipiert, um Serviceverträge für SAP-Lösungen zu definieren und deren Einhaltung zu verfolgen.

Dashboard anzeigen

Abbildung 13.68 zeigt ein fertig konfiguriertes Dashboard dieser Kategorie. Als Benutzer mit Anzeigeberechtigungen starten Sie in einer Übersicht, in der Sie die Einhaltung der zuvor definierten Service Level in verschiedenen Dimensionen verfolgen können, u. a. in einer Kalendersicht, als Einzelkennzahlen, als Gesamthistorie sowie in Form eines Kuchendiagramms.

Abbildung 13.68 Service-Level-Report-Dashboard

Über die Schaltflächen rechts oben erreichen Sie u. a. die Historie (), die die einzelnen Metriken und deren Werte im Zeitverlauf anzeigt. Diese Sicht ermöglicht z. B. die Analyse von Trends einzelner Kennzahlen. Von dort führt die Schaltfläche **Details** neben der jeweiligen Kennzahl zu deren Detailansicht. Ebenso haben Sie von der Funktionsleiste aus Zugriff auf die konfigurierten Metriken (); auch hier ist ein Absprung auf Einzelwerte möglich. Ferner können Sie über die Schaltfläche **Export nach PDF** () einen Service-Level-Report im PDF-Format generieren lassen.

Dashboard konfigurieren

Die Konfiguration des Service-Level-Report-Dashboards erreichen Sie – entsprechende Berechtigungen vorausgesetzt – über das Zahnradsymbol (). Über einen Klick auf das Plussymbol () legen Sie eine neue Instanz bzw. ein neues Dashboard dieser Kategorie an. Über das Klemmbrettsymbol () können Sie dem Dashboard im nächsten Schritt neue Metriken zuordnen. Im **Catalog** auf der rechten Seite können Sie dazu Metriken auswählen, die Sie für das OCC-Dashboard konfiguriert haben, wie im vorangehenden Abschnitt beschrieben (siehe Abbildung 13.69).

Mit der Schaltfläche **+ Add metric(s) selected** übernehmen Sie die ausgewählten Metriken in Ihr Dashboard. In dem folgenden Pop-up-Fenster können Sie festlegen, wie die Service Level der ausgewählten Kennzahlen dargestellt und gemessen werden sollen (siehe Abbildung 13.70).

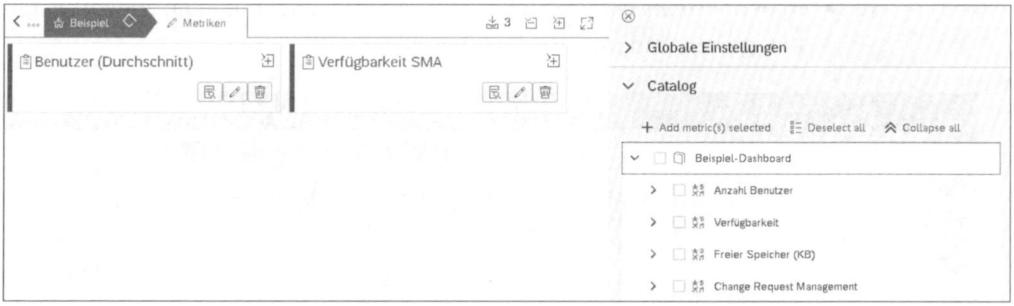

Abbildung 13.69 Metriken zum Service-Level-Report-Dashboard hinzufügen

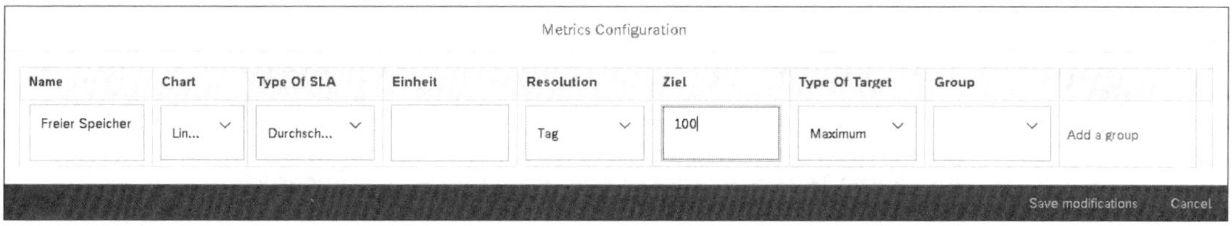

Abbildung 13.70 Metriken konfigurieren

Metriken können auch im Nachhinein noch bearbeitet werden; jegliche Änderungen werden dabei protokolliert. Ebenso ist es möglich, mehrere Metriken zu Gruppen zusammenzufassen. Die Messwerte einzelner Metriken können manuell editiert werden. Entsprechende Änderungen müssen mit einem Kommentar versehen werden. Sie werden anschließend in der Kalendersicht angezeigt.

13.2.6 Taktische Dashboards

Systeme im Überblick

Taktische Dashboards geben einen umfassenden Überblick über den Zustand ausgewählter Systeme. Dazu bietet Focused Insights in dieser Kategorie vordefinierte Szenarien an, die wesentliche Systemparameter beinhalten, darunter z. B. Performance, Verfügbarkeit, Ressourcen oder Benutzerlast. Jedes Szenario enthält vordefinierte KPIs, deren Schwellenwerte individuell konfiguriert werden können. Auf diese Weise entsteht eine kompakte, aber aussagekräftige Übersicht über den allgemeinen Systemstatus. Zusätzlich kombinieren diese Dashboards Echtzeitdaten und Trends, sodass Abweichungen im Systemverhalten ermittelt und behoben werden können.

Taktische Dashboards gewähren zwei Sichten auf die Daten, zwischen denen Sie über die Schaltflächen **Systeme** und **Scenarios** wechseln können:

- Die *Szenariosicht* (siehe Abbildung 13.71) zeigt die einzelnen Kategorien mit den darunter liegenden Systemen an.
- In der *Systemsicht* wird jedes System als Kachel mit allen zugeordneten Kategorien und Messwerten angezeigt.

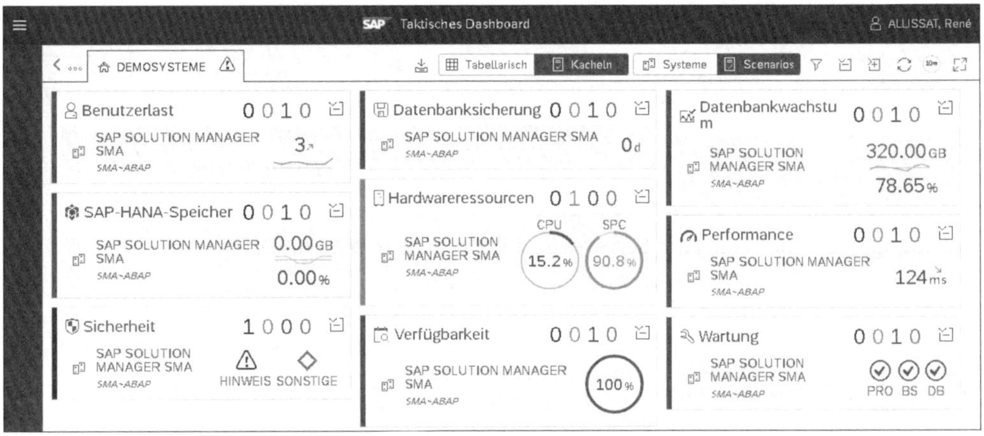

Abbildung 13.71 Szenariosicht eines taktischen Dashboards

Ferner kann von der kachelbasierten Ansicht auf eine tabellarische Sicht umgeschaltet werden. Eine Filterfunktion erlaubt zudem, die angezeigten Werte z. B. ausschließlich auf kritische Werte einzuschränken. Darüber hinaus können Sie in diverse Detailsichten abspringen, um Kennzahlen im Zeitverlauf zu bewerten.

Konfiguration taktischer Dashboards

Die über das Zahnradsymbol (⚙) zu erreichende Konfiguration der taktischen Dashboards (siehe Abbildung 13.72) unterscheidet zwischen Instanzen und Systemen:

- Eine *Instanz* entspricht einer Variante des Dashboards, z. B. für Produktivsysteme. Für jede Instanz können Sie im Bereich **Instanzenkonfiguration** die Monitoring-Szenarien auswählen, die angezeigt werden sollen; zudem können Sie für jedes Szenario Schwellenwerte definieren.
- Im Bereich **Systemkonfiguration** können Sie die *Systeme* auswählen, deren Monitoring-Daten angezeigt werden sollen. Pro System können Sie auf den einzelnen Registerkarten die Schwellenwerte und weitere Details für die verschiedenen Szenarien anpassen.

[»]

Technisches Monitoring als Grundlage

Das taktische Dashboard verwendet u. a. Metriken aus dem technischen Monitoring. Falls von Ihnen ausgewählte Kennzahlen nicht angezeigt werden und einzelne Szenarien ausgegraut bleiben, prüfen Sie daher, ob die entsprechende Metrik für das jeweilige System aktiviert ist und Daten liefert. Weitere Informationen hierzu finden Sie unter folgender URL im Wiki der SAP Community: *http://s-prs.de/v791811*

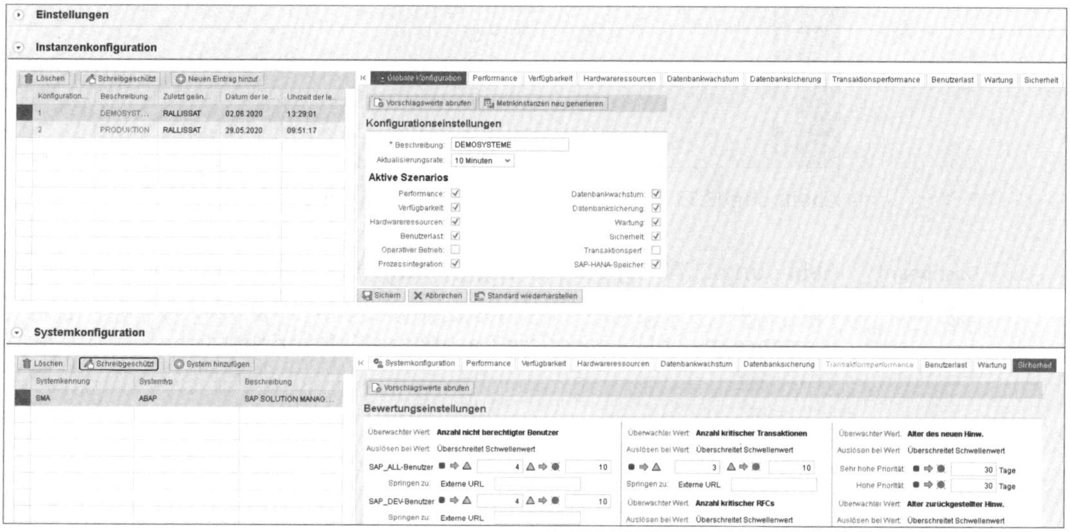

Abbildung 13.72 Konfiguration taktischer Dashboards

13.2.7 Dashboards für die Anwendungsperformance

Zusammenfassung operativer Kennzahlen

Anwendungsperformance-Dashboards fassen Kennzahlen des Systembetriebs monatlich in vordefinierten Metrikenkategorien zusammen. Grundlage sind dabei die Monitoring-Daten bestehender Dashboards für den operativen Betrieb. Die eher technischen Sachverhalte des operativen Betriebs werden zu einzelnen Themengruppen zusammengefasst, die jeweils mit eigenen Schwellenwerten versehen werden können.

Ebenen des Dashboards

Ein Anwendungsperformance-Dashboard ist dabei jeweils an ein Dashboard für den operativen Betrieb gekoppelt. Die erste Ebene eines solchen Dashboards entspricht dem Monat, für den Daten gesammelt wurden. Die nachfolgenden Ebenen ergeben sich aus dem zugrunde liegenden Dashboard für den operativen Betrieb. Dabei ist auf jeder Ebene der Ampelstatus zu sehen, ab der zweiten Ebene zudem die Anzahl der Alerts (siehe Abbildung 13.73). Auf der untersten Ebene wird eine Kennzahl im Detail und im zeitlichen Verlauf dargestellt.

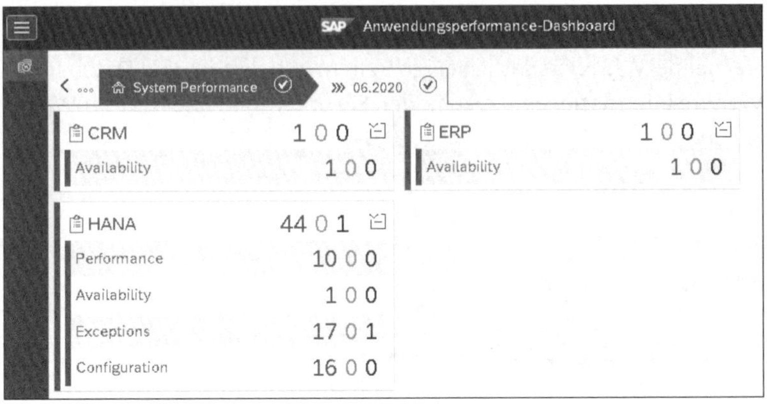

Abbildung 13.73 Anwendungsperformance-Dashboard

Dashboard konfigurieren

Abbildung 13.74 zeigt die Konfiguration eines solchen Dashboards, die Sie über einen Klick auf das Zahnradsymbol (⚙) im Bereich **Anwendungsperformance** in der Übersicht der Dashboard-Kategorien starten.

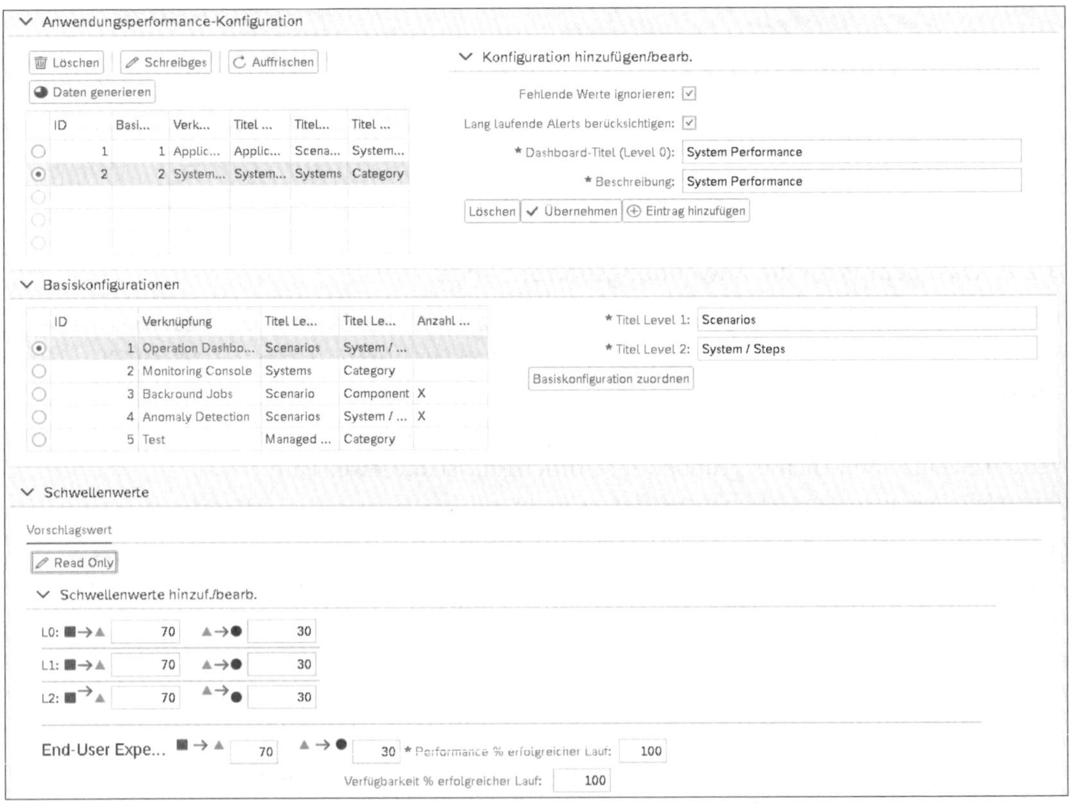

Abbildung 13.74 Konfiguration von Anwendungsperformance-Dashboards

In der Konfigurationssicht können Sie folgende Einstellungen vornehmen:

1. Im Bereich **Anwendungsperformance-Konfiguration** erstellen Sie das eigentliche Dashboard.
2. Anschließend ordnen Sie diesem eine **Basiskonfiguration** zu. Diese entspricht einer bereits vorhandenen Konfiguration eines Dashboards für den operativen Betrieb.
3. Abschließend können Sie **Schwellenwerte** für die einzelnen Ebenen und Kategorien festlegen.
4. Um das Dashboard mit Daten für den laufenden Monat zu füllen, klicken Sie abschließend auf die Schaltfläche **Daten generieren**.

13.2.8 Bereitschafts-Dashboards

Darstellung des Projektfortschritts

Bereitschafts-Dashboards (Readiness Dashboards) richten sich an Programm- und Projektmanager*innen, die den Fortschritt ihrer Projektziele in einer einfachen Übersicht darstellen möchten. Im Gegensatz zu den anderen Focused-Insights-Dashboards werden die Kennzahlen und Werte in den Dashboards dieser Kategorie manuell erfasst. Auf diese Weise lässt sich ein Statusreporting abbilden, das nicht von technischen Messpunkten abhängig ist.

Darstellung von Kennzahlen und Werten

Abbildung 13.75 zeigt ein Beispiel für ein solches Dashboard. In dieser Übersicht werden die vorab definierten Kennzahlen und deren aktueller Wert dargestellt. Darunter sehen Sie unter **Minimum target** den erwarteten Zielwert. Die Zielerreichung ist an der Darstellung der Kennzahl in einer Ampelfarbe erkennbar. Drei Balken für jede Kennzahl zeigen den Status der letzten drei Monate und lassen somit einen Trend erkennen.

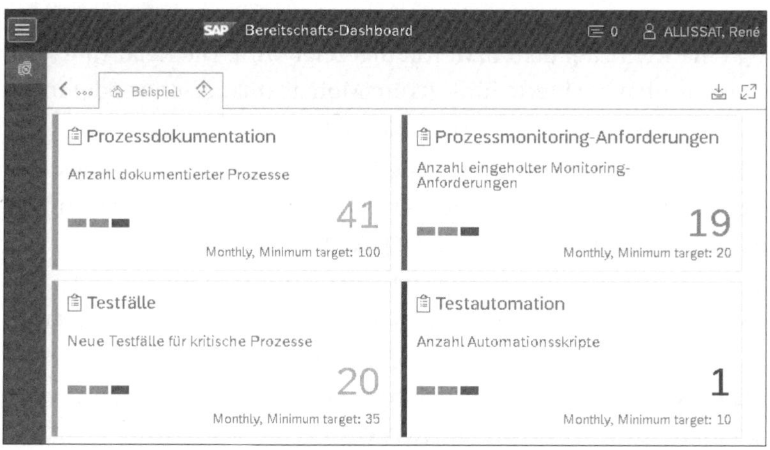

Abbildung 13.75 Beispiel für ein Bereitschafts-Dashboard

Ein Klick auf einen Wert führt zu der Detailansicht (siehe Abbildung 13.76). Hier wird die Beschreibung der ausgewählten Kennzahl anzeigt, und deren Zielerreichung wird in einem Liniendiagramm darstellt. Eine horizontale Linie im Diagramm markiert den definierten Zielwert der Kennzahl, vertikale Linien die vorab definierten Projektmeilensteine. Auf der linken Seite können Kommentare erfasst werden.

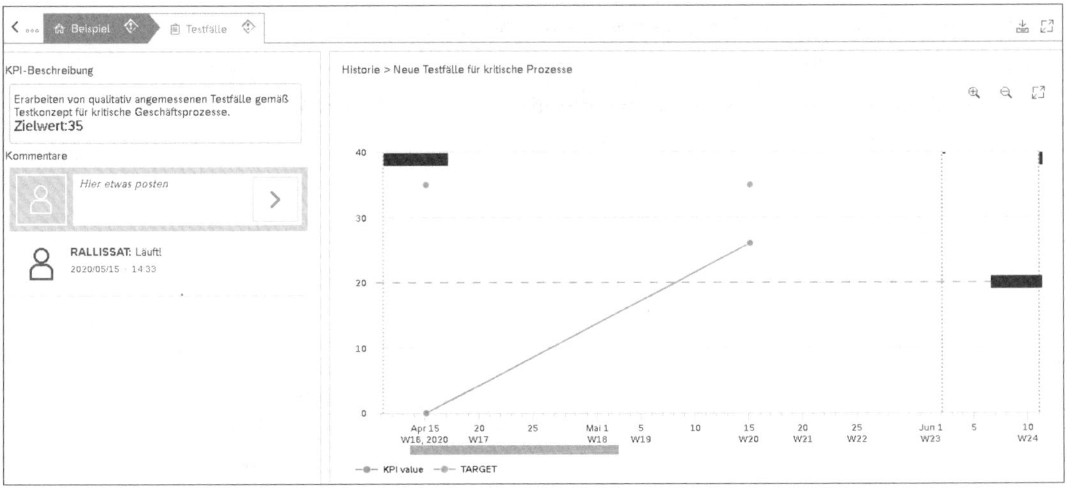

Abbildung 13.76 Bereitschafts-Dashboard – Detailsicht

Dashboard konfigurieren

Die Konfiguration eines Dashboards dieser Kategorie gestaltet sich einfach. Über das Zahnradsymbol (⚙) gelangen Sie zu einer zentralen Seite, auf der Sie alle Einstellungen vornehmen können (siehe Abbildung 13.77).

- Instanzen sind, wie in den anderen Kategorien, einzelne Dashboards. Im Bereich **Instanzen** legen Sie neben einem **Titel** für Ihr Dashboard in den Feldern **GzG-Ziel** und **GzR-Ziel** fest, bei welcher prozentualen Zielerreichung eine Kennzahl gelb bzw. rot angezeigt wird. Die **Reporting-Position** gibt an, ob neue Werte für KPIs am Monatsanfang, -ende oder in der Mitte eines Monats gepflegt bzw. angezeigt werden sollen.
- Meilensteine beziehen sich auf eine Instanz. Im Bereich **Meilensteine** können Sie Projektmeilensteine mit Bezeichnung und Zieldatum festlegen. Diese erscheinen später in der Detailsicht der Kennzahlen.
- Bewertungen sind die wichtigsten Elemente des Dashboards. Jede Zeile in der Tabelle im Bereich **Bewertungen** entspricht einer Kachel im Dashboard. Neben Bezeichnungen legen Sie hier insbesondere den zu erreichenden Zielwert (**Endziel**), die **Zielart** (Minimum oder Maximum) sowie die **Granularität** fest, mit der die Kennzahl gemessen wird (z. B. monatlich).

Abbildung 13.77 Konfiguration von Bereitschafts-Dashboards

- In der Tabelle **Alle KPI-Monatswerte** (siehe Abbildung 13.78) können Sie die Messwerte der Bewertungen manuell erfassen. Nach dem Übernehmen der Daten über die Schaltfläche **Übernehmen** werden diese unmittelbar im Dashboard angezeigt.

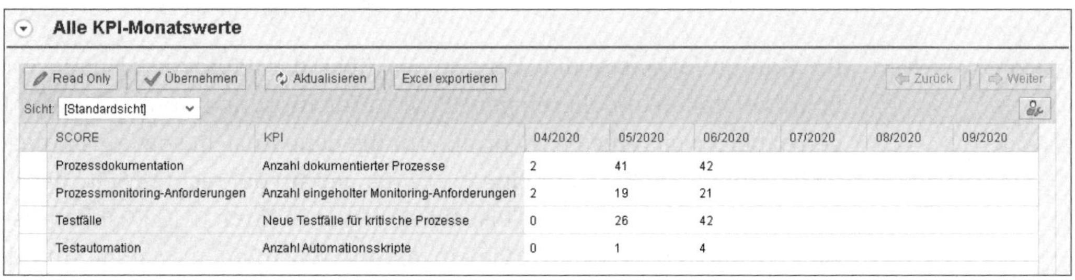

Abbildung 13.78 Monatliche KPI-Werte erfassen

13.2.9 Strategische Dashboards

Scorecards

Strategische Dashboards dienen der Fortschrittskontrolle und Steuerung einer IT-Organisation. Mit einem strategischen Dashboard fassen Sie die detaillierten Kennzahlen des OCC-Dashboards zu *Scorecards* zusammen. Eine Scorecard kann mehrere Kennzahlen enthalten, deren Zielerreichung jeweils als Prozentwert angezeigt wird. Auf diese Weise können technische (z. B. Systemverfügbarkeit) oder fachliche Kennzahlen (z. B. Testfortschritt) aggregiert werden, um einzuschätzen, wie gut Ihre IT-Organisation ihre Ziele erreicht hat.

Abbildung 13.79 zeigt ein Beispiel eines strategischen Dashboards mit einer Scorecard. Ein Klick auf die jeweilige KPI öffnet ein detailliertes Diagramm zu der Kennzahl. Alternativ ist auch der Absprung zu dieser Kennzahl im OCC-Monitoring möglich. Von der Scorecard aus haben Sie zudem die Möglichkeit, in die Historie (, monatliche Entwicklung der Kennzahl) und die Governance-Sicht (, alternative Gruppierung der Kennzahlen) zu verzweigen.

Abbildung 13.79 Scorecard in einem strategischen Dashboard

Scorecards erstellen

Im Konfigurationsmodus können Sie über das Plussymbol neue Dashboards erstellen und diesen neue Scorecards zuordnen. Pop-up-Fenster fragen dabei jeweils eine Bezeichnung für die neue Ansicht sowie grundlegende Parameter ab. Nach der Eingabe finden Sie auf der rechten Seite des Bildschirms einen Katalog der KPIs, die Sie zuvor in Ihren OCC-Dashboards definiert haben. Hier können Sie einzelne Kennzahlen auswählen und dem strategischen Dashboard hinzufügen (siehe Abbildung 13.80).

Über die **Metrics Table** im unteren Bereich können Sie Metriken umbenennen, Zielwerte angeben und Gruppen pflegen. Die Gruppen ermöglichen eine alternative Anordnung der Kennzahlen, die Sie über die Governance-Sicht aufrufen. Um Daten in das Dashboard zu laden, klicken Sie nach dessen Konfiguration auf die Schaltfläche **Trigger Data Collection** ().

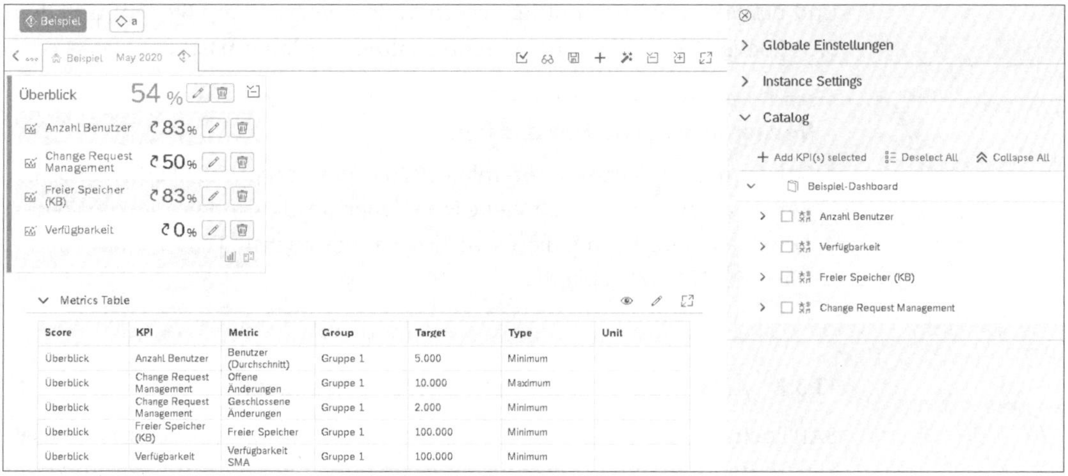

Score	KPI	Metric	Group	Target	Type	Unit
Überblick	Anzahl Benutzer	Benutzer (Durchschnitt)	Gruppe 1	5.000	Minimum	
Überblick	Change Request Management	Offene Änderungen	Gruppe 1	10.000	Maximum	
Überblick	Change Request Management	Geschlossene Änderungen	Gruppe 1	2.000	Minimum	
Überblick	Freier Speicher (KB)	Freier Speicher	Gruppe 1	100.000	Minimum	
Überblick	Verfügbarkeit	Verfügbarkeit SMA	Gruppe 1	100.000	Minimum	

Abbildung 13.80 Metriken zuordnen und bearbeiten

13.3 SAP Focused Run

SAP Focused Run ist ein mächtiges Werkzeug, das sich vor allem an Großkunden mit speziellen Anforderungen an die SAP-Systemüberwachung oder an Service Provider richtet, die Ihre eigenen Kunden an ein zentrales SAP-Solution-Manager-System anbinden, um Services wie Systemadministration und System-Monitoring anbieten zu können. Mit SAP Focused Run ist die Überwachung von großen Systemlandschaften (10.000 Systeme und mehr) möglich.

13.3.1 Architektur von SAP Focused Run

Vereinfachte Architektur

Um die große Masse an Daten in solchen Landschaften zu bewältigen, basiert das SAP-Focused-Run-System im Vergleich zum SAP Solution Manager auf einer komplett angepassten Architektur. Anstelle der zwei Stacks (ABAP und Java) der SAP-Solution-Manager-Systeme gibt es nur noch einen ABAP-Stack und eine SAP-HANA-Datenbank. Die Komponenten für das SAP-CRM-System wurden ebenfalls entfernt.

Kommunikationsarchitektur

Zudem wurde eine deutlich vereinfachte Kommunikationsarchitektur umgesetzt. Hierzu wurde ein neuer Agententyp namens *Simple Diagnostic Agent* eingeführt. Dieses Modul läuft im Kontext des SAP-Host-Agenten und ist somit weitaus weniger performanceanfällig als der Diagnostic Agent. Des Weiteren wurde darauf geachtet, dass nur noch eine ausgehende und eingehende Verbindung zwischen dem verwalteten System und dem SAP-Focused-Run-System aufrechterhalten werden muss.

[»]

Versionen von SAP Focused Run

SAP Focused Run ist seit Dezember 2020 in der Version 3.0 SP00 erhältlich. SAP liefert zweimal im Jahr neue Funktionen an die Kunden aus. Zum Zeitpunkt der Drucklegung dieses Buches war das nächste Feature Pack 1 also für Ende Q2/2021 geplant.

13.3.2 Anwendungsszenarien für SAP Focused Run

SAP Focused Run lässt sich für verschiedene Anwendungsszenarien einsetzen. In den folgenden Abschnitten beschreiben wir die zum Zeitpunkt der Drucklegung dieses Buches verfügbaren Szenarien.

Advanced Integration Monitoring

Integrations- und Cloud-Monitoring

Für den Anwendungsfall *Advanced Integration Monitoring* (AIM) wird die Applikation **Integration & Cloud Monitoring** bereitgestellt (siehe Abbildung 13.81).

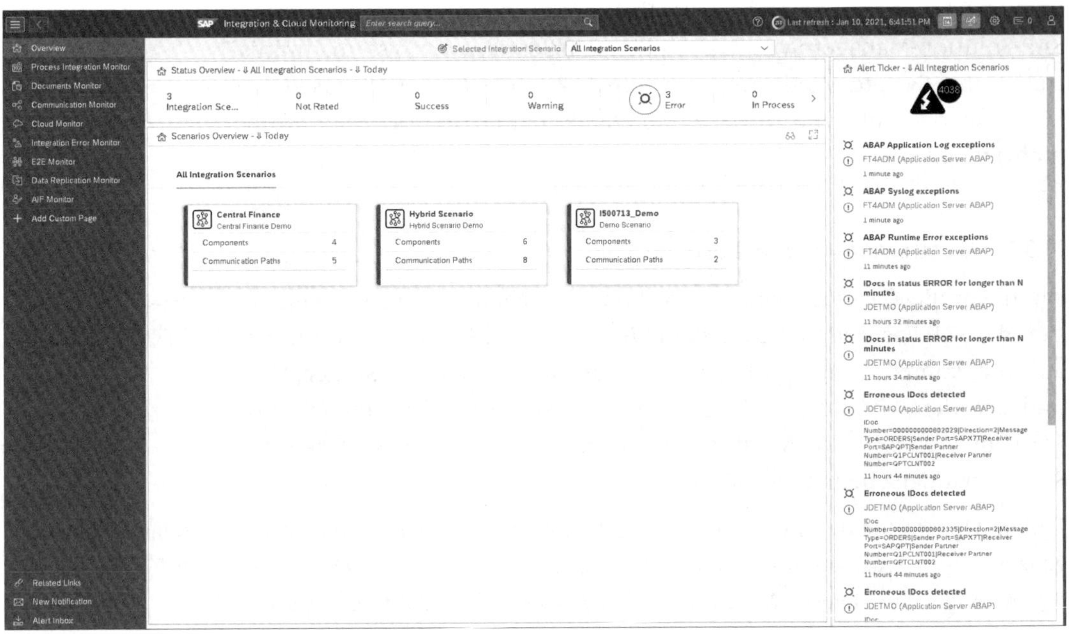

Abbildung 13.81 Applikation »Integration & Cloud Monitoring«

Mit dieser Anwendung ist es unter anderem möglich, Nachrichtenflüsse zu überwachen, die durch ein System wie SAP Process Integration/Orchestration (SAP PI/PO), SAP Manufacting Integration and Intelligence (SAP MII), SAP Landscape Transformation oder SAP Integration Suite prozessiert wurden. Im Fehlerfall werden dazu Alerts ausgegeben. Des Weiteren können Sie mit diesem Szenario die gängigen SAP-Kommunikationstechnologien, wie RFC, IDoc, AIF und Webservices, überwachen. Erweiterter Support wird für die SAP Central Finance angeboten. Hier können Sie mithilfe der Funktion *Data Flow Verification* Probleme identifizieren.

Exception Monitoring

Das *Exception Monitoring* ist Bestandteil des Integrations-Monitorings und kann eingesetzt werden, um sich automatisiert über in Cloud- und On-Premise-Komponenten aufgetretene Ausnahmen informieren zu lassen. Mithilfe von eingebauten Analytics-Funktionalitäten, ist es möglich, umfangreiche Dashboards nach Ihren Bedürfnissen zu gestalten. Abbildung 13.82 zeigt ein Beispiel für ein solches Dashboard.

13

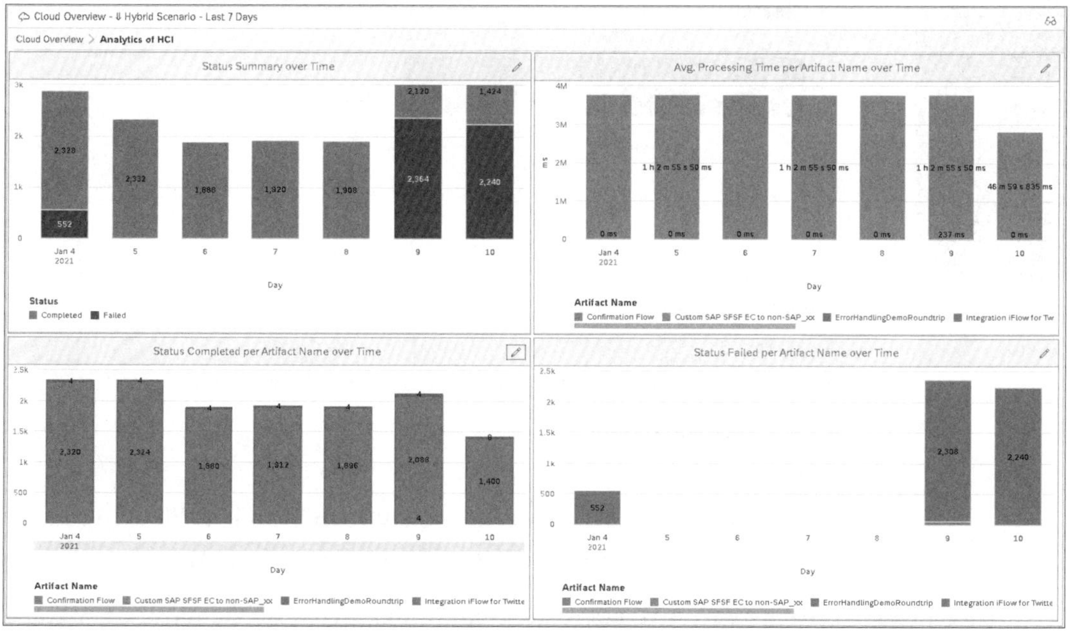

Abbildung 13.82 Mithilfe der Analytics-Funktionalität erstellte Dashboards

Advanced User Monitoring

Das Szenario *Advanced User Monitoring* (AUM) besteht aus den beiden Applikationen *Real User Monitoring* und *Synthetic User Monitoring*.

Real User Monitoring

Mit dem Real User Monitoring werden einzelne Benutzeraktivitäten überwacht, um Performanceprobleme frühzeitig erkennen zu können (siehe

Abbildung 13.83). Folgende Frontend-Technologien werden dabei unterstützt:

- SAP GUI
- Web Dynpro
- Web GUI
- SAPUI5

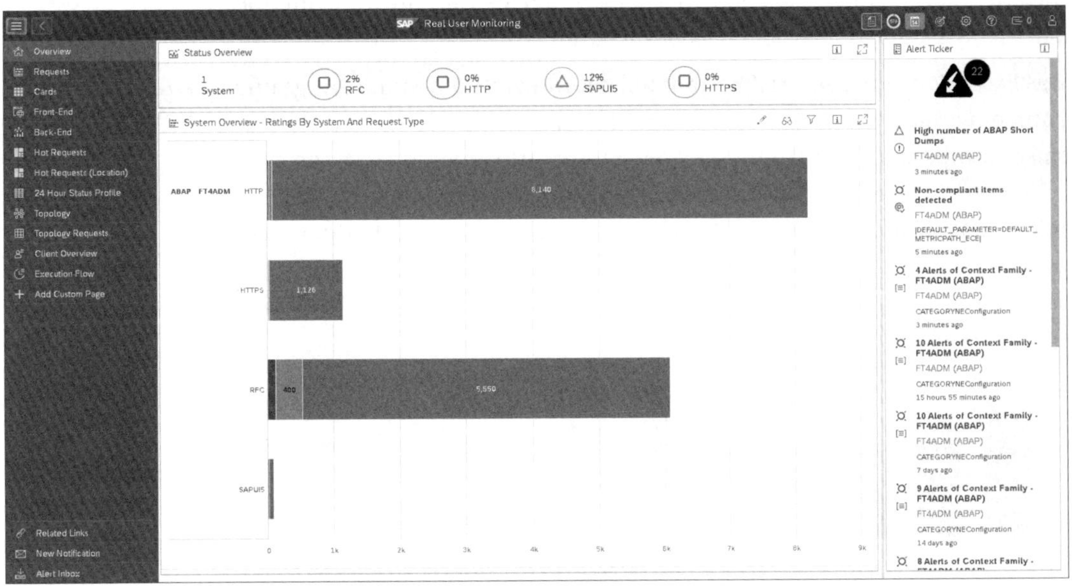

Abbildung 13.83 Real User Monitoring

Außerdem werden die folgenden Backend-Technologien unterstützt:

- SAP S/4HANA Cloud
- SAP Marketing Cloud
- SAP Business Technology Platform (vormals SAP Cloud Platform)
- ABAP- und Java-basierte On-Premise-Lösungen von SAP

Synthetic User Monitorings

Mithilfe des Synthetic User Monitorings (siehe Abbildung 13.84) werden aufgezeichnete Skripte regelmäßig von verschiedenen Standorten verprobt. Jeder wird durch einen Roboter repräsentiert, der auf einem PC eingerichtet werden muss. So kann schnell festgestellt werden, ob es Performanceprobleme bei der Verbindung verschiedener Lokationen gibt. Die Funktionalität unterstützt die relevanten Kommunikationsprotokolle, wie HTTP(S), SAP GUI, RFC und Webservices.

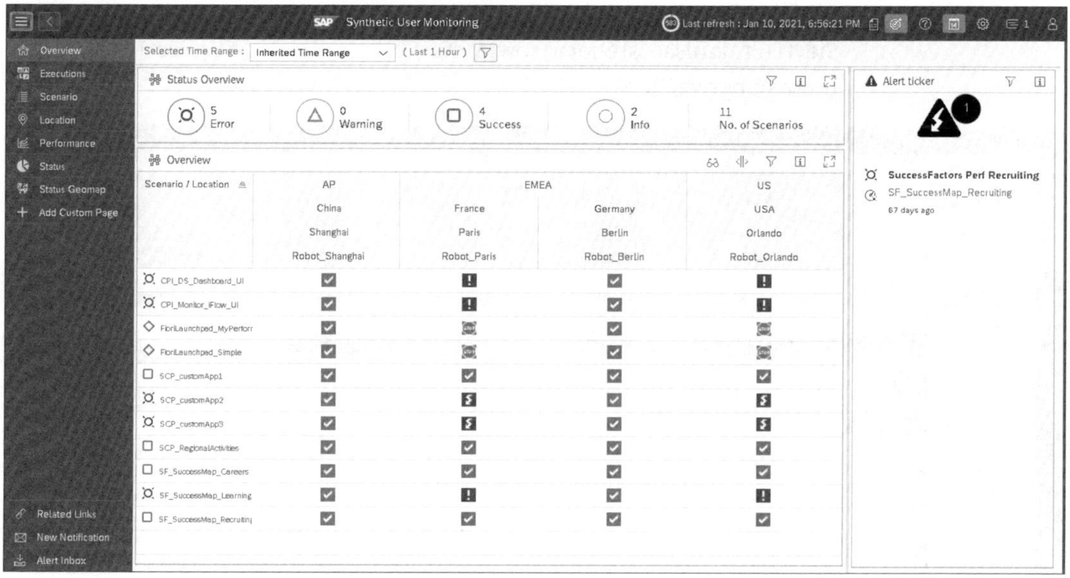

Abbildung 13.84 Synthetic User Monitoring

Advanced Application Management

In dem Szenario *Advanced Application Management* (AAM) werden vier verschiedene Applikationen gebündelt: *Health Monitoring*, *Job Monitoring*, *IT Calender & Work Mode Management* und *Service Availability Management*.

Health Monitoring

Mit dem Health Monitoring soll die Überwachung des Gesundheitszustands von Cloud- und On-Premise-basierten Applikationen deutlich verbessert werden (siehe Abbildung 13.85). Dazu werden sogenannte *Tags* genutzt. Folgende Funktionen werden hierbei unterstützt:

- Prüfung der Verfügbarkeit von URLs und URL-Zertifikaten
- Überwachung von Betriebssystemskripten und -prozessen
- Prüfung der Verfügbarkeit von Hosts und TCP-Ports
- Prüfung von Logdateien und dem Applikationszustand
- Prüfung der Verfügbarkeit von Windows Services und RFC-Komponenten

Job Monitoring

Mit dem Job Monitoring können SAP-Standardjobs komplett automatisiert überwacht werden. Welche Jobs auf einem verwalteten System eingeplant sind, kann die Applikation selbstständig erkennen.

Mithilfe der anderen Applikationen innerhalb des AAM-Szenarios können Sie IT-Ereignisse steuern sowie die Einhaltung des Service Level Agreements überwachen.

Abbildung 13.85 Health Monitoring

Advanced Configuration Monitoring

Die Funktionen des Szenarios *Advanced Configuration Monitoring* (ACM) umfassen die Anwendungen *Configuration & Security Analytics* (CSA) zur Validierung von Änderungen in einem SAP-System, einen Such- und Speicherbrowser sowie die Anwendung *Configuration & Security Analytics Administration*. Letztere liefert die Informationen über das Collector Framework für die CSA-Anwendung.

Advanced System Management

Vorausschauende Systemanalyse

Mit den Anwendungen für das Szenario *Advanced System Management* (ASM) können Sie Systeme, Datenbanken und Betriebssysteme der gesamten Lösungslandschaft überwachen (Abbildung 13.86). Mit den Funktionen *Metric Forecasting* und der *Vorhersage von Systemanomalien* ist es möglich, bestimmte Systemverhalten bereits vorausschauend zu analysieren. Automatisierte Prüfungen des Systemzustands (*Health Checks*) ergänze eine tiefgehende Analyse von kritischen Situationen. Die Daten werden von dem Report SAP EarlyWatch Alert und dem Maintenance Planner geliefert und vom SAP Support Portal zusammengeführt.

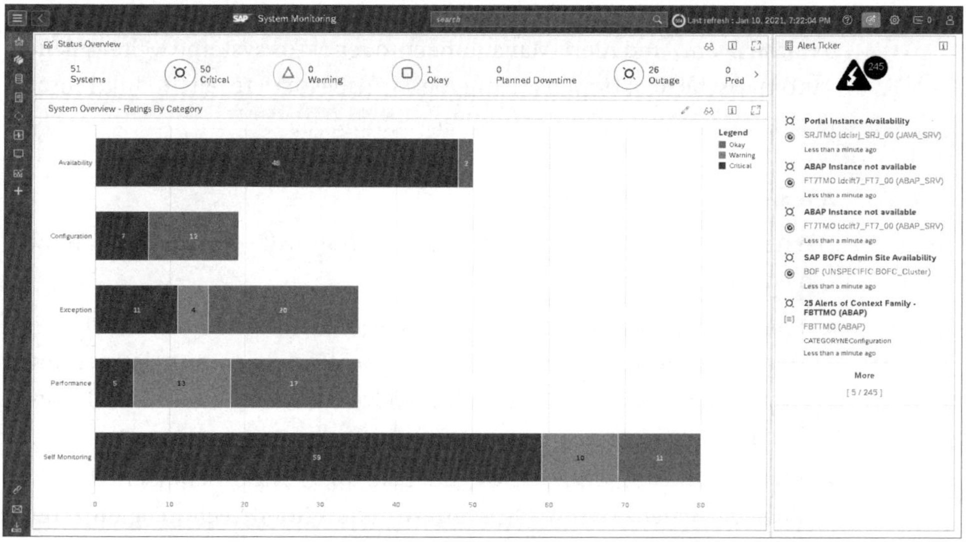

Abbildung 13.86 System Monitoring

13

Advanced Event and Alert Management

Das *Advanced Event and Alert Management* (AEM) ist der zentrale Zugangspunkt für die Bearbeitung von Alerts aus verschiedenen Anwendungen wie der Systemüberwachung, Benutzerüberwachung und Integrationsüberwachung (siehe Abbildung 13.87).

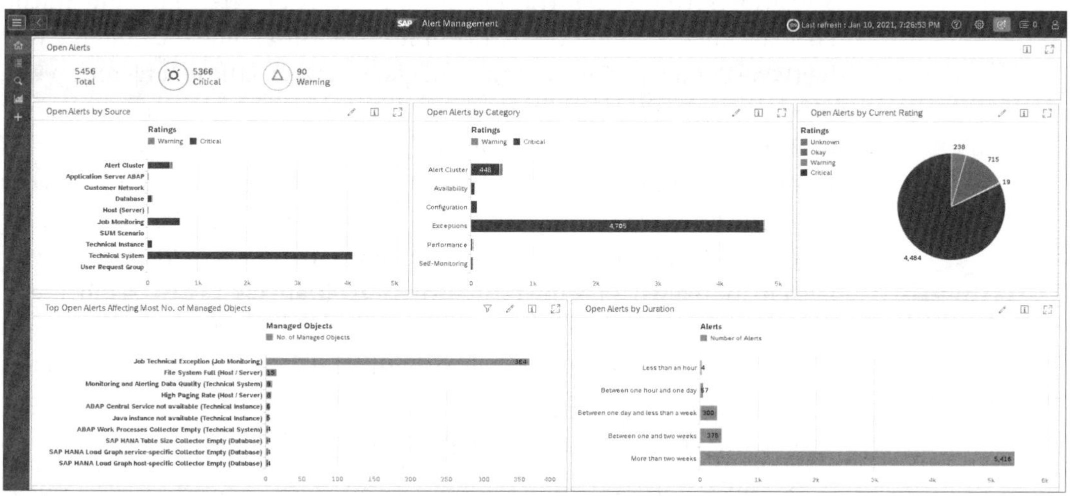

Abbildung 13.87 Alert Management

Sie ermöglicht Ihnen einen effizienten Umgang mit großen Mengen von Alerts, basierend auf Dashboards. Es ist möglich, Alerts aus externen Überwachungssystemen in die Applikation zu integrieren sowie Alerts an externe Event- und Alert-Management- oder Ticketsysteme weiterzuleiten. Automatische Reaktionen auf die Alerts, insbesondere bei Produktionsausfällen, unterstützen die Systemüberwachung.

Advanced Root Cause Analysis

Die Applikation *Advanced Root Cause Analysis* (ARA) besteht aus drei verschiedenen Anwendungen:

- Eine Anwendung für die *Systemanalyse* bietet Ihnen einen Überblick über aktuelle und historische Überwachungsdaten aus der gesamten Systemlandschaft. Sie bietet eine Vielzahl von Drill-down- und Anpassungsmöglichkeiten.
- Mit der *Trace-Analyse* ist es möglich, spezifische Benutzeraktivitäten über verschiedene SAP-On-Premise- und -Cloud-Technologien hinweg zu verfolgen.
- Mit dem *Dateisystembrowser* können Sie einen sicheren Lesezugriff auf die Betriebssysteme bereitstellen, um die Analyse von Protokolldateien zu ermöglichen.

Advanced Analytics and Intelligence

Die sofort einsatzbereiten und intelligenten Dashboard-Funktionen des Szenarios *Advanced Analytics and Intelligence* (AAI) bieten eine einheitliche Shell als übergreifende UI-Plattform für alle Anwendungen, um eine einheitliche Benutzererfahrung zu ermöglichen. Die nahtlose Integration von Monitoring, Alerting und Analytics wird durch ein hohes Maß an Personalisierungs- und Anpassungsfunktionen ergänzt. Die bereitgestellte Infrastruktur ermöglicht den anwendungsspezifischen Einsatz künstlicher Intelligenz (KI), wann immer dies sinnvoll und wertschöpfend ist, z. B. für automatische Prognosen von Kennzahlenwerten und zur Vorhersage von Systemanomalien. Darüber hinaus versetzt Sie ein taktisches Dashboard in der Lage, den Status von KPIs für Ihre Lösungslandschaften verfolgen (siehe auch Abschnitt 13.2.6, »Taktische Dashboards«).

[»]

Weitere Informationen zu SAP Focused Run

Da sich SAP Focused Run an eine spezialisierte Zielgruppe richtet, gehen wir hier nicht auf alle Aspekte detailliert ein. Die Lösung wird im SAP Support Portal unter der URL *https://support.sap.com/en/alm/sap-focused-run.html* näher beschrieben.

Kapitel 14

SAP Solution Manager und SAP S/4HANA

Viele SAP-Kunden haben ein umfassendes Projekt vor sich: Da das Ende der Mainstream-Wartung für die SAP Business Suite 7 für 2027 angekündigt wurde, müssen sie den Umstieg auf das Nachfolgeprodukt SAP S/4HANA planen und vorbereiten. Wie SAP Solution Manager 7.2 Sie bei der Vorbereitung, Realisierung und dem Betrieb Ihrer neuen SAP-S/4HANA-Umgebung unterstützt, erfahren Sie in diesem Kapitel.

SAP S/4HANA ist ein intelligentes und integriertes ERP-System, das auf der In-Memory-Datenbank SAP HANA ausgeführt wird. Als SAP-Kunde erhalten Sie mit SAP S/HANA die neuste Produktgeneration der Business Suite von SAP. Bevor sie die neusten Innovationen nutzen können, sehen sich viele SAP-Kunden einer enormen Herausforderung gegenüber: dem Umstieg von der klassischen SAP Business Suite auf SAP HANA.

SAP Activate

Mit *SAP Activate* stellt SAP ihnen ein agiles Implementierungs-Framework zur Verfügung, mit dem dieser Umstieg einfacher und effizienter ablaufen soll. Die SAP-Activate-Methodik unterstützt Projektteams bei der Einführung von SAP-Lösungen in der Cloud, On-Premise oder in hybriden Umgebungen. Die Methodik baut auf Beschleunigern wie *SAP Best Practices* auf, die Kunden bei der schnellen Einführung unterstützen und von SAP kontinuierlich aktualisiert werden.

Phasen

SAP Activate sieht sechs Phasen, um den gesamten Projektlebenszyklus zur Einführung von SAP-Lösungen zu unterstützen:

1. Discover
2. Prepare
3. Explore
4. Realize
5. Deploy
6. Run

Unabhängig davon, welche Strategie Sie für den Umstieg verfolgen (Systemkonvertierung, Neuimplementierung oder Landschaftstransformation), bietet der SAP Solution Manager (ggf. in Verbindung mit Focused Build) Vorteile und Unterstützung in all diesen Projektphasen. Abbildung 14.1 zeigt Ihnen die für eine SAP-S/4HANA-Implementierung relevanten Szenarien und Beschleuniger in Form eines Fahrplans.

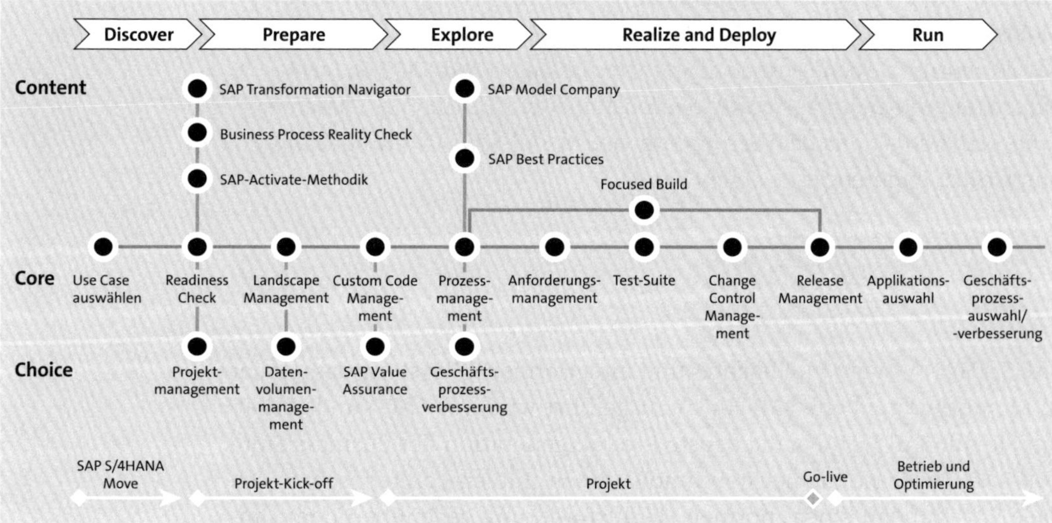

Abbildung 14.1 SAP Solution Manager für SAP S/4HANA (Quelle: SAP SE)

Bereiche der Unterstützung

Der Fahrplan ist dabei in drei Bereiche aufgeteilt:

- Bei den Funktionen im Bereich *Content* handelt es sich um Beschleuniger. Der Content umfasst hilfreiche Informationen, wie Strategien zum Umstieg auf SAP S/4HANA oder definierte Standardgeschäftsprozesse, die Sie als Ausgangsbasis für das Design Ihrer individuellen Prozesse verwenden können.
- Im Haupttrack (*Core*) sind sämtliche Szenarien bzw. Werkzeuge angesiedelt, die den technischen Umstieg auf das SAP-S/4HANA-System vereinfachen.
- Im Bereich *Choice* finden Sie weitere optionale Hilfsmittel, die Ihnen je nach Anwendungsfall einen deutlichen Mehrwert für den Einstieg in SAP S/4HANA bieten können.

In diesem Kapitel erfahren Sie, wie Sie der SAP Solution Manager in den einzelnen SAP-Activate-Phasen zur Einführung von SAP S/4HANA unterstützen kann.

14.1 Phase »Discover«

In der Discover-Phase lernen Sie die Funktionen von SAP S/4HANA kennen und erfahren, welche Vorteile sich daraus für Ihr Unternehmen ergeben können. In dieser Phase entwickeln Sie die Strategien und den Fahrplan für Ihre Implementierung.

Verwendungsprotokollierung

Falls Sie die *Verwendungsprotokollierung* auf Ihren verwalteten Systemen noch nicht aktiviert haben, sollten Sie dies spätestens zu Beginn der Discover-Phase machen (siehe Abschnitt 12.2.1, »Verwendungsprotokollierung«). Von der Aktivierung der Verwendungsprotokollierung können Sie im weiteren Projektverlauf in folgenden Szenarien des SAP Solution Managers profitieren:

- Im Custom Code Lifecycle Management (CCLM) identifizieren Sie ungenutzten Code und Klone von SAP-Standardobjekten, die potenziell nicht in Ihr neues SAP-S/4HANA-System übernommen werden müssen.
- In der Test-Suite können Sie über die Änderungseinflussanalyse Ihren Testumfang optimieren (siehe Abschnitt 9.5, »Änderungseinflussanalyse«).
- Im Prozessmanagement bauen Sie automatisch die Bibliothek der ausführbaren Einheiten auf (siehe Abschnitt 3.4.2, »Bibliotheken«) und wissen damit ganz genau, welche Transaktionen und Prozesse in Ihrem ERP-System in Verwendung sind. Daraus können Sie ableiten, welche Prozesse Sie in Ihrem SAP-S/4HANA-System benötigen werden.

SAP Transformation Navigator

Nutzen Sie in dieser Phase außerdem den *SAP Transformation Navigator*. Dieses Self-Service-Werkzeug können Sie über die gleichnamige Kachel im SAP ONE Support Launchpad aufrufen. Es hilft Ihnen, herauszufinden, wie Sie Ihre aktuelle Systemumgebung und Ihre Anwendungen in die neue SAP-S/4HANA-Welt überführen können.

Geben Sie im ersten Schritt über die Schaltfläche **+ Add Another Product** an, welche SAP-Produkte Sie aktuell einsetzen (siehe Abbildung 14.2). Ausgehend davon ermittelt der SAP Transformation Navigator eine Produktlandkarte, die passende strategische SAP-Produkte und -Lösungen auflistet. Zu jedem dieser Produkte finden Sie unter dem Link **See Product Info** Detailinformationen und Angaben zu den Transformationsszenarien. Um Ihren Business Case formulieren zu können, erhalten Sie zusätzlich eine Liste der Werttreiber sowie eine Ergebnisdokumentation mit dem Fokus auf Business, IT und Transformation.

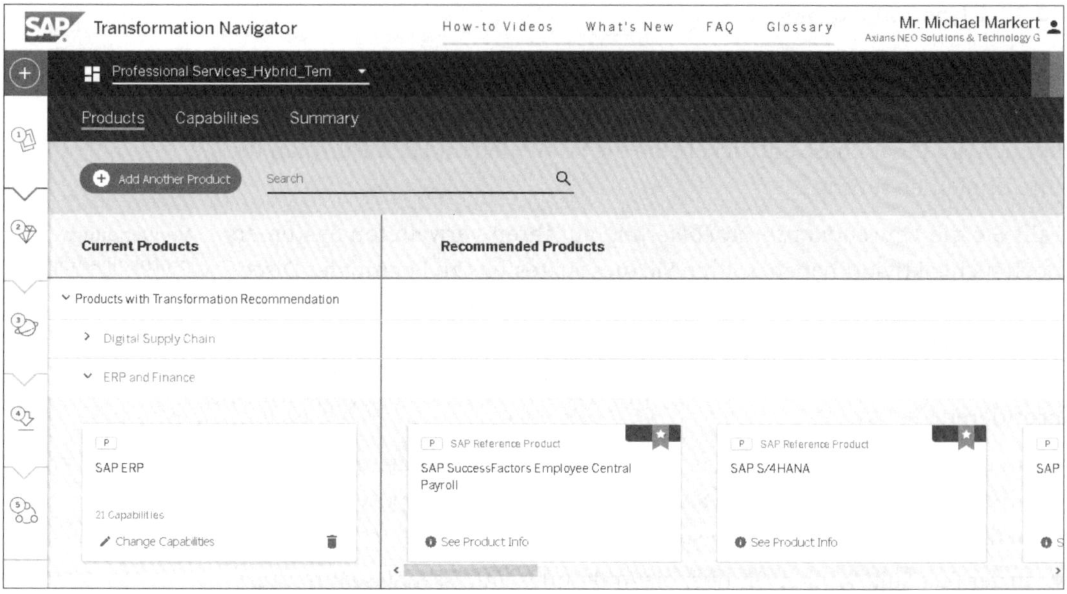

Abbildung 14.2 SAP Transformation Navigator

Roadmap Viewer

Sobald Sie Ihre Zielarchitektur definiert haben, können Sie über den *Roadmap Viewer* die passende SAP-Activate-Methodik auswählen, die Sie bei Ihrer Neuimplementierung, Systemkonvertierung oder Landschaftstransformation unterstützt.

Im SAP Solution Manager Launchpad (Transaktion SM_WORKCENTER) können Sie innerhalb der Gruppe **SAP Solution Manager – Einstieg** auf die Kachel **Roadmap Viewer** zugreifen. Auf der Startseite des Roadmap Viewers können Sie sich einen Überblick über die vorhandenen SAP-Roadmaps verschaffen, indem Sie auf **Alle Roadmaps erkunden** klicken. Neben Cloud-spezifischer SAP-Activate-Methodik steht Ihnen auch On-Premise-spezifische Methodik zur Verfügung. Abbildung 14.3 zeigt die Roadmap für einen Umstieg auf SAP S/4HANA. Hier haben Sie Zugriff auf die Beschleuniger und SAP Best Practices für Ihr SAP-S/4HANA-Projekt.

[+]

Projektplan herunterladen

Über das Download-Symbol (⤓) können Sie die Roadmap als Microsoft-Project-Plan, Excel- oder XML-Datei herunterladen. Über die XML-Datei können Sie den Projektplan anschließend in das IT-Portfolio- und Projektmanagement (IT-PPM) im SAP Solution Manager importieren. Weitere Informationen zum Import eines Projektplans finden Sie in Abschnitt 5.7, »SAP-Roadmaps«.

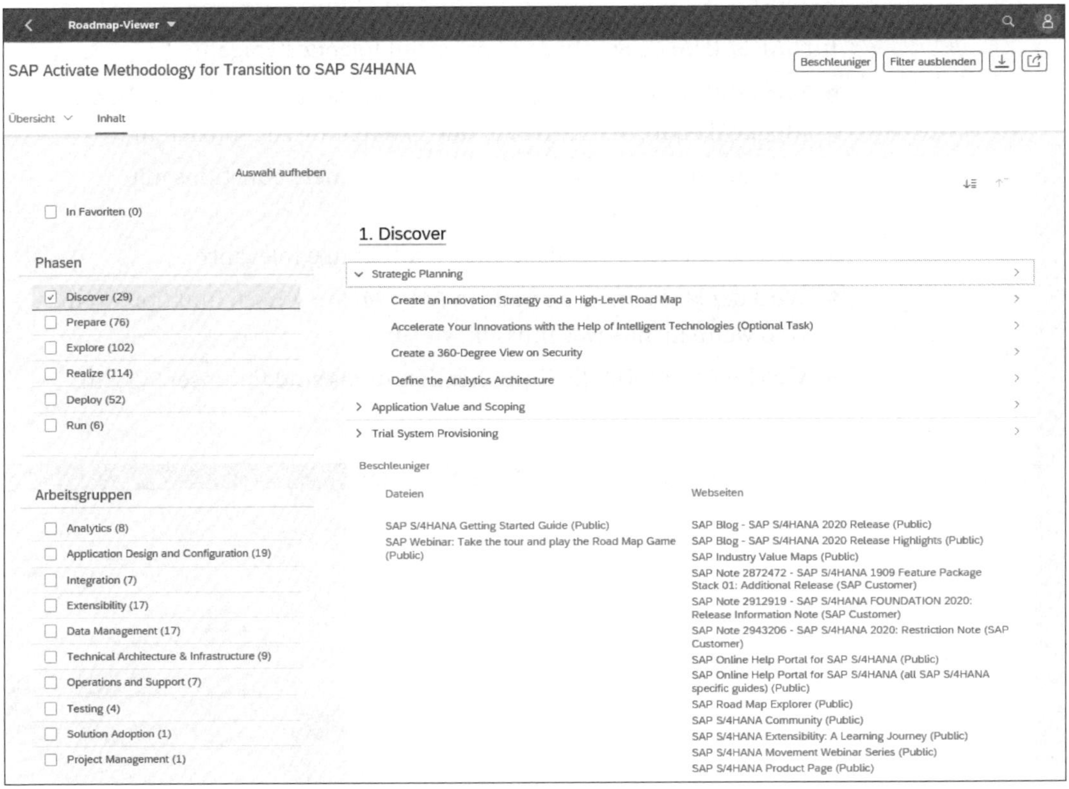

Abbildung 14.3 SAP-Activate-Methodik im Roadmap Viewer

SAP Readiness Check 2.0

Damit der Umstieg auf SAP S/4HANA zu einem erfolgreichen Einführungsprojekt wird, müssen die technischen Voraussetzungen erfüllt und Ihre Systemlandschaft richtig vorbereitet sein. Mithilfe des *SAP Readiness Check 2.0* prüfen Sie, wie gut sich Ihr bestehendes SAP-ERP-System zur Konvertierung in ein SAP-S/4HANA-System eignet. Mithilfe dieser Prüfung können Hindernisse, die negative Auswirkungen auf Ihr Konvertierungsprojekt haben könnten, wie inkompatible Add-ons, frühzeitig identifiziert werden. Ziel des SAP Readiness Check 2.0 ist es, alle Faktoren, die einen wesentlichen Einfluss auf das Projekt haben könnten, so früh wie möglich zu identifizieren, um das Gesamtprojekt entsprechend planen zu können.

Den SAP Readiness Check finden Sie als Kachel im SAP ONE Support Launchpad. Führen Sie zunächst das Programm `RC_COLLECT_ANALYSIS_DATA` in der Transaktion SA38 oder SE38 Ihres produktiven SAP-ERP-Systems aus. Das Programm erzeugt eine ZIP-Datei, die Sie nun in der Anwendung SAP Readiness Check hochladen können, um eine neue Analyse anzulegen. Weitere Informationen und Voraussetzungen für den SAP Readiness Check 2.0 finden Sie in SAP-Hinweis 2913617.

Ergebnis-Dashboard

Abbildung 14.4 zeigt das Ergebnis-Dashboard eines SAP Readiness Checks für SAP S/4HANA. Es gibt Antworten auf folgende Fragen:

- Wie groß wird das SAP-S/4HANA-System voraussichtlich? Gibt es Möglichkeiten, die Größe vor der Umstellung zu reduzieren?
- Sind unsere Add-ons und aktivierten Business Functions mit SAP S/4HANA kompatibel?
- Welche SAP-Fiori-Applikationen sind für uns relevant?
- Wird der kundeneigene Code in SAP S/4HANA noch funktionieren? Und wenn nicht – was müssen wir tun?
- Welche SAP S/4HANA Simplification Items sind für unser System relevant?

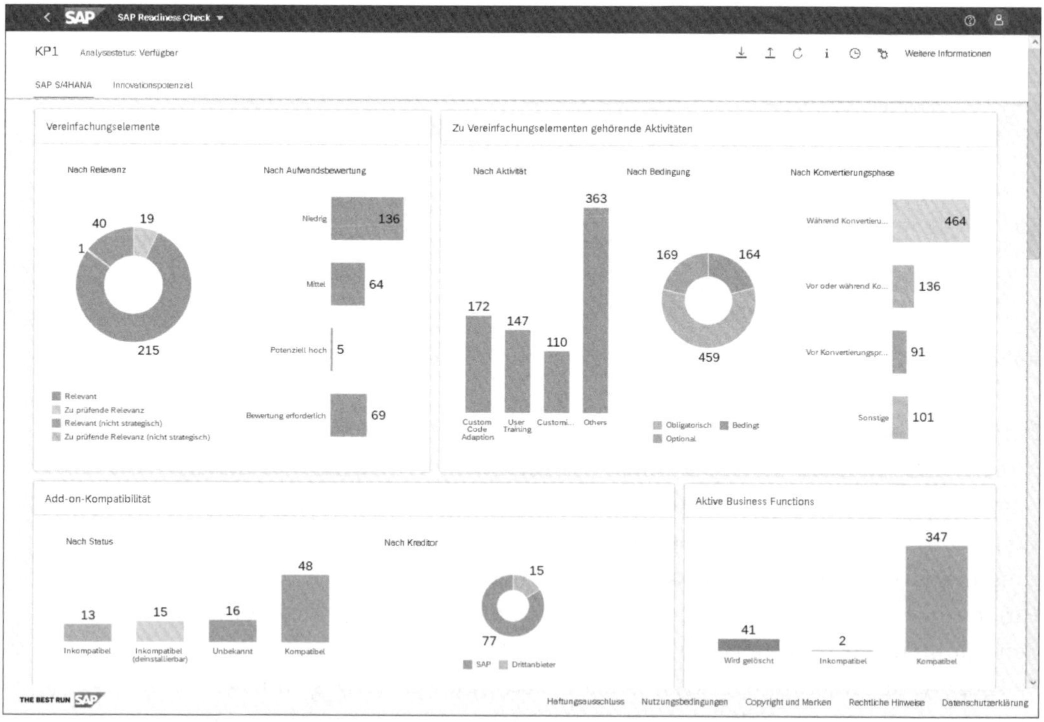

Abbildung 14.4 SAP Readiness Check 2.0 für SAP S/4HANA

14.2 Phase »Prepare«

Sobald der Business Case für den Umstieg auf SAP S/4HANA genehmigt wurde, geht das Projekt in die Prepare-Phase über. In dieser Phase legen Sie den Projektplan fest und formieren das Projektteam, damit Sie das Projekt starten können.

Datenvolumenmanagement

Bei der Migration nach SAP S/4HANA sind spezifische Themen zu beachten. Ein großes Thema sind Daten und deren Archivierung. Vor einer Systemkonvertierung sollten Sie die zu konvertierende Datenmenge reduzieren, um die Hardwarekosten und Aufwände für den Betrieb zu senken und um die Performance zu verbessern. Das Datenvolumenmanagement (DVM) in SAP Solution Manager 7.2 liefert Ihnen zahlreiche Informationen, mit deren Hilfe Sie Maßnahmen und Strategien ableiten können, um das Datenvolumen zu minimieren und optimieren (siehe Abschnitt 15.1, »Datenvolumenmanagement«).

Analysieren Sie Ihre aktuelle Datenbank und ermitteln Sie, wie viele Daten im Vorfeld Ihrer SAP-S/4HANA-Implementierung archiviert oder gelöscht werden können. Nutzen Sie in dieser Projektphase folgende Auswertungen, um geeignete Maßnahmen abzuleiten:

- Nutzen Sie die Anwendung **Reorganisation und Komprimierung**, um die Größe Ihres SAP-S/4HANA-Systems zu simulieren, wenn Sie heute die Systemkonvertierung durchführen würden. Verschaffen Sie sich auf diese Weise einen Überblick über die Größe des zukünftigen SAP-S/4HANA-Systems.
- Führen Sie den DVM-Self-Service über die Kachel **Service-Sitzungen** im SAP Solution Manager Launchpad aus. Hierüber erhalten Sie Empfehlungen und Verbesserungsvorschläge, wie Sie das Datenvolumen auf Ihrem System durch Löschung oder Archivierung von Daten reduzieren bzw. optimieren können.
- Mithilfe der Applikation **Nicht verwendete Daten** können Sie analysieren, auf welche Daten in Ihren Systemen gar nicht mehr oder nur lesend zugegriffen wird.
- Mit der Anwendung **Datenreduzierungspotenzial** analysieren Sie, wie hoch das Einsparpotenzial in Ihrer aktuellen Systemlandschaft ist.

Weiterführende Informationen zu diesen Auswertungen erhalten Sie in SAP-Hinweis 2818267.

Custom Code Lifecycle Management

Vor einer Systemkonvertierung müssen Sie sich auch um Ihren kundeneigenen Code Gedanken machen und eine passende Strategie zu dessen Reduzierung entwickeln. Das CCLM in SAP Solution Manager 7.2 bietet mit seiner zentralen Bibliothek und den Anwendungen zur Qualitätssicherung und Stilllegung von Objekten umfassende Möglichkeiten, um Transparenz bezüglich der Eigenentwicklungen in Ihrer SAP-Landschaft zu schaffen und daraufhin konkrete Optimierungsprojekte zu starten.

Stilllegung nicht benötigter Objekte

Einen großen Einfluss bei der Aufwands- und Kostenreduktion für Ihr SAP-S/4HANA-Projekt hat die Stilllegung von nicht mehr verwendeten kundeneigenen Objekten. Jedes Objekt, das im Rahmen der Systemkonvertierung nicht geprüft und angepasst werden muss, reduziert die Aufwände während des Upgrades und dem laufenden Betrieb Ihrer neuen Lösung.

Qualität der Entwicklungen

Neben den Verwendungsdaten liefert Ihnen das CCLM auch Informationen zur Qualität Ihres kundeneigenen Codes auf Basis von Prüfungen des *ABAP Test Cockpits* (ATC). Speziell für die Systemkonvertierung stehen Ihnen ATC-Prüfvarianten für jedes SAP-S/4HANA-Release zur Verfügung, z. B. die Prüfvariante `S4HANA_READINESS_2020`.

[»]

Verfügbarkeit der Prüfvarianten

Die SAP-S/4HANA-Prüfvarianten für das ABAP Test Cockpit stehen Ihnen nur auf SAP-Systemen mit einer SAP_BASIS-Softwarekomponente des Release-Stands 752 oder höher zur Verfügung. Über sogenannte *Remote-ATC-Checks* können Sie diese Prüfungen jedoch auch auf Systemen mit einem niedrigeren Release-Stand verwenden.

Über ein Qualitätsprojekt im CCLM können Sie alle kundeneigenen Objekte erfassen, die vor einer Systemkonvertierung angepasst werden müssen. Über die SAP-S/4HANA-Prüfvariante für das ABAP Test Cockpit ermitteln Sie diese Objekte auf Basis der *SAP S/4HANA Simplification List* des SAP-S/4HANA-Ziel-Releases. Ihre Entwickler*innen können dann sämtliche relevanten kundeneigenen Objekte anpassen, indem sie die Befunde der ATC-Prüfung abarbeiten. Die einzelnen Befunde verweisen jeweils auf SAP-Hinweise, die beschreiben, wie die jeweiligen Anpassungen vorgenommen werden müssen. Weiterführende Informationen zu den Codeanpassungen finden Sie in Kapitel 12, »Verwaltung kundeneigener Entwicklungen«.

14.3 Phase »Explore«

SAP-S/4HANA-Projekte weisen eine große Bandbreite hinsichtlich der Frage auf, wie schnell und individuell ein Neueinführungsprojekt umgesetzt werden kann. On-Premise-Kunden ist vor allem die Steuerbarkeit des Systems und die Flexibilität und Individualisierbarkeit der Prozesse wichtig. Mithilfe von *Fit-Gap-Analysen* definieren Sie den genauen Umfang Ihres Migrationsprojekts auf Basis von Best Practices.

Nutzen Sie in der Explore-Phase die *SAP Model Company* oder die *SAP S/4HANA Best Practices*, um Ihre Lösungsdokumentation im SAP Solution Manager um spezifische Business-Inhalte anzureichern.

SAP Best Practices

SAP stellt verschiedene Best-Practices-Pakete für einen Schnellstart mit SAP S/4HANA in der Lösungsdokumentation bereit. Diese Pakete enthalten spezifische Business-Inhalte wie Szenarien, Prozesse und Bibliotheksinhalte, aber auch Prozessdiagramme, Geschäftsprozessdokumente und Testfälle.

Rufen Sie den *SAP Best Practices Explorer* über den Link *https://rapid.sap.com/bp/* auf, und melden Sie sich mit Ihrem S-User an. Nun können Sie sich das für Sie passende SAP-Best-Practices-Paket auswählen, z. B. **SAP Best Practices for SAP S/4HANA (on premise)**, um dieses in Ihre Lösungsdokumentation zu importieren. Diesen Vorgang beschreiben wir in Abschnitt 3.7, »SAP Best Practices für die Lösungsdokumentation«, ausführlicher.

SAP Model Company

Im Gegensatz zu den SAP Best Practices ist die Nutzung der SAP Model Company kostenpflichtig. Sie beinhaltet vorkonfigurierte und einsatzfertige Referenzlösungen und Business-Inhalte für verschiedene Branchen und Geschäftsbereiche, mit deren Hilfe sich die Einführung von SAP S/4HANA beschleunigen lässt. Falls Sie sich bei einer Neuimplementierung von SAP S/4HANA für den Einsatz der SAP Model Company entscheiden, erhalten Sie folgende Inhalte:

- vorkonfigurierte Lösungen mit allen erforderlichen Anwendungen, Customizing-Einstellungen und Beispieldaten
- Business-Inhalte, wie End-to-End-Prozessmodelle, die Sie in die Lösungsdokumentation Ihres SAP-Solution-Manager-Systems importieren können
- Beschleuniger, wie vorgefertigte Konfigurationen, Leitfäden, Dokumentation und Testfälle

Fit-Gap-Analysen

Im Rahmen von Fit-Gap-Workshops und -Analysen prüfen Sie, welche Inhalte der in den Import-Branch Ihrer Lösungsdokumentation importierten SAP Best Practices für Ihre zukünftigen Geschäftsprozesse in SAP S/4HANA relevant sind. Das Ziel dieser Workshops ist es, Anforderungen für die korrekte Implementierung des neuen Systems zu definieren.

Geben Sie nur diejenigen Dokumentationsinhalte für Ihren Design-Branch frei, die Sie in Ihrem Unternehmen verwenden möchten. Im Design-Branch können Sie die ausgewählten Inhalte anschließend an Ihr Unternehmen anpassen. Über das integrierte BPMN-2.0-Modellierungswerkzeug können Sie die ausgewählten Prozesse in unterschiedlichen Diagrammtypen analysieren.

Standardprozesse übernehmen oder anpassen

Im Idealfall passen viele der SAP-S/4HANA-Standardprozesse auch zu Ihrem Unternehmen. Die verbleibenden Prozesse können Sie direkt über das Modellierungswerkzeug an Ihre Anforderungen anpassen. Fehlende Prozesse können Sie komplett neu designen. Abbildung 14.5 zeigt das Beispiel eines SAP-S/4HANA-Standardprozesses, auf dessen Basis die Fit-Gap-Analysen durchgeführt wurden. In diesen vordokumentierten Geschäftsprozess können Sie Ihre Anforderungen direkt über die Lösungsdokumentation integrieren. Die angelegten Anforderungen sind so mit dem zuvor selektierten Geschäftsprozess verknüpft. Mit dem Aufbau des Anforderungskatalogs haben Sie den Projektumfang festgelegt.

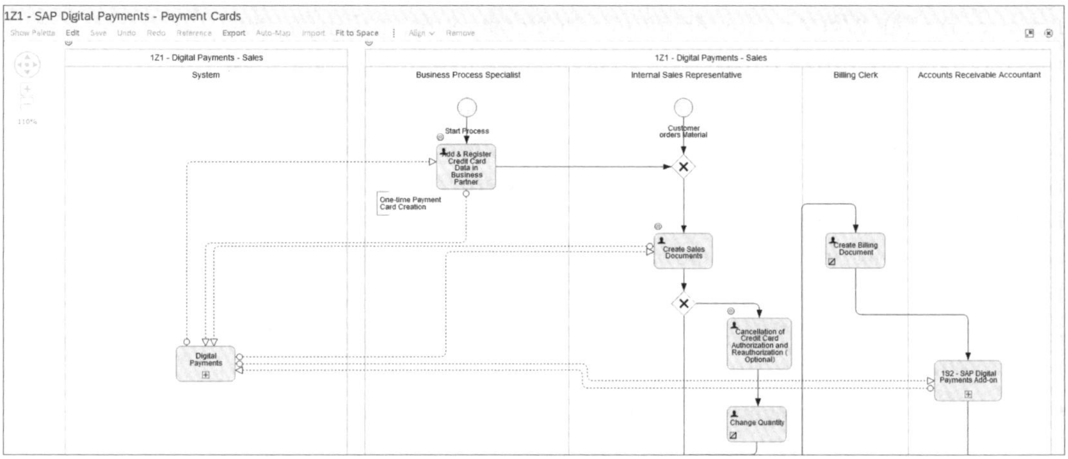

Abbildung 14.5 Prozessdiagramm eines SAP-S/4HANA-Standardprozesses im BPMN-2.0-Modellierungs-Tool

Weitere Informationen zum Branch-Konzept der Lösungsdokumentation finden Sie in Abschnitt 3.1.2, »Umsetzung des Lebenszykluskonzepts mit Branches«.

14.4 Phasen »Realize« und »Deploy«

Während in der Explore-Phase der Projektumfang festgelegt und finalisiert wurde, steht in der Realize-Phase die Überführung der Geschäftsanforderungen in eine funktionierende Systemkonfiguration im Vordergrund. Dazu gehören nicht nur die technische Konfiguration des Systems, sondern auch die Realisierung von Integrationsszenarien und die Migration von Daten.

In der Deploy-Phase richten Sie die Produktivumgebung ein. Wenn Sie bereit sind, führen Sie die Cutover-Aktivitäten durch und stellen den Geschäftsbetrieb auf das neue System um.

Focused Build oder SAP Solution Manager

Für die Umsetzung der im Projektumfang festgelegten Anforderungen stehen Ihnen zwei Möglichkeiten zur Verfügung, die der SAP Solution Manager unterstützt. Sie können den agilen Requirement-to-Deploy-Prozess (R2D) nutzen, den Sie mit dem Focused-Build-Add-on implementiert haben, oder die SAP-Solution-Manager-Standardszenarien Anforderungsmanagement, Test-Suite, Change Control Management und Release Management verwenden. Welchen Weg Sie einschlagen, hängt vor allem von Ihrer individuellen Ausbaustufe des SAP-Solution-Manager-Systems ab.

Umsetzung mit SAP Solution Manager

Haben Sie bereits einige der notwendigen SAP-Solution-Manager-Szenarien, wie beispielsweise das Change Request Management und/oder die Test-Suite im Einsatz, ist es durchaus sinnvoll, darauf aufzubauen. Vorteilhaft wäre es, wenn das Projektteam die Handhabung der enthaltenen Werkzeuge bereits kennt und eine spezifische Schulung entfallen kann.

Trifft diese Situation auf Sie zu, können Sie für die Umsetzung der Migration und den Go-live folgende Werkzeuge verwenden:

- **Anforderungsmanagement**
  Legen Sie auf Basis der in die Lösungsdokumentation importierten SAP Best Practices Ihre Anforderungen an, und stimmen Sie die Umsetzbarkeit und den Aufwand mit der IT-Abteilung ab. Weitere Details zu diesem Prozess finden Sie in Kapitel 6, »Anforderungsmanagement«.
- **Change Request Management**
  Ihre Entwicklungs- und Beratungsteams setzen die genehmigten Anforderungen über Änderungsdokumente um und dokumentieren diese revisionssicher. Die gesamte Transportsteuerung wird hierbei zentral über das ChaRM abgewickelt (siehe Kapitel 8, »Change Request Management«). Falls Sie im Rahmen einer Systemkonvertierung Ihre duale Systemlandschaft (SAP-ERP-und SAP-S/4HANA-Landschaft) kontrolliert abgleichen wollen, können Sie sich die Vorteile der Retrofit-Funktion für SAP S/4HANA zu Nutze machen. Weitere Details zu diesem Prozess finden Sie in Abschnitt 7.6.1, »Retrofit – Abgleich von Systemständen zwischen Entwicklungssystemen zweier Landschaften«.
- **Test-Suite**
  Bevor Ihre neuen Geschäftsprozesse in SAP S/4HANA produktiv gesetzt werden können, müssen diese in mehreren Testphasen integrativ getestet werden, um Fehler in Ihrer produktiven Umgebung zu vermeiden.

Nutzen Sie die Funktionalitäten der Test-Suite, um Testpläne und Testpakete für diese Tests zu erzeugen und diese den Tester*innen in Ihrem Tester-Arbeitsvorrat zu stellen. Überwachen Sie den Testfortschritt über die mitgelieferten Reporting- und Auswertungsmöglichkeiten. Weitere Details zu diesem Prozess sind in Kapitel 9, »Test-Suite«, beschrieben.

- **Release Management**
  Mit dem Release Management in SAP Solution Manager 7.2 haben Sie die Möglichkeit, Ihr SAP-S/4HANA-Einführungsprojekt im Vorfeld in mehrere Major- und Minor-Releases aufzuteilen und die anschließend kontrolliert einzuführen. Diesen Prozess beschreiben wir in Abschnitt 8.2.3, »Entwicklungszyklus«.

Umsetzung mit Focused Build

Haben Sie SAP Solution Manager 7.2 bisher noch nicht so ausgeprägt verwendet oder nutzen Sie ihn lediglich für Wartungs- und Monitoring-Zwecke, empfiehlt es sich, den R2D-Prozess zu implementieren (siehe Abschnitt 13.1.4, »Der Kernprozess Requirement-to-Deploy«). Mit diesem Focused-Build-Prozess liegt Ihnen eine einsatzbereite Methode vor, um den Anforderungs- und Entwicklungsprozess einschließlich professioneller Tests, Go-live- und Hypercare-Phase in agilen Projekten zu bewerkstelligen. Anstatt die einzelnen SAP-Solution-Manager-Szenarien einzurichten und miteinander zu integrieren, können Sie mit Focused Build eine vorkonfigurierte, standardisierte und integrative Lösung nutzen. Durch diese Schnellstartmethodik sparen Sie Zeit bei der Einführung von SAP S/4HANA und reduzieren gleichzeitig den Aufwand.

Dashboards

Focused Build gibt Ihnen außerdem sehr detaillierte und informative Dashboards an die Hand. Das auf verschiedenen KPIs basierende Solution Readiness Dashboard gibt Ihnen einen Einblick in den Gesamtstatus Ihres SAP-S/4HANA-Projekts, die nächsten Meilensteine sowie die Anzahl und den Bearbeitungsstand von Work Packages und Work Items. Falls Sie über dieses Dashboard in Ihrem Projekt in einen Rückstand geraten, erkennen Sie dies sehr schnell und können entsprechende Gegenmaßnahmen einleiten.

Im Abschnitt 13.1.6, »Dashboards«, lernen Sie weitere Focused-Build-Dashboards kennen, die Ihnen in der Umsetzungsphase einen Überblick verschaffen.

14.5 Phase »Run«

Wenn das neue System betriebsbereit ist, nutzen Sie das technische Monitoring sowie das Geschäftsprozess-Monitoring in SAP Solution Manager 7.2, um Ihre neue Systemlandschaft zu überwachen und den Betrieb zu optimieren. Nach der erfolgreichen Produktivsetzung Ihrer SAP-S/4HANA-Umgebung sorgen Sie so für stabil laufende Systeme und Geschäftsprozesse.

Application Operations

Mithilfe des technischen Betriebs (Szenario Application Operations) in SAP Solution Manager 7.2 können Sie die Performance, Verfügbarkeit und Konfiguration Ihrer technischen Systemlandschaft überwachen. Über die Monitoring and Alerting Infrastructure (MAI) werden Sie proaktiv per E-Mail, SMS oder über eine Störung im IT-Servicemanagement informiert, wenn Schwellenwerte Ihrer Metriken überschritten werden oder einzelne Systeme, Hosts, Services oder Datenbanken nicht verfügbar sind. So können Sie schnell reagieren und die Störung beseitigen, bevor es zu einem längeren Stillstand kommt. Weitere Informationen zum technischen Monitoring finden Sie im Kapitel 10, »Technischer Betrieb«.

Business Process Operations

Neben der Überwachung Ihrer technischen Infrastruktur müssen Sie auch dafür sorgen, dass Ihre Geschäftsprozesse einwandfrei laufen. Mit dem Geschäftsprozess-Monitoring haben Sie ein Werkzeug zur Hand, um den Betrieb Ihrer Geschäftsprozesse und Schnittstellen auch systemübergreifend zu gewährleisten und zu stabilisieren. SAP stellt Ihnen über einen umfangreichen KPI-Katalog (*https://go.support.sap.com/kpicatalog*) vordefinierte Monitoring-Objekte für verschiedene Anwendungsbereiche und End-to-End-Prozesse zur Verfügung. Weitere Informationen hierzu finden Sie in Kapitel 11, »Fachlicher Betrieb«.

Kapitel 15
Weitere Funktionen

In diesem Kapitel gehen wir auf weitere Funktionen von SAP Solution Manager 7.2 ein, die sich keinem der bisher vorgestellten Szenarien zuordnen lassen.

Zur Abrundung unserer Einführung in das Leistungsspektrum von SAP Solution Manager 7.2 stellen wir Ihnen in diesem Kapitel das Datenvolumenmanagement, die Möglichkeiten im Bereich SAP-Engagement und Servicelieferung, die Systemempfehlungen und TREX vor. Dabei gehen wir jeweils auf die notwendige Grundeinrichtung sowie die wichtigsten Funktionen ein. Wo vorhanden, weisen wir auch auf Integrationsmöglichkeiten mit den anderen SAP-Solution-Manager-Applikationen hin.

15.1 Datenvolumenmanagement

Anstieg des Datenvolumens

Das kontinuierliche Datenwachstum in Systemlandschaften stellt Unternehmen vor verschiedene Herausforderungen. Auf diese kann man reagieren, indem man in weiteren Festplattenplatz bzw. Hauptspeicher investiert – oder man fängt an, das Datenwachstum zu verwalten und zu reduzieren. Dafür bedarf es einer Strategie, zu deren Entwicklung das Datenvolumenmanagement (DVM) im SAP Solution Manager hilfreiche Informationen liefern kann.

Mit jeder Systemkopie werden die großen Datenmengen mitkopiert, was die Dauer für die Erstellung von Kopien verlängert und die Performance der vorgelagerten Systeme deutlich verschlechtert. Eine Verkleinerung der Datenbankgröße wirkt sich ebenfalls positiv auf die Zeit für die Wiederherstellung einer Datenbank nach einer Störung aus.

Aufruf

Der zentrale Einstiegspunkt für den Zugriff auf sämtliche DVM-Applikationen ist die Gruppe **Datenvolumenmanagement** im SAP Solution Manager Launchpad. Nach der Einrichtung des Szenarios finden Sie an dieser Stelle die wichtigsten Funktionen, um das Datenvolumen in Ihrer Systemlandschaft zu beobachten und zu steuern.

Maßnahmen

Das DVM liefert Ihnen zahlreiche Informationen, mit deren Hilfe Sie Maßnahmen und Strategien ableiten können, um das Datenvolumen zu minimieren und optimieren. Um Kosten und Aufwände im Betrieb zu senken sowie die Performance zu verbessern, können z. B. folgende Maßnahmen ergriffen werden:

- obsolete Daten löschen
- Datenbank reorganisieren
- Daten archivieren
- Datenbanksysteme komprimieren
- irrelevante Daten vermeiden

In den folgenden Abschnitten beschreiben wir die Konfiguration und den Funktionsumfang des DVM.

15.1.1 Grundkonfiguration des Datenvolumenmanagements

Um das Datenvolumenmanagement einzurichten, konfigurieren Sie in der **SAP-Solution-Manager-Konfiguration** das Szenario **Datenvolumenmanagement**. Abbildung 15.1 zeigt die dafür bereitgestellte Guided Procedure. Grundsätzlich wird innerhalb der SAP-Solution-Manager-Konfiguration jeder Konfigurationsschritt über den Hilfetext oder die verknüpfte Dokumentation detailliert beschrieben. Meistens finden Sie hier auch eine Schritt-für-Schritt-Anleitung, die Ihnen das genaue Vorgehen erklärt. Im Folgenden heben wir daher nur die wichtigsten Dinge, die Sie bei der Konfiguration beachten sollten, hervor.

Abbildung 15.1 Datenvolumenmanagement konfigurieren

Schritt 1: Vorbereitung des verwaltenden Systems

Technische Vorbereitung

Im ersten Schritt wird der SAP Solution Manager technisch für die Einrichtung des DVM vorbereitet. Automatische Aktivitäten prüfen, ob die erforderlichen SAP-Hinweise eingespielt wurden und aktivieren den für die Auswertungen bereitgestellten BI Content wie InfoCubes, Aggregate, Web Templates und Abfragen. Des Weiteren wird der lokale DVM-Content aktualisiert, lokale Jobs werden eingeplant und Extraktoreinstellungen werden durch das Ändern der Einstellungen und Parameter angepasst.

Schritt 2: Einstellungen für periodische Aufgaben

Datenhaltungseinstellungen

Um zu definieren, wie lange die Auswertungs- und Analysedaten im SAP Business Warehouse (SAP BW) des SAP-Solution-Manager-Systems vorgehalten werden sollen, können Sie in diesem optionalen Schritt für jeden InfoCube in SAP BW die maximale Anzahl an Monaten angeben. Dabei können Sie den Standardwert verwenden oder einen individuellen Wert für die Residenzzeit einstellen.

Schritt 3: Vorlagebenutzer anlegen

Standardbenutzer und -berechtigungen

In diesem optionalen Schritt werden die in Tabelle 15.1 aufgeführten Standardvorlagebenutzer im SAP-BW-System bzw. -Mandanten angelegt oder aktualisiert. Außerdem werden die entsprechenden Berechtigungsrollen zugeordnet. Der Platzhalter <SID> steht hier für die System-ID Ihres SAP-Solution-Manager-Systems.

Benutzername	Beschreibung
`DVM_DIS_<SID>`	Anzeigebenutzer für das Datenvolumenmanagement
`DVM_ADM_<SID>`	Administrator für das Datenvolumenmanagement

Tabelle 15.1 Vorlagebenutzer

[!]

Rollen im Produktivsystem

Sollte für das SAP-Solution-Manager-System als Systemrolle **Produktivsystem** eingestellt sein, können dort keine Berechtigungsrollen angelegt oder aktualisiert werden. Diese Berechtigungsrollen müssen dann erst in einem Entwicklungssystem erstellt und anschließend in das Produktivsystem transportiert werden.

Schritt 4: DVM-Umfangauswahl

Verwaltete Systeme definieren

Sie wählen in diesem manuellen Schritt die verwalteten Systeme aus, für die Sie das DVM konfigurieren möchten. In der Übersicht werden Ihnen diejenigen Systeme angezeigt, die über RFC-Verbindungen an den SAP Solution Manager angeschlossen sind. Für jedes System werden die folgenden Status angezeigt:

- RFC-Status
- Status der automatischen Konfiguration
- DBA-Cockpit-Status (Datenbankadministrations-Cockpit)
- Status der Vorbereitungsprüfung

Wählen Sie hier mindestens ein System und den zugehörigen Mandanten aus, um in der Guided Procedure mit dem nächsten Schritt fortfahren zu können.

Schritt 5: Infrastruktur konfigurieren

Im fünften Schritt wird für jedes System zunächst mithilfe automatischer Aktivitäten die Aktualität der benötigten Hinweise geprüft. Anschließend wird der lokale DVM-Content aktualisiert und alle weiteren technischen Voraussetzungen werden geprüft. Sollte es zu Fehlern kommen, können Sie diese im **Protokoll** im unteren Bildbereich finden.

Extraktoren

Anschließend werden im Schritt **Aktivieren** die *DVM-Extraktoren* für das gewählte System aktiviert. Klicken Sie hierzu im Bereich **DVM-Extraktoren aktivieren** auf **Aktivieren**. Das Extraktor-Framework (EFWK) dient im SAP Solution Manager als zentrale Infrastruktur, um Daten zu sammeln und zu verteilen. Da bestimmte DVM-Extraktoren mandantenabhängig sind, müssen Sie diesen Vorgang gegebenenfalls für jeden Mandanten wiederholen. Über die Administrationsoberfläche des Extraktor-Frameworks erhalten Sie weitere Informationen zu den einzelnen Extraktoren (siehe Abbildung 15.2).

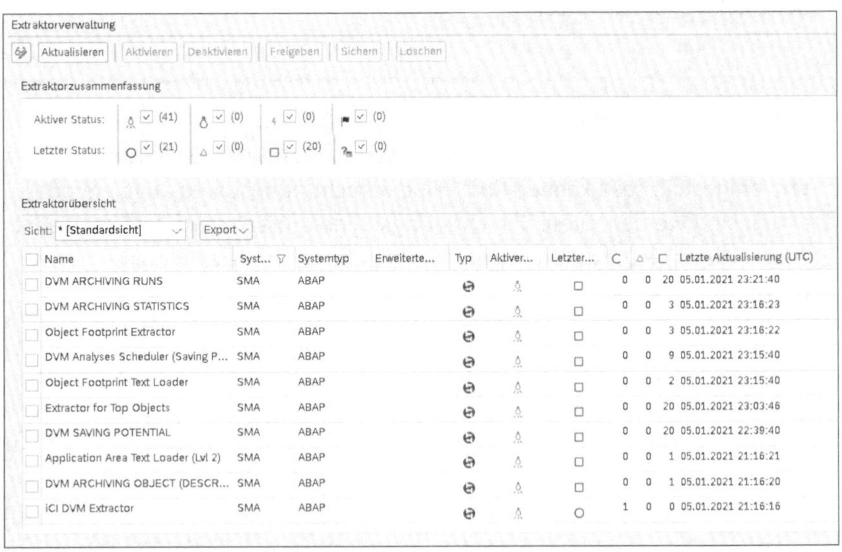

Abbildung 15.2 Extraktorenverwaltung

Schritt 6: Vorlagenkonfiguration

Mittels vorkonfigurierter Vorlagen kann in diesem optionalen Schritt eine anwendungsspezifische Massenkonfiguration des DVM für ausgewählte

Systeme erfolgen. Dazu können die in den Vorlagen enthaltenen Analysen eingeplant werden.

Schritt 7: Automatischer Self-Service

Periodische Analyse

Sie können diesen optionalen Schritt durchführen, um periodisch DVM-Auswertungen zu erhalten.

Schritt 8: Vorlagebenutzer für verwaltetes System anlegen

In diesem optionalen Schritt können Sie im verwalteten System Standardvorlagebenutzer anlegen oder aktualisieren. Dabei können auch gleich die erforderlichen Berechtigungsrollen zugewiesen werden.

Schritt 9: Abgeschlossen

Im letzten Schritt der Konfiguration können Sie in einer übersichtlichen Zusammenfassung alle durchgeführten Aktivitäten prüfen.

15.1.2 Funktionen des Datenvolumenmanagements

Gruppe »Datenvolumenmanagement«

Nach der Einrichtung können Sie über das SAP Solution Manager Launchpad (Transaktion SM_WORKCENTER) auf die verschiedenen Applikationen innerhalb der Gruppe **Datenvolumenmanagement** zugreifen. Abbildung 15.3 zeigt Ihnen die entsprechenden Kacheln im **Datenvolumenmanagement**.

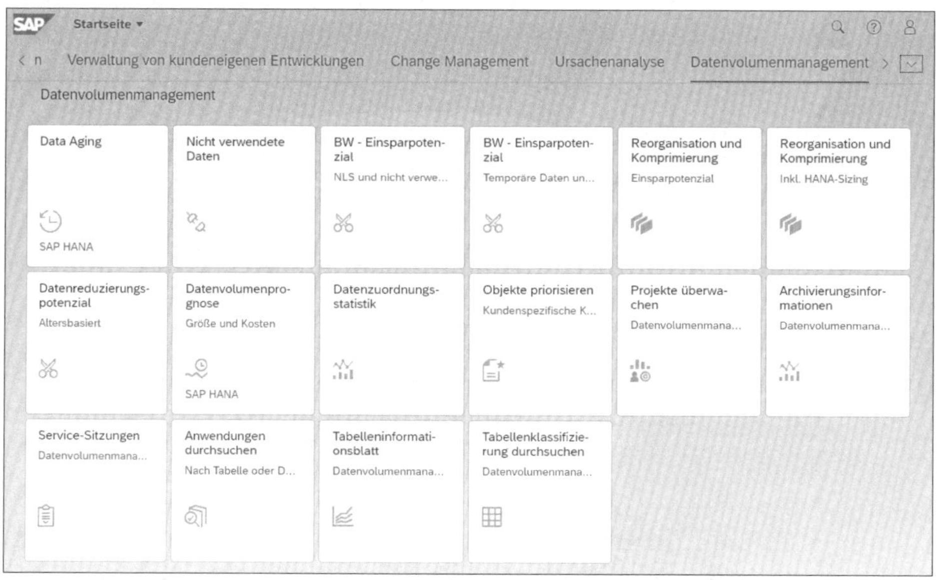

Abbildung 15.3 Gruppe »Datenvolumenmanagement« im SAP Solution Manager Launchpad

Die Auswertungen basieren auf dem integrierten SAP-BW-System und bieten einen ganzheitlichen Blick auf die Daten in Ihrer Systemlandschaft. Im Folgenden beschreiben wir die wichtigsten Funktionen.

Reorganisation und Komprimierung

Maßnahmen simulieren

Über diese Funktion starten Sie eine Simulation von Prozessen, die potenziell das Datenvolumen reduzieren können, wie die Reorganisation und Komprimierung von Datenbanktabellen und Indizes. Über die Registerkarte **Analyseliste** können Sie eine **Neue Analyse** anlegen. Folgende Metriken können dabei ausgewählt und analysiert werden:

- Tabellenkomprimierung
- Indexkomprimierung
- Tabellenreorganisation
- Indexreorganisation
- Größe der SAP-HANA-Datenbank

Auf der Registerkarte **Ergebnis** wird Ihnen die **Reorganisations- und Komprimierungsmetrik** für das jeweilige System angezeigt.

Sizing für SAP HANA

Für die Planung einer Migration auf die SAP-HANA-Datenbank zeigt Ihnen die Auswahl der **HANA-Speichergröße und -einsparung** das Ergebnis der Berechnung für die voraussichtliche Größe der Datenbank nach der Migration des Systems (siehe Abbildung 15.4).

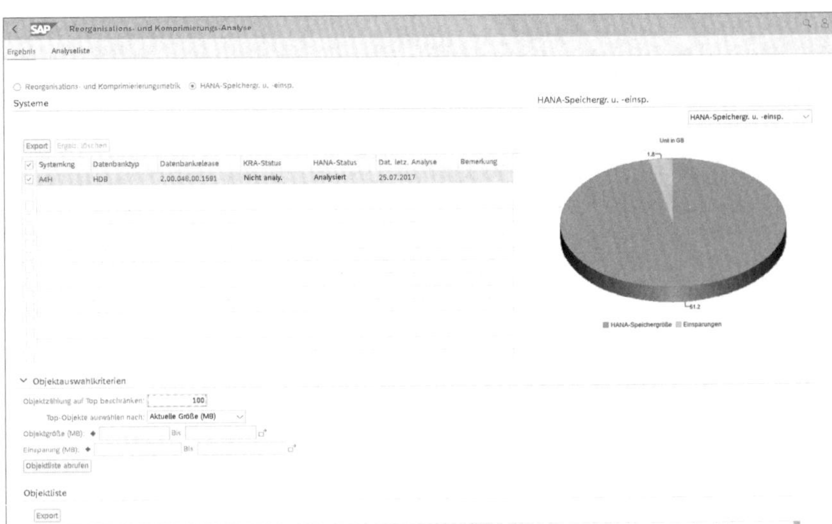

Abbildung 15.4 Ergebnis zur SAP-HANA-Speichergröße und -einsparung sowie Objektauswahlkriterien

Hierbei wird im Hintergrund das Standard-ABAP-Programm /SDF/HDB_SIZING für das Sizing einer SAP-HANA-Datenbank aufgerufen.

Über den Bereich **Objektauswahlkriterien** können Sie die vom System ermittelte Objektliste Ihrer durchgeführten Analyse individuell abrufen. Dabei können Sie beispielsweise die Objekte nach ihrem Einsparungspotenzial sortieren.

Servicesitzungen

DVM-Service

In der Applikation **Service-Sitzungen – Datenvolumenmanagement** können Sie sogenannte *Servicedokumente* für die Sitzungen der DVM-bezogenen Services anzeigen und anlegen. Nachdem Sie die Systeme innerhalb Ihrer Landschaft identifiziert haben, deren Datenvolumen Sie im Detail überwachen und optimieren wollen, ist es möglicherweise nicht sofort ersichtlich, welche Maßnahmen zur Reduzierung des Datenvolumens für ihr System anwendbar sind. Im Rahmen des *DVM-Service* können Probleme aufgedeckt werden, die sich auf Ihren Geschäftsbetrieb auswirken können.

Servicesitzung anlegen

Klicken Sie auf **Anlegen**, um eine neue Servicesitzung anzulegen (siehe Abbildung 15.5).

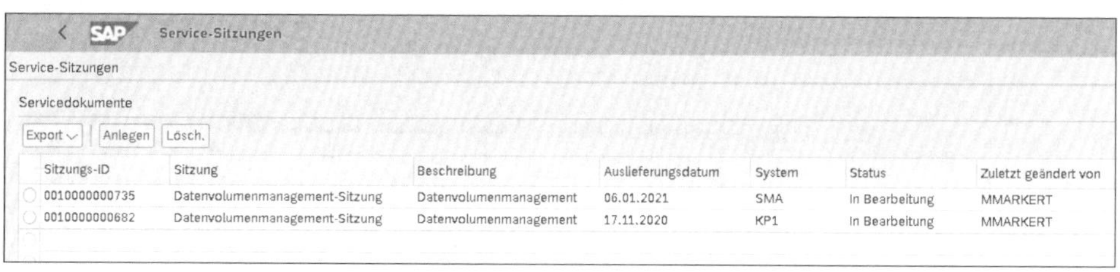

Abbildung 15.5 Servicedokumente

Sie werden anschließend durch eine Guided Procedure zur Anlage der Sitzung geführt (siehe Abbildung 15.6)

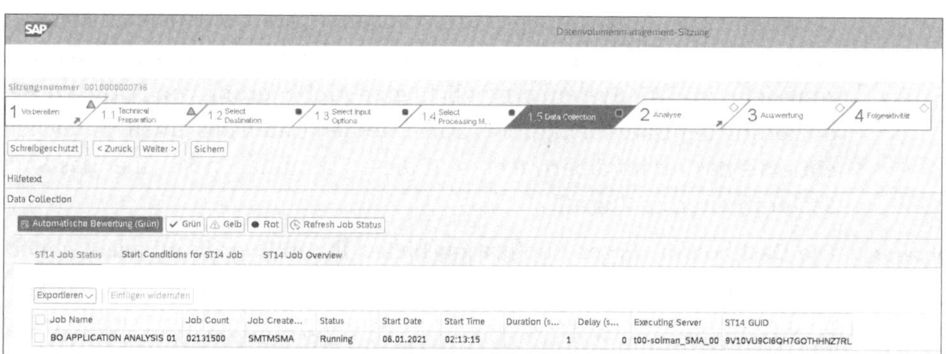

Abbildung 15.6 Guided Procedure zur Anlage einer Servicesitzung

Ergebnisdokument

Nachdem Sie im Rahmen der Guided Procedure die relevanten Daten aus dem verwalteten System gesammelt und analysiert haben, können Sie von der Auswertung profitieren. In Form eines Ergebnisdokuments im HTML oder PDF-Format erhalten Sie detaillierte Informationen zu Ihrem analysierten System in Bezug auf deren Datenvolumen. Innerhalb dieses Dokuments erhalten Sie Empfehlungen und Verbesserungsvorschläge, um das Datenvolumen auf Ihrem System zu reduzieren bzw. zu optimieren. Abbildung 15.7 zeigt einen Ausschnitt aus einem Ergebnisdokument.

5 Expected Sizes of Objects and Tables

The following tables contain an estimation of the sizes anticipated once the recommendations in the related document type section in this report have been implemented. Since these objects and tables contain estimations based on current table sizes and information provided to SAP on the date of the service delivery, they are to be used as guidelines only.
The following table shows the estimated saving potential of **data archiving and deletion.** The table includes only those document types for which a saving potential calculation was possible.
If the document types listed vary from those selected in the "Tables in Scope" section, no saving potential calculation was possible for some entries.

Archiving / Deletion

Document Type	Current Size [GB]	Reduction Potential [%]	Reduction Potential [GB]	Remaining Size [GB]
Application Logs	9,23	63	5,86	3,37
Change and Transport System Records	2,03	66	1,34	0,69
Total	11,26	64	7,20	
Total DB-Size	261,00	3	7,20	253,80

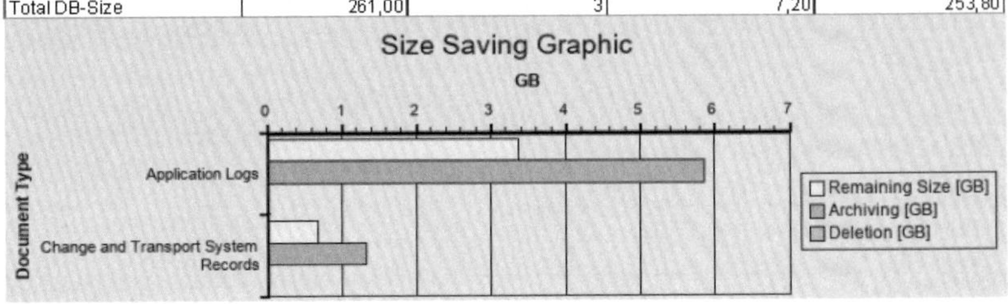

Abbildung 15.7 Ergebnisdokument aus Servicesitzung

Archivierungsinformationen

Die Applikation **Archivierungsinformationen – Datenvolumenmanagement** liefert Ihnen Archivierungsstatistiken und Informationen zu Archivierungsjobs. Im SAP-System ermöglicht eine Archivierung von Daten die Reduzierung der Datenbankgröße. Dabei werden Daten aus einem Bereich in ein externes Archiv übertragen. Auf diese Daten haben Sie über das SAP-System weiterhin Zugriff.

Dashboards

Die Dashboards dieser Applikation bieten Ihnen Zugriff auf alle archivierungsbezogenen Informationen. Ihr Schwerpunkt liegt auf der Überwachung des Archivierungsfortschritts. Abbildung 15.8 zeigt ein Dashboard zu den archivierten und gelöschten Daten der vergangenen Monate.

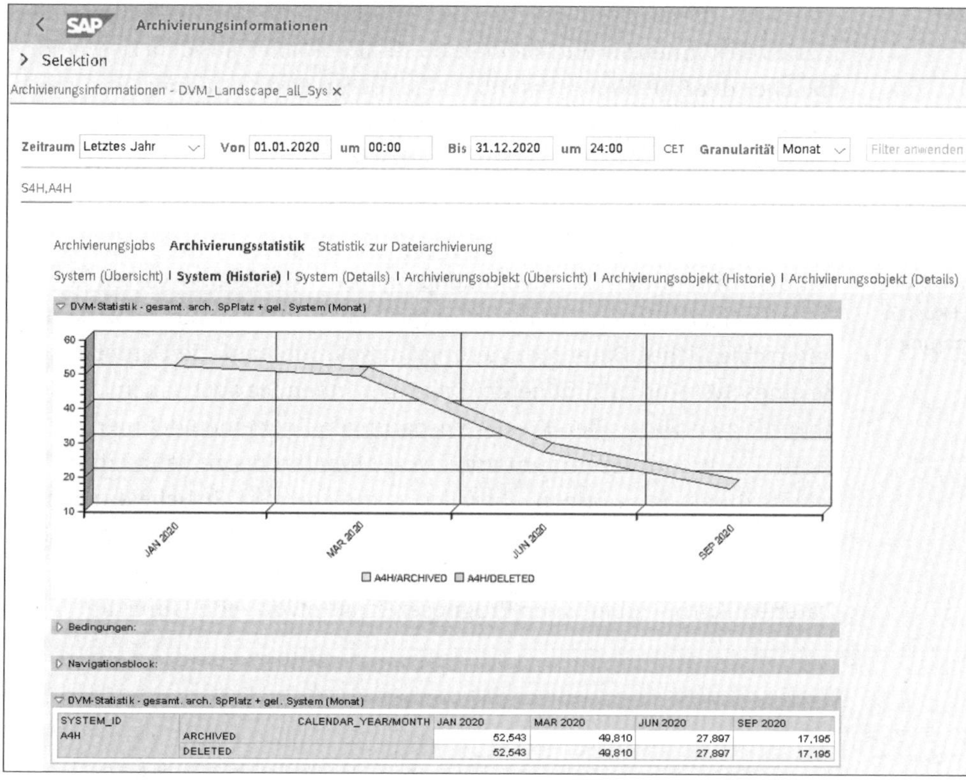

Abbildung 15.8 Archivierungsinformationen

Nicht verwendete Daten

Mithilfe der Applikation **Nicht verwendete Daten** können Sie analysieren, auf welche Daten in Ihren Systemen gar nicht mehr oder nur noch lesend zugegriffen wird. Diese Anwendung macht Sie auf Aktivitäten aufmerksam, die durchgeführt werden können, um den Fußabdruck solcher Daten zu reduzieren. Das kann beispielsweise das Verschieben der Daten in eine Archivdatei oder in den historischen Bereich bedeuten.

Data Aging

Das Konzept *Data Aging* bietet Ihnen die Möglichkeit, weniger relevante Daten innerhalb einer SAP-HANA-Datenbank zu verschieben, um mehr Arbeitsspeicher freizugeben. Data Aging unterscheidet zwischen betriebsrelevanten Daten (*Hot Data* bzw. aktuelle Daten) und Daten, auf die im normalen Betrieb nicht mehr zugegriffen wird (*Cold Data* bzw. historische Daten).

Data Aging überwachen

Mit der DVM-Applikation **Data Aging** können Sie die Data-Aging-bezogenen Daten der verwalteten Systeme überwachen und die Sammlung von

Daten aus diesen Systemen anstoßen. Anhand der bereitgestellten Informationen können Sie entscheiden, ob Sie ältere Daten aus dem In-Memory-Speicher der SAP-HANA-Datenbank auf deren Festplatte umlagern möchten. Dadurch wird die Speichernutzung Ihrer SAP-HANA-Datenbank optimiert, was wiederum ihre Leistung verbessert.

Datenvolumenprognose

Datenbankgröße und Kosteneinsparungen

Mit der Anwendung **Datenvolumenprognose – Größe und Kosten** können Sie mit verschiedenen Parametern experimentieren, um die Auswirkungen unterschiedlicher Datenreduzierungsmaßnahmen auf die Datenbankgröße eines Systems zu simulieren. Dabei gewinnen Sie auch einen Überblick über die zu erwartenden Kosteneinsparungen über einen definierten Zeitraum. Ein Prognosezeitraum von zwölf Monaten bis zu zehn Jahren verschafft Ihnen den nötigen Überblick, um rechtzeitig Entscheidungen bezüglich des Sizings der Landschaft und der Hardwareanforderungen zu treffen. Die Grafik in Abbildung 15.9 zeigt exemplarisch die Entwicklung der Datenbankgröße über einen Prognosezeitraum von zehn Jahren an.

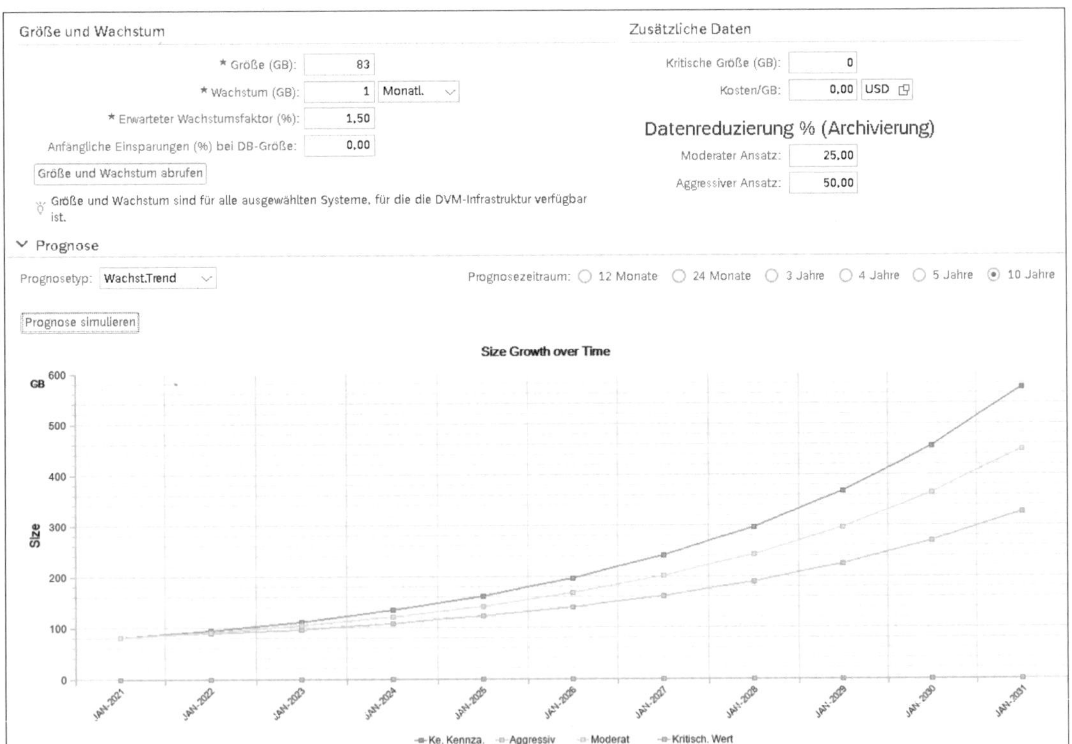

Abbildung 15.9 Datenvolumenprognose

BW – Einsparpotenzial

Temporäre Daten und Verwaltungsdaten

Mit der Anwendung **BW – Einsparpotenzial – Temporäre Daten und Verwaltungsdaten** können Sie SAP-BW-Systeme auf temporäre und administrative Daten hin untersuchen, die Sie löschen können, um Platz in der Datenbank freizugeben. Diese Applikation zeigt im Wesentlichen Möglichkeiten zur Verbesserung der Housekeeping-Aktivitäten für temporäre Daten auf. Als Grundlage für die Empfehlungen dienen SAP Best Practices.

NLS und nicht verwendete InfoProvider

Mit der Anwendung **BW – Einsparpotenzial – NLS und nicht verwendete InfoProvider** können Sie SAP-BW-Systeme auf potenziell nicht verwendete InfoProvider und Daten für eine mögliche Archivierung hin untersuchen.

Weitere Applikationen

Neben den bisher beschriebenen Applikationen finden Sie in der Gruppe **Datenvolumenmanagement** noch weitere, die wir in diesem Abschnitt kurz vorstellen:

- **Datenzuordnungsstatistik**
  Mithilfe der **Datenzuordnungsstatistik** können Sie die größten Datenkonsumenten in Ihrer Systemlandschaft ermitteln.
- **Datenreduzierungspotenzial**
  Bevor Sie ein DVM-Projekt starten, können Sie über die Anwendung **Datenreduzierungspotenzial** analysieren, wie hoch das Einsparpotenzial in Ihrer Systemlandschaft ist.
- **Objekte priorisieren**
  Die Applikation **Objekte priorisieren** liefert Ihnen eine Rangliste, die Ihnen beim Priorisieren von Objekten für das Datenvolumenmanagement hilft. Ziel der Applikation ist es, Transparenz zu schaffen, indem die Objekte identifiziert werden, die am besten zu Ihrer Strategie passen.
- **Projekte überwachen**
  Mithilfe der Anwendung **Projekte überwachen** können Sie DVM-Projekte anlegen, die Sie anschließend mit dem *Interactive Continuous Improvement Dashboard* (ICI-Dashboard) überwachen und analysieren können. Über dieses Dashboard können Sie die Reduzierung der Systemgröße über Key Performance Indicators (KPIs) messen und Trends im Zeitverlauf sichtbar machen.

Insgesamt unterstützen Sie die beschriebenen Funktionalitäten des DVM effektiv bei der Identifizierung und Ableitung von Maßnahmen, um das Datenvolumen in Ihrem System bei Bedarf zu reduzieren. Die berechneten Auswertungen und Analysen liefern dabei geeignete Entscheidungsgrundlagen. Damit behalten Sie stets den Überblick und die Kontrolle über das Datenwachstum in Ihrer Systemlandschaft.

15.2 SAP-Engagement und Servicelieferung

Support-Angebote

Mit den Funktionen im Bereich **SAP-Engagement und Servicelieferung** haben Sie Zugriff auf eine Vielzahl von Support-Angeboten. Deren Grundbestandteil sind *Services* mit jeweils vordefiniertem Inhalt. Durch diese sollen technische Probleme, sogenannte *Issues*, proaktiv erkannt und gelöst werden. Damit können Sie Servicesitzungen für Ihre Systeme bei SAP über Ihren SAP Solution Manager remote beantragen.

Applikationen

Die Applikationen für SAP-Engagement und Servicelieferung finden Sie im SAP Solution Manager Launchpad in einem eigenen Bereich. Damit können *Engagements* angelegt und verwaltet, alle geleisteten und geplanten Services eingesehen sowie Issues angezeigt werden. Ein Engagement stellt einen durch die SAP erbrachten Service bereit, der entweder der Optimierung von SAP-Lösungen, der Risikominimierung oder dem Wissenstransfer dient. Abbildung 15.10 zeigt Ihnen die verfügbaren SAP-Fiori-Applikationen in diesem Bereich:

- **Engagements**
  Ein Engagement wird von Ihnen definiert und über die erforderlichen Eingaben eingegrenzt. Dabei bestimmt der Ablauf eines Engagements, wie die involvierten Parteien (z. B. Kunde, SAP Support Expert Center, technische Qualitätsmanager*innen etc.) zusammenarbeiten, damit die benötigten Services geliefert werden können. Bereits angelegte Issues sowie Top Issues können identifiziert und einem *Engagement-Zyklus* zugeordnet werden. Darin legen Sie fest, welche Self-Services und Support-Anfragen erbracht werden sollen und können diese dann planen und ausführen. Ziel ist es, am Ende eines Engagement-Zyklus die zugeordneten Issues gelöst zu haben. Auswertungen liefern Informationen zum jeweiligen Engagement.
- **Abgeschlossene Sitzungen**
  Eine Übersicht über die abgeschlossenen Servicesitzungen und deren Informationen erhalten Sie in dieser Anwendung.
- **Aktive Sitzungen**
  Diese Anwendung zeigt Ihnen eine Übersicht über die derzeitigen Servicesitzungen im Status **In Bearbeitung** und bietet Ihnen die Möglichkeit, diese zu verwalten.

- **Meine Sitzungen**
  Zeigt eine Liste der Sitzungen, die Sie angefordert, bearbeitet oder angelegt haben
- **Top Issues**
  Schwerwiegende Probleme oder eine Sammlung von vielen gleichartigen Issues werden als *Top Issues* bezeichnet. Sie können in dieser Sicht Top Issues anlegen, die Sie anschließend anhand von Filtereinstellungen suchen können. Ebenso können Sie sich Detailinformationen anzeigen lassen.
- **Issues**
  In dieser Sicht können Sie Issues anlegen. Filtereinstellungen helfen Ihnen dabei, nach diesen zu suchen und sich deren Details anzeigen zu lassen. Im Bereich **Layout** können Sie die hierarchische Sicht auswählen, in der die Issues sowie die zugehörigen Aufgaben angezeigt werden. Über eine Exportfunktion kann die Hierarchie auch heruntergeladen werden. Sind Folgeaktivitäten erforderlich, können Sie ausgehend vom Issue eine Störung oder einen Änderungsantrag im Change Request Management (ChaRM) anlegen (siehe auch Abschnitt 8.4).
- **Aufgaben**
  Aufgaben werden für die Dokumentation der Lösungsstrategie und die Festlegung der Termine für die Ausführung der Lösung angelegt. Nachdem ein Issue oder Top Issue angelegt wurde, kann dieses einer Aufgabe zugeordnet werden. In dieser Sicht können Sie Aufgaben suchen und anzeigen sowie bearbeiten.
- **Meine Aufgaben**
  Diese Sicht liefert eine voreingestellte Auswahl von Aufgaben, gefiltert nach der Zuordnung des Aufrufenden.
- **SAP EarlyWatch Alert Reports**
  Der *SAP EarlyWatch Alert* (EWA) sammelt automatisiert Daten der verbundenen Systeme und lädt diese in den SAP Solution Manager (siehe Abschnitt 10.8, »SAP EarlyWatch Alert«). In die generierten EWA-Reports können Sie hier abspringen, wenn Sie Informationen zum Status des Systems, zu dessen Konfiguration und der Performance sowie zu dort enthaltenen Trendanalysen abfragen möchten.
- **Meine SAP EarlyWatch Alert Reports**
  Diese Applikation bietet eine Übersicht über alle kritischen Systeme in der Systemlandschaft. Filter unterstützen Sie bei der gezielten Suche nach einem bestimmten System, einem Produkt oder einer Bewertung, aber auch bei der Suche innerhalb eines bestimmten Zeitraums.

- **SAP Early Watch Alert Workspace**
  Diese Funktion stellt einen direkten Absprung in das ONE Support Launchpad bereit. Sie bietet einen Überblick über den Zustand Ihrer Systemlandschaft.
- **Service-Level-Reports**
  Um die Einhaltung interner und externer Service Level Agreements (SLA) zu überwachen, können in dieser Sicht die Service-Level-Reports angezeigt werden. Das Ergebnis einer Sitzung kann detailliert als HTML-Report angezeigt oder als Microsoft-Word-Dokument dargestellt werden. Voraussetzung für Service-Level-Reports ist die Nutzung des SAP EarlyWatch Alerts.
- **Selbstdiagnose**
  In dieser Applikation können Sie sich eine Selbstdiagnose des Systems für eine Serviceauslieferung anzeigen. Hier können Sie sicherstellen, dass eine reibungslose Auslieferung der Services möglich ist.
- **Schnelle Content-Auslieferung**
  In dieser Applikation wird der aktuelle Status der Content-Auslieferung für Monitoring-Inhalte angezeigt.

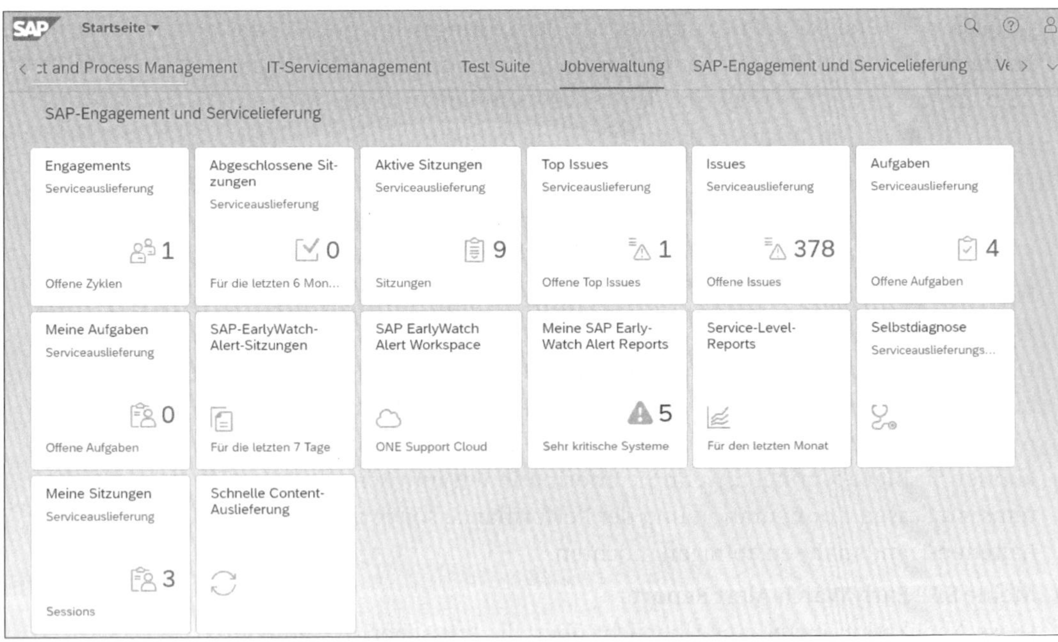

Abbildung 15.10 Bereich »SAP-Engagement und Servicelieferung« im SAP Solution Manager Launchpad

[+]

Übersicht der Support-Services

Die von SAP angebotenen Support-Services können Sie auf folgender Seite einsehen: *http://s-prs.de/v561514*. Für weitere Informationen können Sie sich an Ihr lokales *Customer Interaction Center* (CIC) wenden.

15.3 Systemempfehlungen

Sicherheitshinweise

Mit der Applikation **Systemempfehlungen** im SAP Solution Manager können relevante Sicherheitshinweise, sogenannte *Hot News* (Hinweise mit Priorität 1), gesetzliche Änderungshinweise oder Performancehinweise für ein SAP-System (speziell für ABAP-, Java- und SAP-HANA-basierte Systeme) angezeigt werden. Dazu muss das System als technisches System am System Landscape Directory (SLD) registriert sein. Anschließend kann die Applikation **Systemempfehlungen** eingerichtet werden, um die relevanten SAP-Hinweise zu ermitteln.

Die Applikation ist im SAP Solution Manager Launchpad standardmäßig in den Bereich **Change Management** eingebunden (siehe Abbildung 15.11).

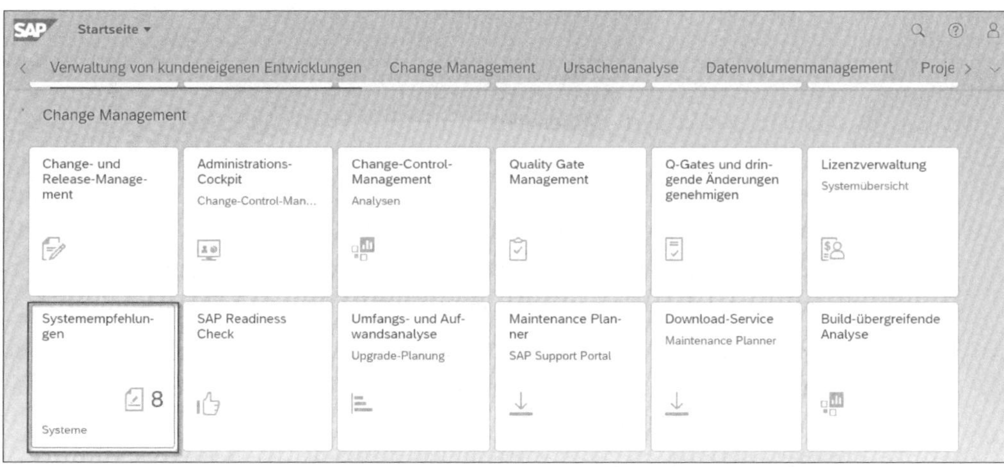

Abbildung 15.11 Applikation »Systemempfehlungen« im SAP Solution Manager Launchpad

Ermittlung, Anzeige und Einspielen

Innerhalb der Systemempfehlungen gibt es Funktionen, mit denen verfügbare SAP-Hinweise für ein technisches System berechnet und angezeigt werden können. Auch die für das Einspielen dieser Hinweise vorausgesetzten Hinweise werden dabei berücksichtigt. Die Implementierung der SAP-Hinweise kann mitverfolgt werden, und Sie können jederzeit den Status der

Implementierung ermitteln. Sie können auch Hintergrundservices aktivieren, um die SAP-Hinweise zu aktualisieren.

Nach dem Aufruf der Applikation wird die Systemübersicht, wie in Abbildung 15.12 dargestellt, angezeigt. Dort erhalten Sie eine Übersicht über die Anzahl der Sicherheitshinweise, Hot News, Performancehinweise und Hinweise zu gesetzlichen Änderungen je System.

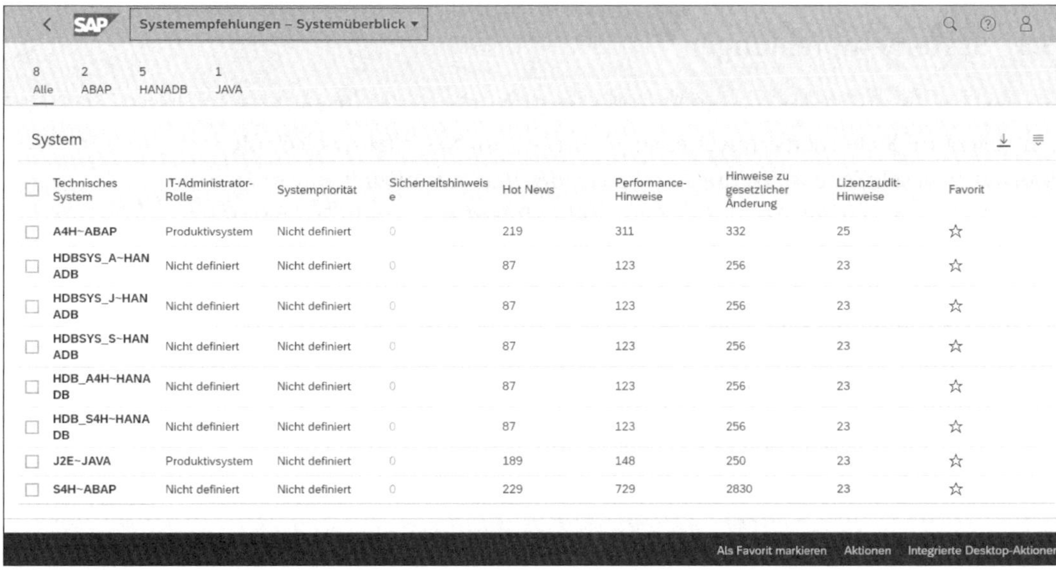

Abbildung 15.12 Systemübersicht

Um die jeweiligen Hinweise für ein technisches System anzuzeigen, können Sie auf die entsprechende Anzahl klicken, die als Link fungiert. So können Sie sich z. B. lediglich alle Hot News zu einem System anzeigen lassen. Im darauffolgenden Bild erhalten Sie eine Übersicht der einzelnen Hinweise.

Aktionen

Am unteren Bildrand können Sie nach Auswahl des technischen Systems **Aktionen** und **Integrierte Desktop-Aktionen** für dieses System aufrufen (siehe Abbildung 15.13):

- Über die **Aktionen** können Sie auch **Support Packages anzeigen**.
- Mit der Option **SAP-Hinweise anzeigen** können Sie – wie über den Link in der Übersicht – alle geladenen Hinweise für die ausgewählten technischen Systeme einsehen.
- Mittels **SAP-Hinweise aktualisieren** wird die Aktualisierung im Hintergrund gestartet. Sie erhalten eine Nachricht, wenn die Liste aktualisiert wurde.

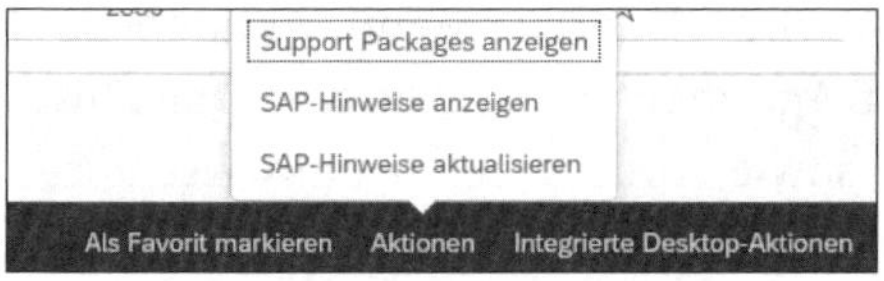

Abbildung 15.13 Aktionen in der Systemübersicht

Integrierte Desktopaktionen bieten die Option, Änderungsanträge und Änderungseinflussanalysen anzuzeigen (siehe Abbildung 15.14). Im Falle der Änderungsanträge springt man in das ChaRM, im Falle der Änderungseinflussanalysen in den Business Process Change Analyzer (BPCA) ab (siehe Abschnitt 9.5.1).

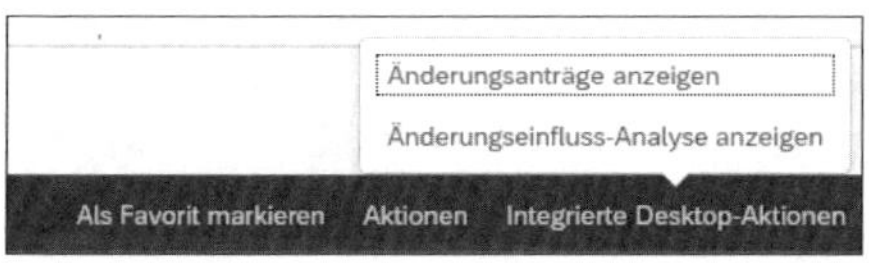

Abbildung 15.14 Integrierte Desktopaktionen in der Systemübersicht

Übersicht der einzelnen Hinweise

In der nach dem Klick auf einen Anzahllink in der Übersicht oder über die Funktion **SAP-Hinweise anzeigen** aufgerufenen **SAP-Hinweisübersicht** werden die relevanten SAP-Hinweise aufgeführt. Über verschiedene Suchkriterien können Sie weitere Einschränkungen für die Auswahl der angezeigten Hinweise vornehmen (siehe Abbildung 15.15).

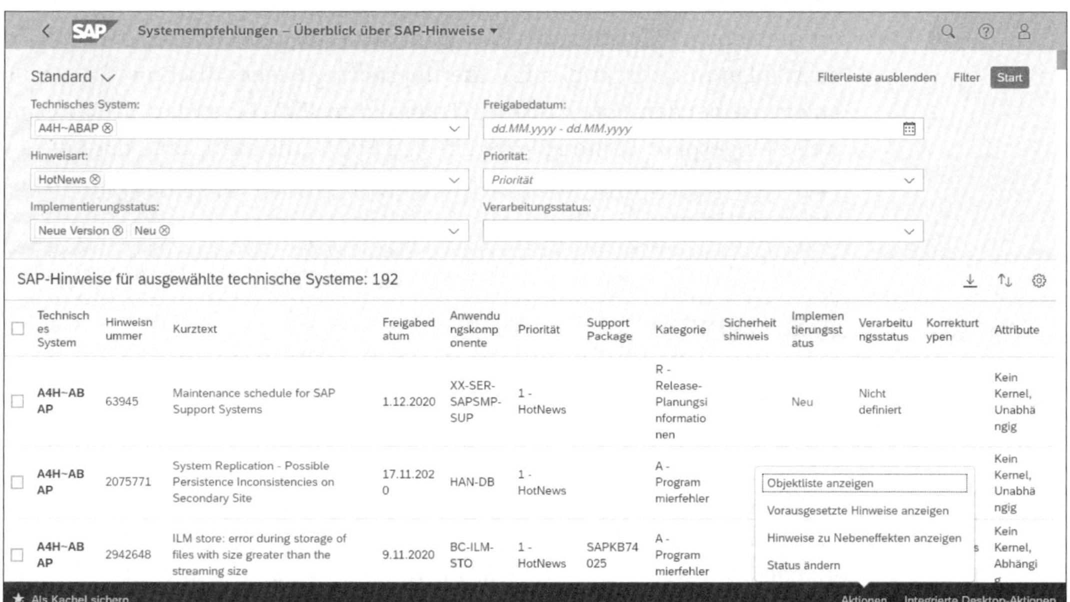

Abbildung 15.15 SAP-Hinweisübersicht mit Aktionen

Auch hier finden Sie am unteren Bildrand wieder die Menüs **Aktionen** und **Integrierte Desktop-Aktionen**. In den **Aktionen** können Sie eine Objektliste für die ausgewählten SAP-Hinweise sowie vorausgesetzte Hinweise anzeigen und den Status ändern (z. B. auf **Neue Version verfügbar**, **Irrelevant** oder **Zurückgestellt**).

Abbildung 15.16 zeigt die verfügbaren integrierten Desktopaktionen:

- Über die Aktion **SAP-Hinweise herunterladen** können Sie die ausgewählten SAP-Hinweise in das entsprechende System laden.
- Die Aktion **Änderungseinfluss-Analyse starten** ruft den BPCA auf.
- Wählen Sie **Änderungsantrag anlegen**, um das ChaRM für den Einbau des Hinweises zu verwenden.

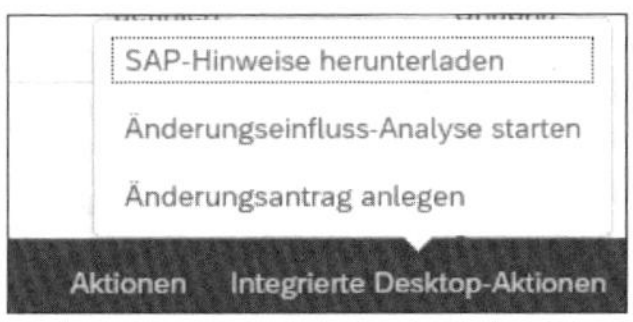

Abbildung 15.16 Integrierte Desktopaktionen in der SAP-Hinweisübersicht

Integration mit dem ChaRM

Über die Integration mit dem ChaRM können die identifizierten und relevanten SAP-Hinweise revisionssicher und kontrolliert in die Systemlandschaft eingespielt werden. Nachdem Sie die gültigen SAP-Hinweise für das gewählte technische System über die Systemempfehlungen in den SAP Solution Manager übertragen haben, können Sie die relevanten SAP-Hinweise auswählen und direkt einen Änderungsantrag (siehe Abschnitt 8.4) dafür anlegen. Über den *Note Assistant* (Transaktion SNOTE) werden die SAP-Hinweise eingespielt. Sollten Sie bereits den BPCA einsetzen, kann der SAP Solution Manager darüber den Testumfang für die einzuspielenden SAP-Hinweise bestimmen.

15.4 TREX

Bedeutung für die Embedded Search

Mit der Embedded Search auf Basis der *Text Retrieval and Information Extraction* (TREX) besteht eine Suchtechnologie, die Informationen in unstrukturierten und strukturierten Daten findet. TREX bietet SAP-Anwendungen Services für die Suche und Klassifikation von großen Dokumentensammlungen an. Für die Nutzung der Embedded Search muss der SAP Solution Manager entweder auf einer SAP-HANA-Datenbank installiert sein oder TREX muss an den SAP Solution Manager angeschlossen werden. Sollte

TREX in der Systemlandschaft noch nicht zur Verfügung stehen, muss zunächst dessen Installation erfolgen.

[«]

SAP Solution Manager 7.2 auf SAP HANA

Wenn Ihr SAP Solution Manager 7.2 auf einer SAP-HANA-Datenbank läuft, wird die Embedded Search auf Basis der SAP-HANA-Datenbank eingerichtet. Die Verwendung von TREX ist dann nicht erforderlich.

Betriebssysteme

SAP hat entschieden, sich für TREX auf die beiden 64-Bit-Betriebssysteme Windows und Linux zu konzentrieren. Durch die 64-Bit-Betriebssystemversionen ist die Begrenzung des maximalen Arbeitsspeichers auf 2 GB aufgehoben. Damit können komplexere und größere Daten- und Dokumentsammlungen indiziert und durchsucht werden. Aus Performancegründen werden TREX-Indizes im Arbeitsspeicher gehalten. Durch eine optimale Nutzung der CPU-Architektur wird die Performance der Such- und Indizierungsfunktionen in der TREX-Engine optimiert. Im Folgenden beschreiben wir die aktuelle Version TREX 7.1 und stellen deren Funktionalität vor.

Architektur

TREX basiert auf einer *Client-Server-Architektur*. Die Client-Komponente ist in die Anwendung, die TREX nutzt, integriert, die Serverkomponente indiziert und klassifiziert Dokumente und beantwortet die Suchanfragen. Während einer Indizierung koordiniert der *Queue-Server* die Verarbeitungsschritte und sammelt die eingehenden Dokumente.

Die Vorverarbeitung der eingegangenen Dokumente erfolgt über den *Präprozessor*. Dazu wird das Dokument geladen, gefiltert und linguistisch analysiert. Darüber hinaus übergibt der Präprozessor bei Suchanfragen das Analyseergebnis zur weiteren Verarbeitung an den *Indexserver*. Der TREX-Präprozessor wandelt Dokumenttext und -attribute von verschiedenen Dateiformaten in UTF-8-codiertes HTML um. Der Indexserver besteht aus der Suchmaschine, der *Text-Mining-Engine* und der *Attribut-Engine*. Die Suchmaschine bietet Funktionen für z. B. die exakte und fehlertolerante, boolesche, linguistische und Phrasensuche. Für die Suche nach ähnlichen Dokumenten, Klassifikation und Extraktion von Schlüsselwörtern ist die Text-Mining-Engine zuständig. Die Suche in den Dokumentattributen (wie Autor, Erstellungsdatum etc.) erledigt die Attribut-Engine. Der Indexserver indiziert und klassifiziert Dokumente und beantwortet Suchanfragen.

Die Verwaltung der Informationen über das TREX-System übernimmt der *Name-Server*, einschließlich der Topologiedaten, der Lastverteilung und der Sicherstellung der Hochverfügbarkeit. Abbildung 15.17 zeigt Ihnen die TREX-Architektur in einer schematischen Darstellung.

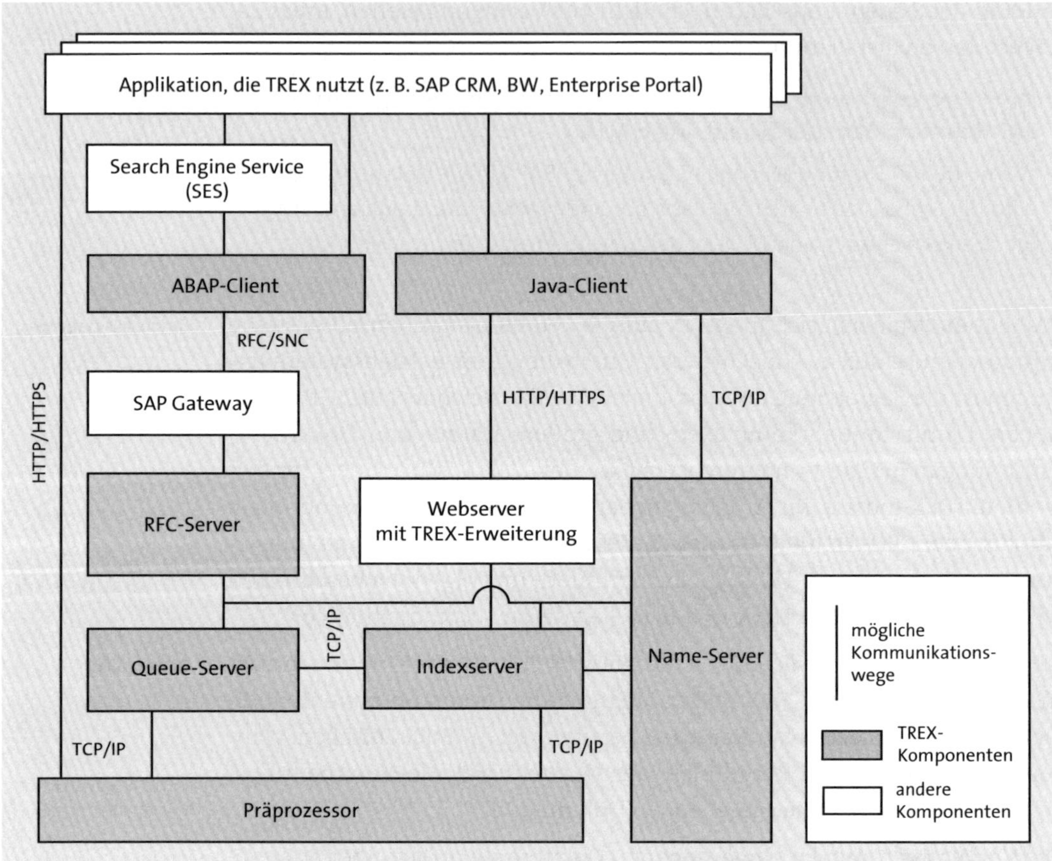

Abbildung 15.17 Architektur von TREX (Quelle: SAP SE)

Unterstützte Dateiformate

Für die Suche und Indizierung können alle gängigen Dateiformate wie Microsoft-Office-Produkte (Word, PowerPoint etc.), PDF und HTML weiterverarbeitet werden. Bei komprimierten Dateiformaten (Archiven) kann der Dokumentinhalt der enthaltenen Dateien nur indiziert werden, sofern TREX das Dateiformat bekannt ist.

Eine Anleitung zur Konfiguration von TREX und der Embedded Search finden Sie im Onlinekapitel »Installation und Administration von TREX« auf der Seite *www.sap-press.de/5197*.

Das Autorenteam

René Allissat ist seit 15 Jahren in den Themenbereichen Softwarequalitätssicherung und SAP Solution Manager tätig. Als Teamleiter SAP Solution Manager bei der Axians NEO Solutions & Technology GmbH berät er zusammen mit seinem Team zahlreiche Kunden bei der Implementierung, dem Ausbau und der Wartung von verschiedensten ALM-Szenarien. Seine thematischen Schwerpunkte liegen in den Bereichen Testmanagement, Prozessdokumentation, Change Request Management sowie Custom Code Management. Als ISTQB Certified Tester Advanced Level Test Manager nimmt er auch gerne Rollen als Testmanager wahr und unterstützt Kunden methodisch und werkzeugseitig bei der Optimierung ihrer Testprozesse.

Markus Bechler verfügt über mehr als 14 Jahre Erfahrung im IT- bzw. SAP-Bereich. Seit Ende 2019 verantwortet er als Product Manager bei der SAP SE im Bereich Customer Experience & Solutions das Thema Integration Monitoring in den Produkten SAP Cloud ALM for Operations, SAP Focused Run und SAP Solution Manager 7.2. Zuvor war er als Development Expert im Bereich Cloud Lifecycle Management und Senior Consultant für SAP-Technologie tätig. Seine Tätigkeitsschwerpunkte in der Beratung lagen auf dem SAP Solution Manager und der SAP-Basis.

Eileen Danz ist seit 2012 im SAP-Umfeld tätig. Zu ihren Kernthemen gehören die konzeptionelle Begleitung und technische Umsetzung von SAP-Projekten im Bereich Prozess- und Projektmanagement mit dem aktuellen Release von SAP Solution Manager 7.2 sowie die Einführung zugehöriger Szenarien wie Testmanagement, IT-Service Management, Change Request Management und Geschäftsprozess-Monitoring. Darüber hinaus betreut Eileen Danz Kunden bei strategischen Fragen in Bezug auf SAP Solution Manager 7.2 sowie der Implementierung der SAP-Add-On-Lösung Focused Build.

Als Team Lead Commercial Platforms verantwortet **Andreas Hömer** den technischen Betrieb der SAP-Systemlandschaft bei der s.Oliver Bernd Freier GmbH & Co. KG. Der studierte Wirtschaftsinformatiker (B. A.) besitzt über zehn Jahre Erfahrung im IT- bzw. SAP-Bereich und arbeitete mehrere Jahre als Experte für die Beratung rund um den SAP Solution Manager. Neben seinem SAP-Technologie-Know-how umfassen seine Kompetenzen die Konzeptionierung und Implementierung komplexer Lösungen im Bereich Anwendungs- und Prozessbetrieb. Seine ITIL- und SAP-Zertifizierungen sowie seine Kenntnisse zu Infrastrukturtechnologien bringt er in all seine Projekte und Verantwortungsbereiche ein.

Michael Markert ist als Senior SAP Solution Manager Consultant bei der Axians NEO Solutions & Technology GmbH tätig. Seit 2013 agiert er als Experte für die Beratung, Projektleitung und ABAP-Entwicklung rund um den SAP Solution Manager. In zahlreichen Kundenprojekten konnte er seine Expertise bei der Realisierung von SAP-Solution-Manager-Szenarien über den gesamten Applikationslebenszyklus hinweg einbringen. Die Themen Change Control Management, IT-Servicemanagement, technisches Monitoring, Custom Code Management sowie Testmanagement (insbesondere automatisches Testen) bilden dabei seine Schwerpunkte. Michael Markert ist Wirtschaftsinformatiker (M.Sc. Informationssysteme) und zertifiziert für SAP CRM 7.0 EHP2 und ITILv3.

Timo Steinsberger verfügt über zehn Jahre Erfahrung im IT- und SAP-Bereich. Seit 2018 ist er für die Firma bonprix als SAP-Release-Manager tätig. In dieser Position verantwortet er den Release- und Deployment-Prozess sowohl organisatorisch als auch technisch und bringt sein Know-how rund um den SAP Solution Manager gewinnbringend ein. Nach dem Abschluss seines Betriebswirtschaftsstudiums im Jahr 2011 war er einige Jahre als zertifizierter SAP-Solution-Manager-Experte bei der SALT Solutions AG tätig. Seine Tätigkeitsschwerpunkte liegen in den Bereichen Change Control Management, IT-Servicemanagement, Testmanagement und Prozessdokumentation. In zahlreichen Kundenprojekten rund um seine Schwerpunktthemen konnte er fundierte Erfahrungen in der Projektleitung, Konzeptionierung und Implementierung sammeln.

Index

A

C

D

E

H

I

J

K

L

M

Q

R

S

T

U